怎样阅读电气工程图

第4版

白 公 等编著

机 械 工 业 出 版 社

本书从电气工程图的国家标准（基本图形符号、文字符号、基本画法）出发，结合实践经验和亲身体会，详细介绍了各类电气工程图样的读图方法、技巧、要点、注意事项，并以现行的工程图样为例（特别是微机在电气工程中应用的图样），分门别类地进行系统分析。全书共十二章，主要内容有读图程序、要点、方法；图形符号、文字符号、标注方法及其使用；民用住宅、综合楼、工业锅炉房、工业车间、变配电装置、电动机控制、高层建筑、架空线路、电梯微机控制线路、空气调节系统线路等电气线路的识读，并重点介绍各部分内容中微机的应用及其线路的识读，以及与强电系统的接口线路等。本书是与《电气工程安装及调试技术手册》（第3版）（上、下册）配套的姊妹篇，是提高电气工程基本技术技能的自学读物。本书可供电气工作人员及电气专业师生参考，并可作为工科院校电气专业的教材；也可作为电工培训教材，以及青年工人、电气爱好者自学的读物。

图书在版编目（CIP）数据

怎样阅读电气工程图/白公等编著．—4版．—北京：机械工业出版社，2017.9

ISBN 978-7-111-57539-9

Ⅰ.①怎…　Ⅱ.①白…　Ⅲ.①建筑工程－电气设备－电路图－识别
Ⅳ.①TU85－64

中国版本图书馆CIP数据核字（2017）第180778号

机械工业出版社（北京市百万庄大街22号　邮政编码100037）
策划编辑：张俊红　责任编辑：吕　潇
责任校对：刘志文　封面设计：路恩中
责任印制：常天培
北京圣夫亚美印刷有限公司印刷
2017年9月第4版第1次印刷
184mm×260mm · 33印张 · 10插页 · 1052千字
标准书号：ISBN 978-7-111-57539-9
定价：99.00元

凡购本书，如有缺页、倒页、脱页，由本社发行部调换

电话服务　　网络服务
服务咨询热线：010－88361066　　机 工 官 网：www.cmpbook.com
读者购书热线：010－68326294　　机 工 官 博：weibo.com/cmp1952
010－88379203　　金 书 网：www.golden－book.com
封面无防伪标均为盗版　　教育服务网：www.cmpedu.com

前　言

《怎样阅读电气工程图》自2005年出版以来已十多年了，在这十几年当中本人接到了很多读者的来信、来电、来访、短信，特别是第3版给读者带来了巨大的收获，他们最常说的一句概括起来说就是："读了你的书胜过上十年学"。准确地讲，《怎样阅读电气工程图》是众多电气工作者从自己工程实践中总结出来的经典，是把自己在工程实践中从设计到施工中读图的实践经验和方法、技巧全部无私地奉献出来，没有丝毫的保留，目的就是让广大读者尽快地掌握读图技能，去更快更好地完成工程项目，不走弯路、不重蹈覆辙。《怎样阅读电气工程图》指导和帮助众多读者掌握了读图技术，完成了很多重大工程项目，走上了成功之路，进入了电气工程师的行列，很多人已经是高级工程师了，这是本人最感到欣慰的，也是本人编写这部书的目的。

本书的最大特点就是所列出的图例大部分是工程中的施工图，是几经设计师、工程师修改后的实用的施工图，是每个从事电气工程设计和施工的技术人员特别是初学者以及文化程度不高的施工人员尽快掌握电气工程项目的重要参考读物。

在这次第4版修订中应广大读者要求增加了以下内容：

1）架空线路及电缆线路图样的识读（第十章）；

2）电梯微机控制线路图样的识读（第十一章）；

3）空气调节系统自动控制线路图样的识读（第十二章）；

本书的第4版编写工作得到了电工界、安装单位、设计单位、供电部门、高等院校、机械工业出版社及其专家、教授、高工、技师及年轻朋友们的关怀和支持，这里向他们表示衷心的感谢。本书由教授级高级工程师白公编著，参加主要章节编写的有莫杰（第七章）、赵洪山（第九章）、宋宏江（第八章）、梁玉芳（第三章、第四章）、韩树红（第一章、第二章）、张璐（第六章）、刘晋虹（第五章）。新增三章均由白公直接编写，编写过程中得赵洪山、莫杰的很大帮助，本人较为感动。另外，刘洋、陈斌、高英、张艳梅、田明、桂垣、董蓓蓓、武占斌、王振山、田朋、谷文旗、李云鹏、白永军、韩月英、高春明、赵颖捷、贾连忠、武双有、李志强、闫敬敏、李树兵、王佩燕、张瑜军、赵玉春、王建等人参加了部分章节的编写工作，田小金、宋华、申玉萍、李志华为本书制图，全书由悦英主审。

由于作者水平有限，编写时间仓促，涉及专业门类较多，篇幅较长，本书定有不少错误和不妥之处，敬请读者及专家同行批评指正。

白　公

目 录

第一章 读图概论

电气工程的门类繁多，有几十种。其中，常把电气装置安装工程中的照明、动力、变配电装置（有的建筑工程变配电装置已涉及 110kV 变配电所）、35kV 及以下架空线路及电缆线路、天车或桥式起重机电气线路、电梯、通信系统、广播系统、电缆电视、火灾自动报警及自动消防系统、防盗保安系统、建筑物内微机监测控制系统及自动化仪表、空调及冷库电气装置等与建筑物关联的新建、扩建和改造的电气工程统一称作建筑电气工程。而把变配电工程、输电架空线路工程、发电工程及其附属配套工程称为电力工程。

建筑电气工程在电气工程中占有很重要的地位，并且涉及土建、暖通、设备、管道、装饰、空调制冷等专业。因此，从技术的角度上讲，要求高而难度大。同时，建筑电气在建筑物中更占据显赫位置，它是建筑物功能能否实现的重要保证，像高层建筑、工业车间及其生产线、宾馆饭店、民用住宅、体育场馆、剧院会堂、经贸商厦、教学课堂、实验楼、写字楼等建筑物内，电气功能俱全，照明动力、电热空调、通信广播、防灾保安、微机监控、仪表监测、自动装置等，应有尽有，构成了错综复杂的电气系统，使建筑物的功能实现了自动化，并使之完美无缺。特别是电梯空调、火灾报警、防盗保安、微机管理等进入建筑物，更使其如虎添翼，锦上添花，加快了人们工作和生活的节奏，丰富了人们的业余生活，使建筑物的功能更完善、更舒适、更安全。

电力工程在电气工程中占有非常显赫的位置，它是从发电开始，将电能输送到用户的系统工程，包括发电、升压、输电、降压、配电直到用户。电力工程在国民经济中是“先行官”，只有电力工程上去了、搞好了，其他各行业才能搞上去，没有电或电力系统出现故障频率较高，那么一切均是空谈。

但是，往往由于对图样的误读或疏忽，导致安装上的失误，致使建筑物的电气功能不能完美实现，更有甚者，则是因为一点很小的错误而导致了很大的功能上的损害。

因此，对于电气安装人员来说，必须精读图样，理解设计意图，熟悉建筑物的各种电气功能；掌握设备、元件、材料的规格、型号、数量及安装方式、位置、标高；熟练掌握建筑物内电气管线的走向、布置、敷设方式、位置、标高；掌握控制、联动、联锁、监控、监测、计量、报警、显示、摄录等电路的原理及线路；掌握各类机房（如变配电室、电梯机房、电话总机、消防中心、保安中心、微机室、电视及广播机房、空调机房、仪表室等）的布置及功能；掌握系统保护方式及防雷接地等。只有这样才能准确编制施工组织设计（施工方案），编制工程预决算，编制设备、材料、机具清单；只有这样才能统配人力、物力、财力进行施工，才能正确安装电气设备及线路，保证其安全运行；只有这样才能节约原材料、节约工时，才有利于工程的质量、工期、投资的控制，也就是说只有这样才能完美地干好一项工程，从而保证其功能的实现。

综上所述，读图是电气安装工程中最重要的一步。图样是工程的依据，是指导人们安装的技术文件，同时，工程图样具有法律效力，任何违背图样的施工或误读而导致的损失对于安装人员来说都要负法律责任。因此，对于电气安装人员要通过读图，熟悉图样、熟悉工程、正确安装，这是半点也不能含糊的，特别是对于初学者来说尤为重要，作为一名电气工作人员首先必须要做到的就是这一点，任何时候、任何情况、任何条件下是绝对不能违背的。需要说明的一点，就是书中提供的图样只作为讲述用，而不能作为施工图样，图中的误贻有的则是有意安排的，为的是讲述方便。

第一节　电气工程的图样类别

电气工程的图样一般有电气总平面图、电气系统图、电气设备平面布置图、控制原理图、接线图、大样图、电缆清册、图例及设备材料表等。

一、电气总平面图 ★★★

电气总平面图是在建筑总平面图上表示电源及电力负荷分布的图样，主要表示各建筑物的名称或用途、电力负荷的装机容量、电气线路的走向及变配电装置的位置、容量和电源进户的方向等。通过电气总平面图可了解该项工程的概况，掌握电气负荷的分布及电源装置等。一般大型工程都有电气总平面图，中小型工程则由动力平面图或照明平面图代替。

二、电气系统图 ★★★

电气系统图是用单线图表示电能或电信号按回路分配出去的图样，主要表示各个回路的名称、用途、容量以及主要电气设备、开关元件及导线电缆的规格型号等。通过电气系统图可以知道该系统的回路个数及主要用电设备的容量、控制方式等。电气工程中系统图用得很多，动力、照明、变配电装置、通信广播、电缆电视、火灾报警、防盗保安、微机监控、自动化仪表等都要用到系统图。

三、电气设备平面布置图 ★★★

电气设备平面布置图是在建筑物的平面图上标出电气设备、元件、管线实际布置的图样，主要表示其安装位置、安装方式、规格型号数量及接地网等。通过平面图可以知道每幢建筑物及其各个不同的标高上装设的电气设备、元件及其管线等。建筑电气平面图用得很多，动力、照明、变配电装置、各种机房、通信广播、电缆电视、火灾报警、防盗保安、微机监控、自动化仪表、架空线路、电缆线路及防雷接地等都要用到平面图。

四、控制原理图 ★★★

控制原理图是单独用来表示电气设备及元件控制方式及其控制线路的图样，主要表示电气设备及元件的起动、保护、信号、联锁、自动控制及测量等。通过控制原理图可以知道各设备元件的工作原理、控制方式，掌握建筑物的功能实现的方法等。控制原理图用得很多，动力、变配电装置、火灾报警、防盗保安、微机监控、自动化仪表、电梯等都要用到控制原理图，较复杂的照明及声光系统也要用到控制原理图。

五、二次接线图（接线图） ★★★

二次接线图是与控制原理图配套的图样，用来表示设备元件外部接线以及设备元件之间接线的。通过接线图可以知道系统控制的接线及控制电缆、控制线的走向及布置等。动力、变配电装置、火灾报警、防盗保安、微机监控、自动化仪表、电梯等都要用到接线图。一些简单的控制系统一般没有接线图。

六、大样图 ★★★

大样图一般是用来表示某一具体部位或某一设备元件的结构或具体安装方法的，通过大样图可以了解该项工程的复杂程度。一般非标的控制柜、箱，检测元件和架空线路的安装等都要用到大样图，大样图通常采用标准通用图集。其中剖面图也是大样图的一种。

七、电缆清册 ★★★

电缆清册是用表格的形式表示该系统中电缆的规格、型号、数量、走向、敷设方法、头尾接线部位等内容的，一般使用电缆较多的工程均有电缆清册，简单的工程通常没有电缆清册。

八、图例 ★★★

图例是用表格的形式列出该系统中使用的图形符号或文字符号的，目的是使读图者容易读懂图样。

九、设备材料表 ★★★

设备材料表一般都要列出系统主要设备及主要材料的规格、型号、数量、具体要求或产地。但是表中的数量一般只作为概算估计数，不作为设备和材料的供货依据。

十、设计说明 ★★★

设计说明主要标注图中交代不清或没有必要用图表示的要求、标准、规范等。

上述图样类别具体到工程上则按工程的规模大小、难易程度等原因有所不同，其中系统图、平面图、原理图是必不可少的，也是读图的重点，是掌握工程进度、质量、投资及编制施工组织设计和预决算书的主要依据。

第二节 读图的程序、要点、方法

一、读图程序 ★★★

实践中读图一般按设计说明、电气总平面图、电气系统图、电气设备平面布置图、控制原理图、二次接线图和电缆清册、大样图、设备材料表和图例并进的程序进行，详见图1-1。

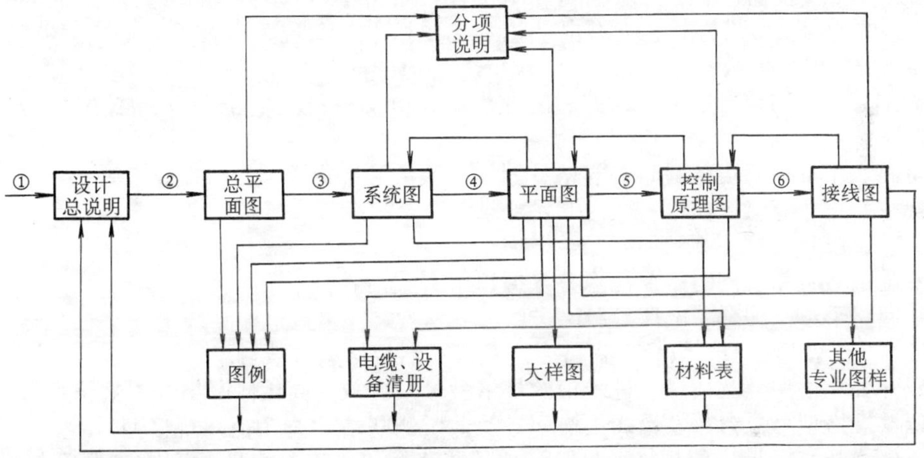

图1-1 读图的程序框图

二、读图要点 ★★★

（一）设计说明

阅读设计说明时，要注意并掌握下列内容：

1. 工程规模概况、总体要求、采用的标准规范、标准图册及图号、负荷级别、供电要求、电压等级、供电线路及杆号、电源进户要求和方式、电压质量、弱电信号分贝要求等。

2. 系统保护方式及接地电阻要求、系统防雷等级、防雷技术措施及要求、系统安全用电技术措施及要求、系统对过电压和跨步电压及漏电采取的技术措施。

3. 工作电源与备用电源的切换程序及要求、供电系统短路参数、计算电流、有功负荷、无功负荷、功率因数及要求、电容补偿及切换程序要求、调整参数、试验要求及参数、大容量电动机起动方式及要求、继电保护装置的参数及要求、母线联络方式、信号装置、操作电源、报警方式。

4. 高低压配电线路型式及敷设方法要求、厂区线路及户外照明装置的型式、控制方式、某些具体部位或特殊环境（爆炸及火灾危险、高温、潮湿、多尘、腐蚀、静电、电磁等）安装要求及方法、系统对设备、材料、元件的要求及选择原则，动力及照明线路的敷设方法及要求。

5. 供电及配电采用的控制方式、工艺装置采用的控制方法及联锁信号、检测和调节系统的技术方法及调整参数、自动化仪表的配置及调整参数、安装要求及其管线敷设要求、系统联动或自动控制的要求及参数、工艺系统的参数及要求。

6. 弱电系统的机房安装要求、供电电源的要求、管线敷设方式、防雷接地要求及具体安装方法，探测器、终端及控制报警系统安装要求，信号传输分贝要求、调整及试验要求。

7. 铁构件加工制作和控制盘柜制作要求、防腐要求、密封要求、焊接工艺要求、大型部件吊装要求及其混凝土基础工程施工要求及其标号、设备冷却管路试验要求、蒸馏水及电解液配制要求、化学法降低接地电阻剂配制要求等非电气专业的有关要求。

8. 所有图中交代不清、不能表达或没有必要用图表示的要求、标准、规范、方法等。

9. 除设计说明外，其他每张图上的文字说明或注明的个别、局部的一些要求等，如相同或同一类别元件的安装标高及要求等。

10. 土建、暖通、设备、管道、装饰、空调制冷等专业对电气系统的要求或相互配合的有关说明、图样，如电气竖井、管道交叉、抹灰厚度、基准线等。

（二）电气总平面图

阅读电气总平面图时，要注意并掌握以下有关内容：

1. 建筑物名称、编号、用途、层数、标高、等高线、用电设备容量及大型电机容量台数、弱电装置类别、电源及信号进户位置。

2. 变配电所位置、变压器台数及容量、电压等级、电源进户位置及方式、系统架空线路及电缆走向、杆型及路灯、拉线布置，电缆沟及电缆井的位置、回路编号、主要负荷导线截面积及根数、电缆根数、弱电线路的走向及敷设方式、大型电动机及主要用电负荷位置以及电压等级、特殊或直流用电负荷位置、容量及其电压等级等。

3. 系统周围环境、河道、公路、铁路、工业设施、电网方位及电压等级、居民区、自然条件、地理位置、海拔等。

4. 设备材料表中的主要设备材料的规格、型号、数量、进货要求、特殊要求等。

5. 文字标注、符号意义、其他有关说明、要求等。

（三）电气系统图

1. 阅读变配电装置系统图时，要注意并掌握以下有关内容：

（1）进线回路个数及编号、电压等级、进线方式（架空、电缆）、导线电缆规格型号、计量方式、电流电压互感器及仪表规格型号数量、防雷方式及避雷器规格型号数量。

（2）进线开关规格型号及数量、进线柜的规格型号及台数、高压侧联络开关规格型号。

（3）变压器规格型号及台数、母线规格型号及低压侧联络开关（柜）规格型号。

（4）低压出线开关（柜）的规格型号及台数、回路个数用途及编号、计量方式及表计、有无直控电动机或设备及其规格型号台数起动方法、导线电缆规格型号，同时对照单元系统图和平面图查阅送出回路是否一致。

（5）有无自备发电设备或 UPS，其规格型号容量与系统连接方式及切换方式、切换开关及线路的规格型号、计量方式及仪表。

（6）电容补偿装置的规格型号及容量、切换方式及切换装置的规格型号。

2. 阅读动力系统图时，要注意并掌握以下内容：

（1）进线回路编号、电压等级、进线方式、导线电缆及穿管的规格型号。

（2）进线盘、柜、箱、开关、熔断器及导线规格的型号、计量方式及表计。

（3）出线盘、柜、箱、开关、熔断器及导线规格型号、回路个数用途、编号及容量，穿管规格、起动柜或箱的规格型号、电动机及设备的规格型号容量、起动方式，同时核对该系统动力平面图回路标号与系统图是否一致。

（4）有无自备发电设备或 UPS，内容同前。

（5）电容补偿装置，内容同前。

3. 阅读照明系统图时，要注意并掌握以下内容：

（1）进线回路编号、进线线制（三相五线、三相四线、单相两线制）、进线方式、导线电缆及穿管的规格型号。

（2）照明箱、盘、柜的规格型号、各回路开关熔断器及总开关熔断器的规格型号、回路编号及相序分配、各回路容量及导线穿管规格、计量方式及表计、电流互感器规格型号，同时核对该系统照明平面图回路标号与系统图是否一致。

（3）直控回路编号、容量及导线穿管规格、控制开关规格型号。

（4）箱、柜、盘有无漏电保护装置，其规格型号、保护级别及范围。

（5）应急照明装置的规格型号、台数。

4. 阅读通信系统图时，要注意并掌握以下内容：

（1）总机规格型号及门数、外线进户对数、电源装置的规格型号、总配线架或接线箱的规格型号及接线对数、外线进户方式及导线电缆穿管规格型号。

（2）各分路送出导线对数、房号插孔数量、导线及穿管规格型号，同时对照平面布置图，核对房号及编号。

（3）发射天线规格型号、根数、引入电缆规格型号。

5. 阅读广播音响系统图时，要注意并掌握以下内容：

（1）广播音响设备规格型号、电源装置规格型号，送出回路个数及其开关规格型号，导线及管路规格型号，自办节目的设备规格型号及天线规格、型号、电缆引入方式。

（2）各分路送出导线回路数、房号、编号、对照平面图，核对房号及编号。

6. 阅读电缆电视系统图时，要注意并掌握以下内容：

（1）天线个数及其规格型号、天线引入信号的 dB 值、前端设备的规格型号及输出信号的 dB 值、自办节目的设备规格型号、电缆的规格型号、电源装置规格型号及功能。

（2）系统的回路个数及电缆的规格型号、各回路从顶层至最底首各房间信号 dB 值及编号、中间放大器、线路放大器规格型号、送至架空电缆的规格型号及信号的 dB 值、各插孔规格型号。

（3）对照平面图核对编号及信号 dB 数。

（4）系统与保安系统的联络方式及控制功能。

7. 阅读火灾自动报警及消防系统图时，要注意并掌握以下内容：

（1）集中报警控制器、区域报警控制器规格型号台数、电源装置规格型号台数、火警报警装置和消防控制设备规格型号、消防通信设置规格型号、火灾事故广播设备型号规格、信号盘及操作控制柜规格型号功能、监视器规格型号台数，上述各设备送出的回路个数、编号及导线或电缆的规格型号、被控制设备的名称规格型号及编号、机房及其他设施规格型号及管线电缆规格型号。

（2）各区域报警控制器输入回路个数、探测器规格型号数量编号及房号、输出回路个数、导线及穿管规格型号。

（3）集中报警控制器输入回路个数、导线或电缆穿管规格。

（4）喷洒灭火系统中喷洒头规格型号个数及编号和房号、水流报警阀规格型号个数及编号、气压水罐规格型号，泵房动力系统图（水泵、稳压泵、消防泵等）同动力系统图。

（5）卤代烷灭火系统中喷头规格型号个数及编号房号、瓶头阀、分配阀及储罐规格型号个数及编号。

（6）二氧化碳、泡沫、干粉、蒸气及氮气等灭火系统主要设备的型号、规格及分布的编号房号等。

（7）防排烟系统中防火阀、送风机、排风机、排烟机规格型号编号房号及其电气动力系统图。

（8）安全疏散系统中疏散指示标志、防火门、防火卷帘的规格型号编号及房号，以及上述设施中的管线规格型号。事故照明系统图和消防电源系统图及消防电梯系统图同前。

（9）通风空调系统中的动力系统图。

（10）消防栓系统中的消防水泵、气压水罐、稳压泵的规格型号及动力系统图。

（11）系统中其他设施的规格型号及管线缆的规格型号。

（12）火灾事故广播系统及消防通信系统同 4 和 5。

（13）对照平面图核对送入回路及探测器的编号、房号。

8. 阅读保安防盗系统图时，应注意并掌握以下内容：

（1）机房监视器规格型号台数、信号报警装置型号规格、传输电缆规格型号、送入信号回路个数、编号及房号、摄像探测器型号规格及个数、电源装置的规格型号。

（2）电门锁系统中控制盘的规格型号、监控回路个数、编号、房号、电源装置、管线缆规格型号。

（3）系统与电视和通信广播系统的联络方式。

（4）对照平面图核对回路的编号、房号等。

9. 阅读微机监控系统图时，应注意并掌握以下内容：

（1）CPU主机规格型号台数、打印机、监视器、模拟信号装置的规格型号台数、电源装置及UPS规格型号、接线箱规格型号、引入回路个数、编号及房号、引入回路的管线电缆规格型号。

（2）数据采集器规格型号台数及功能、电磁量传感器及执行器规格型号台数、热工量和机械量传感器及执行器规格型号及台数、爆炸危险环境探测器及传感器执行器的规格型号台数、火灾探测器及传感器执行器的规格型号台数，有毒有害气体及环境保护监测传感器和执行器规格型号及台数，其他传感器、探测器、执行器规格型号及台数，传输信号管线电缆规格型号，各类传感器、探测器、执行器的编号及房号，并对照弱电平面图核对编号、房号。

（3）系统电源装置、系统与其他系统的联络及其管线缆等。其他系统指火灾自动报警、防盗保安、通信广播、电缆电视、自动化仪表系统等。

10. 阅读自动化仪表系统图时，应注意并掌握以下内容：

（1）被测量的类别（温度、压力、流量、物位、机械量、化学量等），被测介质（蒸气、水、烟气、空气、风、CO_2、CO、SO_2、pH值等）、一次仪表及取样装置的规格型号及编号、就地安装仪表及变送器的规格型号及编号、一次导线导管的规格型号及长度及编号、接线盒及二次导线或电缆导管的规格型号和长度及编号走向、仪表盘上仪表及二次仪表的规格型号、仪表盘上切换开关、信号指示、报警装置及其他电气装置的规格型号。

（2）仪表、电动调整装置与其他装置或电气设备的联锁条件及方式、调节阀或调节挡板与仪表或仪表盘上装置的关系、执行器的规格型号用途及其联锁控制方式。

（3）现场就地仪表接线盒接线图、现场其他非仪表件的规格型号、个数（包括截止阀、针型阀、冷凝器、平衡器、保温箱等）。

（4）仪表电源装置及连线方式。

（四）电气设备平面布置图

1. 阅读户外变电所平面布置图时，要注意并掌握以下有关内容：

（1）变电所在总平面图上的位置及其占地面积的几何形状及尺寸，电源进户回路个数、编号、电压等级、进线方位、进线方式及第一接线点的形式（杆、塔）、进线电缆或导线的规格型号、电缆头规格型号，进线杆塔规格、悬式绝缘子的规格片数及进线横担的规格。

（2）混凝土构架及其基础的布置、间距、比例、高度、形式（门型、单杆支柱）、中心线位置、数量、规格、用途及其结构型式，避雷针的位置、个数、规格、型式结构，电缆沟的位置、盖板结构及其沟断面布置，控制室及室内部分配电装置、电容器室以及休息室、检修间、备品库等房间的位置、面积、几何尺寸、开间布置等。

（3）隔离开关、避雷器、电流互感器、电压互感器及其熔断器、断路器、电力变压器、跌落式熔断器、所用变压器、阻波器、滤波器、耦合电容器等室外主要设备的规格、型号、数量、安装位置。

（4）一次母线、二次母线的规格及组数，悬式绝缘子规格片数组数，穿墙套管规格、型号、组数、安装位置及标高，二次侧母线桥的结构型式、标高材料规格、支柱绝缘子型号规格及数量、安装位置、间距。

（5）控制室信号盘、控制盘、电源柜、直流柜、模拟盘规格型号、数量、安装位置，室内电缆沟位置。

（6）二次配电室进线柜、计量柜、开关柜、控制柜、联络柜、避雷柜的规格、型号、台数安装位置，室内电缆沟位置，引出线的穿墙套管规格、型号、编号、安装位置及标高，引出电缆的位置、编号。室内敷设管路的规格及导线电缆规格根数。

（7）修理间电源柜、动力配电柜的规格、型号、安装位置、电缆沟位置，管路布置及其规格、导线及电缆规格。

（8）电容器室电容柜或台架的规格、型号、安装位置、电缆沟位置。

（9）接地极、接地网平面布置及其材料的规格、型号、数量、引入室内的位置及室内布置方式、接地电阻要求、与设备接地点连接要求、敷设要求。

（10）上述各条内容有无与设计规范不符、有无与土建、采暖、通风、给排水等专业冲突矛盾之处。

变配电所对建筑、采暖、通风、给排水的要求见表1-1～表1-3，变压器布置要求见表1-4～表1-7。

2. 阅读户外变压器台平面布置图时，要注意并掌握以下有关内容：

（1）变压器台的容量及安装位置、电源电压等级、回路编号、进户方位、进线方式、第一接线点形式、进线规格型号、电缆头规格、进线杆规格、悬式绝缘子规格、片数及进线横担规格。

表 1-1 变配电所各房间对建筑的要求

房间名称	高压配电室（有充油设备）	高压电容器室	油浸变压器室	低压配电室	控制室	值班室
建筑物耐火等级	二级	二级（油浸式）	一级	二级		
屋面	应有保温、隔热层及良好的防水和排水措施					
顶棚	刷白					
屋檐	防止屋面的雨水沿墙面流下					
内墙面	邻近带电部分的内墙面只刷白，其他部分抹灰刷白		勾缝并刷白，墙基应防止油浸蚀，与有爆炸危险场所相邻的墙壁内侧应抹灰并刷白	抹灰并刷白		
地坪	水泥压光	水泥压光 采用抬高地坪方案通风效果较好	低式布置采用卵石或碎石铺设，厚度为250mm 高式布置采用水泥地坪，应向中间通风及排油孔作2%的坡度	水泥压光	水磨石或水泥压光	水泥压光
采光和采光窗	宜有自然采光，允许用木窗，能开启的窗应设置纱窗，第一层开向变电所范围以外的窗应加保护网，其窗台高度应≤1.8m，靠近带电部分的窗应为固定窗，在空气污秽或风沙大的地区，不宜设置可开启的窗	可设采光窗，其要求与高压配电室相同	不设采光窗	允许用木窗	允许用木窗 能开启的窗应设置纱窗，在寒冷或风沙大的地区采用双层玻璃窗	
通风窗	允许用木制百叶窗加保护网（网孔≤10mm×10mm），防止小动物进入	通风窗用百叶窗并设有网孔不大于 10mm×10mm 的铁丝网	车间内变压器室的通风窗应为非燃烧材料制成，其他变压器室则允许用木制。出风窗应有防止雨、雪进入的措施，进风窗应有防止小动物进入的措施 门上的进风窗可采用百叶窗，内设网孔≤10mm×10mm的铁丝网，当进风有效面积不能满足要求时，可只装设网孔≤10mm×10mm 的铁丝网			
门	门向外开，当相邻房间都有电气设备时，门应能向两个方向开或开向电压较低的房间					
	通往室外的门一般为非防火门，当室内总油量≥60kg，且门开向建筑物内时，门应用非燃烧体或难燃烧体做成	与高压配电室相同	采用铁门或木门内侧包铁皮 单扇门宽≥1.5m 时，应在大门上加开小门，小门上应装弹簧锁，锁的高度应考虑室外开启方便。大门及大门上的小门应向外开启，其开启角度为180°，同时要尽量降低小门的门槛高度，使在室内外地坪标高不同时，出入方便	允许用木制	允许用木制 在南方炎热地区经常开启的通向屋外的门内还宜设置纱门	
电缆沟	水泥抹光并采取防水、排水措施 若采用钢筋混凝土盖板，要求平整光洁，重量≤50kg			水泥抹光并采取防水、排水措施		

（2）变压器安装方式（落地、杆上）、变压器基础面积高度、围栏形式（墙、栏杆或网）高度及设置、跌开式熔断器和避雷器规格型号安装位置、横担构件支撑规格及要求、杆头金具布置形式、接地引线及接地板的布置、接地电阻要求、悬式绝缘子及针式绝缘子数量及规格、高低压母线规格及安装方式、电杆规格及数量、卡盘和底盘、隔离开关规格型号及安装方式、低压侧熔断器的规格型号、低压侧总柜或总箱的位置、规格、结构型式以及低压出线方式、计量方式等。

表 1-2　变压器室通风窗有效面积　　（单位：m^2）

进出风窗中心高度/m	进出风窗面积之比	SJL_1 -630				SJL_1 -1250				SJ_1 -560				SJ_1 -1000			
		进风温度30°C		进风温度35°C		进风温度30°C		进风温度35°C		进风温度30°C		进风温度35°C		进风温度30°C		进风温度35°C	
		进风窗有效面积	出风窗有效面积	进风窗有效面积	出风窗有效面积	进风窗有效面积	出风窗有效面积	进风窗有效面积	出风窗有效面积	进风窗有效面积	出风窗有效面积	进风窗有效面积	出风窗有效面积	进风窗有效面积	出风窗有效面积	进风窗有效面积	出风窗有效面积
3.0	1:1	1.12	1.12	1.96	1.96					1.36	1.36	2.38	2.38				
	1:1.5	0.91	1.36	1.59	2.38					1.10	1.65	1.92	2.88				
	1:2	0.82	1.64	1.43	2.86					0.99	1.98	1.74	3.48				
3.5	1:1	1.04	1.04	1.82	1.82	1.97	1.97	3.45	3.45	1.26	1.26	2.20	2.20	2.06	2.06	3.61	3.61
	1:1.5	0.84	1.26	1.47	2.20	1.59	2.38	2.79	4.18	1.02	1.53	1.78	2.67	1.67	2.50	2.92	4.38
	1:2	0.76	1.52	1.33	2.66	1.44	2.88	2.52	5.04	0.92	1.84	1.61	3.22	1.51	3.02	2.64	5.28
4.0	1:1	0.97	0.97	1.70	1.70	1.84	1.84	3.23	3.23	1.17	1.17	2.06	2.06	1.93	1.93	3.38	3.38
	1:1.5	0.79	1.18	1.37	2.05	1.49	2.23	2.61	3.91	0.95	1.42	1.67	2.50	1.56	2.34	2.73	4.09
	1:2	0.71	1.42	1.24	2.48	1.34	2.68	2.36	4.72	0.86	1.72	1.50	3.00	1.41	2.84	2.47	4.94
4.5	1:1	0.92	0.92	1.60	1.60	1.73	1.73	3.04	3.04	1.11	1.11	1.94	1.94	1.82	1.82	3.19	3.19
	1:1.5	0.74	1.11	1.30	1.95	1.40	2.10	2.46	3.69	0.90	1.35	1.57	2.35	1.47	2.20	2.58	3.87
	1:2	0.67	1.34	1.17	2.34	1.27	2.54	2.22	4.44	0.81	1.62	1.42	2.84	1.33	2.66	2.33	4.66
5.0	1:1					1.65	1.65	2.88	2.88					1.73	1.73	3.02	3.02
	1:1.5					1.32	1.99	2.33	3.49					1.40	2.10	2.45	3.67
	1:2					1.20	2.40	2.11	4.22					1.26	2.52	2.21	4.42

表 1-3　变配电所内各房间采暖、通风、给排水要求

项　　目	房间名称				
	高压配电室（有充油电气设备）	高压电容器室	油浸变压器室	低压配电室	控制室、值班室
通　　风	宜有自然通风，当装有事故通风装置时，其换气量每小时应不少于6次，事故排风机的控制开关宜装在便于开启处	应有良好的自然通风，按排风温度不高于40°C计算，当自然通风不能满足要求时，应增设机械通风	应有良好的自然通风，按排风温度不高于45°C计算，当自然通风不能满足要求时，应增设机械通风	一般靠自然通风	
采　　暖	一般不采暖	一般不采暖，当温度低于制造厂规定值以下，应采暖		一般不采暖，当兼作控制室或值班室时，在规定采暖区采暖	在规定采暖区要采暖
水　　道	有人值班的配电所一般设给、排水管道；车间变电所一般不设给、排水管道				

3. 阅读户内变配电所平面布置图时，要注意并掌握以下有关内容：

（1）见户外变配电所平面图的（1）。

（2）变配电所的层数、开间布置及用途、楼板孔洞用途及几何尺寸。

（3）各层设备平面布置情况、开关柜、计量柜、控制柜、联络柜、避雷柜、信号盘、电源柜、操作柜、模拟盘、电容柜、变压器等规格、型号、台数、安装位置，首层电缆沟位置、引出线穿墙套管规格、型号、编号、安装位置、引出电缆的位置编号、母线及母线桥结构型式及规格型号组数等。室内敷设管路的规格及导线电缆的规格型号根数。

（4）见户外变配电所的（9）和（10）。

4. 阅读动力平面布置图时，应注意并掌握以下有关内容：

（1）设备基础及电动机位置、电动机容量、电压、台数及编号、控制柜箱的位置及规格型号、从控制柜箱到电动机安装位置的管路、线槽、电缆沟的规格型号及线缆规格型号根数和安装方式、直控大型电动机线缆敷设方式及引入位置、规格型号。

表 1-4 户外变压器基础尺寸

变压器型号	电压/kV		容量/kVA	尺寸（见图 1-2）/mm				
						b/a		
	高压	低压		L	c	混凝土	砖	块石或毛石混凝土
SJL （R8 系列）	6，10	0.4	180～240 320～560 750～1000	1000 1200 1600	550 660 820	300/250 300/360 300/520	370/180 370/290 370/450	400/150 400/260 400/420
SJL （R10 系列）	6，10	0.4	200～315 500～630 800～1000	1000 1200 1600	550 660 820	300/250 300/360 300/450	370/180 370/290 370/520	400/150 400/260 400/420
SJL_1 （R10 系列）	6，10	0.4	200～315 400～630 800～1000	1000 1200 1600	550 660 820	300/250 300/360 300/520	370/180 370/290 370/450	400/150 400/260 400/420
SJ （R8 系列）	6，10	0.4	180～320 420～1000	1200 1600	660 820	300/360 300/520	370/290 370/450	400/260 400/420
BSJL	6	0.4	320 560 750	1000 1200 1200	660 820	300/360 370/520	370/290 370/450	400/260 400/420
BSJ	6	0.4	1000	1600	820	300/520	370/450	400/420

注：本表适用于混凝土（100 号）、砖（75 号砖、50 号水泥砂浆）、石（200 号块石、50 号水泥砂浆），基础顶面做法与屋内变压器相同。

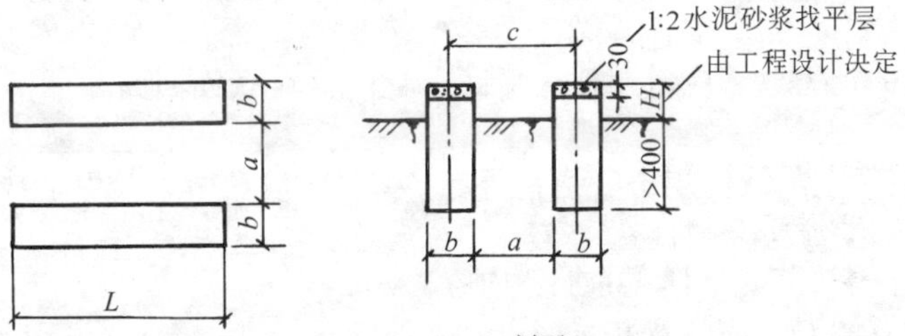

图 1-2 户外变压器基础示意图

表 1-5 普通型电力变压器基础尺寸

变压器容量/kVA		尺寸（见图 1-3）/mm			
		F_1	F_2	F_0	H
铝线	200～630（180～560） 800～1250（750～1000）	550 660	660 820	605 740	500 300
铜线	180～560 750～1000	660 820	820 1070	740 945	500 300

注：图 1-3 所示为不抬高地坪方案，当采用抬高地坪方案时，图中轨距仍然适用。

表 1-6 控制室各屏间及通道距离 （单位：mm）

简图	符号	名称	一般值	最小值
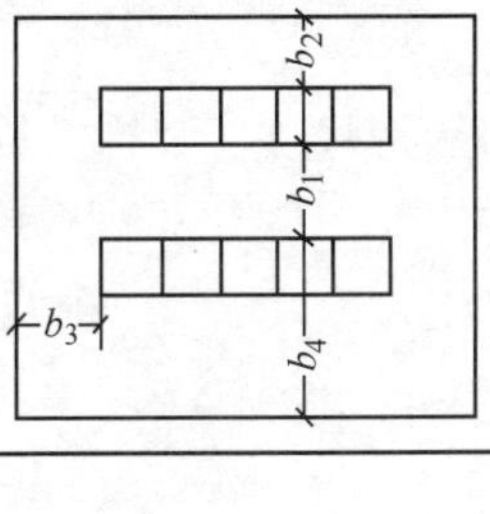	b_1 b_2 b_3 b_4	屏正面—屏背面 屏背面—墙 屏边—墙 主屏正面—墙	1300～1500 1000～1200 1000～1200 3000	1200 800 800 —

表 1-7 变压器外廓与变压器室墙壁和门的最小净距 （单位：m）

变压器容量/kVA	≤1000	1250
至后壁和侧壁的净距	0.6	0.8
至门的净距	0.8	1.0

（2）电源进户位置、方式、线缆规格型号、第一接线点位置及引入方式、电源总柜规格型号及安装位置、总柜与各控制柜箱的连接形式及线缆规格型号。

（3）接地母线、引线、接地极的规格型号数量、敷设方式、接地电阻要求。

（4）控制回路、检测回路的线缆规格型号数量及敷设方式，控制元件、检测元件规格型号及安装位置。

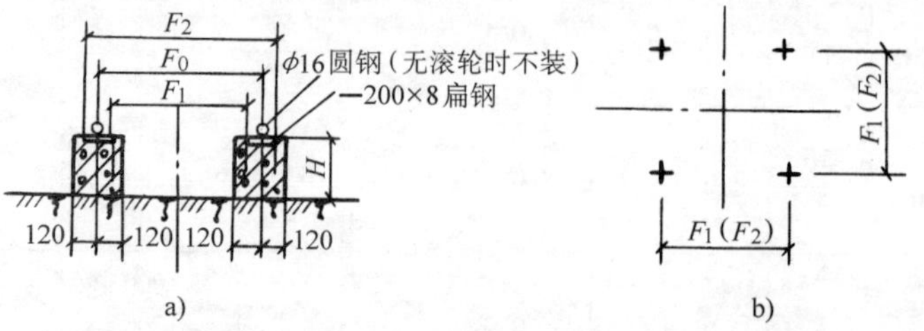

图 1-3 户内变压器基础示意图
a）变压器基础 b）荷重分布

（5）核对系统图与动力平面图的回路编号、用途名称、容量及控制方式是否相同。

（6）建筑物为多层结构时，上下穿越的线缆敷设方式（管、槽、插接或封闭母线、竖井等）及其规格、型号、根数、相互联络方式。单层结构的不同标高下的上述各有关内容及平面布置图。

（7）系统采用的接地保护方式及要求。

（8）单独设立控制室的动力平面图，应掌握控制室的位置、控制回路数、控制柜结构或规格型号，并对照控制原理图及电缆清册核对控制方式、联锁回路，控制柜排列安装位置、电缆沟或线槽的安装位置和安装方式。

（9）具有仪表检测的动力电路应对照仪表平面布置图核对联锁回路、调节回路的元件及线缆的布置及安装敷设方式。

（10）室内采用明装架空母线的规格、绝缘子规格型号、电源引入及引下线规格、安装方式、对应设备及开关箱柜的规格型号等。

（11）各类特殊环境电气设备及管线的上述内容。

5. 阅读照明平面布置图时，应注意并掌握以下有关内容：

（1）灯具、插座、开关的位置、规格型号、数量，控制箱的安装位置及规格型号、台数、从控制箱到灯具插座、开关安装位置的管路（包括线槽、槽板、明装线路等）的规格走向及导线规格型号根数和安装方式，上述各元件的标高及安装方式和各户计量方法等。

（2）电源进户位置、方式、线缆规格型号、第一接线点位置及引入方式、总电源箱规格型号及安装位置，总箱与各分箱的连接形式及线缆规格型号。

（3）核对系统图与照明平面图的回路编号、用途名称、容量及控制方式（集中、单独控制）是否相同。

（4）建筑物为多层结构时，上下穿越的线缆敷设方式（管、槽、竖井等）及其规格、型号、根数、走向、连接方式（盒内、箱内等）。单层结构的不同标高下的上述各有关内容及平面布置图。

（5）系统采用的接地保护方式及要求。

（6）采用明装线路时，其导线或电缆的规格、绝缘子规格型号、钢索规格型号、支柱塔架结构、电源引入及安装方式、控制方式及对应设备开关元件的规格型号等。

（7）其他特殊照明装置的安装要求及布线要求、控制方式等。

（8）土建工程的层高、墙厚、抹灰厚度、开间布置、梁窗柱梯井厅的结构尺寸、装饰结构型式及其要求等土建资料。

（9）各类机房照明要求及上述有关内容。

（10）各类特殊环境照明布置要求及上述有关内容。

6. 阅读通信、广播、音响平面布置图时，应注意并掌握以下有关内容：

（1）机房位置及平面布置、总机柜、配线架、电源柜、操作台的规格型号及安装位置要求，交流电源进户方式、要求、线缆规格型号，天线引入位置及方式。

（2）市局外线对数、引入方式、敷设要求、规格型号，内部电话引出线对数、引出方式（管、槽、桥架、竖井等）、规格型号、线缆走向。

（3）广播线路引出对数、引出方式及线缆的规格型号、线缆走向、敷设方式及要求。

（4）各房间话机插座、音箱及元器件安装位置标高、安装方式、规格型号及数量、线缆管路规格型号及走向；多层结构时，上下穿越线缆敷设方式、规格型号根数、走向、连接方式。

（5）屋顶天线布置位置、天线规格型号数量、安装方式，信号线缆引下及引入方式及引入位置、信号线缆规格型号。

（6）核对系统图与平面图的信号回路编号、用途名称等。

（7）见照明平面布置图中的（8）。

7. 阅读电缆电视平面布置图时，应注意并掌握以下有关内容：

（1）机房位置及平面布置、前端设备规格型号、台数、电源柜和操作台规格型号及安装位置要求，交流电源进户方式、要求、线缆规格型号，天线引入位置及方式、天线数量。

（2）信号引出回路数、线缆规格型号、电缆敷设方式及要求、走向。

（3）各房间电视插座安装位置标高、安装方式、规格型号数量、线缆规格型号及走向、敷设方式；多层结构时，上下穿越电缆敷设方式及线缆规格型；有无中间放大器，其规格型号数量、安装方式及电源位置等。

（4）有自办节目时，机房、演播厅平面布置及其摄像设备的规格型号、电缆及电源位置等。

（5）屋顶天线布置、天线规格型号数量、安装方式、信号电缆引下及引入方式、引入位置、电缆规格型号、天线电源引上方式及其规格型号，天线安装要求（方向、仰角、电平等）。

（6）见通信、广播、音响平面布置图的（6）和（7）。

8. 阅读火灾自动报警及自动消防平面布置图时，应注意并掌握以下有关内容：

（1）机房平面布置及机房（消防中心）位置、集中报警控制柜、电源柜及 UPS 柜、火灾报警柜、消防控制柜、消防通信总机、火灾事故广播系统柜、信号盘、操作柜等机柜室内安装排列位置、台数、规格型号、安装要求及方式，交流电源引入方式、相数及其线缆规格型号、敷设方法，各类信号线、负荷线、控制线的引出方式、根数、线缆规格型号、敷设方法，电缆沟、桥架及竖井位置、线缆敷设要求。

（2）火灾报警及消防区域的划分、区域报警器、探测器、手动报警按钮安装位置标高、安装方式，引入引出线缆规格型号根数及敷设方式、管路及线槽安装方式及要求、走向。

（3）消防系统中喷洒头、水流报警阀、卤代烷喷头、二氧化碳等喷头安装位置标高房号、管路布置走向及电气管线布置走向导线根数、卤代烷及二氧化碳等储罐或管路安装位置标高房号等。

（4）防火阀、送风机、排风机、排烟机、消防泵及设施、消火栓等设施安装位置标高、安装方式及管线布置走向、导线规格根数、台数、控制方式。

（5）疏散指示灯、防火门、防火卷帘、消防电梯安装位置标高、安装方式及管线布置走向、导线规格根数、台数及控制方式。

（6）多层建筑结构时见动力平面布置图的（6）。

（7）系统采用的接地保护方式及要求。

（8）核对系统图与平面图的回路编号、用途名称、房间号、管线槽井是否相同。

9. 阅读保安防盗平面布置图时，应注意并掌握以下内容：

（1）机房平面布置及机房（保安中心）位置、监视器、电源柜及 UPS 柜、模拟信号盘、通信总柜、操作柜等机柜室内安装排列位置、台数、规格型号、安装要求及方式，交流电源引入方式、相数及其线缆规格型号、敷设方法，各类信号线、控制线的引入引出方式、根数、线缆规格型号、敷设方法、电缆沟、桥架及竖井位置、线缆敷设要求。

（2）各监控点摄像头或探测器、手动报警按钮的安装位置标高、安装及隐蔽方式、线缆规格型号、根数、敷设方法要求，管路或线槽安装方式及走向。

（3）电门锁系统中控制盘、摄像头、电门锁安装位置标高、安装方式及要求，管线敷设方法及要求、走向，终端监视器及电话安装位置方法。

（4）对照系统图核对回路编号、数量、元件编号。

（5）同火灾自动报警及自动消防平面布置图的（6）和（7）。

10. 阅读微机监控平面布置图时，应注意并掌握以下内容：

（1）机房（计算机中心）平面布置及位置、CPU主机、打印机、监视器、终端机、模拟信号装置的规格型号台数及安装位置，电源装置及UPS、接线箱规格型号及安装位置，引入信号回路个数、编号、房号、引入方式、线缆规格型号，机房铜排接地网布置及其结构型式。

（2）各房间、监控区域内，数据采集器、传感器、探测器、执行器的回路编号、房号、安装方式及位置标高，管线槽架布置方式及走向、安装方式，竖井及槽架位置及其内部线槽排列方式、密封隔离要求，线缆管槽上下引入方式及要求。线缆槽架规格型号、根数、敷设要求。各元件电源管路布置走向及线缆规格型号、安装敷设方式等。

（3）消防中心、保安中心、通信广播机房、电缆电视机房，电气及仪表控制室与计算机中心联络的管线槽架规格型号、安装方式、敷设要及走向。

（4）对照系统图核对回路编号、房号，上下穿越及接地要求等。

11. 阅读自动化仪表平面布置图时，应注意并掌握以下有关内容：

（1）仪表控制室（机房）平面布置及位置、仪表柜、操作台、模拟盘、电源柜及UPS安装位置、排列方式、安装方式，线缆管架敷设位置标高、安装方式，引入引出管线规格型号、根数，电缆沟、竖井位置，电源引入方式及线缆规格型号。

（2）不同标高下，一次仪表及取样元件或传感器、变送器、就地仪表、执行器及非仪表元件（截止阀、针型阀、冷凝器、平衡器、保温箱等）的规格型号、个数、安装位置标高及方法，管线缆架规格型号、敷设方式及走向、回路编号、用途名称、上引下引位置及方式。

（3）各类仪表电源装置及其管线缆架平面布置、规格型号、走向、安装敷设方式等。

（五）控制原理图（包括二次回路、自动装置、微机综合控制保护装置）

1. 阅读动力（主要指电动机）控制原理图时，应注意并掌握以下有关内容：

（1）电动机及起动柜、规格型号、电压等级、起动方式（直接、串联阻抗、自耦变压器、星-三角、延边三角、软起动、变频起动等）、被施负载的机械特性（恒转矩、恒功率、反抗性通风机）、冷却方式（风冷、油循环、水循环）、油路水路提供的检测信号型式（压力、温度、流速）、被拖负载的运行方式（连续、间断、周期性间断）、电动机及设备的基础是否与电动机容量及转速相符等。

（2）开关（断路器、接触器、开启式负荷开关、变频器、软起动器）规格型号及台数用途（起动、运转、切换），保护方式（熔断器、热继电器、断路器延时脱扣器、过电流继电器、电压继电器、差动保护）及其保护元件的规格型号、功能作用，切换方式及切换元件（时间继电器、速度继电器、电流继电器）的规格型号、功能作用。

（3）电子调节及控制设备的双向晶闸管、触发电路、电源装置、保护元件及其他形式电子电路元件的规格型号、功能作用。

（4）调速方式（变极、调压、调频）及其控制电路中各个元件的规格型号、功能及调速要求。非电类信号或触点的位置和功能。

（5）系统报警指示元件的规格型号、功能，系统联锁装置的功能及各继电器触点的分布，通断后的功能作用及对电路的影响。

2. 阅读断路器控制及信号回路的原理图时，应注意并掌握以下有关内容：

（1）断路器规格型号、操作机构的类别（手力操作机构、电磁操作机构、电动操作机构、重锤操作机构、压缩空气操作机构、液压传动操作机构）规格型号，机构内熔断器、继电器、信号灯、操作转换开关、接触器、小型电动机、各类线圈、整流器件（二极管）的规格型号及作用功能。

（2）操作电源类别（交流、直流）名称及电压、各开关辅助触点和继电器触点的分布位置及其作用功能、保护回路的作用功能及其来自继电保护回路的接点编号、位置、接入方式。

（3）断路器事故跳闸后，中央事故音响信号回路的工作状态。

（4）继电保护回路动作后，断路器跳闸过程及信号系统的工作状态。

（5）继电保护回路与断路器控制回路的连接方式、接点编号。

3. 阅读接地信号监察装置原理图时，应注意并掌握以下有关内容：

（1）电压互感器、继电器规格型号及各继电器的功能作用。

（2）继电器触点分布情况。

4. 阅读操作电源原理图时，应注意并掌握以下有关内容：

（1）操作电源的类别（交流、直流）、元件规格型号及功能作用。

（2）直流操作电源的类别（电容储能、镉镍蓄电池组、复式整流）、整流器、继电器、闪光装置、绝缘监察装置、蓄电池组规格型号及功能作用。

（3）各组操作电源的形成及作用。

5. 阅读备用电源自动投入装置的原理图时，应注意并掌握以下有关内容：

（1）自投开关的类别（断路器、接触器）及继电器的规格型号、功能作用。

（2）继电器及自投开关辅助触点的分布情况，其动作后对电路所产生的影响。

6. 阅读自动重合闸装置的原理图时，应注意并掌握以下有关内容：

（1）重合闸继电器工作原理、功能作用、规格型号，各继电器功能作用、触点分布，转换开关的规格型号及功能作用。

（2）自动重合闸回路与断路器控制回路及保护回路的关系和控制功能。

（3）重合闸装置的电源回路。

7. 阅读电力变压器继电保护控制原理图时，应注意并掌握以下内容：

（1）变压器规格型号、继电保护的方式（差动保护、瓦斯保护、过电流保护、低电压保护、过负荷保护、温度保护低压侧单相接地）、各继电器规格型号及功能作用、继电器触点分布以及触点动作后对电路所产生的影响、电流互感器规格型号及装设位置。

（2）继电保护回路与控制掉闸回路的连接方式、信号系统功能作用。

8. 阅读电力线路继电保护原理图时，应注意并掌握以下内容：

（1）线路电压等级、继电保护方式（电流速断、过电流、单相接地、距离保护、横联差动保护）、各继电器规格型号及功能作用，继电器触点分布、电流互感器规格型号及装设位置。

（2）保护回路与控制掉闸回路的连接方式，信号系统功能作用。

9. 母线继电保护同电力线路继电保护。

10. 阅读电力电容器组继电保护原理图时，应注意并掌握以下内容：

（1）电力电容器规格型号及数量、继电保护方式（过电流保护、横联差动保护、过电压保护、单相接地保护）、各继电器规格型号及功能作用、继电器触点分布、电流互感器规格型号及装设位置。

（2）保护回路与控制掉闸回路的连接方式，信号系统功能作用。

11. 阅读开关柜控制原理图时，应注意并掌握以下内容：

（1）开关柜规格型号、电压等级、功能作用及所控设备、采用的继电保护方式（短路、过电流、断相、温度等）、控制开关作用功能、继电器触点分布、电流互感器规格型号及装设位置。

（2）保护回路与控制回路的连接方式、信号系统功能作用。

12. 阅读火灾自动报警装置的控制原理图时，应注意并掌握以下内容：

（1）报警控制器、探测器规格型号及工作原理、线制（多线制、两线制）、编码方式、联动系统的功能作用。

（2）探测器的分布、区域报警控制器与集中报警控制器（消防中心）联络方式。

13. 阅读电梯控制原理图时，应注意并掌握以下内容：

（1）继电器逻辑控制原理图

1）电动机调速原理（变极、调压、调频）、系统保护装置（极限、行程、超重、断绳、错相、过电流、超速、短路、欠电压、弱磁、断相等）工作原理、元件规格型号及安装位置、触点分布、功能作用、与机械配合的各种安全装置（选层器钢带张紧轮、限速器、超重装置、门关闭或门锁、安全绳等）的工作原理及与电气保护的配合、安装位置、功能作用。

2）各接触器、继电器功能作用、触点分布及通断后对电路的影响。

3）电动机主回路、主操作回路、呼梯召唤回路、开门机回路、平层回路、信号回路、各保护回路的功能作用及工作原理。

（2）微机控制原理图

1）微机控制分微机、可编程序控制器、微处理器、单片机等几种，一般情况下，这些部件的主控板和控制板是为电梯专门设计生产的，为了调速的方便通常配用变频器与曳引电动机连接，同时设置旋转编码器与主机同轴，记录层站位置，进而准确减速、平层、停梯。开关门机构有采用变频门机系统的，与主控板配合使用。微机控制电梯也都配置一些接触器、继电器、行程开关、按钮、信号装置、速度信号感应器等，有些设置与继电器梯相同。

2）主控板规格型号、电源型式及电压，主控板与接触器、继电器、按钮、行程限位开关、楼层显示器、信号装置、感应器、指令控制信号等器件端子的连接方式。

3）主回路元器件及变频器规格型号，连接方式、主回路控制及保护方式，主机与编码器连接方式，变频器与主控板指令控制信号的连接方式，主机及主回路的保护方式及元件的规格型号。

4）系统保护回路中运行计数器、急停继电器、门联锁继电器的保护方式、保护内容以及元器件的连接方式，与主控板、主电路的联系方式。

5）门机系统采用的门机型式及与主控板的联系方式。

6）掌握系统与继电器控制方式的相同之处，对继电器控制系统的理解有助于对微机控制系统的理解。

7）上述继电器梯的相关内容。

8）接线图有助于对整机的理解。

14. 阅读自动化仪表调节控制原理图时，应注意并掌握以下内容：

（1）调节框图，变送器、调节器、伺服放大器、执行器、操作器规格型号及功能作用、反馈回路作用功能。

（2）调节参数、各元件之间接线方式。

15. 微机综合控制保护装置包括：

（1）微机综合控制保护装置的规格、型号、用途。

（2）电流信号采集和输入方式。

（3）电压信号采集和输入方式。

（4）其他信号采集和输入方式。

（5）接线方式。

（6）产品相应要求或产品说明书。

（7）安装、调试及运行维护注意事项等。

16. 阅读其他控制、调整原理图时，主要是掌握元件功能作用、辅助触点分布、接线方式、工艺系统要求、信号指示系统的功能作用等。

（六）安装接线图

阅读接线图必须对照上述各类原理图，弄清元件型号规格及接线端子是否一致，要正确区分哪些接线已在设备本身或元件内部接好，哪些接线应另用导线或电缆进行重新接线；必须正确掌握每段导线的头和尾与设备或元件的连接点；当标有引至×××或来自×××时，应立即找出×××的位置或其接线端子板，认真核对线芯数和接线点位置；当读较为复杂的安装接线图时，应将其分割为几部分；连接导线或电缆的线芯数必须满足接线端子的数量；要弄清楚元件或设备安装位置及端子板安装位置。

（七）电缆清册

阅读电缆清册时，应注意并掌握以下内容：

安装单位名称（指使用这条电缆的设备，如风机、水泵、压力变送器等）、电缆编号、电缆类别（电力电缆、信号或控制电缆，交流电缆、直流电缆）、电压等级、规格型号芯数、电缆走向及起止位置地点、电缆计算长度（这个数值只作为参考数值，不作为割锯电缆的凭证，割锯电缆一般应实测实量）、电缆的用途。核对电缆清册上的电缆应与平面图和接线图上的编号、规格型号、芯数是否相等。

（八）大样图

阅读大样图时，应注意并掌握以下内容：

材料及材质要求，几何尺寸、加工要求、焊接防腐要求、安装具体位置、内部结构型式、元件规格型号及功能作用、具体接线部位及接线方式、元件排列安装位置、制作比例、开孔要求及其部位尺寸、螺纹加工要求、安装操作程序及要求、组装程序、与其他图样的联系及要求等。

（九）架空线路施工图

阅读架空线路施工图时，应注意并掌握以下内容：

1. 电压等级、输送距离及容量、线路型式（单杆、双杆、铁塔、混合）、起止地点及主要路径。

2. 杆塔编号、杆塔型式（直线、转角、耐张、终端）、标志高、档距、耐张段长度、转角角度、跨越物（河、渠、树林、道路、田地、土埂、草坪、碱滩、沙丘、山坡等）。

3. 杆塔型式的结构、主要材料、数量，拉线结构，主要材料、数量，三盘（底盘、卡盘、拉线盘）规格数量，各类金具、横担、抱箍、栏杆、叉梁、支撑、拉板、垫板、垫块、拉环等零件加工大样图，杆头及整杆、绝缘子串组装图等。

4. 线路始端从变配电所引出示意图、末端引入变配电所示意图、引入引出装置的结构、材料、加工图。

5. 避雷线接地要求、接地杆数量及具体接地部位、连接方式、接地要求，大跨越具体安装技术要求等。

（十）设备材料表

阅读设备材料表时，主要是掌握工程中的设备、材料、元件的规格型号、数量或质量、有出指定厂家供货、并应与前述各图相符。需要说明的是，设备材料表中的内容不作为工程施工备料或安装的依据。施工备料的依据，必须是经过会审后的施工图、会签的设计变更、现场实际发生的经甲方或监理或设计签发的技术文件。

三、读图步骤及方法 ★★★

阅读电气工程施工图时，一般可分三个步骤：

（一）粗读

所谓粗读，就是将施工图从头到尾大概浏览一遍，主要了解工程的概况，做到心中有数。粗读应掌握工程所包含的项目内容（变配电、动力、照明、架空线路或电缆、电动起重机械、电梯、通信、广播、电缆电视、火灾报警、保安防盗、微机监控、自动化仪表等项目）、电压等级、变压器容量及台数、电动机容量和电压及起动方式、系统工艺要求、输电距离、厂区负荷及单元分布、弱电设施及系统要求、主要设备材料元件的规格型号、联锁或调节功能作用、厂区平面布置、防爆防火及特殊环境的要求及措施、负荷级别、有无自备发电机组及 UPS 及其规格型号容量、土建工程要求及其他专业要求等。粗读除浏览外，主要是阅读电气总平面图、电气系统图、设备材料表和设计说明。

（二）细读

所谓细读，就是按本节的读图程序和读图要点即每项应注意并掌握的内容仔细阅读每一张施工图，达到读图要点中的要求，并对以下内容做到了如指掌：

1. 每台设备和元件安装位置及要求。

2. 每条管线缆走向、布置及敷设要求。

3. 所有线缆连接部位及接线要求。

4. 所有控制、调节、信号、报警工作原理及参数。

5. 系统图、平面图及关联图样标注一致，无差错。

6. 系统层次清楚、关联部位或复杂部位清楚。

7. 土建、设备、采暖、通风等其他专业分工协作明确。

（三）精读

所谓精读，就是将施工图中的关键部位及设备、贵重设备及元件、电力变压器、大型电动机及机房设施、复杂控制装置的施工图重新仔细阅读，系统掌握中心作业内容和施工图要求，不但做到了如指掌，还应做到胸有成竹、滴水不漏。

对于一般小型且较简单或项目单一的工程，在读图时可直接进行精读，而对大、中型且项目较多的工程，在读图时应按粗读—细读—精读的步骤进行。通过这三个步骤后，我们心中便会有一个活地图，就像录了像一样，随时脑海里都会浮现任何一个部位的图样。当然，读图过程中，有时对某一部分还要进行反复阅读，除了正确理解图样外，主要目的是为了加强对施工图的印象，这样对编制预算、编制设备材料清单、编制施工组织设计、进行安装调试是有绝大益处的，正所谓“磨刀不误砍柴工”。当然，每个人都有自己读图的习惯和方法，与他人不尽相同，但是其目的是一样的，只要能做到上述几点，其目的是会达到的。

四、读图注意事项 ★★★

1. 读图切忌粗糙，而应精细，读图忌讳囫囵吞枣，而应细嚼慢咽。我们说的粗读，是读图的一个步骤，粗读而不粗，必须掌握一定的内容，了解工程的概况，做到心中有数。如果按前述的三个步骤读图，那么就应按其要求，扎扎实实地一步一个脚印读下去，掌握全部内容。如果不按前述的三个步骤读图，那么一开始便应进行细读，细读时要精，并按其要求掌握施工图的全部内容。

2. 读图时要准备好记录，要做到边读边记。做好读图记录，一方面是帮助记忆，另一方面为了便于携带，以便随时查阅及会审图样时提出。记录的主要内容有：主要设备规格型号及台数、变压器控制及保护方式、大型电动机起动方式、机房设施平面布置及引入引出管线缆的分布走向和编号、管线缆及设备与其他专业交叉打架部位、标注前后不符、图样前后不符、缺项或漏项、图样表达不清或不齐全不能施工部位、图样有误或功能不能实现、图样与标准不符或经核算后设备材料规格有较大出入者、图样与国家政策有较大误差及偏离者、读图者认为图样有误或不清疑问等部位。记录除上述内容外，还应记录图号并在该图上用铅笔标注，以便核查。

3. 读图切忌无头无绪，杂乱无章。一般应按房号、回路、车间、某一子系统、某一子项为单位，按读图程序一一阅读。每张图全部读完后再读下一张图，如读该图中间，遇有与另外图有关联或标注说明时，应找出另张图，但只读到关联部位了解连接方式即可，然后返回来再继续读完原图。

4. 读图时，对图中所有设备、元件、材料的规格、型号、数量、备注要求要准确掌握。其中材料的数量要按工程预算的规则计算，图中列出的材料数量只是一个概算估计数，不以此为准。同时手头应有常用电气设备及材料手册，以便及时查阅。

5. 读图时，凡遇到涉及土建、设备、暖通、空调等其他专业的问题时要及时翻阅对应的其他专业的图样，读图后除详细记录外，应与其他专业技术负责人取得联系，对其中交叉跨越、并行打架或其他需要互相配合的问题要取得共识，并且在会审图样纪要上写明责任范围，共同遵守。

6. 读图时要尊重原设计，不得随意更改图中的任何内容，因为施工图的设计者是负有法律责任的。对于图中确为不妥之处须经有经验的第三人证实后应做好笔录，以便在图样会审时提出；对于图中确为错误部分除经第三人证实外，还应进行核算。经核算证实为误时，应与设计者进行商榷，由设计者提出设计变更。当设计者不能接纳时，可在会审图样时提出，由设计者回复。所谓不妥，是指按图中的要求和方法去施工将会浪费大量原材料、增加施工工期、有碍安全施工或有碍于工程质量。对于那些这样做也行、那样做也行，对工程质量、安全、工期、投资没有什么太大影响，只是个人意见不统一的地方，不得按不妥处理。所谓错误，是指按图中的要求和方法去施工将会造成电气功能不能实现、酿成施工事故或发生危险、对生产工艺有不良影响或对投入使用后的运行有不良影响。不妥和错误要严格区分，但无论怎样都要妥善解决，对图样提出疑义时必须有足够的证据，要讲究方法，一是要以理服人，二是要在感情上过得去。这里举几个这方面的例子，供参考。

1988 年某煤气站工程，电源容量为两台 10/0.4kV 800kVA 变压器，四台 380V 240kW 加压机，原设计采用 DW10－1500 空气断路器直接起动。当时看过图后，觉得空压机直接起动有问题，应采用减压起动，便与另外一电气技术人员商讨，他也觉得直起有问题。这样，这个问题拿到了图样会审会上。当场设计人员一口认为没问题，说电源容量够，距离很近，能起动。工程按设计进行，但是等到试车时便出现了问题，一是起车时间太长，电动机发热，起不了车，如坚持起动就有烧电动机的可能，谁也不敢起车。二是一起车其他接触器掉闸，电压降太大。这时建设单位找安装单位，安装单位说是设计原因，最后只能修改设计，改原设计为补偿起动。但是在原柜上加补偿器已没有空间，最后只能将自耦变压器装在地下的通道里。修改后的起动柜，起动时间 18s，一起就成功，对系统没有任何影响，至今运行良好。

1987 年华北某电厂起动锅炉房炉排电动机为一台三速笼型电动机，在看控制原理图时，发现主回路接线有错误，照此接线安装电动机不会起动。图中主要错误是三条横向的三相回路与三条竖向的三相回交叉处没有涂上圆点“┼”，导致主回路不能正确接通。通过建设单位找到原设计本人，他当即承认图中有误，出据变更后进行安装接线，试车时电动机调速正常，运行良好。

1992年某厂锅炉房55kW引风机电动机原设计为星角起动，读图时觉得不妥，建议改为减压补偿器起动。但原设计者认为没有改的必要，坚决不改，照图施工后勉强起动，有时很困难，起动时间长、电流大。交工后在系统试运行时，便出现接触器烧坏、起动困难、引起其他设备跳闸等故障，最后电动机绕组被烧。建设单位提出索赔，安装单位推到设计单位，设计单位不服，最终告到法院，对簿公堂，设计败诉，不但赔偿建设单位的损失，也失去了自己的市场。更换后的原型号原厂家同批55kW电动机采用75kW补偿器起动，一次起动成功，至今运行良好。

7. 读图必须弄清各种图形符号和文字符号，弄清各种标注的意义。对于一些不规范或旧标准的符号和标注，应查阅依据或经人旁证，不得随意定义其含义。必要时应询问设计人。

8. 读图时应注意图中采用的比例，特别是图多时，各图上的比例都不同，否则会对编制预算和材料单有很大影响。导线、电缆、管路、槽钢、防雷线等以长度单位计算工作量的都要用到比例。

9. 读图时应注意图中采用的标准、规范、标准图册或图集，凡是涉及的都应按读图要点的要求仔细阅读，不能漏掉，同时应及早准备图中涉及的标准和图册。

10. 读控制原理时，特别是较复杂的原理图时，必须先弄清图中各种元件（包括继电器、转换开关、机械触点等）的功能及得电、失电后的动作状况以及每副触点在图上的分布位置，分析操作后或得电失电后每个回路（指每个继电器及其串接的各种触点与电源形成的回路）的动作情况，然后再分析联动情况。一个回路一个回路地分析，就把一个很复杂的电路分解成了数个简单的回路，同时看该回路涉及的触点所接成的回路动作情况，这样便于分析电路。

11. 读图切忌烦躁、切忌急于求成，对于大型工程或工期很紧的工程，可按子系统分开，分别设人读图、分工协作，有利于取长补短，有利于互相研究探讨。单独一人读较大工程的施工图时，要注意时间上的安排，注意劳逸结合，读图时要精力充沛。读图一定要一张一张、一个回路一个回路、一个子系统一个子系统、一个单元一个单元、一个房号一个房号地逐一阅读，不得求成心切。

12. 读图切忌不懂装懂、切忌只知其一，不知其二，对于图中不懂之处应及时查找资料或咨询他人，要做到不耻下问，以免影响下面的读图。读图如写文章一样，要一气呵成、不留死角、不留尾巴。

13. 读图时要根据电源或变压器的容量、回路个数、负荷分布、线路的距离，考虑末端压降，必要时要进行核算，以防末端电压太低，造成电动机起动困难或发生其他事故。

14. 读平面图时要考虑管线缆在竖直高度上的敷设情况，多层建筑时，要考虑相同位置上的元件、设备、管路的敷设，考虑标准层和非标准层的区别。对于图中由此穿上，由此引下，由下经此引上及由上经此引下等标注及箭头所指具体位置应一一对应，并且应正确无误。

15. 读图时，对于回路较多、系统较复杂，且工程较大的要注意回路编号，柜、箱、盘编号及其他按顺序标注的符号应前后一致，如有差错要及时纠正，并在会审图样时提出。各图之间的衔接点应标注明确，正确无误。

16. 读接线图时要对照原理图和电缆清册，要正确区分哪些线已在柜内接好，哪些线是用电缆或导线重新配线连接，电缆编号、图中所指由×××引来或去×××必须核查，应正确无误。要核对电缆线芯数与端子板数是否适应，要正确区分电力电缆和控制电缆的使用。

17. 读大样图时，几何尺寸的标注与安装位置的具体尺寸应适应，要核查安装位置的图样及尺寸，同时要核查加工件的质量（重量）与安装位置的承载能力是否适应。

18. 读控制原理图时要注意控制电源小母线的标注及系统的接线方式，要掌握各类小母线从控制电源引出的方式，一是不要记错，二是要记住它们的作用，三是要记住它们的极性，这样读图会得心应手。

19. 读图时要核对图样目录所列与实际图数是否相符，如漏装或错装要及时与设计取得联系，得以更正。工程中应有的图而设计没有出图的应经过图样会审向设计者索取。

20. 读图时要核查施工图的设计与国家有关设计技术规范、规程是否相符；图与图之间有无矛盾或标注编号是否统一；各设备元件之间的联系是否清楚；工程规模及难度与施工队伍的技术水平、技术装备是否适应，能否实现设计要求，如有困难应进行协商解决。

21. 图中的设备、材料、元件规格型号繁多，与市场行情有无矛盾，有无特殊器件市场难以满足。上述器件能否改为通用器件，加快工程进度。在不影响工程质量且能满足设计要求时可建议设计者进行修订，以市场通用器件为主，以降低成本，缩短工期。

22. 对图中交代不明确的地方和疑问点经他人核实且解决不了的应及时请设计解释清楚，需要用图表示的，可向设计者索取补充图样。对于能降低成本、缩短工期、保证系统功能正常安全使用的合理化建议应在会审图样时提出，当好建设单位的参谋。

23. 读图时要注意原设计是否符合国家建设方针和政策；设计图样安全性能是否合理，能否保证今后运行安全；设计与当地的施工条件是否一致；埋地线缆与原地下管道有无矛盾；电气安装与土建施工的配合上存在哪些技术问题及矛盾，安装技术的一些特殊要求，土建施工水平能否达到等。

24. 读图时要特别注重各类机房设施及布置、40kW 以上电动机及其控制线路、压力等涉及安全的各类仪表、电子控制设备及大型整流设备或逆变装置、各类高压电气设备及线路、自备发电装置及并网或同期装置、电梯及电动起重机的安全装置及保护系统、火灾自动报警及其联动系统、防盗保安系统及其装置、爆炸火灾环境的电气装置、贵重设备、进口电气设备等，上述问题搞好了、清楚了，该项工程也就有保证了。必要时，上述设备的图样应由专业工程师负责且由两人及两人以上的技师或技术人员读图。

五、分析复杂电路图的方法及技巧 ★★★

任何复杂的事物都是由简单的事物组成的，在电气工程图中也不例外，这是分析复杂电路图的基本出发点。电气工程及自动化工程中，主要包括发电、电能传输、电能转换、控制技术、电能储存、电能利用六大内容，其中控制技术（包括继电保护）是核心技术，也是难点，有时也很复杂。前述读图步骤及方法、读图注意事项中，对一般的电路图已进行了详尽的讲述，这里就控制电路、继电保护电路、微机控制检测保护电路的分析方法及技巧进行具体的讲述。

（一）分析方法及思路

对于较为复杂的电路，其分析的第一步是将其解剖，解剖成一个个单元电路或组件。一般条件下，功能及作用为同一效果的会经常画在一起（但实物却不一定放在一起，这里要注意!）。第二步是确定每个单元或组件中各个元件的功能和作用。第三步是确定每个元件的电源设置，如交流、直流、电压等。第四步是确定各个元件的输入及输出是什么信号，以及信号值或范围，如接点信号（常开、常闭及其在电路中的分布情况）、模拟信号（0～10mA、4～20mA、1～5V）并判断其信号性质［交流（AC）、直流（DC）、脉动］、数字信号（输入点数、输出点数及触点容量，如 DC30V、DC0.1A）、输入或输出阻抗（如 250Ω、75Ω 等）。不要过多考虑或分析各个元件的内部构造和原理，主要是掌握其功能和输入输出信号，这是分析的关键。第五步是确定单元或组件内各个元件间的接口元件或电路及其功能，如变送器、转换器、安全栅、配电器及其输入输出信号。第六步是确定单元或组件间的接口元件或电路及其功能。第七步是确定各元件间、各单元间的反馈回路及其元件或电路，并确定其反馈信号的性质。第八步是将其上述分析画在一个框图中，并标出元件或电路间的信号。第九步是按框图分析出该电路的功能和作用。第十步是确定上述分析，解剖要细致，不要漏掉任何一个环节。

（二）接触器—继电器控制电路

接触器—继电器配以行程开关、主令电器、按钮和检测装置或仪表提供的信号接点，可以组成复杂的控制电路，如电梯、电动起重机、大型锅炉风机、给水泵电动机、重要负荷的大型电动机及供配电系统的继电保护等。按照上述方法即可进行分析和识读。

1. 确定接触器、继电器（包括电流、电压、错相、接地、差动、短路、温度、压力、流量、时间、功率、瓦斯、环流、中间、信号、闪光、重合闸、阻抗、零序、频率等继电器）的功能作用及其触点（常开、常闭、延时等）的分布情况（这个分布很重要，是分析复杂电路的关键，不能漏掉任何一个）。

2. 确定接触器、继电器得电或失电后其触点的动作结果在所在回路里起到的作用，是断开、接通及回路元件的动作情况。

3. 2 中的回路触点的动作引起其他回路的动作情况。

4. 其他回路的动作又引起各个回路的动作情况。

5. 按 1～4 逐一分析每个回路的动作情况，最后即可分析出整个电路的动作结果。在分析过程中应确定继电器的整定值或动作值。

（三）自动化仪表检测控制电路

自动化仪表检测控制电路是由传感器（如热电偶、热电阻、压力传感器、孔板等）、变送器或转换器或配电器、安全栅、计算器、给定器、调节器、显示器、辅助单元和执行器组成的，除了控制外，该电路还要显示被测量的值或记录累计被测量的值。

1. 确定被测量和传感器的输出信号值（mV 或 mA 或 Ω），确定被测量的类别和个数。

2. 确定各台变送器将被测量或传感器的输出信号变换成统一的标准直流信号值，并确定将标准信号引入显示仪表或调节器的位置及显示仪表或调节器的功能。

3. 确定各台转换器将被测量的 DC 0～10mA、DC 0～10mV 或 20～100kPa 信号转换后与其他系列仪表的连接方式。

4. 确定计算单元各计算器将标准直流信号进行加、减、乘、除、开方、积算等运算后，将其信号与其调节器的连接方式。

5. 确定定值器的给定值，将上述计算后的信号与给定值比较得出偏差。

6. 确定偏差引入的位置及调节器的性质（比例、积分、微分），运算后发出的调节控制信号传给执行器，实现闭环控制。

7. 执行器按调节控制信号动作驱动调节机构改变操纵变量，进行自动控制。

8. 确定其他装置，如操作器、选择器、阻尼器、限幅器、安全栅的功能及其电源、输入和输出信号等。

9. 确定指示、记录、积算、报警等辅助装置的功能和接线。

10. 按 1～9 逐一分析每个检测系统及其与其他系统的连接或关系。

11. 熟练掌握仪表自检系统所有元件的功能、作用以及输入和输出信号，其中配电器是连接变送器到微机控制装置的枢纽。实质上它是一个模-数转换器，是把模拟信号转换成数字信号的装置，微机控制装置只识别数字信号，然后根据设定的程序输出相应的信号，通过电动操作器、伺服放大器去驱动执行器。

（四）微机控制、保护、检测电路

微机控制、保护、检测电路是在上述电路上发展起来的，不同的是它简化了电路的结构。如果不考虑微机车身的结构原理和运行程序，微机控制、保护、检测电路则是最简单的电路。

1. 确定控制量的性质（是开关量，如断开、闭合；还是数字量，如电压、电流、频率、功率、温度、压力、流量、物位、机械量、成分分析量等）。

2. 确定变送器或传感器，它将会把控制量转换成统一的电信号（mA 或 mV 或 Ω）。

3. 确定模-数转换器，它将会把电信号转换成微机能识别的数字信号。

4. 微机控制装置一般都是专门为特定的控制、检测系统而设计制造的，它的程序控制系统是随机配置的，是按控制或检测要求而设计编制的。

5. 确定微机的输出信号及与执行装置之间的接口，一般由操作器、放大器构成。

6. 确定机房及总线的设置，如打印、显示器及常用操作程序等。

7. 微机型继电保护电路系统监控网络是近几年发展起来的新技术，110kV 的变电装置均设置微机型继电保护电路，它的实际电路比继电器继保电路简单得多。

（1）变压器保护柜的主要元件是测控装置，如变压器差动保护装置、变压器后备保护装置、非电量保护装置。非电量保护装置的信号来自温度、瓦斯、油分析等传感器经转换器引来的信号；差动保护和后备保护装置的信号来自互感器，这与继电器保护是相同的。

（2）线路保护柜的主要元件是线路保护装置和线路测控保护装置，它们的信号来自互感器，同样与继电器保护是相同的。

（3）电能计量装置的信号来自互感器。

（4）上述三种装置的输出分别经过以太网网关装置接至网络交换机，穿过间隔层引至以太网。也就是说将所有的信号都引到了以太网，以太网说得通俗一点就是计算机通信网络的总线。

（5）以太网上连接的主要是主控室的设备，如 GPS（Global Positioning System，全球定位系统）、远程通信装置、操作人员的计算机、并配有打印机、电话，接受远方调度员的指令，工作人员均在计算机上进行操作。

六、电气工程读图应具备的知识及技能 ★★★

作为一名优秀的电气安装工作者阅读建筑电气工程图应具备多方面的知识及技能，才能准确无误地阅读图样、掌握图样。这里用到的不仅仅是电气专业方面的知识及技能，还涉及其他几个专业方面的知识及技能，这与其他电气专业是不同的。阅读建筑电气工程图应具备哪些知识及技能呢？

（一）电气专业方面的知识及技能

1. 熟练掌握电气（包括自动化仪表及其弱电工程）图形符号、文字符号、标注方法及其含义，熟悉建筑电气工程制图标准、常用画法及图样类别。

2. 熟悉建筑电气工程经常采用的标准图册图集、电气装置安装工程施工及验收规范、设计规范、安装工程质量验评标准及有关部委标准规范等。

3. 掌握电力变压器、变配电装置的设置及其常用的控制保护电路和方式，掌握各种电动机起动控制电路及保护方式，掌握架空线路和电缆线路常用的安装方法，掌握室内电气线路、电气设备常用的安装方法及设置，掌握防雷接地技术及电气系统常用的保护方式；熟悉特殊环境电气线路及设备的设置，熟悉电梯控制线路及各种保护功能，熟悉火灾自动报警及自动消防、电缆电视、通信广播等弱电技术及线路的设置，熟悉电子技术、微机技术、自动化仪表技术及其线路的设置，能分析电子线路的工作原理及电气系统中常用控制调节原理图。

4. 熟练掌握电气工程中常用的电气设备、元件、材料（如变压器、电动机、开关柜、导线电缆、起动柜、绝缘子、继电器、各类开关和接触器、探测器、传感器、管材、钢材、电气仪表、灯具、信号装置、低压电器、熔断器、避雷器、小五金件、电气控制装置等）的性能作用、工作原理、规格型号，了解其生产厂家和市场价格。

5. 熟悉电气工程有关设计的规程规范及标准，了解设计的一般程序、内容及方法。

6. 熟悉一般电气工程的安装工艺、程序、方法及调试方法，详细内容见《电气工程安装及调试技术手册（新版）》一书。

（二）土建专业方面的知识

熟悉土建工程、装饰工程和混凝土工程施工图中常用的图形符号、文字符号和标注方法；了解土建工程的制图标准及常用画法，了解一般土建工程施工工艺和程序。

（三）工业管道和采暖通风专业方面的知识

熟悉工业管道、采暖卫生、通风空调工程施工图中常用的图形符号、文字符号和标注方法；了解制图标准及常用画法；熟悉工业管道、采暖卫生、通风空调工程施工工艺和程序，掌握与电气关联部位及其一般要求。

（四）设备安装专业方面的知识

熟悉工业设备、锅炉、破碎粉磨设备、压缩机、风机、泵类设备、起重设备、连续输送设备、制冷空气分离设备、金属切削机床、锻压设备、铸造设备等安装工程施工图常用图形符号、文字符号和标注方法；了解制图标准及常用画法，熟悉工程施工工艺和程序，掌握与电气关联部位及其一般要求。

综上所述，可以看出一名电气安装工作人员必须具备多方面的知识和技术技能，其中电气专业方面的知识和技能是必须具备的，有关土建、管道、设备等方面的知识和技能是应该具备的。但是，上述各方面的知识和技能对于一个人来讲，不可能同时一下子具备，这是随着时间积累起来的，这就要求我们在平时要加强这方面的学习，不要等到了读图时才学习，那时已不适应读图的要求了。对于初学者或院校的学生来讲，正值青春时代，风华正茂，精力充沛，正是学习的好机会，为了适应国家经济建设的发展和市场经济的需要，具备多个专业方面知识和技能的人才，才能立足于时代的浪尖风口上，才能使我们的电气工程技术与世界接轨，与世界发达国家同步，才能参与国际市场的竞争。万丈高楼平地起，我们必须扎扎实实地从第一个台阶起步。

第二章»

图形符号、文字符号、标注方法及其使用

电气工程的施工图样是用各种图形符号、文字符号以及各种文字标注来表达的。其中，文字符号和标注方法适用于系统图、平面图、原理图等各种图样，而图形符号则不同，有的仅适用于系统图和原理图，有的仅适用于平面图，使用和读图时要注意区别。常用的符号及标注应熟练掌握并深刻记忆，不常用的应该会查找，并能准确使用。

电气工程的图形符号、文字符号及标注方法在我国已经历了五代，20 世纪 50 年代是套用苏联的标准，到了 60 年代中叶编制了我们国家的标准。为了与国际标准 IEC 和 ISO 接轨，参与国际市场的竞争，从 1984 年到 1988 年我国逐步颁布了新的按国际标准制订的电气工程制图标准。但是由于种种原因，到了 90 年代中期，新的标准才得以较全面的贯彻和执行，然而并不排除个别设计中仍沿用部分旧的标准，这样也给我们读图带来一些困难，特别是对一些年轻的初学者更是这样。2005 年，我国颁布了 GB/T 5094. 1 ~ 4—2002 ~ 2005 新的标准，随后又颁布了 GB/T 4728. 1 ~ 13—2005 ~ 2008 标准，该标准并没有禁止旧符号的使用，因为有的旧符号新标准中未列出制定的新符号，从某种意义上讲未列出的是可以使用的。读者在学习过程中一定要注意新旧标准的替代。这里讲到的图形符号、文字符号及标注方法全部使用新标准，个别的地方列出了新旧对照，便于读者学习、使用和参考。

本章只讲述电气工程和自动化仪表及自动化装置的各种符号及标注，限于篇幅，其他相关专业的图形符号、文字符号和标注方法没有列出。

GB/T 4728. 1 ~ 13—2005 ~ 2008 标准是将 IEC 标准转化为国家标准的电气工程简图用图形符号标准，主要包括以下内容：

1）GB/T 4728. 1—2005　电气简图用图形符号　第 1 部分：一般要求。
2）GB/T 4728. 2—2005　电气简图用图形符号　第 2 部分：符号要素、限定符号和其他常用符号。
3）GB/T 4728. 3—2005　电气简图用图形符号　第 3 部分：导体和连接件。
4）GB/T 4728. 4—2005　电气简图用图形符号　第 4 部分：基本无源元件。
5）GB/T 4728. 5—2005　电气简图用图形符号　第 5 部分：半导体管和电子管。
6）GB/T 4728. 6—2008　电气简图用图形符号　第 6 部分：电能的发生与转换。
7）GB/T 4728. 7—2008　电气简图用图形符号　第 7 部分：开关、控制和保护器件。
8）GB/T 4728. 8—2008　电气简图用图形符号　第 8 部分：测量仪表、灯和信号器件。
9）GB/T 4728. 9—2008　电气简图用图形符号　第 9 部分：电信：交换和外围设备。
10）GB/T 4728. 10—2008　电气简图用图形符号　第 10 部分：电信：传输。
11）GB/T 4728. 11—2008　电气简图用图形符号　第 11 部分：建筑安装平面布置图。
12）GB/T 4728. 12—2008　电气简图用图形符号　第 12 部分：二进制逻辑元件。
13）GB/T 4728. 13—2008　电气简图用图形符号　第 13 部分：模拟元件。

本标准适用于不同种类及不同细节层次的电气工程简图，主要有：

（1）概略图（含框图、单线简图等）

表示系统、分系统、装置、部件、设备、软件中各项目之间的主要关系和连接的相对简单的简图，通常用单线表示法，也叫作系统图。

（2）功能图（包括逻辑功能简图、等效电路图等）

用理论的或理想的电路而不涉及实现方法来详细表示系统、分系统、装置、部件、设备、软件等功能的简图。

（3）电路图（包括端子功能图、示意图等）

表示系统、分系统、装置、部件、设备、软件等实际电路的简图，采用按功能排列的图形符号来表示各元件和连接关系，以表示功能而不需考虑项目的实体尺寸、形状或位置。

（4）接线图（包括接线图、单元接线图、互连接线图、端子接线图、电缆图等）

表示或列出一个装置或设备的连接关系的简图。

（5）安装简图

安装简图表示各项目之间连接的安装图，包括平面布置图、原理图、接线图、系统图等。

（6）网络图

网络图在地图上表示诸如发电站、变电站和电力线、电信设备和传输线之类的网络的概略图。

图形符号应用规则见 GB/T 6988。

在应用新标准、新图形符号时应注意以下几点：

1）凡是新标准、新图形符号已经规定了的新符号（包括图形符号、文字符号）在应用中必须使用，而不得使用旧符号（包括图形符号、文字符号）。

2）凡是新标准、新图形符号中没有列出的符号（包括图形符号、文字符号）在应用中可以使用旧符号（包括图形符号、文字符号），但必须随时查阅新标准的颁布，一旦发布就应该使用新符号。

3）电气工作人员应加强新标准的学习和贯彻，及时纠正图样中的不正确使用，因为标准的贯彻是在最基层的，制定标准的部门和制定人员是不可能到基层这个层面的，因此，新标准的贯彻也是电气工作人员的责任。

4）如果已有符号或组合现有符号仍不能满足需求，可能需要组合新符号，并使其标准化。这时按适当的程序是向行业主管部门或产品标委会说明此种需要。最好有建议，包括符号及文字说明，使用数据库中的信息作为模型。

行业主管部门或产品标委会将新符号建议向 SAC/TC 27 提出，在可能的讨论和协调之后，该符号作为“建议”进入到数据库中，然后进入相应的程序。

同样，这也是电气工作人员的责任。

第一节　电气工程施工图的符号及标注

一、图形符号 ★★★

电气工程图形符号的种类很多，一般都画在电气系统图、平面图、原理图和接线图上，用以标明电气设备、装置、元器件及电气线路在电气系统中的位置、功能和作用。电气工程图中通用的图形符号见表 2-1 和表 2-2，电气工程平面图中常用图形符号见表 2-3。为了读者自学和读图的需要，也列出了旧标准中的图形符号。

表 2-1 ~ 表 2-3 中的各种图形符号全部采用 GB/T 4728. 1 ~ 13—2005 ~ 2008 中的规定。

火灾报警系统常用图形符号见表 2-4。

表 2-1　常用电气简图用图形符号

GB/T 4728—2005 ~ 2008			GB/T 4728—1996 ~ 2000		旧符号	
标识号	名　称	图形符号	名　称	图形符号	名　称	图形符号
1）限定符号和常用的其他符号						
S01401	直流	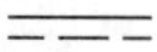	直流		直流电	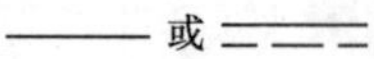
S01403	交流		交流		交流电	
S00069	交流（示出频率）	~50Hz	交流（示出频率）	~50Hz		
S00076	具有交流分量的整流电流		具有交流分量的整流电流	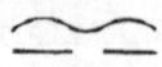	脉动电流	

（续）

GB/T 4728—2005～2008			GB/T 4728—1996～2000		旧符号	
标识号	名　称	图形符号	名　称	图形符号	名　称	图形符号
1）限定符号和常用的其他符号						
S00073	低频（工频）	～	低频（工频）	～	中频	～
S00074	中频（音频）		中频（音频）		低频	
S00075	高频（超声频、载频或射频）		高频（超声频、载频或射频）		高频	
S00077	正极	+	正极	+	正极	+
S00078	负极	−	负极	−	负极	−
S00200	接地，一般符号		接地一般符号		接地一般符号	
S00201	功能性接地		无噪声接地（抗干扰接地）			
S00202	保护接地		保护接地			
S01409 S01410	功能等电位联结		接机壳、接底板	形式1 形式2	接机壳	或
S00210	永久磁铁		永久磁铁		永久磁铁 注：允许不注字母N、S	N　S
2）导线和连接器件						
S00001	连线，一般符号		导线、电缆和母线一般符号		导线及电缆 母　线	
S00002 S00003	导线组（示出导线数）	3	三根导线的单线表示	或 3	三根导线的单线表示	
			交流母线	～		
			直流母线			
			装在支柱上的封闭式母线		母线伸缩接头	
			母线伸缩接头			
S00007	屏蔽导体		屏蔽导线		屏蔽的导线或电缆	或
S00011	同轴电缆		同轴电缆		同轴电缆	

（续）

GB/T 4728—2005～2008			GB/T 4728—1996～2000		旧符号	
标识号	名　称	图形符号	名　称	图形符号	名　称	图形符号
2）导线和连接器件						
S00017	端子		端子		端子	 或 
S00019 S00020	T 型连接	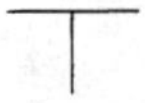 	导线的连接	形式1 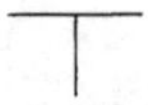 形式2 	导线的单分支	
S00021 S00022	导线的双 T 连接	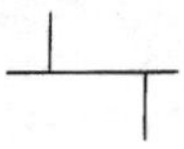 	导线的多线连接	形式 1 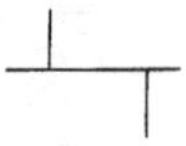 形式 2 	导线的双分支	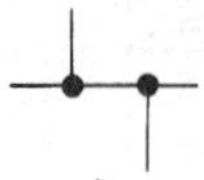 或 
S00033	插头和插座		插头和插座		插接器 一般符号	 或 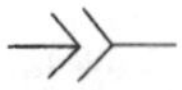
			插座（内孔的）或插座的一个极		插座（内孔的）或插座的一个极	 
			插头（凸头的）或插头的一个极		插头（凸头的）或插头的一个极	 
S00044 S00045	接通的连接片	 	接通的连接片	形式1  形式2 	连接片	
S00046	断开的连接片		断开的连接片		换接片	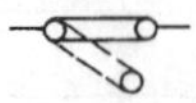
3）电阻器及传感器						
S00555	电阻器，一般符号		电阻器的一般符号		电阻器的一般符号	
S00557	可调电阻器	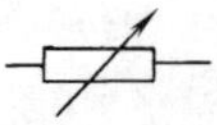	可变电阻器	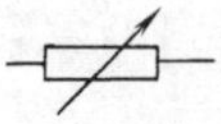	变阻器	 或 

（续）

GB/T 4728—2005～2008			GB/T 4728—1996～2000		旧符号	
标识号	名　称	图形符号	名　称	图形符号	名　称	图形符号
3）电阻器及传感器						
S00558	压敏电阻器	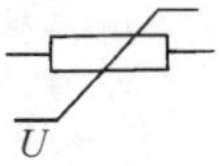	压敏电阻器	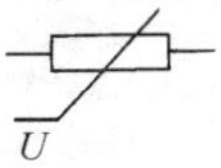	压敏电阻	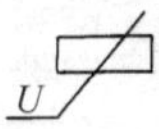
-			热敏电阻器	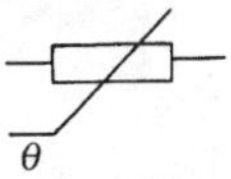	热敏电阻	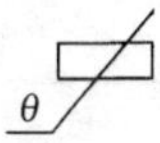
S00559	带滑动触点的变阻器	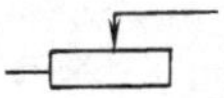	滑线式变阻器	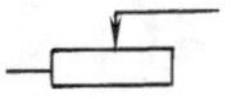	可断开电路的电阻器	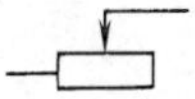
S00563	带固定抽头的电阻器	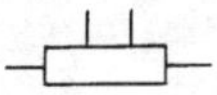	有固定抽头的电阻器	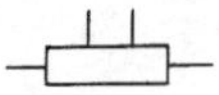	有抽头的固定电阻	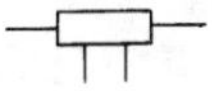
			带固定抽头的可变电阻器		带抽头的可变电阻	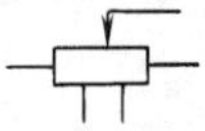
S00564	带分流和分压端子的电阻器	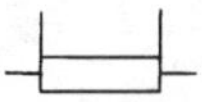	分流器	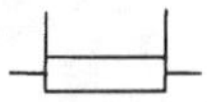	分流器	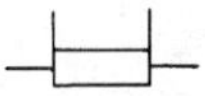
S00561	带滑动触点的电位器	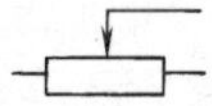	滑动触点电位器	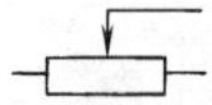	电位器的一般符号	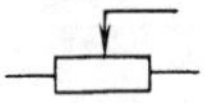
S00562	带滑动触点和预调的电位器	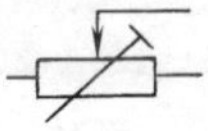	预调电位器	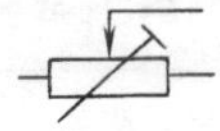	微调电位器	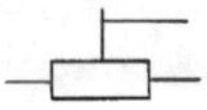
S00566	加热元件	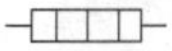	加热元件	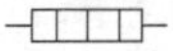		
S00688	具有四根引出线的霍尔发生器	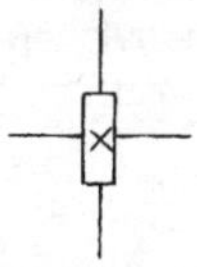	有四个欧姆接触的霍尔发生器	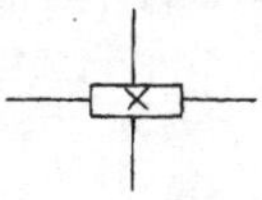		
S00689	磁[电]阻器	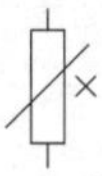	磁敏电阻器（示出线性型）	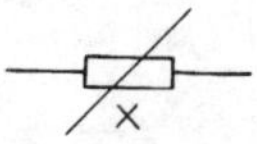		
			带开关的滑动触点电位器	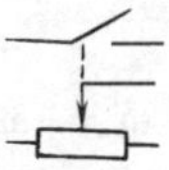		
S00560	带滑动触点和断开位置的电阻器	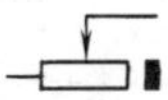	带滑动触点和断开位置的电阻器	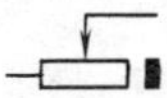		
			0.125W 电阻器			
			0.25W 电阻器	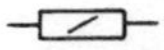		
			0.5W 电阻器			
			1W 电阻器 注：大于1W 电阻器都用阿拉伯数字表示	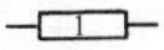		
			熔断电阻器	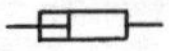		

（续）

GB/T 4728—2005 ~ 2008			GB/T 4728—1996 ~ 2000		旧符号	
标识号	名　称	图形符号	名　称	图形符号	名　称	图形符号
4）电容器						
S00567	电容器，一般符号	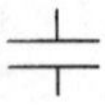	电容器的一般符号	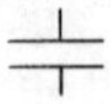	电容器的一般符号	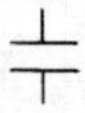
S00571	极性电容器	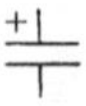	极性电容器	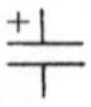	有极性的电解电容器	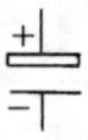
S00573	可调电容器	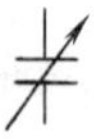	可变电容器		可变电容器	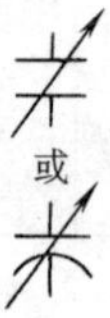
S00575	预调电容器		微调电容器		微调电容器	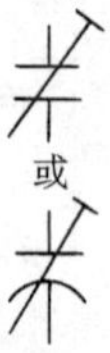
5）电感器						
S00583	线圈；绕组，一般符号		电感器、线圈、绕组、扼流圈		电感线圈、绕组	
S00585	带磁心（铁心）的电感器		带磁心（铁心）的电感器	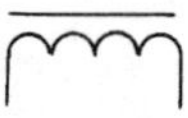	有铁心的电感线圈	
S00586	磁心有间隙的电感器		磁心（铁心）有间隙的电感器		铁心有空气隙的电感线圈	
S00587	带磁心连续可变的电感器		带磁心（铁心）连续可变的电感器	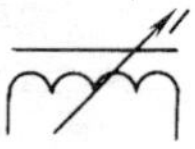		
S00588	带固定抽头的电感器		有两个抽头的电感器		带抽头的电感线圈	
S00590	可变电感器	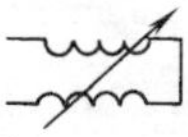	可变电感器	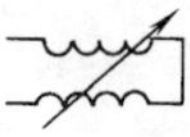		
6）晶体管及电流变换器						
S00641	半导体二极管，一般符号	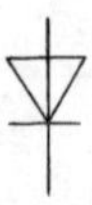	半导体二极管一般符号	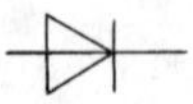	半导体二极管、半导体整流器	
S00642	发光二极管（LED），一般符号		发光二极管	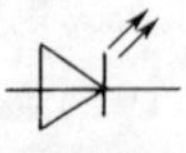		
S00644	变容二极管	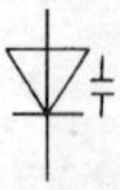	变容二极管	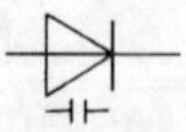	变容二极管	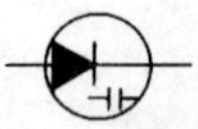

（续）

GB/T 4728—2005～2008			GB/T 4728—1996～2000		旧符号	
标识号	名　称	图形符号	名　称	图形符号	名　称	图形符号
6）晶体管及电流变换器						
S00645	隧道二极管		隧道二极管	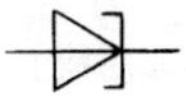	隧道二极管	
S00646	单向击穿二极管		单向击穿二极管（稳压管）	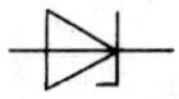	雪崩二极管	
					稳压二极管	
S00057	三极闸流晶体管（未规定类型）		GB/T 2900.32 三极晶闸管 注：没必要规定门极类型时，用于表示反向阻断三极晶闸管	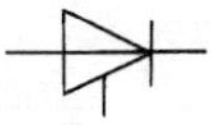	普通晶体闸流管	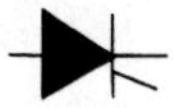
S00654	反向阻断三极闸流晶体管，P栅（阴极侧受控）		反向阻断三极晶闸管（阴极侧受控）	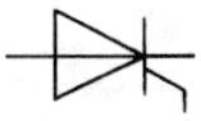	普通晶体闸流管	
S00657	可关断三极闸流晶体管，P栅（阴极侧受控）		可关断三极晶闸管（阴极侧受控）	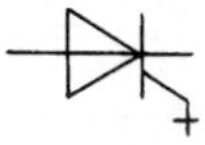	可关断晶体闸流管	
S00666	具有P型双基极的单结晶体管		具有P型双基极单结型晶体管		P型单结晶体管	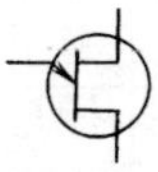
S00667	具有N型双基极的单结晶体管		具有N型双基极单结型晶体管		N型单结晶体管	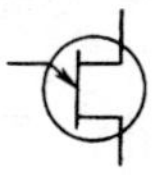
S00655	可关断三极闸流晶体管，未指定栅极		可关断三极晶体闸流管，未规定控制极			
S00656	可关断三极闸流晶体管（阳极侧受控）		可关断三极晶体闸流管，N型控制极（阳极侧受控）	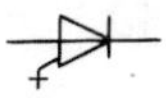		
S00658	反向阻断四极闸流晶体管		反向阻断四极晶体闸流管	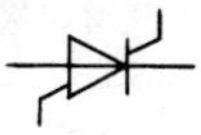		
S00659	双向三极闸流晶体管	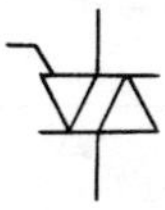	双向三极晶体闸流管三端双向晶体闸流管	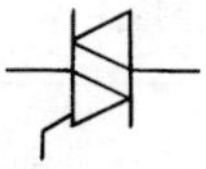		
S00660	逆导三极闸流晶体管，未指定栅极		反向导通三极晶体闸流管，未规定控制极	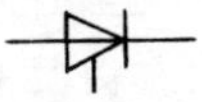		

（续）

GB/T 4728—2005 ~ 2008			GB/T 4728—1996 ~ 2000		旧符号	
标识号	名　称	图形符号	名　称	图形符号	名　称	图形符号
6）晶体管及电流变换器						
S00661	逆导三极闸流晶体管 N 栅（阳极侧受控）		反向导通三极晶体闸流管，N 型控制极（阳极侧受控）	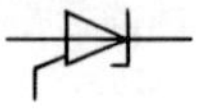		
S00662	逆导三极闸流晶体管 P 栅（阴极侧受控）		反向导通三极晶体闸流管，P 型控制极（阴极侧受控）	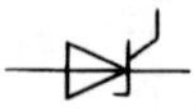		
		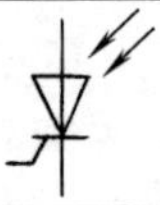	光控晶体闸流管	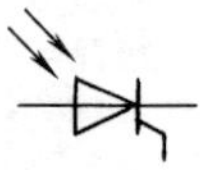		
S00893	直流/直流变换器		直流变流器	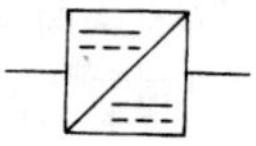		
S00894	整流器		整流器			
S00895	桥式全波整流器		桥式全波整流器	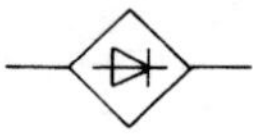		
S00896	逆变器		逆变器	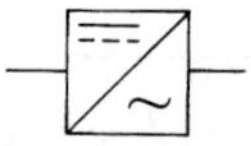		
S00897	整流器/逆变器		整流器/逆变器			
S00647	双向击穿二极管		双向击穿二极管（双向稳压二极管）	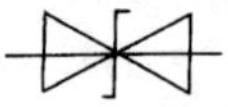	双向稳压二极管	
S00649	双向二极管		双向二极管、交流开关二极管	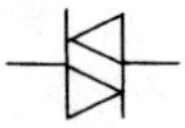	双向二极管	
S00648	反向二极管（单隧道二极管）		反向二极管（单隧道二极管）	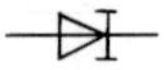		
S00650	反向阻断二极闸流晶体管		反向阻断二极晶闸管	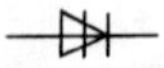		
S00651	逆导二极闸流晶体管		反向导通二极晶闸管	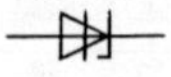		
S00652	双向二极闸流晶体管；双向二极晶闸管		双向二极晶闸管	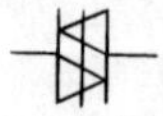		

（续）

GB/T 4728—2005～2008			GB/T 4728—1996～2000		旧符号	
标识号	名　称	图形符号	名　称	图形符号	名　称	图形符号
6）晶体管及电流变换器						
S00653	反向阻断三极闸流晶体管，N 栅（阳极侧受控）	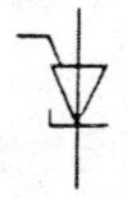	反向阻断三极晶体闸流管，N 型门极（阳极侧受控）	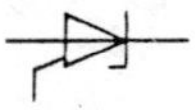		
			磁敏二极管	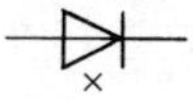		
S00643	热敏二极管	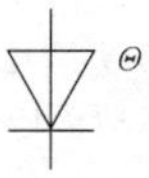	利用温度效应的二极管 注：θ 可以用 $t°$ 代替	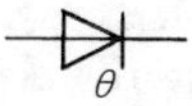		
S00663	PNP 晶体管	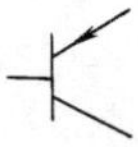	PNP 型晶体管		PNP 型半导体管	
			NPN 型晶体管		NPN 型半导体管	
S00664	集电极接管壳的 NPN 晶体管	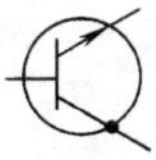	集电极接管壳的 NPN 型晶体管			
S00666	具有 P 型双基极的单结晶体管	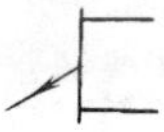	具有 P 型基极单结型半导体管			
S00667	具有 N 型双基极的单结晶体管	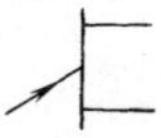	具有 N 型基极单结型半导体管			
S00668	具有横向偏压基极的 NPN 晶体管	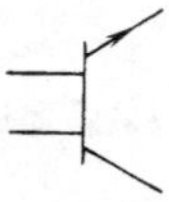	有横向偏压基极的 NPN 型半导体管			
S00669	与本征区有接触的 PNIP 晶体管	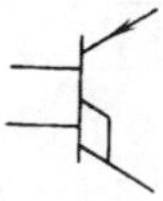	与本征区有欧姆接触的 PNIP 型半导体管	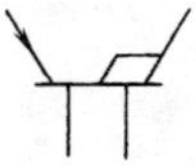		
S00670	与本征区有接触的 PNIN 晶体管	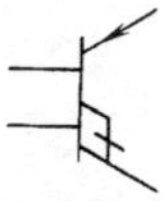	与本征区有欧姆接触的 PNIN 型半导体管	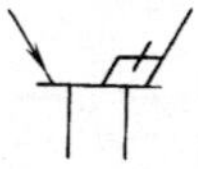		
S00675	绝缘栅场效应晶体管（IGFET），增强型、单栅、P 型沟道、衬底有引出线	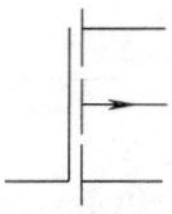	增强型、单栅、P 沟道和衬底有引出线的绝缘栅场效应半导体管			
S00676	绝缘栅场效应晶体管（IGFET）增强型、单栅、N 型沟道，衬底与源极内部连接	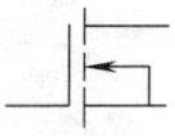	增强型、单栅、N 沟道和衬底与源极在内部连接的绝缘栅场效应半导体管			

（续）

GB/T 4728—2005～2008			GB/T 4728—1996～2000		旧符号	
标识号	名　称	图形符号	名　称	图形符号	名　称	图形符号
6）晶体管及电流变换器						
			NPN 型磁敏半导体管			
S00672	P 型沟道结型场效应晶体管		P 型沟道结型场效应晶体管		P 沟道结型场效应晶体管	
S00671	N 型沟道结型场效应晶体管	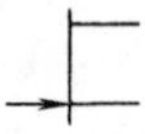	N 型沟道结型场效应晶体管		N 沟道结型场效应晶体管	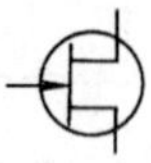
S00673	绝缘栅场效应晶体管（IGFET），增强型，单栅，P型沟道，衬底无引出线		增强型单栅 P 型沟道和衬底无引出线的绝缘栅场效应晶体管	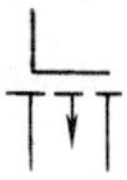	增强型 P 沟道场效应晶体管	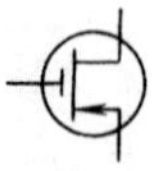
S00674	绝缘栅场效应晶体管（IGFET），增强型，单栅，N型沟道，衬底无引出线	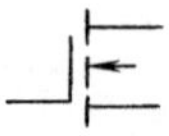	增强型单栅 N 型沟道和衬底无引出线的绝缘栅场效应晶体管	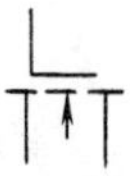	增强型 N 沟道场效应晶体管	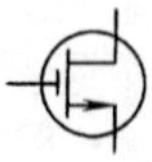
S00678	绝缘栅场效应晶体管（IGFET），耗尽型，单栅，P型沟道，衬底无引出线		耗尽型单栅 P 型沟道和衬底无引出线的绝缘栅场效应晶体管		耗尽型 P 沟道场效应晶体管	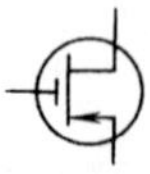
S00677	绝缘栅场效应晶体管（IGFET），耗尽型，单栅，N型沟道，衬底无引出线		耗尽型单栅 N 型沟道和衬底无引出线的绝缘栅场效应晶体管	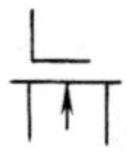	耗尽型 N 沟道场效应晶体管	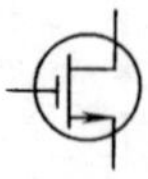
7）光电子、光敏器件						
S00684	光敏电阻（LDR）；光敏电阻器	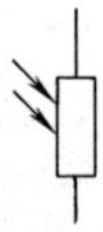	光敏电阻	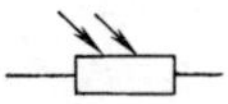	光敏电阻	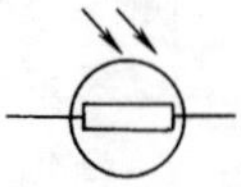
S00685	光电二极管	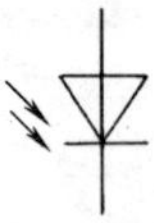	光敏二极管	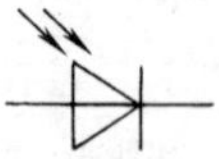	光电二极管	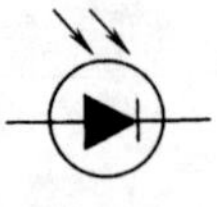
S00686	光生伏打电池		光电池	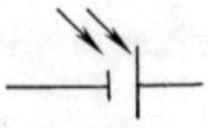	光电池	
S00687	光电晶体管		PNP 型光敏晶体管			

（续）

GB/T 4728—2005～2008			GB/T 4728—1996～2000		旧符号	
标识号	名　称	图形符号	名　称	图形符号	名　称	图形符号
7）光电子、光敏器件						
S00691	光耦合器	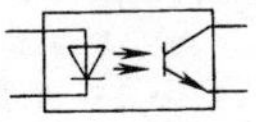	光耦合器光隔离器	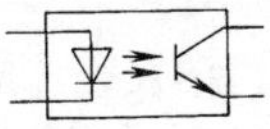		
8）电动机、变压器						
S00806	三角形联结的三相绕组		三角形联结的三相绕组		三角形连接的三相绕组	
S00807	开口三角形联结的三相绕组		开口三角形联结的三相绕组		开口三角形连接的三相绕组	
S00808	星形联结的三相绕组		星形联结的三相绕组		星形连接的三相绕组	
S00809	中性点引出的星形联结的三相绕组		中性点引出的星形联结的三相绕组		中性点引出的星形联结的三相绕组	
S00813	星形联结的六相绕组		星形联结的六相绕组		星形连接的六相绕组	
S00815（废除）	电动机绕组（区别换向或补偿功能）		换向绕组或补偿绕组		换向绕组补偿绕组	
S00816（废除）	电动机绕组（区别串励绕组功能）		串励绕组		串励绕组	
S00817（废除）	电动机绕组（区别并励和他励功能）		并励或他励绕组		并励或他励绕组	
S00823	直流串励电动机		直流串励电动机	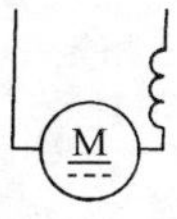	串励式直流电动机	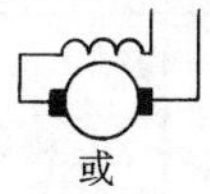 或 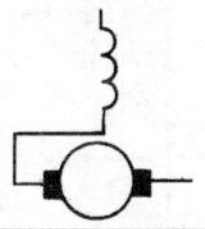
S00824	直流并励电动机		并励直流电动机		并励式直流电动机	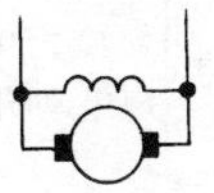
			他励直流电动机	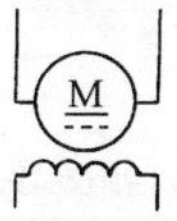	他励式直流电动机	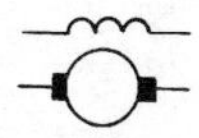
S00825	短分路复励直流发电机		复励直流发电机	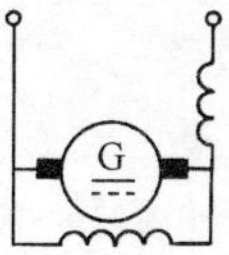	复励式直流电动机	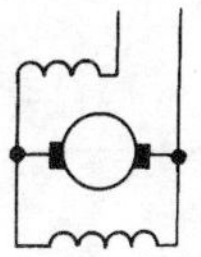

（续）

GB/T 4728—2005～2008			GB/T 4728—1996～2000		旧符号	
标识号	名 称	图形符号	名 称	图形符号	名 称	图形符号
8）电动机、变压器						
			永磁直流电动机	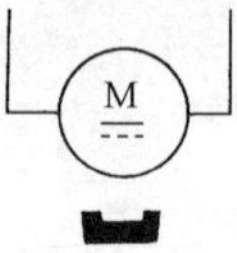	永磁直流电动机	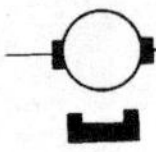
S00828	单相串励电动机		单相交流串励电动机	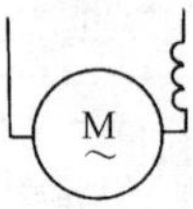	单相交流串励换向器电动机	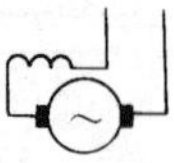
S00830	三相串励电动机	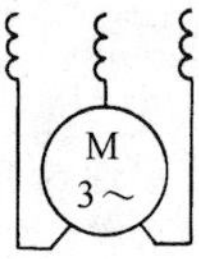	三相交流串励电动机	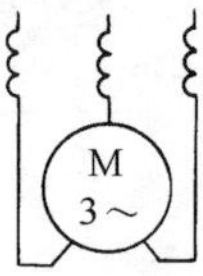	三相串励换向器电动机	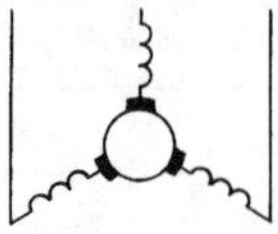
			单相永磁同步电动机		永磁单相同步电动机	
			三相永磁同步电动机		永磁三相同步电动机	 或 
S00836	三相鼠笼式感应电动机	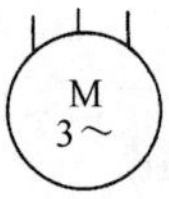	三相笼型异步电动机	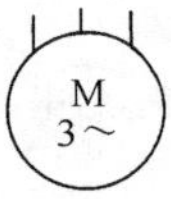	三相鼠笼异步电动机	
S00837	单相鼠笼式感应电动机	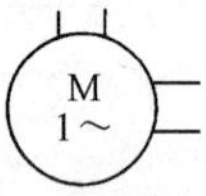	单相笼型异步电动机	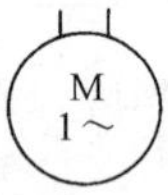	单相鼠笼异步电动机	
S00838	三相绕线式转子感应电动机	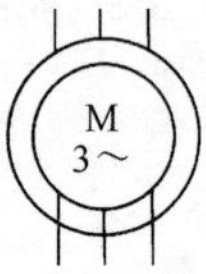	三相绕线转子异步电动机	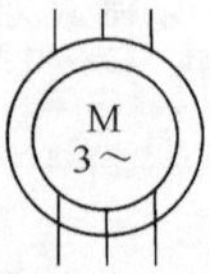	三相滑环异步电动机	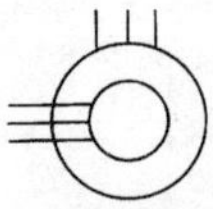
			变压器的铁心	——	变压器的铁心	━━

（续）

GB/T 4728—2005～2008			GB/T 4728—1996～2000		旧符号	
标识号	名　称	图形符号	名　称	图形符号	名　称	图形符号
8）电动机、变压器						
S00841 S00842	双绕组变压器，一般符号	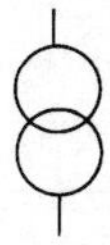 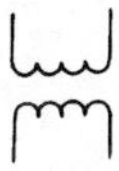	双绕组变压器（黑点表示瞬时电压极性）	形式1 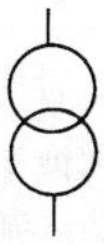 形式2 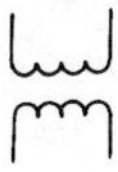 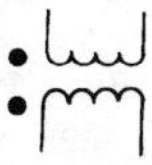	双绕组变压器	单线 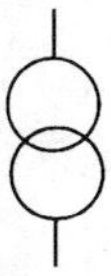 多线 
S00843	双绕组变压器（带瞬时电压极性指示）	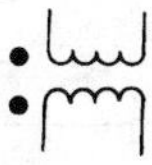				
S00844 S00845	三绕组变压器，一般符号	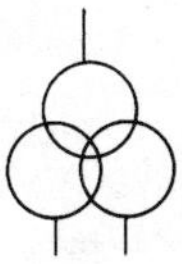 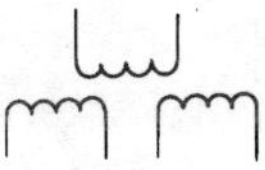	三绕组变压器	形式1  形式2 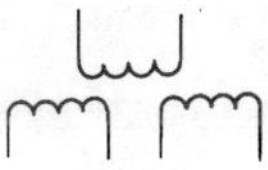	三绕组变压器	单线 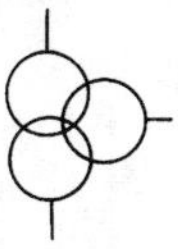 多线 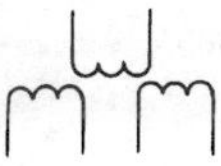
S00846 S00847	自耦变压器，一般符号	 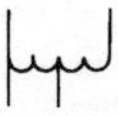	单相自耦变压器	形式1  形式2 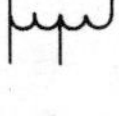	单相自耦变压器	单线  多线 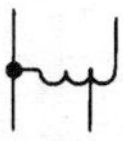
S00848 S00849	电抗器，一般符号	 	电抗器、扼流圈		电抗器	
S00850 S00851	电流互感器，一般符号	 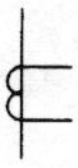	电流互感器	形式1  形式2 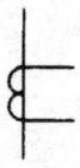	单次级绕组电流互感器	单线 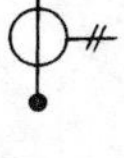 多线 

（续）

GB/T 4728—2005～2008			GB/T 4728—1996～2000		旧符号	
标识号	名　称	图形符号	名　称	图形符号	名　称	图形符号
8）电动机、变压器						
S00880	具有两个铁心，每个铁心有一个次级绕组的电流互感器	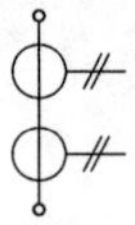	具有两个铁心和两个二次绕组的电流互感器			
S00881	具有两个铁心，每个铁心有一个次级绕组的电流互感器	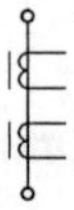		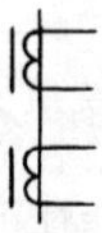		
S00882	在一个铁心上具有两个次级绕组的电流互感器	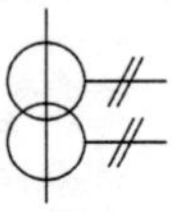	在一个铁心上具有两个二次绕组的电流互感器			
S00883	在一个铁心上具有两个次级绕组的电流互感器	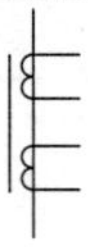		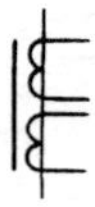		
S00858	星形-三角形联结的三相变压器	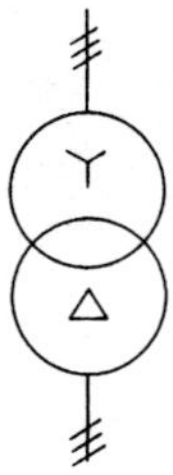	三相变压器星形-三角形联结	形式 1 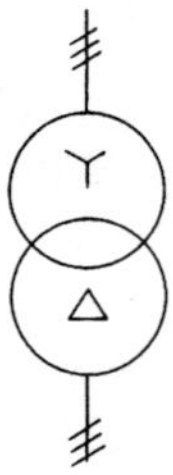	有铁心的三相双绕组变压器绕组联结：星形-三角形	单线 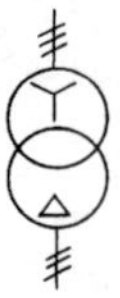
S00859		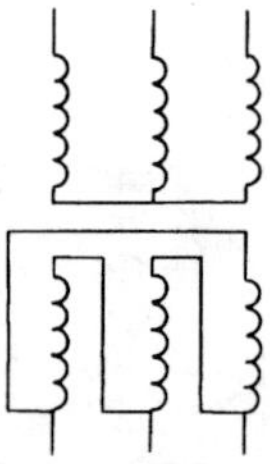		形式 2 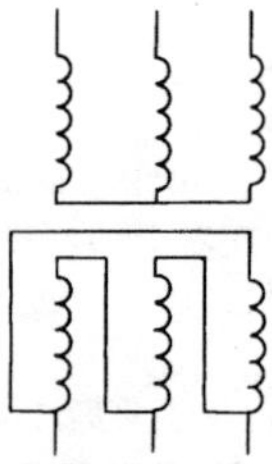		多线 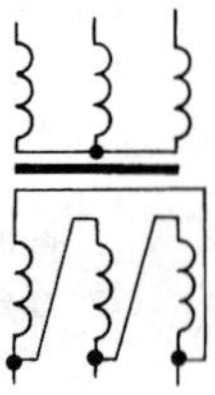
S00864	具有分接开关的三相变压器	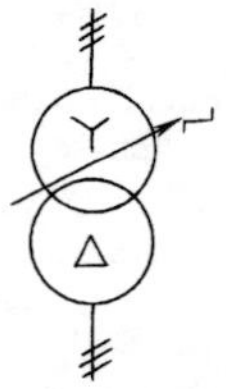	具有有载分接开关的三相变压器星形-三角形联结	形式 1 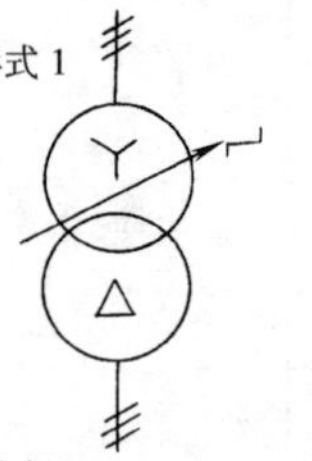	可带负荷调整有铁心的三相双绕组变压器绕组联结：星形-三角形	单线 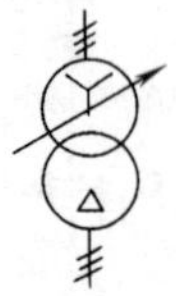
S00865		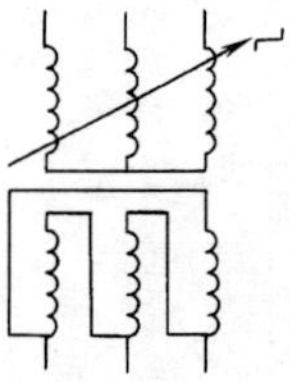		形式 2 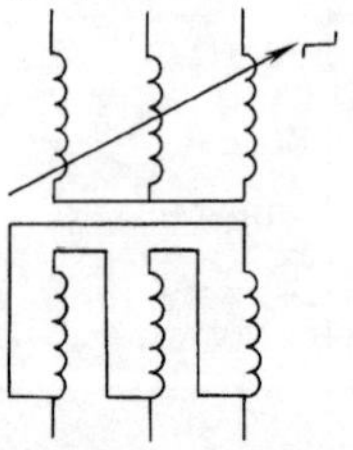		多线 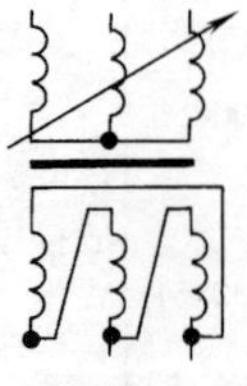

（续）

GB/T 4728—2005～2008			GB/T 4728—1996～2000		旧符号	
标识号	名 称	图形符号	名 称	图形符号	名 称	图形符号
8）电动机、变压器						
S00866	中性点引出的星形-曲折形联结的三相变压器	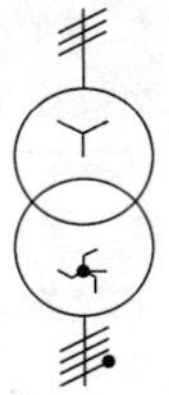	三相变压器星形-曲折形联结		三相变压器星形-曲折形联结	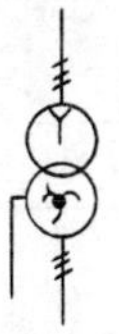
S00867		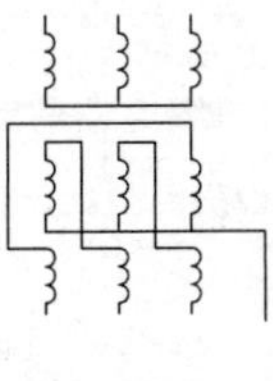		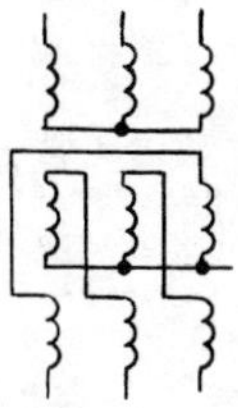		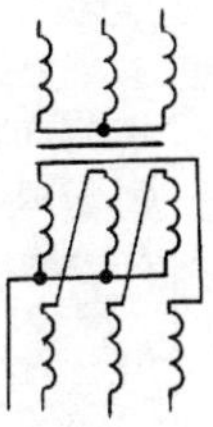
S00872	三相自耦变压器，星形联结		三相自耦变压器星形联结	形式 1 	有铁心的三相自耦变压器，绕组连接为星形	单线 
S00873		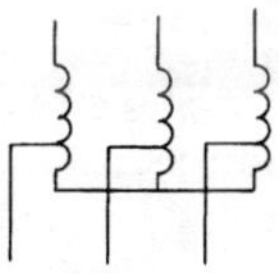		形式 2 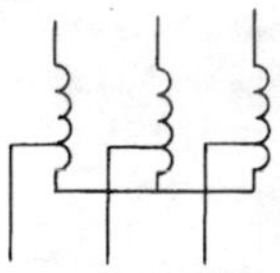		多线 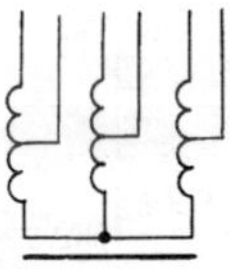
S00874	可调压的单相自耦变压器	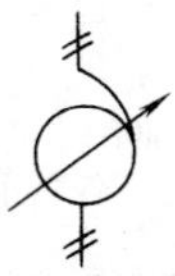	可调压的单相自耦变压器	形式 1 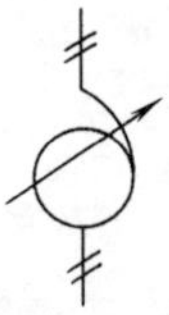	连续调压有铁心的单相自耦变压器	单线 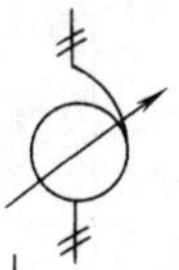
S00875				形式 2 		多线 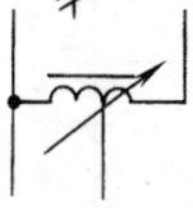
			频敏变阻器	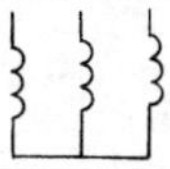		
			分裂电抗器	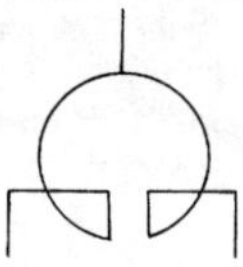		
9）电池						
S00898 S01341	原电池或蓄电池	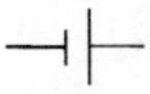	原电池或蓄电池	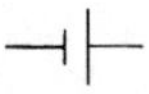	原电池或蓄电池	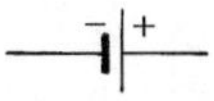
S01342	原电池或蓄电池组	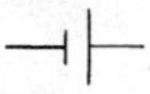	蓄电池组或原电池组 注：注明电压值时允许的画法	48V 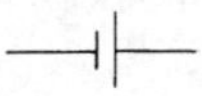	蓄电池组或原电池组 注：注明电压值时允许的画法	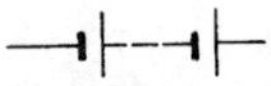 48V 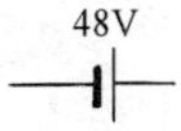

（续）

GB/T 4728—2005～2008			GB/T 4728—1996～2000		旧符号	
标识号	名　称	图形符号	名　称	图形符号	名　称	图形符号
9）电池						
			带抽头的原电池组或蓄电池组		带抽头的原电池组或蓄电池组	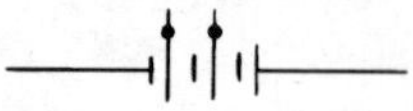
10）开关控制和保护装置						
S00227	动合（常开）触点，一般符号；开关，一般符号		动合（常开）触点	形式 1  形式 2 	开关和转换开关的动合（常开）触头	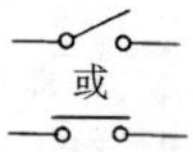
					继电器的动合（常开）触头	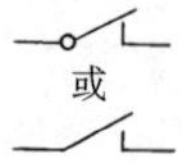
					接触器控制器的动合（常开）触头	
S00229	动断（常闭）触点		动断（常闭）触点		开关和转换开关的动断（常闭）触头	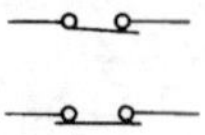
					继电器的动断（常闭）触头	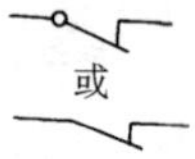
					接触器（辅助触头）、起动器、控制器的动断（常闭）触头	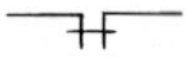
S00230	先断后合的转换触点		先断后合的转换触点		开关和转换开关的切换触点	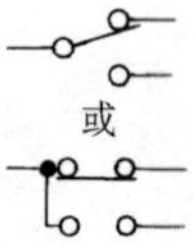
					接触器和控制器的切换触点	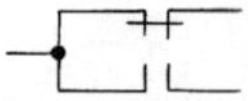
					单极转换的 2 个位置	
S00231	中间断开的转换触点		中间断开的双向触点		单极转换开关的 3 个位置	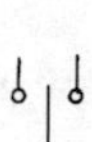 或 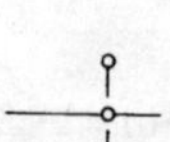

（续）

GB/T 4728—2005～2008			GB/T 4728—1996～2000		旧符号	
标识号	名　称	图形符号	名　称	图形符号	名　称	图形符号
10）开关控制和保护装置						
S00232	先合后断的双向转换触点		先合后断的转换触点（桥接）	形式1 	不切断转换开关的触点	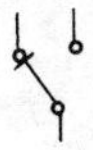
					继电器先合后断的触点	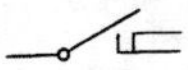
S00233				形式2 	接触器、起动器、控制器的不切断切换触点	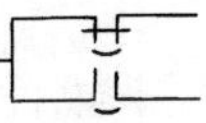
S00243	延时闭合的动合触点	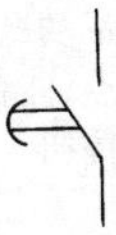	延时闭合的动合（常开）触点		时间继电器延时闭合的动合（常开）触点	
					接触器延时闭合的动合（常开）触点	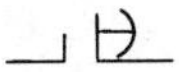
S00244	延时断开的动合触点		延时断开的动合（常开）触点		时间继电器延时开启的动合（常开）触点	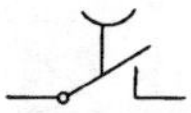
					接触器延时开启的动合（常开）触点	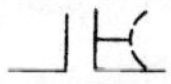
S00245	延时断开的动断触点		延时断开的动断（常闭）触点		时间继电器延时开启的动断（常闭）触点	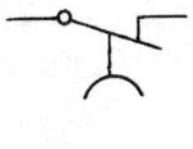
					接触器延时开启的动断（常闭）触点	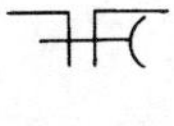
S00246	延时闭合的动断触点		延时闭合的动断（常闭）触点		时间继电器延时闭合的动断（常闭）触点	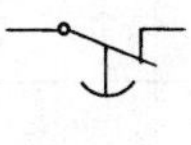
					接触器延时闭合的动断（常闭）触点	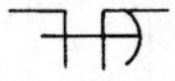
S00247	延时动合触点		吸合时延时闭合和释放时延时断开的动合（常开）触点		时间继电器延时闭合和延时开启动合（常开）触点	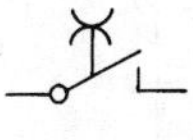
					接触器延时闭合和延时开启动合（常开）触点	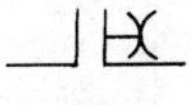

（续）

GB/T 4728—2005～2008			GB/T 4728—1996～2000		旧符号	
标识号	名　称	图形符号	名　称	图形符号	名　称	图形符号
10）开关控制和保护装置						
S00253	手动操作开关，一般符号	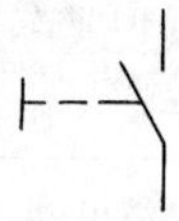	手动开关的一般符号	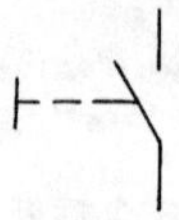		
S00254	自动复位的手动按钮	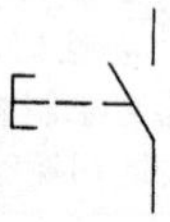	动合（常开）按钮（不闭锁）	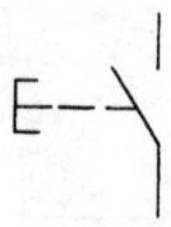	带动合（常开）触点，能自动返回的按钮	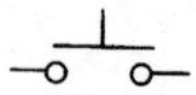
			动断（常闭）按钮（不闭锁）	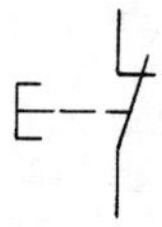	带动断（常闭）触点，能自动返回的按钮	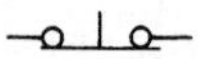
			带动断（常闭）和动合（常开）触点的按钮（不闭锁）	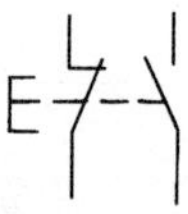	带动断（常闭）和动合（常开）触点，能自动返回的按钮	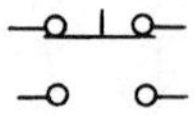
S00255	自动复位的手动拉拔开关	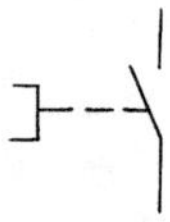	拉拔开关（不闭锁）	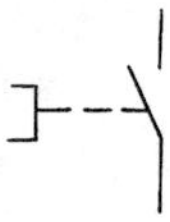		
S00256	无自动复位的手动旋转开关	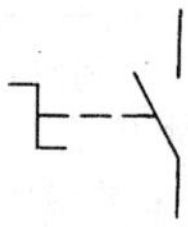	旋钮开关、旋转开关（闭锁）	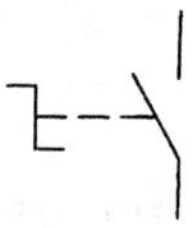	带闭锁装置的按钮	
			液位开关		液位继电器触点	
S00259	带动合触点的位置开关		位置开关，动合触点 限制开关，动合触点		与工作机械联动的开关动合（常开）触点	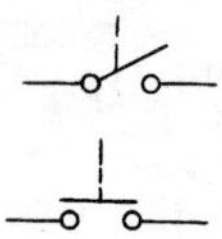
S00260	带动断触点的位置开关		位置开关，动断触点限制开关，动断触点	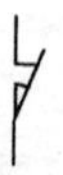	与工作机械联动的开关动断（常闭）触点	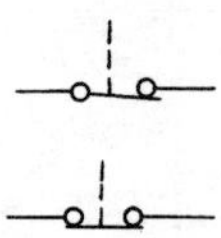
S00261	组合位置开关	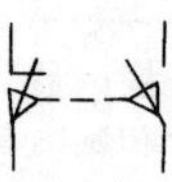	对两个独立电路作双向机械操作的位置或限制开关	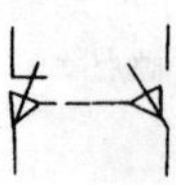		

（续）

GB/T 4728—2005～2008			GB/T 4728—1996～2000		旧符号	
标识号	名　称	图形符号	名　称	图形符号	名　称	图形符号
10）开关控制和保护装置						
S00263	带动合触点的热敏开关		热敏开关动合触点（θ 可用动作温度代替）		温度继电器动合（常开）触点	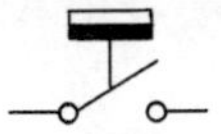 或 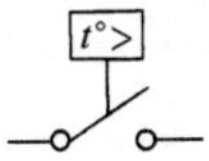
S00266	有热元件的气体放电管	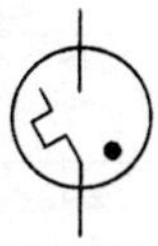	具有热元件的气体放电管、荧光灯起动器		荧光灯触发器	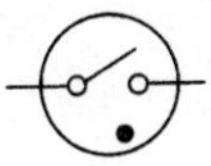
			惯性开关（突然减速而动作）		离心式非电继电器触点	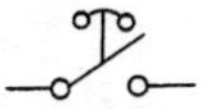
					转速式非电继电器触点	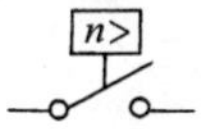
S00265	带动断触点的热敏自动开关	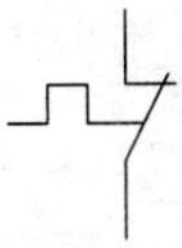	热敏自动开关，动断触点 注：注意区别此触点和下图所示热继电器的触点 		热敏自动开关，动断触点 注：注意区别此触点和下图所示热继电器的触点 	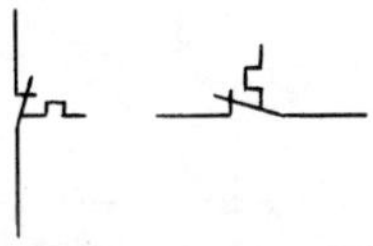
S00374	保护用充气放电管		保护用充气放电管			
S00375	保护用对称充气放电管	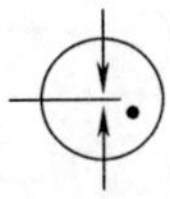	保护用对称充气放电管	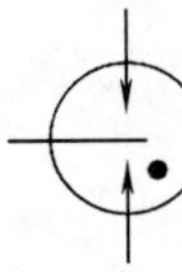		
S00271	多位开关，最多四位	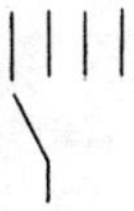	单极四位开关	形式1 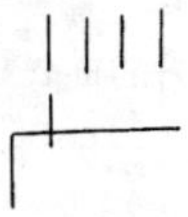 形式2 	单极四位转换开关	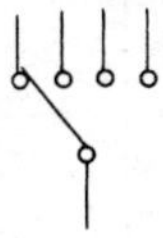
			三极开关单线表示		三极开关单线表示	 或 

（续）

	GB/T 4728—2005～2008		GB/T 4728—1996～2000		旧符号	
标识号	名 称	图形符号	名 称	图形符号	名 称	图形符号
10）开关控制和保护装置						
			三极开关多线表示		三极开关多线表示	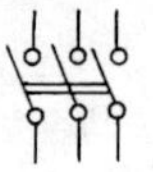 或 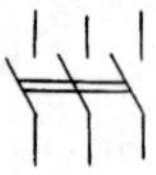
S00284	接触器；接触器的主动合触点		接触器（在主电路中非动作位置触点断开）		接触器动合（常开）触点	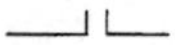
					带灭弧装置接触器动合(常开)触点	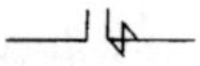
					带电磁吸弧线圈接触器动合（常开）触点	
S00286	接触器；接触器的主动断触点		接触器（在主电路中非动作位置触点闭合）		接触器动断（常闭）触点	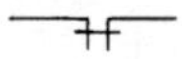
					带灭弧装置接触器动断（常闭）触点	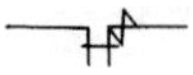
					带电磁吸弧线圈接触器动断（常闭）触点	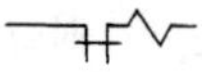
S00290	负荷开关；负荷隔离开关		负荷开关（负荷隔离开关）		带灭弧罩的单线三极开关	
					单线三极高压负荷开关	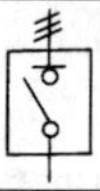
S00288	隔离开关；隔离器		隔离开关		单极高压隔离开关	
					单线三极高压隔离开关	
S00291	带自动释放功能的负荷隔离开关		具有自动释放的负荷开关		自动开关的动合（常开）触点	
S00287	断路器		断路器		自动开关的动合（常开）触点	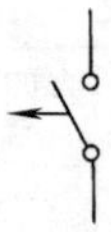
					高压断路器	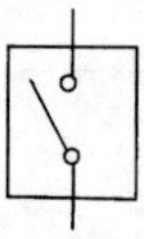 或 
S00297	电动机起动器，一般符号		电动机起动器一般符号			

（续）

GB/T 4728—2005～2008			GB/T 4728—1996～2000		旧符号	
标识号	名　称	图形符号	名　称	图形符号	名　称	图形符号
10）开关控制和保护装置						
S00298	步进起动器		步进起动器			
S00299	调节-起动器		调节-起动器			
			带自动释放的起动器			
S00301	可逆直接在线起动器		可逆式电动机：直接在线接触器式起动器或满压接触器式起动器			
S00302	星-三角起动器		星-三角起动器			
S00303	带自耦变压器的起动器		自耦变压器式起动器			
S00304	带晶闸管整流器的调节-起动器		带可控整流器的调节起动器			
S00305	驱动器件，一般符号；继电器线圈，一般符号	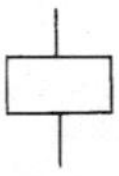	操作器件的一般符号	形式1 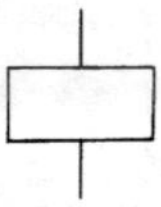 形式2 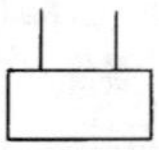	接触器、继电器和磁力起动器的线圈	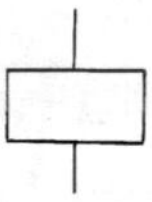 或 
S00307	驱动器件；继电器线圈（组合表示法）	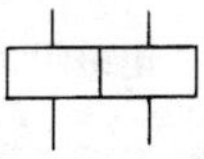	具有两个绕组的操作器件组合表示法	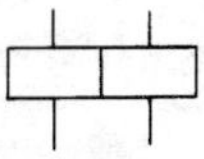 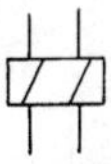	双线圈接触器和继电器的线圈	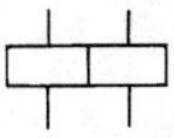 或 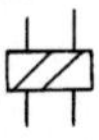
			具有两个绕组的操作器件分离表示法	形式1 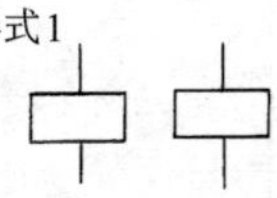 形式2 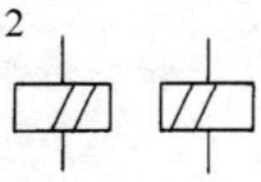	双线圈	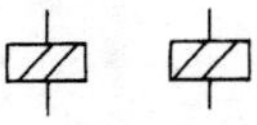
					有 n 线圈时相应画出 n 个线圈	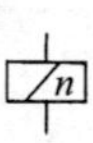
S00311	缓慢释放继电器线圈	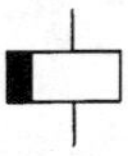	缓慢释放（缓放）继电器线圈	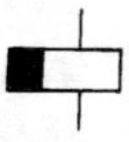	时间继电器缓放线圈	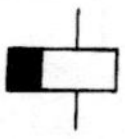
S00312	缓慢吸合继电器线圈	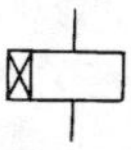	缓慢吸合（缓吸）继电器线圈	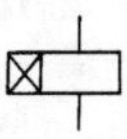	时间继电器缓吸线圈	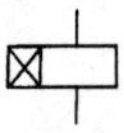
S00313	延时继电器线圈	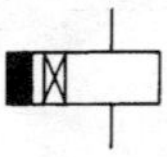	缓吸和缓放继电器线圈	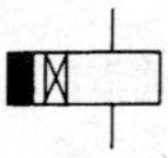		

（续）

GB/T 4728—2005～2008			GB/T 4728—1996～2000		旧符号	
标识号	名 称	图形符号	名 称	图形符号	名 称	图形符号
10）开关控制和保护装置						
S00314	快速继电器线圈	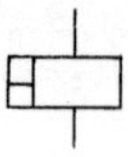	快速继电器（快吸和快放）线圈	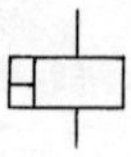		
S00323 S00324	剩磁继电器线圈	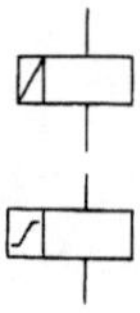	剩磁继电器线圈	形式1 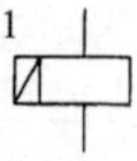 形式2 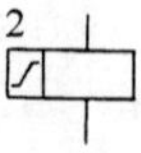		
			过电流继电器线圈	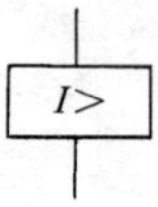	过流继电器线圈	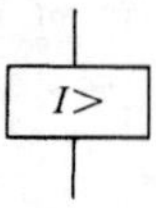
			欠电压继电器线圈	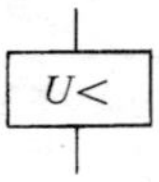	欠压继电器线圈	
			电磁吸盘	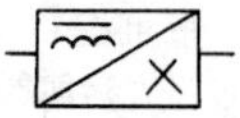	电磁吸盘	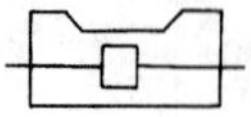
S00352	瓦斯保护器件、气体继电器	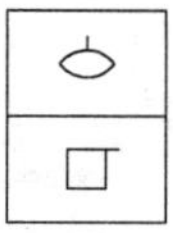	气体继电器	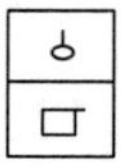	气体继电器	
S00353	自动重闭合器件；自动重合闸继电器	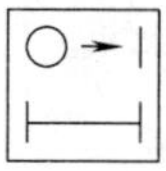	自动重闭合器件	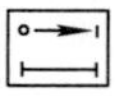	自动重闭合器件	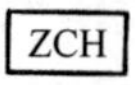
			电磁阀	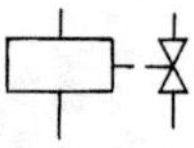	电磁阀线圈	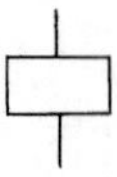
			电磁离合器	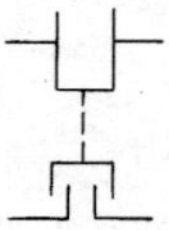	电磁离合器	
			电磁转差离合器或电磁粉末离合器	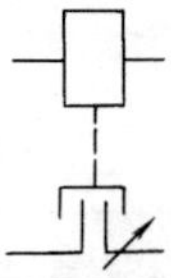	电磁转差离合器或电磁粉末离合器	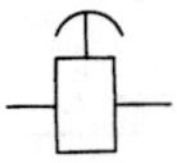
			电磁制动器	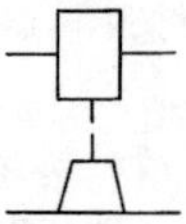	电磁制动器	
S00354	接近传感器	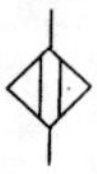	接近传感器	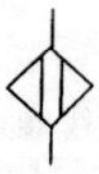		

（续）

GB/T 4728—2005～2008			GB/T 4728—1996～2000		旧符号	
标识号	名　称	图形符号	名　称	图形符号	名　称	图形符号
10）开关控制和保护装置						
S00359	接近开关	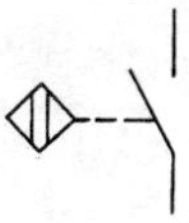	接近开关动合（常开）触点	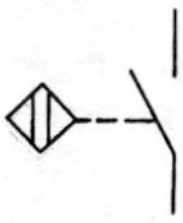		
S00357	接触传感器		接触传感器			
S00358	接触敏感开关		接触敏感开关动合（常开）触点	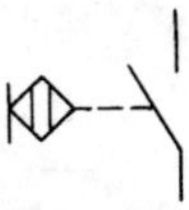		
S00355	接近传感器件	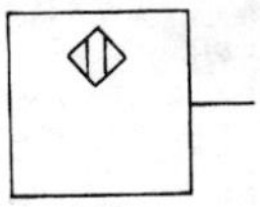	接近传感器件方框符号 注：操作方法可以表示出来 示例：固体材料接近时操作的电容性的接近检测器	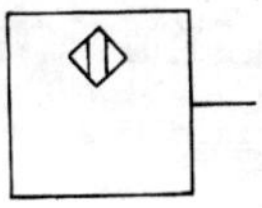		
S00356	容性接近传感器件	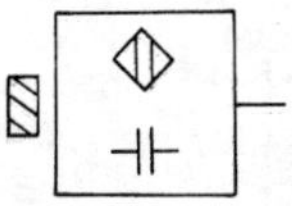		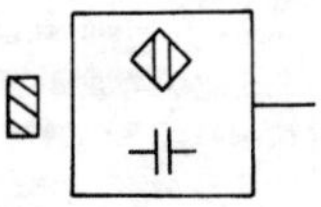		
S00360	磁控接近开关	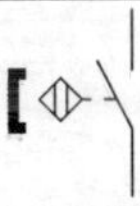	磁铁接近时动作的接近开关，动合触点	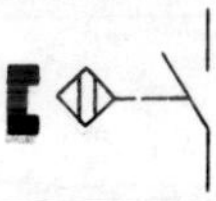		
S00361	铁控接近开关	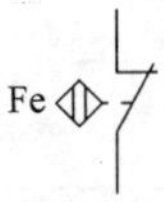	铁接近时动作的接近开关，动断触点	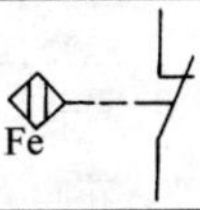		
S00325	热继电器驱动器件	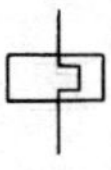	热继电器的驱动元件（热元件）	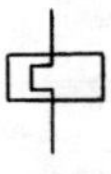	热继电器热元件	
		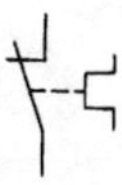	热继电器动断（常闭）触点	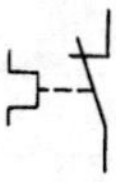	热继电器常闭触头	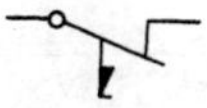
S00362	熔断器，一般符号		熔断器一般符号		熔断器	
S00363	熔断器		供电端用粗线表示的熔断器			
S00364	熔断器；撞击器式熔断器	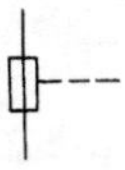	带机械连杆的熔断器（撞击器式熔断器）	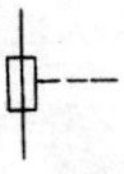		
S00368	熔断器开关		熔断器式开关		刀开关-熔断器	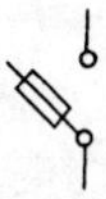

（续）

GB/T 4728—2005～2008			GB/T 4728—1996～2000		旧符号	
标识号	名　称	图形符号	名　称	图形符号	名　称	图形符号
10）开关控制和保护装置						
			跌落式熔断器	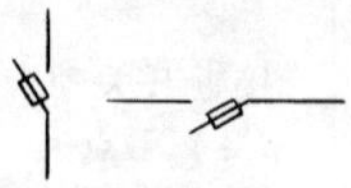	跌落式熔断器	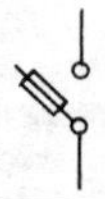
S00369	熔断器式隔离开关；熔断器式隔离器		熔断器式隔离开关	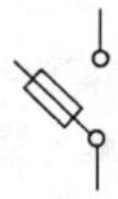	隔离开关-熔断器	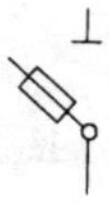
S00370	熔断器负荷开关组合电器	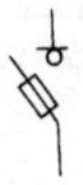	熔断器式负荷开关	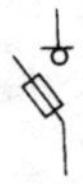		
S00366	独立报警熔断器	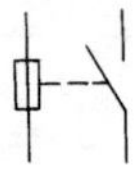	具有独立报警电路的熔断器	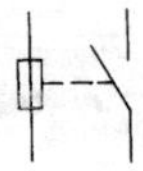	有信号的熔断器	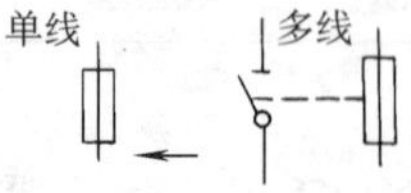
S00367	带撞击式熔断器的三极开关	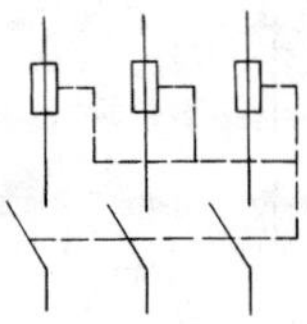	任何一个撞击器式熔断器熔断而自动释放的三相开关	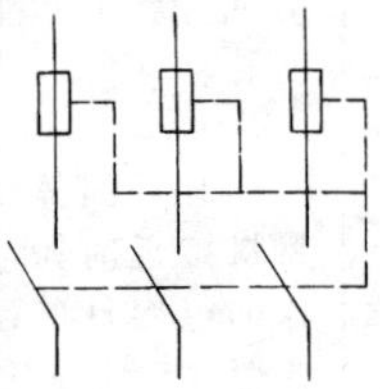		
S00371	火花间隙		火花间隙		火花间隙	
S00372	双火花间隙		双火花间隙			
S00373	避雷器		避雷器		避雷器的一般符号	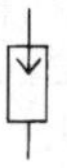
11）测量仪表						
S00910	指示仪表，一般符号 注：星号必须由字母代替，例如 Hz—频率表 φ—相位表 cosφ—功率因数表	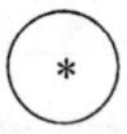	指示仪表 注：星号必须由字母代替，例如 Hz—频率表 φ—相位表 cosφ—功率因数表	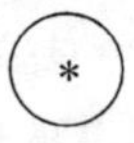		
S00913	电　压　表	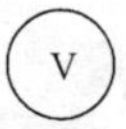	电　压　表	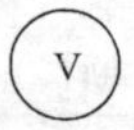	无功功率	
S00916	无功功率表		无功功率表			

（续）

GB/T 4728—2005～2008			GB/T 4728—1996～2000		旧符号	
标识号	名　称	图形符号	名　称	图形符号	名　称	图形符号
11）测量仪表						
S00933	电度表（瓦时计）	Wh	电能表（瓦时计）	Wh	瓦时计	Wh
S00924	检流计		检流计		检流计	
S00922	示波器		示波器		示波器	
			电流表	A	电流表	A
S00914	无功电流表	A $I\sin\varphi$	无功电流表	A $I\sin\varphi$	无功电流表	A
S00915	带最大需量指示器	W P_{max}	最大需量指示器（由一台积算仪表操纵的）	W P_{max}	最大需量指示器（由一台积算仪表操纵的）	Wh
S00917	功率因数表	$\cos\varphi$	功率因数表	$\cos\varphi$	功率因数表	$\cos\varphi$
S00919	频率计	Hz	频率表	Hz	频率表	f
S00926	温度计；高温计	θ	温度计、高温计（θ可由$t°$代替）	θ	温度计、高温计（θ可由$t°$代替）	T
S00927	转速表	n	转速表	n	转速表	n
S00912	积算仪表，一般符号	*	积算仪表、电能表（星号必须按照规定予以代替）	*	积算仪表、电能表（星号必须按照规定予以代替）	
S00932	安培小时计	Ah	安培小时计	Ah	安培小时计	Ah
S00940	带发送器电度表	Wh	带发送器电能表	Wh	带发送器电能表	Wh
S00941	从动电度表（转发器）	Wh	由电能表操纵的遥测仪表（转发器）	Wh	由电能表操纵的遥测仪表（转发器）	Wh
S00942	从动电度表（转发器）带打印器件	Wh	由电能表操纵的带有打印器件的遥测仪表（转发器）	Wh	由电能表操纵的带有打印器件的遥测仪表（转发器）	Wh
12）灯和信号器件						
S00965	灯，一般符号		灯的一般符号		照明灯	
					信号灯	

（续）

GB/T 4728—2005～2008			GB/T 4728—1996～2000		旧符号	
标识号	名　称	图形符号	名　称	图形符号	名　称	图形符号
12）灯和信号器件						
S01417	音响信号装置，一般符号		电喇叭	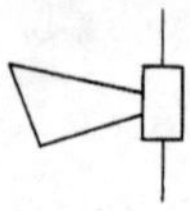	电喇叭	 或 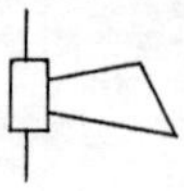
			电铃		电铃一般符号	
13）其他及操作器件						
S00145	机械连接（力或运动）	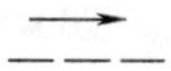	机械的连接 气动的连接 减压的连接 示例：具有力或运动指示方向的机械连接 示例：具有指示旋转方向的机械连接 注：箭头应视作从连接符号前面向里旋转	形式1 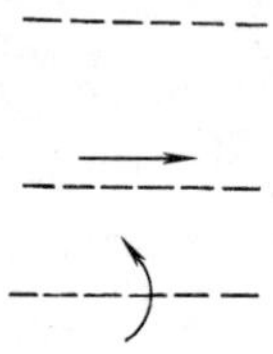 形式2 		
S00146	机械连接（旋转）					
S00147	连接					
S00148	延时动作		延时动作 注：从圆弧向圆心方向移动的延时动作	形式1  形式2 		
S00149	延时动作	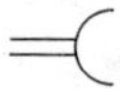				
S00150	自动复位	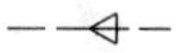	自动复位 注：三角为指向返回方向	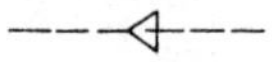		
S00151	自锁		定位 非自动复位 维持给定位置的器件			
S00152	脱开自锁		脱离定位	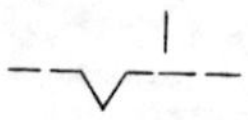		
S00153	进入自锁	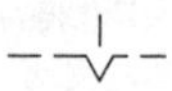	进入定位	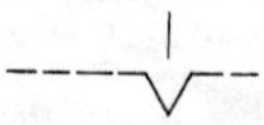		
S00154	机械联锁		两器件间的机械联锁			
S00155	脱扣的闭锁器件	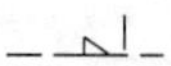	脱扣的锁扣器件	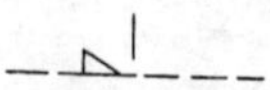		
S00156	锁扣的闭锁器件	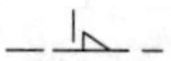	扣住的锁扣器件			
S00157	阻塞器件	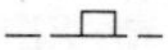	堵塞器件	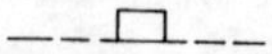		

（续）

GB/T 4728—2005～2008			GB/T 4728—1996～2000		旧符号	
标识号	名 称	图形符号	名 称	图形符号	名 称	图形符号
13）其他及操作器件						
S00158	处于阻塞状态的阻塞器件	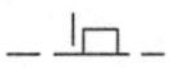	向左边移动被堵塞的已堵住的堵塞器件	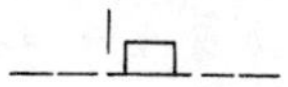		
S00159	离合器，机械联轴器		机械联轴器、离合器			
S00160	机械联轴器，脱开的	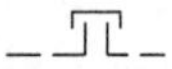	脱开的机械联轴器			
S00174	操作件，应急	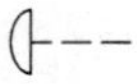	紧急开关（蘑菇头安全按钮）	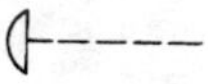		
S00175	操作件（手轮操作）		手轮操作	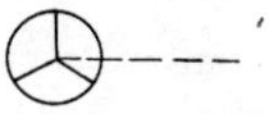		
S00176	操作件（脚踏操作）	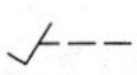	脚踏操作	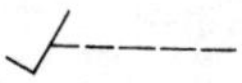		
S00177	操作件（杠杆操作）	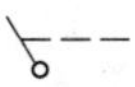	杠杆操作	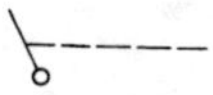		
S00178	操作件（用可卸拆平柄操作）	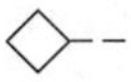	可拆卸的手柄操作			
S00179	操作件（钥匙操作）	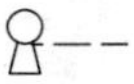	钥匙操作	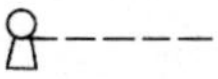		
S00180	操作件（曲柄操作）	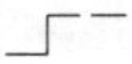	曲柄操作	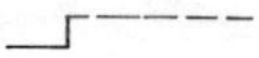		
S00181	操作件（滚子操作）	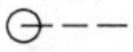	滚轮（滚柱）操作			
S00182	操作件（凸轮操作）	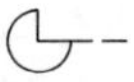	凸轮操作 注：需要时，可示出详细凸轮图，对仿形样板也适用 示例：仿形凸轮 示例：仿形样板，仿形凸轮（展开图） 示例：凸轮和滚轮(滚柱)操作	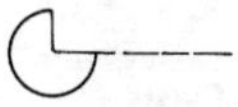   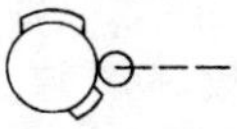		
S00183	操作件（仿形凸轮操作）					
S00184	操作件（仿形样板，仿形凸轮操作）					
S00185	操作件（仿形凸轮和滚子操作）	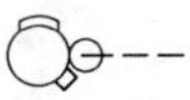				
S00186	操作件（储存机械能操作）	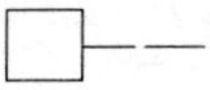	储存机械能操作 注：储存能的方式可以填入方框符号内	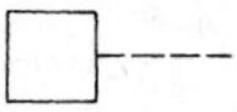		
S00187	操作件（单向作用的气动或液压驱动）	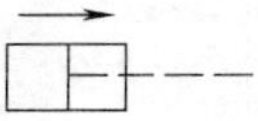	单向作用的气动或液压控制操作	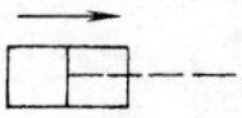		

（续）

GB/T 4728—2005～2008			GB/T 4728—1996～2000		旧符号	
标识号	名　称	图形符号	名　称	图形符号	名　称	图形符号
13）其他及操作器件						
S00188	操作件（双向作用的气动或液压驱动）	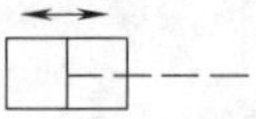	双向作用的气动或液压控制操作	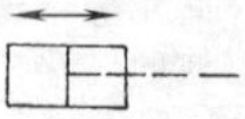		
S00190	操作件（电磁器件操作）	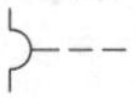	过电流保护的电磁操作	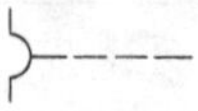		
S00189	操作件（电磁效应驱动）	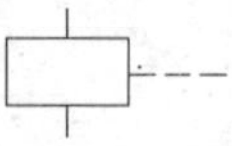	电磁执行器操作	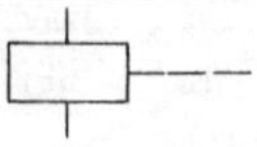		
S00191	操作件（热器件驱动）	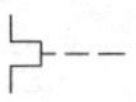	热执行器操作（如热继电器、热过电流保护）	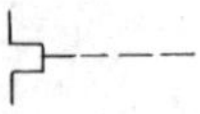		
S00192	操作件（电动机操作）	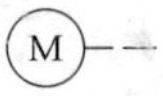	电动机操作	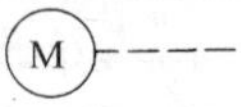		
S00193	操作件（电钟操作）	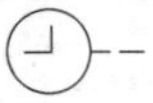	电钟操作	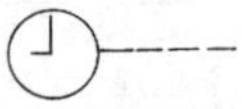		
S00195	操作件（液位控制）	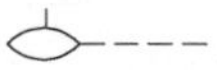	液位控制			
S00196	操作件（计数器控制）	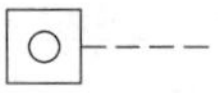	计数控制	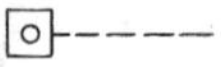		
S00197	操作件（流体控制）	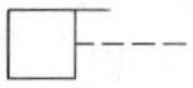	流体控制 示例：气流控制	 		
S00198	操作件（气流控制）					
S00199	操作件（相对湿度控制）	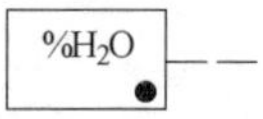	相对湿度控制	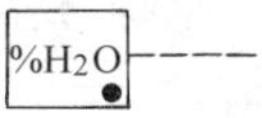		
			温度控制 注：θ 可用 $t°$ 代替	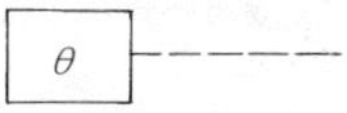		
			压力控制	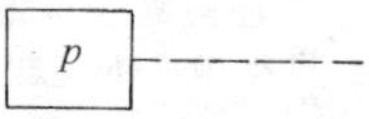		
			转速控制	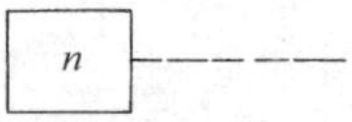		
			线性速率或速度控制	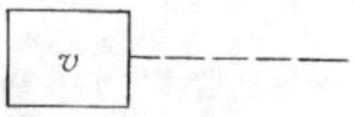		
S00161	联结着的机械联轴器		联结的机械联轴器 示例：转动（活轮）用的单向联轴器	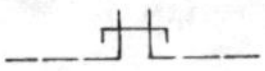 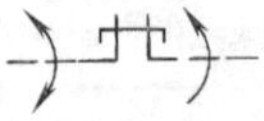		
S00162	旋转用的单向联轴器	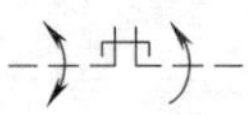				
S00163	制动器	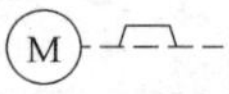	制动器 示例：带制动器并已制动的电动机 示例：带制动器未制动的电动机	 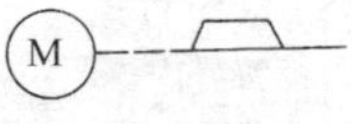 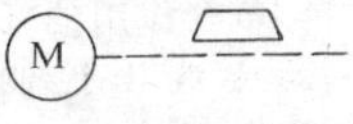		
S00164	制动着的制动器	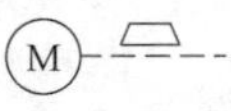				
S00165	未制动的制动器	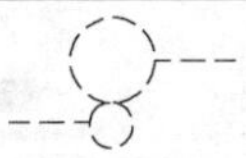				

（续）

GB/T 4728—2005～2008			GB/T 4728—1996～2000		旧符号	
标识号	名　称	图形符号	名　称	图形符号	名　称	图形符号
13）其他及操作器件						
S00166	齿轮装置	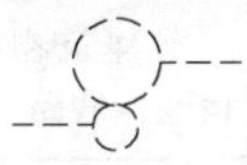	齿轮啮合	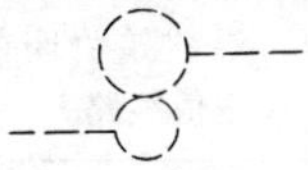		
S00167	手动操作件，一般符号	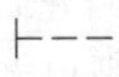	一般情况下手动控制	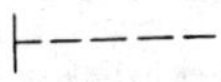		
S00168	手动操作件（带防护）	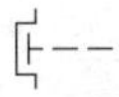	受限制的手动控制	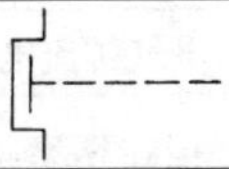		
S00169	操作件（拉拔操作）	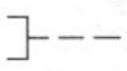	拉拔操作	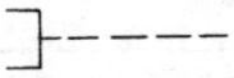		
S00170	操作件（旋转操作）	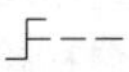	旋转操作	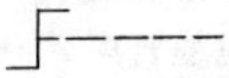		
S00171	操作件（推动操作）	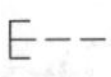	推动操作	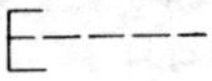		
S00172	操作件（接近效应操作件）	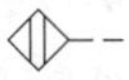	接近效应操作			
S00173	操作件（接触操作）	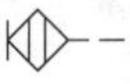	接触效应操作	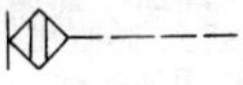		
S00446	中性线		中性线		中性线	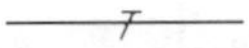
S00447	保护线	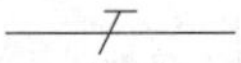	保护线			
S00448	保护线和中性线共用线	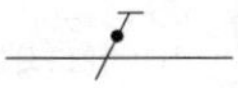	保护和中性共用线			
S00449	带中性线和保护线的三相线路	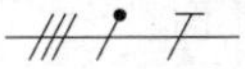	具有保护线和中性线的三相配线			
			滑触线		滑触线	
S00407	地下线路	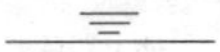	地下线路	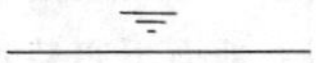	地下线路	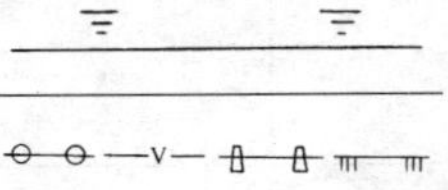
S00409	架空线路		架空线路	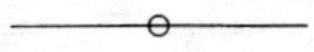	架空线路	
S00410	套管线路	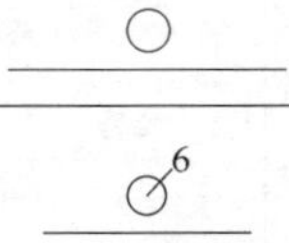	管道线路	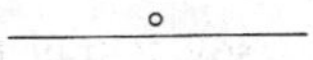	管道线路	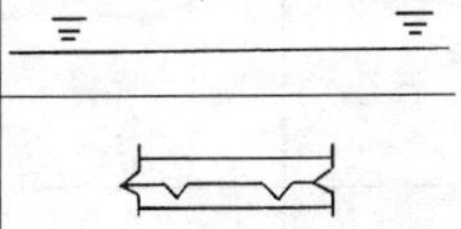
S00411	六孔管道的线路		多孔（如6孔）管道线路	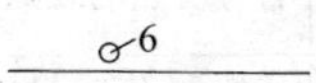	多孔（如6孔）管道线路	
S00413	带接头的地下线路		具有埋入地下连接点的线路		具有埋入地下连接点的线路	
S00408	水下线路	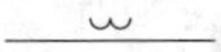	水下线路		水下线路	

（续）

GB/T 4728—2005～2008			GB/T 4728—1996～2000		旧符号	
标识号	名　称	图形符号	名　称	图形符号	名　称	图形符号
13）其他及操作器件						
			沿建筑物明敷设通信线路		沿建筑物明敷设通信线路	
			沿建筑物暗敷设通信线路		沿建筑物暗敷设通信线路	
			电气排流电缆	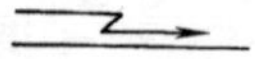	电气排流电缆	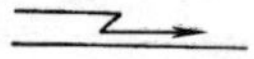
			挂在钢索上的线路	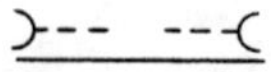	挂在钢索上的线路	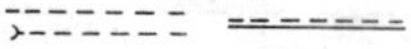
			用单线表示的多回路线路（或电缆管束）		用单线表示的多回路线路（或电缆管束）	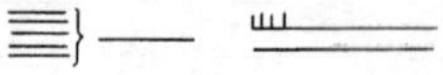
			屏、盘、架一般符号 注：可用文字符号或型号表示设备名称		屏、盘、架一般符号 注：可用文字符号或型号表示设备名称	
			列架一般符号		列架一般符号	
			人工交换台、中继台、测量台、业务台等一般符号		人工交换台、中继台、测量台、业务台等一般符号	
			总配线架	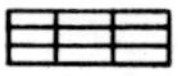	总配线架	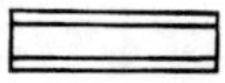
			中间配线架	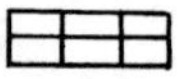	中间配线架	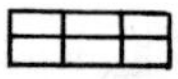
S01449	在电缆梯架上的布线	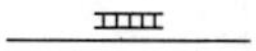	走线架，电缆走道	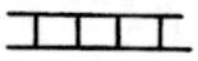	走线架，电缆走道	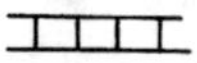
			地面上明装走线槽		地面上明装走线槽	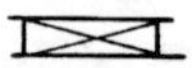
			地面下暗装走线槽	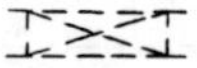	地面下暗装走线槽	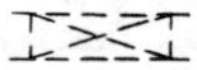
			事故照明线			
			50V及其以下电力及照明线路			
			控制及信号线路（电力及照明用）			
S00204	保护等电位联结		等电位		等电位	

（续）

GB/T 4728—2005～2008			GB/T 4728—1996～2000		旧符号	
标识号	名 称	图形符号	名 称	图形符号	名 称	图形符号
13）其他及操作器件						
			电缆终端头	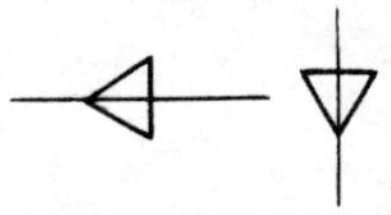	电缆终端头	
S00052	直通接线盒（多线表示）		电力电缆直通接线盒	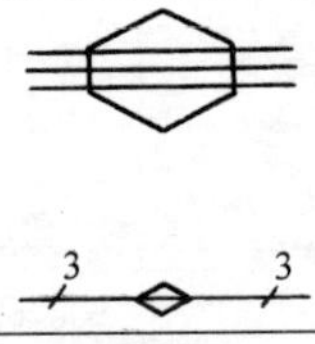	电力电缆直通接线盒	
S00053	直通接线盒（单线表示）					
S00054	接线盒（多线表示）	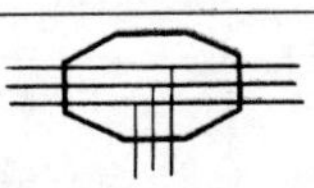	电力电缆连接盒 电力电缆分线盒	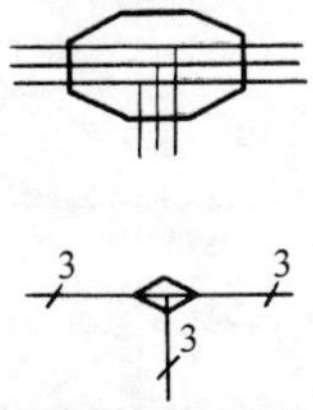	电力电缆连接盒 电力电缆分线盒	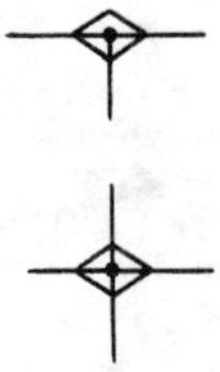
S00055	接线盒（单线表示）	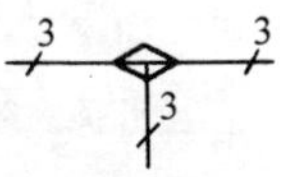				

表 2-2 其他常用图形符号

图 形 符 号	名称及说明
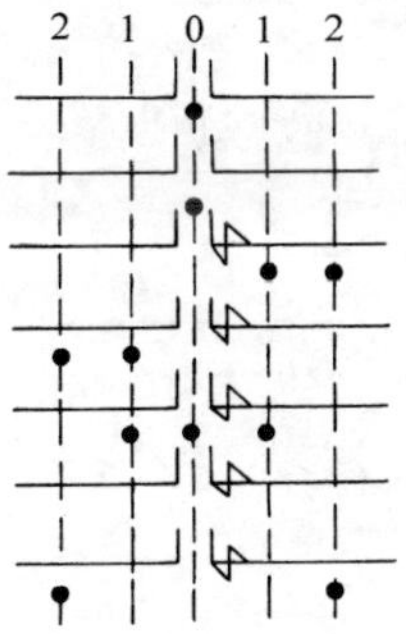	动力控制器 示出有两个无灭弧装置的动断（常闭）触点，四个有灭弧装置的动合（常开）触点和一个有灭弧装置的动断（常闭）触点，共七段电路
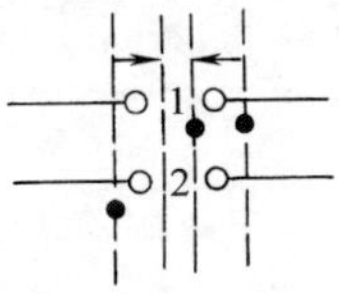	自动复归控制器或操作开关 示出两侧自动复位到中央两个位置，黑箭头表示自动复归的符号
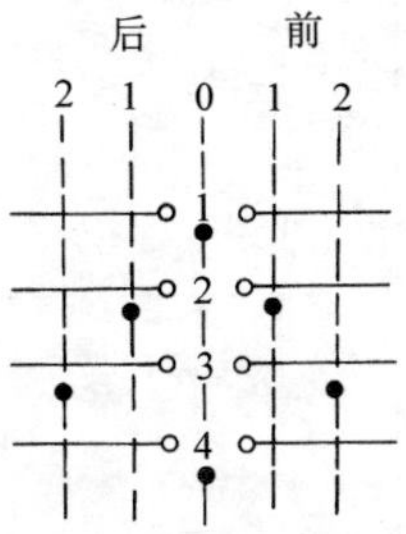	控制器或操作开关 示出五个位置的控制器或操作开关。以“0”代表操作手柄在中间位置，两侧的数字表示操作位置数，此数字处亦可写手柄转动位置的角度。在该数字上方可注文字符号表示操作（如向前、向后、自动、手动等）。短划表示手柄操作触点开闭的位置线，有黑点“·”者表示手柄（手轮）转向此位置时触点接通，无黑点者表示触点不接通。复杂开关允许不以黑点的有无来表示触点的开闭而另用触点闭合来表示。多于一个以上的触点分别接于各线路中，可以在触点符号上加注触点的线路号（本图例为4个线路号）或触点号。若操作位置数多于或少于五个时，线路号多于或少于四个时可仿本图形增减。一个开关的各触点允许不画在一起

表 2-3　电气工程平面图常用图形符号

图形符号	说　明	备注
	单相插座 暗装 密闭（防水） 防爆	S00457
	带保护接点插座 带接地插孔的单相插座 暗装 密闭（防水） 防爆	S00460
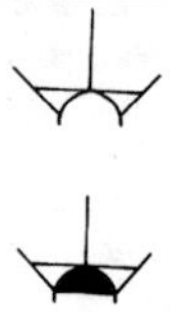	带接地插孔的三相插座 暗装	
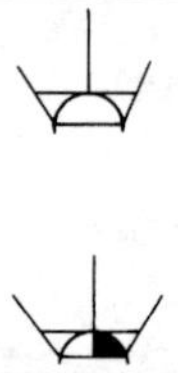	带接地插孔的三相插座 密闭（防水） 防爆	
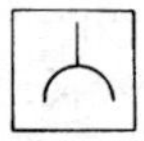	插座箱（板）	
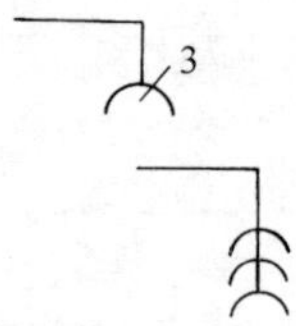	多个插座（示出三个）	S00458 S00459
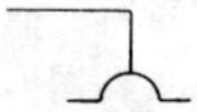	具有护板的插座	S00461
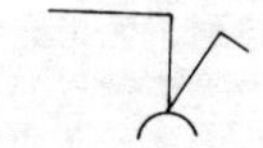	具有单极开关的插座	S00462
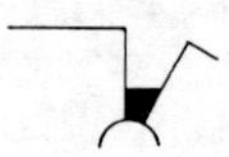	具有联锁开关的插座	S00463
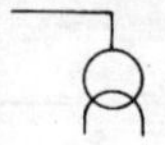	具有隔离变压器的插座 （如电动剃刀用的插座）	S00464
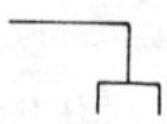	电信插座的一般符号 注：可用文字或符号加以区别 如：TP ——电话 （扬声器符号）——扬声器 TX ——电传 M ——传声器 TV ——电视 FM ——调频	S00465
	带熔断器的插座	
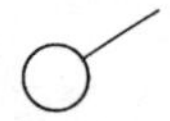	开关一般符号	S00466
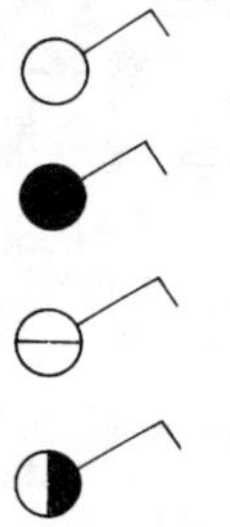	单极开关 暗装 密闭（防水） 防爆	
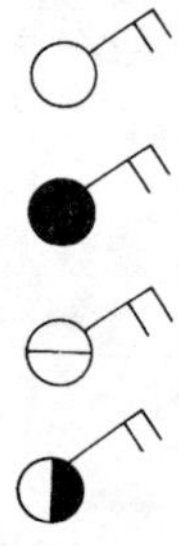	双极开关 暗装 密闭（防水） 防爆	S00469
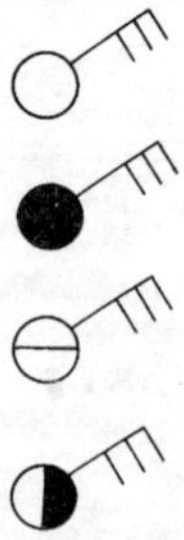	三极开关 暗装 密闭（防水） 防爆	
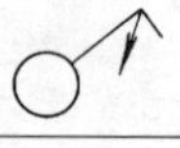	单极拉线开关	S00474
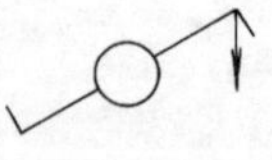	单极双控拉线开关	

（续）

图 形 符 号	说　　明	备注
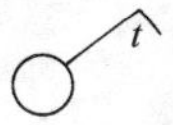	单极限时开关	S00468
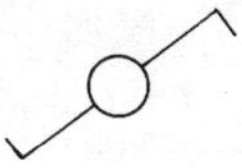	双控开关（单极三线）	S00471
	具有指示灯的开关	
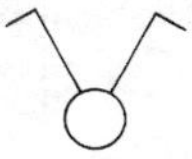	多拉开关（如用于不同照度）	S00470
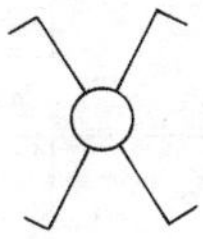	中间开关 等效电路图 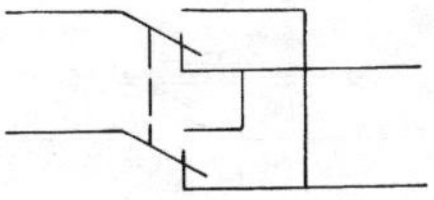	S00472
	调光器	S00473
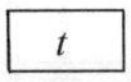	限时装置	S00478
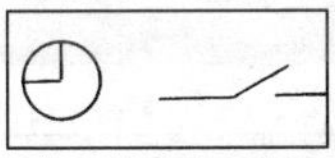	定时开关	S00479
	钥匙开关	
	灯或信号灯的一般符号	S00483
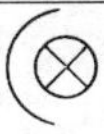	投光灯一般符号	S00487
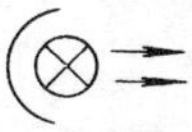	聚光灯	S00488
	泛光灯	S00489
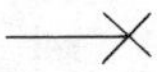	示出配线的照明引出线位置	S00481
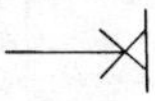	在墙上的照明引出线（示出配线向左边）	S00482
	荧光灯一般符号	S00484
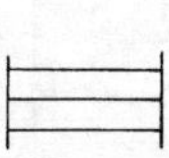	三管荧光灯	S00485
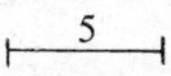	五管荧光灯	S00486
	防爆荧光灯	
	在专用电路上的事故照明灯	S00491
	自带电源的事故照明灯装置（应急灯）	S00492
	气体放电灯的辅助设备 注：仅用于辅助设备与光源不在一起时	=
	警卫信号探测器	
	警卫信号区域报警器	
	警卫信号总报警器	
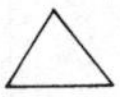	电缆交接间	
	架空交接箱	
	落地交接箱	
	壁龛交接箱	
	分线盒的一般符号 注：可加注 $\frac{A-B}{C}D$ A——编号 B——容量 C——线序 D——用户数	
	室内分线盒	
	室外分线盒	
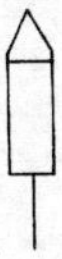	分线箱	

（续）

图形符号	说　明	备注
	壁龛分线箱	
	避雷针	
	电源自动切换箱（屏）	
	电阻箱	
	鼓形控制器	
	自动开关箱	
	刀开关箱	
	带熔断器的刀开关箱	
	熔断器箱	
	组合开关箱	
	深照型灯	
	广照型灯（配照型灯）	
	防水防尘灯	
	球形灯	
	电风扇	
	空调器	
	电铃	
	配电箱一般符号	
	动力配电箱	
	信号板、箱	
(1) (2) (3)	（1）向上配线 （2）向下配线 （3）垂直通过配线	S00450 S00451 S00452
	局部照明灯	
	矿山灯	
	安全灯	
	隔爆灯	
	天棚灯	
	花灯	
	弯灯	
	壁灯	
	电钟	
	电阻加热装置	
	电热水器	S00493
	照明配电箱	
	事故照明配电箱	
	多种电源配电箱	
	带配线的用户端	S00455
	配电中心	S00456
	连接盒或接线盒	S00454

表 2-4 平面图中常用火灾报警系统图形符号

	控制和指示设备		照明信号
	报警启动装置（点式－手动或自动）		手动报警器
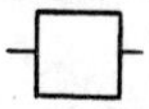	线型探测器		感烟火灾探测器
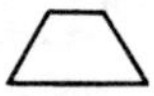	火灾报警装置	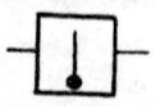	感温火灾探测器
	热		气体火灾探测器
	烟		火警电话机
	易爆气体		报警发声器
	手动启动		有视听信号的控制和显示设备
	电铃		逃生路线、逃生方向
	扬声器	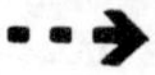	逃生路线，最终出口
	发声器		二氧化碳消防设备辅助符号
	电话机		氧化剂消防设备辅助符号
			卤代烷消防设备辅助符号

二、文字符号 ★★★

文字符号原来采用的标准是 GB/T 5094—1985 规定的项目种类的字母代码（即文字符号中的首字母或单字母）及据此制定的 GB/T 7159，而对应的新标准为 GB/T 5094. 2—2003 和等同采用 IEC PAS 62400：2005 的 GB/T 20939—2007《技术产品及技术产品文件结构原则字母代码 按项目用途和任务划分的主类和子类》。GB/T 20939—2007 规定了按用途和任务划分的项目类别及字母代码，扩展了 GB/T 5094. 2—2003 表“按用途和任务划分的项目类别及字母代码”内容，并增加了子类（即文字符号中第二字母代码）。

电气工程文字符号分基本文字符号和辅助文字符号两种。一般标注在电气设备、装置和元器件图形符号上或其近旁，以标明电气设备、装置和元器件的名称、功能、状态和特征。

电气工程中常用的基本文字符号见表 2-5。该符号由 GB/T 7159—1987《电气技术中的文字符号制订通则》㊀引出，并补充了一些工程中常用的文字符号。这些文字符号与旧标准的文字符号是根本不同的，旧标准使用的是汉语拼音的字头。

（一）单字母基本文字符号

单字母符号是按拉丁字母将各种电气设备、装置和元器件分为 23 大类，每大类用一个专用单字母表示，如电容器类用“C”表示，电动机用“M”表示，单字母应优先使用。

（二）双字母基本文字符号

双字母符号是由一个表示种类的单字母符号与另一个进一步详细具体表示电气设备、装置和元器件名称、功能、状态和特征的字母组成，种类字母在前，功能名称字母在后，如 KA 表示交流继电器，KM 表示接触器。

（三）辅助文字符号

辅助文字符号是用来表示电气设备、装置和元器件以及线路的功能、状态和特征的，基本上使用的是英文名称的缩写，如异步的英文全称为 asynchronizing，其文字符号为 ASY，一般用大写；又如闭

㊀ 该标准已于 2005 年废止，但现无新标准代替，在无新标准颁布之前，可适当沿用该标准。

合的英文是 Close. on，而文字符号为 ON。辅助文字符号可单独使用，如 OFF 表示断开，P 表示压力等。

电气工程中常用的辅助文字符号见表 2-6，同样由 GB/T 7159—1987 引出。这里将电气工程图中常用的电气设备、元件及标注的文字符号新旧对照列出，供读图时参考，见表 2-7。

三、电气设备及线路的标注方法及其使用★★★

电气工程图中常用一些文字（包括英文、汉语拼音字母）和数字按照一定的格式书写，来表示电气设备及线路的规格型号、编号、容量、安装方式、标高及位置等。这些标注方法必须熟练掌握，在读图中有很大用途。

电气设备及线路的标注方法见表 2-8。

（一）用电设备的标注

用电设备的标注一般为$\frac{a}{b}$或$\frac{a\,|\,c}{b\,|\,d}$，如$\frac{15}{75}$表示这台电动机在系统中的编号为第 15，电动机的额定功率为 75kW；如$\frac{15\,|\,200}{75\,|\,0.8}$，表示这台电动机的编号为第 15，功率为 75kW，自动开关脱扣器电流为 200A，安装标高为 0.8m；再如$\frac{6\,|\,30}{7\,|\,1.5}$，表示编号第 6，功率 7kW，熔丝电流 30A，安装标高 1.5m。

表 2-5　电气工程及电气设备常用基本文字符号

设备、装置和元器件种类	举　例 中文名称	基本文字符号 单字母	基本文字符号 双字母	IEC
组件 部件	分离元件放大器 激光器 调节器	A		=
	本表其他地方未提及的组件、部件			
	电桥		AB	
	晶体管放大器		AD	=
	集成电路放大器		AJ	=
	磁放大器		AM	=
	电子管放大器		AV	=
	印制电路板		AP	=
	抽屉柜		AT	=
	支架盘		AR	=
	电流调节器	ACR		
	频率调节器	AFR		
	磁通调节器	AMR		
	速度调节器	ASR		
	电压调节器	AUR		
	励磁电流调节器	AMCR		
非电量到电量变换器或电量到非电量变换器	热电传感器 热电池 光电池 测功计 晶体换能器 送话器 拾音器 扬声器 耳机 自整角机 旋转变压器 模拟和多级数字 变换器或传感器 （用作指示和测量）	B		=

（续）

设备、装置和元器件种类	举例	基本文字符号		IEC
	中文名称	单字母	双字母	
非电量到电量变换器或电量到非电量变换器	电流变换器		BC	=
	压力变换器		BP	
	磁通变换器		BM	
	光耦合器		BO	=
	位置变换器		BQ	
	旋转变换器（测速发电机）		BR	=
	温度变换器		BT	=
	速度变换器		BV	=
	触发器	BPF		
	电压－频率变换器	BUF		=
电容器	电容器	C		
二进制元件 延迟器件 存储器件	数字集成电路和器件： 延迟线 双稳态元件 单稳态元件 磁心存储器 寄存器 磁带记录机 盘式记录机	D		=
其他元器件	本表其他地方未规定的器件	E		=
	发热器件		EH	=
	光器件		EL	=
	照明灯			
	空气调节器		EV	=
保护器件	过电压放电器件 避雷器	F		=
	具有瞬时动作的限流保护器件		FA	=
	具有延时动作的限流保护器件 热保护器		FR	=
	具有延时和瞬时动作的限流保护器件		FS	=
	熔断器		FU	=
	快速熔断器		FF	
	限压保护器件		FV	=
发生器 发电机 电源	旋转发电机 振荡器	G		=
	发生器		GS	=
	同步发电机			
	异步发电机		GA	=
	给定积分器		GI	
	蓄电池		GB	
	函数发生器 旋转式或固定式变频机		GF	=
	绝对值发生器	GAB		
	压频（变换）器	GVF		
	石英晶体振荡器			

（续）

设备、装置和元器件种类	举例 中文名称	基本文字符号 单字母	基本文字符号 双字母	IEC
信号器件		H		=
	声响指示器		HA	=
	光指示器		HL	=
	指示灯		HL	=
继电器 接触器		K		=
	瞬时接触继电器		KA	=
	瞬　　时 有或无继电器		KA	=
	交流继电器		KA	
	闭锁接触继电器 （机械闭锁或永 磁铁式有或无继电器）		KL	=
	双稳态继电器		KL	=
	接触器		KM	=
	极化继电器		KP	=
	簧片继电器		KR	=
	延时 有或无继电器		KT	=
	逆流继电器		KR	=
电感器 电抗器	感应线圈 线路陷波器 电抗器（并联和串联）	L		=
	桥臂电抗器		LA	
	平衡电抗器		LB	
	平波电抗器		LF	
	进线电抗器		LL	
	饱和电抗器		LS	
电动机	电动机	M		=
	异步电动机		MA	
	同步电动机		MS	
	可做发电机或电 动机用的电机		MG	
	力矩电动机		MT	
模拟元件	运算放大器 混合模拟/数字器件	N		=
测量设备 试验设备	指示器件 记录器件 积算测量器件 信号发生器	P		=
	电流表		PA	=
	（脉冲）计数器		PC	=
	电度表		PJ	=
	记录仪器		PS	=
	时钟、操作时间表		PT	=
	电压表		PV	
	电动、制动检测环节	PET		=
	环形计数器	PRC		

（续）

设备、装置和元器件种类	举例 中文名称	基本文字符号 单字母	双字母	IEC
电力电路的开关器件		Q		=
	断路器 快速开关		QF	=
	电动机保护开关 自动开关		QM	=
	隔离开关		QS	=
电阻器	电阻器	R		=
	变阻器			
	电位器		RP	=
	测量分路表		RS	=
	分流器		RT	=
	热敏电阻器			
	压敏电阻器		RV	=
控制、记忆、信号电路的开关器件选择器	拨号接触器 连接级	S		=
	控制开关		SA	=
	选择开关、转换开关		SA	=
	按钮		SB	=
	机电式有或无传感器 （单级数字传感器）			
	行程开关 液体标高传感器 极限开关		SL	=
	主令开关		SM	=
	压力传感器		SP	
	位置传感器（包括接近传感器）		SQ	=
	转数传感器		SR	=
	温度传感器		ST	=
变压器		T		=
	电流互感器		TA	=
	控制电路电源用变压器		TC	=
	逆变变压器		TI	
	电力变压器		TM	=
	脉冲变压器		TP	
	整流变压器		TR	=
	磁稳压器 同步变压器		TS	
	电压互感器		TV	=
调制器 变换器	鉴频器	U		=
	解调器		UD	
	变频器		UF	
	编码器			
	变流器		UI	
	逆变器		UR	
	整流器		UT	
	电报译码器			

（续）

设备、装置和元器件种类	举例 中文名称	基本文字符号 单字母	基本文字符号 双字母	IEC
电子管 晶体管	气体放电管 二极管 晶体管 晶闸管 单结晶管	V	VD VT	=
	电子管		VE	
	控制电路用电源的整流器		VC	
	稳压管		VS	=
	可关断晶闸管	VTO		
传输通道 波导 天线	导线 电缆 母线 波导 波导定向耦合器 偶极天线 抛物天线	W		=
端子 插头 插座	连接插头和插座 接线柱 电缆封端和接头 焊接端子板	X		=
	连接片		XB	=
	测试插孔		XJ	=
	插头		XP	=
	插座		XS	=
	端子板		XT	=
电气操作的 机械器件	气阀	Y		=
	电磁铁		YA	=
	电磁制动器		YB	=
	电磁离合器		YC	=
	电磁吸盘		YH	=
	电动阀		YM	
	电磁阀		YV	=
终端设备 混合变压器 滤波器 均衡器 限幅器	电缆平衡网络 压缩扩展器 晶体滤波器 网络	Z		=

注：凡文字符号与 IEC 相一致即标示“=”。

表 2-6 电气工程常用辅助文字符号

序号	文字符号	名称	IEC	序号	文字符号	名称	IEC
1	A	电流		8	AUX	辅助	
2	A	模拟		9	ASY	异步	
3	AC	交流	=	10	B BRK	制动	
4	A AUT	自动		11	BK	黑	=
5	ACC	加速		12	BL	蓝	=
6	ADD	附加		13	BW	向后	
7	ADJ	可调		14	C	控制	

（续）

序　号	文字符号	名　称	IEC
15	CW	顺时针	
16	CCW	逆时针	
17	D	延时（延迟）	
18	D	差　动	=
19	D	数　字	
20	D	降	
21	DC	直　流	=
22	DEC	减	
23	E	接　地	=
24	EM	紧　急	
25	F	快　速	
26	FB	反　馈	
27	FW	正，向前	
28	GN	绿	=
29	H	高	=
30	IN	输　入	
31	INC	增	
32	IND	感　应	
33	L	左	
34	L	限　制	
35	L	低	=
36	LA	闭　锁	
37	M	主	
38	M	中	
39	M	中间线	=
40	M MAN	手　动	
41	N	中性线	=
42	OFF	断　开	
43	ON	闭　合	
44	OUT	输　出	
45	P	压　力	
46	P	保　护	
47	PE	保护接地	=
48	PEN	保护接地与中性线共用	=
49	PU	不接地保护	=
50	R	记　录	
51	R	右	
52	R	反	
53	RD	红	=
54	R RST	复　位	
55	RES	备　用	=
56	RUN	运　转	
57	S	信　号	
58	ST	起　动	
59	S SET	置位，定位	
60	SAT	饱　和	
61	STE	步　进	
62	STP	停　止	
63	SYN	同　步	
64	T	温　度	
65	T	时　间	
66	TE	无噪声（防干扰）接地	=
67	V	真　空	
68	V	速　度	
69	V	电　压	
70	WH	白	=
71	YE	黄	=

注：凡文字符号与 IEC 相一致即标示“=”。

表 2-7　常用电气设备、元件文字符号新旧对照表

设备名称	文字符号			设备名称	文字符号		
	新符号	IEC	旧符号		新符号	IEC	旧符号
发电机	G	=	F	绕组	W		
直流发电机	GD		ZF	电枢绕组	WA		SQ
交流发电机	GA		JF	定子绕组	WS		DQ
同步发电机	GS		TF	转子绕组	WR		ZQ
异步发电机	GA		YF	励磁绕组	WC		KQ
永磁发电机	GM		YCF	变压器	T		
水轮发电机	GH			电力变压器	TM	=	B
汽轮发电机	GT			控制变压器	TC		KB
电动机	M	=	D	升压变压器	TU		
直流电动机	MD		ZD	降压变压器	TD		
交流电动机	MA		JD	自耦变压器	TA		OB
同步电动机	MS		TD	整流变压器	TR		ZB
异步电动机	MA		YD	电炉变压器	TF		LB
笼型电动机	MC		LD	稳压器	TS		WY
励磁机	GE		L	互感器	T		

（续）

设备名称	文字符号			设备名称	文字符号		
	新符号	IEC	旧符号		新符号	IEC	旧符号
电流互感器	TA	=	LH	应急照明分支线	WE	=	YJZ
电压互感器	TV	=	YH	插接式母线	WIB	=	CJM
熔断器	FU	=	RD	继电器	K	=	J
断路器	QF	=	DL	电流继电器	KA	=	LJ
接触器	KM	=	C	电压继电器	KV	=	YJ
调节器	A	=	T	时间继电器	KT	=	SJ
继电器	K	=	J	差动继电器	KD	=	CJ
电阻器	R	=	R	功率继电器	KPR	=	GJ
压敏电阻器	RV	=	YR	接地继电器	KE	=	JDJ
起动电阻器	RS		QR	瓦斯继电器	KB	=	WSJ
制动电阻器	RB		ZDR	逆流继电器	KR	=	NLJ
附加电阻器	RA			中间继电器	KM	=	ZJ
频敏变阻器	RF		PR	信号继电器	KS	=	XJ
电感器	L	=	L	闪光继电器	KFR	=	DMJ
电抗器	L	=	DK	热继电器（热元件）	KH	=	RJ
起动电抗器	LS		QK	温度继电器	KTE	=	WJ
电容器	C	=	C	重合闸继电器	KRr	=	CJ
整流器	U	=	ZL	阻抗继电器	KZ	=	ZKJ
变流器	U		BL	零序电流继电器	KCZ	=	NJ
逆变器	U		NB	频率继电器	KF		PJ
变频器	U		BP	压力继电器	KP		YLJ
变换器	B			控制继电器	KC		KJ
压力变换器	BP		YB	电磁铁	YA		DT
位置变换器	BQ		WZB	制动电磁铁	YB		ZDT
温度变换器	BT		WDB	电磁阀	YY		DCF
速度变换器	BV		SDB	电动阀	YM		DF
自整角机	B			牵引电磁铁	YT		QYT
避雷器	F		B	起重电磁铁	YL		QZT
母线	W	=	M	电磁离合器	YC		CLH
电压小母线	WV	=	YM	断路器（开关）	Q	=	K
控制小母线	WCL	=	KM	隔离开关	QS	=	G
合闸小母线	WCL	=	HM	控制开关	SA	=	KK
信号小母线	WS	=	XM	选择开关（转换开关）	SA	=	KZ
事故音响小母线	WFS	=	SYM	负荷开关	QL	=	FK
预告音响小母线	WPS	=	YBM	自动开关	QA		ZB
闪光小母线	WF	=	（+）SM	刀开关	QK		DK
直流母线	WB	=	ZM	行程开关	ST		CK
电力干线	WPM	=	LG	限位开关	SL		XK
照明干线	WLM	=	MG	终点开关	SE		ZDK
电力分支线	WP	=	LFZ				
照明分支线	WL	=	MFZ	脚踏开关	SF		
应急照明干线	WEM	=	YJG	微动开关	SS		WK

（续）

设备名称	文字符号			设备名称	文字符号		
	新符号	IEC	旧符号		新符号	IEC	旧符号
接近开关	SP		JK	绿色指示灯	HG	=	LD
按钮	SB	=	AN	蓝色指示灯	HB	=	LAD
合闸按钮	SB	=	HA	黄色指示灯	HY	=	UD
停止按钮	SBS	=	TA	白色指示灯	HW	=	BD
试验按钮	SBT	=	YA	照明灯	EL		ZD
合闸线圈	YC	=	HQ	蓄电池	GB	=	XDC
跳闸线圈	YT	=	TQ	光电池	B		GDC
接线柱	X	=	JX	电子管	VE		G
连接片	XB	=	LP	电子管放大器	AV		
插座	XS	=	CZ	二极管	VD		D
插头	XP	=	CT	晶体管	V		BG
端子板	XT	=	DB	晶体管放大器	AD		
测量设备（仪表）	P	=	—	稳压管	VS		WY
电流表	PA	=	A	晶闸管	VT		GZ
电压表	PV	=	V	单结晶管	V		BG
有功功率表	PW	=	W	电位器	RP		W
无功功率表	PR	=	var	调节器	A		T
电能表	PJ	=	Wh	放大器	A		FD
有功电能表	PJ	=	Wh	磁放大器	AM		
无功电能表	RJR	=	varh	测速发电机	BR		CSF
频率表	PF	=	HZ	送话器	B		S
功率因数表	PPF	=	$\cos\varphi$	受话器	B		SH
指示灯	HL	=	D	扬声器	B		Y
红色指示灯	HR	=	HD				

自动开关脱扣器与熔丝的判断区别，一是电动机容量，二是标注数值与电动机额定电流的倍数（倍数≤2 时为自动开关脱扣器，倍数 >2 时为熔丝），其中，额定电流取额定功率数值的 2 倍。第一例 $\frac{15}{75}+\frac{200}{0.8}$，电机功率较大，标注数 C 为 200，为额定电流 2×75 的 1.33 倍，因此，200 为自动开关脱扣器的整定值；第二例 $\frac{6}{7}+\frac{30}{1.5}$，电机功率较小，C 为 30，为额定电流 2×7 的 2.14 倍，因此，30 为熔丝电流。

（二）电力和照明设备的标注

1. 一般标注方法为 $a\,\frac{b}{c}$ 或 $a-b-c$，如 $5\,\frac{\text{Y200L}-4}{30}$ 或 5 －（Y200L－4）－30，表示这台电动机在该系统的编号为5，型号是 Y 系列笼型感应电动机，机座中心高 200mm，机座为长机座，四极，同步转速为 1500r/min，额定功率为 30kW。

2. 需要标注引入线时的标注为 $a\,\frac{b-c}{d\,(e\times f)\,-g}$，如 $5\,\frac{(\text{Y200L}-4)\,-30}{\text{BL}\,(3\times35)\,\text{G40}-\text{DA}}$，表示这台电动机在系统的编号为第 5，Y 系列笼型电动机，机座中心高 200mm，机座为长机座，四极，同步转速 1500r/min，功率 30kW，三根 35mm² 的橡皮绝缘铝芯导线穿直径为 40mm 的水煤气钢管沿地板埋地敷设引入电源负荷线。其中，DA（汉语拼音）也可写作 FC（英文）。

表 2-8 中有关 g 的表达含义见表 2-9 和表 2-10。

表 2-8 电气设备及线路标注方法

标注方式	说明	IEC
$\frac{a}{b}$ 或 $\frac{a}{b}+\frac{c}{d}$	用电设备 a——设备编号 b——额定功率（kW） c——线路首端熔断片或自动开关释放器的电流（A） d——标高（m）	

（续）

标注方式	说　明	IEC
（1）$a\frac{b}{c}$或$a-b-c$ （2）$a\frac{b-c}{d\ (e\times f)\ -g}$	电力和照明设备 （1）一般标注方法 （2）当需要标注引入线的规格时 a——设备编号 b——设备型号 c——设备功率（kW） d——导线型号 e——导线根数 f——导线截面积（mm^2） g——导线敷设方式及部位	
（1）$a\frac{b}{c/i}$或$a-b-c/i$ （2）$a\frac{b-c/i}{d\ (e\times f)\ -g}$	开关及熔断器 （1）一般标注方法 （2）当需要标注引入线的规格时 a——设备编号 b——设备型号 c——额定电流（A） i——整定电流（A） d——导线型号 e——导线根数 f——导线截面积（mm^2） g——导线敷设方式	
$a/b-c$	照明变压器 a——一次电压（V） b——二次电压（V） c——额定容量（A）	
（1）$a-b\frac{c\times d\times L}{e}f$ （2）$a-b\frac{c\times d\times L}{-}$	照明灯具 （1）一般标注方法 （2）灯具吸顶安装 a——灯数 b——型号或编号 c——每盏照明灯具的灯泡数 d——灯泡容量（W） e——灯泡安装高度（m） f——安装方式 L——光源种类	
15（圆圈内）	最低照度⊙（示出15lx）	

（续）

标注方式	说明	IEC
(1) $\bullet a$ (2) $\bullet \ \frac{a-b}{c}$	照明照度检查点 (1) a：水平照度（lx） (2) $a-b$：双测垂直照度（lx） c：水平照度（lx）	
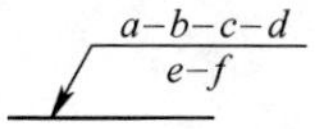	电缆与其他设施交叉点 a——保护管根数 b——保护管直径（mm） c——管长（m） d——地面标高（m） e——保护管埋设深度（m） f——交叉点坐标	
(1) (2) 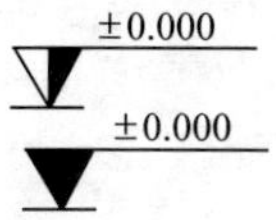	安装或敷设标高（m） (1) 用于室内平面、剖面图上 (2) 用于总平面图上的室外地面	
(1) (2) (3) 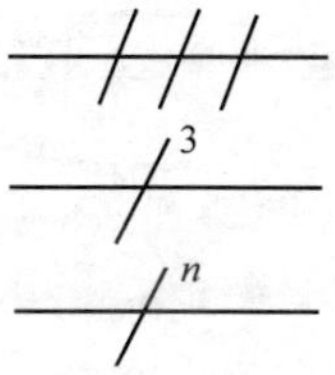	导线根数，当用单线表示一组导线时，若需要示出导线数，可用加小短斜线或画一条短斜线加数字表示 例：(1) 表示3根 (2) 表示3根 (3) 表示n根	
(1) $\frac{3\times16}{} \times \frac{3\times10}{}$ (2) $\frac{}{} \times \frac{\phi2\frac{1}{2}''}{}$	导线型号规格或敷设方式的改变 (1) $3\times16\text{mm}^2$ 导线改为 $3\times10\text{mm}^2$ (2) 无穿管敷设改为导线穿管（$\phi2\frac{1}{2}$in）敷设	
V	电压损失%	
-220V	直流电压220V	
$m\sim fV$ 3N~50Hz，380V	交流电 m——相数 f——频率（Hz） V——电压（V） 例：示出交流，三相带中性线50Hz 380V	
L_1（可用A） L_2（可用B） L_3（可用C） U V W	相 序 交流系统电源第二相 交流系统电源第一相 交流系统电源第三相 交流系统设备端第一相 交流系统设备端第二相 交流系统设备端第三相	
N	中性线	
PE	保护线	
PEN	保护和中性共用线	

表 2-9　电气工程图中表达线路敷设方式标注的文字代号

表达内容	标注代号	
	英文代号	汉语拼音代号
用轨型护套线敷设		
用塑制线槽敷设	PR	XC
用硬质塑制管敷设	PC	VG
用半硬塑制管敷设	FEC	ZVG
用可挠型塑制管敷设		
用薄电线管敷设	TC	DG
用厚电线管敷设		
用水煤气钢管敷设	SC	G
用金属线槽敷设	SR	GC
用电缆桥架（或托盘）敷设	CT	
用瓷夹敷设	PL	CJ
用塑制夹敷设	PCL	VT
用蛇皮管敷设	CP	
用瓷瓶式或瓷柱式绝缘子敷设	K	CP

表 2-10　电气工程图中表达线路敷设部位标注的文字代号

表达内容	标注代号	
	英文代号	汉语拼音代号
沿钢索敷设	SR	S
沿屋架或层架下弦敷设	BE	LM
沿柱敷设	CLE	ZM
沿墙敷设	WE	QM
沿天棚敷设	CE	PM
在能进人的吊顶内敷设	ACE	PNM
暗敷在梁内	BC	LA
暗敷在柱内	CLC	ZA
暗敷在屋面内或顶板内	CC	PA
暗敷在地面内或地板内	FC	DA
暗敷在不能进人的吊顶内	AC	PNA
暗敷在墙内	WC	QA

（三）配电线路的标注

配电线路的标注一般为 $a-b\ (c\times d+n+h)\ e-f$，如 24－BV（3×70＋1×50）G70－DA，表示这条线路在系统的编号为第 24，聚氯乙烯绝缘铜芯导线 $70mm^2$ 的三根、$50mm^2$ 的一根穿直径为 70mm 的水煤气钢管沿地板埋地敷设。

在工程中若采用三相四线制供电一般均采用上述的标注方式；如为三相三线制供电，则上式中的 n 和 h 则为 0；如为三相五线制供电，若采用专用保护零线，则 n 为 2；若用钢管做为接零保护的公用线，则 n 为 1。

上述三例的回路编号在实际工程中有时不单独采用数字，有时在数字的前面或后面常标有字母（英文或汉语拼音），这个字母是设计者为了区分复杂而多个回路时设置的，在制图标准中没有定义，读图时应按设计者的标注去理解。如 M1 或 1M 或 3M1 等。

（四）照明灯具的标注

照明灯具的标注通常有两种。

1. 一般标注方法为 $a-b\dfrac{c\times d\times L}{e}f$，如 $8-\text{YZ40RR}\dfrac{2\times 40}{2.5}L$，表示这个房间或某一区域安装 8 只型号

为 YZ40RR 的荧光灯，直管形、日光色，每只灯 2 根 40W 灯管，用链吊安装，吊高 2.5m，指灯具底部与地面距离。其中光源种类 L，设计者一般不标出，因为灯具型号已示出光源的种类。

光源种类 L 主要指：白炽灯（IN）、荧光灯（FL）、荧光高压汞灯（Hg）、金属卤化物灯、高压钠灯（Na）、碘钨灯（I）、氙灯（Xe）、弧光灯（ARC）及用上述光源组成的混光灯、红外线灯（IR）、紫外线灯（UV）等。如果需要时，则在光源种类 L 处标出代表光源种类的括号内的字母。

有关标注方法中，f 表达照明灯具安装方式标注的代号及意义见表 2-11。

表 2-11　电气工程图中表达照明灯具安装方式标注的文字代号

表达内容	标注代号	
	英文代号	汉语拼音代号
线吊式	CP	
自在器线吊式	CP	X
固定线吊式	CP1	X1
防水线吊式	CP2	X2
吊线器式	CP3	X3
链吊式	Ch	L
管吊式	P	G
吸顶式或直附式	S	D
嵌入式（嵌入不可进人的顶棚）	R	R
顶棚内安装（嵌入可进人的顶棚）	CR	DR
墙壁内安装	WR	BR
台上安装	T	T
支架上安装	SP	J
壁装式	W	B
柱上安装	CL	Z
座装	HM	ZH

2. 灯具吸顶安装标注方法为 $a-b\dfrac{c\times d\times L}{—}$，各种符号的意义同 1 中，因为吸顶安装，所以安装方式 f 和安装高度就不再标注。如某房间灯具的标注为 $2-\text{JXD6}\dfrac{2\times 60}{—}$，表示这个房间安装两只型号为 JXD6 的灯具，每只灯具 2 个 60W 的白炽灯泡，吸顶安装。

这里需要强调说明一点，一般的设计不在图上标注出电气设备、电动机、绝缘导线及灯具的型号，其型号都随图标注在图上的设备及材料表内，这样前述的几种标注即为以下方式，但意义同上：

$5\dfrac{\text{Y200}L-4}{30}$ 或 $5-(\text{Y200}L-4)-30$ 简化为 $5\dfrac{5}{30}$；

$5\dfrac{(\text{Y200}L-4)-30}{\text{BL}(3\times 35)\ \text{G40}-\text{DA}}$ 简化为 $5\dfrac{30}{(3\times 35)\ \text{G40}-\text{DA}}$；

$24-\text{BV}(3\times 70+1\times 50)\ \text{G70}-\text{DA}$ 简化为 $24(3\times 70+1\times 50)\ \text{G70}-\text{DA}$；

$8-\text{YZ40RR}\dfrac{2\times 40}{2.5}L$ 简化为 $8\dfrac{2\times 40}{2.5}L$；

$2-\text{JXD6}\dfrac{2\times 60}{—}$ 简化为 $2\dfrac{2\times 60}{—}$。

另外，图中有关一些电气设备及材料的内容应及时查找电气设备及材料手册，以便核对。

（五）开关及熔断器的标注

1. 一般标注方法为 $a\dfrac{b}{c/i}$ 或 $a-b-c/i$，如 $m_1\dfrac{\text{DZ20Y}-200}{200/200}$ 或 $m_1-(\text{DZ20Y}-200)-200/200$，表示设备编号为 m_1（m 是设计者为区分回路而设置的），开关的型号为 DZ20Y－200，即为额定电流为 200A 的低压空气断路器，断路器的整定值为 200A。

2. 需要标注引入线时的标注方法为 $a\dfrac{b-c/i}{d(e\times f)-g}$，如 $m_1\dfrac{(\text{DZ20Y}-200)-200/200}{\text{BV}\times(3\times 50)\ \text{CP}-\text{LM}}$，表示为设备编号

为 m_1，开关型号为 DZ20Y－200 低压空气断路器，整定电流为 200A，引入导线为橡皮绝缘铜线，三根 $50mm^2$，用瓷绝缘子沿屋架敷设。

同样，上述的标注也可以用下列方式表达：

$\frac{m_1}{200/200}$或 $m_1-200/200$；

$m_1\frac{200/200}{(3\times50)\ CP-LM}$。

（六）电缆的标注方式

电缆的标注方式基本同配电线路标注的方式相同，如 n20－YJLV（3×185）CT－WE，表示编号为第 20，$3\times185mm^2$ 的交联聚氯乙烯绝缘聚氯乙烯护套 10kV 电力电缆，用电缆桥架沿车间墙壁敷设。其中 CT－WE 采用的是英文标注，见表 2-9 和表 2-10。

当电缆与其他设施交叉时的标注用下面的方式，$\frac{a-b-c-d}{e-f}$，如$\frac{4-100-8-1.0}{0.8-f}$，表示 4 根保护管，直径 100mm，管长 8m 于标高 1.0m 处且埋深 0.8m，交叉点坐标 f 一般用文字标注，如与××管道交叉，××管应见管道平面布置图。

（七）有关变更的表示方法

导线或电缆型号规格及敷设方式的改变可采用$\frac{3\times16}{}\times\frac{3\times10}{}$及——×$\frac{\phi40}{}$的方式标注，但在工程中一般则采用设计变更或图样会审纪要的方法来用文字说明，且须由设计者签字。

（八）其他的标注方法

有关其他的标注方法详见表 2-9～表 2-11。

第二节　自动化仪表及自动装置施工图的符号及标注

相比电气图形符号，自动化仪表及自动装置的图形符号要简单些，主要分为检测点、检测元件、执行元件、调节元件以及文字代号等。

一、图形符号 ★★★

（一）检测点

1. 检测点一般由过程设备轮廓线或管道直线引至仪表或检测元件的直线组成，我们把这条直线的起点叫做检测点或测量点，见表 2-13。

2. 当必须标注检测点在过程设备中的位置时，直线应引到过程设备轮廓线内的适当位置上并在起点加画一个直径为 2mm 的小圆，见表 2-12。

这里要注意，检测点的位置在功能及过程顺序上必须正确，一般情况下不表示确切的测量位置。

（二）检测元件

检测元件一般用仪表圆圈和仪表位号表示，也可用表 2-13 的图形符号表示。表中嵌在管道中的检测元件是指检测元件本身占有一段管道。其中变送器为一检测元件。

（三）仪表圆圈

仪表一般用直径 10mm 的细实圆表示，有时也可适当放大或缩小，当仪表的位号字数较多时，圆圈可断开，见表 2-12。

仪表圆圈的使用应注意以下几点：

1. 一台仪表一般只用一个仪表圆圈来表示，必要时，一台仪表可用两个或多个仪表圆圈来表示。

2. 仪表的安装位置可按表 2-14 的方法来表示。

3. 检测两个或多个变量的仪表或检测一个变量但有多个功能的仪表，可用两个或多个相切的仪表圆圈表示，见表 2-12。但当两个检测点在图样上相距较远，或不在同一张图面上时，可在两个检测点附近分别用两个相切的圆圈表示，其中一个为虚线圆圈，见表 2-13。

表 2-12　仪表的一般符号

意　　义	一 般 符 号
检测点	
检测点在过程设备中的位置（必须标注时使用）	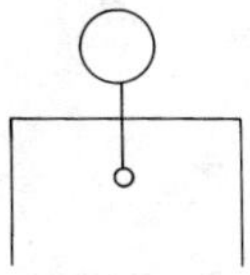
仪表圆	
检测两个或多个变量的仪表、检测一个变量多功能的仪表	
两个测量点相距较远、两个测量点不在同一图面上	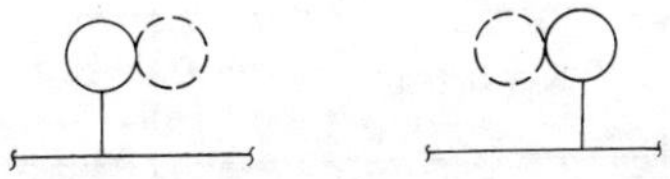

表 2-13　常用检测元件图形符号

序　　号	检测元件名称	图 形 符 号	备　　注
1	热电偶		
2	热电阻		
3	热敏电阻		
4	嵌在管道中的检测元件*	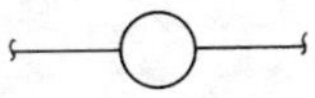	圆圈内应标志仪表位号
5	取压接头（无孔板）	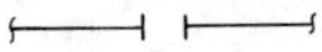	
6	取压口	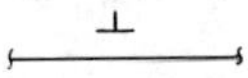	
7	孔板	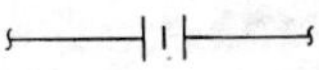	
8	文丘里管及喷嘴		

（四）执行器

执行器本身是由执行机构和调节机构组合的，因此，其图形符号则是由这两部分的图形符号组合而成。

1. 执行机构的通用图形符号是直径5mm的细实线圆和与调节机构图形符号相连接的细实线，见表2-15。区分执行机构型式时，一般采用表2-15中所列的图形符号。

表2-14　仪表安装位置的图形符号

序　　号	安装位置	图形符号	备　　注
1	就地安装		
		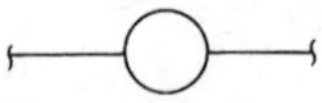	嵌在管道中
2	盘上安装	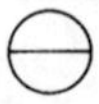	
3	就地盘上安装		

表2-15　执行机构的图形符号

序　　号	执行机构型式	图形符号	备　　注
0	通用图形符号		
1	薄膜执行机构		
2	活塞执行机构	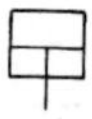	
3	电动机执行机构		
4	电磁执行机构	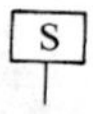	

表2-16　调节机构的图形符号

序　　号	阀的型式	图形符号	备　　注
0	通用图形符号	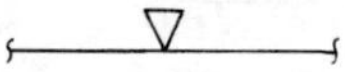	
1	二通阀		
2	三通阀		
3	蝶阀、风阀、百叶窗		

2. 调节机构的通用图形符号是边长5mm的等边三角形，见表2-16。当调节机构为阀时，一般采用表2-16中所列的图形符号。

二、文字符号 ★★★

自动化仪表及自动装置的文字符号可分仪表（装置）位号和字母代号两种，其中位号是表示被测量及其功能以及装置的安装位置的，而字母代号则是用英文字母表示装置的功能及作用的。一般情况下，文字符号均写在仪表圆圈内。

（一）仪表位号

仪表位号由字母代号和数字编号组成，两部之间用一短划线（-）隔开，有时数字编号之后可附加尾缀。其中，字母代号是由表示被测量或初始量的第一位英文字母和表示功能作用的若干个后继字母组成，字母代号应符合（二）中字母代号的规定。

数字编号由区域编号和回路编号组成，其中，区域编号为一位数字，用来表示车间、工段、装置、系统、设备等，或者表示其中两者。回路编号为两位数字。数字编号一律为阿拉伯数字，有时数字位数可以增减，也可省略区域编号。

尾缀一般为大写英文字母或短划线之后的阿拉伯数字。

仪表位号的举例，如：TRC-302A 或 TRC-302-2。

其中，T 表示温度；

RC 表示记录调节；

3 表示区域；

02 表示回路；

A
2 表示尾缀。

（二）字母代号

字母代号应按规定选用表 2-17 中的字母，使用及识别时应注意以下几点：

表 2-17　字母代号及其意义

字母	第一位字母		后继字母（6）
	被测变量或初始变量	修饰词	功能
A	分析（2）		报警（4）（8）
B	喷嘴火焰		
C	电导率		控制（调节）
D	密度或比重	差（1）	
E	电压（电动势）		检测元件
F	流量	比（分数）（1）	
G	尺度（尺寸）		玻璃
H	手动（人工触发		
I	电流		指示（4）（7）
J	功率	扫描	
K	时间或时间程序		操作器
L	物位		灯（4）
M	水分或湿度		
N			
O			节流孔
P	压力或真空		试验点（接头）
Q	数量或件数	积分、累计（1）	积分、累计
R	放射性		记录或打印（7）
S	速度或频率	安全	开关或连锁（8）
T	温度		传送，变送器
U	多变量（3）		多功能
V	黏度		阀、风门、百叶窗
W	重量或力		套管
X			
Y			继电器（5）
Z	位置		驱动、执行或未分类的执行器

注：括号中的数字见正文中（二）字母代号中注意几点的序号。

1. 第一位字母中的修饰词字母“d”（差）、“f”（比）、“q”（积分、累计）之一与被测量或初始量的字母组合后便构成另一种意义的被测量，因此，应看成一个字母，如 TdI 为温差指示，而 TI 则为温度指示。其中，修饰字母一律小写，字母组合的意义见表 2-18。

表 2-18　字母代号组合示例

被测变量及文字符号 / 仪表功能	温度 T	温差 Td	压力或真空 P	压差 Pd	流量 F	流量比率 Ff	液位或料位 L	分析 A	密度或相对密度 D	位置 Z	数量或件数 Q	速度或频率 S	多变量 U	黏度 V	重量或力 W
检测元件	TE		PE		FE		LE	AE	DE	ZE	QE	SE		VE	WE
变送	TT	TdT	PT	PdT	FT		LT	AT	DT	ZT	QT	ST		VT	WT
指示	TI	TdI	PI	PdI	FI	FfI	LI	AI	DI	ZI	QI	SI		VI	WI
扫描指示	TJI	TdJI	PJI	PdJI	FJI	FfJI	LJI	AJI	DJI	ZJI	QJI	SJI	UJI	VJI	WJI
扫描指示、报警	TJIA	TdJIA	PJIA	PdJIA	FJIA	FfJIA	LJIA	AJIA	DJIA	ZJIA	QJIA	SJIA	UJIA	VJIA	WJIA
指示、变送	TIT	TdIT	PIT	PdIT	FIT	FfIT	LIT	AIT	DIT	ZIT	QIT	SIT		VIT	WIT
指示、调节	TIC	TdIC	PIC	PdIC	FIC	FfIC	LIC	AIC	DIC	ZIC	QIC	SIC		VIC	WIC
指示、报警	TIA	TdIA	PIA	PdIA	FIA	FfIA	LIA	AIA	DIA	ZIA	QIA	SIA		VIA	WIA
指示、联锁、报警	TISA	TdISA	PISA	PdISA	FISA	FfISA	LISA	AISA	DISA	ZISA	QISA	SISA		VISA	WISA
指示、开关	TIS	TdIS	PIS	PdIS	FIS	FfIS	LIS	AIS	DIS	ZIS	QIS	SIS		VIS	WIS
指示、积算					FIQ						QIQ				WIQ
指示、自动－手动操作	TIK	TdIK	PIK	PdIK	FIK	FfIK	LIK	AIK	DIK	ZIK	QIK	SIK		VIK	WIK
指示、自力式调节阀	TICV	TdICV	PICV	PdICV	FICV		LICV					SICV			WICV
记录	TR	TdR	PR	PdR	FR	FfR	LR	AR	DR	ZR	QR	SR		VR	WR
扫描记录	TJR	TdJR	PJR	PdJR	FJR	FfJR	LJR	AJR	DJR	ZJR	QJR	SJR	UJR	VJR	WJR
扫描记录、报警	TJRA	TdJRA	PJRA	PdJRA	FJRA	FfJRA	LJRA	AJRA	DJRA	ZJRA	QJRA	SJRA	UJRA	VJRA	WJRA
记录、调节	TRC	TdRC	PRC	PdRC	FRC	FfRC	LRC	ARC	DRC	ZRC	QRC	SRC		VRC	WRC
记录、报警	TRA	TdRA	PRA	PdRA	FRA	FfRA	LRA	ARA	DRA	ZRA	QRA	SRA		VRA	WRA
记录、联锁、报警	TRSA	TdRSA	PRSA	PdRSA	FRSA	FfRSA	LRSA	ARSA	DRSA	ZRSA	QRSA	SRSA		VRSA	WRSA
记录、开关	TRS	TdRS	PRS	PdRS	FRS	FfRS	LRS	ARS	DRS	ZRS	QRS	SRS		VRS	WRS
记录、积算				PdC	FRS						QRQ				WRQ

调节	TC	TdC	PC	PdC	FC	FfC	LC	AC	DC	ZC	QC	SC		VC	WC
调节、变送	TCT	TdCT	PCT	PdCT	FCT		LCT	ACT	DCT	ZCT	QCT	SCT		VCT	WCT
自力式调节阀	TCV	TdCV	PCV	PdCV	FCV		LCV					SCV			
报警	TA	TdA	PA	PdA	FA	FfA	LA	AA	DA	ZA	QA	SA	UA	VA	WA
联锁、报警	TSA	TdSA	PSA	PdSA	FSA	FfSA	LSA	ASA	DSA	ZSA	QSA	SSA	USA	VSA	WSA
积算指示					FqI （FQ）						QqI （QQ）				WqI （WQ）
开关	TS	TdS	PS	PdS	FS	FfS	LS	AS	DS	ZS	QS	SS		VS	WS
指示灯	TL	TdL	PL	PdL	FL	FfL	LL	AL	DL	ZL	QL	SL		VL	WL
多功能	TU	TdU	PU	PdU	FU	FfU	LU	AU	DU	ZU	QU	SU	UU	VU	WU
阀、挡板	TV	TdV	PV	PdV	FV	FfV	LV	AV	DV	ZV	QV	SV		VV	WV
继动器	TY	TdY	PY	PdY	FY	FfY	LY	AY	DY	ZY	QY	SY	UY	VY	WY

其他	TW	带有套管的测试接头	FqA	流量积算报警	CJR	电导率扫描记录	MR	水分或湿度记录
			FqY	流量积算继动器	CIA	电导率指示报警	MIC	水分或湿度指示调节
	HS	手动开关	BE	火焰检测元件	CIS	电导率指示开关	MRC	水分或湿度记录调节
	HIC	带指示的手动操作器或给定器	BS	火焰检测开关	KI	时间或时间程序指示	QqIS	数量或件数积算指示开关
	PP	压力或真空试验点	BA	火焰报警	KIC	时间程序指示控制	QqSA	数量或件数积算联锁报警
	PfI	压缩比指示	CI	电导率指示	MT	水分或湿度变送		
	FO	限流孔板	CE	电导率检测元件	MI	水分或湿度指示	WqT	重量积算变送

2. 第一位字“A”（分析）包括表中未规定的分析项目，必须注明分析项目时，仪表圆圈中必须写明“A”，只是在圆圈外上方注明分析项目。如氧的分析应写“O_2”，但不能用 O_2 代替圆圈中的“A”。

3. 第一位字母“U”（多变量）用来表示多个被测量，而后继字母“U”（多功能）用来表示多个功能。

4. 后继字母“L”（灯）和“A”（报警）的区别，A 指不正常状态的声、光报警。

5. 继动器包括计算器、转换器、选择器、放大器等元器件。

6. 后继字母的书写顺序为：

I　R　C　T　Q　S　A

7. 仪表同时具有指示（I）和记录（R）功能时，字母代号只写出 R，不必再写出 I。

8. 后继字母 S 是指开关或联锁，而 SA 是专指联锁加报警，如果是经过开关触发报警，则 S 可省略，只写 A。

9. 在串级调节系统中，执行器回路编号的第一个字母一般是按主要被调节量选用的。

10. 在回路编号的后继字母中，仪表功能中的多笔记录应选用 R，多点自动巡回记录或扫描应选用 JR。各种功能的自力式调节阀应选用 CV，双通调节阀、三通调节阀及风门调节阀应选用 V。

11. 双支感温元件在图形符号上与单支的表示没有区别，仅表示两支而已，在设备明细表中应注意写法。如单支写为 TE－120 或 TE－120－1，而双支则写成 TE－120－1/2 或TE－120/121。

12. 对被测量值进行放大、衰减或线化等组合单元时，如放大器、开方器、阻尼器、缓冲器等，在回路中一般可不表示，但在设备明细中应列出。

13. 书中图形符号及文字代号是按 GB/T 2625—1981 制定的，只表达仪表所处理的参量和功能，不能说明仪表的具体名称、规格、型号等内容。因此，检测、控制、调节系统图必须附有明细表，详细说明仪表的名称、规格、型号以及厂家等内容。

（三）仪表位号的书写规则

1. 在仪表圆圈中，字母代号写在圆圈的上半圆中，数字编号和尾缀写在下半圆中，如就地仪表(PI/102)，盘上或柜内仪表(TRC/203)。

2. 其中数字编号的区域编号和回路编号应从 1 开始按序排列，但中间可为空号，不同被测量的仪表可合在一起统一连续排列回路编号。

3. 同一回路有 1 个以上相同字代号的仪表，仪表的被测量及其功能相同，则应在回路编号之后加大写英文字以示区分，如 FT－201A、FT－201B 则表示回路中的两台流量变送器。

4. 不同区域的多个检测元件共用一台仪表时，检测元件可略去区域编号，并在回路编号后加短划线，再加数字顺序号，如 TE－25－1、TE－25－2 则表示回路中的两个温度检测元件。

5. 具有两个或多个被测量的仪表应给出全部仪表号位，如附有压力记录 PR－104 的流量记录仪 FR－104，应写为 FR－104/PR－104，或写为 UR－104；两笔压力记录仪应写为 PR－107A/PR－107B，双支感温元件应写为 TE－109－1/109－2。

6. 当表示高、低、中时（常用于报警、联锁），一般是在仪表圆圈的右上方、右下方和左方中部写 H（高位）、L（低位）、M（中位），或 HH（高高位）和 LL（低低位）。其中 HH 表示有 H 和 HH，LL 表示有 L 和 LL，当表示双重意义时，则略去 H 或 L，只标注 HH 或 LL。H 和 L 除上述意义外，还用来表示阀或其他开关元件的状态，其中 H 表示阀位于或趋于全开位置、开关闭合位置；L 表示阀位于或趋于全闭位、开关断开位置。

三、图形符号和仪表位号常用举例 ★★★

这里将自动化仪表及装置的常用的图形符号画法、仪表位号标注列出，供读者读图时参考，见图 2-1～图 2-6。

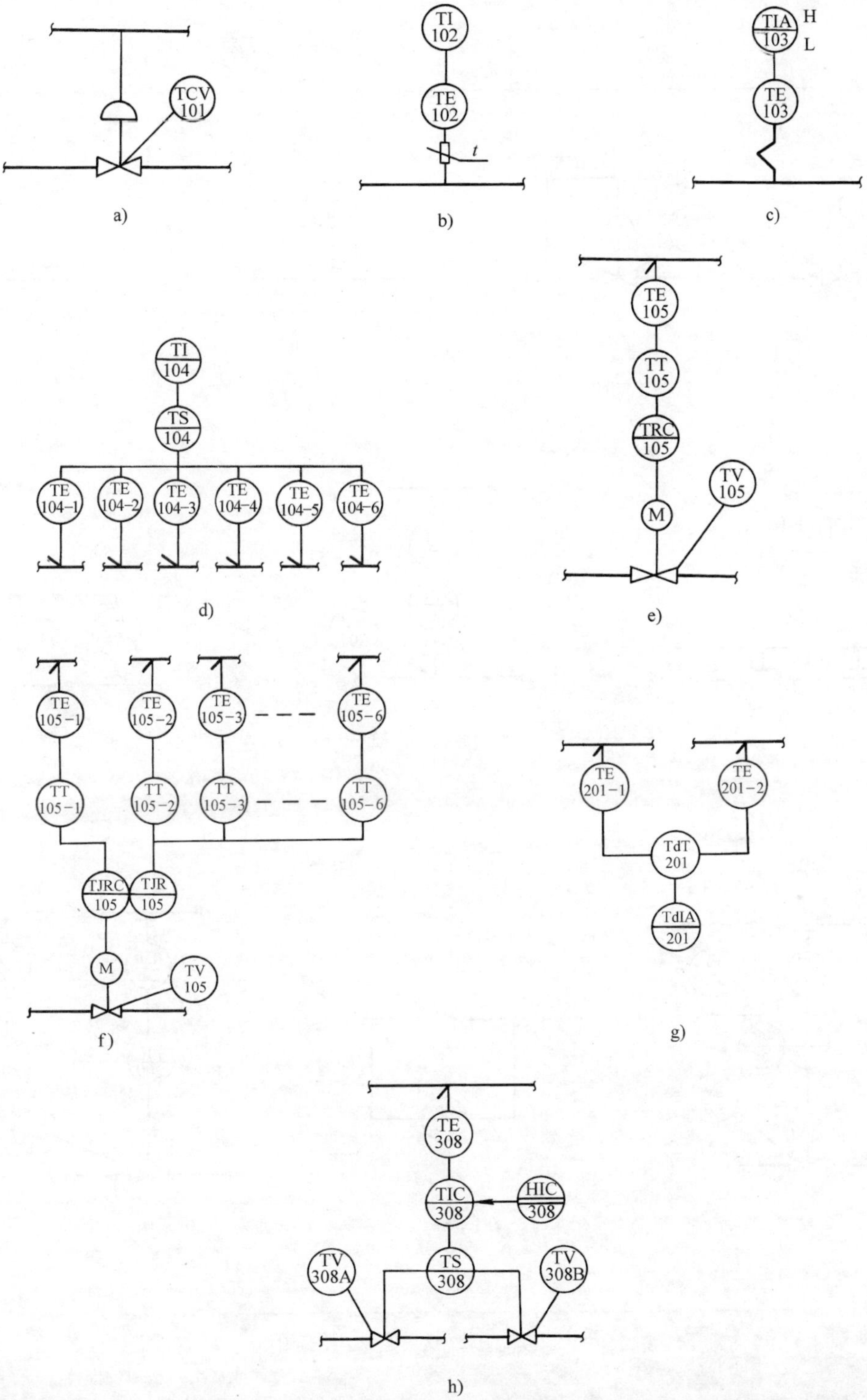

图 2-1 温度仪表常用图例

a）自力式温度调节阀 b）温度指示 c）温度指示带报警 d）温度指示（六点温度手动切换）
e）带变送器的温度指示、记录和调节 f）带变送器的六点温度巡回记录，其中 1 点带调节
g）温度指示带报警（带变送器） h）带手动切换的温度指示调节系统

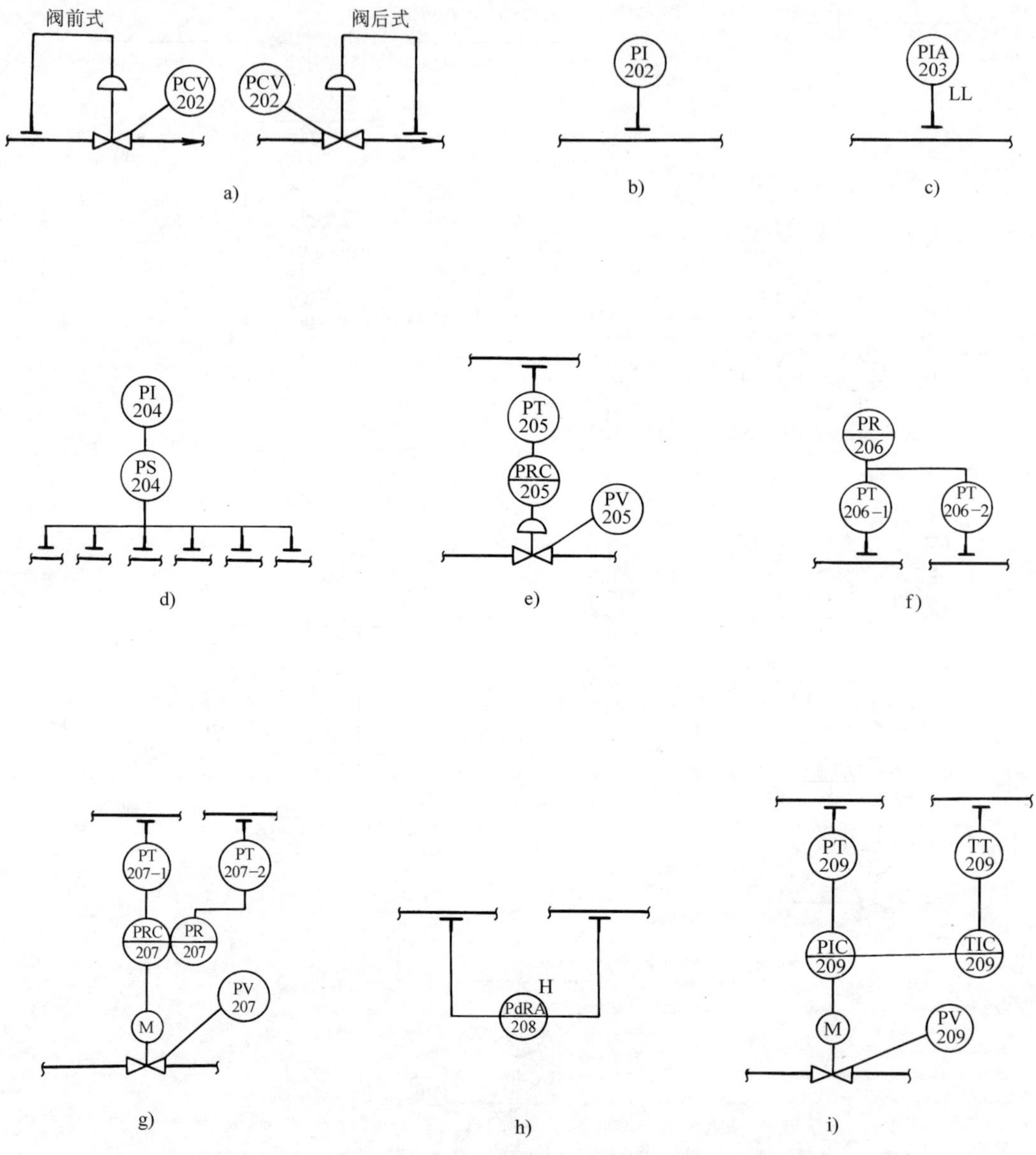

图 2-2　压力或真空常用图例

a）自力式压力调节阀　b）压力（或真空）指示　c）压力（或真空）指示带报警
d）压力（或真空）指示（六点手动切换）　e）带变送器的压力（或真空）指示、记录、调节
f）带变送器的压力（或真空）双笔记录　g）带变送器的压力（或真空）双笔记录其中 1 点带调节
h）压差记录带高位报警　i）带变送器的温度、压力串级调节

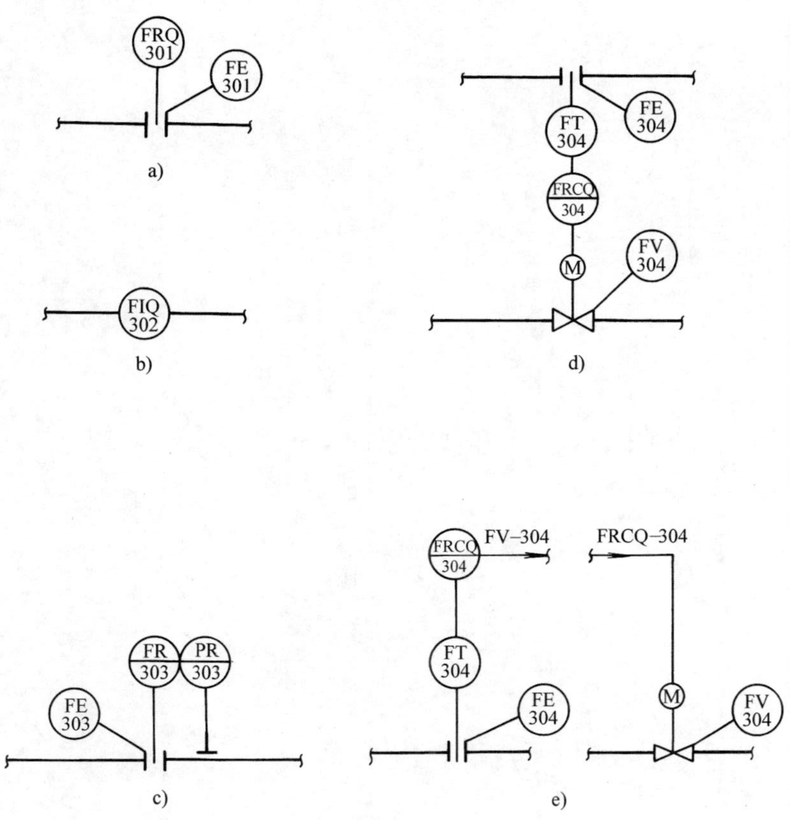

图 2-3　流量仪表常用图例

a）流量记录带积算　b）就地安装流量指示带积算　c）流量、压力双笔记录
d）带变送器的流量记录、积算和调节　e）同 d），但不在同一张图样的表示方法

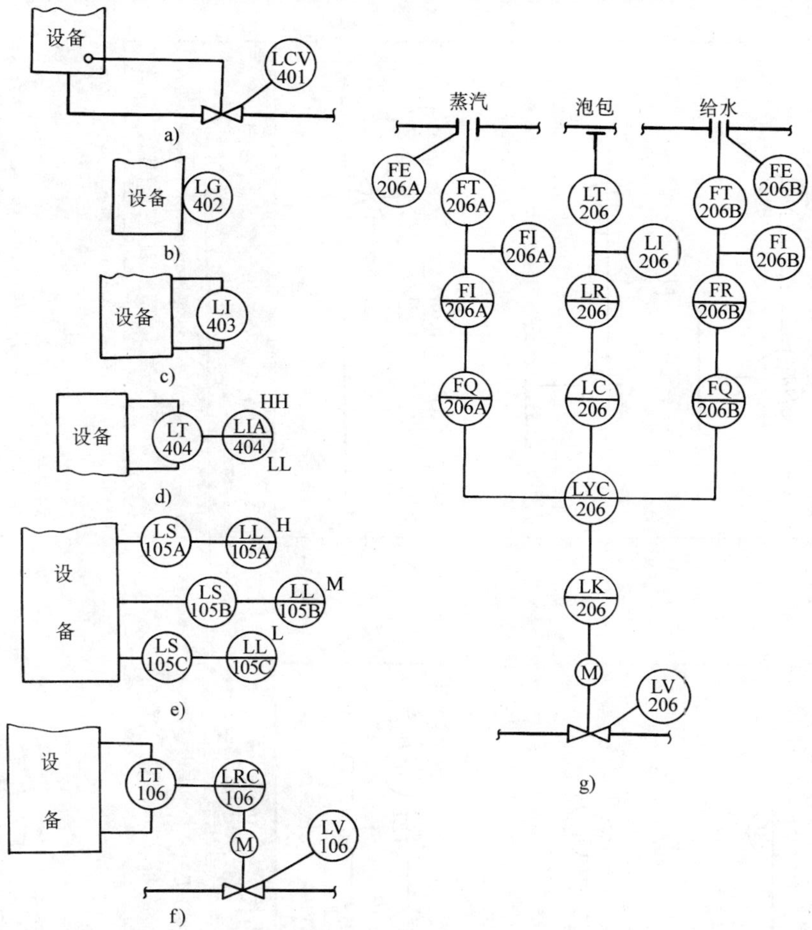

图 2-4　物位仪表常用图例

a）机械联动自力式液位调节　b）设备外壁上的玻璃液位计
c）设备外壁的玻璃（或磁性）液位计
d）带变送器的液位指示和高、低报警　e）液位高度指示灯
f）带变送器的液位指示、记录和调节　g）三冲量锅炉汽包水位调节

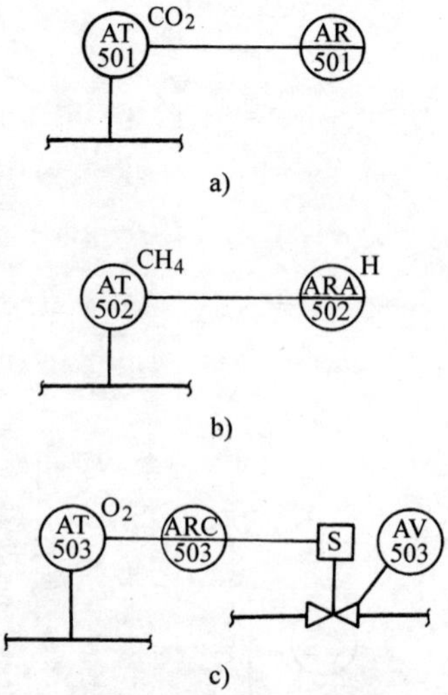

图2-5　分析仪表常用图例
a）带变送器的分析记录
b）带变送器的分析记录和报警
c）带变送器的分析记录调节

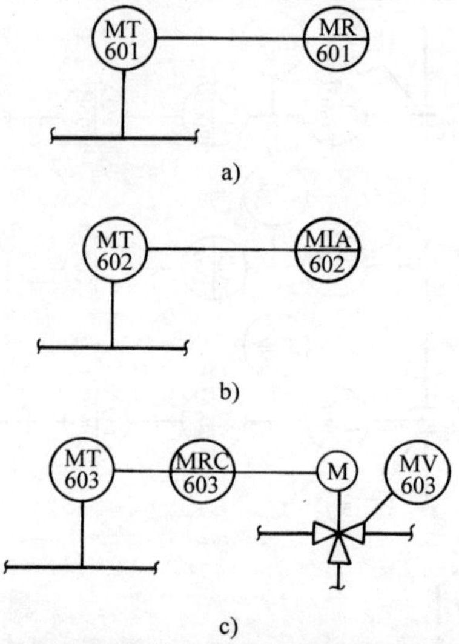

图2-6　水分或温度仪表用图例
a）带变送器的水分（或湿度）指示和调节
b）带变送器的相对湿度指示和报警
c）带变送器的相对湿度记录和调节

第三章 »

一般民用住宅电气线路的识读

民用住宅通常分三种类型，即一般平房、住宅楼、高层建筑，其中住宅楼指 2～7 层的住宅楼房，但是它最具有代表性，掌握了住宅楼的电气线路，对于平房和高层建筑住宅的电气线路也就基本掌握了。民用住宅楼的电气线路较为简单，一般包括照明、电话、有线电视，较高级的住宅还有空调、火灾自动报警及自动消防系统、防盗保安系统、电子监控系统及其附属的动力装置等。

第一节　一般住宅的电气线路

这里以某建筑设计院为某制氧机厂设计的住宅楼电气线路为例，说明其读图方法。

表 3-1 是该项工程的图样目录，从目录可知该住宅楼的电气线路主要包括照明、电话、有线电视及防雷四部分。

表 3-1　图样目录（格式）

<table>
<tr><td colspan="2" rowspan="2">××市设计院</td><td colspan="2">图样目录</td><td colspan="3">工程编号</td></tr>
<tr><td>工程名称</td><td>××制氧机厂</td><td colspan="3">98－046</td></tr>
<tr><td colspan="2">1998 年 8 月 14 日</td><td>项　　目</td><td>住宅楼</td><td colspan="3">共 1 页第 1 页</td></tr>
</table>

<table>
<tr><td rowspan="2">序号</td><td rowspan="2">图别图号</td><td rowspan="2">图　纸　名　称</td><td colspan="2">采用标准图或重复使用图</td><td rowspan="2">图样尺寸</td><td rowspan="2">备　注</td></tr>
<tr><td>图集编号或工程编号</td><td>图别图号</td></tr>
<tr><td>1</td><td>电施 1/12</td><td>说明　设备材料表</td><td></td><td></td><td>2#</td><td></td></tr>
<tr><td>2</td><td>电施 2/12</td><td>底层组合平面图</td><td></td><td></td><td>2#加长</td><td></td></tr>
<tr><td>3</td><td>电施 3/12</td><td>配电系统图</td><td></td><td></td><td>2#加长</td><td></td></tr>
<tr><td>4</td><td>电施 4/12</td><td>BA 型标准层照明平面图</td><td></td><td></td><td>2#加长</td><td></td></tr>
<tr><td>5</td><td>电施 5/12</td><td>BA 型标准层弱电平面图</td><td></td><td></td><td>2#加长</td><td></td></tr>
<tr><td>6</td><td>电施 6/12</td><td>B 型标准层照明平面图</td><td></td><td></td><td>2#</td><td></td></tr>
<tr><td>7</td><td>电施 7/12</td><td>B 型标准层弱电平面图</td><td></td><td></td><td>2#</td><td></td></tr>
<tr><td>8</td><td>电施 8/12</td><td>C 型标准层照明平面图</td><td></td><td></td><td>2#</td><td></td></tr>
<tr><td>9</td><td>电施 9/12</td><td>C 型标准层弱电平面图</td><td></td><td></td><td>2#</td><td></td></tr>
<tr><td>10</td><td>电施 10/12</td><td>地下室照明平面图</td><td></td><td></td><td>2#加长</td><td></td></tr>
<tr><td>11</td><td>电施 11/12</td><td>屋顶防雷平面图</td><td></td><td></td><td>2#加长</td><td></td></tr>
<tr><td>12</td><td>电施 12/12</td><td>CATV 系统图</td><td></td><td></td><td></td><td></td></tr>
<tr><td></td><td></td><td>电话系统图</td><td></td><td></td><td>2#</td><td></td></tr>
<tr><td></td><td></td><td></td><td></td><td></td><td></td><td></td></tr>
<tr><td></td><td></td><td></td><td></td><td></td><td></td><td></td></tr>
<tr><td></td><td></td><td></td><td></td><td></td><td></td><td></td></tr>
</table>

审查　　　　　　　　　　校对　　　　　　　　　　填表人

表 3-2 是该项工程的设备材料表及设计说明，表达了主要设备的规格型号、安装方式及标高，说明了系统的基本概况及保安方式。我们可知系统采用三相四线制进线，进线后采用三相五线制。这里要注意到，重复接地和防雷接地是利用基础地梁内的主钢筋为接地极的，其引线必须与主筋可靠焊接，同时防雷的避雷带的引下线是利用结构柱内的主钢筋作为引下线的。重复接地和保护接地共用同一接地极，接地电阻不应大于 4Ω，否则应补打接地极。有关照明配电箱内的开关设备、计量仪表的规格型

号表中没有说明，但在配电系统图中做了详尽说明。

表 3-2　设备材料表

图　例	设 备 名 称	设 备 型 号	单位	备　　注
	照明配电箱	XRB03 - G1（A）　改	个	底距地 1.4m 暗装
	照明配电箱	XRB03 - G2（B）　改	个	底距地 1.4m 暗装
	荧光灯	30W	套	距地 2.2m 安装
	荧光灯	20W	套	距地 2.2m 安装
③	环型荧光吸顶灯	32W	套	吸顶安装
①	玻璃罩吸顶灯	40W	套	吸顶安装
②	平盘灯	40W	套	吸顶安装
⊗	平灯口	40W	套	吸顶安装
	二联单控翘板开关	P86K21 - 10	个	距地 1.4m 暗装
	二三极扁圆两用插座	P86Z223A10	个	除卫生间、厨房阳台插座安装高度为 1.6m 外其他插座安装高度均为 0.3m，卫生间插座采用防溅型
	单联单控翘板防溅开关	P86K21F - 10	个	距地 1.4m 暗装
	单联单控翘板开关	P86K11 - 10	个	距地 1.4m 暗装
	拉线开关	220V 4A	个	距顶 0.3m
	光声控开关	P86KSGY	个	距顶 1.3m 暗装
	电话组线箱	ST0 - 10 ST0 - 30	个	底距地 0.5m
	电话过路接线盒	146HS60	个	底距地 0.5m
	电视前端箱	400 × 400 × 180	个	距地 2.2m 暗装
	分支器盒	200 × 200 × 180	个	距地 2.2m 暗装
Ⓗ	电话出线座	P86ZD - I	个	距地 0.3m 暗装
Ⓣ	有线电视出线座	P86ZTV - I	个	距地 0.3m 暗装
	二极扁圆两用插座	220V 10A	个	距地 2.3m 安装
	接地母线	-40mm × 4mm 镀锌扁钢或基础梁内主筋	m	
	避雷带	ϕ8mm 镀锌圆钢	m	
	管内导线	BX35mm²、BX25mm²	m	
	管内导线	BV35mm²、BV25mm²、BV10mm²	m	
	管内导线	BV2.5mm²	m	
	电话电缆	HYV（2 × 0.5）× 10	m	
	电话电缆	HYV（2 × 0.5）× 20	m	
	电视电缆	SYV - 75 - 9	m	
	电视电缆	SYV - 75 - 5	m	
	电话线	RVB（2 × 0.2）	m	
	焊接钢管	SC50 SC32 SC25	m	
	PVC 阻燃塑料管	PVC15	m	

设计说明：

1. 土建概况：本工程为砖混结构，标准层层高 2.8m。
2. 供电方式：本工程电源为三相四线架空引入，引自外电杆，电压 380/220V。
3. 导线敷设：采用焊接钢管或 PVC 管在墙、楼板内暗敷，图中未注明处为 BV（3 × 2.5）SC15 或 BV（3 × 2.5）PVC150 相序分配上 1～2 层为 A 相，3～4 层为 B 相、5～6 层为 C 相。
4. 保护：本工程采用 TN - C - S 制，电源在进户总箱重复接地。利用基础地梁做接地极接地电阻不大于 4Ω，否则补打接地极。所有配电箱外壳，穿线钢管均应可靠接地。
5. 防雷：屋顶四周做避雷带，并利用图中所示结构柱内两根主筋做引下线，顶部与避雷带焊接，底部与基础地梁焊为一体，实测接地电阻不大于 4Ω，否则补打接地极。
6. 电话及电视：电话采用架空引入，电话干线采用电缆，分支线采用 RVB（2 × 0.2）型电话线，有线电视采用架空引入，各层设置分支器盒，有线电视干线采用 SYV - 75 - 9 型电缆，分支线采用 SYV - 75 - 5 型电缆。
7. 其他：（1）本工程施工做法均参见《建筑电气通用图集》。
（2）施工中应密切配合土建、设备等其他专业，做好管理预埋及孔洞预留工作。

一、配电系统图的识读 ★★★

图 3-1 是该照明电路的系统图。

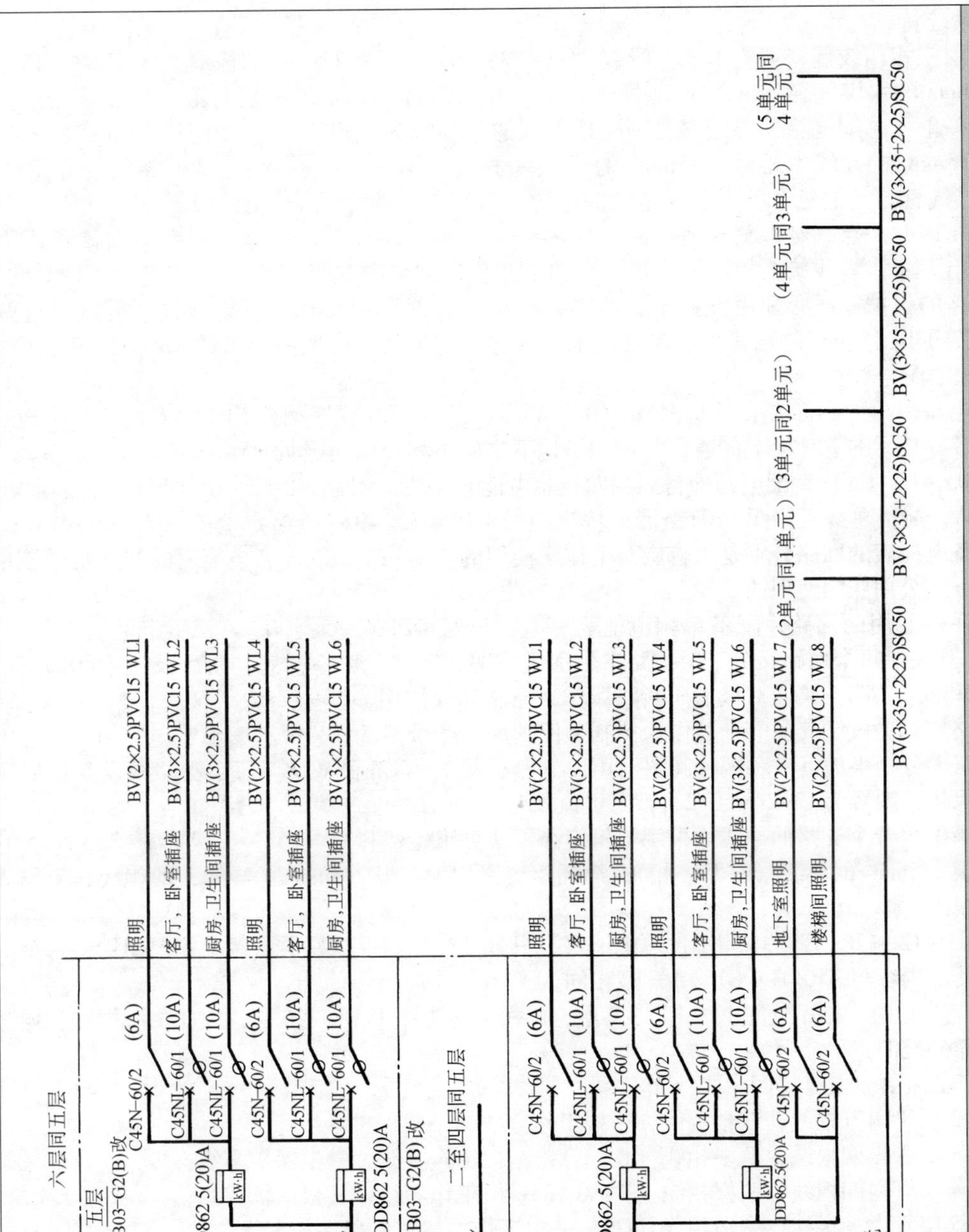
去六层
六层同五层
五层
XRB03−G2(B)改
DD862 5(20)A
C45N−60/2 (6A) 照明 BV(2×2.5)PVC15 WL1
C45NL−60/1 (10A) 客厅，卧室插座 BV(3×2.5)PVC15 WL2
C45NL−60/1 (10A) 厨房，卫生间插座 BV(3×2.5)PVC15 WL3
C45N−60/2 (6A) 照明 BV(2×2.5)PVC15 WL4
C45NL−60/1 (10A) 客厅，卧室插座 BV(3×2.5)PVC15 WL5
C45NL−60/1 (10A) 厨房，卫生间插座 BV(3×2.5)PVC15 WL6
BV(5×10)SC32
二至四层同五层
XRB03−G2(B)改
首层
XRB03−G1(A)改
C45N/3 (40A)
DT862 10(40)A
1单元
DD862 5(20)A
C45N−60/2 (6A) 照明 BV(2×2.5)PVC15 WL1
C45NL−60/1 (10A) 客厅，卧室插座 BV(3×2.5)PVC15 WL2
C45NL−60/1 (10A) 厨房，卫生间插座 BV(3×2.5)PVC15 WL3
C45N−60/2 (6A) 照明 BV(2×2.5)PVC15 WL4
C45NL−60/1 (10A) 客厅，卧室插座 BV(3×2.5)PVC15 WL5
C45NL−60/1 (10A) 厨房，卫生间插座 BV(3×2.5)PVC15 WL6
C45N−60/2 (6A) 地下室照明 BV(2×2.5)PVC15 WL7
C45N−60/2 (6A) 楼梯间照明 BV(2×2.5)PVC15 WL8
BX(3×35+1×25)SC50
380/220V 架空引入
BV(3×35+2×25)SC50
（2单元同1单元）
（3单元同2单元）
（4单元同3单元）
（5单元同4单元）

图 3-1　照明电路系统图

（一）系统特点

系统采用三相四线制，架空引入，导线为三根 35mm^2 加一根 25mm^2 的橡皮绝缘铜线（BX）引入后穿直径为 50mm 的水煤气管（SC）埋地板（FC），引入到第一单元的总配电箱。第二单元总配电箱的电源是由第一单元总配电箱经导线穿管埋地板引入的，导线为三根 35mm^2 加两根 25mm^2 的塑料绝缘铜线（BV），35mm^2 的导线为相线，25mm^2 的导线一根为工作零线，一根为保护零线。穿管均为直径 50mm 的水煤气管。其他三个单元总配电箱的电源的取得与上述相同，见图 3-2。

这里需要说明一点，经重复接地后的工作零线引入第一单元总配电箱后，必须在该箱内设置两组接线板，一组为工作零线接线板，各个单元回路的工作零线必须由此接出，另一组为保护零线接线板，各个单元回路的保护零线必须由此接出，两组接线板的接线不得接错，不得混接。最后将这两组接线板的第一个端子用 25mm^2 的铜线可靠连接起来。这样，就形成了说明中要求的 TN－C－S 保护方式。

（二）照明配电箱

照明配电箱分两种，首层采用 XRB03－G1（A）型改制，其他层采用 XRB03－G2（B）型改制，其主要区别是前者有单元的总计量电能表，并增加了地下室照明和楼梯间照明回路。

1. XRB03－G1（A）型配电箱配备三相四线总电能表一块，型号 DT862－10（40）A，额定电流 10A，最大负载 40A；配备总控三极低压断路器一块，型号 C45N/3（40A），整定电流 40A。该箱有三个回路，其中两个配备电能表的回路分别是供首层两个住户使用的，另一个没有配备电能表的回路是供该单元各层楼梯间及地下室公用照明使用的。

其中供住户使用的回路，配备单相电能表一块，型号 DD862－5（20）A，额定电流 5A，最大负载 20A，不设总开关。每个回路又分三个支路，分别供照明、客厅及卧室插座、厨房及卫生间插座，支路标号为 WL1～WL6。照明支路设双极低压断路器作为控制和保护用，型号 C45N－60/2，整定电流 6A；另外两个插座支路均设单极空气漏电开关作为控制和保护用，型号 C45NL－60/1，整定电流 10A。公用照明回路分两个支路，分别供地下室和楼梯间照明用，支路标号为 WL7 和 WL8。每个支路均设双极低压断路器作为控制和保护，型号为 CN45－60/2，整定电流 6A。

从配电箱引自各个支路的导线均采用塑料绝缘铜线穿阻燃塑料管（PVC），保护管径 15mm，其中照明支路均为两根 2.5mm^2 的导线（一零一相），而插座支路均为三根 2.5mm^2 的导线，即相线、工作零线、保护零线各一根。

2. XRB03－G2（B）型配电箱不设总电能表，只分两个回路，供每层的两个住户使用，每个回路又分三个支路，其他内容与 XRB03－G1（A）型相同。

3. 该住宅为 6 层，相序分配上 A 相 1～2 层，B 相 3～4 层，C 相 5～6 层，因此由一层到六层竖直管路内导线是这样分配的：

（1）进户四根线，三根相线一根工作零线；

（2）1～2 层管内五根线，三根相线，一根工作零线，一根保护零线；

（3）2～3 层管内四根线，两根相线（B、C），一根工作零线，一根保护零线；

（4）3～4 层管内四根线，两根相线（B、C），一根工作零线，一根保护零线；

（5）4～5 层管内三根线，一根相线（C），一根工作零线，一根保护零线；

（6）5～6 层管内三根线，一根相线（C），一根工作零线，一根保护零线。

这里需要说明一点，如果支路采用金属保护管，管内的保护零线可以省掉，而利用金属管路作为保护零线。

二、平面图的识读 ★★★

（一）底层组合平面图

图 3-2 为该电气线路的组合平面图，是一附加图，主要说明电源引入、电话线引入、有线电视引入以及楼梯间管线的引上引下，仅以某一单元为例加以说明，见图 3-2 左侧第一单元。

1. 电源的引入是在标高 2.8m 处架空引入的，然后埋地板引到楼梯间的总配电箱 A 内。由 A 箱引出三个回路，其中引上（↗）是由首层引至二层配电箱的电源，引下（↙）是由首层引至地下室照明的电源，引至声控开关（♁）是楼梯照明的电源，同时由声控开关处上引至上层楼梯照明处，然后再引至上层直到顶层。这个声控开关就是这层楼梯照明的开关。楼梯间照明共为 5 盏平灯口灯吸顶安装，每层一盏，每

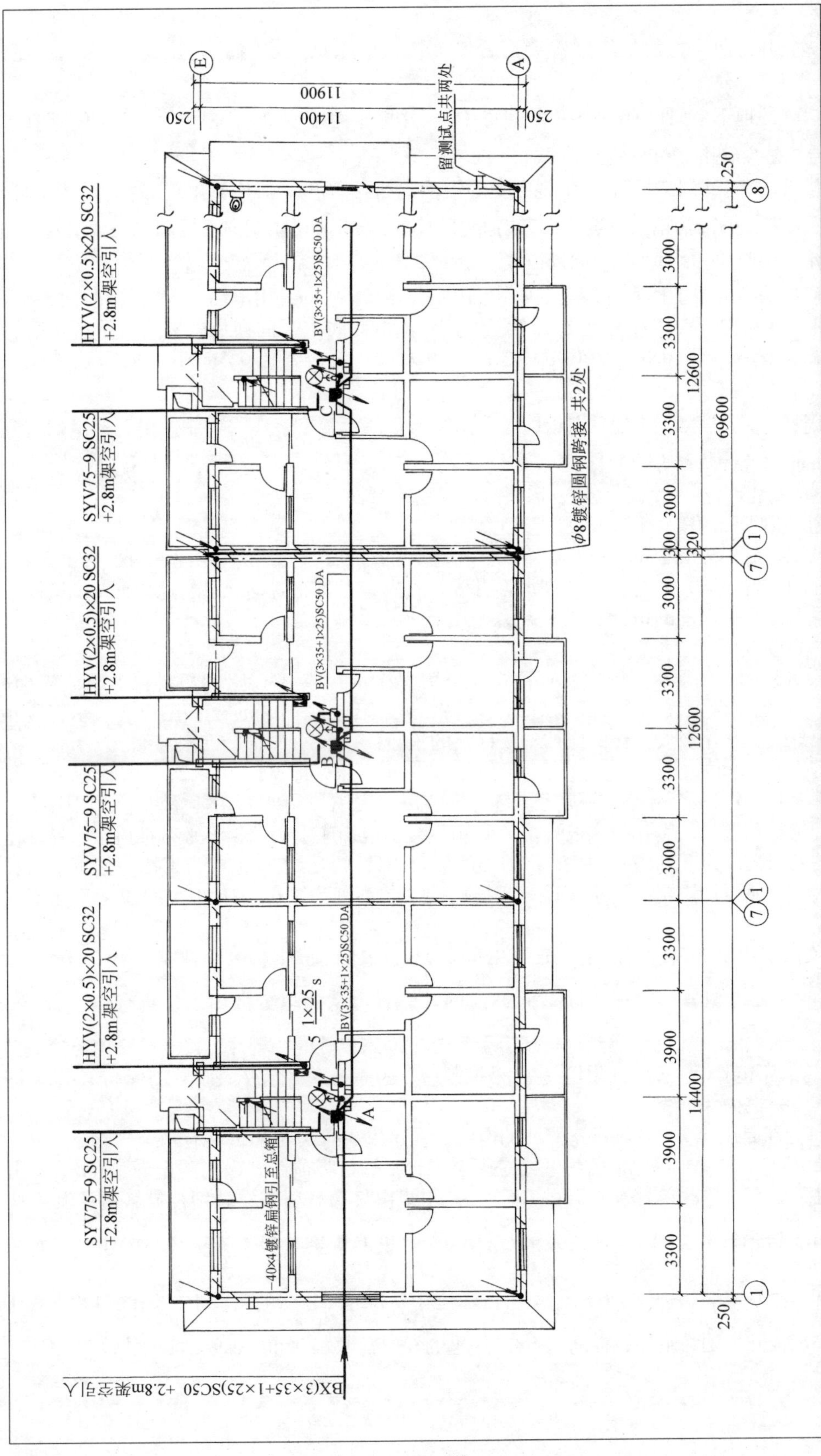
SYV75-9 SC25
+2.8m架空引入
HYV(2×0.5)×20 SC32
+2.8m架空引入
BX(3×35+1×25)SC50 +2.8m架空引入
BV(3×35+1×25)SC50 DA
-40×4镀锌扁钢引至总箱
ϕ8镀锌圆钢跨接 共2处
留测试点共两处
11900
11400
250
3300
3900
14400
3000
12600
69600
300
320

图 3-2 底层组合平面图

盏 25W。

这里还有一个引出回路，就是经楼板穿管后引至相邻单元总照明箱的电源，在系统图中已进行了说明。

2. 单元入口处的地下室门口有一个拉线开关（♀）并标有由下引来的符号↗，这是地下室进口处照明灯的开关，导线是穿管由下引来的。

3. 单元入口处的左隔墙上标有有线电视电缆的引入，标高 2.8m，用同轴电缆穿水煤气管埋楼板引入至楼梯间声控开关右侧的前端箱内，这里标有向上引的符号↗，表示由此向上层同样位置引管，然后再引管直至顶层。引入电缆采用 SYV75－9 同轴电缆，穿管采用水煤气管，直径 25mm。

4. 单元入口处的右隔墙上标有外线电话电缆的引入，标高 2.8m，用电话电缆穿管埋楼板引入至楼梯间入口处的电话组线箱内，同样标有向上引的符号，表示由此向上层同样位置引管，然后再引管直到顶层。引入电缆采用 HYV（2×0.5）×20 电话电缆，20 对线，线芯直径 0.5mm，穿管采用水煤气管，直径 32mm。

5. 墙体四周标有↙符号共 14 处，表示柱内主钢筋为接地避雷引下线，主筋连接必须电焊可靠。在伸缩缝处应用 ϕ8mm 的镀锌圆钢焊接跨接。

6. 左、右边墙上留有接地测试点各一处，一般用铁盒装饰。

（二）标准层照明平面图

按图 3-2 可知，该楼分五个单元，其中中间三个单元的开间尺寸及布置相同，两个边单元各不相同，并与中间单元开间布置不同，因此，五个单元照明平面图只有三种布置，现以右边单元 BA 型标准层照明平面图为例，说明照明平面图的识读，见图 3-3。

1. 左侧①～④轴房号

（1）根据设计说明中的要求，图中所有管线均采用焊接钢管或 PVC 阻燃塑料管沿墙或楼板内敷设，管径 15mm，采用塑料绝缘铜线，截面积 2.5mm^2，管内导线根数按图中标注，在黑线（表示管线）上没有标注的均为两根导线，凡用斜线标注的应按斜线标注的根数计，如—///—即为三根导线。

（2）电源是从楼梯间的照明配电箱 E 引入的，共有三个支路，即 WL1、WL2、WL3，这和系统图是对应的，但是其中 WL3 引出两个分路，一是引至卫生间的▲（二三极扁圆两用插座）上，图中的标注是经 1/B 轴用直角引至 B 轴上的，实际中这根管是由 E 箱直接引至插座上去的，不必有直角弯。另一是经③轴沿墙引至厨房的两个插座，③轴内侧一只，D 轴外侧阳台一只，实际工程也应为直接埋楼板引去，不必沿墙拐直角弯引去。按照设计说明的要求，这三只插座的安装高度为 1.6m，且卫生间应采用防溅式，全部暗装。

（3）WL1 支路引出后的第一接线点是卫生间的玻璃罩吸顶灯（①$^{1\#}$）40W、吸顶安装，标注为 $3\,\frac{1\times 40}{—}S$，这里的 3 是与相邻房号卫生间共同标注的。然后再从这里分散出去，共有三个分路，即 WL 1－1、WL 1－2、WL 1－3。我们注意到这里还有引至卫生间入口处的一管线，接至单联单控翘板防溅开关（♂）上，这一管线不能作为一分路，因为它只是控制1#灯的一开关。该开关暗装，标高 1.4m，图中标注的三根导线，其中一根为保护线。

1）WL 1－1分路是引至 A－B 轴卧室照明的电源，在这里 3#又分散出，共有两个分支路，其中一路是引至另一卧室荧光灯（├──┤）的电源，另一路是引至阳台平灯口吸顶灯（⊗）的电源。WL 1－1分路的三个房间的入口处，均有一单联单控翘板开关（♂），控制线由灯盒处引来，分别控制各灯。其中荧光灯为 30W，吊高 2.2m，链吊安装（Ch），标注为 $4\,\frac{1\times 30}{2.2}Ch$，这里的 4 是与相邻房号共同标注的；而阳台平灯口吸顶灯为 40W，吸顶安装，标注为 $6\,\frac{1\times 40}{—}S$，这标注在 WL 1－2分路的阳台上，见该图左上角 D－E 轴的阳台。而单控翘板开关均为暗装，标高 1.4m。这里的 6 包括贮藏室和楼梯间的吸顶灯。

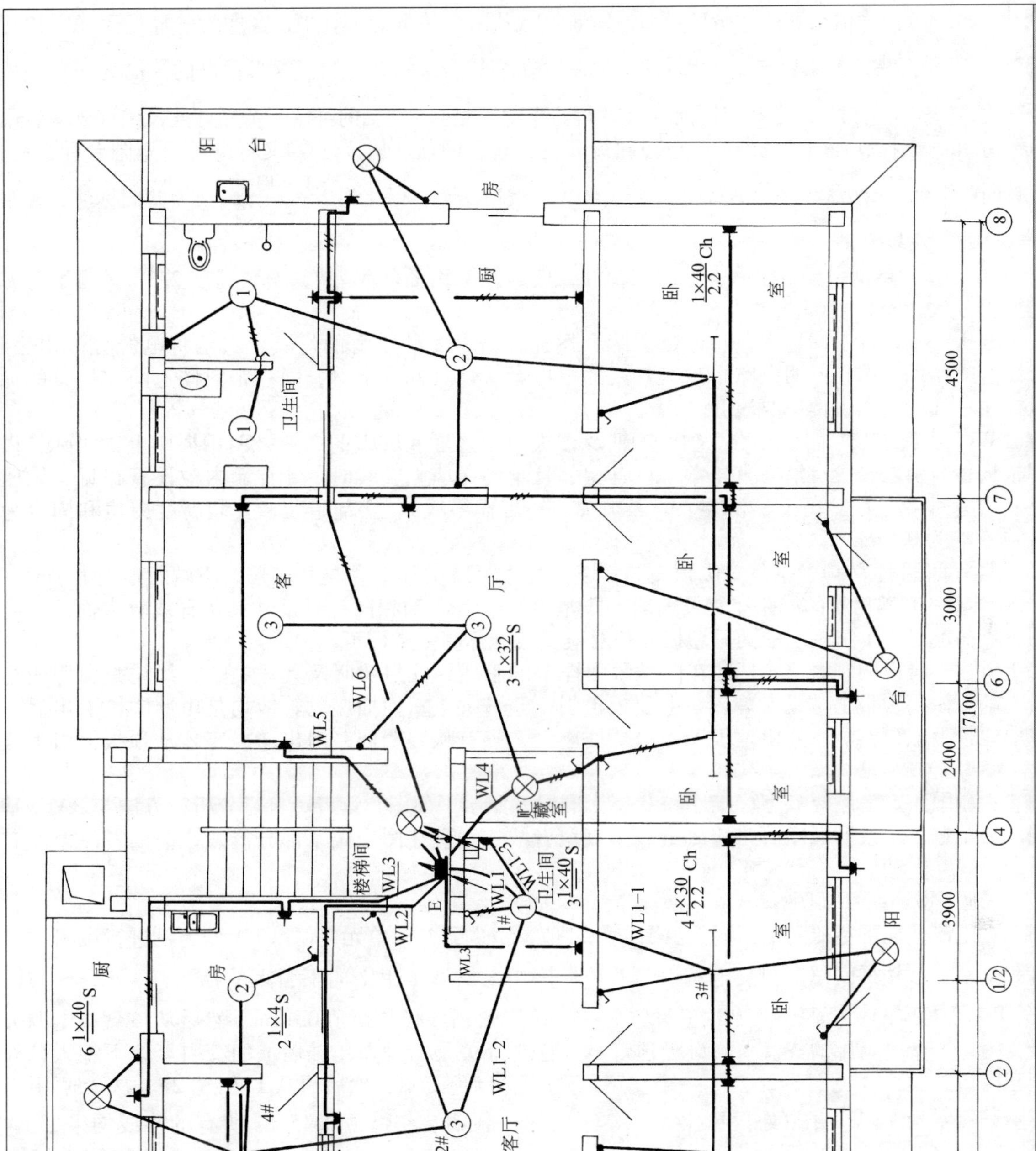

图 3-3　BA 型标准层照明平面图

2）WL 1－2分路是引至客厅、厨房及 C－E 轴卧室及阳台的电源。其中，客厅为一环形荧光吸顶灯③$^{2\#}$，32W，吸顶安装，标注为$3\frac{1\times 32}{—}S$，这个标注写在相邻房号的客厅内。这吸顶灯的控制为一单联单控翘板开关，安装于进口处，暗装，同前。从 2#灯将电源引至 C－D 轴的卧室—荧光灯处，该灯 20W，吊高 2.2m，链吊，其控制为门口处的单联单控翘板开关，暗装同前。从该灯 4#又将电源引至阳台和厨房，阳台灯具同前阳台，厨房灯具为一平盘吸顶灯，40W，吸顶安装，标注为$2\frac{1\times 40}{—}S$，又为共同标注，控制开关于入口处，安装同前。

3）WL 1－3分路是引至卫生间本室内④轴的二极扁圆两用插座暗装，安装高度 2.3m（为了与另一插座取得一致，应为 1.6m）。

由上分析可知，1#、2#、3#、4#灯处有两个用途，一是安装本身的灯具，二是将电源分散出去，起到分线盒的作用，这在照明电路中是最常用的。再者从灯具标注上看，同一张图样上同类灯具的标注可只标注一处，这在识读中要注意。

（4）WL2 支路引出后沿③轴、C 轴、①轴及楼板引至客厅和卧室的二三极两用插座上，实际工程均为埋楼板直线引入，没有沿墙直角弯，只有相邻且于同一墙上安装时，才在墙内敷设管路见⑦轴墙上插座。插座回路均为三线（一相线、一保护线、一工作零线），全部暗装，安装高度厨房和阳台为 1.6m，卧室均为 0.3m。

（5）楼梯间照明为 40W 平灯口吸顶安装，声控开关距顶 0.3m；配电箱暗装，下端距地面 1.4m。

2. 右侧④～⑧轴房号的线路布置及安装方式基本与①～④轴相同，只是灯具及管线较多而已，需要说明一点的就是于 1/7 轴上的两只翘板开关对应安装，标高一致即可。

综上所述，可以明确看出，标注在同一张图样上的管线，凡是照明及其开关的管线均是由照明箱引出后上翻至该层顶板上敷设安装，并由顶板再引下至开关上；而插座的管线均是由照明箱引出后下翻至该层地板上敷设安装，并由地板上翻引至插座上，只有从照明回路引出的插座才从顶板上引下至插座处。

图 3-4 和图 3-5 是该楼 C 型标准层和 B 型标准层的照明平面图，读者可自行分析，方法与 BA 型基本相同。为了进一步说明插座回路应尽量减少直角管线，我们在图中做了部分修改，请读者注意左右对照。

（三）地下室照明平面图

图 3-6 是该楼地下室照明平面图。由图可知，地下室也分五个单元，仅以 BA 型为例进行说明。

电源是从一层楼梯间总照明配电箱引入的，见图中走廊墙上由上向下引入的标注（↙），这与图 3-1和图 3-2 是对应的。电源引入到这里设置的一个接线盒，盒暗装距顶 0.15m，然后从该盒将电源分为两个支路，一个是走廊的三盏平顶口吸顶灯，其控制开关是由设在④轴墙上的管引至地下室入口处且上翻至门口开关的（见图 3-2）。另一个支路是先引至 1#地下室，然后再从 1#引至 2#，从 2#再引至其他各室，每室均在门口开门处设置拉线开关（♀），一般明装，距顶 0.15m。所有的管线均采用 BV（3×2.5）穿钢管暗设于顶板内，管径为 15mm，灯具标注为$18\frac{1\times 25}{—}S$，即共 18 盏，每盏 25W，吸顶安装。其他单元与之基本相同，可自行分析。

三、弱电系统图样的识读 ★★★

该住宅楼弱电只包括电话和有线电视，且均为直接使用，没有机房设备，因此较为简单。

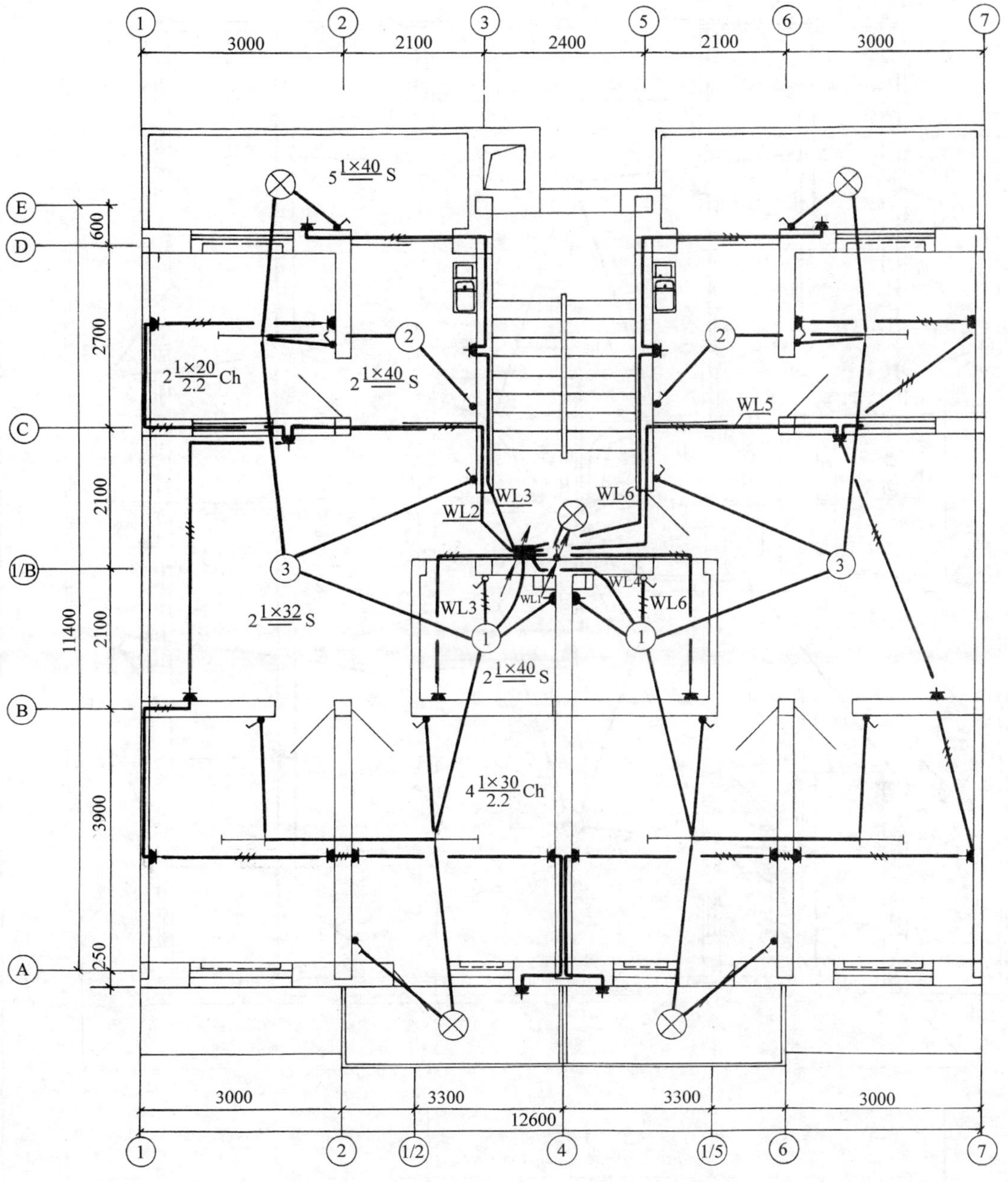

图 3-4　C 型标准层照明平面图

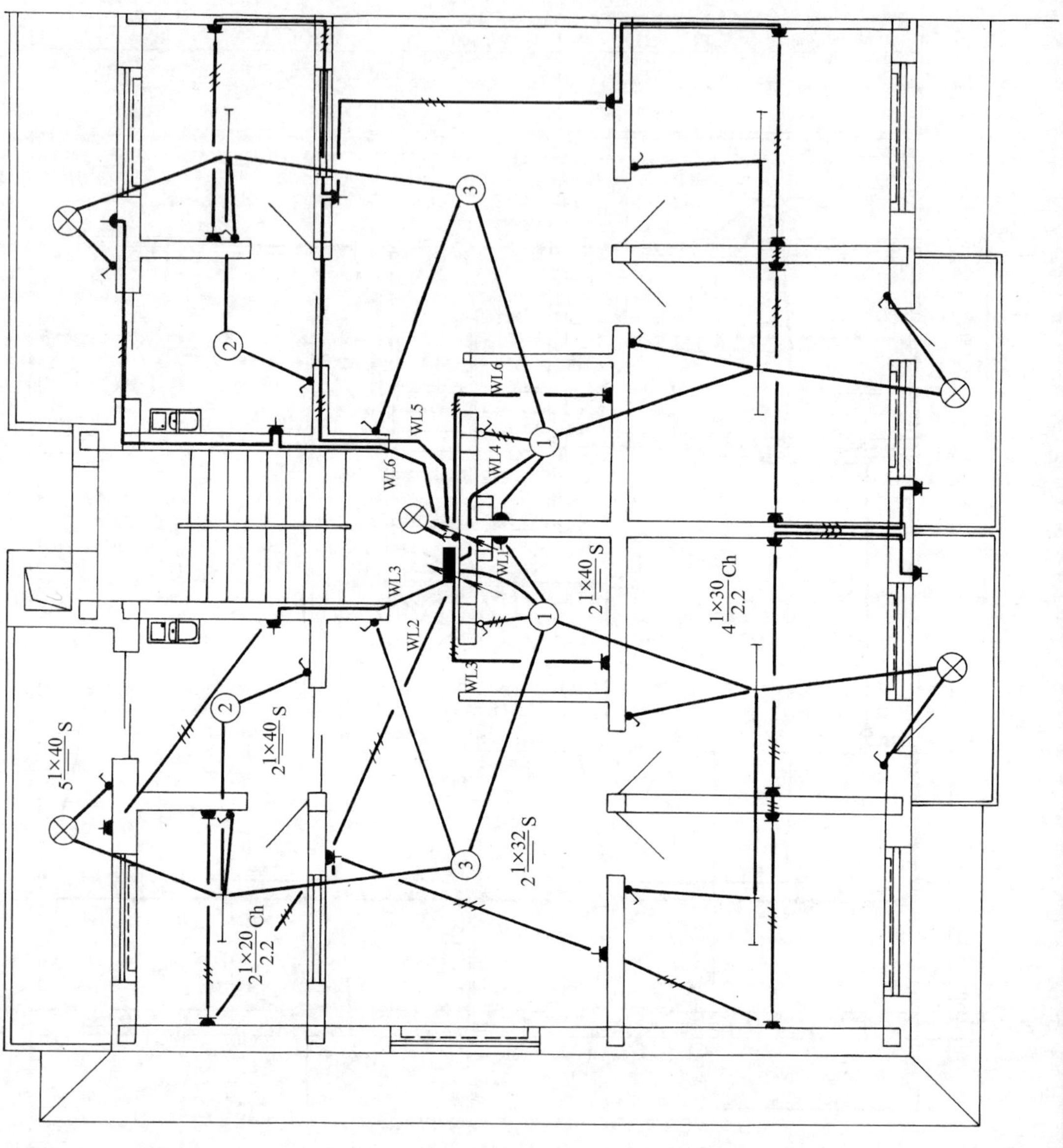

图 3-5　B 型标准层照明平面图

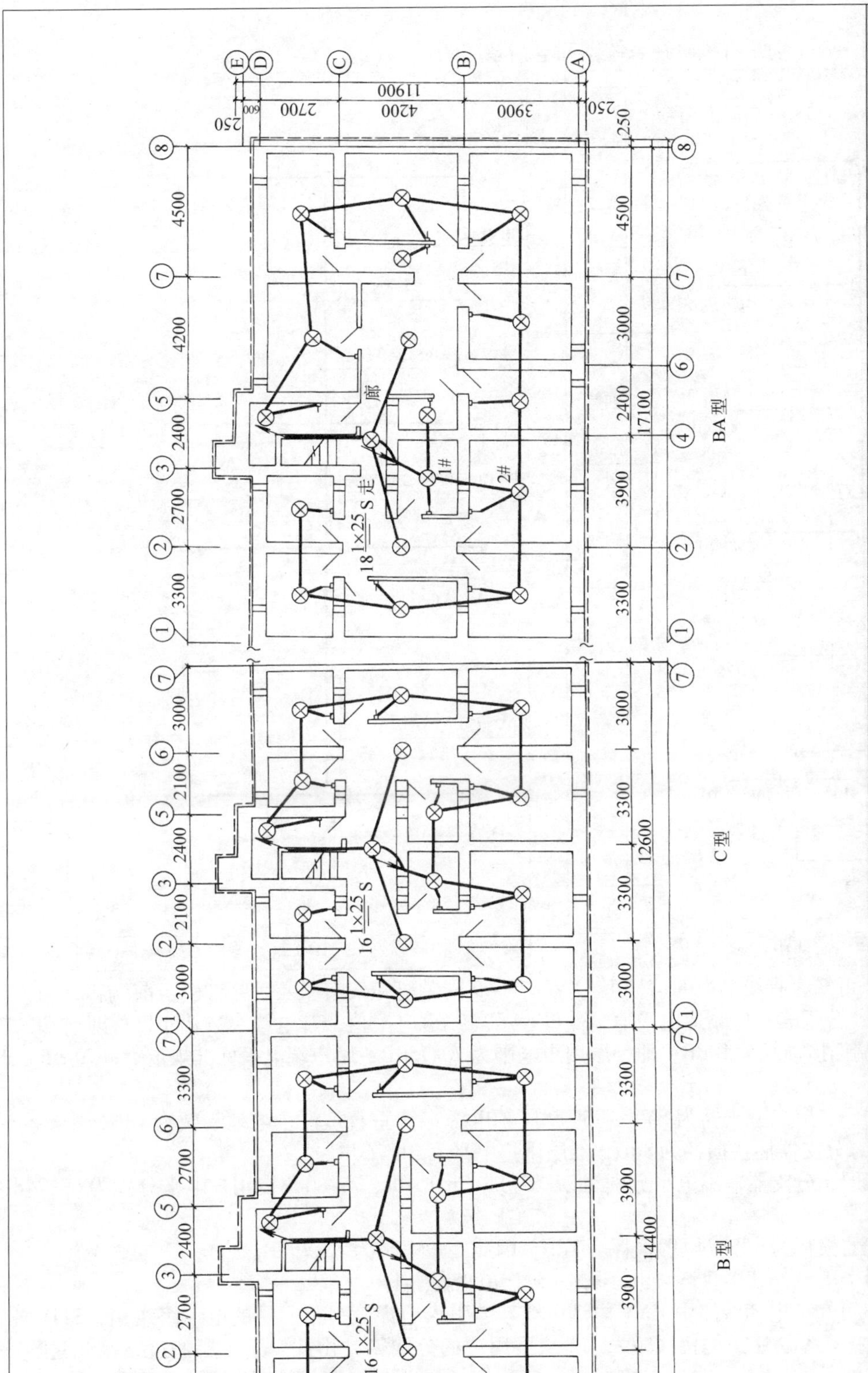

图 3-6　地下室照明平面图

（一）系统图

图3-7和图3-8分别是有线电视系统图和电话系统图。

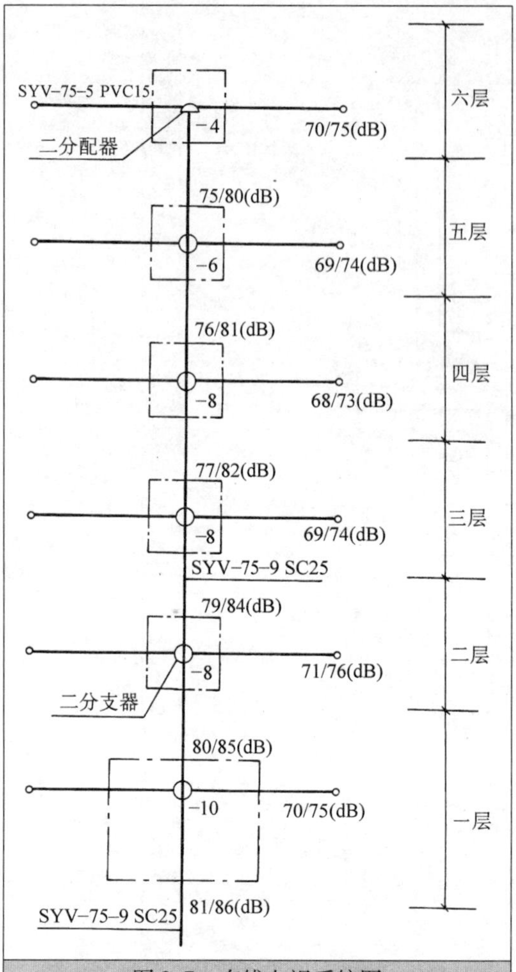

图3-7　有线电视系统图

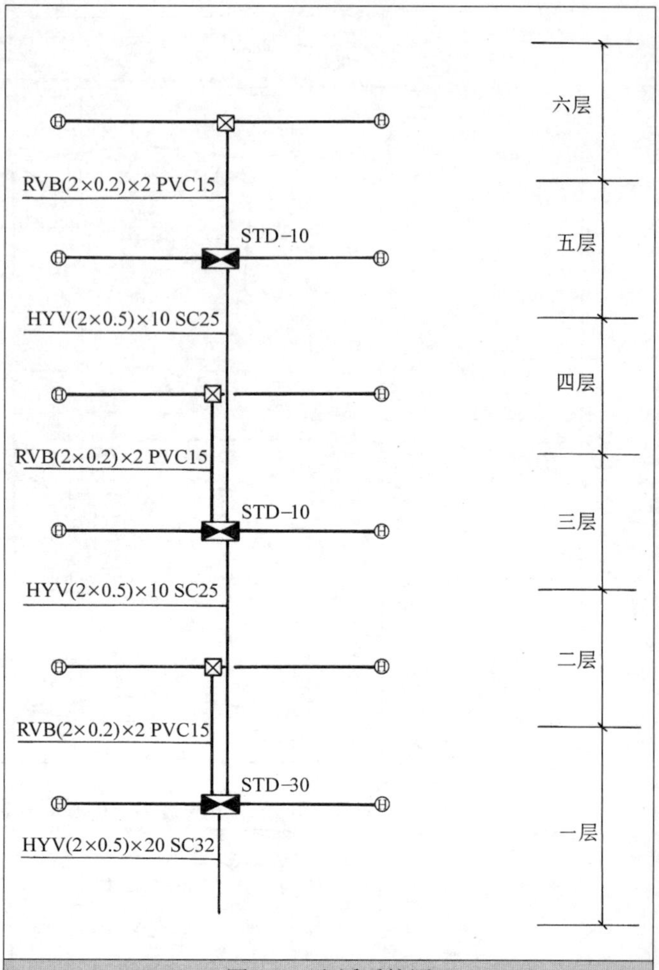

图3-8　电话系统图

1. 由图3-7可知，有线电视的信号用SYV－75－9同轴电缆架空引入后穿管引至前端箱，引入信号的电平为81/86dB，分子表示低频道电平值，分母表示高频道电平值，其电缆衰减为1dB，即前端的输出为80/85dB，其前端插接损耗为10dB，即一层用户电平为70/75dB，用户端电平标准规定为（70±5）dB，因此可正常收看。

由一层前端到二层二分支器为SYV－75－9同轴电缆穿管垂直敷设，电缆衰减为1dB，则二分支器输出为79/84dB，二分支器插接损耗为8dB，二层用户电平为71/76dB。

由三层到五层二分支器输出电平分别为77/82dB、76/81dB、75/80dB，用户电平分别为69/74dB、68/73dB、69/74dB。

六层二分配器损耗为4dB，电缆损耗为1dB，因此用户电平为70/75dB。

每层均为两个用户，其接收终端电平均在标准允许范围以内。

2. 由图3-8可知，电话线路由HYV电话电缆架空引入后穿管引至一层的电话组线箱，STD这个组线箱有四个作用，一是一层用户的接线箱，二是二层用户的分线箱（由此引至二层的过路接线盒⊠），三是三层组线箱的接线箱，四是架空引入接线箱。三层和五层设置的组线箱与此基本相同。干线电缆使用HYV（2×0.5）×10电话电缆，穿焊接钢管，管径为25mm，垂直埋墙敷设，支线使用RVB（2×0.2）×2电话电线，穿管埋墙敷设，管为PVC阻燃塑料管，管径为15mm。

（二）平面图

图3-9、图3-10、图3-11分别是BA型、C型、B型标准层弱电系统图。仅以图3-9为例说明，由图可

知，设在楼梯间的电缆电视前端箱 ZTV 暗装于 1/B 轴的墙上，下端距地 2.2m，管线由下引来并再引上（），一层 ZTV 管线由 2.8m 标高处引入后经一层顶板到 1/B 轴处再下翻引入箱内，二层的 ZTV 管线由一层的 ZTV 前端箱顶部引出经一层顶板到二层的 1/B 轴 2.2m 处引入箱内。由箱内引出只有两个用户插座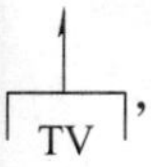，用 SYV－75－5 同轴电缆穿 PVC 管径 1/B 轴的墙体及地板引至用户插座，管径为 15mm，用户插座暗装，距地面 0.3m，分别位于客厅的 B 轴和⑤轴上。同样指出，这一管线不应有直角弯，应直线引入，这里不做修改，可参见图 3-4 和图 3-5。三层的引入同上，直到顶层。

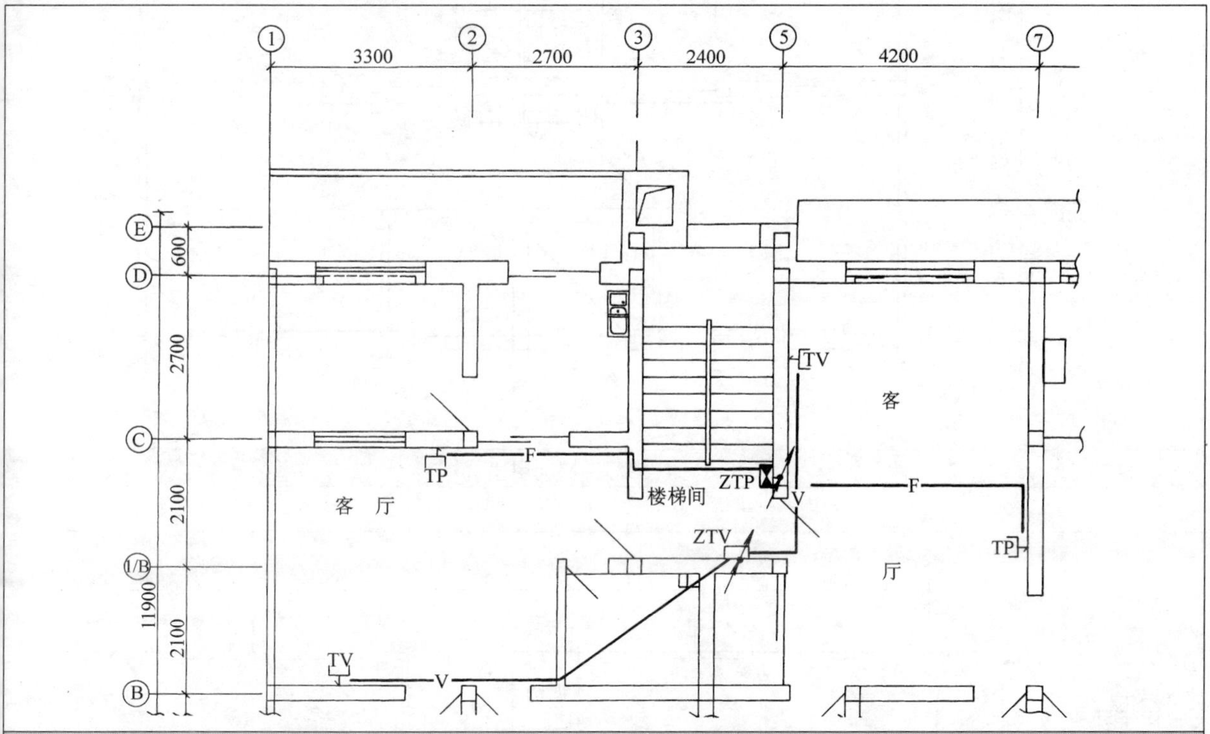

图 3-9　BA 型标准层弱电平面图

设在楼梯间的电话组线箱 ZTP 暗装于⑤轴的墙上，下端距地 0.5m，管线由下引来并再引上，一层的 ZTP 管线由 2.8m 标高处引入经⑤轴墙体下翻至箱内。由箱内只引出两个用户插座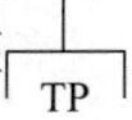，用电话软线 RVB（2×0.2）穿 PVC 管经地板引至用户插座，管径为 15mm，用户插座距地面 0.3m 暗装，分别位于客厅的 C 轴和 7 轴上。二层以上的引入同电缆电视。

其他与照明电路基本相同。

四、防雷系统图样的识读 ★★★

一般民用住宅楼的防雷系统只画出屋顶防雷平面图并附有说明，只有高层建筑除屋顶防雷外，还有防侧雷的避雷带以及接地装置的布置等，这部分内容我们安排在第 4 章结合高层建筑进行说明，这里只说明一般民用住宅楼的屋顶防雷平面图，见图 3-12。

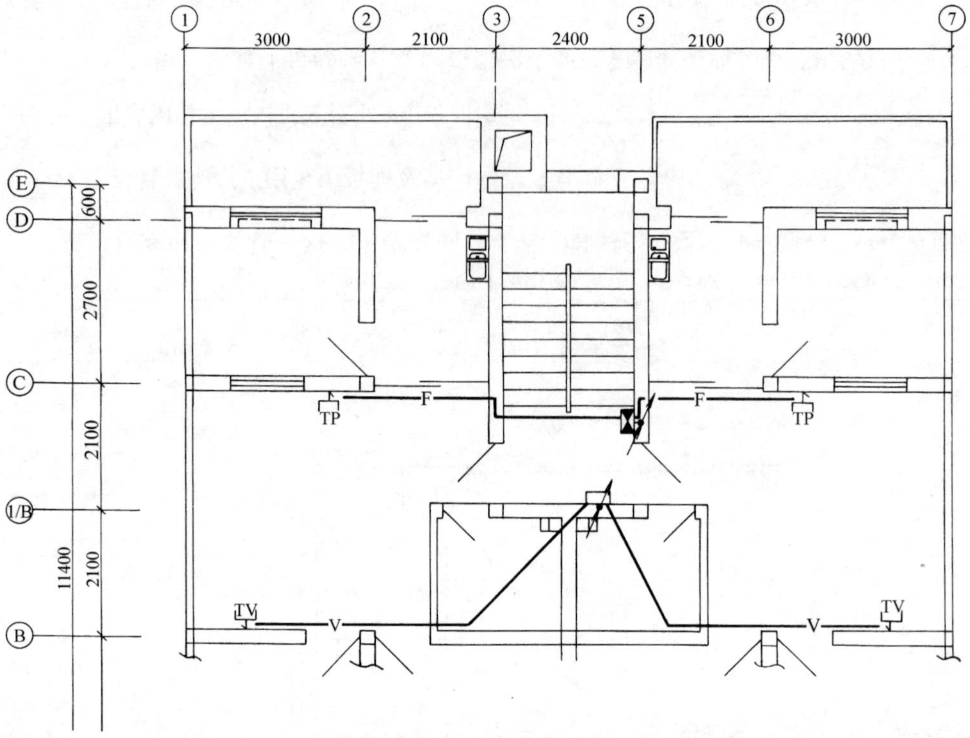

图 3-10　C 型标准层弱电平面图

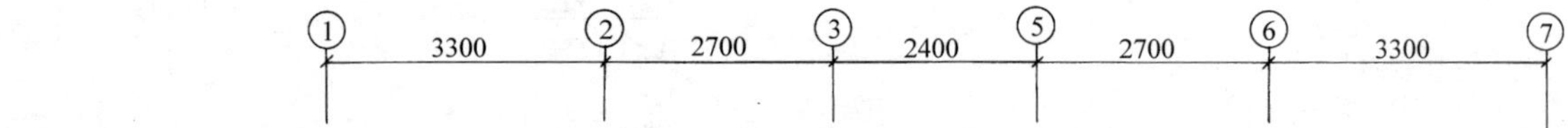

图 3-11　B 型标准层弱电平面图

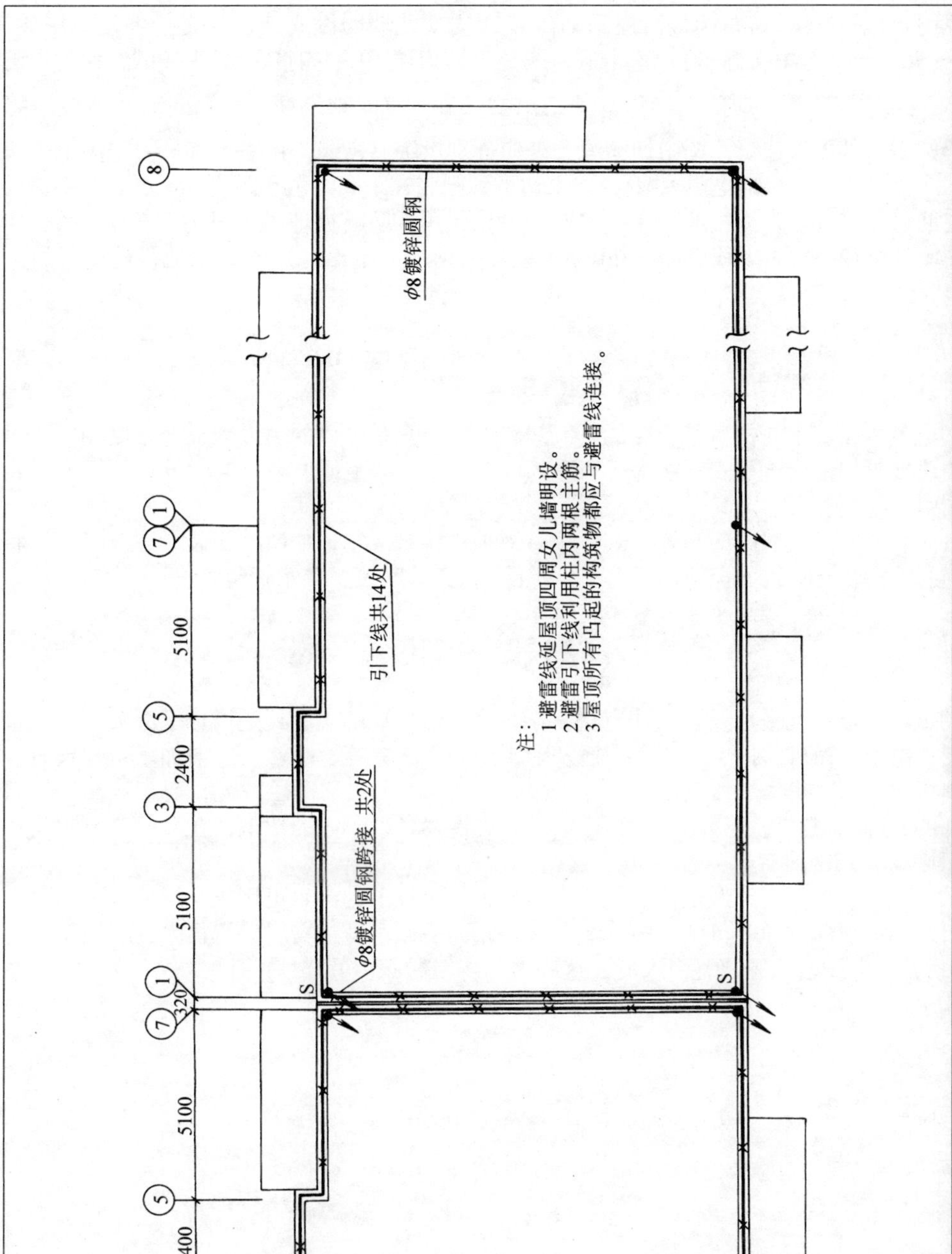

图 3-12　屋顶防雷平面图

屋顶避雷线用 $\phi 8 \sim \phi 12$mm 镀锌圆钢沿屋顶边缘或四周女儿墙明设安装，其支持件是专用镀锌卡子，间距一般是 600 ~ 800mm（图中未标出），这个避雷线是与结构柱子中主钢筋可靠焊接的，作为引下线，共有 14 处（/），这与图 3-2 是对应的。屋顶其他凸出物（如烟囱、抽气筒、水箱间或其他金属物等）均应用 $\phi 8$mm 镀锌圆钢与其可靠连接。图中伸缩缝 S 处应分别设置避雷线，且用 $\phi 8$mm 镀锌圆钢跨接。要求柱内与梁内主筋应可靠焊接，接地电阻 $\leqslant 4\Omega$，如果达不到则应在距底梁水平距离 3m 处增设接地极并用镀锌扁钢与梁内主筋可靠连接。防雷接地与保护接地如单独使用，防雷接地电阻可为 $\leqslant 10\Omega$。系统如不用主筋下引，则应在墙外单独设置引下线（$\phi 8 \sim \phi 12$mm 镀锌圆钢用卡子支持）并与接地极连接，引下处数与图中相同。

第二节　平房住宅的电气线路

平房住宅的电气线路基本与楼房某一层的电气线路相同，只是电源的引入则只与首层相同，另外还要看配电箱的安装位置。如果配电箱安装在房子四周的墙上，则可架空或电缆直接引入；如果安装在房子内部某一墙上，则引入线应穿管引至配电箱。

房内照明灯具、开关及其线路的布置方式应按其屋顶结构来决定，如明线明装、明线暗装（将导线装于顶棚内并用绝缘支持物支持，如瓷绝缘子等支持绝缘）、穿管明装、穿管暗装等。

第三节　高层住宅的电气线路

高层住宅的电气线路要比平房及一般住宅楼复杂得多，除上述的内容外还增加了火灾自动报警及自动消防、防盗保安、电子或微机监控、空调、广播及附属的动力装置等。此外，还增加了机房设置，如变配电所、电缆电视机房、消防机房、保安机房、监控中心、电梯及其机房等。因此，要识读高层建筑的电气线路要掌握上列的各种知识。为了学习上的循序渐进，先讲述各种单元的知识，在最后一章再讲述高层建筑电气线路的识读。

需要说明的一点，就照明电路及电话、电缆电视来说，第一节的内容可用于高层建筑，只是电源的取得、电话线的引入、电视信号的取得则与第一节不同，它们是通过设在高层建筑物内的电缆竖井（也称电气竖井）、电缆桥架、电线槽架等装置引入的，这些内容将在后面章节详细讲述。

第四章 企业用综合楼电气线路的识读

综合楼就是能够用来办公、会议、展销、就餐、娱乐、生产以及住宿等多功能的楼宇，是现代企业、单位常用的建筑物，层数有的达几十层，电气功能齐全，包括照明、动力、火灾报警、自动消防、保安系统、微机监控、通信广播、有线电视以及变配电装置、电梯等设备。这里以某设计院为一家公司设计的综合楼电气线路为例，说明一般综合楼电气工程图的读图方法。

第一节　设计说明及配电系统图

表4-1和表4-2是该项工程的图样目录，目录（一）是强电部分，目录（二）是弱电部分。

表4-1　图样目录（一）

××市设计院	图样目录（一）		工程编号
	工程名称	××葡萄酒有限公司	97－004－4
1997年11月28日	项目	综合楼	共2页第1页

序号	图别图号	图纸名称	采用标准图或重复使用图		图样尺寸	备注
			图集编号或工程编号	图别图号		
1	电施1	设计说明　设备材料表			$1^{\#}$	
2	电施2	地下室动力平面图			$1^{\#}$	
3	电施3	地下室照明平面图			$1^{\#}$	
4	电施4	首层动力平面图			$1^{\#}$	
5	电施5	首层照明平面图			$1^{\#}$	
6	电施6	二层动力平面图			$1^{\#}$	
7	电施7	二层照明平面图			$1^{\#}$	
8	电施8	三层动力平面图			$1^{\#}$	
9	电施9	三层照明平面图			$1^{\#}$	
10	电施10	四层动力平面图			$1^{\#}$	
11	电施11	四层照明平面图			$1^{\#}$	
12	电施12	五层动力平面图			$1^{\#}$	
13	电施13	五层照明平面图			$1^{\#}$	
14	电施14	六层动力平面图			$1^{\#}$	
15	电施15	六层照明平面图			$1^{\#}$	
16	电施16	七层电气平面图 屋顶电气平面图			$1^{\#}$	
17	电施17	屋顶防雷平面图			$1^{\#}$	
18	电施18	配电室设备布置平剖面图				
		配电系统图（一）			$1^{\#}$	
19	电施19	配电系统图（二）			$1^{\#}$	
20	电施20	配电系统图（三）			$1^{\#}$	
21	电施21	配电系统图（四）			$1^{\#}$	
22	电施22	基础接地平面图			$1^{\#}$	

表 4-2　图样目录（二）

××市设计院			图样目录（二）		工程编号	
		工程名称	××葡萄酒有限公司		97-004-4	
1997 年 11 月 28 日		项目	综合楼		共 2 页第 2 页	

序号	图别图号	图纸名称	采用标准图或重复使用图		图样尺寸	备注
			图集编号或工程编号	图别图号		
1	弱电 1	设计说明 设备材料表			1#	
2	弱电 2	地下室弱电平面图			1#	
3	弱电 3	首层弱电平面图			1#	
4	弱电 4	二层弱电平面图			1#	
5	弱电 5	三层弱电平面图			1#	
6	弱电 6	四层弱电平面图			1#	
7	弱电 7	五层弱电平面图			1#	
8	弱电 8	六、七层弱电平面图			1#	
9	弱电 9	火灾报警及广播系统图			1#	
10	弱电 10	电话系统图			1#	

表 4-3 是该项工程的设备材料表及设计说明，概括主要设备、材料、保安方式及安装要求，同样采用三相四线进线，而系统采用三相五线即 TN-C-S 系统。

表 4-3　设备材料表

图　　例	设 备 名 称	规 格 型 号		备　　注
	照明配电箱	PZ30-（型号详见系统图）		距地 1.4m 暗装
	动力配电箱	PZ30-（型号详见系统图）		距地 1.4m 暗装
	动力配电箱	AC701-（型号详见系统图）		距地 1.4m 明装
	低压配电柜	GGD2（型号详见系统图）		落地安装
	动力配电箱	GHL（型号详见系统图）		落地安装
	嵌入式双管荧光灯	AX-0070B	2×40W	嵌入式安装
	嵌入式单管荧光灯	AX-0067B	1×40W	嵌入式安装
	单管荧光灯	AX0094	1×40W	顶下吊装
①	吸顶灯	AXT008	1×60W	吸顶安装
②	板块灯	AX0477	GGY125W	顶下吊装
③	吸顶灯	AX0269	4×60W	吸顶安装
Ⓢ	平盘灯	AXG726	1×100W	顶下吊装
⊗	平灯口		1×60W	吸顶安装
○	吸顶灯	AXT009	1×60W	吸顶安装
○	筒灯	AX0348	1×60W	嵌入式安装
⊖	筒灯	AX0351	2×9W	嵌入式安装
Ⓑ	壁灯	YBD3309-2	2×60W	壁装
(Bl)	壁灯	YBD3316	1×60W	壁装
(⊗	金属卤化物灯	YTG115	1×250W	壁装
EXIT	疏导指示灯	AX0447N	1×20W	壁装
I EXIT	疏导指示灯	AX0445N	1×20W	壁装
⟶	疏导指示灯	AX0447K	1×20W	壁装
⟵	疏导指示灯	AX0447J	1×20W	壁装
	单联单极开关（单极开关）	P86K11-10		距地 1.4m 暗装
	二联单极开关（双极开关）	P86K21-10		距地 1.4m 暗装
	三联单极开关（三极开关）	P86K31-10		距地 1.4m 暗装
	单联双极开关	P86K12-10		距地 1.4m 暗装
	风机盘管控制开关	（详见设备图）		距地 1.4m 暗装

（续）

图　例	设备名称	规格型号	备　注
	二位两极双用带接地插座	P86Z223－10	距地 0.3m 暗装
	两极双用插座	P86Z12T10	距地 0.3m 暗装
	三极带接地插座	P86Z14－25	距地 0.3m 暗装
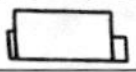	风机盘管	（详见设备图）	（详见设备图）
	液位传感器	UQK－2 型　H＝1100	安装做法见 92DQ7－47
	电接点压力表		
	插接母线	CFW－3A－400A	
	电力电缆	VV(3×150＋2×75)　VV(3×70＋2×35) VV(5×10)　VV(5×6)　VV(5×4)	
	信号电缆	KVV(4×1.5)　KVV(6×1.5)	
	管内穿线	BV1.5mm²　2.5mm²　4mm²　6mm² 10mm²　16mm²　25mm²	
	电缆桥架	WBJ－F－200×150 WBJ－F－300×150	
	接地线	－40×4 镀锌扁钢	
	避雷线	ϕ10mm 镀锌圆钢	
	焊接钢管	SC15、SC20、SC25、SC32	

设计说明

1. 设计依据：甲方要求及有关国家标准规范。
2. 土建概况：本工程为七层框架结构，一层层高 4.2m，地下车库及二至七层层高 3.9m，建筑面积为 7929.00m²。
3. 电源：　本工程以地下电缆直埋方式引自厂区院内变电站，三相四线制供电，为确保部分重要负荷的用电可靠性，另从变电站内不同母线段引来一路备用电源，备用电源在本楼配电室内手动切换。
4. 线路敷设：各干线采用电缆及绝缘母线在电缆桥架及竖井内敷设，其余管线均采用焊接钢管内穿 BV 型导线在现浇板内及吊顶内暗设，插座回路为 BV（3×4）SC20，其他未注明处为 BV（2×2.5）SC15，BV（3×2.5）SC15，BV（4×2.5）SC15，BV（5×2.5）SC20，BV（6×2.5）SC20，BV（7×2.5）SC20。
5. 保护接地：本工程接地系统为 TN－C－S 系统，电源中性线在配电室重复接地，其余线路的保护线（PE 线）与中性线（N 线）分开单设不得再次相连，所有电气设备外壳，穿线钢管均应可靠接地。本工程利用基础梁内及柱内主筋作为自然接地体并用－40×4 镀锌扁钢做闭合连接，要求接地电阻不大于 4Ω。
6. 建筑防雷：本工程在屋顶女儿墙设避雷带，并利用柱内主筋作为引下线，屋顶所有凸出屋面的构筑物均应与避雷带可靠连接。本工程防雷接地与保护接地共用接地体，要求接地电阻不得大于 4Ω。
7. 其他：1）本工程电气施工应与土建、设备等工种密切配合。
　　2）有关施工做法详见《建筑电气通用图集》。

一、配电室系统图的识读 ★★★

图 4-1 是首层配电室低压配电系统图。由图可知，这是一个低压供电的配电系统，因容量较大、回路较多，在首层设置了低压配电室。由系统图可以看出，系统有 5 台低压开关柜，采用 GGD2 系列，电源引入为两个回路，有一为备用电源，系统送出 6 个回路，另有备用回路一个，无功补偿回路一个，总容量为 507.9kW，无功补偿容量为 160kvar。

1. 进户电源两路，主电源采用 2 根塑料低压电缆进户，型号 VV 22（3×185＋1×95）×2，引至进线柜 AA1 隔离开关上闸口；备用电源用 1 根电缆进户，型号 VV 22（3×185＋1×95）经断路器倒送引至 AA1 傍路隔离开关上闸口。均为四芯铜芯电缆，相线 185mm²，零线 95mm²，由厂区配电所引来，380/220V。

2. 进线柜型号 GGD2－15－0108D，进线开关隔离开关为 HSBX－1000/31 型，断路器为 DWX15－1000/3，脱扣器整定电流为 600A，电流互感器为 LMZ－0.66－800/5 型。母线采用铝母线，型号为 LMY－100/10。

3. 低压出线柜共三台，其中 AA3 为 GGD2－38B－0502D 型，AA4 为 GGD2－39C－0513D 型，AA5 为 GGD2－38－0502D 型。

（1）AA3 共两个出线回路，即 WPM1 和 WPM2，其中 WPM1 为空调机房专用回路，容量 156kW，隔离刀开关 HD13BX－600/31 型，断路器 DWX15－400/3 型，脱扣器整定电流为 300A，电流互感器 3 只 LMZ－0.66－300/5 型，引出线为 VV22（3×150＋2×70）铜芯塑电缆。WPM2 为系统动力干线回

编　　号	AA5		AA4				AA3		AA2	AA1	
型　　号	GGD2–38–0502D		GGD2–39C–0513D				GGD2–38B–0502D		GGJ2–01–0801D	GGD2–15–0108D	

主电路方案

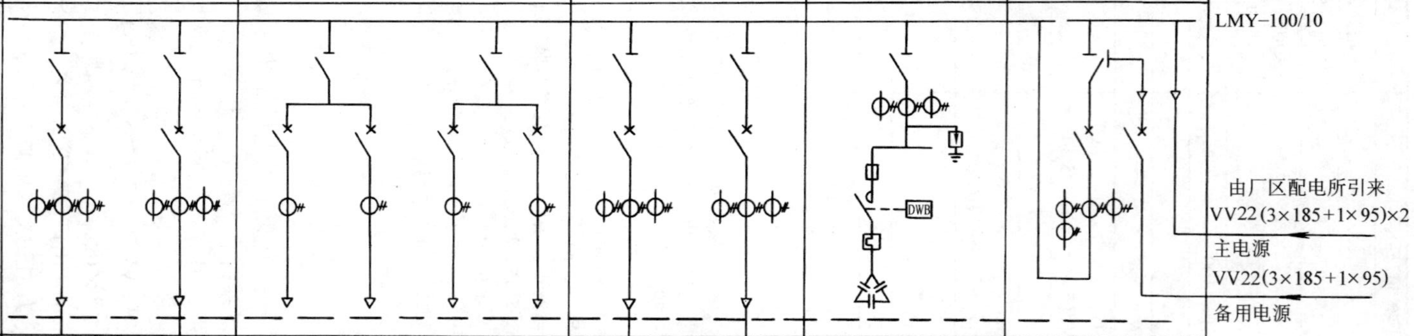

设备（回路）编号		WLM1	WPM3	WLM2		WPM4	WPM2	WPM1			
用　途	备用	照明干线	水泵房	消防中心	备用	电梯	动力干线	空调机房	无功补偿	引入线 总柜	
容　量/kW		153.5	66.9			18.5	113	156	160kvar	507.9	
主要设备 隔离开关(HD13BX–)	600/31	600/31	400/31		400/31		600/31	600/31	400/31	HSBX–1000/31	
断路器(DWX15–)	400/3	400/3					400/3	400/3		1000/3	
断路器(DZX10–)			200	100	200	100					400
脱扣器额定电流/A	400	300	140	60	200	60	250	300		600	200
接触器									CJ16–32×10		
热继电器									JR16–60/32×10		
电流互感器(LMZ–0.66–)	300/5	300/5	200/5	50/5	200/5	100/5	300/5	300/5	400/5×3	800/5	
熔断器									aM3–32×30		
避雷器									FYS–0.22×3		
电容器									BCMJ 0.4–16–3×10		
管线电缆VV–0.6kV		(4×150+1×75)	(3×70+2×35)	(5×6)		(5×10)	(3×120+2×70)	(3×150+2×70)			
备注（柜宽/mm）	800		800				800		1000	1000	

图4-1　配电室低压配电系统图

路，供1～6层动力用，容量113kW，隔离开关HD13BX－600/31型，断路器DWX15－400/3型，整定电流250A，互感器3只LMZ－0.66－300/5型，引出线为VV22（3×120＋2×70）铜芯塑电缆。

（2）AA4共四个出线回路，其中有一路备用，WPM3为水泵房专用回路，容量66.9kW，隔离开关HD13BX－400/31型，断路器DXZ10－200型，脱扣器整定电流为140A，电流互感器一只，LMZ－0.66－200/5型，引出线为VV22（4×150＋1×75）铜芯电缆；WLM2为消防中心专用回路，与WPW3共用一只刀开关，断路器DXZ10－100型，整定电流60A，互感器一台，LMZ－0.66－50/5型，引出线为VV22(5×6)铜芯电缆。WPM4为电梯专用回路，容量18.5kW、与备用回路共用一只刀开关，HD13BX－400/31，断路器DZX10－100型，整定电流60A，电流互感器一只，LMZ－0.66－100/5型，出线为VV 22（5×10）铜芯电缆。备用回路断路器为DZX10－200型，整定电流为200A，互感器LMZ0.66－200/5型。

（3）AA5引出两个回路，有一备用回路，WLM1为系统照明干线回路，与AA3引出回路基本相同，可自行分析。

4. 低压配电室设置一台无功补偿柜，型号GGJ2－01－0801D型，编号AA2，容量160kvar，隔离开关HD13BX－400/31型，三只电流互感器，LMZ－0.66－400/5型。共有10个投切回路，每个回路熔断器三只，aM3－32型，接触器CJ16－32型，热继电器JR16－60/32型，电容器BCMJ0.4－16－3型，隔离开关下闸口设低压避雷器三只，型号为FYS－0.22。DWB为功率因数自动调节器。

上述低压配电室的作用是把厂区变电所引来的电源分配到综合楼的各个用户上去，使用元件有十多种，现将常用元件的用途列出，供读者分析电路时参考，见表4-4。

表4-4 低压配电柜常用元件用途表

名 称	用 途
隔离开关	用来切断电压，使回路与主母线有一明显断开点
刀熔开关	除刀开关的作用外，有回路短路保护的功能
断路器	切断电流，作回路过载、短路保护
接触器	接通和断开负载的电流
热继电器	回路及负载过负荷保护
电流互感器	用于测量及保护回路，取得电流信号
熔断器	回路短路保护，回路容量较小时兼保过载保护
避雷器	防雷及过电压保护
电容器	用来补偿功率因数
$\cos\varphi$ 调节器	取得电流信号后使电容自动投切
起动器	起动电动机
母线	汇集各回路电流的导体
接地母线	各回路地线或零线的汇集导体
记录仪	记录电流、电压、功率、电能、频率、$\cos\varphi$ 的仪器
电流表	显示电流的仪表
电压表	显示电压的仪表
电能表	累计电能并记录的仪表
电流继电器	电路过电流或过负荷保护
电压继电器	电路过电压或欠电压保护
信号继电器	用于电路信号回路
时间继电器	用于控制回路的延时
零序电流继电器	用于零序保护回路
整流器	用于将交流变为直流的电路
逆变器	用于将直流变为交流的电路
变频器	用于交流频率变化的回路，如变频起动
变流器	用于电流变换回路
中间继电器	补充控制回路接点或用于信号回路

二、地下室机房配电系统图的识读 ★★★

地下室机房分空调机房和水泵房两种，其中空调机房设一台进线柜，三台控制柜，采用GHL系列，电源由低压配电室电缆引入。水泵房设电控柜三台，总柜为GHL型，消防给水泵及生活给水泵的控制柜与水泵配套供应，见图4-2（因原图较大，这里将其分为三部分）。

WPM3（水泵房）

编号	AP-0-1						AP-0-2					AP-0-3		
型号	GHL-09/53						消防给水设备电控柜					生活给水设备电控柜		
VV-(3×70+2×35)														
主电路方案	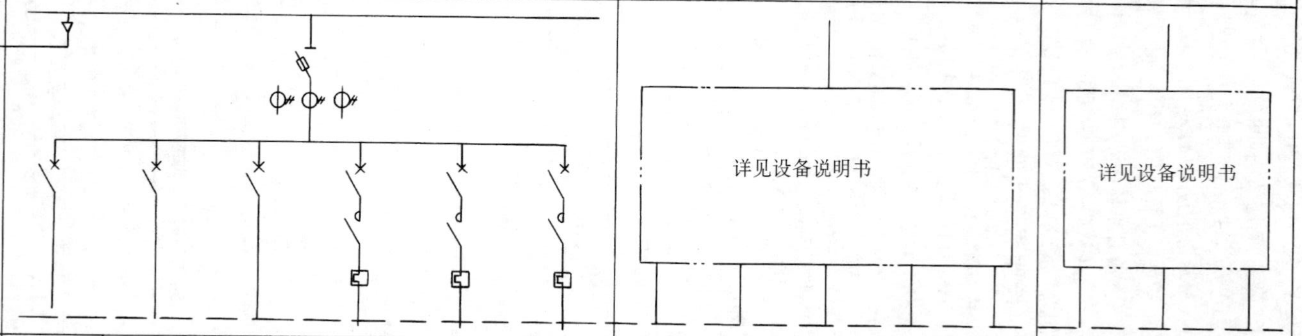						详见设备说明书					详见设备说明书		
设备（回路）编号	AP-0-2	AP-0-3		011	012	013	021	022	023	024	025	031	032	033
用途	消防给水	生活给水	备用	排污水泵	送风机	排风机	水泵	水泵	水泵	水泵	补水泵	水泵	水泵	补水泵
容量/kW	67.5	13.2		2.2	2.2	2.2	15	15	15	15	7.5	3.0	3.0	2.2
管线电缆	(3×25+2×16)	(5×6)SC25		(3×2.5)SC15	(3×2.5)SC15	(3×2.5)SC15	(6×10)SC40	(6×10)SC40	(6×10)SC40	(6×10)SC40	(3×2.5)SC15	(3×2.5)SC15	(3×2.5)SC15	(3×2.5)SC15
主要设备 刀熔开关	QSA-250/3						详见设备说明书					详见设备说明书		
主要设备 熔断器电流/A	160													
主要设备 断路器	DZ20Y-200	DZ20Y-100	DZ20Y-100	C45N/3P	C45N/3P	C45N/3P								
主要设备 脱扣器额定电流/A	125	63	63	15	15	15								
主要设备 接触器				B16	B16	B16								
主要设备 热继电器				T16-6A	T16-6A	T16-6A								
主要设备 电流互感器(LMZ-0.60-)	150/5													
二次线路图				92DQ7-79										
备注（柜宽/柜深/mm）	800/400						1000/600					660/460		

a)

接c)图

	编号	AP-0-7			AP-0-6		
	型号	GHL-59			GHL-59		
	主电路方案	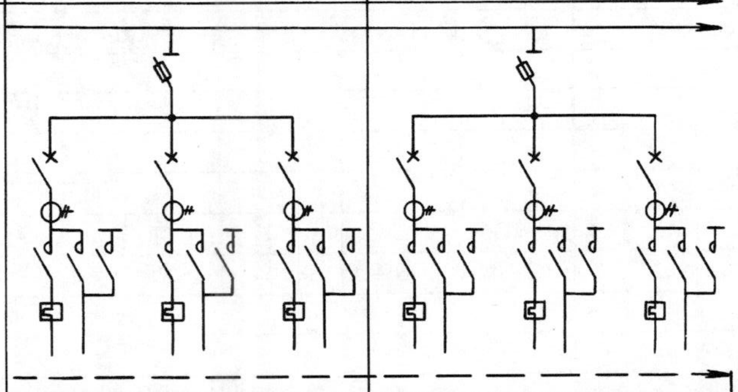					
	设备(回路)编号	073	072	071	063	062	061
	用　途	冷冻水泵	冷冻水泵	冷冻水泵	冷却水泵	冷却水泵	冷却水泵
	容量/kW	22	22	22	30	30	30
	管线电缆	(6×16)SC50	(6×16)SC50	(6×16)SC50	(6×25)SC70	(6×25)SC70	(6×25)SC70
主要设备	隔离开关(刀熔开关)	QSA-250/3			QSA-250/3		
主要设备	熔断器电流/A	100			160		
主要设备	断路器	DZ20Y-100	DZ20Y-100	DZ20Y-100	DZ20Y-100	DZ20Y-100	DZ20Y-100
主要设备	脱扣器额定电流/A	63	63	63	80	80	80
主要设备	接触器	B65	B65	B65	B85	B85	B85
主要设备	热继电器	T85/55A	T85/55A	T85/55A	T85/70A	T85/70A	T85/70A
主要设备	电流互感器(LMZ-0.66-)	100/5	100/5	100/5	150/5	150/5	150/5
	二次线路图						
	备注(柜宽/柜深)/mm	800/400			800/400		

b)

图 4-2　地下室机房配电系统图

a）水泵房配电系统图　b）空调机房配电系统图（一）

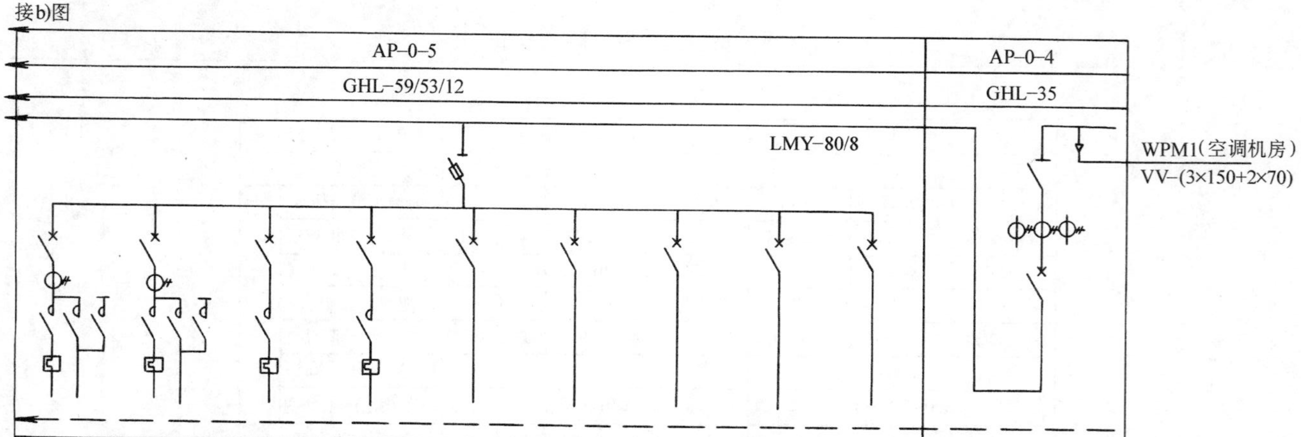

057	056	055		054	053	052	051		
换热机组	换热机组	软化水泵	备用	钠离子交换	加药装置	冷水机组	冷水机组	备用	引入线 总柜
18.5	18.5	3.0		按说明书	1.11	5.4	5.4		208(137.5)
(6×10)SC50	(6×10)SC50	(3×2.5)SC15		(3×2.5)SC15	(5×2.5)SC20	(5×4)SC25	(5×4)SC25		VV–(3×150+2×70)
QSA–250/3									QP–630/3
120									
DZ20Y–100	DZ20Y–100	C45N/3P	C45N/3P	C45N/3P	C45N/3P	C45N/3P	C45N/3P	C45N/3P	DZ20Y–630/3
50	50	15	15	10	10	20	20	15	400
B45	B45	B16	B16						
T45/40A	T45/40A	T16/7.5A	T16/7.5A						
100/5	100/5								500/5
		92DQ7–79							
800/400				箱门上加装屋顶冷却塔控制按钮及信号灯两组					800/400

c)

图 4-2 地下室机房配电系统图（续）

c）空调机房配电系统图（二）

（一）水泵房配电系统图

1. 水泵房电控柜的回路编号为 AP－0－1、AP－0－2、AP－0－3，其中 AP－0－1 为 GHL－09/53 型成套柜，它的功能有三个，即进线、配电和控制。电源进线为 VV（3×70＋2×35）铜芯塑缆，编号 WPM3，由低压配室 AA4 柜引来，接在柜内母线上；该柜 AP－0－2 和 AP－0－3 回路是把电源分配给消防给水泵电控柜和生活给水泵电控柜；该柜 11#、12#、13#回路则是控制排污泵、送风机和排风机的。

2. GHL－09/53 型柜中总开关采用刀熔开关，QSA－250/3 型，其中熔断器为 160A；11#～13#的排泵污、送风机、排风机采用接触器直接起动，接触器型号 B16；断路器作短路保护，空开型号 C45N/3P、脱扣器整定电流 15A；热继电器作过载及断相保护，型号 T16－6A。二次线路图参见华北标 92DQ7－79。

3. AP－0－2 消防给水设备电控柜和 AP－0－3 生活给水设备电控柜是随设备成套供应的，其系统图详见设备说明书，这里只列出水泵电动机的容量和管线电缆的规格，由标注可知，15kW 的管线均为（6×10）SC40，则为星—三角起动方式，其他为直接起动，管线为（3×2.5）SC15。管直径分别为 40mm 和 15mm。

（二）空调机房配电系统图

1. 空调机房进线柜型号为 GHL－35，回路编号 AP－0－4，电源电缆 VV（3×150＋2×70）铜芯塑缆，由低压配电室 AA3 柜引来，编号 WPM1，接于总隔离开关上闸口，总容量 208kW。刀熔开关 QP－630/3 型，断路器 DZ20Y－630/3 型，整定电流 400A，互感器 LMZ－0.66－500/5。

2. 控制柜的编号为 AP－0－5～AP－0～7 共三台，其中 6、7 为 GHL－59 型，每台各控电动机三台，均为星—三角起动。AP－0－6 柜起动 30kW 冷却水泵三台，管线为（6×25）SC70 塑铜线，总开柜为刀熔开关 QSA－250/3 型，熔断器 160A，断路器 DZ20Y－100，整定电流 80A，接触器 B85 型，热继电器 T85/70A，其中 70A 整定电流，电流互感器 LMZ －0.66－150/5。AP－0－7 柜起动 22kW 冷却水泵三台，导线及开关元件均与 30kW 小一个规格，读者按图自行分析。

3. AP－0－5 柜为 GHL－59/53/12 型，共有九个回路，其中有两个备用。57#和 56#为换热机组，18.5kW，星—三角起动；55#为软化水泵，3kW，直接起动；51#～54#为冷水机组、加药装置及钠离子交换装置的电源，C45N/3P 型空开控制。有关该柜其他内容，读者可参照前述内容自行分析。

三、一～七层动力配电系统图 ★★★

一～七层的动力分为两种，即电梯和各层动力装置，其中电梯动力较简单，由低压配电室 AA4 柜 WPM4 回路用电缆经竖井引至 7 层电梯机房，接至 AP－7－1 箱上，箱型PZ30－3003，电缆型号 VV（5×10）铜芯塑缆。该箱两个回路，电梯动力 18.5kW，主开关为 CN45/3P（50A）空开，照明回路主开关为 CN45/1P（10A）。各层动力装置回路较多，见图 4-3。

（一）一～六层的动力配电系统图

1. 一～六层的动力母线是用安装在电气竖井内的插接母线完成的，母线型号 CFW－3A－400A/4，额定容量 400A，三相加一根保护线。母线的电源是用电缆从低压配电室 AA3 柜 WPM2 回路引入的，电缆为 VV（3×120＋2×70）铜芯塑电缆。

2. 各层的动力电源是经插接箱取得的，插接箱与母线成套供应，箱内设两只 CN45N/3P $\begin{matrix}(32A)\\(50A)\end{matrix}$ 空气断路器，括号内数值为整定值，将电源分为两路，这里仅以一层为例加以说明。

其中一路是用电缆桥架（CT）将电缆 VV（5×10）铜芯电缆引至 AP－1－1 配电箱，型号 PZ30－3004。另一路是用导线穿管将铜芯导线引至 AP－1－2 配电箱，型号AC701－1。

（1）AP－1－1#配电箱分为四路，其中有一路为备用回路，总开关为隔离开关，型号 INT100/3P（63A），第一分路 WP－1 为电烘手器 2.2kW，用铜芯塑线（3×4）SC20 引入，开关采用 C45NVigi/2P（16A），两相 380V（2P），有漏电报警功能（Vigi）；第二分路WP－2为电烘手器，同上；第三分路为电开水器 8.5kW，用铜芯塑线（4×4）SC20 引入，采用 C45NVigi/3P（20A），有报警功能。

（2）AP－1－2 配电箱为一路 WP－1，新风机 2.2kW，用铜芯塑线（4×2.5）SC20 引入，开关采用 C45N/3P（10A），B16 型接触器直接起动，热继电器保护过载和断相，型号 T16/6A，6A 为整定值。

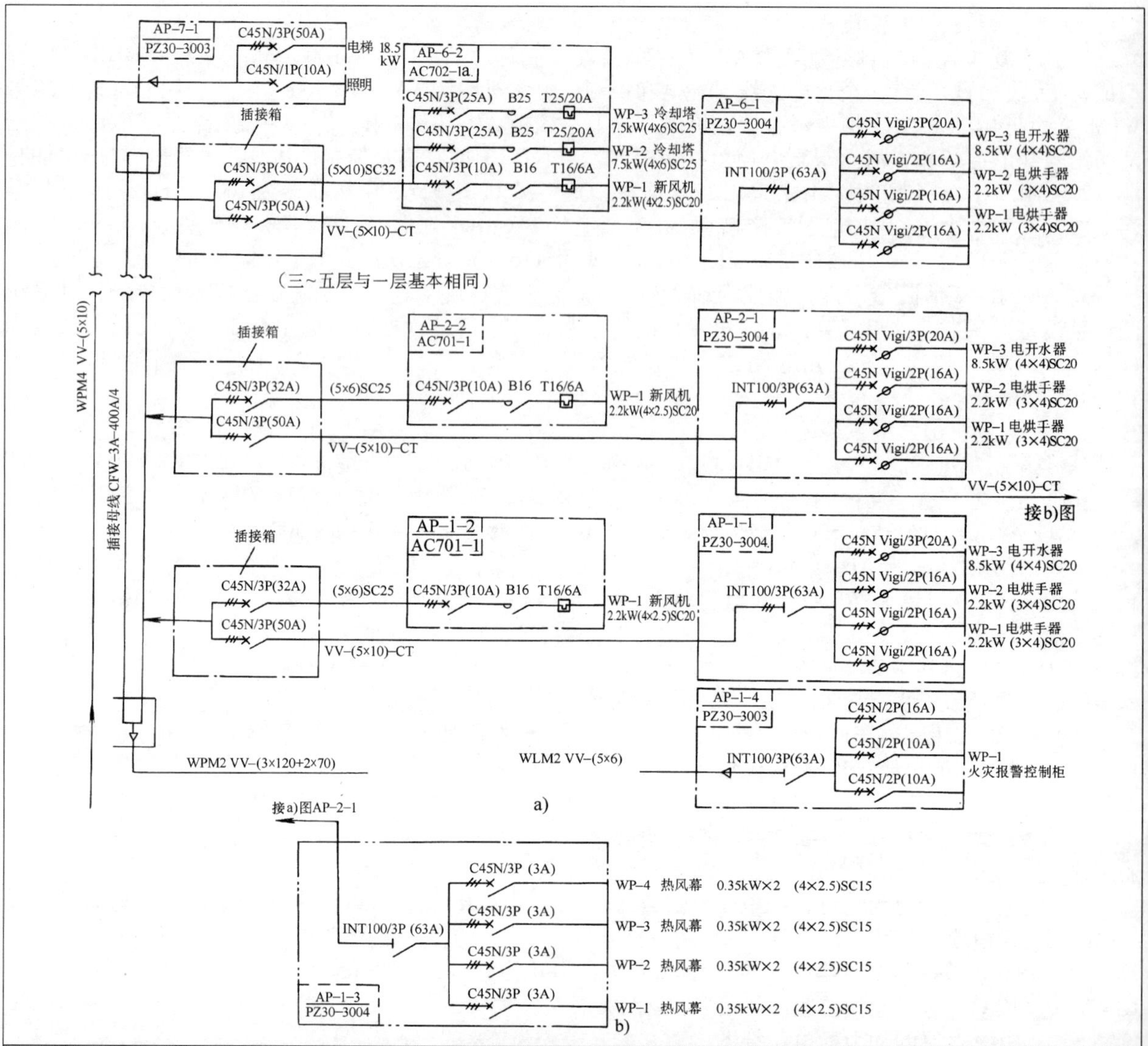

图 4-3　一～七层动力配电系统图（有删节）

说明：AP－6－2（AC702－1a）为原 92DQ7 中 AC702－1 的改型箱，箱宽 B 改为 600，内装三路起动设备。箱中冷却塔控制电路为两地控制，控制信号电缆送至地下室空调机房 AP－0－5 柜。

（3）二～六层与一层基本相同，但 AP－2－1 箱增了一个回路，这个回路是为一层设置的，编号 AP－1－3，型号 PZ30－3004，回路热风幕，0.35kW×2，用 VV－(5×10)－CT 铜芯塑缆经桥架从 AP－2－1 上闸口引入，支路用塑铜线穿管引入（4×2.5）SC15。

3. 六层与一层略有不同，其中 AP－6－1 与一层相同，而 AP－6－2 增加了两个回路，即两个冷却塔 7.5kW，用铜塑线（4×6）SC25 引入，主开关为 C45N/3P（25A）空开，接触器 B25 直接起动，热继电器 T25/20A 作为过载及断相保护。增加回路后，插接箱的容量也作了调整，两路均为 C45N/3P（50A），引入线变为（5×10）SC32。

（二）七层除了上述回路外，还从低压配电室 AA4 柜 WLM2#引入消防中心火灾报警控制柜一路电源，编号 AP－1－4，箱型号 PZ30－3003，总开关为 INT100/3P（63A）隔离开关，分三路，均为 C45N/2P（16A）。

四、一～七层照明配电系统图 ★★★

一～七层的照明母线同样采用竖井内插接母线 CFW－3A－400A，母线电源由低压配电室 AA5 柜

WLM1 回路电缆引出，电缆为 VV（4×150+1×75）铜塑电缆，照明配电系统图见图 4-4。

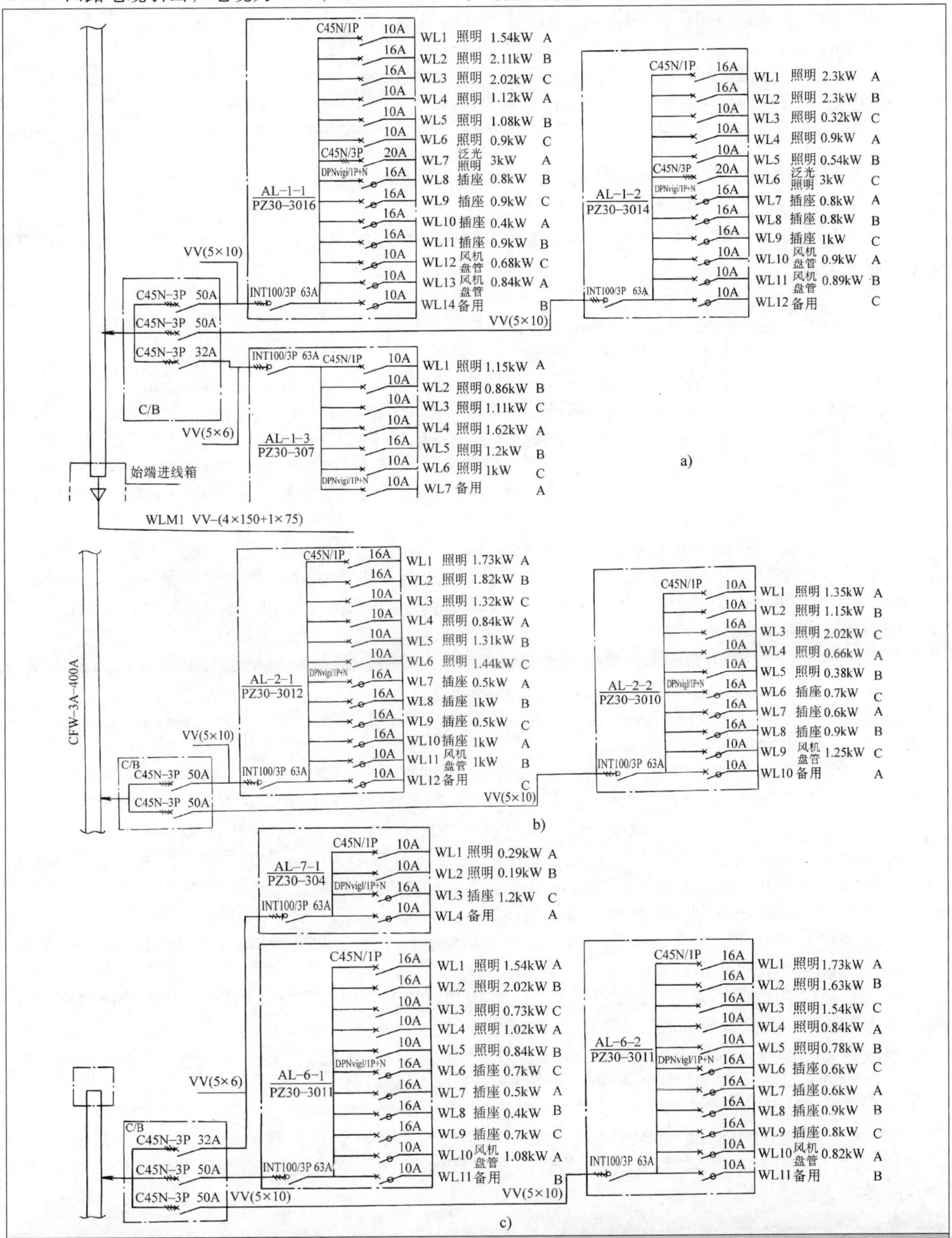

图 4-4　一～七层照明配电系统图（有删节）

a）一层照明配电系统图　b）二～五层照明配电系统图　c）六～七层照明配电系统图

（一）一层照明配电系统图

一层照明电源是经插接箱从插接母线取得的，插箱共分三路，其中 AL-1-1 和 AL-1-2 是供一层照明回路的，而 AL-1-3 是供地下一层和二层照明回路的。

1. 插接箱内的三路均采用 C45N-3P-50A 空开为总开关，三相供电引入配电箱，配电箱均为 PZ30-30□□，方框内数字为回路数，用 INT100/3P-63A 空开为分路总开关。

2. 配电箱照明支路采用单极空开，型号 C45N/1P-10A，泛光照明采用三极空开，型号 C45N/3P-20A，插座及风机盘管支路采用双极报警开关，型号 DPNVigi/1P+N-$\frac{10}{16}$A，备用回路也采用 DPNVigi/1P+N-10 型空开。

3. 因为三相供电，所以各支路均标出电源的相序，从插接箱到配电箱均采用 VV（5×10）五芯铜塑电缆沿桥架敷设。

（二）二~五层照明配电系统

二~五层照明配电系统与一层基本相同，但每层只有两个回路。

（三）六~七层照明系统

六层照明系统与一层相同，插接箱引出三个回路，其中 AL-7-1 为七层照明回路。

经过对电气系统图的识读，我们基本掌握了系统的概况，掌握了电源引入后直到各个用电设备及器具的来龙去脉，掌握了层与层的供电关系，同时掌握系统各个用电单位的名称、用途、容量、器件的规格型号及整定数值、控制方式及保护功能、回路个数、材料的规格型号及安装方式等内容。如从图 4-1~图 4-4 可知：

1. 低压配电室设在一层，电源由厂区变电所电缆引入，设备用电缆一路，共 5 台柜，送出 6 个回路，配电室设电容补偿柜，装机容量 507.9kW。

2. 地下室为空调机房和水泵房，动力为两级配电（配电室和机房）、四级保护（配电柜的空开、控制柜的刀熔开关、空开和热继电器）、15kW 及以上的电动机为星—三角起动，最大电动机 30kW，15kW 以下的电动机接触器直接起动，最小电动机 2.2kW，无正反转电动机。地下室照明电源由一层引来，照明配箱设在一层。

3. 一~六层动力为两级配电（配电室和母线插接箱），冷却塔和新风机组为四级保护（配电室空开、插接箱空开、起动柜空开和热继电器）、直接起动，最大电动机 7.5kW，最小电动机 2.2kW；开水器、烘手器、热风幕为三级保护（配电室空开、插接箱空开、起动器空开）、空开直接起动、最大电动机 8.5kW，最小电动机 0.7kW。

4. 一~七层照明为两级配电（配电室和插接箱）、四级保护（配电室、插接箱、控制箱总开关及分路开关，均为空开）。照明为三相供电，分路开关为单极空开。七层照明电源由六层插接箱引来。

5. 照明负荷的类别为照明、插座、风机盘管，支路最大负荷 3kW，最小负荷 0.4kW。

6. 系统全部采用铜芯塑缆和铜芯塑线，一~六层的动力及照明的母线采用插接母线，其他为电缆引入。照明干线采用电缆桥架送至配电箱，电负荷均采用导线穿钢管暗设。

7. 系统三相四线制供电，用电则为三相五线制，工作零线和保护线严格分开，不得混用。

8. 消防中心和电梯机房均采用独立电源，由配电室直接引入，两级保护、两级配电、均为空开。

9. 各级配电均设有备用回路。

10. 凡 380V 的负荷列为动力，如电烘手器；凡 220V 的负荷列入照明，如泛光照明、风机盘管。照明回路中的插座、风机盘管及备用回路均采用报警空开。

第二节　动力平面图

该系统的动力分四种类型，即配电室设备、空调机房、水泵房和各种动力装置，我们常常把配电室也列为动力，因为有些配电室有直控设备，并且为电源引入及分配集中地点，均为三相，控制系统所有的动力及照明。

一、配电室平面布置图 ★★★

图 4-5 是配电室设备平面布置图，并列出剖面图和主要设备规格型号。

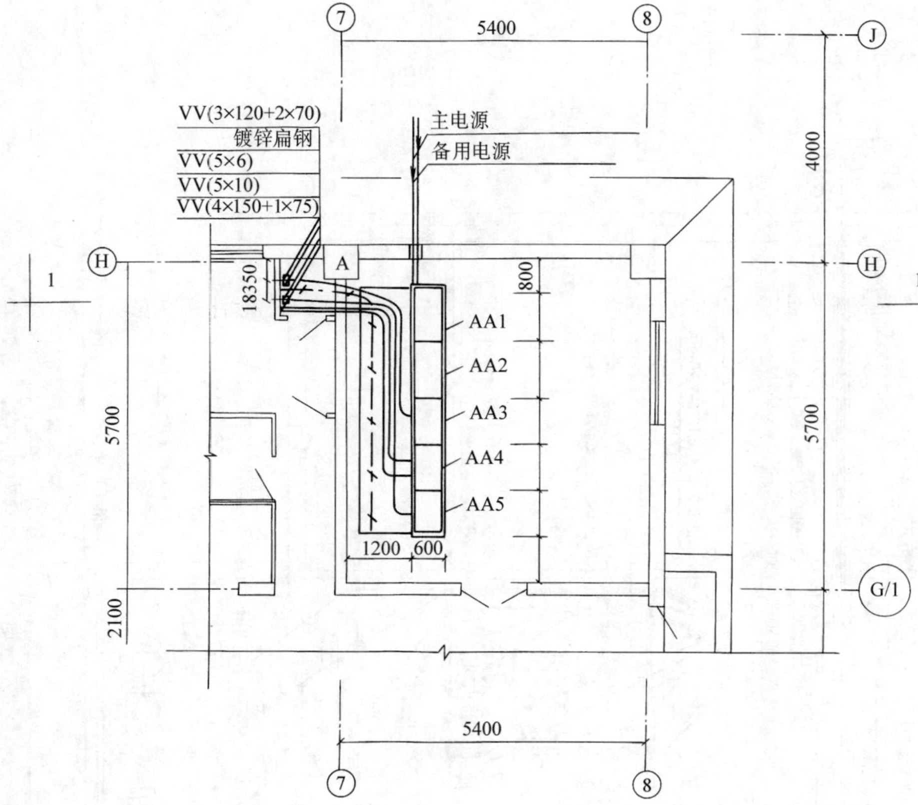

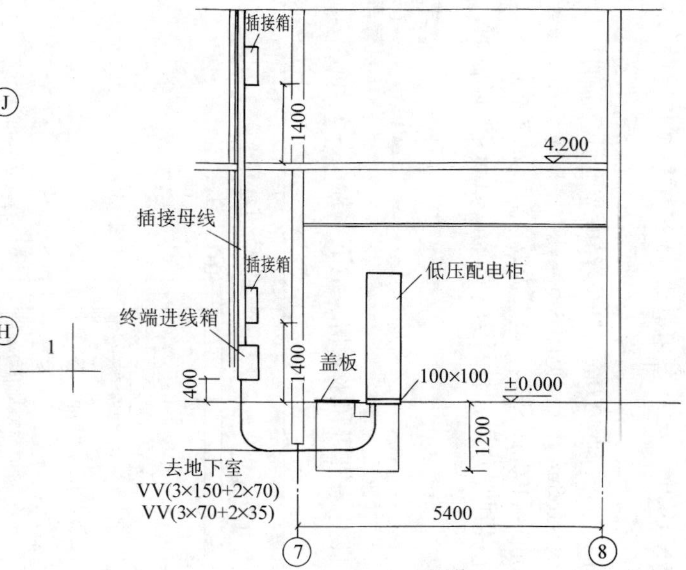

1-1剖面1:50

设备规格型号

编号	名　称	型号规格	单位	数量	备注
AA1	低压配电柜	GGD2－15	台	1	
AA2	无功补偿柜	GGJ2－01	台	1	
AA3，AA5	低压配电柜	GGD2－38	台	2	
AA4	低压配电柜	GGD2－39	台	1	
	插接母线	CFW－3A－400A			92DQ5－133
	终端进线箱				
	插接箱				
	接地线	镀锌扁钢			

图4-5　配电室设备平面布置图

配电室位于一层右上角⑦～⑧和H～G/1轴间，面积5400mm×5700mm。两路电源进户，其中有一路备用，380/220V，电缆埋地引入，进户位置H轴距⑦轴1200mm并引入电缆沟内，进户后直接接于AA1柜总隔离刀开关上闸口。进户电缆VV22(3×185+1×95)×2，备用电缆VV22（3×185+1×95），由厂区变电所引来。

室内设柜5台，成列布置于电缆沟上，距H轴800mm，距⑦轴1200mm。出线经电缆沟引至⑦轴与H轴所成直角的电缆竖井内，通往地下室的电缆引出沟后埋地-0.8m引入，见图4-5。其中，柜体型号及元器件规格型号见图4-1中的设备规格型号标注。槽钢底座100mm×100mm槽钢。电缆沟设木盖板厚50mm。

接地线由⑦轴与H轴交叉柱A引出到电缆沟内并引到竖井内，材料为-40mm×4mm镀锌扁钢，系统接地电阻≤4Ω。

二、地下室机房动力平面图 ★★★

图4-6是地下室机房动力平面图，分两个部分，即空调机房和水泵房。地下室标高-5.4m，因此，这里安装部位的标高均为负值。

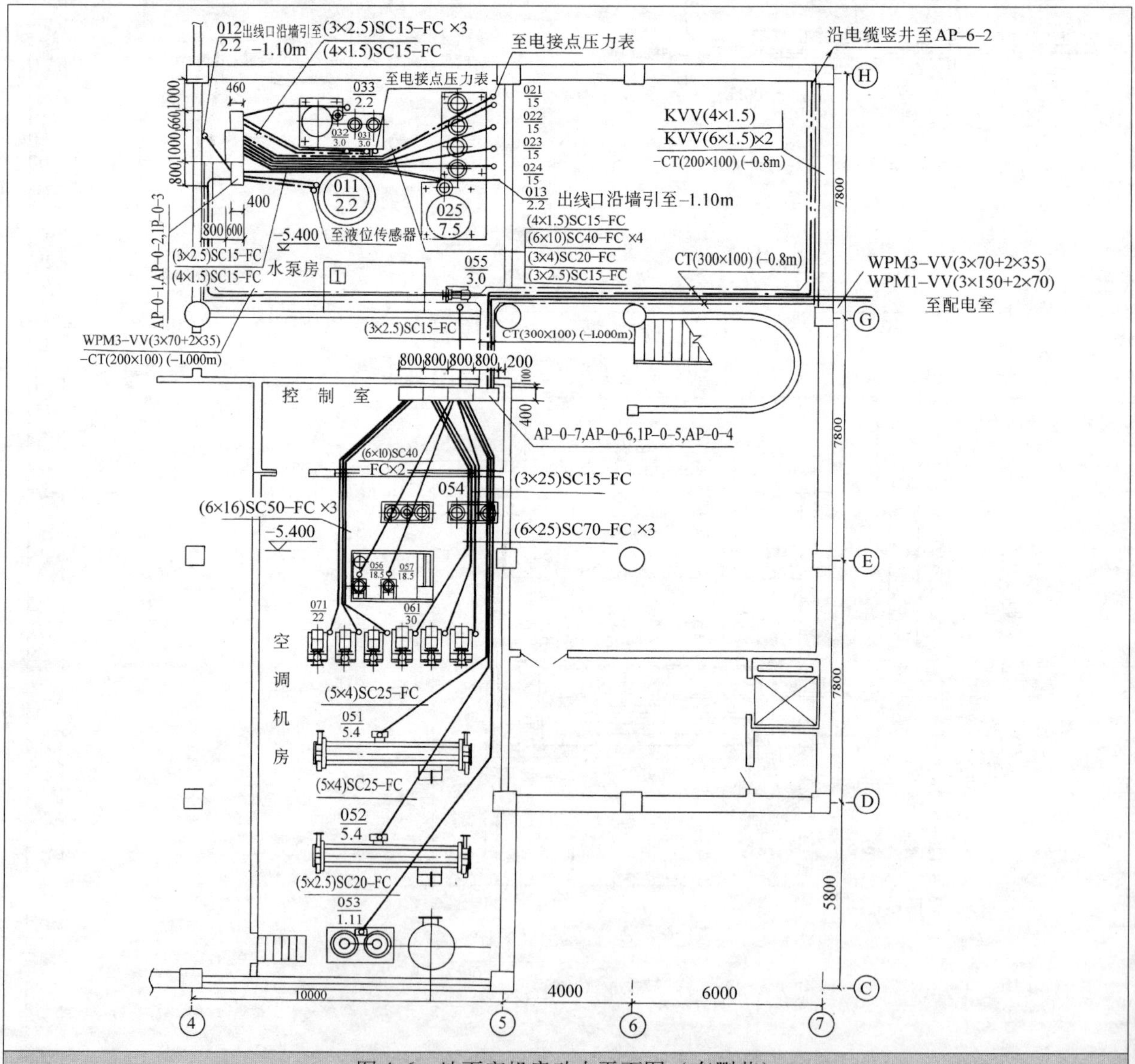

图4-6　地下室机房动力平面图（有删节）

（一）空调机房动力平面图

空调机房分控制室和设备间两部分，控制柜位于控制室右上角，距墙100mm，按柜序号排列，型号规格及母线见图4-2。

1. 电源由低压配电室沿电缆沟埋地引来，引入位置由G轴引入电缆桥架（电缆桥架是为机房设置的，沿⑦轴、G轴、④轴和⑤轴部分设置，标高 -0.8m 和 -1.0m）。引入后沿G轴桥架CT（300×100）（-0.8m）和⑤轴桥架CT（300×100）（-1.0m）引入AP-0-4总柜。桥架规格300mm宽、100mm高，-1.0m安装。电缆为VV（3×150+2×70），编号WPM1。

2. 设备基础及电动机位置顺横轴排列见图4-6，共六列。从AP-0-5柜共引出7个管线回路，从图中柜前右至左数第一路为送至加药装置的电源$\frac{053}{1.11}$，编号53，容量1.11kW，导线（5×2.5）SC20-FC，埋地敷设（FC），5×2.5为五根2.5mm^{2}导线即三相五线的电源；第二路为送至冷水机组的电源$\frac{52}{5.4}$，编号52，容量5.4kW，导线（5×4）SC25-FC埋地敷设；第三路同第二路冷水机组的电源，编号53；第四路为送至钠离子交换器的负荷线，编号54，容量由设备说明书定，导线（3×2.5）SC15-FC；第五路和第六路相同，均为送至换热机组的负荷线，$\frac{056}{18.5}$、$\frac{057}{18.5}$，即编号为56、57，容量为18.5，导线（6×10）SC40-FC，六根线为星角起动；第七路是从柜后引出的，送至水泵间的软化水泵$\frac{055}{3.0}$，编号55，容量3kW，导线（3×2.5）SC15-FC，直接起动。

3. 从AP-0-6柜引出三个管线回路，是送至第一组冷却水泵的负荷线，$\frac{061}{30}$、$\frac{062}{30}$、$\frac{063}{30}$，设备编号为61、62、63，容量均为30kW，导线（6×25）SC70-FC，星角起动，管路埋地敷设。

4. 从AP-0-7柜引出三个管线回路，是送至第二组冷却水泵的负荷线，$\frac{071}{22}$、$\frac{072}{22}$、$\frac{073}{22}$，编号71、72、73，容量均为22kW，导线（6×16）SC-FC，星角起动，管路埋地敷设。

图中钠离子交换器若有混凝土基础，则图中穿过基础的管线应绕开基础敷设。经与配电系统图核对，两图回路编号、用途名称、容量及起动控制方式，导线管路均相同无误。

5. 经⑤轴、G轴和⑦轴的电缆桥架从空调机控制柜内引出三根控制电缆（见图上标注）至电缆竖井引至六层控制箱AP-6-2，见图4-2和图4-3，作为屋顶冷却塔的控制线和水位控制线，实现屋顶、机房联动控制。冷却塔控制为两地控制，电缆为KVV（6×1.5），其中三根为电源，三根为控制线。

（二）水泵房动力平面图

水泵房控制柜位于④轴侧，距墙800mm，距边墙1000mm，按序号排列，型号、规格及母线见图4-2。

1. 电源电缆引入与空调机房相同，用电缆桥架引入AP-01-1柜，电缆为VV（3×70+2×35），编号WPM3。

2. 设备基础及电动机位置见图4-6。从AP-0-1柜前引出两个管线回路即11$^{\#}$和13$^{\#}$，其中11$^{\#}$回路为排污水泵负荷线管，$\frac{11}{2.2}$，2.2kW，并附有液位传感器管线，管线标注$\frac{(3\times2.5)\ SC15-FC}{(4\times1.5)\ SC15-FC}$，分子为电动机用，分母为传感器用，这样的标注，工程图中常用。13$^{\#}$回路为排风机负荷线管，$\frac{13}{2.2}$，2.2kW，管线与AP-0-2柜引出管线共同标注，为（3×2.5）SC15-FC，并指明其出线口高度，应沿墙引至顶板下 -1.1m，这里是排风机的安装位置。

从柜后引出一路管线回路即12$^{\#}$，引至墙上沿顶板下翻 -1.1m处，这里是送风机安装位置，管线及功率同排风机。一送一排是为了减小泵房的湿度。

3. 从AP-0-2柜共引出六路管线，从图上从上往下数第一回路为电接点压表管线，（4×1.5）SC15-FC；第二～第六回路均为水泵管线，编号21～24，容量15kW，管线标注为（6×10）SC40-FC×4，六根线，星—三角起动。第七回路为补水泵管线，编号25，7.5kW，管线（3×2.5）SC15-FC。

4. 从AP-0-3柜共引出四路管线，从图上从上往下数第一回路为补水泵，33$^{\#}$、2.2kW，管线与其三共同标注（3×2.5）SC15-FC；第二、三回路为水泵，32$^{\#}$、31$^{\#}$、3.0kW，管线同上。第四回路为电接点压力表管线，（4×1.5）SC15-FC。

5. 经与系统图核对编号、容量、用途名称、起动控制方式、管线均相同无误。

三、首层动力平面图 ★★★

首层动力平面图见图4-7（见书后插页），图中标注了该层电缆竖井的位置及平面布置。图4-7标注了动力系统图中的配电箱AP－1，同时也标注了照明系统图中的配电箱AL－1，并把照明中的插座和风机盘管回路标注在动力平面图上，这完全是设计者为了画图的方便和需要，否则因图面较小，10多个回路画出后会影响清晰。这样，照明装置的回路便和插座及风机盘管的回路分开，也给读图带来方便。

（一）电源的引入

电源的引入是从设在⑦轴和H轴交叉点的竖井中五线制插接母线取得的，插接母线在每层设插接箱，见图4-5，插接母线型号为CFW－3A－400。从插接箱上取得电源的是VV电缆，引出竖井后沿桥架敷设送至各配电箱，桥架是沿⑦轴、G轴、③轴敷设的，标高＋3.3m，标注为CT（$\frac{300}{200}\times150$）（＋3.300m）两种，其中的电缆是截断画出的，只画出引至配电箱的一段，并标注规格型号，如VV（5×10）。

（二）动力配电箱

1. AP－1－1配电箱位于⑦轴配电室墙的外侧，暗装距地1.4m。电源用VV（5×10）电缆经桥架引入。引出的第一回路WP1和第二回路WP2送至卫生间的烘手器，2.2kW，管线BV（3×4）SC20，埋地板内敷设，烘手器安装距地1.2m。第三回路WP3，用管线引至开水间三相带接地插座，型号P86Z14－25，暗装距地0.3m，管线BV（4×4）SC20，埋地板内敷设。

2. AP－1－2配电箱位于设备间竖井侧，暗装距地1.4m，用管线从电缆槽架内引入，BV（5×6）SC25－WC，暗设在墙内（WC）。引出一个回路WP1，新风机组，容量2.2kW，管线BV（4×2.5）SC15－FC。

3. AP－1－3配电箱位于楼梯间⑤轴上，暗装距地1.4m，电源由上层引来见图4-8中的A点，垂直相同位置，引出四个回路，热风幕每组容量0.35kW×2，管线分两路，BV（8×2.5）SC20－BC，架内敷设，热风幕安装在大门口上房吊顶上皮，风口朝下。

4. AP－1－4配电箱位于右大厅D轴处，电源由上层引来见图4-8中的B点，垂直相同位置，暗装距地1.4m，其他见弱电平面图及弱电系统图。

（三）照明配电箱

1. AL－1－1配电箱设置于右大厅楼梯间外侧，暗装，距地1.4m。电源经桥架由插母引来，电缆VV（5×10）。引出六个回路，其中WL8为插座回路，用管线引出后引至⑤轴、J轴和④围成的大厅内，埋墙设置8只二位两极双用带接地插座，型号P86Z223－10，暗装距地0.3m。管线为BV（3×4）SC20，埋地或埋墙敷设。其他回路的插座，其规格型号、安装方式、管线敷设均与此相同。

WL9为插座回路，管线引出后引至右侧G轴和⑧轴，设置10只插座，并从$2^{\#}$插座处引至配电室$7^{\#}$插座，并从$4^{\#}$插座处引至大厅$Z_1^{\#}$柱子上对称设置两只插，然后从$Z_1^{\#}$再引至电梯间后侧设置$10^{\#}$插座。

WL10为插座回路，管线引出后引至左侧G轴至$Z_2^{\#}$柱后沿⑥轴引至消防中心，埋墙设置四只插座。

WL11为插座回路，管线引出后沿大厅地板引至D轴后沿⑧轴墙体设置5只插座，其中由$22^{\#}$插座处引至大厅$Z_3^{\#}$柱子上对称设置两只插座，然后从$Z_3^{\#}$再引至AP－1－4配电箱处设置一插座。

WL12为风机盘管回路，因为风机盘管为吊顶内安装，因此风机盘管之间的管线及风机盘管至其控制开关间的管线也布吊顶内敷设。所不同的是由配电箱引出的管线和控制开关引出的管线是在墙内暗设到吊顶线以上100mm处的接线盒处。由每个回路$1^{\#}$风机盘管到配电箱埋墙引出的该盒处以及每台风机盘管到控制开关引出的该盒处的管线也是在吊顶内敷设的。同样落地安装的风机盘管到吊顶内风机盘管的管线也是用上述方法连接的，先敷管到吊顶线以上100mm，然后顶内再敷管连接。

WL12回路，管线从配电箱埋墙引至顶上后再引至$1^{\#}$风机盘管，这里分为两路，一路右引至配电室，另路给$2^{\#}$后再引至中大厅，从$3^{\#}$再引至中大厅入口处落地安装的风机盘管。

风机盘管的管线均为BV（3×2.5）SC15、BV（6×2.5）SC20，控制开关均为暗装距地面1.4m。

WL13回路为风机盘管回路，风机盘管均分布在右大厅内，读者可自行分析。

2. AL－1－2配电箱设置于左大厅③轴与D轴交点处，电缆由桥架VV（5×10）电源引入，引出5个回路，其中WL7～WL9为插座回路，WL10、WL11为风机盘管回路，读者可自行分析。

3. AL－1－3配电箱设置于左大厅楼梯间④轴上，供地下室用。

四、二层动力平面图 ★★★

二层动力平面图见图4-8，图中也标注了该层电缆竖井的位置及平面布置。二层动力平面与首层动

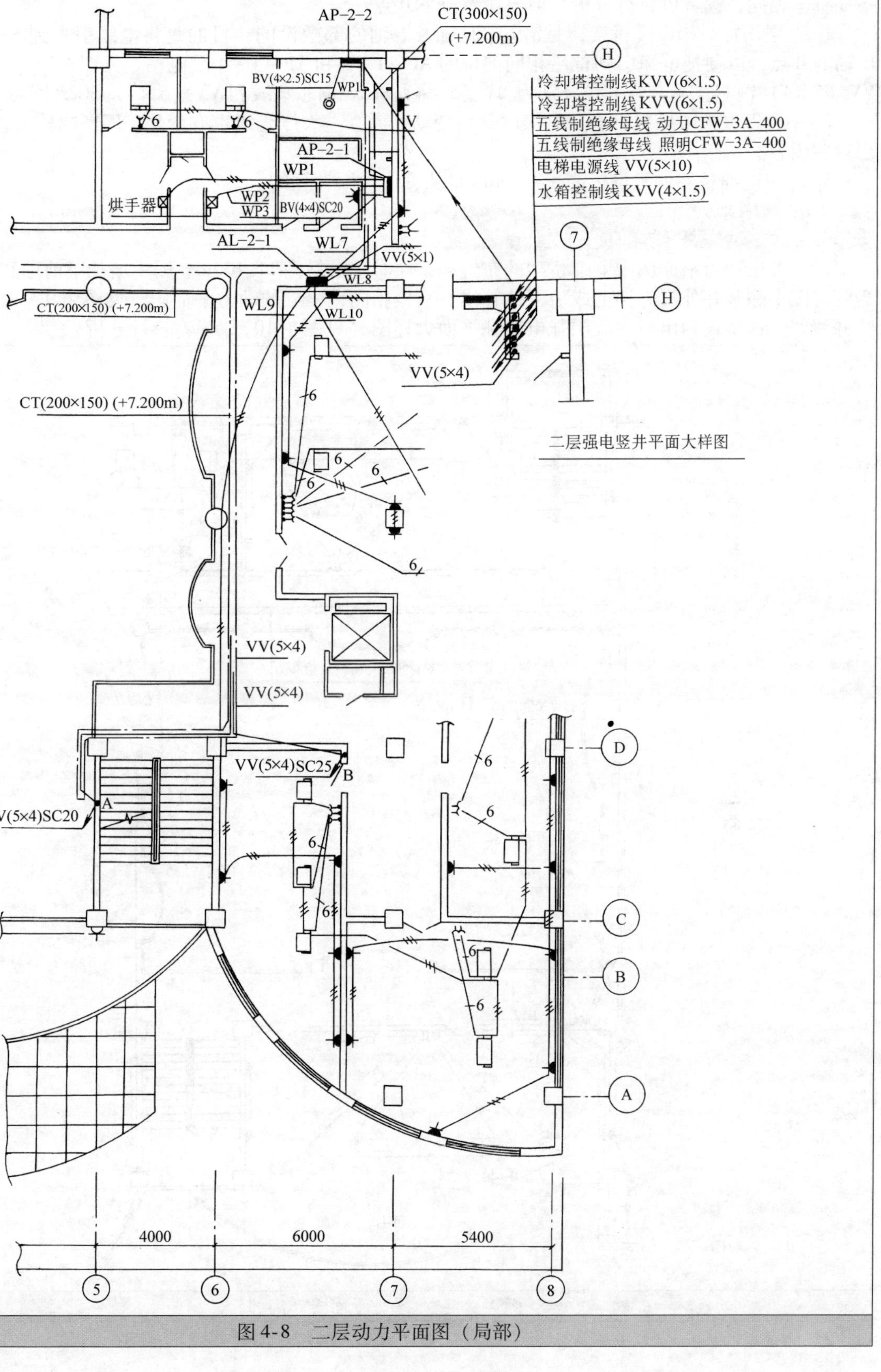

图 4-8　二层动力平面图（局部）

平面基本相同，读者可自行分析，但要注意以下几点：

1. 二层增加一趟电缆桥架，是沿⑥、D 轴及⑤轴的部敷设的，目的是将电缆引入到⑤轴的 A 点和 D 轴的 B 点，以便把电缆引到首层相同部位的 AP-1-3 和 AP-1-4 配电箱，见图4-7。主电缆是两根 VV（5×4）铜芯塑缆，引下线分别为 BV（5×4）SC20 铜芯塑线和 VV（5×4）SC25 铜芯塑缆。

2. 中大厅取消了风机盘管，右大厅管线变动稍大，左大厅管线也有变化，因图幅较大，图4-8 未标出这些内容。

3. 图中电缆桥架的敷设标高 +7.200m 是从首层地面计算的。

五、三～五层动力平面图 ★★★

三～五层动力平面图中电缆桥架的布置同首层布置，标高 11.100m。图中增加了前厅和后厅的风机盘管。图中除竖井外没有穿上或引下的管线。其他相同，三层的动力平面图，见图 4-9。为了便于分析竖井线路，这里仅列出三～五层强电竖井平面大样图（见图 4-10），读者自行分析。

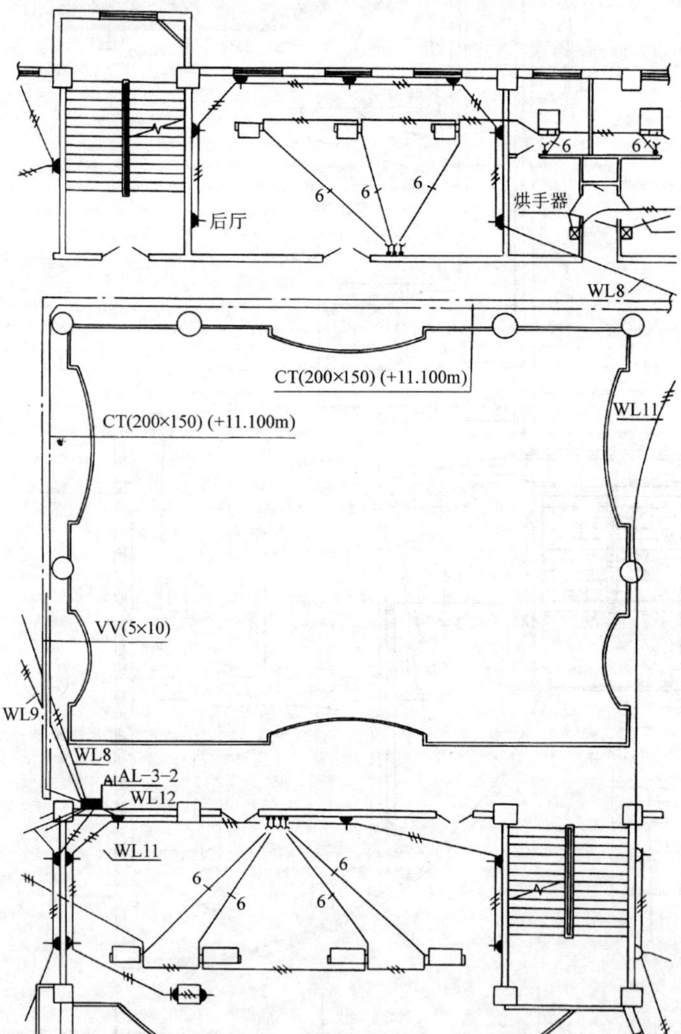

图 4-9　三层动力平面图（局部）

六、六层动力平面图 ★★★

六层动力平面图见图 4-11。六层动力平面开间有了较大变化，但与三～五层基本相同，读图时应注意以下几点：

1. 增加了沿⑦轴敷设的电缆桥架，目的是将电源由 A 点引至七层，并将水箱控制线引下至竖井，电源线 VV（5×10）SC50 和 VV（5×6）SC32 铜芯塑缆，控制线 KVV（4×1.5）铜芯控制塑缆。桥架标高 22.800m。其中 VV（5×10）是电梯电源线。

2. 在 H 轴竖井处引两根向上的管线，目的是将配电箱内两根控制电线引至房顶，电线为 BV（4×6）SC32，同时将控制电缆 KVV（6×1.5）两根从竖井引入配电箱 AP－6－2，见图中竖井平面图。

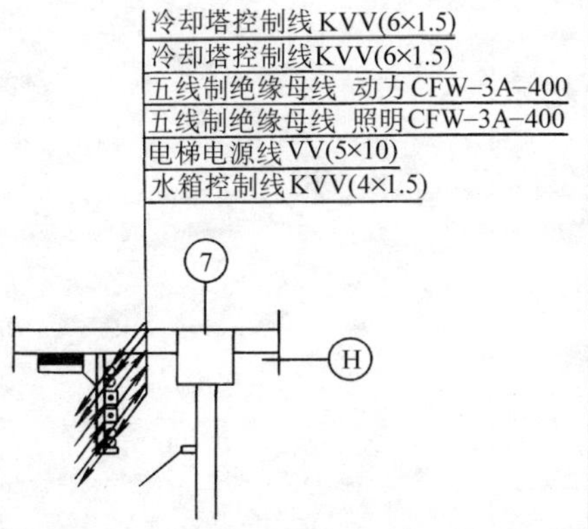

图 4-10　三～五层强电竖井平面大样图

七、屋顶电气平面图 ★★★

屋顶电气平面图见图 4-12。顶层设冷却塔两台，电源由六层配电箱 AP－6－2 穿管引上，见图中 A 点，管线 BV（4×6）SC32 埋入地板，出线口高度 5.9m，冷却塔两地控制，一地为六层 AP－6－2 箱，二地为地下室空调机房，控制线由竖井从机房引入 AP－6－2箱，见电气竖井平面图及图 4-11。

八、七层机房电气平面图 ★★★

七层机房电气平面图见图 4-13。机房分电梯机房和水箱间两部分，其中电梯机房的电源由六层电缆桥架从竖井引入，经 B 点至配电箱 AL－7－1，管线为 VV（5×10）SC50 铜芯塑缆。引出回路未标出，详见电梯有关资料。

AL－7－1 配电箱为照明配电箱，电源引入同 AP－7－1，VV（5×6）SC32 铜芯塑缆。AL－7－1 的引出回路为三路，WL1 和 WL2 是共同引出的，三线引出（一 A 相、一 B 相，一工作零线），然后在图中 C 点分开，WL1 引至水箱间，共六只荧光灯，WL2 至电梯机房，共四只荧光灯，标注为 $10\frac{1\times40}{3.0}$Ch，链吊，距地 3.0m。从 C 点引至电梯机房入口处的两只二联单极开关的导线为 5 根，将四只灯分四路单独控制。从 D 点引至水箱间入口处的单极开关为 4 根线，将六只灯分三路控制，但其中两路是由一只开关控制的。WL3 为插座回路，其中电梯机房两只，水箱间三只，安装及管线同前。

引至水箱间的水位控制线由 B 点引出后至水箱间⑦轴，出线口标高 1.50m，管线 KVV（4×1.5）SC20。

楼梯间的照明是从 E 点由六层照明线路引来的吸顶灯两只 $2\times\frac{1\times60}{—}$S，单控，单控开关暗装距地 1.4m。另一路是壁灯两只 $2\frac{1\times60}{—}$W，F 点设一联双极开关，管线由下垂直引来，详看照明平面图。

七层的管线属照明回路的敷于顶板上，开关管线由上埋墙引下至高 1.4m 处，属插座和水箱控制线则敷于地面上后再上引至要求标高处（插座 0.3m）。管线均为 BV（2×2.5）SC15、BV（3×2.5）SC15、BV（4×2.5）SC15、BV（5×2.5）SC20、BV（6×2.5）SC20。

通过对动力平面图的分析，我们对动力装置在楼内各层的分布以及管线布置、楼层之间关系有了充分的了解，并与系统图进行了比较核对，基本无误。需要进一步说明的有几点：

1. 地下室机房图中只标注动力部分，而一～七层除动力电路外还标注了部分照明电路中的线路，主要是插座和风机盘管。

2. 电缆竖井内的设置和电缆桥架的敷设是多层或高层建筑的特点，图中标注要掌握。二层到一层，一层到地下室、六层到顶层都有穿上或穿下的部分管线，要掌握穿上及穿下的具体位置。

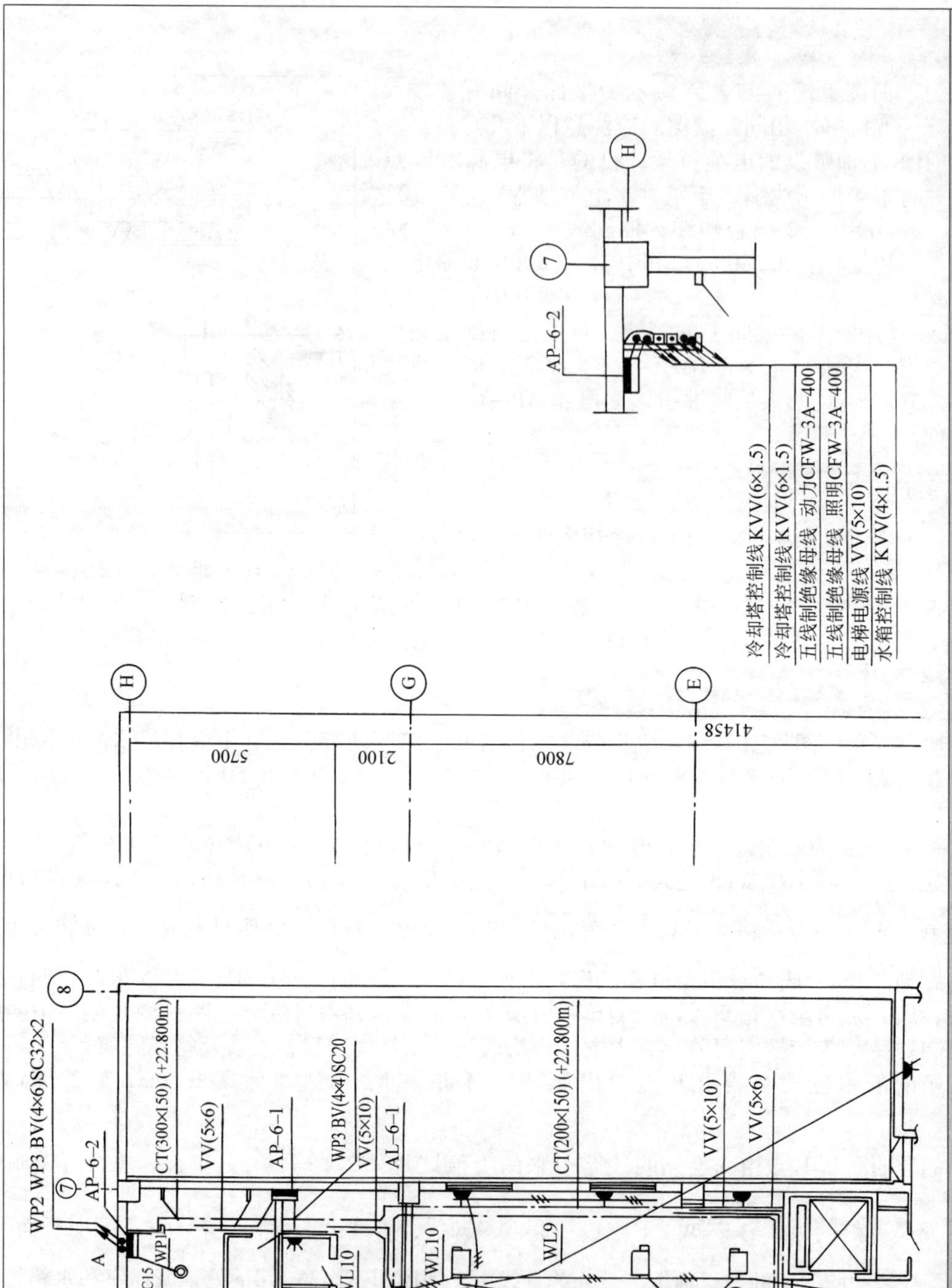

图 4-11　六层动力平面图（局部）

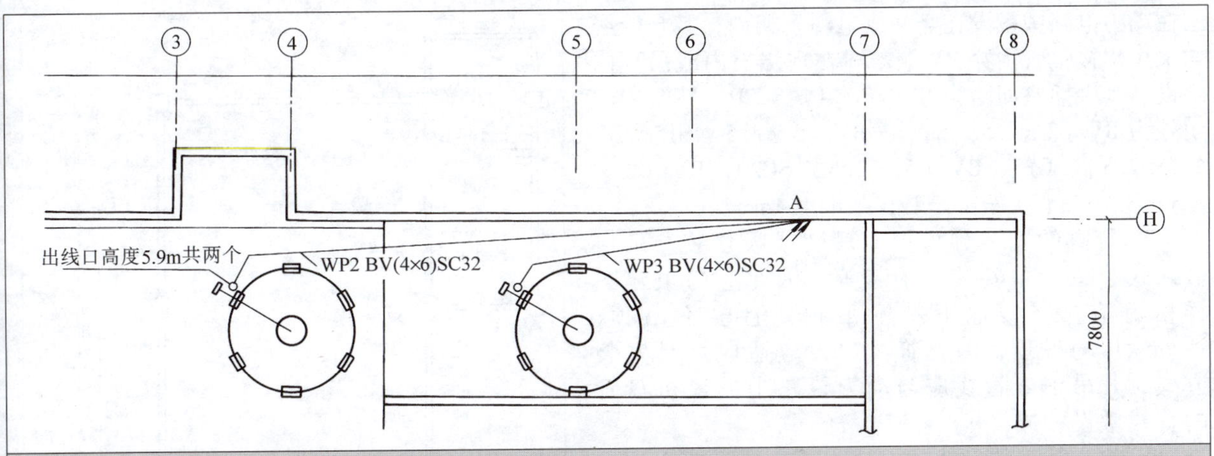

图4-12　屋顶电气平面图（局部）

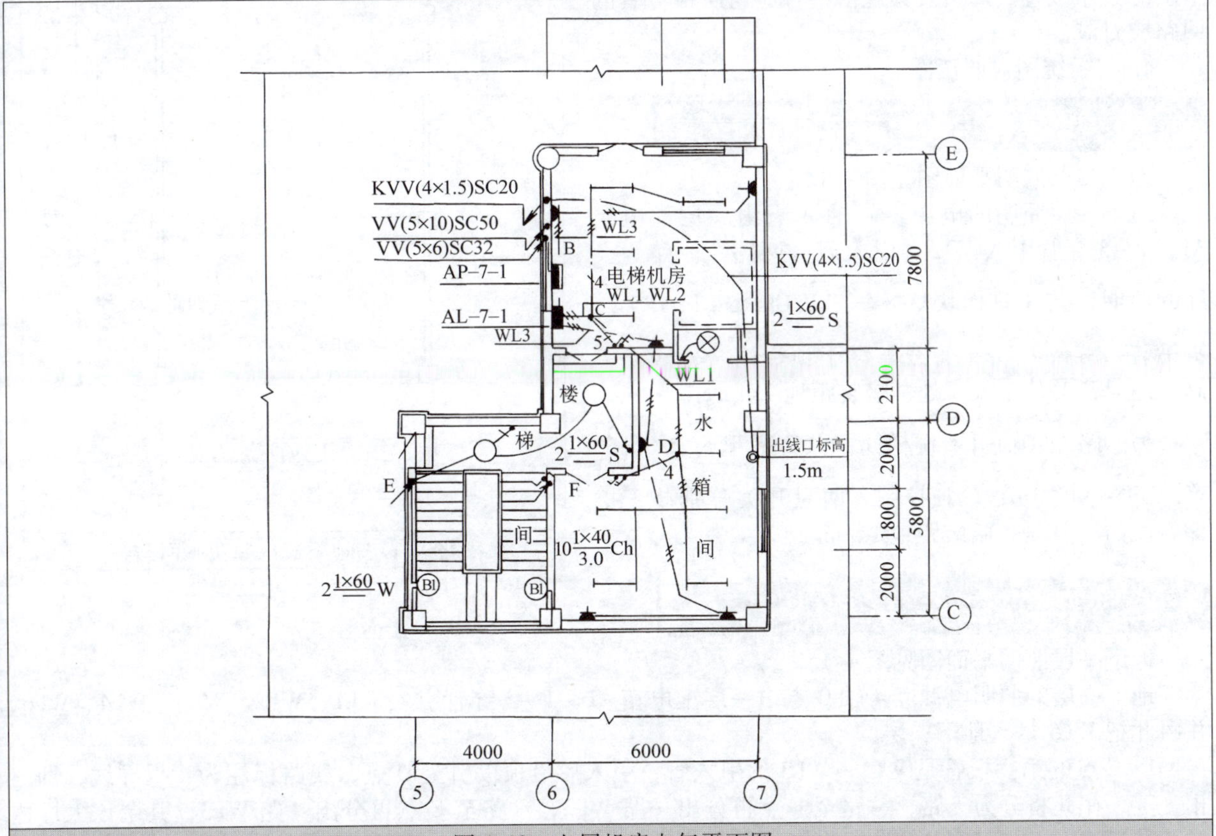

图4-13　七层机房电气平面图

3. 风机盘管是安装在吊顶内的设备，对其管线的敷设及开关、电源引上管线和引下管线的敷设要心中有数。

4. 出线口高度除图中标注说明外，其他应与设备安装高度相适应。

5. 读动力平面图必须与系统图对照。

第三节　照明平面图

照明电路的识读应注意以下几点：

1. 照明电路的管线敷设基本与一～六层动力管线的敷设相同，其中干线（引入配电箱的电源线）

已在动力电路中敷设在竖井或电缆桥架内，其余管线均采用焊接钢管内穿 BV 铜塑线在现浇板内或吊顶内暗设。其中插座回路为 BV（3×4）SC20，其余未注明处为 BV（2×2.5）SC15、BV（3×2.5）S15、BV（4×2.5）SC15、BV（5×2.5）SC20，BV（6×2.5）SC20。开关全部暗装，距地 1.4m。

2. 灯具的安装分顶板上吊装或吸顶装、吊顶嵌入式装或吸顶安装、壁装等，因此应与土建图样相对应。该楼地下室不吊顶，七层不吊顶，一～六层均吊顶，因此管线敷设应适应灯具安装方式，凡吊顶处管线应与动力线路中的风机盘管的管线敷设相同。

3. 注意管线敷设的穿上或引下，要对应上层与下层的具体位置。开关及其规格型号应与所控灯具的回路应对应。

4. 与系统图对照读图。

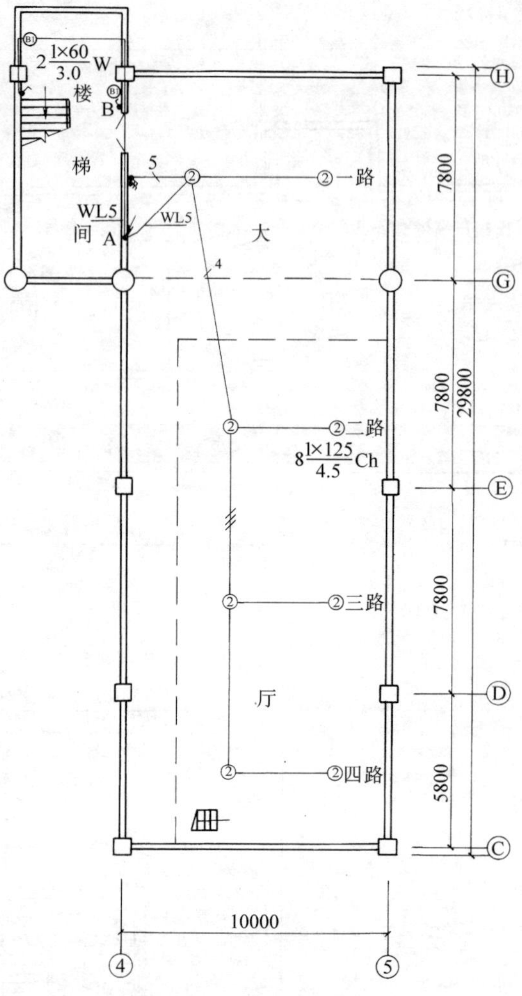

图 4-14 地下二层照明平面图

一、地下二层照明平面图 ★★★

地下二层照明平面图见图 4-14。

地下二层照明的电源经④轴 A 点由一层配电箱 AL-1-3 穿管引入 WL5，引入后分两路，一路为大厅的照明，共 8 只板块灯 $8\frac{1\times125}{4.5}$Ch，每只 125W，链吊装，吊高 4.5m，管线敷设于顶板内。分四路控制，两只开关装于入口处，暗装距地 1.4m。

另一路经④轴引入楼梯间，共 2 只壁灯 $2\frac{1\times60}{3.0}$W，安装高度 3m，单独控制，两只开关分别装于楼梯处及门口 B 处，暗装距地 1.4m。

二、地下一层照明平面图 ★★★

地下一层照明平面图见图 4-15。

地下一层的照明电源经④轴 C 点由一层配电箱 AL-1-3 穿管引入 WL1、WL2、WL3、WL4、WL6，并由此把 WL5 送入地下二层。

1. C 点的第一根管是 WL1～WL3 的引入管，引入后沿顶板引至 D 点，线路标注为 4 根导线，即三相一零，在此将分为三路，一路至 F 点再分出一路 WL2，一路至 E 点再分出一路 WL3，其余该大厅内均为 WL1，各路均为配电箱集中控制。标注为 $42\frac{1\times40}{3.2}$Ch，42 只 40W 荧光灯，链吊，吊高 3.2m。

2. C 点的第二根管是 WL4 的引入管，引入后沿走廊顶板引至右大厅 1#灯位，在此分为五路多联开关分别控制，大厅由圆形楼梯间为界各两路，1#灯为一路，电梯底坑为另一路两只灯单控。标注为 $15\frac{1\times100}{3.2}$Ch，15 只 100W 平盘灯，链吊，吊高 3.2m。另外走廊的两只吸顶灯为单控，与楼梯间共同标注。

3. C 点的第三根管是 WL6 的引入管，引入后沿地板至①轴 H 点上翻至 3.6m，设分线盒三只，HM 的管线沿顶板，ML 的管线沿室外埋地，L 出线口标高 3.0m。两只接线盒，管线 BV（2×2.5）SC15。此管线是为机动车出入信号而设置的，进车时 H 处信号灯亮，出车时 L 处灯亮，警示只能同一方向出或入。

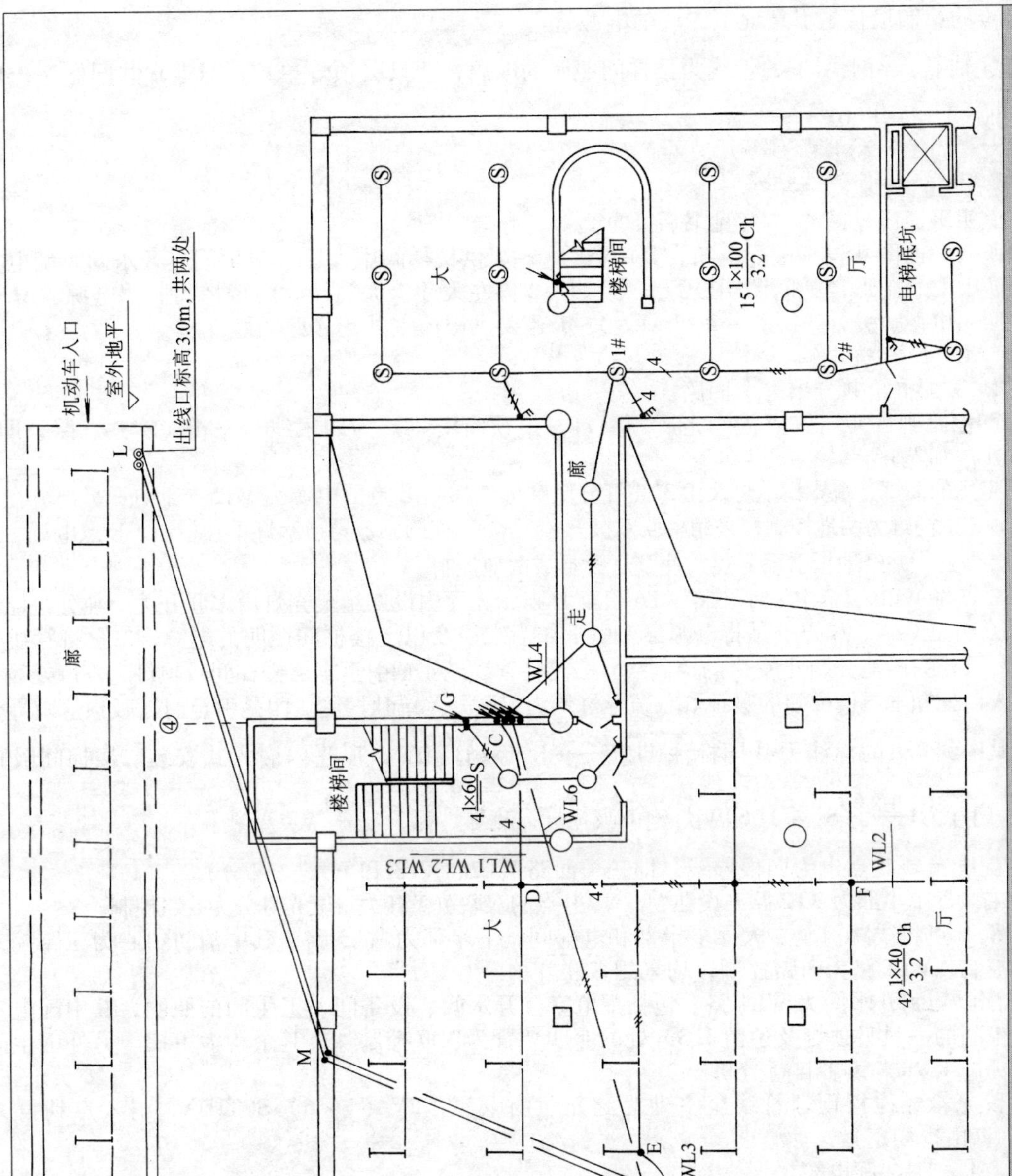

图4-15　地下一层照明平面图（局部）

4. C 点的第四根管是引至地下二层的电源管。

5. 经④轴 G 点由上引下的管线为楼梯间照明的电源，两只吸顶灯单控，与走廊共同标注，$4\frac{1\times60}{—}S$，4 只吸顶灯，每只 60W。

三、首层照明平面图 ★★★

首层照明平面图见图 4-16（见书后插页）。

首层照明平面图共设三个配电箱，其中 AL-1-1 供楼梯间中大厅、卫生间、开水间、配电室、右大厅及消防中心、圆形楼梯间照明电源。AL-1-2 供左大厅、大门及大门楼梯间照明电源。AL-1-3 供地下室照明电源。另外 AL-1-2 和 AL-1-1 还要供楼体室外泛光照明。

（一）AL-1-1 配电箱

AL-1-1 配电箱共分出七个回路。

1. 由配电箱到 A 点（A 点为一走廊用筒灯，吊顶内安装）为四根线，三相一零共三路，即 WL1、WL5（部分）和 WL6。

（1）走廊的筒灯、疏导指示灯及由 3# 筒灯分至圆形楼梯间 E 点的电源为 WL5（部分，另部分在电梯厅内）回路。其中筒灯为两地控制，采用单联双极开关（↗）控制，疏导指示灯单独控制。E 点电源由此引下至地下一层↗处，并经地板引至 F 点，使壁灯⑧形成两地控制。

（2）C 点将 WL1 引至中大厅，将 WL6 引至 D 点，大厅内设四组荧光灯由多联开关单独分组控制。从 D 点将 WL6 引至 G 点，G 点一是将电源穿上引下作为二层及以上楼梯间照明的电源，二是将管线引至 H 点并引至二层作为两地控制开关↗的控制线，三是将管线经④轴引至本层楼梯间吸顶灯、入口处吸顶灯及疏导灯。入口处和本层楼梯间的吸顶灯、疏导灯均为双联开关单独控制。四是引至门厅吸顶灯疏导灯，单联单控。其中荧光灯的标注为共同标注 $115\frac{2\times40}{—}R$，双管 40W，顶篷内嵌入式安装。楼梯间吸顶灯为 $2\frac{1\times60}{—}S$，门厅为 $1\frac{4\times60}{—}S$，4 只 60W 灯泡的吸顶灯，疏导灯为 $3\frac{1\times20}{2.3}W$，壁装。

2. 由配电箱到 B 点也为四根导线，即三个回路 WL2、WL3 和 WL5（部分）。

（1）右大厅上半部为 WL2 路，设在 M、N、L 点的双联单极开关将荧光灯分为 6 路控制。

（2）从 E 点将线路引至右大厅下半部和电梯间，下半部为 WL3 路，其中消防中心为三路控制，大厅为 5 路控制，WL5 路为 3 路控制，均采用多联开关。

3. 由配电箱到开水间为 WL4 路，包括配电室、开水间、设备间、卫生间的照明，其中配电室、设备间和卫生间的一只吸顶灯及预留 1.3m 处的照明装置为双联控制外，其余均为单控。另外卫生间设插座两只，标高 1.9m。读者自行分析。

4. 由配电箱经地板预埋管线至室外为泛光照明电源，BV（4×6）SC32DA，引入点到投光灯处（图中未标，由现场定）。

（二）AL-1-2 配电箱

AL-1-2 配电箱共分出六个回路，其中 WL6 为室外泛光照明的电源。

1. 由配电箱到左大厅 P 点引出 WL1 和 WL2 两个回路共 12 组荧光灯，上半部为 WL1，下半部为 WL2，各分 6 路均由两只三联开关单控。

2. 由配电箱引至传达室荧光灯三个回路，WL3、WL4 和 WL5，传达室、门卫室及传达室门口筒灯为 WL3 路。其中荧光灯单控，筒灯与疏导灯由两联开关分两路控制。

3. 由门卫室引至大门筒灯为 WL4 路，配电箱集中控制，通过筒灯回路将电源 WL5 路引至楼梯间的 Q 点上引并设单极双联开关并完成该楼梯间照明的两地控制，同时经地板将管线引至 S 点并在此点将管线上引至二层该位置。

4. ⑤轴 R 点由二层引来管线并在此设三联单极开关，完成二层前大厅筒灯的三路控制。

（三）AL-1-3 配电箱

AL-1-3 配电箱是为地下室照明而设置的，共引出 6 个回路，详见图 4-14 和图 4-15。

四、二层照明平面图 ★★★

二层照明平面图见图 4-17。二层的照明平面布置有很多与首层相同之处，主要不同之处及注意事

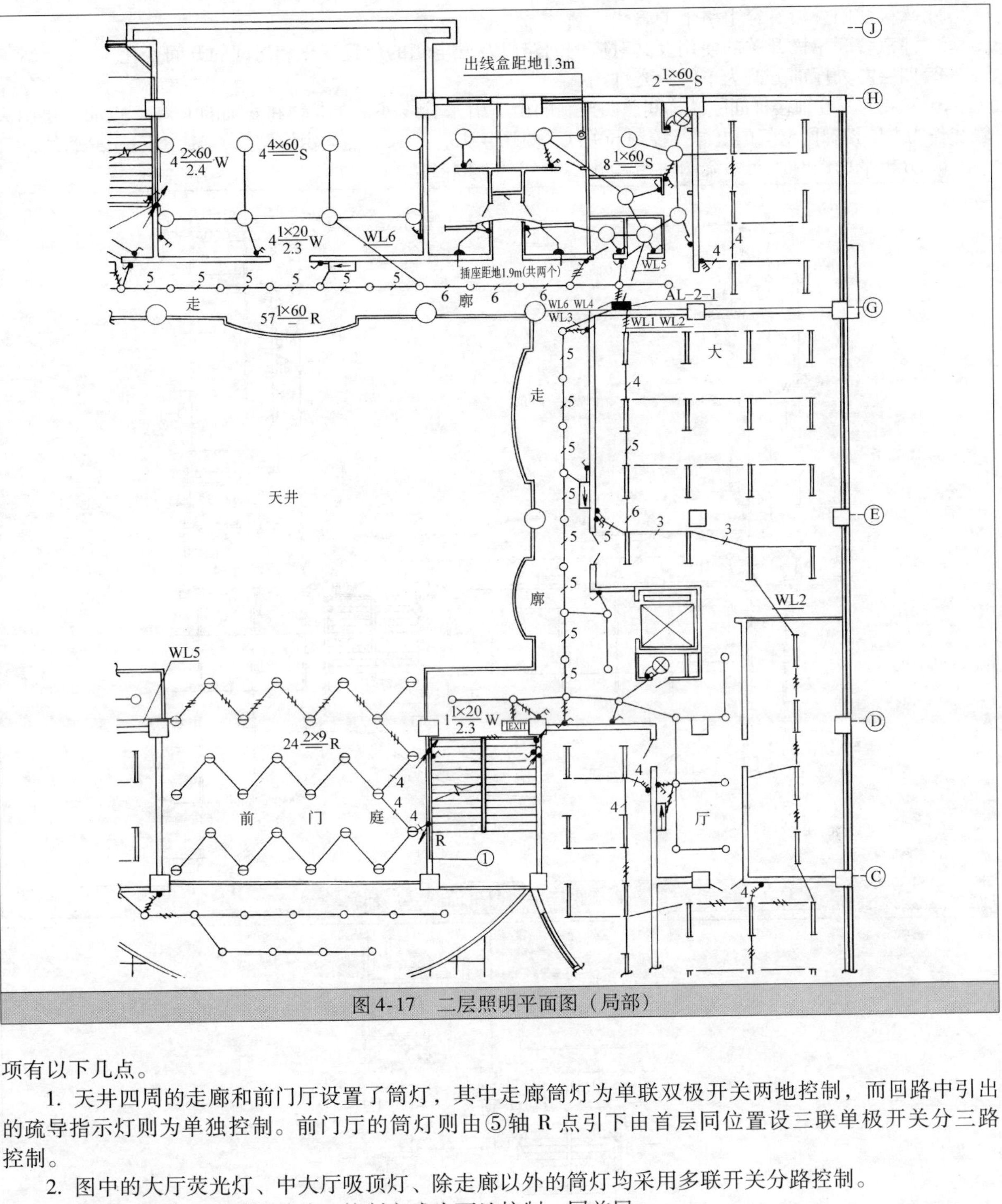

图4-17　二层照明平面图（局部）

项有以下几点。

1. 天井四周的走廊和前门厅设置了筒灯，其中走廊筒灯为单联双极开关两地控制，而回路中引出的疏导指示灯则为单独控制。前门厅的筒灯则由⑤轴 R 点引下由首层同位置设三联单极开关分三路控制。

2. 图中的大厅荧光灯、中大厅吸顶灯、除走廊以外的筒灯均采用多联开关分路控制。

3. 楼梯间有穿上引下的管线，控制方式为两地控制，同首层。

五、三~六层照明平面图 ★★★

三~六层照明平面图基本相同，并与二层及首层有相似之处，读图时应注意以下几点。

1. 三层在天井的柱子上增设了 6 只金属卤化物灯，标注为 $6\,\frac{1\times125}{+12.00}$W，每只 125W，安装标高 12m，壁装式，由 AL-3-1 和 AL-3-2 配电箱分两路集中控制。

2. 除楼梯间外没有穿上引下的管线。

3. 注意多联单极开关的使用及其对应的回路以及开电箱的位置变化和房间的开间变化。

4. 四层左大厅部分改为单管荧光灯。

5. 六层⑤～⑥轴楼梯间除楼梯间照明控制的由下引来管线外，在⑤轴和⑥轴的 E 和 F 点向七层引去管线作为七层楼梯间壁灯的电源及控制开关线，见图 4-13。E 和 F 点均由控制开关 M、N 处引来管线。

6. 分析平面图时应与系统图对照，见图 4-18 和图 4-19。

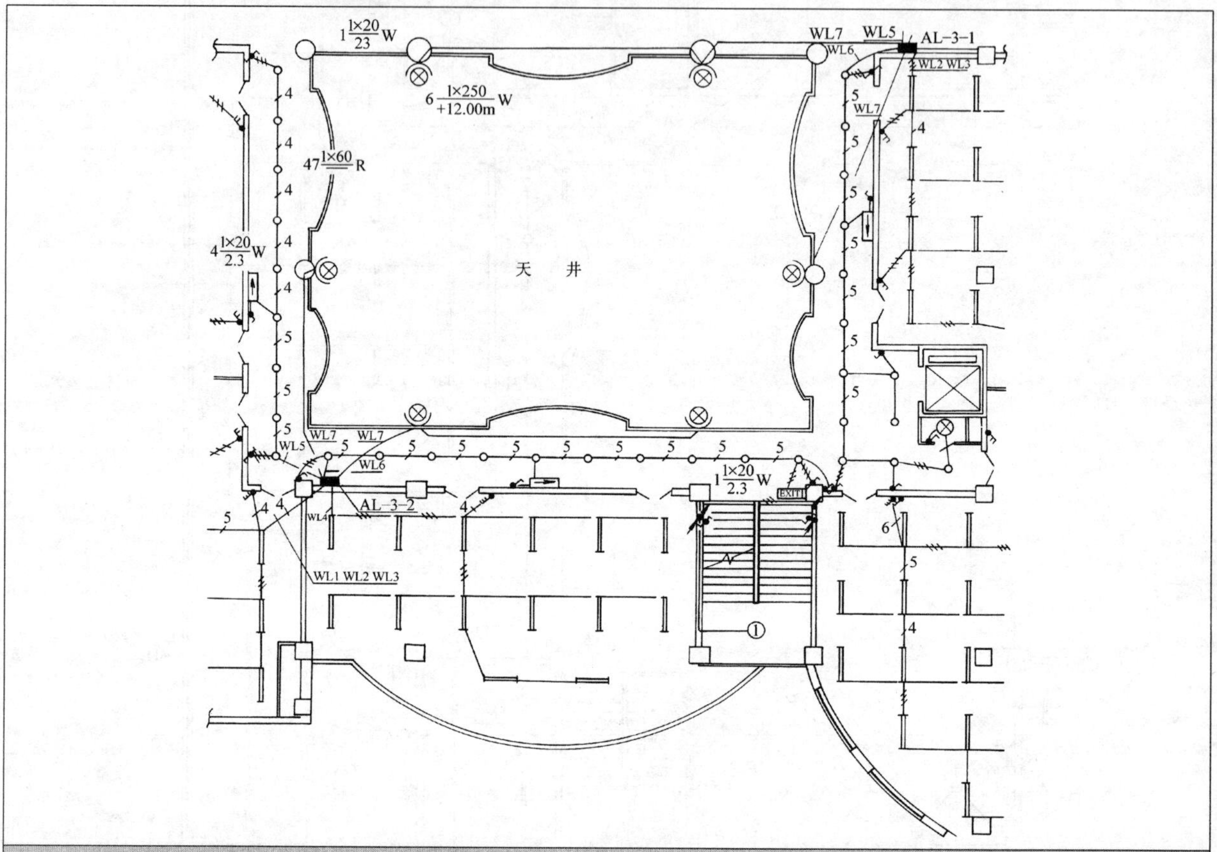

图 4-18　三层照明平面图（局部）

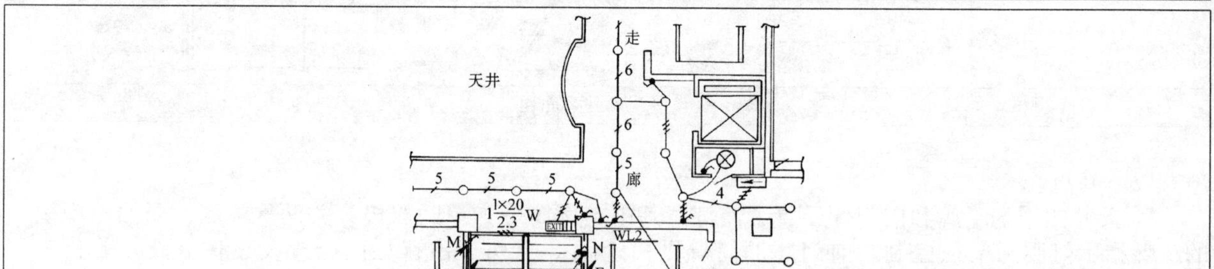

图 4-19　六层照明平面图（局部）

第四节　防雷接地平面图

一、屋顶防雷平面图 ★★★

屋顶防雷平面图见图4-20（见书后插页）。

从照明平面图可知，屋顶1#平台和2#平台位于五层的屋顶，则比屋顶（六层顶板）低一层，而电梯机房和水箱间则比屋顶高一层。同时屋顶又设置了冷却塔及天井上的玻璃屋顶，这些都凸出了屋顶，因此从标高看防雷的布置则有三个不同的平面。

1. 1#和2#平台沿其边缘每隔600mm设支架一个，然后用ϕ10mm镀锌圆钢架设避雷线，因为平台上设有不锈钢管栏杆，因此该栏杆应与避雷线焊接。同时平台上的1、2、3、4点避雷线应与由柱内引上的主钢筋焊接，并作为避雷引下线，下端则与地梁主筋焊接。

2. 屋顶沿其边缘每隔600mm设支架并用ϕ10mm镀锌圆钢架设避雷线，同时屋顶的5、6、7、8、9点的避雷线与由柱内引上的主钢筋焊接，作为引下线。由六层AP-6-2配电箱引至冷却塔的电线管出线口高5.9m，则应与避雷线焊接，同时应在塔顶部设立1.2m高的避雷针，避雷针的下端与避雷线焊接，避雷针的做法可参考华北标92DQ13，一般可用ϕ25mm镀锌圆钢顶端锻尖而作。天井顶部的锥形玻璃屋顶的铝合金条也应与避雷线焊接。

3. 电梯机房水箱间顶部的边缘也用上述方法设避雷线，同时其顶部的不锈钢杆架也与避雷线焊接。在顶部的10点为一引下线，与柱内主筋焊接。

4. 上述避雷线均在屋顶女儿墙上设置，除上述说明外其他凸出屋顶的构筑物均应与避雷线可靠焊接，防雷接地与保护接地共同接地体，接地电阻≤4Ω。

二、基础接地平面图 ★★★

基础接地平面图见图4-21（见书后插页）。

本工程是利用基础、地梁及柱内主筋作为自然接地体的，要求接地电阻≤4Ω，如果达不到则应补充接地板棒使之达到要求。在柱与柱、梁与柱间若为间断部位则用40mm×4mm的镀锌扁钢进行连接，使之成为一闭合网。

1. 图中1#～10#点的柱式基础内的主钢筋作为垂直接地体，并且一直引至顶层，与顶层的避雷线可靠焊接，这样将避雷线引下至接地板。

2. 在-1.87m设置了地梁，梁内主筋作为地下一层外缘柱体的水平接地线。地下一层外边的柱体则用40mm×4mm的镀锌扁钢连接，标高-1.87m，形成基础外缘的闭合网，其他7#、8#、4#、11#柱体也用扁钢与主网连接。

3. 在地下二层机房的基础底部底圈梁内用主筋作为水平接地体将所有柱体连接起来。

4. 总体上基础最外缘的柱体均用主筋或镀锌扁钢连接。

相比之下，防雷接地平面图要比动力、照明简单了许多，但是其重要性却远远超过了它们，它涉及了楼体的安全，这是不容忽视的，读图时要注意。

到目前为止，我们已经把强电部分的动力及照明管线布置、设备元件布置、系统电气结构的读图作了详尽介绍，其中动力系统的控制电路的读图将放在后续章节介绍，作为单独控制电路来讲述。上述部分的内容是建筑电气工程图识读的基础，特别是平面图中管线的布置是读图的重点，也是建筑电气工程图读图的难点，对于一个初学者来说是很重要的，是第一步。

第五节　弱电系统的识图

本工程的弱电系统仅包括火灾报警、广播及电话系统，其中火灾报警和广播设立机房，电话则为市内直拨电话，不设机房。表4-5是该项工程弱电系统的设备材料表及设计说明，概括主要弱电设备、材料、安装要求、管线敷设方式及弱电部分图例。

表 4-5　设备材料表

图　例	设备名称	型 号 规 格	单位	数量	备　注
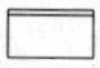	火灾报警控制器	H8415	台		落地安装
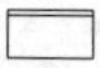	火警广播控制柜	H8480	台		落地安装
	两总线多态离子感烟探测器	H8403	个		吸顶安装
	两总线地址编码感温探测器	H8407	个		吸顶安装
Z	地编中继器	H8451	个		壁装距地 2.0m
K	地编控制模块	H8456	个		壁装距地 2.0m
	地编手动报警按钮	H8470A	个		消防箱内安装
h	总线隔离器	H8477	个		弱电竖井内壁装
	水流指示器	见设施图	个		
P	压力开关	见设施图	个		
F	防火阀	见设施图	个		
	吸顶扬声器	H8026B	个		吸顶安装
	壁挂扬声器	H8025B	个		壁挂距地 2.0m
	电话分线箱	XRH01	个		墙内暗装距地 0.3m
	电话分线箱	XXH01	个		竖井内明装
	电话出线口	AP86ZD	个		墙内暗装距地 0.3m
———	火灾报警线路	SVR(2×1.5)SC15			
—/—	火灾报警线路	SVR(4×1.5)SC15			
— — —	广播线路	RVS(2×1.5)SC15			
— - —	电话线路	RVS(2×0.5)SC15			
2 —/—		RVS(2×0.5)×2 SC15			
3 —/—		RVS(2×0.5)×3 SC15			
4 —/—		RVS(2×0.5)×4 SC15			
5 —/—		RVS(2×0.5)×5 SC20			
	电缆桥架	WBJ-C-(200×100)			
	电缆桥架	WBJ-C-(300×100)			
	电话电缆	HYV-(2×0.5)×10			
	电话电缆	HYV-(2×0.5)×20			
	电话电缆	HYV-(2×0.5)×30			
	电话电缆	HYV-(2×0.5)×50			
	焊接钢管				

设计说明

1. 本工程设计范围包括火灾报警，广播及电话系统。
2. 火灾报警系统选用国营四〇四厂生产的 H8400 系列智能型火灾报警设备。在首层消防中心设一台 H8415 型控制柜用以实现火灾报警与联动控制。
3. 与火灾报警控制柜并列安装一台 H8480 型火警广播柜。广播输出线按楼层分路，平时作正常广播，火警时自动切换为火警广播。
4. 楼内电话系统电缆接引自厂区院内交接箱，电话接线序号及话机选型由甲方确定。
5. 各系统干线线路沿电缆竖井或电缆桥架内敷设，分支线路均为钢管暗配线。
6. 其他具体施工做法与要求，请参见有关国标、华北标准图集及设备安装说明书。

一、火灾报警及广播控制系统图的识读 ★★★

图 4-22（见书后插页）是该项工程火灾报警及广播控制系统图。由图可知，系统采用一台 H8415 型集中报警控制器作为全楼的报警监控设备，采用一台 H8480 型火灾广播控制柜作为全楼广播设备，同时 H8480 与 H8415 配套使用，正常时作为广播使用，而火灾时则作为火警广播。其中火灾集中报警控制器共有 8 个回路，分别监控一～七层及地下室的火警情况并与消防水泵及空调机组联锁，实现消防与火警联动。而广播控制则分 7 个回路对 1～7 层及地下室集中广播或单控广播。

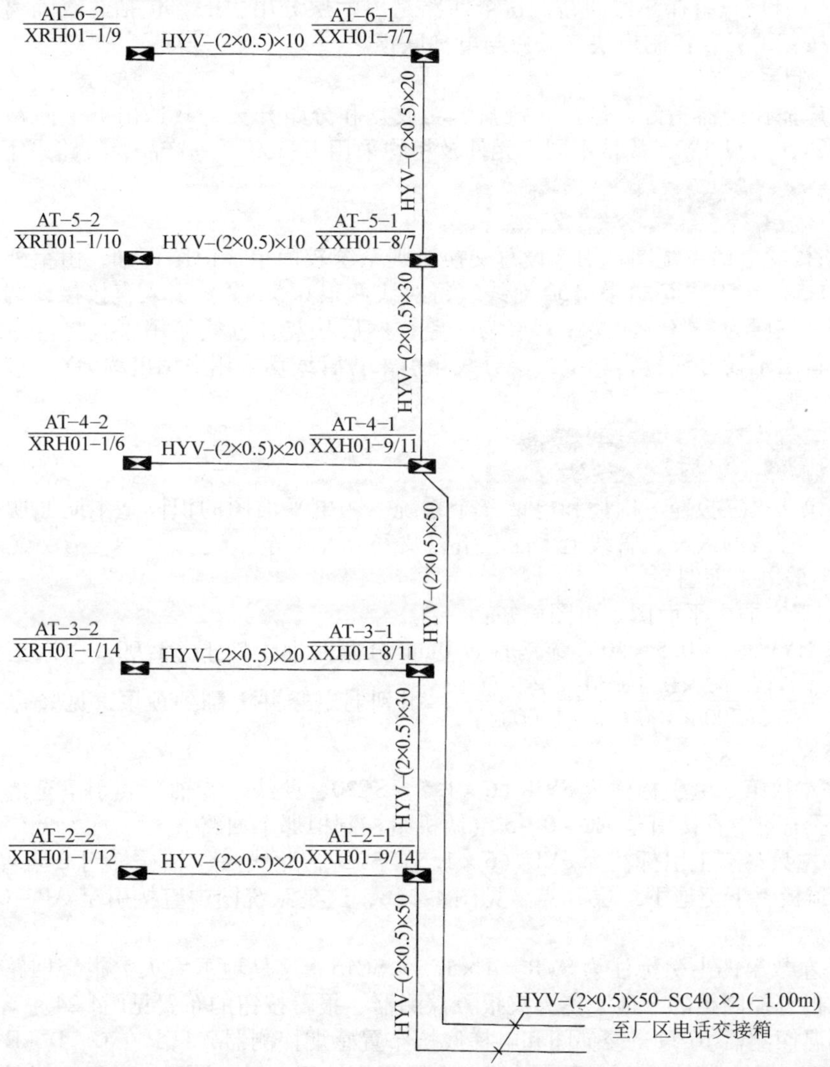

图 4-23　电话系统图

（一）火灾报警系统图

该系统因较小，只设一台集中火灾报警控制器，每层不设区域报警器，而设一台总线隔离器。集中报警控制器共送出 8 个回路，除地下室电控柜外，各层探测器回路可分为两个支路，一个为探测器支路，一个为地址编号控制模块联锁支路。元件及设备均采用 H8400 系列产品，线路均采用 SVR 软铜塑导线，见表 4-5。

1. 通往地下室（b1）共两个回路，一个为探测器回路，一个为机房联锁回路。其中探测器回路包括总线隔离器一只（），感烟探测器 2 只（），感温探测器 16 只（），控制模块 2 只（K），报警按钮4只（Ⓨ），其中控制模块与空调机组和消防水泵联锁。机房联锁回路是在消防中心可以按火情和火警电话起动消防水泵和空调机组的控制回路。

2. 通往首层（1f）只有一个探测器回路，包括总线隔离器一只，感烟探测器19只，控制模块1只，与新风机组联锁，中继器Ⓩ3只，分别与压力开关Ⓟ、水流指示器⊟、防火阀Ⓕ联锁，报警按钮4只。

3. 通往2～6层（2f～6f）只有探测器回路，基本与首层相同，只是元件个数不同，但没有压力开关的设置，可自行分析。

4. 通往7层（7f）只有探测器回路，这个回路是由六层分出去的，包括总线隔离器一只，感烟探测器4只，报警按钮1只，控制模块一只并与电梯联锁。

（二）广播控制系统图

广播系统设广播控制器一台，包括录放盘、功放盘和分路开关，共送出七个回路，每个回路设有壁挂或吸顶扬声器，每只3W，数量不同，元件及柜均采用H8400系列产品，线路采用RVS塑软铜线。

二、电话系统图的识读 ★★★

图4-23是该楼的电话系统图，因不设总交换机则系统较简单。由图可知，由室外厂区电话交接箱用HYV－（2×0.5）×50电话电缆（50对线，每对线两根0.5mm^2）引入直接接在弱电竖井内的电话分线箱内，首层～三层为一路，四层～六层为一路，然后从竖井分线箱用管线将电话线路再引至各层的分箱去，其中首层不设分线箱，均由二层分线箱引来。管线均采用电话电缆HYV（2×0.5）×n，分线箱采用XRH101型。

三、弱电平面图的识读 ★★★

弱电平面图包括火灾报警、广播和电话三个系统。弱电平面图的识读基本同照明平面图，主要是设备元件的布置、管线的敷设、管线上下的联络以及安装方式等。

（一）地下室弱电平面图

图4-24是地下室弱电平面图。由图可知：

1. 电话电缆HYV（2×0.5×50）穿钢管ϕ40mm分两路埋于地下－1.00m引入至大厅内沿⑥轴的电缆桥架（标注为$\dfrac{\text{HYC（2×0.5×50）×2－CT}}{\text{（200×100）（－1.00）}}$）引到弱电竖井上翻到顶层，见竖井左数第一上引标注HYC（2×0.5×50）×2。

2. 弱电竖井左数第二上引标注为SVR（6×1.5）SC20，此线由⑤轴A点引下至地下二层A点，见图4-24b，这是系统图中直接引至AP－0－5空调机组控制柜那个回路。

3. 弱电竖井左数第三上引标注为SVR（6×1.5）SC20，此线由④轴楼梯间B点经管线SVR（6×1.5）SC20埋于顶板引下至地下二层B点，见图4-24b，这是系统图中直接引至AP－0－2消防水泵电控柜的那个回路。

4. 弱电竖井左数第四上引标注为SVR（4×1.5）SC15，这是地下室火灾报警回路，由弱电竖井引至消防中心火灾报警控制柜的。地下室火灾报警探测器、报警按钮的布置见图4-24。

大厅布置感温探测器16只，楼梯间和电梯底坑布置感烟探测器2只，在C、D、E点布置报警按钮3只，并从④轴F点将管线引下至地下二层F点布置报警按钮1只，同时在地下二层的F点、A点布置控制模块2只，管线均由上引下，元件的连接是与系统图对应的。管线均采用钢管埋于顶板。因吊顶，探测器等元件及引线同吊顶上照明灯具。

5. 弱电竖左数第五上引标注为RVS（2×1.5）SC15，这是地下室广播回路，图中用虚线表示，由竖井引至消防中心广播柜。图中共设壁挂扬声器六只，其中一只设在地下二层A点，管线由一层D点引下。管线均采用钢管埋于顶板或墙内。

（二）首层弱电平面图

首层弱电平面图见图4-25。由图可知：

1. H8415和H8480柜安装于消防中心内，并在标高3.3m处设桥架将柜与弱电竖井沟通，桥架标注CT（200×100）－ACC/（3.300m），经桥架和竖井内桥架将火灾回路送至各层。

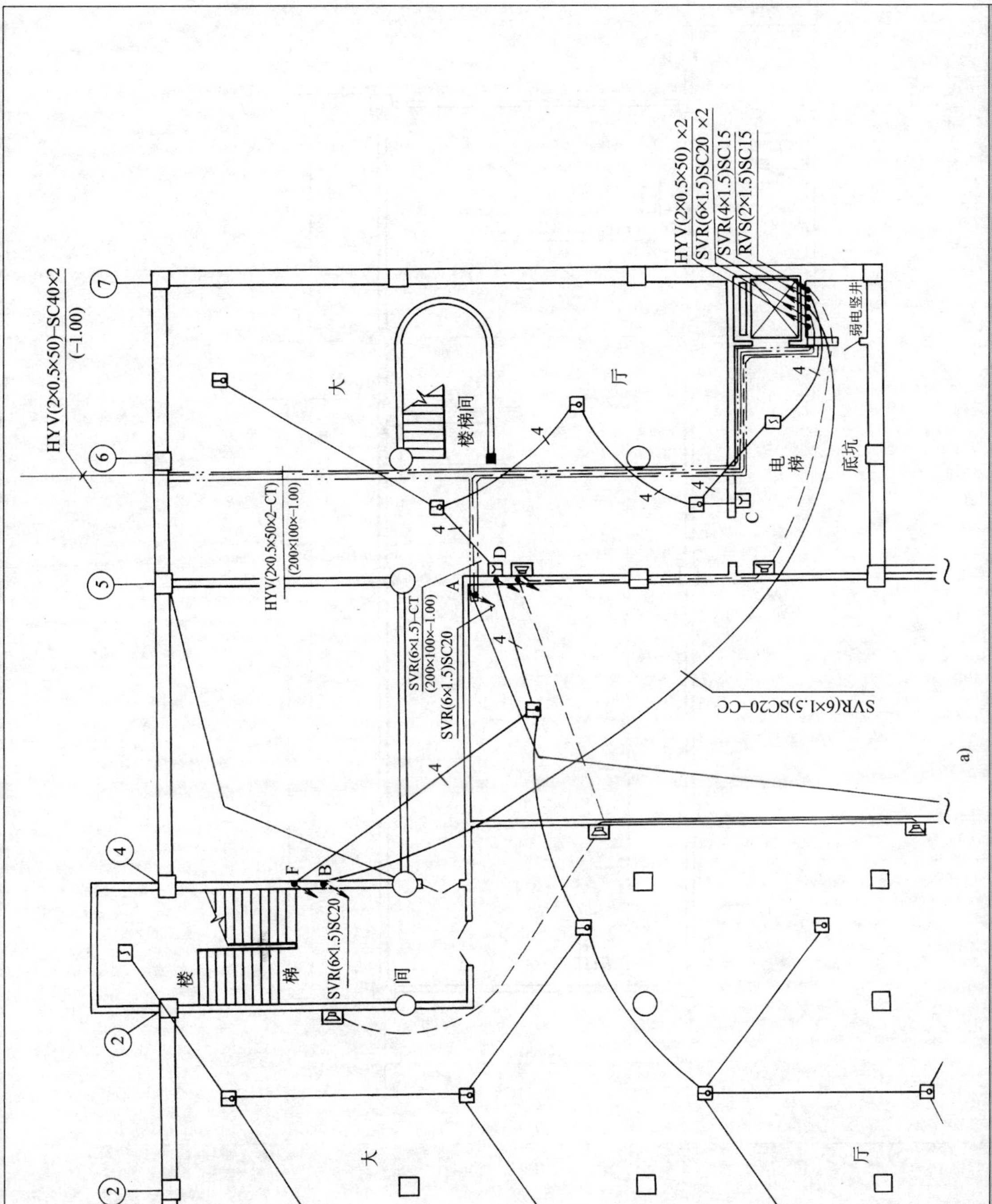

图 4-24　地下室弱电平面图

a）地下一层

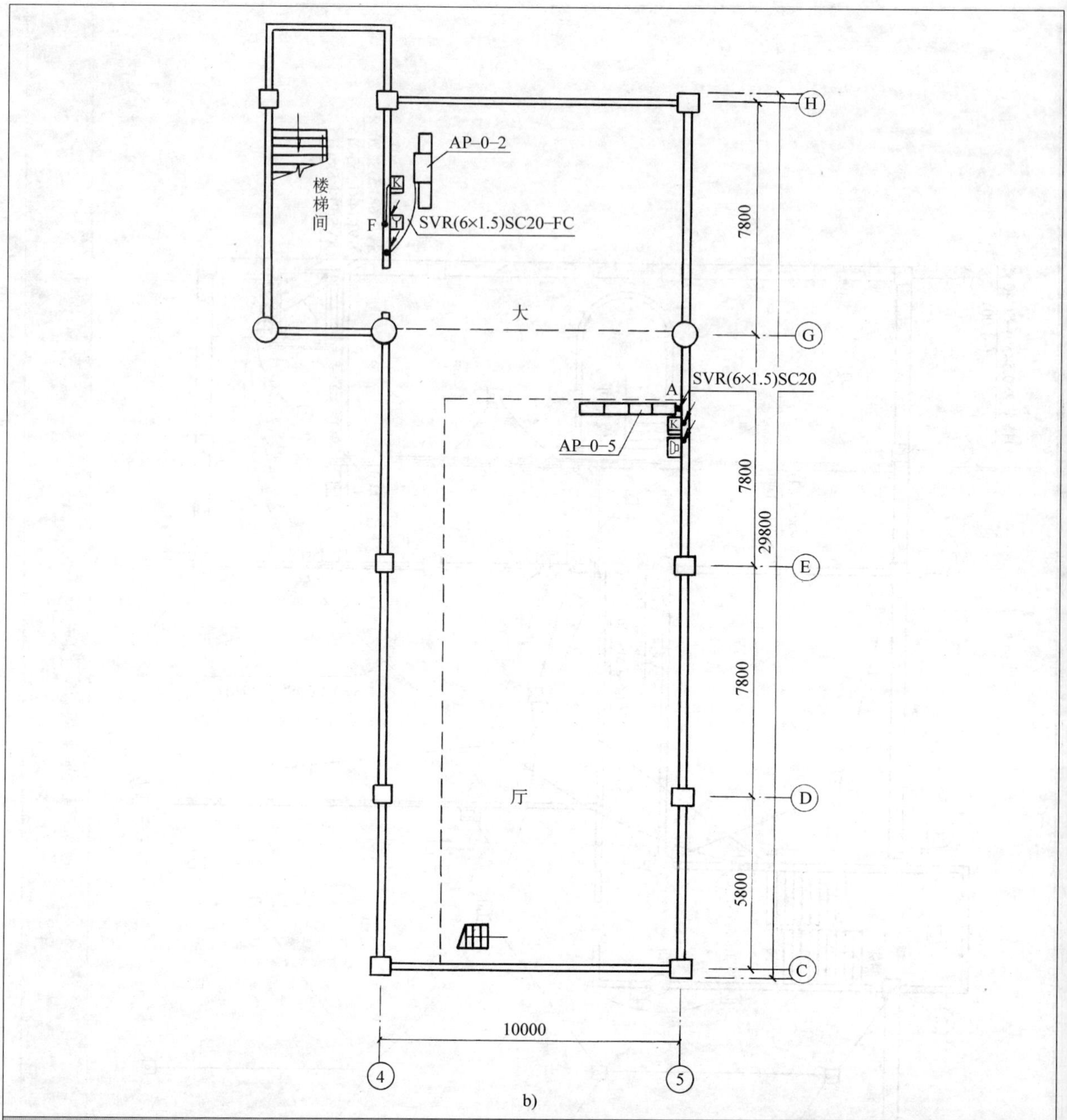

图 4-24 地下室弱电平面图（续）
b）地下二层

2. 由弱电竖井的桥架内引出火灾报警回路至电梯厅的感烟探测器，然后至右大厅、消防中心、走廊、配电室、中大厅、左大厅和传达室，共设感烟探测器 19 只；于设备间设控制模块一只，以及与走廊分别设置压力开关、水流指示器和防火阀各一只；同时在③轴 A 点、G 轴 B 点、E/2 轴 C 点、D 轴 D 点设手动报警按钮各一只并将其装于消火栓箱内。此平面图应对照给水专业图样，与自动喷淋平面图对应。管线布置均为钢管暗设于顶板内。与系统图对照应相同。

3. 由弱电竖井的桥架内引出广播回路（见图中虚线）至电梯厅的吸顶扬声器，然后经右大厅、走廊、中大厅和左大厅，共设吸顶扬声器 8 只、壁挂扬声器 4 只。管线同前，布置与系统图对照相同。

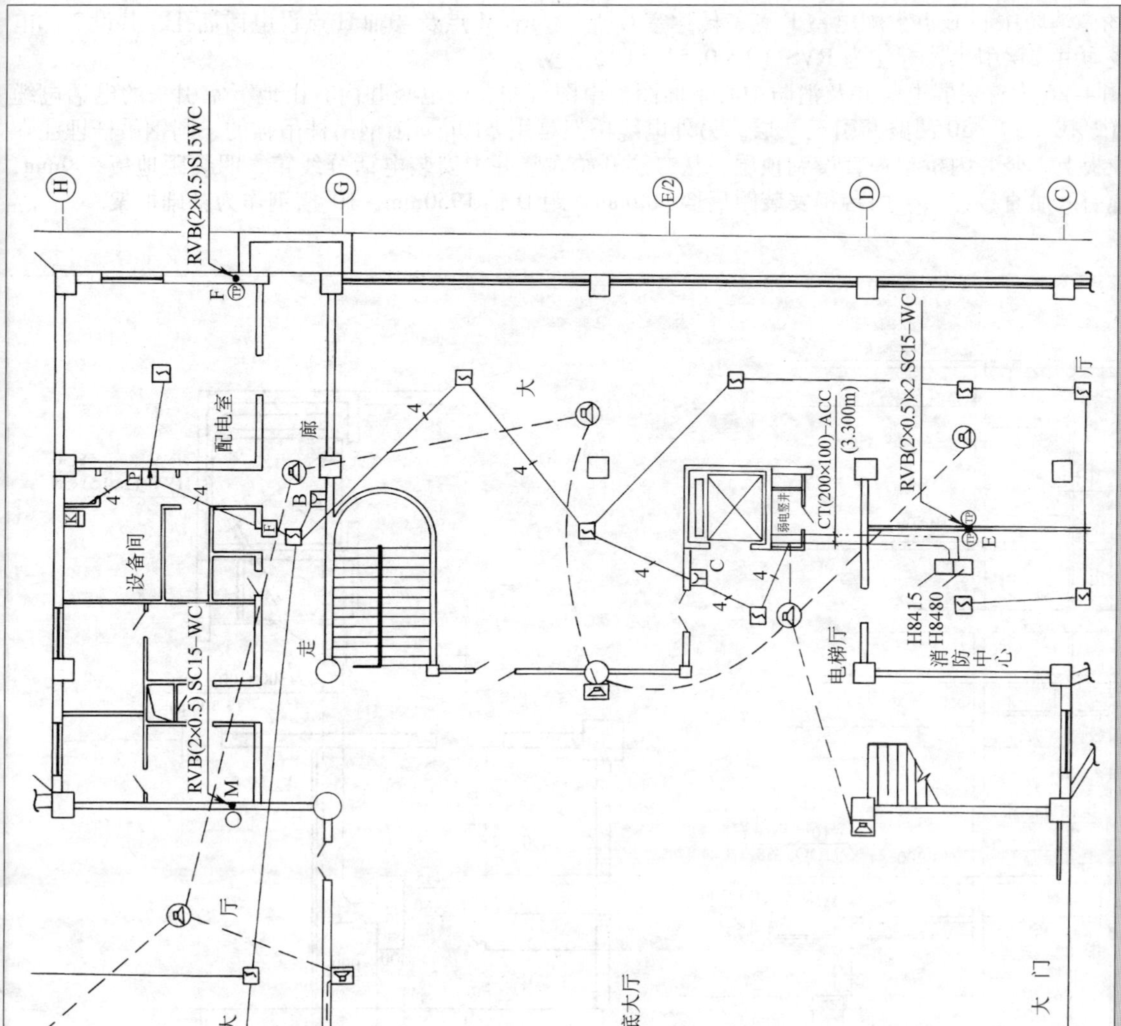

图 4-25　首层弱电平面图（局部）

4. 图中消防中心 E 点、配电室 F 点、传达室 G 点、⑤轴 M 点及③轴 H 点设电话插孔，共设 7 部电话，管线均由二层引来，标注为 RVS（2×0.5）SC15－WC。

5. 图 4-26 为首层弱电竖井及消防中心平面图。由图可知，弱电竖井内有由地下室引来的电话电缆 HYV－（2×0.5）×50 两路并引至二层。另外电缆桥架是用 ϕ10mm 圆钢吊杆吊挂的，圆钢吊杆埋注在混凝土顶板上，竖井内桥架一直设到顶层。从二层开始在竖井内安装电话分线箱，明装距地板 500mm，电话电缆引入后直接接入。两台柜安装距后墙 900mm，距 D 轴 1950mm，10[#]槽钢作为基础框架。

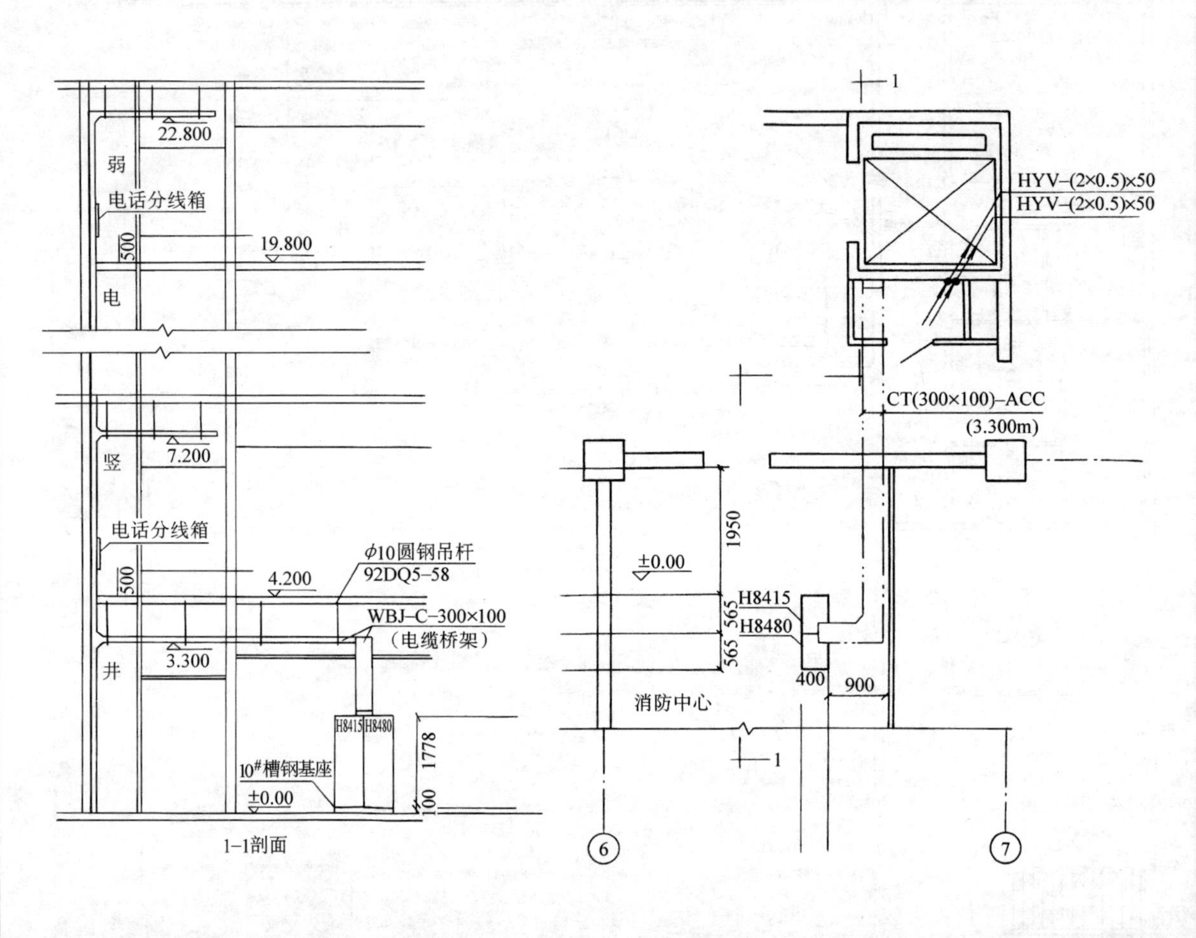

图 4-26　首层弱电竖井及消防中心平面图

（三）二层弱电平面图

二层弱电平面图见图 4-27。由图可知：

1. 从弱电竖井设置电缆桥架沿 D 轴方向于首层吊顶内引至电话分线箱 AT－2－2，标注为 $\frac{\text{HYV－（2×0.5）×20}}{\text{CT（200×100）－ACC}}$，这里一定要注意该桥架是设在首层吊顶内而上翻至分线箱的，分线箱暗装距地平 0.3m。

2. 从竖井内的桥架上引出管线至电梯门厅的感烟探测器，然后从这里将火灾报警回路引至大厅各处共三路，设感烟探测器 18 只（系统图中为二支路 16 只，数量不符，记录后通知设计）；在设备间设控制模块一只、流水指示器一只与走廊防火阀联锁。在 A、B、C、D 点设手动消防报警按钮 4 只于消火栓箱内。

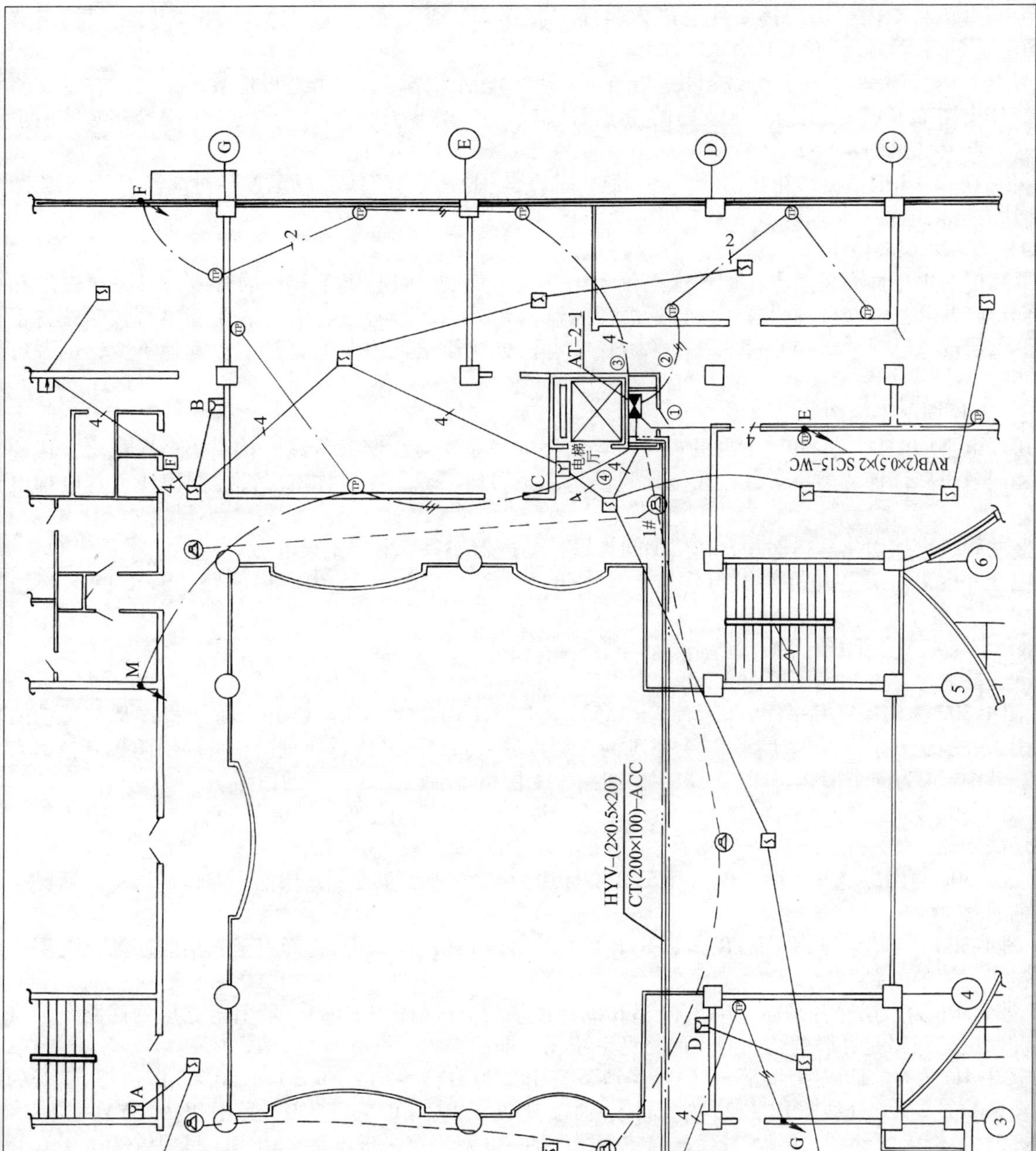

图 4-27　二层弱电平面图

3. 从竖井内桥架内引出广播管线至电梯门厅1#扬声器，然后再引至走廊，共设5只吸顶扬声器（系统图中是6只，与设计联系）。

4. 从竖井内AT－2－1电话分线箱共接出①～④4个电话支路，管线沿地板地敷设，同时在①支路的E点，③支路的F点（⑧轴）、④支路的M点（⑤轴）用RVB（2×0.5）×2SC15－WC将管线引下至首层对应点上（见图4-25）。

5. 从AT－2－2电话分线箱接出⑤～⑦支路，并在③轴G点将管线引下至首层对应点G上（见图4-25），所有电话电线盒均暗装于墙上，距地0.3m。

（四）三～六层弱电平面图

三～六层弱电平面布置基本相同，这里仅列出三层平面图，没有上下穿越的管线，只是在三层和六层的弱电竖井和强电竖井内设置了一只感烟探测器，见图4-28中A点、B点，手动报警按钮位置不变，四～六层的AF－4－2，AT－5－2、AT－6－2电话分线箱位置改在了D轴上。其他不变，读者可自行分析。

（五）七层弱电平面图

七层弱电平面图见图4-29。七层的火灾报警回路同样是直接由竖井管线直接引出，在机房、楼梯间、水箱间各设感烟探测器一只，并在楼梯间设手动报警钮一只，在电梯机房设控制模块，与电梯电源联锁。

从竖井管线直接引出广播回路，在楼梯间设壁挂扬声器一只。七层不设电话。

弱电竖井内由六层竖井桥架引出管线，其中RVS（2×1.5）SC15为广播回路，SVR（4×1.5）SC15为火灾报警回路。

（六）弱电竖井平面图

二～六层弱电竖井平面图见图4-30。

1. 图4-30a为二层竖井平面，RVS（2×1.5）×4－CT为广播回路经竖井内桥架直接从首层消防广播柜引来并引上；SVR（4×1.5）×4－CT为火警报警回路经竖井内桥架直接从首层消防控制柜引来并引上。其中×4为四个回路，即三～六层的回路，二层引入后已接入二层的回路。

2. 图4-30b为三层竖井平面，RVS和SVR的标注为×3，即引至四～六层的回路，三层引入后已接入三层的回路。

3. 图4-30c为四层竖井平面，RVS和SVR的标注为×2，即引至五～六层的回路，四层引入后已接入四层的回路。

4. 图4-30d为五层竖井平面，RVS和SVR的标注为×1（图中未标），即引至六层的回路，五层引入后已接入五层的回路。

5. 图4-30e为六层竖井平面，RVS和SVR的标注仍为×1（图中未标），即引至七层的回路，七层的回路和六层的回路是并联的，即同一回路见系统图，即图4-25。

6. 图中HYV为电话电缆回路，从室外经地下室引来为HYV－（2×0.5）×50×2即两根50对的电话电缆，AF－2－1分线箱用去20对，即标注为HYV－（2×0.5）×30，另根仍为HYV－（2×0.5）×50，继续上引。到三层后AF－3－1分线箱用去30对，第一根电话全用完，另根继续上引。到四层后AT－4－1用去20对，标注为HYV－（2×2.5）×30，继续上引。到五层后AT－5－1用去10对，标注为HYV－（2×0.5）×20，继续上引，到六层的AT－6－1分线箱全部用完。

至此，综合楼电气线路已全部讲完，由于我们找不到合适的图样，因此对保安系统、微机监控系统，有线电视系不再介绍。其中有线电视系统已在第三章做了初步介绍，只是系统较小，线路简单且不设置机房。

保安系统和微机监控系统，一般都设置机房，线路设置可是桥架、线槽、竖井及管线敷设，传感器、探测器、变送器的设置基本同火灾报警系统。机房一般设有电源柜、UPS柜、主机柜、监视屏、信号屏、电话总机柜及直拨电话、控制屏等。一般情况下，可按照明、动力、弱电系统有关读图方法以及第一章第二节的有关要点要求进行。

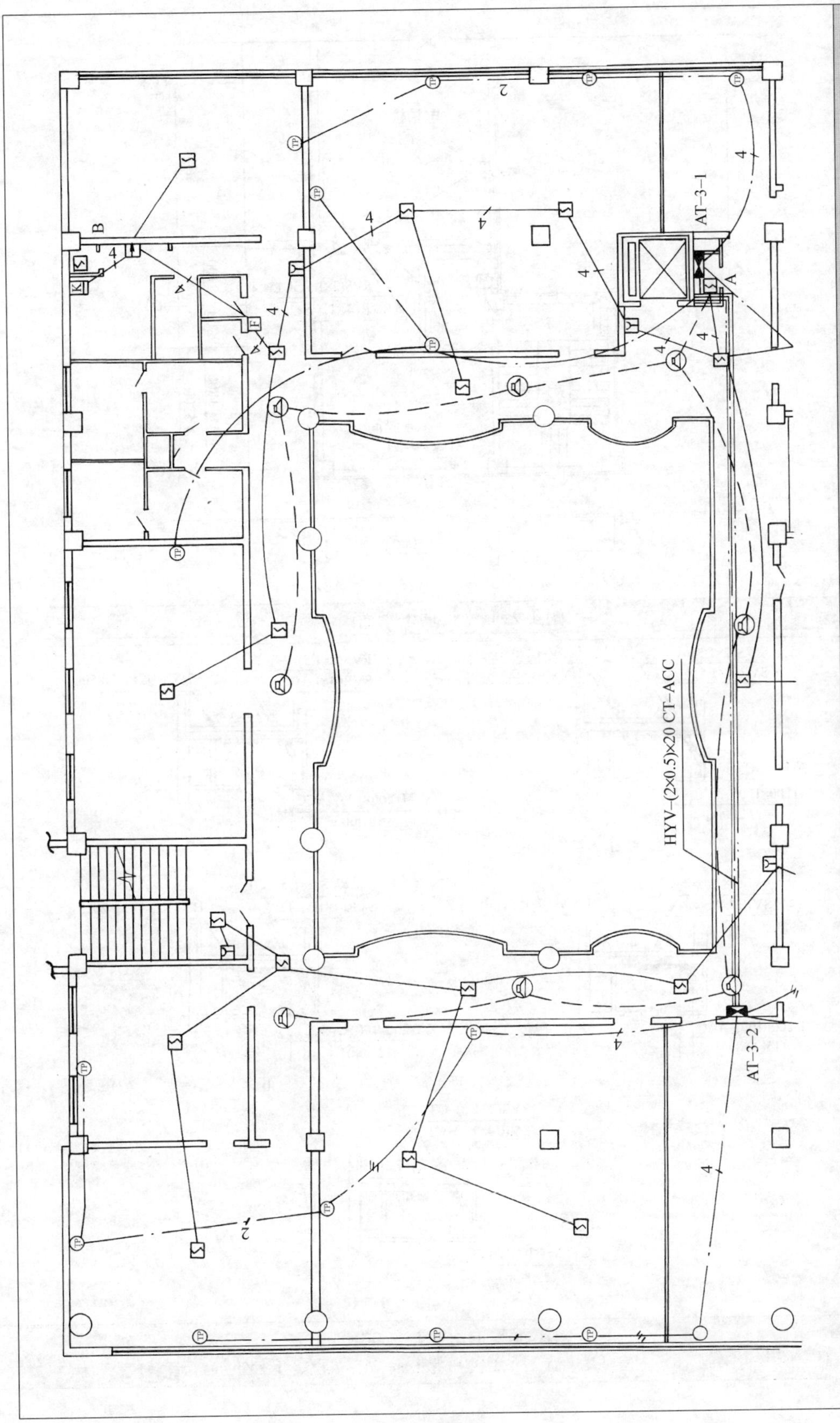

图 4-28　三层弱电平面图（局部）

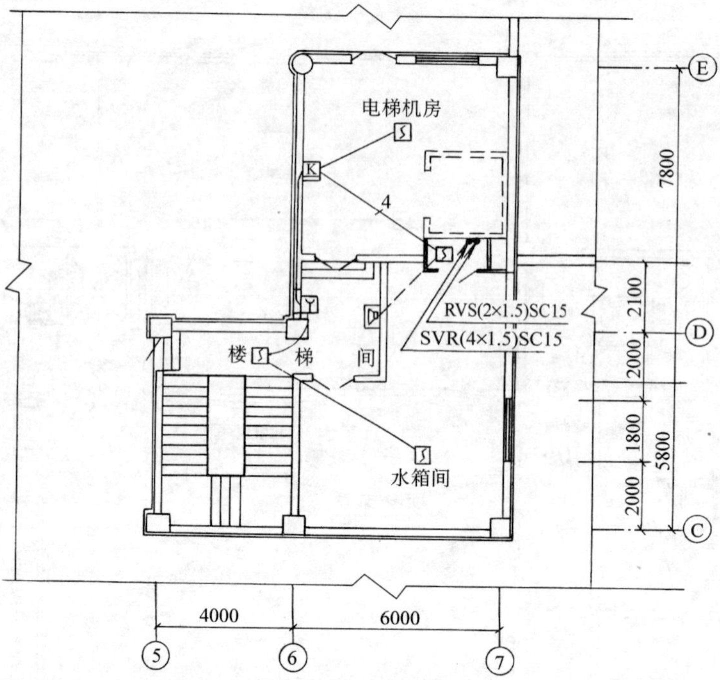

图 4-29 七层弱电平面图

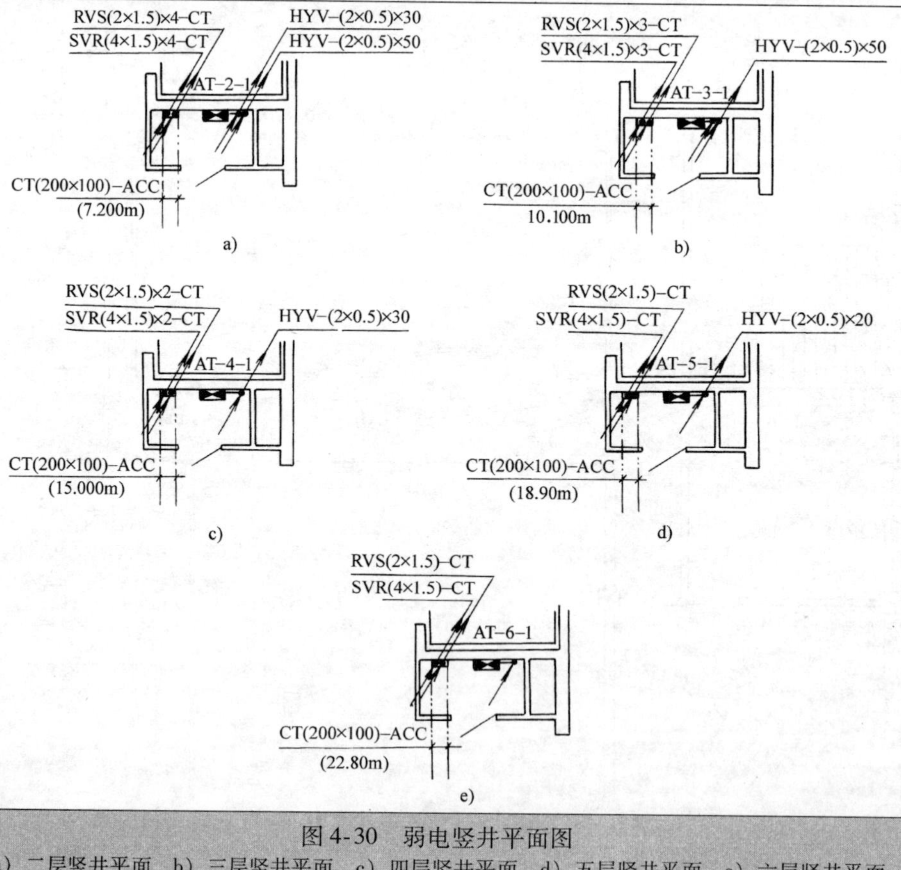

图 4-30 弱电竖井平面图

a）二层竖井平面 b）三层竖井平面 c）四层竖井平面 d）五层竖井平面 e）六层竖井平面

由上述读图方法可总结出以下几点：

1. 系统图必须与平面图布置一致。
2. 桥架、线槽、管线布置及引上引下位置各层应对应，线路必须形成回路。
3. 导线根数及电缆线芯数应符合控制或使用的要求。
4. 元件、设备的安装地点、标高、方式必须符合现场条件的要求。
5. 详细阅读设计说明、元件设备材料表、图中文字说明及各种标注。
6. 注意接地系统及接地电阻要求。
7. 注意系统采用的保护方式及要求。
8. 注意动力、照明、弱电之间的联系及功能的联锁。
9. 注意火灾报警与消防给水系统的联锁关系。
10. 注意弱电系统电源的取得以及机房的设置。

第五章 »

工业锅炉房电气线路的识读

锅炉房是工业及民用常用的动力装置，一般可分为小型锅炉房和工业锅炉房两种。其中，小型锅炉房主要以热水锅炉为主，蒸汽锅炉为辅，用以民用建筑中的采暖、生活用汽或小型工业用汽等。其锅炉的容量及工作压力较小，电气线路也较简单，是民用建筑中常用的配套装置。而工业锅炉房主要为蒸汽锅炉，用以工业生产中的生产用汽，其余热或部分用以生活，其锅炉容量及工作压力较大，电气线路复杂并配以自动化仪表或微机自动控制装置，是工业生产中常用的配套设施。本章介绍小型锅炉房和工业锅炉房电气线路的识读，包括动力、照明、自动化仪表及自动装置，工业锅炉房的变配电装置将在后续章节中介绍。

第一节　小型锅炉房的电气线路

小型锅炉房的电气线路包括照明、动力及电源装置三部分。其中，动力有引风机、鼓风机、出渣机、炉排驱动机、上煤机、给水泵及循环泵等；电源装置有电源柜及进户装置等，有的小型锅炉房还往往和浴室、食堂、理发室等设在一起。有的小型锅炉房装有简单的温度、压力仪表和水位控制。这里以一小型锅炉房的电气线路为例，说明其读图方法。

一、电气系统图的识读 ★★★

图 5-1 是某小型锅炉房的电气系统图，设备材料表和设计说明见表 5-1，此表给出了该设计的一些有关内容。

由图 5-1 可知，该系统包括以下内容：

（1）系统共分 8 个回路，其中 PG1 为一小动力配电箱 AP－4 供电回路，PG2 为食堂照明配电箱 AL－1供电回路，PG3、PG4 为两台小型锅炉的电控柜 AP－3、AP－2 供电回路，PG5 为锅炉房照明回路，PG6、PG7 为两台循环泵的起动电路，另外一回路为备用。

（2）AP－4 动力配电箱分三路，两路备用，一路为立式泵的起动电路，固容量很小，直接起动，空开 C45NAD/10 保护短路，热继电器保护过载，接触器控制起动。

（3）AL－1 照明配电箱有三个作用：

1）作为食堂照明及单相插座的电源；

2）作为食堂三相动力插座的电源，并由此分出两个插座箱；

3）作为浴室照明的电源，并由此分出一小照明配电箱 AL－2。

（4）AP－2、AP－3 两台锅炉控制柜回路相同，固容量较小，均采用接触器直接起动，空开 C45NAD 保护短路，热继电器保护过载。其中炉排机为双速电动机，因此为 6 根 2.5mm^2 的导线。这里需要说明一点，图中 11kW 的引风机也采用了直接起动，这是设计者的失误，一般风机类负载应采用降压起动，对于 11kW 的电动机至少应采用星角起动，否则将会给运行带来很多麻烦，因为风机往往是重载起动。上煤机为正反转控制，用两只接触器。

（5）两台 15kW 循环泵均采用了星角起动，减小了起动冲击电流，这是正确的。循环泵虽为轻载起动，但容量偏大，起动电流达 180A，星角起动的起动电流可降至 100A 左右。

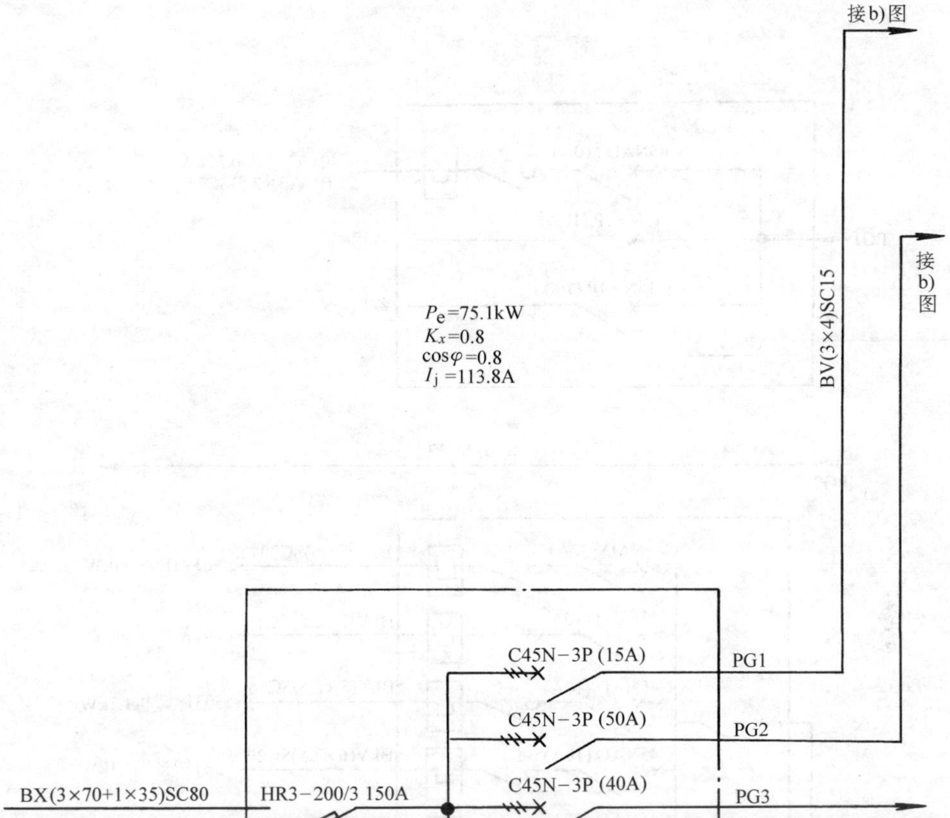

a)

图 5-1　电气系统图
a）总动力配电柜系统

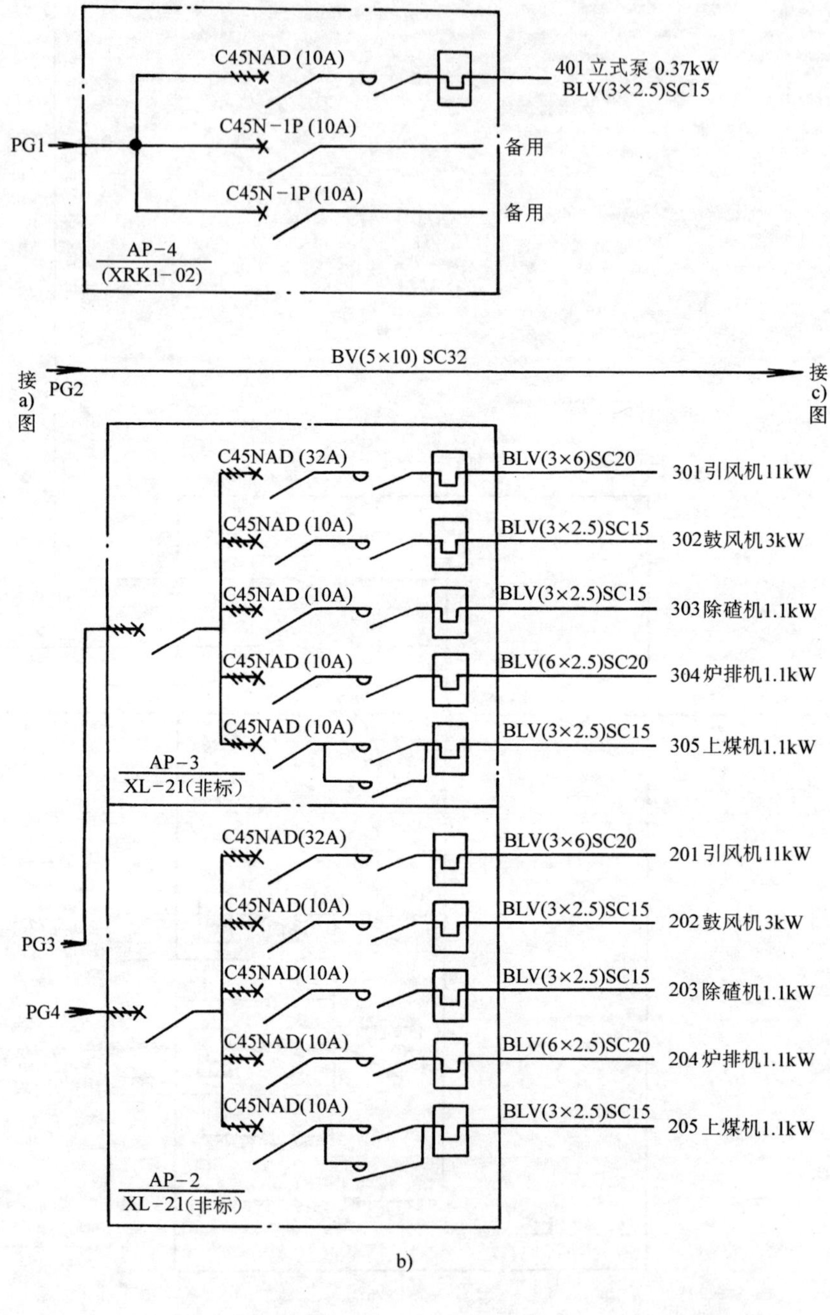

b)

图 5-1　电气

b）动力系统

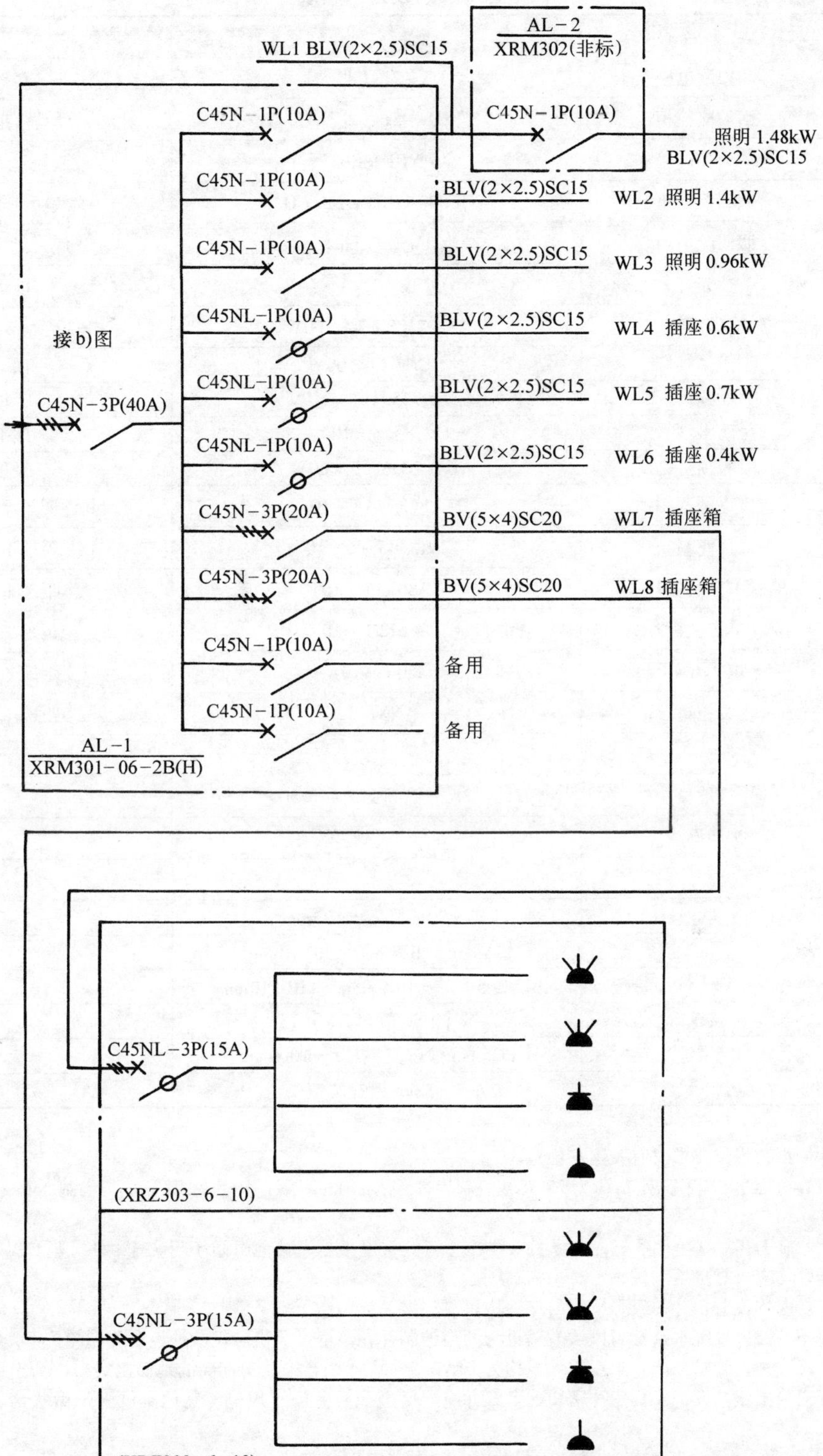
AL－2
XRM302(非标)
WL1 BLV(2×2.5)SC15
C45N－1P(10A)
C45N－1P(10A)
照明 1.48kW
BLV(2×2.5)SC15
C45N－1P(10A)
BLV(2×2.5)SC15
WL2 照明 1.4kW
C45N－1P(10A)
BLV(2×2.5)SC15
WL3 照明 0.96kW
C45NL－1P(10A)
BLV(2×2.5)SC15
WL4 插座 0.6kW
接b)图
C45NL－1P(10A)
BLV(2×2.5)SC15
WL5 插座 0.7kW
C45N－3P(40A)
C45NL－1P(10A)
BLV(2×2.5)SC15
WL6 插座 0.4kW
C45N－3P(20A)
BV(5×4)SC20
WL7 插座箱
C45N－3P(20A)
BV(5×4)SC20
WL8 插座箱
C45N－1P(10A)
备用
C45N－1P(10A)
备用
AL－1
XRM301－06－2B(H)
C45NL－3P(15A)
(XRZ303－6－10)
C45NL－3P(15A)
(XRZ303－6－10)
c)

系统图（续）
c）照明系统

表 5-1　设备材料表

图　例	设备名称	设备型号	备　注
	动力配电柜	XL－21（非标）	落地安装
	锅炉电控柜	XL－21（非标）	落地安装
	动力配电箱	XRK1－02	底距地 1.4m 暗装
	照明配电箱	XRM301－06－2B（H）	底距地 1.4m 暗装
	照明配电箱	XRM302（非标）	底距地 1.4m 暗装
	荧光灯	YYG205－1　1×40W	顶下吊装
(722)	马路弯灯	YGD7228　1×100W	距地 3.0m 壁装
①	平盘吊线灯	GC3　1×100W	顶下吊装
②	吸顶灯	YGD7259　1×60W	吸顶安装
③	防水灯	GC33　1×100W	顶下吊装
④	吸顶灯	YXD2236　5×60W	吸顶安装
	二三极扁圆两用插座	A86Z223A－10	除注明外距地 0.3m 暗装
	插座箱	XRZ303－6－10	距地 1.2m 暗装
	单联单控翘板开关	A86K11－10	距地 1.4m 暗装
	双联单控翘板开关	A86K21－10	距地 1.4m 暗装
	拉线开关	250V－10A	距地 3.0m 暗装
	按钮箱	ANX－12	距地 1.2m 明装
	接地极	ϕ25 镀锌圆钢　$L=2500$	
	接地母线	－40×4　镀锌扁钢	
	管内导线	B×70mm^2　B×35mm^2	
		1.5mm^2　BV4mm^2　BV10mm^2	
		BLV2.5mm^2　BLV6mm^2　BLV10mm^2	
	焊接钢管	SC80 SC32 SC20 SC15	
	避雷针	ϕ25mm 镀锌圆钢　$L=1000$mm	
	引下线	ϕ8mm 镀锌圆钢	

设计说明

1. 本工程设计依据为甲方要求及有关国家规范。
2. 本工程装机容量为 90.1kW 额定负荷为 75.1kW（循环水泵按一备一用计算），采用三相四线制 380/220V 供电，引入线采用架空方式。
3. 本工程接地系统为 TN－C－S 系统，电源引入线在总箱做重复接地，接地电阻不得大于 4Ω。本工程所有电气设备金属外壳及穿线钢管均应可靠接地。
4. 本工程所有烟囱均设避雷针并经引下线与接地极可靠连接。
5. 本工程电控柜其二次系统水泵及引风、鼓风机为两地控制并在泵房及风机房设就地控制按钮箱。
6. 室内电气线路均为钢管暗配线，未注明导线均为 BLV2.5mm^2 导线，未注明标高的地面出线口均为出地面 0.3m。
7. 本工程施工应与土建及设备安装工种密切配合，并应严格遵照有关施工规范。其他具体施工做法请参照《建筑电气安装工程图集》。

AP－1、AP－2、AP－3 均为非标产品，可自制，其他箱、柜均为标准系列产品。

二、动力平面图的识读 ★★★

图 5-2 是该小型锅炉房的动力平面图，图中的内容有以下几个方面。

1. AP－1、AP－2、AP－3 三台柜设在控制室内，落地安装，电源 BX（3×70＋1×35）穿 ϕ80 钢

管、埋地经锅炉房由室外引来，引入 AP－1。同时，在引入点处⑬轴设置了接线盒，见图中—•—符号。

2. 两台循环泵、每台锅炉的引风、送风、出碴、炉排、上炉 5 台电动机的负荷管线均由控制室的 AP－1 埋地引出至电动机接线盒处，导线规格、根数、管径见图中标注。其中有三根管线在⑫轴设置了接线盒，见图中—•—符号。

3. 循环泵房、锅炉房引风机室设按钮箱各一个，分别控制循环泵以及引风机、鼓风机，标高 1.2m，墙上明装，其控制管线也由 AP－1 埋地引出，控制线为 $1.5mm^2$ 铜塑线，穿管 $\phi15$。按钮箱的箱门布置见大样图。

4. AP－4 动力箱暗装于立式小锅炉房的墙上，距地 1.4m，电源管由 AP－1 埋地引入。立式 0.37kW 泵的负荷管由 AP－4 箱埋地引至电动机接线盒处。

5. AL－1 照明箱暗装于食堂Ⓔ轴的墙上，距地 1.4m，电源 BV（5×10）穿 $\phi32$mm 钢管埋地经浴室由 AP－1 引来，并且在图中标出了各种插座的安装位置，均为暗装，除注明标高外，均为 0.3m 标高，管路全部埋地上翻至元件处，导线标注见系统图。

6. 接地极采用 $\phi25$mm×2500mm 镀锌圆钢，接地母线采用 40mm×4mm 镀锌扁钢，埋设于锅炉房前侧并经⑫轴埋地引入控制室于柜体上。

7. 其他内容详细看图，读者自行分析。

三、照明平面图的识读 ★★★

图 5-3 是该小型锅炉房的照明平面图，图中内容有以下几个方面。

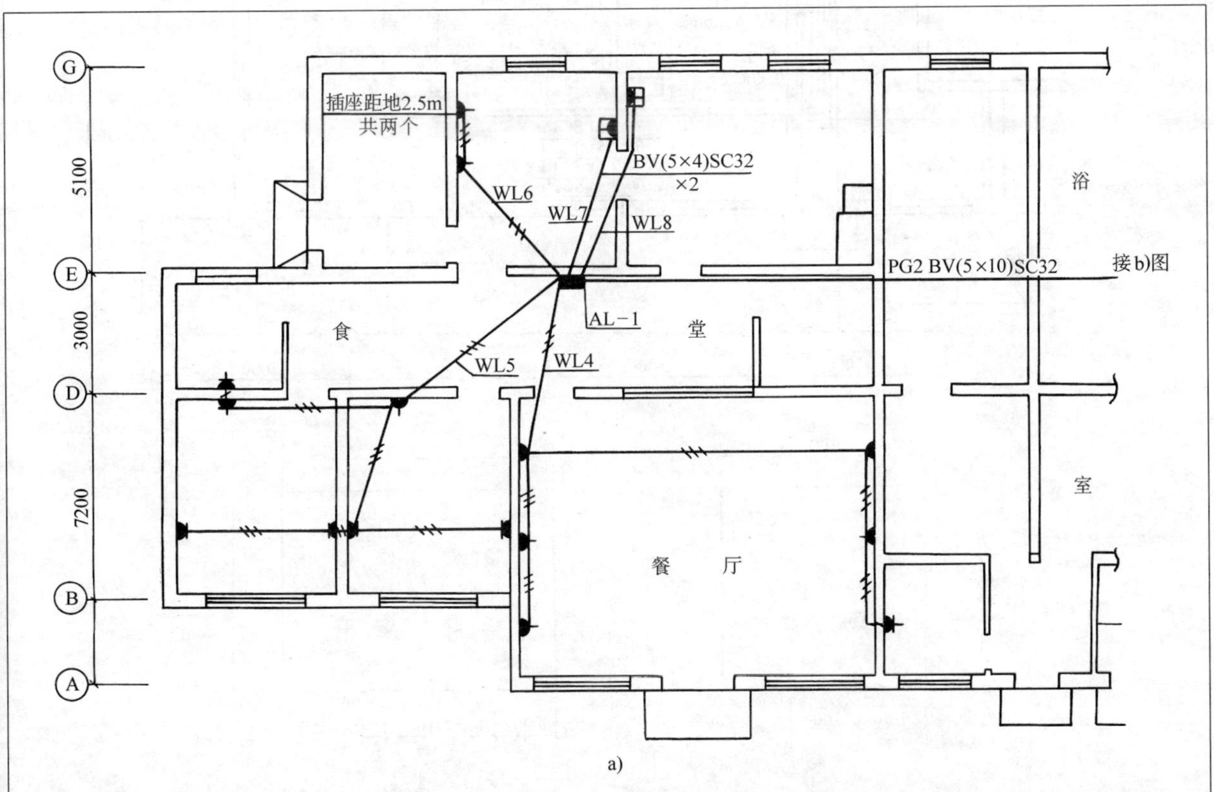

图 5-2　动力平面图

a）生活区动力

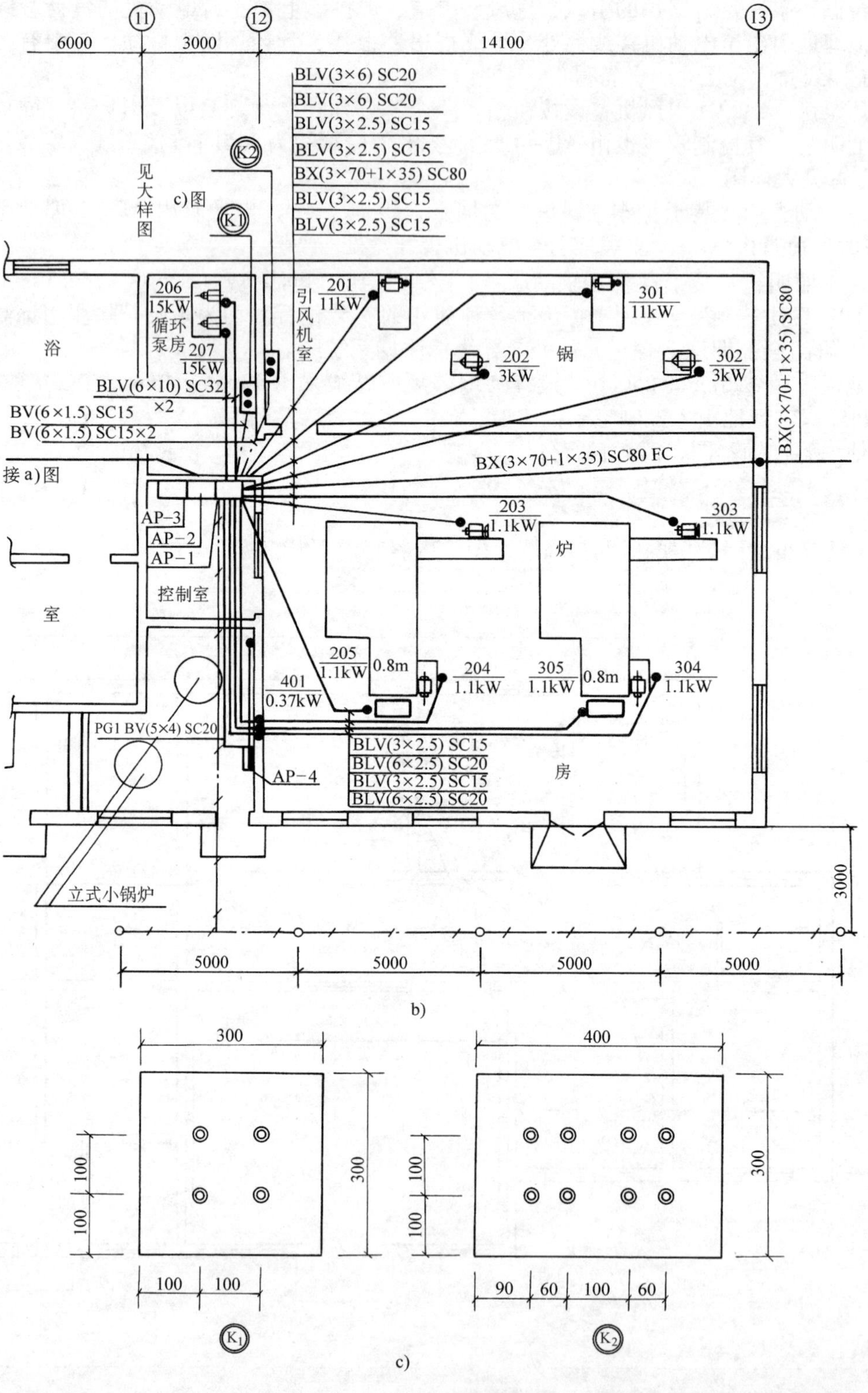

图 5-2　动力平面图（续）
b）锅炉房动力　c）按钮箱门大样图

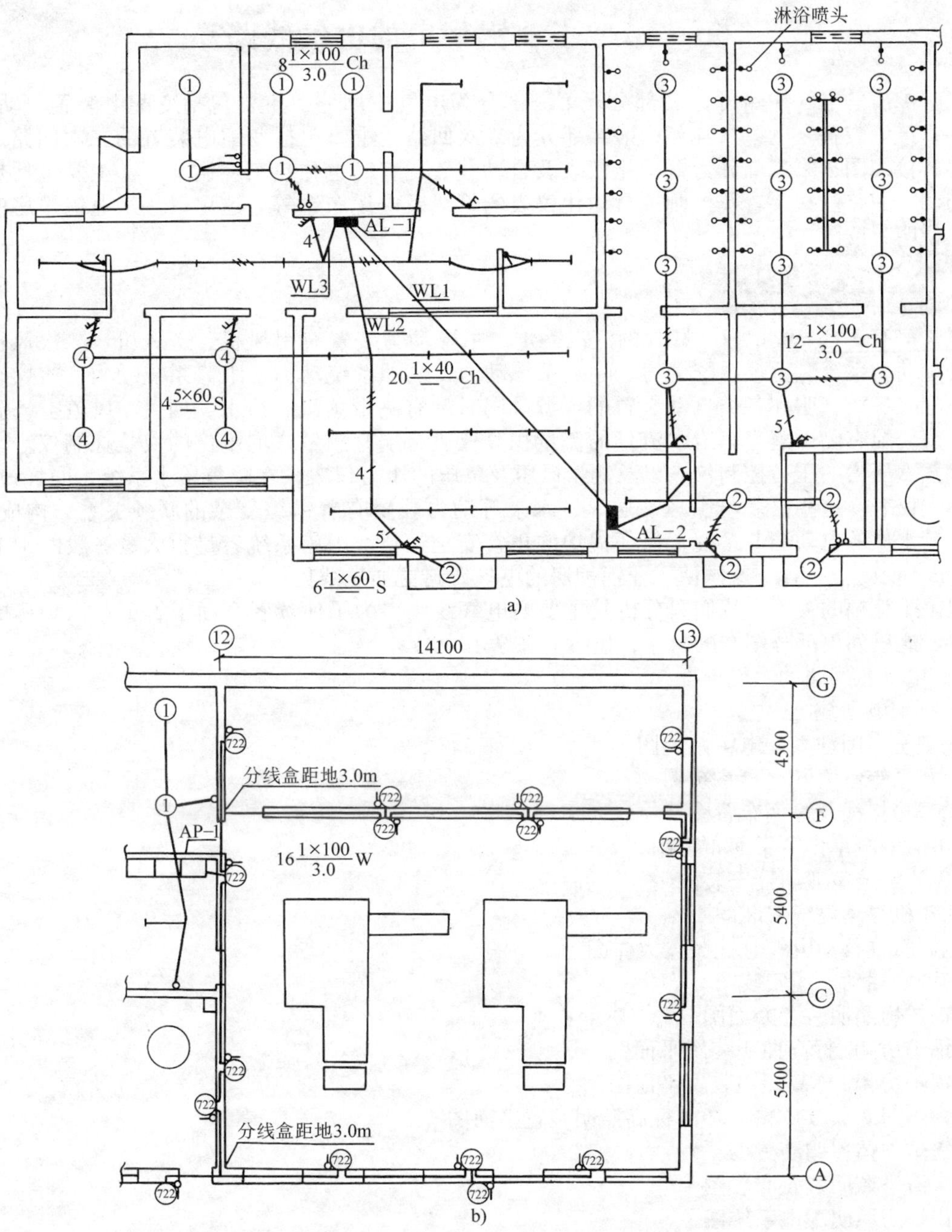

图 5-3　照明平面图

a）生活区照明　b）锅炉房照明

1. 锅炉房采用弯灯照明，管路由 AP－1 埋地引至⑫轴 3m 标高处沿墙暗设，灯头单独由拉线电门控制。该回路还包括循环泵房、控制室及小型立炉室的照明。

2. 食堂的照明均由 AL－1 引出，共分三路，其中一路 WL1 是浴室照明箱 AL－2 的电源。浴室采用防水灯，导线、管路见系统图的标注，其他内容读者自行分析。

最后说明一点，小型锅炉房均有较高的烟囱，一般设在引风机侧，并装设避雷针，接地网可与保护接地共设，接地电阻≤4Ω，图中未标出，这是设计者的笔误。

第二节　工业锅炉房的电气线路

工业锅炉房的电气线路可分三部分，第一部分为电气主回路，主要包括变配电装置、动力回路、照明回路、接地装置、电缆布置等；第二部分为二次回路，主要包括变配电装置的二次回路、电动机控制回路的接线图；第三部分为自动化仪表及自动装置，有时也称热工控制部分，主要包括热工信号及参数与动力回路联锁装置及控制、自动化仪表的管线及电缆布置等。这里以一工业锅炉房的电气线路为例，说明其读图方法及有关注意事项。

一、工程概况 ★★★

该锅炉房有3台20t/h、1.6MPa的蒸汽锅炉，主要动力装置有引风机、送风机、二次风机、给水泵、水处理动力系统、上煤系统动力、除灰系统动力、供油系统动力、维修系统动力、给煤碎渣系统动力等，配有各类照明和各类自动装置的电源。同时配有测量蒸汽、给水、烟气、风道空气温度的温度控制仪表，配有测试蒸汽和给水流量的流量积算仪表，配有测量汽泡水位的液位控制仪表，配有测量给水和蒸汽压力的压力控制仪表以及测量风压及负压的压力仪表，在除氧给水系统，同样设置温度、压力、液位仪表。这些仪表与引风、送风、水泵等动力装置有着错综复杂的联锁关系，构成了给水、蒸汽汽包其水位的自动调节系统，保证锅炉的正常安全运行。因为系统容量很大，一般的工业锅炉房都设置10kV变配电装置，这样使工业锅炉房的电气线路更加复杂化。

这里限于篇幅的关系，我们只分析其主要的电气线路。为了使读者全面了解工业锅炉房的电气线路及装置，这里列出部分图样的目录，供读者在学习中参考。

（一）电气主回路的主要图样

1. 中央配电系统图
2. 锅炉房车间动力配电箱系统图
3. 除灰系统动力配电箱系统图
4. 动力箱接线及盘面布置图
5. 10kV配电室设备平面布置图
6. 10kV配电室变压器安装图
7. 抓斗机移动电缆安装图
8. 电源滑线移动电缆悬挂装置大样图
9. 灰渣塔移动电缆安装图
10. 锅炉房照明装置断面图
11. 锅炉房0m标高照明装置平面图
12. 锅炉房4m标高照明装置平面图
13. 锅炉房8m、14.2m、19m标高照明装置平面图
14. 锅炉本体照明装置图
15. 灰渣塔照明装置布置图
16. 锅炉房照明配电系统图
17. 锅炉本体低压插座安装图
18. 沿锅炉本体管线敷设安装示意图
19. 锅炉房0m标高电缆敷设平面图
20. 锅炉房4m标高电缆敷设平面图
21. 变配电间电缆敷设平面图
22. 上煤及水处理间电缆敷设平面图
23. 除尘器电缆敷设平面图
24. 锅炉房接地干线平面布置图
25. 主回路电缆清册
26. 综合材料设备表

（二）二次回路的主要图样
1. 变压器控制、测量及信号回路原理图
2. 变压器保护回路原理图
3. 变压器端子箱接线图
4. 380V 配电装置电压互感器接线图
5. 380V 备用电源保护回路原理图
6. 控制屏事故音响回路原理图
7. 75kW 引风机电动机起动控制原理图
8. 55kW 送风机电动机起动控制原理图
9. 15kW 二次风机电动机起动控制原理图
10. 6.6kW 炉排电动机起动控制原理图
11. 1.1kW 抛煤机电动机起动控制原理图
12. 1.5kW 给煤机电动机起动控制原理图
13. 给水控制屏事故音响回路原理图
14. 30kW 给水泵电动机起动控制原理图
15. 辅机联锁接线原理图
16. 4kW 上煤机电动机起动控制原理图
（三）自动化仪表及自动装置的主要图样
1. 锅炉房热工测量控制系统图
2. 锅炉房控制盘盘面布置图
3. 热工信号安装接线图
4. 汽包水位调节系统安装接线图
5. ZKJ 型电动执行机构控制接线原理图
6. 锅炉事故信号安装接线图
7. 锅炉总联锁及引送风机电动机安装接线图
8. 二次风机电动机安装接线图
9. 炉排电动机安装接线图
10. 给煤机电动机安装接线图
11. 抛煤机电动机安装接线图
12. DK-2 型滑差电动机控制器安装接线图
13. XWD-102 型记录仪接线图
14. XWD-200 型记录仪接线图
15. XCT-121 型动圈仪（温度）接线图
16. XCZ-102 型动圈仪（温度）接线图
17. 锅炉控制盘安装接线图
18. 锅炉控制盘端子排接线图
19. 锅炉热工仪表导管电缆连接图
20. 锅炉除氧给水系统热工测量控制系统图
21. 锅炉除氧给水控制盘盘面布置图
22. 除氧给水热工信号安装接线图
23. 给水泵电动机及事故信号安装接线图
24. 除氧给水控制盘安装接线图
25. 除氧给水热工仪表导管电缆连接图
26. 自动化仪表及自动装置电缆清册
27. 自动化仪表及电缆主通道布置图

二、电气主回路线路的识读 ★★★

（一）中央配电系统图

工业锅炉房的动力及其回路较多，我们将配电系统图分为两部分，见图5-4和图5-5（见书后插页）。

由图可知，系统采用12台PGL低压配电柜，其中$1^{\#}$柜为低压电源进线柜，$10^{\#}$柜为备用电源进线柜，配电系统的两部分是用母线桥连接的。母线桥就是用型钢架及绝缘子架设的一段母线，系统的母线均采用100mm×10mm的铝质矩形母线，配电柜接地母线采用80mm×4mm的钢质矩形母线。系统中的送出回路均采用1kV VLV_{29}塑料电缆，$1^{\#}$柜的引入采用硬母线直接由变电室引入，$10^{\#}$柜的引入采用7根（3×185+1×50）的VLV_{29}电缆。

由图可知，系统分配电室安装的设备和现场就地安装的设备，现场就地安装的设备有各种动力箱、照明箱、电焊箱、55kW及以下电动机的起动设备、配电箱、控制柜、整流柜等。

由图可知，系统中各种电动机（包括100kW的供油泵）均采用空气开关或接触器直接起动，因此要求系统的供电容量足够大，同时要求电动机起动机必须把风门、油门、截门关住，避免带负荷直接起动。系统中100kW和75kW的电动机均采用了零序保护，除75kW电动机外均采用了热继电器作过载保护和断相保护，75kW电动机采用了空气开关DW15－400/3电流脱扣保护。

其他内容读者可参考第四章的内容自行分析，掌握系统的动力分布情况。

（二）动力配电箱系统图

系统中除中央配电室外，在现场设置了动力配电箱，供其附近的动力装置使用，动力箱有$1^{\#}$～$3^{\#}$炉动力箱、化学水动力箱、上煤动力箱、除灰系统动力箱和点火油泵房动力箱。动力箱配电系统图见图5-6～图5-10。点火油泵房动力箱没有列出。

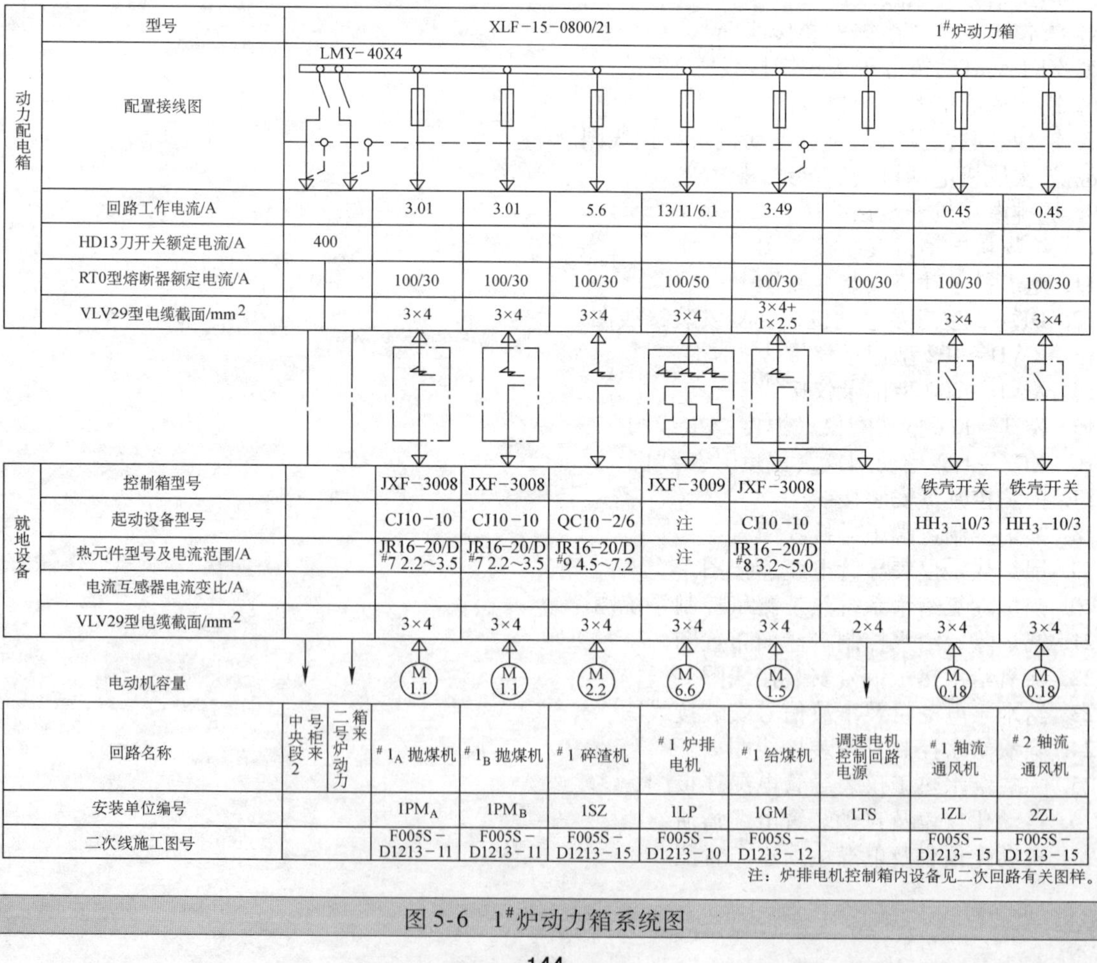

图5-6 $1^{\#}$炉动力箱系统图

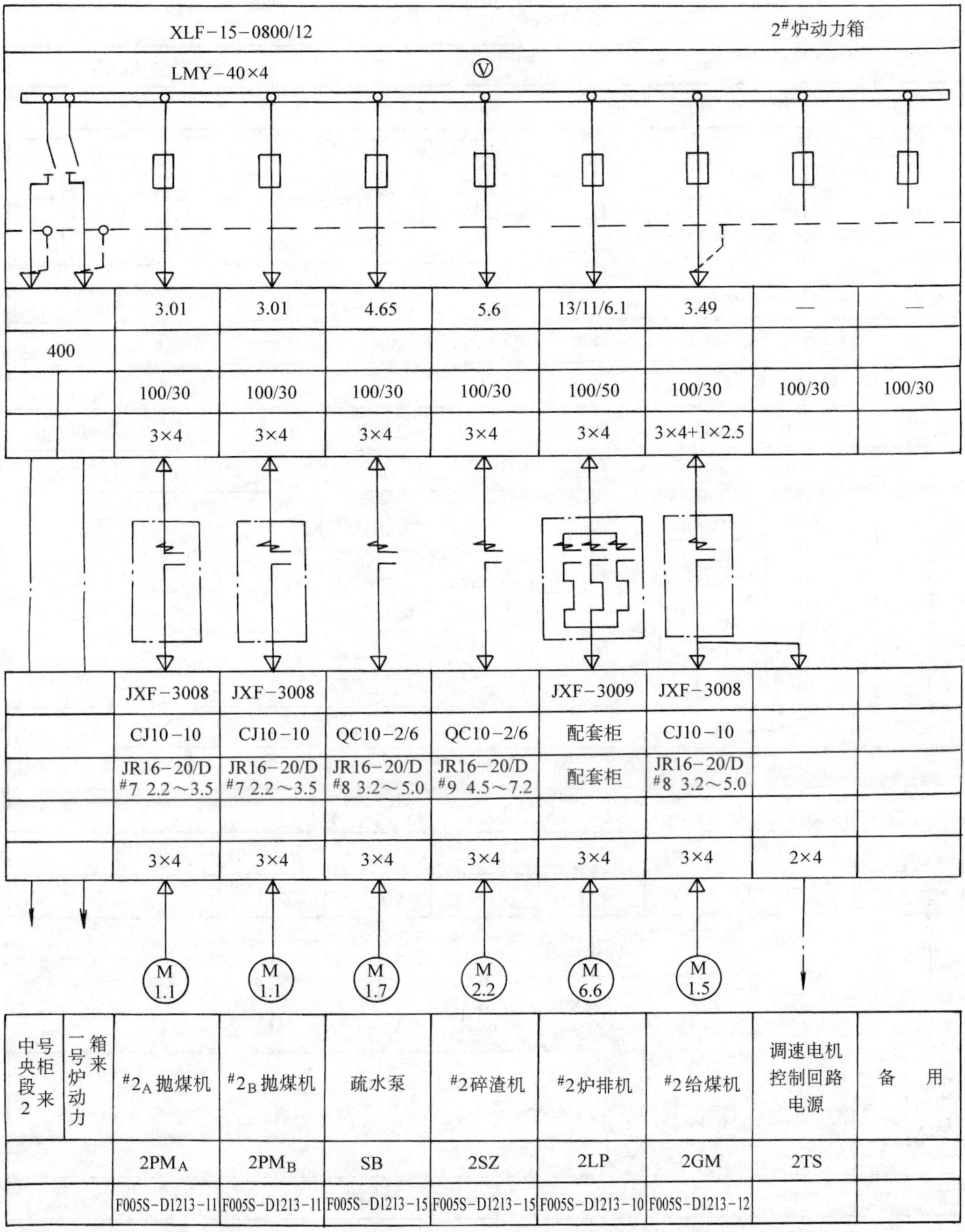

图5-7　2#炉动力箱系统图

由图可知，每台动力箱的电源均为双回路，一为直接由中央配电室引来，二为由邻近动力箱引来，互为备用；动力箱配电系统也为两部分，一为动力配电箱本身，二为现场就地安装的起动设备；系统的线路均采用 VLV_{29} 型电缆；用接触器起动的电动机均采用热继电器保护过载和断相，部分较小的电机采用铁壳开关控制，熔断器保护；炉排电机为三速电机，有级调速，给煤机电机为滑差调速电动机。其他内容读者自行分析。

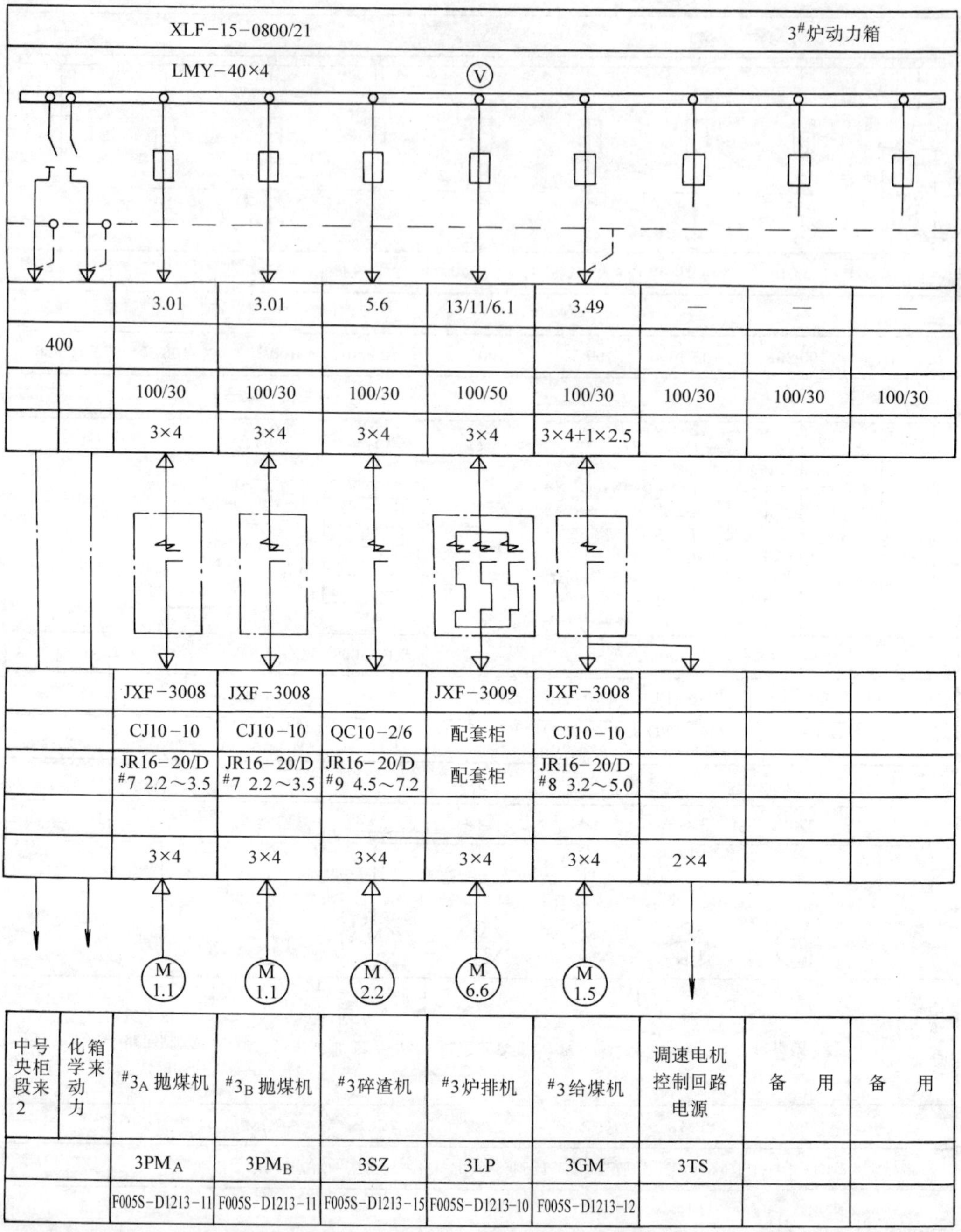

图 5-8 3#炉动力箱系统图

（三）10kV 配电室设备平面布置图

见图 5-11，由图可知，系统图中的 12 台 PGL 柜是成两列设置的，为了节约材料，可以把母线桥设在 1#和 12#柜之间，母线采用共箱封闭母线，型号 MQ-I 型，并给出了吊架安装示意图。吊架由 50×5 的角钢和 ϕ20 的圆钢组成，吊杆与楼板预埋铁件焊接，共两组。柜的安装位置及室内几何尺寸见图中标注。

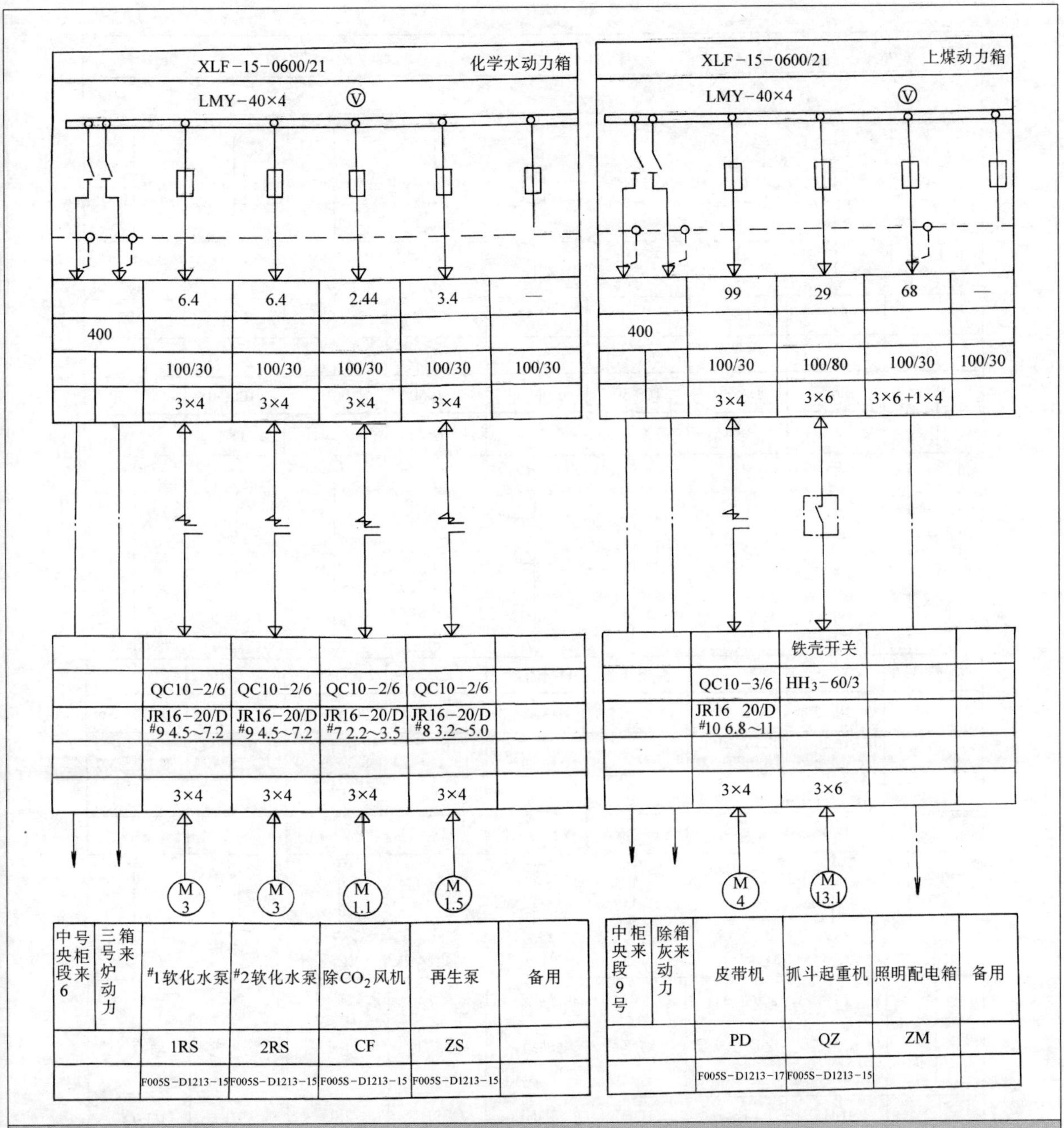

图5-9　化学水和上煤系统动力箱系统图

（四）变配电间电缆敷设平面图

见图5-12，图中所示有以下内容：

1. 各台柜引出引入的电缆及其电缆的编号，是用条形格中的字母及数字标注的，如3#柜的12Z、11Z、1XF-01、1SF-01、1XF-150、1XF-151等，这些标注的意义可以通过配电系统图和电缆清册来说明，见图5-12和表5-2。需要说明的是，该表只列出了锅炉房的部分电缆，因为篇幅的关系我们删去了大部分电缆。

（1）12Z是2#炉引风机的合闸电源，电缆型号ZQ20-1000、线芯2根$4mm^2$的直流电缆，起点是3#柜，终点是4#柜，长度为3m。

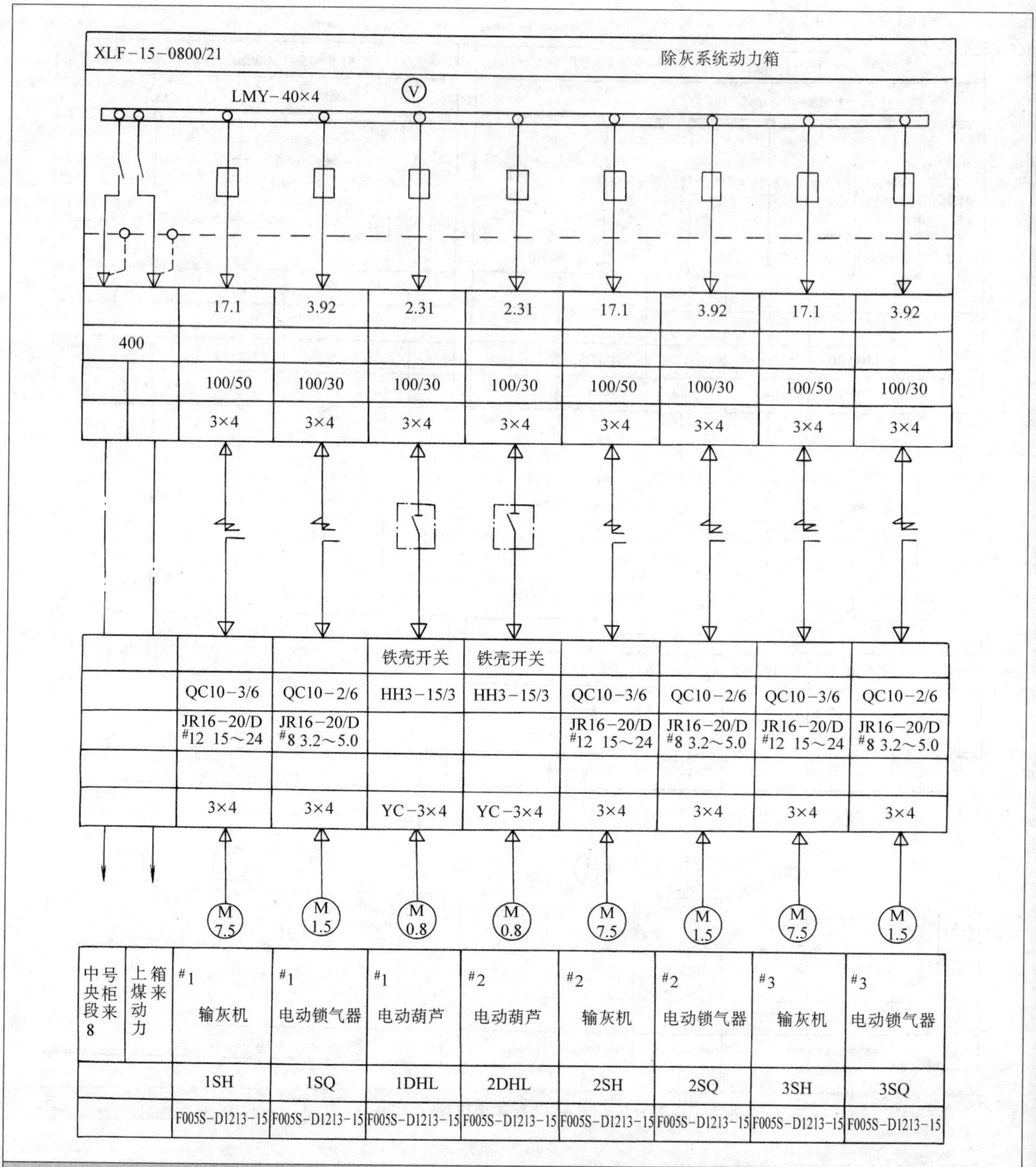

图 5-10　除灰系统动力箱系统图

（2）11Z 是 1#炉引风机的合闸电源，型号同 12Z，起点 3#柜，终点 1#柜，长度 4m。由系统图可知，5#柜有一路是送至整流柜的，在平面图中，5#柜中的 ZLG－01#电缆是经电缆沟送至检修间的整流柜的，整流柜共分出四路，其中 2Z 又送回 1#柜，1#柜又给 3#柜，3#柜又给 4#柜，4#柜又给 7#，均作为引风机的合闸电源。整流柜的另两路 3Z 和 1Z 经电缆沟送至锅炉房，见图 5-12 中的标注。

（3）1XF－01 是 1#炉引风机的电源电缆，型号 VLV29－3×120，起点 3#柜，终点 1#炉引风机，长度 33m。

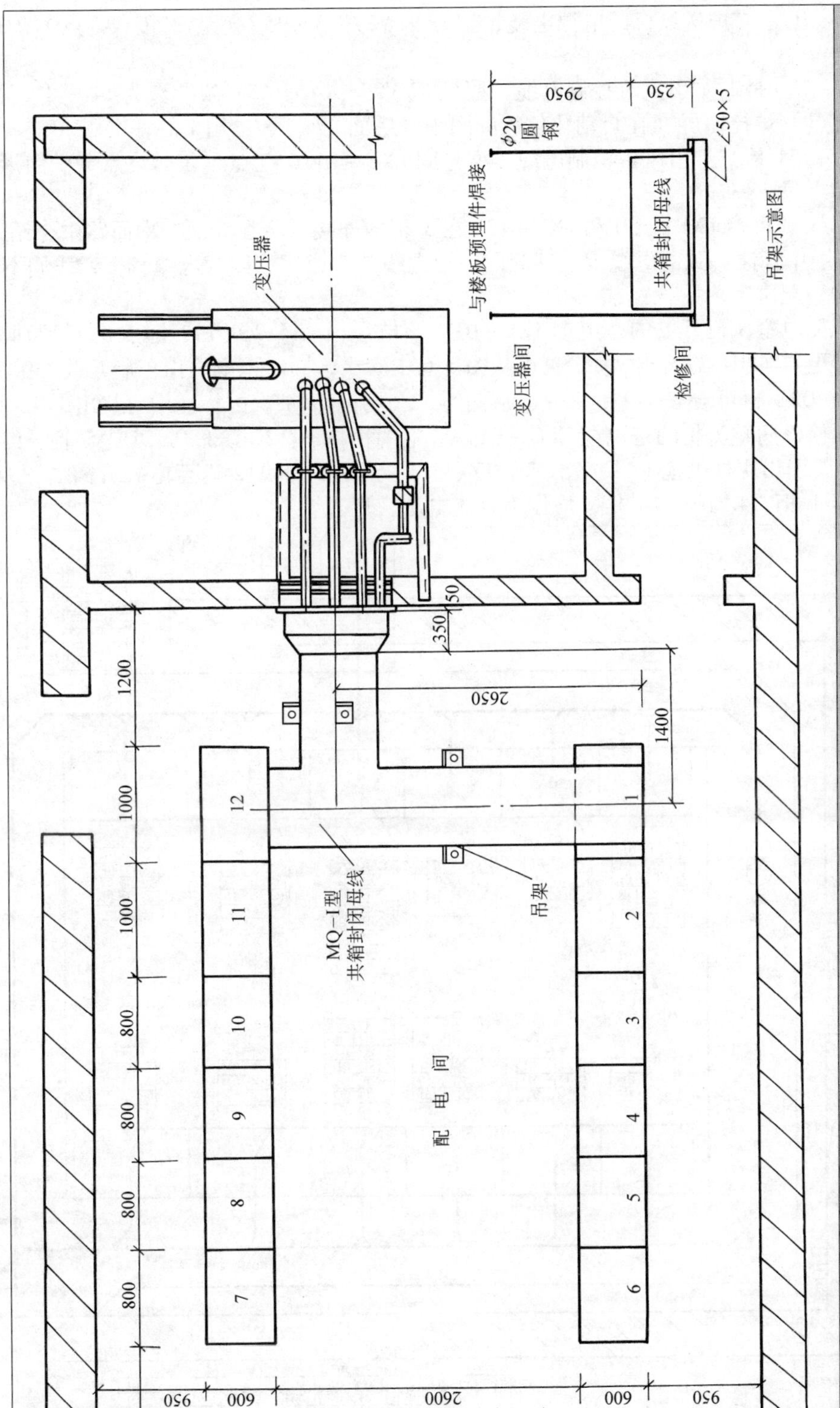

图5-11　中央配电室平面布置图

（4）1SF－01 是 1[#]炉送风机的电源电缆，型号 VLV29－3×95，起点 3[#]柜，终点 1[#]炉送风机动力控制箱，长度 23m。

（5）1XF－150 是 1[#]炉引风机控制电缆，型号 KVV29－14×1.5，线芯数为 14 根 1.5mm^2 的铜软线，起点 3[#]柜，终点 1[#]炉控制屏（在自动化仪表的图中，后面介绍），备用 1 芯，实用 13 芯，全长 32m。

（6）1XF－151 是 1[#]炉引风机控制电缆，型号同 1XF－150，起点 3[#]柜，终点 1[#]炉引风机旁，备用 2 芯，实用 12 芯，全长 37m。

由（5）、（6）可知 1XF－150 和 1XF－151 在 3[#]柜内连接，将在后面二次回路中介绍。通过上述介绍可以看出，图中标注一致的电缆编号即为同一根电缆的头或尾，因为电缆较多，我们不一一列出。

2. 电缆沟引至本室内的管路共三根

（1）引至配电室风机开关的是电缆 1ZL－01，该电缆由表 5-2 可知，起点是 1[#]炉动力配电箱，终点是风机控制开关（HH_3 铁壳开关），也可从图 5-6 中看出，同时该电缆由控制开关处上引至风机安装处，编号 1ZL－02，也可看表 5-2 的标注。从图 5-12 中引至锅炉房的标注中可找出 1ZL－01[#]电缆。

（2）引至检修间整流柜的是电缆 ZLG－01，该电缆由图 5-12 可知，起点是 5[#]柜，终点是整流柜。同时，整流柜要引出 4 根电缆 1Z～4Z，其中 1Z、3Z 送至锅炉房，1Z 送至电磁分离器，3Z 送至 1[#]炉控制屏；2Z 送至 1[#]柜，4Z 送至 10[#]柜，均作为直流电源，见表 5-2。

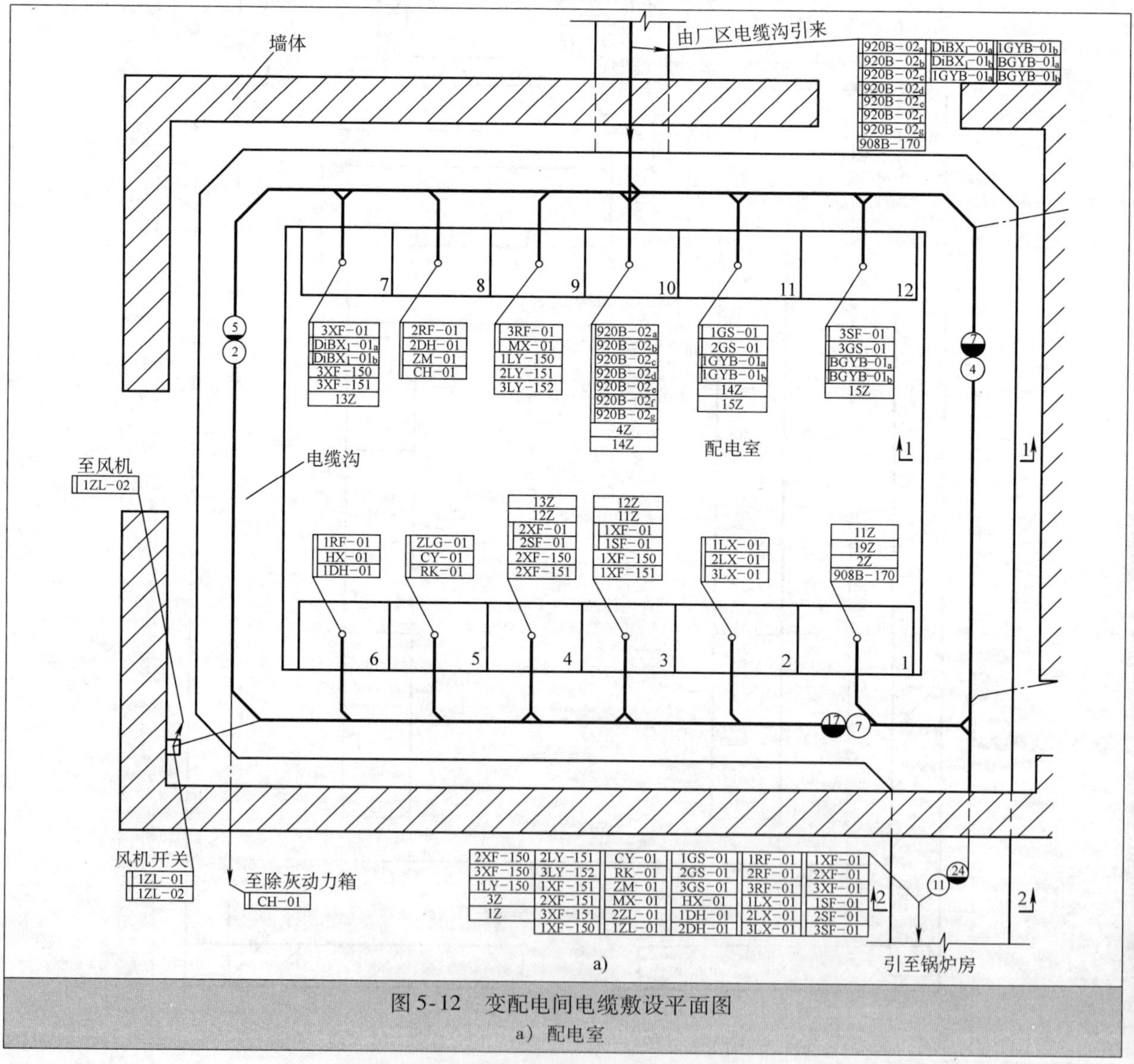

图 5-12　变配电间电缆敷设平面图

a）配电室

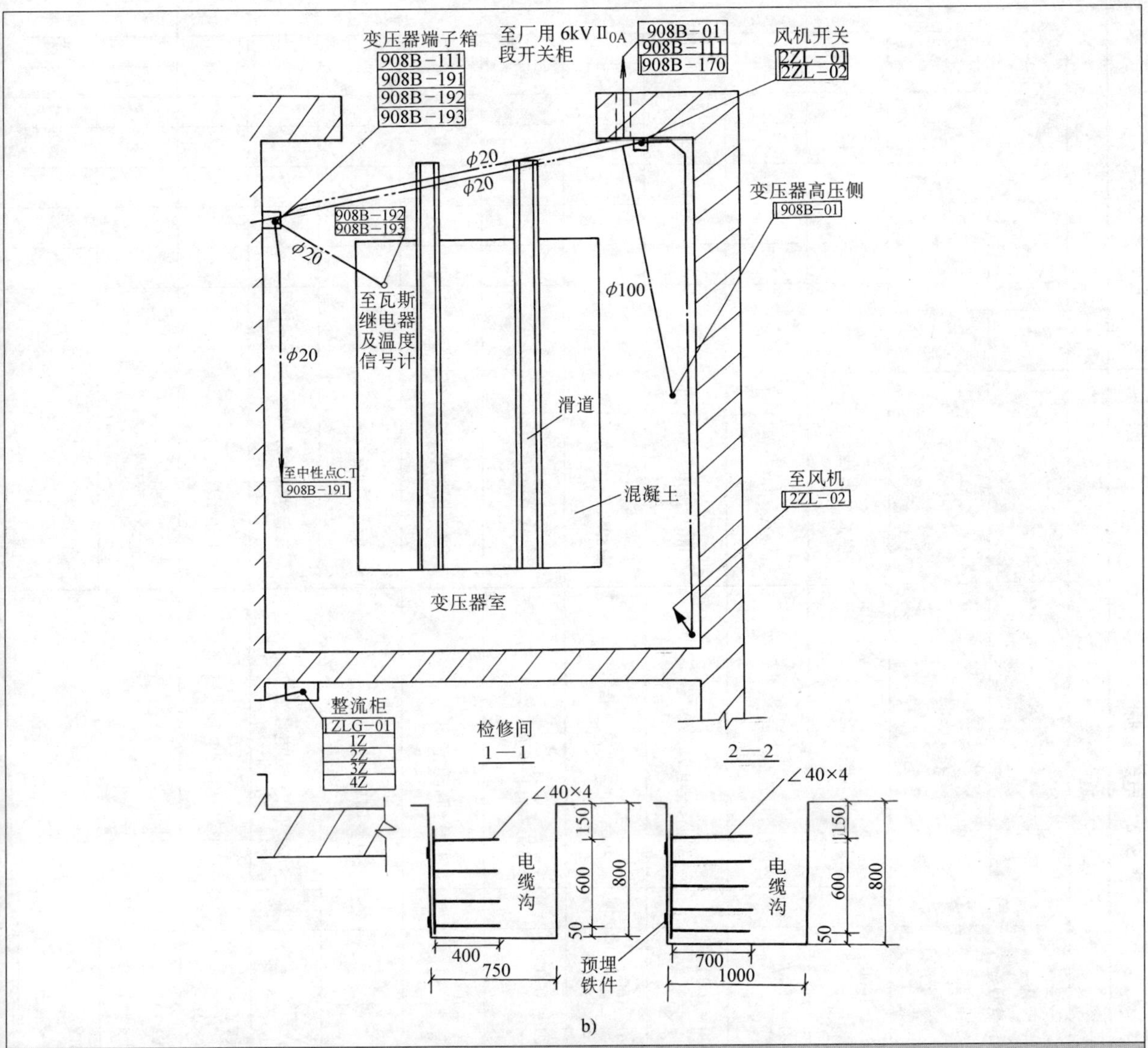

图 5-12　变配电间电缆敷设平面图（续）
b）变压器室

（3）引至变压器室变压器端子箱的是电缆908B，其中，908B－170 是由 1#柜引至厂用6kV Ⅱ$_{0A}$段开关柜的；908B－111 是由变压器端子箱引至厂用6kV Ⅱ$_{0A}$段开关柜的；2ZL－01 是由锅炉房 1#动力箱引至变压器风机开关的，并从风机开关引至本室风机（2ZL－02）；同时变压器端子箱又引出三根电缆 908B－191、908B－192、908B－193，分别至本室中性点 CT（电压互感器）、瓦斯继电器、温度信号计，见表5-2。图中的 ϕ20 表示穿管的直径。另外，908B－01 电缆是由厂用6kV Ⅱ$_{0A}$段引来的变压器高压电源的电缆，引至变压器高压侧，穿管直径 ϕ100。

3. 电缆沟引至室外的电缆还有一根 CH－01#电缆，这是引至锅炉房外除灰动力箱的，起点 8#柜，终点除灰动力箱，见表5-2。

4. 图中标注出电缆沟的位置及其断面图和沟内电缆支架的结构图，支架均为∟ 40×4 角钢制作。

综上所述，在识读电缆敷设平面图时，必须同时翻阅系统图和电缆清册，这样才能掌握所有电缆的来龙去脉，掌握电缆的用途及规格型号。需要说明一点的就是，电缆清册中提供的电缆长度不得作为电缆安装时切割电缆的依据，仅供读图时参考。对于复杂的系统，电缆清册是不可缺少的。

（五）锅炉房 0m 标高电缆敷设平面图

表 5-2　电缆清册

部分控制电缆清册															
序号	安装单位名称	电缆编号	电缆型号及截面	备用芯数	电缆去向		电缆长度/m								
							型号								
					起点	终点	14×1.5	4×1.5	3×1.5	2×4					
1	电磁分离器	1Z	ZQ20－1000 2×10		检修间硅整流盘	电磁分离器				40					
2	380V 电源进线合闸电源	2Z	ZQ20－1000 2×4		检修间硅整流盘	380V 配电装置#1 屏				9					
3	#1 炉引风机合闸电源	11Z	ZQ20－1000 2×4		380V 配电装置#3 屏	380V 配电装置#1 屏				4					
4	#2 炉引风机合闸电源	12Z	ZQ20－1000 2×4		380V 配电装置#3 屏	380V 配电装置#4 屏				3					
5	#3 炉引风机合闸电源	13Z	ZQ20－1000 2×4		380V 配电装置#7 屏	380V 配电装置#4 屏				7					
6	380V 备用电源进线保护电源	4Z	ZQ20－1000 2×4		检修间硅整流盘	380V 配电装置#10 屏				10					
7	起动锅炉控制屏电源	3Z	ZQ20－1000 2×4		检修间硅整流盘	#1 炉控制屏				37					
8	#1 炉引风机	1XF－150	KVV29－14×1.5	1	380V 厂用配电装置#3 屏	#1 起动锅炉控制屏	32								
	#1 炉引风机	1XF－151	KVV－4×1.5	2	380V 厂用配电装置#3 屏	#1 炉引风机旁	37								
		908B－191	KVV29－4×1.5	2		起动炉变中性点 CT		6							
		908B－192	RVZ－4×1.5	0											

9	起动锅炉变压器	908B－193	KVV29－4×1.5	2	起动炉变压器端子箱	起动炉变温度信号计		3					
		908－111	KVV29－7×2.5	2		厂用 6kV $Ⅱ_{0A}$ 段起动炉变开关柜							
		908B－170	KVV29－4×2.5	1	380V 起动炉变进线屏								

部分动力电缆清册

序号	安装单位名称	电缆编号	电缆型号及截面	电压/kV	电缆去向		电缆长度/m											
							VLV29－ 型 号											
					起点	终点	3×185+1×50	3×6	3×10+1×6	3×4	3×95+1×35		3×35	3×4				
1	照明箱	ZM－01	VLV29 3×10+1×6	0.5	中央盘 8 号柜	照明箱			35									
2	除灰系统动力箱	CH－01	3×95+1×35	0.5	中央盘 8 号柜	除灰系统动力箱					10							
3	轴流通风机	1ZL－01	3×4	0.5	1 号炉动力箱	#1HH$_3$ 铁壳开关				26								
		－02	3×4	0.5	#1 轴流通风机	#1HH$_3$ 铁壳开关				2								
		2ZL－01	3×4	0.5	1 号炉动力箱	#2HH$_3$ 铁壳开关				36								
		－02	3×4	0.5	#2 轴流通风机	#2HH$_3$ 铁壳开关				6								
4	输灰机	1SH－01	3×4	0.5	除灰动力箱	#1 电磁起动器		15						15				
		－02	3×4	0.5	#1 输灰机	#1 电磁起动器		4						4				
		2SH－01	3×4	0.5	除灰动力箱	#2 电磁起动器		25						25				
		－02	3×4	0.5	#2 输灰机	#2 电磁起动器		4						4				
		3SH－01	3×4	0.5	除灰动力箱	#3 电磁起动器		35						35				
		－02	3×4	0.5	#3 输灰机	#3 电磁起动器		4						4				

5	电动锁气器	1SQ-01	3×4	0.5	除灰动力箱	#1 电磁起动器		15						15				
		-02	3×4	0.5	#1 电动锁气器	#1 电磁起动器		4						4				
		2SQ-01	3×4	0.5	除灰动力箱	#2 电磁起动器		25						25				
		-02	3×4	0.5	#2 电动锁气器	#2 电磁起动器		4						4				
		3SQ-01	3×4	0.5	除灰动力箱	#3 电磁起动器		35						35				
6	引风机	1XF-01	3×120	0.5	中央盘3号柜	#1 引风机	33											
		2XF-01	3×120	0.5	中央盘4号柜	#2 引风机	42											
		3XF-01	3×120	0.5	中央盘7号柜	#3 引风机	58											
7	送风机	1SF-01	3×95	0.5	中央盘3号柜	#1 送风机动力控制箱			23									
		-02	3×95	0.5	#1 送风机	#1 送风机动力控制箱			4									

这里只列出锅炉房0m标高电缆敷设平面图的局部来分析线路的布置（因图幅较大，作了删节），见图5-13，图中所示有以下内容：

1. 由配电室引来的电缆共35根与图5-13（见书后插页）中引至锅炉房的电缆根数是一致的，其中，㉔表示24根标有01的电源电缆，⑪表示11根控制或直流电缆，共35（24+11）根。这些电缆在图中的分布如下：

（1）1XF-01、2XF-01、3XF-01、1XF-151、2XF-151、3XF-151共6根电缆直接去引风机除尘器场地电缆沟并引至引风机，见图中下部电缆沟转弯处的标注。

（2）1ZL-01、2ZL-01、1LX-01直接经3×ϕ50管引至1#炉动力配电箱，见图中下部标注；而2LX-1、3LX-1则直接经ϕ50管由电缆沟引至2#和3#炉动力配电箱，2#和3#箱在图另一部分未标出。

（3）1SF-01、2SF-01、3SF-01分别直接经ϕ70管由电缆沟引至1#~3#送风机控制箱，其中2#、3#送风机控制箱在图的另一部分未标出。

（4）1RF-01、2RF-01、3RF-01分别直接经ϕ40管由电缆沟引至1#~3#二次风机控制箱，其中2#、3#二次风机控制箱在图的另一部分未标出。

（5）CY-01直接经ϕ40管由电缆沟引至除氧给水控制盘，见图右上部标注。

（6）RK-01、1XF-150、2XF-150、3XF-150、1LY-150、2LY-151、3LY-152、3Z直接经ϕ40、ϕ25管由电缆沟引至图中A柱上的电缆保护罩内再引至4m标高处的1#炉控制屏。

（7）HX-01是送至化学水动力配电箱的电源，在图的另一部分未标出。

（8）1DH-01、2DH-01分别经ϕ40管由电缆沟直接引至1#电焊箱、2#电焊箱，其中2DH-01是沿C柱引至4m标高处的2#电焊箱的，见图中B柱、C柱的标注，电焊箱距地1.5m。

（9）ZM-01是送至照明箱的电源并由此引至4m标高处的照明箱，其中0m标高处的照明箱在图的另一部分。

（10）MX-01、1Z分别经ϕ100、ϕ40管由电缆沟直接引至14.2m标高处的上煤动力箱，见图中D柱处的标注，沿柱上引。

（11）1GS-01、2GS-01、3GS-01分别经ϕ40管由电缆沟直接引至1#~3#给水泵控制箱，见图中E柱处的标注，其中2#、3#在图的另一部分。

2. 由配电室8#柜引来的CH-01#电缆直接引至除灰动力箱，进箱的分布如下：

（1）1SH-01、2SH-01、3SH-01、1SQ-01、2SQ-01、3SQ-01经6×ϕ40管引入电缆沟后再经沟引至引风机、除尘器场地电缆沟到现场，终点见表5-2。

（2）1DHL-01、2DHL-01经2×ϕ40管引至灰渣塔，灰渣塔图中未标出。

（3）MX-02经ϕ50管引至电缆沟内，然后沿沟引至14.2m标高处的上煤动力箱，见图中D柱处的标注，并由此沿柱引至14.2m标高处的照明箱。

3. 1#炉动力配电箱电缆的分布

（1）1PMA-01、1PMB-01、1LP-01、1GM-01经4×ϕ40管并沿F柱上引至4.0m标高处。

（2）1SZ-01经ϕ40管进入电缆沟后再经ϕ40管引至B柱处的1#碎渣机磁力起动器控制箱，并由此用ϕ40管引至碎渣机电动机出线口处。

（3）1LX-02是与2#炉动力配电箱的联络电缆，2#炉动力箱在图的另一部分。

4. 1#送风机控制箱电缆的分布：

（1）电源电缆1SF-01直接由配电室引来，见1中（3）。

（2）1SF-02负荷电缆经ϕ70管送至1#送风机电动机出线口处。

（3）1SF-150控制电缆经保护管ϕ25埋地送入电缆沟，经电缆沟引至A柱电缆保护罩后再引至4.0m标高处的1#炉控制屏，途中跨越地沟处均设ϕ25钢管保护。

5. 1#二次风机控制箱电缆的分布：

（1）电源电缆1RF-01直接由配电室引来，见1中(4)。

（2）1RF-2负荷电缆经ϕ40管送至1#二次风机电动机出线口处。

（3）1RF-150控制电缆经保护管ϕ25埋地送入电缆沟，经电缆沟引至A柱电缆保护罩后再引至4.0m标高处的1#炉控制屏，途中跨越地沟处均设ϕ25钢管保护。

这里要说明一点，A柱处的标注中，2SF-150、3SF-150、2RF-150、3RF-150为2#炉、3#炉送

风机及二次风机的控制电缆，始点在图的另一部分。

6. 疏水泵控制箱电缆的分布：

（1）疏水泵电源电缆 SB－01 是由 2#炉动力配电箱穿 ϕ40 管埋地后经电缆沟引来的，2#炉动力箱在图的另一部分。

（2）SB－02 负荷电缆穿 ϕ40 管埋地引至疏水泵电动机出线口处。

7. 1#给水泵控制箱电缆的分布：

（1）电源电缆 1GS－01 直接由配电室引来，见 1 中(11)。

（2）1GS－02 负荷电缆穿 ϕ50 管埋地引至 1#给水泵电机出线口处。

（3）1GS－150 控制电缆穿 ϕ25 管埋地引至除氧给水泵控制盘。

8. 除氧给水泵控制盘电缆的分布：

（1）电源电缆 CY－01 直接由配电室引来，见 1 中(5)。

（2）1#给水泵控制电缆 1GS－150 穿管直接引来，见 7 中(3)；2#、3#给水泵控制电缆 2GS－150、3GS－150 经电缆沟引来并穿 ϕ25 管引入。

（3）RK－02 联络电缆穿 ϕ25 管引入电缆沟并沿沟引至 A 柱保护罩后再引至 4.0m 标高处的 1#炉控制盘。

9. 图中动力配电箱、除氧给水泵控制盘均为落地安装，引入引出电缆均穿钢管埋地。图中控制箱、电焊箱均在柱上安装，给水泵控制箱在墙上安装，控制箱中心距地 1.5m，引入引出电缆均穿管埋地沿柱或沿墙敷设。

10. 图中引至 4.0m 标高处的管路均为沿柱明设引上，并在 A 柱设保护罩（管路较多）。

11. 图中电动机功率、磁力起动器规格等由系统图中查找，电缆规格型号由电缆清册查找。因此，识读时必须同时翻阅系统图和电缆清册。

12. 2#、3#炉的电缆分布与 1#炉基本相同，化学水动力配电箱及其电缆分布也可用上述方法进行分析。

（六）锅炉房 4m 标高电缆敷设平面图

4m 标高是锅炉的主体运转层，电缆敷设平面图见图5-14（见书后插页）。这里只分析 1#炉的电缆敷设，2#、3#炉读者自行分析。

1. A 柱处由 0m 标高引来的电缆及分布由图可知，RK－01、1SF－150、1RF－150、1LY－150、3Z、RK－02、1XF－150 经设在 4m 标高楼板下梁上的电缆支架引至 1#锅炉控制屏。支架见图 5-15。2XF－150、3XF－150、2LY－151、3LY－152、2SF－150、2RF－150、3SF－150、3RF－150 经电缆支架分别引至 2#、3#炉控制屏。支架可用电缆桥架代替，位置不变。所有电缆均由 4m 标高板上的预留孔引入。

2. B 柱处由 0m 标高 1#炉动力配电箱引来的电缆分布

（1）1PMA－01 经 4m 标高板下支架引至 1#抛煤机控制箱，其箱电缆分布如下：

1）1PMA－02 经 ϕ40 管埋地板引至 1#抛煤机电动机的出线口；

2）1PMA－150 经 ϕ40 管和支架送至 1#炉控制屏；

3）1PMA－151 经 ϕ40 管埋地板引至 2#抛煤机控制箱。

（2）1PMB－01 经 4m 标高板下支架引至 2#抛煤机控制箱，其箱电缆分布如下：

1）1PMB－02 经 ϕ40 管埋地板引至 2#抛煤机电动机的出线口；

2）1PMB－150 经 ϕ40 管和支架送至 1#炉控制屏；

3）见 1#抛煤机电缆分布 3）。

（3）1GM－01 经 4m 标高板下支架引至 1#给煤机控制箱，其箱电缆分布如下：

1）1GM－02 经 ϕ40 管埋地板引至 1#给煤机电动机出线口；

2）1TS－01 经 ϕ40 管和支架送至 1#炉控制屏；

3）1GM－150 经 ϕ40 管和支架送至 1#炉控制屏。

（4）1LP－01 经 4m 标高板下支架引至 1#炉排控制箱，其箱电缆分布如下：

1）1LP－02 经 ϕ40 管埋地板引至 1#炉排电动机出线口；

2）1LP－150 经 ϕ40 管和支架送至 1#炉控制屏。

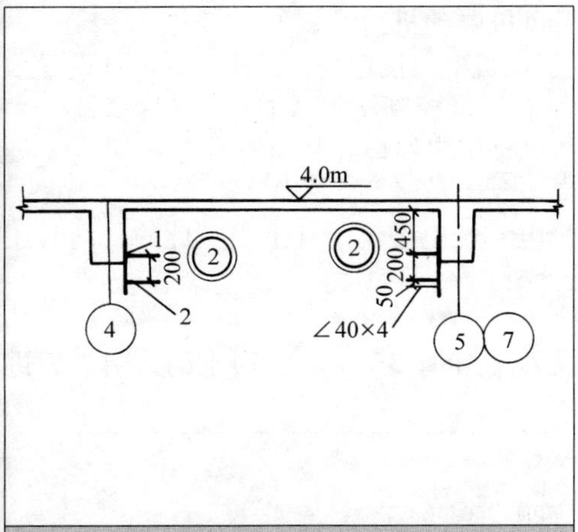

图 5-15　锅炉房电缆支架设置图

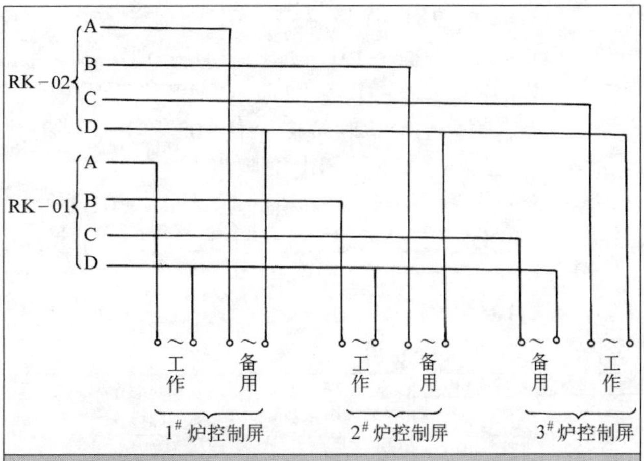

图 5-16　锅炉控制屏电源连接示意图

(5) 1#炉控制屏电缆中的 RK－01b、RK－02b，2#炉控制屏电缆中的 RK－01b、RK－02b、RK－01C、RK－02C，3#炉控制屏电缆中的 RK－01C、RK－02C 是联络电源，详见图 5-16，均通过支架敷设。

3. C 柱处由 0m 标高引来的 2DH－01 电箱为 4m 标高处 2#电焊箱的电源。

4. D 柱处由 0m 标高引来的 1Z、MX－02、MX－01 电缆在 4m 标高处穿过，并用 $2\times\phi100$、$\phi40$ 管保护，管长 2m，上引至 14.2m 标高处。

(七) 引风机、除尘器场地电缆敷设平面图

这里只列出 1#炉的引风、除尘电缆敷设平面图来分析线路的布置，见图 5-17。图中所示有以下内容：

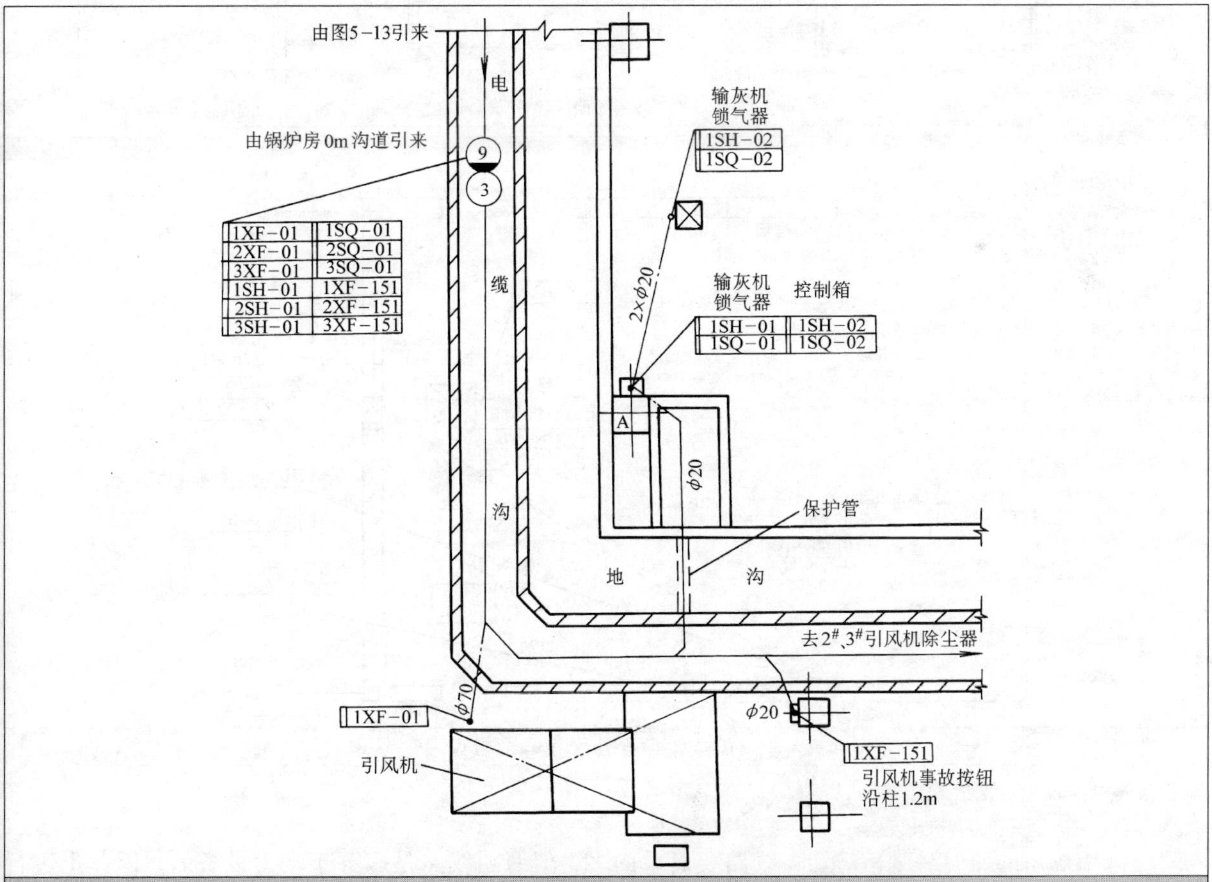

图 5-17　引风机、除尘器场地电缆敷设平面图（局部）

1. 引入电缆与图 5-13 引至的电缆标注相同。

2. 1XF－01、2XF－01、3XF－01 分别穿 ϕ70 管由沟引至引风机电动机出线口处。

3. 1XF－151、2XF－151、3XF－151 分别穿 ϕ20 管由沟引至引风机事故按钮处，沿柱 1.20m 处设置。

4. 1SH－01、1SQ－01 分别穿 ϕ20 管引至输灰机、锁气器控制箱，控制箱于 A 柱 1.5m 标高处。

5. 由控制箱分别穿 ϕ20 管将 1SH－02 和 1SQ－02 引至输灰机电动机出线口处和锁气器处。

（八）14.2m 标高皮带间电缆敷设图

见图 5-18，图中上煤动力箱的电源 MX－01 是由 0m 标高配电室经电缆沟沿柱上引至此的，同时还有 MX－02 和 1Z，引上后进行分配，读者可按前述的方法进行分析。

（九）化学水处理室电缆敷设图

见图 5-19，电源 RS－01、ZS－01、CF－01 是由化学水动力配电箱穿 3×ϕ40 管引来的，引入后进行分配，读者可自行分析。

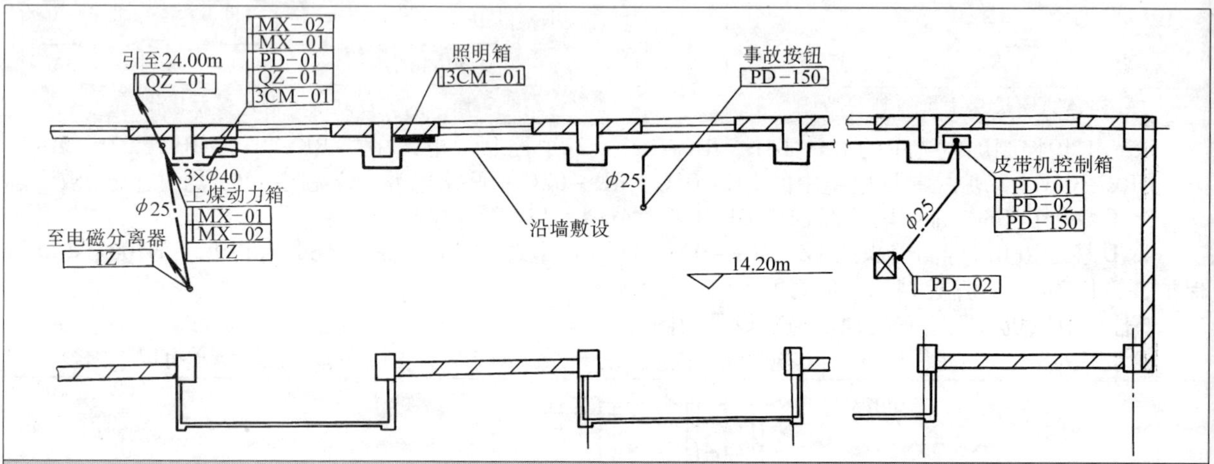

图 5-18　皮带间电缆敷设图

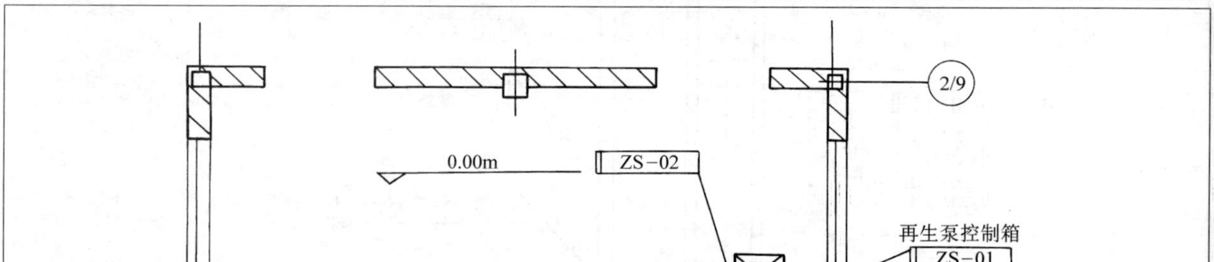

图 5-19　化学水处理室电缆敷设图

三、照明回路线路的识读 ★★★

工业锅炉房的照明线路相对动力线路要简单的多，但照明线路是服务于动力设备的，因此也进行分层设置，共有三个系统即 0m 标高 ZM－1 系统，4m 标高 ZM－2 系统和 14.2m 标高（包括 8m，19m 标高）ZM－3 系统。

（一）照明回路系统图

照明回路系统图见图 5-20。电源由配电室 8[#]柜引来接在 ZM－1[#]照明配电箱上，并由此引至 ZM－2[#]照明配电箱上。ZM－3[#]的电源是由上煤动力配电箱引入的，其他自行分析。

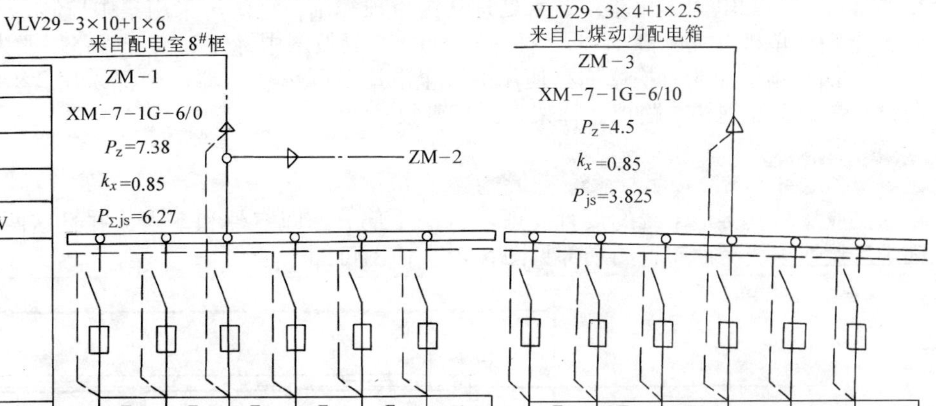

项目	ZM-1						ZM-3					
配电箱编号	ZM－1						ZM－3					
配电箱型号	XM－7－1G－6/0						XM－7－1G－6/10					
总装置容量/kW	P_z=7.38						P_z=4.5					
装置需要系数 k_x	k_x=0.85						k_x=0.85					
总装置计算负荷/kW	$P_{\Sigma js}$=6.27						P_{js}=3.825					
分组回路编号	F_1	F_2	F_3	F_4	F_5		F_1	F_2	F_3			
装置容量/kW	1.2	1.5	1.05	0.96	1.8		1.35	1.5	0.3			
电　流/A	5.45	6.82	4.77	5.73	8.18		6.1	6.8	1.4			
RL型熔断器电流/A	15/6	15/10	15/6	15/10	15/10	15/15	15/10	15/10	15/4	15/15	15/15	15/15
BLV导线根数及截面/mm²	2×2.5	2×2.5	2×2.5	2×2.5	2×2.5		2×2.5	2×2.5	2×2.5			
组合开关型号	HZ10－25/1						HZ10－25/1					
连接灯具数量	14	10	7	9	12		9	10	2			
连接插座数量	4			2					1			
分组回路压降/(%)					2.9			0.41				
回路火线相别	a	b	a	b	c		a	b	c			

a)

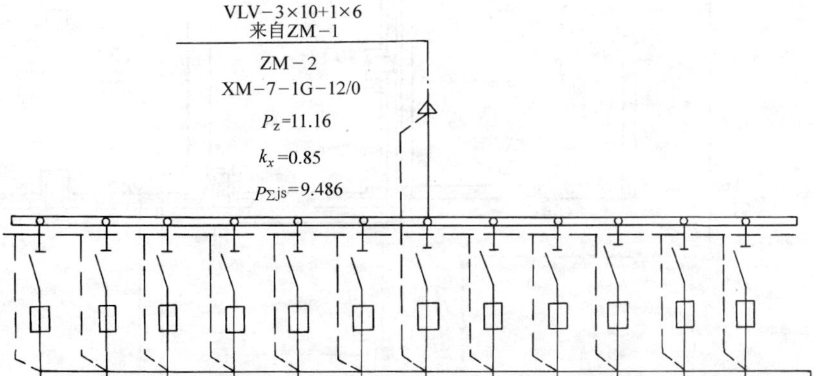

项目	ZM-2											
配电箱编号	ZM－2											
配电箱型号	XM－7－1G－12/0											
总装置容量/kW	P_z=11.16											
装置需要系数 k_x	k_x=0.85											
总装置计算负荷/kW	$P_{\Sigma js}$=9.486											
分组回路编号	F_1	F_2	F_3	F_4	F_5	F_6	F_7	F_8	F_9			
装置容量/kW	1.5	0.75	0.5	1.72	0.5	1.72	1.05	0.5	1.72			
电　流/A	6.8	3.4	2.3	7.82	2.3	7.82	4.77	2.3	7.82			
RL型熔断器电流/A	15/10	15/4	15/4	15/10	15/4	15/10	15/6	15/4	15/10	15/15	15/15	15/15
BLV导线根数及截面/mm²	2×2.5	2×2.5	BV－2×4	BV－2×4	BV－2×4	BV－2×4	2×2.5	BV－2×4	BV－2×4			
组合开关型号	Hz10－25/1											
连接灯具数量	10	5		16		16	7		16			
连接插座数量		2	15		15			15				
分组回路压降/(%)				0.98								
回路火线相别	a	b	c	a	b	c	c	a	b			

b)

图 5-20　照明回路系统图

（二）锅炉房照明装置平面图因图较大且简单，故没有列出，可参考前述内容在实际工程中读图，这里说明一下其特点。

1. 一般为 $2\times2.5\text{mm}^2$ 的导线穿 $\phi20$ 钢管沿墙、柱、梁或顶板吊装敷设，全部明设。

2. 变压器室、配电间、化验室、水处理均为单独控制，锅炉房采用集中控制。

3. 配电箱、单极开关标高 1.4m，插座 0.3m，灯具按图中标注标高，管路一般为 $\phi25$mm。

4. 设置锅炉本体照明及检修回路使用的安全电压及隔离变压器，全部采用 $2\times4\text{mm}^2$ 的导线穿 $\phi25$ 钢管明设，在炉上沿钢柱、踏板、梯架、栏杆敷设。

四、接地干线平面图的识读 ★★★

作为工业厂房其接地干线的设置一般可分两个部分，即室外和室内，并且这两个部分是连为一体的。锅炉房接地干线平面布置图局部见图 5-21。由图可知：

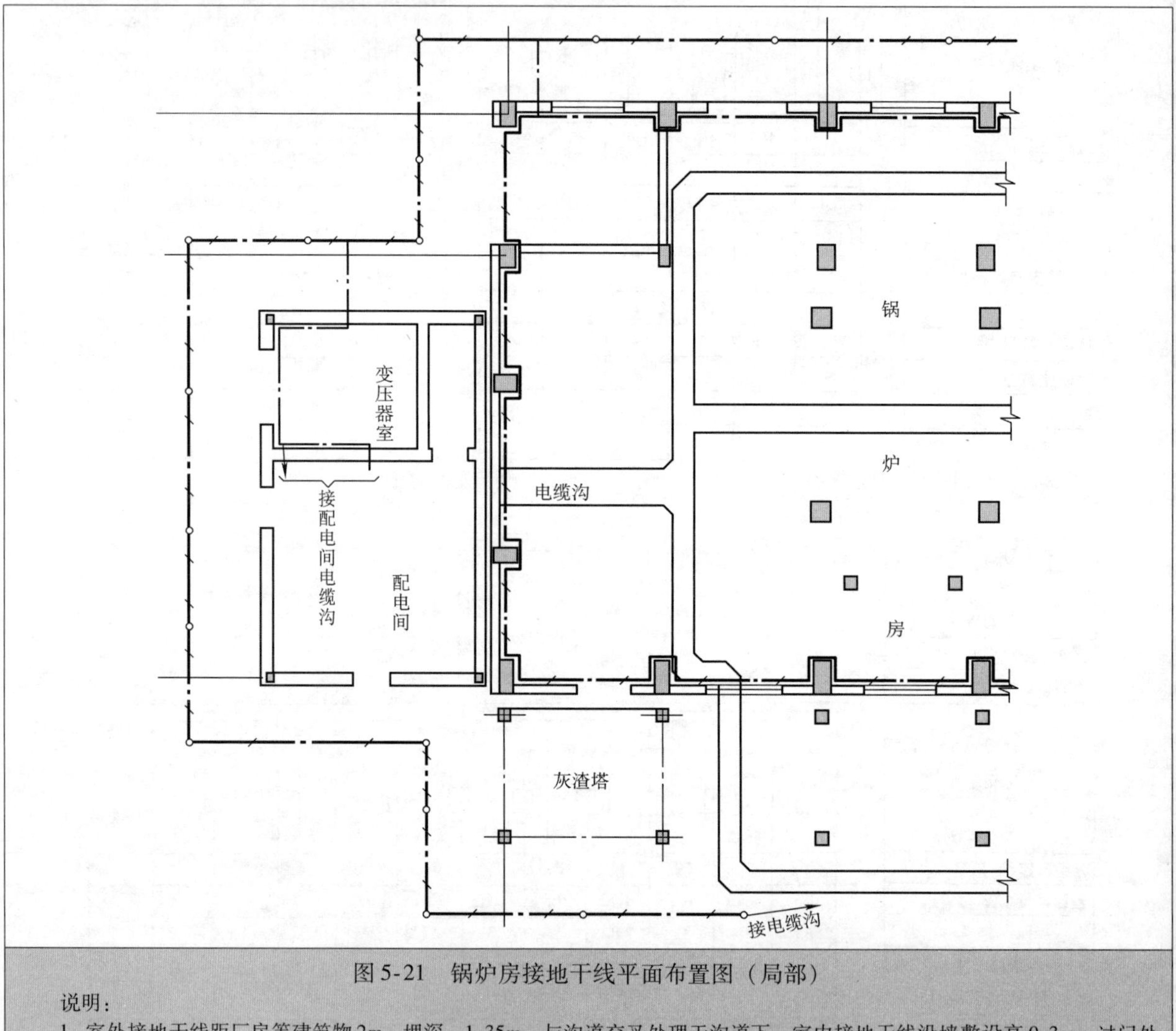

图 5-21　锅炉房接地干线平面布置图（局部）

说明：

1. 室外接地干线距厂房等建筑物 2m，埋深 -1.35m，与沟道交叉处理于沟道下，室内接地干线沿墙敷设高 0.3m，过门处绕下于地面抹面内，且均应构成完整的电气通路。
2. 屋外 50m 烟囱的防雷接地，详见土建有关施工图样。
3. 凡交流电力设备如电动机、配电盘、控制箱照明箱、电缆水煤气管等设备的金属外壳均应可靠接地，并按“电力设备接地技术规程”及有关规定进行施工。

1. 接地干线的室外部分距厂房 2m，埋深 3.5m，与沟道交叉时埋于沟道的下面。

2. 接地干线的室内部分是沿墙柱明设的，距地0.3m，过门口处埋于地面抹灰面下面。

3. 室内、室外部分有四处连接，并将室外部分引入变压器室0.3m标高的墙上，然后引入配电室的电缆沟内，同时将室外部分引入锅炉房及室外的电缆沟内。

4. 接地干线的材料全部用4×40的镀锌扁钢。

5. 交流电气设备、电动机、配电盘柜箱、电缆金属护套护层、金属管路及设备金属外壳、锅炉本体及金属构架均应可靠接地。

五、二次回路的识读 ★★★

二次回路包括变压器控制、测量、信号、保护及其电流、电压互感器以及电动机起动控制原理图、辅机联锁接线原理图等，这里只讲述电动机的有关内容，有关变压器的内容我们放在变配电装置电气线路一章中讲述。

电动机起动控制电路受电动机的起动方式影响，一般分直接起动和间接起动两种，我们介绍的工业锅炉房为电厂启动锅炉房，所有的电动机均采用直接起动，但是有很多起动条件，这是运行操作人员必须遵守的，也是电厂动力线路的特点，也是电气人员应该掌握的内容。一些常用的起动控制线路，将在后面章节介绍。

(一) 75kW 引风机电动机起动控制原理图

图5-22是电厂启动锅炉房75kW 引风机电动机的起动控制原理图。电动机采用空气开关直接起动，但控制、保护、联锁、信号、计量却有着复杂的关系，特别是系统采用LW5－15、B4815/5 型控制开关作为手动操作元件，为上述功能的实现起了很关键的作用。

1. LW5－15、B4815/5 型控制开关是一种自复位式转换开关，操作手柄的转动角度为45°，有三个档位，即跳闸、跳闸后、合闸、合闸后，其中跳闸后和合闸后的档位相同，但是其触点闭合状态则不同。图中X为触点接通，—为断开。合闸或跳闸动作完成后，松开手柄，手柄则自动转换到下垂位置。

2. 主回路用单线图表示，元件的数据见图5-4、图5-5中的数据标注。控制回路元件的有关数据见表5-3。

表5-3 图5-22中元件设备表

符号	名称	型式	技术特性
锅炉控制屏			
SA	控制开关	LW5－15、B4815/5	
HLG	绿灯	XD_5－220	220V
HLR	红灯	XD_5－220	220V
A	电流表	$16T_2$－A	300/5A
1FU 2FU	熔断器	R_1－10/6A	250V
0.38kV 厂用配电装置			
PJ	电度表	DD5	220V、5A
KMC	合闸接触器	CZO－40CA	220V
KM1	中间继电器	DZ－31B	220V
1KA、2KA	电流继电器	GL－14/5	5A
KA	电流继电器	DL－11/2	2A
KM2	中间继电器	DZ－31B	220V
1KS、2KS	信号继电器	DX－11	0.025A
R	电阻	ZG－11－50	7500Ω、50W
3FU、4FU	熔断器	RM10－60/15A	440V
FU	熔断器	R_1－10/6A	250V
电动机旁			
SB	按钮	LA5－1H	500V 303/1

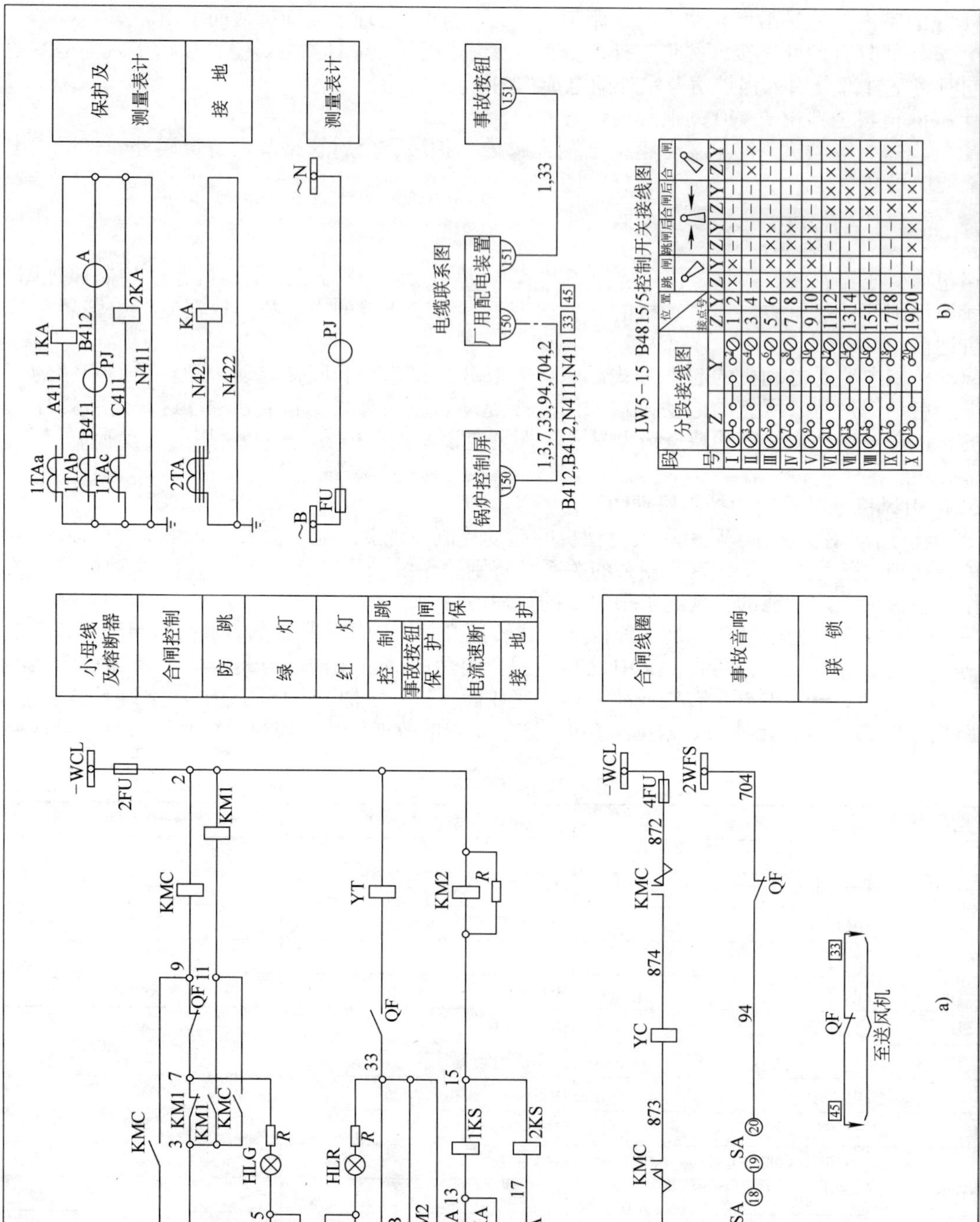

图 5-22 75kW 引风机电动机起动控制原理图

a）主回路和控制回路 b）测量、保护回路

3. 控制及保护回路

（1）控制回路的电源是从控制小母线 WCL 上取得的，因为均采用直流继电器控制，因此 WCL 有正极和负极，同时用 1FU 和 2FU 熔断器保护。

（2）在未起动前，控制开关 SA 处于“跳闸后”的位置，其触点⑤－⑥、⑦－⑧闭合，此时断路器 QF 是断开的，其常闭辅助触点（7－9）是闭合的，因此绿灯 HLG 点亮。此时合闸接触器 KMC 虽被上述回路接通，但不能吸合，因为 HLG 及其串联的电阻 R 总阻值远远大于 KMC 线圈的直流电阻，因此全部压降都加在 HLG 上。HLG 的点亮，说明不仅控制回路有电，而且说明断路器处于跳闸位置，同时证明合闸回路完好正确，可以合闸。起动前应先将闸刀开关 QS 合上。

（3）将 SA 的手柄向左转动 45°即投入合闸位置，这时 SA 的触点③－④闭合，合闸接触器 KMC 经过 KM1 动断触点（3－7）和 QF 常闭辅助触点（7－9）得电吸合。这时 KMC 的主触点（874－872）、（871－873）闭合，QF 的合闸线圈 YC 得电吸合，QF 的主触点闭合，电动机在全压下起动。因系统采用 GL－14/5 型电流继电器，其触点有延时功能，因此，在起动时限内其触点（1－13）不会动作，电动机正常起动，但起动时间应小于其动作时间，整定时使动作时间略大于起动时间即可。

（4）合闸系统设置了防跳装置，所谓防跳就防止断路器合闸后，由于某些原因使保护装置动作，进而使断路器跳闸，出现多次跳—合的现象，断路器跳跃是不允许的。合闸系统增设了中间继电器 KM1，将其动断触点（3－7）串接在合闸回路中，动合触点（3－11）串接于自身的回路，然后将其并联于合闸接触器回路中。这样，当合闸于短路故障上，QF 跳闸，其动断触点（7－9）复位，但是由于 KM1 得电吸合，其动断触点（3－7）打开，即使 SA 不复位或触点粘连都不至于使 KMC 重新得电，防止了跳—合现象。由图可以看出，合闸操作后 KMC 和 KM1 都是由于 KMC 动合触点（1－9）、（3－11）并联于得电回路中而实现自保的，这样便使 KMC 只能一次得电。

（5）合闸后，QF 辅助动断触点（7－9）断开，HG 熄灭，而 SA⑪－⑫闭合，QF 辅助动合触点闭合，同样使红灯 HLR 点亮而跳闭线圈 YT 不动作。这样说明跳闸回路完好正确，随时可由于故障跳闸或停车。同时 HLG 和 HLR 正确的点亮也监视了电源回路中 1FU、2FU 熔断器的完好性。

（6）当系统出现故障或需要停车时，可操作现场的停车按钮 SB（1－33）或者在控制屏上操作 SA 向右转 45°使①－②闭合均可使 YT 得电，使断路器跳闸。

（7）当系统过流的时间和电流值均超过电流继电器 1KA、2KA 的整定值后，其动合触点（1－13）闭合，使信号继电器 1KS 和跳闸中间继电器 KM2 得电。其中 1KS 为电流型继电器（0.025A），不影响 KM2 的得电，1KS 可发出信号，KM2 的动合触点（1－33）闭合，使 YT 得电跳闸。

（8）当系统发生接地故障时，电流继电器 KA 动作，其动合触点（1－17）闭合，信号继电器 2KS 动作，发出信号。其中 KA 信号的取得是由零序电流互感器 2TA 提供的。

（9）系统采用了 SA⑰－⑱和 SA⑲－⑳两副触点串联接于事故音响回路，这样，只有在合闸后，由于故障使 QF 跳闸，当手柄复位至跳闸后的位置时，发出音响报警。其中 WFS 为事故音响小母线。

（10）引风机与送风机有联锁装置，也就是把引风机回路的一个动断触点（33－45）接至送风机的回路中，这样当引风机事故跳闸时，必须按顺序先跳送风机，详见机组联锁原理图。

（11）由图中设备表可以看出，一些元件装设在控制屏上，一些元件装设在厂用配电装置上，有的元件装设在现场，它们之间触点的联系是用控制电缆完成的，图中标出了引风机的电缆联系图，其中 1XF－151 由厂用配电装置引至引风机旁的事故按钮，标注的端子号为 1－33，也就是说控制原理图中的事故按钮 SB 安装在现场，用电缆将 1－33 端子引入。1XF－150 由厂用配电装置引至控制屏，标注的端子号为 1、3、7、33、94、704、2、B412、B412、N411、N411、[33]、[45]。

（12）其他读者可自行分析，如操作 SA 使回路跳闸等。

4. 计量回路中电度表 PJ 的电流线圈、电流表串接在 B 相互感器的回路里，而 PJ 的电压线圈则是并联在 B 相与零线 N 的回路里，也就是说电压线圈的额定电压为 220V。

这里说明一点，55kW 送风机的起动控制原理图与引风机基本相同，只是联锁不同，这里不再列出原图进行分析。

（二）15kW 二次风机电动机起动控制原理图

图 5-23 是该锅炉房 15kW 二次风机电动机的起动控制原理图。电动机采用接触器直接起动，熔断器保护短路，控制、保护、联锁、信号、计量较为简单。系统同样采用 LW5－15 B4815/5 为操作元件。

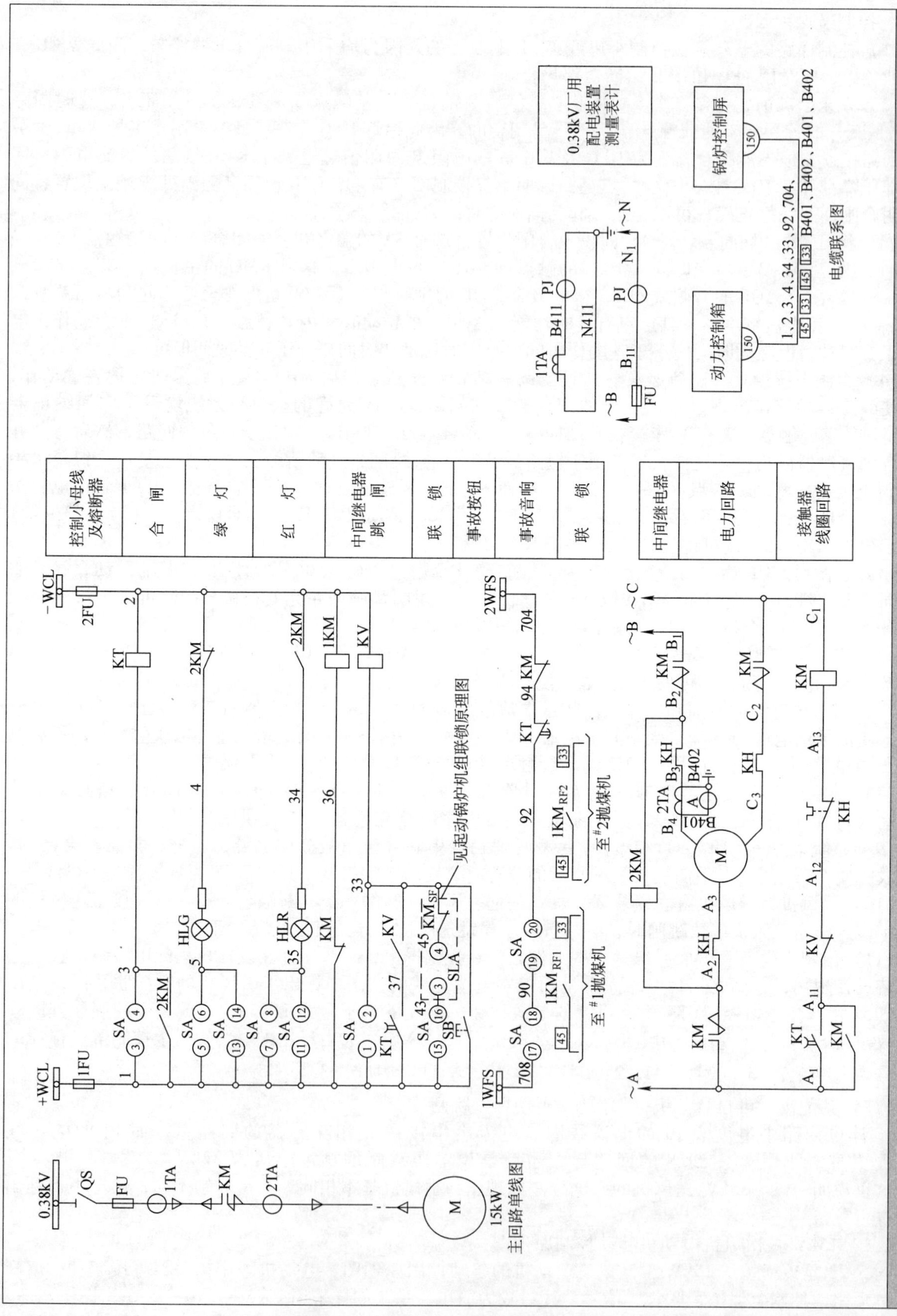

图5-23　15kW二次风机电动机起动控制原理图

1. 主回路用单线图表示，元件的数据见图5-4、图5-5中的标注。控制回路元件的有关数据见表5-4。

2. 控制及保护回路

（1）控制回路的电源由WCL取得，熔断器保护。

（2）在未起动前，SA处于“跳闸后”的位置，其触点⑤-⑥、⑦-⑧闭合，中间继电器2KM未得电，其触点（4-22）闭合，因此绿灯HLG点亮。

（3）未起动前，主接触器KM的辅助触点（1-36）处于闭合状态，因此中间继电器1KM得电吸合，使其联锁触点$1KM_{RF1}$（45-33）、$1KM_{PF2}$（45-33）闭合，分别给1#抛煤机和2#抛煤机的联锁回路。

（4）起动前将主回路的QS合上，将SA的手柄向左转动45°即投入合闸位置，这时SA的触点③-④闭合，电磁时间继电器KT得电吸合，其动合触点（A_1-A_{11}）闭合，主接触器KM的线圈经KV动断触点（$A_{11}-A_{12}$）、KH动断触点（$A_{12}-A_{13}$）得电吸合，KM的三副主触点闭合，电动机得电全压起动。起动后，并联在A相、B相上的中间继电器2KM得电吸合，其触点（1-3）闭合，使KT保持吸合，当SA手柄复位后不至使KT失电。同时其动断触点与动合触点的切换（4-2）、（34-2）使HLG熄灭，HLR点亮，电动机开始运行。

表5-4　图5-23中元件设备表

符　号	名　称	型　式	技术特性
锅　炉　控　制　屏			
SA	控制开关	LW5-15、B4815/5	
HR	红灯	XD_5	220V
HG	绿灯	XD_5	220V
A	电流表	$16T_2$-A	50/5A
1FU 2FU	熔断器	R1-10/6A	250V、6A
动力控制箱（JXF-3008）			
KT	电磁时间继电器	JT3-21/5	220V
KV	电磁继电器	JT3-11	220V
2KM	中间继电器	DZ-52/22	~380V
1KM	中间继电器	DZ-52/40	220V
KM	接触器	CJ 10-	线圈电压~380V
KH	热继电器	JR 16-	
2TA	电流互感器	LQG3-0.5	50/5A，0.5级，1.2Ω
SB	按钮	LA10-1K	
0.38kV厂用配电装置			
PJ	电度表	DD1	220V、5A
1TA	电流互感器	LQG3-0.5	50/5A，0.5级，1.2Ω
FU	熔断器	R1-10/6A	250V

（5）KM吸合后，其动断触点（1-36）打开，1KM失电，与抛煤机的联锁触点（45-33）打开，解除了一个并联的联锁回路。

（6）当系统出现故障或需要停车时，可操作SB或SA①-②闭合（向右转动手柄45°），均可使KV得电吸合，这时KV的动断触点（$A_{11}-A_{12}$）断开，KM失电，电动机停止。如果送风机事故跳闸，这时在联锁回路中，KT（1-37）闭合，联锁开关SLA③-④闭，送风机主接触器KM_{SF}一断开，其常闭辅助触点KM_{SF}（45-33）复位闭合，跳闸继电器KV接成通路，KV吸合，其动断触点（$A_{11}-A_{12}$）打开，KM失电，电动机停止。运行中过载，热继电器KH动作，其动断触点（$A_{12}-A_{13}$）打开，KM失电，电动机停止。

（7）系统同样采用了SA⑰-⑱、SA⑲-⑳两副触点串联于事故音响回路，合闸后由于故障使KM失电或KT失电，当手柄复位至跳闸后位置时，发出音响报警。

（8）读者可根据图中设备表列出的元件安装的不同位置（控制屏、控制箱、厂用配电装置），自行分析电缆联系图。

（9）电能表的接线可自行分析。

需要说明一点，抛煤机、给煤机与二次风机的控制基本相同，只是联锁不同；给水泵与此也基本相同，但无联锁回路。限于篇幅的关系不再列出原图进行分析，分析时要注意电缆联系图的不同及端子的编号。

（三）锅炉机组联锁原理图

图 5-24 是该锅炉机组联锁原理图，并给出了联锁要求。联锁回路采用了联锁开关 SLA，型号 LW5－15D1587/5。

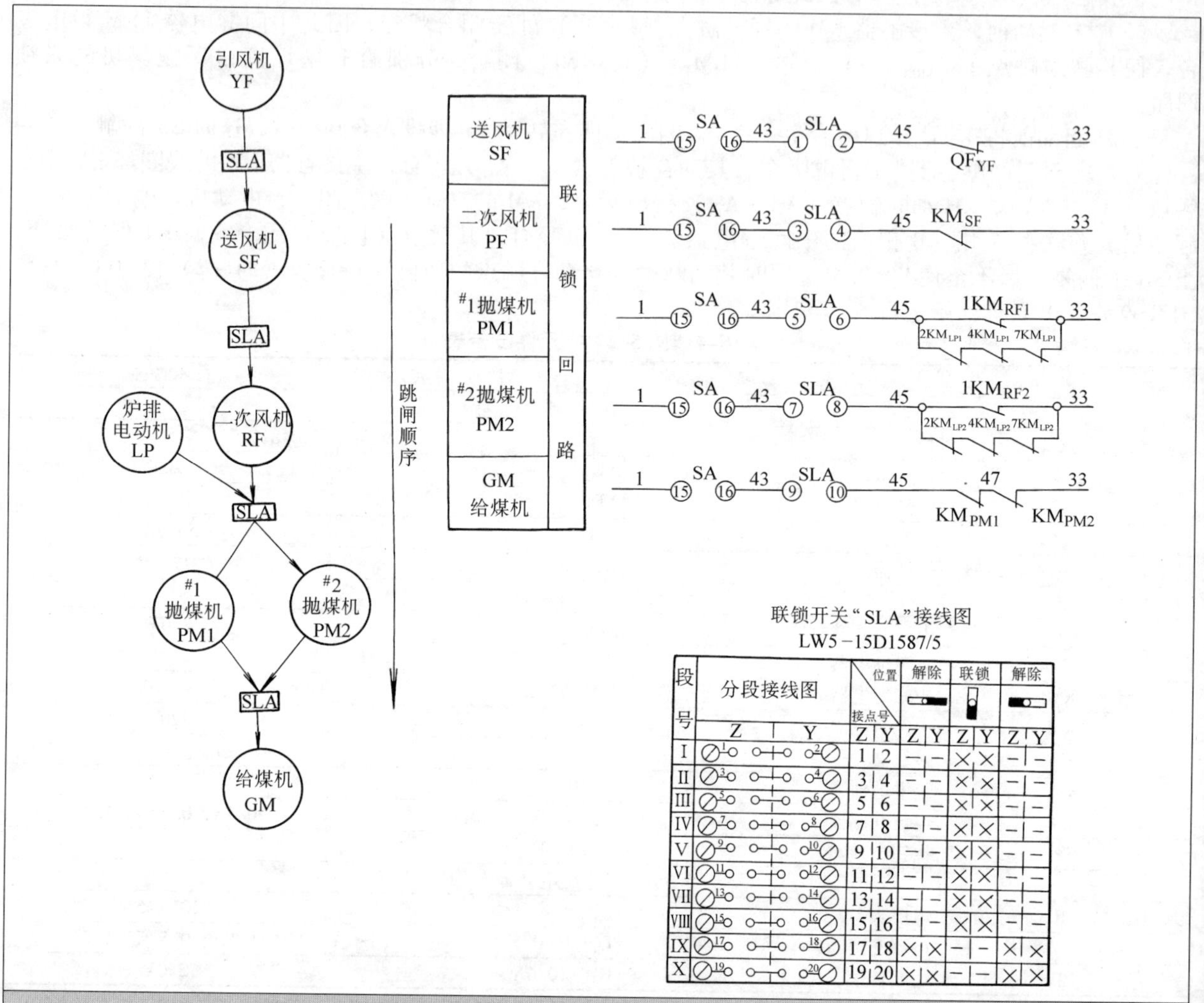

图 5-24 锅炉机组联锁原理

1. LW5－15D1587/5 型联锁开关是一种定位式转换开关，操作手柄转动的角度为左或右 90°，只有两个档位，即联锁和解除，左右解除其触点状态相同。

2. 系统的联锁要求

（1）当引风机事故跳闸时，必须顺序跳送风机、二次风机、#1、#2 抛煤机及给煤机。

（2）当送风机事故跳闸时，必须顺序跳二次风机、#1、#2 抛煤机及给煤机。

（3）当二次风机事故跳闸时，必须顺序跳#1、#2 抛煤机及给煤机。

（4）当#1、#2 抛煤机均为事故跳闸时，必须跳给煤机。

（5）当炉排机事故跳闸时，必须顺序跳#1、#2 抛煤机及给煤机。

3. 从联锁回路可以看出，当 SA 处于合闸后的位置时，SA⑮－⑯是闭合的，这时 SLA 处于联锁位置，SLA 的①－②、③－④、⑤－⑥、⑦－⑧、⑨－⑩也是闭合的，这样当前级的电动机因故障跳闸后，其主控开关或与其同步动作的继电器失电，主控开关的常闭辅助触点或同步继电器的动断触点复位闭合，接通下一级的跳闸回路，便使下级电动机跳闸。不难看出联锁原理图是可以实现联锁要求的。我们在二次风机的电路中已分析了由于送风机故障而引起二次风机跳闸的线路。而抛煤机则会因为二次风机故障（$1KM_{RF1}$、$1KM_{RF2}$）而跳闸，也会因为炉排故障而跳闸。图中三副动断触点的串联（$2KM_{LP1}$、$4KM_{LP1}$、$7KM_{LP1}$或$2KM_{LP2}$、$4KM_{LP2}$、$7KM_{LP2}$）是指炉排电机的三种速度状态都停止时，抛煤机则自动跳闸；而两台抛煤机故障跳闸（KM_{PM1}、KM_{PM2}串联）则给煤机自动跳闸。

（四）三速炉排电动机起动变速控制原理图

图5-25和图5-26是该起动锅炉房炉排电动机起动变速的操作控制原理图。该电动机型号是JDO_2—52-8/4/2型，功率2.2/5.5/6.6kW，采用三速电动机完全是为了锅炉运行的需要。

1. 主回路采用接触器组控制，其中1KM、2KM控制高速运转，3KM、4KM、5KM控制中速运转，6KM、7KM、8KM控制低速运转，每一组的接触器是同步动作的。组与组之间是互锁的，如3KM、6KM辅助触点（$A_{12}-A_{13}$、$A_{13}-A_{14}$）的串联，使得第二组和第三组接触器只有在非得电状态下第一组接触器才能工作而吸合，同时动断触点1KM（$A_{17}-A_{18}$）、1KM（$A_{23}-A_{24}$）分别串接在第二组和第三组接触器的回路里，当第一组接触器工作时，断开了第一组和第二组的得电回路而使其不会吸合。联锁的使用，使得三组接触器组不能同时得电工作。

在每一组的自保回路里，采用了本组所有接触器动合触点的串联，保证了只有本组所有接触器都正常吸合工作才能有自保功能。

经过上述分析，对于继电器或开关元件触点的串联或并联的使用，可以得出如下的结论，见表5-5。图5-26中的元件设备见表5-6。

2. 按动按钮1SB，继电器1KV得电吸合，其触点（1-3）闭合实现自保。1KV吸合后，控制回路中的触点（$A_{11}-A_{12}$）闭合，使第一接触器组（1KM、2KM）得电吸合，电动机高速运转。其触点1KM（$A_{11}-A_{16}$）、2KM（$A_{16}-A_{12}$）闭合实现自保。1KM（$A_{17}-A_{18}$）和（$A_{23}-A_{24}$）打开，使第二组，第三组接触器组不能得电，实现联锁。

同样按动2SB或3SB电动机则中速运转或低速运转，同时，蓝灯HLG、黄灯HLR、白灯HLW则分别点亮，表示电动机的运转状态。

3. 当需要停车或出现故障需要立即停车时，可按动SBS或SB，则KV得电吸合，其动断触点KV（A_1-A_{11}）打开，切断控制回路的电源，接触器组失电而断开，电动机停止。

当某转速时，电动机过载，则热继电器KH的动断触点自动打开，即1KH（$A_{15}-C_1$）或2KH（$A_{26}-C_1$）或3KH（$A_{20}-C_1$），电动机停止，保护了电动机。

4. 电动机起动后，在事故音响回路中1KV（92-94）或2KV（92-96）或3KV（92-98）是闭合的，而2KM（94-704）或4KM（98-704）或7KM（98-704）是打开的，只要是故障停机，则2KM、4KM、7KM准有一个闭合则接通音响回路报警，而常闭按钮SBS（708-92）则可消除报警。

5. 联锁回路和电缆联系图读者自行分析。

六、自动化仪表及自动装置线路的识读 ★★★

工业锅炉房自动化仪表及自动装置通常称为热工仪表，主要包括温度、压力、流量、水位的测量及汽包水位自动调节、与电动机联锁、各类仪表接线等。此外，还有除氧给水系统的仪表及电缆清册等。工业锅炉房的仪表装置很复杂，也是一个难点，它与电动机的联锁构成了锅炉房内复杂的控制系统。

（一）锅炉房热工测量控制系统图和锅炉房热工仪表导管电缆连接图

热工测量控制系统和导管电缆连接图是热工测量中最重要的图样，它给出了测量参数、仪表型式、安装位置、控制方式、管线缆型号规格、调节方式、工艺流程等重要数据。

1. 图5-27是锅炉房常用仪表及自动装置的图例。由图可以看出，一般仪表均用一个圆表示，其中在盘上安装的仪表均用⊖表示，而在现场安装的仪表只用一个○表示，并且用英文字母来表示仪表的用途，如，E表示电压或电源或元件、T表示温度（有时表示变送器）、P表示压力、F表示流量、L表示液（物）位、R表示记录、Q表示积算、A表示报警、S表示开关或按钮、I表示指示、C表示调节、H表示高、L表示低、M表示电动等。一般用这些字母的组合表示仪表或装置的功能，详见第二章第二节。

2. 图5-28是锅炉正面的热工测量控制系统图，图5-29是锅炉平面的热工测量控制系统图，图5-30是锅炉热工仪表导管电缆连接图。由图可以知道以下内容：

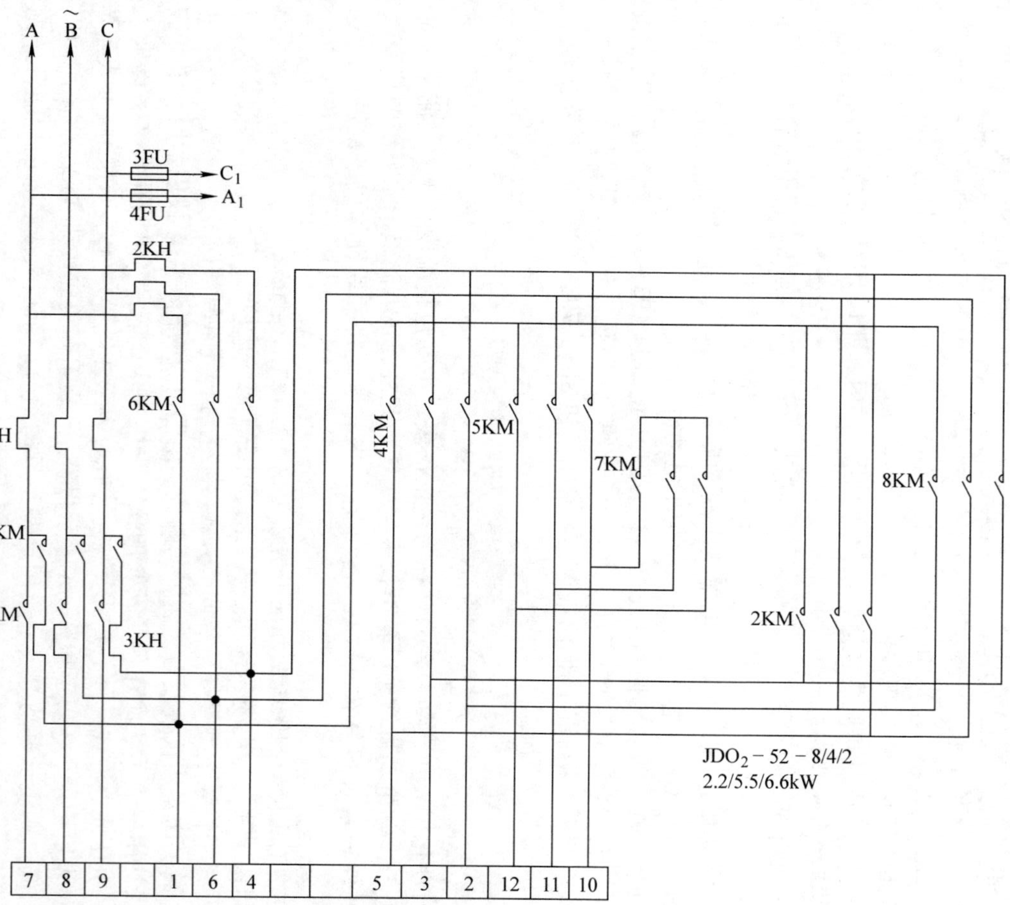

电动机电力回路

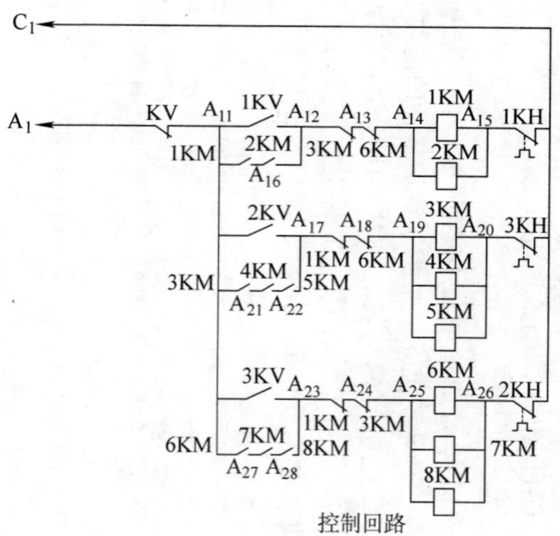

控制回路

三速电动机端子接线表

转速	电源	连接	其他
2极	7、8、9	1-3 2-6 4-5	断开
4极	1-5-12 3-6-11 2-4-10		断开
8极	1-2 3-4 5-6	10-11-12	断开
说明	由于绕组连接不同，不同型号的三速电动机的接线不尽相同		

图5-25 三速炉排电动机起动变速控制原理图

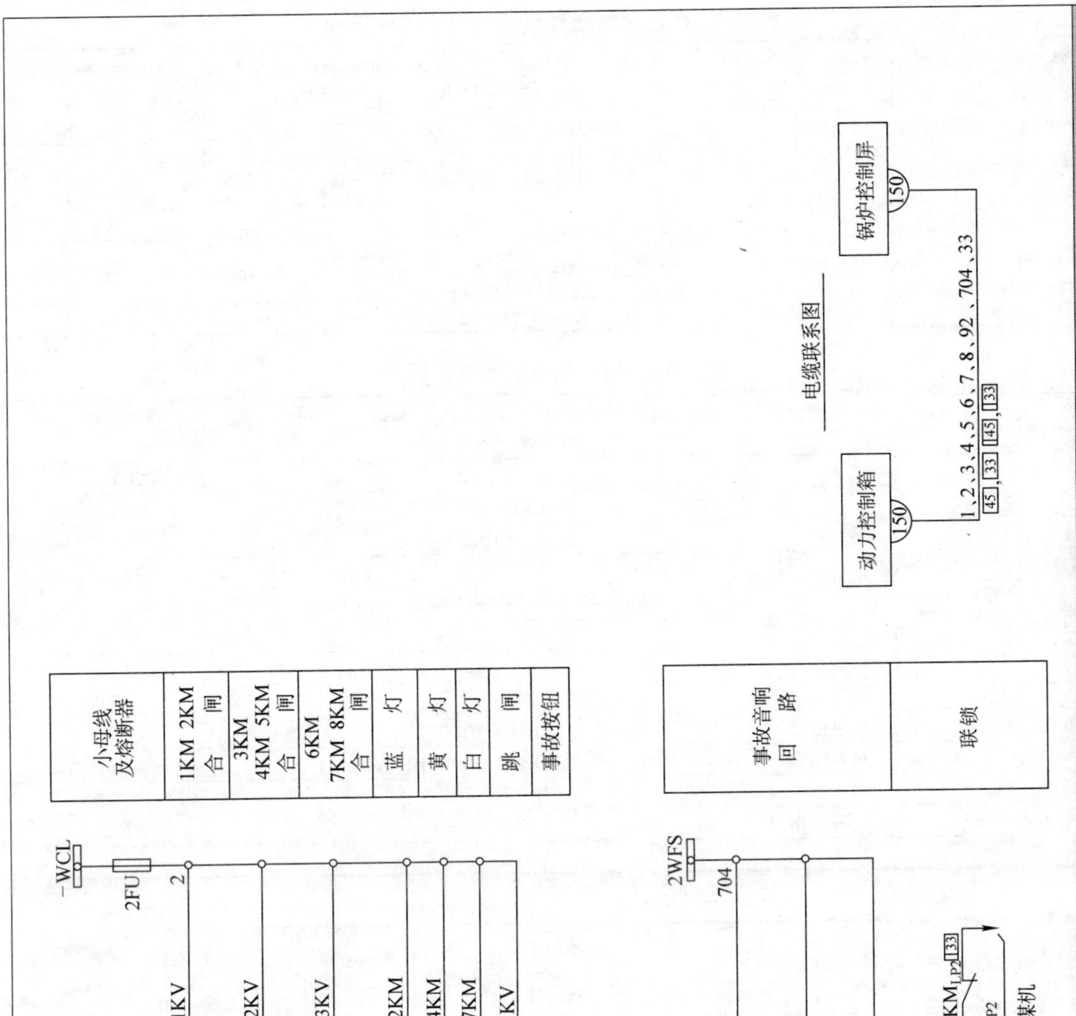

图 5-26　三速炉排电动机起动变速的操作回路

表 5-5 触点串联或并联使用的功能作用

触头形式	连接方式	功 能 作 用	逻辑关系
常开	串联	所有触点都闭合，电路才能得电	与
		有一个触点打开，电路便断电	或
	并联	有一个触点闭合，电路便得电	或
		所有触点都打开，电路才能断电	与
常闭	串联	所有触点都闭合，电路才能得电	与
		有一个触点打开，电路便断电	或
	并联	所有触点都打开，电路才能断电	与
		有一个触点闭合，电路便得电	或

表 5-6 图 5-26 中元件设备表

符 号	名 称	型 式	技术特性
锅 炉 控 制 屏			
SBS	按钮	LA18－22	220V＝
1～3SB	按钮	LA18－22	220V＝
1FU 2FU	熔断器	R_1－10/6A	250V
HLG、HLR HLW	信号灯	XD5－220	220V
动力控制箱 JXF－3009			
1～3KV	电磁继电器	JT3－21/5	220V
1～5KM	接触器	CJ10－20	～380V
6～8KM	接触器	CJ10－10	～380V
1KH，3KH	热继电器	JR16－20/D#12、15～24	16A
2KH	热继电器	JR16－20/D#10、6.8～11	7.2A
3FU、4FU	熔断器	RL1	15/4A
KV	电磁继电器	JT3－11	220V
SB	按钮	LA10－1K	

图 5-27 工业锅炉房常用仪表及自动装置图例

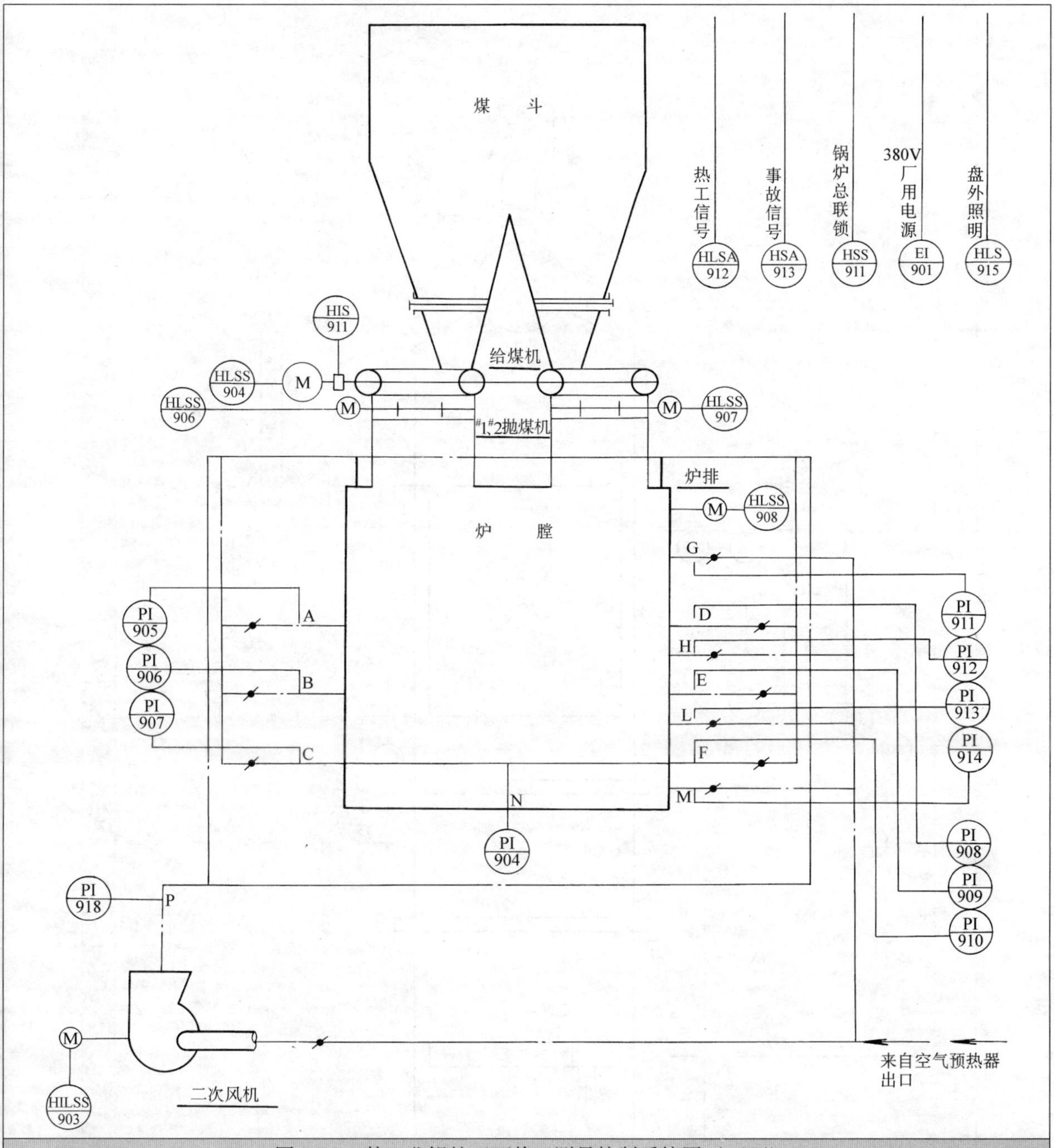

图 5-28　某工业锅炉正面热工测量控制系统图（正面）

（1）温度的测量有四个点

1）主蒸汽温度的测量，测量元件为热电偶，热电偶编号 TE－902－1，用补偿导线接至冷端补偿器 WPRB 上，然后用控制电缆 KVV 将信号引至锅炉控制盘（简称控制盘）上的 $\frac{\text{TIA}}{902}^{\text{H}}$ 即带高信号报警的温度指示仪表上（动圈指示仪）。其中，WPRB 的～220V 电源由控制电缆引入（A63、N63），WPRB 和热电偶为就地现场安装，热电偶的安装位置于主蒸汽管道出口后的水平直管段上，见图 5-29 中的 A 点。

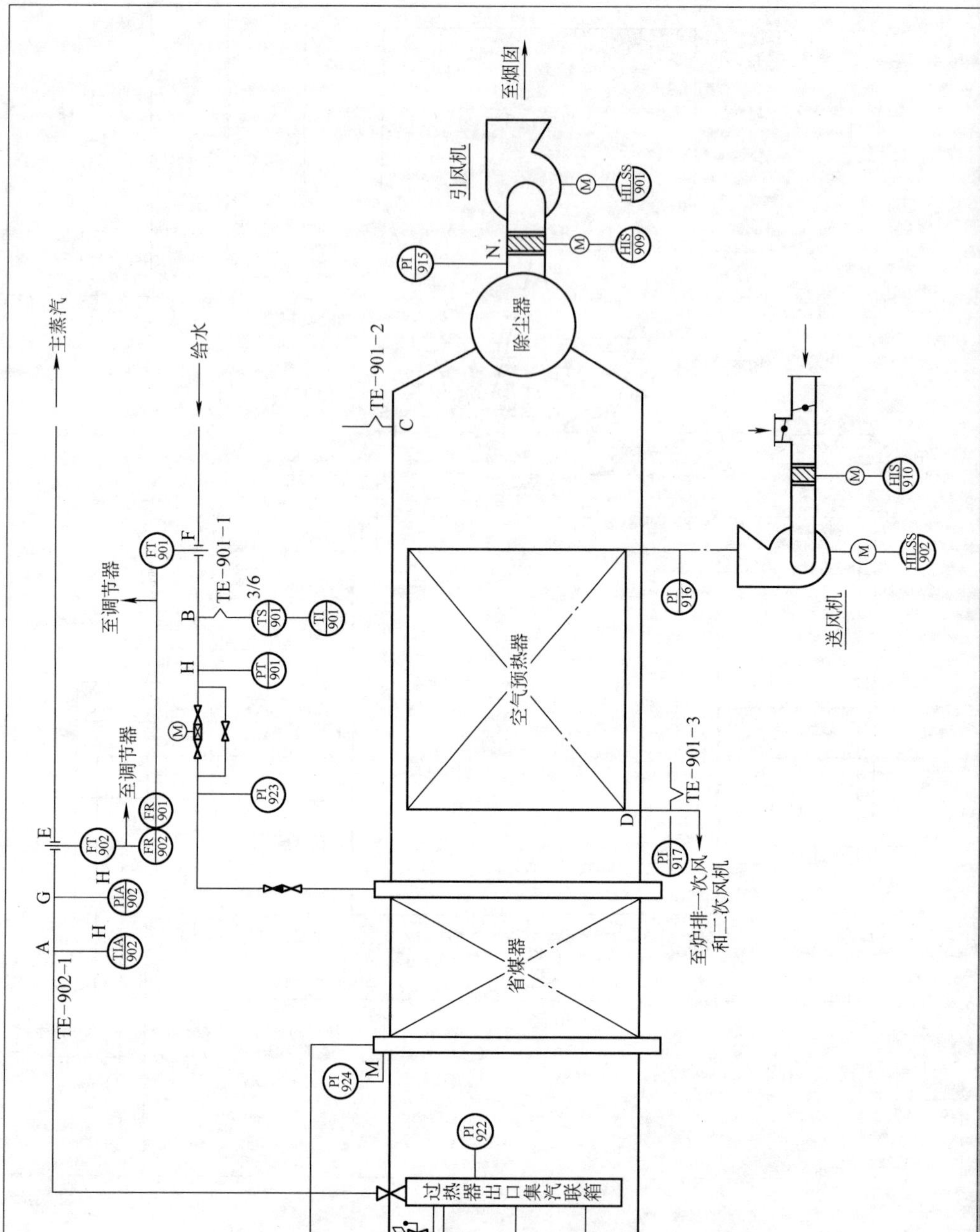

图 5-29　某工业锅炉平面热工测量系统图（平面）

2）给水温度的测量，测量元件为热电阻，编号 TE－901－1，用塑铜线接至接线盒 WPX－12 上，然后用控制电缆将信号引至控制盘上的 $\frac{\text{TI}}{901}$ 即温度指示表上，这个仪表是用切换开关控制度的，切换开关为 $\frac{\text{TS}}{901}$。热电阻和接线盒就地安装，其中热电阻安装位置于给水进口孔板之后的直管段上，见图 5-29 中的 B 点。

3）烟道尾部烟气温度的测量，测量元件为热电阻，编号 TE－901－2，其他与 2）中给水温度的测量相同，并与其共用一个切换开关，共用一只温度指示仪表，安装位置为烟道尾部，见图 5-29 中的 C 点。

4）空气预热出口风道空气温度的测量，测量元件热电阻，编号 TE－901－3，其他与 3）中烟气温度测量相同，安装位置见图 5-29 中的 D 点。

（2）流量的测量有两个点

1）主蒸汽管道中蒸汽流量的测量，测量元件为孔板—|—，用导压管与冷凝器连接，经阀门组用导压管引至流量变送器 $\frac{\text{FT}}{902}$，流量变送器现场就地安装，变送器输出的电信号用 BVV 铜塑线接至接线盒 WPX－12，然而用控制电缆引至控制盘上的记录仪 $\frac{\text{FR}}{901}$ 上并引至调节器。其中导压管为 $10^{\#}$ 钢 $\phi14$ 无缝管。为了保证测量的精度，变送器放置于保温箱中，保温箱由供电箱供电。变送器的电源是由控制盘经控制电缆得到的，见 WPX－12 中的 FR901 A63 和 FR901 N63，电压 220V，FR902－B1 和 FR902－B2 为变送器输出的信号线。孔板的安装位置应于水平直管段上，见图 5-29 中的 E 点。

2）给水管道中给水流量的测量，测量元件为孔板，其他与 D 中蒸汽流量测量相同，变送器共用一个保温箱，孔板安装位置于给水进口水平直管段上，见图 5-29 中的 F 点。

（3）汽包水位的测量只有一点，直接将水位信号（差压）用导压管经平衡容器和阀门组引至液位变送器 $\frac{\text{LT}}{901}$，变送器与流量变送器供同一个保温箱，其他基本同流量变送器。变送器的输出信号用电缆引至控制盘上的有高低信号报警的液位记录仪 $\frac{\text{LRA}}{901}{}^{\text{H}}_{\text{L}}$ 上并引至调节器上。汽包水位信号、给水流量信号和蒸汽流量信号引至调节器后构成了三冲量水位自动调节系统，这是工业锅炉一个重要的调节方式。安装位置见图 5-29 汽包两端，另一端的变送器 $\frac{\text{LI}}{902}$ 的设置是为了现场观察水位的，直接用导压管引至现场的低读水位表。

（4）压力的测量有三个部分，这就是给水压力、汽包蒸汽压力和主蒸汽管道压力。压力的测量均用导压管经阀和环形管引至控制盘上的压力指示仪表，其中主蒸汽管道的压力为带高位信号的压力表 $\frac{\text{PIA}}{902}{}^{\text{H}}$，取压点位于主蒸汽管道温度测量点 A 和流量测量点 E 之间，见图 5-29 的 G 点。给水压力测量的取压点位于给水管道电动调整门的前端（进水端），是图 5-29 中的 H 点，同时其后端（出水端）安装就地压力表 $\frac{\text{PI}}{923}$。而汽包的蒸汽压力取压点设在汽包的中部，同时设置了两块就地测量压力的仪表 $\frac{\text{PI}}{920}$ 和 $\frac{\text{PI}}{921}$，见图 5-29 中的汽包。此外，在过热器出口集气联箱上设就地压力表 $\frac{\text{PI}}{922}$ 一块，在省煤器上设就地压力表 $\frac{\text{PI}}{924}$ 一块，见图 5-29 中的 Z、M 点。

（5）二次风压的测量共有六个点，均为用导压管直接引至控制盘上的压力表上，其中取压点见图 5-28 中的 A、B、C、D、E、F 点。

（6）炉排一次风压的测量点共有四个点，用导压管直接引至控制盘上的压力表上，取压点见图 5-28中的 G、H、L、M 点。

（7）负压的测量共有两个点

1）除尘器前烟道负压的测量，用导压管直接引至控制盘上的压力表上，取压点见图5-29 中的 N 点。

2）炉堂负压的测量，用导压管直接引至控制盘上的压力表上，取压点见图 5-28 中的 N 点。

（8）风压的测量共有三个点，均由导压管直接引至控制盘上的压力表上，其中空气预热器入口风

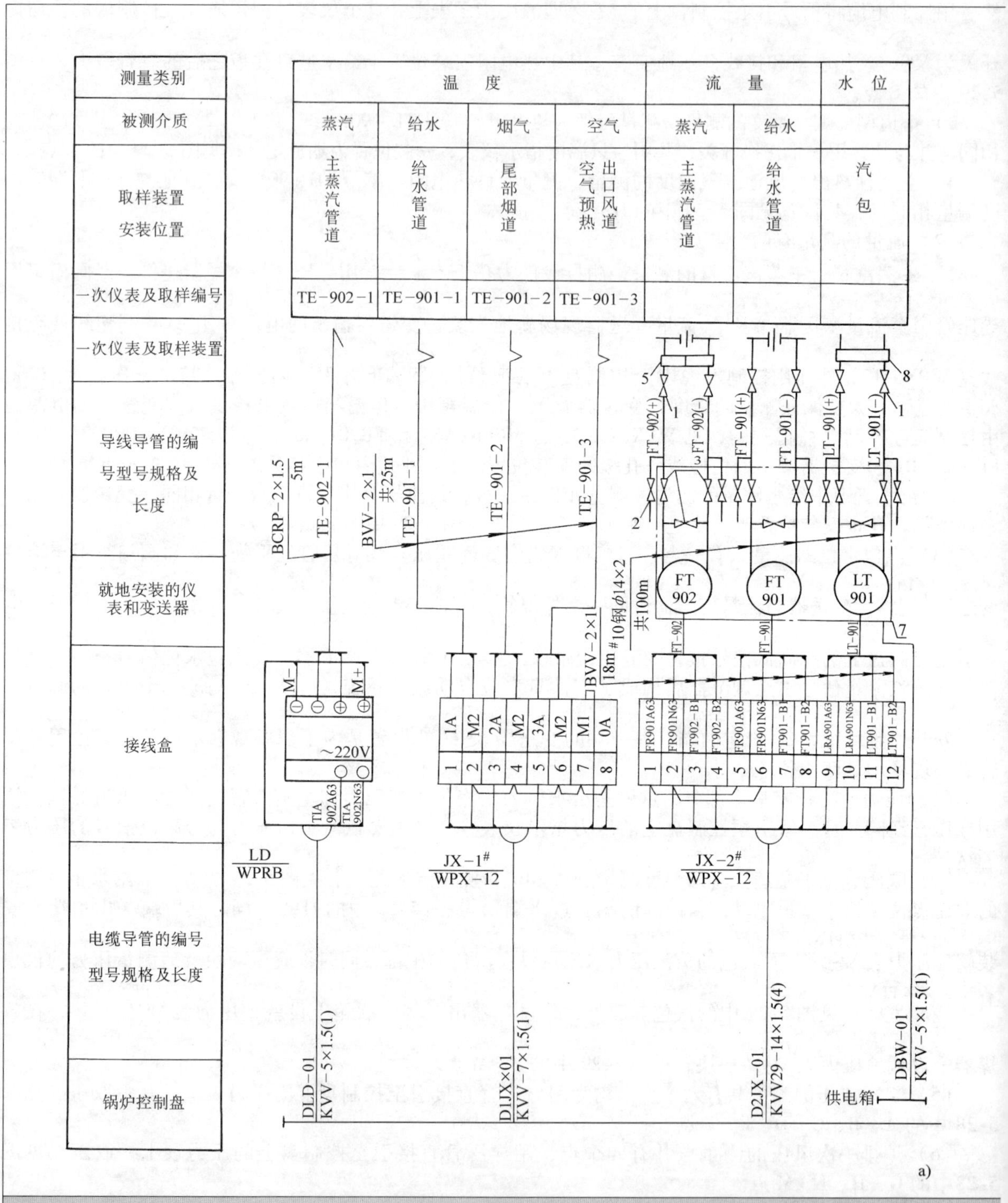

图5-30　某工业锅炉热工

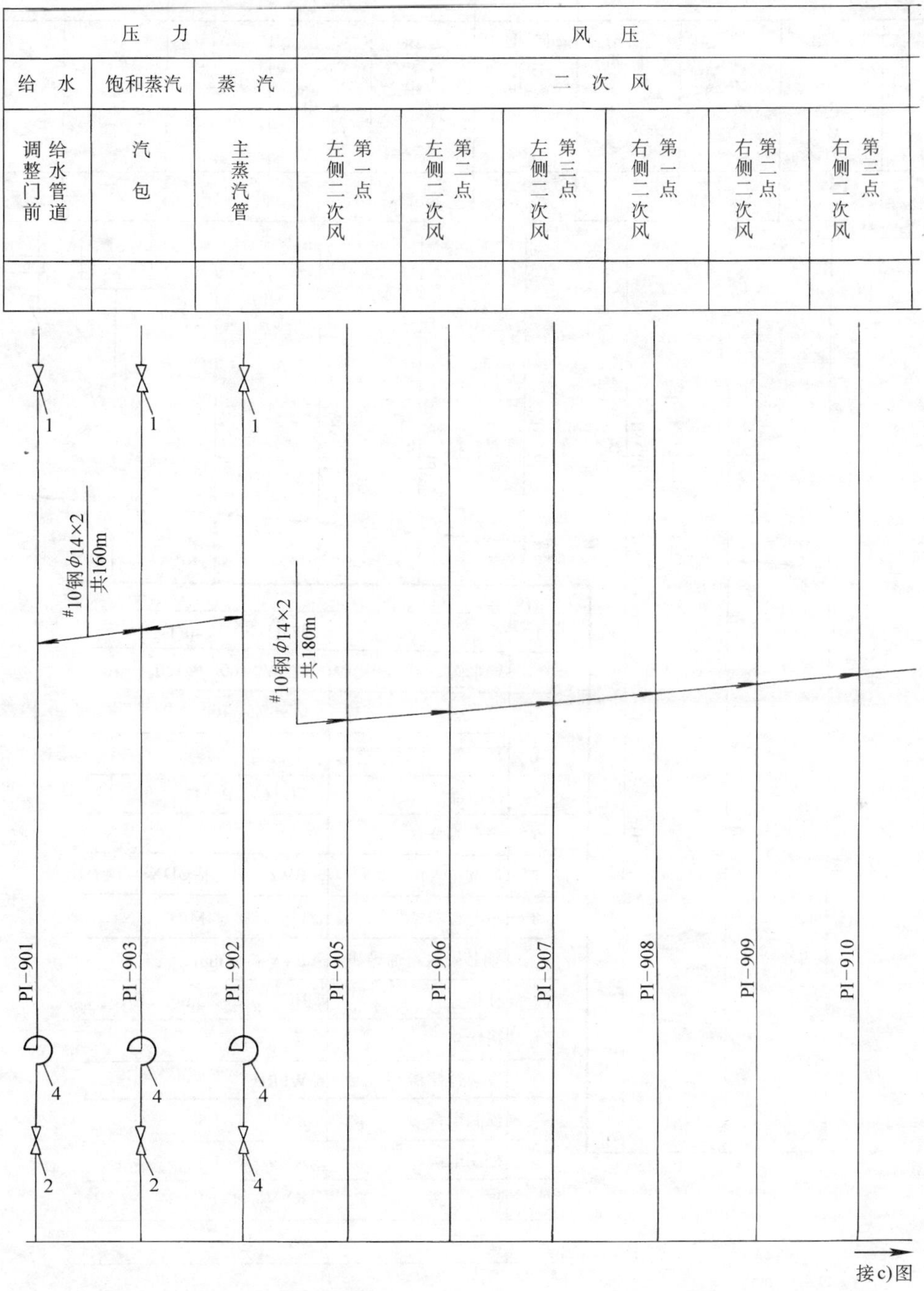
压　力
风　压
给　水
饱和蒸汽
蒸　汽
二　次　风
给水管道调整门前
汽包
主蒸汽管
第一点左侧二次风
第二点左侧二次风
第三点左侧二次风
第一点右侧二次风
第二点右侧二次风
第三点右侧二次风
#10钢φ14×2 共160m
#10钢φ14×2 共180m
PI−901
PI−903
PI−902
PI−905
PI−906
PI−907
PI−908
PI−909
PI−910
1
2
4
接c)图

仪表导管电缆连接图

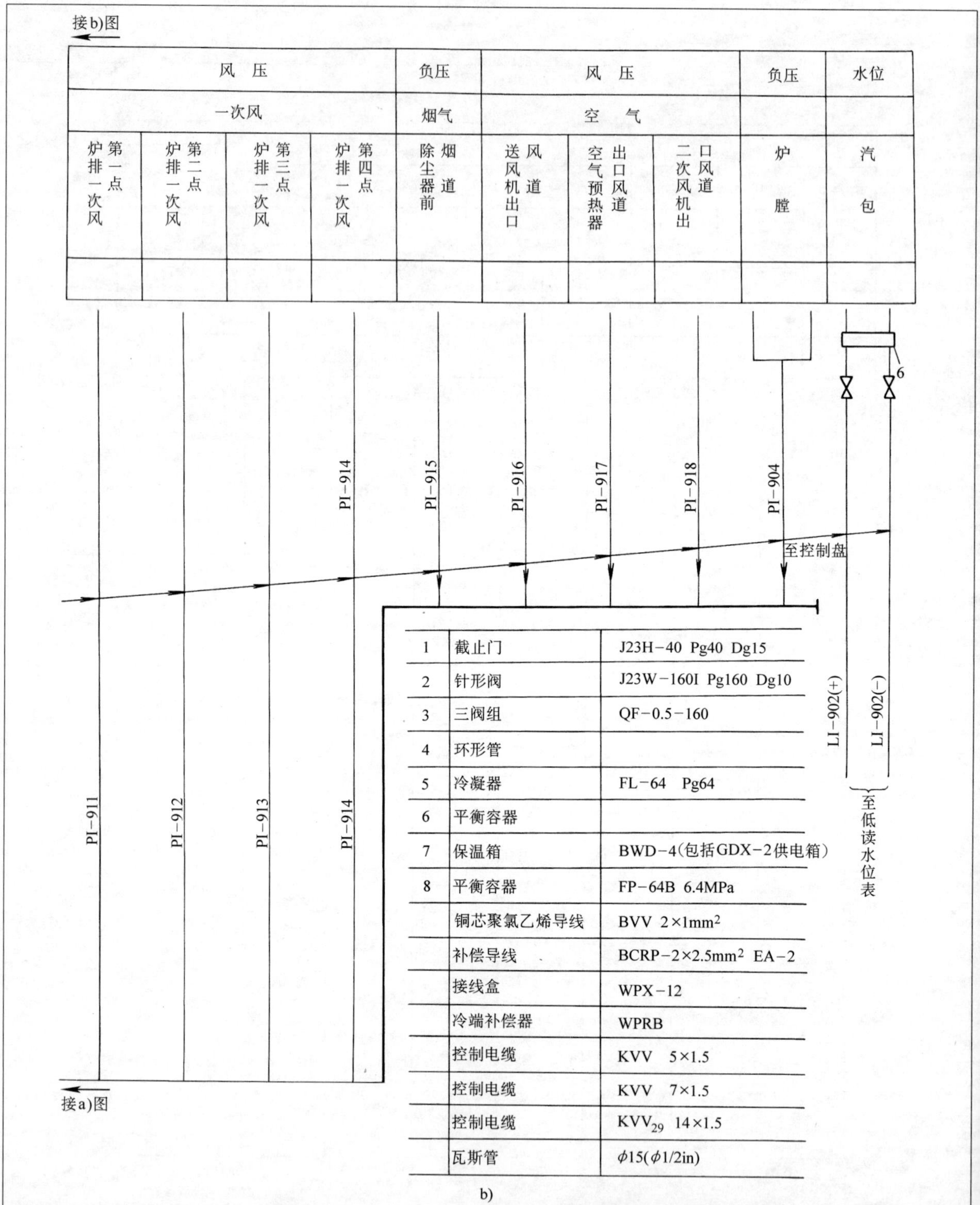

1	截止门	J23H−40 Pg40 Dg15
2	针形阀	J23W−160I Pg160 Dg10
3	三阀组	QF−0.5−160
4	环形管	
5	冷凝器	FL−64 Pg64
6	平衡容器	
7	保温箱	BWD−4(包括GDX−2供电箱)
8	平衡容器	FP−64B 6.4MPa
	铜芯聚氯乙烯导线	BVV $2\times1mm^2$
	补偿导线	BCRP−$2\times2.5mm^2$ EA−2
	接线盒	WPX−12
	冷端补偿器	WPRB
	控制电缆	KVV 5×1.5
	控制电缆	KVV 7×1.5
	控制电缆	KVV_{29} 14×1.5
	瓦斯管	ϕ15(ϕ1/2in)

b)

图5-30 某工业锅炉热工仪表导管电缆连接图（续）

压取样点见图5-29的送风机出口（PI 916），空气预热器出口风压取样点见图5-29中的D点（PI 917），二次风机出口风压取样点见图5-28中的P点（PI 918）。

（9）蒸汽流量、给水流量、汽包水位三个参量经一个调节器进行自动调节，随时根据蒸汽流量的大小和汽包水位的高低自动调节给水的流量，给水总阀门为电动调整门并受调节器的控制。

（10）送风机设有联锁的转换开关，手动操作并设电流表和信号灯监视，见图 5-29 送风机的标注 $\frac{\text{HILSS}}{902}$，这个功能在实际中是由三个元件完成的，即转换开关、电流表和指示灯。送风机入口的挡板设电动调整挡板，设按钮操作，电流表监视，见图 5-29 送风机的标注 $\frac{\text{HIS}}{910}$。

（11）引风机控制的设置与送风机相同，见图 5-29 中的标注 $\frac{\text{HILSS}}{901}$ 和 $\frac{\text{HIS}}{909}$。

（12）二次风机控制的设置有联锁的转换开关，手动操作并设电流表和信号灯监视，见图 5-28 二次风机的标注 $\frac{\text{HILSS}}{903}$，二次风机不设电动挡板。

（13）炉排控制的设置有联锁的按钮开关和信号灯监视，手动操作换速。

（14）给煤机控制的设置有联锁的转换开关，手动操作并设信号灯监视，见图 5-28 给煤机的标注 $\frac{\text{HISS}}{904}$，同时给煤机速度的控制由控制器完成，见图 5-28 中的标注 $\frac{\text{HIS}}{911}$，由手动控制。

（15）抛煤机由两台电动机拖动，分别设置有联锁的转换开关控制并设有信号灯监视，手动控制，见图 5-28 中的标注 $\frac{\text{HLSS}}{906}$ 和 $\frac{\text{HLSS}}{907}$。

图 5-30 即为某工业锅炉热工仪表导管电缆连接图。

（二）锅炉控制盘正面元件布置图

图 5-31 是锅炉房热工仪表控制盘正面元件布置及柜体尺寸图。它给出了仪表及元件的规格型号及其控制单元的组合情况，读者可根据图 5-31 和表 5-7 分析上述内容，同时由图可知以下内容。

1. 主蒸汽管道的温度测量信号经控制电缆 KVV－5×1.5 由冷端补偿器接至控制盘上主蒸汽温度仪表 XCT－121 上，该表是动圈调节指示仪，可高位报警，测量范围 0～400℃，分度号 EA－2，与热电偶配套。

2. 给水管道给水温度测量信号、尾部烟道烟气温度信号、空气预热出口风道空气温度信号同时经控制电缆 KVV－7×1.5 由 1#接线盒接至控制盘上 TS－901 切换开关上，型号FK－6，而后再接至温度仪表 XCZ－102 上，该表是动圈指示仪，测量范围 0～300℃，分度号 BA2，与热电阻配套。

3. 主管蒸汽道蒸汽流量、给水管道给流量和汽包水位的测量信号经控制电缆 KVV29－14×1.5 由 2#接线盒引至控制盘上分别接至盘上的小型长图平衡记录仪 XWD－200、XWD－102 和汽包水位调节器 DTL－231 上，进行流量的记录、水位的记录和三冲量的比例积分调节（三冲量指蒸汽流量、给水流量和汽包水位）。其中 XWD－200 是双笔记录仪，可同时记录两个参数，信号 0～20mA，流量 0～25t/h；XWD－102 为单笔，信号 0～10mA，记录汽包水位并设有高低水位报警。DTL－231 为比例积分调节器，信号 0～10mA，可进行四个参数的调节，同时设 DFD－05 操作器一只。

4. 给水压力、汽包蒸汽压力和主管道蒸汽压力由取样点经导压管分别直接引至盘上的压力表 Y－150ZT0～4MPa、Y－150ZT0～2.5MPa 和 YX－150 0～2.5MPa 上，其中 Y－150ZT 为普通弹簧管压力表，而 YX－150 为电接点压力表，设有高位报警功能。

5. 风压和负压的测量信号均由取样点经导压管分别直接接至盘上的集装式压力指示仪表上，其中二次风按左右用两块表、炉排一次风用一块表、空气出口风压和烟气负压共用一块表。集装式压力指示仪表型号 YEM－101，是几块压力表装设在一起的压力测量装置，其规格见表 5-7。

6. 炉膛负压的测量由取样点经导压管直接引至盘上的 YEJ－101 膜盒式压力表上，规格 －3～＋3kPa。

7. 送风机电动机的控制由 16T2－A、信号灯 XD_5 和转换开关 LW5－15、B4815/5 组成，电动调整挡板的控制由按钮 LA18－22 和电流表 $46C_2$－A 组成，其中电流表 $46C_2$－A 是 0～10mA，用 0～100% 来表示挡板的开度。

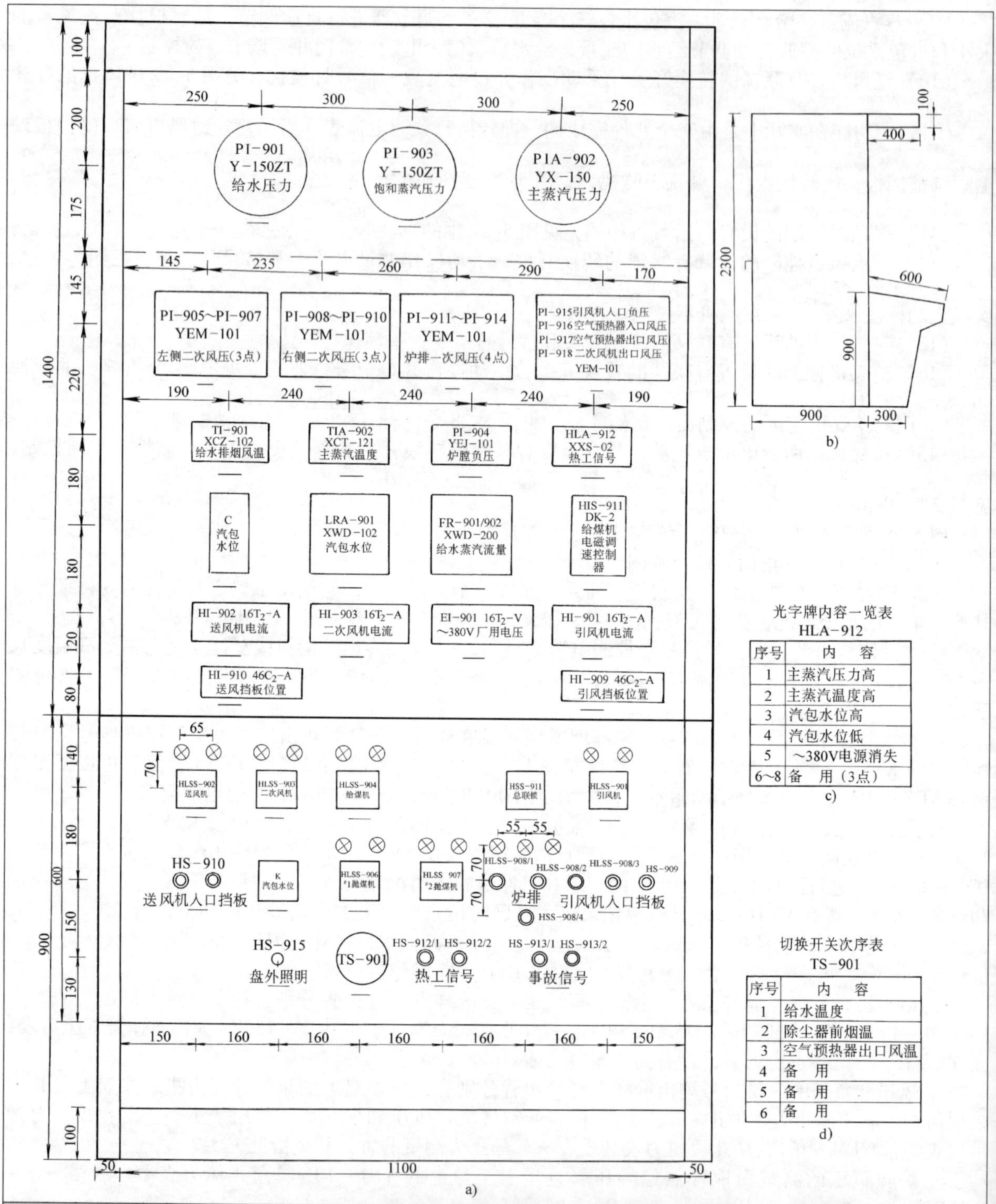

图 5-31　锅炉控制盘正面元件布置及柜体尺寸图

a）正视图　b）侧视图　c）光字牌内容一览表　d）切换开关次序表

表 5-7　图 5-31 设备元件表（仅供参考）

编号	名　称	型 式 规 格	数量	备　注
PI－901	弹簧管压力表	Y－150ZT 0～4MPa	1	
PI－903	弹簧管压力表	Y－150ZT 0～2.5MPa	1	

（续）

编号	名　称	型式规格	数量	备　注
PIA－902	电接点压力表	YX－150 0～2.5MPa	1	
PI－905－PI－907 PI－908－PI－910	集装式压力指示表	YEM－101 0～8kPa	2	3 台装
PI－911－PI－914	集装式压力指示表	YEM－101 0～4kPa	1	4 台装
PI－915－PI－918	集装式压力指示表	YEM－101 PI－915－4～0kPa PI－916，917：0～4kPa， PI－918：0～8kPa	1	4 台装
LRA－901	小型长图平衡记录仪	XWD－102 0～10mA 0～2.5kPa	1	
FR－901/902	小型长图平衡记录仪	XWD－200 0～10mA 0～25t/h	1	
TI－901	动圈式温度指示仪	XCZ－102 0～300℃ BA2	1	
TIA－902	动圈式温度指示调节仪	XCT－121 0～400℃ EA－2	1	
PI－904	矩形膜盒压力表	YEJ－101　－3～＋3kPa	1	
TS－901	切换开关	FK－6 切换六点	1	
C	比例积分调节器	DTL－231 0～10mA 四通道	1	
K	操作器	DFD－05 0～10mA	1	
HLA－912	闪光信号报警器	XXS－02	1	
	标志框		36	
HIS－911	控制器	DK－2	1	锅炉厂供
HSS－911	转换开关	LW5－P 1587/5	1	
HLSS－901～ 904，906～907	转换开关	LW5－15 B4815/5	6	
HI－909 HI－910	电流表	46C2－A 0～10mA 0～100%	2	
HI－901	电流表	16T2－A 300/5A	1	
HI－902	电流表	16T2－A 150/5A	1	
HI－903	电流表	16T2－A 75/5A	1	
EI－901	电压表	16T2－V 0～450V 380/100V	1	
HSS－908/4 HLSS－908/1、2、3	按钮	LA18－22 红、绿、白色	各 1	其中 1 个 HSS－ 908/4 为黑色按钮
HLS－909 HLS－910	按钮	LA18－22 红、绿色	各 2	
HS－912/1、2 HS－913/1、2	按钮	LA18－22 红、绿色	各 2	热工事故信 号试验及解除
HS－915	钮子开关	KN3－A/1Z1D 单刀单掷	1	
	信号灯	XD5 红色、绿色	各 6	附 2.2kΩ 电 阻灯泡 12V12W
	信号灯	XD5 蓝、黄、白色（控制炉排用）	各 1	
	电铃	～220V 75mm	1	
	蜂鸣器	DDZ1 ＝220V	1	
	荧光灯	～220V 100W 带灯具	2	用作盘外照明

8. 引风机电动机及其电动挡板与送风机相同，其中电流表 16T2－A 为主机电流，需配互感器。

9. 二次风机电动机的控制与送风机相同。

10. 炉排电动机的控制由按钮 LA18－22 和信号灯 XD_5 组成。

11. 给煤机电动的控制由转换开关 LW5－15、B4815/5、信号灯及控制器 DK－2 组成，其中 DK－2 控制其转速，是与电磁调速电动机配套的。

12. 抛煤电动机的控制由转换开关 LW5－15、B4815/5 和信号灯组成。

13. 控制盘设热工信号，由闪光信号报警器 XXS－02 完成，当主蒸汽压力或温度过高、汽包水位过高或过低、电源消失均闪光报警，并由热工信号按钮试验，由事故信号按钮解除。

14. 控制盘设盘上照明，220V100W 荧光灯。

15. 有关控制盘及其元件的接线见下述内容。

16. 控制盘设总联锁转换开关 LW5－P1587/5，这是与图 5-24 是对应的。

综上所述，在系统图中标注的一些复杂的控制及测量回路，有时不是由一个元件完成的，而是由几个元件的组合来完成，但各个元件的功能应符合控制回路的要求，如

则由 HI 和 HLSS 来完成。这是自动化仪表中常用的方法。

（三）仪表及控制元件的接线图

锅炉控制盘上的诸多仪表除了各类压力仪表外大多为电动仪表，这类仪表必须按照接线图进行接线（包括电源的接线），才能正常工作，才能实现其显示、记录、调节、报警的功能。因此，接线图是自动化仪表的重要图样。这些图与前述的二次回路有着错综复杂的联系，并与其构成了复杂的控制系统。另外，接线图还包括控制盘本身的一些接线。

1. 汽包水位自动调节接线图。汽包水位的调节是锅炉运行时最重要的一项技术措施，它的目的和作用是保证运行的锅炉汽包水位永远保持在安全的允许范围之内。它的工作原理见图 5-32，表 5-8 是主要设备表。由框图可以看出，蒸汽流量、汽包水位、给水流量经变送器 T 变成 0～10mA 的电信号后送入比例积分调节器，经比例积分运算后将 0～10mA 的电信号送给伺服放大器和操作器，这个信号经放大器放大后，送给操作器，如果操作器在“自动”位置，电动执行器则按这个信号动作，加大或减小阀门的开度；如果在“手动”位置，执行器则由操作器的控制开关操作。这个过程中，执行器要把动作情况反馈给操作器和放大器，同时操作器也将把信号反馈给调节器，见图 5-32 的反馈信号线 fX1 和 fX2。

图 5-33 是汽包水位三冲量自动调节的原理接线图，图中将记录仪也画在一起，这是一种常用的接线方法。如果把开方器和记录仪取掉，得到的框图则和图 5-32 相同。图中的“＋”和“－”表示信号的极性；“”表示接地端子；“～220V”表示交流电源，其附近的 0 则表示工作零线端子；“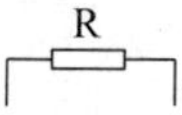

”则表示并接的电阻。这里介绍了另外一种三冲量调节原理图，见图 5-33b，读者可与图 5-33a 和图5-32进行比较，这是一种标准的图样。

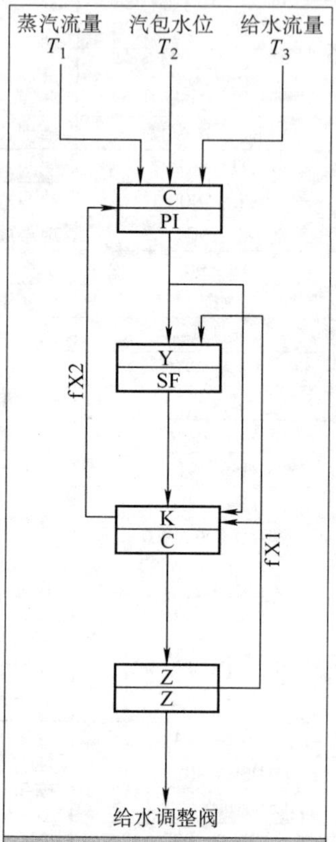

图 5-32 汽包水位三冲量自动调节框图

表 5-8 汽包水位调节设备表

序号	符 号	名 称	型式规格	数量	备 注
控 制 盘 上 设 备					
1	C	比例积分调节器(PI)	DTL－231 0～10mA	1	
2	K	操作器（C）	DFD－05 0～10mA	1	
3		普通端子	D－1	19	
4		连接端子	D－2/D－3	5/5	
5		名牌端子	D－9	1	
墙 挂 设 备					
1	Y	伺服放大器（SF）	FC－01 0～10mA	1	
就 地 安 装 设 备					
1	Z	电动机执行器（Z）	ZKJ－31F 250N·m 0～10mA	1	
2	J	端子盒	JD－1	1	与执行器配套设备

图 5-34 是控制盘内的接线图。该图不包括记录仪和开方器的接线，图中 CA、CN、KA、KN 是交流 220V 电源，N 为工作零线，C－1～C－6 信号线的引入是由 FR901 给水流量记录仪、FR902 蒸汽流量记录仪和 LRA901 汽包水位记录仪引来的。把图 5-33 中开方器和记录仪的接线短接后所得到图便是图 5-34。图中线束中的 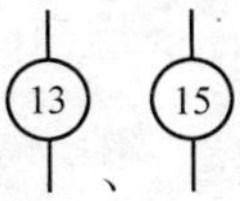

表示线束导线的根数。

2. 记录仪接线图。该锅炉房蒸汽流量和给水流量是由 XWD－200 双笔记录仪记录的，接线图见图 5-35，图中 1B1 和 1B3、2B1 和 2B3 并联的电阻 R_0 为调整电阻，至调节器就是指接到调节器相应的端子上。

汽包水位是由 XWD－102 单笔记录仪记录的，接线图见图 5-36。其中端子板上的 9～11（G、D、Z）端子是引至热工信号的报警信号，上限高位和下限低位均报警，其他同图5-35。两台记录仪由现场到盘上的连接是用电缆完成的，电缆详见电缆清册。

3. 动圈温度仪表的接线。该锅炉房蒸汽温度的测量是由传感元件热电偶和动圈调节仪表完成的，其接线图见图 5-37。图中有上、下限报警功能，并由 8#、9#端子引至热工报警信号。而给水温度、排烟温度、风温三个温度量则由三只热电阻和一只动圈表完成，接线图见图 5-38。该图是六只热电阻共用一块动圈温度表测量六个点的接线图，用 FK－6 型切换开关单点显示，本锅炉只用三只热电阻。其中，XCZ－102 动圈温度表画了两只，这是因为各地厂商制造时表的端子编号不一致而画的，A 端子为相线，N 端子为工作零线，O 端子为接地线，零位电阻和调整电阻是动圈表单独设置的。

4. 电动执行机构控制接线图。电动执行机构控制风机电动调整挡板（门）的开闭程度并用 0～10mA 和 0～100% 双刻度盘的直流电流表显示其开闭程度（位置指示）。图5-39 是电动执行机构的原理接线图，图 5-40 是控制盘上控制显示电动执行机构的接线图，表5-9是设备元件表。

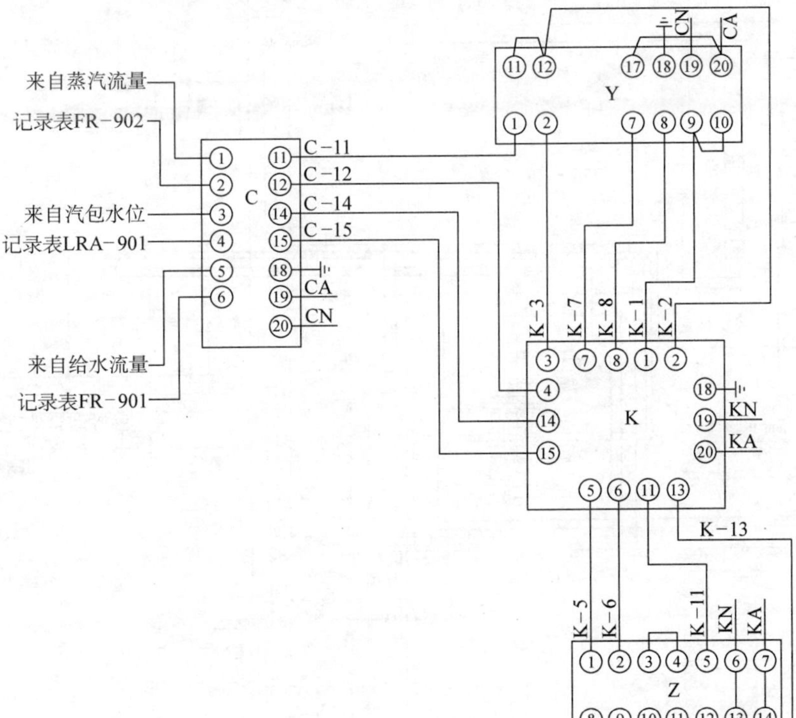

a)

图 5-33 汽包水位三冲量自动调节原理接线图

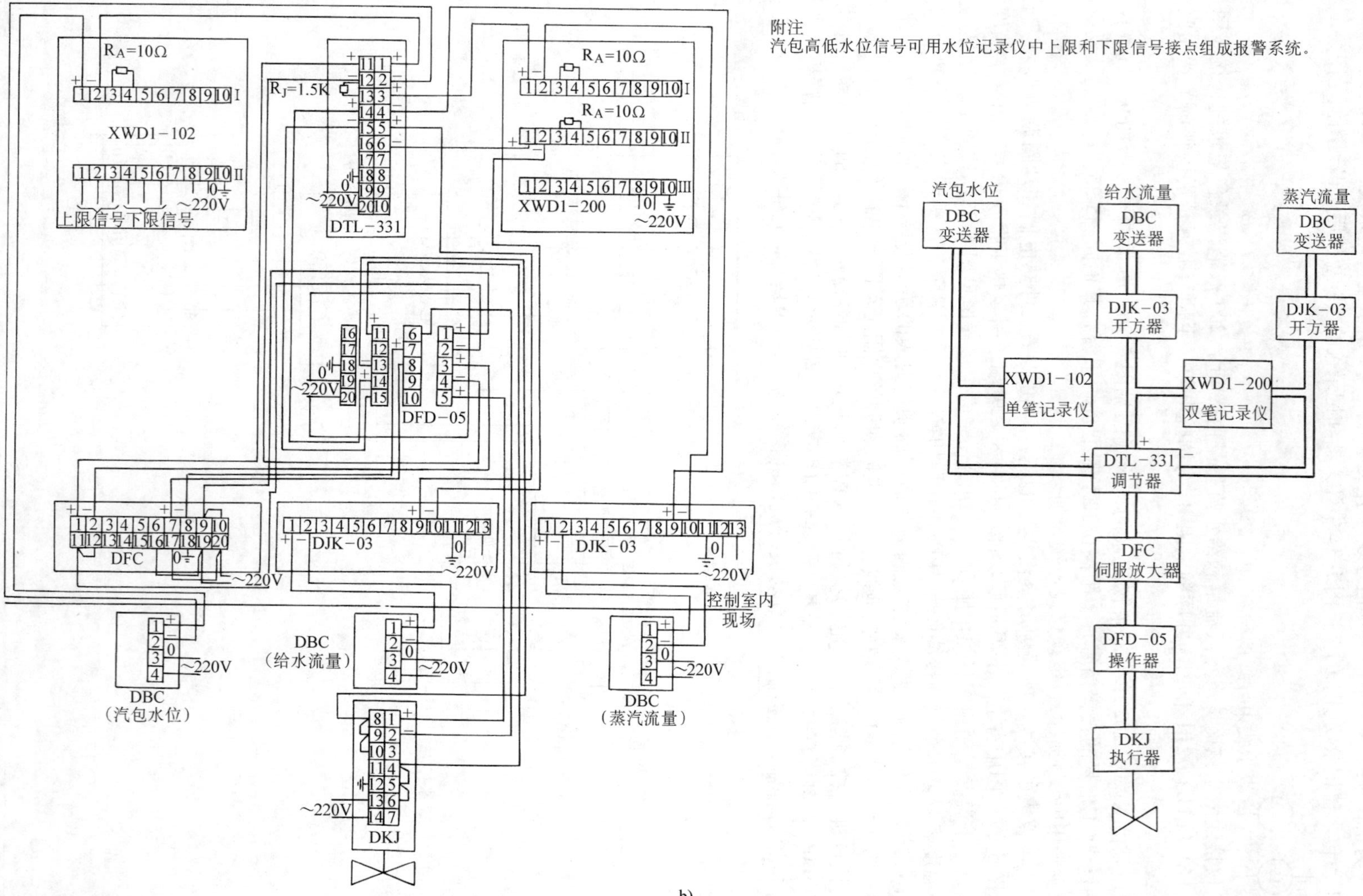

图 5-33 汽包水位三冲量自动调节原理接线图（续）

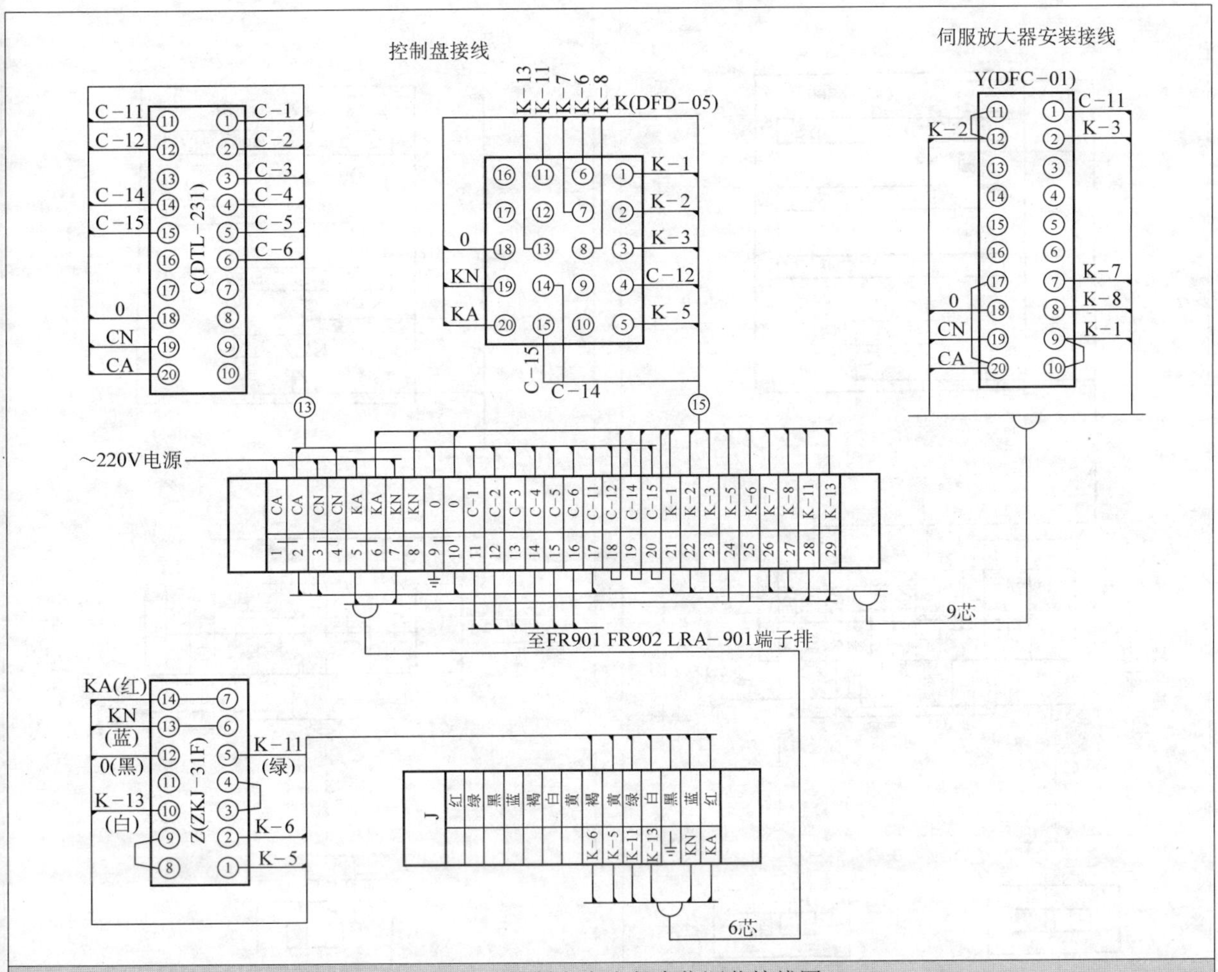

图 5-34　控制盘内汽包水位调节接线图

由图5-39 可知，执行机构本身设行程开关两只 STON（开）和 STOF（关）控制开度的极限，并有直流电流输出以显示其开度的大小，可用直流电流表显示。按钮 SBON 动作时电动机正转，开度增大，到极限位置行程开关动作，电动机停转，按钮 SBOF 动作时与上述相反。

图 5-40 中，A 为相线，N 为工作零线，盘上与现场用 6 芯电缆连接。这根电缆详见电缆清册。

5. 给煤机电磁调速异步电动机控制器的接线图。给煤机是用可无级调速的电磁调速异步电动机拖动的，该电动机的控制分两部分，一部分是将三相交流电送入定子，这与一般异步电动机相同；另一部分是与异步电动机同轴的离合器电磁线圈供电的晶闸管直流调速装置，这就是电磁调速控制器，其接线图见图 5-41。AN 为交流 220V 电源，O 为接地端子，DK－11、DK－13 为直流输出给电磁线圈，DK－6、DK－7、DK－8 为与异步电动机同轴的测速发电机（三相）的三根相线。

6. 锅炉机组总联锁及引风、送风机电动机控制接线图。从图 5-22 和图 5-24 可知引风机电动机是用转换开关 SA 控制的，与其他机组是用联锁开关 SLA 联锁的，SA 和 SLA 均安装在控制盘上，其接线图见图 5-42。这里的 SA 引和 SLA 与图 5-22、图 5-24 是一致的，所有标注的端子号及元件也是一致的，读者可一一对照。

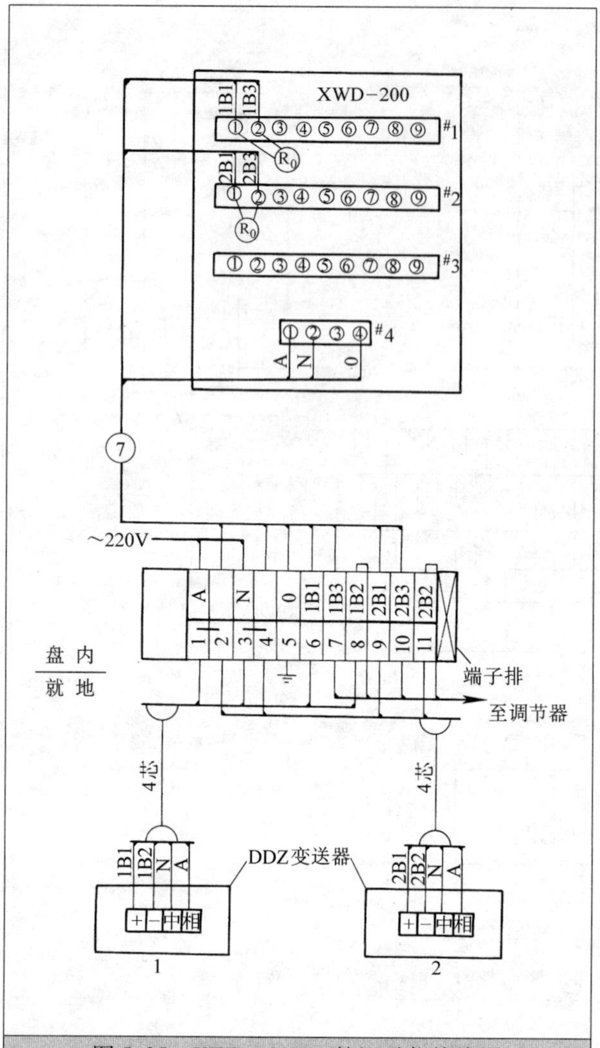

图 5-35　XWD－200 双笔记录仪接线图

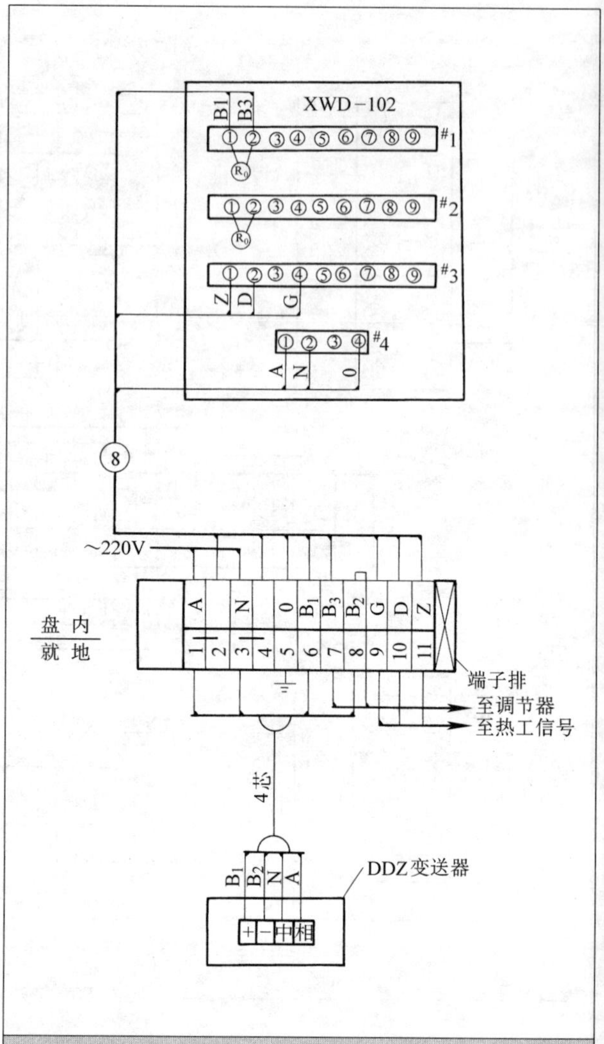

图 5-36　XWD－102 单笔记录仪接线图（上下限报警）

由图可知，B412 和 N411 是由厂用配电装置的保护及测量表计引来的，电压 220V 是供电动机控制回路的电源，至邻近端子排是指事故音响的小母线电源 1WFS 和 2WFS，45 和 33 端子是联锁端子。SLA 的接线与图 5-24 标注完全相同。因为送风机电动机与引风机电动机的二次回路相同，我们在前面省略了送风机电动机的二次回路，因此，图 5-42 中的 SA 送接线可参照图 5-22 分析。

7. 二次风机电动机控制接线图见图 5-43，可用 6 中的方法分析，该图与图 5-23 是一致的。同样抛煤机和给煤机及给水泵电动机的控制接线图与之基本相同，因此也没有列出，主要区别是未装电流表。

8. 三速炉排电动机控制接线图见图 5-44。该图与图 5-26 是一致的，分析方法同前。

9. 锅炉热工信号接线图见图 5-45。图中闪光信号报警器 HLA－912 是显示锅炉运行中压力、温度、水位极限位置的装置，当出现极限位置时，报警器信号灯闪光且盘上电铃响动报警，其中主蒸汽压力高的信号来自控制盘上的高位信号压力表 YX－150，主蒸汽温度信号来自盘上动圈温度表 XCT－121，汽包水位信号来自盘汽包水位记录仪 XWD－102，在前述中我们已提到了这点，其中两只按钮为试验按钮和消除按钮。

10. 锅炉事故信号回路及其安装接线图　锅炉设置事故信号回路见图 5-46，其安装接线图见图 5-47。信号回路将在变配电装置一章中讲述，读者可用上述方法分析图 5-47，进一步了解接线图与原理图的关系。

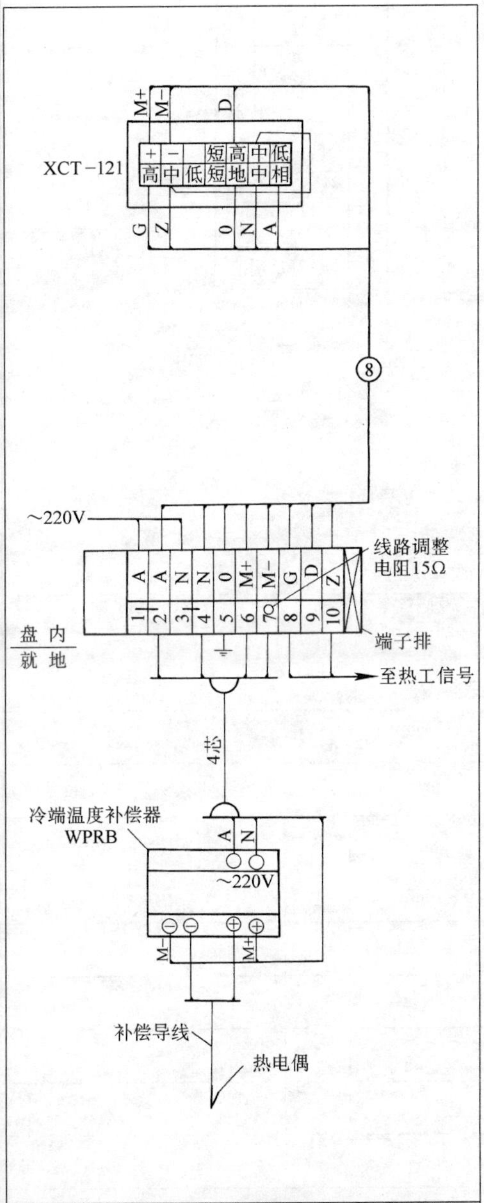

图5-37 热电偶与动圈调节仪 XCT－121的接线图

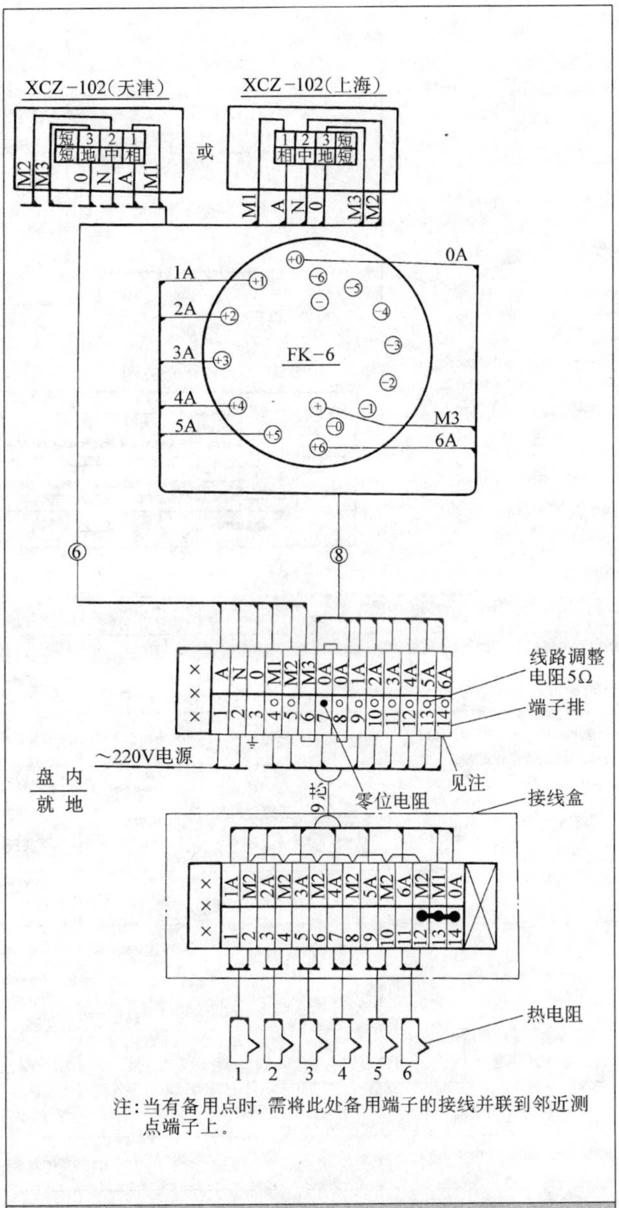

图5-38 一只动圈表XCZ－102测量多点温度时的接线图（六点）

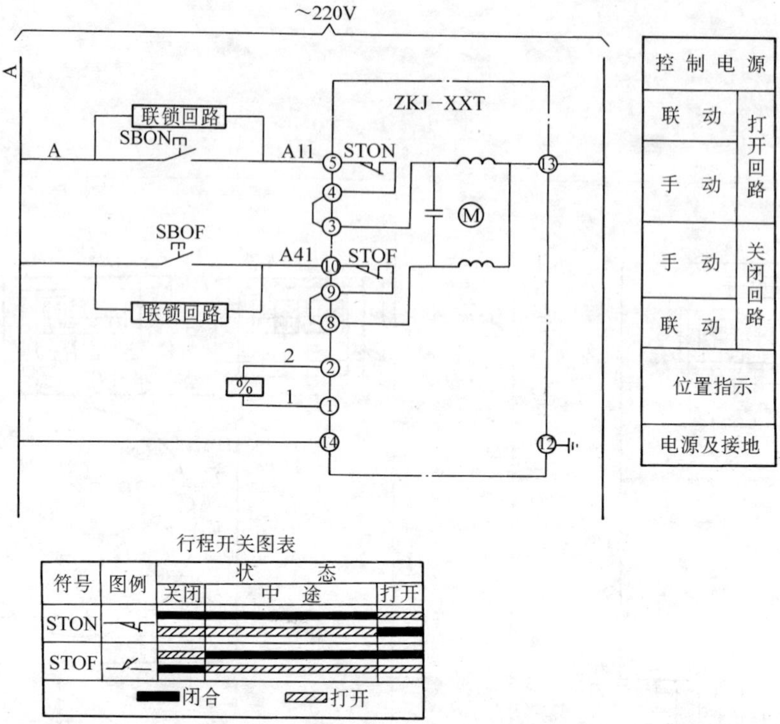

图 5-39　ZKJ 电动执行机构原理接线图

表 5-9　图 5-40 设备元件表

序号	符　号	名　称	型式规格	数量	备　注
控制盘（台）上的设备					
1	SBON SBOF	控制按钮（红、绿各一）	LA18－22	2	
2	%	位置指示	46C2－A,0～100% 0～10mA	1	
3		名牌端子	D－9	1	
4		普通端子	D－1	3	
5		连接端子	D－2	3	
6		连接端子	D－3	3	
电动执行器处的设备					
1		电动执行器	ZKJ－XXT	1	
2	ZDK、ZDG	开向、关向行程开关		2	随电动执行器供货
3		端子盒	JD－1	1	与执行器配套设备
4		2 号附件	AT－14－7 接线组件	1 套	与执行器配套设备

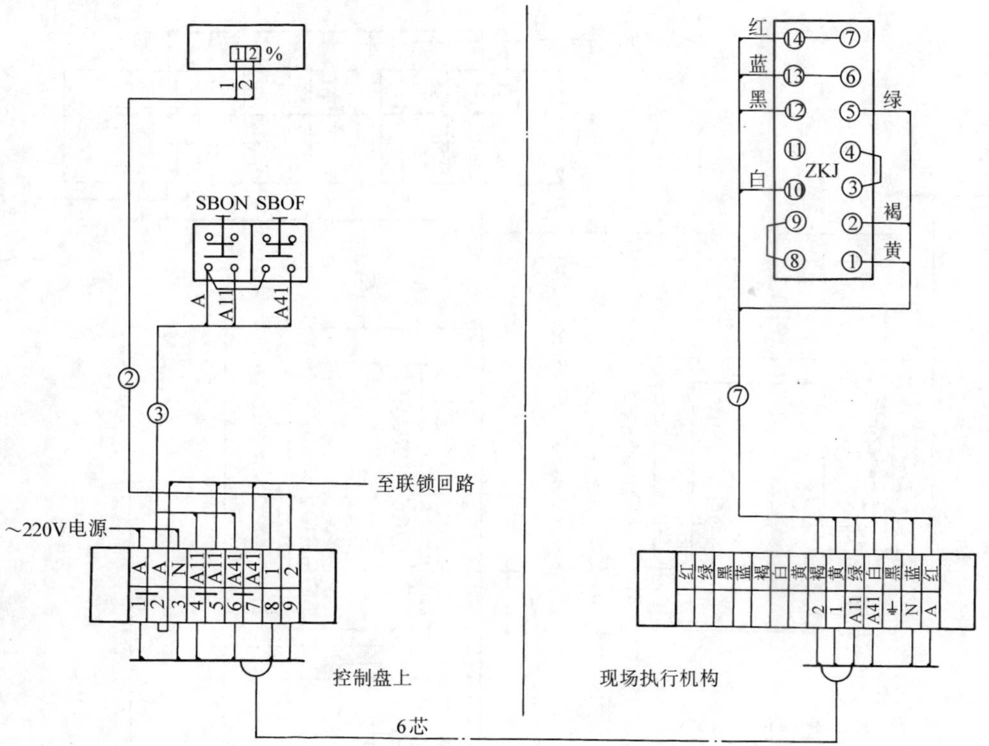

图 5-40　控制盘控制显示及执行机构接线图

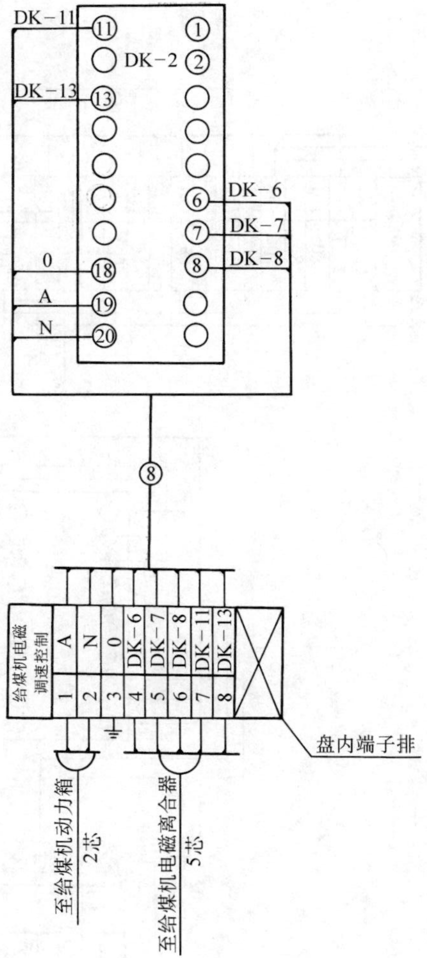

图 5-41　DK－2 型电磁调速控制器接线图

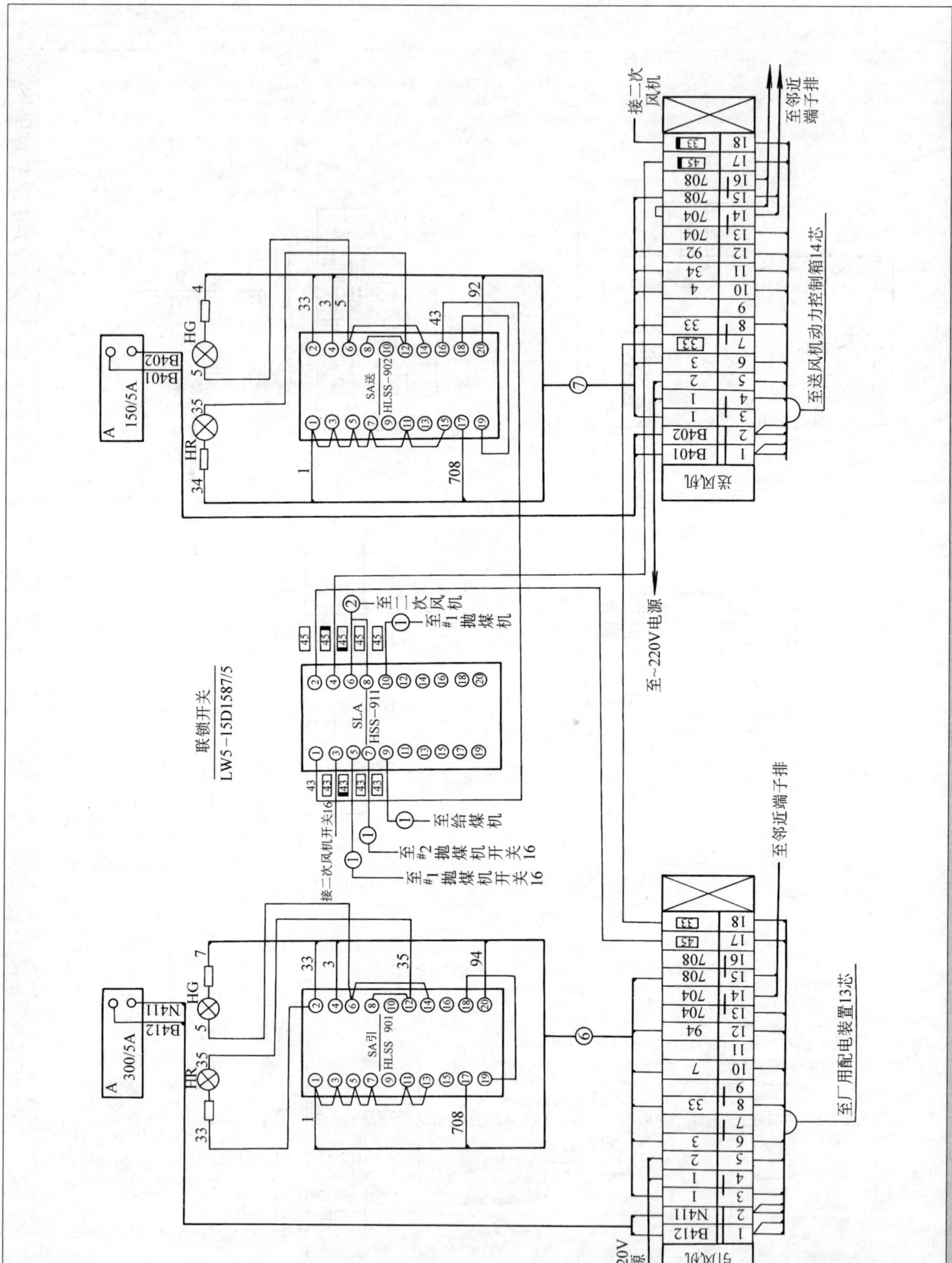

图 5-42　锅炉机组总联锁及引风、送风机电动机控制接线图

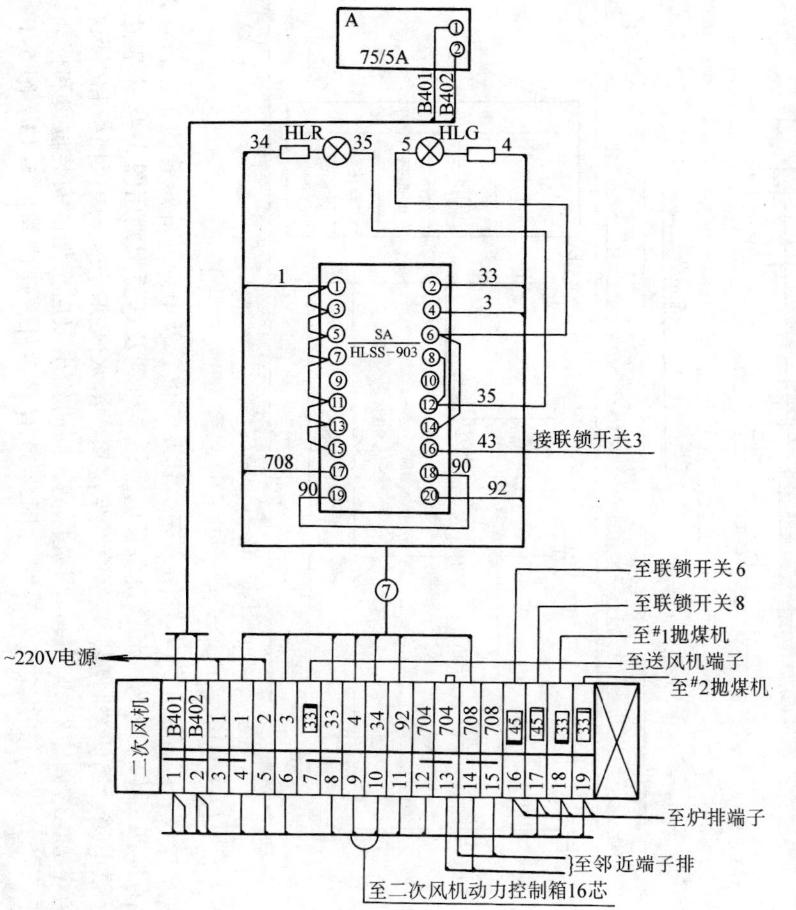

图 5-43　二次风机电动机控制接线图

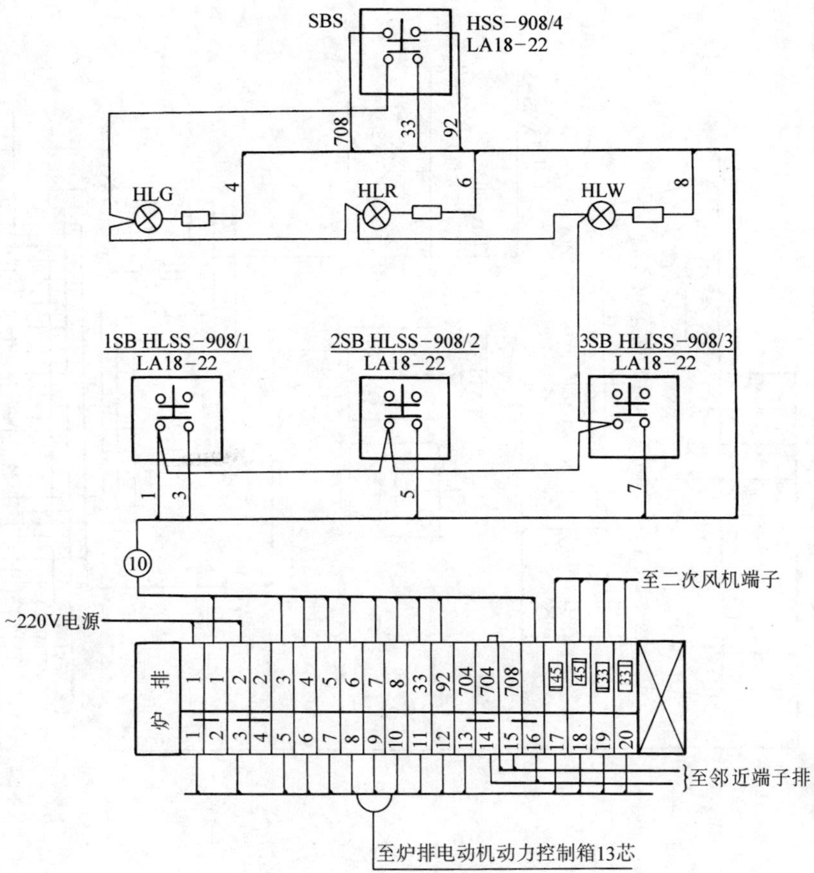

图 5-44　三速炉排电动机控制接线图

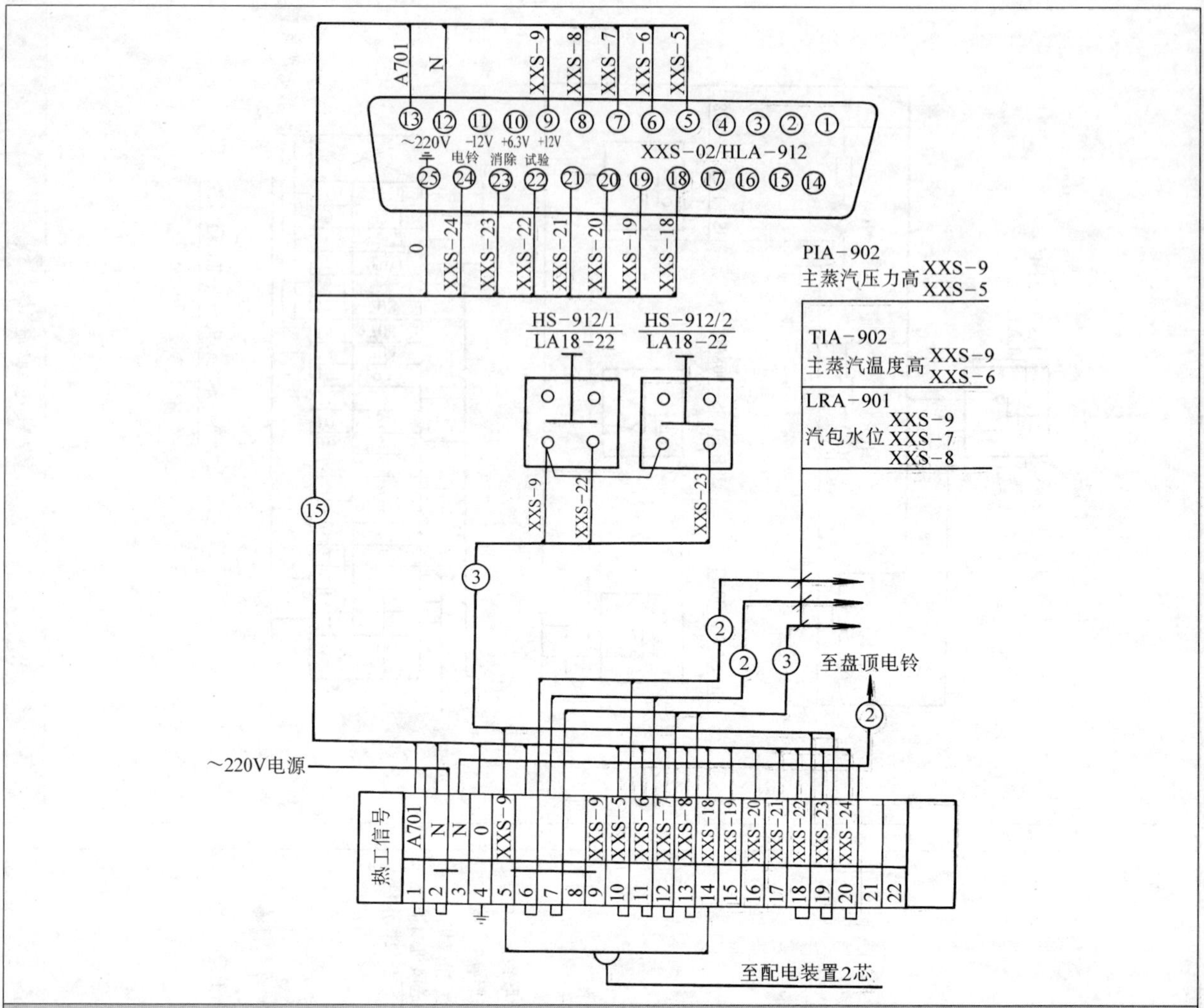

图 5-45　锅炉热工信号接线图

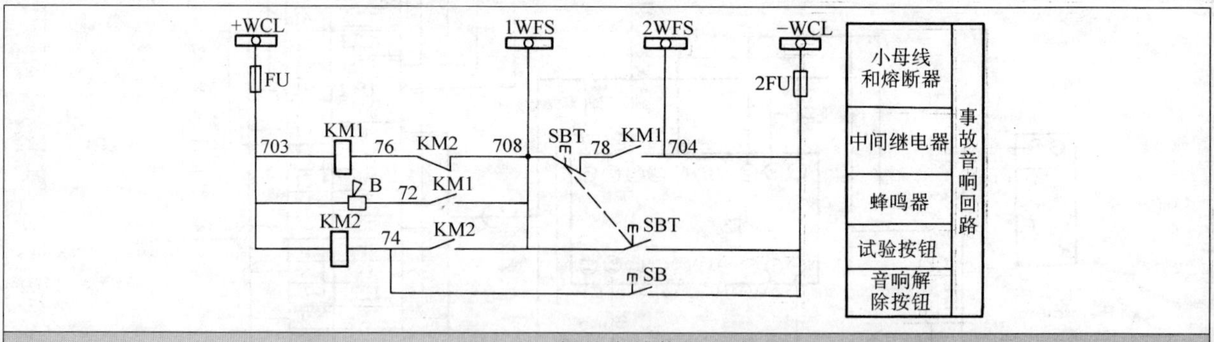

图 5-46　锅炉事故信号回路

（四）锅炉房热工仪表及电缆主通道布置图的识读

热工仪表与电气设备一样用电缆布置图来表达其安装位置及电缆、导压管的布置，有关一次元件已在图 5-28 和图 5-29 中作了介绍，其他设备及电缆、导压管及其桥架则用图 5-48 来表达。图中标明了伺服放大器、供电箱、锅炉控制盘、接线盒、保温箱、给水阀执行器、送风挡板和引风挡板执行器、冷端补偿器及给煤机电磁调速器的安装位置及标高，同时给出双层桥架的安装位置和标高，注明了上层为导压管，下层为电缆。该图除与图5-28 和图 5-29 有联系外，还应与图 5-13、图 5-14 同时阅读，便能掌握更多的东西。

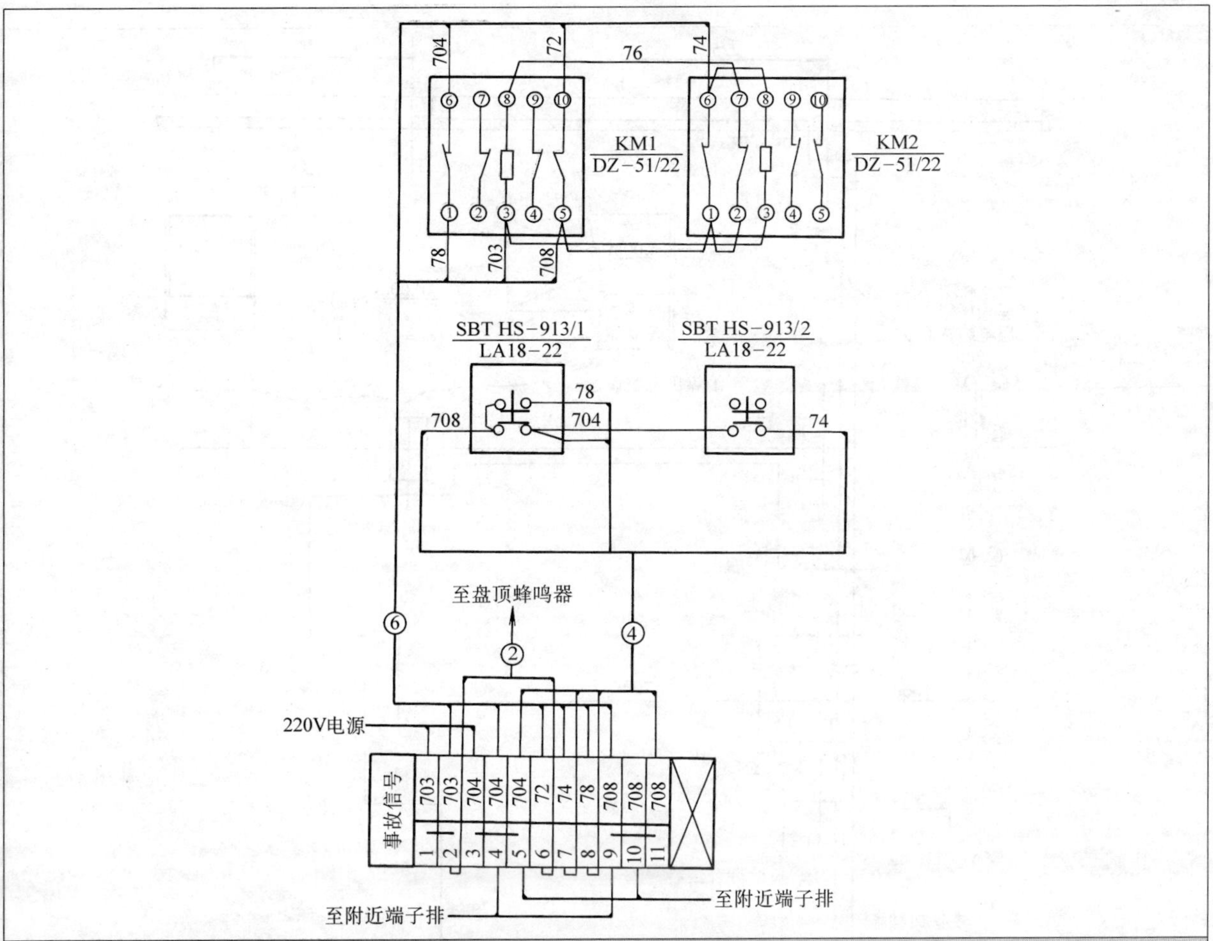

图 5-47　锅炉事故信号回路接线图

(五) 电缆清册

热工仪表与电气设备一样用电缆清册来表达电缆的根数、型号、规格、起始位置，见表 5-10。

表 5-10　锅炉房热工仪表电缆清册（局部）

序号	安装单位名称	电缆编号	电缆型号及截面	备用芯数	电缆去向		长度/m				
							KVV29		KVV		
					起点	终点	14×1.5	10×1.5	4×1.5	5×1.5	7×1.5
锅炉房热控　部分控制电缆											
1	主蒸汽温度	DLD－01	5×1.5	1	冷端补偿器	锅炉控制盘右侧				25	
2	给水、烟气、风温	D1JX－01	7×1.5	1	#1 接线盒	锅炉控制盘右侧					20
3	给水、蒸汽、流量、汽包水位	D2JX－01	14×1.5	2	#2 接线盒	锅炉控制盘右侧	10				
4	给水、蒸汽、流量、汽包水位	DBW－01	5×1.5	1	保温箱	供电箱				2	
5	汽包水位调节	DZ－01	7×1.5	1	执行机构	锅炉控制盘右侧					15
6	送风远方操作	DZ－03	7×1.5	1	执行机构	锅炉控制盘右侧					30
7	引风远方操作	DZ－03	7×1.5	1	执行机构	锅炉控制盘右侧					50
8	盘间电缆	DP－01	4×1.5	2	供电箱	锅炉控制盘右侧			10		
9	盘间电缆	DP－02	10×1.5	1	伺服放大器	锅炉控制盘右侧		5			
10	除氧水箱水温	D3JX－01	7×1.5	1	#3 接线盒	除氧给水控制盘右侧					15
11	除氧水箱水位	D4JX－01	5×1.5	1	#4 接线盒	除氧给水控制盘右侧				15	
12	盘间电缆	DP－03	7×1.5	2	给煤机电磁离合器	锅炉控制盘右侧					15

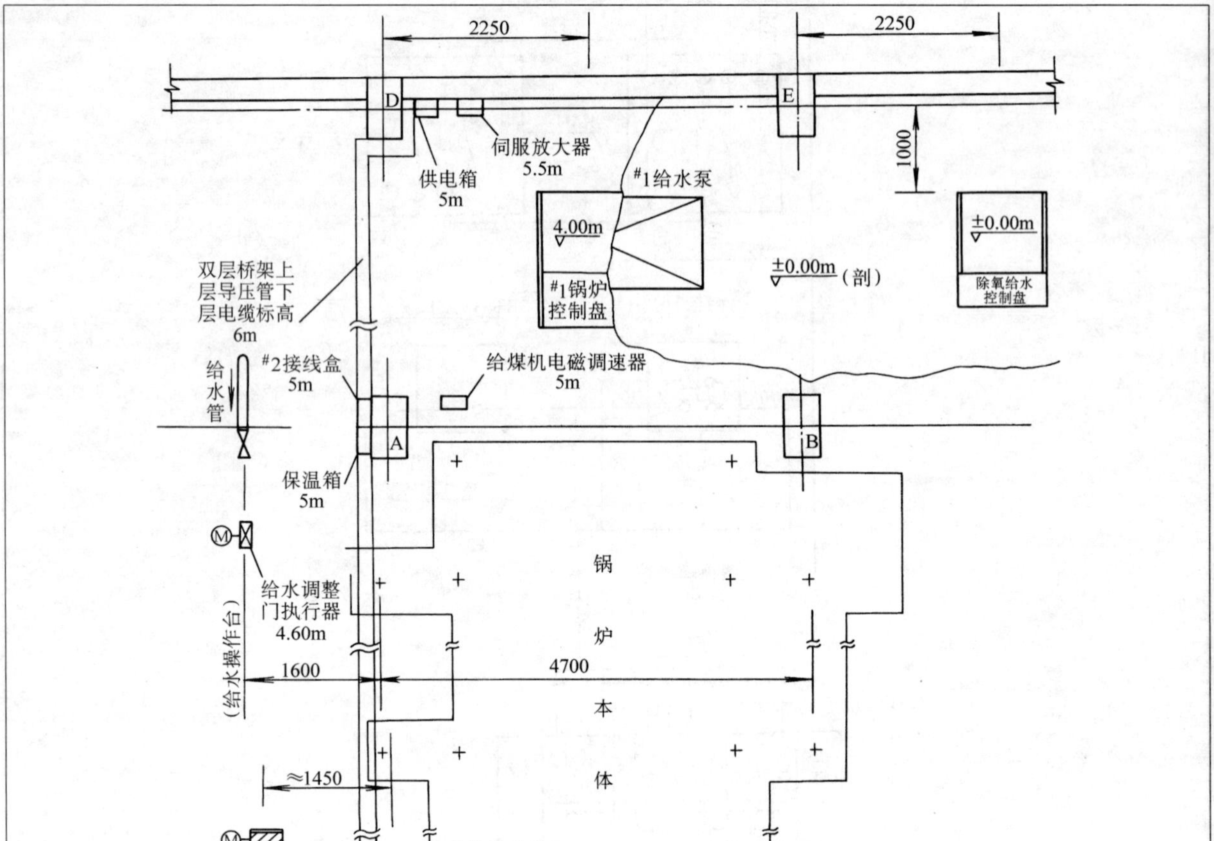

图5-48　锅炉房热工仪表及电缆主通道布置图（局部）

（六）锅炉房除氧给水系统图样的识读

工业锅炉房都设置了除氧给水系统，有时也称做水处理系统，在工程概况中已列出了除氧给水系统的图样目录，这些图样与锅炉热工仪表的图样是对应一致的，只是测量的参数不同，管线不同，接线方法不同。限于篇幅的关系，这里不再一一列出讲述。读者可按前述方法和工程提供的图样进行分析，只要掌握了前述内容则是轻而易举之事。

第三节　工业锅炉微机控制系统线路的识读

由于微机技术的发展，将微机用于工业锅炉控制系统的实例越来越多，性能越来越完备。微机技术引入锅炉控制系统后，简化了自动化仪表及自动装置的线路，提高了控制精度。微机控制引入后，电气部分没有太大的变化，与前述基本相同，因此这里不再介绍。自动化仪表及自动装置部分有的变化较大，我们只列出变化较大的部分加以介绍。引入微机后变化最大的是检测的点和检测量增加了，充分利用了微机多功能多变量测量控制功能，使控制系统更完善、更精确、更适时。

1. 系统概况

（1）工业锅炉微机控制系统一般采用专为工业锅炉控制开发的微机控制系统，这里介绍的机型为IPC486/66，内存2MB，硬盘400MB，软驱1.2MB+1.44MB，14″彩色监视器，备有UPS、交流抗干扰滤波装置及12A/D、8D/A、32I/O变换装置等。

（2）控制软件采用C语言，也可采用其他语言，运用模块化结构对锅炉和除氧器的运行检测、控制，控制周期1s。

（3）水位控制　通过传感器测量汽包水位、蒸汽流量、给水流量，经过微机的运算后控制给水调节阀。由于采用了非线性及去耦合调节，使控制精度达到±5mm。

（4）汽压与燃烧控制　通过传感器测量汽包压力，用自适应算法，控制炉排给煤速度和送风量，保证蒸汽压力。并利用氧化锆氧量分析仪校正风量煤量的配比，实现最佳燃烧，压力控制精度±0.05MPa，对负荷较大时的调整具有很强的适应性。

（5）炉膛负压控制　通过传感器测量炉膛负压，控制鼓风量和引风量，炉膛负压控制精度±5Pa。

（6）运行的监视　运行过程中随时可将运行模拟画面、参数报表、控制参数、直方图、负荷曲线等画面在监视器上进行分析和监控，掌握锅炉运行情况。

（7）测量参数有给水、蒸汽、压力、水位、氧含量、炉膛负压、阀门开度及各点温度以及除氧器的压力、温度、水位等，并对水位、压力、温度等参数的上下限报警。

（8）设置后备仪表，保证调试和检修时使用。

2. 锅炉微机控制系统流程图　由于该图较大，我们将其分成4部分列出，见图5-49～图5-52。读者可与图5-28和图5-29进行比较，图中的测量参数和测量点增加了，测量元件没有太大变化，图中增加了微机系统（UU/101），并且所有的测量参数均引入（UU/101），实现多功能、多变量的集中控制、集中显示。这里我们不再详细讲述这些图样，读者可用上述方法进行分析。控制测量仪表见表5-11。

3. 锅炉微机控制系统导管电缆连接图，见图5-53，读者可与图5-30进行比较。由图可以看出，所有测量信号引入仪表柜后将全部再引入微机控制系统，以便集中控制和监视。

4. 锅炉微机控制系统单元接线图　单元接线图基本相同，且较简单，这里列出几个典型的例子供参考。

（1）带显示仪表的温度测量及控制单元接线见图5-54。由图可知，这里采用的是带热电偶一体化的温度变送器，温度信号经配电器后，一是作为显示仪表的信号，二是引入微机控制系统。

（2）无显示仪表的给水流量测量及控制单元接线见图5-55。给水流量是由$\sqrt{\Delta P}$流量变送器测量，流量信号经配电器后引入微机控制系统。其他信号的测量与图5-53基本相同。

（3）ZKZN电动调节阀微机控制单元接线见图5-56。微机控制系统接收的有关给水流量的信号经运算后输出控制信号，这个信号给电动操作器、伺服放大器，使电动调节阀的开度变化而改变了给水的流量。我们在前述的仪表控制中，是由三冲量自动调节系统完成的，见图5-32～图5-34。

（4）DKJ电动执行机构微机控制单元接线见图5-57。可与前述图5-39和图5-40进行比较，请读者自行分析。

（5）炉排转速调速微机控制单元接线见图5-58。可与前述图5-41进行比较，请读者自行分析。

5. 除了上述图样外，锅炉微机控制系统还有很多图样，这些图样与前述自动化仪表控制系统是对应的，这里不再一一列举。关于微机控制本身的技术涉及微机的构造原理、程序编制等内容已超过了本书的范围，限于篇幅的关系，不再讲述，读者可参阅有关专著。

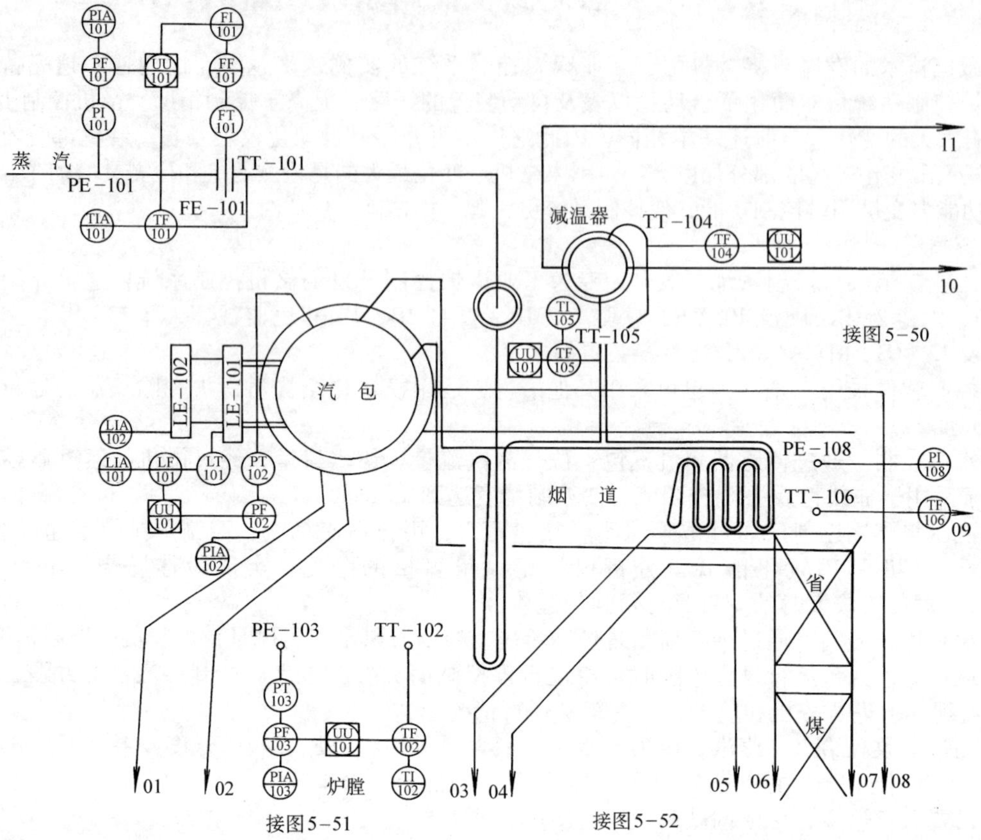

图5-49　锅炉微机控制系统流程图汽包部分

注：图5-49～图5-52 箭线所标数字序号是一致的。

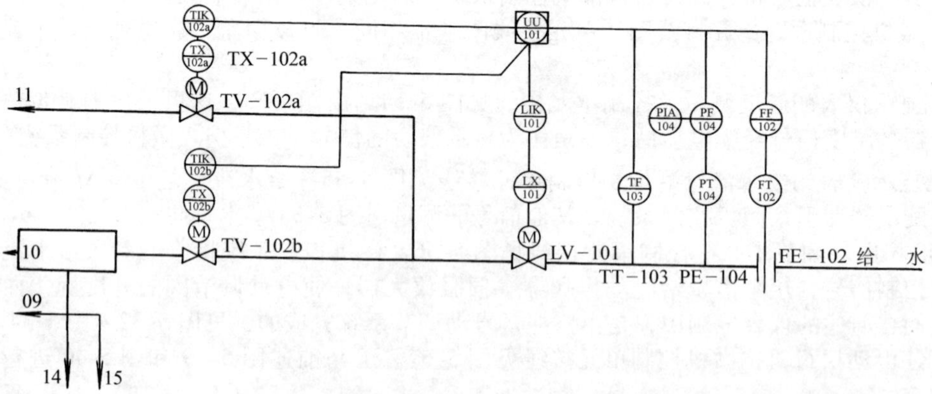

图5-50　锅炉微机控制系统流程图给水部分

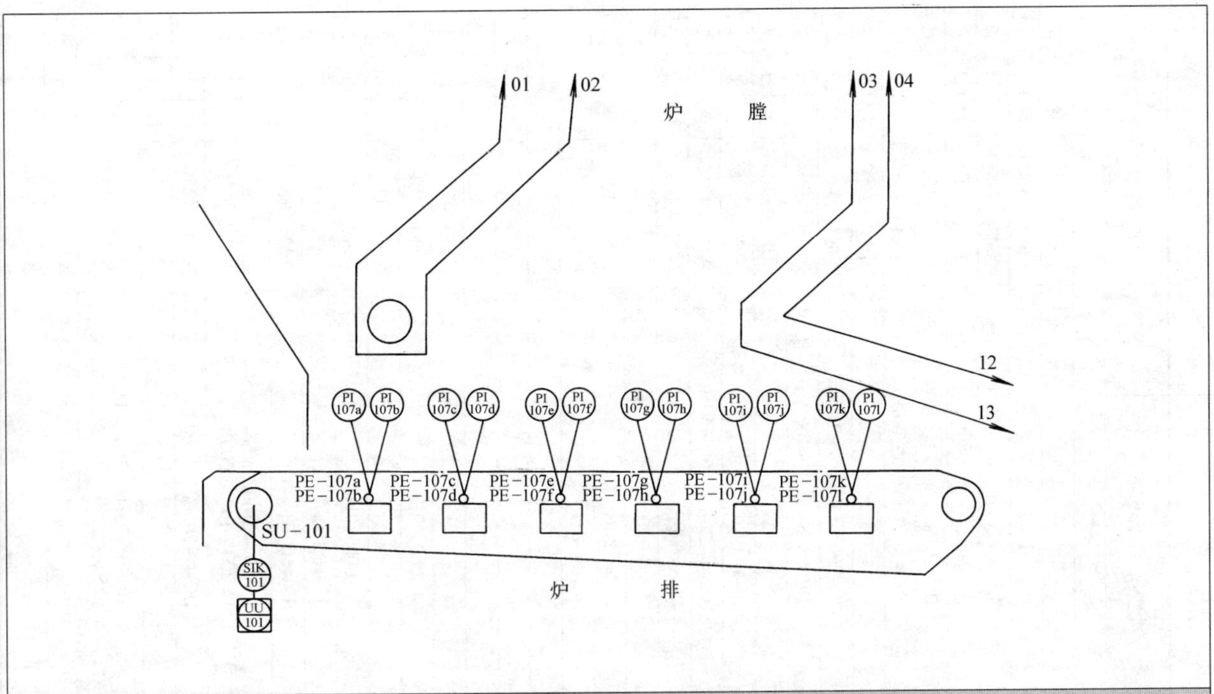

图 5-51　锅炉微机控制系统流程图炉膛炉排部分

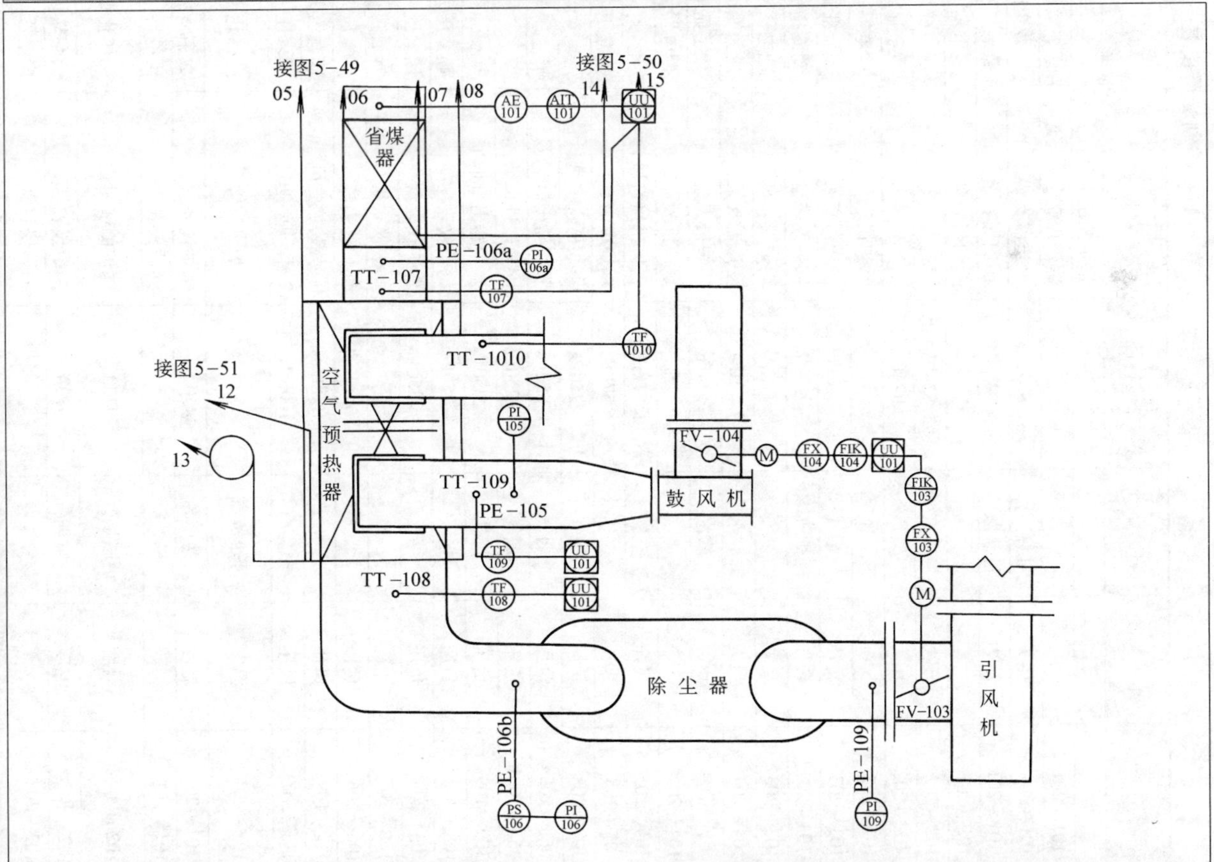

图 5-52　锅炉微机控制系统流程图引风鼓风部分

表 5-11 控制测量仪表一览表

图位号	测量参数	测量介质	介质特性	安装地点	仪表名称及规格	仪表型号	单位	数量 单计	数量 总计
				锅炉控制部分					
UU－101～201				锅炉控制室	锅炉微机控制系统	BGK－Ⅲ	套	1	2
PT－101～201	压力	过热蒸汽	3.82MPa	变送器支架	压力变送器 0～6MPa	SBYC－1800	台	1	2
PIA－101～201	压力	过热蒸汽	3.82MPa	锅炉仪表盘	数字显示仪 DC 4～20mA，0～6MPa	XMT－125G	台	1	2
PF－101～201				锅炉仪表盘	配电器	DFP－2100	台	1	2
PT－102～202	压力	蒸汽	3.82MPa	变送器支架	压力变送器 0～6MPa	SBYC－1800	台	1	2
PIA－102～202	压力	蒸汽	3.82MPa	锅炉仪表盘	数字显示仪 DC 4～20mA，0～6MPa	XMT－125G	台	1	2
PF－102～202				锅炉仪表盘	配电器	DFP－2100	台	1	2
PT－103～203	负压	烟气	－20Pa	变送器支架	差压变送器 0～200Pa，负迁移－100Pa	SBCC－1100	台	1	2
PIA－103～203	负压	烟气	－20Pa	锅炉仪表盘	动圈指示仪 DC 4～20mA，－100Pa～＋100Pa	XFT－125	台	1	2
PF－103～203				锅炉仪表盘	配电器	DFP－2100	台	1	2
PT－104～204	压力	软水	4.7MPa	变送器支架	压力变送器 0～6MPa	SBYC－1800	台	1	2
PIA－104～204	压力	软水	4.7MPa	锅炉仪表盘	数字显示仪 DC 4～20mA，0～6MPa	XMT－125G	台	1	2
PF－104～204				锅炉仪表盘	配电器	DFP－2100	台	1	2
PE－105～205	风压	空气	2.57kPa	送风机出口风管					
PI－105～205	风压	空气	2.57kPa	锅炉仪表盘	膜盒压力表 0～4000Pa	YEJ－101	台	1	2
PE－108～208	负压	烟气	－250Pa	省煤器进口烟道					
PE－106a～206a	负压	烟气	－850Pa	省煤器出口烟道					
PE－106b～106b	负压	烟气	－1250Pa	除尘器进口烟道					
PE－109～109	负压	烟气	－2250Pa	除尘器出口烟道					
PI－108～208	负压	烟气	－250Pa	锅炉仪表盘	膜盒压力表 －400～0Pa	YEJ－101	台	1	2
PI－109～209	负压	烟气	－2250Pa	锅炉仪表盘	膜盒压力表 －4000～0Pa	YEJ－101	台	1	2
PS－106～206				锅炉仪表盘	六通阀	QF－06	个	1	2
PI－106～206	负压	烟气	－850～1250Pa	锅炉仪表盘	膜盒压力表 －1600～0Pa	YEJ－101	台	1	2
PI－107a～1071	风压	热空气	1000Pa	1号锅炉各送风室就地	膜盒压力表 0～1600Pa	YE－150	台	12	12
PI－207a～2071	风压	热空气	1000Pa	2号锅炉各送风室就地	膜盒压力表 0～1600Pa	YE－150	台	12	12
TT－101～201	温度	过热蒸汽	450℃	锅炉出汽管	一体化温度变送器 SBWR－2160/2303 $L=350$ $l=200$ $\phi16$ 0～600℃	SBWR－2160	支	1	2
TIA－101～201	温度	过热蒸汽	450℃	锅炉仪表盘	数字显示仪 DC 4～20mA 0～600℃	XMT－125G	台	1	2
TF－101～201				锅炉仪表盘	配电器	DFP－2100	台	1	2
TT－102～202	温度	炉膛烟气	970℃	锅炉侧壁测孔	一体化温度变送器 SBWR－2560/131 $L=1150$ $\phi25$ 0～1200℃	SBWR－2560	支	1	2
TI－102～202	温度	炉膛烟气	970℃	锅炉仪表盘	数字显示仪 DC 4～20mA 0～1200℃	XMZ－105G	台	1	2
TF－102～202				锅炉仪表盘	配电器	DFP－2100	台	1	2

TT - 103 ~ 203	温度	软水	104℃	锅炉给水管 D89 × 4.5	一体化温度变送器	SBWZ - 2460/230 $L = 300$ $l = 150$ $\phi16$ 0 ~ 400℃	SBWZ - 2460	支	1	2
TF - 103 ~ 203				锅炉仪表盘			DFP - 2100	台	1	2
TT - 104 ~ 204	温度	过热蒸汽	360℃	减湿器进汽管	一体化温度变送器	SBWZ - 2460/230 $L = 300$ $l = 150$ $\phi16$ 0 ~ 400℃	SBWZ - 2460	支	1	2
TF - 104 ~ 204				锅炉仪表盘	配电器		DFP - 2100	台	1	2
TT - 105 ~ 205	温度	过热蒸汽	330℃	减温器出口管	一体化温度变送器	SBWZ - 2460/230 $L = 500$ $l = 350$ $\phi16$ 0 ~ 400℃	SBWZ - 2460	支	1	2
TI - 105 ~ 205	温度	过热蒸汽	330℃	锅炉仪表盘	数字显示仪	DC 4 ~ 20mA 0 ~ 400℃	XMZ - 105G	台	1	2
TF - 105 ~ 205				锅炉仪表盘	配电器		DFP - 2100	台	1	2
TT - 106 ~ 206	温度	烟气	815℃	省煤器前烟道	一体化温度变送器	SBWR - 2160/131 $L = 1150$ $\phi25$ 0 ~ 1200℃	SBWR - 2160	支	1	2
TF - 106 ~ 206					配电器		DFP - 2100	台	1	2
TT - 107 ~ 207	温度	烟气	655℃	空气预热器前烟道	一体化温度变送器	SBWR - 2160/131 $L = 1150$ $\phi25$ 0 ~ 800℃	SBWR - 2160	支	1	2
TF - 107 ~ 207					配电器		DFP - 2100	台	1	2
TT - 108 ~ 208	温度	烟气	167℃	除尘器前烟道	一体化温度变送器	SBWZ - 2460/330 $L = 500$ $\phi16$ 0 ~ 400℃	SBWZ - 2460	支	1	2
TF - 108 ~ 208					配电器		DFP - 2100	台	1	2
TT - 109 ~ 209	温度	空气	30℃	空气预热器进风管	一体化温度变送器	SBWZ - 2460/330 $L = 500$ $\phi16$ 0 ~ 200℃	SBWZ - 2460	支	1	2
TF - 109 ~ 209					配电器		DFP - 2100	台	1	2
TT - 1010 ~ 2010	温度	热空气	150℃	空气预热器出口风管	一体化温度变送器	SBWZ - 2460/330 $L = 500$ $\phi16$ 0 ~ 200℃	SBWZ - 2460	支	1	2
TF - 1010 ~ 2010					配电器		DFP - 2100	台	1	2
LE - 102 ~ 202	水位	汽水	±50mm	锅炉汽包侧	电接点液位测量筒		UDZ - 01/19	台	1	2
LIA - 102 ~ 202	水位	汽水	±50mm	锅炉仪表盘	电接点液位计		UDZ - 01S/19	台	1	2
AE - 101 ~ 201	氧含量	烟气	0 ~ 10%	锅炉烟道	氧化锆探头		Z0 - 12B	套	1	2
AIT - 101 ~ 201	氧含量	烟气	0 ~ 10%	锅炉仪表盘	氧量变送器	DC 4 ~ 20mA 0 ~ 10%				
SIK - 101 ~ 201	转速	炉排电机		锅炉仪表盘	控制器		DTK - 2A	台	1	2
LV - 101 ~ 201	液位	水	35t/h	给水操作台总给水阀	角行电动机执行机构	DC 4 ~ 20mA	DKJ - 3100	台	1	2
LX - 101 ~ 201	液位	水	35t/h	锅炉仪表盘	伺服放大器		ZPE - 04J	台	1	2
LIK - 101 ~ 201	液位	水	35t/h	锅炉仪表盘	电动操作器		DFD - 1000A	台	1	2
TV - 102a ~ 202a	流量	减温水	2.1t/h	给水操作台减温阀	角行电动机执行机构	DC 4 ~ 20mA	DKJ - 3100	台	1	2
TX - 102a ~ 202a	流量	减温水	2.1t/h	锅炉仪表盘	伺服放大器		ZPE - 04J	台	1	2
TIK - 102a ~ 202a	流量	减温水	2.1t/h	锅炉仪表盘	电动操作器		DFD - 1000A	台	1	2
TV - 102b ~ 202b	流量	锅炉上水	32.9t/h	给水操作台分配阀	角行电动机执行机构	DC 4 ~ 20mA	DKJ - 3100	台	1	2

（续）

图位号	测量参数	测量介质	介质特性	安装地点	仪表名称及规格	仪表型号	单位	数量 单计	数量 总计
TX - 102b ~ 202b	流量	锅炉上水	32. 9t/h	锅炉仪表盘	伺服放大器	ZPE - 04J	台	1	2
TIK - 102b ~ 202b	流量	锅炉上水	32. 9t/h	锅炉仪表盘	电动操作器	DFD - 1000A	台	1	2
FV - 103 ~ 203	烟量	烟气		引风机入口处	角行电动机执行机构 DC 4 ~ 20mA	DKJ - 3100	台	1	2
FX - 103 ~ 203	烟量	烟气		锅炉仪表盘	伺服放大器	ZPE - 04J	台	1	2
FIK - 103 ~ 203	烟量	烟气		锅炉仪表盘	电动操作器	DFD - 1000A	台	1	2
FV - 104 ~ 204	风量	空气		送风机入口处	角行电动程执行机构 DC 4 ~ 20mA	DKJ - 3100	台	1	2
FX - 104 ~ 204	风量	空气		锅炉仪表盘	伺服放大器	ZPE - 04J	台	1	2
FIK - 104 ~ 204	风量	空气		锅炉仪表盘	电动操作器	DFD - 1000A	台	1	2
UA - 101 ~ 201	多参数			锅炉仪表盘	闪光信号报警器	XXS - 01	台	1	2
UA - 102 ~ 202	多参数			锅炉仪表盘	闪光信号报警器	XXS - 01	台	1	2
FE - 101 ~ 201	流量	过热蒸汽	35t/h	锅炉出汽管 D159 ×7	标准孔板（环室取压）	LGK	套	1	2
					1. 最大流量 40t/h				
					2. 工作流量 35t/h				
					3. 最小流量 15t/h				
					4. 工作压力 3. 82MPa				
					5. 管道内径 145mm（D159 ×7）				
					6. 变送器型号 SBCC - 15212/032（0 ~ 60kPa）				
					7. 允许压力损失 <0. 05MPa				
					8. 工作温度 450℃				
					9. 安装方式 水平				
FT - 101 ~ 201	流量	过热蒸汽	35t/h	变送器支架	$\sqrt{\Delta P}$流量变送器 DC 4 ~ 20mA，0 ~ 60kPa	SBCC - 15212/032	台	1	2
FI - 101 ~ 201	流量	过热蒸汽	35t/h	锅炉仪表盘	数字显示仪 DC 4 ~ 20mA，0 ~ 40t/h	XMZ - 105G	台	1	2
FF - 101 ~ 201				锅炉仪表盘	配电器	DFP - 2100	台	1	2
FE - 102 ~ 202	流量	软水	35t/h	锅炉给水管 D89 ×4. 5	标准孔板（环室取压）	LGK	套	1	2
					1. 最大流量 40t/h				
					2. 工作流量 35t/h				
					3. 最小流量 15t/h				
					4. 工作压力 5. 5MPa				
					5. 管道内径 80mm（D89 ×4. 5）				
					6. 变送器型号 SBCC - 15212/032（0 ~ 60kPa）				
					7. 允许压力损失 <0. 05MPa				
					8. 工作温度 104℃				
					9. 安装方式 水平				

FT－102～202	流量	软水	35t/h	变送器支架	$\sqrt{\Delta P}$流量变送器	DC 4～20mA，0～60kPa	SBCC－1521/032	台	1	2
FF－102～202				锅炉仪表盘	配电器		DFP－2100	台	1	2
LE－101～201	水位	汽水	±50mm	锅炉汽包侧	双室平衡容器	±320mm H_2O	FP－64B	台	1	2
LT－101～201	水位	汽水	±50mm	变送器支架	差压变送器	DC 4～20mA，0～6000Pa	SBCC－5400	台	1	2
LIA－101～201	水位	汽水	±50mm	锅炉仪表盘	色带指示仪	DC 4～20mA，±320mm H_2O	DXD－1100	台	1	2
LF－101～201				锅炉仪表盘	配电器		DFP－2100	台	1	2
				除氧器部分						
PT－301～302	压力	除氧蒸汽	0.02MPa	就地	压力变送器	DC 4～20mA，0～0.03MPa	SBYC－1500	台	1	2
PIA－301～302	压力	除氧蒸汽	0.02MPa	除氧仪表盘	数字显示仪	DC 4～20mA，0～0.03MPa	XMT－125G	台	1	2
PF－301～302				除氧仪表盘	配电器		DFP－2100	台	1	2
PI－303～305	压力	水	5.5MPa	给水泵后就地	压力表	0～10MPa	YE－100	台	1	3
PT－306	压力	水	5.5MPa	变送器支架	压力变送器	DC 4～20mA，0～10MPa	SBYC－1800	台	1	1
PI－306	压力	水	5.5MPa	除氧仪表盘	数字显示仪	DC 4～20mA，0～10MPa	XMZ－105G	台	1	1
PF－306				除氧仪表盘	配电器		DFP－2100	台	1	1
PT－307	压力	过热蒸汽	3.82MPa	变送器支架	压力变送器	DC 4～20mA，0～10MPa	SBYC－1800	台	1	1
PI－307	压力	过热蒸汽	3.82MPa	除氧仪表盘	数字显示仪	DC 4～20mA，0～10MPa	XMZ－105G	台	1	1
PF－307				除氧仪表盘	配电器		DFP－2100	台	1	1
TT－301～302	温度	水	104℃	除氧水箱	一体化温度变送器	SBWZ－2460/230 ϕ16 L＝300 l＝150 0～400℃	SBWZ－2460	台	1	2
TI－301～302	温度	水	104℃	除氧仪表盘	数字显示仪	DC 4～20mA，0～400℃	XMZ－105G	台	1	2
TF－301～302				除氧仪表盘	配电器		DFP－2100	台	1	2
LE－301～302	液位	水	±100mm	除氧水箱侧	单室平衡容器	±220mm H_2O	FP－64A	台	1	2
LT－301～302	液位	水	±100mm	就地	差压变送器	DC 4～20mA，0～6kPa	SBCC－5400	台	1	2
LIA－301～302	液位	水	±100mm	除氧仪表盘	色带指示仪	DC 4～20mA，±320mmH_2O	DXD－1100	台	1	2
LF－301～302				除氧仪表盘	配电器		DFP－2100	台	1	2
LV－301～302	液位	水		除氧器进水管 D108×4	电动调节阀 等百分比	C＝25 Dg50 铸钢 输入 DC 4～20mA	ZKZN－16K	台	1	2
LX－301～302	液位	水		除氧仪表盘	伺服放大器		ZPE－04J	台	1	2
LIK－301～302	液位			除氧仪表盘	电动操作器		DFD－1000A	台	1	2
PV－301～302	压力	除氧蒸汽		除氧器蒸汽管 D219×6	电动调节阀 等百分比	C＝250 Dg125 铸钢 输入 DC 4～20mA	ZKZN－16K	台	1	2
PX－301～302	压力	除氧蒸汽		除氧仪表盘	伺服放大器		ZPE－04J	台	1	2
PIK－301～302	压力			除氧仪表盘	电动操作器		DFD－1000A	台	1	2
UA－301	多参数			除氧仪表盘	闪光信号报警器		XXS－01	台	1	1

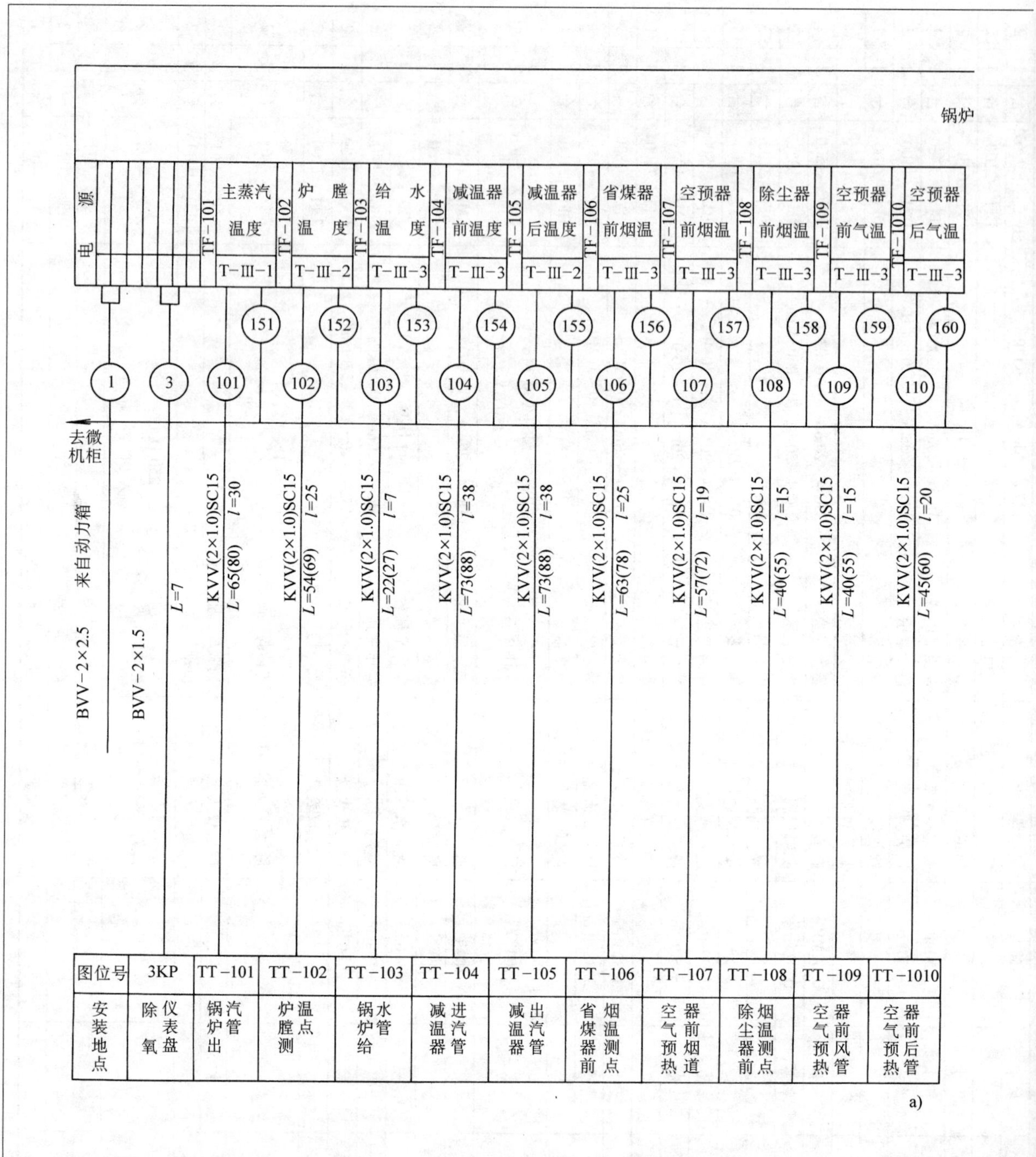

锅炉
电源
TF-101 主蒸汽温度 T-Ⅲ-1
TF-102 炉膛温度 T-Ⅲ-2
TF-103 给水温度 T-Ⅲ-3
TF-104 减温器前温度 T-Ⅲ-3
TF-105 减温器后温度 T-Ⅲ-2
TF-106 省煤器前烟温 T-Ⅲ-3
TF-107 空预器前烟温 T-Ⅲ-3
TF-108 除尘器前烟温 T-Ⅲ-3
TF-109 空预器前气温 T-Ⅲ-3
TF-1010 空预器后气温 T-Ⅲ-3
151 152 153 154 155 156 157 158 159 160
1 3 101 102 103 104 105 106 107 108 109 110
去微机柜
BVV-2×2.5 来自动力箱
BVV-2×1.5 L=7
KVV(2×1.0)SC15 l=30 L=65(80)
KVV(2×1.0)SC15 l=25 L=54(69)
KVV(2×1.0)SC15 l=7 L=22(27)
KVV(2×1.0)SC15 l=38 L=73(88)
KVV(2×1.0)SC15 l=38 L=73(88)
KVV(2×1.0)SC15 l=25 L=63(78)
KVV(2×1.0)SC15 l=19 L=57(72)
KVV(2×1.0)SC15 l=15 L=40(55)
KVV(2×1.0)SC15 l=15 L=40(55)
KVV(2×1.0)SC15 l=20 L=45(60)
图位号 3KP TT-101 TT-102 TT-103 TT-104 TT-105 TT-106 TT-107 TT-108 TT-109 TT-1010
安装地点 除氧仪表盘 锅炉出汽管 炉膛测温点 锅炉给水管 减温器进汽管 减温器出汽管 省煤器前烟温测点 空气预热器前烟道 除尘器前烟温测点 空气预热器前风管 空气预热器前后管
a)

图5-53 锅炉微机控制

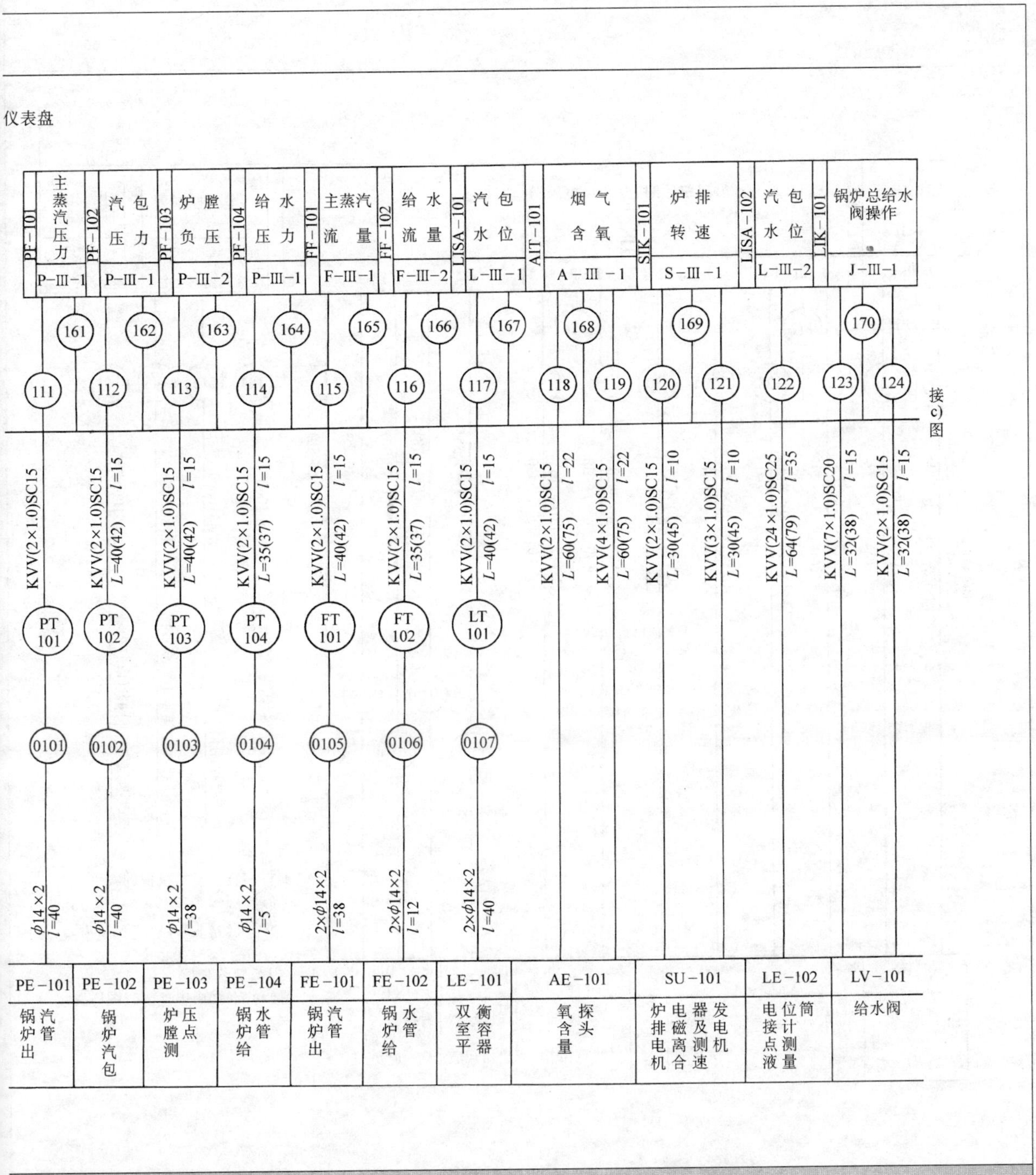
仪表盘
PF-101 主蒸汽压力 P-Ⅲ-1
PF-102 汽包压力 P-Ⅲ-1
PF-103 炉膛负压 P-Ⅲ-2
PF-104 给水压力 P-Ⅲ-1
FF-101 主蒸汽流量 F-Ⅲ-1
FF-102 给水流量 F-Ⅲ-2
LISA-101 汽包水位 L-Ⅲ-1
AIT-101 烟气含氧 A-Ⅲ-1
SIK-101 炉排转速 S-Ⅲ-1
LISA-102 汽包水位 L-Ⅲ-2
LIK-101 锅炉总给水阀操作 J-Ⅲ-1
161 162 163 164 165 166 167 168 169 170
111 112 113 114 115 116 117 118 119 120 121 122 123 124
接c)图
KVV(2×1.0)SC15
KVV(2×1.0)SC15 L=40(42) l=15
KVV(2×1.0)SC15 L=40(42) l=15
KVV(2×1.0)SC15 L=35(37) l=15
KVV(2×1.0)SC15 L=40(42) l=15
KVV(2×1.0)SC15 L=35(37) l=15
KVV(2×1.0)SC15 L=40(42) l=15
KVV(2×1.0)SC15 L=60(75) l=22
KVV(4×1.0)SC15 L=60(75) l=22
KVV(2×1.0)SC15 L=30(45) l=10
KVV(3×1.0)SC15 L=30(45) l=10
KVV(24×1.0)SC25 L=64(79) l=35
KVV(7×1.0)SC20 L=32(38) l=15
KVV(2×1.0)SC15 L=32(38) l=15
PT 101
PT 102
PT 103
PT 104
FT 101
FT 102
LT 101
0101 0102 0103 0104 0105 0106 0107
φ14×2 l=40
φ14×2 l=40
φ14×2 l=38
φ14×2 l=5
2×φ14×2 l=38
2×φ14×2 l=12
2×φ14×2 l=40
PE-101 锅炉出汽管
PE-102 锅炉汽包
PE-103 炉膛测压点
PE-104 锅炉给水管
FE-101 锅炉出汽管
FE-102 锅炉给水管
LE-101 双室平衡容器
AE-101 氧含量探头
SU-101 炉排电机电磁离合器及测速发电机
LE-102 电接点液位计测量筒
LV-101 给水阀

系统导管电缆连接图

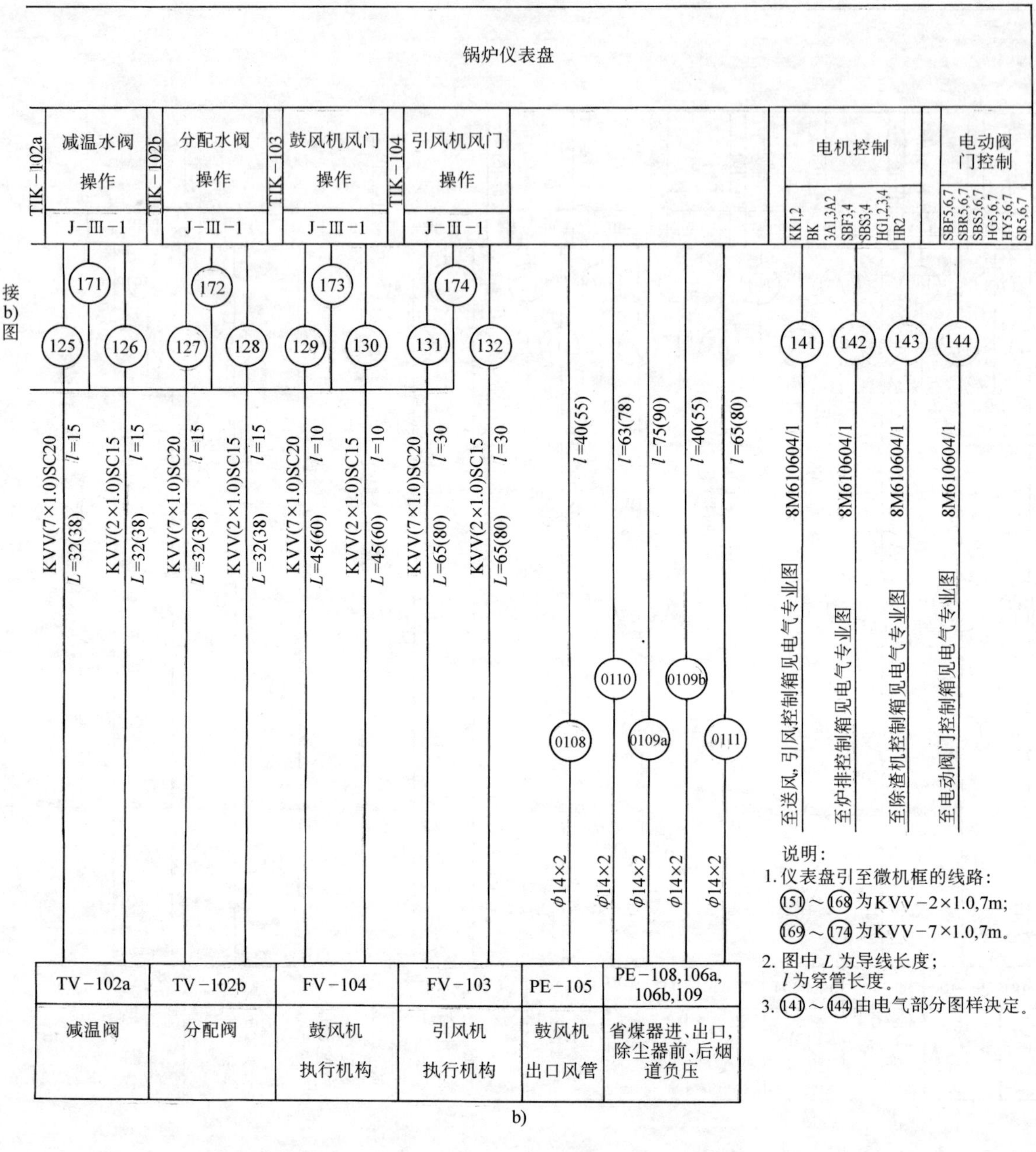

图5-53　锅炉微机控制系统导管电缆连接图（续）

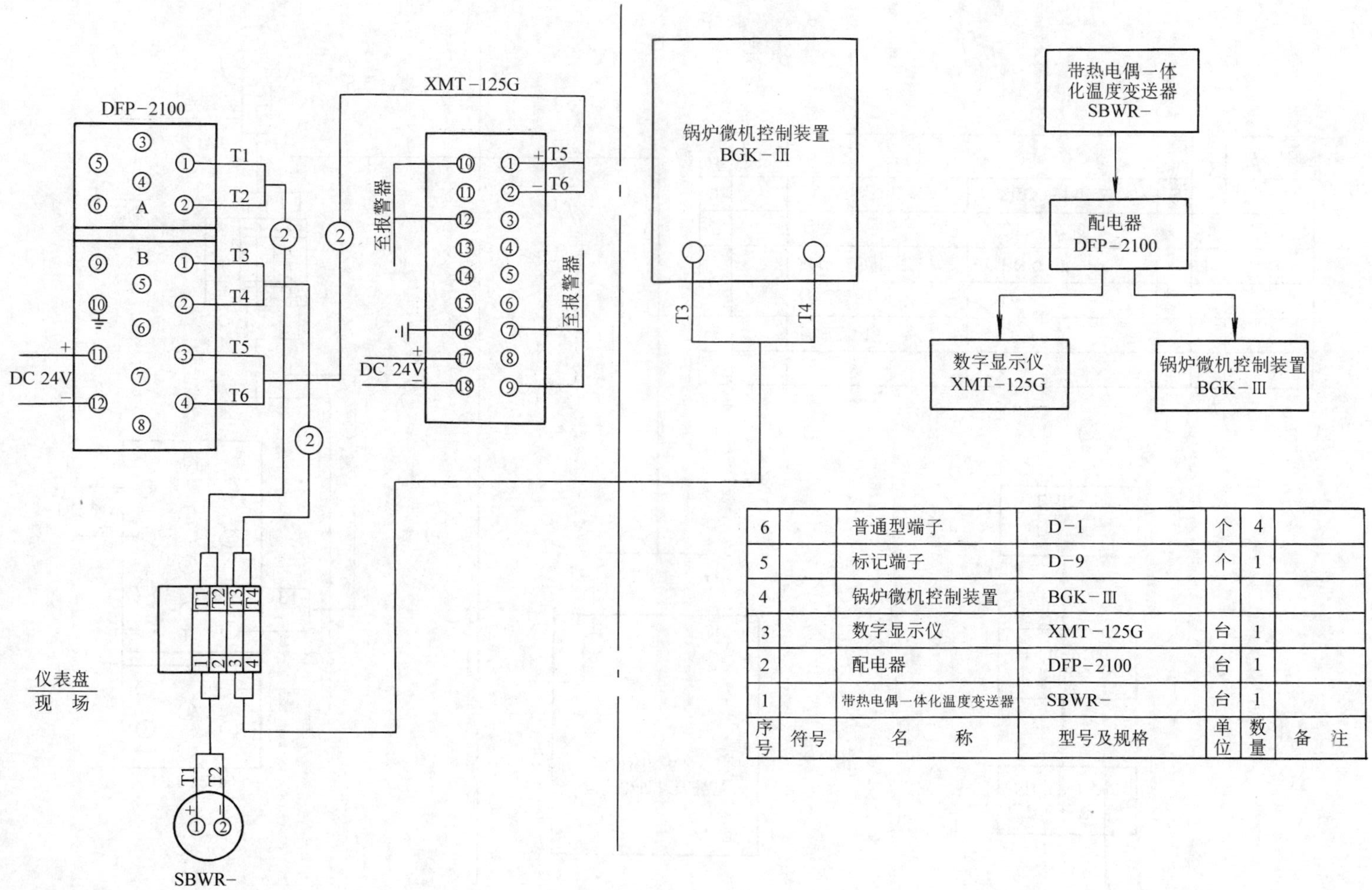

序号	符号	名　称	型号及规格	单位	数量	备　注
6		普通型端子	D−1	个	4	
5		标记端子	D−9	个	1	
4		锅炉微机控制装置	BGK−Ⅲ			
3		数字显示仪	XMT−125G	台	1	
2		配电器	DFP−2100	台	1	
1		带热电偶一体化温度变送器	SBWR−	台	1	

图5-54　带显示仪表的温度测量及控制单元接线图

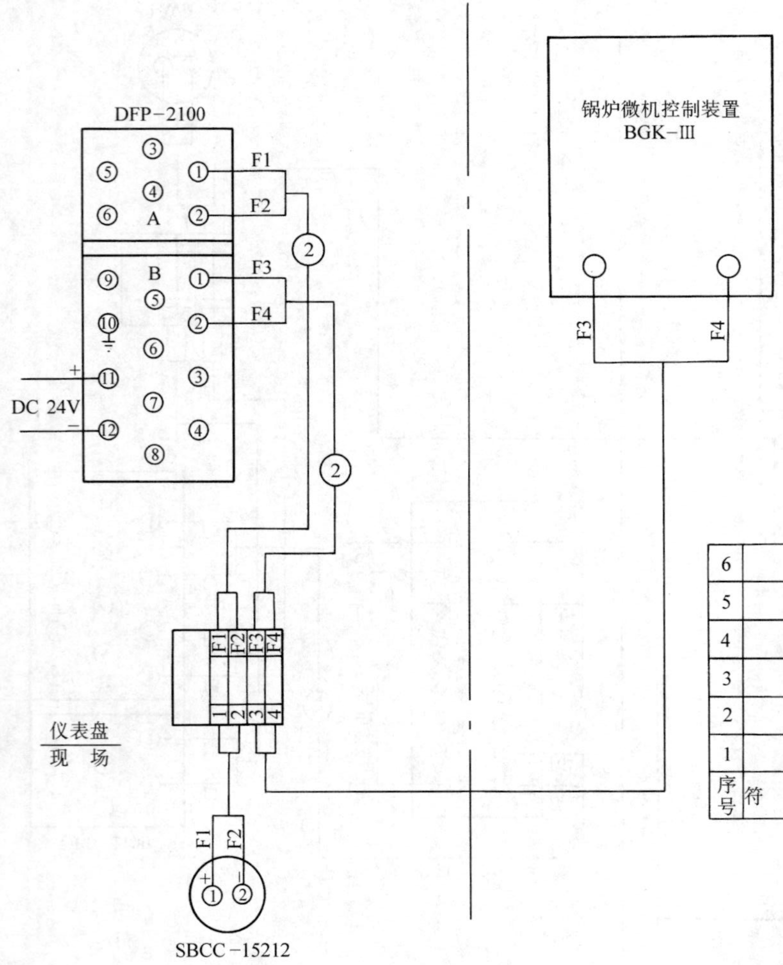

序号	符号	名称	型号及规格	单位	数量	备注
6						
5		普通型端子	D-1	个	4	
4		标记端子	D-9	个	1	
3		锅炉微机控制装置	BGK-Ⅲ			
2		配电器	DFP-2100	台	1	
1		$\sqrt{\Delta P}$流量变送器	SBCC-15212	台	1	

图 5-55 不带显示仪表的给水流量测量及控制单元接线图

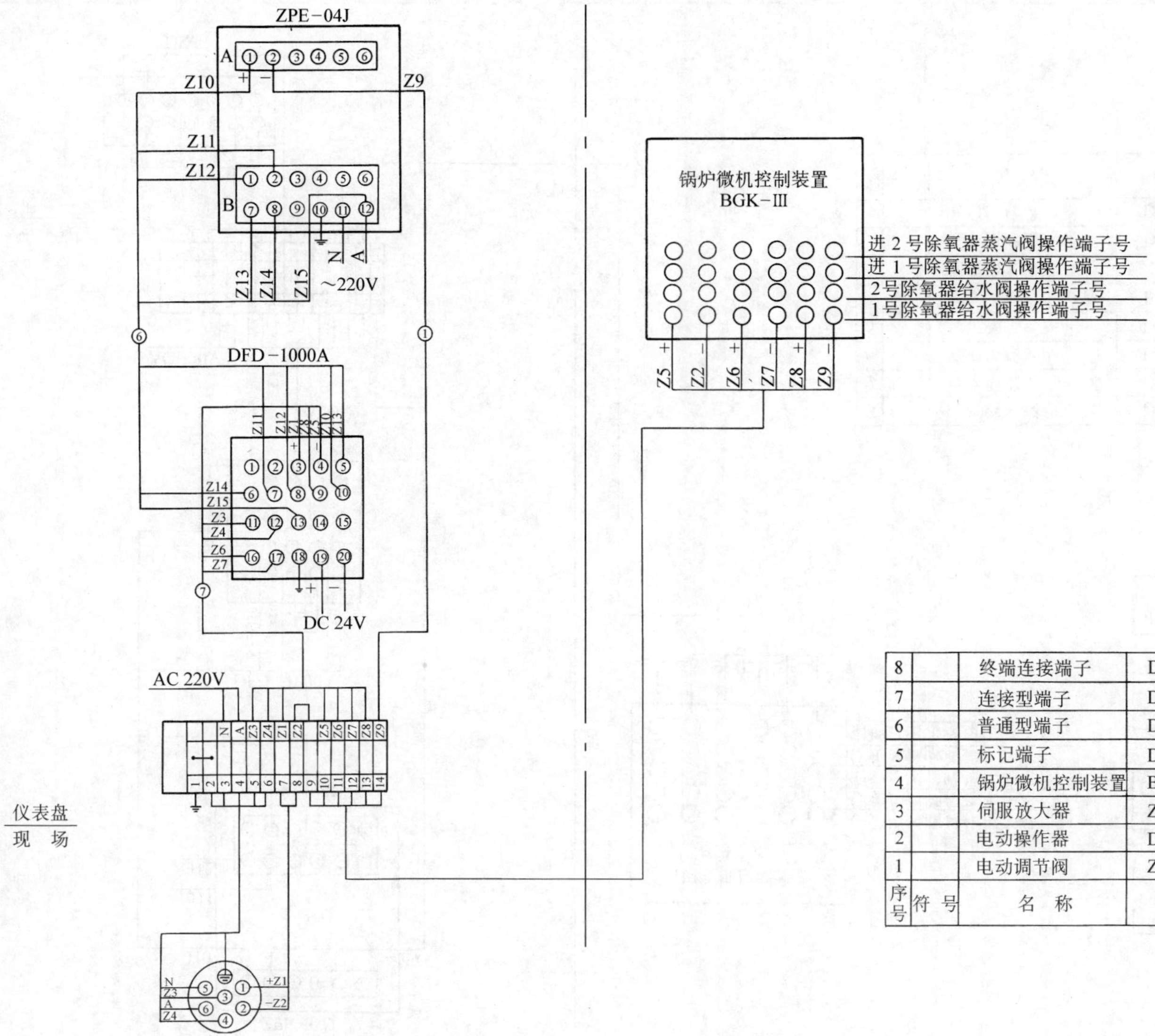

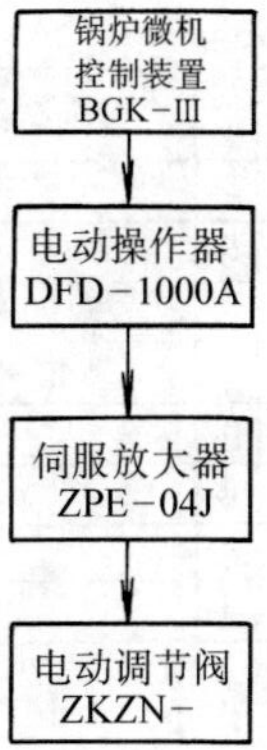

8		终端连接端子	D-3	个	1	
7		连接型端子	D-2	个	1	
6		普通型端子	D-1	个	14	
5		标记端子	D-9	个	1	
4		锅炉微机控制装置	BGK-Ⅲ	个	1	
3		伺服放大器	ZPE-04J	台	1	
2		电动操作器	DFD-1000A	台	1	
1		电动调节阀	ZKZN-	台	1	
序号	符 号	名 称	型号及规格	单位	数量	备 注

图 5-56 ZKZN 电动调节阀微机控制单元接线图

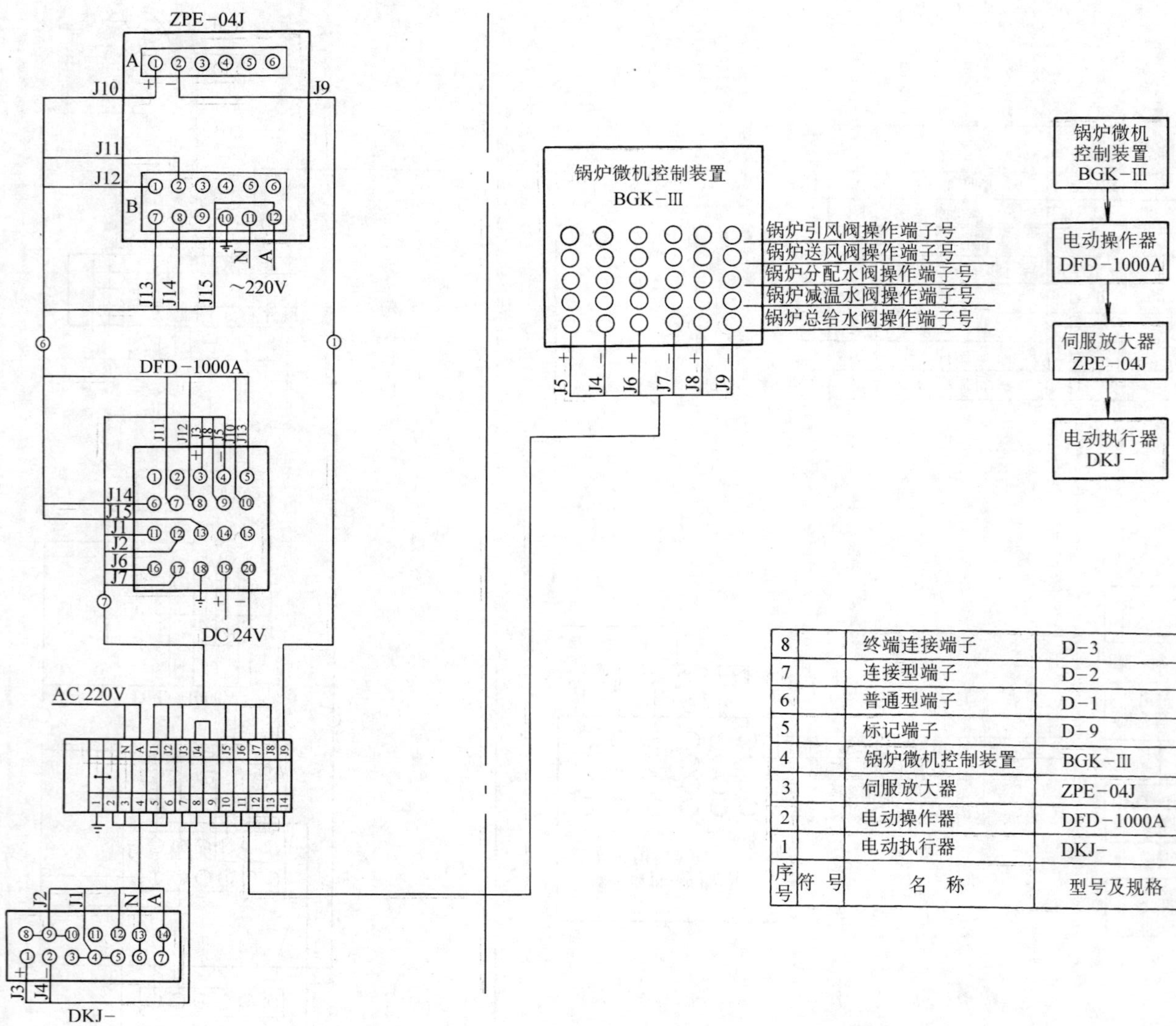

序号	符号	名称	型号及规格	单位	数量	备注
8		终端连接端子	D－3	个	1	
7		连接型端子	D－2	个	1	
6		普通型端子	D－1	个	14	
5		标记端子	D－9	个	1	
4		锅炉微机控制装置	BGK－Ⅲ			
3		伺服放大器	ZPE－04J	台	1	
2		电动操作器	DFD－1000A	台	1	
1		电动执行器	DKJ－	台	1	

图 5-57　DKJ 电动执行机构微机控制单元接线图

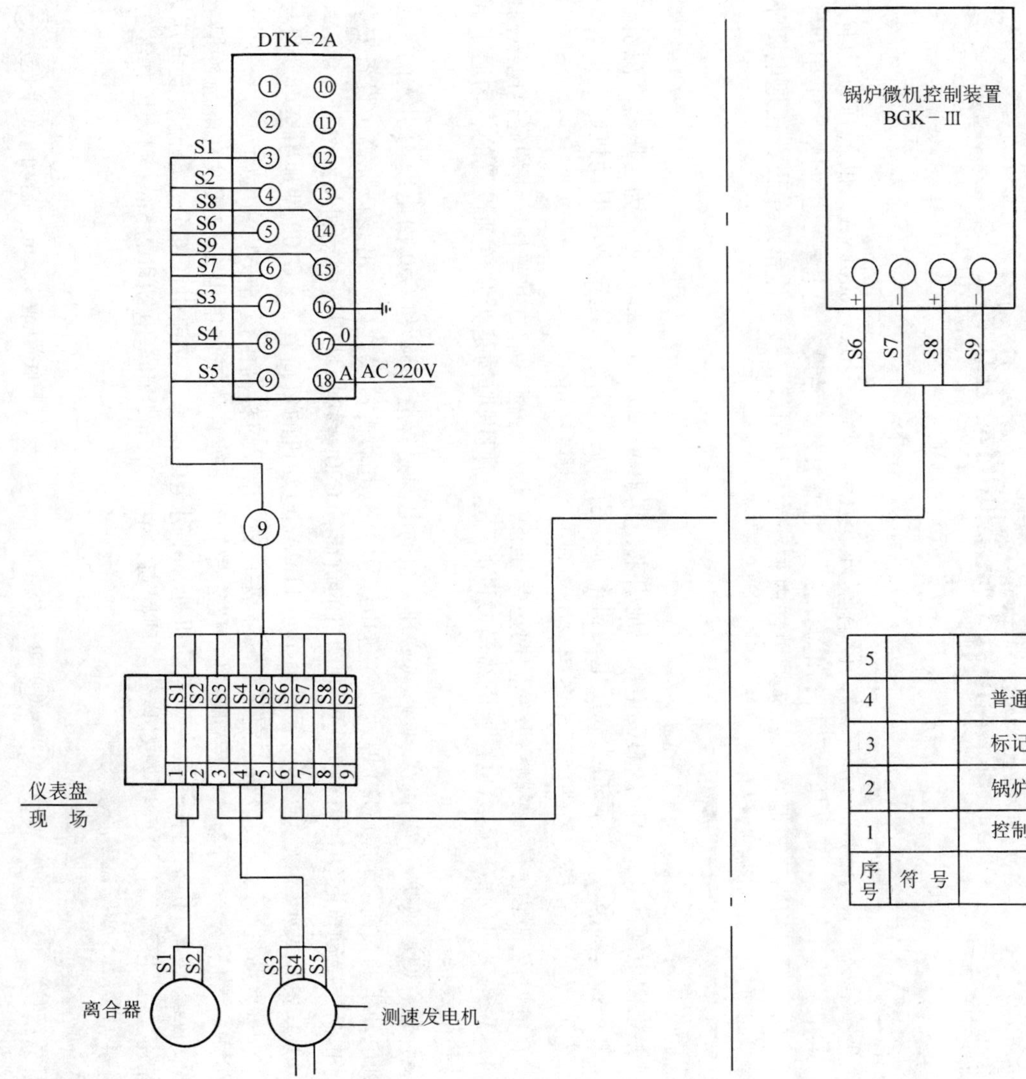

序号	符 号	名　称	型号及规格	单位	数量	备 注
5						
4		普通型端子	D−1	个	9	
3		标记端子	D−9	个	1	
2		锅炉微机控制装置	BGK－Ⅲ			
1		控制器	DTK−2A	台	1	

图 5-58　炉排转速调速微机控制单元接线图

第六章»

一般工业车间电气线路的识读

工业车间的电气线路多种多样，根据其生产的功能流程和产品类别不同而复杂程度也不同。但是，工业车间电气线路又有很多相同的地方，工业车间是以动力线路为主的，辅以部分生产照明，有的还有自动化仪表。工业车间电路的敷设以电缆沟为主，并配以电缆桥架；多层结构时则以桥架、封闭插接母线和竖井为主，辅以部分照明管线；容量较大的工业车间均设变配电室和控制室，电动机的容量有时很大，有时采用高压电动机，高压电源由厂区总变电所引来。这里以一实例说明工业车间电气线路的识读，需要说明的一点就是前面已详细讲过的系统图、自动化仪表、接线图等限于篇幅的关系不再介绍，只介绍动力和照明平面布置，有关电动机起动控制保护电路详见第八章。

第一节　工业车间的动力线路

一、工程概况 ★★★

该车间单层框架结构，局部三层，设有室外变压器两台，10kV 800kVA，供低压动力照明用；215kW 的电动机采用10kV 高压电动机，电源由总变电缆引来，并设有配电室、控制室，采用集中和就地控制，所有信号均引入控制室。系统采用柱内主筋为接地引线，接地体室外单设，接地电阻不大于4Ω。动力平面及设备布置见图 6-1。

二、线路的敷设 ★★★

（1）电源电缆共 8 根由厂区总变电所埋地引来，其中 VV 29（3×25）两根为变压器电源引至变压器高压侧，VV 29（3×16）两根为高压电动机电源，引入后沿电缆沟送至高压电动机起动柜处，见图中②　③　⑤　⑥柜，另外两根为备用，引入到电缆沟里即可。

（2）电缆沟把配电室、控制室及车间两边路连通，送往各柜、箱的电缆和导线均经过电缆沟敷设。通往 215kW 电动机的负荷电缆也是经电缆沟敷设的，这一段电缆沟是为其单独设置的，沟通了起动柜和电动机的连接。

（3）通往①　④　⑦　⑨　⑫　⑭开关箱的电源是穿管 G32 和 G50 由电缆沟引入的。由各开关箱到电动机的负荷管均为 G20 埋地且穿过电缆沟引至电动机接线盒处，出线口标高由设备安装高度确定。由高压电动机起动柜引至 15kW 电动机的负荷管 G20 直接埋地引至电动机接线盒处。

（4）由⑧　⑩　⑪　⑬　⑮起动柜引至 115kW 电动机的负荷管 2×G100 埋地引至电动机接线盒处，115kW 电动机采用绕线电机、定子、转子各一根，出线口标高由设备安装高度确定。

（5）电气信号、运行参数、反馈信号、仪表导管线缆等直流或弱电电缆均敷设在电缆桥架上，桥架的布置见图 6-2。桥架通往每台大型电动机处，并引至配电室（交流电源部分、电流表及电压表等）和控制室（上述所有信号）。桥架安装分三种标高，主桥 3.5m，引至电动机 2.5m，引入控制室 2.2m。

三、设备的安装 ★★★

开关箱①　④　⑦　⑨　⑫　⑭均安装在墙上，明装，下底距地 1.2m。起动柜②　③　⑤　⑥　⑧　⑩　⑪　⑬　⑮及控制室、配电室的盘柜均安装在电缆沟上端面的槽钢架上，落地式安装。变压

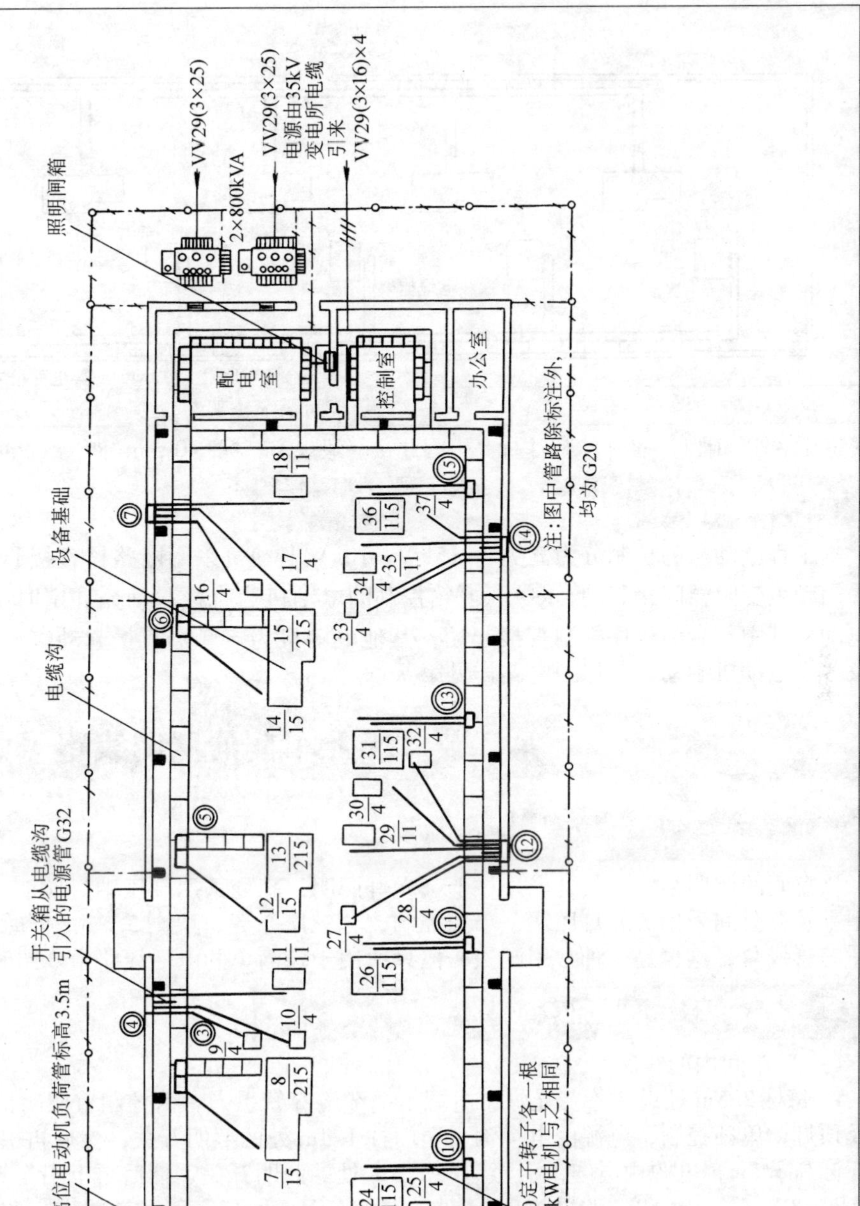

图 6-1　某车间动力平面及设备布置图

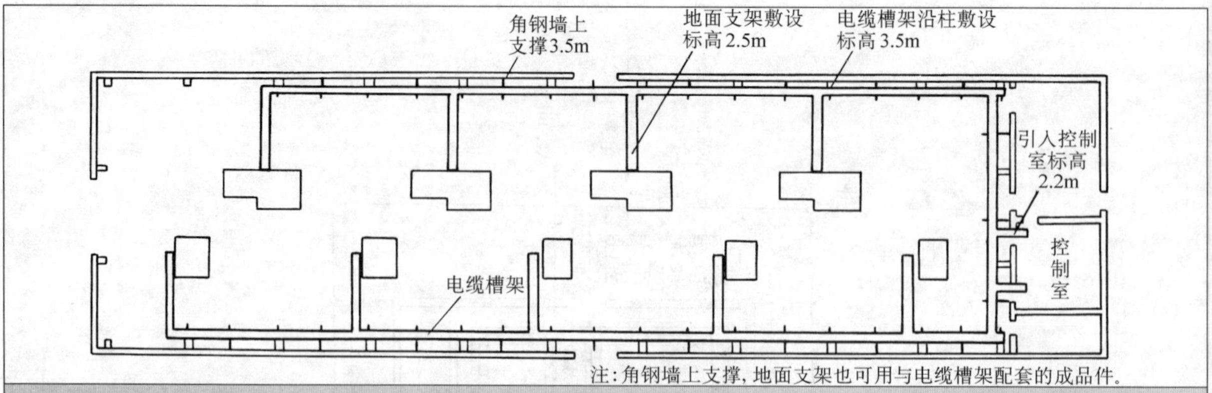

图6-2 某车间电缆桥架布置图

器安装在室外基础上，图中未标注标高，因此按一般规定，标高0.5m，距墙1.2m，并与低压引入窗口对正。

四、电动机的起动控制线路 ★★★

本工程电动机的控制分为五类，215kW、10kV电动机采用断路器直接起动，115kW绕线转子电动机采用频敏变阻器间接起动，④ ⑦箱控制的电动机为直接起动循环定时工作，⑨ ⑫ ⑭箱控制的电动机其中三台为程序控制直接起动，其他电动机为接触器直接起动。车间设天车，有关天车的内容及各类电动机起动控制保护电路详见第八章。

第二节 工业车间的照明线路

一、工程概况 ★★★

该车间的照明系统，低处采用柱上荧光灯照明，高处采用高压钠灯照明，均为集中控制。配电室、控制室及办公间采用荧光灯照明，单独控制，分三层布置，层高3.5m。同时，在照明平面图上标注了电话的管线盒，这也是一种常用画法，但只适用于较简单的电话线路中。照明平面图见图6-3。

二、车间及附设照明线路的设置 ★★★

（一）车间内的线路

1. 每柱2.5m处设三管荧光灯，电源由电缆沟穿管引入，由控制室照明柜分相集中控制，边门设雨篷吸顶灯，单独控制，电源由电缆沟引至门柱1.4m处的照明开关，然后再引至雨篷。大门处设室外柱灯，标高3.5m，电源由电缆沟引至门柱1.4m处的照明开关，然后再上引至3.5m处。

2. ②、④、⑥、⑧、⑩轴的9.5m处的柱上设钢索吊灯三套，电源由⑩轴电缆沟穿管引至9.5m处并由此水平设管至②轴，且上述各轴设接线盒，钢索由每轴上的耳环牵引，吊灯由控制室分三相集中控制。

3. 天车电源管由电缆沟穿管引至7m处的天车母线上。

（二）配电室、控制室、办公间的线路

1. 照明闸箱设在首层D轴墙上，暗装距地1.4m，电源由电缆沟穿管从下皮引入，见图6-1。

2. 由闸箱引管至首层顶板，设荧光灯和插座，同时再引管至二层三层顶板并设荧光灯，单独分相控制，管线布置读者自行分析。

3. 电话进户管由二层顶上0.8m的D轴引入至距⑫轴0.8m处，并由该处设管垂直下引至首层0.8m处，同时上引至三层0.8m处。在二层地板设管将电话引至B轴、F轴的0.8m处，二层B轴、D轴电话盒处设管上引至三层的0.8m，所有电话盒距地0.8m。

其他读者可自行分析。

最后说明一点，限于篇幅的关系，有关工业车间的电气系统图、自动化仪表图例及其他电气设备及线路图这里不再列出，因前几章均作了详尽介绍，只是元件规格、型号不同而已，变配电的内容将在第七章讲述。

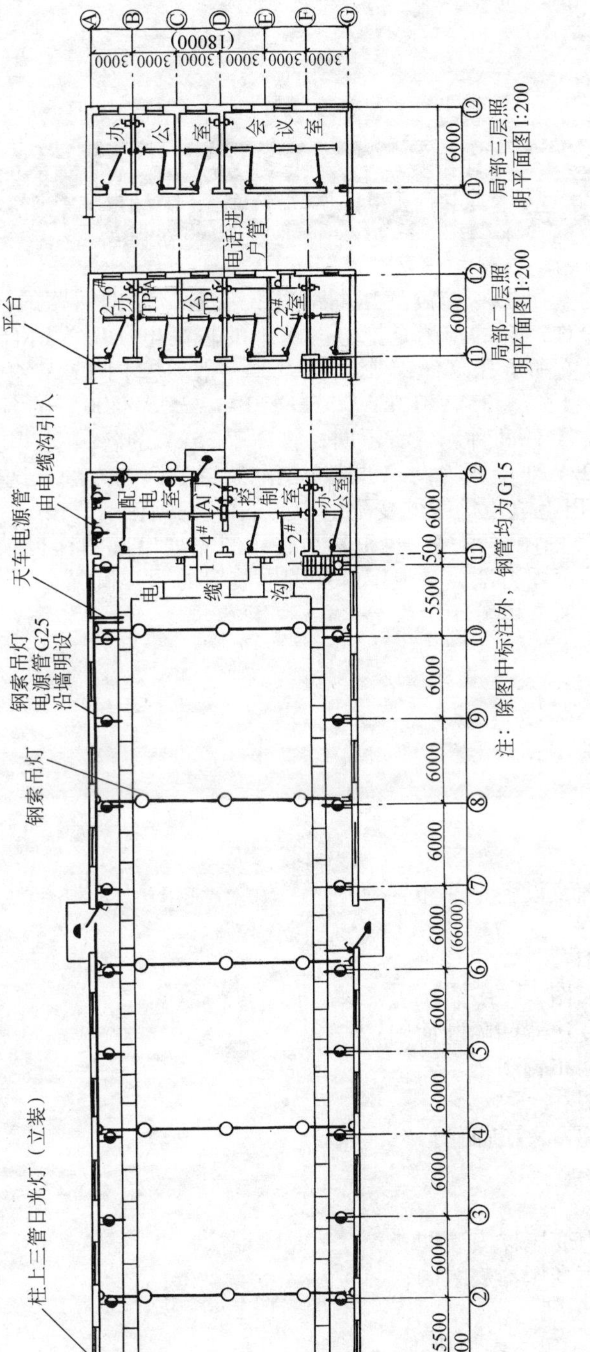

图 6-3　某车间照明、电话平面图

第七章 变配电装置电气线路的识读

变配电装置系指电力变压器和控制变压器的开关设备、输出回路的控制及继电保护、测量回路、信号系统、保护装置的总称，它的作用是把电网送来的较高电压变为适合工作的较低电压并且分配给用户（设备）。变配电装置和电压等级有密切关系，一般将室内10kV/400V的变配装置称为变电室，设在室外时则称变压器台；将35kV/10kV、35kV/6kV、35kV/400V的各级变配电装置称为变电所（站），变电所又分室内和室外两种，各有不同；将高于35kV的各级变配电装置称为变电中心或变电枢纽。这里以某一35kV/10kV变电所为例，讲述变配电装置的读图方法，这样既能包括10kV变电室的电气线路，又能概括35kV以上电压等级的变配电中心的电气线路。

35kV变电所电气线路的图样很多，也很复杂，我们先列出其图样目录，然后再进行重点分析，这样可使读者更深刻地掌握读图方法，又能了解变配电装置的图样概况。

变配电装置的图样，通常可分十个部分。

1. 总图：

（1）设计说明；

（2）电气主结线（系统图）；

（3）电气总平面布置图；

（4）设备材料汇总表。

2. 室外变电装置：

（1）设计说明；

（2）配置接线系统图及设备平面布置图；

（3）进线间隔断面图；

（4）出线间隔断面图；

（5）变压器间隔断面图；

（6）避雷器及所用变压器间隔断面图；

（7）母线平面、断面布置图；

（8）母线安装曲线图；

（9）10kV架空馈线平面、断面图；

（10）设备材料表。

3. 室外设备安装：

（1）35kV/10kV电力变压器安装图；

（2）35kV/400V所用变压器安装图；

（3）35kV断路器安装图；

（4）35kV隔离开关（包括操动机构）安装图；

（5）35kV限流熔断器及35kV避雷器安装图；

（6）35kV跌落式熔断器安装图；

（7）棒型支柱绝缘子安装图；

（8）耦合电容器、滤波器、高频阻波器安装图；

（9）绝缘子串安装图；

（10）抱箍横担、金具及砼件加工图。

4. 室内配电装置：

（1）10kV 配电装置配置接线系统图；
（2）10kV 配电装置平面布置图；
（3）10kV 配电装置进线、出线平面、断面图；
（4）开关柜后间隔遮栏及网门加工图；
（5）室外母线桥支架安装图；
（6）进线支架安装图；
（7）出线支架安装图；
（8）10kV 避雷器安装图；
（9）10kV 穿墙套管安装图；
（10）支柱绝缘子在角钢上安装示意图；
（11）10kV 配电装置设备材料表。
5. 电力电容器：
（1）10kV 电力电容器配置接线系统图；
（2）10kV 电力电容器室平面布置图；
（3）电容器支架加工制作图；
（4）端子箱加工图；
（5）电容器间隔网门加工图；
（6）10kV 隔离开关及操动机构安装图；
（7）辅助开关及电磁锁安装图；
（8）10kV 电压互感器安装图；
（9）10kV 电流互感器安装图；
（10）10kV 避雷器安装图；
（11）支柱绝缘子在钢板上安装示意图；
（12）支柱绝缘子在墙上安装示意图；
（13）电缆芯线在绝缘子上固定示意图；
（14）设计说明；
（15）设备材料表。
6. 二次回路：
（1）主控制室平面布置图；
（2）主控制室小母线布置图；
（3）主变压器控制屏正面元件布置图；
（4）主变压器保护屏正面元件布置图；
（5）所用变配电屏正面元件布置图；
（6）直流屏正面元件布置图；
（7）中央信号屏正面元件布置图；
（8）35kV 送出线路保护屏正面元件布置图；
（9）中央信号系统接线原理图；
（10）中央信号屏端子排接线图；
（11）主变压器电流和电压回路原理图；
（12）主变压器控制和信号回路原理图；
（13）主变压器控制屏端子排接线图；
（14）主变压器保护回路原理图；
（15）主变压器保护屏端子排接线图；
（16）35kV 送出线路接线图；
（17）35kV 送出线路控制及保护屏端子排接线图；
（18）10kV 母线电压互感器接线图；
（19）10kV 线路接线图；
（20）10kV 电容器组接线图；

（21）所用变接线图；
（22）所用变压器测量表计接线图；
（23）直流系统接线原理图；
（24）合闸电源接线原理图；
（25）绝缘监察装置接线原理图；
（26）直流屏端子排接线图；
（27）闪光信号装置接线原理图；
（28）电压监察装置接线原理图；
（29）隔离变压器制造加工图；
（30）直流电压消失信号接线图；
（31）主变 35kV 侧断路器接线图；
（32）主变压器二次回路接线图；
（33）35kV 送出线路断路器接线图；
（34）10kV 配电装置小母线联系图；
（35）10kV 电容器组安装接线图；
（36）LW 型控制开关、转换开关接线图表；
（37）设计说明。

7. 10kV/400V 变电室：
（1）电气系统图；
（2）电气设备平面布置图；
（3）400V 母线安装大样图；
（4）二次回路接线图；
（5）400V 电压互感器接线图；
（6）直控电动机控制原理图。

8. 室内、室外照明回路（略）。

9. 电缆：
（1）电缆布置敷设图；
（2）电缆支架制作安装图；
（3）电缆在支架上固定示意图；
（4）电缆敷设要求简图；
（5）电缆清册。

10. 防雷与接地：
（1）设计说明；
（2）防雷保护范围图；
（3）接地网平面布置图；
（4）接地部件安装图；
（5）塔式避雷针基础结构图；
（6）塔式避雷针组装图；
（7）避雷针上探照灯支架制作安装图；
（8）主要材料表。

因为图样较多，这里只介绍电气方面的主要图样，有关安装、制作、加工、结构、大样等以几何尺寸、加工要求、材料规格的图样读者可自行分析。

第一节　厂用中心变电所总图的识读

一座 35kV 厂用中心变电所包括 35/10kV 中心变电所和 10/0.4kV 变电室两个部分，中心变电所的作用是把 35kV 电源降压至 10kV，并把 10kV 送至厂区各个车间的 10kV 变电室中去，供车间动力、照明及自动装置用电；10/0.4kV 中心变电室的作用是把 10kV 电源降至 0.4kV，并把 0.4kV 送至厂区办公、营销、食堂、文化娱乐、宿舍、泵站、厂区照明、仓库等公共用电场所用电。

35kV 厂用中心变电所的总图包括电气主结线（系统图）和电气总平面布置图两大部分，其中总平面布置图又分室内、室外及室内双层、三层等不同形式。

一、电气主接线图 ★★★

电气主接线图又称电气系统图，某厂用中心变电所的电气主接线见图 7-1。在前几章中介绍的系统图，只有一级电压，是直接把电能送给负载。而这里的系统图则有三级电压，这三级电压是用变压器连接的，它的主要作用是把电能分配出去，再送给各个用户。变配电装置设置了保护、控制、测量、信号及功能齐全的自动装置，由此构成了变配电装置的复杂性。

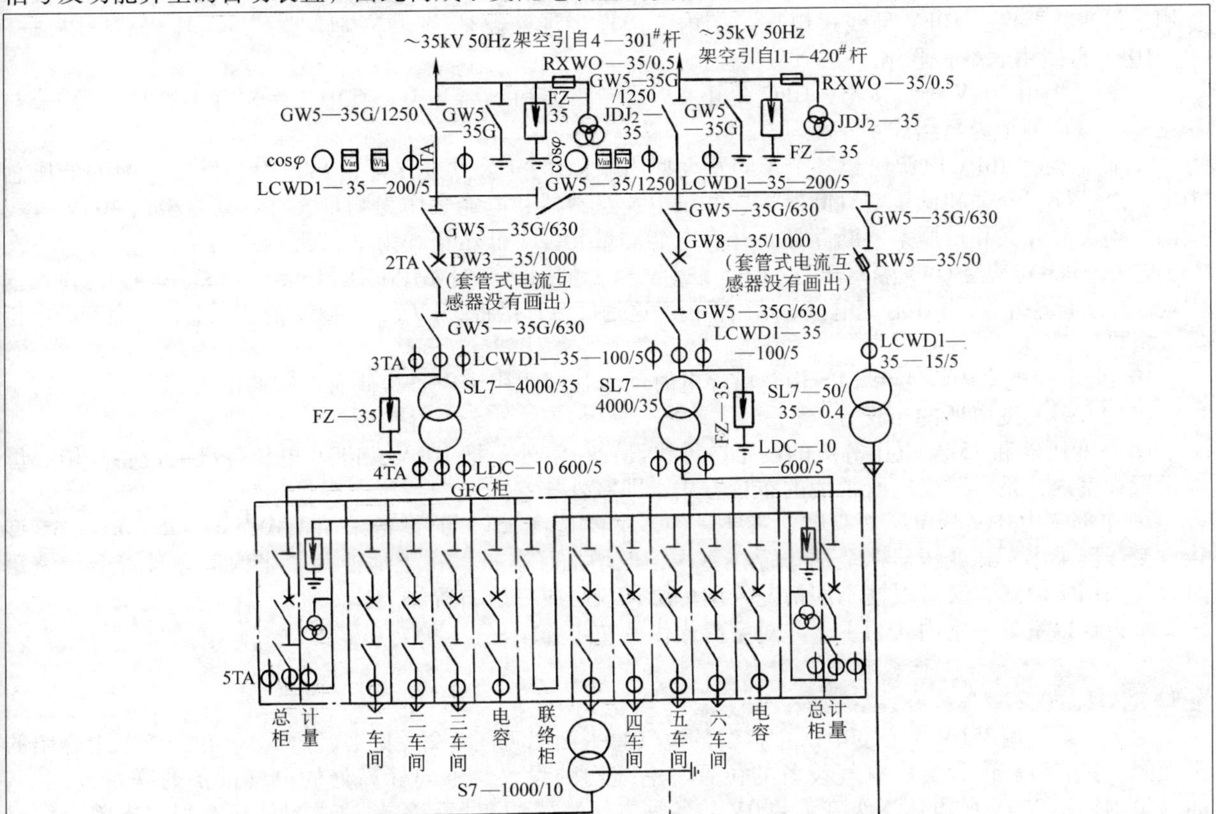

图 7-1　某厂用 35kV 中心变电所电气主接线

（一）图 7-1 说明的主要内容

1. 系统为两路 35kV 供电，来自不同的电站，进户处设置接地隔离开关、避雷器、电压互感器。其中隔离开关的设置的目的是线路停电时，该接地隔离开关闭合接地，站内可进行检修，减去了挂临时接地线的工作。

2. 与接地隔离开关并联的另一组隔离开关是把电源送到高压母线上的开关，并设置电流互感器，与电压互感器构成测量电能的取样元件。

3. 高压母线分两段，并用隔离开关作为联络开关，当一路电源故障或停电时，可将联络开关合上，两台主变可由另一路电源供电。联络开关两侧的母线必须经过核相，保证其相序相同。

4. 每段母线设置一台主变压器，变压器由 DW5 油断路器控制，并在断路器的两侧设置隔离开关 GW5，以保证断路器的检修和安全。

5. 变压器两侧设置电流互感器 3TA 和 4TA，以便构成差动保护的测量回路，同时在主变进口侧设置一组避雷器，保护主变过电压。在进户处设置的避雷器是保护电源进线和母线过电压的。油断路器的套管式电流互感器 2TA 可作为过负荷保护的检测元件。

6. 变压器出口侧引入高压室内的 GFC 型开关计量总柜，柜内设电流互感器、电压互感器供测量保护用，设避雷器保护 10kV 母线过电压。柜内一般设少油断路器或真空断路器，并在其两侧设隔离开关。10kV 母线由联络柜联络。

7. 馈电柜由 10kV 母线接出，GFC 馈开关柜设断路器和隔离开关。其中一台柜直接控制 10kV 公共变压器。GFC 型柜为封闭式手车柜。

8. 馈电柜将 10kV 电源送至各个车间及大型用户，10kV 公共变压器的出口引入低压室内的低压总柜上，总柜设刀开关和低压空气断路器，并设电流互感器和电能表作为测量元件。馈电柜由 400V 母线接出，均设刀开关和低压空气断路器，并有电能测量元件。低压柜均为 PGL 型低压柜。

9. 由 35kV 母线经 GW5 隔离开关，RW5 跌落式熔断器引至一台站用变压器SL7－50/35－0.4，专供站内用电，并经电缆引至低压中心变电室的站用柜内。这是一台直接将 35kV 变为 400V 的变压器，与主变的电压等级相同。

10. 低压变电室内设 4 台 UPS 柜，供停电时动力和照明用，以备检修有足够的电力。

（二）35kV 变电所的布置方式

1. 将变压器和 35kV 电压等级的设备、母线设置在室外，把 10kV、400V 电压等级的设备、柜、母线设置在室内，是一般变电所常用的布置方式，即室外—室内式。

2. 全部室内式又分单层、双层、三层三种，主要是将 35kV 的设备采用柜式设备，即 GBC－35 型柜，变压器采用干式变压器，全部布置在室内，但增加了造价，在土地使用紧张的地方且资金较充足时，可采用室内式，又可根据不同情况采用单层，双层或三层布置。

本设计以室外—室内式为主，并对室内式作一初步介绍。

二、电气总平面布置图 ★★★

图 7-1 某厂用 35kV 中心变电所主接线的电气总平面图见图 7-2（见书后插页）。在前几章中介绍的平面图，只有管路的设置、电气设备的位置、电缆沟的设置、不同标高处的电气设备的联系方式等。而这里则是将 35kV 的电压逐级变为 400V 的各种电气装置的布置，除前述内容外还有很多未曾介绍过的内容。

（一）图 7-2 说明的主要内容

1. 标注为①～⑧的混凝土杆为 35kV 的 4 组母线段，所有设备均由母线上接线。隔离开关 QS、避雷器 F、限流熔断器 FU1、跌开式熔断器 FU2、电流互感器 TA、支柱绝缘子 ZJ 等设备均装在混凝土支架上的槽钢横梁上。

2. 主变压器和 10kV 变压器落地安装于基础之上，站用变压器安装于混凝土杆的支架上，油断路器安装于混凝土基础上，电压互感器安装在安装限流熔断器的混凝土支架上的角钢架上。其中主变和 10kV 变压器的二次由硬母线经穿墙套管和穿墙板引入配电间内的总柜上，站用变的二次则由电缆经电缆沟引入室内站用屏上。

3. 由室内引出两条电缆沟经主变引至电缆进户处，隔离开关的辅助开关及其联锁装置、电压互感器和电流互感器的二次线、油断路的控制、10kV 变压器的电源电缆、主变的温度瓦斯信号、电容器室的电缆等控制信号电缆、电力电缆、站内照明电缆等均敷设在电缆沟内。

4. 站内设 4 支避雷针，接地网见另图。

5. 站外设铁塔两座将电源引入。

6. 室内布置分四个部分：

（1）配电间布置两列柜，一列为10kV GFC高压柜，另列为400V PGL低压柜和4台UPS柜，中间用铁丝网隔开。

（2）主控室内的屏柜按π型布置，操作台于中央布置。

（3）维修间、休息间。

（4）电容器室。

室内电缆沟沿四周布置并与室外电缆沟相通，同时从室内两端分高低压引出。

（二）室内35kV变配电所的布置

1. 单层室内35kV变电所平面布置示意图见图7-3，35kV室内变电所开关室系统接线图见图7-4，读者可与图7-1和图7-2进行比较。

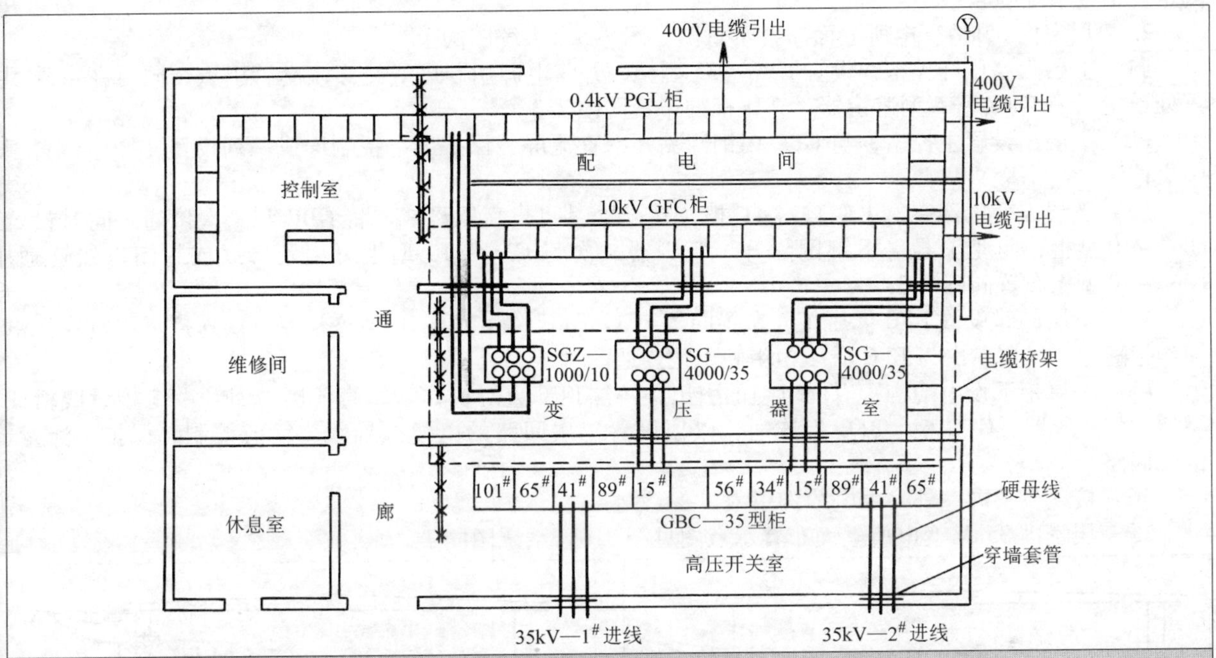

图7-3　单层室内35kV变电所平面布置示意图

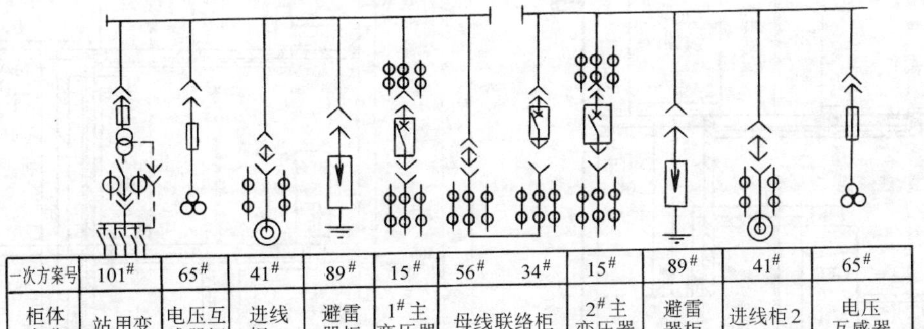

一次方案号	$101^{\#}$	$65^{\#}$	$41^{\#}$	$89^{\#}$	$15^{\#}$	$56^{\#}$	$34^{\#}$	$15^{\#}$	$89^{\#}$	$41^{\#}$	$65^{\#}$
柜体名称	站用变	电压互感器柜	进线柜1	避雷器柜	$1^{\#}$主变压器	母线联络柜		$2^{\#}$主变压器	避雷器柜	进线柜2	电压互感器

图7-4　35kV室内变电所开关室系统接线图

由图7-3可知，室内变电所可分高压开关室、变压器室、配电间、控制室和辅属部分。

（1）高压开关室设置GBC－35型柜，柜体编号及柜体名称见图7-4，其中$89^{\#}$柜为避雷器柜。35kV高压电源经穿墙套管、硬母线由室外杆塔架空或电缆引入进线柜，$15^{\#}$、$89^{\#}$、$41^{\#}$和$65^{\#}$用硬母线连接，$56^{\#}$和$34^{\#}$为母线联络柜。$101^{\#}$柜为所用变柜，顶部母线与$65^{\#}$柜连通，二次380/220V由电缆沟引至控制室的所用盘柜上。

（2）两台主变和一台10kV变压器均为干式变压器，其中两台主变一次侧用硬母线经穿墙套管与15#柜接通，二次侧也用硬母线经穿墙套管与10kV开关柜接通。10kV变压器的一次、二次均为硬母线经穿墙套管与开关柜连接。

（3）配电室分10kV GFC柜和0.4kV PGL柜两列，中间用钢网隔开。接地设置同室外、由电缆沟引入。

（4）控制室的两列柜为直角布置，其中4台柜列为直流屏，操作台位于中间。

（5）室内所有盘柜均置于电缆沟上的槽钢基础架上，且电缆沟在Y轴处联通，以便引出和联络。

（6）室内设置电缆桥架，将所有盘柜及变压器联通，以便装设二次回路电缆，实现控制、保护、测量及信号系统的联络。

2. 双层室内35kV变电所立面布置示意图见图7-5，系统图同上。

（1）上层为高压开关室，设置GBC－35型柜，并将电源用硬母线经穿墙套管引入，同时在室外引入处设置了一组FZ－35型避雷器，高压柜的布置同图7-3。

（2）上层还设置主控室，与GBC用钢网隔开，直流屏、保护屏、控制屏成一列设置，操作台置于中央位置。

（3）下层为变压器室，主变直对41#柜，并设置封闭式高压母线，将GBC和一次接通。同时设置GFC－10型柜，与变压器室用钢网隔开，变压器二次与GFC－10型柜可用硬母线或封闭母线连通。GFC－10型柜布置同图7-3。

（4）下层同时设置BFC低压柜，布置同图7-3。GFC－10型与10kV变压器一次连接可用电缆经电缆沟接通。变压器二次与BFC低压柜用硬母线连通。

（5）一层柜下设电缆沟，以便电缆的引出，一层顶部直对操作台、直流屏、GBC－35柜设线槽或桥架，将变压器、GFC柜、BFC柜连通，以便设置二次回路的电缆或导线，完成控制、保护、测量、信号回路。

（6）接地设置同室外，由电缆沟引入。

3. 三层室内35kV变电所立面布置示意图见图7-6，系统图同上。

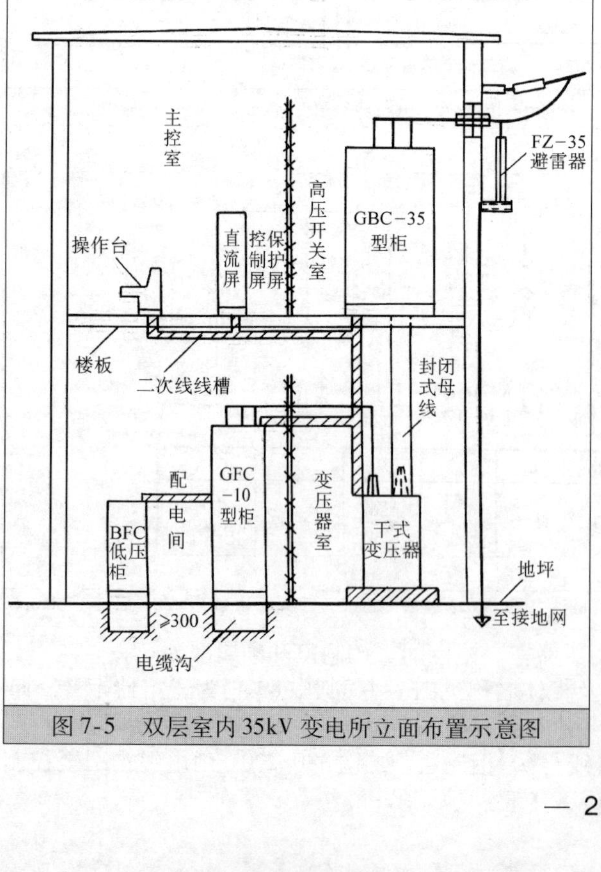

图7-5 双层室内35kV变电所立面布置示意图

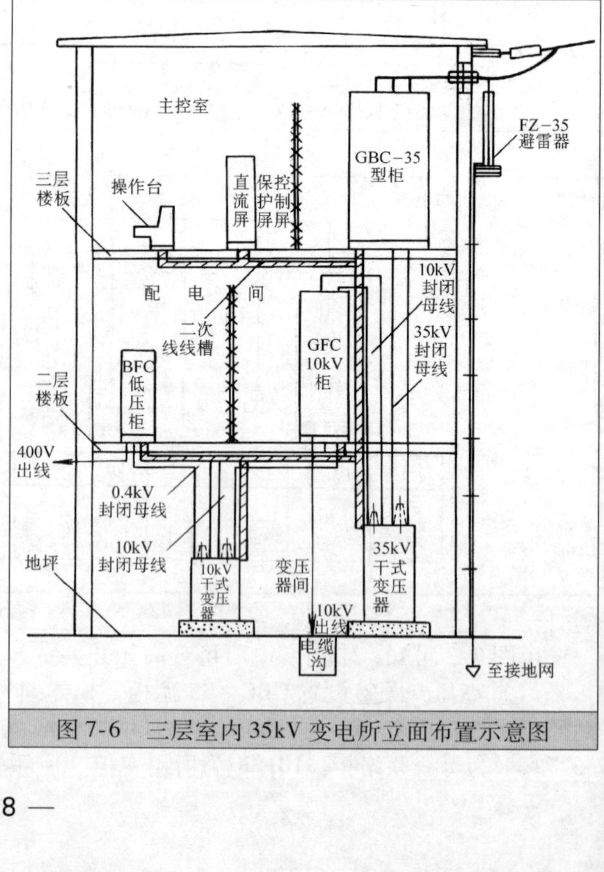

图7-6 三层室内35kV变电所立面布置示意图

（1）上层布置同图 7-5。

（2）中层为配电间，设置 GFC－10 和 BFC－0.4 柜两列，并用钢网隔开，平面同图7-3配电间。

（3）下层为变压器间，变压器的一次侧直对相应的开关柜，并用封闭式母线连通，二次侧应对着低压柜的后侧，也用封闭母线连通。

（4）二次回路设置线槽沿顶板设置，将柜、变压器处连通，供二次回路电缆敷设。

室内布置的三种形式可与图 7-2 进行比较。多层布置一般不设地下室，如必须设置，必须有良好的通风措施和保证地下室内干燥的装置，严格保证地下室的墙壁和基础不渗不漏。为了运输方便，可将配电间设于地下室，变压器间设在地平间，上层为主控室和 GBC 开关间，其他同前。

第二节　变电所二次回路图样的识读

变电所二次回路是指变配电装置中测量、保护、信号、控制、直流电源、自动装置等低电压小电流系统装置的总称，是主体设备的辅助电路，它们的工作状态及逻辑功能决定着主体设备的工作状态并监控和保护主体设备，它们使用低电压、小电流却控制着主电路的高电压、大电流。它们构成了复杂的线路，是变配电装置中的难点。

一、主控制室及小母线 ★★★

（一）主控制室

35kV 及以上的变配电装置均设置主控制室，主控制室一般包括操作台、保护屏、控制屏、继电器屏、中央信号屏、计量屏、直流屏、所内装置模拟屏、UPS 屏等，并配有电缆沟或电缆桥架，见图 7-2～图 7-6。主控室内均为低压设备，它是通过电缆沟或电缆桥架将系统中的所有电气信号及参数引到主控室内相应的屏或柜内，以便控制、保护、报警或计量。10kV 配电室一般不设控制室，但有些设计也设置主控室。主控室是变配电装置的心脏。

（二）小母线

二次回路图样的识读必须弄懂什么是小母线，小母线是指配电装置中屏柜之间二次回路电源干线连接所采用的一种铜棒或铜管，它是由直流屏引出的（指直流操作）供控制、保护、报警、计量用的一种特殊的母线。

1. 小母线的类别及用途

（1）控制回路电源小母线＋WCL 和－WCL，是供操作回路使用的电源母线，如断路器的控制回路及合闸接触器电源，它是由直流屏直接供给的。

（2）闪光信号小母线＋WF，是供系统闪光信号使用的电源，它是由直流屏中闪光装置提供的。

（3）信号回路电源＋WS 和－WS，是供系统信号回路使用的电源母线，如事故信号、预告信号等，它是由直流屏直接提供的。

（4）预告信号小母线 WPS，是由信号母线派生的小母线，一般经预告信号接点接入，如熔断器熔丝熔断接点，变压器瓦斯或温度接点等，作为信号预告母线。

（5）事故音响信号小母线 WFS、WAS，是由信号母线派生的小母线，WFS 由＋WS 直接接入；WAS 由 WFS 经转换开关或断路器辅助触点接入，它们是用来驱动音响信号直接报警的。

（6）“掉牌未复归”光字牌小母线 WSF，是由信号母线＋WS 派生的，直接接入。

（7）电源电压小母线 WVa、WVb、WVc，在 35/10kV 系统中设两组电源电压小母线，用来指示电压和电能测量用，它们分别由 35kV 和 10kV 电压互感器提供。

（8）合闸小母线＋WO 和－WO，是专供断路器合闸线圈工作的电源母线，是由直流屏直接提供的。

其他小母线应参考图样中的标注及说明。

2. 小母线的连接一般可用图 7-7（见书后插页）来表示，该图与 1 中的内容是相符的。

二、35kV 变电所主进线断路器控制及保护二次回路原理图 ★★★

图 7-8 是 35kV 变电所主进线断路器控制及保护二次回路原理图，表 7-1 是该图的材料设备表。图 7-8 可表达五个方面的内容。

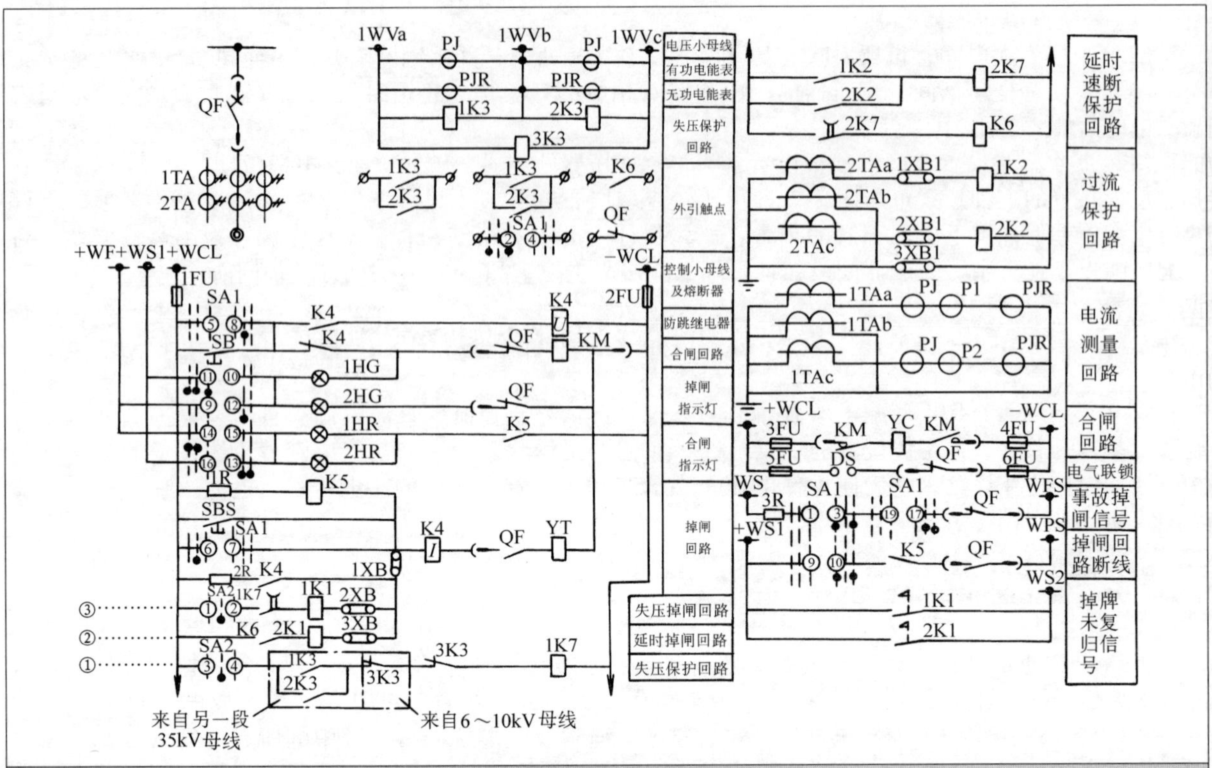

图 7-8　35kV 变电所主进线断路器控制及保护二次回路原理图

表 7-1　图 7-8 材料设备表

符号	名称	规格	数量	符号	名称	规格	数量
安装在 35kV 柜上的设备				安装在保护屏上的设备			
				1～2K1	信号继电器	DX－11/1A	2
2HG	指示灯	XD5－□V，绿	1	1～2K2	电流继电器	DL－11/□	2
2HR	指示灯	XD5－□V，红	1	1～2K3	电压继电器	DY－37/160	2
P2	电流表	1T1－A□A	1	K4	中间继电器	DZB－14B□	1
SBS、SB	按　钮	LA2	2	K5	中间继电器	DZ－51/220□V	1
5～6FU	熔断器	R1－10/□A	2	K6	中间继电器	DZ－17□V	1
KM	直流接触器	CZ0－40D/□V	1	1K7	时间继电器	DS－113C□V	1
3～4FU	熔断器	RL1－60/□A	2	2K7	时间继电器	DS－115□V	1
安装在控制屏上的设备				2R	电阻	ZG11－50，1Ω	1
				1R	电阻	ZG11－50，5kΩ	1
SA1	控制开关	LW2－□	1	1～3XB	连接片	YY1－D	3
P1	电流表	16T2－A□A	1	3K3	电压继电器	DY－34/60C	1
3R	电阻	ZG11－50，1kΩ	1	安装在 BZT 装置屏上的设备			
1～2FU	熔断器	R1－10/□A	2	SA2	转换开关	LW5－15P0627/2	1
1HG	指示灯	XD5－□V，绿	1	安装在进线隔离开关操作机构上的设备			
1HR	指示灯	XD5－□V，红	1	DS	电锁	BY1，220V	1

（一）电气主接线

断路器 QF 与母线的连接采用了高压插头和插座，省略了隔离开关，这说明 QF 是装设在柜内，且为手车柜或固定式开关柜，此结线适用于室内变电所。QF 下闸口设两组电流互感器，其中 1TA 为测量回路所用，2TA 为保护回路所用。

（二）测量回路

测量回路是由电压继电器、电流互感器、表计和继电器组成的，该图测量回路分两部分。

1. 电压测量回路的电源是由电压小母线 WVa、WVb、WVc 得到的，并用两元件的有功电能表 PJ 和两元件的无功电能表 PJR 的电压线圈并接在小母线上，作为电能表的电压信号。同时在电压小母线上分别并接三只电压继电器 1～3K3，作为失压保护的测量元件，其中 3K3 的动断触点串接在失压保护回路里，见图中标注①（这些标注原图没有，只是为了讲述的方便），当 3K3 失电时，动断触点闭合，使时间继电器 1K7 得电吸合并开始延时，准备掉闸回路动作。另外两只继电器 1K3、2K3 的动合触点并联后，接至另一段 35kV 母线的控制回路里，并与 10kV 母线段的电压继电器 3K3 的动断触点串联，作为失压保护的动作回路，见图中虚线框内图示。

2. 电流测量回路的电源是由电流互感器 1TA 得到的，除了串接两元件电能表的电流线圈外，还串接两只电流表 P1 和 P2。

电压测量回路中，如在电压继电器 1～3K3 两端分别并联一只电压表（35000/100）即可测量三相的电压，图中没有标出。

（三）保护回路

保护回路由电流互感器 2TA 和电流继电器 1～2K2、时间继电器 2K7、中间继电器 K6 构成。1～2K2 分别串接在 2TAa、2TAc 的回路中，作为电流信号检测元件。当某相过流时，1K2 或 2K2 动作，其动合触点闭合，时间继电器 2K7 得电吸合并开始延时，准备掉闸回路动作。过流时间超过整定时间后，2K7 动合触点闭合，中间继电器 K6 得电吸合，其串接在延时掉闸回路里的动合触点闭合，见图中标注②，信号继电器 2K1 吸合其触点发出信号并使跳闸线圈 YT 动作。

（四）断路器控制回路

断路器的控制回路较为复杂，由控制开关 SA1、按钮 SB 和 SBS、直流接触器 KM、时间继电器 K7、中间继电器 K4 和 K5、断路器跳闸线圈 YT 和合闸线圈 YC、各种熔断器和电阻器、电锁 DS、转换开关 SA2 等组成，其中 SA1 和 K4 为关键元件且功能独特。

1. SA1 是 LW2－Z 型控制开关，这是一种封闭式万能转换开关，其转动手柄有 6 个不同位置，在不同位置时，各触点有不同的通断情况。断路器在跳闸位置时，开关的手柄在水平位置即“跳闸后”位置，合闸时先将手柄顺时针转动 90°到垂直位置即“预备合闸”位置，然后再继续转动 45°即“合闸”位置，这时将手柄松开，手柄自动返回到垂直位置即称为“合闸后”位置。跳闸时先将手柄逆时针转动 90°到水平位置即“预备跳闸”位置，然后再继续转动 45°即“跳闸”位置，松开手柄后手柄自动返回到水平位置即“跳闸后”位置，详见表 7-2。

2. K4 是一种特殊的中间继电器，它有两只线圈，其中电流起动线圈串联在跳闸回路中，额定电流与断路器跳闸线圈的动作电流匹配，灵敏度高于跳闸线圈。另外一只为电压保持线圈，经过自身的动合触点并联在合闸接触器 KM 的线圈上，其动断触点串联在 KM 的线圈回路里。无论哪组线圈得电都会使继电器的触点动作，因此常用在防跳回路中。

当断路器合闸时，由于种种原因造成 SA1 手柄未自动返回或触点粘连，此时如有短路存在，继电保护装置则使断路器自动跳闸，但合闸回路未断开，则会出现多次“跳—合”现象，这种跳跃会使断路器损坏，造成事故扩大。K4 的设置则是为了防止这种跳跃的发生，因此称 K4 为跳跃闭锁继电器。

表 7-2　LW2－YZ－1a、4、6a、40、20/F1 触点图表

在“跳闸后”位置的手柄（正面）的样式和触点盒（背面）的接线图		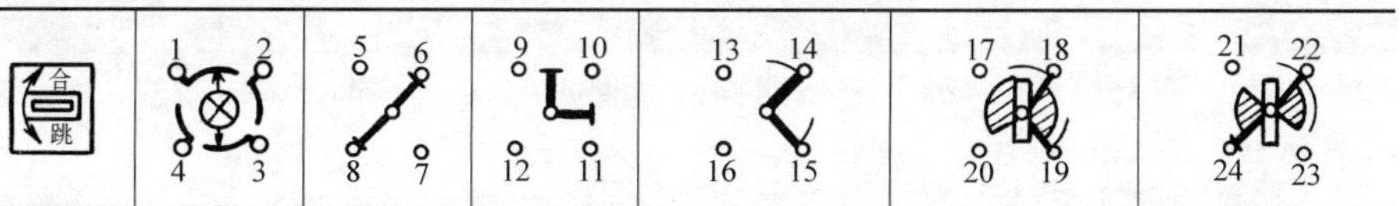														
手柄和触点盒的形式		F1	灯	1a		4		6a			40			20		
触点号		—	—	5－7	6－8	9－12	10－11	13－14	13－16	14－15	17－18	18－19	17－20	21－23	21－22	22－24
位置	跳闸后			—	×	—	—	—	—	×	—	×	—	—	—	×
	预备合闸			×	—	—	—	×	—	—	×	—	—	—	×	—
	合闸			—	—	×	—	—	×	—	—	—	×	×	—	—
	合闸后			×	—	—	—	×	—	—	—	—	×	×	—	—
	预备跳闸			—	×	—	—	—	—	×	×	—	—	—	×	—
	跳闸			—	—	—	×	—	—	×	—	×	—	—	—	×

K4 在电路中是这样工作的：合闸时，如正逢短路，继保动作，YT 得电吸合，使断路器跳闸，这时串联在 YT 回路的 K4 电流线圈也通以电流则使 K4 吸合，其动断触点断开了 KM 的得电回路，使其不能得电，而动合触点闭合接通了 K4 的电压线圈，断开了 KM，使其不能得电再次吸合，防止了跳跃的发生。只有当 SA1 或合闸信号恢复正常后，K4 电压线圈断电，才能正常合闸起动。

3. 断路器的合闸跳闸过程

（1）SA1 的手柄在“跳闸后”位置且断路器 QF 也在跳闸位置时，其触点 10－11 闭合，绿灯 1HG 与 KM 串联，将信号小母线＋WS1 与控制小母线－WCL 接通，1HG 点亮，表示断路器在跳闸位置，但 KM 不吸合，因为被 1HG 分压，KM 两端的电压不足以使其吸合。1HG 点亮一是说明 KM 回路完好，二是说明 1FU、2FU 完好。在触点 10－11 闭合的同时，2HG 经 QF 的辅助动断触点将闪光小母线＋WF 与－WCL接通，这时 2HG 将闪光，提醒运行人员注意。有关闪光小母线的内容将后面介绍。

（2）按 1 中的要求将手柄经“预备合闸”位置转到“合闸”位置时，触点 5－8 闭合，KM 得到全部控制电压而吸合，其主触头闭合将合闸线圈 YC 与合闸母线 WO 连接，YC 动作，QF 合闸。1HG、2HG 熄灭。

（3）松开手柄，SA1 返回“合闸后”位置，触点 16－13 闭合，2HR、1HR 经 K5 常开点分别与－WCL 和＋WF 连接。K5 为一中间继电器，其线圈经 1R、K4 电流线圈、YT 电流线圈及 QF 的辅助动合触点（QF 合闸后已闭合）接于控制母线上而吸合，其动合触点闭合，2HR 点亮，1HR 闪光，指示 QF 已合闸完毕。K5 的吸合还表示 YT 回路正常，但不足以 YT 动作。

（4）按 1 中的要求将手柄转到“跳闸”位置时，触点 6－7 闭合，YT 经 K4 电流线圈和 QF 动合触点与控制电源连接，YT 动作，QF 跳闸。松开手柄后，手柄自动返回到“跳闸后”位置，1HG、2HG 重新点亮、闪光。

（五）信号装置

1. 当失压保护回路 1K7 动作、当过流时间继电器 2K7 动作，都能使 YT 得电跳闸，并由信号继电器 1K1 和 2K1 发出跳闸信号，掉牌未复归光字牌发光。因故障继保动作而使 QF 跳闸后，SA1 未动作，由表 7-2 可知 SA1 的触点 9－10 在“预备合闸”及“合闸后”位置均为闭合，这时 QF 辅助动断触点复位，因此 1HG 点亮而 2HG 闪光，表示 QF 事故跳闸。

2. 事故跳闸还发出音响信号，图 7-8 是利用“合闸后”SA1 的触点 1－3 和 19－17 的接通完成的，但 QF 辅助动断触点合闸后是断开的，但事故跳闸后，QF 辅助常闭复位，SA1 保持原合闸后位置，这时事故掉闸音响回路接通起动，发出音响，表示事故跳闸，有关事故音响小母线 WFS 的内容将在后面介绍。

3. 掉闸回路断线报警信号，图 7-8 是利用“合闸后”SA1 的触点 9－10 的接通和 K5 的常开完成的，当事故发生时，如①、②、③回路不足以引起 YT 动作时，K5 吸合，这时 SA1 的 9－10 闭合、QF 闭合，只要 K5 吸合，便起动信号预告小母线 WPS，发生警铃信号。有关 WPS 小母线将在后面介绍。

在跳闸、合闸控制回路有时可用按钮 SBS、SB 来实现，直接将 YT、YC 接通，使 QF 跳闸、合闸，其他同前述。

三、35kV 变电所主变压器控制及保护二次回路原理图 ★★★

图 7-9 是 35kV 变电所主变压器控制及保护二次回路原理图，表 7-3 是该图的材料设备表。图 7-9 可表达五个方面的内容。

（一）电气主接线

主变压器 T 的一次用插头和插座式断路器 QF 与 35kV 母线连接，一次侧设置两组电流互感器 1TA 和 2TA；二次侧也设两组电流互感器 3TA 和 4TA，其中 1TA 和 3TA 是构成差动保护的取样元件，用来保护变压器内部、套管及引出线上的各种短路故障，4TA 是构成6～10kV 侧过电流、过负荷保护的取样元件，用来保护低压侧母线、线路过负荷的。同时在变压器进口侧又设两组电流互感器 TA，是用来计量电能的。

（二）差动保护的接线

一次侧电流互感器 1TAa、1TAb、1TAc 接成三角形后与差动继电器 1～3K2 连接，二次侧电流互感器 3TAa、3TAb、3TAc 接成星形后与 1～3K2 连接，相序与一次是对应的，星点可靠接地。

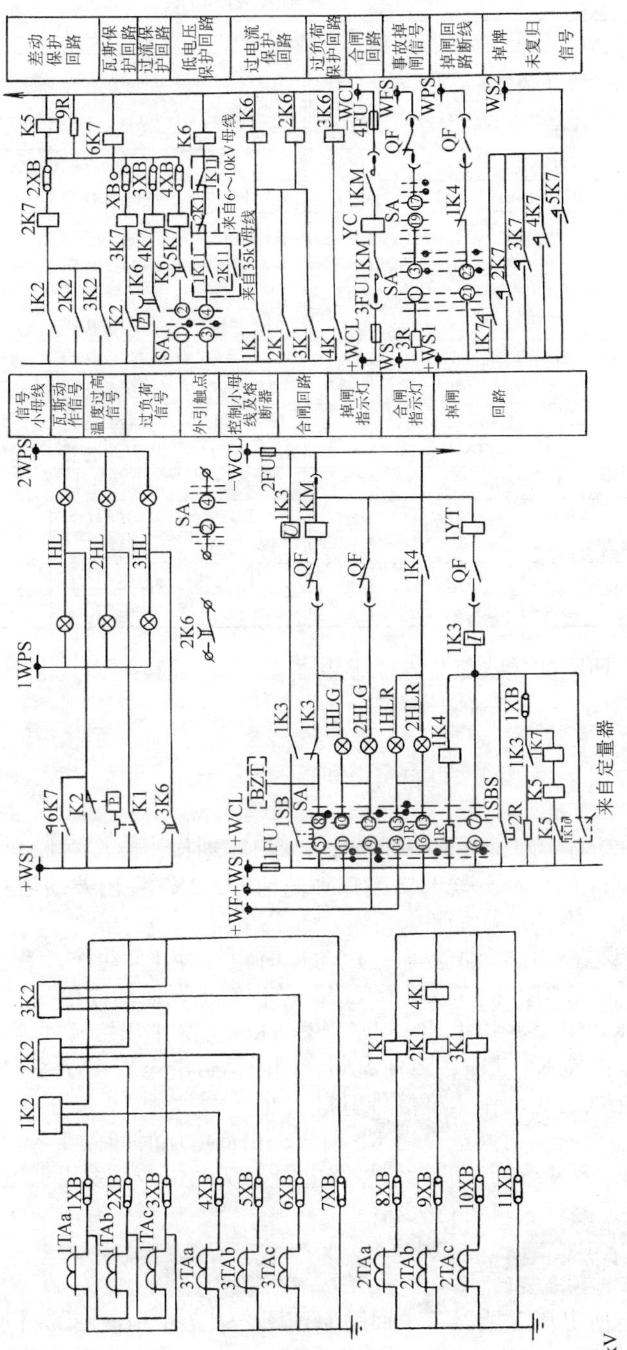

图7-9　35kV变电所主变压器控制及保护二次回路原理图

表 7-3　图 7-9 材料设备表

符号	名称	规格	数量	符号	名称	规格	数量
安装在 35kV 开关柜上的设备				安装在变压器自投装置屏上的设备			
2HLG	指示灯	XD5 - □V，绿	1	SA1	转换开关	LW2 - 111/F4	1
2HLR	指示灯	XD5 - □V，红	1	安装在保护屏上的设备			
1KM	直流接触器	CZ0 - 40D□V	1	1K3	中间继电器	DZB - 14B□V	1
3 ~ 4FU	熔断器	RL1 - 60□A	2	1K4	中间继电器	DZ - 51/22□V	1
1SB	按钮	LA2	1	K5	中间继电器	DZB - 12B□V	1
1SBS	按钮	LA2	1	1 ~ 2K6	时间继电器	DS - 112□V	2
安装在控制屏上的设备				3K6、K6	时间继电器	DS - 113C□V	2
SA	控制开关	LW2 - □	1	1K7	信号继电器	DX - 11/1A	1
1HLG	指示灯	XD5 - □V，绿	1	2 ~ 6K7	信号继电器	DX - 11/□A	4
1HLR	指示灯	XD5 - □V，红	1	1 ~ 3K1	电流继电器	DL - 11/□	3
1 ~ 3HL	光字牌	XD10 - □V	3	4K1	电流继电器	DL - 11/□	1
1 ~ 2FU	熔断器	R1 - 10/□	2	1 ~ 3K2	差动继电器	BCH - 2	3
3R	电阻	ZG11 - 50，1kΩ	1	XB	切换片	YY1 - S	1
变压器自带设备				1 ~ 4XB	连接片	YY1 - D	4
K1	温度继电器	WTZ - 288	1	1R	电阻	ZG11 - 15，5kΩ	1
K2	瓦斯继电器	QJ1 - 80	1	2R	电阻	ZG11 - 50，1Ω	1

过电流、过负荷保护回路的接线是与电流继电器 1 ~ 4K1 连接的，其中 4K1 是保护过负荷的，连接后的星点是接地的。

（三）控制合闸回路

控制合闸回路基本与图 7-8 相同，可自行分析。

（四）保护回路

1. 差动继电器 1 ~ 3K2 有一只动作时，中间继电器 K5 动作，串接在掉闸回路的动合触点闭合使跳闸线圈 1YT 动作跳闸，同时信号继电器 1K7 发出掉闸信号，2K7 发出差动信号。中间继电器 K5 是双线圈（电压、电流）继电器，有防跳功能。

2. 瓦斯继电器 K2（装在变压器油管道上）动作时也可使 K5 动作，致使跳闸，同时信号继电器 3K7 动作发出瓦斯信号；如果 3K7 接在 XB 上，6K7 动作发出瓦斯动作信号。

3. 过流继电器 1 ~ 3K1 有一动作时，时间继电器 1K6 动作并开始延时，当过流时间大于整定时间时，其动合触点闭合，也能使 K5 动作，致使跳闸，同时信号继电器 4K7 发出过流信号。同时会使时间继电器 2K6 的外引动合触点延时动作，将信号引自别处。

4. 低电压保护回路动作时，时间继电器 K6 动作，当低电压时间大于 K6 整定时间时，K6 动合触点延时闭合，也能使 K5 动作致使跳闸，同时信号继电器 5K7 动作，并发出低电压信号。

（五）其他信号报警回路读者可自行分析

四、35kV 变电所电压互感器二次回路原理图 ★★★

图 7-10 是 35kV 变电所电压互感器二次回路原理图，表 7-4 是该图的材料设备表。图 7-10 可表达三个方面的内容。

（一）主接线

电压互感器 TV 与母线的连接是采用插头插座式并用熔断器 FU 进行保护。

（二）接线方式

1. 电压互感器的一次接成星形，二次有两组线圈，一组线圈接成星形，作为电压小母线的引出线。另一组线圈接成开口三角形，作为绝缘监视回路。

2. 电压小母线相与相间分别接一只电压继电器 1 ~ 3K1，作为断相保护的检测原件，每相接一只电压表，监视电压是否正常，绝缘监视回路在三角形开口处接一只电压继电器 K2，监视母线是否有接地故障。正常运行时，三相电压对称，三只电压表读数相等，电压继电路 K2 不动作。当母线发生接地故障时，系统失去平衡，电压表指示不同且 K2 动作，发出接地故障信号，并转动 SA2 可找出接地故障相。

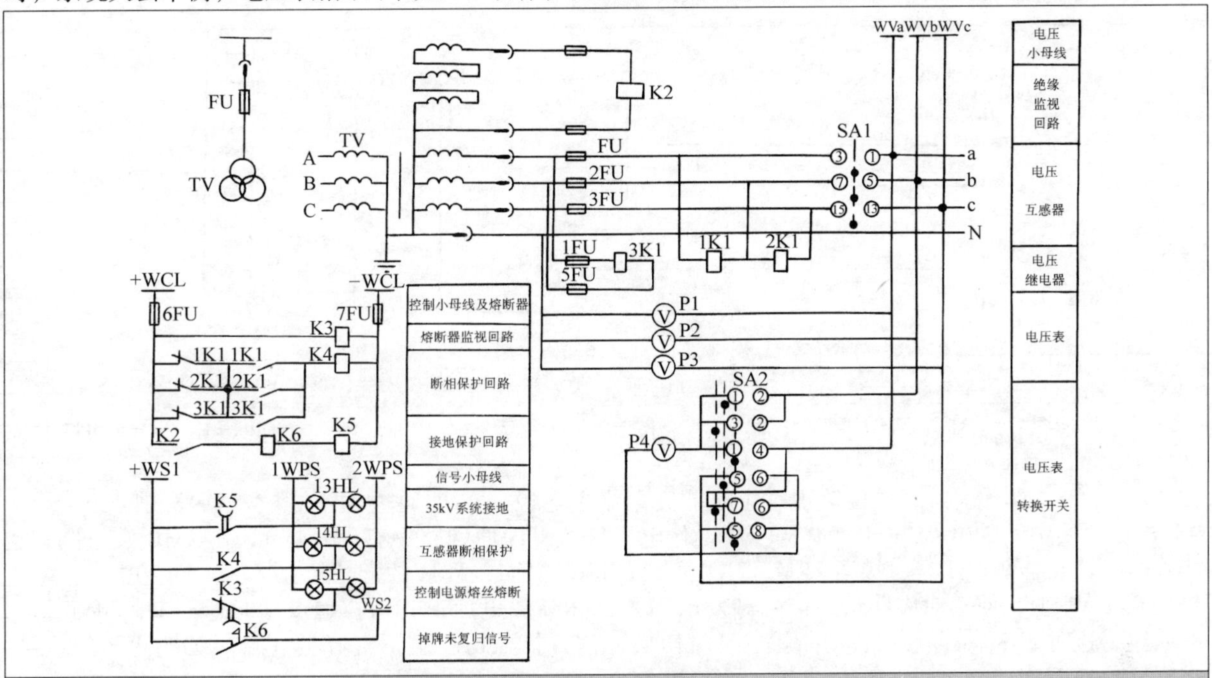

图 7-10　35kV 变电所电压互感器二次回路原理图

表 7-4　图 7-10 材料设备表

符　　号	名　　称	规　　格	数　量
	安装在 35kV 开关柜上的设备		
1～3K1	电压继电器	DJ－132/160	3
K2	电流继电器	DJ－131/60CN	1
K3	中间继电器	DZS－115□V	1
K4	中间继电器	DZ－15□V	1
K5	时间继电器	DS－113C□V	1
K6	信号继电器	DX－31/□	1
SA1	转换开关	LW2－111/F4	1
1～3、6～7FU	熔断器	R1－10/4A	5
P1～P3	电压表	1T1－V，42/0.1kV	3
4～5FU	熔断器	R1－10/10A	2
	安装在控制屏上的设备		
P4	电压表	16T2－V，42/0.1kV	1
SA2	电压表转换开关	LW2－5.5/F4	1
	安装在中央信号屏上的设备		
13～15HL	光字牌	XD10－□V，白	

（三）信号回路

1. K3 作为控制小母线熔丝熔断的检测元件，正常时 K3 吸合，其动断触点打开，信号灯 15HL 熄灭，当 6FU 或 7KU 有一熔断时，K3 失电，其动断触点延时闭合，15HL 点亮报警。

2. K4 作为断相的检测元件，正常时 1～3K1 全部吸合，1～3K1 的常闭并联后与 1～3K1 的常开串联，有一相断相，其 1～3K1 则有一只失电，常闭有一只闭合复位，而对应的常开则有一只打开，K4 接通电源动作，其常开闭合，14HL 点亮报警。

3. K2 动作时，其常开闭合，接通接地保护回路，时间继电器 K5 动作，其常闭延时闭合，使 13HL 点亮报警，同时信号继电器 K6 动作，发出掉牌未复归信号。

五、闪光装置原理图 ★★★

图 7-11 是变配电装置中常用的闪光装置原理图。当断路器 QF 和控制开关 SA 状态不对应时，信号

灯被接到闪光母线（+）WF 上，并开始闪光。

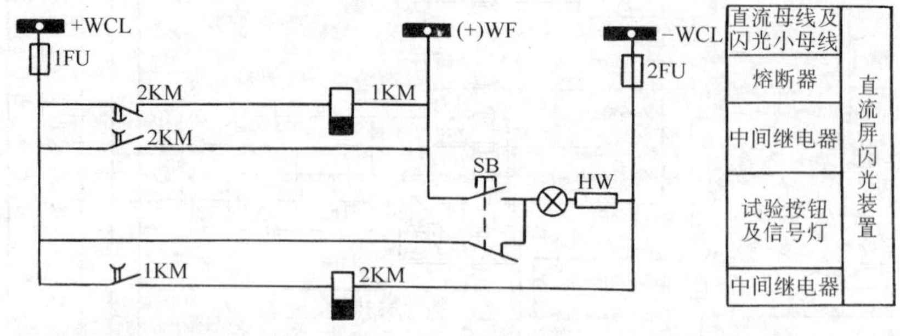

图 7-11　闪光装置原理图

1. 闪光装置一般由两个中间继电器、一个按钮、一个信号灯组成，其中中间继电器有延时功能，型号 JT3-11/1 型-220V。

2. 当 QF 的位置与 SA 的位置不对应时，负直流主电源-W 即通过“不对应”回路与闪光母线+WF 接通，使中间继电器 1KM 有电，1KM 动作电压较低，即使回路中有信号灯 1HG、1HR 及线圈，也能吸合。其动合触点闭合，接通 2KM，2KM 的常闭断开 1KM，2KM 的常开闭合将正直流主电源+W 直接接到+WF 上，使不对应回路的信号灯发出强光，1KM 失电后，其动合触点延时返回又切断了 2KM 的回路，这时 2KM 动合触点、动断触点延时切换，常开打开切断了正直流主电源+W 与 WF 的连接，常闭复位使 1KM 再次通电，“不对应”回路中的信号灯由于 1KM 线圈的串联接入而变暗。这样连续重复下去，信号灯将明暗闪光。SB 是试验按钮，信号灯 HW 平时经 SB 常闭接于±W 之间，监视直流主电源±W 和 1FU、2FU。按下 SB 时，HW 接至 WF 上，SB 动合触点充当了不对应回路，HW 充当了断路器的位置指示灯，正常时 HW 应明显闪光。

3. 图 7-12 是闪光装置和“不对称”起动回路画在一起的原理图，供分析时参考。因为配电系统中有很多控制回路，有一个出现不对称，闪光装置将进入工作状态进行闪光。

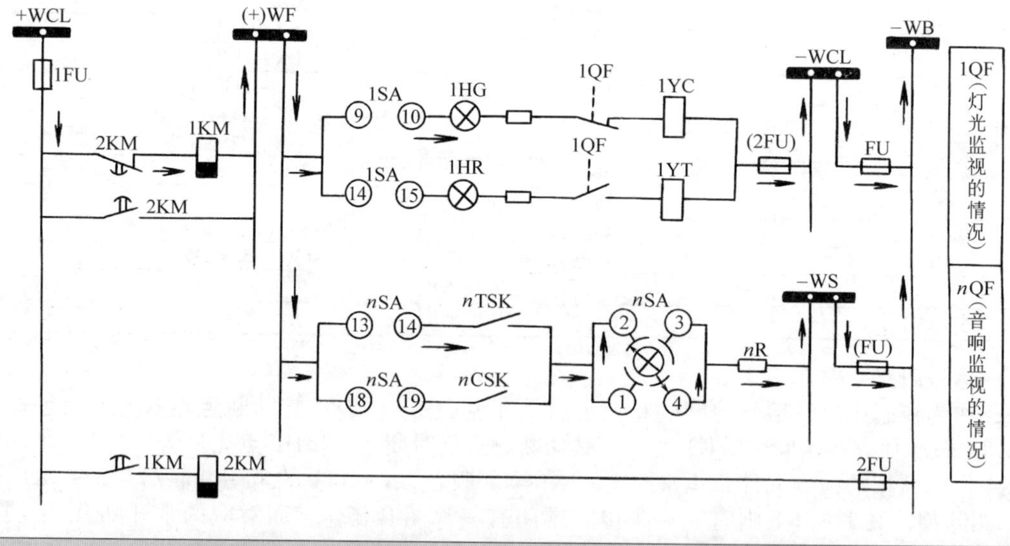

图 7-12　闪光装置和“不对称”起动回路画在一起的原理图

六、直流系统绝缘监察装置原理图 ★★★

图 7-13 是变配电装置中常用的直流系统绝缘监察装置原理图。它是利用电桥平衡的原理进行正常工作的，图 7-13a 可简化为图 7-13b。由图可知，1R=2R，调节 3R 使 V_1 的读数为零，信号继电器 KS 不

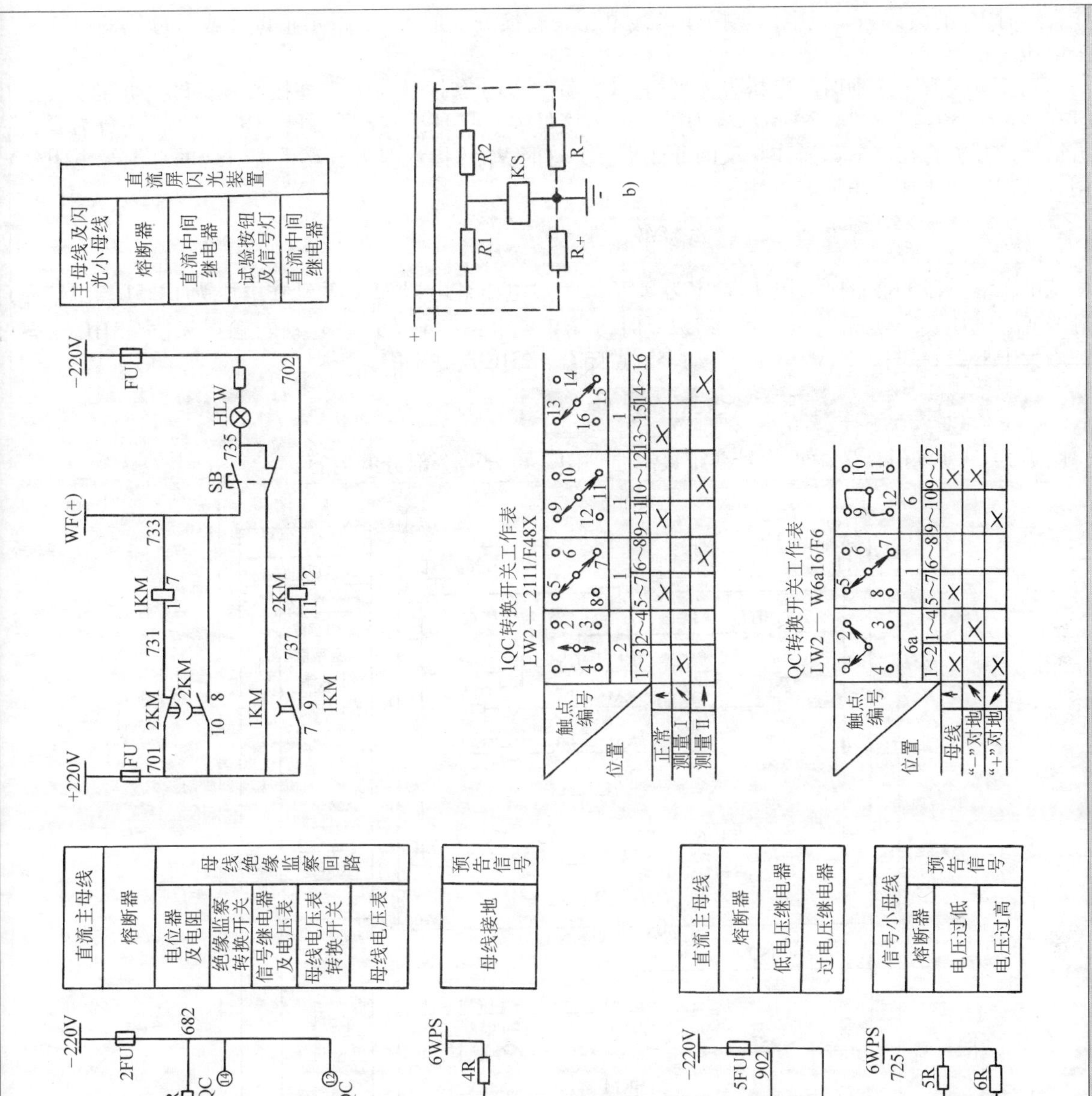

图 7-13　直流系统绝缘监察装置原理图

动作，这时 V_2 的读数为母线电压。操作母线电压表转换开关时 V_2 应指示正母线或负母线的电压，这两个电压应相等。

当正负母线有一接地时，电桥失去平衡，KS 动作，V_1 有指示 1HL 点亮报警。将母线电压表转换开关打在测量位置Ⅰ或Ⅱ，V_2 的指示应为零，表示该母线已接地。这时先调节 3R，使 V_1 读数为零，然后再把转换开关打在与前面操作相反的Ⅱ或Ⅰ上，这时 V_1 的指示即为直流系统对地的总绝缘电阻。V_1 采用有双刻度（电压、电阻）的电表。

七、直流母线电压监察装置原理图 ★★★

低电压继电器 1KV 的返回电压整定为 $0.75U_N$，过电压继电器 2KV 的动作电压为 $1.25U_N$，U_N 为直流母线额定电压。当实际电压小于 $0.75U_N$ 时，1KV 失电，1KV（5－7）动断触点复位，3HL 点亮报警；当大于 $1.25U_N$ 时，2KV（1－3）动合触点闭合，2HL 点亮报警。

八、中央信号系统接线原理图 ★★★

图 7-14 是变配电装置中央信号系统接线原理图，可分两个部分的内容。

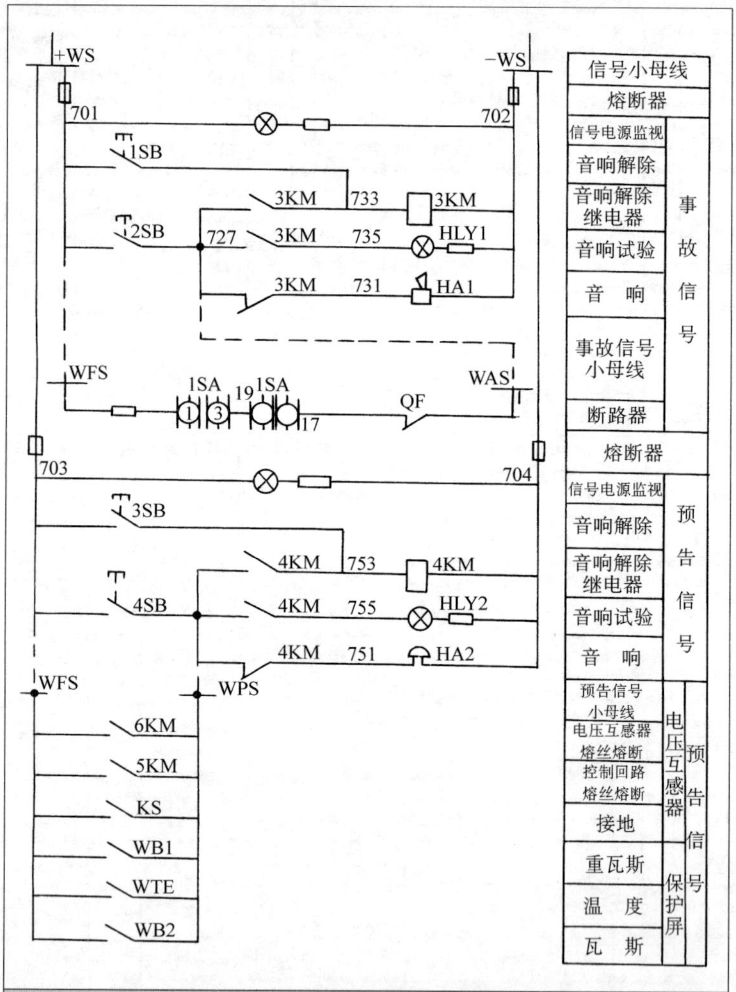

图 7-14　中央信号系统接线原理图

（一）事故信号

事故信号是指断路器因继电保护动作或其他原因使断路器误断开而发出的音响信号，一般是由蜂鸣器或电喇叭发出。

由图可以看出，断路器辅助触点 QF 与控制开关 1SA“不对应”回路是通过事故信号小母线 WFS、

WAS 并联于音响试验按钮 2SB 上的，只要断路器事故跳闸，其辅助动断触点复位便接通 HA1 发出音响，同时可按动解除按钮 1SB，3KM 吸合后，其动断触点 3KM（727－731）打开，可将音响切除。

（二）预告信号

预告信号是指某些设备出现不正常工作情况时，如轻瓦斯、油温过高、接地等，而发出的音响信号，但是由警铃发出的，以便与事故信号区别。

由图可以看出，起动警铃 HA2 的有关触点是经过预告信号小母线 WFS、WPS 并联在预告信号音响试验按钮上的，只要这些触点有一闭合，便接通 HA2，同样可用 3SB 解除。其中触点 6KM、5KM 是来自电压互感器回路的，KS 是来自母线绝缘监察回路信号继电器 KS 的，瓦斯信号 WB1、WB2 是来自变压器上瓦斯继电器的，温度信号 WTE 是来自变压器上油温计上的。

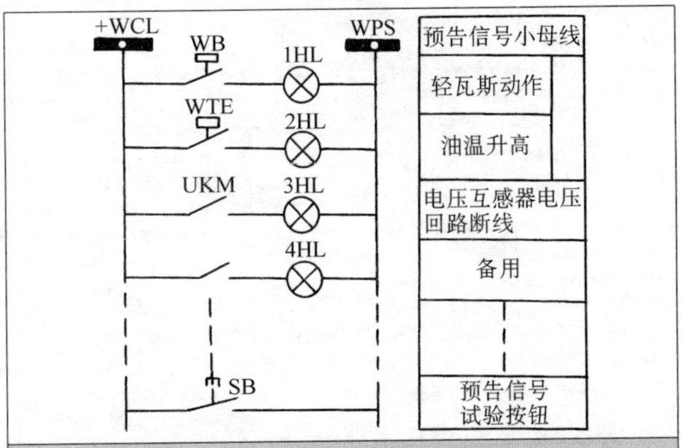

图 7-15 预报音响及光字牌信号起动回路

有的设计在预告信号接点回路里串联光字牌（能写上字的信号灯），铃报警时光字牌可点亮，见图 7-15。

中央信号系统及变压器、断路器控制系统还常用到掉牌未复归信号，这个信号取自信号继电器的触点，并将其接在辅助小母线 WAUX 与掉牌未复归光字牌小母线 WSF 之间，见图 7-16。信号继电器动作时掉牌，动断触点接通 WAUX（WS1）和 WSF（WS2）见图 7-8 和图 7-9，信号灯 1HL 点亮，指示信号继电器掉牌，亦说明保护装置动作。这时运行人员可手动复位掉牌，处理故障。

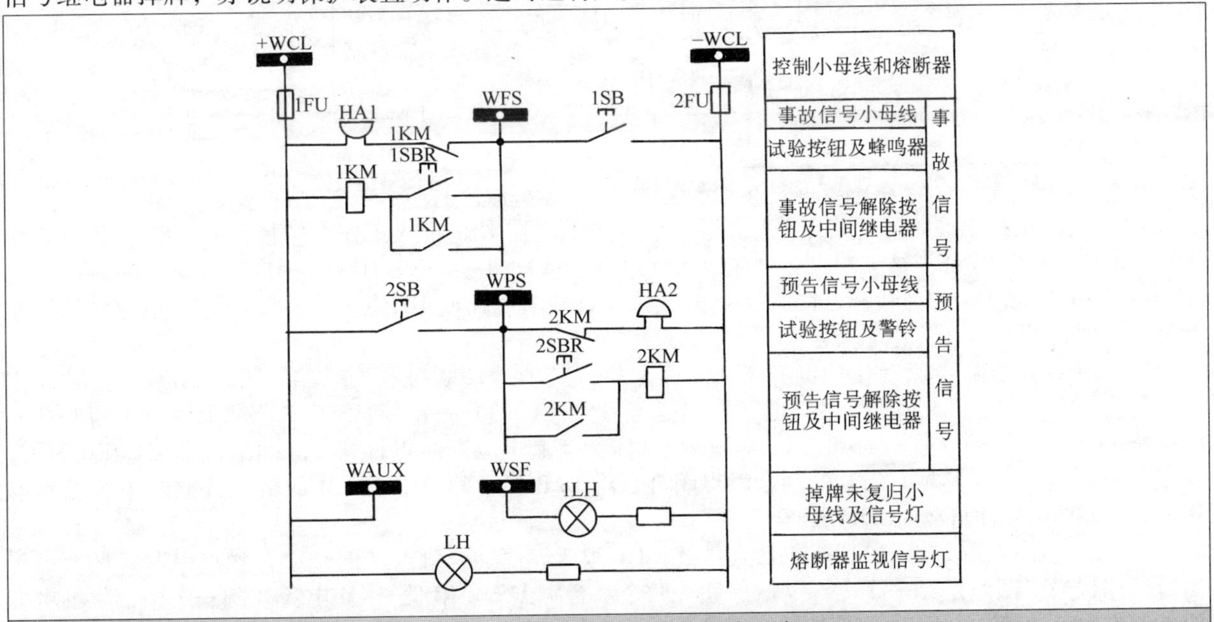

图 7-16 掉牌未复归信号起动回路

九、高压架空引出线路控制及保护二次回路原理图 ★★★

图 7-17 是 10kV 输电线路控制及保护二次回路原理图，该图可分三部分内容。

（一）自动重合闸回路

对于架空线路暂时性的故障，如雷电过电压、大风使导线短路、风筝或异物使导线短路等常采用自动重合闸继电器进行保护，这样当断路器跳闸后，由于故障被短路电路消除烧毁或过电压消失，重合闸继电器动作使断路器自动合闸。一般情况下，只重合一次，若为永久性故障，保护装置再次动作后将不再重合。

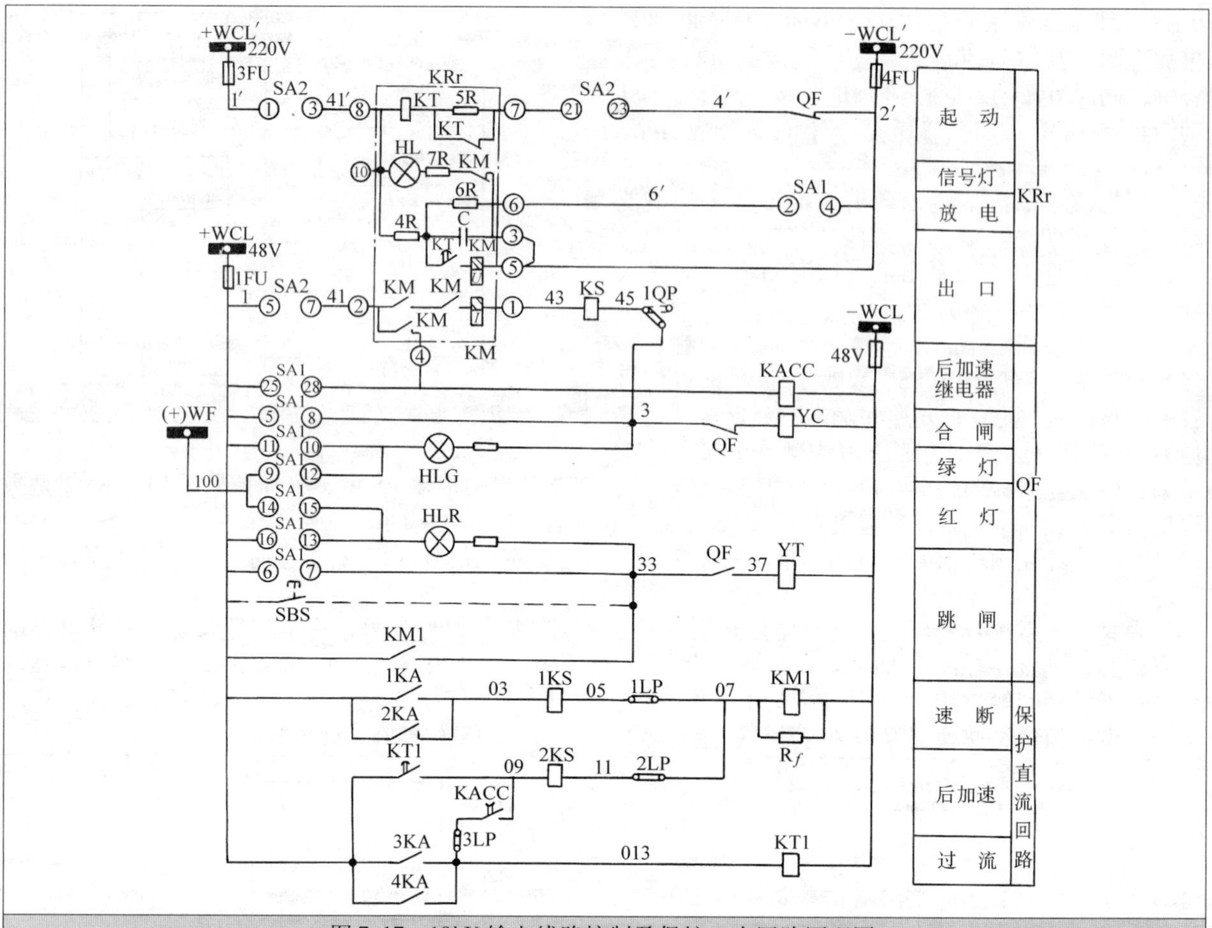

图 7-17　10kV 输电线路控制及保护二次回路原理图

1. 当线路正常工作时，断路器 QF 合闸，重合闸继电器 KRr 投入工作，转换开关 SA2 置于投入位置，KRr 中的电容 C 处于被充电状态，充电回路是经 SA2（1－3）—4R—C—③到电源，同时信号灯 HL 继中间继电器 KM 的动断触点接通经 C 充电的回路到电源而使 HL 点亮，一方面监视电源电压及熔断器，同时说明 C 处于充电状态。

2. 由于线路故障继保动作使断路器 QF 跳闸后，其辅助动断触点 QF（4′－2′）闭合，打破原来 SA2 与 QF 的不对应，使起动回路接通，回路是经 SA2（1－3）—KT 线圈—5R 及并联的 KT 瞬时动断触点—SA2（21－23）—QF（4′—2′）到电源，这时 KT 瞬时动断触点打开，时间继电器 KT 开始延时。当整定时间到达时，其延时闭合的动合触点闭合，将 DZB 型中间继电器 KM 的电压线圈与电容 C 并联接通，C 即向 KM 冲击放电，KM 吸合。

3. KM 电压线圈吸合后，其动断触点打开，HL 熄灭，而动合触点（两个动合触点串联）闭合，将出口回路接通，回路是经 SA2（5－7）—②—两个动合触点 KM 串联—KM 电流线圈—①—信号继电器 KS—1QP—QF 辅助常闭—合闸线圈 YC 到电源，YC 吸合后断路器重合。同时由于 KM 电流线圈的接入而实现了自保，而合闸后，QF 辅助常闭打开而解除自保，其中信号继电器 KS 的接入是为了记录 KRr 动作的继电信号。

4. 中间继电器 KM 动作时，触点 KM②—④闭合接通了后加速继电器 KACC，其延时打开的动合触点立即闭合，如为永久性故障，电流继电器 3KA，4KA 动作，其触点直接起动出口中间继电器 KM1，使 QF 不经时间继电器 KT1 延时而迅速动作而跳闸。SA2⑤—⑦并联了 SA1㉕—㉘，该触点在 SA1 合闸位置上是接通的，它的作用是当线路上本来就有故障存在时，而操作 SA1 合闸则可使加速断开线路。

5. 重合闸继电器只能动作一次，当故障为暂时性的断路器可重合闸，使线路恢复正常运行。若为永久性故障，一次重合闸再次由保护装置动而跳闸则不会重合，这是因为电容器 C 重新充足电需 15～

20s 的时间，当重合闸继电器再次起动时 KT 动作，C 来不及充足电使 KM 冲击动作，故重合闸继电器的出口回路不会接通，这样保证了只能动作一次。

（二）断路器控制回路

断路器控制回路与前述基本相同，只是在 3～10kV 线路一般不设防跳回路，这里只将防跳回路的接线列出，用于 35kV 及以上的线路，断路器控制回路的接线请读者自行分析。

（三）继电保护回路

继电保护回路较简单，读者按前述方法自行分析。

十、二次回路的接线图 ★★★

二次回路接线图是按照二次回路的原理图绘制的一种供二次回路安装时使用的施工图样，一般由盘面布置图、安装接线图、端子排接线图组成。

（一）盘面布置图

盘面布置图是表明二次设备元件（继电器、仪表、信号装置、主令开关等）在控制盘、保护盘、信号盘上安装排列位置和相互间距离尺寸以及盘面几何尺寸的图样，一般按一定的比例画出。图 7-18 是某变电所继电器屏盘面布置图。盘面布置图直观简单，识读时要掌握元件的规格型号。

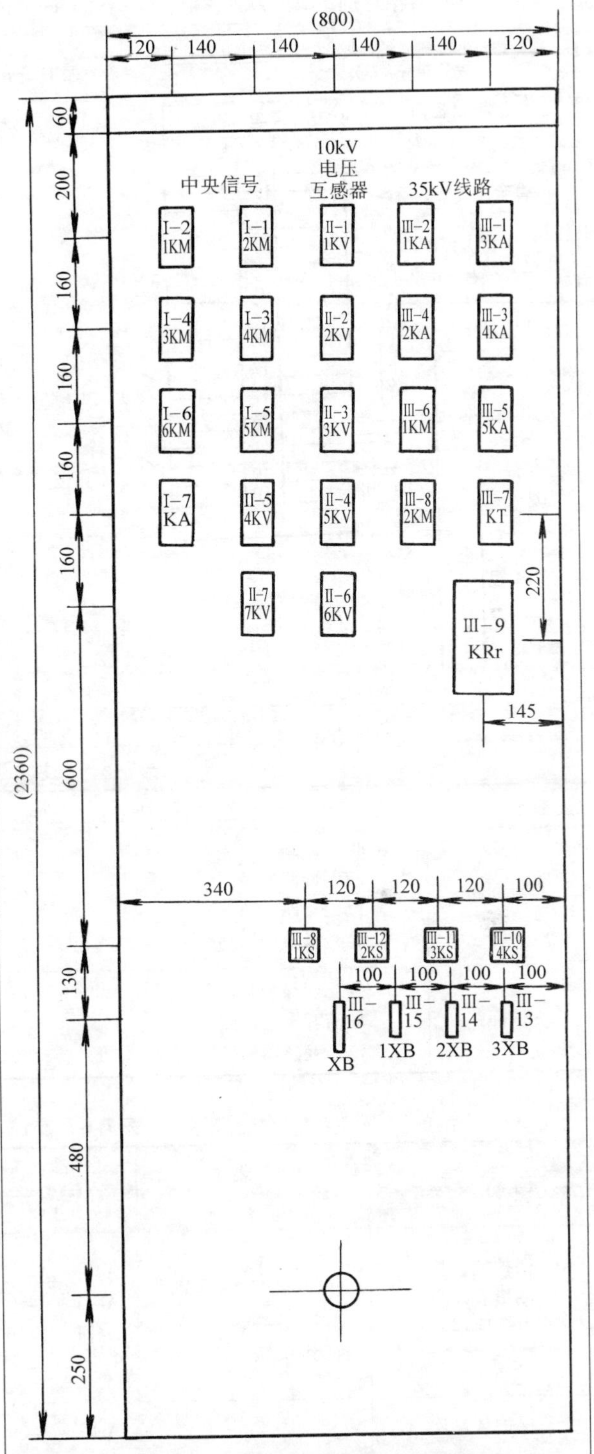

图 7-18 某变电所继电器屏盘面布置图

（二）安装接线图

安装接线图表明盘面布置图上二次设备元件内部接线及相互之间接线的图样，其中较简单的元件可不画出其内部接线。一般情况下，二次设备元件装设在盘的正面，但接线在盘的背面，因此安装接线图则是盘的背视图。元件之间的接线和元件与外部的接线是经过端子排进行的，因此，端子排的接线成了二次回路接线图的主要接线图。

（三）端子排接线图

1. 端子排标注的意义及方法见图 7-19。

2. 二次接线的标号　二次回路中，对所有二次设备、原理图中的所有连接导线、端子排及它们之间的连接导线，都要进行统一标号。标号可说明设备或回路的性质和用途。

（1）二次设备的标号　同一盘柜上常常安装着来自不同装置的二次设备，如发电机、变压器、线路、母线、断路器等装置，这些装置叫做安装单位。为了区分同一盘柜上不同安装单位的设备，采用罗马数字Ⅰ、Ⅱ、Ⅲ、……来表示安装单位的编号。同一安装单位的所有设备，则按其在盘上的位置，依次用阿拉伯数字编出顺序号，见图 7-20。

（2）二次接线的回路标号实际上是对二次接线的导线进行编号，编号采用等电位原则，即在回路中连接到同一点的全部支路只使用同一数字编号，由二次设备的线圈、接点或电阻等元件所间隔的线段，要作为不同电位的线段，给以不同数字的编号。二次回路按用途分组，每组给以一定的数字范围，交流回路在数字前要加上相别 A、B、C、N、P。数字编号一般不超过三位数，表 7-5 ~ 表 7-7 给出了不同用途和回路类别的编号数字范围。下面举例说明一下用法。

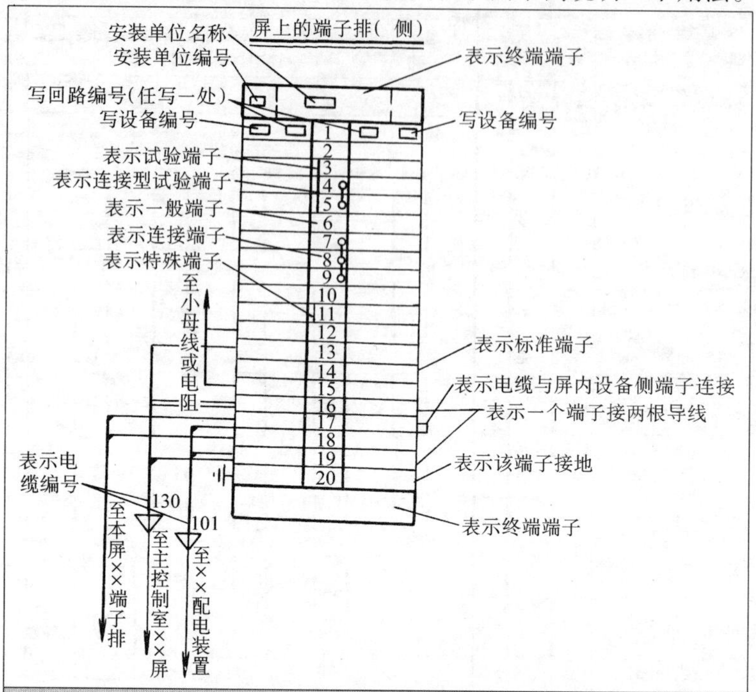

图 7-19　端子排标注的意义及方法

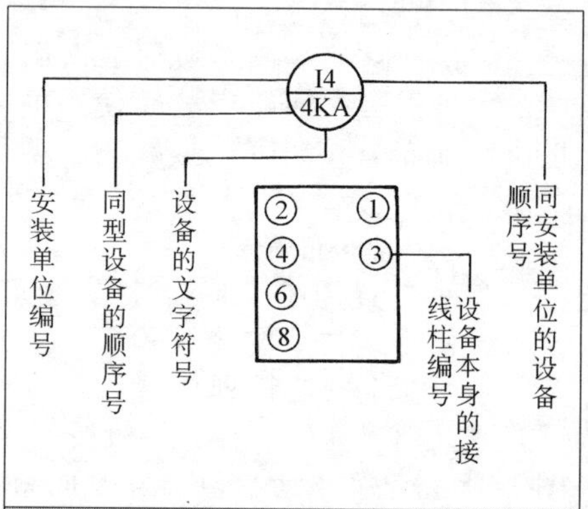

图 7-20　安装接线图中设备编号举例

表 7-5　二次回路数字标号范围表

回路类别		标号范围
直流回路	保护回路 控制回路 励磁回路 信号及其他回路	01 ~ 099（或 J1 ~ J99） 1 ~ 599 600 ~ 699 700 ~ 999
交流回路	控制、保护及信号回路 电流互感器回路 电压互感器回路	1 ~ 399 400 ~ 599 600 ~ 799

表 7-6　交流回路数字标号组

回路名称	互感器的文字符号	回路标号组				
		A 相	B 相	C 相	中线（N）	零序（L）
保护装置及测量表计的电流回路	TA 1TA 2TA ⋮	A401 ~ A409 A411 ~ A419 A421 ~ A429 ⋮　⋮	B401 ~ B409 B411 ~ B419 B421 ~ B429 ⋮　⋮	C401 ~ C409 C411 ~ C419 C421 ~ C429 ⋮　⋮	N401 ~ N409 N411 ~ N419 N421 ~ N429 ⋮　⋮	L401 ~ L409 L411 ~ L419 L421 ~ L429 ⋮　⋮
保护装置及测量表计的电压回路	TV 1TV 2TV	A601 ~ A609 A611 ~ A619 A621 ~ A629	B601 ~ B609 B611 ~ B619 B621 ~ B629	C601 ~ C609 C611 ~ C619 C621 ~ C629	N601 ~ N609 N611 ~ N619 N621 ~ N629	L601 ~ L609 L611 ~ L619 L621 ~ L629
控制、保护及信号回路 绝缘监察电压表的公共回路		A1 ~ A399 A700	B1 ~ B399 B700	C1 ~ C399 C700	N1 ~ N399 N700	— —

表 7-7　直流回路数字标号组

回路名称	数字标号组			
	Ⅰ	Ⅱ	Ⅲ	Ⅳ
控制回路“+”电源	1	101	201	301
控制回路“-”电源	2	102	202	302
合闸回路	3～31	103～131	203～231	303～331
绿灯或合闸回路监视继电器回路	5	105	205	305
跳闸回路	33～49	133～149	233～249	333～349
红灯或跳闸回路监视继电器回路	35	135	235	335
备用电源自动合闸回路	50～69	150～169	250～269	350～369
开关器具的信号回路	70～89	170～189	270～289	370～389
事故跳闸音响信号回路	90～99	190～199	290～299	390～399
信号回路“+”电源	701，703，705			
信号回路“-”电源	702，704，706			
事故跳闸信号小母线	707，708			
预告信号小母线	709，710，711，712			
掉牌未复归小母线	716			

1）表 7-5 中电流互感器回路的数字范围是 400～599，对于第二组电流互感器 2TA，A 相电流互感器的引出线段就记作 A421，经电流表线圈后记作 A412。C 相记作 C421、C422，地线记作 N421。

2）有两组电流互感器 1TA、2TA，1TA 的 A 相回路用 A411、A412……来标注，2TA 的 A 相则用 A421、A422……来标注，也就是同类电器的回路标号互相用十位数或百位数来区别。

3）某些主要回路则标以固定的编号，如控制回路正电源用 1，负电源用 2；信号回路正电源用 701，负电源用 702；直流正极回路按奇数顺序编号，负极回路按偶数顺序编号；回路中，从正电源开始每经过电压线圈、电容、电阻等，回路极性改变，编号则由奇变偶。

（四）二次回路接线图实例

这里仅以某 35kV 线路控制、保护、信号回路二次回路接线图为例，说明二次回路接线图的读图方法。图 7-21 是某 35kV 线路控制保护原理图，图 7-22 是该 35kV 线路控制屏盘面布置图，图 7-23 是该 35kV 线路控制屏端子排接线图。

1. 图 7-21 与图 7-17 有很多相同之处，同时在前述内容中已详细介绍了电压、电流回路。因此，这里不讲述其电路原理，读者可参考前述内容看懂该图的每个部分。

2. 图 7-22 是用于四条 35kV 线路控制屏的盘面控制图，有四个安装单位（Ⅰ～Ⅳ），图中只标出了Ⅰ#安装单位设备的编号，其他三个回路与之相同。而电阻、熔断器、刀开关、继电器等不在盘面上画出的设备则装在了屏的背面。

3. 这里将详细介绍端子排接线图的识读，前面就识图基本知识作了介绍，这里要对照应用，见图 7-21 和图 7-23。

（1）读端子排接线图时，应先弄清端子排的用处，是用在保护屏上、还是控制屏上、还是计量屏上或其他屏上，然后看懂控制保护原理图，并正确确定哪些元器件在控制屏上，哪些在保护屏上，哪些在计量屏上或其他屏上，这两点结合起来就能看懂端子排接线图。这里还要注意到屏与屏之间的联系，有些元件是保护屏上的，但是控制屏或计量屏上也要用到这些元件的端子，这样就必须用电缆将这些不同屏上的相同端子连接起来，这些电缆也有特定的编号。编号方法见表 7-8。

（2）下列回路一般应经过端子排：

1）屏内设备与屏外设备之间连接，其中交流回路应经过试验端子，事故音响信号回路及预告信号回路及其他在运行中需要方便断开的回路应经过特殊端子或试验端子。

2）屏内设备与直接接至小母线的元件（如附加电阻、熔断器或小断路器等）的连接。

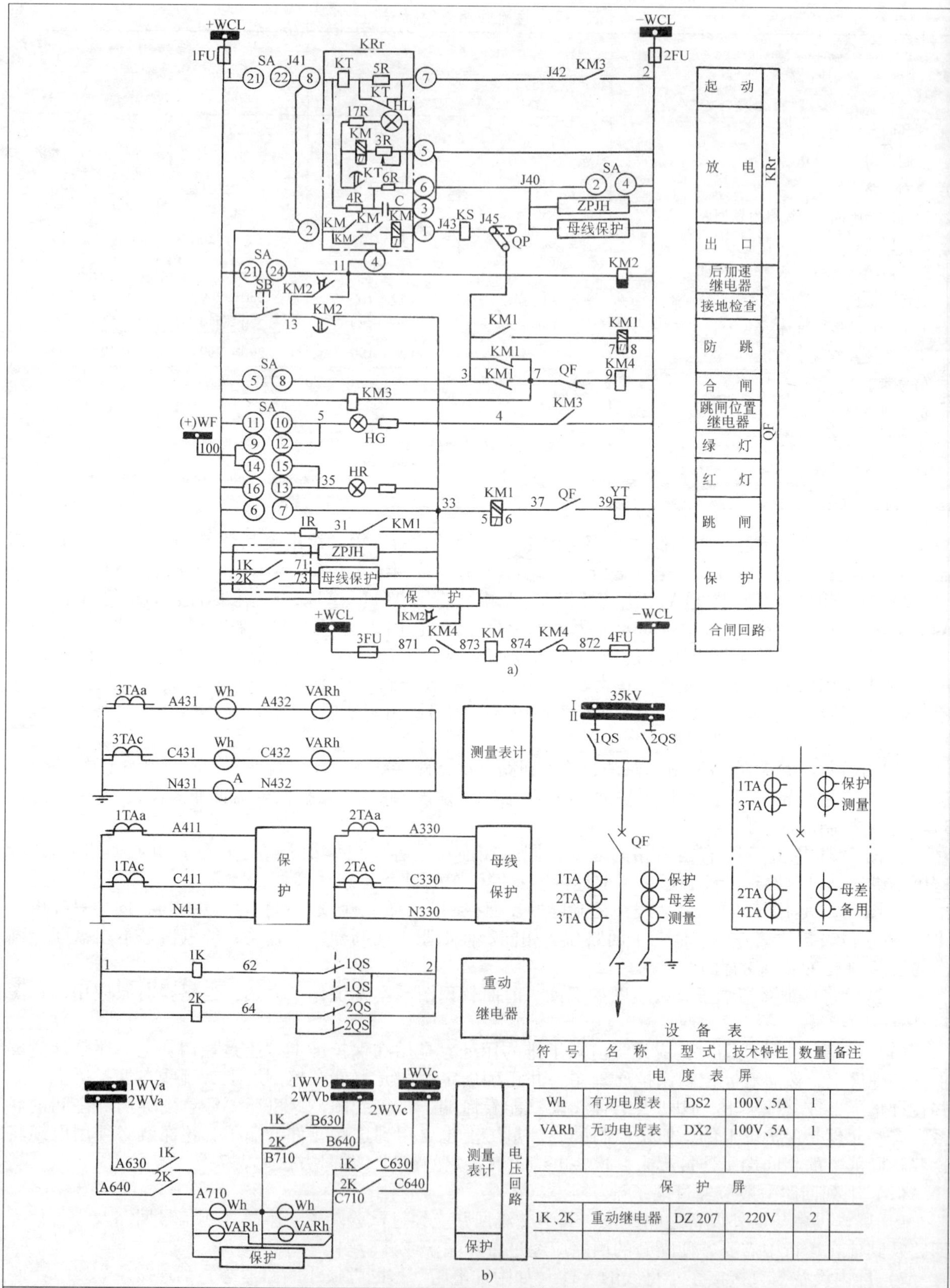

设 备 表

符 号	名 称	型 式	技术特性	数量	备注
	电 度 表 屏				
Wh	有功电度表	DS2	100V、5A	1	
VARh	无功电度表	DX2	100V、5A	1	
	保 护 屏				
1K、2K	重动继电器	DZ 207	220V	2	

图 7-21 35kV 线路控制保护原理图

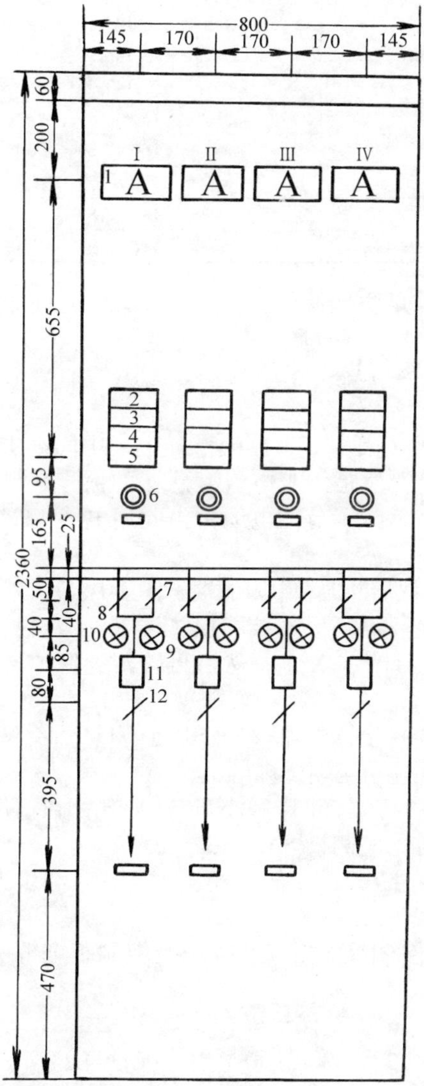

图 7-22　35kV 线路控制屏盘面控制图

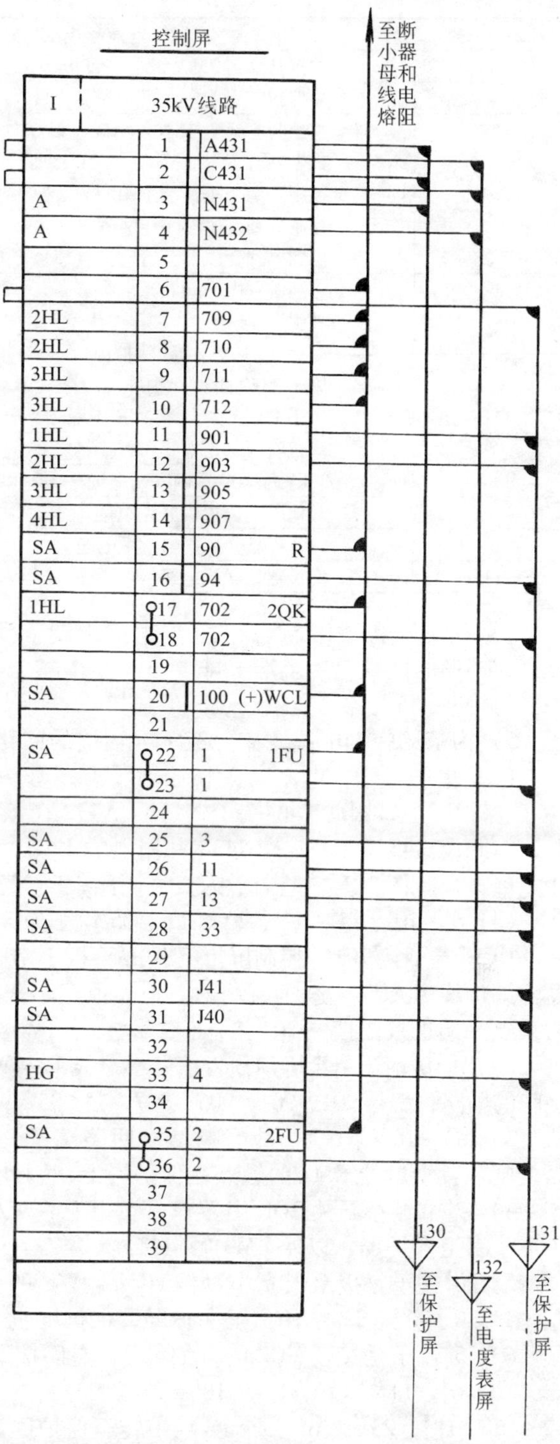

图 7-23　35kV 线路控制屏端子排接线图

表 7-8　电缆数字标号组

序　号	电缆起止点	电　缆　号
1	主控制室到汽机房	100 ~ 110
2	主控制室到 6 ~ 10kV 配电装置	111 ~ 115

（续）

序　号	电缆起止点	电　缆　号
3	主控制室到35kV配电装置	116～120
4	主控制室到110kV配电装置	121～125
5	主控制室到变压器	126～129
	其中：	
5.1	控制屏到变压器端子箱	126
5.2	控制屏到变压器调压装置	127
5.3	控制屏到变压器套管电流互感器	128
6	主控制室内屏间联系电缆	130～149
	其中：	
6.1	用于6～10kV母线保护屏	145
6.2	用于35kV母线保护屏	146
6.3	用于110kV母线保护屏	147
7	汽机间内联系电缆	150～159
8	35kV配电装置内联系电缆	160～169
9	其他配电装置内联系电缆	170～179
10	110kV配电装置内联系电缆	180～189
11	变压器处联系电缆	190～199

3）各安装单位主要保护的正电源应由端子排上接引保护的负电源则应在屏内设备元件间布置成环形，而环形的两端应接至端子排。

4）同一屏上各安装单位之间的连接。

5）为节约控制电缆，需要经本屏转接的回路等。

（3）由图可知，电流表A在控制屏上，有功表Wh和无功表VARh在计量屏上，中间继电器1K、2K在保护屏上，因此A的端子N431、N432在该屏端子排上，但是由于电流互感器的信号来自保护屏上，因此设A431、C431及N432并用电缆130#由保护屏引来，为了节约电缆再由此用电缆132#转接至计量屏上去。图中1#～4#端子为交流回路，5#空置备用。

（4）6#～10#、15#、17#、20#、22#、35#端子为接至屏顶小母线熔断器和电阻的端子，其中：

1）6#端子接701，控制屏上元件并不接至701，信号继电器KS原本装在保护屏上，但保护屏上不设辅助母线WAUX，这样6#端子引至屏顶经小开关1SH接至＋WAUX上，然后再转接到保护屏上，KS的触点一端也按图接在701上。

2）7～10#端子引至屏顶预告信号小母线1～4WPS上，左侧接到光字牌2～3HL上。11#～14#端子为光字牌的回路，编号901、903、905、907，虽905、907未用上但应引至端子排。

3）15#～16#端子为事故音响信号回路端子，编号90和94，电阻R和小母线WFS都在本屏屏顶，而跳闸位置继电器KM3的触点在保护屏上，因此要经端子排，左侧接SA。

4）17#端经小开关2QK引至信号负电源－WAUX上，编号702、左侧接光字牌1HL。利用18#端子将702引至保护屏，以便KM3触点接线。

5）20#端子是接至闪光小母线（＋）WF的编号100，左侧接SA；22#端子接控制正电源＋WCL，左侧接SA，并经23#端子引至保护屏，保护屏也需要＋WCL。

6）35#端子是接－WCL的，编号2，左侧接SA，同样经36#引至保护屏。

（5）6#、11#、12#、16#、18#、23#、25#～28#、30#、31#、33#、36#端子是引至保护屏的端子，其中6#、16#、18#、23#、36#已在（4）中转至保护屏。

1）11#端子编号901线是连接装在控制屏上的光字牌HL和装在保护屏上的KS的引出端子，12#与11#相同。

2）25#～28#端子分别接编号3、11、13、33线，其中25#端子3#线是将保护屏上的中间继电器KM1的接点一端引入控制屏；26#端子11#线是把保护屏上的重合闸继电器KRr的端子④引入到控制屏；27#端子13#线和28#端子33#线是把保护屏上的中间继电器KM2的接点两端分别引入到控制屏，同时33#线也把其他的保护屏上的接点引入到控制屏。

3）30#端子 J41#线是把 KRr 的端子⑧引入到控制屏上，31#端子 J40#线把 KRr 的端子⑥引入到控制屏上。

4）36#端子 2#线是把保护屏上的 KM3 接点的一端引入到控制屏上的 2FU 下端。

5）5#、19#、24#、29#、32#、34#及 37#～39#端子为备用端子。前述端子可按组分开，以便识别。

限于篇幅的关系，有关 10kV 电容柜、10/0.4kV 变电室二次回路等内容，读者可按前述的内容自行分析。这里需要特别指出的是，对于复杂的线路，尤其是二次回路，读图时应先弄懂元件本身的作用、功能和工作原理。例如，元件在什么条件下工作，什么条件下不工作；工作过程中，条件变化了，元件是何种状态，非工作过程中，条件变化了，元件又是何种状态以及有无延时报警功能等。这样便要求读图时，应备有元件手册，以便及时查找或翻阅。

有关变电室直控电动机的内容，其一次部分与配电的内容相同，二次控制部分已在前述章节中作了分析，敬请参阅。

第三节 微机在变电所二次回路中的应用及图样识读

传统的电磁式变电所二次回路的电路复杂，元件繁多，保护性能较差，由于上述原因给安装、调试、运行、维护带来了很多的不便。20 世纪 70～80 年代，曾试图用晶体管电路代替传统的电磁式保护，但由于多方面的原因而没有取得成功，同时也给电子学在供配电系统中的应用蒙上了一层阴影。

微机及微机技术、传感器技术的发展和给供配电系统带来了很大的变革。用于供配电系统的微机单元是专为供配电系统设计制造的，它将继电器继电保护技术完全继承并有所发展地运用到供配电继电保护技术中，称之为微机继电保护及自动化装置，目前在供配电技术中有着广泛的应用，这里仅以国内部分产品在应用中的实际电路详细解读微机继电保护二次回路。

实际上微机继电保护装置完全模拟了继电器继电保护装置，同样是在读图时不要过多地考虑微机继保测控装置的原理和结构，重要的是要掌握其功能作用和接口电路，这样就可以把非常复杂的、技术含量极高的微机继保测控装置简单化了。在原继电器继保装置的基础上，解读这样的电路是不会有困难的。

微机继保测控装置具有继电保护、测控、遥控、通信、调度、记录打印等功能，继电器继电保护装置是无法比拟的。需要说明的是该装置从某种概念上讲是通用的，这里设定 10kV、35/10kV、110/35kV 只是为了讲述方便。

一、10kV 变配电装置微机继电保护装置电路解读 ★★★

这里以四方公司生产的 CSL－2□A 型和 CSP－2□A 微机保护装置用于 10kV 配电装置的保护为例，讲述该系统读图的方法。

CSL－216A 型微机保护装置，具有三段式相间电流、电压保护及三相一次重合闸及分布式单相接地故障选线、低频减载功能，并备有遥控、遥测、遥信接口。

CSP－25A 和 CSP－26A 型微机保护装置，具有两段相间过电流保护、电流闭锁、失电压保护、过电压保护及不平衡电压保护（25A 型）、不平衡电流（26A 型）保护，同时具有遥控、遥测、遥信接口。

该保护装置在原开关柜上并联且接在总线网上，通过总线网该装置上送有有关运行状态及数据，从而在主控室实现集中监控，事故信号和预告信号一方面通过装置本身报警，另一方面通过中央信号装置报警。

该保护装置及其技术仍在发展之中，同时也存在着一些缺陷，如抗低温问题。这需要制造厂商及有关设计、制造、运行人员总结经验，不断完善产品的性能，提高产品的质量及抗干扰能力，使微机保护装置进入良好发展状态，保证变配供电系统稳定安全运行。

微机保护装置在变电所二次回路中图样很多，这里仅以 10kV 为例进行说明，与前述内容相同部分不再重复。

1. 图 7-24 是某变电所 10kV 配电系统图。该图与前述高压配电系统图基本相同，所不同的是该系统采用的主变压器是三线圈电力变压器，其中 110kV 为进线，35kV 为第一出线，是供距变电所较远的公共变电所（35/10kV）及35kV用户的；10kV为第二出线，是供距变电所较近的公共变电所（10/0.4kV）及10kV用户的。该图也常用于集中监控调度画面模拟图，并用监视器显示，供运行人员监控。

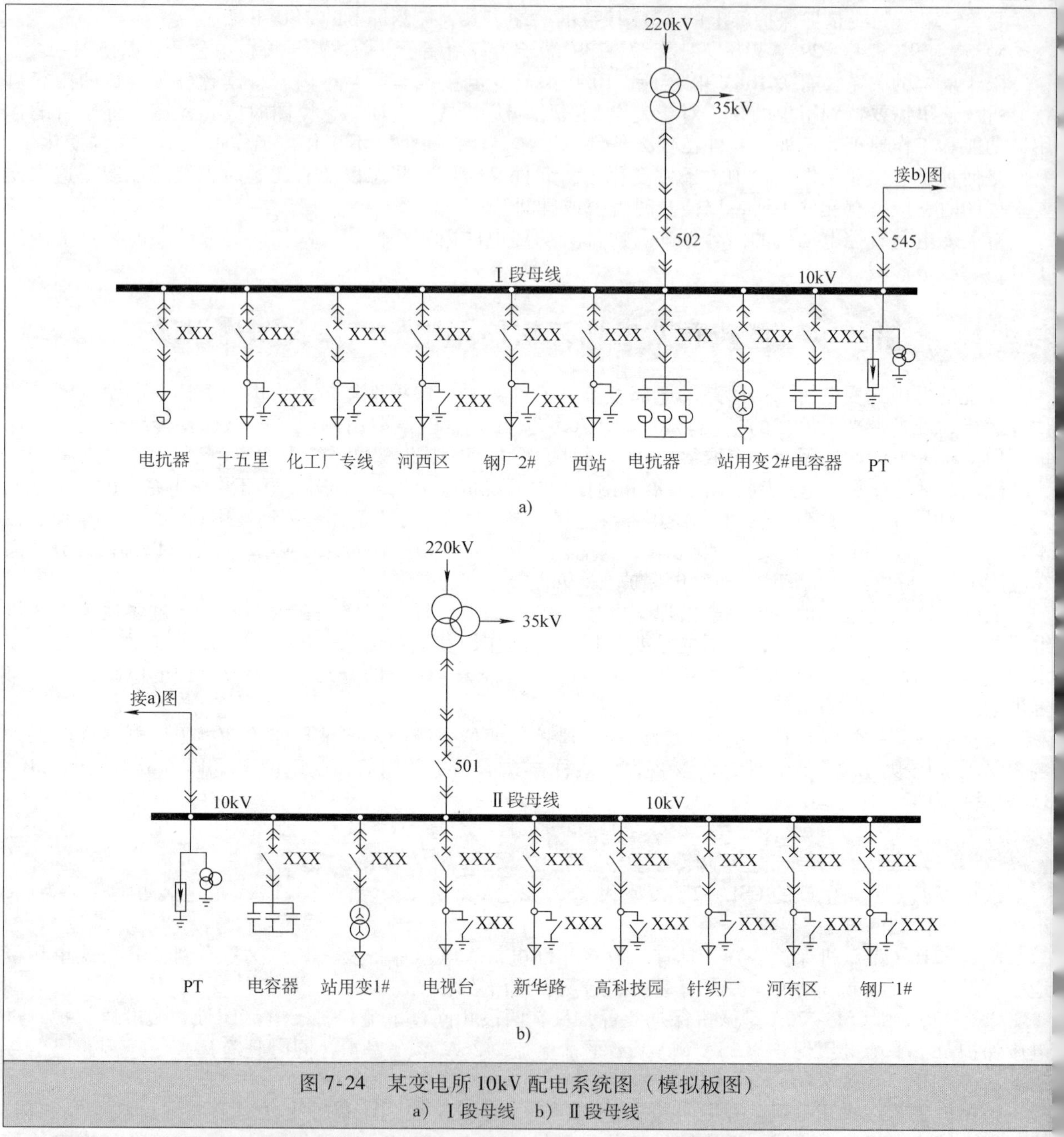

图7-24 某变电所10kV配电系统图（模拟板图）
a）Ⅰ段母线 b）Ⅱ段母线

2. 图7-25是图7-24配电系统保护及测量配置一览图。该图可表达以下内容。

（1）两路电容器回路采用CSP－25A微机保护装置，一路电容器回路采用CSP－26A微机保护装置。

（2）两台主变压器的10kV出线采用纵联差动保护。

（3）两台站用变压器采用CSL－216A微机保护装置。

（4）两段10kV母线的联络开关回路采用CSL－216A微机保护装置。

（5）一路电抗器回路采用CSL－216A微机保护装置。

（6）10kV母线送出的11个用电回路均采用CSL－216A微机保护装置。

说明：控制，保护分布在开关柜，具有计算机集中监控功能，并留有“三遥”接口。

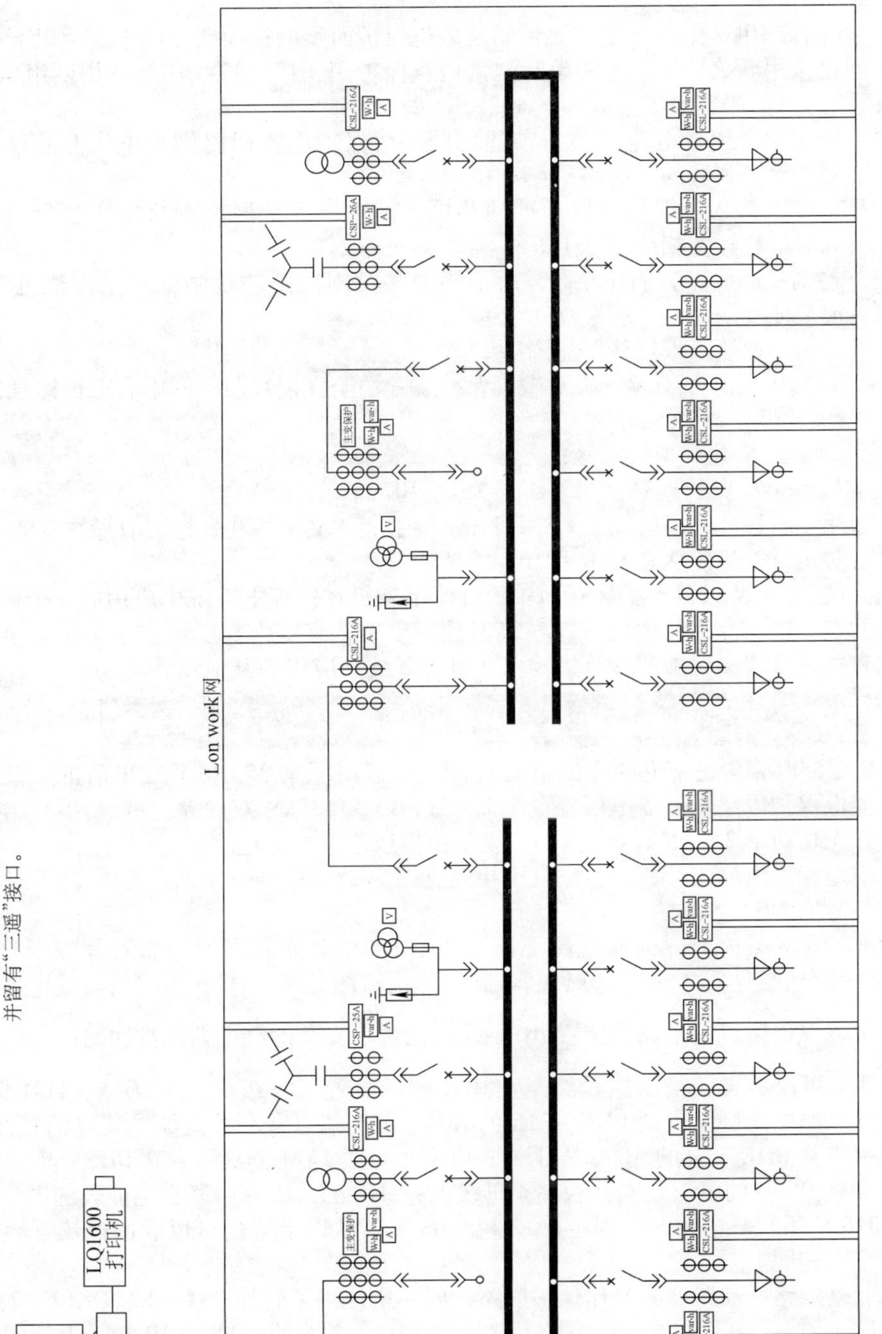

图 7-25　10kV 配电系统保护及测量配置一览图

（7）所有微机保护装置的网络通信信号均引入 Lon Work（监控总线网）并送至计算机中心且为闭环监控或调度。

3. 图 7-26 是该 10kV 配电系统交流控制及微机保护回路的接线图。图中所示以下内容。

（1）主回路采用断路器控制，并设有测量用、保护用、接地选线用和备用四组电流互感器，作为检测电流信号用。

（2）电流回路中，测量电流回路与前述相同，而保护电流回路则将电流互感器的电流信号送到 CSL－216A 型微机保护装置的相应端子上。

（3）电压回路中，测量电压回路与前述相同，而电压保护回路则将电压小母线的电压信号送到 CSL－216A 微机保护装置的相应端子上。

（4）断路器的控制线路与前述相同，所不同的是跳闸回路的跳闸信号是由微机保护装置提供的，见图中 n35# ~ n55#接点。

有关微机保护装置端子板接线图见图 7-27。

4. 图 7-27 是 10kV 开关柜端子板及微机保护装置端子板接线图，图中有三种标号：

（1）n××为 CSL－216A 端子号；

（2）d××为 10kV 开关柜端子号；

（3）控制回路中接点的编号，如 A411、101、102 等。

读图时除注意编号外，还应注意 CSL－216A 端子上的文字标注，这对看懂图 7-26 有很大益处，在读图时应一一对照，并且能熟悉 CSL－216A 的功能。

这里我们仅用 10kV 微机保护装置简单地说明了微机在供配电系统中应用的一个侧面，其实微机在电力系统中的应用是一专门的学科，内容很多且很复杂，有些内容已超出了本书的范围，限于篇幅的关系，其他有关内容请读者参阅计算机技术在电力系统中应用的其他专著。

二、35/10kV 变配电装置微机继电保护电路解读 ★★★

35/10kV 变配电装置是常见的变配电装置，这里选用了某 35/10kV 变电所的安装图样，主要解读该系统微机继电保护电路。该变电所容量为 2×3150kVA，35kV 双回路进线，10kV 出线 6 回路，10kV 电容器 2 组，无功功率 2×300kvar。其一次设备主接线基本与前述相同。因为图样数量太多，这里仅选用典型微机继电保护电路进行解读。电气主接线见图 7-28，电气总平面图见图 7-29。

1. 10kV 微机继电保护电路

该所 10kV 线路保护屏屏面布置图见图 7-30，10kV 电能表屏屏面布置及端子接线图见图 7-31，10kV 线路保护原理图见图 7-32，10kV 电容器原理接线图见图 7-33。这些图与继电器继保线路已有很大不同，但可以看出微机继电保护装置 BHE－$\frac{316}{326}$代替了复杂的继电器二次回路。

由图 7-32a 可以看出，主回路设置与前述相同，设置了三组电流互感器，1LH 保护，2LH 测量，3LH 计量。1LH 的二次侧引入到 BHE－316 的 A01、A05 端（◒，微机保护装置的接线端子）；2HL 的二次侧分别引入到 BHE－36 的 A09、A11 端；电压小母线 1YM 分别引入到 BHF－36 的 U02、U03、U04 端。同时电能表 DSSD 的电压线圈并联在小母线上；3HL 的二次侧串联在电能表的电流线圈上。

BHE－316 使用直流电源，分别接在 K04、K03 上。从以上分析可以看出电流互感器与装置接线和继电器保护基本相同。

图 7-32b 是线路主断路器的操作保护回路，同样也使用了转换开关 QK，QK(1－2) 手动合闸，QK(11－12) 手动跳闸，QK(5－6) 远控接入并接在 BHE－316 的 X09、X10 端子上，同样可以看出这与继电器保护基本相同。

不同的是接入保护回路引入了 BHE－316，代替了复杂的继电器二次回路。图 7-32 中粗黑线框起来的部分示意地画出了内部结构，但这是模拟的，它的动作是按设定的程序进行的，它只接收电流互感器的电流信号，线路发生短路、过载便自动跳闸。

同时 BHE－316 有开关量输入接口、通信接口，可以与系统连接或遥控。图 7-33 与图 7-32 结构基本相同，请读者自行分析。

图 7-34 是 10kV 线路保护装置端子排接线图。图 7-35 是 10kV 电容器柜端子箱接线图，读者可与前述接线图比较。图 7-36 是 10kV 电压互感器接线图。

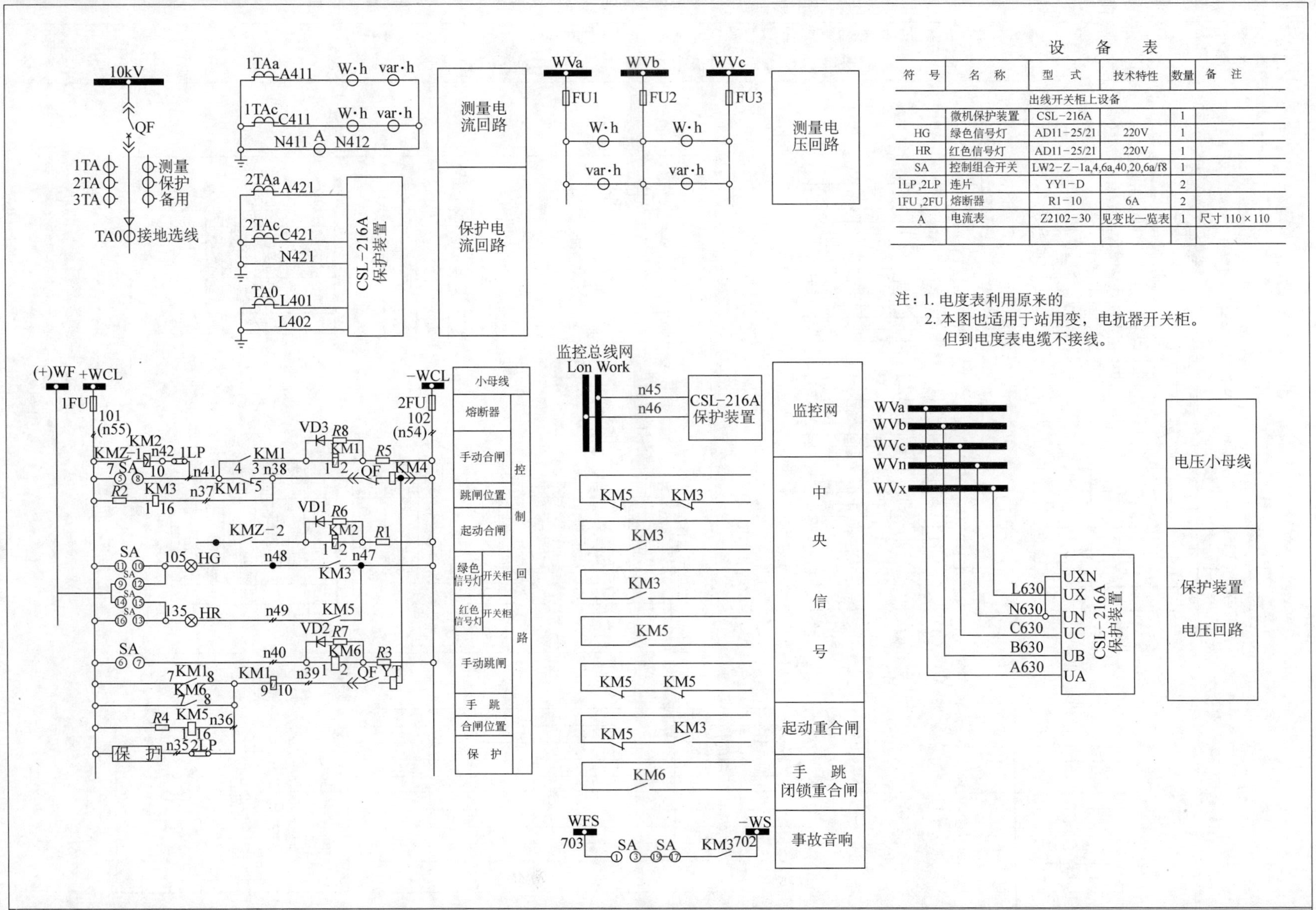

设　备　表

符　号	名　称	型　式	技术特性	数量	备　注
出线开关柜上设备					
	微机保护装置	CSL-216A		1	
HG	绿色信号灯	AD11-25/21	220V	1	
HR	红色信号灯	AD11-25/21	220V	1	
SA	控制组合开关	LW2-Z-1a,4,6a,40,20,6a/f8		1	
1LP,2LP	连片	YY1-D		2	
1FU,2FU	熔断器	R1-10	6A	2	
A	电流表	Z2102-30	见变比一览表	1	尺寸 110×110

注：1. 电度表利用原来的

2. 本图也适用于站用变，电抗器开关柜。但到电度表电缆不接线。

图 7-26　10kV 配电系统交流控制及微机保护回路接线图

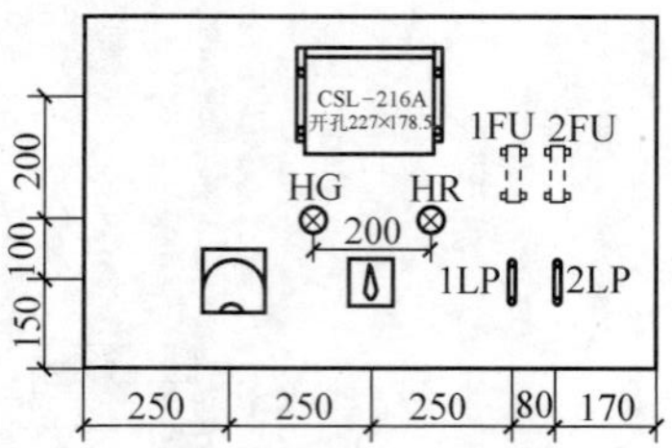

进线开关柜面板布置

设　备　表

符　号	名　　称	型　式	技术特性	数量	备　注
	出线开关柜上设备				
	微机保护装置	CSL-216A		1	
HG	绿色信号灯	AD11-25/2	220V	1	
HR	红色信号灯	AD11-25/2	220V	1	
SA	控制组合开关	LW2-Z-1a,4,6a,40,20,6a/f8		1	
1LP,2LP	连片	YY1-D		2	
1FU,2FU	熔断器	R1-10	6A	2	装在继电器小室内
A	电流表	Z2102-30	见变比一览表	1	尺寸 110×110
	合闸电流端子			4	

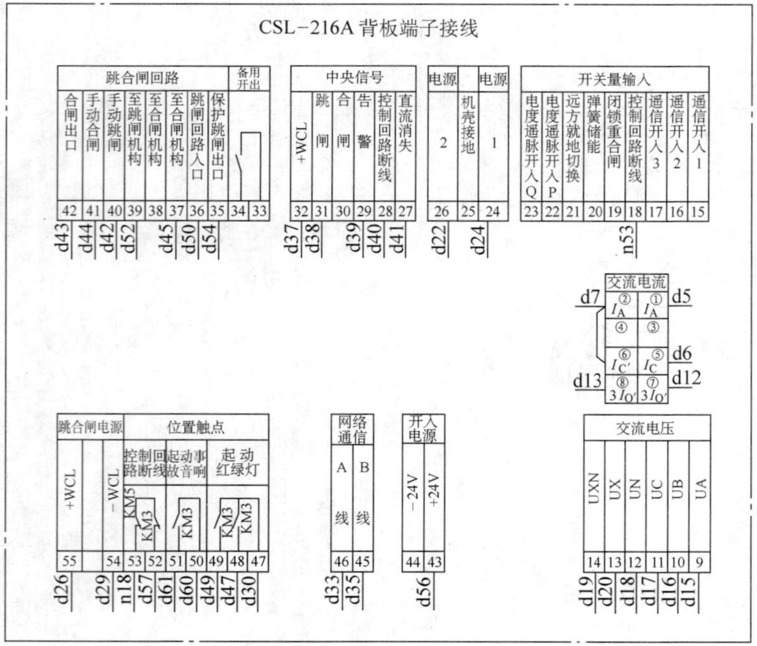

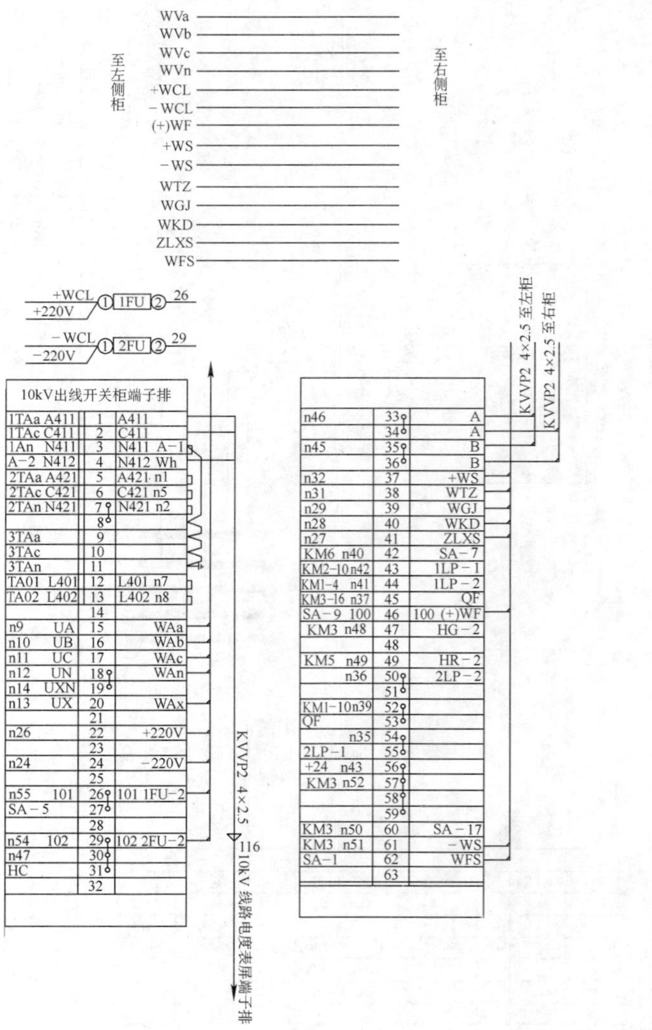

图 7-27　10kV 开关柜端子板及微机保护装置端子板接线图

注：1. 端子排中标号 n××为 CSL-216A 端子号；d××为开关柜端子号。　2. 本图也适用于站用变开关柜。

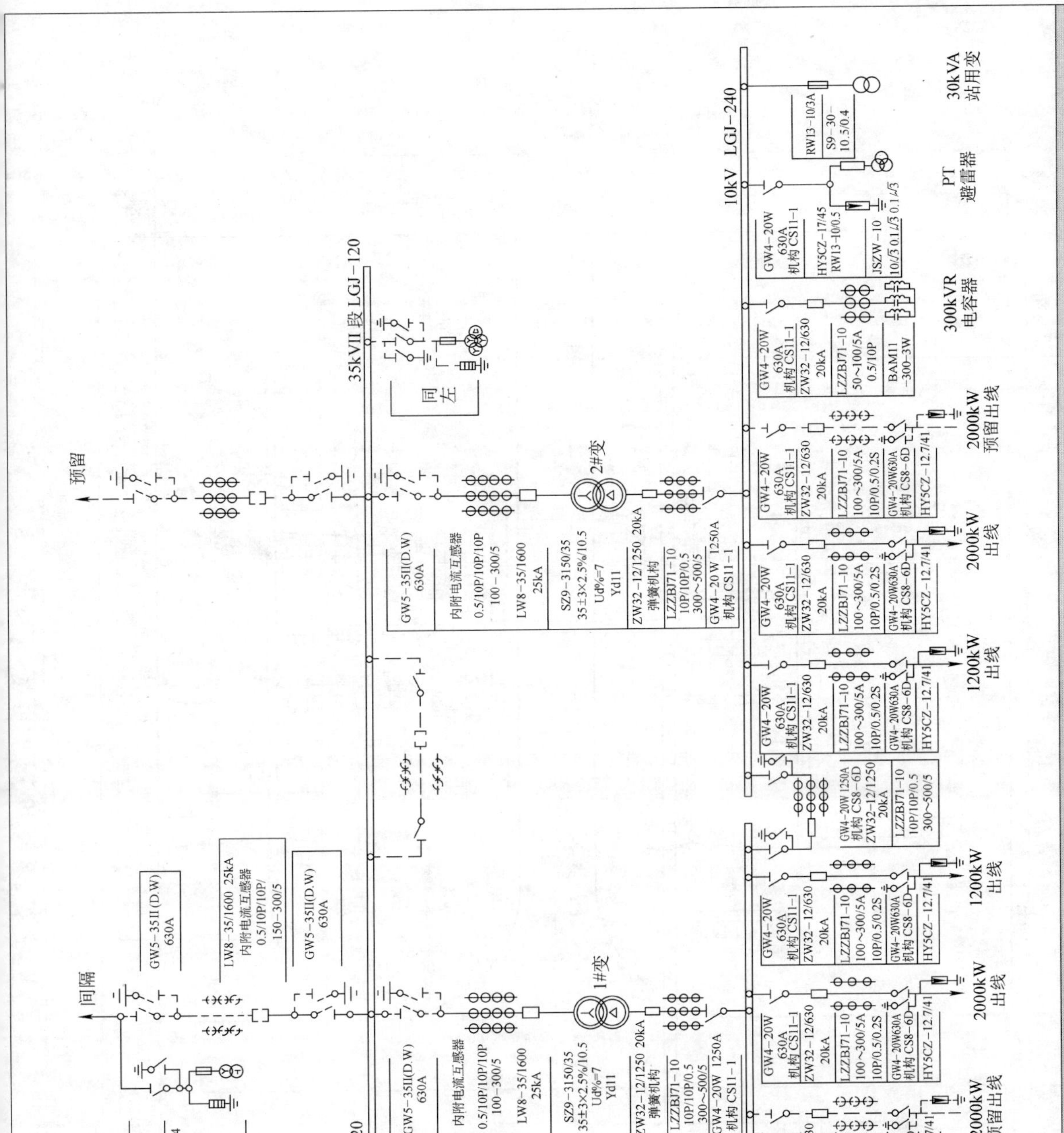

图 7-28 某 35/10kV 变电所电气主接线图

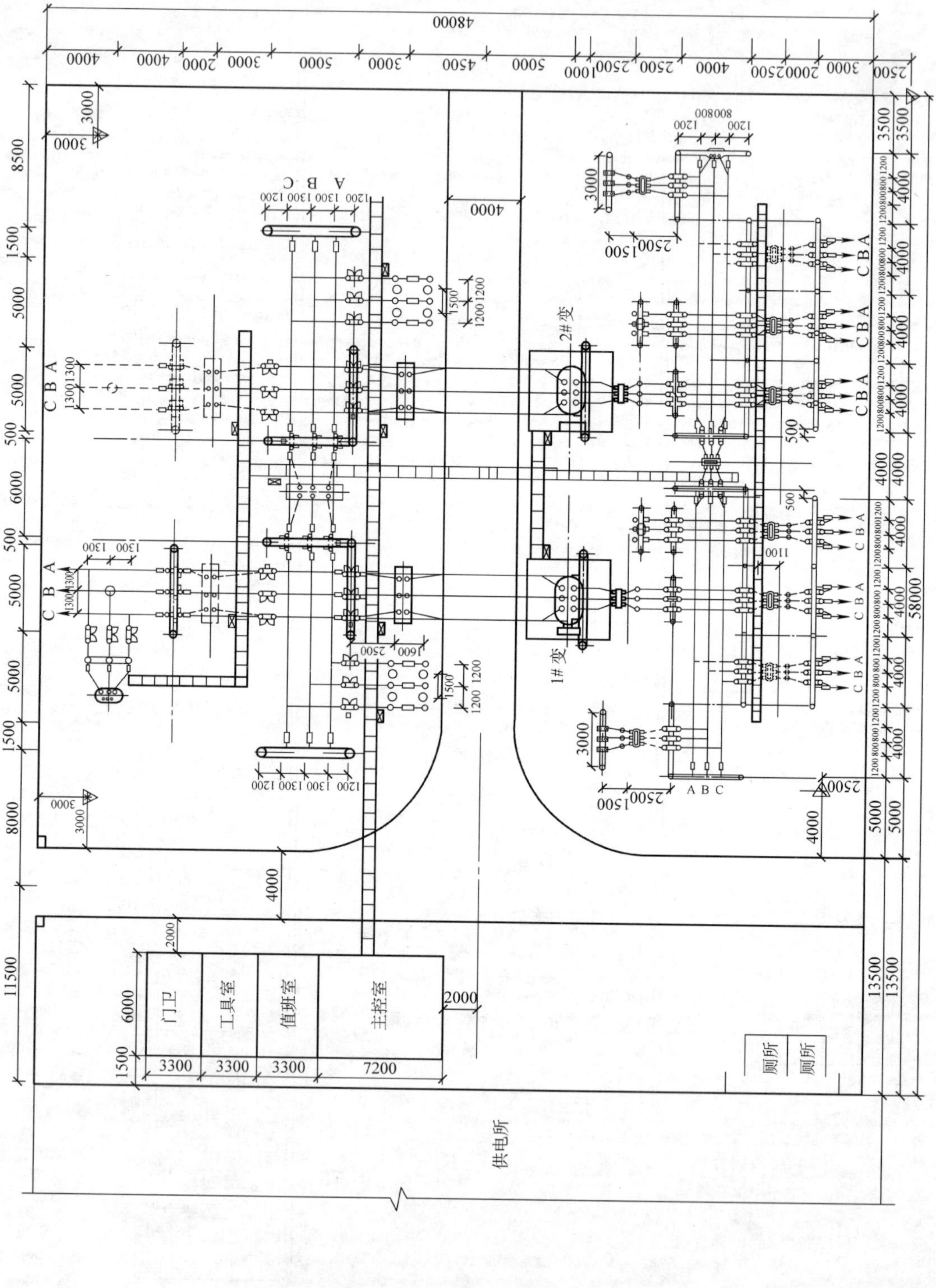

图 7-29　某 35/10kV 变电所电气总平面图

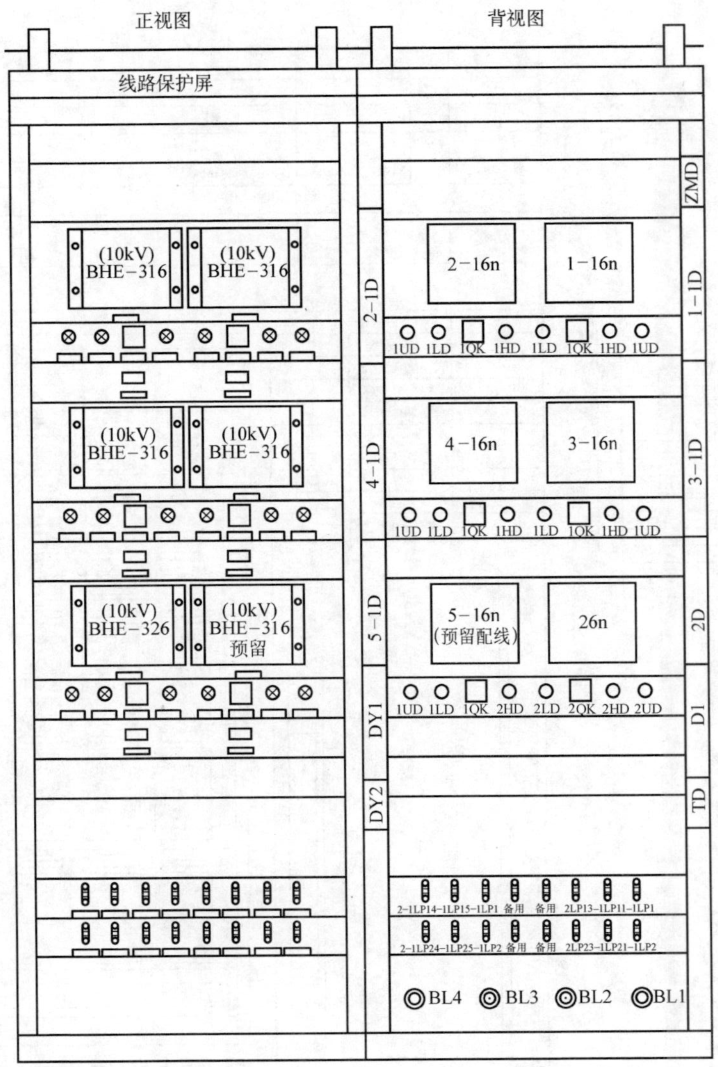

序号	符号	名称	型号	数量	备注
1	16n	微机线路保护装置	BHE-316	4	
2	26n	微机电容器保护装置	BHE-326	1	
3	QK	转换开关	LW12-16D/49.4021.3	6	
4	HD	红灯（合位）	AD/11/220V	6	
5	LD	绿灯（跳位）	AD/11/220V	6	
6	UD	储能指示灯(黄灯)	AD/11/220V	6	
7	BL1～BL4	避雷器		4	
8		装置电源断路器	S282UC-C3	6	
9		控制电源断路器	S282UC-C6	6	
10	ZKK	电压断路器	S283UC-C1	1	
11		压板	JY1-2	16	

图 7-30 10kV 线路保护屏屏面布置图

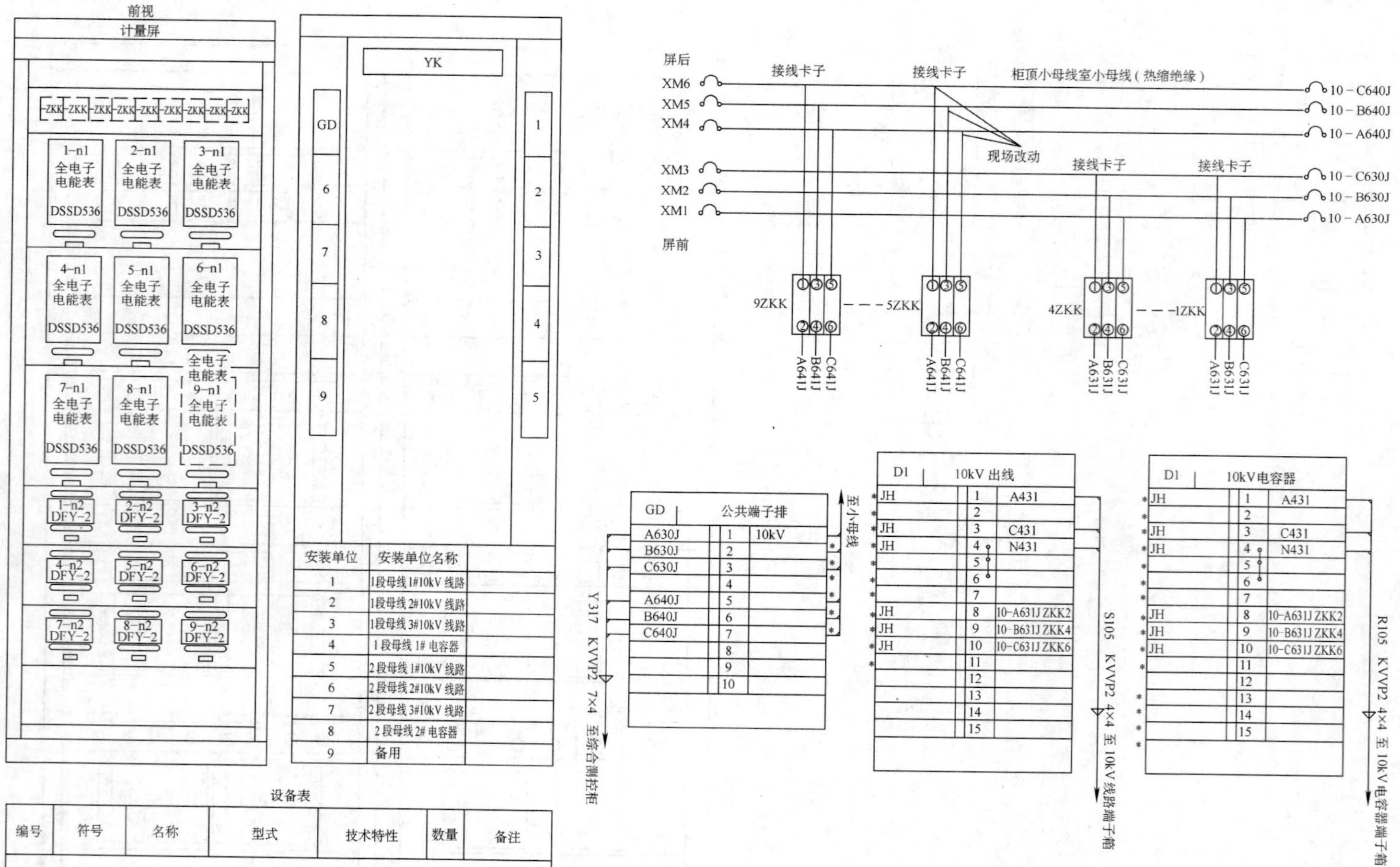

设备表

编号	符号	名称	型式	技术特性	数量	备注
电能表柜上设备						
1	1~9DDB	三相三线多功能电能表	DSSD536(D)−2TF	3×100V3×1.5(6)A	9	有功 0.5S 级
2	ZKK	自动断路器	C65N−3P/C1	三极　1A	9	
3		接线盒	DFY2		9	
4		标签框			18	
5						

图 7-31　10kV 电能表屏屏面布置及端子接线图

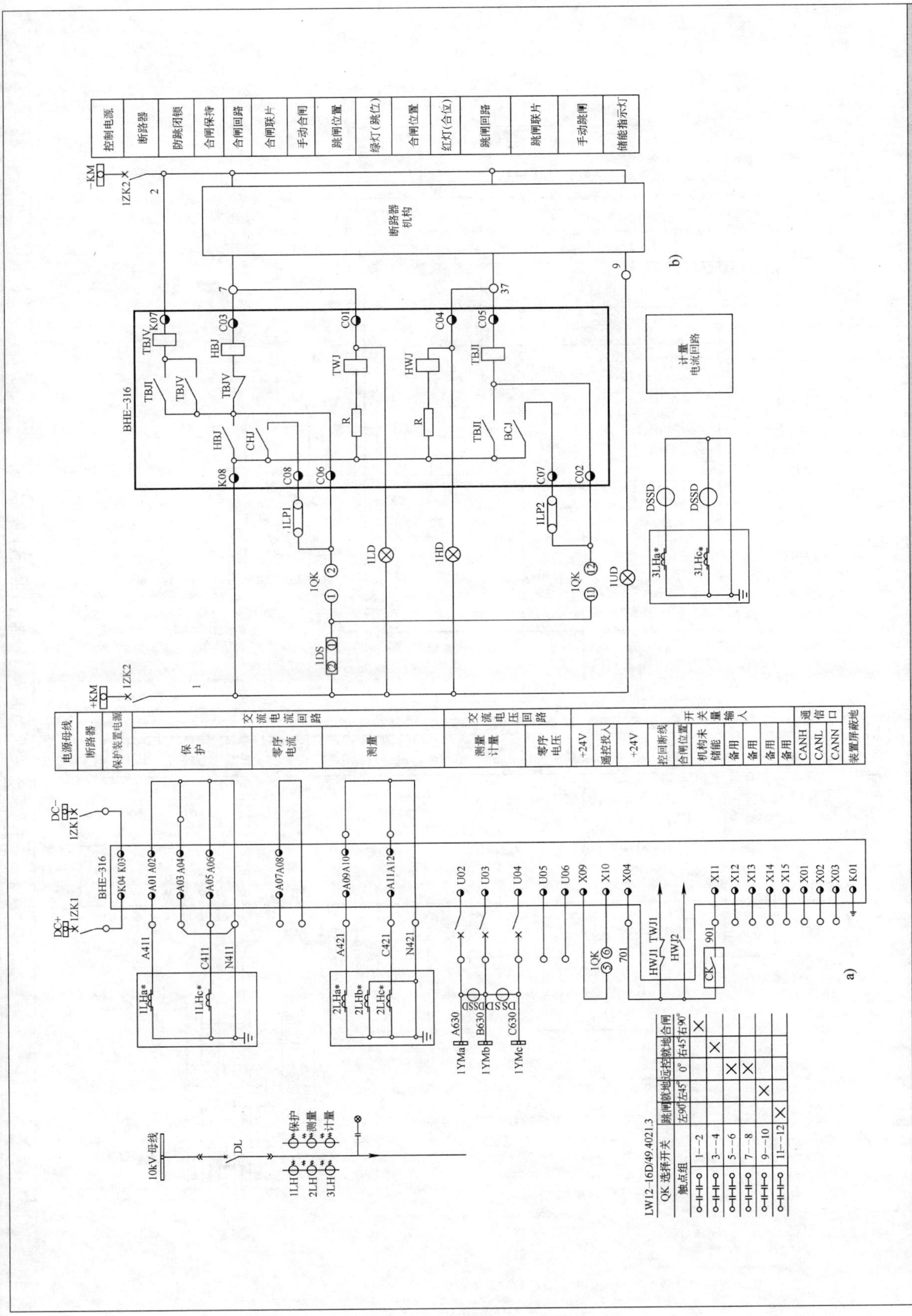

图 7-32　10kV 线路保护原理图

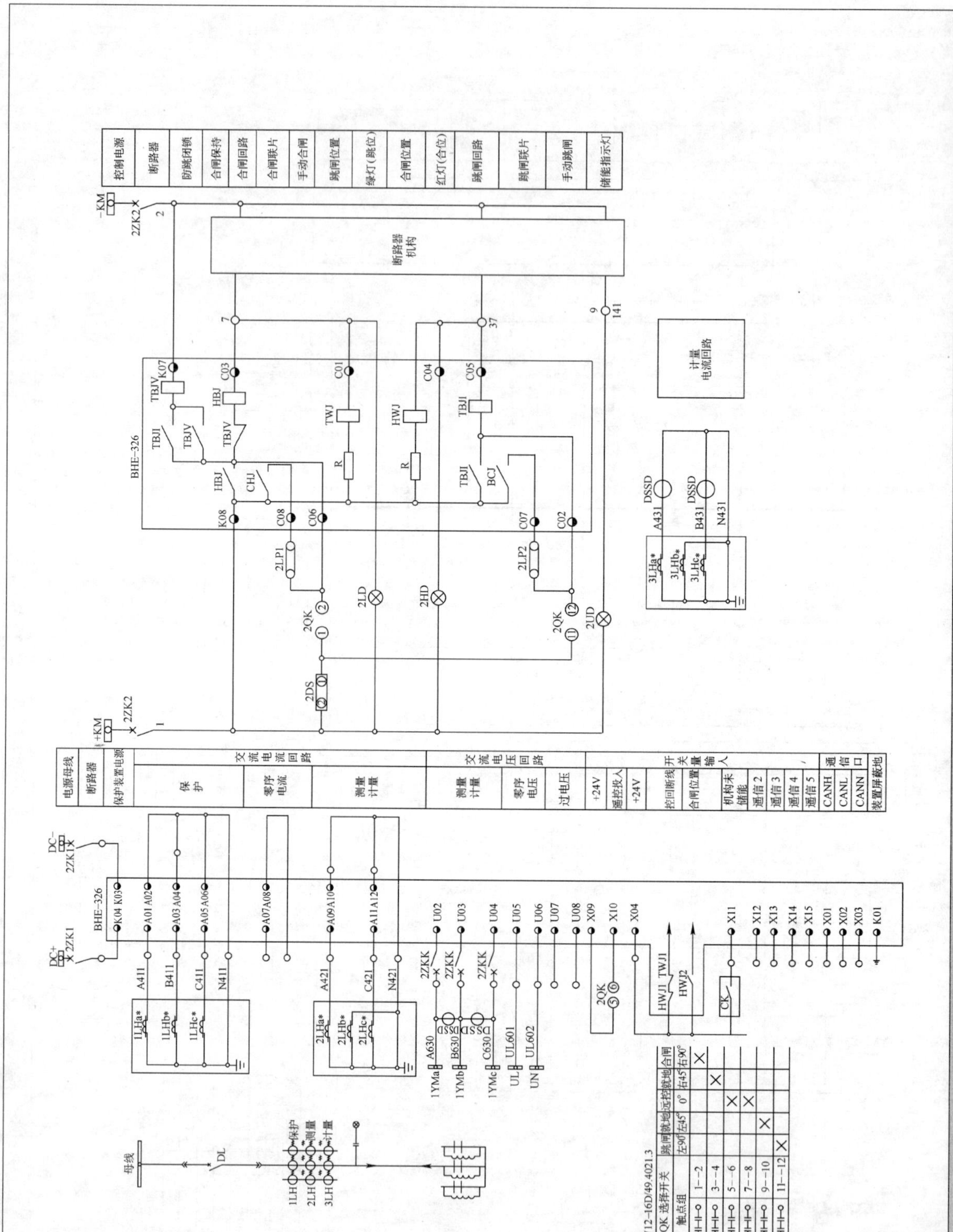

图 7-33 10kV 电容器原理接线图

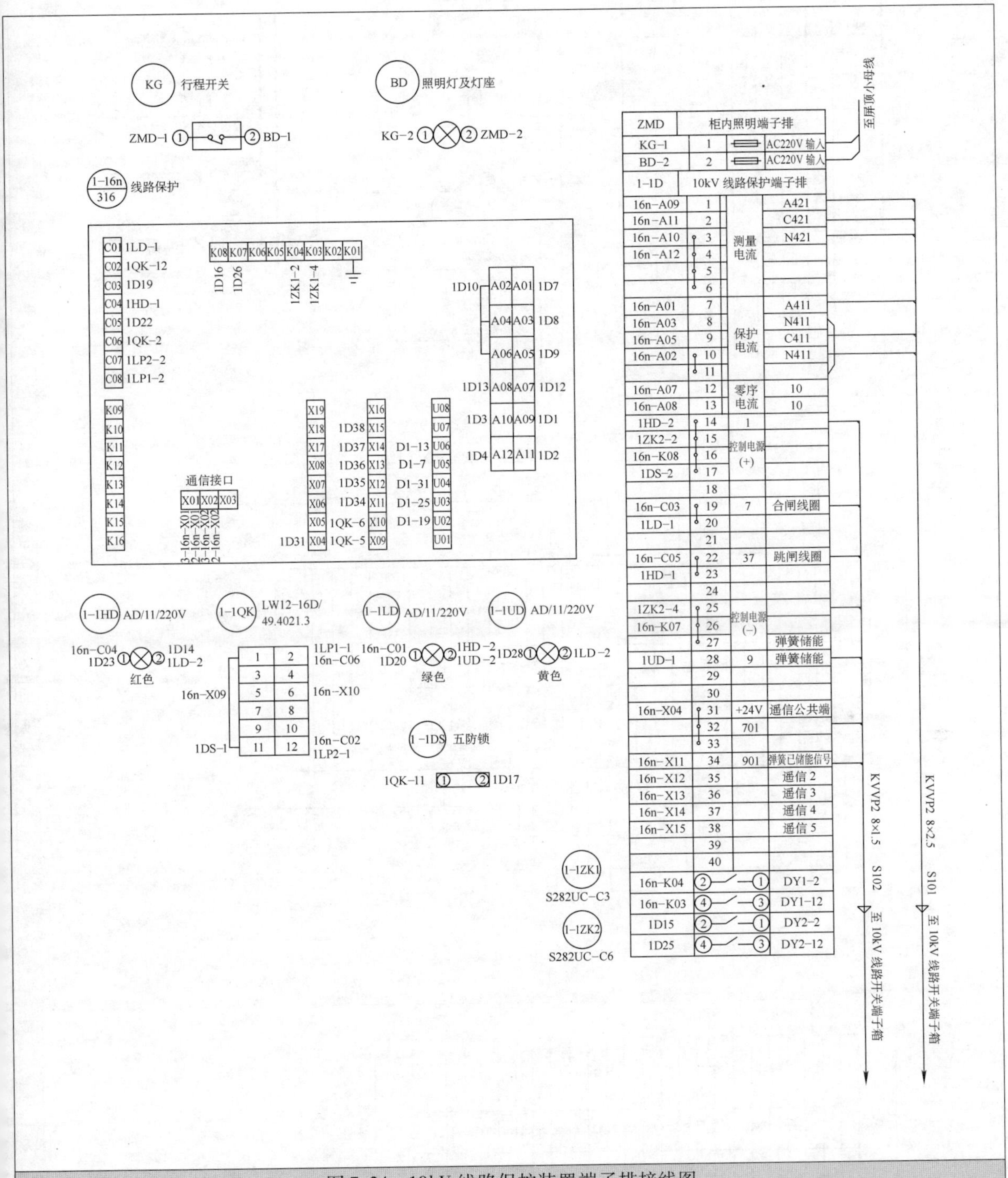

图 7-34　10kV 线路保护装置端子排接线图

设备表

符号	名称	型号	数量	备注
	端子箱内设备 (XW1-1)			
1DK,1DK′	自动断路器	5SX5-D32/2P	2	
2DK,2DK′	自动断路器	5SX2-D6/2P	2	
4DK,4DK′	自动断路器	5SX2-C32/2P	2	
3DK,3DK′	自动断路器	5SX2-C6/2P	2	
	端子排	凤凰 UK6N 和 URTK/S		

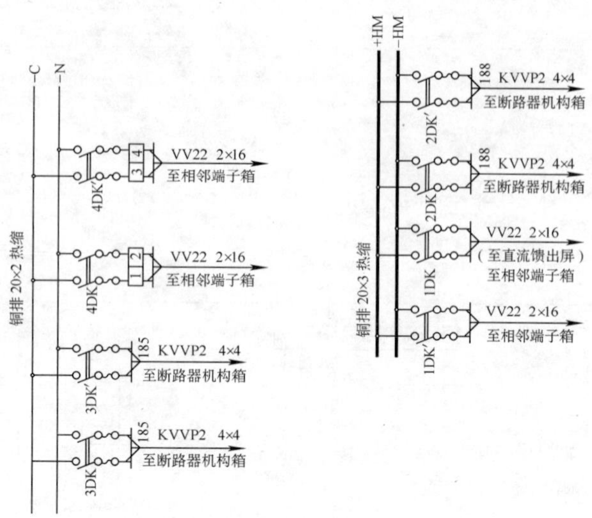

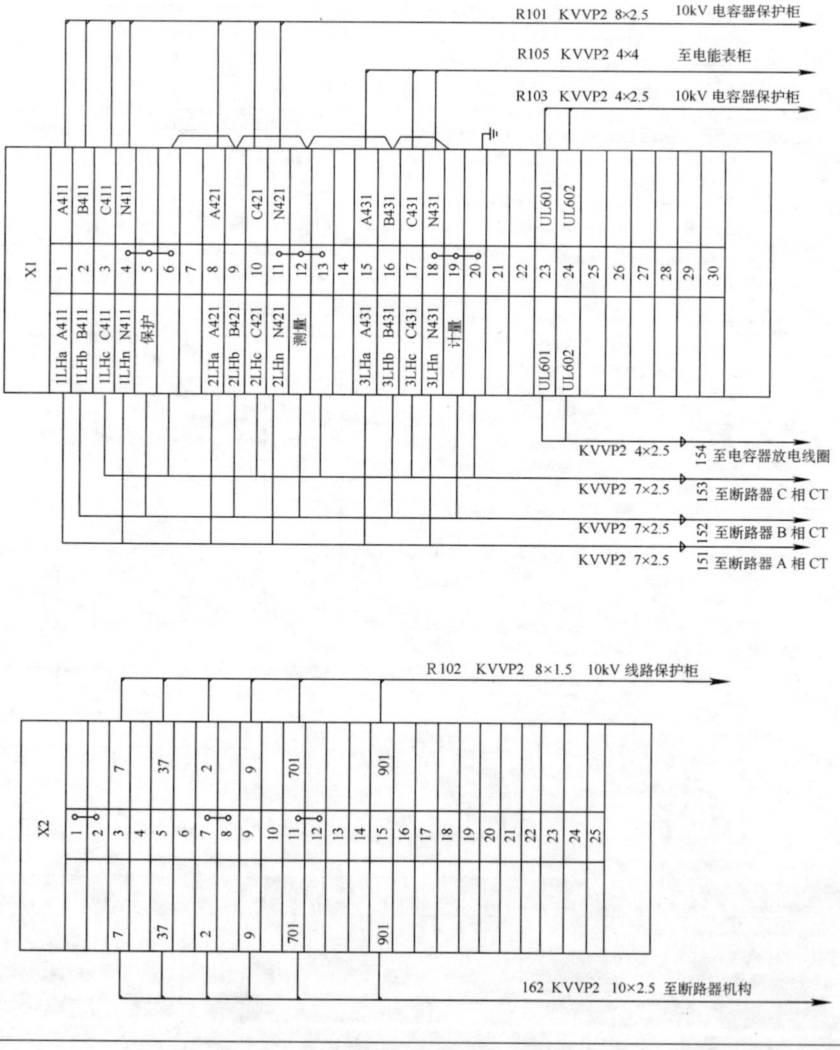

图 7-35 10kV 电容器柜端子箱接线图

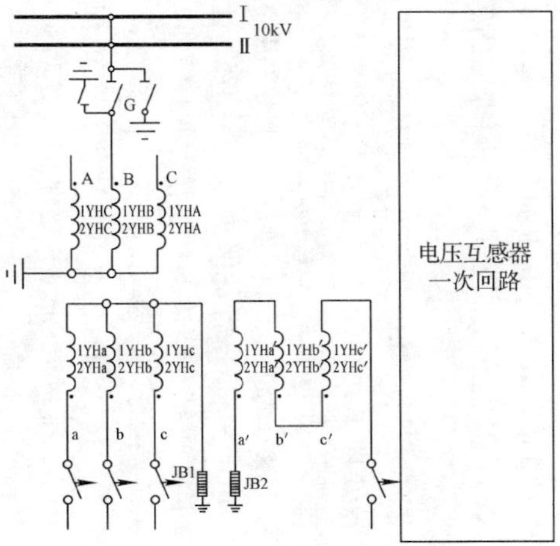

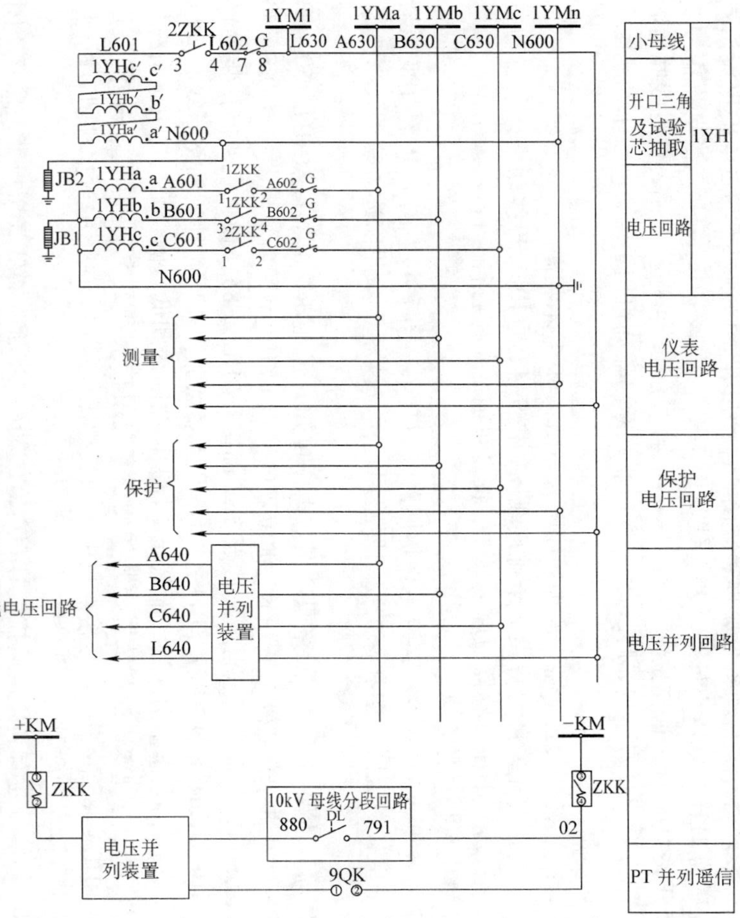

说明：

1. 本图当用于 10kV Ⅱ母线 PT 时，电压小母线及回路编号分别由 1YMa、1YMb、1YMc 和 A630、B630、C630、L630 改为 2YMa、2YMb、2YMc 和 A640、B640、C640、L640。

设备表

符号	名称	型式	技术特性	数量	备注
		10kV PT 端子箱			
1ZKK,2ZKK	自动断路器	5SX2−D3/2P		2	
JB	氧化锌避雷器	HY1.5W1−0.8/2.3		2	
4DK,4DK′	自动断路器	5S×2−C50/3P		2	
5DK	自动断路器	5S×2−C15/3P		1	

图 7-36 10kV 电压互感器接线图

2. 35kV 微机继电保护电路

该35kV 综合保护屏屏面布置图见图 7-37，35kV 进线交流及控制回路见图 7-38，它们与前述图 7-30、图 7-32 基本相同，请读者自行分析。

图 7-39 是 35kV 母线联络开关自动备投原理接线图。由图可知，1#进线、2#进线的电流信号、电压信号分别由电流互感器 2LH 和电压小母线（小母线见图 7-43）引入 BHE－346。当电流信号、电压信号均为零时，选择开关 4QK 置于远控位置（0°，5—6 闭合时）时，可遥控合闸，使母线联络断路器自动投入，连接或断开 35kV Ⅵ段母线和Ⅶ段母线。同时联络断路器亦可用手动合闸或手动跳闸，其他内容读者可自行分析。

图 7-40 是 10kV 母线联络开关自动备投原理接线图，与图 7-39 基本相同。

图 7-41 是 35kV 母线联络开关自动备投端子排接线图，图 7-42 是 10kV 母线联络开关自动备投端子排接线图，图 7-43 是 35kV 电压互感器原理接线图，读者可前后对照自行分析。

3. 主变压器微机继电保护回路

该主变压器容量为 3150kVA，主变压器继电保护回路较为复杂。图 7-44 ~ 图 7-46 是主变压器的保护屏屏面布置图、继电保护交流回路图和保护控制回路原理图，读者可参照前述方法阅读，基本方法相同。

图 7-47 是主变压器本体保护及信号回路原理图。由图可知，轻瓦斯继电器接点 QJ4－50、调压轻瓦斯继电器接点 QJ4－25、油温表电接点 WTYK、油位表电接点 UZF、重瓦斯继电器接点 QJS－50、调压重瓦斯继电器接点 QJS－25、油压表压力释放接点 YSF 都接在BHE－385（微机主变保护装置）相应的 B13、B14、B15、B16、K26、B10、K27、B11、K28、B12 接点上；高压侧控制回路断线和高压侧合闸位置是通过 BHE－392 三相操作箱引入的，而低压侧控制回路断线和低压侧合闸位置也是由三相操作箱引入的。三相操作箱也是一种微机控制装置，其功能很多，用转换开关 5QK（LW12－16D）进行操作，同时BHE－375、BHE－385 的相应信号接点也引入到三相操作箱内，见图中遥控跳闸、跳闸回路、差动联跳、后备联跳、本体保护联跳等，见图 7-46。

引入到 BHE－385 的信号还有高压侧遥控信号 5QK1（⑤⑥）及断路器低气压报警、低气压闭锁和机构未储能信号等。

同样主变微机后备保护装置 BHE－375 要引入相应的开关量，除了上述外，还有高压侧断路器 QF1 的档位信号等。

BHE－385、BHE－375、BHE－362 的通信接口连接，送入总线。同时，BHE－385、BHE－375、BHE－362 与变压器分接开关控制器（见图 7-48，该控制器为微机控制装置）连接，可进行遥控调节电压升降和停止。

微机综合测控装置 BHE－362，在图 7-45 中对 35kV 电压、电流的测量是经过小母线 35－YM（a、b、c、N）和电流互感器 H3LH（a、b、c）引入的，其主变压器公共测控原理见图 7-48，BHE－362 为主变公共测控提供了遥控遥测的接口。

图 7-49 是变压器分接开关控制器原理接线图。由图可知，变压器的电压调节是由微机控制装置自动完成的。实际电压取样后引入到取样电压信号处理单元，经处理后引入 CPU。CPU 有三种功能，首先是驱动电动机转动，按设定值调节电压；再者就是进行分接位置信号处理；三是通过 RS485 通信接口，与通信网连接。该装置可进行遥控调节，与主变压器保护接口连接，见图 7-47。

为了保持图样的完整性，这里列出差动保护 BHE－385、后备保护 BHE－375、主变压器测控BHE－362 和主变压器操作箱 BHE－392 的端子定义图，读者可结合前述图样解读，见图 7-50 ~ 图 7-53。

与之配套的图样还有很多，主要有：主变保护端子排接线图；主变保护屏背板装置接线图；主变 35kV 开关机构原理接线图；主变 35kV 侧开关端子箱接线图；主变 10kV 侧开关机构原理接线图；主变 10kV 侧开关端子箱接线图；主变 35kV 开关机构端子排接线图；主变保护屏小母线布置图；主变电能表屏屏面布置图；主变电能表屏端子排接线图；主变本体端子箱端子排接线图等。

这里列出主变压器保护端子排接线图、主变压器保护屏背板装置接线图，见图 7-54 ~ 图 7-57，供读者解读图 7-45 ~ 图 7-48 时进行参考。

4. 微机综合测控装置原理图

主控室平面布置图见图 7-58，综合测控屏屏面布置图见图 7-59。

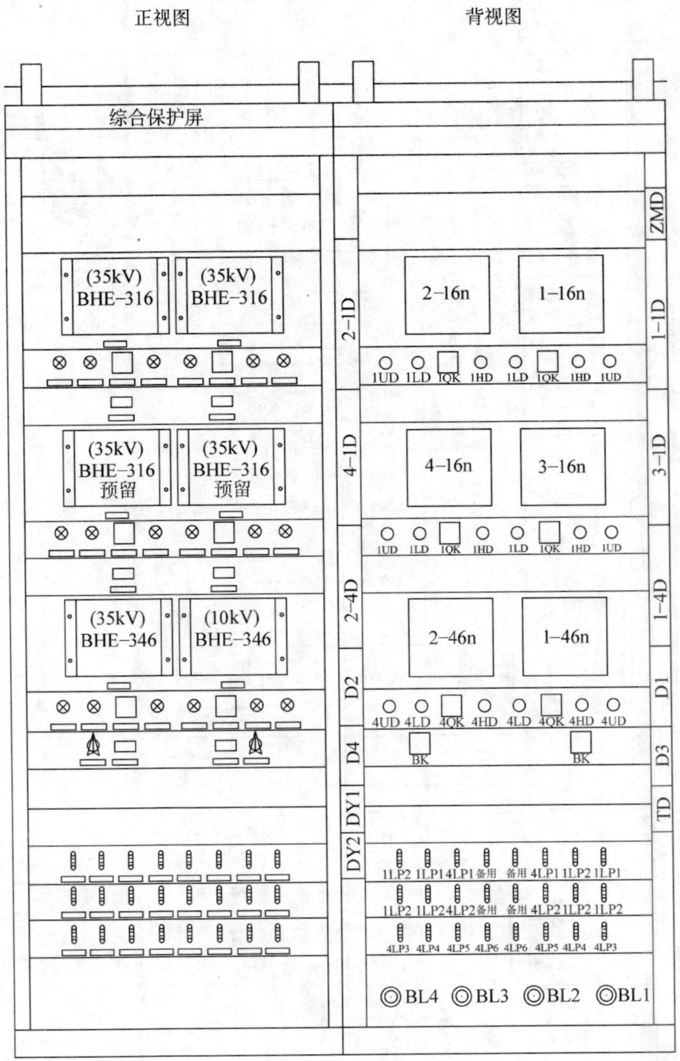

序号	符号	名称	型号	数量	备注
1	16n	微机线路保护装置	BHE-316	2	
2	46n	微机备自投保护装置	BHE-346	2	
3	QK	转换开关	LW12-16D/49.4021.3	6	
4	HD	红灯（合位）	AD/11/220V	6	
5	LD	绿灯（跳位）	AD/11/220V	6	
6	UD	储能指示灯(黄灯)	AD/11/220V	6	
7	BK	闭锁开关	HZ-10-10/1	2	
8	BL1-BL4	避雷器		4	
9		装置电源断路器	S282UC-C3	6	
10		控制电源断路器	S282UC-C6	6	
11	ZKK	电压断路器	S283UC-C1	4	
12		压板	JY1-2	24	

图 7-37　35kV 综合保护屏屏面布置图

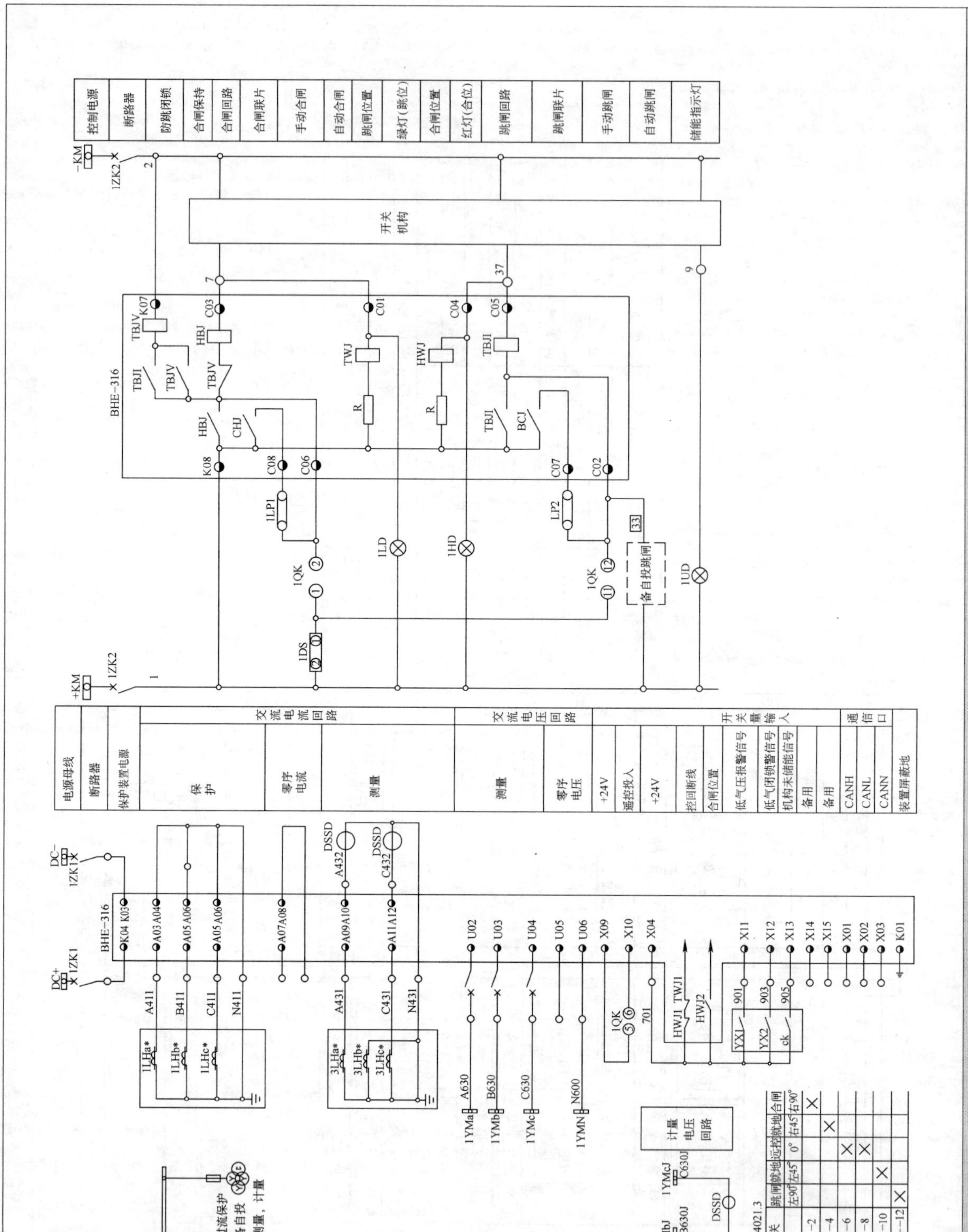

图7-38　35kV进线交流及控制回路图

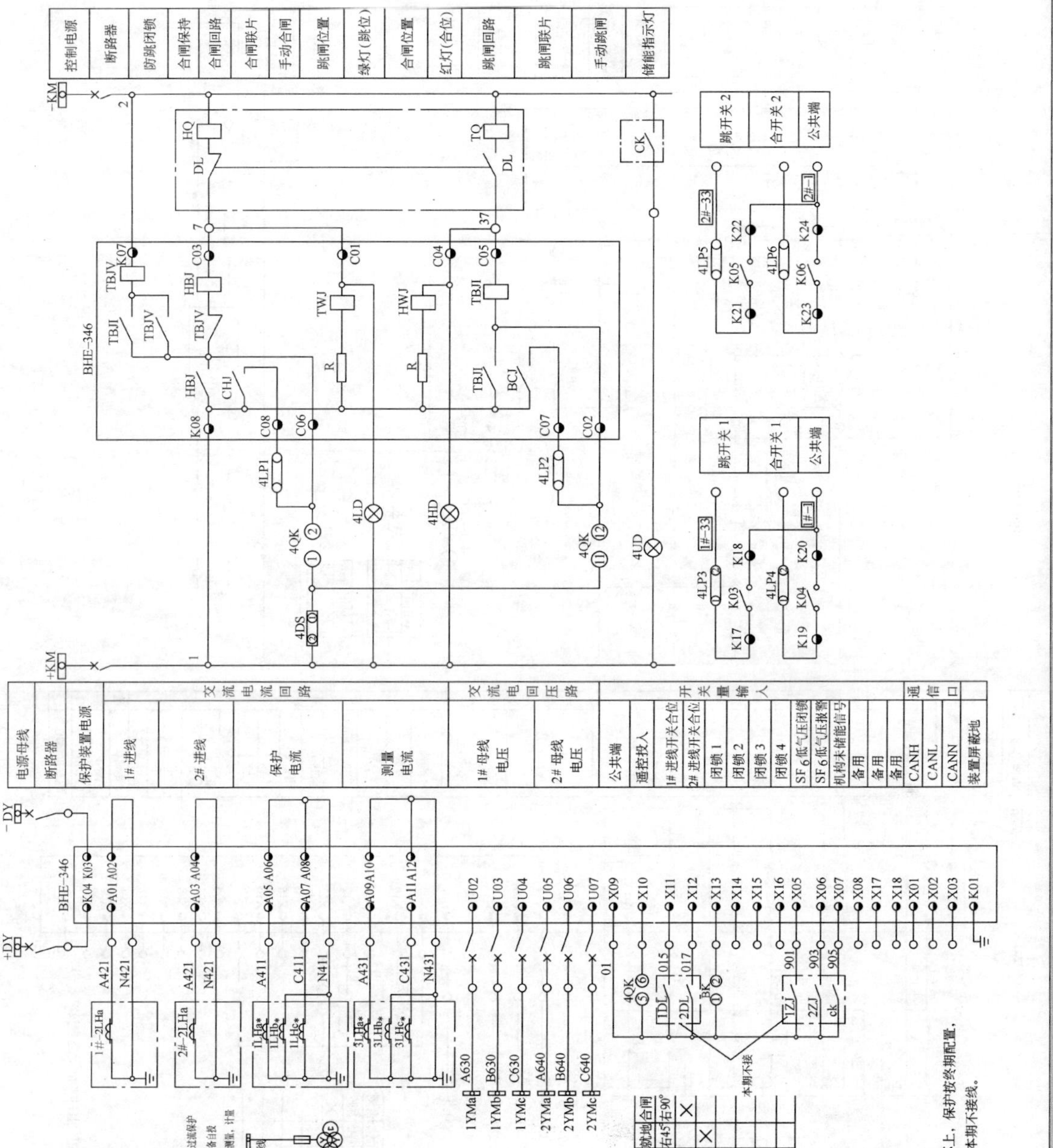

图 7-39　35kV 母线联络开关自动备投原理接线图

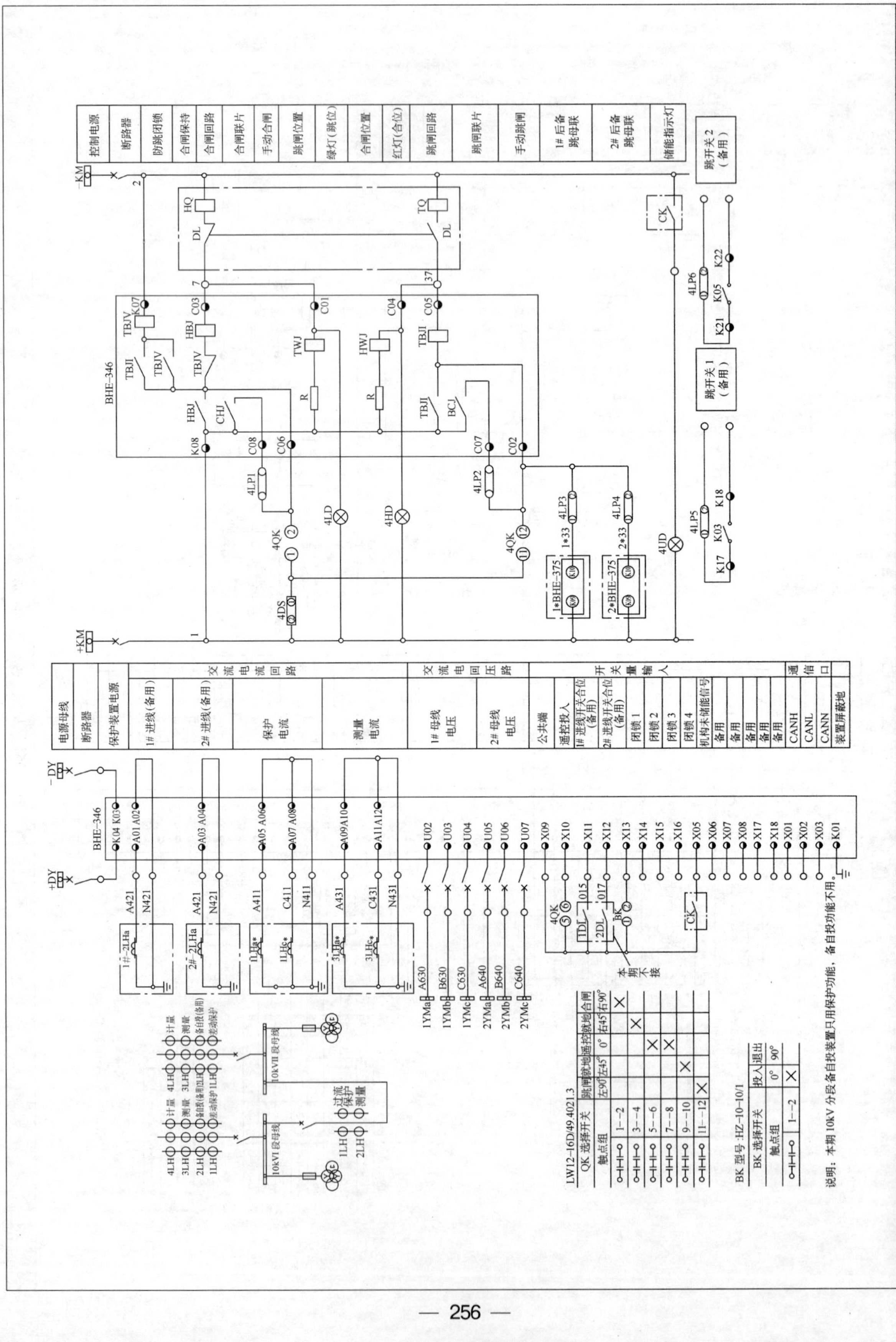

图 7-40　10kV 母线联络开关自动备投原理接线图

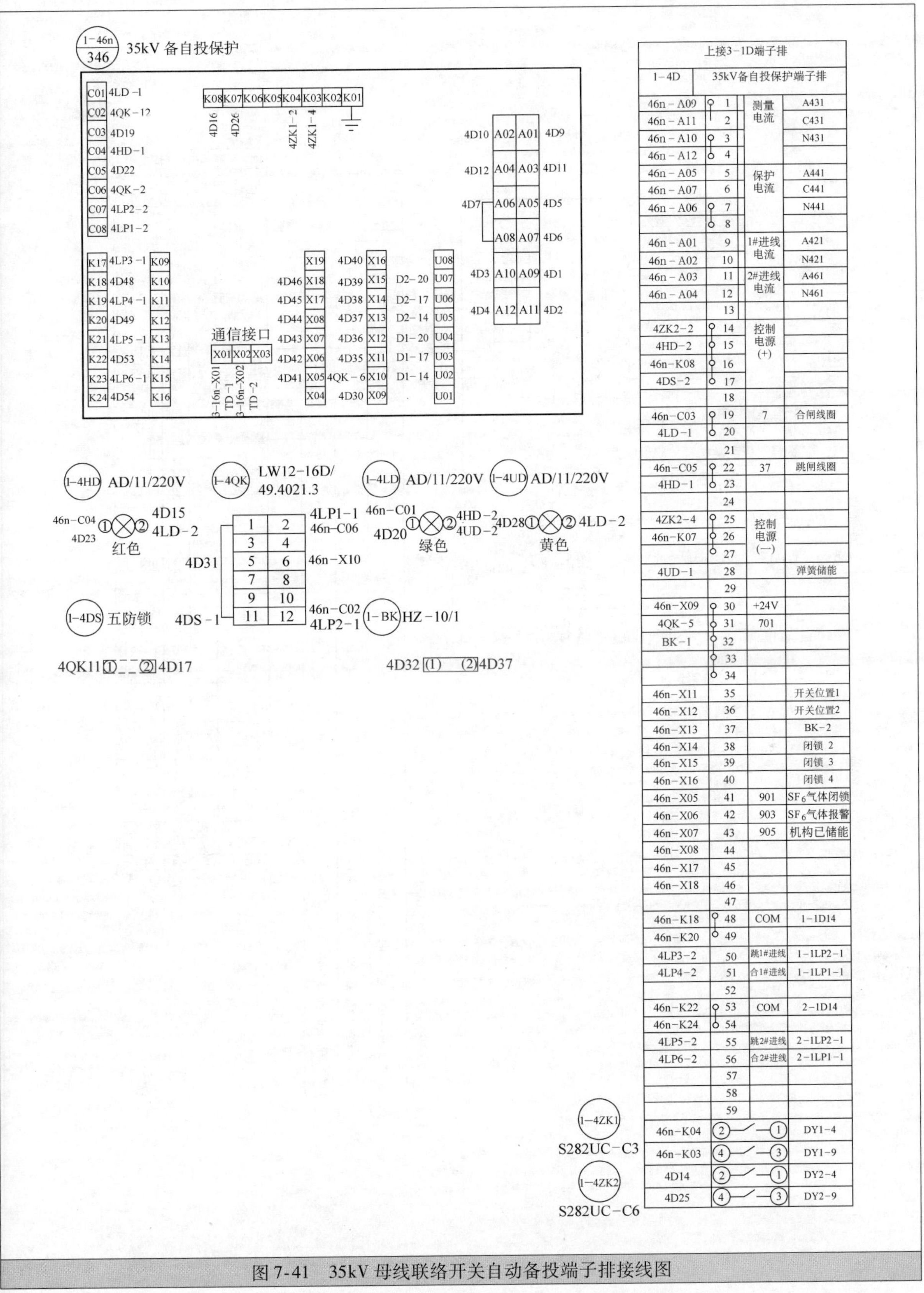

图 7-41　35kV 母线联络开关自动备投端子排接线图

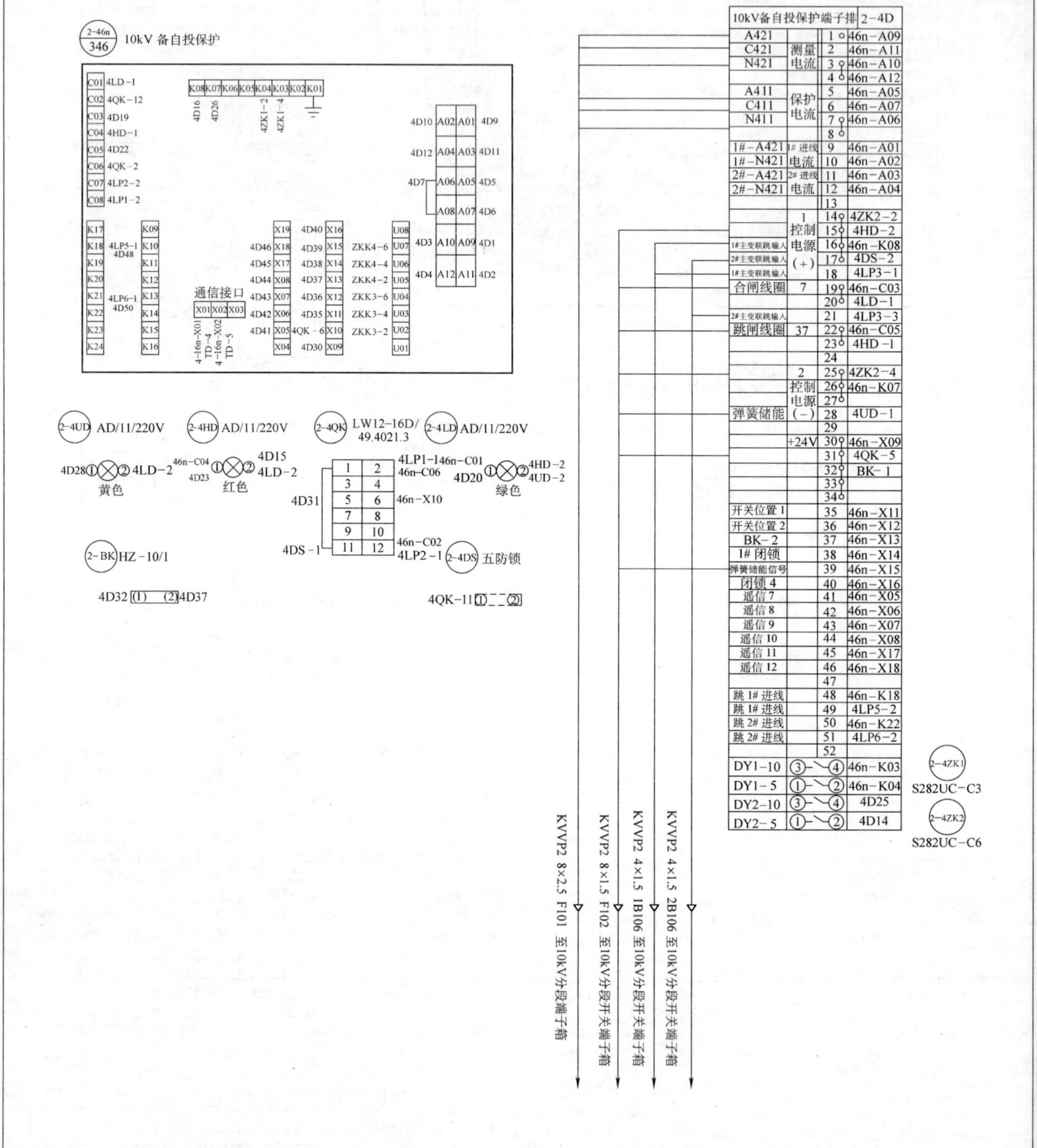

图 7-42　10kV 母线联络开关自动备投端子排接线图

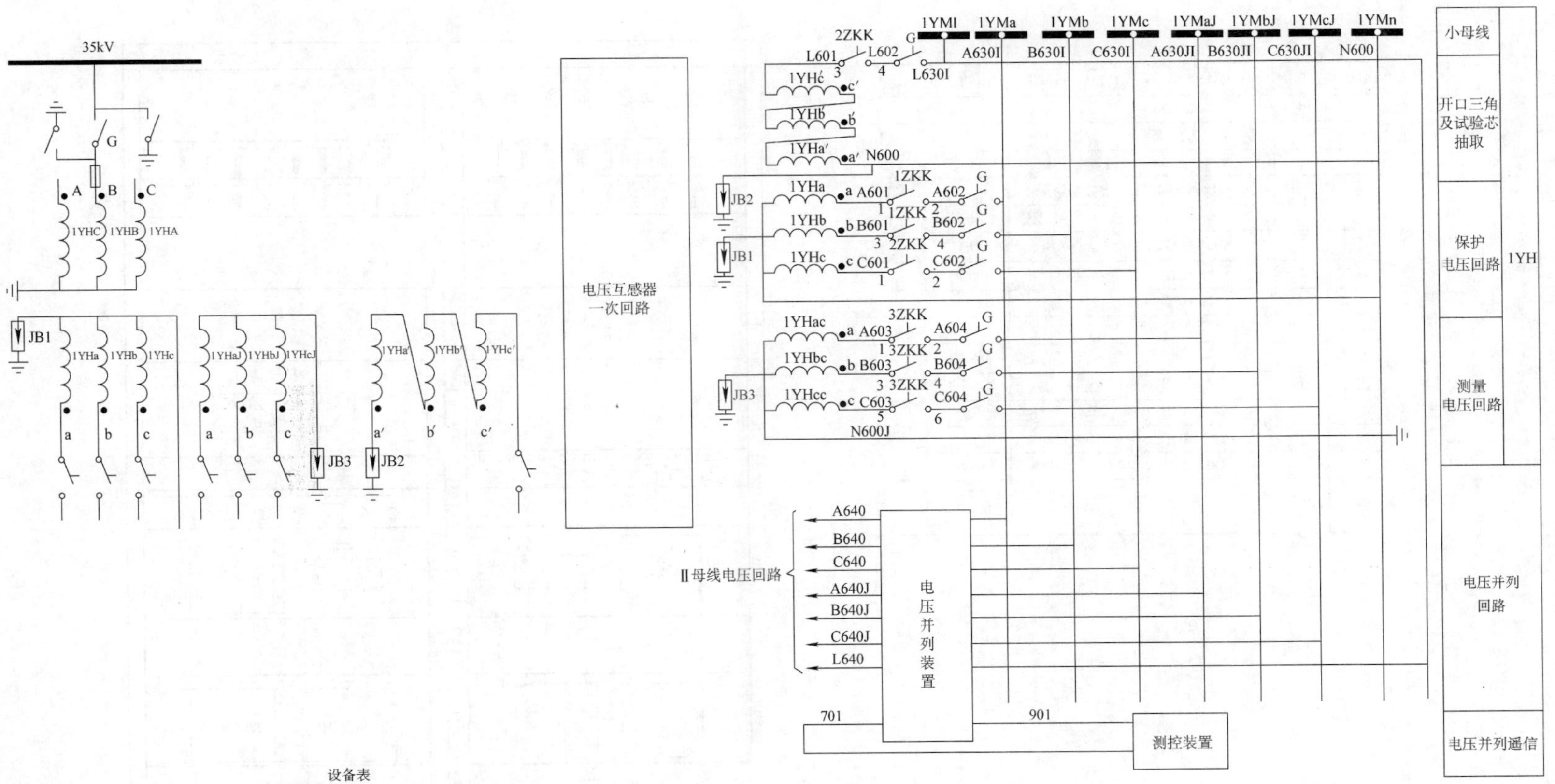

设备表

符号	名称	型式	技术特性	数量	备注
		35kV PT 端子箱			
1ZKK,2ZKK	自动断路器	5SX2-D3/2P		2	
3ZKK	自动断路器	5SX2-D3/3P		1	
JB	氧化锌避雷器	HY1.5W-0.8/2.3		3	

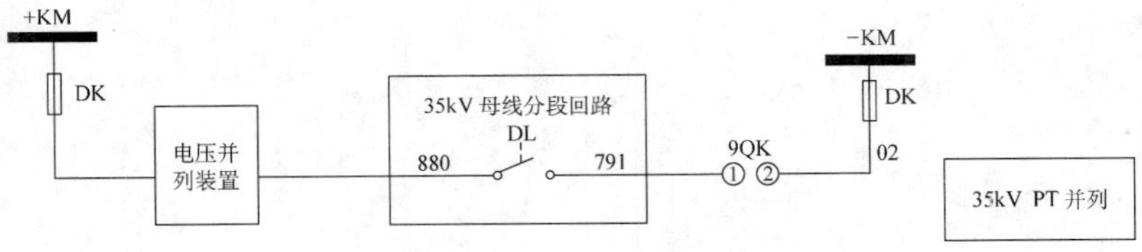

图 7-43 35kV 电压互感器原理接线图

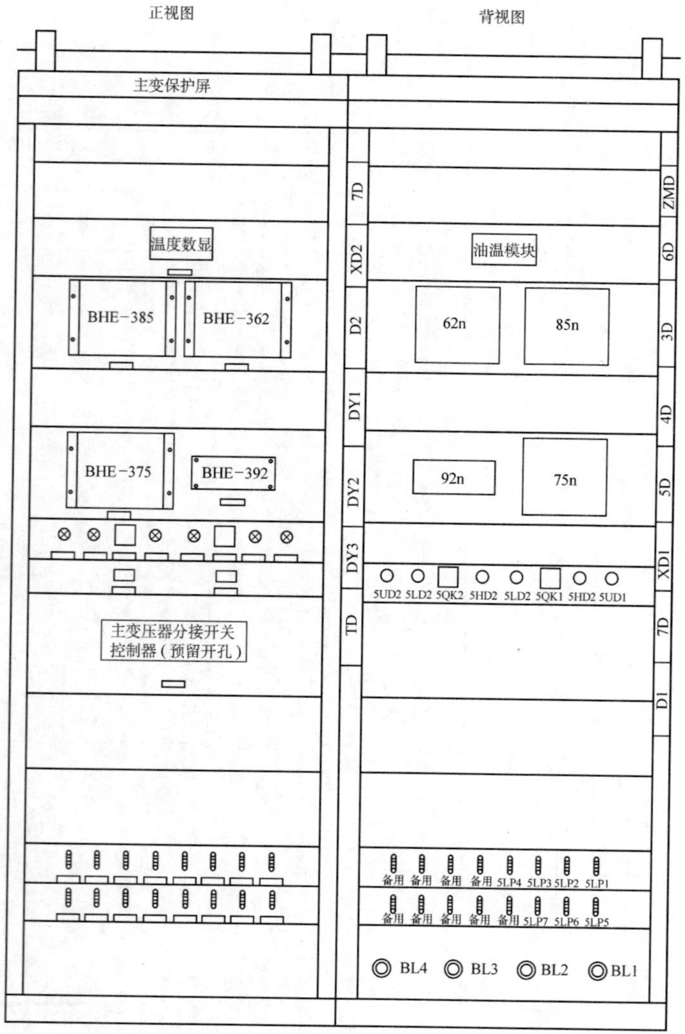

序号	符号	名称	型号	数量	备注
1	85n	微机变压器主保护装置	BHE-385	1	
2	75n	微机变压器后备保护装置	BHE-375	1	
3	62n	微机综合测控装置	BHE-362	1	直流
4	92n	三相操作箱	BHE-392	1	直流
5	YW	温度数字显示仪表	XMT-1	1	
6	QK	转换开关	LW12-16D/49.4021.3	2	
7	HD	红灯（合位）	AD/11/220V	2	
8	LD	绿灯（跳位）	AD/11/220V	2	
9	UD	储能指示灯（黄灯）	AD/11/220V	2	
10	BL1–BL4	避雷器		4	
11		装置电源断路器	S282UC-C3	3	
12		控制电源断路器	S282UC-C6	3	
13	ZKK	电压断路器	S283UC-C1	2	
14		压板	JY1-2	16	
15	YKBJ,SDBJ	继电器	DZ619-2H2D-220V	2	直流

图 7-44 主变压器保护屏屏面布置图

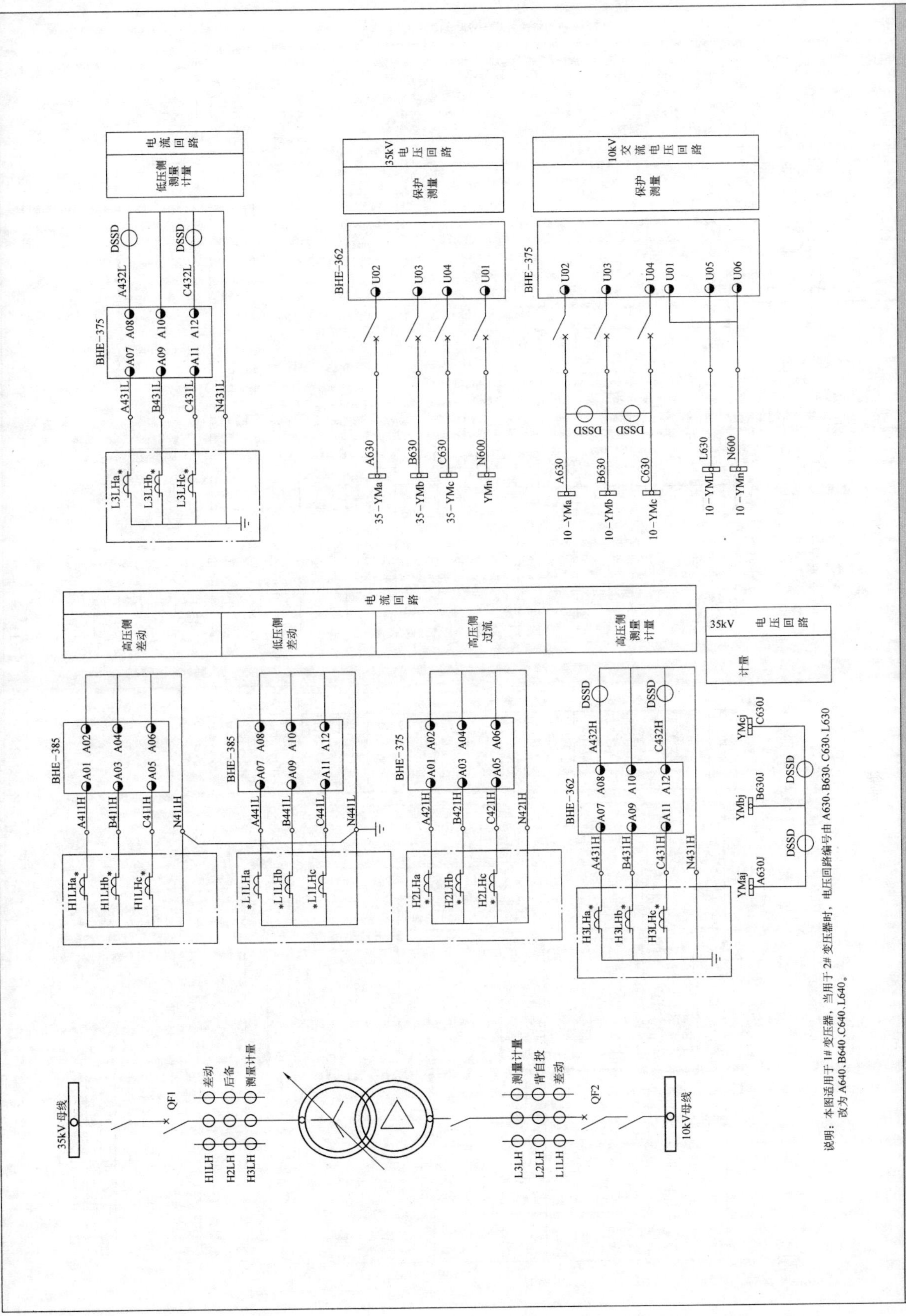

说明：本图适用于1#变压器，当用于2#变压器时，电压回路编号由A630.B630.C630.L630改为A640.B640.C640.L640。

图7-45　主变压器继电保护交流回路图

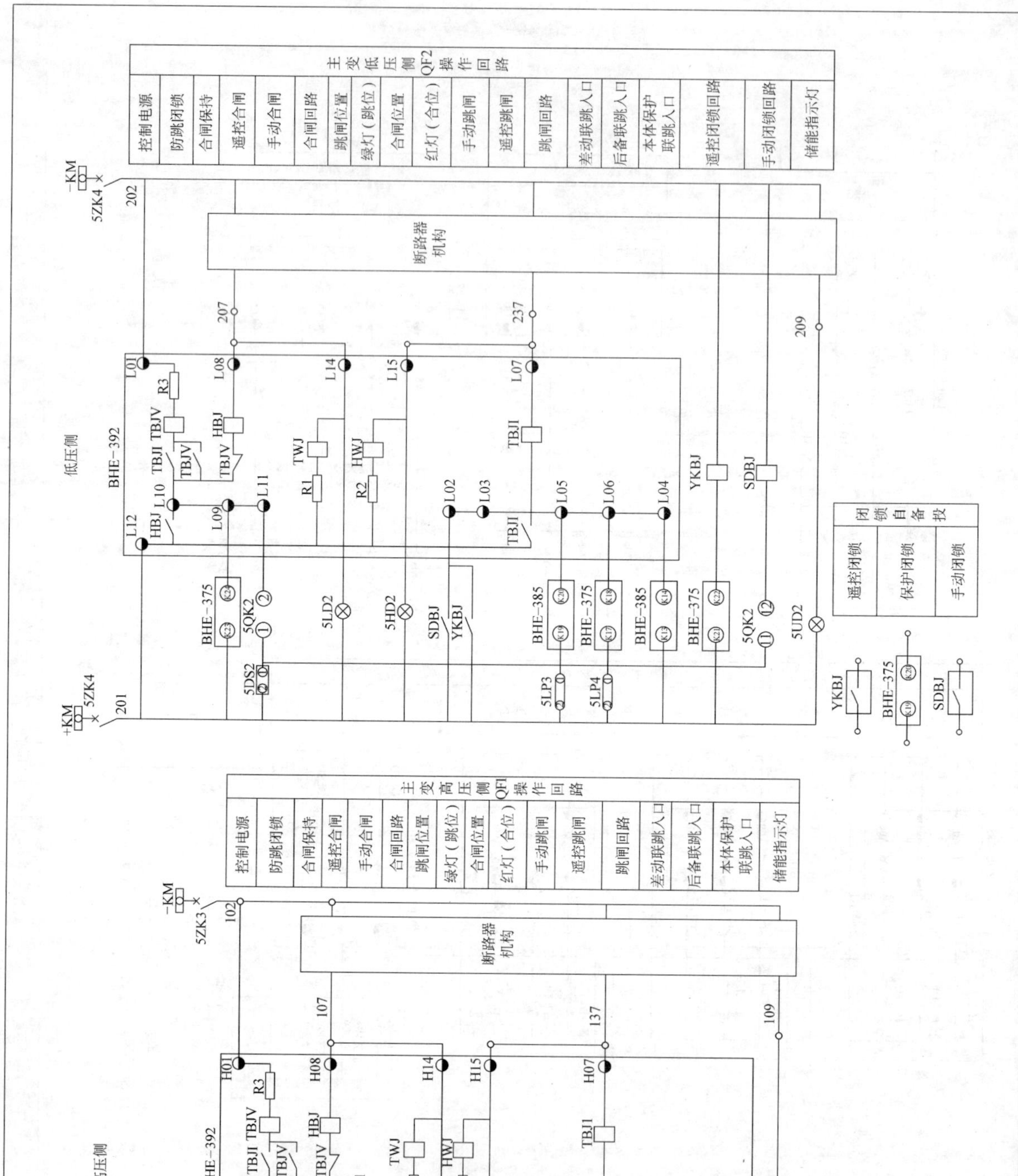

图 7-46　主变压器继电保护控制回路原理图

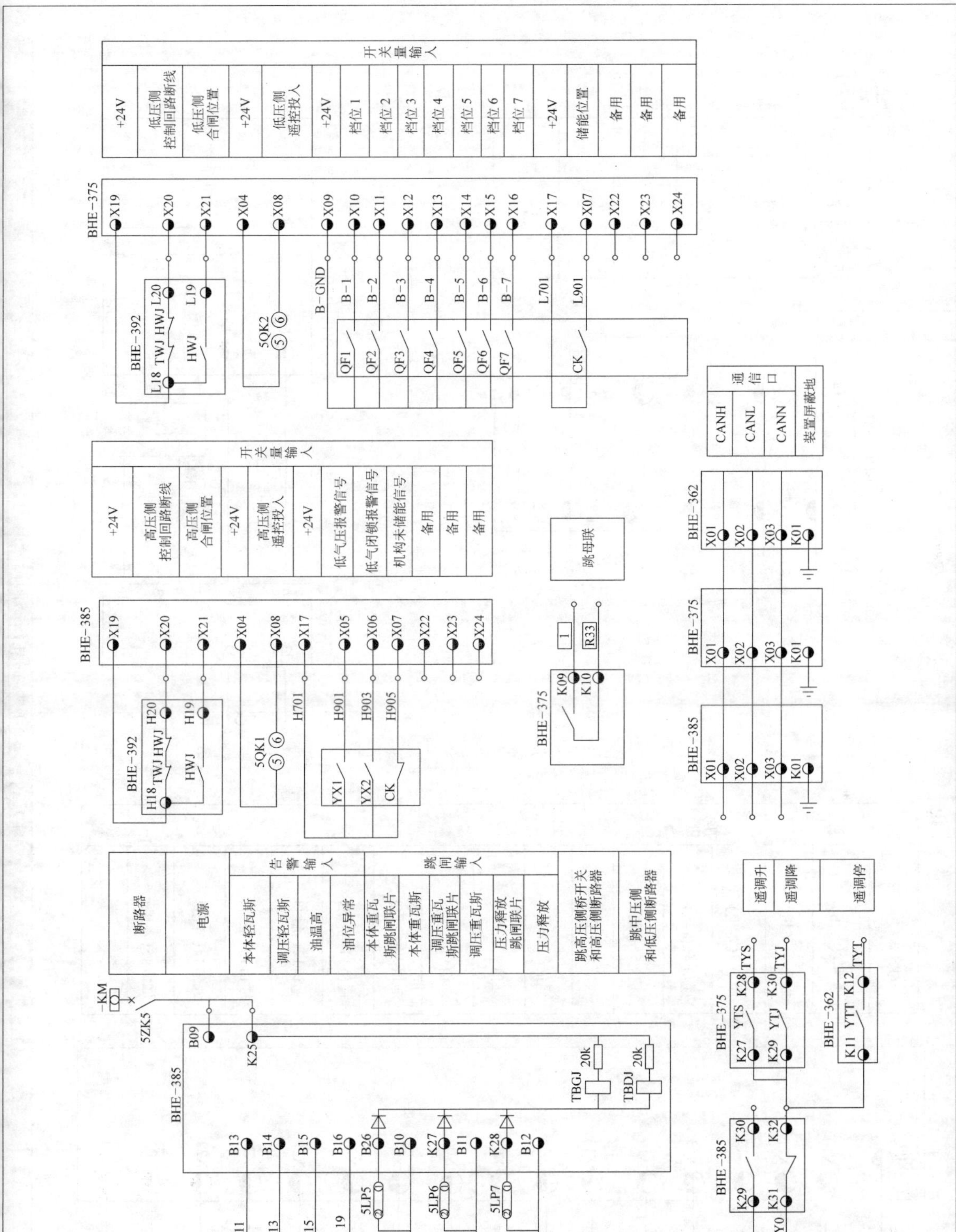

图 7-47　主变压器本体保护及信号回路原理图

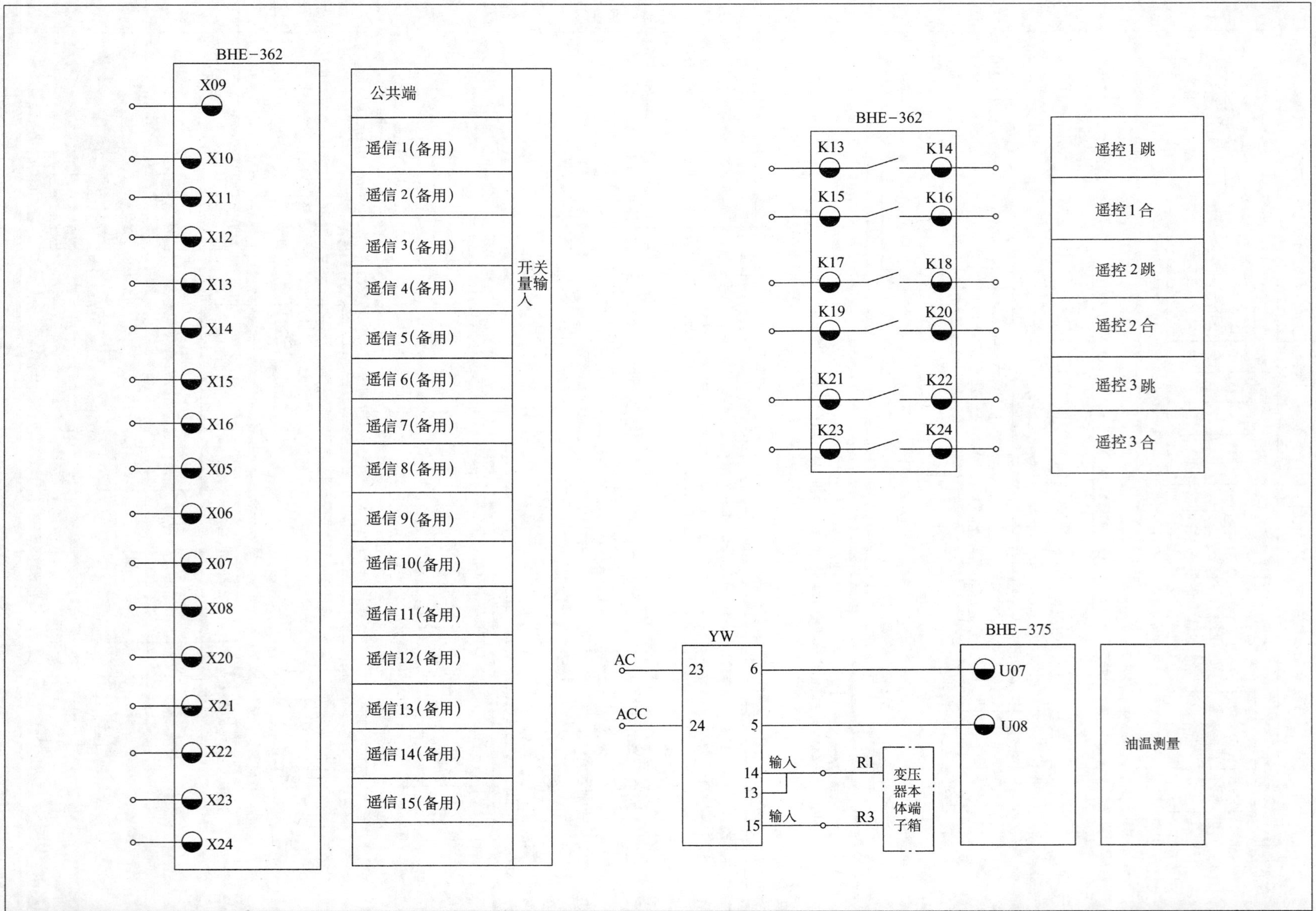

图 7-48 主变压器公共测控原理图

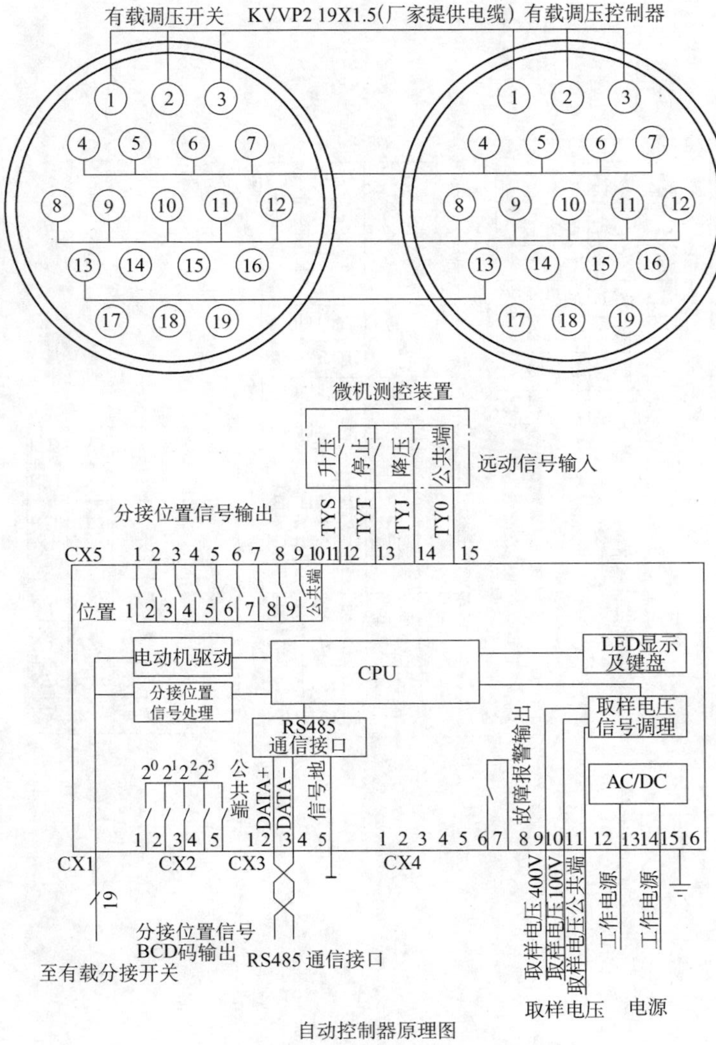

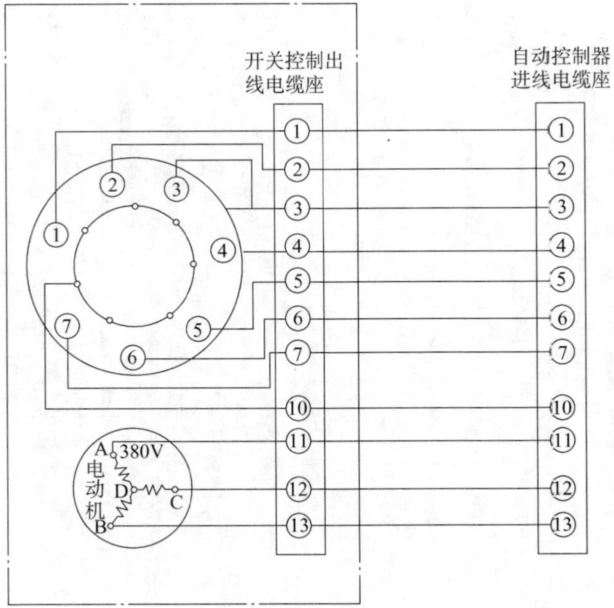

说明：1. 本接线图适合于带控制器的有载调压开关。

2. 图中1~7表示档位显示，10表示档位公用端，11~13表示电动机线D1、D2、D3。

3. 开关一般分为11、12为上升方向，12、13为下降方向。

图 7-49　变压器分接开关控制器原理接线图

K08	K07	K06	K05	K04	K03	K02	K01
GJJ	GJJ	YCJ	YCJ	DY+	DY−	GND	GND
告警		装置异常		装置电源		屏蔽地	

K25	220V−	负电源
K26	ZWL	重瓦联片
K27	YZL	有载重瓦联片
K28	YLL	压力释放联片
K29	TFJ	启动通风
K30	TFJ	
K31	TYJ	闭锁调压
K32	TYJ	

K09	TBGJ1	本体跳桥开关
K10	TBGJ1	
K11	TBGJ2	本体跳高压侧
K12	TBGJ2	
K13	TBDJ1	本体跳低压侧
K14	TBDJ1	
K15	TCGJ1	差动跳桥开关
K16	TCGJ1	
K17	TCGJ2	差动跳高压侧
K18	TCGJ2	
K19	TCDJ1	差动跳低压侧
K20	TCDJ1	
K21	YTJ1	遥控跳闸
K22	YTJ1	
K23	YHJ1	遥控合闸
K24	YHJ1	

遥信 5	YX5	X24
遥信 4	YX4	X23
遥信 3	YX3	X22
合闸位置	HWJ	X21
控制回路监视	KDX	X20
公共端	24V+	X19
公共端	24V+	X18
公共端	24V+	X17

遥控投入	YKE	X08
储能位置	CK	X07
遥信2	YX2	X06
遥信1	YX1	X05
公共端	24V+	X04
通信口	CN	X03
	CL	X02
	CH	X01

备用	BY	B16
油温	YW	B15
有载轻瓦	YQ	B14
轻瓦	QW	B13
压力释放	YL	B12
有载重瓦	YZ	B11
重瓦	ZW	B10
负电源	220V−	B09

IA 出	A02	A01	IA 入	高压侧 A 相
IB 出	A04	A03	IB 入	高压侧 B 相
IC 出	A06	A05	IC 入	高压侧 C 相
IA 出	A08	A07	IA 入	低压侧 A 相
IB 出	A10	A09	IB 入	低压侧 B 相
IC 出	A12	A11	IC 入	低压侧 C 相

图 7-50　差动保护装置 BHE－385 端子定义图

K08	K07	K06	K05	K04	K03	K02	K01
GJJ	GJJ	YCJ	YCJ	DY+	DY−	GND	GND
告警		装置异常		装置电源		屏蔽地	

K25		空
K26		
K27	YSJ1	遥调升
K28	YSJ1	
K29	YJJ1	遥调降
K30	YJJ1	
K31		空
K32		

K09	TGJ1	跳桥开关
K10	TGJ1	
K11	TGJ2	跳桥开关
K12	TGJ2	
K13	TZJ1	跳高压侧
K14	TZJ1	
K15	TZJ2	跳高压侧
K16	TZJ2	
K17	TDJ1	跳低压侧
K18	TDJ1	
K19	TDJ2	跳低压侧
K20	TDJ2	
K21	YTJ1	遥控跳闸
K22	YTJ1	
K23	YHJ1	遥控合闸
K24	YHJ1	

遥信 5	YX5	X24
遥信 4	YX4	X23
遥信 3	YX3	X22
合闸位置	HWJ	X21
控制回路监视	KDX	X20
公共端	24V+	X19
公共端	24V+	X18
公共端	24V+	X17

遥控投入	YKE	X08
储能位置	CK	X07
无功电能	YX2	X06
有功电能	YX1	X05
公共端	24V+	X04
通信口	CN	X03
	CL	X02
	CH	X01

档位 7	DW7	X16
档位 6	DW6	X15
档位 5	DW5	X14
档位 4	DW4	X13
档位 3	DW3	X12
档位 2	DW2	X11
档位 1	DW1	X10
公共端	24V+	X09

YW−	U08
YW+	U07
ULN	U06
UL	U05
UC	U04
UB	U03
UA	U02
UN	U01

IA 出	A02	A01	IA 入	保护电流 A 相
IB 出	A04	A03	IB 入	保护电流 B 相
IC 出	A06	A05	IC 入	保护电流 C 相
IA 出	A08	A07	IA 入	测量电流 A 相
IB 出	A10	A09	IB 入	测量电流 B 相
IC 出	A12	A11	IC 入	测量电流 C 相

图 7-51　后备保护装置 BHE－375 端子定义图

K08	K07	K06	K05	K04	K03	K02	K01
		YCJ	YCJ	DY+	DY-	GND	GND
空	空	装置异常		装置电源		屏蔽地	

K09	T1J	遥控 1 跳
K10	T1J	
K11	H1J	遥控 1 合
K12	H1J	
K13	T2J	遥控 2 跳
K14	T2J	
K15	H2J	遥控 2 合
K16	H2J	
K17	T3J	遥控 3 跳
K18	T3J	
K19	H3J	遥控 3 合
K20	H3J	
K21	T4J	遥控 4 跳
K22	H4J	遥控 4 合
K23	Y4C	公共端
K24	Y4C	公共端

遥信 16	YX16	X24
遥信 15	YX15	X23
遥信 14	YX14	X22
遥信 13	YX13	X21
遥信 12	YX12	X20
公共端	24V+	X19
公共端	24V+	X18
公共端	24V+	X17

遥信 11	YX11	X08
遥信 10	YX10	X07
遥信 9	YX9	X06
遥信 8	YX8	X05
公共端	24V+	X04
通信口	CN	X03
	CL	X02
	CH	X01

遥信 7	YX7	X16
遥信 6	YX6	X15
遥信 5	YX5	X14
遥信 4	YX4	X13
遥信 3	YX3	X12
遥信 2	YX2	X11
遥信 1	YX1	X10
公共端	24V+	X09

空	U08
空	U07
空	U06
空	U05
UC	U04
UB	U03
UA	U02
UN	U01

空	A02	A01	空	空
空	A04	A03	空	空
空	A06	A05	空	空
IA 出	A08	A07	IA 入	测量电流 A 相
IB 出	A10	A09	IB 入	测量电流 B 相
IC 出	A12	A11	IC 入	测量电流 C 相

图 7-52 主变压器测控装置 BHE－362 端子定义图

H20	H19	H18	H17	H16	H15	H14	H13	H12	H11	H10	H09	H08	H07	H06	H05	H04	H03	H02	H01
DX	HW	XC	空	空	HWD	TWD	KM+	KM+	CH	CH	CH	HQ	TQ	BC	BC	BC	BC	BC	KM-

L20	L19	L18	L17	L16	L15	L14	L13	L12	L11	L10	L09	L08	L07	L06	L05	L04	L03	L02	L01
DX	HW	XC	空	空	HWD	TWD	KM+	KM+	CH	CH	CH	HQ	TQ	BC	BC	BC	BC	BC	KM-

图 7-53　主变压器操作箱 BHE－392 端子定义图

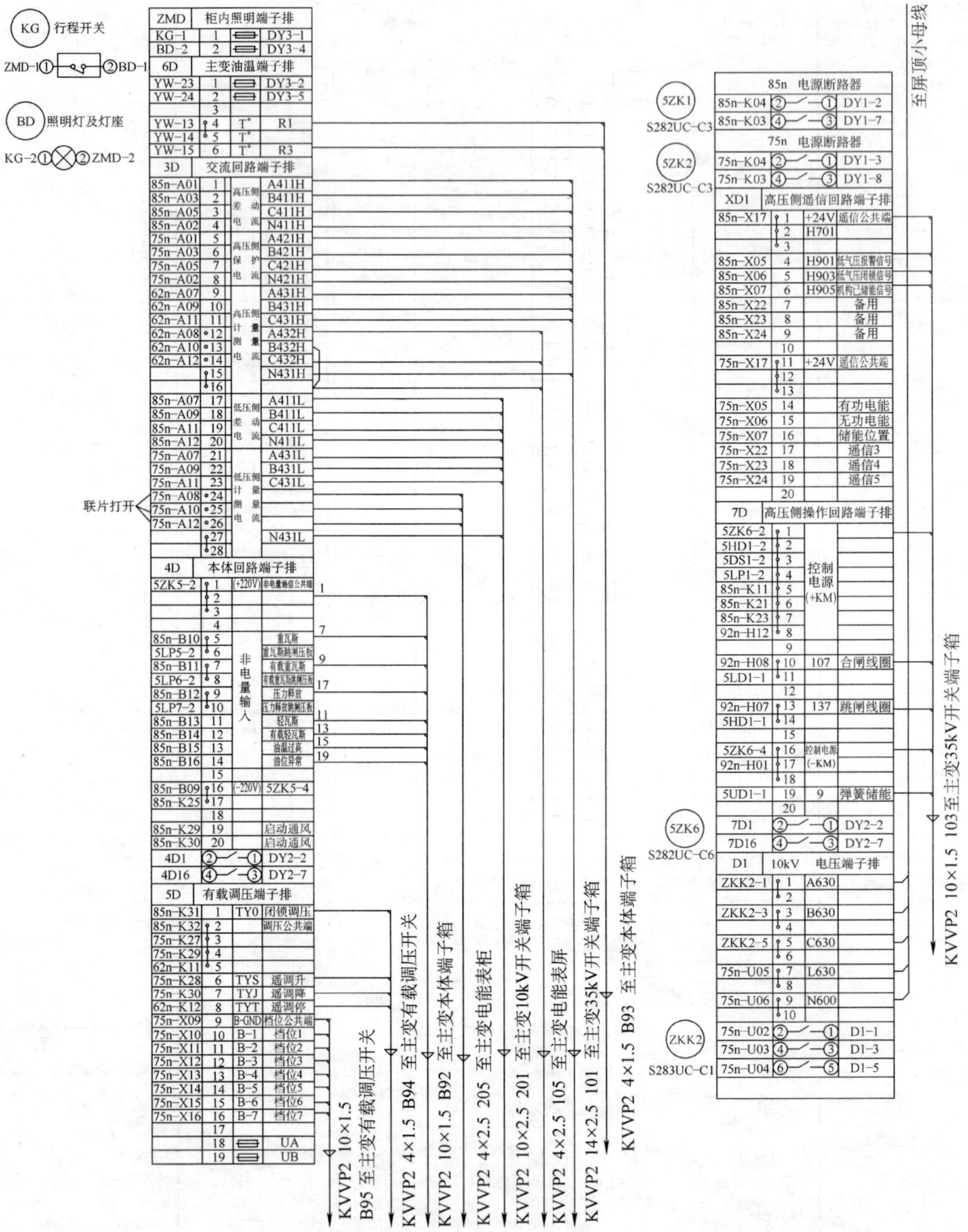

图 7-54　主变压器保护端子排接线图（一）

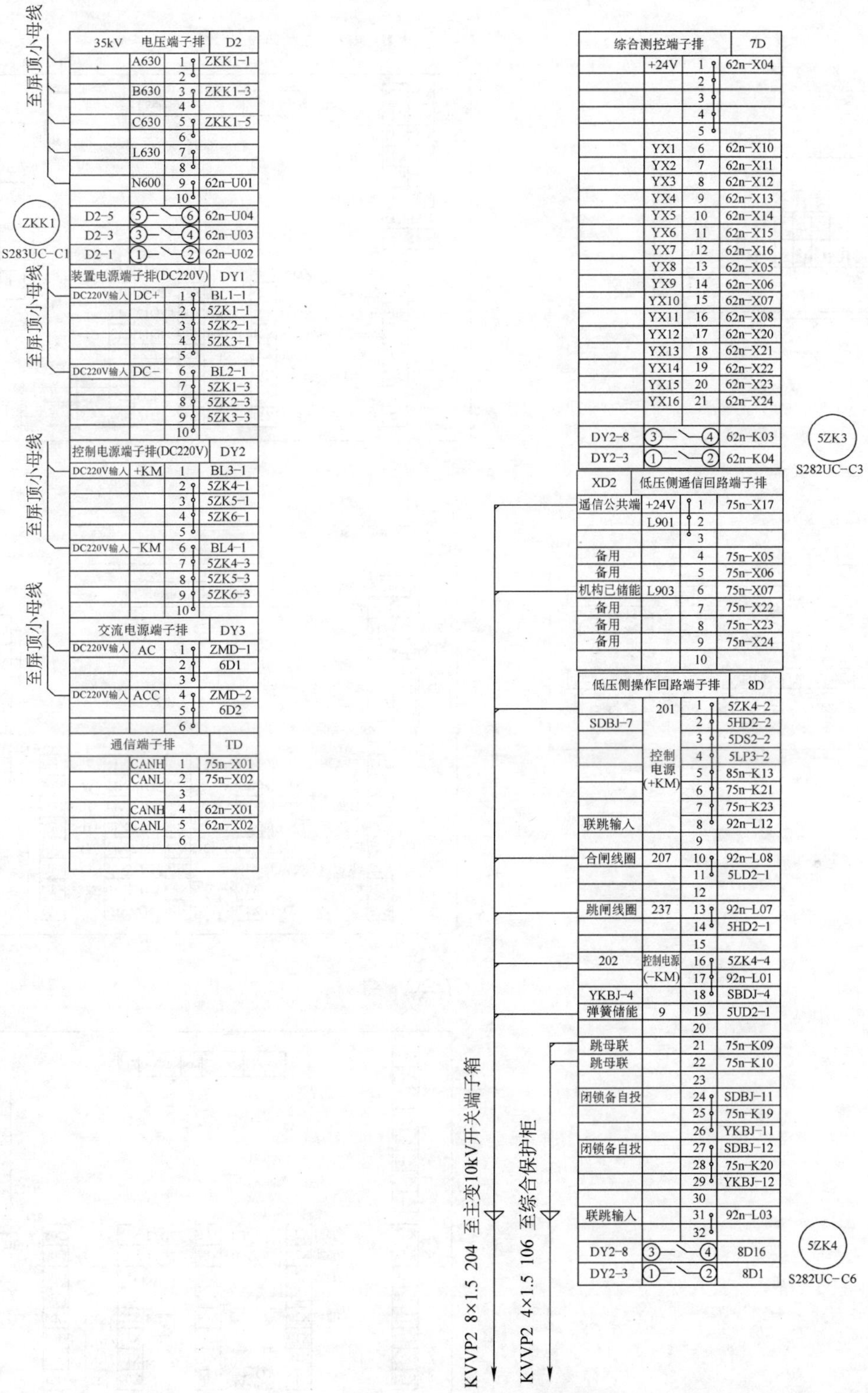

图7-55　主变压器保护端子排接线图（二）

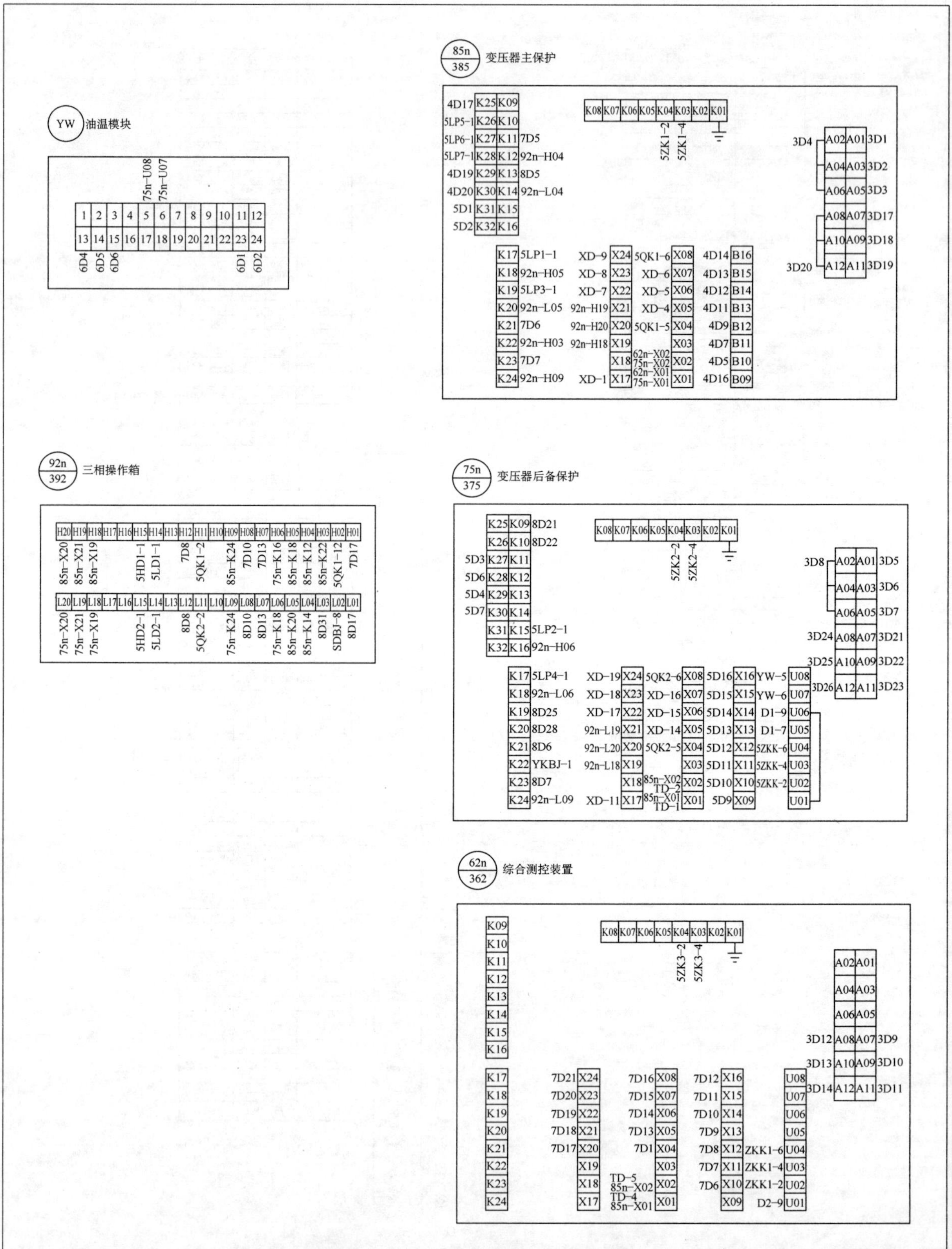

图 7-56　主变压器保护屏背板装置接线图（一）

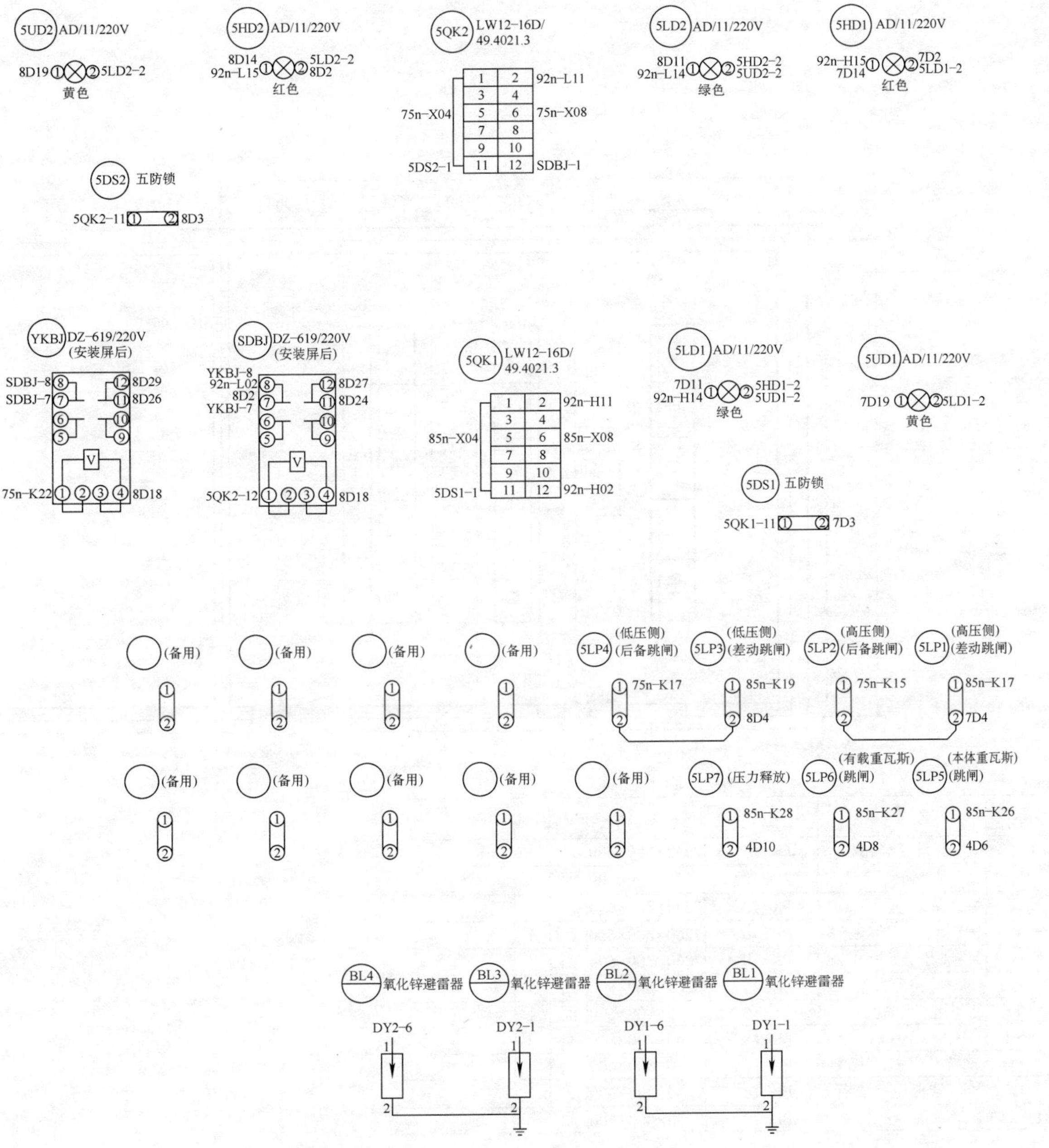

注：1.电流回路采用BVR-2.5mm² 导线配制。
2.通信回路采用RVVP2*0.3两芯屏蔽电缆配制。
3.其余采用BVR-1.5mm² 导线配制。
4.各器件加圆标签进行标注。
5.每个带熔断器端子均配装 2个 3A熔断器。

图 7-57　主变压器保护屏背板装置接线图（二）

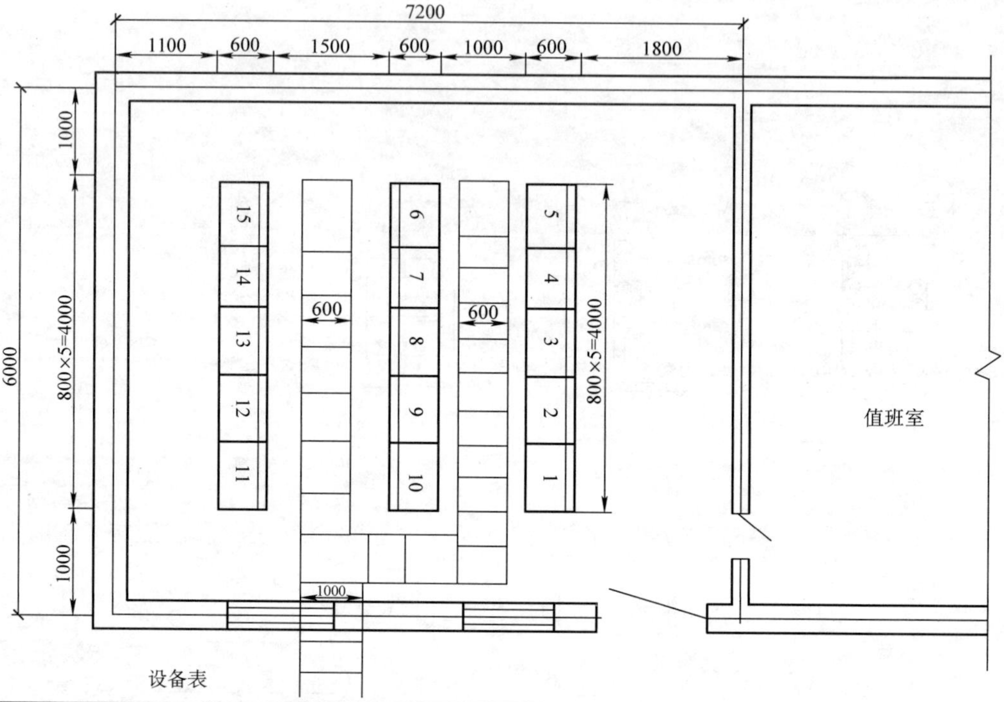

设备表

序号	名称	型式	技术特性	单位	数量	备注
1	微机五防工作站柜	PK-10	2260×800×600	面	1	
2	综合测控柜	PK-10	2260×800×600	面	1	
3	综合保护柜	PK-10	2260×800×600	面	1	
4	1#主变压器保护测控柜	PK-10	2260×800×600	面	1	
5	2#主变压器保护测控柜	PK-10	2260×800×600	面	1	
6～7	10kV线路保护柜A、B	PK-10	2260×800×600	面	2	
8	所用电交流柜	PK-10	2260×800×600	面	1	
9～10	直流柜	PK-10	2260×800×600	面	2	
11	主变及35kV线路电能表柜	PK-10	2260×800×600	面	1	
12	10kV线路电能表柜	PK-10	2260×800×600	面	1	
13～15	通信设备	PK-10	2260×800×600	面	3	

图 7-58　主控室平面布置图

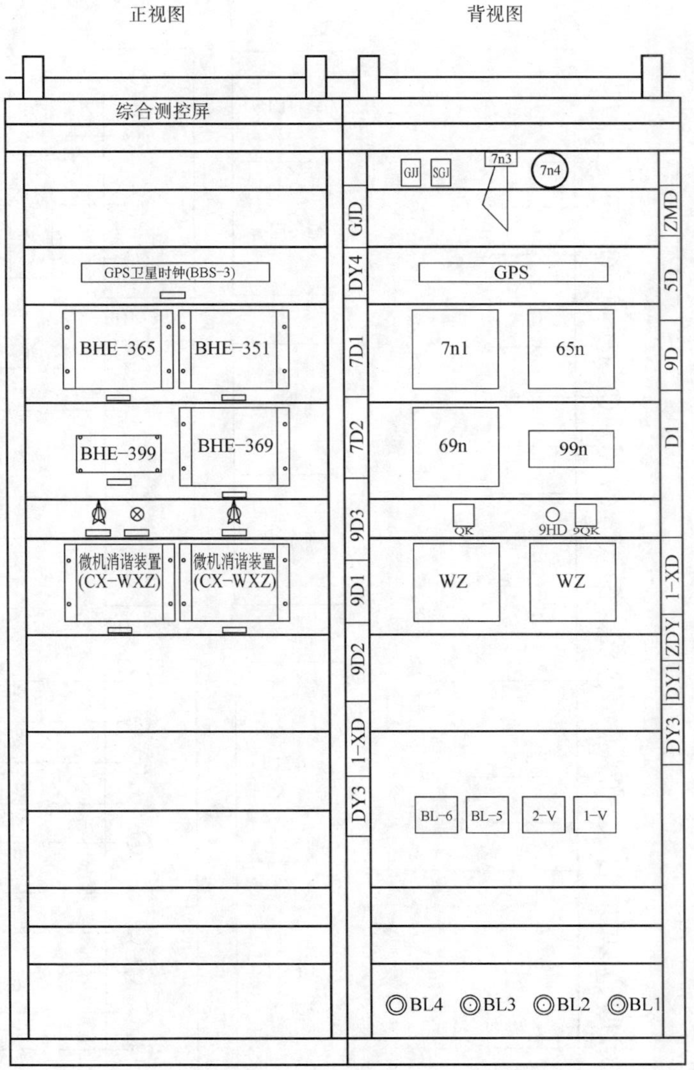

序号	符号	名称	型号	数量	备注
1	65n	微机综合测量装置	BHE-365	1	
2	7n1	微机通信管理装置	BHE-351	1	
3	99n	电压并列装置	BHE-399	1	直流
4	69n	微机电压监测装置	BHE-369	1	直流
5	WZ	微机消谐装置	CX-WXZ	2	
6	QK,9QK	切换把手	HZ-10-10/1	2	
7	HD	并列指示灯	AD11-25/ADC220V	1	
8	BL1-BL4	避雷器		4	
9	V	直流变送器		2	
10	GJJ,SGJ	中间继电器	DZ-619/DC220V	2	
11		装置电源断路器	S282UC-C3	2	
12		控制电源断路器	S283UC-C6	2	
13	ZKK	电压断路器	S283UC-C1	2	
14	GPS	卫星时钟	BBS-3	1	
15	BL5	模拟避雷器	BLQ-001	1	
16	BL6	数字避雷器	ZBL-D	1	
17	7n3	电笛		1	
18	7n4	电铃		1	

图7-59 综合测控屏屏面布置图

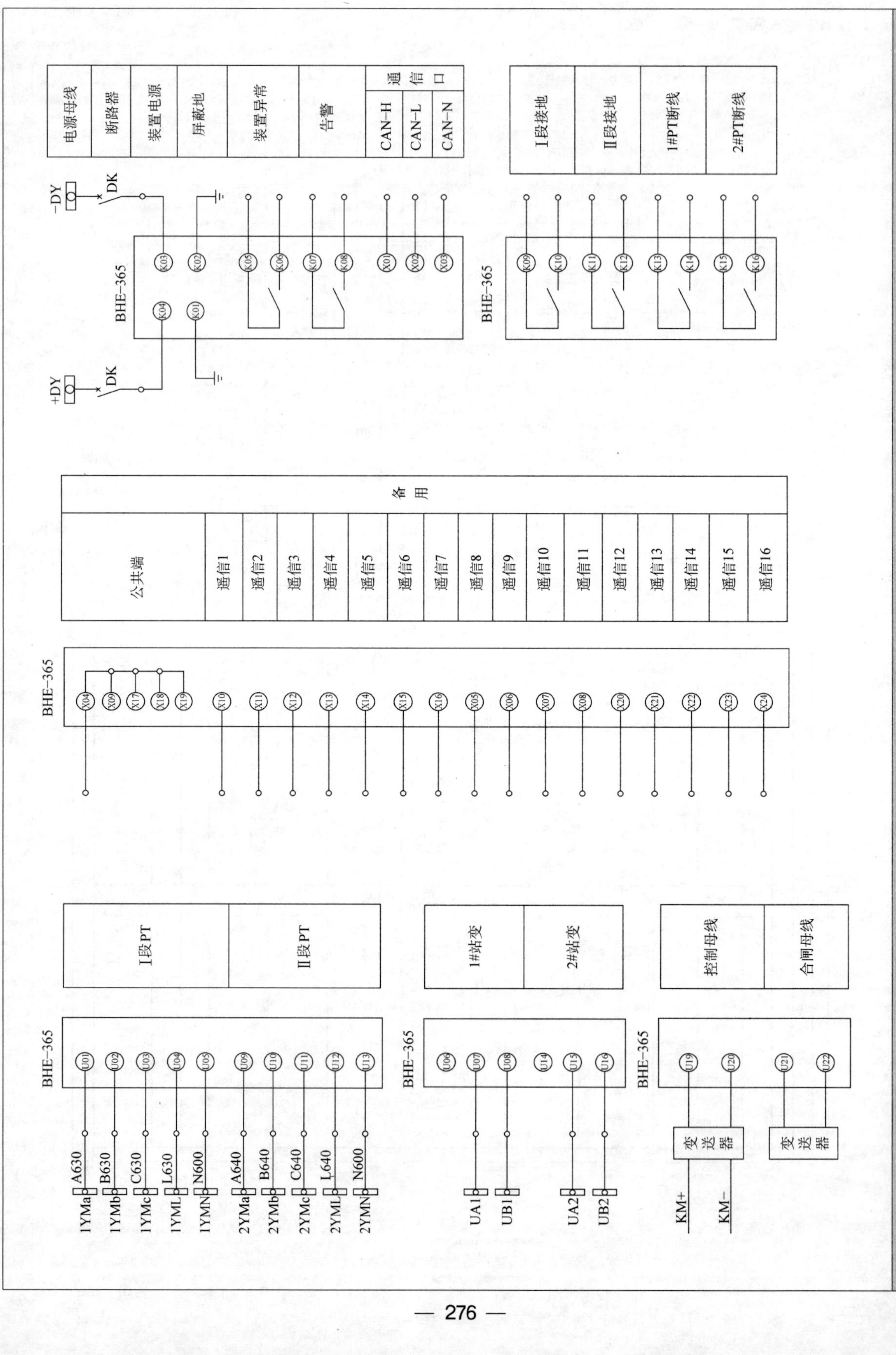

图7-60　综合测控装置BHE－365的原理图

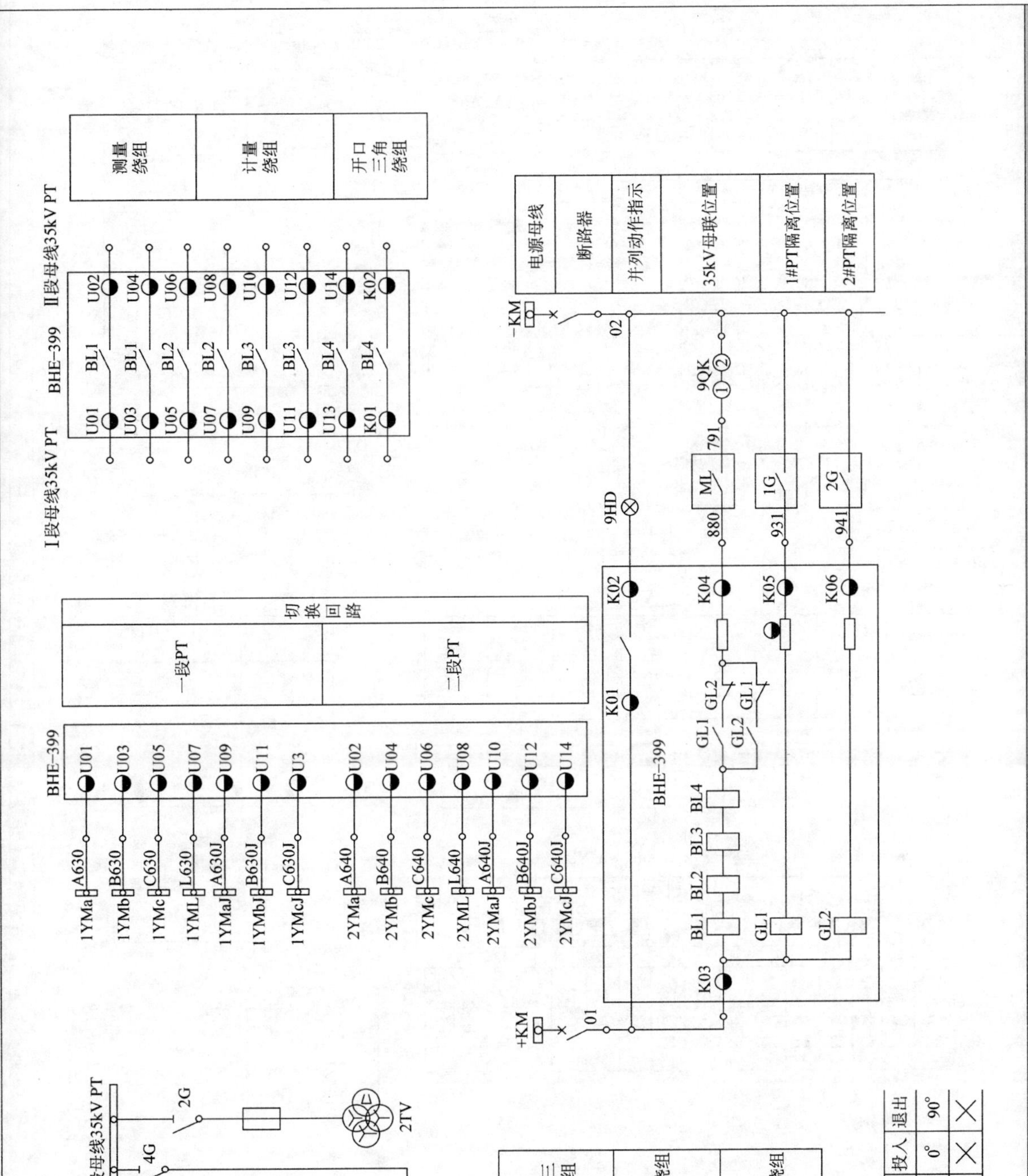

图 7-61　35kV 电压并列装置 BHE－399 的原理图

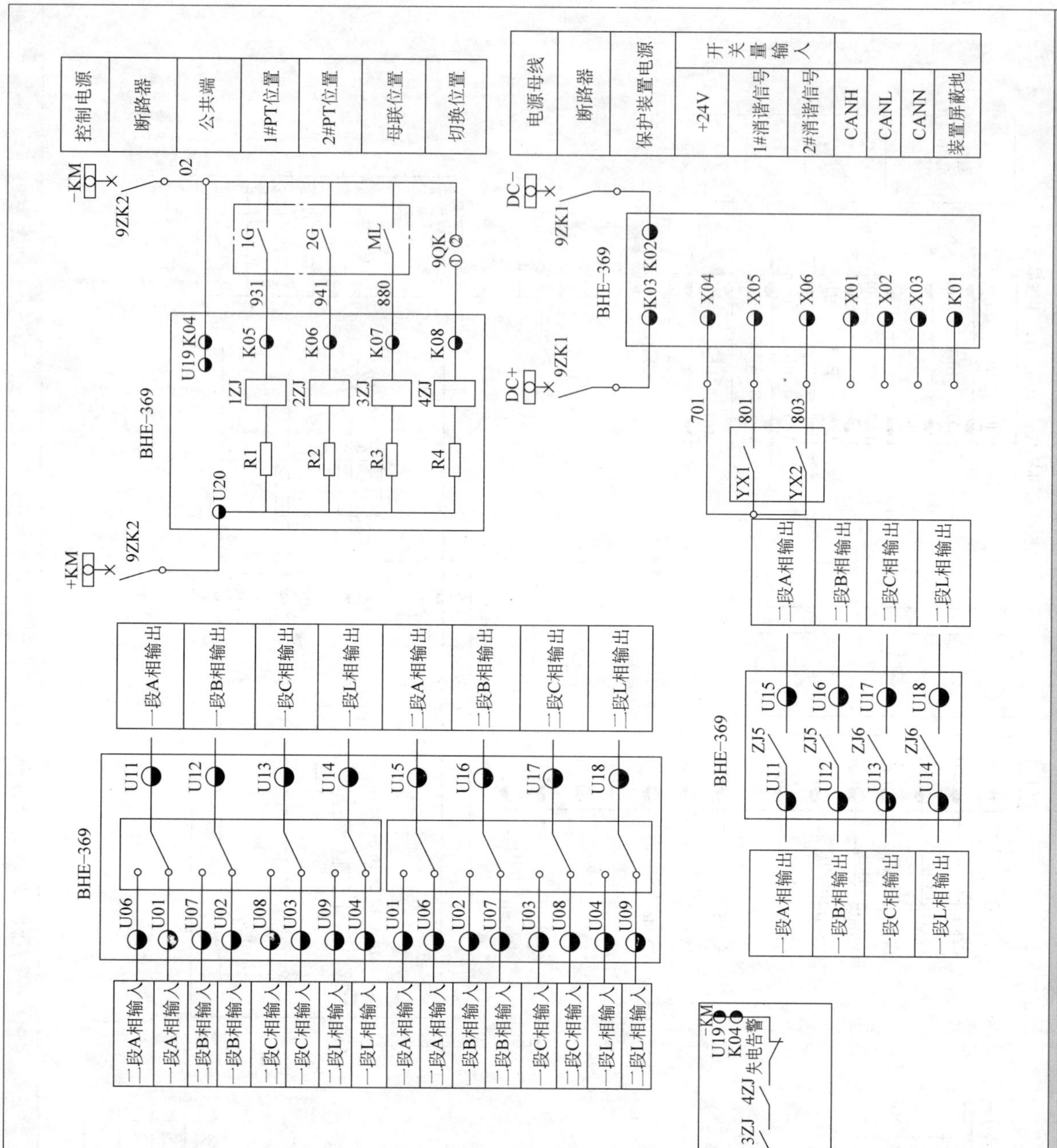

图 7-62　10kV 电压监测装置 BHE－369 的原理图

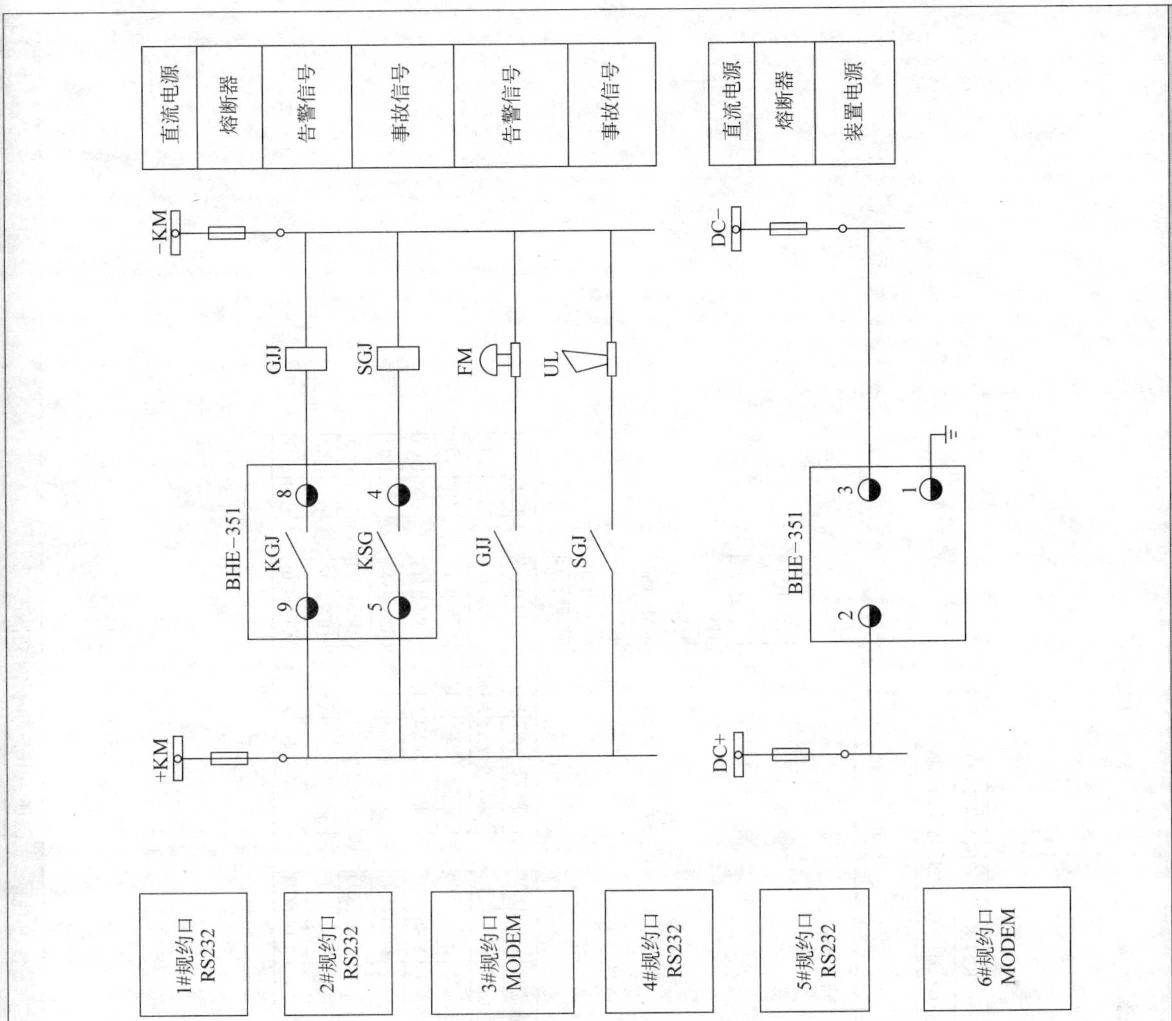

图7-63　通信管理装置 BHE-351 的原理图

K08	K07	K06	K05	K04	K03	K02	K01
GJJ	GJJ	YCJ	YCJ	DY+	DY-	GND	GND
告警		装置异常		装置电源		屏蔽地	

K09	JD1	Ⅰ段接地
K10	JD1	
K11	JD2	Ⅱ段接地
K12	JD2	
K13	DX1	1#PT断线
K14	DX1	
K15	DX2	2#PT断线
K16	DX2	

遥信16	YX16	X24
遥信15	YX15	X23
遥信14	YX14	X22
遥信13	YX13	X21
遥信12	YX12	X20
公共端	24V+	X19
公共端	24V+	X18
公共端	24V+	X17

遥信11	YX11	X08
遥信10	YX10	X07
遥信9	YX9	X06
遥信8	YX8	X05
公共端	24V+	X04
通信口	CN	X03
	CL	X02
	CH	X01

遥信7	YX7	X16
遥信6	YX6	X15
遥信5	YX5	X14
遥信4	YX4	X13
遥信3	YX3	X12
遥信2	YX2	X11
遥信1	YX1	X10
公共端	24V+	X09

空	U24
空	U23
HM-	U22
HM+	U21
KM-	U20
KM+	U19
空	U18
空	U17
UB2	U16
UA2	U15
空	U14
UN	U13
UL	U12
Uc2	U11
Ub2	U10
Ua2	U09

UB1	U08
UA1	U07
空	U06
UN	U05
UL	U04
Uc1	U03
Ub1	U02
Ua1	U01

图 7-64 综合测控装置 BHE-365 端子定义图

K06	K05	K04	K03	K02	K01	U14	U13	U12	U11	U10	U09	U08	U07	U06	U05	U04	U03	U02	U01
2GL	1GL	ML	KM+	BL2	BL1	2UC'	1UC'	2UB'	1UB'	2UA'	1UA'	2UL	1UL	2UC	1UC	2UB	1UB	2UA	1UA

a)

通信地	485B	485A	失电告警	失电告警	信号公共端	过电压信号	谐振信号	接地信号	备用	Uo	备用	Uo	备用	公共地	备用	工作电源	工作电源
18	17	16	15	14	13	12	11	10	9	8	7	6	5	4	3	2	1

b)

图 7-65　电压并列装置 BHE－399 端子定义图

a）BHE－399 电压并列装置　b）CX－WXZ 微机消谐装置

K03	K02	K01
DY+	DY−	GND
装置电源		屏蔽地

遥信4	YX4	X08
遥信3	YX3	X07
遥信2	YX2	X06
遥信1	YX1	X05
公共端	24V+	X04
通信口	CN	X03
	CL	X02
	CH	X01

空	空	K11
空	空	K10
空	空	K09
切换位置	QHWZ	K08
母联位置	MLWZ	K07
2#PT位置	2#PT	K06
1#PT位置	1#PT	K05
公共端	电源−	K04

电源+	U20
电源−	U19
OUL2	U18
OUC2	U17
OUB2	U16
OUA2	U15
OUL1	U14
OUC1	U13
OUB1	U12
OUA1	U11
UN2	U10
UL2	U09
UC2	U08
UB2	U07
UA2	U06
UN1	U05
UL1	U04
UC1	U03
UB1	U02
UA1	U01

图 7-66　电压监测装置 BHE－369 端子定义图

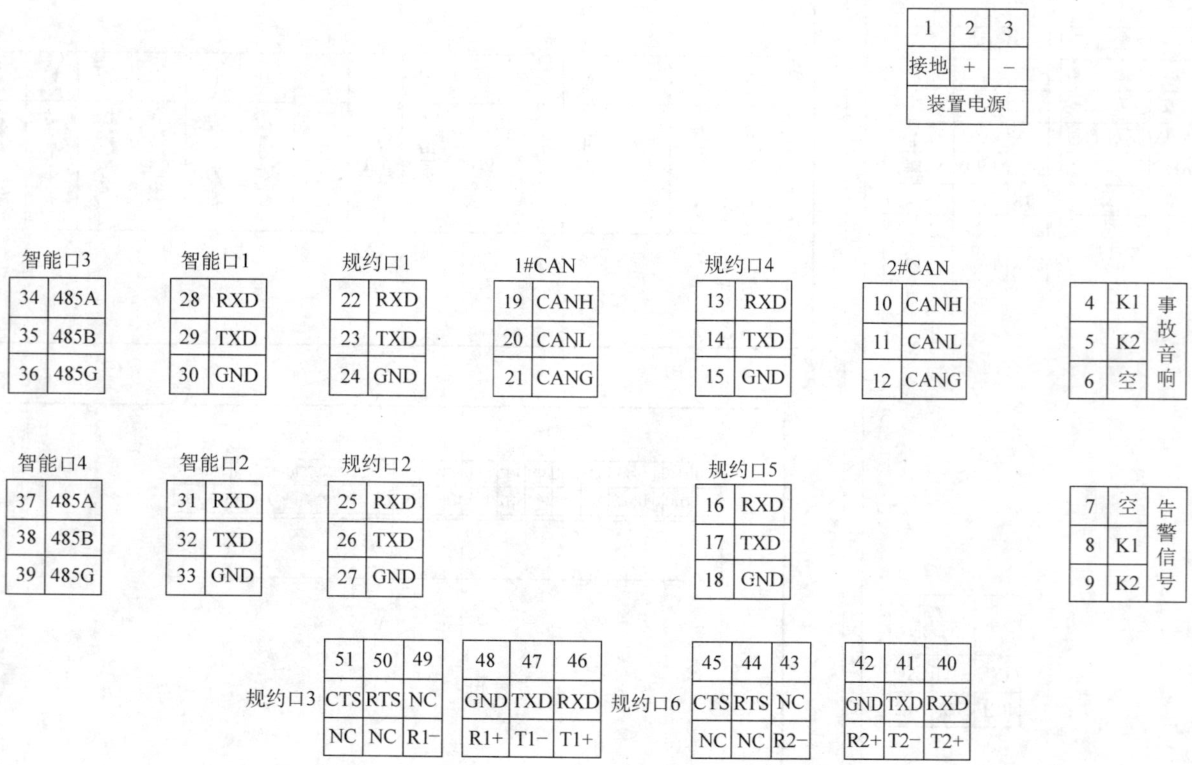

图 7-67　通信管理装置 BHE－351 端子定义图

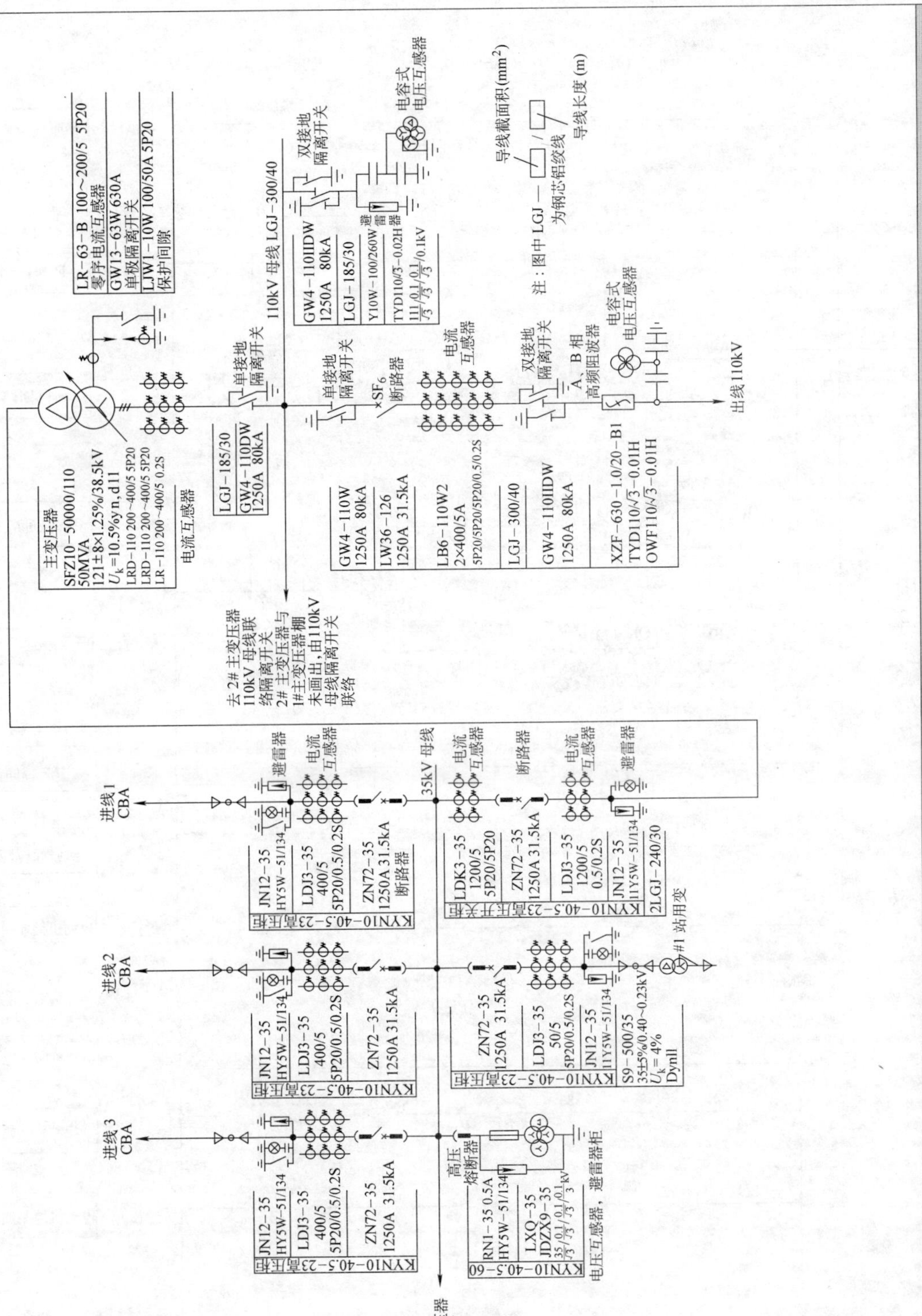

图 7-68　某 35/110kV 升压站主接线图

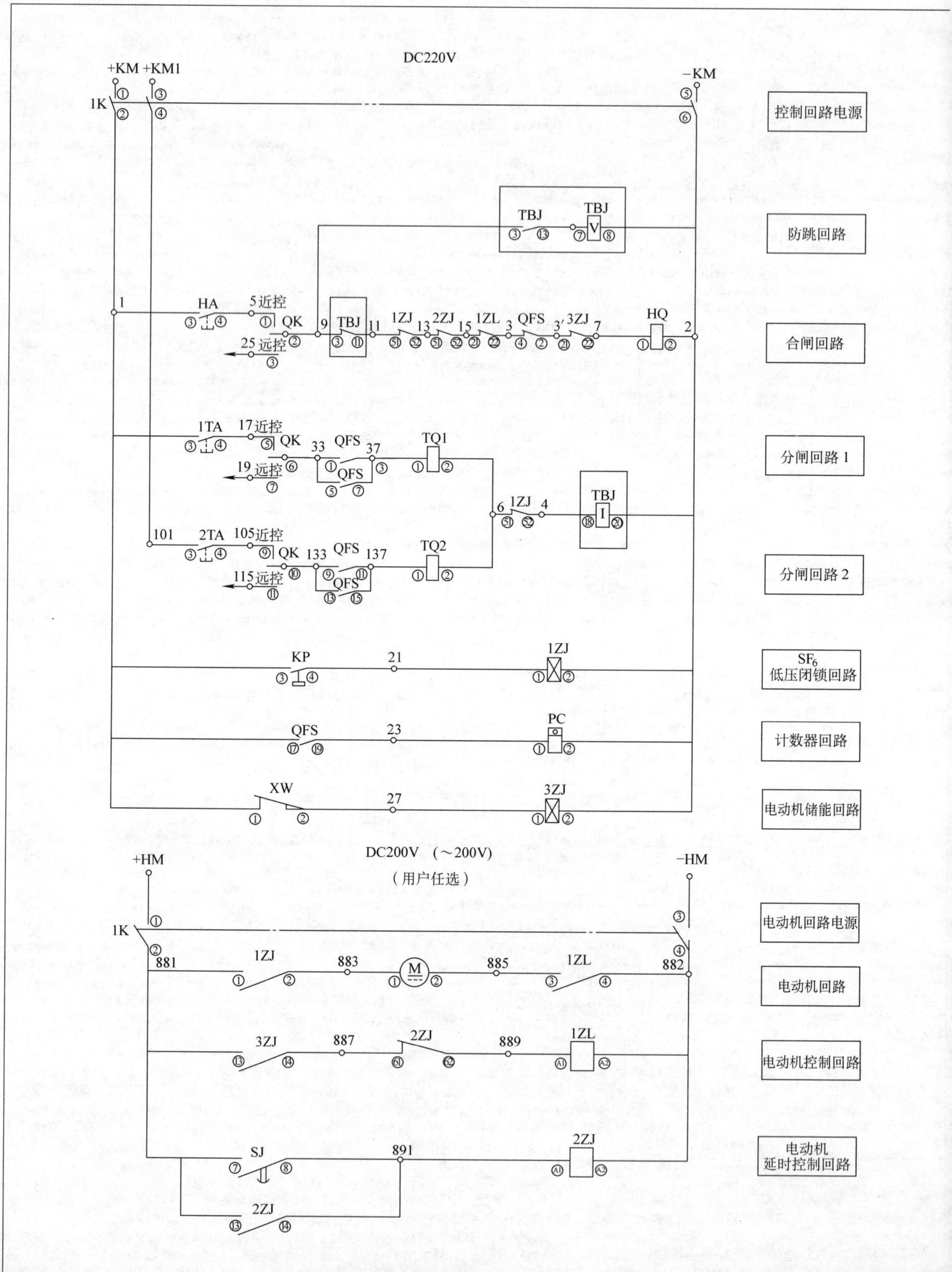
DC220V
+KM
+KM1
−KM
1K
控制回路电源
TBJ
防跳回路
HA
5近控
QK
25远控
TBJ
1ZJ
2ZJ
1ZL
QFS
3ZJ
HQ
合闸回路
1TA
17近控
19远控
QFS
TQ1
分闸回路 1
TBJ
1ZJ
101
2TA
105近控
115远控
TQ2
分闸回路 2
KP
1ZJ
SF6
低压闭锁回路
QFS
PC
计数器回路
XW
3ZJ
电动机储能回路
DC200V (～200V)
（用户任选）
+HM
−HM
1K
电动机回路电源
881
1ZJ
883
M
885
1ZL
882
电动机回路
3ZJ
887
2ZJ
889
1ZL
电动机控制回路
SJ
891
2ZJ
电动机
延时控制回路

图 7-69　SF_6 断路器

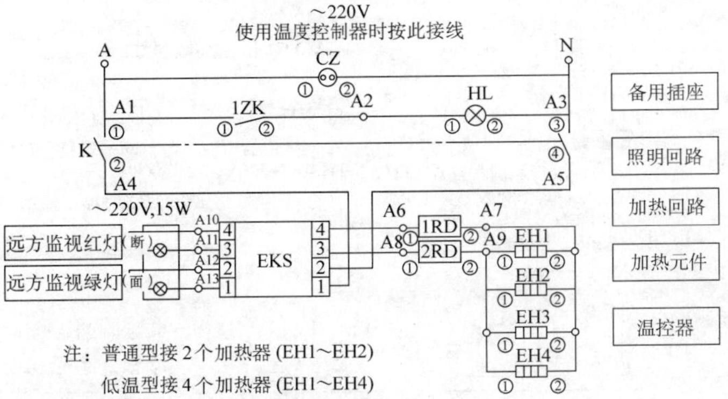

注：普通型接2个加热器(EH1~EH2)

低温型接4个加热器(EH1~EH4)

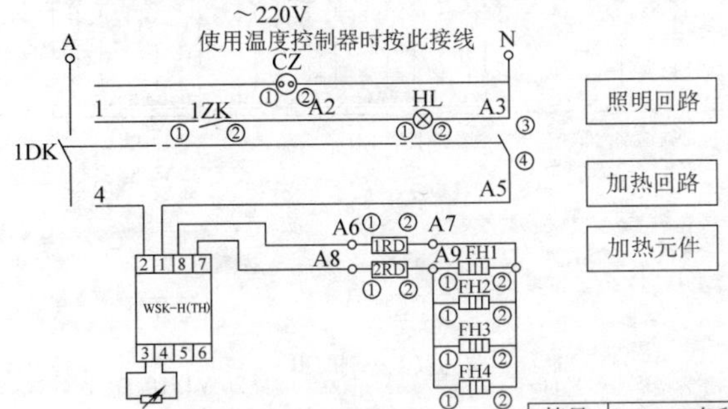

注：普通型接 2 个加热器 (EH1~EH2)

低温型接 4 个加热器 (EH1~EH4)

信号接点

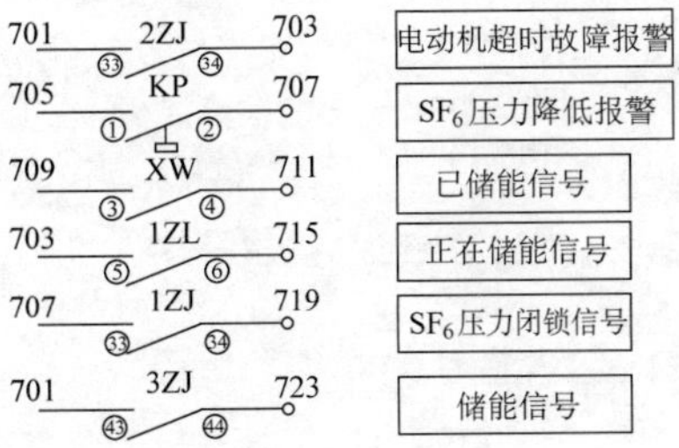

技术要求

1. 虚框内元件根据用户需求。
2. 限位开关 XW 与合闸弹簧状态的关系

XW 状态	合闸弹簧状态
接通	未储能
断开	储能

3. 密度继电器 KP 与 SF_6 气体状态的关系

KP 状态	SF_6 气体状态
接通	气压降低需补充
断开	气压处于正常工作状态

转换开关 LW 5-16D1050/4 接点表

LW 5-16□□/4		D1050		
		45°	0°	45°
1—‖—2	1-2	×		
3—‖—4	3-4			×
5—‖—6	5-6	×		
7—‖—8	7-8			×
9—‖—10	9-10	×		
11—‖—12	11-12			×
13—‖—14	13-14	×		
15—‖—16	15-16			×

符号	名称	型号规格	数量	备注
CZ	模数化插座	AC-30	1	通用
TBJ	防跳继电器	DZB-213 1A=220V 板后接线	1	根据工程需要
M	电动机	HDZ-27205AG≃220V 720W	1	通用
EH	加热器	~220V 250W	4	普通型用 2 个，低温型用 4 个
PC	计数器	404 型 =220V	1	通用
KP	密度继电器	MKZ-I(-0.1-0.9MPA)	1	通用
EKS	温湿度控制器	W SK-H(TH) 型~200V	1	选用温湿度控制器时用此件
EKS	温度控制器	ETS-B(TH) 型~220V	1	选用温度控制器时用此件
TQ1-TQ2	分闸线圈	70Ω=220V 3A	2	通用
HQ	合闸线圈	110Ω=220V 2A	1	通用
QFS	辅助开关	F6-32Ⅱ/W 2	1	通用
2ZJ	继电器	JZD1-22 ~220V	1	储能回路为交流时此件为 2ZJ
2ZJ-3ZJ	继电器	JZD1-22=220V	1	3ZJ 为通用，储能回路为直流时使用 2ZJ
1ZJ	中间继电器	3TH8244=220V	1	通用
1RD-2RD	熔断器	JF5-2.5RD(6A)	2	通用
SJ	时间继电器	LA2-DT2	1	储能回路为交流时用~220V直流时用直流220V
1ZL	接触器	LP1-D0901M5N,~220V/LP1-D0901MDC,直流220V	1	储能回路为交流时用~220V直流时用直流220V
HL	照明灯座	~220V 40W 螺座	1	通用
1ZK	照明开关	M K621 ~220V	1	通用
1DK	断路器	DZY1-10/2G ~220V	1	通用
1HK	断路器	DZY1-10/2G	1	储能回路为交流时用~220V直流时用直=220V
1KK	断路器	DZY1-10/2G直流220V	1	通用
XW	限位开关	ME-8104	1	通用
QK	转换开关	LW 5-16D1050/4	1	通用
1TA-2TA	按钮	LA19-11A(红色)	2	通用
HA	按钮	LA19-11A(绿色)	1	通用

电气控制原理图（一）

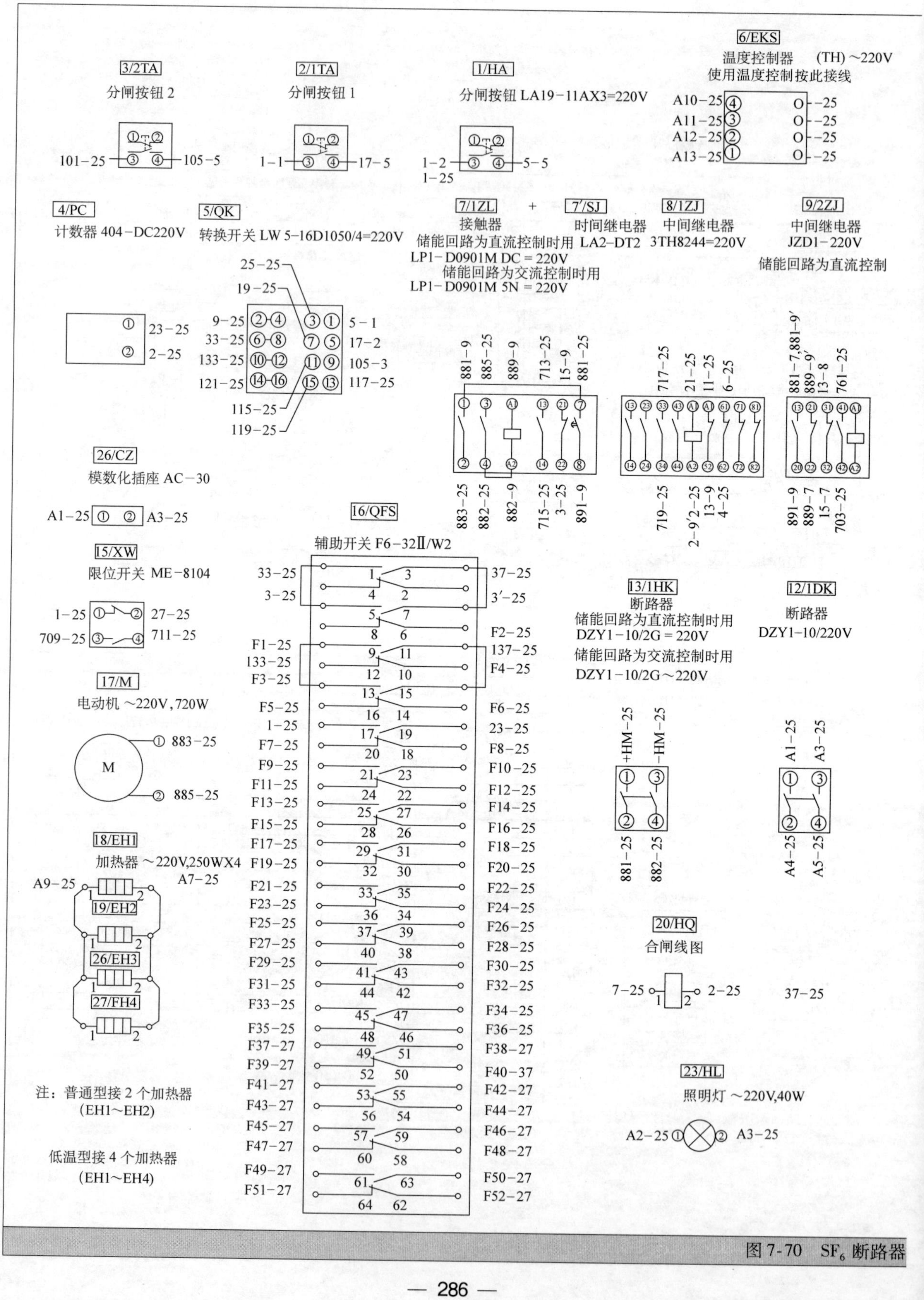

注：普通型接 2 个加热器（EH1～EH2）

低温型接 4 个加热器（EH1～EH4）

图 7-70 SF_6 断路器

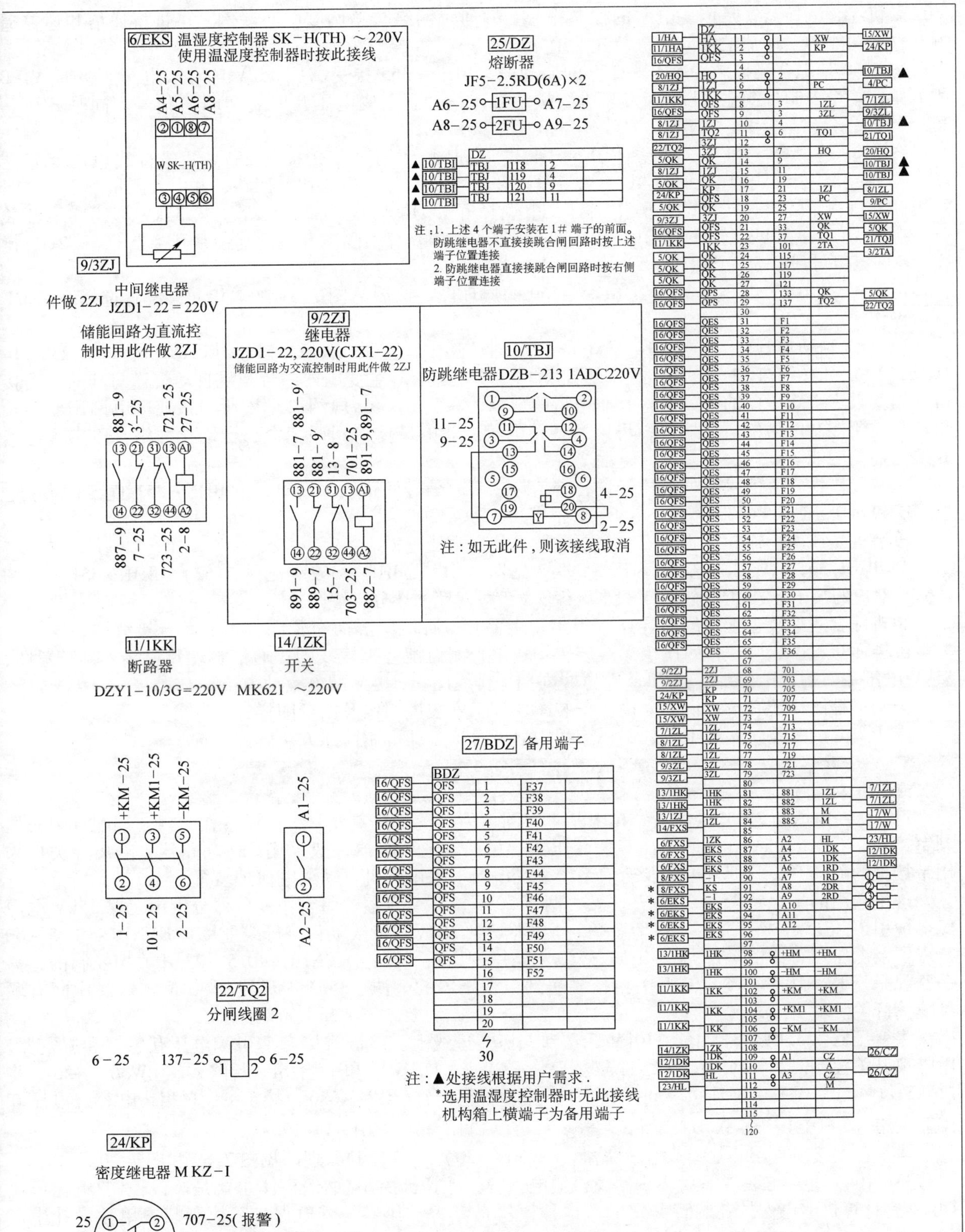
6/EKS 温湿度控制器 SK-H(TH) ～220V
使用温湿度控制器时按此接线
W SK-H(TH)
9/3ZJ
中间继电器
件做 2ZJ JZD1-22＝220V
储能回路为直流控
制时用此件做 2ZJ
25/DZ
熔断器
JF5-2.5RD(6A)×2
A6-25 1FU A7-25
A8-25 2FU A9-25
注：1. 上述 4 个端子安装在 1# 端子的前面。
防跳继电器不直接接跳合闸回路时按上述
端子位置连接
2. 防跳继电器直接接跳合闸回路时按右侧
端子位置连接
9/2ZJ
继电器
JZD1-22, 220V(CJX1-22)
储能回路为交流控制时用此件做 2ZJ
10/TBJ
防跳继电器DZB-213 1ADC220V
注：如无此件，则该接线取消
11/1KK
断路器
DZY1-10/3G=220V
14/1ZK
开关
MK621 ～220V
27/BDZ 备用端子
22/TQ2
分闸线圈 2
6-25 137-25 6-25
24/KP
密度继电器 MKZ-I
707-25(报警)
21-25(闭锁)
注：▲处接线根据用户需求.
*选用温湿度控制器时无此接线
机构箱上横端子为备用端子

电气控制原理图（二）

微机综合测控装置是该变电所的控制中心，并通过网络与总调度中心联网，可进行通信和遥控遥测，这些功能的实现都是由计算机及其系统完成的。

图 7-60 是综合测控装置 BHE－365 的原理图。BHE－365 接受高压 35kV 侧母线电压、主变 A、B 相电压；接受控制母线电压以及 35kV 母线接地故障信号和主变电压互感器（PT）信号。同时 BHE－365 设置遥信接口备用。

图 7-61 是 35kV 电压并列装置 BHE－399 的原理图。BHE－399 接受 35kV 两段母线电压互感器 1TV、2TV 引至小母线的电压信号 1YM(a～cJ）和 2YM(a－cJ）作为切换回路，并引入测量绕组、计量绕组和开口三角绕组。同时设置操作回路，由选择开关 QK 切换，操作回路引入 35kV 母线联络开关（断路器 3QF）的辅助常开接点 ML，引入 35kV 母线电压互感器隔离开关的辅助常开接点 1G 和 2G。操作 QK 即可得母线是否并列。

图 7-62 是 10kV 电压监测装置 BHE－369 的原理图。该图与图 7-61 基本相同，设置选择开关 QK 进行操作。

图 7-63 是通信管理装置 BHE－351 的原理图。其中，左侧 1#CAN 口、2#CAN 口、1#RS232 口、2#RS232 口、1#RS485 口、2#RS485 口是该所 1#主变压器、2#主变压器多台微机自动装置与其的通信接口，用其采集主变压器的各种电量和非电量的数据；右侧 1#～6#规约口是该所与该地区电网调度中心自动化监测控制网络的通信接口，将该所各种电量、非电量传输到调度中心自动化网络，以实现通信和遥测遥控功能。

此装置提供告警信号的事故信号，告警信号、事故信号回路较为简单，由 BHE－351 直接驱动继电器 GJJ 和 SGJ，使其蜂鸣器 FM 或电笛 UL 报警。

该装置是该所传输和接收信号的主要装置，使用直流电源。

与 BHE－365（见图 7-60）、BHE－399（见图 7-61）、BHE－369（见图 7-62）、BHE－351（见图 7-63）对应的端子定义图见图 7-64～图 7-67，读者可对照前述分析解读。

微机综合测控装置配套的图样还有很多，主要有：直流屏屏面布置图；直流系统接线图；所用变配电屏屏面布置图、原理接线图、出线布置图；综合测控柜背板接线图；通信管理装置端子排布置图；35kV 电压并列端子排接线图；10kV 电压并列端子排线图；110kV 配电室动力箱等。

全套工程图样还有设计说明、设备安装图、施工安装说明以及图纸图样等。

限于篇幅的关系，这里不再列出，工程中遇到时读者即可用前述方法解读。

三、110/35kV 变配电装置微机继电保护二次回路解读 ★★★

110kV 变电所与 35kV 变电所结构上基本相同，一次设备在室外，二次设备在室内，都配有中心控制室。不同的是 110kV 变电所电压高、变压器容量大、主断路器一般采用 SF_6 断路器、隔离开关均采用带接地的隔离开关、配有远功及通信系统、继电保护采用微机自动继电保护装置。

这里选用的工程是 35/110kV 升压站，两台 50MVA 主变压器。每台主变压器分别由三路 35kV 电源经电缆引入到 35kV 高压柜，经 ZN72－35 断路器送到 35kV I#母线上；该母线上接有 KYN10－40.5－60 避雷器及电压互感器柜一台，S9－500/35/0.4 站用变压器一路经 KYN10－40.5－23 开关柜控制的，另一路就是经 KYN10－40.5－10 开关柜控制送到主变压器的电源。35kV I#母线与 35kV 2#母线中间有联结隔离开关。

主变压器将 35kV 电源升至 110kV 后送到 110kV 母线上。该母线接有 110kV 电压互感器和避雷器，由隔离开关控制。另一个就是两组隔离开关（GW4－110W）和一台 SF_6 断路器（LW36－126）将 110kV 母线与 110kV 电网连接。同时在出口有阻波器一台（XZF－630）接于 A、B 相、电容式电压互感器一组（TYD110/$\sqrt{3}$－0.01H）和耦合电容（OWF110/$\sqrt{3}$－0.01H）一个。

该工程主接线见图 7-68，SF_6 断路器（LW36－126）电气控制原理图见图 7-69 和图 7-70。

35/110kV 变配电装置一般均采用微机继电保护。计算机控制/继保柜体主要是装设控制/继保模块（也就是计算机继电保护控制装置）的，这种模块是专为变压器、继电保护、控制装置单独设计生产的，能与计算机直接连接，从而达到计算机控制/保护的目的。计算机控制/继保柜体的外形、几何尺寸、结构与原继保柜基本相同，见图 7-71。柜内模块本身相关内容见表 7-9 和表 7-10。

1. 主变压器测控保护的接线：主变压器测控保护柜屏面布置图见图 7-71，主变压器测控保护系统图见图 7-72，主变压器测控保护系统电流互感器接线见图 7-73。

表 7-9 标牌位置示意表

Ⅰ-4FW	Ⅱ-4FW	SA	JA	TA	9ZK		
主变高压侧控制	主变低压侧控制	调压升控制	调压降控制	调压急停控制	调压转换开关		
4n	9n	Ⅰ-8n	Ⅱ-8n	Ⅳ-8n	Ⅲ-8n		
操作箱	主变测控装置	差动保护箱	高压侧后备保护箱	非电量保护箱	低压侧后备保护箱		
LP1	LP2	LP3	LP4	LP5	LP6	LP7	LP8
主变差动	备用	高压侧复压（方向）过电流	高压侧零序（方向）过电流	高压侧间隙零序	备用	高压侧电压投退	高压侧零序过电压
LP9	LP10	LP11	LP12	LP13	LP14	LP15	LP16
备用	低压侧复压过电流	低压侧限时速断	备用	低压侧电压投退	备用	本体重瓦斯	调压重瓦斯
LP17	LP18	LP19	LP20	LP21	LP22	LP23	LP24
压力释放	冷却器全停	差动保护跳高压侧	高压后备保护跳高压侧	低压后备保护跳高压侧	本体保护跳高压侧	差压保护跳低压侧	高压后备保护跳低压侧
LP25	LP26	LP27	LP28	LP29	LP30	LP31	LP32
低压后备保护跳低压侧	本体保护跳低压侧	差动保护跳高压桥	高压后备保护跳高压桥	低压后备保护跳高压桥	本体保护跳高压桥	高压后备保护跳低压侧分段	低压后备保护跳低压侧分段
LP33	LP34	LP35	LP36	LP37	LP38	LP39	LP40
调压闭锁	通风启动	闭锁高压备自投	闭锁低压备自投	备用	调压升	调压降	调压急停

表 7-10 模块规格型号表

序号	代 号	名 称	型号及规格	数量	备 注
1	8XJ 860 BH1123	型号铭牌		1	
2	JP-6A/2/G1	柜体	2260×800×600	1	颜色：计算机灰
3	8XJ 061 454	铭牌面板		1	
4	8XJ 860 090	厂标铭牌		1	
5	8XJ 860 108	接地标志		1	
6	8XJ 160 639	接地铜母线		2	
7		小母线接线座	JMX-2	4×14	
8	8XJ 061 BH1123	面板		1	
9	8XJ 061 455	压板面板		1	
10	8XJ 061 470	标签框面板		3	
11	8XJ 061 456	压板面板		2	
12	8XJ 061 434	空面板	2U	3	
13	8XJ 860 075	下铭牌		1	
14	5XJ 310 179	标签框		50	
15	1n′	打印机	LQ-300K+	1	
16		打印机箱	JJX-49	1	
17	4n	高、低压侧三相操作箱	ZSZ-815	1	DC220V
18	Ⅳ-8n	非电量保护装置	WBH-814	1	DC220V
19	9n	测控装置	FCK-802	1	
20	Ⅰ-8n	变压器差动保护装置	WBH-812	1	DC220V
21	Ⅱ-8n	变压器高压侧后备保护装置	WBH-813/H	1	AC100V，5A
22	Ⅲ-8n	变压器低压侧后备保护装置	WBH-813/L	1	
23	43n	网络打印接口	NGX-801	1	
24	RD1，RD2	熔断器	JH14-2.5RD2A	2	
25	Ⅰ~Ⅳ-8DK，9DK，1DK	直流断路器	5SX5 203-7	6	西门子
26	Ⅰ~Ⅱ-4DK	直流断路器	5SX5 206-7	2	西门子
27	Ⅱ~Ⅲ-8ZKK	直流断路器	5SX2 301-7	2	西门子

（续）

序号	代　　号	名　　称	型号及规格	数量	备　　注
28	JH	直流电磁继电器	UEG/A－1H1D/220V	1	
29	A′	PHILIPS 灯	40W	1	
30	A	通用螺口灯座	250V 4A	1	
31	XK	行程开关	LX19K	1	
32	LP	连接片	FJL1－2.5/2	40	
33	Ⅰ～Ⅱ－4KK	控制开关	LW21－16XZDH04－3N5	2	上海伊莱克斯
34	Ⅰ－4ZK　Ⅱ－4ZK　9ZK	转换开关	LW21－16XZDH02－2B5	3	上海伊莱克斯
35	Ⅰ－4FW　Ⅱ－4FW	防误锁		2	
36	WD1～WD2	温度变送器	MCR9010CB－PT100	2	南京澳德思
37	DY	电源模块	XJ30－4（DC220V）	1	
38		档位转换器	HMK7（AC220V）	2	用户自备
39		交流断路器	5SX2 210－7	1	
40	KG	船形开关	KCD2－21A（绿色）	1	

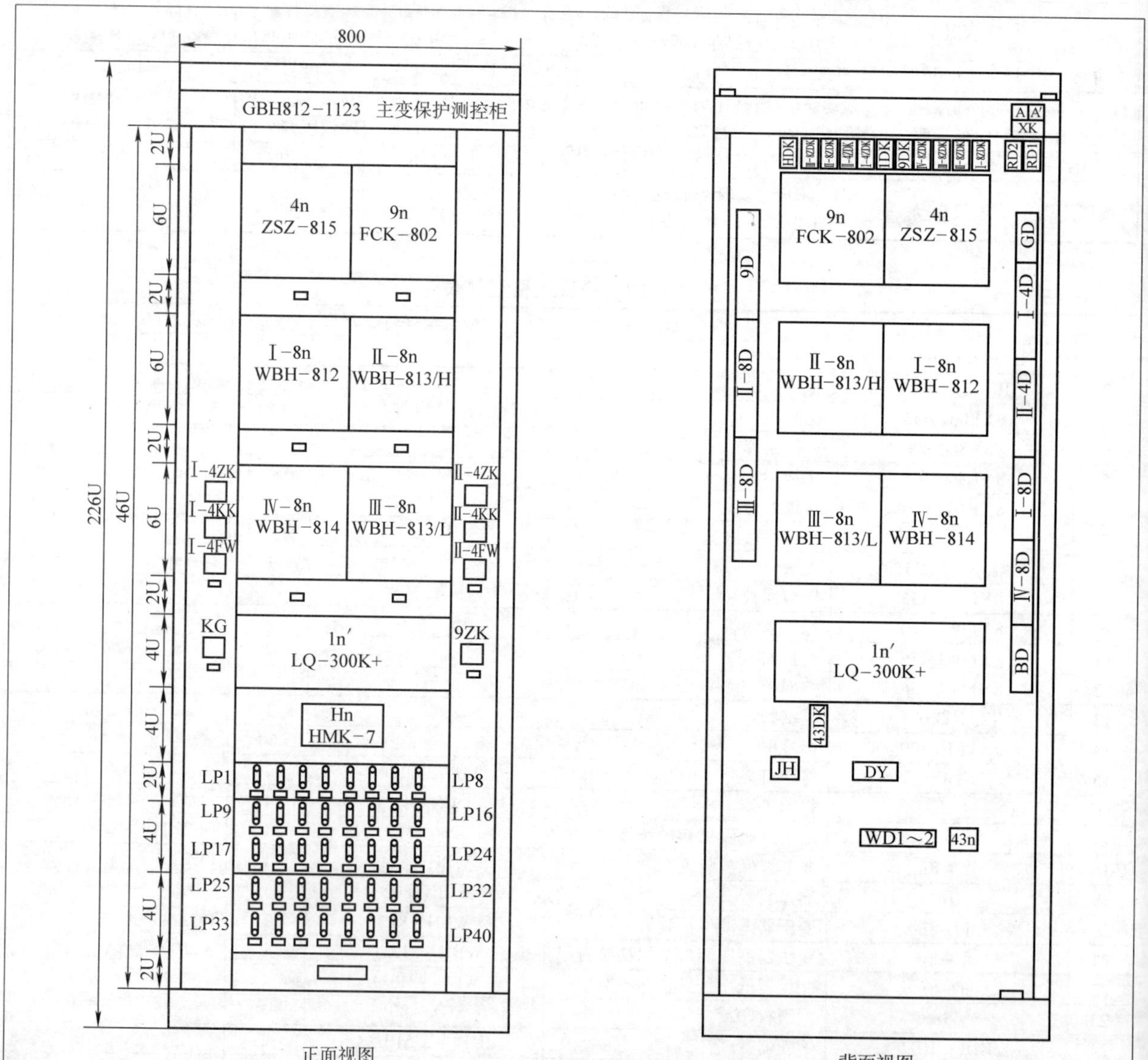

图 7-71　主变压器测控保护柜屏面布置图

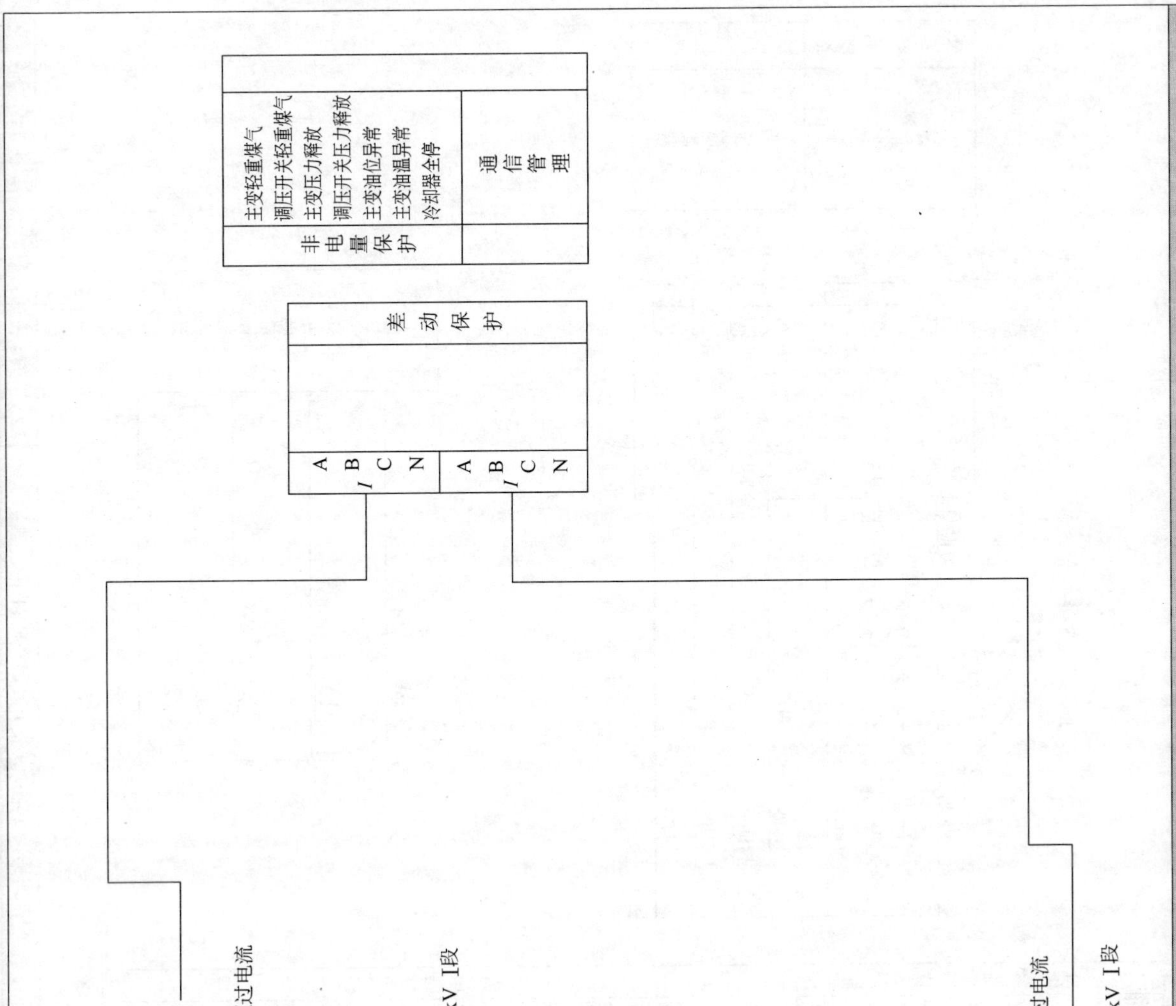

图7-72　主变压器测控保护系统图

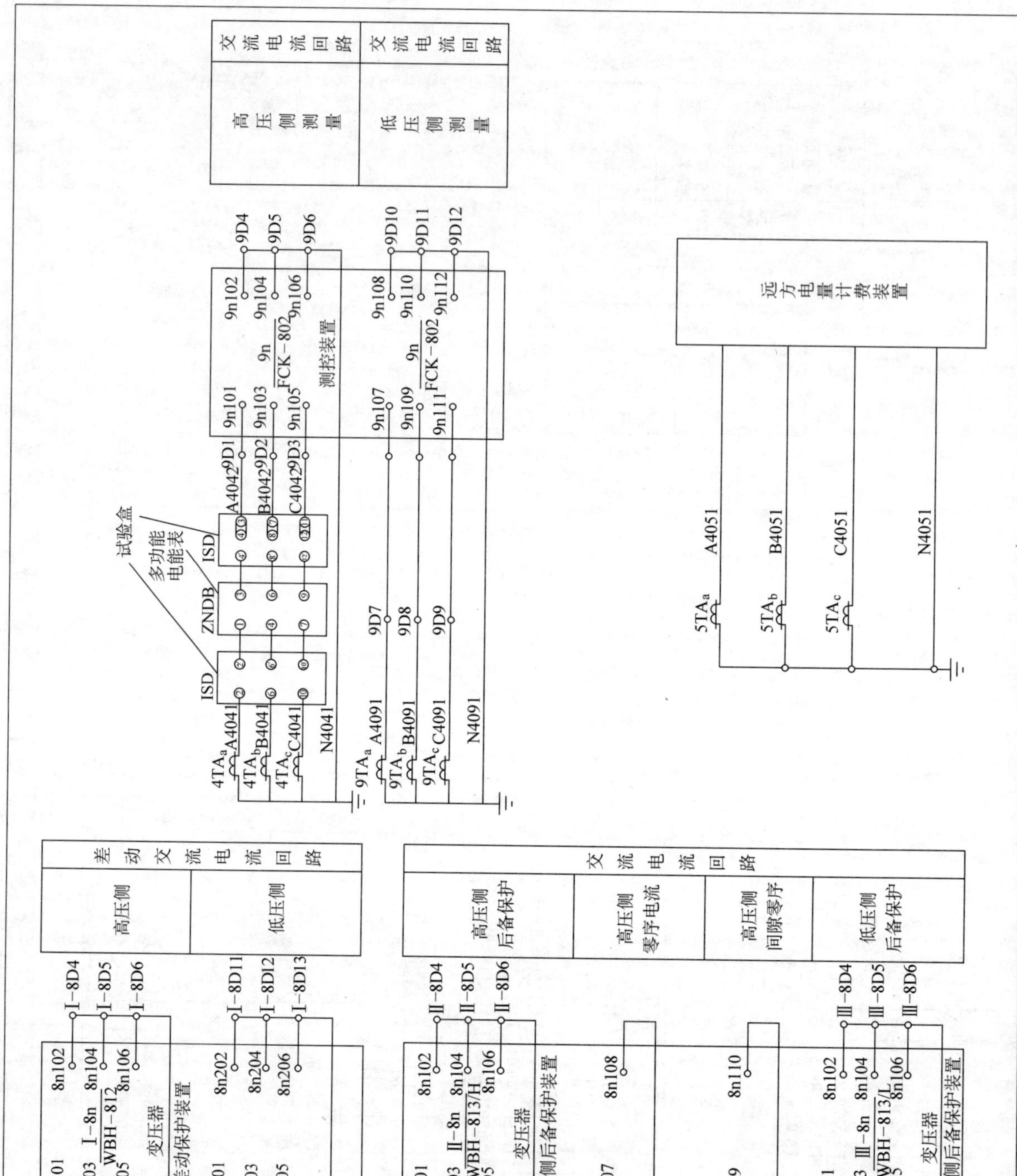

图7-73 主变压器测控保护系统电流互感器接线图

由图 7-73 可以看出，110kV 侧零序过电流保护电流继电器 1TA′、差动保护电流继电器 1TA、12TA、110kV 侧间隙零序过电流保护电流继电器 2TA′、110kV 侧后备保护电流继电器 3TA、电能计量电流互感器 4TA、9TA 的二次线都要接到相应的模块Ⅰ－8n、Ⅱ－8n、Ⅲ－8n、9n 的相应端子上，当然这些接线都是通过端子板进行的。因为端子板接线图太多，这里没有列出，与前述 35kV 变电所基本相同。现场设备（电流、电压互感器）的端子箱到室内测控柜端子板的电缆必须是 $1.5mm^2$ 铜芯电缆，并有备用线芯。

35kV 电压互感器回路的接线与前相同，见图 7-74。

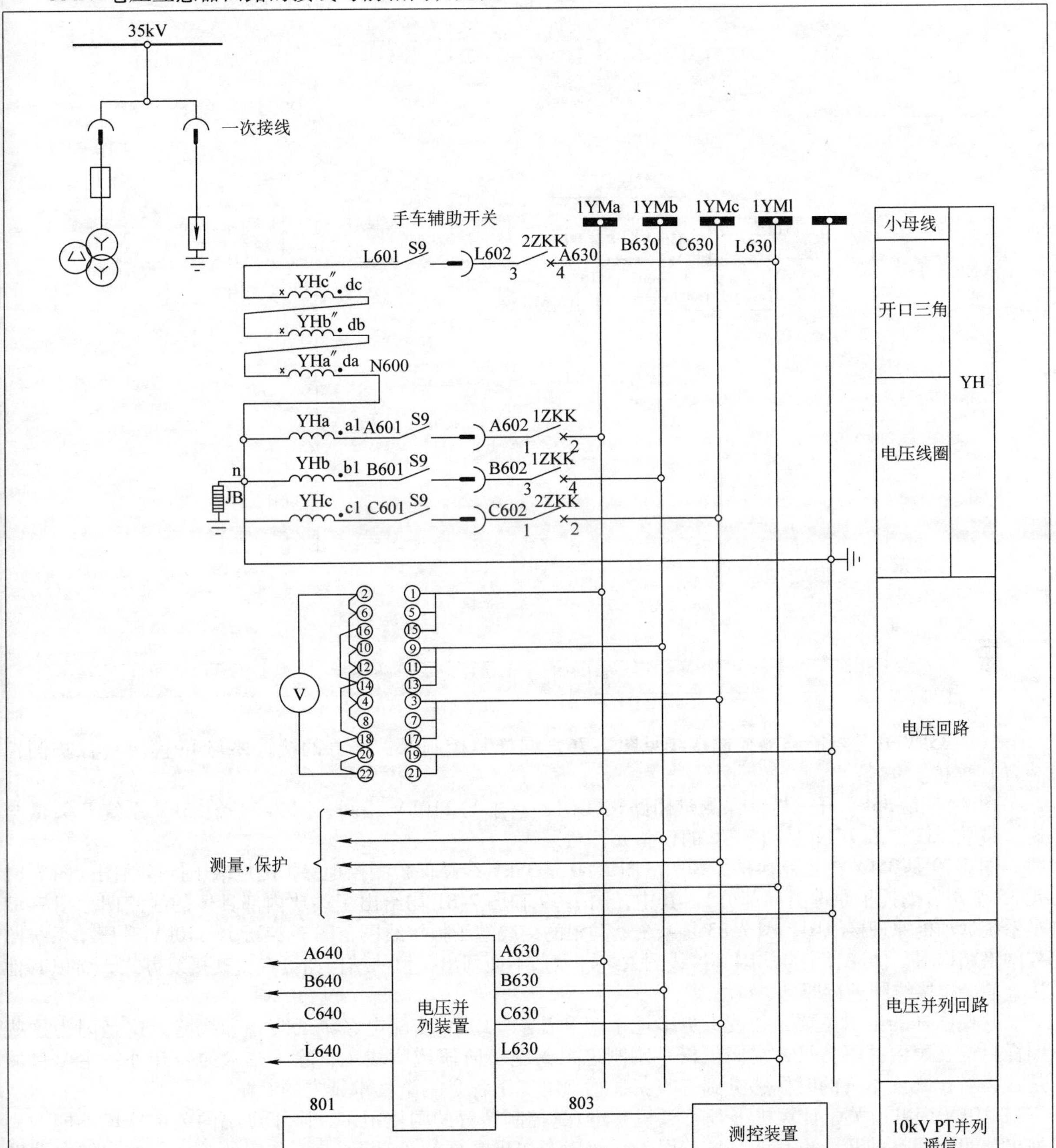

图 7-74　35kV 电压互感器回路接线图

2. 35kV 开关柜二次接线

（1）35kV 开关柜二次接线系统图见图 7-75。由图可见，二次线的电缆连接时，公用测控柜小电流接地装置到 35kV 柜、35kV 柜到公用测控柜均由电缆连接。

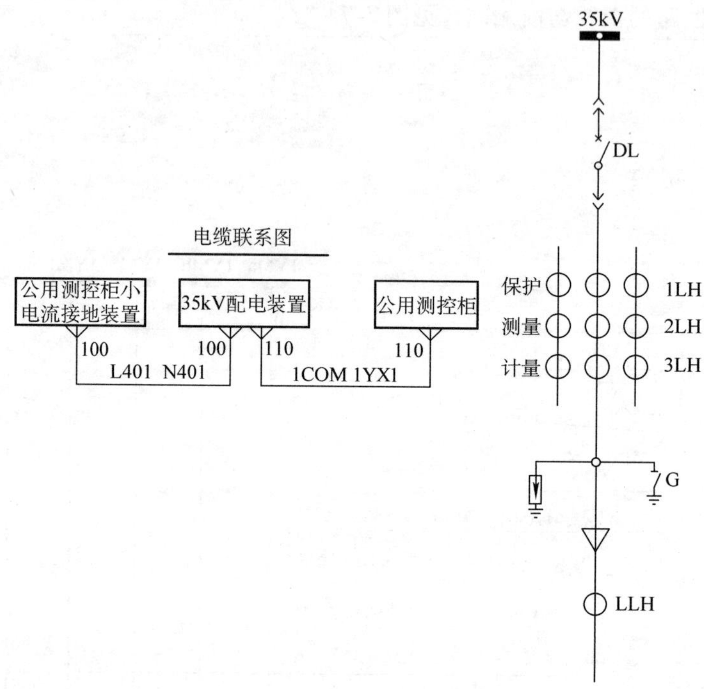

图 7-75　35kV 开关柜二次接线系统图

（2）35kV 开关柜断路器控制接线见图 7-76。同样其控制保护部分的接线要与 In 模块（保护测控装置）连接。

图 7-77 是 35kV 开关柜继保测量回路接线图，基本与 110kV 相同。图 7-78 是 35kV 系统开关量与模拟量接线图。表 7-11 是图 7-76 的设备元件对照表。

图 7-79 是 35kV 柜控制保护原理图。图 7-80 是 35kV 线路保护测控柜保护测控端子排接线图。图 7-81 是 35kV 综合测控柜原理图（部分）。其中，图 7-79 和图 7-81 均给出了模块内部具体的线路图。图 7-82 是系统远动柜原理接线图，图 7-83 是系统远动柜的接线端子板接线图，图 7-84 是该 110kV 升压站系统监控网络结构图，供读者参考。因其接线图太多、太杂不便列出，但从结构图可看出其接线方式，所以其他按其端子排接线图进行即可。

这些图样的给出主要是让读者更多地了解和认识 110kV 变配电系统的装备和线路，这是因为这些图样目前在国内并不多见，它们仅仅是刚刚进入到施工阶段或刚竣工，除了技术的公开外，主要目的是让读者在阅读本书的时候感觉到有收获，感到电气工程是一个技术领先的专业。

110kV 变电所关于计算机（简称微机）继保/控制装置的图样很多，限于篇幅的关系这里不能一一列出，我们列举的几个也只能是抛砖引玉，使读者初步掌握微机继保/控制装置的接线，并与继电器继保/控制装置的接线对比。可以看到，该模块代替了复杂的继电器线路，但继保、控制原理是一样的，这就是原来的继电器继保控制的安装调试人员为什么能很快掌握继保/控制模块安装调试技术的原因。

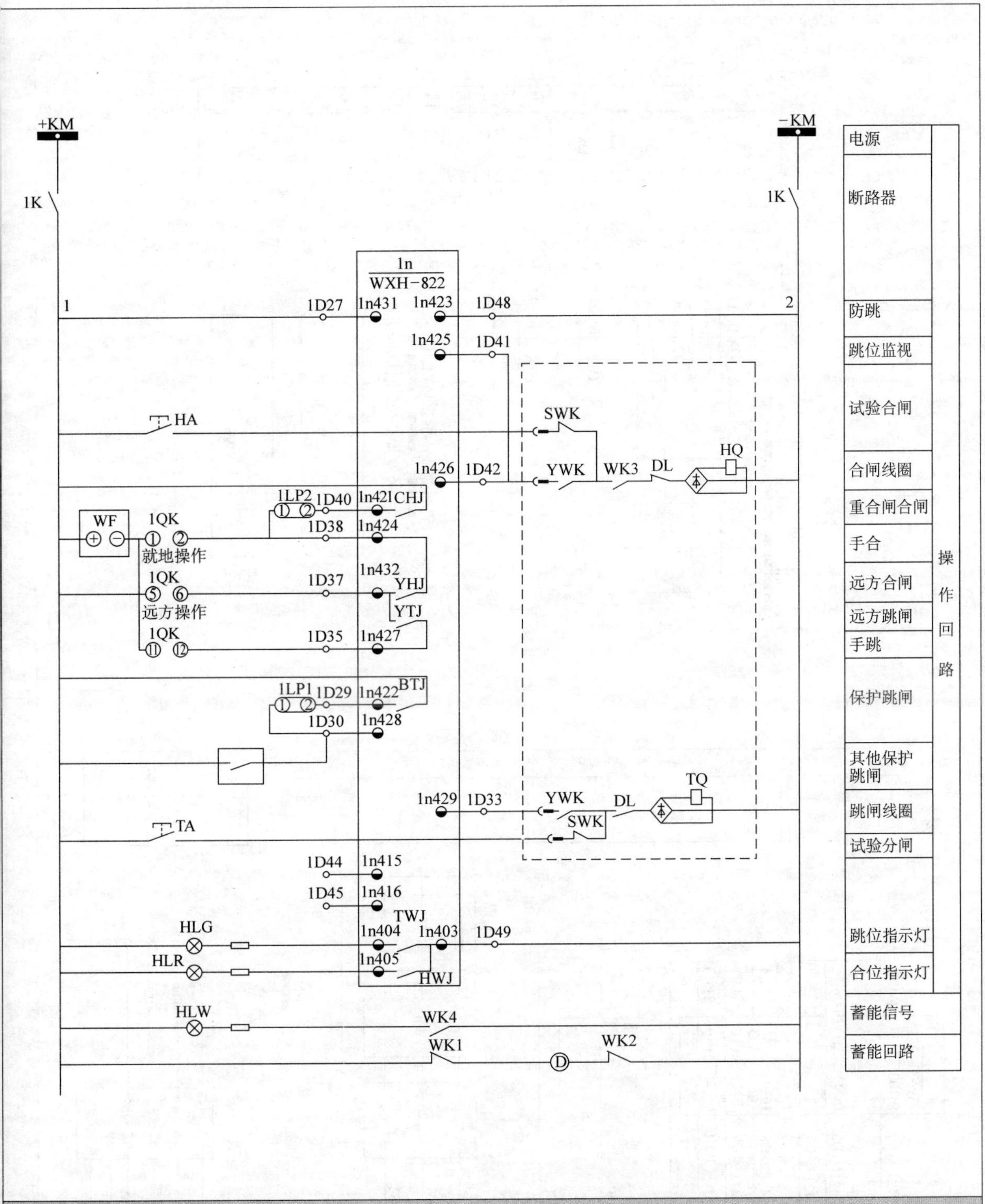

图 7-76　35kV 开关柜断路器控制接线图

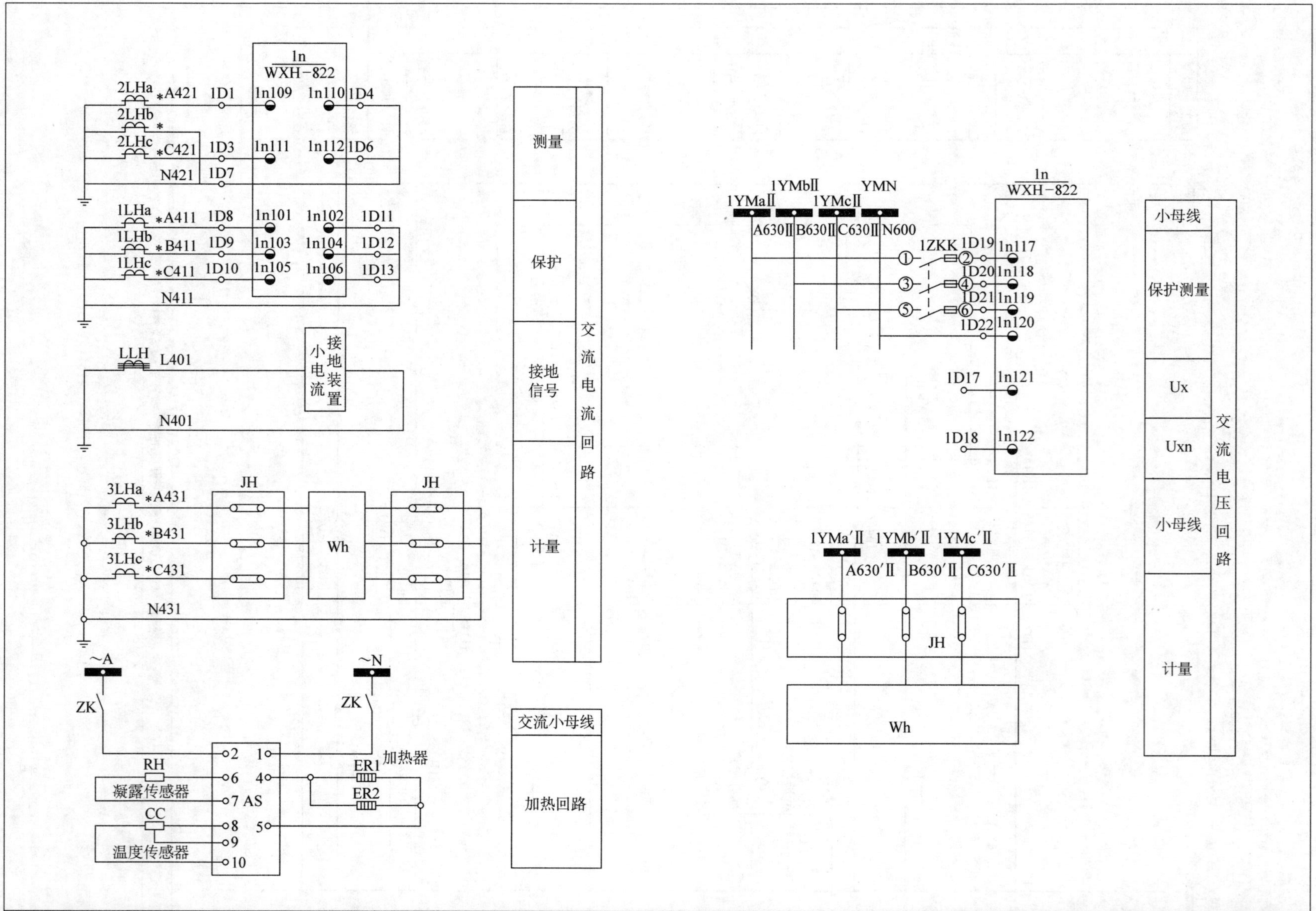

图 7-77　35kV 开关柜继保测量回路接线图

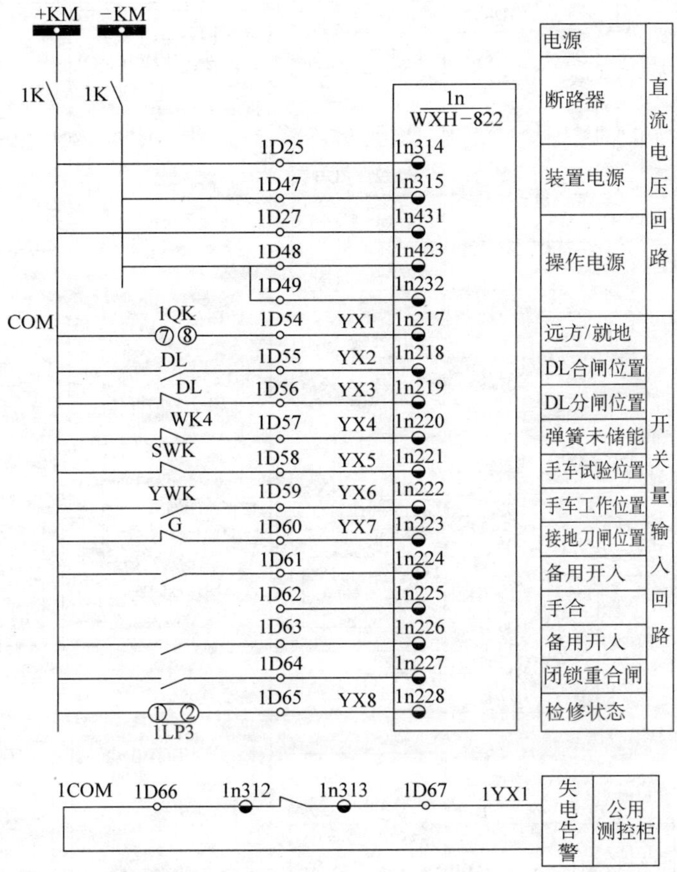

图 7-78　35kV 系统开关量与模拟量接线图

3. 小电流接地选线/消谐装置的接线图

当小电流系统发生单相接地时，故障线路零序电流为其他非故障线路零序电流之和，原则上它是这组采样值中最大的，但由于电流互感器误差、信号干扰以及线路长短差别很大，有可能在排序时排到第二、第三，但不会超出前三，这一步为初选，所采用的原理是相对概念（在现行运行方式下，取前三个最大的）。第二步，在前三个信号里，采用相对相位概念即用电流之间的方向或电流与电压之间的超前与滞后关系，进一步确定是前三个中的哪一个故障，还是母线故障，相对的相位关系允许角度误差在 ±85°之间，而零序电流二次侧幅值可在 1～1000mA 之间变化。由于采用双重判据，而且使用的都是相对原理，克服了运行方式变化、接地电阻及线路长短的影响，并且不需整定。

BW—ML 系列微机型小电流接地选线装置是目前较为先进的装置，是 35kV、110kV 变电所的必备装置，其装置的工作过程有两种状态。

当系统无单相接地故障时，装置处于监视状态，液晶屏显示当前日期与时间。当电压互感器开口三角输出零序电压大于整定值（出厂设置为 30V）时，表示系统发生单相接地或谐振，启动 CPU 进行数据的收集、滤波、排序、判断、经过多次综合分析后，将接地或谐振故障信息（如接地起始时刻、故障线路号、故障累计时间等），送液晶屏显示、打印，并将判断结果送继电器输出或串口输出。

该装置面板布置图和外形尺寸见图 7-85 和图 7-86。

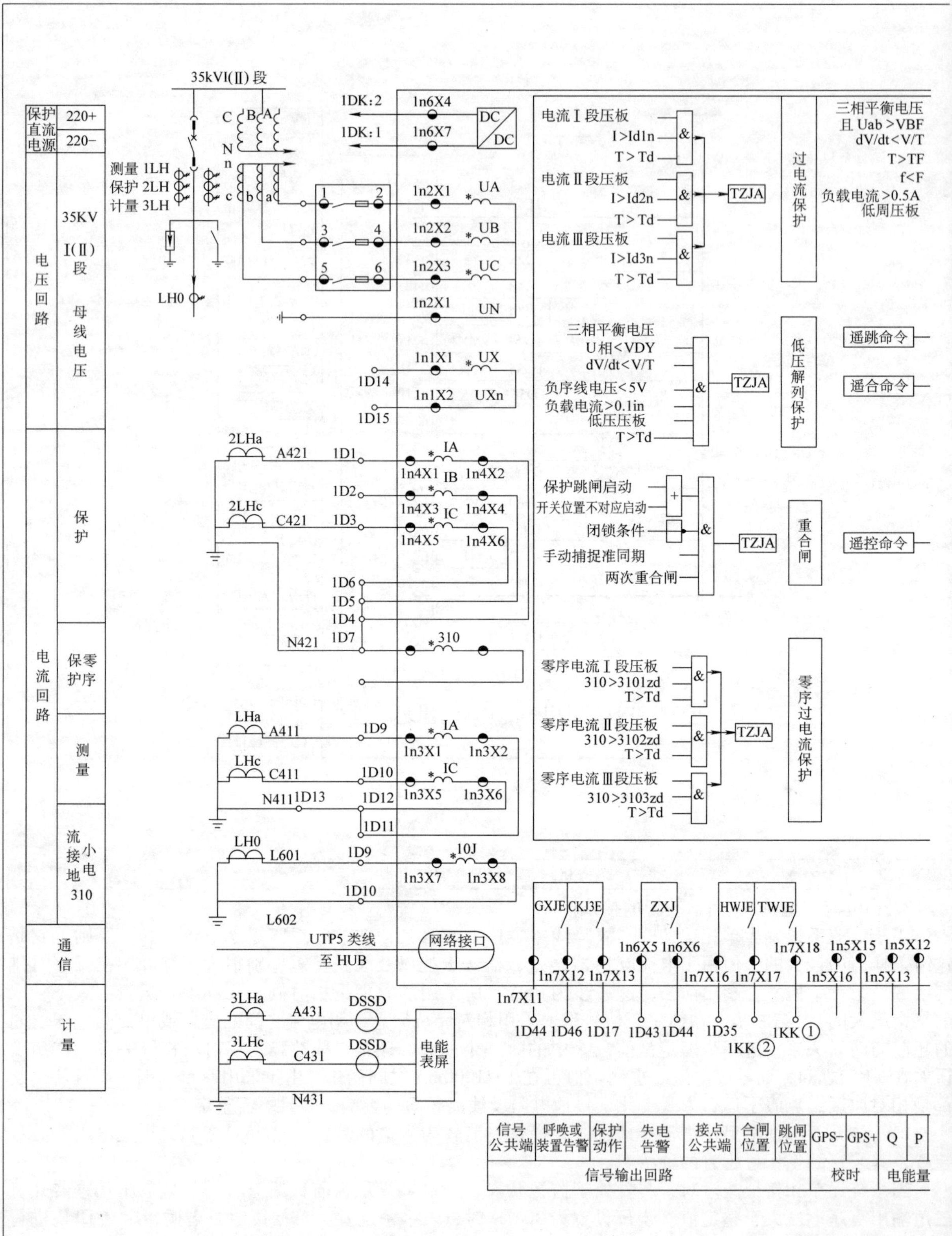

35kVI(Ⅱ)段
保护直流电源
220+
220−
35KV Ⅰ(Ⅱ)段 母线电压
电压回路
保护
保零序护
测量
小电流接地310
电流回路
通信
计量
测量 1LH
保护 2LH
计量 3LH
LH0
1DK:2
1DK:1
1n6X4
1n6X7
DC
DC
1n2X1
1n2X2
1n2X3
UA
UB
UC
UN
1n1X1
1n1X2
UX
UXn
1D14
1D15
2LHa
2LHc
A421
C421
N421
1D1
1D2
1D3
1D4
1D5
1D6
1D7
IA
IB
IC
310
1n4X1
1n4X2
1n4X3
1n4X4
1n4X5
1n4X6
LHa
LHc
A411
C411
N411
1D9
1D10
1D11
1D12
1D13
1n3X1
1n3X2
1n3X5
1n3X6
LH0
L601
L602
10J
1n3X7
1n3X8
UTP5 类线
至 HUB
网络接口
3LHa
3LHc
A431
C431
N431
DSSD
电能表屏
电流Ⅰ段压板
I>Id1n
T>Td
电流Ⅱ段压板
I>Id2n
电流Ⅲ段压板
I>Id3n
TZJA
过电流保护
三相平衡电压
且 Uab >VBF
dV/dt<V/T
T>TF
f<F
负载电流>0.5A
低周压板
U相<VDY
负序线电压<5V
负载电流>0.1in
低压压板
低压解列保护
遥跳命令
遥合命令
保护跳闸启动
开关位置不对应启动
闭锁条件
手动捕捉准同期
两次重合闸
重合闸
遥控命令
零序电流Ⅰ段压板
310>3101zd
零序电流Ⅱ段压板
310>3102zd
零序电流Ⅲ段压板
310>3103zd
零序过电流保护
GXJE
CKJ3E
ZXJ
HWJE
TWJE
1n6X5
1n6X6
1n7X18
1n5X15
1n5X12
1n7X11
1n7X12
1n7X13
1n7X16
1n7X17
1n5X16
1n5X13
1D44
1D46
1D17
1D43
1D35
1KK①
1KK②
信号公共端
呼唤或装置告警
保护动作
失电告警
接点公共端
合闸位置
跳闸位置
GPS−
GPS+
Q
P
信号输出回路
校时
电能量

图 7-79　35kV 柜

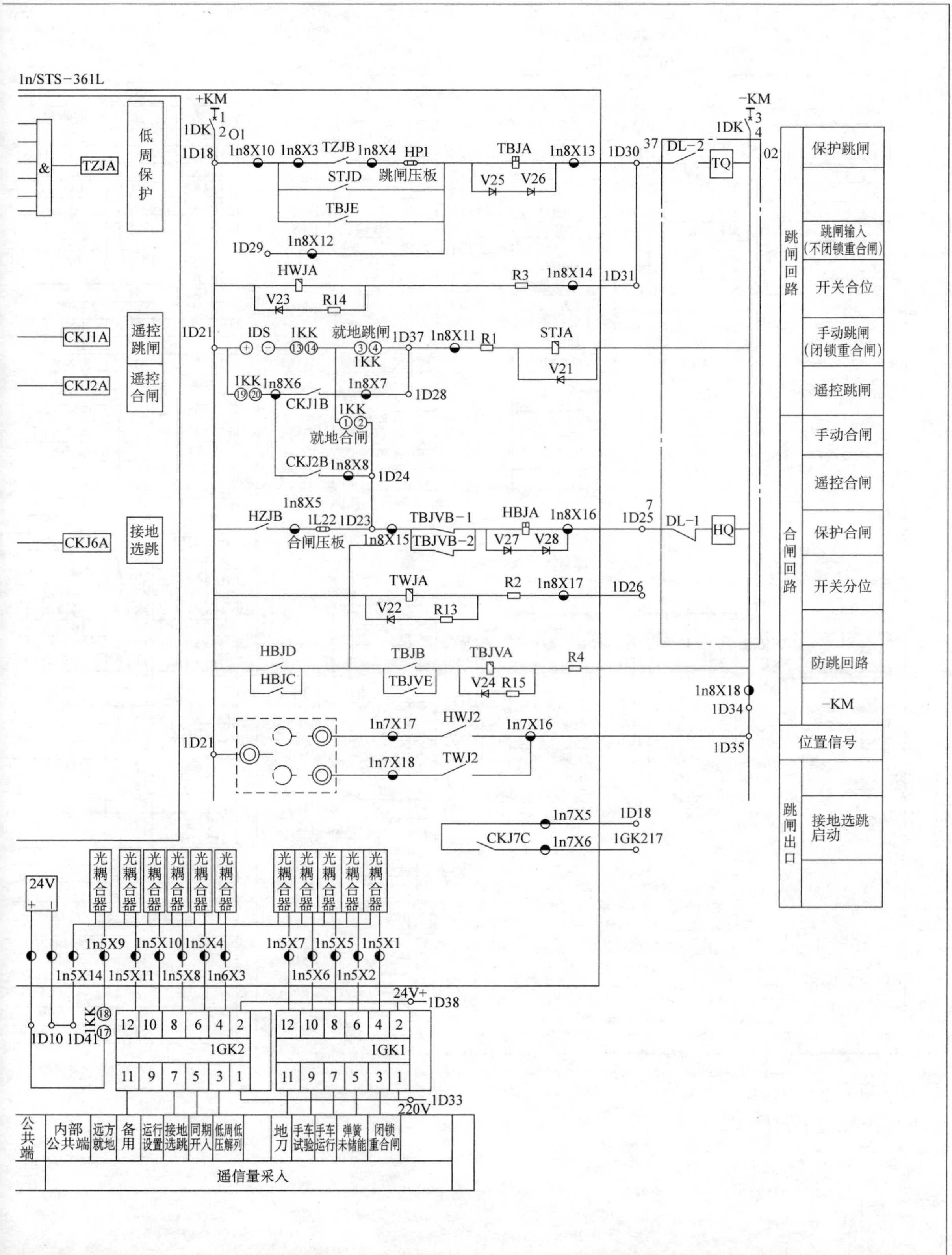
1n/STS-361L
&
TZJA
低周保护
CKJ1A
遥控跳闸
CKJ2A
遥控合闸
CKJ6A
接地选跳
+KM
1DK
1D18
1n8X10
1n8X3
TZJB
1n8X4
HP1
跳闸压板
STJD
TBJE
TBJA
V25
V26
1n8X13
1D30
DL-2
TQ
-KM
1D29
1n8X12
HWJA
V23
R14
R3
1n8X14
1D31
1D21
1DS
1KK
就地跳闸
1D37
1n8X11
R1
STJA
V21
1n8X6
1n8X7
1D28
CKJ1B
就地合闸
CKJ2B
1n8X8
1D24
1n8X5
HZJB
1L22
1D23
合闸压板
1n8X15
TBJVB-1
TBJVB-2
HBJA
V27
V28
1n8X16
1D25
DL-1
HQ
TWJA
V22
R13
R2
1n8X17
1D26
HBJD
HBJC
TBJB
TBJVE
TBJVA
V24
R15
R4
1n8X18
1D34
1n7X17
HWJ2
1n7X16
1D35
1n7X18
TWJ2
1n7X5
1D18
CKJ7C
1n7X6
1GK217
保护跳闸
跳闸输入(不闭锁重合闸)
开关合位
手动跳闸(闭锁重合闸)
遥控跳闸
跳闸回路
手动合闸
遥控合闸
保护合闸
开关分位
合闸回路
防跳回路
-KM
位置信号
跳闸出口
接地选跳启动
24V
光耦合器
1n5X9
1n5X10
1n5X4
1n5X7
1n5X5
1n5X1
1n5X14
1n5X11
1n5X8
1n6X3
1n5X6
1n5X2
24V+
1D38
1D10
1D41
1GK2
1GK1
1D33
220V
公共端
内部公共端
远方就地
备用
运行设置
接地选跳
同期开入
低周低压解列
地刀
手车试验
手车运行
弹簧未储能
闭锁重合闸
遥信量采入

控制保护原理图

1n/STS-36IL

1X

1	Ux	1D14
2	Unx	1D15
3		
4		
5		
6		
7		
8		

3X

1	Iia	1D9
2	Iia′	1D11
3		
4		
5	Iic	1D10
6	Iic′	1D12
7	Iio	1D7
8	Iio′	1D8

5X

1	闭锁重合闸	1GK1:4
2	弹簧未储能	1GK1:6
3	备用	1GK2:4
4	同期开入	1GK2:6
5	手车运行位置	1GK1:8
6	手车试验位置	1GK1:10
7	地刀位置	1GK1:12
8	接地选跳	1GK2:8
9	远方/就地	1KK:18
10	运行设置	
11	备用	1GK2:12
12	脉冲P	
13	脉冲Q	
14	开入公共负端	1D41
15	GPS(+)	
16	GPS(−)	
17		
18		

7X

1		
2		
3		
4		
5	接地选跳遥控	1D18
6	接地选跳遥控	1GK2:7
7	备用3-2	
8		
9		
10		
11	公共端	1D44
12	呼唤或告警信号	1D46
13	保护动作信号	1D47
14	备用保护	
15	动作信号	
16	公共端	1D35
17	合闸位置	1KK:②
18	跳闸位置	1KK:①

9X 通信口

2X

1	UA	1ZKK:2
2	UB	1ZKK:1
3	UC	1ZKK:6
4	UN	
5		
6		
7		
8		

4X

1	IA	1D1
2	IA′	1D4
3	IB	1D2
4	IB′	1D5
5	IC	1D3
6	IC′	1D6
7	IO	
8	IO′	

6X

1	24V+	1D37
2	24V−	1D40
3		
4	装置电源+	1D17
5	装置直流消失	1D43
6		1D45
7	装置电源−	1D33
8	⏚	

8X

1		
2		
3	公共端	1D19
4	跳闸重动	1LP1:2
5	合闸重动	1LP2:2
6	公共端	1KK:20
7	遥控跳闸	1D28
8	遥控合闸	1D21
9	操作面板电源+	
10	+KM	1D18
11	手动跳闸入	1D27
12	跳闸入	1D29
13	至跳闸线圈TC	1D30
14	HWJ−	1D31
15	手动合闸入	1D23
16	至合闸线圈HC	1D25
17	TWJ−	1D26
18	−KM	1D34

标记端子——1D

内部连接	端子号	信号定义
1n4X1	1	IA*
1n4X3	2	IB*
1n4X5	3	IC*
1n4X2	4	IA
1n4X4	5	IB
1n4X6	6	IC
1n3X7	7	I0J*
1n3X8	8	I0J
1n3X1	9	IA*
1n3X5	10	IC*
1n3X2	11	IA
1n3X6	12	IC
	13	IN
1n1X1	14	UX
1n1X1	15	UXN
	16	
21n6X4	17	装置电源+
1n8X10 1n7X5	18	操作电源
1n8X3	19	就地操作
1D49	20	+KM
1KK:⊕	21	远方操作
	22	
1n8X15 1KK:2	23	手动合闸
1n8X8 HP2:1	24	遥控合闸
1n8X16	25	HC
1n8X17	26	开关分位
1n8X11 1KK:4	27	手动跳闸
1n8X7	28	遥控跳闸
1n8X12 HP1:1	29	跳闸入
1n8X13	30	TC
1n8X14	31	开关合位
	32	
1n6X7	33	装置电源−
1n8X18 1GK1:1	34	−KM
1n7X16	35	
	36	
1n6X1	37	24V+
1GK1:2 1KK:17	38	
	39	
1n6X2	40	24V−
1n5X14	41	
	42	
1n6X5	43	信号公共端
1n7X11	44	
1n6X6	45	装置直流消失
1n7X12	46	装置告警信号
1n7X13	47	保护动作信号
	48	
1D20	49	开入COM
	50	220V+
	51	
	52	

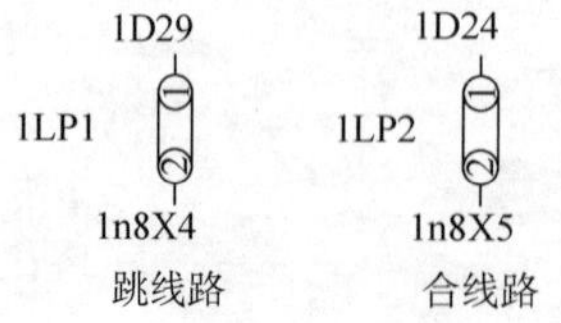

图7-79 35kV柜

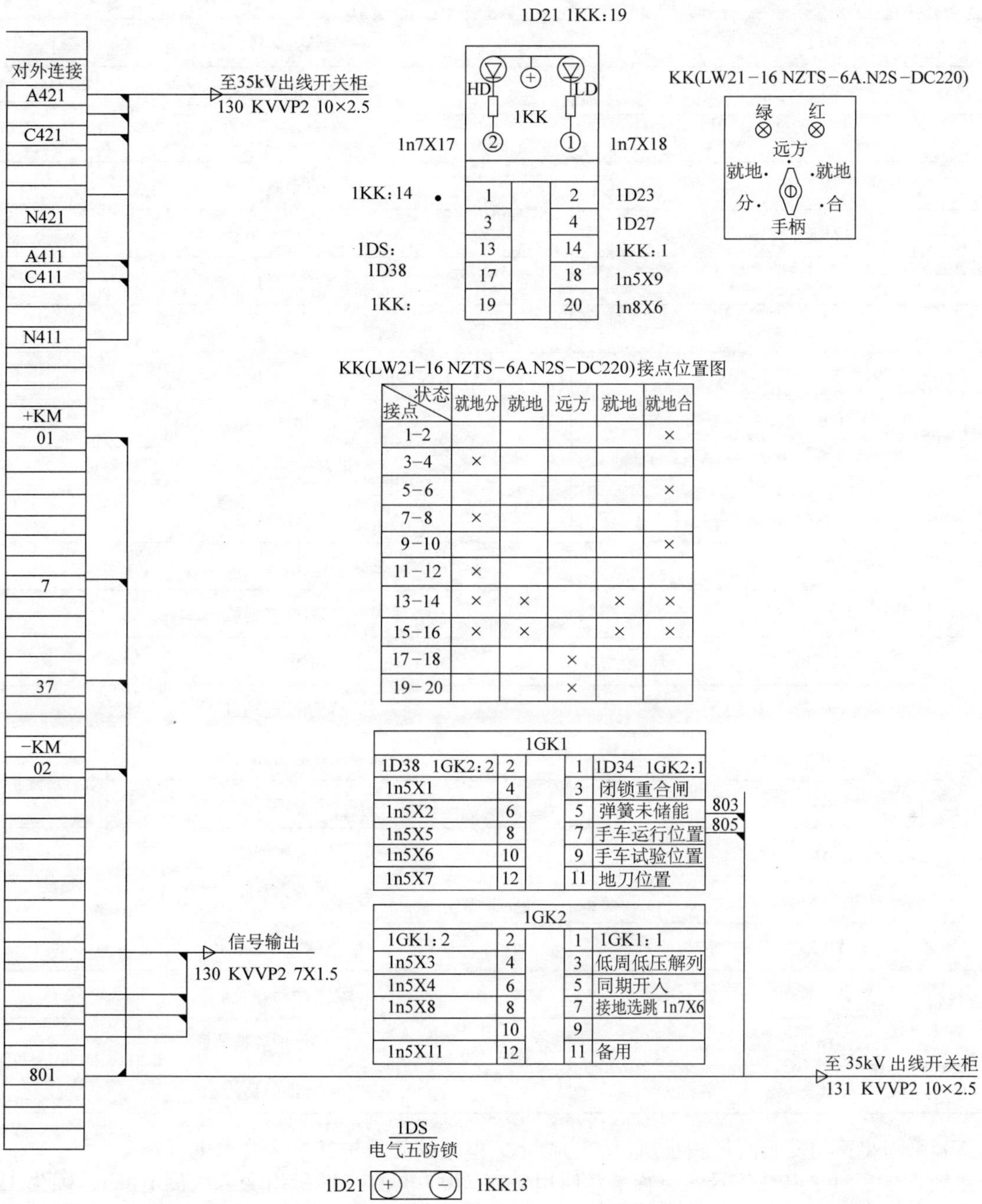

KK(LW21-16 NZTS-6A.N2S-DC220)接点位置图

接点＼状态	就地分	就地	远方	就地	就地合
1-2					×
3-4	×				
5-6					×
7-8	×				
9-10					×
11-12	×				
13-14	×	×		×	×
15-16	×	×		×	×
17-18			×		
19-20			×		

控制保护原理图（续）

表 7-11 图 7-76 设备元件对照表

符 号	名 称
WF	五防锁
Wh	智能电度表
1LP1 ~ 1LP3	连接片
1K	自动断路器
1ZKK	自动断路器
LD	绿灯
HD	红灯
BD	白灯
1QK	切换开关
TA	分闸按钮
HA	合闸按钮
JH	试验接线盒
AS	温度控制器
ER1 ER2	柜内加热器
D	储能电动机
DL	辅助开关
HQ	合闸线圈
TQ	分闸线圈
SWK	手车试验位置指示开关
YWK	手车工作位置指示开关
WK1 ~ WK4	微动开关
1n	线路保护测控装置
ZK	断路器

BW—ML 系列装置的安装因体积小所以较为简单，但接线必须按其技术要求进行。

（1）接线要求：对于电源信号，装置推荐使用交流 220V 电源（即所用变二次侧电源）。因为工频同步电路是从电源输入端取得交流电压信号的。如果现场取得交流电源确实有困难或者交流电源经过 UPS（输出虽是交流，但不代表系统频率），则应将装置内工频变压器输入端断开，当电源输入为直流电压或 UPS 输出端电压时，必须断开装置内部的工频变压器（6U 机器在 1#插件板上，4U 机器在 7#插件板上，将相应的短接块拔掉即可）。

装置需要引入各母线的零序电压信号（电压互感器开口三角电压）以及各条出线的零序电流信号（架空线采用三相电流互感器接成滤过器形式，对于只有 A、C 两相电流互感器的用户必须安装 B 相电流互感器，并且要求 B 相电流互感器其精度电流比特性均与 A、C 相相同，才可以接成滤过器形式；电缆线通常套装零序电流互感器）。零序电压信号见图 7-87，零序电流信号见图 7-88。

线路保护测控在开关柜内端子排

	46		
1n315	47	−	装置电源−
1n423	48		
1n232,1n403	49		
	50		
1n417,1QK-7	51		闭锁备自投公共端
1QK-8	52		手跳闭锁备自投
1n418	53		遥跳闭锁备自投
1n217	54	开入回路	远方/就地
1n218	55		DL合闸位置
1n219	56		DL分闸位置
1n220	57		弹簧未储能
1n221	58		手车试验位置
1n222	59		手车工作位置
1n223	60		接地刀闸位置
1n224	61		备用开入
1n225	62		手合
1n226	63		备用开入
1n227	64		闭锁重合闸
1n228,1LP3-2	65		检修状态
1n312	66	失电告警	1COM
1n313	67		1YX1
	68		
	69		

注 4

110
至公用测控柜

1D			
*1n109	1		A421
	2		
*1n111	3		C421
*1n110	4		N421
	5		
*1n112	6		
	7		
*1n101	8		A411
*1n103	9		B411
*1n105	10		C411
*1n102	11		N411
*1n104	12		
*1n106	13		
*1n107	14		3Io
*1n108	15		3Io′
	16		
1n121	17		Ux
1n122	18		Uxn
1n117,1ZKK-2	19		A630Ⅱ
1n118,1ZKK-4	20		B630Ⅱ
1n119,1ZKK-6	21		C630Ⅱ
1n120	22		
	23		N600
	24		
1n314	25	+	装置电源+
	26		
1n431	27		
	28		
1n422,1LP1-2	29	操作回路	保护跳闸
1n428	30		其他保护跳闸
1LP1-1	31		
	32		
1n429	33		跳闸线圈
	34		
1n427,1QK-12	35		手跳
	36		
1n432,1QK-6	37		
1n424,1QK-2	38		手合
1LP2-1	39		
1n421,1LP2-2	40		重合闸合闸
1n425	41		跳位监视
1n426	42		合闸线圈
	43		
1n415	44		SF_6压力异常
1n416	45		弹簧未储能

注：1. 开关柜内部电缆根据图中连接
2. 端子排由开关柜厂家提供
3. 图中标“*”号的为交流电流回路，使用 2.5RV 导线配线其余用 1.5RV 多股塑料线配线
4. 本图适于出线 1 数，对于出线 2、3 回路，编号依次为 1YX2、1YX3

图 7-80　35kV 线路保护测控柜保护测控端子排接线图

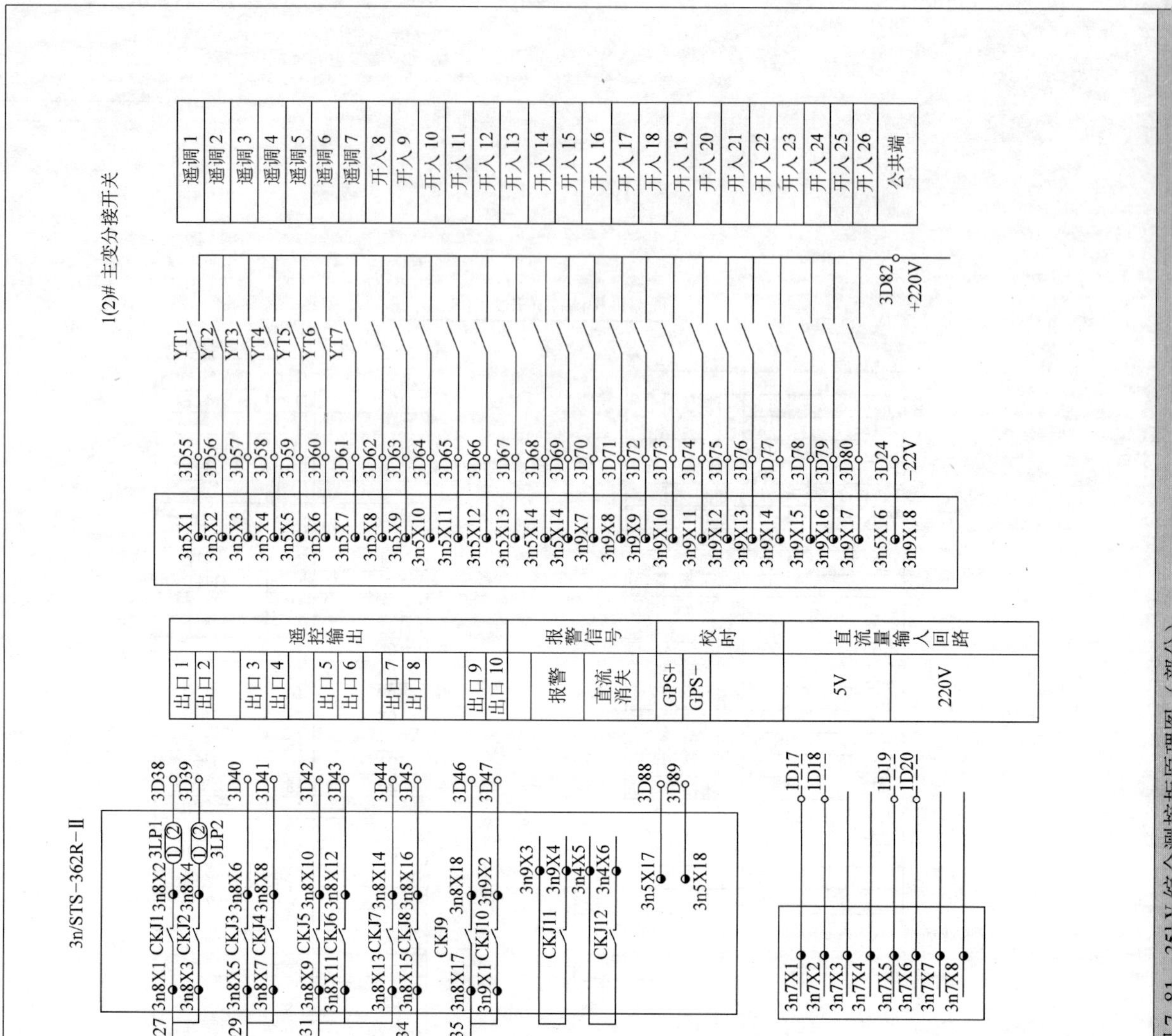
1(2)# 主变分接开关
3n/STS-362R-II
遥控输出
报警信号
校时
直流量输入回路
直流电源
35kV I(II)段母线电压
电压回路
主变35kV侧电流
电流回路
通信
UTP5 类线
至 HUB
网络接口
公共端
+220V
−22V

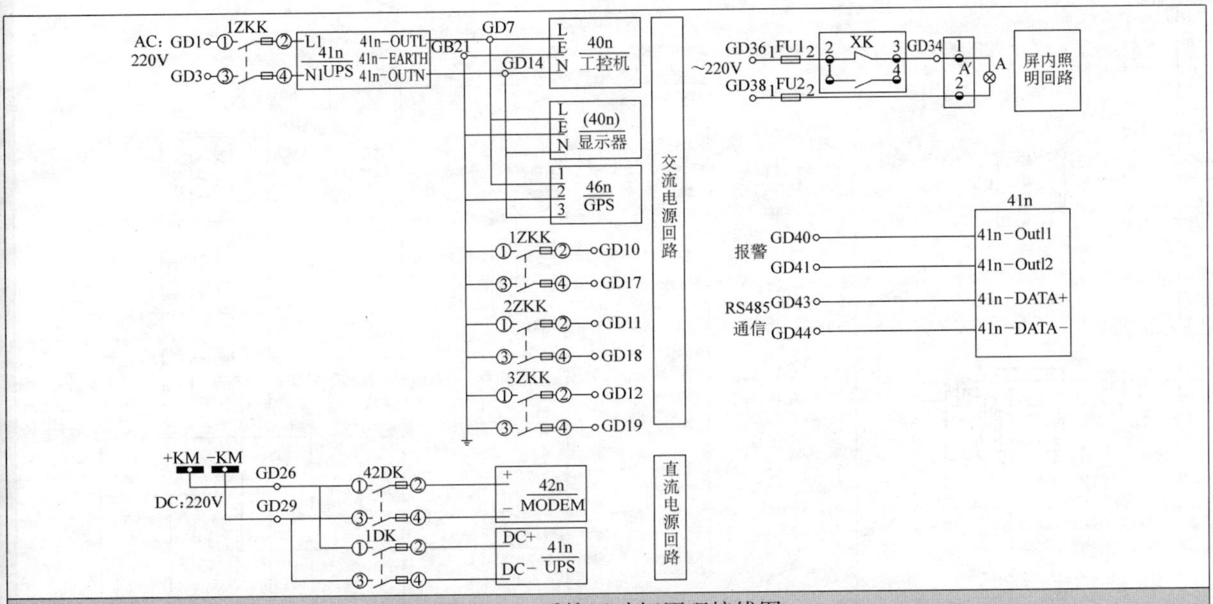

图 7-82　系统运动柜原理接线图

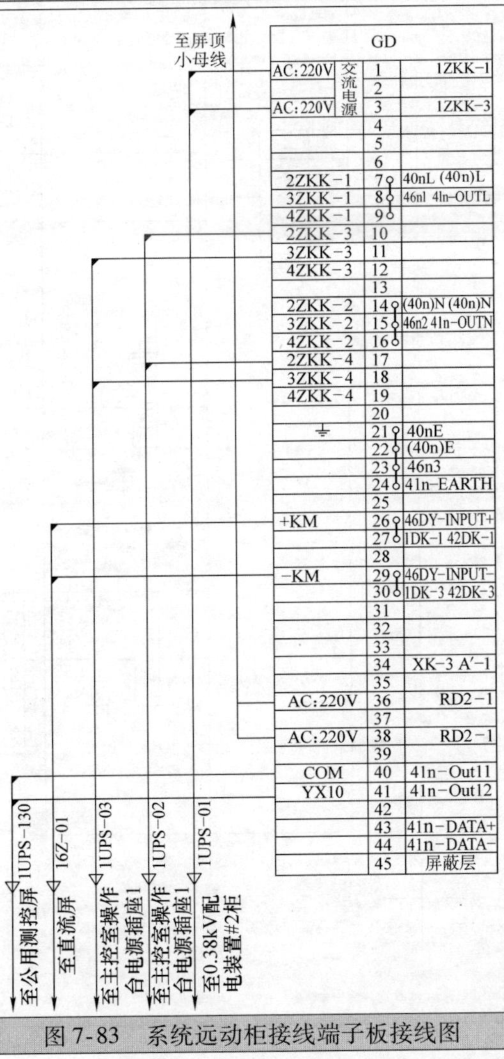

图 7-83　系统远动柜接线端子板接线图

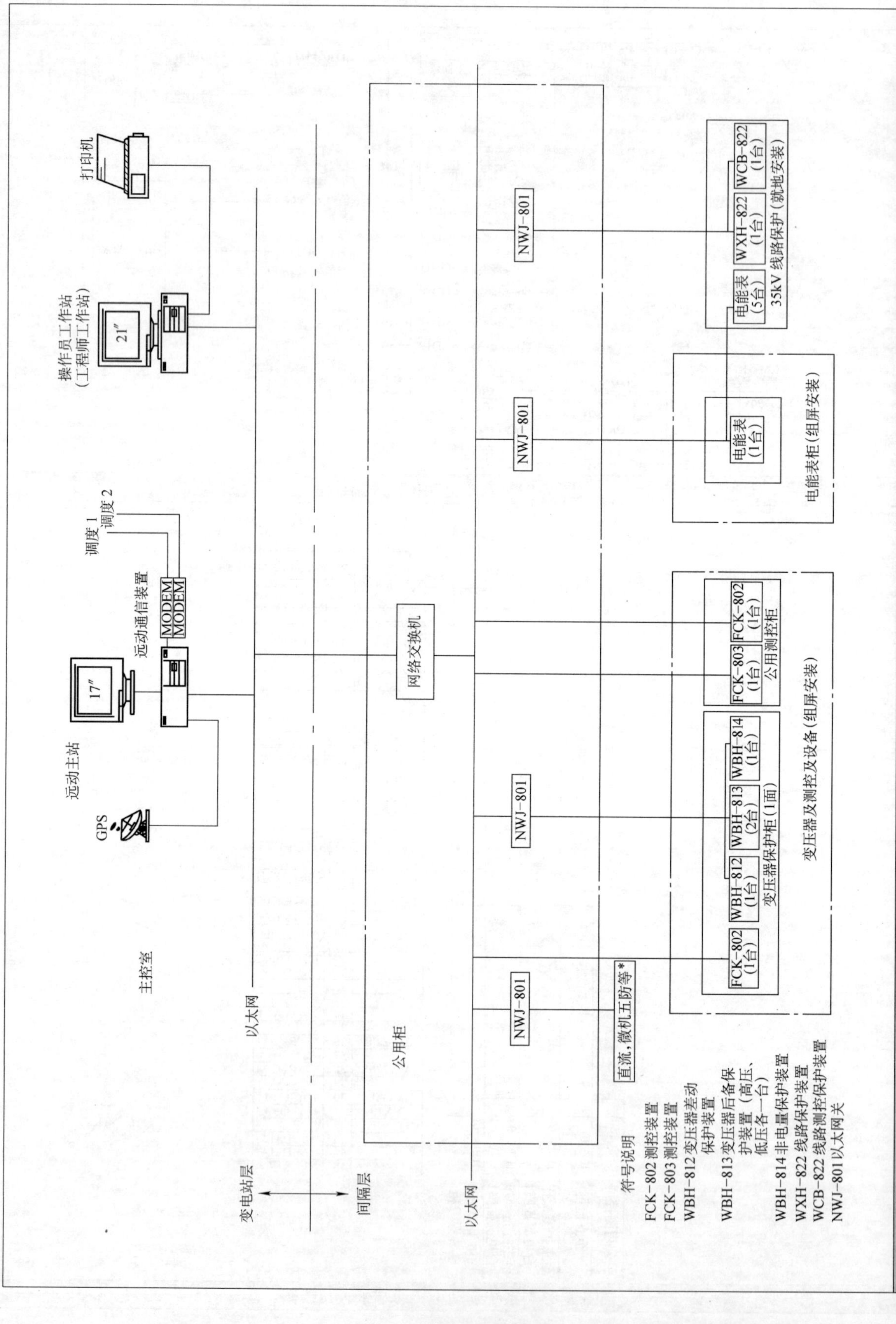

图 7-84　系统监控网络结构图

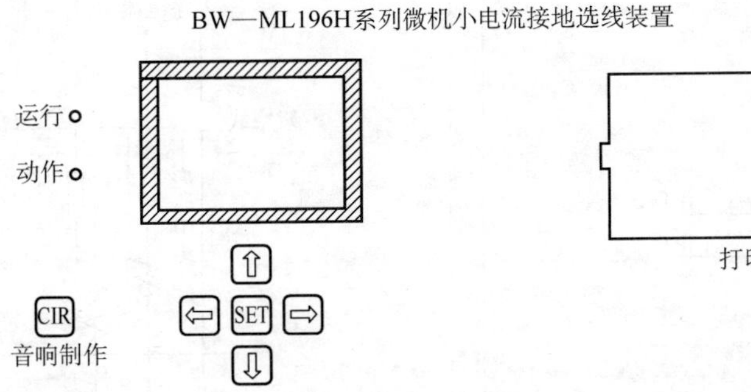

图 7-85　BW—ML 装置面板布置图

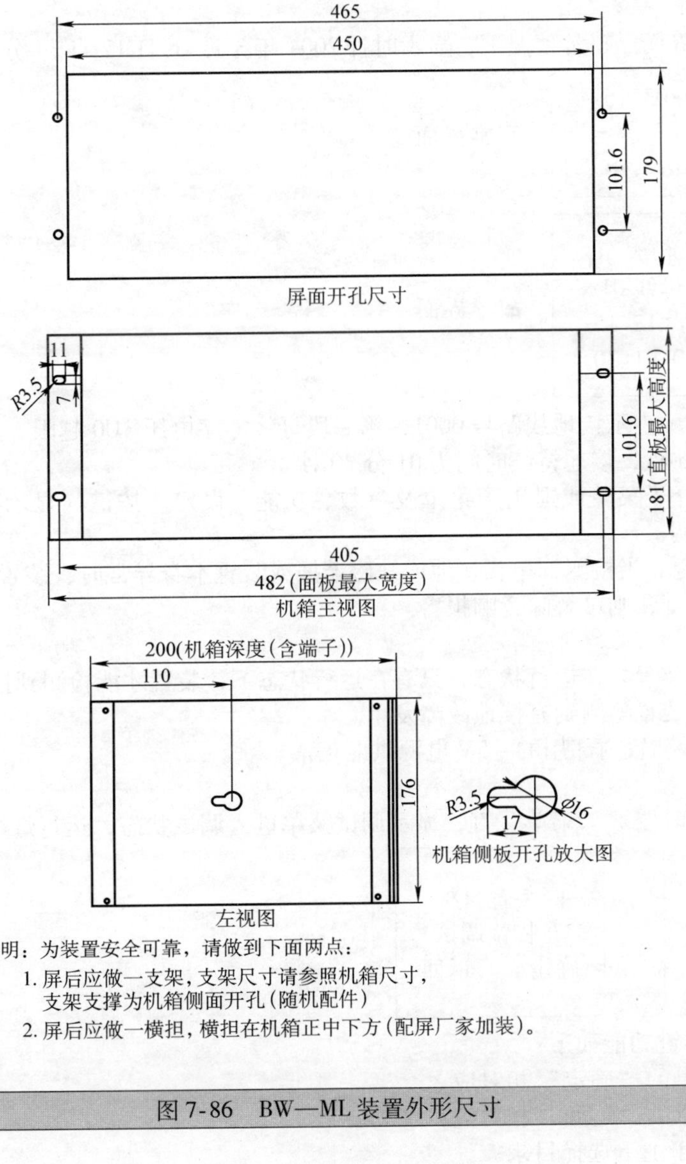

说明：为装置安全可靠，请做到下面两点：

1. 屏后应做一支架，支架尺寸请参照机箱尺寸，
   支架支撑为机箱侧面开孔（随机配件）
2. 屏后应做一横担，横担在机箱正中下方（配屏厂家加装）。

图 7-86　BW—ML 装置外形尺寸

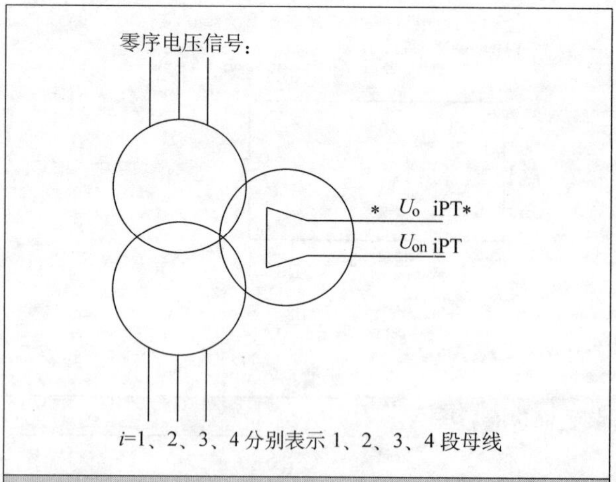

图 7-87 零序电压信号

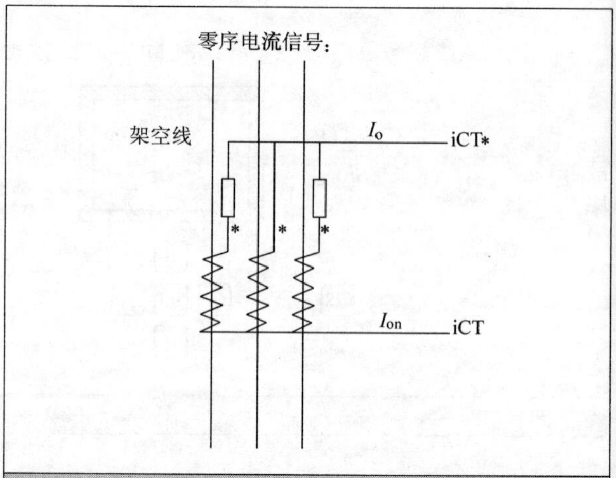

图 7-88 零序电流信号

（2）装置的使用

1）汉显液晶屏界面。正常情况下，显示时钟 2004 年 3 月 16 日 17 点 34 分 15 秒。

V = 2.0　04/03/16 17:34:15	正常界面
04/03/06 线路 0001　母线 01 开始时间　08:12:15 持续时间　00:01:30	故障界面

故障情况下，显示表示接地线路号 0001，第一段母线零序电压 3U0 越限，故障开始时间为 2004 年 3 月 6 日 8 时 12 分 15 秒，接地持续时间为 01 分 30 秒。

2）按键用于选择子菜单或退出子菜单及参数、功能、设定。按键与显示菜单配合来选择某一功能，见（3）调试说明。

3）音响解除按键。当检测到单相接地或铁磁谐振或装置本身异常时，装置内置的扬声器发出报警音响，此时按一下此键，则可解除音响报警。

4）指示灯。

运行灯亮：表明装置处在运行状态，只有在运行状态下，装置才能检测到接地或谐振故障。

接地灯亮：说明装置检测到有接地故障发生。

+5V 灯亮：表示装置内部用的 +5V 电源供应正常。

（3）调试说明

装置在运行状态时按下“菜单”键，显示调试菜单进入调试状态，运行灯熄灭界面显示如下

一重新判断 二追忆信息 三信息清除 确定　　返回	四装置自检 五装置调试 确定　　返回

此时 BW—ML 各键功能如下：

“←”与提示信息的“确定”相对应；

“→”与提示信息的“返回”相对应；

“↑”、“↓”用于上下选择目录；

"菜单"此状态下无效。

按下"←"进入相应的菜单功能，按下"→"返回上一级菜单。

"↑"、"↓"用于上下选择目录（选中项会以反白显示）并进行相应的显示屏转换。

1）重新判断。当发生接地故障时，小电流系统接地指示灯亮，蜂鸣器报警，相应的开关量接通，液晶屏显示出相应信息，见界面（如有装置配打印机则会自动启动，并打印出相应接地信息，打印完毕后打印机电源会自动关闭）。

04/03/06
线路0001　母线01
开始时间　08:12:15
持续时间　00:01:30

此时线路位置显示的就是接地线路的编号，母线位置表明是哪一段的3U0越限或突变；

如果有多段的3U0越限或突变，仅显示通道号最大的一个。

如果报出的线路号是"LLLL"，表示无法正确选线，表明当时的情况无法判断出是母线接地还是线路接地；

如果报出的线路号是"1－－－"，表明是第一段母线接地，其他母线接地情况，依此类推；

如果报出的线路号是"0001"，表明编号为0001的出线接地，其他线路接地情况，依此类推；

如果对选出的结果有怀疑，可以用此项功能进行重新选线，以确认故障所在，如果两次结果一致，则可确认故障线路。

2）追忆信息。本装置自动记录所发生过的接地信息，一共可以保存16次，当多于16次时，最早的接地信息将自动清除，用户可以进入此菜单翻阅以往的故障记录。

3）信息清除。用于手动清除所有的接地信息。

4）装置自检。当上电复位或选择"装置自检"菜单时，则装置进入自检程序：首先点亮运行灯，动作灯，鸣音响，液晶显示器背光灯点亮。（如果装置配有打印机，接通打印机电源，打印机上打印一行"PRINT OK!"）屏幕上显示"自检完毕装置运行正常"；装置自检过程主要是检查本装置内部相应部件工作是否正常，包括RAM、ROM及采样电路、工频同步电路、数据采样、打印机等功能模块。如果用户认可，则按"→"键返回。如果相应部分出错，则界面显示对应错误信息。

自检完毕
装置运行正常
返回

程序存储器
出错
返回

数据存储器
出错
返回

工频同步出错
转入定时采样
返回

采样电路
出错
返回

5）装置调试。下一级菜单的入口。显示如下：

一调整时钟
二同步检测
三通道检测
确定　　返回

四采样前置信息
五在线编程
确定　　返回

6）调整时钟。用于系统时钟的校准。

04 年 03 月 16 日 08 时 12 分 10 秒 菜单

此时各键功能如下：

“←”、“→”用于选择要修改的参数；

“↑”、“↓”用于修改参数；

“菜单”键与“菜单”相对应。

在这种状态下，按下“菜单”键，进入

保存	放弃

此时各键功能如下：

“←”与提示信息的“保存”相对应，即保存当前修改；

“→”与提示信息的“放弃”相对应，即放弃当前修改。

7）照此下去，可以进行同步检测、通道检测采样前置信息及在线编程等，当输入密码后，即可对母线段数、母线出线、线路编号、线路电压比等，这里不一一讲述。

（4）装置在不同现场的连接　见图 7-89。

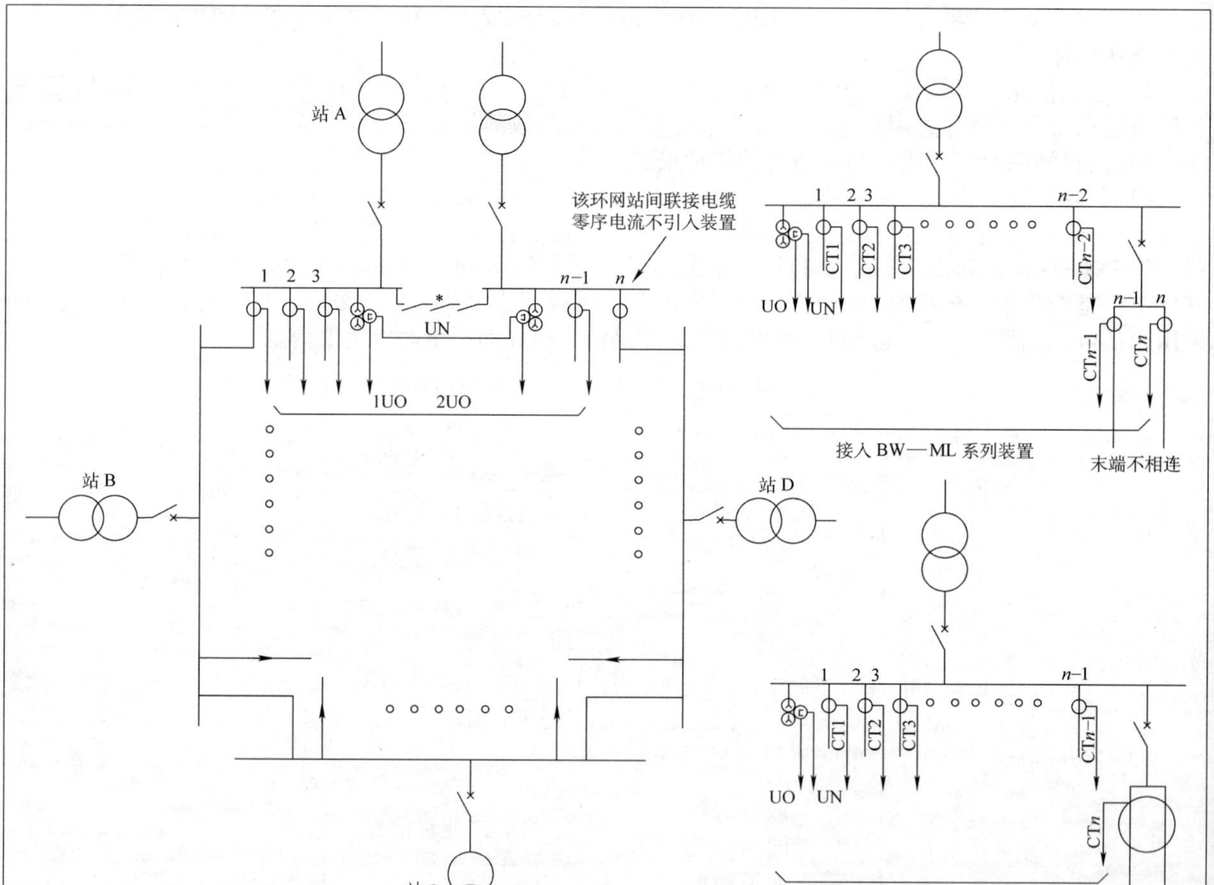

图 7-89　BW—ML 装置在不同现场的连接

（5）使用 BW—ML 系列小电流接地选线/消谐装置的几点注意事项。

1）本装置使用交/直流 220V 电源供电，当使用直流电源时，必须断开内部的工频变压器。

2）CT1 ~ CT28 为 1 ~ 28 路零序电流输入；PT1 ~ PT4 为 1 ~ 4 段零序电压输入。

3）CT1 * ~ CT28 * 为零序电流互感器同名端；PT1 * ~ PT4 * 为零序电压互感器同名端。

4）零序互感器（CT）（PT）接入时同名端应完全一致，异名端在（CT）（PT）附近接大地。

5）对 BW—ML TX21 装置，J1 ~ J28 为线路报警继电器输出。

6）本装置所有报警除掉电报警（DDB）为动断触点外，其他均为动合触点，而且都是无源节点。

7）对 BW—ML XX2X 装置，在选择不同插件的情况下，当插件（1#、2#、4#）端子名有名时，端子的接线以 2#、4#插件为主，（即当所选插件端子名重名时，1#插件上的同名端子不必连接），否则以 1#插件为主。

8）BW—ML 系列小电流接地选线/消谐装置后端子节点说明见表 7-12。

表 7-12　BW—ML 装置端子节点明细表

端　子	名　称	端　子	名　称
RXD	RS232 接收数据端口	ZB—2	总报警接点
TXD	RS232 发送数据端口	MB1—1	一段母线报警接点
GND	RS232 地信号线	MB1—2	一段母线报警接点
485B	RS485 通信口线	MB2—1	二段母线报警接点
485A	RS485 通信口线	MB2—2	二段母线报警接点
DDB—1	掉电报警（当装置失电时，此节点闭合）	MB3—1	三段母线报警接点
DDB—2	掉电报警	MB3—2	三段母线报警接点
GZB—1	装置异常报警接点	MB4—1	四段母线报警接点
GZB—2	装置异常报警接点	MB4—2	四段母线报警接点
ZB—1	总报警接点（当母线或线路发生接地时，此节点闭合）		

四、新型具有微机控制保护装置高压开关柜电路识读　★★★

高压开关柜一般为定型产品，并按用户需要做一些调整，去满足工程的要求。新型具有微机控制保护装置的高压开关柜在市场上占有的份额越来越大，这里仅以几种常用的为例，将同型号的继电器控制保护柜和微机控制保护柜进行比较，便于读者尽快掌握新型柜电路的分析解读方法，以便在工程中得到更为广泛的推广和应用。

1. 图 7-90 是 KYN28A - 12（直流操作）进出线柜二次原理图（抽出式、继电器保护），在本章第二节中也有过类似的图样。该图用电流互感器 2TA 采集系统电流信号，并将其引入到电流继电器 KA 中去，其中 1KA ~ 3KA 为速断保护继电器，当系统电流（只要有一相）突增到极限允许值时，KC 吸合，立即发出信号，信号继电器 1KS 动作，光字牌显示速断信号，同时 KC 动合触点（1 - 03）接通中间继电器 KCF 的回路，使断路器 QF 分闸，线闸 TQ 得电吸合，QF 分闸断开；而 4KA ~ 6KA 为过电流保护继电器，当系统的电流达到过电流保护整定值时（一般为额定电流的 1.3 ~ 1.5 倍），时间继电器 1KT 吸合并开始延时，当整定时间达到时，1KT(1 - 07) 接通 2KS，光字牌显示过电流信号，同时 1KT 接通 KCF 的回路，使断路器分闸。这里要注意的是，KCF 是一种既具有电流线圈、又具有电压线圈的中间继电器，也称防跳继电器，在第二节图 7-8 中也讲到了这个问题，请参阅。

（该电路点划线框内是断路器自身的电路，断路器用转换开关SA控制，可手动合闸、分闸。其他内容可对照图7-8自行分析。）

图7-91是KYN28A-12（交直流操作）进出线柜二次回路原理图（抽出式、综合微机保护）。图7-90和图7-91是两个功能完全相同的图样，但是图7-91却简单了许多，该图微机保护装置ZWB代替了复杂的继电器保护系统。

该图同样用电流互感器2TA采集电流信号，并引入到ZWB，这里一定要注意到ZWB虽然是微机保护装置，但能接收或输出强电信号（0~5A电流信号），然后将其进行模/数（A/D）转换变成微机能接收和识别的数字信号，引入到计算和程序系统，按设定的程序再发出相应的信号。

这里一定要注意，综合微机保护装置是专门为该柜研制的继电保护装置，它是以计算机技术为主的，同时又设置了一些与继电器功能相同的强电装置，包括以模块为主的微型继电器和触点。该装置的抗干扰性能有很多，实践证明，在应用中还未发现过控制和继保方面的缺陷。

在读图时不要刻意去追寻它本身的构造和原理，因为这些知识用几本书是难以讲清楚的，有兴趣的读者应去阅读计算机原理结构及其在电力系统中应用方面的书籍，同样会找到答案的，但学习起来要比继电器保护复杂几百倍。这就是技术的一种进步，形式上简单了，功能上增加了，但原理上结构则更为复杂了，这也是为什么在第一章就增加了“分析复杂电路图的方法及技巧”内容的原因。

图7-91中，ZWB的X2-7和X2-8的HJ动合触点便是微机保护装置的合闸触点，可以遥控，而ZWB的X2-9和X2-10的TJ动合触点便是微机保护装置的分闸触点，可以遥控、也可在过电流时自动切断断路器。同时，ZWB设置了开关量输入触点，以确定断路器的位置（合或分）、手车工作位置（推进或推出）、手车试验位置（工作或试验）等。

该图同样应用了KCF（双线图防跳继电器），其内容与图7-90相同。

有一个不同点，就是该图有一个电压回路，ZWB接收电压信号，小母线电压信号经熔断器3~5FU接入到ZWB的X2-1、X2-2、X2-3、X2-4触点，这些信号同样要进行模/数（A/D）转换，引入到计算和程序系统，按设定的程序再发出相应的信号。

其他内容读者可沿用这样的分析方法去进行分析和解读。

2. 图7-92是KYN28A-12（直流操作、继电器）隔离联络柜（继电器保护）二次原理图。隔离联络柜是串联在同等电压两段母线之间以备其中一段母线由于停电、负荷过重或其他情况下另一段母线自动投入以保证故障段母线各路负载或重要负载正常工作的开关柜，它的工作状态可以是断开的或闭合的，但其中一段母线出现故障时必须是闭合的。

该图与图7-90有很多相似之处，不同的是它只设置了过电流保护（1KA~3KA），有一相过载则经过时间继电器KT延时后分闸；该电路设置了重合闸继电器KRr和后加速继电器KCC，用来解决由于两段母线出现短路故障时断路器QF的分闸，这部分内容在图7-17中已讲述，读者可参考解读。该图同样由转换开关SA进行主操作，点划线内为QF的内部线路。

图7-93是KYN28A-12（交直流操作微机、综合保护）隔离联络柜（微机综合保护装置）二次原理图。与图7-92相比已简化了很多，而与图7-91则有很多相似之处，读者可自行分析解读。高科技产品帮助人们把复杂的继电器继保系统变得简单了。

3. 图7-94是GG1A-12F（直流操作，继电器）电压互感器、避雷器柜二次原理图。这里是最常用的为系统提供电压信号的柜，并将其引至电压小母线上（WV），系统中的电压信号、低压交流电源都是这里引接的，在前述内容中已有详尽说明。同时在母线上设置避雷器。

而图7-95是与图7-94相同的避雷柜，型号是GG1A-12F（交直流操作；微机综合保护），不同的是采用了微机综合保护装置，代替了继电器，再是采用了三组电压互感器，其中一组是零序电压互感器。

由图可知，电流互感器经过断路器TQF引入到微机综合保护装置ZWB，ZWB同时接收零序电流互感器的信号，并将电压小母线（WV）经中间继电器KM接引到电压互感器上，作为系统的控制电源。

ZWB输出过电压告警信号、接地故障告警信号，电压互感器断线信号，并确定电压互感器、母线断路器的信号，供运行人员参考。

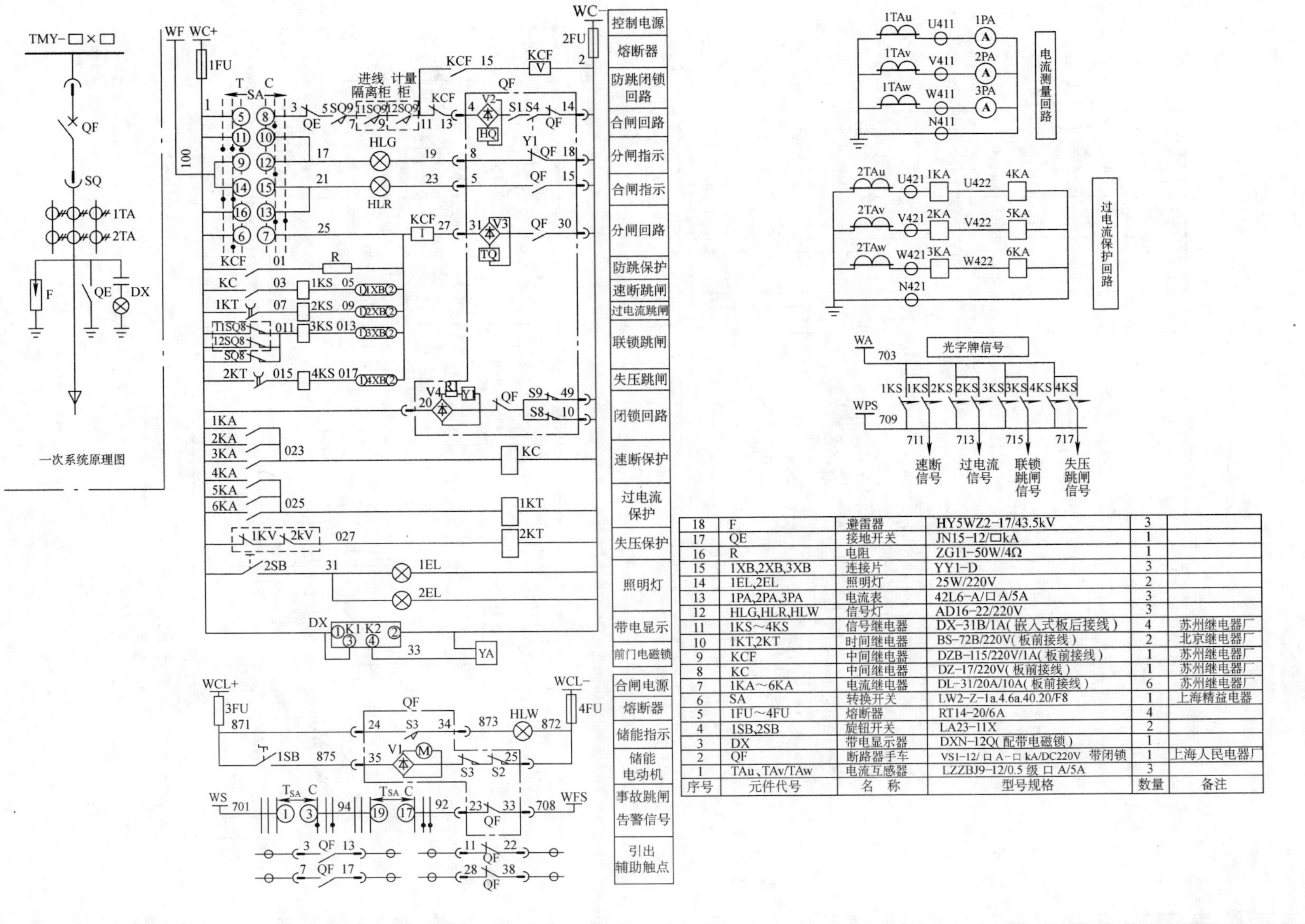

序号	元件代号	名　称	型号规格	数量	备注
18	F	避雷器	HY5WZ2-17/43.5kV	3	
17	QE	接地开关	JN15-12/□kA	1	
16	R	电阻	ZG11-50W/4Ω	1	
15	1XB,2XB,3XB	连接片	YY1-D	3	
14	1EL,2EL	照明灯	25W/220V	2	
13	1PA,2PA,3PA	电流表	42L6-A/□ A/5A	3	
12	HLG,HLR,HLW	信号灯	AD16-22/220V	3	
11	1KS～4KS	信号继电器	DX-31B/1A(嵌入式板后接线)	4	苏州继电器厂
10	1KT,2KT	时间继电器	BS-72B/220V(板前接线)	2	北京继电器厂
9	KCF	中间继电器	DZB-115/220V/1A(板前接线)	1	苏州继电器厂
8	KC	中间继电器	DZ-17/220V(板前接线)	1	苏州继电器厂
7	1KA～6KA	电流继电器	DL-31/20A/10A(板前接线)	6	苏州继电器厂
6	SA	转换开关	LW2-Z-1a.4.6a.40.20/F8	1	上海精益电器
5	1FU～4FU	熔断器	RT14-20/6A	4	
4	1SB,2SB	旋钮开关	LA23-11X	2	
3	DX	带电显示器	DXN-12Q(配带电磁锁)	1	
2	QF	断路器手车	VS1-12/□ A-□ kA/DC220V 带闭锁	1	上海人民电器厂
1	TAu、TAv/TAw	电流互感器	LZZBJ9-12/0.5 级 □ A/5A	3	

图 7-90　KYN28A-12（直流操作）进出线柜二次原理图（抽出式、继电器保护）

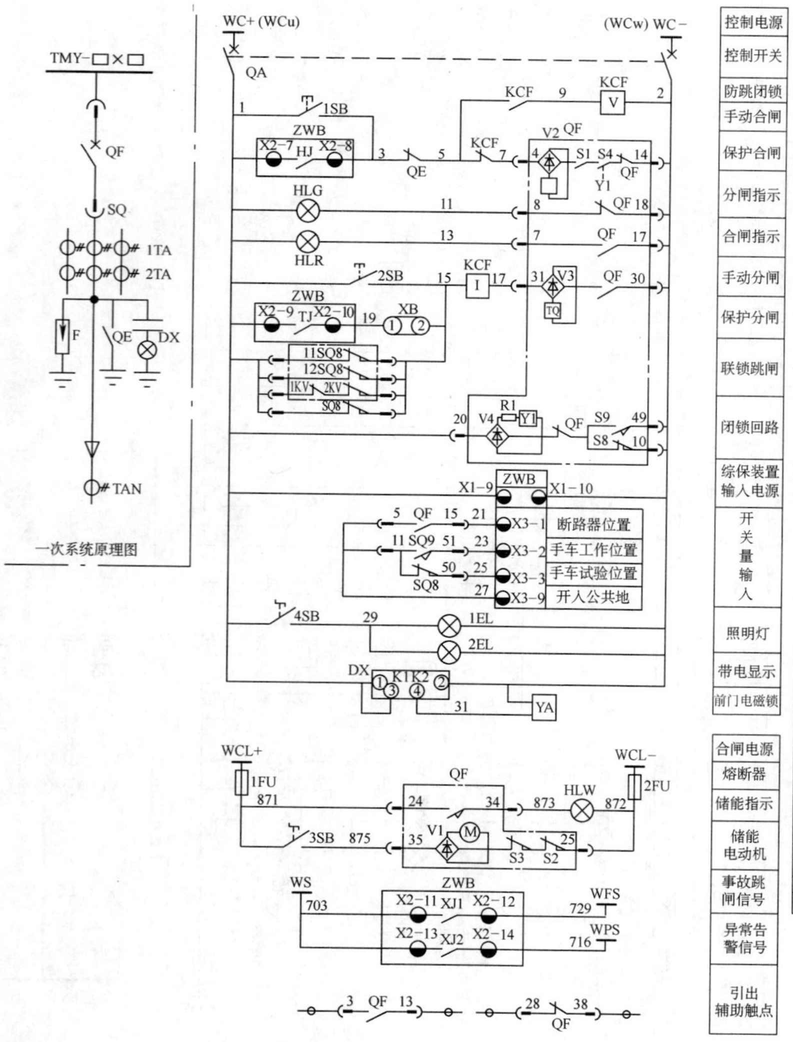

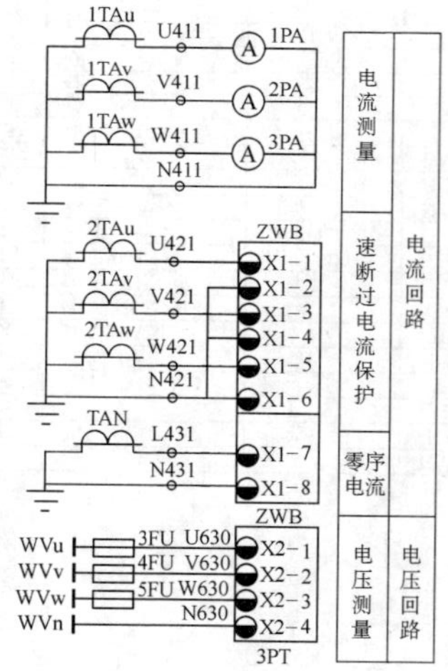

技术要求：

1. 元器件的选用和安装应符合设计和标准要求。
2. 电流回路采用 2.5mm² 铜芯绝缘导线。
3. 电压回路采用 1.5mm² 铜芯绝缘导线。
4. 布线要横平竖直，线束扎紧无叠(绞)线，端头压紧牢固，元件代号标识清楚粘贴牢固。

注明：

1. 接地刀开关要根据用户需求来设置，如不要，将二次原理号 3 与 5 短接。
2. 本二次方案也适用于其他各种类型移开式的进线柜。
3. 避雷器是否安装，可根据用户的需求来确定。
4. 零序电流保护可根据用户需求来确定，如不要，可将二次零保回路删除。

序号	元件代号	名称	型号规格	数量	备注
15	QA	控制开关	C45N-32/2P-10A	1	
14	TAN	零序电流互感器	LZX-ϕ120□A/5A	1	
13	F	避雷器	HY5WZ2-1743.5kV	3	
12	QE	接地开关	JN15-12/□kA	1	
11	XB	连接片	YY1-D	1	
10	1EL、2EL	照明灯	25W/220V	2	
9	1PA、2PA、3PA	电流表	42L6-A/□A/5A	3	
8	HLR、HLG、HLW	信号灯	AD16-22/220V	3	
7	KCF	防跳继电器	DZB-115/220V/1A（板前接线）	3	苏州继电器厂
6	ZWB	综合微机保护装置	YZ300-CX	1	西安运征科技公司
5	1FU～5FU	熔断器	RT14-20/6A	5	
4	1SB～4SB	按钮、旋钮开关	LA23-11(2只),LA23-11X(2只)	4	
3	DX	带电显示器	DXN-12Q(配带电磁锁)	1	
2	QF	断路器手车	VS1-12/□A-□kA/220V(带闭锁)	1	上海人民电器厂
1	TAu、TAv、TAw	电流互感器	LZZBJ9-12/0.5级□A/5A	3	

图 7-91　KYN28A-12（交直流操作）进出线柜二次回路原理图（抽出式　综合微机保护）

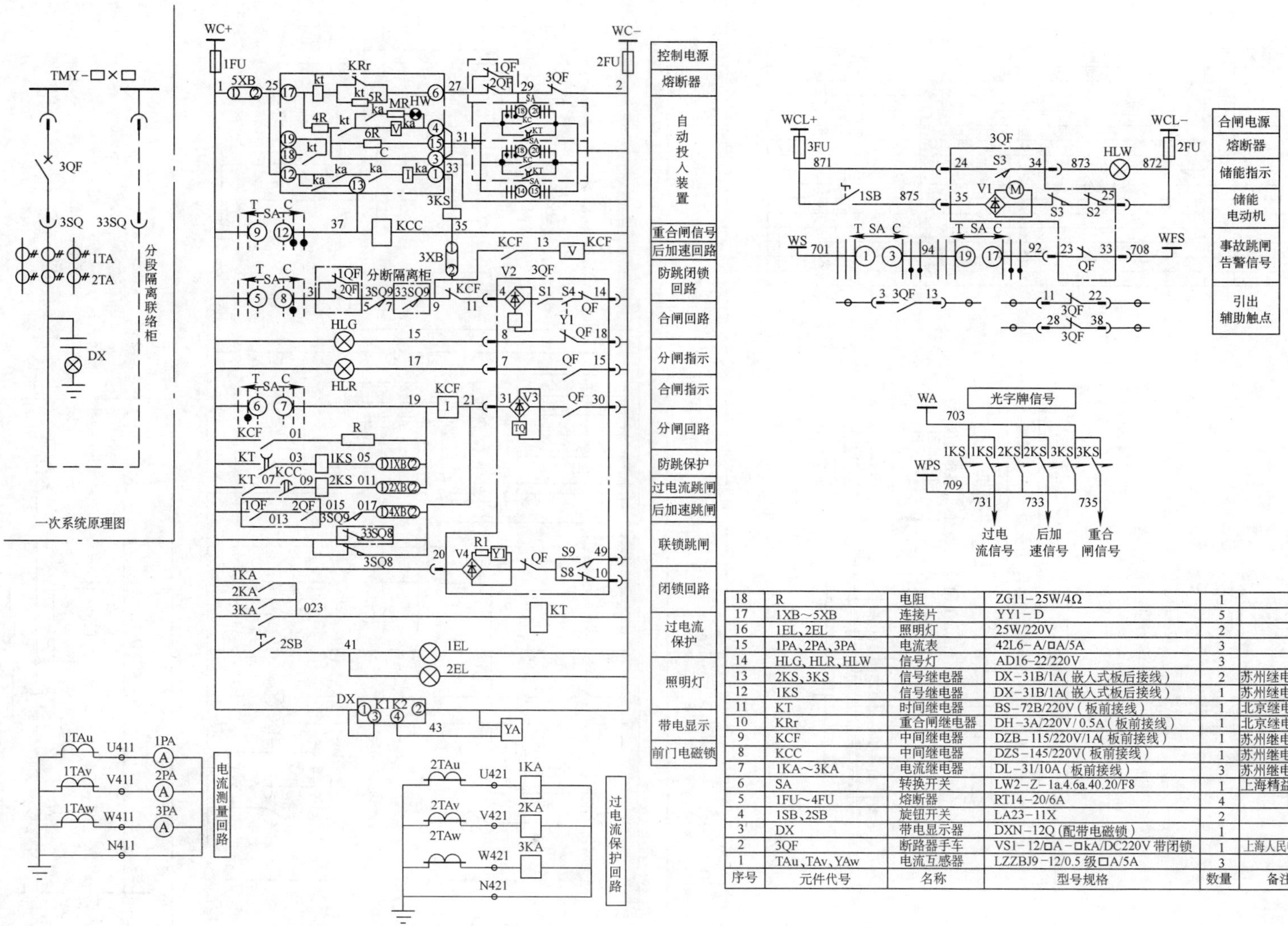

序号	元件代号	名称	型号规格	数量	备注
18	R	电阻	ZG11−25W/4Ω	1	
17	1XB～5XB	连接片	YY1−D	5	
16	1EL、2EL	照明灯	25W/220V	2	
15	1PA、2PA、3PA	电流表	42L6−A/□A/5A	3	
14	HLG、HLR、HLW	信号灯	AD16−22/220V	3	
13	2KS、3KS	信号继电器	DX−31B/1A(嵌入式板后接线)	2	苏州继电器厂
12	1KS	信号继电器	DX−31B/1A(嵌入式板后接线)	1	苏州继电器厂
11	KT	时间继电器	BS−72B/220V(板前接线)	1	北京继电器厂
10	KRr	重合闸继电器	DH−3A/220V/0.5A(板前接线)	1	北京继电器厂
9	KCF	中间继电器	DZB−115/220V/1A(板前接线)	1	苏州继电器厂
8	KCC	中间继电器	DZS−145/220V(板前接线)	1	苏州继电器厂
7	1KA～3KA	电流继电器	DL−31/10A(板前接线)	3	苏州继电器厂
6	SA	转换开关	LW2−Z−1a.4.6a.40.20/F8	1	上海精益电器
5	1FU～4FU	熔断器	RT14−20/6A	4	
4	1SB、2SB	旋钮开关	LA23−11X	2	
3	DX	带电显示器	DXN−12Q(配带电磁锁)	1	
2	3QF	断路器手车	VS1−12/□A−□kA/DC220V 带闭锁	1	上海人民电器厂
1	TAu、TAv、YAw	电流互感器	LZZBJ9−12/0.5 级□A/5A	3	

图 7-92　KYN28A－12（直流操作、继电器）隔离联络柜（继电器保护）二次原理图

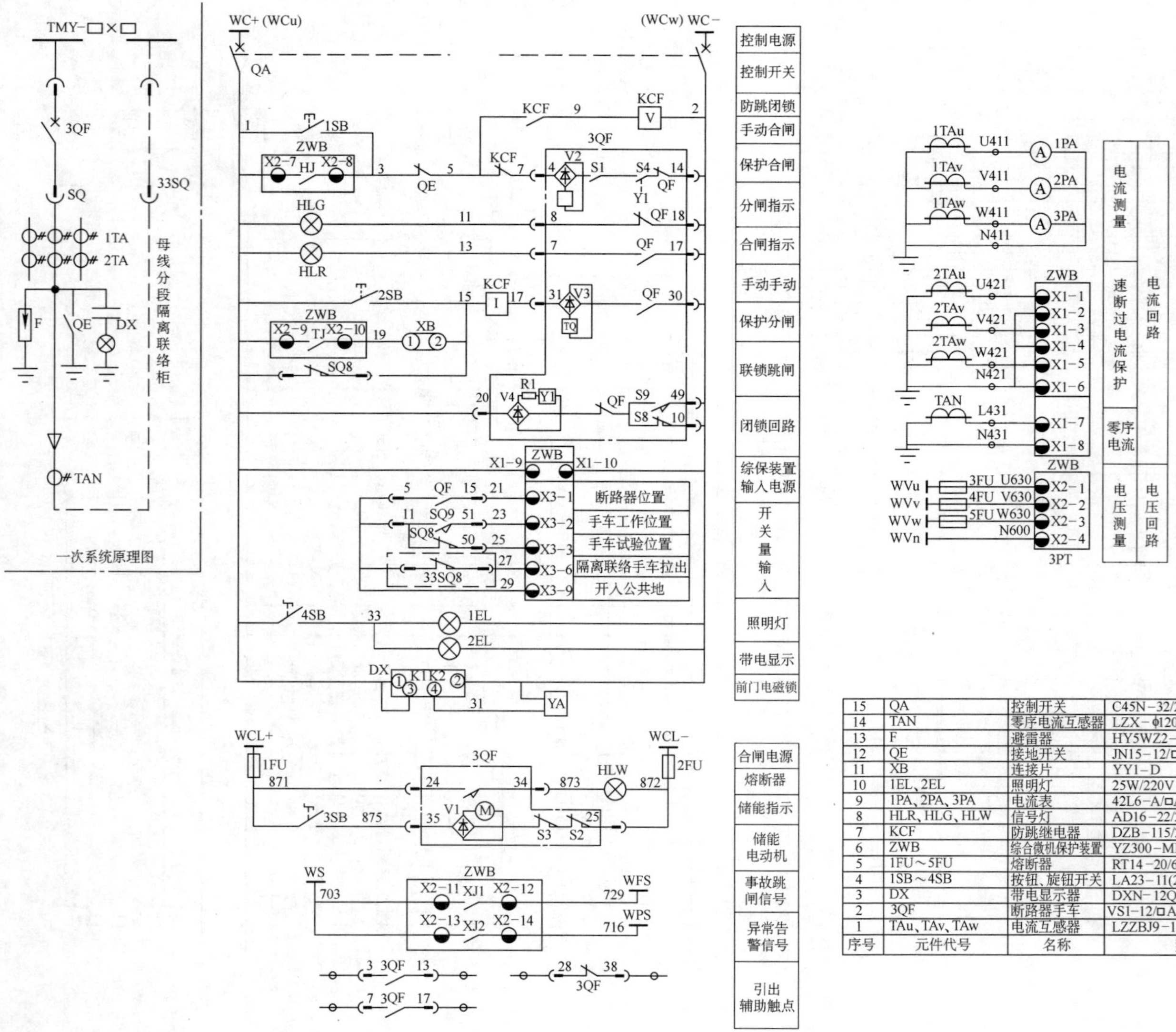

技术要求：

1. 元器件的选用和安装应符合设计和标准要求。
2. 电流回路采用 2.5mm² 铜芯绝缘导线。
3. 电压回路采用 1.5mm² 铜芯绝缘导线。
4. 布线要横平竖直，线束扎紧无叠(绞)线，端头压紧牢固，元件代号标识清楚粘贴牢固。

注明：

1. 接地刀开关要根据用户需求来设置，如不要，将二次原理号 3 与 5 短接。
2. 本二次方案也适用于其他各种类型移开式的母线分段联络柜。
3. 避雷器是否安装，可根据用户的需求来确定。
4. 零序电流保护可根据用户需求来确定，如不要，可将二次零保回路删除。

序号	元件代号	名称	型号规格	数量	备注
15	QA	控制开关	C45N-32/2P-10A	1	
14	TAN	零序电流互感器	LZX-ϕ120□A/5A	1	
13	F	避雷器	HY5WZ2-17/43.5kV	3	
12	QE	接地开关	JN15-12/□kA	1	
11	XB	连接片	YY1-D	1	
10	1EL、2EL	照明灯	25W/220V	2	
9	1PA、2PA、3PA	电流表	42L6-A/□A/5A	3	
8	HLR、HLG、HLW	信号灯	AD16-22/220V	3	
7	KCF	防跳继电器	DZB-115/220V/1A（板前接线）	3	苏州继电器厂
6	ZWB	综合微机保护装置	YZ300-MF	1	西安远征科技公司
5	1FU～5FU	熔断器	RT14-20/6A	5	
4	1SB～4SB	按钮、旋钮开关	LA23-11(2 只)，LA23-11X(2 只)	4	
3	DX	带电显示器	DXN-12Q(配带电磁锁)	1	
2	3QF	断路器手车	VS1-12/□A-□kA/220V(带闭锁)	1	上海人民电器厂
1	TAu、TAv、TAw	电流互感器	LZZBJ9-12/0.5 级 □A/5A	3	

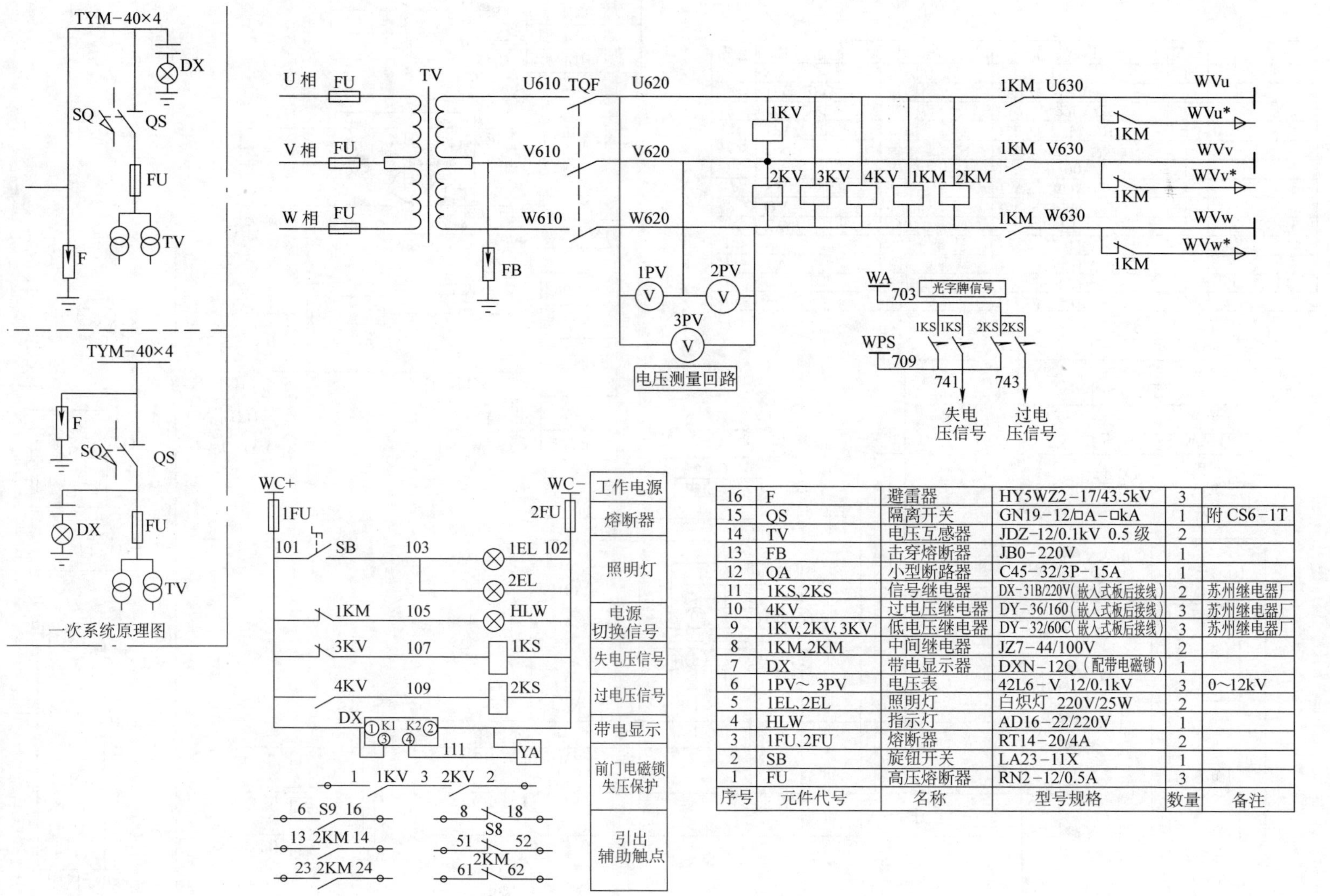

序号	元件代号	名称	型号规格	数量	备注
16	F	避雷器	HY5WZ2−17/43.5kV	3	
15	QS	隔离开关	GN19−12/□A−□kA	1	附 CS6−1T
14	TV	电压互感器	JDZ−12/0.1kV 0.5 级	2	
13	FB	击穿熔断器	JB0−220V	1	
12	QA	小型断路器	C45−32/3P−15A	1	
11	1KS、2KS	信号继电器	DX−31B/220V(嵌入式板后接线)	2	苏州继电器厂
10	4KV	过电压继电器	DY−36/160(嵌入式板后接线)	3	苏州继电器厂
9	1KV、2KV、3KV	低电压继电器	DY−32/60C(嵌入式板后接线)	3	苏州继电器厂
8	1KM、2KM	中间继电器	JZ7−44/100V	2	
7	DX	带电显示器	DXN−12Q（配带电磁锁）	1	
6	1PV～3PV	电压表	42L6−V 12/0.1kV	3	0～12kV
5	1EL、2EL	照明灯	白炽灯 220V/25W	2	
4	HLW	指示灯	AD16−22/220V	1	
3	1FU、2FU	熔断器	RT14−20/4A	2	
2	SB	旋钮开关	LA23−11X	1	
1	FU	高压熔断器	RN2−12/0.5A	3	

图 7-94 GG1A−12F（直流操作、继电器）电压互感器、避雷器柜二次原理图

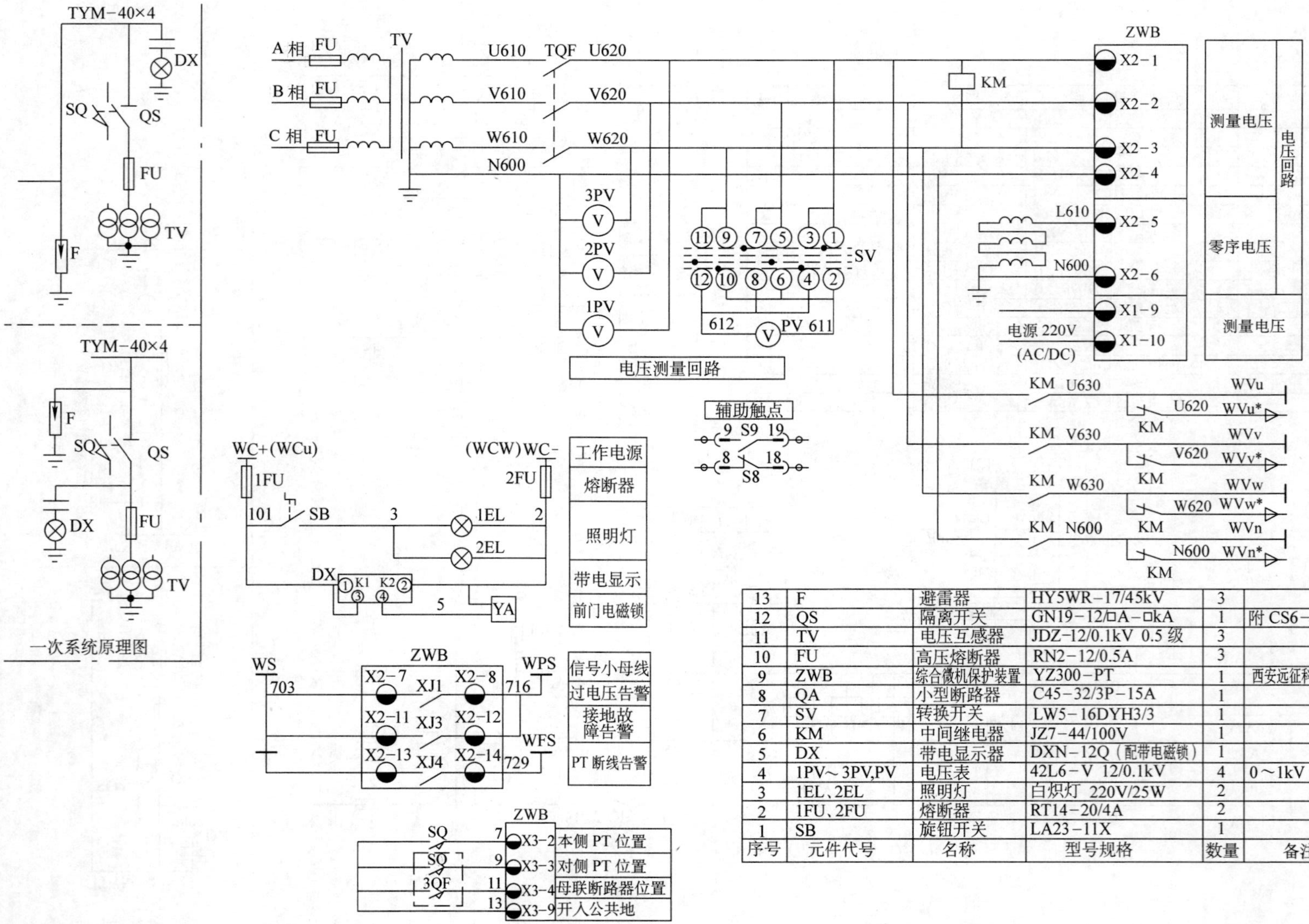

序号	元件代号	名称	型号规格	数量	备注
13	F	避雷器	HY5WR−17/45kV	3	
12	QS	隔离开关	GN19−12/□A−□kA	1	附 CS6−1T
11	TV	电压互感器	JDZ−12/0.1kV 0.5 级	3	
10	FU	高压熔断器	RN2−12/0.5A	3	
9	ZWB	综合微机保护装置	YZ300−PT	1	西安远征科技公司
8	QA	小型断路器	C45−32/3P−15A	1	
7	SV	转换开关	LW5−16DYH3/3	1	
6	KM	中间继电器	JZ7−44/100V	1	
5	DX	带电显示器	DXN−12Q（配带电磁锁）	1	
4	1PV～3PV,PV	电压表	42L6−V 12/0.1kV	4	0～1kV
3	1EL、2EL	照明灯	白炽灯 220V/25W	2	
2	1FU、2FU	熔断器	RT14−20/4A	2	
1	SB	旋钮开关	LA23−11X	1	

图7-95 GG1A-12F（交直流操作，微机综合保护）电压互感器、避雷器柜二次原理图

第四节 电缆线路图样的识读

变配电装置用到的电缆很多，特别是二次回路用到的电缆更多。变配电装置中的电缆有两种，其中电力电缆是电源的引入或者是配电线路的引出，而信及控制号电缆则作为二次回路中元件之间连接用。在前述章节也提到了电缆线路，这里仅以两个例子简单说明。

图 7-2 为某 35kV 中心变电所电气总平面图，图中标出了电缆沟的具体位置，从配电间内引出的有 10kV 电缆、400V 电缆，贯穿于室内以至室外一次设备的电缆沟主要用于二次回路的控制及信号电缆。电缆沟的具体位置实际上就是电缆敷设的平面图，为了说明沟内电缆的具体内容，一般用电缆联系示意图表示。

图 7-96 是第三节微机保护装置用于 10kV 配电系统中的二次回路电缆联系示意图。为了说明图样还列出了电缆清册，见表 7-13，读者可对照图和表自行分析。

第五节 防雷与接地图样的识读

防雷与接地系统的图样虽然简单，但是在供配电系统中却很重要，这里作一简单分析。图 7-97 是图 7-2 的 35kV 中心变电所防雷接地平面布置图，图中可表达以下内容。

1. 该变电所设四支 30m 高塔式避雷针，这样可保护所内及周边线路和电气设施，有关避雷针保护范围及计算书的图样未列出，请读者参阅有关专著。其中避雷针的制造参见标准图册，避雷针的接地网是单独设置的，是一直径为 7m 的圆，塔架有四点与接地网可靠连接。

2. 所内设置网格式接地网，并将接地网引入到电缆沟内，供室内设备接地，同时室内电缆沟专门设置接地母线，见图中 A 点和 B 点。

3. 室外电气设备、金属塔架、水泥电杆钢圈、端子箱等电气设施应就近与接地网用 $\phi16$ 镀锌圆钢可靠焊接。

4. 避地针接地及网格接地网的接地电阻不应大于 1Ω。

5. 网格接地网周边的四角应采用圆弧形，其弧度半径应大于 3m。

6. 有关材料规格见标准图册。

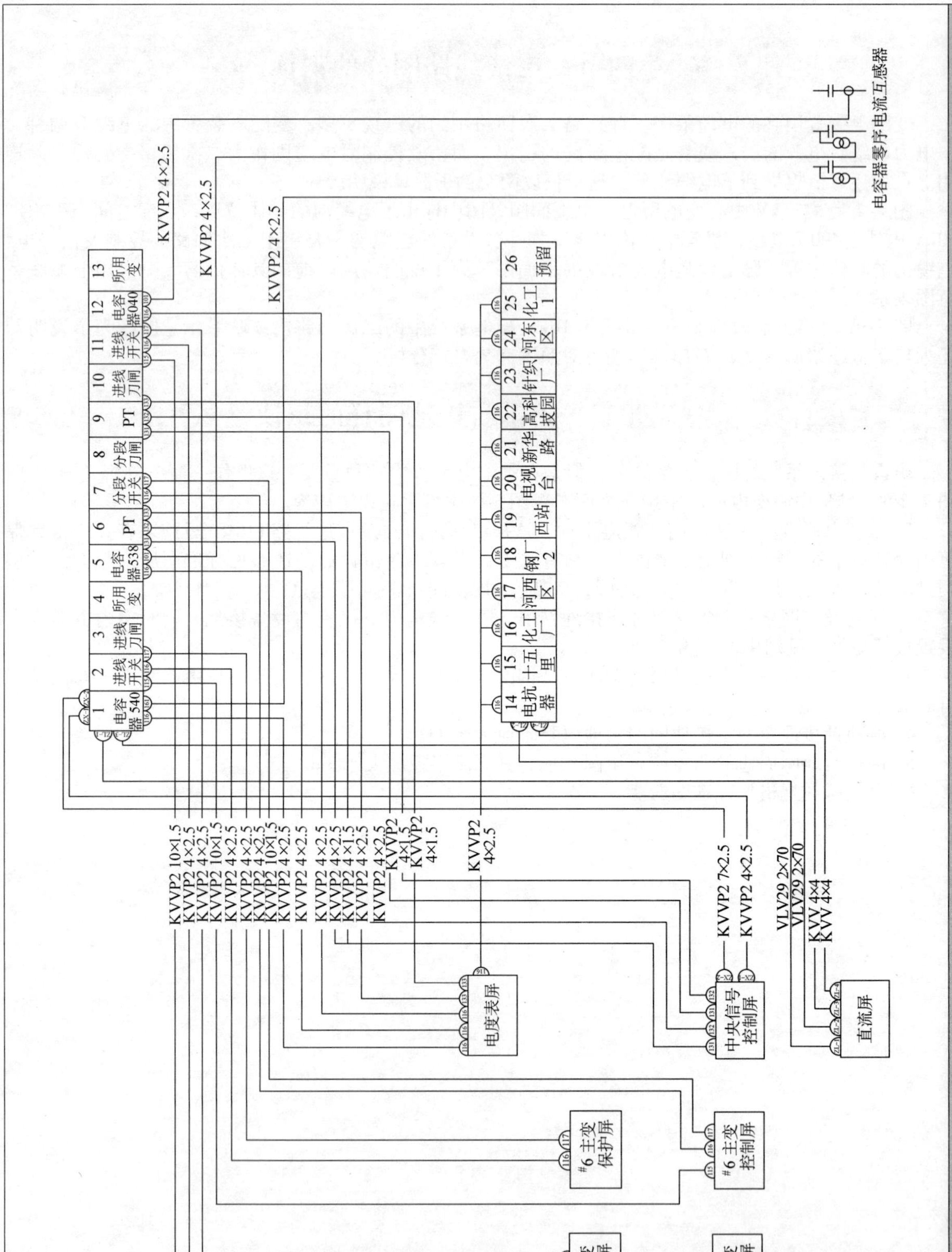

电容器零序电流互感器
KVVP2 4×2.5
KVVP2 4×2.5
KVVP2 4×2.5
1 电容器540
2 进线开关
3 进线刀闸
4 所用变
5 电容器538
6 PT
7 分段开关
8 分段刀闸
9 PT
10 进线刀闸
11 进线开关
12 电容器040
13 所用变
14 电抗器
15 十五里
16 化工厂
17 河西区
18 钢厂2
19 西站
20 电视台
21 新华路
22 高科技园
23 针织厂
24 河东区
25 化工1
26 预留
KVVP2 10×1.5
KVVP2 4×2.5
KVVP2 4×2.5
KVVP2 10×1.5
KVVP2 4×2.5
KVVP2 4×2.5
KVVP2 10×1.5
KVVP2 4×2.5
KVVP2 4×2.5
KVVP2 4×2.5
KVVP2 4×1.5
KVVP2 4×2.5
KVVP2 4×2.5
KVVP2 4×1.5
KVVP2 4×1.5
KVVP2 4×2.5
KVVP2 7×2.5
KVVP2 4×2.5
VLV29 2×70
VLV29 2×70
KVV 4×4
KVV 4×4
电度表屏
中央信号控制屏
直流屏
#6 主变保护屏
#6 主变控制屏
#5 主变保护屏
#5 主变控制屏

表 7-13 电缆清册

电缆编号	电缆型号及截面	备用芯数	电缆去向		电缆长度/m 型号																	
			起点	终点	24×2.5	19×2.5	14×2.5	10×2.5	8×2.5	7×2.5	6×2.5	5×2.5	4×2.5	24×1.5	19×1.5	14×1.5	10×1.5	8×1.5	7×1.5	6×1.5	5×1.5	4×1.5
115	KVVP2		10kV 配电室＃11 柜	＃5 主变控制屏													98					
116			10kV 配电室＃11 柜	＃5 主变保护屏									98									
117			10kV 配电室＃11 柜										98									
115	KVVP2		10kV 配电室＃2 柜	＃6 主变控制屏													91					
116			10kV 配电室＃2 柜	＃6 主变保护屏									91									
117			10kV 配电室＃2 柜										91									
116	KVVP2		10kV 配电室＃7 柜	10kV 分段控制屏									96									
117																	96					
116	KVVP2		10kV 配电室＃12 柜	电容器电度表屏									100									
101				040 电容器零序 CT									150									
116	KVVP2		10kV 配电室＃5 柜	电容器电度表屏									93									
101				538 电容器零序 CT									160									
116	KVVP2		10kV 配电室＃1 柜	电容器电度表屏									89									

（续）

电缆编号	电缆型号及截面	备用芯数	电缆去向		电缆长度/m																	
					型号																	
			起点	终点	24×2.5	19×2.5	14×2.5	10×2.5	8×2.5	7×2.5	6×2.5	5×2.5	4×2.5	24×1.5	19×1.5	14×1.5	10×1.5	8×1.5	7×1.5	6×1.5	5×1.5	4×1.5
101	KVVP2		10kV 配电室＃1 柜	540 电容器零序 CT									165									
131	KVVP2		10kV 配电室＃6 柜	中央信号控制屏									94									
132																						94
133				电度表屏									94									
				10kV 配电室＃9 柜									17									
131	KVVP2		10kV 配电室＃9 柜	中央信号控制屏									98									
132																						98
133				电度表屏									98									
116	KVVP2		10kV 配电室＃15 柜	电度表屏									90									
116			10kV 配电室＃16 柜										91									
116			10kV 配电室＃17 柜										92									
116			10kV 配电室＃18 柜										93									
116			10kV 配电室＃19 柜										94									
116			10kV 配电室＃20 柜										95									
116			10kV 配电室＃21 柜										96									

（续）

电缆编号	电缆型号及截面	备用芯数	电缆去向		电缆长度/m																						
					型号																						
			起点	终点	24 × 2.5	19 × 2.5	14 × 2.5	10 × 2.5	8 × 2.5	7 × 2.5	6 × 2.5	5 × 2.5	4 × 2.5	24 × 1.5	19 × 1.5	14 × 1.5	10 × 1.5	8 × 1.5	7 × 1.5	6 × 1.5	5 × 1.5	4 × 1.5		4 × 4		2 × 70	2 × 50
116	KVVP2		10kV 配电室＃22 柜	电度表屏									97														
116			10kV 配电室＃23 柜										98														
116			10kV 配电室＃24 柜										99														
116			10kV 配电室＃25 柜										100														
	KVVP2		柜间联络（网）										60														
ZL－1	VLV29		10kV 配电室＃1 柜	直流屏																						89	
ZL－2			10kV 配电室＃14 柜																							89	
ZL－3	KVV		10kV 配电室＃1 柜																					89			
ZL－4			10kV 配电室＃14 柜																					89			
	VLV29		10kV 配电室＃13 柜	10kV 配电室＃25 柜																							150
ZX－1	KVV		10kV 配电室＃1 柜	中央信号控制屏						89																	
ZX－2			10kV 配电室＃1 柜										89														
N－1	KVVP2		10kV 配电室＃1 柜	控制室网卡									95													95	
N－2			10kV 配电室＃1 柜										95													96	

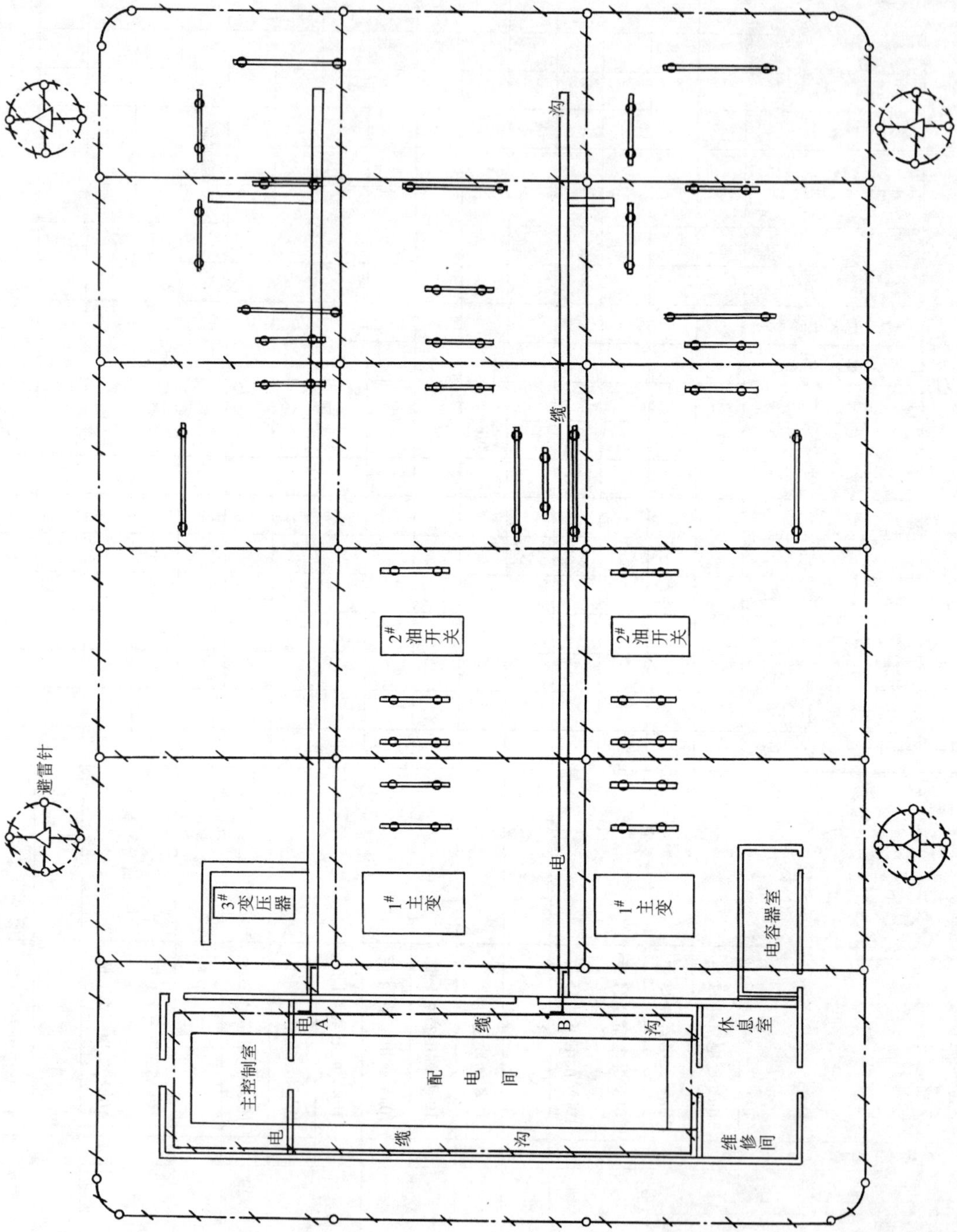

图 7-97　某中心变电所防雷接地平面布置图

注：引至设备的接地支线未画出，安装时应就近与接地网连接

第八章»

电动机起动控制保护电路分析

电动机作为一种动力装置在工业生产、人民生活中有着非常重要的地位。在电气工程中，特别是工业电气工程中占据显赫的位置，对电气工作人员来讲是工程中的重中之重。电动机的起动控制保护电路对电动机安全运行、可靠工作有着非常重要的意义。本章选用电动机常用的起动控制保护电路进行分析，使读者在较短的时间里掌握分析电路的方法，这对一名电气工作者来说是很重要的。

电动机起动电路主要有直接起动和间接起动两种，其中间接起动包括自耦变压器起动、串联电抗起动、星形三角形起动、频敏变阻器起动、软起动器起动和变频起动器起动等。其中，频敏变阻器起动仅适用于绕线转子异步电动机；自耦变压器、串联电抗、星形三角形起动仅适用于笼型异步电动机；软起动器、变频起动器对于笼型异步电动机及绕线转子异步电动机均适用。

一、低压电动机接触器—继电器起动控制电路 ★★★

（一）直接起动

电动机直接起动的电路见图 8-1。

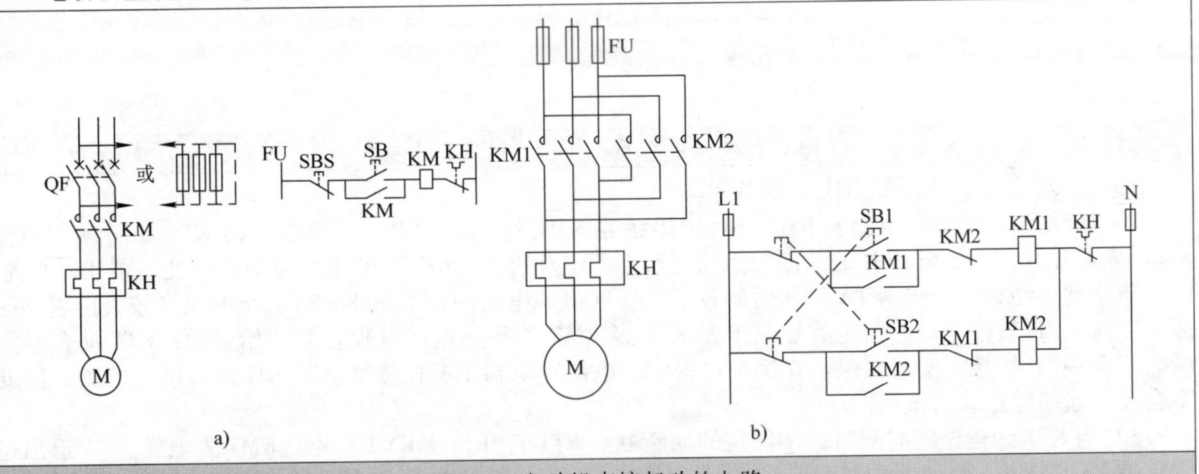

图 8-1 电动机直接起动的电路

a）直接起动 b）可逆直接起动

1）由图 8-1a 可知，将断路器 QF 闭合或将熔断器 FU 插入或旋紧，主电路有电。

2）按动动合按钮 SB，接触器 KM 的线圈—□—经动合按钮 SBS、热继电器 KH 的动断触点 SB 接通吸合，使 KM 主触点吸合，电动机 M 得电而转动起来，当松开 SB 时，KM 辅助动合触点已闭合而实现自保。

3）当需要停车时，按动动断按钮 SBS，KM 线圈回路断开，线圈失电使 KM 释放，电动机断电停止。

4）当电路及电动机内部的相间产生短路时，QF 跳闸或 FU 熔断器熔断使电动机失电而停止。当 FU 熔断一相时，KH 动作，因为 KH 是带断相保护功能的，其触点断开，切断控制电路，KM 失电，也能使电动机停止。

5）当电动机过载发热时，KH 动作，其触点断开，切断控制电路，使电动机失电而停止。

再看图 8-1b，主电路中 KM1 和 KM2 将两个边相在下闸口倒相了，因此 KM1 吸合则为正转，而 KM2 吸合则为反转。控制电路中使用动合和动断同时动作（动断先断开，动合后闭合，决定按动速度及是否按到底）的双联按钮 SB1 和 SB2，因此，操作 SB1 时，其动断触点先断开了 KM2 的得电回路，这样 KM1 得电时 KM2 不能得电，同样操作 SB2 时，KM2 得电而 KM1 不能得电。KM1 得电后其动断辅助触点打开，它接在了 KM2 的得电回路，保证了 KM1 吸合后 KM2 不会得电吸合，同样 KM2 的动断辅助触点接在了 KM1 的得电回路，保证了 KM2 吸合时 KM1 不会得电。上述的两种制约叫做联锁，是电气控制线路中常用的接线方法。当电动机需要停止时，正转按动 SB2，反转按动 SB1，其动断触点先断开得电回路，只要不按到底，电动机就停止。当按到底时，电动机就由正转变为反转或由反转变为正转了。其他同图 8-1a，读者可自行分析。

（二）自耦减压器的间接起动

电动机自耦减压器的起动控制电路见图 8-2。

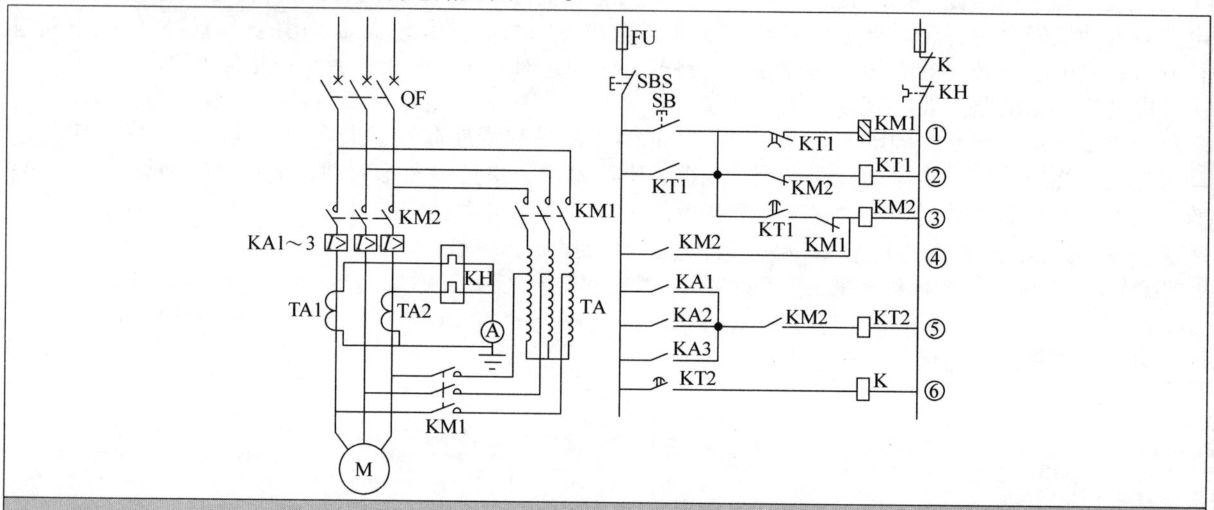

图 8-2　电动机自耦减压器的起动控制电路

1）将 QF 合上，主电路有电，准备起动。

2）按动 SB，①控制电路被接通，六极接触器 KM1 经 SBS、SB、时间继电器 KT1 动断触点、KH 动断触点和中间继电器 K 的动断触点得电吸合，电动机 M 经 KM1 的主触点与自耦变压器 TA 接通，电动机得到了经自耦变压器 TA 降压后的较低电压（电源电压的65%和80%）、小电流（较直接起动的起动电流）、低转速起动。同时②控制电路 KT1 经 KM2 动断触点得电吸合并开始延时；KT1 动合触点瞬时闭合将 SB 短接，实现自保。在这个过程中，电流继电器 KA 和热继电器 KH 没有接入电路，因此不会发生起动时过载而误动作。

3）当 KT1 到达整定时间时，①回路的动断触点 KT1 打开，使 KM1 失电。KM1 失电后，TA 退出运行且被 KM1 隔离，电动机惯性运转；而③回路的动合触点 KT1 闭合，同时 KM1 的动断触点复位使 KM2 得电吸合，④回路的动合触点 KM2 闭合自保，⑤回路 KM2 动合触点闭合，为 KT2 得电作准备。KM2 将电动机接入额定电压运转。KM2 得电后，②回路的动断触点复位打开使 KT1 失电，其触点复位。

4）当需要停车时，按动 SBS，控制电路失电，KM2 释放切断电源，电动机停止。

5）当电路或电动机内部短路时，QF 跳闸，切断电动机电源，电动机停止；当电动机电流较大超过 KH 整定值 1.1～1.5 倍额定电流时，KH 动作，使控制电路失电，进而电动机停止；当电动机某相电流超过 2 倍额定电流时，由过电流继电器的 KA1～KA3 动合触点组成的或门电路均使 KT2 得电吸合，只要过电流时间超过 KT2 整定值时，其动合触点 KT2 闭合，⑥回路 K 吸合，使控制电路动断触点打开而失电，KM2 失电，电动机停止，保护了电动机。图 8-2 中电流表Ⓐ是为测量中相电流而设置的，能测量正常运行时的电流以便监视运行。手动操作的起动器只是用手动触点代替 KM1 和 KM2，人眼观察电流表或转速代替 KT1。

（三）Y－△起动器的间接起动（星－三角起动）

Y－△起动器的起动控制电路如图 8-3 所示。

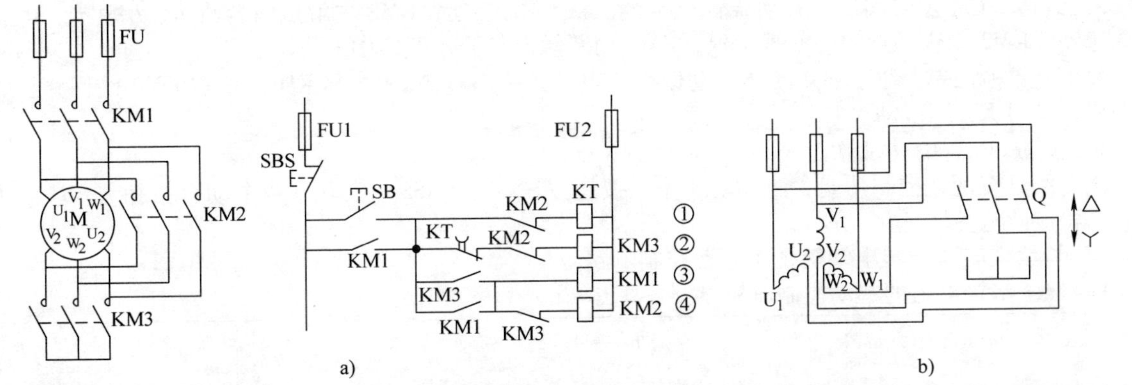

图 8-3　Y－△起动器的起动控制电路

a）自动电路　b）手柄操作

1）将 FU、FU1 装好后电路有电，准备起动。

2）按动 SB，①控制电路的时间继电器 KT 经 KM2 动断触点得电吸合并开始计时；②控制回路的 KM3 经 KM2 动断触点、KT 延时打开的动断触点和 SB 得电吸合，KM3 主触点闭合将 M 的 U_2、V_2、W_2 引出端封为星点；③控制电路的 KM1 经已闭合的 KM3 动合触点和 SB 得电吸合，使电动机 U_1、V_1、W_1 接入主电源，M 作星形起动；④控制电路的 KM2 不会吸合，因为 KM3 动断触点已打开，KM2 和 KM3 是互锁的，不会同步吸合。

3）KT 经调整后的起动时间到达后，其②回路的动断触点打开，KM3 失电，电动机靠惯性运转，而 KM3 的动断触点复位，使 KM2④回路得电吸合，KM2 的主触点将电动机按 U_1/W_2、V_1/U_2、W_1/V_2 接为三角形，电动机继续运转，完成起动过程。KM2 吸合后其①回路的动断触头打开，KT 失电，②回路的动断触点也打开。

4）发生短路时，FU 熔断，切断电动机电源。容量较大的电动机也可按图 8-2 设置断路器、电流继电器、热继电器进行保护。

5）当需要停车时可按动 SBS 切断控制电源 KM1、KM2 失电，电动机停止。

（四）串联阻抗的间接起动

串联阻抗的起动控制电路如图 8-4 所示。

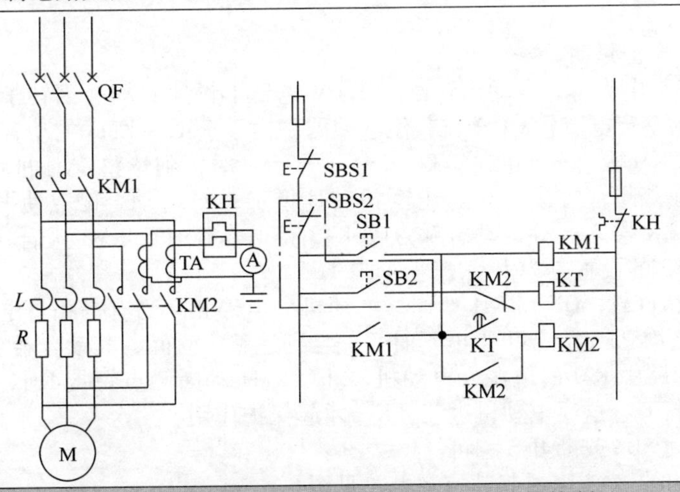

图 8-4　电动机串联阻抗起动控制电路（两地控制）

1）闭合 QF，KM1 上闸口有电，M 准备起动。

2）按 SB，KM1 得电吸合，M 在串联阻抗 R 和 L 下起动，电流较小；同时 KT 得电并开始延时；KM1 的动合触点将 SB 短接实现自保。

3）到达 KT 整定时间后，其动合触点闭合，将 KM2 接通，KM2 主触点闭合将 R、L 短接，电动机完成起动，KM2 动合触点闭合实现自保，KM2 动断触点打开使 KT 失电。

4）系统短路或过载时，QF 或 KH 动作，使电动机脱离电源。TA 和 KH 设置在 KM2 的回路里，使电动机起动时 KH 不误动。

5）按动 SBS，电动机停止。

该电路具有两地控制功能，两个动断停止按钮（SBS1、SBS2）串联，两个动合按钮（SB1、SB2）并联，构成两地控制。

（五）绕线转子异步电动机常用起动控制电路

1）转子串接电阻的起动控制电路见图 8-5。

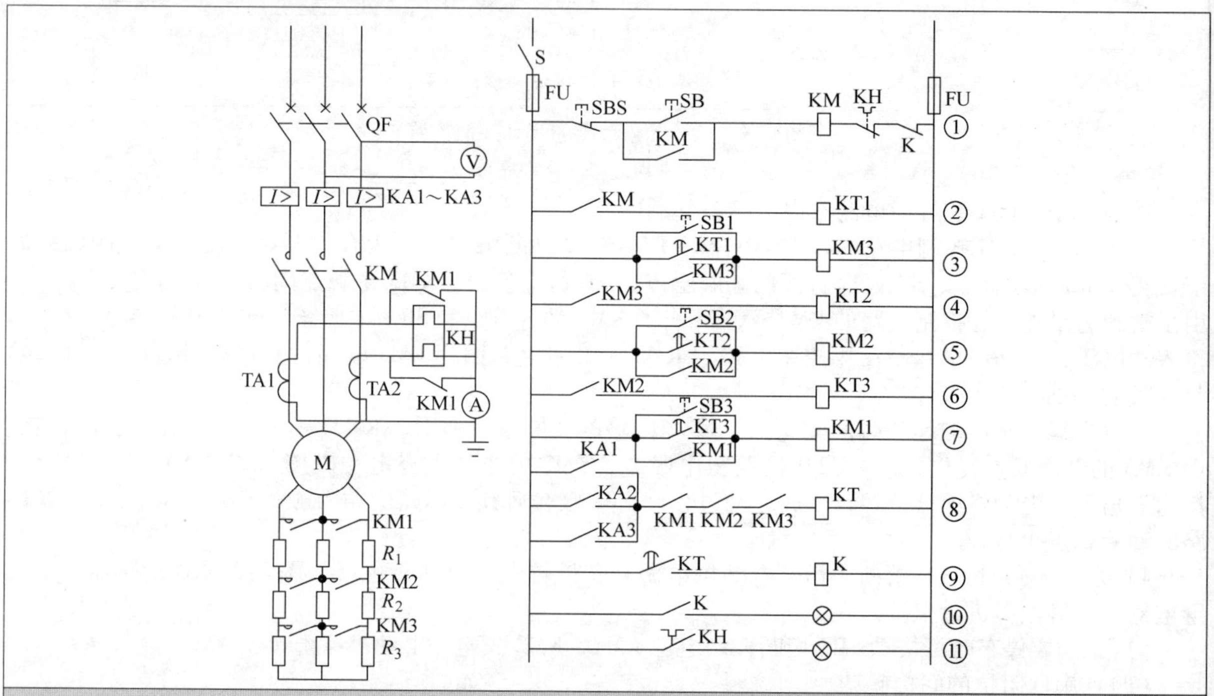

图 8-5 绕线转子电动机电阻起动控制电路（①～⑪为回路标号）

① 闭合 QF 和 S，准备起动。

② 按动 SB，KM1 得电吸合，电动机转子在 380V 电压下慢速起动（因转子串联了电阻），如果因电流超过 KA1～KA3 的整定电流，KA 动作，但⑧回路中由于 KM1～KM3 的动合触点不闭合而 KT 不动作，电动机不会停止。KM 吸合的同时，KT1 吸合并开始延时，到达整定时间后其动合触点闭合，使 KM3 得电吸合，其主触点闭合短接了 R_3，电动机转速增加；KM3 动合触点使 KT2 得电，延时后 KM2 吸合，短接 R_2，电动机又增速；KM2 动合触点使 KT3 得电，延时后 KM1 吸合短接 R_1，电动机完成起动过程，其中 SB1～SB3 的设置是为手动增速而加的。

③ 系统发生短路和过载，QF 和 KH 动作，电动机失电停止。当有一相过电流时，KA 动作，这时 KM1～KM3 的动合触点均已闭合，KT 得电延时，一旦到达整定时间，其动合触点闭合使 K 动作，K 的动断触点打开切断①回路中 KM 的电源，电动机停止。KM1 动断触点短接 KH，使起动时 KH 不动作，只有起动完成 KM1 才打开，这时电动机过载，KH 才起保护作用。

④ 需要停车时按动 SBS 或断开 S 均可。

2）绕线转子电动机频敏变阻器起动控制电路见图 8-6。

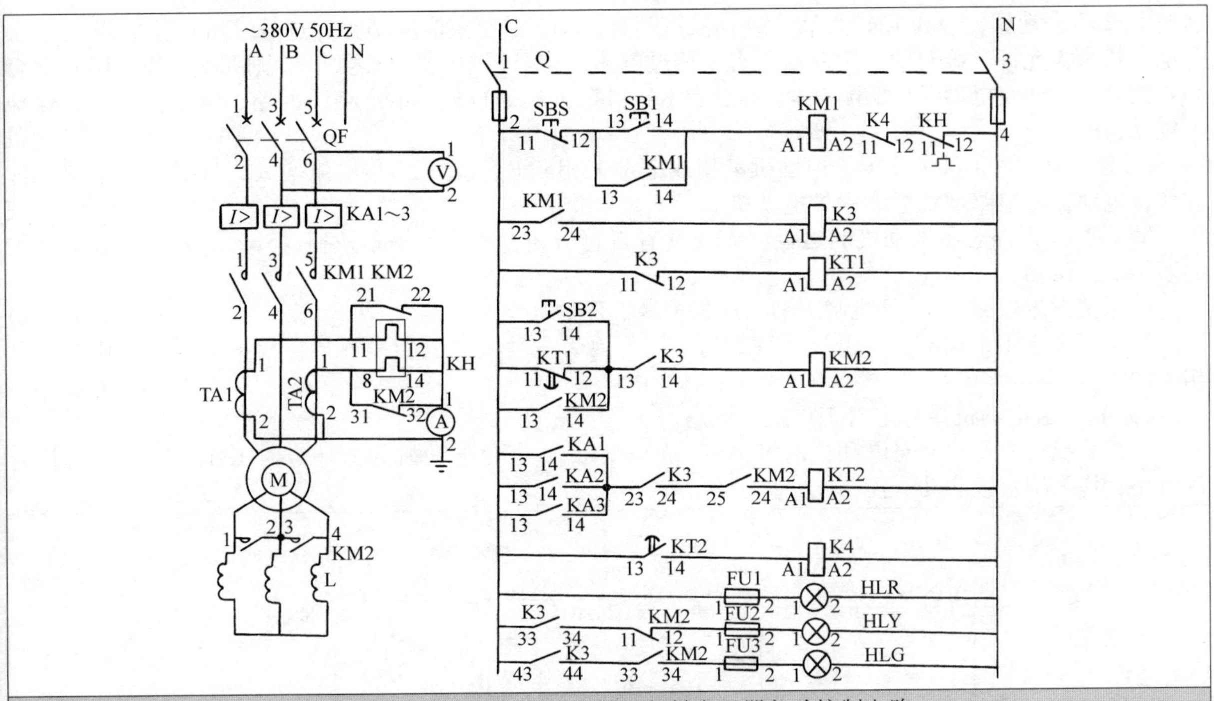

图 8-6　115kW 绕线转子电动机频敏变阻器起动控制电路

① 主电路的设置和功能

a. 主电路设置低压断路器 QF 和接触器 KM1，转子回路设置 KM2 和频敏变阻器 L。QF 作为线路的总开关且保护短路，KM1 接通定子电流起动电机，L 限制转子电流，KM2 短接 L。

b. 主电路设置过电流继电器 KA1～3，保护过负荷。

c. 主电路设置电流互感器 TA1～2，为电流表Ⓐ提供电流信号，同时串接热继电器 KH，作为过负荷的后备保护和断相保护。

② 控制电路的功能和控制原理

a. 控制电路采用交流 220V 电源，由 QF 上闸口供给，由上闸口供给对维修和调试有很大的方便。

b. 起动时，先闭合闸刀开关 Q，接通控制电路电源，这时时间继电器 KT1 被中间继电器 K3（11－12）动断触点接通有电，其串接在接触器 KM2 回路中的 KT1（11－12）动断触点打开，为短接 L 作准备。信号灯 HLR 点亮，表示系统有电。

c. 将主电路的断路器闭合，主电路有电，按动起动按钮 SB1，主接触器 KM1 回路为一通路，KM1 得电吸合，将定子与电源接通，电动机起动且转子串入 L 转动，这时定子电流为（3～5）倍额定电流，随着转速的增加定子电流在逐渐减小。同时，KM1 的辅助动合触点（23－24）闭合将中间继电器 K3 接通，K3 的动断触点（11－12）立即打开，KT1 失电且开始延时，K3 的动合触点（13－14）立即闭合，为 KM2 吸合作准备。另外，KM1（13－14）闭合自保，K3（23－24）闭合，为 KT2 得电作准备。

d. 电流接近额定电流时（这段时间即为起动时间 t_1，也就是时间继电器 KT1 的整定时间），KT1 延时终止，其动断触点 KT1（11－12）闭合，使短接接触器 KM2 得电吸合，其主触点闭合将 L 短接，转子绕组封为星点，电动机起动完毕。KM2（23－24）闭合，为 KT2 得电作准备。

e. 起动过程中，在 KM2 未通电前，其并接在热元件 KH 两端的动断触点（21－22）和（31－32）是闭合的，因此 KH 不会动作。也就是说，由于起动电流的过负荷，热继电器不动作。起动后，KM2（21－22）和（31－32）打开，这时运行电流若超过热元件的动作电流，热继电器动作，其串接在主接触器 KM1 回路的动断触点 KH（11－12）打开，KM1 断电，切断定子电流，电动机停止，保护了电动机。

f. 起动过程中，过电流继电器 KA1～KA3 由于起动电流的冲击均动作，其触点（13－14）闭合，这时 KT2 不会动作，因为 KM2（25－24）没有闭合，KT2 的整定时间即允许过载时间 t_2 应大于 t_1 且小于电动机最大允许过载时间。起动后，有一相过电流，只要过电流时间达到 t_2，则 KT2（13－14）动合触点闭合，中间继电器 K4 得电，其动断触点 K4（11－12）打开，切断 KM1 回路，电动机停止，保护了电动机。

g. 起动中，由于某种原因，电动机某相或电源某相断开，则另两相电流增大，只要有一个热元件动作，电动机主电路便切断，保护电动机。

h. 信号灯回路表示电动机的运行状态，读者自行分析。SBS 为停车按钮，SB2 是为手动起动设置的短接 L 的按钮。

i. 系统发生短路时，QF 跳闸，切断电机电源、保护电动机。

j. 电流表指示中相电流，也就是每相的电流，因为电动机为三相平衡负荷，正常时，三相电流是相等的。

（六）三台电动机循环定时工作控制电路

由于系统工艺要求，对电动机的控制有一定要求，如三台电动机为循环定时工作，三台电动机容量较小，均采用直接起动。控制电路见图 8-7。

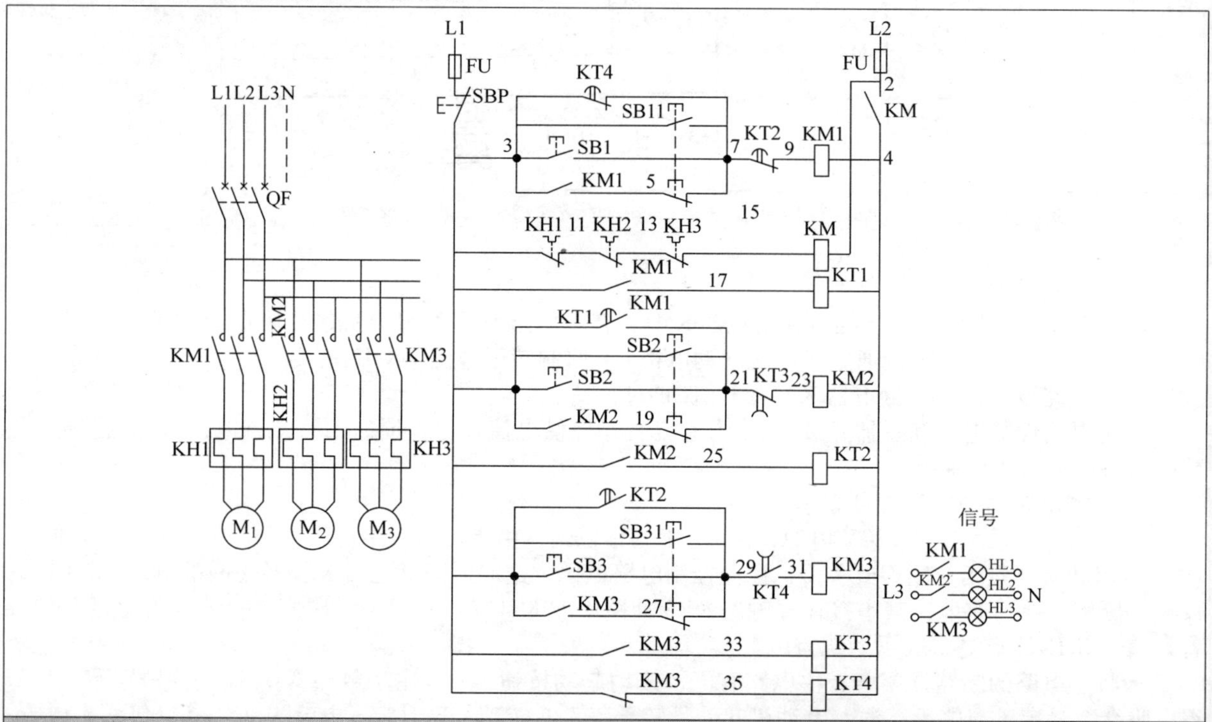

图 8-7　三台小型电动机循环定时工作控制电路

1）起动前先将熔断器 FU 装好，KM 得电，其动合触头 KM（2－4）闭合，控制电路有电，时间继电器 KT4 得电，其动断触点 KT4（3－7）打开，动合触点 KT4（3－29）闭合，为 KM1 自动得电、KM3 自动失电作准备。

2）起动时将断路器 QF 闭合，接触器 KM1～KM3 上闸口有电，为起动作准备。

3）按下起动按钮 SB1，KM1 得电，电动机 M_1 起动，其动合触点 KM1（3－5）闭合自保，动合触点 KM1（3－17）闭合，使时间继电器 KT1 得电并开始延时。

4）到达 KT1 整定时间后，其动合触点 KT1（3－21）闭合，KM2 得电，电动机 M_2 起动。KM2 动合触点（3－19）闭合自保，动合触点 KM2（3－25）闭合，使时间继电器 KT2 得电并开始延时。

5）到达 KT2 整定时间后，其动合触点 KT2（3－29）闭合，KM3 得电，电动机 M_3 起动，同时 KT2 动断触点（7－9）打开，KM1 失电，M_1 停转同时 KT1 失电，其触点复位，为下次动作作准备。KM3（3－27）动合触点闭合自保，动合触点 KM3（3－33）闭合，使时间继电器 KT3 得电并开始延时。动断触点 KM3（3－35）打开，使时间继电器 KT4 失电并开始延时。

6）到达 KT3 整定时间后，其动断触点 KT3（21－23）打开，KM2 失电，M_2 停转。同时 KT2 失电，其触点复位，为下次动作做准备。

7）到达 KT4 整定时间后，其动合触点 KT4（29－31）打开，KM3 失电，M_3 停转，同时 KT4 动断触点（3－7）闭合，接通了 KM1 的回路，KM1 重新自动得电，开始第二个循环工作。KM3 失电后，其触点（3－35）、（3－37）复位，使 KT3 失电，KT4 得电，为下一循环作准备。

8）运行中，任一电动机过负荷，KH 动作，将中间继电器 K1 断电，其触点 K1（2－4）将控制电路的电源断开，接触器失电，电动机全都停止。运行中需要停车时，按动停止按钮 SBS，断开控制回路电源，接触器失电，电动机停止。

9）SB2 和 SB3 的设置可使系统从任一电动机开始循环工作，再者是当时间继电器有失灵者可将时间继电器触点短接后手动循环工作，不影响工艺流程。

10）信号灯表示过负荷电动机的过负荷信号，复位后可从该台电动机开始循环工作，即按动该台电动机的起动按钮 SB。

11）点动按钮 SB11、SB21、SB31 的设置是为了调整试车而设置的，按动该按钮时只能点动而不能进入循环工作。

12）时间继电器均为长延时（0～360s）器件，其中 KT1、KT2、KT3 为得电延时器件，KT4 为断电延时器件。每只时间继电器的整定时间均按工艺要求进行。

（七）多台电动机顺序起动控制电路（见图 8-8）。

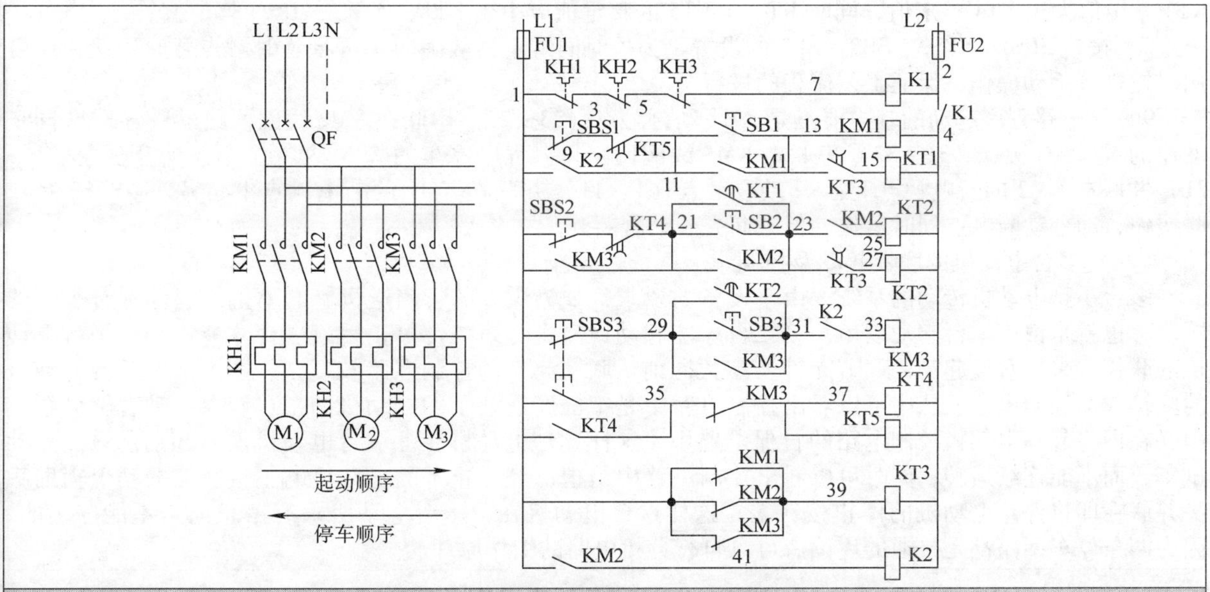

图 8-8　多台电动机顺序起动控制电路

1）起动前先将熔断器 FU 装好，控制电路有电。这时中间继电器 K1 得电吸合，其动合触点 K1（2－4）闭合，将电源接通。

2）时间继电器 KT3 得电吸合，其动合触点 KT3（13－15）、（23－27）吸合，为时间继电器 KT1、KT2 工作做准备。因接触器 KM1、KM2 的辅助触点 KM1（23－25）、KM2（由 K2 实现）（31－33）分别串接在 KM2 和 KM3 的线圈电路里，因此 M_2 和 M_3 不能先行起动，只能先起动 M_1。起动时先闭合 QF，接触器上闸口有电。

3）按动按钮 SB1，KM1 得电吸合，M_1 直接起动。KM1 吸合后，其辅助触点 KM1（11－13）闭合自保，KM1（23－25）闭合，为 KM2 得电作准备，KM1（1－39）打开。同时时间继电器 KT1 得电吸合并开始延时，为 M_2 自动起动作准备。

4）KT1 的整定时间达到后，其动合触点 KT1（21－23）闭合，使 KM2 得电吸合，M_2 直接起动。KM2（21－23）闭合自保，KM2（1－41）闭合，使中间继电器 K2 得电吸合（补充 KM2 辅助触点不足），其动合触点 K2（31－33）闭合，为 KM3 得电作准备，动合触点 K2（1－11）闭合将 KT1 失电回路封死，使 M_1 不能停车。KM2 的动断触头 KM2（1－39）打开，为 KT3 失电作准备。同时时间继电器 KT2 得电吸合并开始延时，为 M_3 自动起动作准备。

5）KT2 的整定时间达到后，其动合触点 KT2（29－31）闭合，使 KM3 得电吸合，M_3 直接起动。KM3（29－31）闭合自保，动断触点 KM3（35－37）打开，使停车时间继电器 KT4、KT5 不能得电。KM3（1－39）打开，这样时间继电器 KT3 失电，并且开始延时。到达 KT3 整定时间后，其动断触点 KT3（13－15）、(23－27）打开，切断 KT1 和 KT2，其动合触点 KT1（21－23）、KT2（29－31）打开，准备下次工作。

这样，M_1、M_2 和 M_3 按控制程序一一起动，运行过程中，有一电动机过负荷，KH 动作，将 K1 断电，其动合触点 K1（2－4）打开，断开控制电路电源，过负荷电动机停止，所有继电器复位，准备重新起动。

6）运行中，如需要停车，可按动停车按钮 SBS3、KM3 失电，电动机 M_3 停止，因 SBS3 是双联（一动断、一动合）按钮，动断打开后动合闭合，这时注意到 KM3（35－37）由于 KM3 失电而闭合，KM3（1－21）则打开。KT4 和 KT5 同时得电吸合并开始延时，由于 KT5 的整定时间大于 KT4 的整定时间，因此 KT4（19－21）到达整定时间后先打开，切断 KM2 的电源，M_2 停止，同时 K2（1－11）打开为 KM1 停止工作做准备。到达 KT5 整定时间后，KT5（9－11）打开，切断 KM1 的电源，M_3 停止，这样 M_3、M_2、M_1 按顺序一一停车。停车后继电器复位，准备下次起动，且重复以上的动作。

7）时间继电器的整定值是按工艺要求决定的，一般情况下，KT1、KT2、KT3 的整定值基本相等，KT5 整定值大于 KT4 整定值，同时 KT4 和 KT5 的整定值应小于 KT1、KT2、KT3 的整定值。

8）按钮 SBS1、SBS2、SB2、SB3 的设置是为了时间继电器故障时，可将延时触点暂时短接，便可用按钮进行手动操作，保证工艺流程的进行。

9）该电路程序起动的基本要点是 KM1 动合触点（23－25）串联在 KM2 线圈回路里，与 KM2 同步动作的 K2 动合触点（31－33）串联在 KM3 线圈回路里。程序停车的基本要点是 KM3 动合触点（1－21）并联在 KM2 的断电触点上，K2 动合触点（1－11）并联在 KM1 的断电触点上。另外，SBS3 是双联按钮，动合动断触点同时运作，但动断先于动合断开。

（八）多台电动机的联锁起动及控制

多台小型电动机传动的系统，由于设备的要求，如输煤廊的带输送机，电动机的起停都有一定的顺序，也就是说第一台起动以后，第二台才能起动；停止时第二台停止后第一台才能停止。多台电动机的联锁都采用直接起动，调节元件及参数同前。联锁起动的控制电路较复杂，图 8-9 为三台电动机的联锁起动控制电路。从中可以看出控制电路中是把已经起动了的电动机的主接触器的动合辅助触点串联在即将起动电动机控制电路的自保电路中，这样这台电动机在上一台电动机没有起动前只能点动试车，而不能连续运转；同时可以看出控制电路中是把已经停止了的电动机的主接触器的动合辅助触头并联在即将停止电动机的停止按钮上，这样这台电动机在下一台电动机没有停止前是不能停车的，因为两条停车回路都是接通的。读者可以自行分析电路的工作原理。

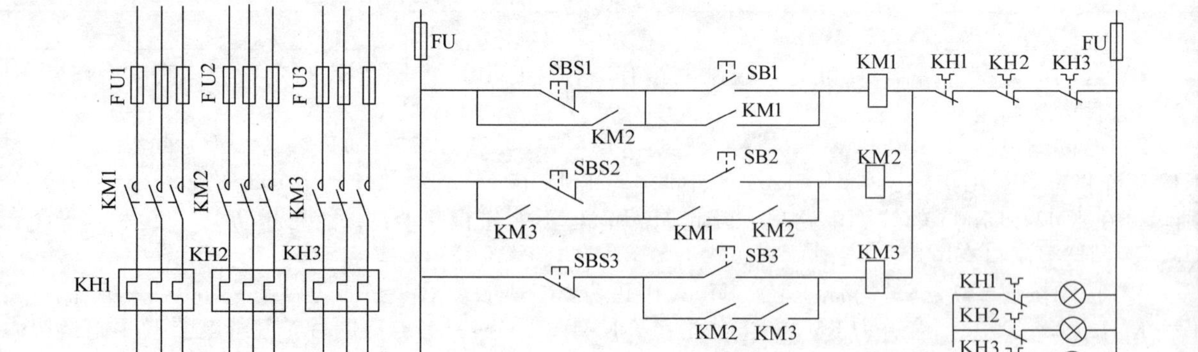

图 8-9　三台电动机的联锁起动控制电路

（九）多速电动机的起动和控制

多速电动机是采用改变电动机极对数的方法而达到有级变速的，一般采用直接起动。

1）双速电动机的起动控制电路见图8-10。从中可以看出，它是将电动机的内部引线全部引至电动机外面，利用接触器的切换来改变电动机绕组的接法而改变转速的。慢速时只有KM1吸合，电动机接成△形4极，快速时KM1断开，KM2吸合，电动机接成双Y形2极。KM2为六极接触器。

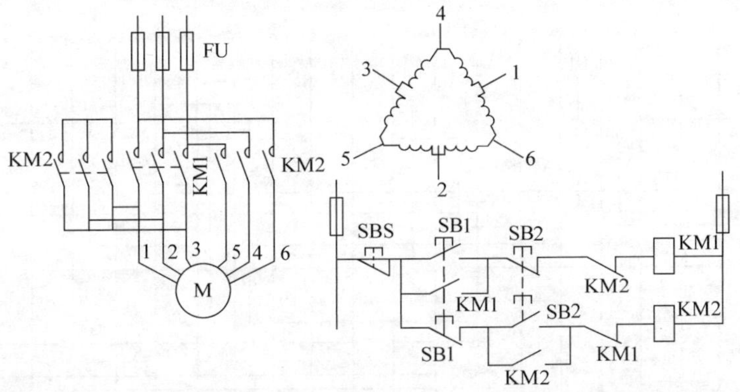

图8-10　双速电动机的起动控制电路

2）三速电动机的起动控制电路见图8-11。图中也采用了多极接触器，如果没有多极接触器也可用三极接触器来组合。慢速时只有KM1吸合，电动机接成△形，中速时只有KM2吸合，电动机接成Y形，高速时只有KM3吸合，电动机接成双Y。

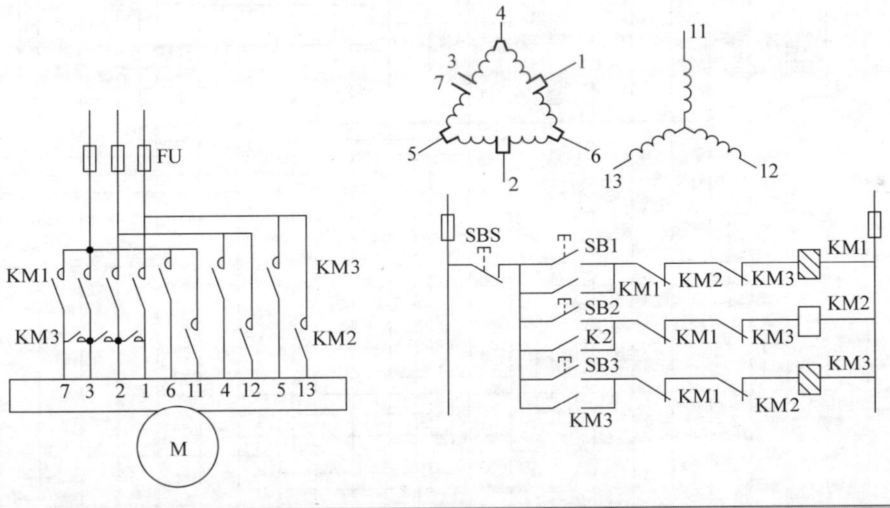

图8-11　三速电动机的起动控制电路

3）四速电动机的起动控制电路见图8-12。四速电动机有25个出线端，为了控制可靠，通常采用单独的接触器组控制，不相互关联，且控制电路有联锁装置，杜绝误动作。接触器组K1吸合时，电动机接成▲形4极；接触器组K2吸合时，电动机接成2△形6极；接触器组K3吸合时，电动机接成▲形8极；接触器组K4吸合时，电动机接成3Y形12极。

由图可见，接触器组的同步性必须良好可靠，包括辅助触点在内，必须经试验合格。

（十）延边三角形起动及控制（见图8-13）

起动时，KM1和KM2吸合，定子绕组一部分接成△形，总体上接成Y形，电动机在减压后起动，当转速或电流达到近似额定值时，KM2释放，而KM3吸合，并通过KM1将电动机接成△，电动机全压运行。电动机绕组接成延边△时，每相绕组的电压、起动电流及起动转矩的大小，是根据每相绕组两部分的比例即抽头比决定的，可根据负载的实际情况进行调节。抽头的比例可为1:1、1:2、1:3、2:1

等，其每相绕组的电压分别为直接起动的71%、78%、84%、66%等。延边△起动性能好，且不增加起动设备，但是由于电动机构造不普及，也限制了它的应用。图中KH的整定应按相电流整定。

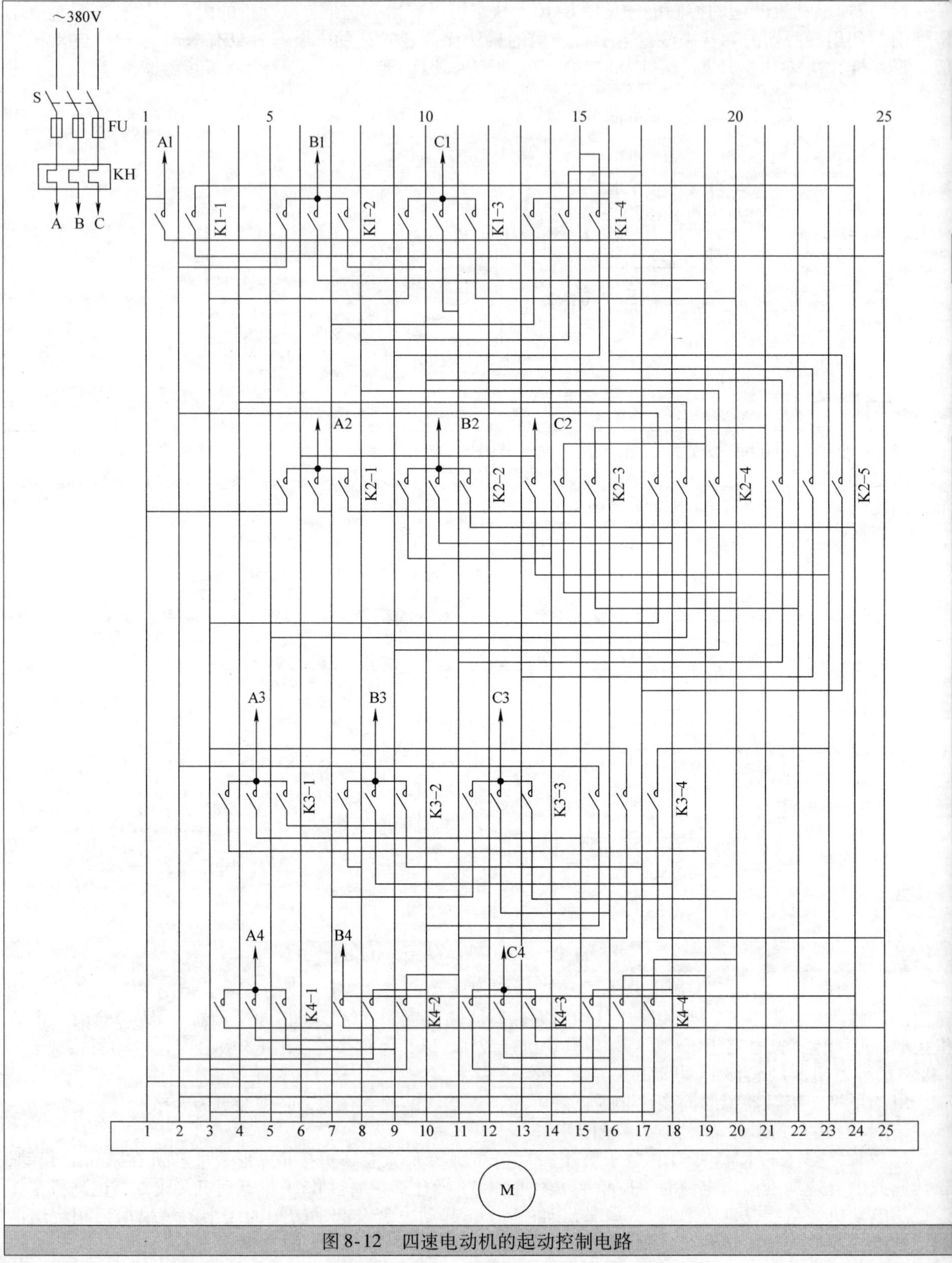

图8-12 四速电动机的起动控制电路

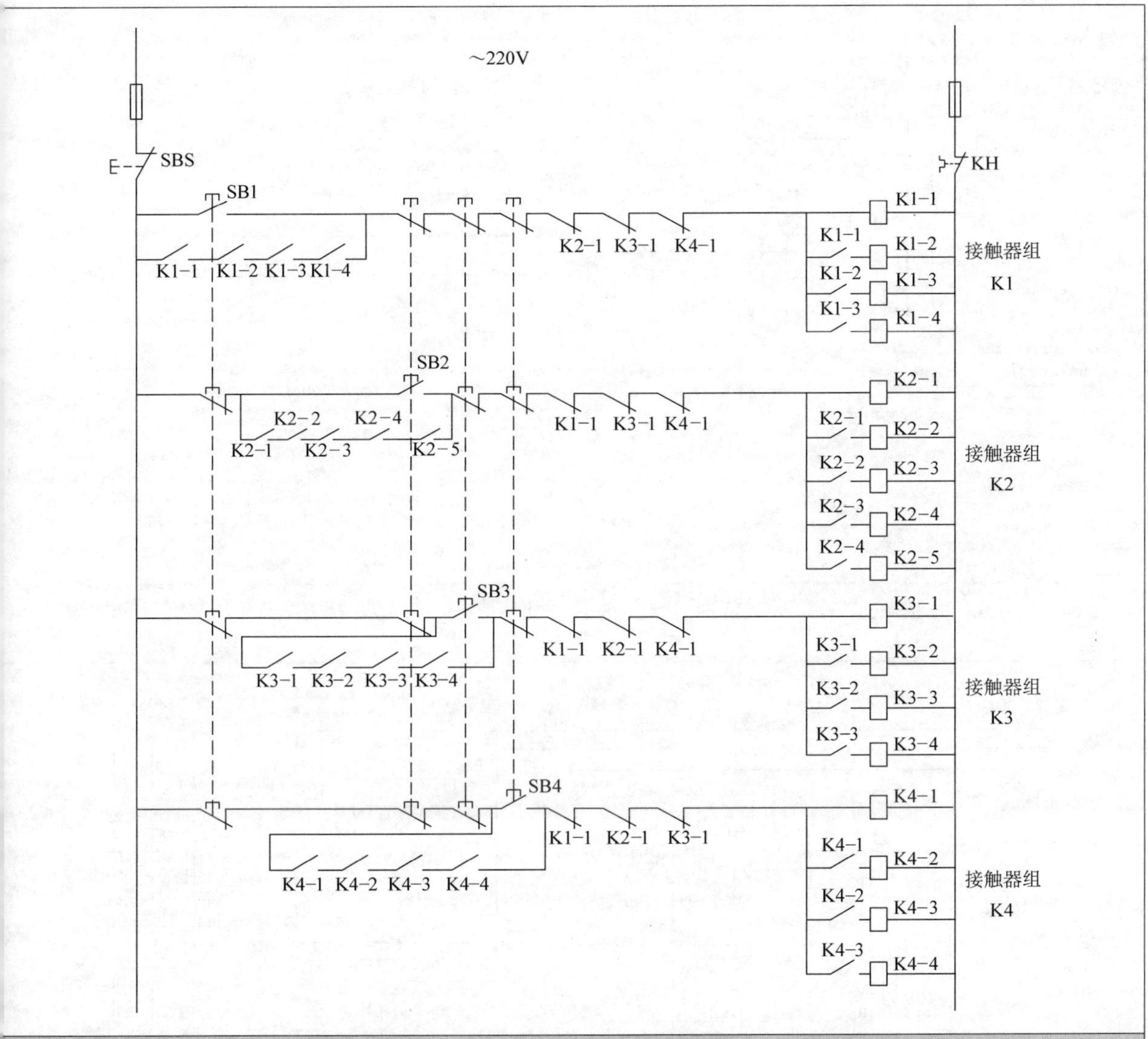

图 8-12　四速电动机的起动控制电路（续）

（十一）电磁调速电动机的起动及控制

电磁调速电动机的控制是与电动机的功率及用途有关的，有的用于 0.6～30kW 单机无级恒速控制，有的用于 40～100kW 单机双速控制，有的用于多机同步控制，还有的用于船用电动机的控制等。现以常用的 ZLK－1 型晶闸管控制器，说明工作原理及调试方法。图 8-14 分两部分，第一部分是主拖部分，和直接起动相同；第二部分是控制调速部分，是由测速反馈、给定、比较放大、移相触发及电源五部分组成；它的调速过程是给离合器的励磁线圈通以直流电流，电流的大小可调节离合器的输出转矩和转速，离合器的电枢和主拖电动机同轴，因此可调节主拖电动机的转速。离合器的结构近似直流电动机，是由电枢、磁极和励磁线圈等部件组成，并和主拖电动机同轴。起动时先将控制器的电源接通，并将速度给定旋钮（电位器）先调至较低的速度档，然后起动主拖电动机；主拖电动机起动后，便可再次调节电位器，电动机即可工作在给定速度的范围内，并通过电位器的调节，在调速范围内任意无级调速。

调节转速时，可转动电位器旋钮，增加或减小给定电压，经晶体管 V2 放大后输入触发器的控制电压就增加或减小，触发脉冲就前移或后移，晶闸管的触发延迟角 α 则减小或增加，离合器的励磁电流就增加或减小，转速就增加或减小。

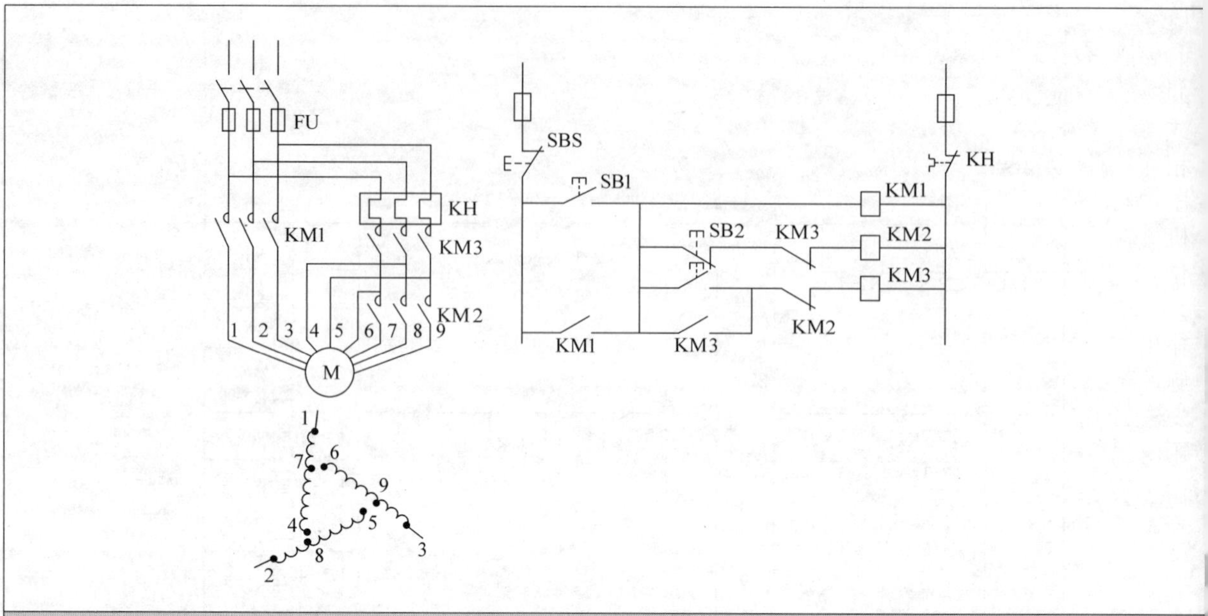

图 8-13　电动机延边三角形起动控制电路

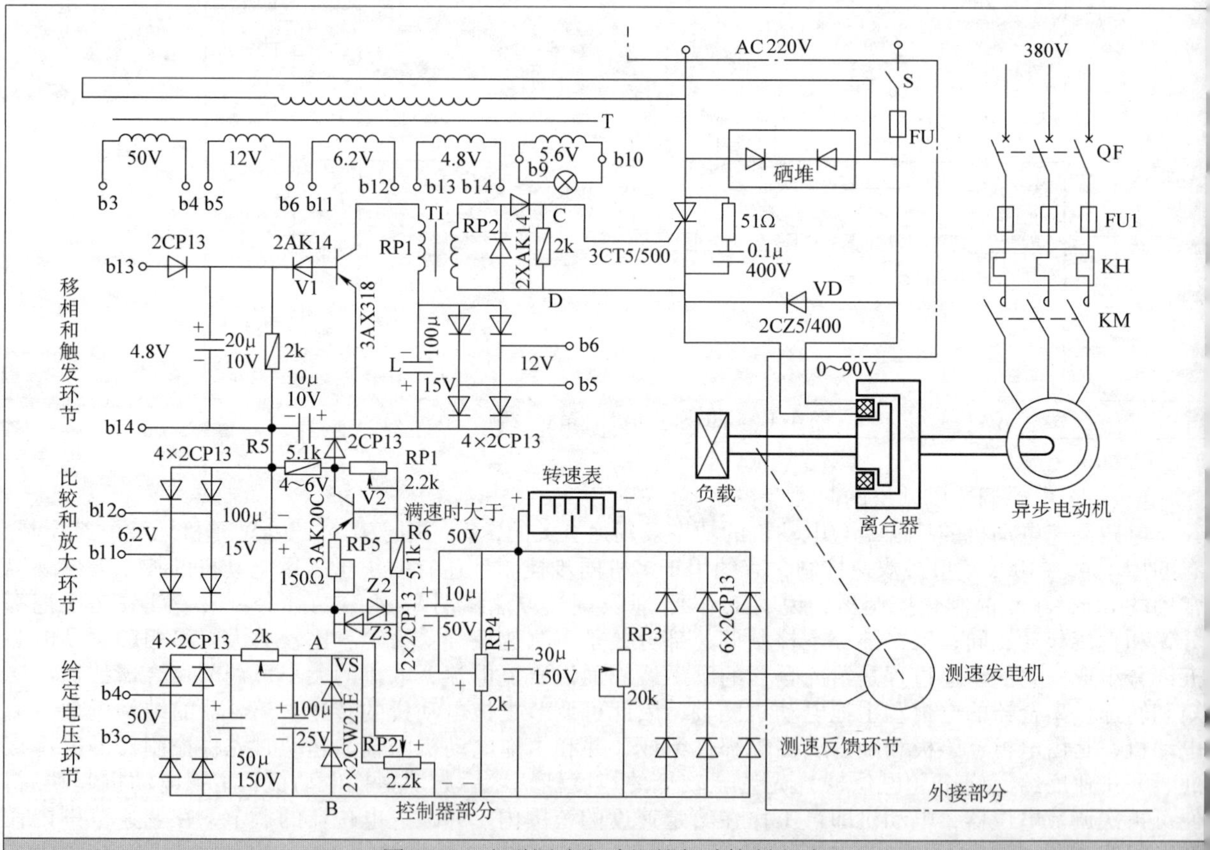

图 8-14　电磁调速电动机的起动控制电路

当离合器上的负载（也就是电动机的负载）增加或减小时，其转速就要下降或上升，测速发电机的输出电压就要减小或增加，因给定电位器未动，因此给定电压与测速电压的差就要增大或减小，这样 V2 的输入信号就要增大或减小，进而导致触发脉冲的前移或后移，晶闸管的触发延迟角 α 减小或增加，离合器的励磁电流就要增加或减小，转速就要上升或下降，上升或下降的转速与因为负载变化而引至转速的下降或上升互相弥补，保持了转速的不变，这就叫作速度负反馈，或电压负反馈。系统引入负反馈以后，增加了电动机及系统的机械特性的硬度，也就是负载的变化，不会引起转速的变化，这在自动控制系统中应用很广。

控制器测试可先将其电源接通，调节电位器，即可在输出端 AB 点用直流电压表看到变化的直流电压；也可在脉冲输出端 CD 点用示波器观察脉冲的变化；也可将测速发电机的输出线与控制器接好，手转动电动机转动，即可用电压表或控制器上的转速表（实际上也是一块电压表，但用转速刻度）观察到电压或转速的变化。同时可用电压表测量变压器各个二次线圈的电压，应和图中标注相同。

（十二）电动机常用的几种辅助电路

1）机械制动电路。见图 8-15，机械制动使用电磁抱闸，有断电制动和通电制动两种：一是要调整抱闸和抱轮的间隙且使其同心；二是要通电或断电试验电磁铁的吸合是否可靠。

2）能耗制动电路。见图 8-16，是在电动机断电的同时给定子绕组通以直流，产生一个静止的磁场，惯性转动的转子便感生电流并产生与原转动方向相反的转矩，使电动机制动。调整的参数是制动时间及 R 的调整，制动时间一般为 2s 左右，两者均应在电动机断电时实测。

3）单相或断相保护。见图 8-17，也叫作零序保护，通过中性点或人为中性点在断相时产生的不平衡电压使中间继电器动作，进而使电源跳闸。中间继电器动作电压的选择应在电动机断相时实测，一般为 12～24V。实测时可人为地将其电源断相，而测量中性点电压，见图 8-18。电动机正常运转时，操作 SBS2 即时读取电压表的读数，操作时间越短越好。

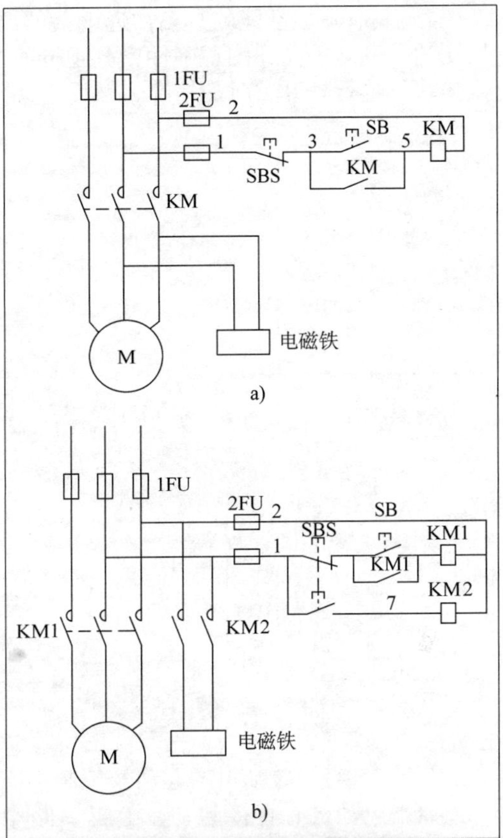

图 8-15　电磁抱闸制动控制电路
a）在电源切断情况下起制动作用
b）在有电源时起制动作用

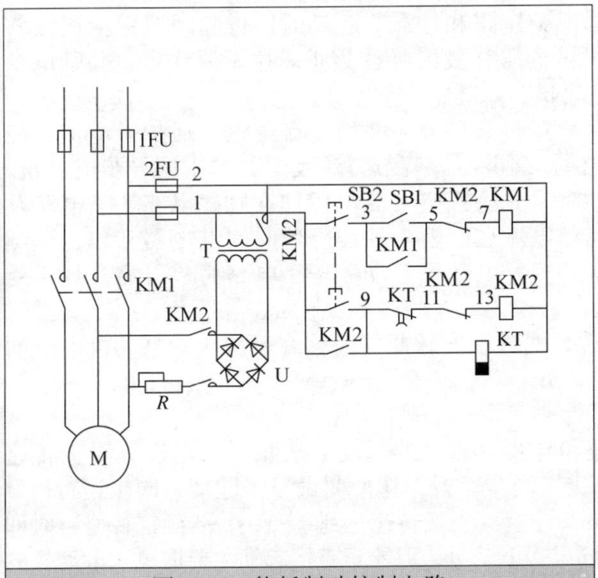

图 8-16　能耗制动控制电路

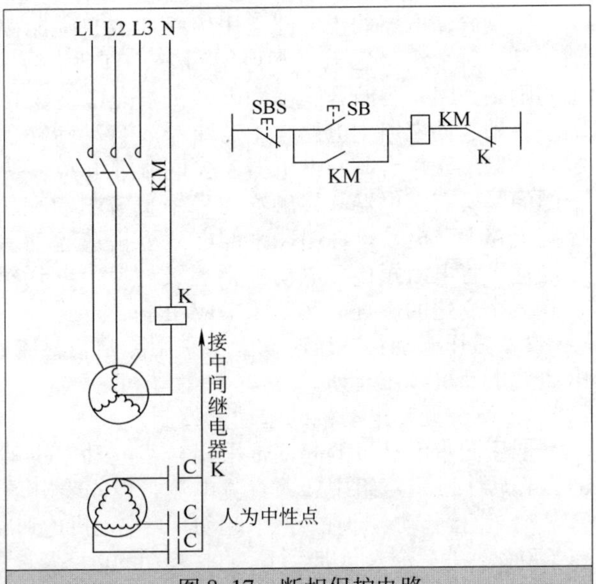

图 8-17　断相保护电路

4）具有点动功能的自动往返电路的调整。见图8-19，主要是测试行程开关本身动作的可靠性和撞块压迫行程开关动作的正确性，其他同直接起动电路。调速时应用点动按钮，使电动机转动，仔细观察撞块压迫行程开关时的情况，然后再调整撞块的形态或位置，或调速行程开关的安装位置。

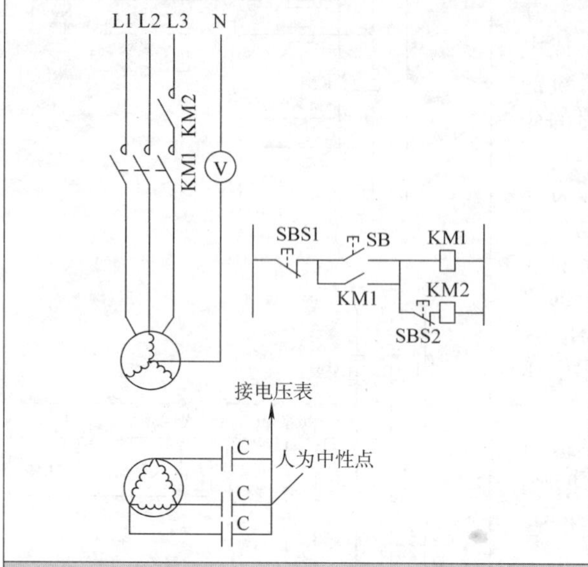

图8-18　断相保护的调整

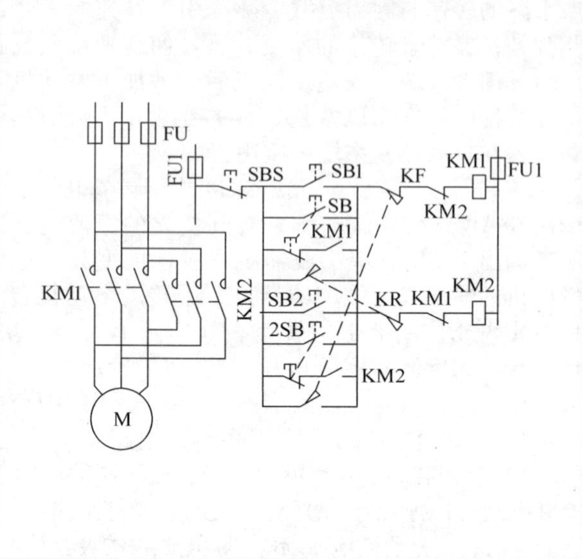

图8-19　具有点动功能的自动往返电路

（十三）直流电动机的起动及控制

直流电动机有直接起动、电枢回路串联电阻起动和减压起动等几种；直流电动机的电源，一般10kW以下的采用单相全控桥式整流电源、10～300kW采用三相全控或半控桥式整流电源、300kW以上常采用三相或多相全控桥式整流电源。在中小型直流电动机较多和电解工艺为主的场所，如铝厂，或是造纸、化工等要求调速传动较多的专业厂常采用硅整流所直接提供直流电源，有的也采用直流发电机组提供直流电源；直流电动机的接法又分并励、串励、复励及他励几种。上述三个原因导致了直流传动系统的复杂和难度，再加上直流电动机的构造和价格较交流电动机复杂和昂贵，便限制了直流传动系统的应用。本节只就常用直流电动机的起动及控制作一介绍。

1）串联电阻起动：手动起动电路，见图8-20～图8-22。自动起动电路，见图8-23和图8-24。

手动起动电路的主电路常用熔断器或自动断路器保护短路和过载。起动时，将起动器手柄逐级转动，且在每个级（触点）上停留约2s，直到最后一级被低压释放器吸住为止。这里要注意，并励电动机的励磁回路不得断开；串励电动机不允许空载或轻载起动，避免飞车。

自动起动电路主电路常用熔断器或自动断路器保护短路和过载，并用电流继电器保护过电流，控制电路调节元件有时间继电器、欠电流继电器、零位保护继电器。调节方法及参数基本同异步电动机，不同的是所有继电器和接触器均采用直流驱动。起动时是先将额定直流电源加在励磁电路、主电路及控制电路上，电动机在串联全部电阻下慢速起动，起动电流在电阻上的压降使时间继电器动作，经延时后逐级将电阻短接，电动机则逐级加速，直到额定转速，电动机起动完毕。电路简单可靠，且不受负载大小变化的影响，在实际中应用很广。

2）减压起动：减压起动大都采用晶闸管整流电源，通过触发脉冲的前移或后移改变电动机电枢的电压使电动机减压起动。

（十四）同步电动机的起动及控制

低压同步电动机的起动常采用异步起动，也就是和异步电动机的起动方法相同，当接近同步转速时，在转子励磁绕组中通入直流电流，使同步电动机进入同步运行，这便叫做异步起动，同步运行。

1）直接起动：即在全压下起动，当电动机达到准同步速度（一般转速达到0.95～0.98额定转速）时即供给励磁，然后牵入同步运行。直接起动的电路及设备同异步电动机，但能否直接起动主要取决于电动机的结构是否允许直接起动、起动转矩能否满足负载的要求及起动时母线上的电压下降的程度三点。

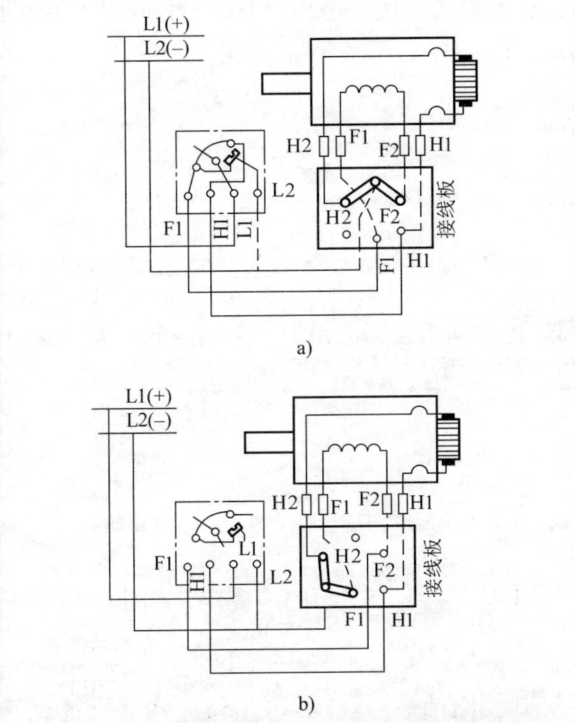

图 8-20　并励电动机接线图

a）正转　b）反转

注：如系他励电动机，并励绕组由外电源供电，绕组的出线标记用 T1、T2（或 W1、W2）来表示，或他励有二种电压，其二组绕组用 T1、T2（或 W1、W2）、T3、T4（或 W3、W4）来表示。

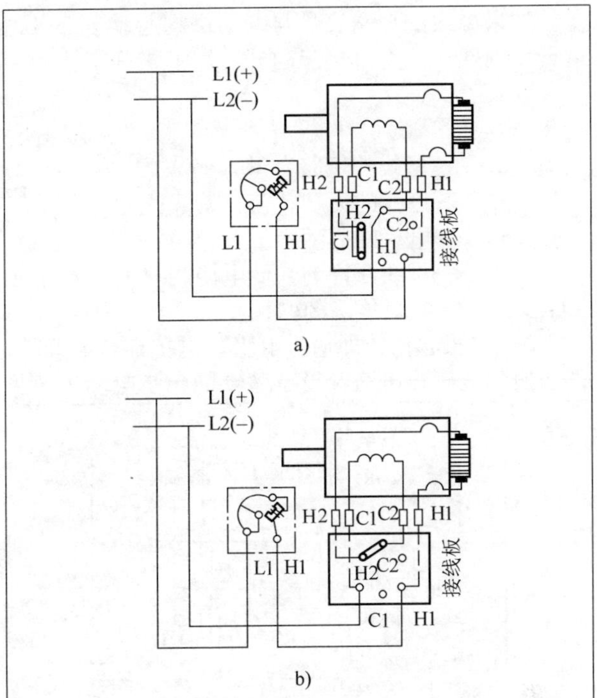

图 8-21　串励电动机接线图

a）正转　b）反转

注：如系他励电动机，并励绕组由外电源直接供电，励磁绕组不可与 H1、H2 及 C1、C2 并接，其出线标记用 T1、T2（或 W1、W2）来表示。

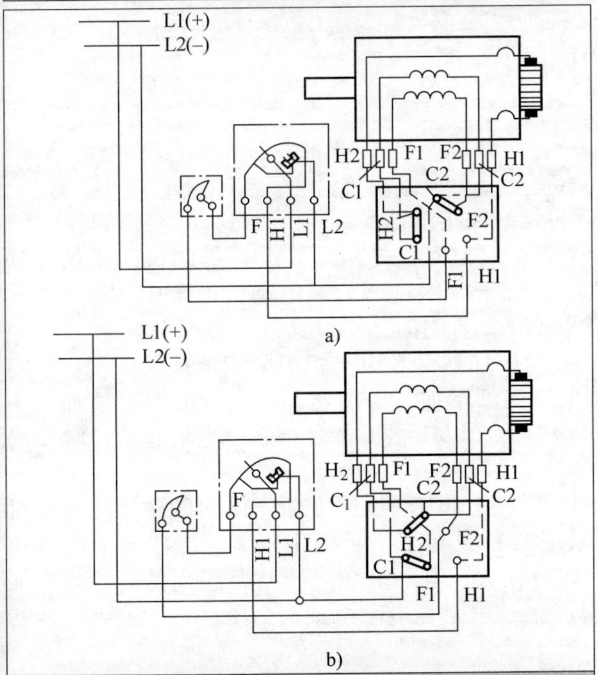

图 8-22　复励电动机接线图

a）正转　b）反转

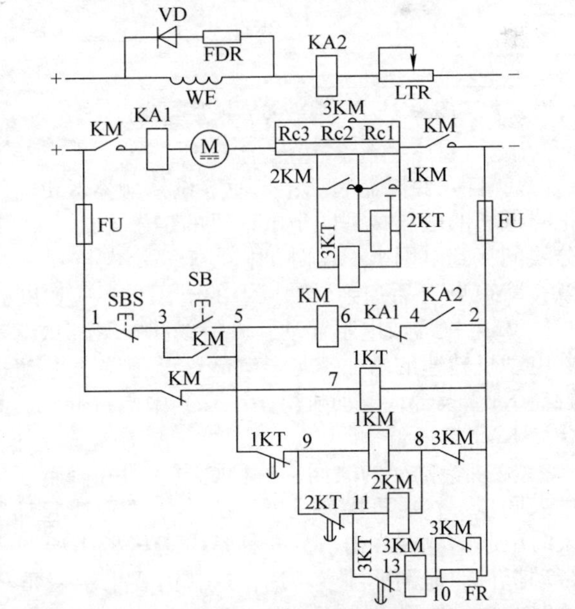

图 8-23　直流电动机时间继电器自动起动电路

如果母线的短路容量与电动机的起动容量不相适应，则母线电压降会超过允许值，有碍于系统的运行。因此，能否直接起动，可用下式确定：

$$\frac{S_K + Q_H}{S_M + S_K + Q_H} \geqslant a$$

式中　S_K——母线的短路容量（kVA）；

Q_H——母线的无功负荷（kvar）；

S_M——电机的起动容量（kW）；

a——母线允许的最低电压相对值。对于动力与照明混合用电的母线为85%，电动机单独用电的母线为80%。

2）减压起动：即通过电阻、电抗器或自耦变压器，把电动机接到电网上，当加速到一定转速时，再切换到全压，电路及设备基本同异步电动机，见图8-25所示的主电路结构。

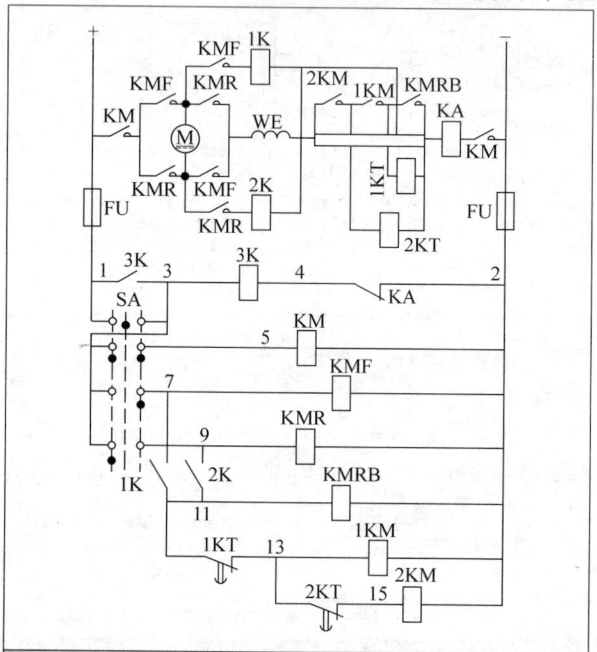

图8-24　直动电动机具有反接制动的自动控制电路

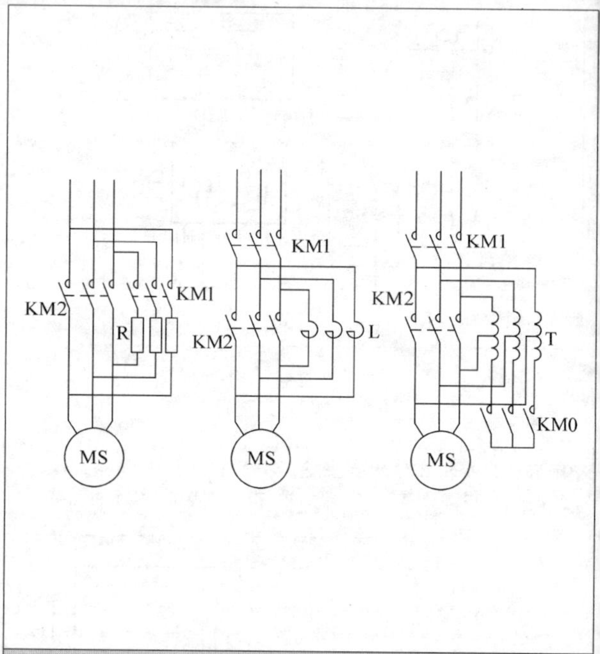

图8-25　同步电动机减压起动方式

① 自耦变压器起动：先使零位接触器KM0吸合，再使线路接触器KM1吸合，这时经自耦变压器T把降低了的电压接到同步电动机的定子上。当转速加速到一定值时，先断开KM0，电动机经T的一部分线圈接到电网上，这时T相当于一个电抗器，再使加速接触器KM2吸合，电动机得全压。这里要注意，KM0断开后加到电动机上的电压，不应比断开前低；KM2合闸前，KM0必须可靠断开。

② 电抗器或电阻起动：先使线路接触器或起动接触器KM1吸合，电动机经限流器接到电网上，随着电动机转速的增加，定子电流逐渐下降，电动机端电压逐渐增加。当加速到一定速度时，使加速接触器KM2吸合，电动机得全压。其中电抗起动，KM2吸合后，KM1仍保持吸合。而电阻起动，KM2吸合后KM1应断开。

③ 供给励磁的时间：一种是电动机在降低了的电压下加速到准同步速度时，供给励磁，使电动机进入同步，然后再接入全压，这叫作“轻载起动”。采用“轻载起动”可以用限流器减小励磁电流接入时引起的电流冲击。另一种是由于机械需要牵入的转矩较大，电动机在降压时所产生的转矩，不能带动机械加速到准同步转速，这就需要采用“重载起动”。这就是在电动机接入全压后再加速到同步转速时，再供给励磁电流。

由此可见，采用何种起动方法，除考虑电动机构造、母线压降外，还要考虑负载的实际情况。

3）励磁的方法：励磁有自励和他励两种，自励就是由和电动机同轴的励磁机励磁，他励则是由专用的直流电源励磁，一般常用成套的晶闸管整流装置。自励根据励磁机与同步电动机励磁绕组连接的方式，又分为固接、经电阻固接和非固接三种。

① 固接励磁：励磁机的电枢与同步电动机的励磁绕组直接连接，见图 8-26。电动机接通电源后，逐渐加速，当达到一定速度时，励磁机开始自励，电动机进入同步，只要励磁机励磁回路的电阻 R 调得合适，就可以避免励磁机过早的自励，又能保证不到准同步转速时供给同步电动机励磁。电动机轴上的阻转矩不超过电动机额定转矩的 0.4 倍时，可采用固接励磁，一般固接励磁适用于 2000kW 以下的轻载起动的电动机。

② 经电阻固接励磁：励磁机的电枢经放电电阻 R_{fd} 与电动机励磁绕组固接的连接，见图 8-27。电动机接通电源后，逐渐加速达到准同步速度后，励磁接触器 KM 的接点短接了 R_{fd}，励磁机给电动机励磁，电动机进入同步。放电电阻的接入，避免了固接励磁的缺点，适当地选择 R_{fd} 的数值，可以改变电动机的起动特性。一般取 R_{fd}/R_L 为 6～10，R_L 为励磁绕组的直流电阻。

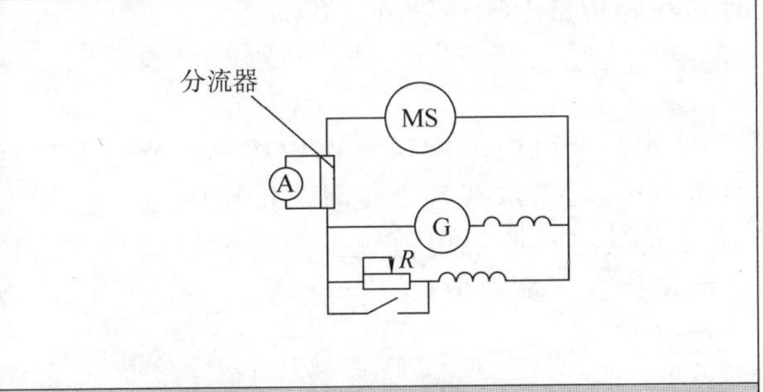

图 8-26　固接励磁接线图

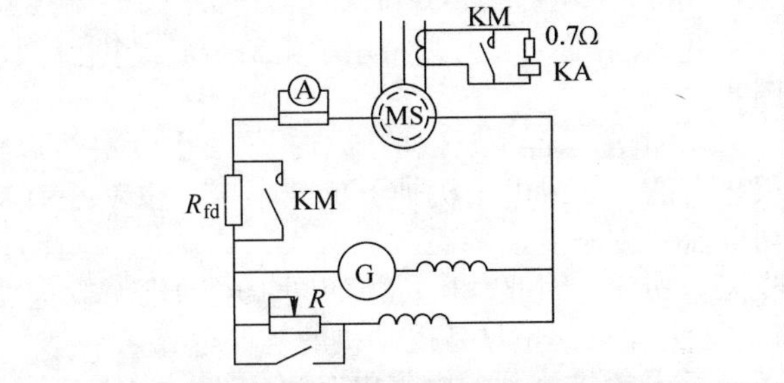

图 8-27　经电阻固接励磁接线图

③ 非固接励磁：励磁机与放电电阻不同时接在电动机励磁绕组上，见图 8-28。电动机起动时，励磁绕组接在放电电阻 R_{fd} 上，当达到准同步转速时，励磁接触器 KM 吸合，使励磁机向励磁绕组供电，并断开放电电阻，电动机进入同步。这种线路可以在电动机内部故障断开时，励磁电流可以较快的减少到零。所以对具有差动保护的重要电动机常采用非固接线路。

④ 他励：见图 8-29，这种励磁方式克服了上述的缺点，并使同步电动机的体积大大减小，又便于调节，可成为自动励磁系统。但需要一套硅整流电源。电动机异步转速达到定值时，晶闸管触发导通，硅整流装置向励磁绕组提供直流电流，电动机进入同步运行。

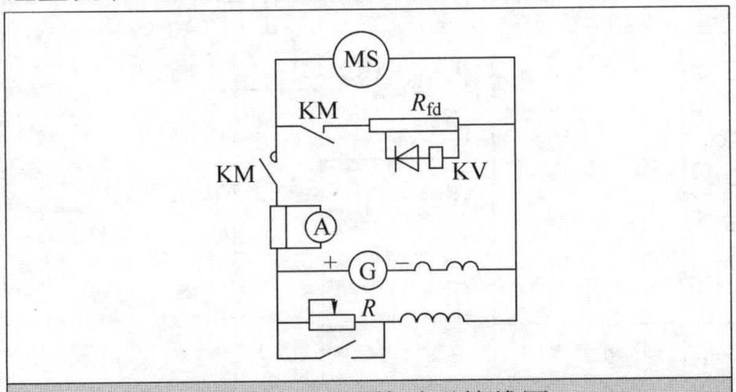

图 8-28　非固接励磁接线图

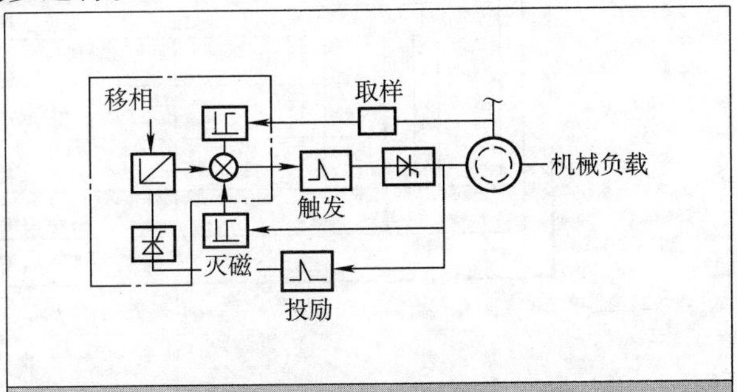

图 8-29　他励框图

4）励磁供给的控制：电动机的异步转速接近同步转速并给以励磁电流时，电动机能否牵入同步并正常运行，决定于励磁电流供给的时刻与电动机的转差率，在最不利的条件下仍能保证牵入同步的最大转差率为临介转速率（S_L）。S_L 可用经验公式计算：

$$S_L = \frac{243}{n_0}\sqrt{\frac{P_{max} - 0.6P_f}{fGD^2}}$$

式中　n_0——同步转速（r/min）；

P_{max}——在给定励磁电流下牵入同步的功率最大值（kW）；

P_f——负载功率（kW）；

f——电源频率（Hz）；

GD^2——电动机及拖动系统的飞轮矩（kg·m²）。

① 按定子电流控制：见图8-27，KA为一普通LJ型电流继电器，电动机起动之初，定子电流很大，使其吸合；随着电动机转速的逐渐增加，电流则逐渐下降，当接近同步转速时，电流很快降至最小值，继电器释放，使励磁接触器KM吸上，电动机进入同步。电流继电器释放值一般整定为1.5~2倍电动机额定电流。

② 按转子电流频率控制：见图8-28，KV为普通的JT3带铜套的直流电压继电器，在电动机起动开始的瞬间，立即吸合，在二极管不导电的半周时，由铜套中的感应电流产生的磁通，使继电器保持着。随着电动机转速的逐渐增加，转子电流的频率逐渐下降。接近同步转速时，二极管不导电半周的时间增加到继电器不能保持的程度，继电器释放励磁接触器KM接通。实际上继电器是在不导电半周的末尾释放的，图中标志的极性，能保证励磁电流接入的时间和相位最有利，即分离角为零。

③ 采用他励时，则将定子电流或转子电流频率的变化经传感器变成电信号，使励磁可靠接入，见图8-29。

④ 正常运行中励磁的调节：同步电动机在过励磁下工作时，可向电网送出无功功率，节电效果是很显著的。如果电动机轴上负载不变，也就是有功电流不变，而励磁电流变化时，负载电流（包括无功电流）则不变。励磁电流增大，定子电流超前，送出无功功率；励磁电流减少，定子电流滞后，吸收无功功率。因此，运行中的同步电动机一般将励磁电流调到大于额定值。

（十五）起重设备电动机的控制电路

1. 凸轮控制器的电气电路

凸轮控制器是电动起重机械中控制电动机起动、调速、停止、正反运行的专用装置，它是通过凸轮的转动而带动触头的闭合与打开，从而使电源接通或短接电阻。凸轮控制器的原理接线见图8-30。

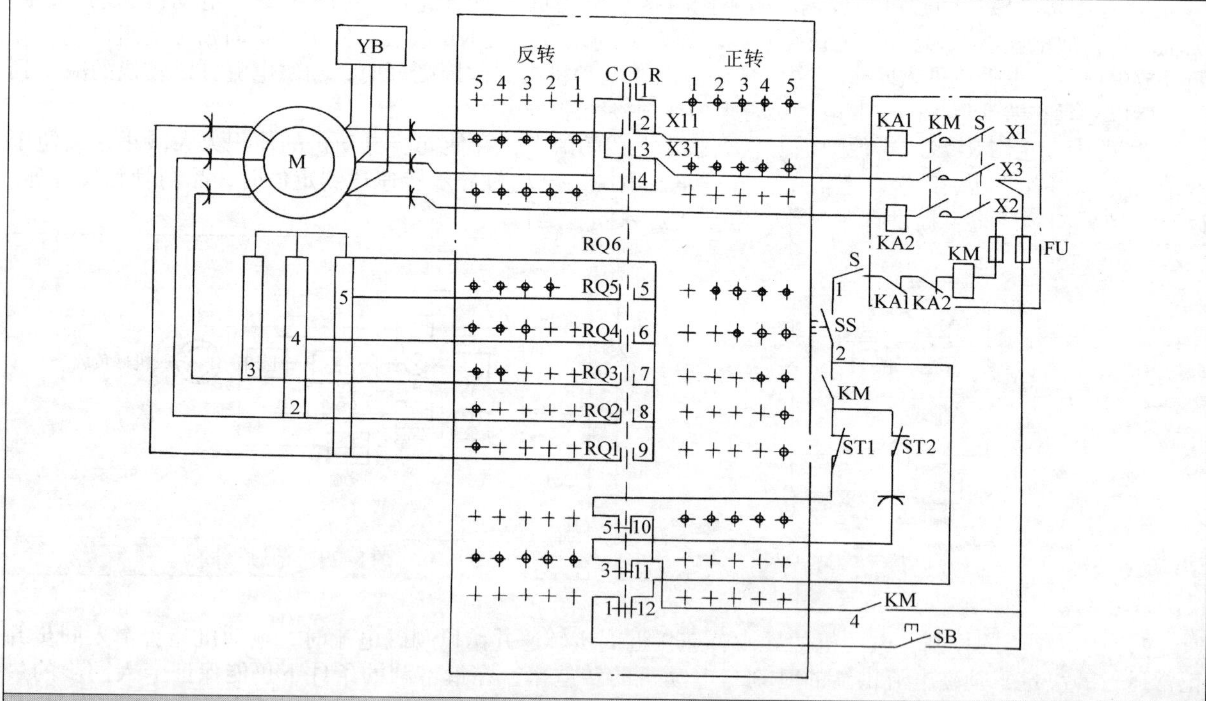

图8-30　凸轮控制器原理接线图

凸轮控制器一般有12副触点，且每副触点均有正反方向闭合的功能且正反方向联锁。其1~4#触点是接通和切断电动机定子回路的，只控制电动机的两相，另一相不经过触点控制，直接由电源接至电动机定子，这是起重机械中电动机接线的一个特点。5~9#触点是分段切除转子串接电阻的；10~12#

触点均为动断触点，是用在保护回路的。图中标有 ╋ 的位置则表示该触点在这个位置是接通的，而标有 + 的位置则表示该触点在这个位置是断开的。而动断触点 10 ~ 12# 在“0”位时是接通的。

下面分析凸轮控制器的工作原理。

（1）凸轮控制器是与交流接触器配合使用的。由图可知，接触器的线圈经过按钮 SB、行程开关 ST1 和 ST2 以及凸轮控制器的三副动断触点组成了控制电路。在“0”位时，10 ~ 12#触点是闭合的，操作按钮 SB。电流经 X3、FU、SB、12#触点、SS（紧急开关，已闭合）、S（舱门开关，已闭合）、KA1、KA2 与线圈形成回路，接触器吸合。同时，接触器的两副动合辅助触点 KM 闭合自保。这样当凸轮无论转向正或反时，12#触点打开而接触器线圈仍有电吸合。假如转向正转位置 1 时，这时 12#、11#触点打开，而 10#触点闭合，电流经 X3、FU、辅助触点 KM、10#触点、ST1、辅助触点 KM、SS、S、KA1、KA2 与线圈形成回路，接触器保持吸合。假如转向反转位置 1 时，12#、10#触点打开，11#触点闭合，电流经 X_3、FU、辅助触点 KM、11#触点、ST2、辅助触点 KM、SS、S、KA1、KA2 与线圈形成回路，接触保持吸合。

凸轮控制器的正转触点在正向操作时，一经闭合将不再打开，反向操作时，一经打开将不再闭合，不会出现交流接触器失电现象。反转触点与之相同。其他触点只有在打黑点和不打黑点间进行闭合和断开或断开与闭合的切换。

因电源失电、KA 动作、ST 动作、SS 动作，接触器失电断开，要使其重新得电，必须将凸轮控制器的手柄反向转到“0”位，这时 12#触点闭合，这样才能重新起动。因此，12#触点则称为零位保护或零压保护触点。

（2）1 ~ 4#触点中，1#、3#为正转触点，2#、4#为反转触点，当正转或反转触点接通时，非控制相因先直接给了电动机，电磁抱闸得电松开，电动机在转子串接全部电阻下慢速起动。如需要加速，可将手柄从 1 的位置转到 2 的位置，这时 5#触点闭合，将 5 ~ 0 段电阻短接，电动机则加速。同样 6#触点短接 4 ~ 0 段电阻，7#触点短接 3 ~ 0 段电阻，8#触点短接 2 ~ 4 段电阻，9#触点短接 1 ~ 5 段电阻，电动机达到最高速。然后手柄反向转动，则触点打开，电阻增加，电动机则减速，到“0”位时电动机停止。反转操作同正转。

（3）运行中，行程开关 ST、紧急开关 SS、舱门开关 S、过电流继电器 KA 将起到保护作用。其中 KA 一般采用过电流延时继电器，具有起动延时、过载延时、过电流迅速动作的反时限特性，其性能见表 8-1。由表可以看出，该线路既可躲过起动电流，又能在过载或过电流时跳闸，保护电动机。

表 8-1　JL12 系列过流继电器反时限特性

电流/A	动作时间及说明
I_N （额定电流）	不动作 持续一小时不动作为合格
$1.5I_N$	<3min（热态）
$2.5I_N$	10s ± 6s（热态）
$6I_N$	<（1 ~ 3）s 当环境温度大于 0℃时，动作时间小于 1s， 当环境温度小于 0℃时，动作时间小于 3s

2. 主令控制器的电气线路

主令控制器是在凸轮控制器的基础上发展起来的。它是用容量很小的类似凸轮的触点去控制接触器，而用接触器的触点去控制电动机的主电路，实现电动机的起动、制动、调速和反转、停止等功能。主令控制器的基本接线见图 8-31。主令控制器一般常用于容量较大且工作频繁的主钩电动机上。

主令控制器也有 12 副触点，其中 K1 是零位保护触点，控制的是电压继电器 KV，其触点 KV（13 - 1）闭锁了控制电路的电源，实现了零电压保护。同时过电流继电器的触点 KA（1 - 14）串接在 KV 线圈的回路里，过载时可切断控制电路的电源，实现过负荷保护。K2、K3 则为正反转行程限位保护触点，由行程开关 SL1、SL2 执行。K4 控制制动接触器 KMB，通电后 KMB 吸合，使电磁制动器 YB 打开，断开后 YB 失电制动。K5 控制下降接触器 KMR，K6 控制上升接触器 KMF。K7 ~ K12 控制短接电阻接触器 1KMB、2KMB、(1 ~ 4) KMA。主令控制器的触点闭合或打开以有无黑点“ • ”为准，与凸轮控制

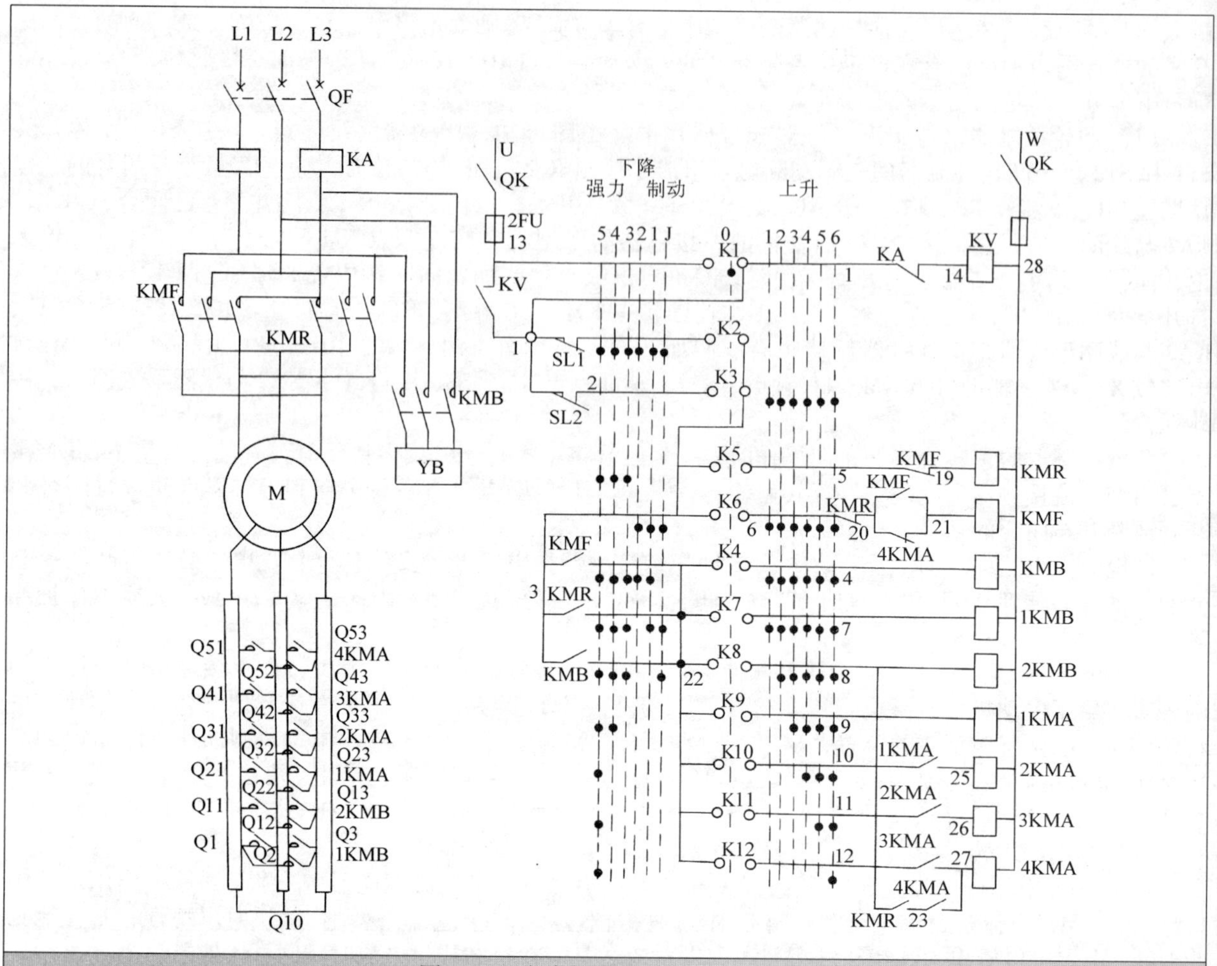

图 8-31　主令控制器的基本接线图

器基本相同。

下面分析主令控制器的工作原理。

（1）将控制电路电源开关 QK 闭合，主令控制器手柄置于“0”位，K1 闭合，KV 通过 KA 动断触点（1－14）得电吸合，KV（1－13）闭合自锁。

（2）在上升位置 1 时，K3、K4、K6、K7 闭合，接触器 KMB、KMF、1KMB 吸合，电磁抱闸 YB 松开，电动机得电起动，这时第一段反接电阻被 1KMB 短接。如果将上升位置从 1 逐次切换到 2、3、4、5、6 位置时，接触器 2KMB、1KMA ~ 4KMA 相继吸合，逐级切除电阻，电动机升速。触点 1KMA（10－25）、2KMA（11－26）、3KMA（12－27）提供电气联锁，保证按顺序切除。上升阶段电动机工作在电动状态。

（3）在下降 J 位置时，转子串入四段电阻（因 1KMB 切除一段电阻）、电动机有较大的起制动作用的转矩，同时 K4 断开，KMB 失电、YB 制动，这样重物保持一定的位置静止不动。因此，J 这个位置则用于下降制动停止。在下降的其他位置上，K4 始终接通，KMB 得电，YB 解除制动。

（4）在下降 1 位置时，K2、K4、K6、K7 闭合，KMF、KMB、1KMB 吸合，电动机转子串接 5 段电阻，电动机还是接成上升相序，抱闸松开；在下降 2 位置时，K2、K4、K6 闭合、电动机串 6 段电阻，仍为上升相序。这时若负载不能克服电动机的转矩，则会出现重物上升的现象。因此，1、2 位置常用于重物下降，这时因串较大电阻，在位能转矩作用下，电动机运行在速度反向倒拉反接制动状态、获得较小的下降速度。

（5）在下降 3 位置时，K2、K4、K5、K7、K8 闭合，KMR、KMB、1KMB、2KMB 吸合，抱闸松开，KMR 将电动机倒相反转，串四段电阻，转矩反了转速反了；在 4 位置，又有 K9 闭合，1KMA 吸合，串三段电阻。这样在3、4位置上可强迫负载下降，即使负载较轻也能得到下降速度。

（6）在下降位置5时，除上述外，又有K10、K11、K12闭合，除常串电阻外，电阻全部切除，可获得较大的强迫下降速度。如重物较重，转速超过电动机同步转速时，在其作用下可使电动机进入再生发电状态，把重物的势能转变为电能反送回电网。4KMA（23－27）和KMR（8－23）串联的设置是使4KMA线圈自锁，这样在由5位置切换到J、1、2位置时，避免了切换过程中经过3、4位置造成的高速下降，而是使其保持在5的特性上。当切换到上升挡位时，KMR（8－23）断开，自锁解除、不影响提升调速。KMF的自锁接点KMF（20－21）只有在4KMA切断后才起作用，这样，当由下降5、4、3切换到2、1、J时，转子电阻全部接入才能进入反接制动，防止反接制动过程的电流冲击。

KMB（3－22）与KMR（3－22）、KMF（3－22）并联的设置，保证了下降位置2、3的切换中只有一只接触器吸合而另一只接触器断开，不致发生电动机高速下机械制动而引起的剧烈振动。

（7）运行中，过载由KA保护，上升及下降极限位置由SL保护，突然停电由KV保护，切断控制电路的电源，重新起动必须使手柄回到“0”位。

3. 桥式起重机常用的控制电路

桥式起重机一般由五台电动机拖动，其中主钩电动机容量较大，由主令控制器控制，副钩电动机、小车移动电动机、大车移动电动机（两台）容量较小，一般由凸轮控制器控制。同时设置保护柜和控制柜，保护柜、控制柜均有系列成套产品，请参阅有关手册，电源设置滑线和辅助滑线。上述内容构成了复杂的控制系统。桥式起重机常用的电气控制电路见图8-32。

（1）主钩的控制和控制柜

1）由图8-32可以看出主钩控制由两个部分构成：一是主令控制器，这部分与前述及图8-31是相同的，只是在下降回路中省略了一只行程开关SL，同时将主令控制器的闭合和断开的标注黑圆点取掉了，读图时可与图8-31对照；二是主钩电动机JM的主电路，这部分与前述及图8-31是基本相同的，所不同的是增加了一只电磁抱闸，两只同步运行。另外，主电路中定子与转子的接线是由电刷与滑线（—)—）完成的，见JM的D1、D3和R21，同时R21是一非控制相，直接由主钩定子滑线引来，这一点与图8-30相同。

2）工程中常把主钩主电路中的1QK、KA、KMF、KMR、KMB以及主令控制器电路中的2QK、2FU、KV、1KMB、2KMB、（1～4）KMA等电气元件装在一台柜（屏）上，把与主令的接线和与总开关的接线甩出，以便接线。我们把这个柜（屏）称为控制柜（屏），控制屏一般装在轿厢内，也有装在起重机的主桥架上的。同时把转子电阻JRS装在箱内，也安装在主桥架上。

（2）副钩及大车、小车的控制

1）副钩及小车的控制是用凸轮控制器进行的，与图8-30基本相同，定子与转子的接线也是由电刷与滑线完成的，其中定子的一相R21为非控制相。凸轮控制器的保护功能由单独的保护柜来完成。

2）大车的控制也是由凸轮控制器进行，所不同的是凸轮控制器切换电阻的触点有两套分别同时切换两台电动机的转子电阻D1RS和D2RS，定子则由一套触点控制，保护触点也为一套，以便实现两台电动机的同步控制。因为大车为两台电机拖动，因此这两台电动机的同步性是很重要的，不只是控制系统有严格的要求，而且两台电动机本身的各种参数必须相同，才能保证同步。同时两台电动机分别设置的电磁抱闸YB的参数（包括间隙）也必须相同。

（3）保护柜

1）工程中常把主开关QF、主接触KM、大车小车副钩的过电流继电器（1～4）KA、总电流继电器0KA、按钮SB以及信号装置等电气元件装在一台柜（屏）上，其他与控制屏相同，把这个屏叫作保护屏。

2）图8-32给出了保护屏的原理接线图，见图8-32的右下角，该图是主接触器KM的控制原理图，可分四部分解说明。

① 未起车前，副钩、小车、大车的凸轮控制器的零位触点FKT、XKT、DKT是闭合的，这时先闭合主桥架上横梁栏杆安全门开关SA1和SA2，进入轿厢后将厢门开好，厢门安全开关SA闭合，然后闭合紧急开关SS，因为过电流继电器0KA、（13～14）动断触点是闭合的，操作起动按钮SB，KM线圈接为通路得电吸合，主接触器闭合。这些触点任一个断开都会使KM失电而使主机停车。

② 主接触器KM闭合后，其辅助触点KM（12－3）、KM（2－4）同步闭合自锁，自锁回路中均为

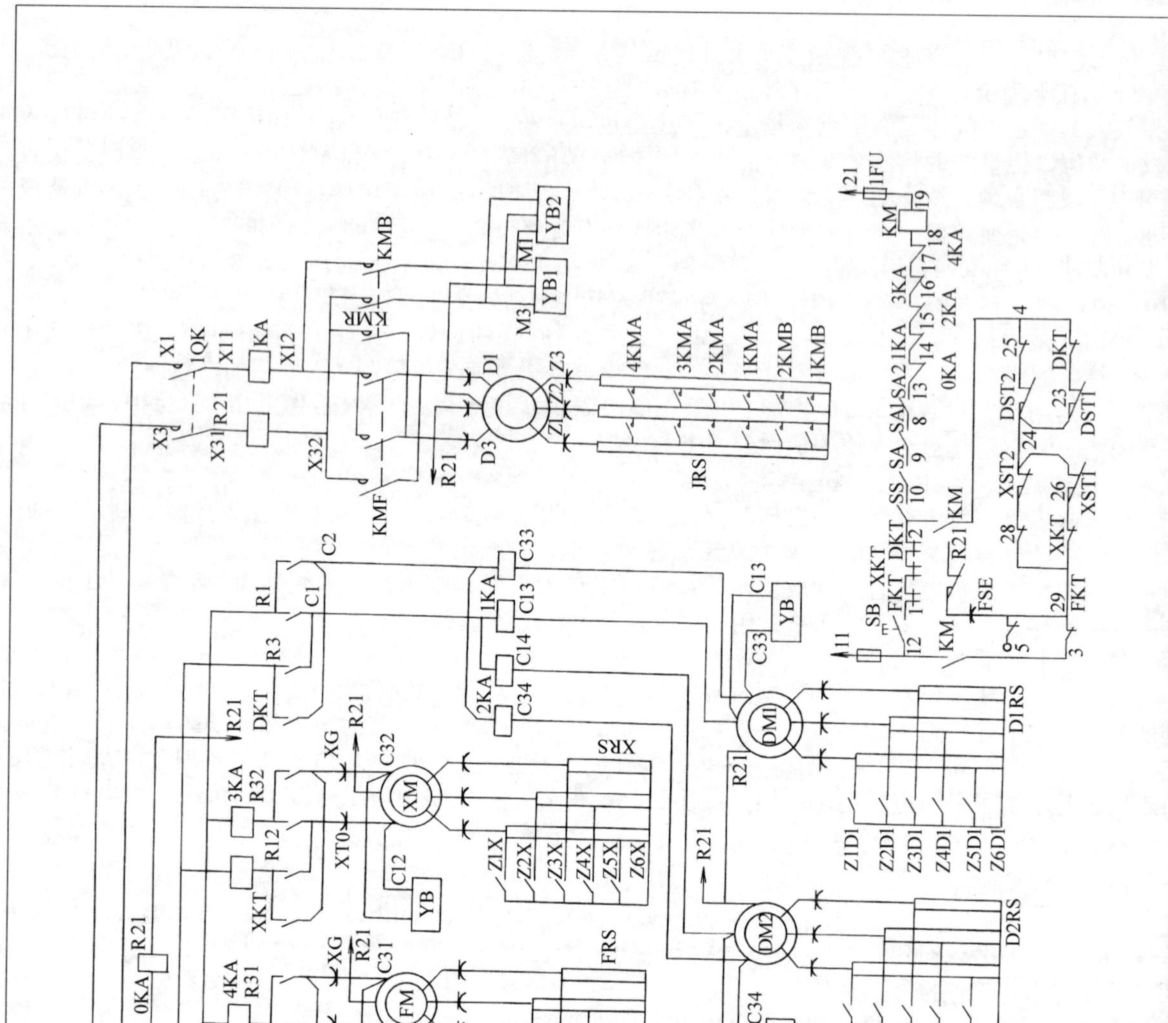

图8-32 桥式起重机常用的控制电路

动断触点。其中 XKT（29－28）、XKT（29－26）是小车凸轮控制器的正反联锁触点，XST2（28－24）和 XST1（26－24）分别为小车向左和向右的行程极限开关；DKT（4－25）、DKT（4－23）是大车凸轮控制器的正反联锁触点，DST2（25－24）和 DST1（23－24）分别为大车向前和向后的行程极限开关。这些触点任一个断开都会切断自保回路而使 KM 断电。

③ KM 自锁回路中，FKT（3－29）是副钩凸轮控制器的一副正反联锁触点，因为提升机构只需要向上极限的保护，这里则采用了向下联锁触点 FKT（3－29），并串联上行极限开关 PSE，这样当副钩上行时，FKT（3－9）打开，到极限位置时行程开关 PSE 打开，副钩电动机停转。但是这里要注意到，FKT（3－9）的打开还切断了自保触点 KM（12－3），因此，熔断器（11－12）的 11 点必须与 R21 非同相，这样才能起到保护作用。

④ 保护屏的原理接线图与图 8-30 有相同的部分，并且为图 8-30 的基础上发展的。需要说明的是原理接线图中的与熔断器 FU 的接线必须正确无误，即 11#接电源总线的 X1，21#线接电源总线的 X3。

（4）滑线　滑线分两种：一种是主滑线（或称电源滑线），是由低压电网引至轿厢控制柜中主开关 QF 上闸口的；另一种是辅助滑线，是连接提升机构电动机、小车电动机定子、电动机转子电阻和提升机构行程开关的。

1）主滑线一般标注在平面图上，可由圆钢、角钢、钢轨制成，见图 8-33。室内天车的滑线则安装在天车梁上，见图 8-34。容量较小的起重机主滑线也有采用悬挂或卷筒软电缆的。采用哪种方式是由设计选定或建设单位确定的，滑线的配套部件应与主机配套。平面图上一般要标出电源与滑线的连接方式及进户位置，容量等。其他有关内容详见设计说明，限于篇幅的关系这里不再列出。

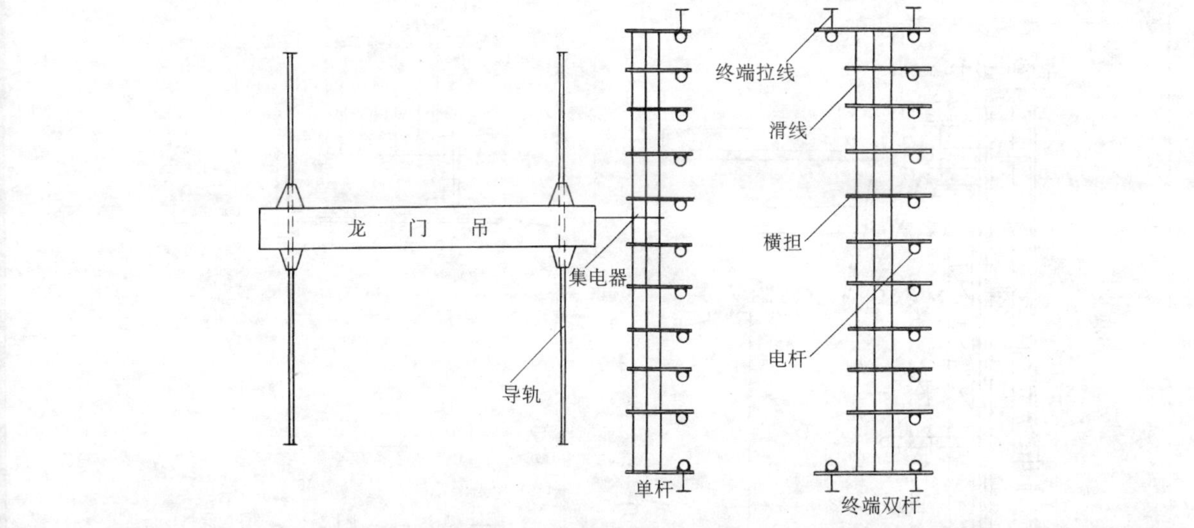

图 8-33　桥式起重机平面布置图

2）辅助滑线是随主机配套供应的，一般都安装在主桥架上。辅助滑线的形式与主滑线基本相同。

（5）桥式起重机电气电路的接线图　接线图是按原理图绘制的，并把电动机、电阻器、控制柜、保护柜、主令控制器、凸轮控制器、电磁抱闸、行程限位开关、滑线等部件画出，然后按原理图将各部件的接线点用细线连起来，见图 8-35（见书后插页）。通过接线图能更好地了解原理图。

（6）其他形式起重机的控制电路　电动起重机的形式很多，如塔吊、龙门吊等，其线路及控制方式与桥式起重机基本相同，读者可按第一节的分析方法去分析具体的电路。在工业车间中，经常设置吨位较小的单梁电动葫芦，吨位 0.5～5t，并设置提升机构和水平移动装置，分别由两台电动机拖动、其中提升机构的电动机采用锥形转子电动机，用锥形制动圈制动，控制电路简单，一般均为点动控制。常用线路见图 8-36，读者可自行分析。

二、低压电动机变频起动器、软起动器起动控制电路 ★★★

变频起动、软起动是近几年迅速发展起来的电动机起动控制技术。它利用晶闸管变流技术、计算

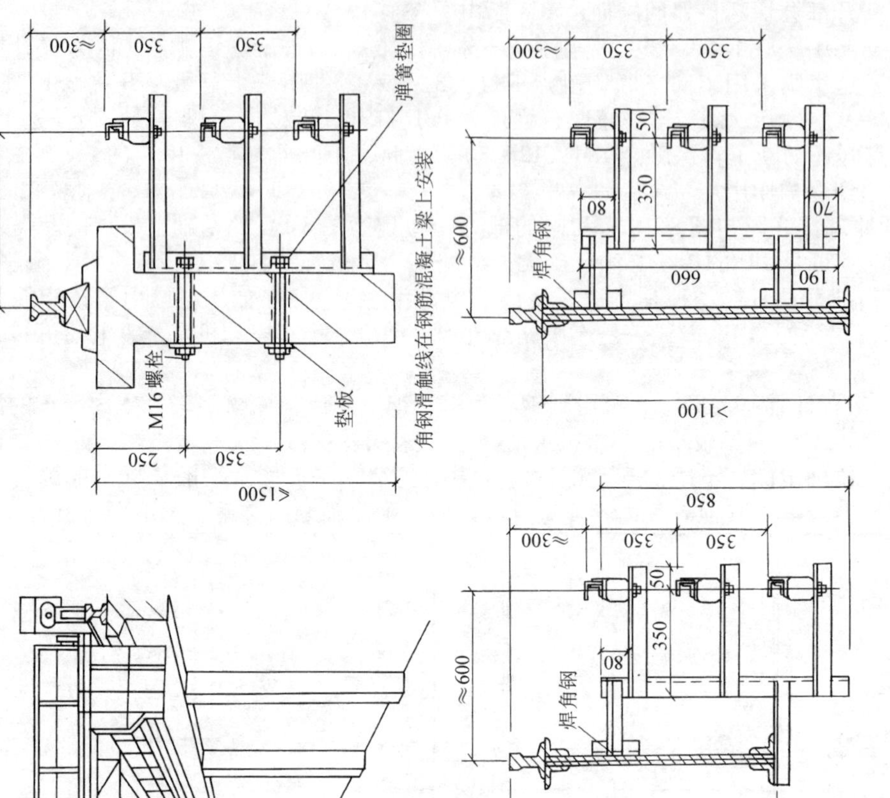

注：角钢规格为50×50×5，
绝缘子为WX-01电车绝缘子。

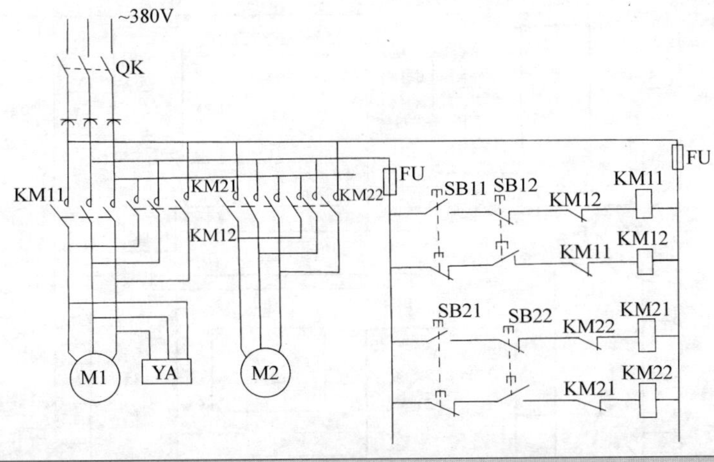

图 8-36 电动葫芦电气控制原理图

机技术、电子技术、通信技术相结合的新技术，将电源的频率、电压进行由低到高的调节，解决电动机起动过程中的硬特性，使电动机在低频率、低电压下起动，使转速由零缓慢起动，直到达到额定转速。并且在运行过程中，改变变频器的输出电压频率则可进行调速，以满足生产工艺速度调节和节能的需要。变频起动、软起动的原理和结构很复杂，理论也很深，三句两句是讲不清楚的，但是可以抛掉其原理和结构，把它就当作一台接触器—继电器构成的自耦减压起动器或频敏变阻器或星-三角起动器，不同的是它具有调频调压功能，这样就能够轻松自如地掌握它、应用它。电工技术就是这样的，每当有新设备、新元器件出现时，人们，特别是现场的工人师傅，对它们都有一个认识熟悉的过程，过一段时间后，人们自然会掌握它。同样，变频起动、软起动也是这样的。如果真想从结构原理上掌握它，就必须从二极管、晶闸管、晶体管、电子技术学起，掌握整流、逆变技术，掌握晶闸管导通角控制及其导通的频率控制，才能了解其工作原理，同时还应学习计算机技术、通信技术、接口技术等。只有这样才能掌握其原理和结构，但必须付出巨大的精力，否则是不行的。

变频器起动、软起动是电动机起动控制技术发展的必然，作为电气工作人员应该在掌握其功能和使用外，再去学习其原理、结构，这样才是个人技术技能的飞跃，只有这样才能更好地使用它、运用它。

变频器、软起动器在应用过程中一定要熟读其使用说明书，并按其提供的图样接线，加之各个厂家的产品不尽相同，用户一般不要随意变动。

（一）变频器起动器控制电路

1. 变频器基本控制电路

（1）变频器内部控制电路框图 变频器内部的控制电路框图见图 8-37。

1）主控电路主要功能如下：

① 接受各种信号

a. 在功能预置阶段，接受对各功能的预置信号；

b. 接受从键盘或外接输入端子输入的给定信号；

c. 接受从外接输入端子或通信接口输入的控制信号；

d. 接受从检测电路输入的检测信号；

e. 接受从保护电路输入的保护执行信号等。

② 进行基本运算最主要的运算包括：

a. 进行矢量控制运算或其他必要的运算；

b. 实时地计算出 SPWM 波形各切换点的时刻。

③ 输出计算结果

a. 输出至逆变管模块的驱动电路，使逆变管按给定信号及预置要求输入 SPWM 电压波；

b. 输出给显示器，显示当前的各种状态；

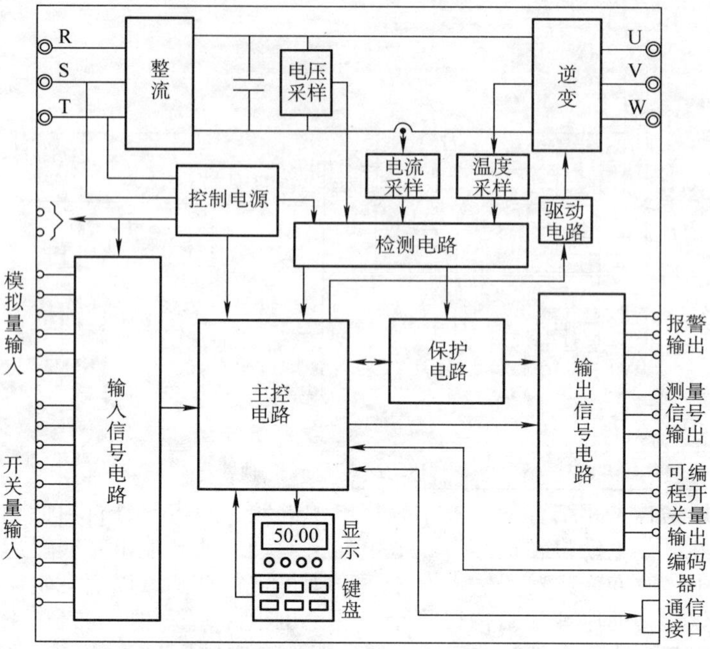

图 8-37 变频器内部的控制电路框图

c. 输出给外接输出控制端子；

d. 向保护电路发出保护指令，以进行保护。

2）检测电路接受电压、电流以及模块温度等采样信号，并转换成主控电路所能接受的信号。

3）保护电路接受主控电路输入的保护指令，并实施保护。同时也直接从检测电路输入检测信号，以便对某些紧急情况实施保护。

(2) 变频器和外部控制电路之间的联系 主要通过外接端子进行联系，见图 8-38。外接端子有两大类：

1）输入信号端子：从外部输入的各种控制信号，输入至变频器的“输入信号电路”，经输入信号电路接受后把信号传至主控电路。

2）输出信号端子：主要有报警信号输出端子、外接测量端子、多功能状态信号输出端子等。

(3) 变频器的外接输入端子

1）模拟量输入端，即从外部输入模拟量信号的端子，如图 8-38 中之端子 12 和 C1。变频器配置的模拟量输入信号有：

① 按输入信号的物理量分有电压信号：如 0 ~ +10V、0 ~ ±10V、0 ~ +5V、0 ~ ±5V 等；电流信号：如 0 ~ 20mA，4 ~ 20mA 等。

② 按功能分有主给定信号：如主要的频率给定信号、PID 控制的目标给定信号等；辅助给定信号：如叠加到主给定信号的附加信号、PID 控制的反馈信号等。

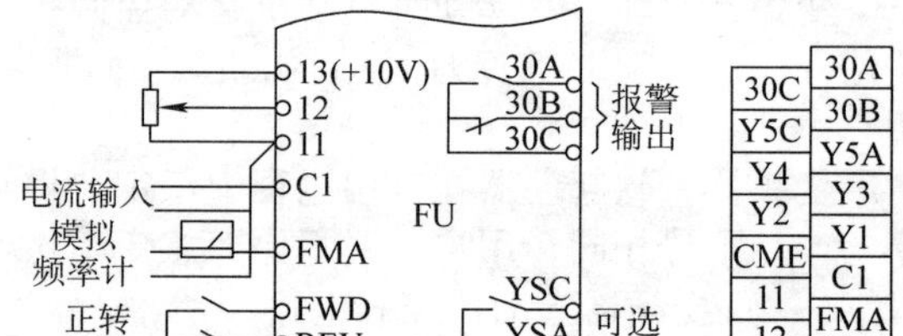

图 8-38 变频器和外部控制端子
a）外控接线图 b）控制端子的安排

2）开关量输入端接受外部输入的各种开关量信号，以便对变频器的工作状态和输出频率进行控制。主要有以下几类：

① 基本控制输入端：如正转（FWD）、反转（REV）、点动（JOG）、复位（RST）等，基本控制输入端在多数变频器中是单独设立的，其功能比较固定。

② 可编程输入端：端子的具体功能须通过功能预置来决定，如多挡转速控制，多挡升、降速时间控制，可编程序控制等。

（4）变频器接受外接开关量信号的方法　图 8-37 中输入信号电路的结构见图 8-39。

例如，当外接端子 FWD 的外控电路接通（KA1 闭合）时，变频器内光耦合器的二极管部分有电流流过，其晶体管部分导通，进而控制其他器件。

外控开关器件可以是有触点的，见图 8-39a；也可以是无触点的，见图 8-39b。

（5）变频器的外接输出端子　主要有三种类型。

1）报警输出端：当变频器因故障而跳闸时，报警输出端将动作，发出报警信号。

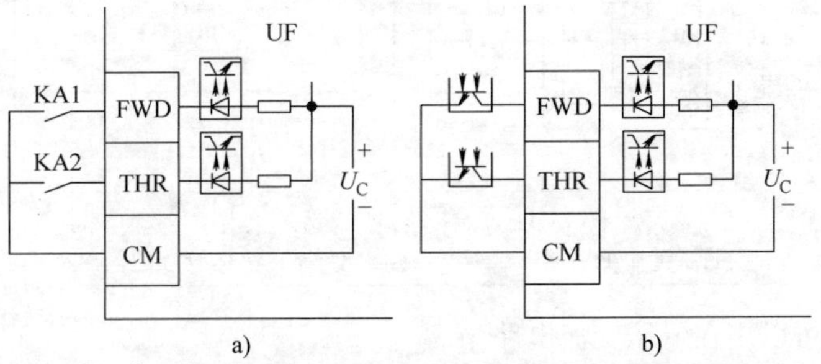

图 8-39　输入信号电路的结构

a）外控信号为有触点开关　b）外控信号为无触点开关

报警输出端通常都采取继电器输出，可以直接接到 AC220V 的电路中。见图 8-40a 中的 MA、MB、MC 和图 8-40b 中的 RO31、RO32、RO33。

2）测量信号输出端：向外接仪表提供与运行参数成正比的测量信号。测量信号有两类：

① 模拟量信号见图 8-40a 中的 AM、FM 端和图 8-40b 中的 AO1、AO2；

② 脉冲信号其脉冲频率与被测频率成正比，见图 8-40a 中的 MP—AC。

3）状态信号输出端：输出变频器的各种运行状态的信号，输出内容如：“运行”信号、“频率到达”信号、“频率检测”信号等。各输出端的具体输出内容可通过功能预置来设定，故常称为多功能输出端。

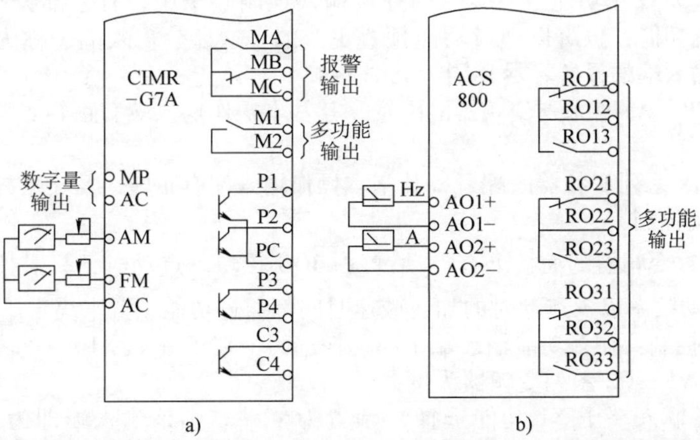

图 8-40　输出信号端子

a）安川 G7A 变频器　b）ABB—ACS800 变频器

（6）变频器输出的外接开关量信号　变频器的开关量输出信号电路主要有三种类型：

1）晶体管输出型见图 8-41a，输出信号为集电极开路输出，由于受到晶体管耐压的限制，只能用于直流低压电路中；

2）继电器输出型见图8-41b，输出端由继电器触点构成。由于继电器触点的耐压较高，故大多数可用在交流220V电路中；

3）晶体管双向输出型见图8-41c。

如外电路为上“+”、下“-”，则电流从端子“11”流入，经二极管D02、输出晶体管和二极管D04后到端子“CM2”。

如外电路为上“-”、下“+”，则电流从端子“CM2”流入，经二极管D01、输出晶体管和二极管D03后到端子“11”。

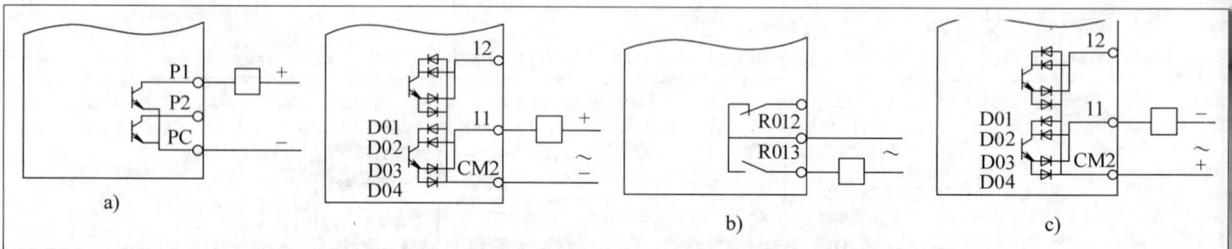

图8-41　输出信号电路的类型
a）晶体管输出型　b）继电器输出型　c）晶体管双向输出型

因此，双向输出型可以用在低压交流电路中。

（7）通过外接端子进行的操作　变频器的操作方式需要通过功能预置来选定，见表8-2。

表8-2　操作方式的选择功能举例

变频器型号	功能码	功能名称	数据码	数据码含义
艾默生 TD3000	F0. 05	运行命令选择	0	键盘控制
			1	端子控制
			2	通信控制
三菱 FR—A540	Pr. 59	遥控设定功能选择	0	遥控功能无效
			1	遥控功能有效，停电后有记忆功能
			2	遥控功能有效，停电后无记忆功能
丹佛士 VLT5000	002	操作器/外部控制	0	外部控制
			1	操作器控制

（8）外接端子的基本操作功能　变频器的外接输入控制端子中，有一部分端子的功能是固定的，或出厂设定中已有明确功能，也可以通过功能预置更改的。这部分输入端子称为基本操作输入端。各种变频器对基本操作输入端的设置不尽相同，见图8-42。

图8-42a是三菱FR—A540系列变频器的配置，其基本操作输入端有正转、反转、自锁、点动、自由制动、复位等。

图8-42b是瓦萨CX系列变频器的配置，其基本操作输入端有正转、反转、外部故障、复位等。

（9）变频器的点动控制

1）键盘控制：多数变频器的面板上有点动键（JOG键）。点动时，只需按JOG键即可，见图8-43a。点动方向、点动频率以及点动时的加、减速时间都通过功能预置来决定。

2）外接输入端子控制：在多功能输入端子中，任选两个端子（如X1、X2端）作为正、反转点动信号输入端。以康沃CVF—G2系列变频器为例：

将功能码L—63（输入端子X1功能选择）预置为“5”，则该输入端即为“正转点动控制”输入端。

将功能码L—64（输入端子X2功能选择）预置为“6”，则该输入端即为“反转点动控制”输入端。

操作时，接通X1，即为正转点动控制；接通X2，即为反转点动控制。

（10）变频器的三线控制　变频器和接触器控制电路相同，见图8-44a。当按下动合（常开）按钮

SF 时，电动机正转起动，由于 EF 端子具有保持（自锁）功能，松开 SF 后，电动机的运行状态将能继续下去；当按下动断按钮 ST 时，EF 和 COM 之间的联系被切断，自锁解除，电动机将停止。这样，只需要两个按钮就可以进行电动机的起动和停止控制了。

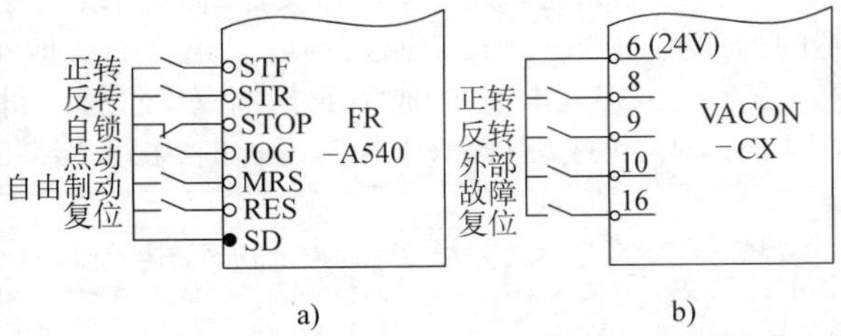

图 8-42　基本操作输入端举例
a）三菱 FR—A540 变频器　b）瓦萨 CX 变频器

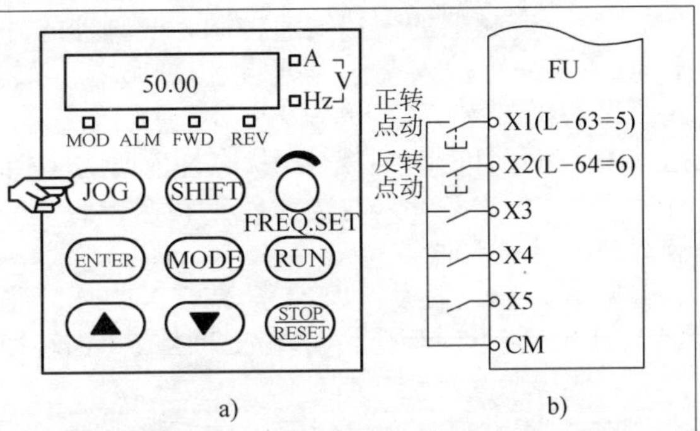

图 8-43　点动控制
a）键盘控制　b）外接输入端子控制

图 8-44b 是自锁功能的另一种方式，其特点是可以接受脉冲信号进行控制。

自锁控制需要将控制线接到三个输入端子，故称为“三线控制”。

（11）变频器的点动控制（见图 8-45）　在 X6 中串接切换开关 SA，当 SA 投向“R”时，X6 接通，自锁功能有效。按下 SF，电动机运行，松开 SF，电动机继续运行；当 SA 投向“J”时，X6 断开，自锁功能无效。按下 SF，电动机运行，松开 SF，电动机停止。

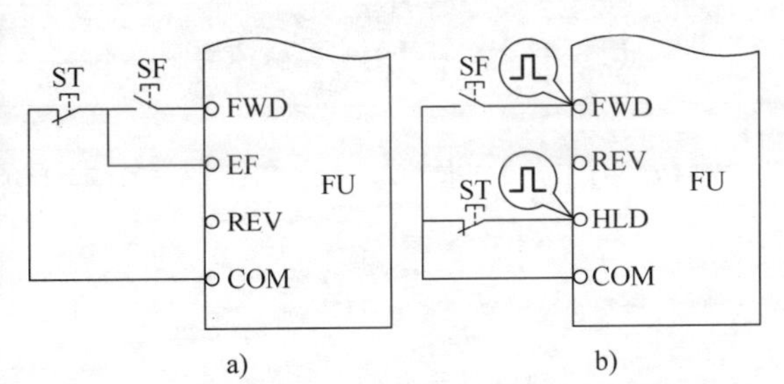

图 8-44　三线控制
a）方式 1　b）方式 2（可脉冲控制）

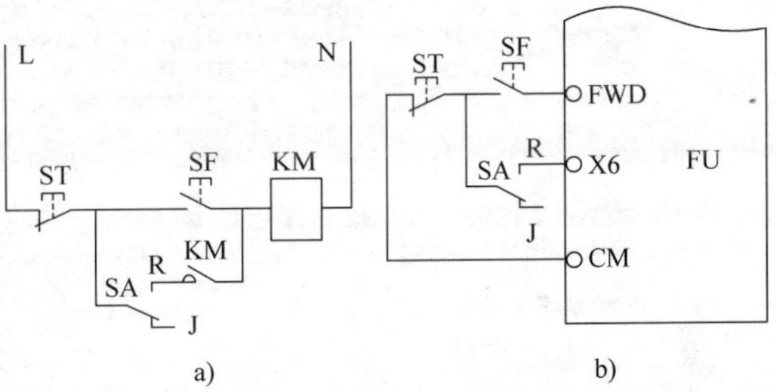

图 8-45　点动与运行的切换电路
a）原来继电器的切换电路　b）变频后的切换电路

（12）变频器的外接升、降速控制　变频器的可编程外接端子中，可以任意选择两个端子，通过功能预置，使它们具有升、降速功能。

见图 8-46，通过功能预置，使端子 X1 为“升速端子”，X2 为“降速端子”，则：按下 SB1 时，变频器的输出频率上升，松开 SB1，变频器的输出频率保持不变（通过预置，也可以使输出频率回复至原来的频率）。

按下 SB2 时，变频器的输出频率下降，松开 SB2，变频器的输出频率保持不变（通过预置，也可以使输出频率回复至原来的频率）。

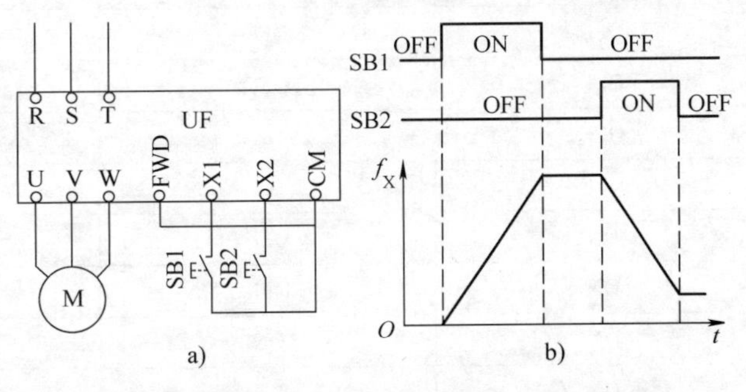

图 8-46　外接升、降速端子
a）外接升、降速端子接法　b）功能示意图

（13）变频器升、降速端子与电位器（见图 8-47）　按下 SB1→X1 接通→频率上升；

松开 SB1→X1 断开→频率保持不变；

按下 SB2→X2 接通→频率下降；

松开 SB2→X2 断开→频率保持不变。

（14）变频器的多挡转速控制　变频器的外接输入控制端子中，通过功能预置，可以将若干个（通常为2～4个）输入端作为多档（3～16档）转速控制端。其转速的切换由外接的开关器件通过改变输入端子的状态及其组合来实现，转速的挡次是按二进制的顺序排列的，故二个输入端可以组合成3或4档（0状态不计时为3档，0状态计入时为4档）转速，三个输入端可以组合成7或8档（0状态不计时为7档，0状态计入时为8档）转速，四个输入端可以组合成15或16档（0状态不计时为15档，0状态计入时为16档）转速。

见图8-48，假设输入端子X1、X2、X3被预置为多挡转速的信号输入端，则通过继电器KA1、KA2、KA3的不同组合，可输入7档或8档转速信号。

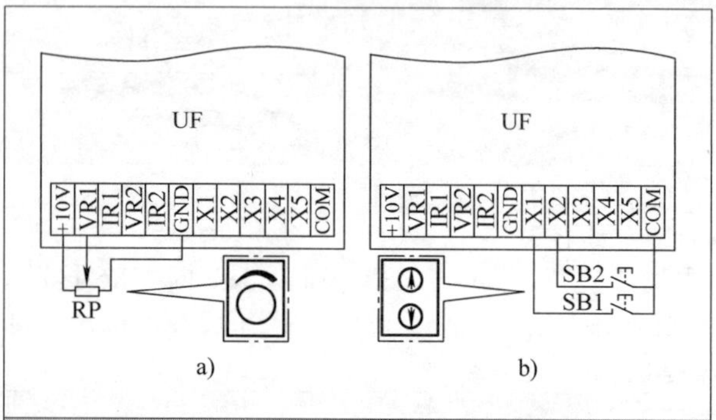

图8-47　用升降速端子给定代替电位器给定
a）升降速端子给定　b）电位器给定

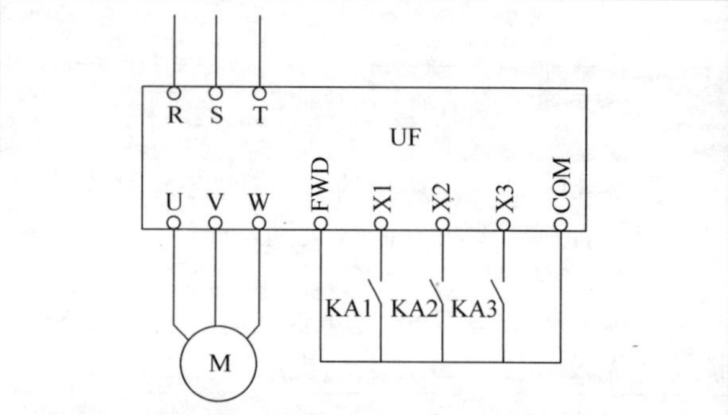

图8-48　变频器的多档转速控制

由于三个端子是任选的，又由于每一个端子代表二进制数字中的一“位”。因此，在把三个端子预置为多档转速功能时，必须注意它们的顺序。例如：

X1 预置为最低位；

X2 预置为中间位；

X3 预置为最高位。

则转速档次与各输入端状态之间的关系见表8-3。

表8-3　转速档次与各输入端状态之间的关系

各输入端子状态			转速档次
X3	X2	X1	
OFF	OFF	OFF	0
OFF	OFF	ON	1
OFF	ON	OFF	2
OFF	ON	ON	3
ON	OFF	OFF	4
ON	OFF	ON	5
ON	ON	OFF	6
ON	ON	ON	7

（15）变频器外接输入端子的预置选择功能　变频器还可以通过功能预置使各输入控制端子具有选择功能，见图8-49。

1）速度控制与转矩控制的选择功能：ON时为转矩控制；OFF时为速度控制。

2）PID的选择功能：ON时PID控制无效；OFF时PID控制有效。

3）直流制动指令的选择功能：ON 时直流制动指令有效，电动机进行直流制动；OFF 时外部无直流制动指令。

4）模拟量给定信号相加功能的选择：ON 时可进行模拟量给定之间的相加；OFF 时不能相加。

5）模拟量给定信号相减功能的选择：ON 时可进行模拟量给定之间的相减；OFF 时不能相减。

6）V/F 方式时的转速反馈选择：ON 时转速反馈无效；OFF 时有效。

7）零伺服指令的选择功能：ON 时零伺服指令有效；OFF 时无效。

8）电动机的切换功能：当一台变频器控制两台不同时运行的电动机时，对被控电动机进行切换，ON 时 2#电动机运行；OFF 时 1#电动机运行。

（16）变频器报警输出端子的功能　报警输出端子的功能主要有两个方面，见图 8-50。

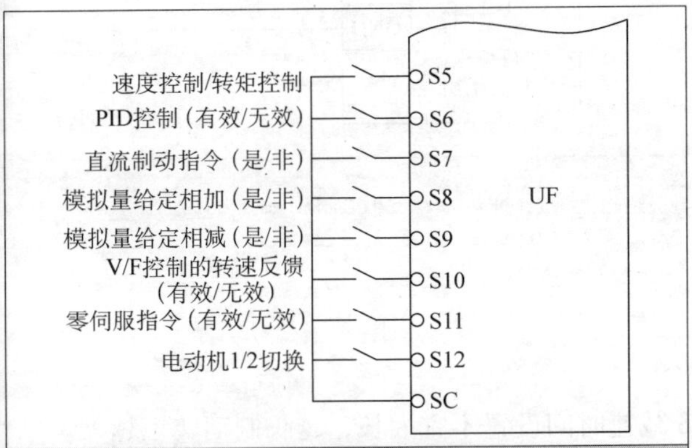

图 8-49　输入控制端子的选择功能

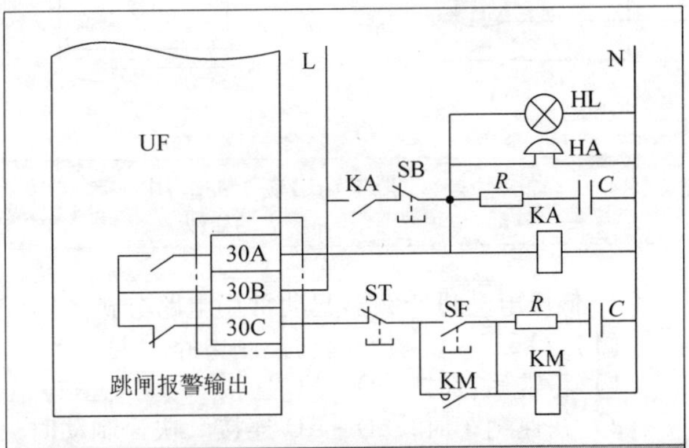

图 8-50　报警端子的应用电路

1）切断变频器电源：图 8-50 中接触器 KM 是用来接通变频器电源的，报警输出的动断（常闭）触点“30B—30C”串联在 KM 的线圈电路内。为了保护报警输出的触点，在接触器的线圈两端，应并联阻容吸收电路（图 8-50 中的 *R*—*C* 电路）。

当变频器因故障而跳闸时，触点“30B—30C”断开，KM 的线圈断电，其主触点使变频器切断电源。

2）进行声光报警：声光报警电路由报警输出的动合（常开）触点“30B—30A”控制。当变频器跳闸时，触点“30B—30A”闭合，将报警指示灯 HL 和电笛 HA 接通，进行声光报警。

与此同时，继电器 KA 得电，其触点将声光报警电路自锁，使变频器断电后，声光报警能持续下去，直至工作人员按下 SB 为止。

继电器线圈和电笛线圈的两端并联阻容吸收装置，以保护触点。

（17）变频器与外接测量仪表　变频器的外接模拟量输出端子主要用于测量变频器的运行数据，如输出频率、输出电流和输出电压等，见图 8-51a。

变频器所提供的模拟量信号都是与被测参数成正比的低压直流电压或直流电流。用户在市场上也只能买到低压的直流电压表或直流毫安表。因此，需要进行必要的技术处理，见图 8-51b。

不同变频器的模拟量输出信号也不一样，主要有 0～10V、0～20mA、0～1mA 等几种，必须注意说明书中的相关说明。

如 0～10V 的电压表测量变频器的输出频率，假设变频器的最高频率预置为 0～50Hz，则仪表的 10V 与 50Hz 相对应，只需将仪表的刻度盘作图 8-51b 所示的处理即可。

（18）变频器的多功能输出端子　大部分变频器的多功能输出信号都是晶体管集电极开路输出的，见图 8-52。主要的应用方式如下：

1）继电器方式：即由低压继电器 KA 接受信号。当输出端子 Y1—GND 导通时，KA 线圈得电，其触点用以控制相关的电路。

为了保护变频器内的输出晶体管，KA 线圈的两端应反向并联一个二极管 VD，为线圈在断电时的反电动势提供释放回路。

2）光耦方式：即由光耦合器 VHC 的二极管接受信号。当输出端子 Y2—GND 或 Y3—GND 导通时，VHC 的发光二极管部分得到电流而发光，其光敏晶体管部分用以控制相关的电路。

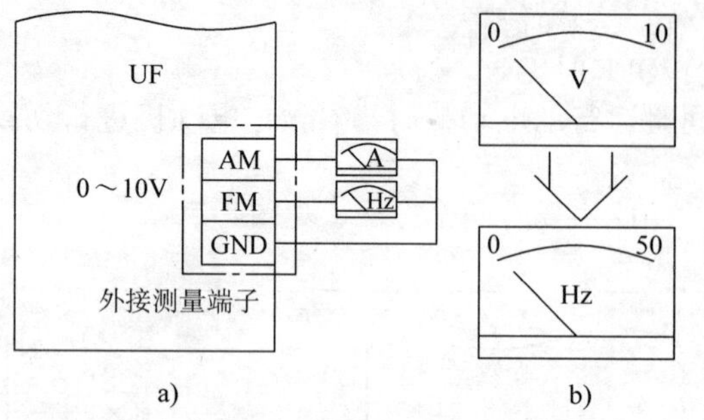

图 8-51　模拟量输出端子的应用
a）应用电路　b）仪表的处理

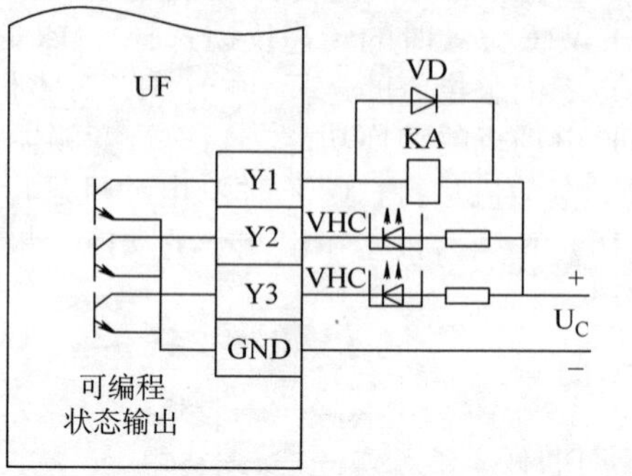

图 8-52　多功能输出端子的应用

2. 低压电动机变频器起动常用电路分析

（1）ZY312G 变频器起动控制电路（见图 8-53）

1）正常运行时，SQ－NC 连接。

2）快速刹车时，SQ－NO 连接。快速制动时，LS 减速时间设置不宜太长，越长制动转矩越大。

3）NO、NC 接外控开关，闭合运行，断开暂停。

4）OC、OE 接外控输出，运行时接通、暂停时断开，电子开关运行时应小于 100mA。

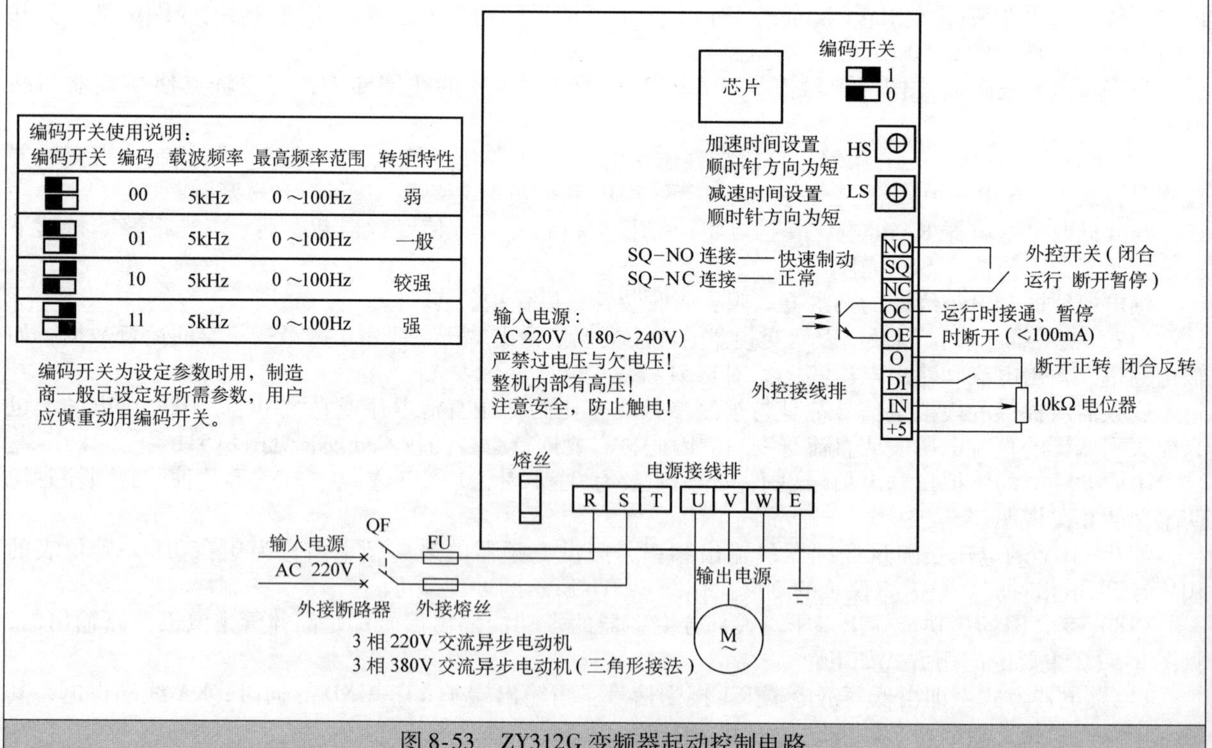

图 8-53　ZY312G 变频器起动控制电路

5）0、IN、+5 接外控电位器（1～10kΩ）调速。

6）0、DI 接正反转开关，断开正转，闭合反转。

7）IN 与 0 之间可外控 DC0 ~ 5V 或 DC0 ~ 20mA。

8）外控电压控制时，应将面板电位器放在顺时针最大处（IN 与 0 之间可外控电压DC0 ~ 5V）（DC5V 时为 100Hz）。

9）电流外控控制时，应将面板电位器放在逆时针最小处（IN 与 0 之间可外控电流DC0 ~ 20mA）（DC20mA 时为 100Hz）。

由图 8-53 可以看出，该变频器的电源是 ~ 220V，但能驱动三相电动机，这是变频器的最大特点。必须保证电源的容量大于电动机容量，一定要接在 R、S 上，三相电源则应接在 R、S、T 上。

如果不去探讨变频器的原理和结构，相比之下阅读该图要比接触器—继电器起动控制电路简单了许多。

（2）施耐德变频器常用电路图　该变频器分无控制接触器、有进线接触器和有出口控制接触器三种。由图 8-54 ~ 图 8-61 可知，对于接触器的控制都有一个控制电路，这与接触器—继电器控制系统是相同的，由按钮控制。这里将其各种线路图列出，供读者参考。

可以看出，变频器正确接线后，只要接通电源，电动机便自行起动，并按设定的程序进行频率由低到高的调节，直到起动完毕；在起动过程或运行过程中，一旦出现过电流、过热、短路、低电压、超速等故障，则电动机会按设定程序停车，这些保护器件是看不到的，是由设备本身内部设定的程序完成的，这也是与接触器—继电器控制电路最大的不同之处。

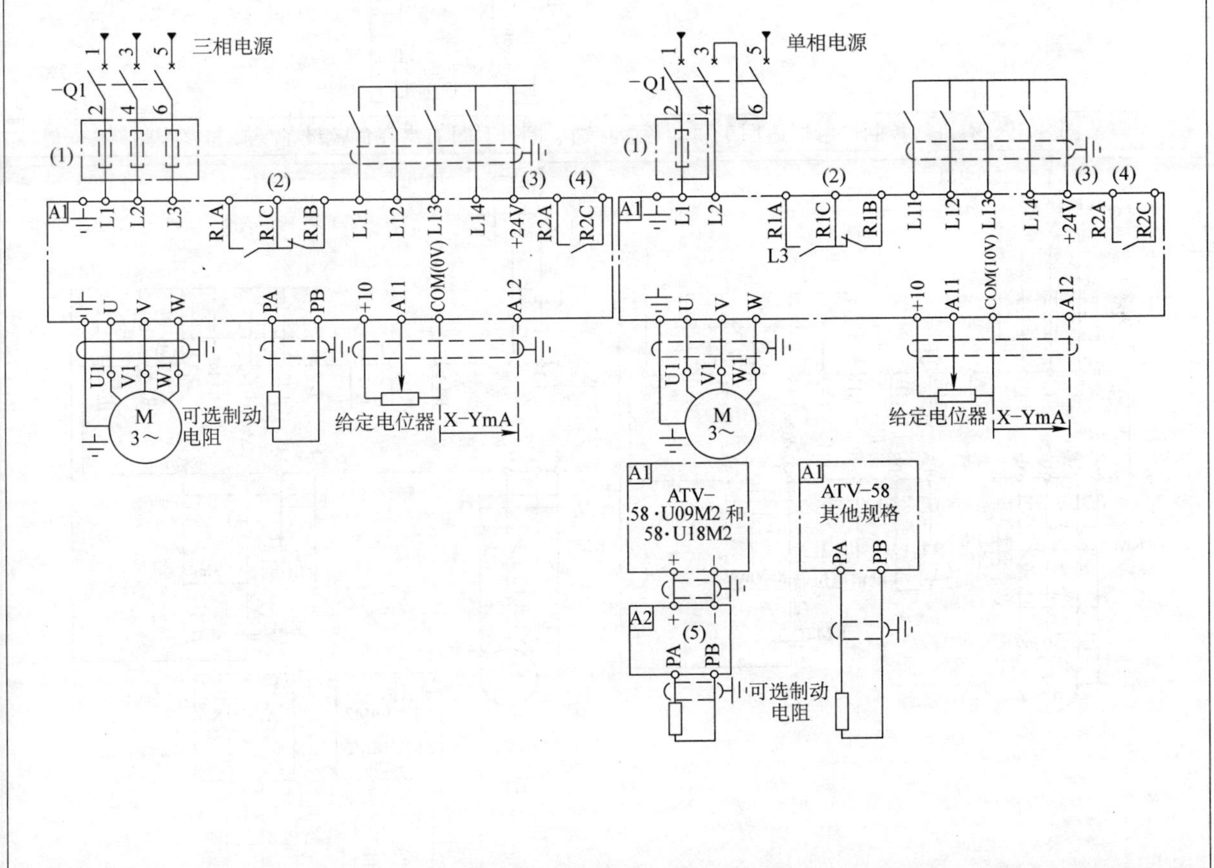

图 8-54　无控制接触器适用于驱动无潜在危险设备的变频器接线图

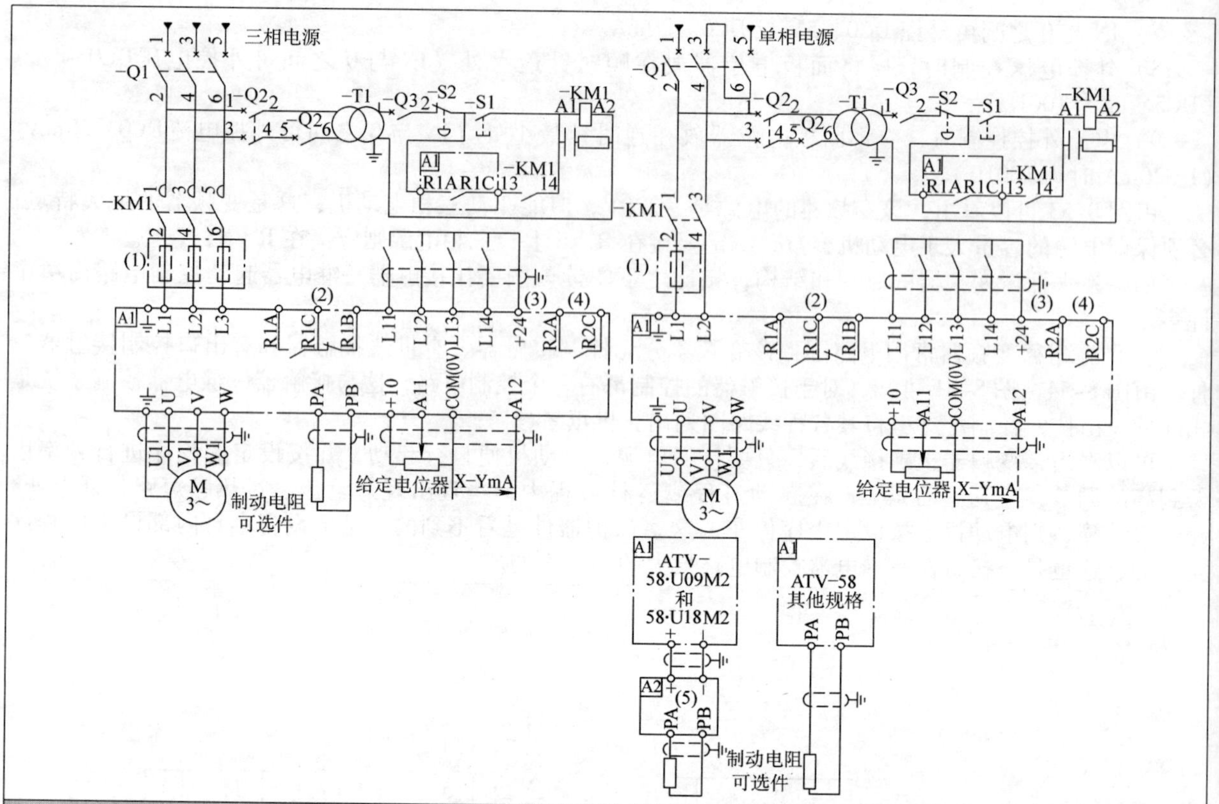

图 8-55　有进线控制接触器适用于驱动频繁接通、断开且具有潜在危险设备变频器接线图

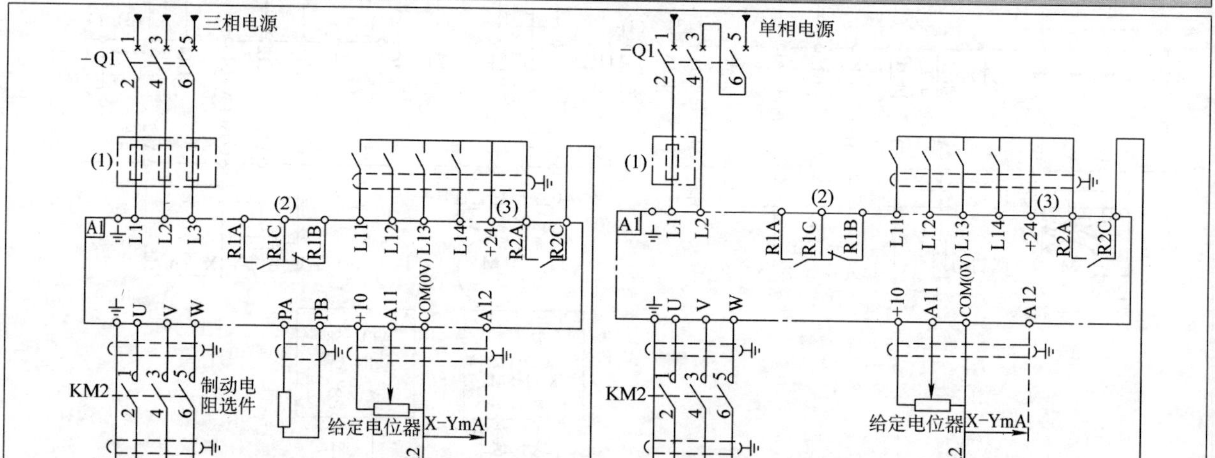

图 8-56　有出口控制接触器适用于驱动频繁接通、断开且具有潜在危险设备变频器接线图

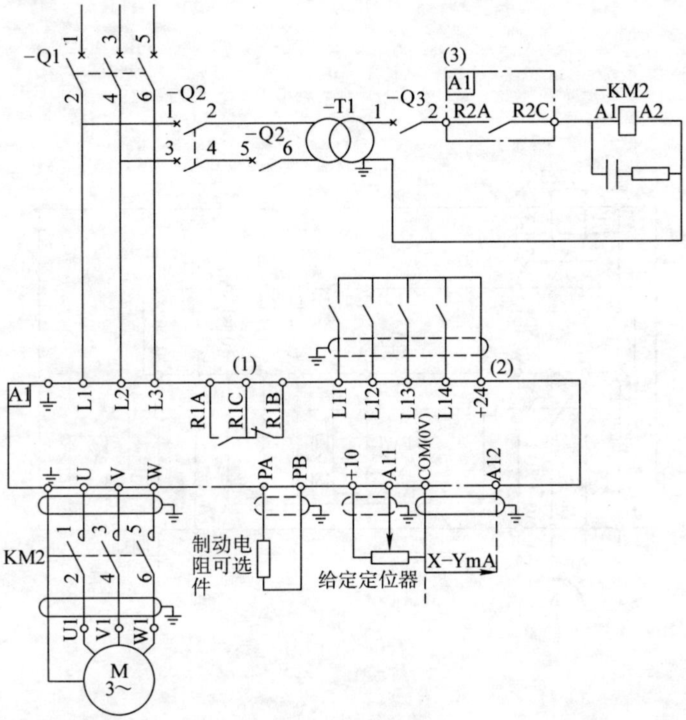

图 8-57　有出口接触器适用驱动频繁接通、断开且具有潜在危险设备变频器接线图（仅用于三相）

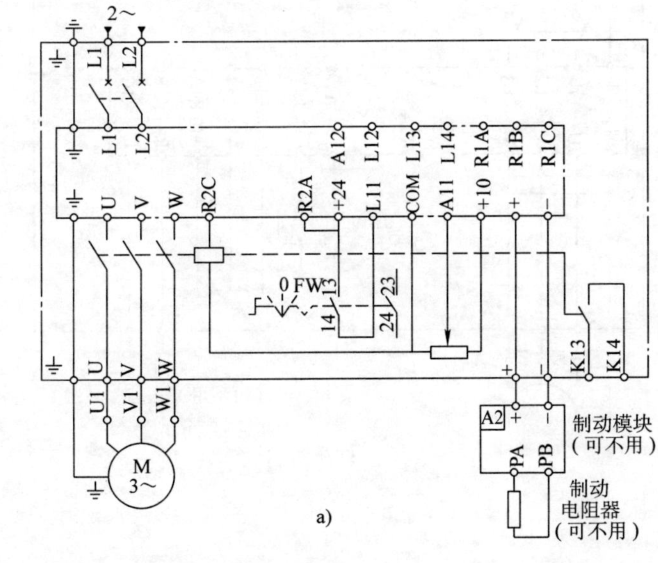

a)

图 8-58　成套变频器接线图

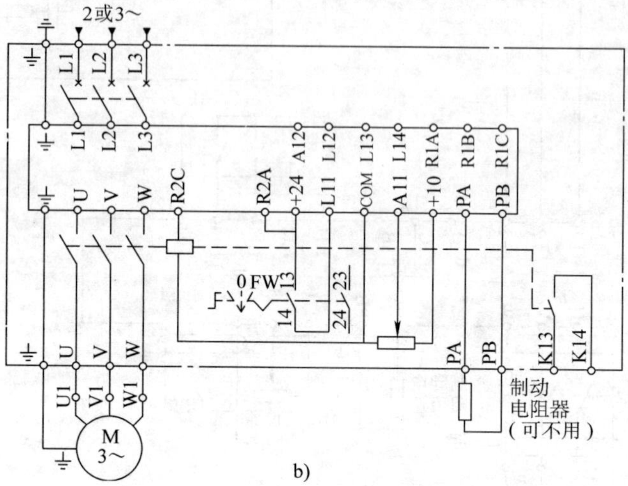

b)

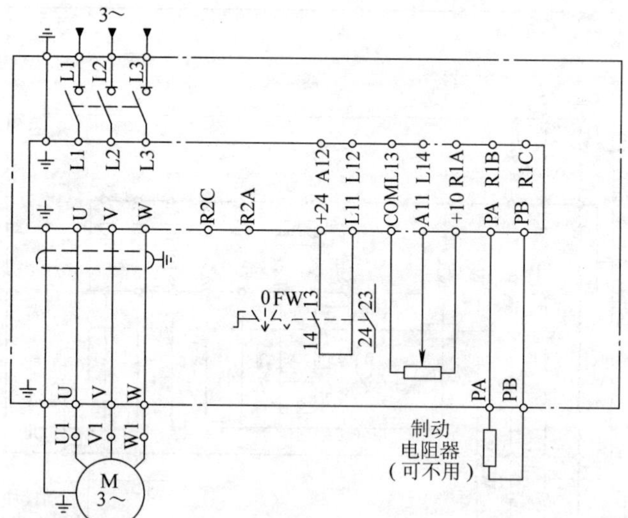

c)

图 8-58　成套变频器接线图（续）

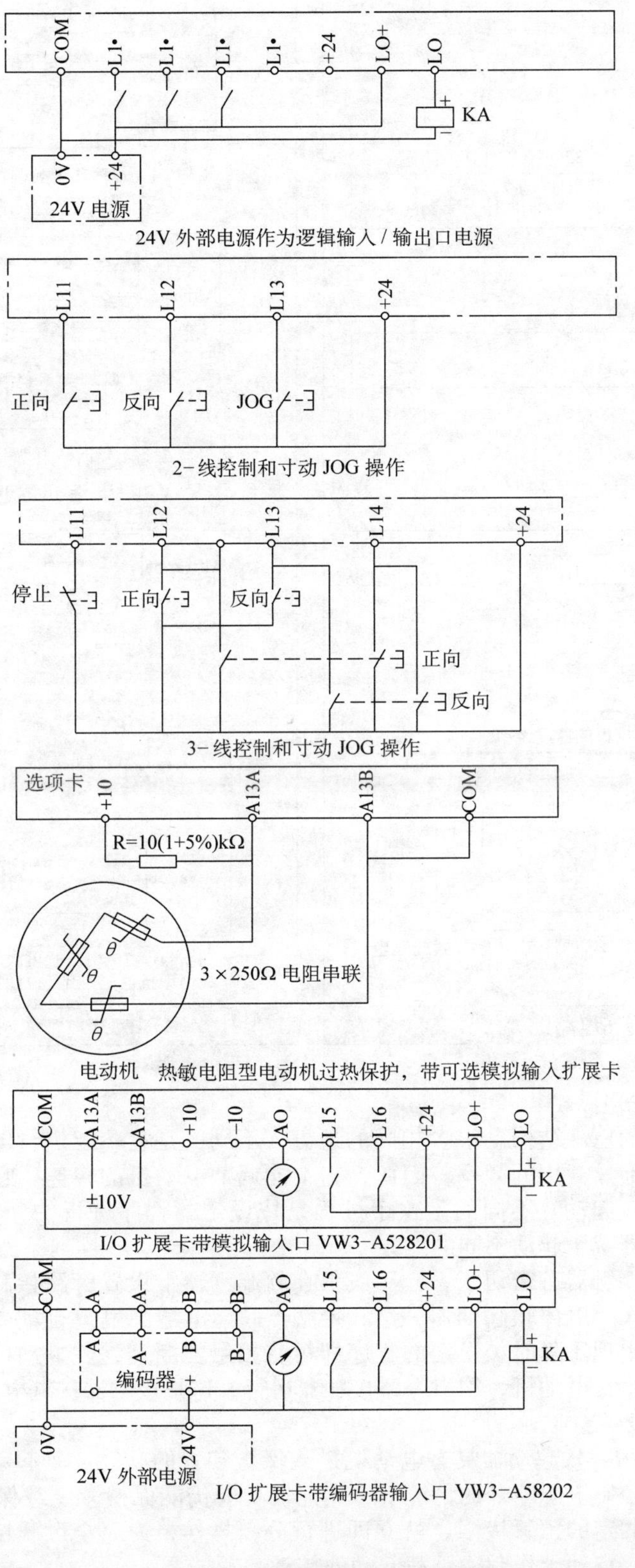

图 8-59　变频器附属电路的连接

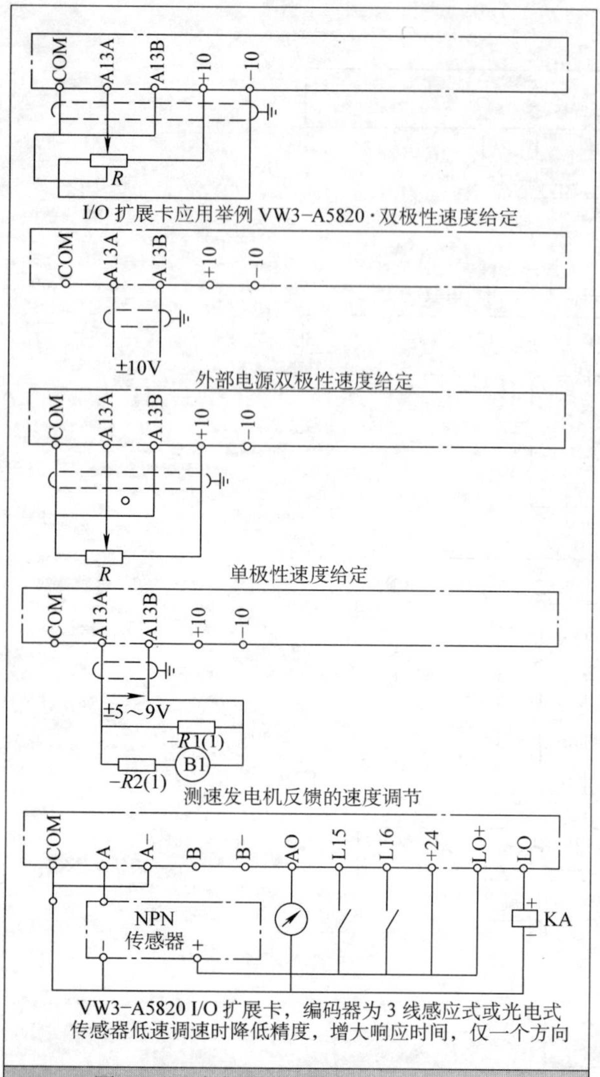

图 8-59　变频器附属电路的连接（续）

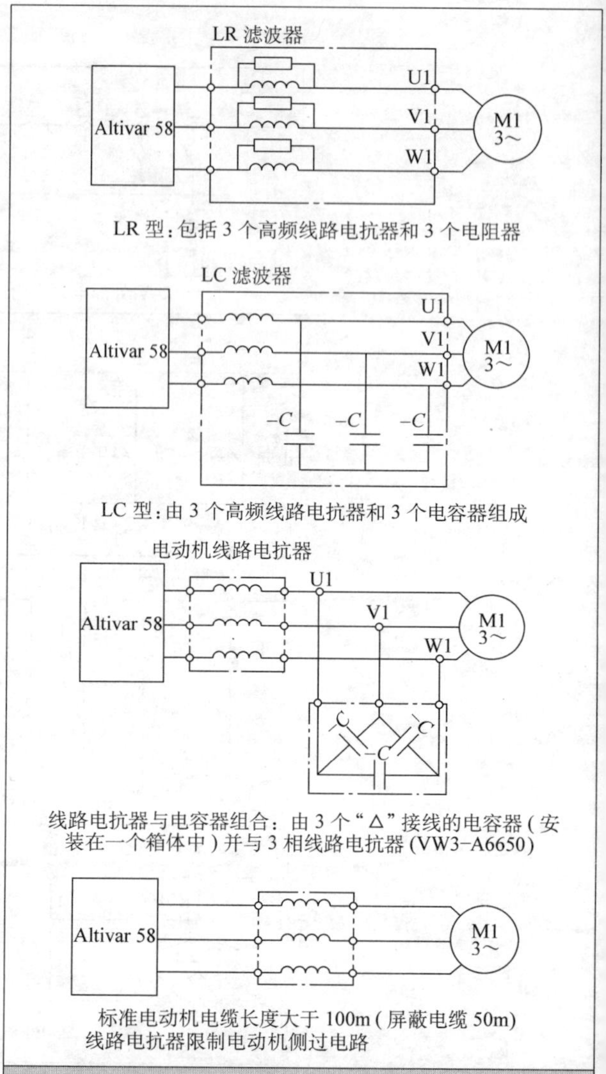

图 8-60　与滤波器、电抗器的连接

（二）软起动器控制电路

软起动器与变频器的原理结构有很多相同的地方，不同的是它不能进行电源频率的调节，也就是说它不能调节晶闸管导通、截止的频率。因此，它不能调节电动机的转速，它是用改变电压来进行电动机起动的，也就是减压起动。不同的是这个过程是按设定的程序进行的，看不到那些具体的装置，这也是与接触器—继电器减压起动不同的地方。

软起动器的使用与接触器有密切联系，一般都在软起动器上设置旁路接触器，也就是说电动机起动后，由旁路接触器工作，甩掉软起动器，这和接触器—继电器中甩掉自耦变压器、起动电阻是一样的。不同的是当运行中出现压降时，设定的程序即可将接触器断开，使电动机停止。同时利用旁路接触器可使软起动器起动多台电动机，均由旁路接触器运行，这是接触器—继电器控制无法比拟的。

1. 软起动器的保护性能

（1）电子式过载保护　软起动器具有电动机过载保护装置的功能。软起动器有热记忆装置，提供附加保护功能，即使在控制电源断开的情况下，热记忆功能仍能保持。过载保护通过电流传感器和 I^2t 算法实现。当温度超过固定的预置极限，就立即进行分断操作，为完全过载性能提供了最佳保护。它特别适用于起动频率高、点动工作制或重载起动的传动装置。

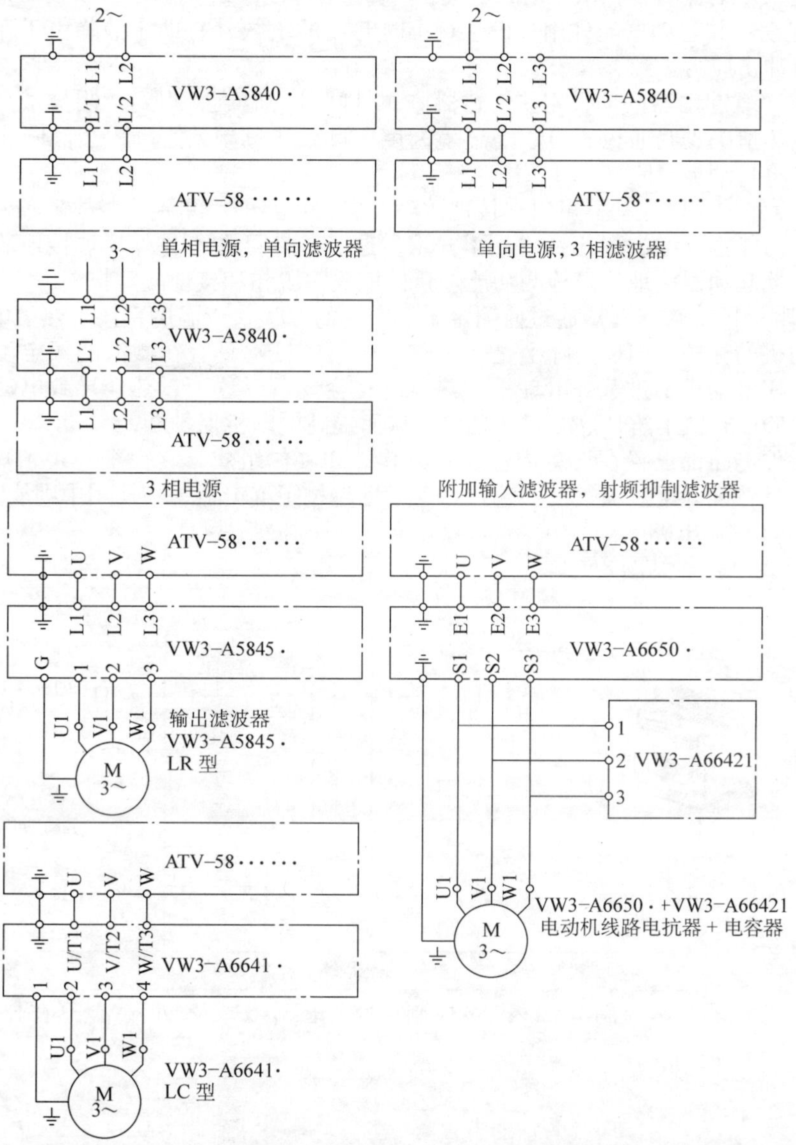

图 8-61　与滤波器、电抗器的连接

(2) 失速保护和堵转检测　在失速或堵转的情况下，电动机将承受转子堵转电流、从而产生高的转矩，将导致线圈绝缘损坏或与负载相连部分的机械损坏。软起动器可以检测到失速和堵转，从而加强了对电动机或系统的保护。用户可对最大失速保护延迟时间编程，失速保护延迟时间是除可编程起动时间之外的时间，它是从起动时间已经超时之后开始的，如果软起动器检测到失速，它会在延迟时间之后使电动机停止。堵转检测允许用户以电动机满载电流额定值百分比编程，用户可以选择延迟时间，在电动机堵转发生后，软起动器在延迟时后脱扣。

(3) 线路故障保护　软起动器能够连续检测线路情况，以监视其异常情况。起动前线路故障如电源断电、负载连接断开、SCR 短路可报警指示；起动运行后线路故障如电源断电、负载连接断开、反相保护、可停止运行。

(4) 欠载保护　软起动器检测到电流突然下降，电动机能停止运行。

(5) 欠电压保护　软起动器检测到电压突然降低使电动机停止运行。

(6) 过电压保护　软起动器检测到输入线电压上升，过电压保护将使电动机停止运行。

(7) 电压不平衡保护　电压不平衡是检测三相电压大小及三相电压的相位关系，当软起动器检测到不平衡电压达到用户编程的脱扣水平时，电动机将停止运行。

（8）过频繁起动　软起动器允许用户设置每小时起动的次数，有助于消除由于在短时间内反复起动所造成的电动机冲击应力。

（9）过热保护　软起动器内部采用热传感器监测晶闸管的温度。当到达阴极最高额定温度时晶闸管被禁止触发。发热情况表明通风不良、高环境温度、过载或过频繁起动。当晶闸管的温度降低到允许的水平时，故障将自动被消除。

（10）接地故障保护　软起动器可以在接地故障发展为短路前检测到这一故障条件，接地故障电流开始时一般很小，但能很快增加到几百或几千安培，这一特性可在不另外增加接地故障断路器情况下对人身进行保护。软起动器接地故障检测功能包括接地故障脱扣和接地故障报警。

（11）热敏电阻保护　软起动器通过监测定子上安置的 PTC（正温度系数）热敏电阻，可以通过外部电路加强对电动机的保护。PTC 实际上是一个热敏电阻器，它具有在激活的额定温度后电阻具有急剧变大的特性，即使电动机不过载，电动机过热有时也会出现，这一过热会导致电动机冷却系统受阻和环境温度过高，PTC 有助于辨认这一过热现象，从而提高电动机保护功能。

上述功能的元件电路都设置在设备内部，并由软件和硬件组成，它完全代替了短路、过载、过热等典型的继电器，且在准确度、灵敏度、选择性上远远超过了继电器，在使用中则能完成上述功能。

2. 软起动器基本控制电路

（1）基本主接线电路　见图 8-62。

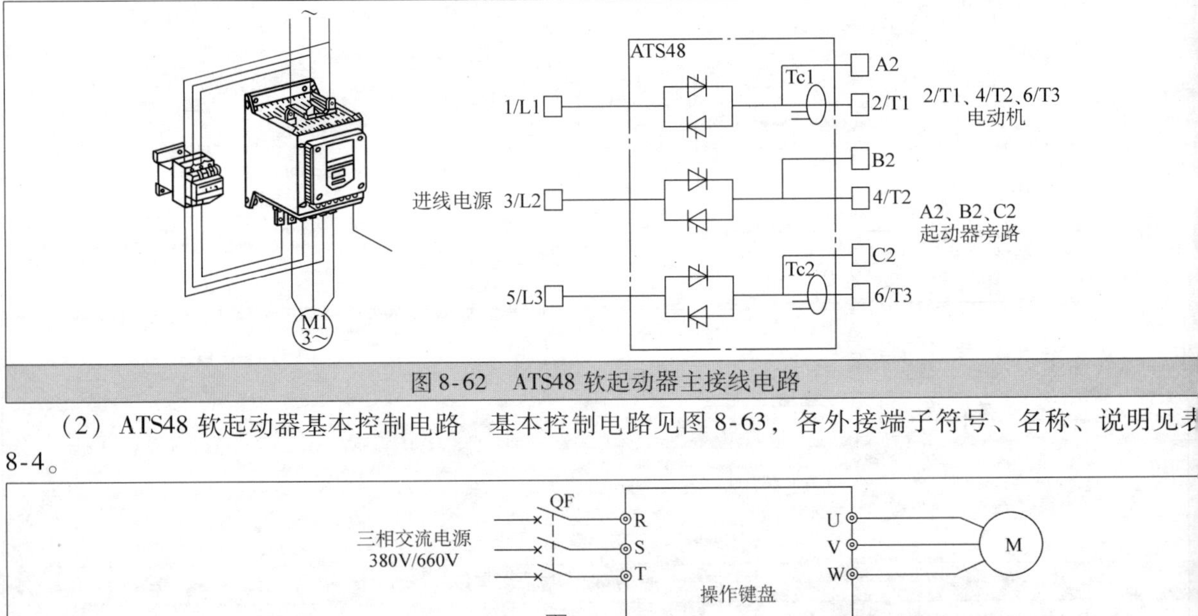

图 8-62　ATS48 软起动器主接线电路

（2）ATS48 软起动器基本控制电路　基本控制电路见图 8-63，各外接端子符号、名称、说明见表 8-4。

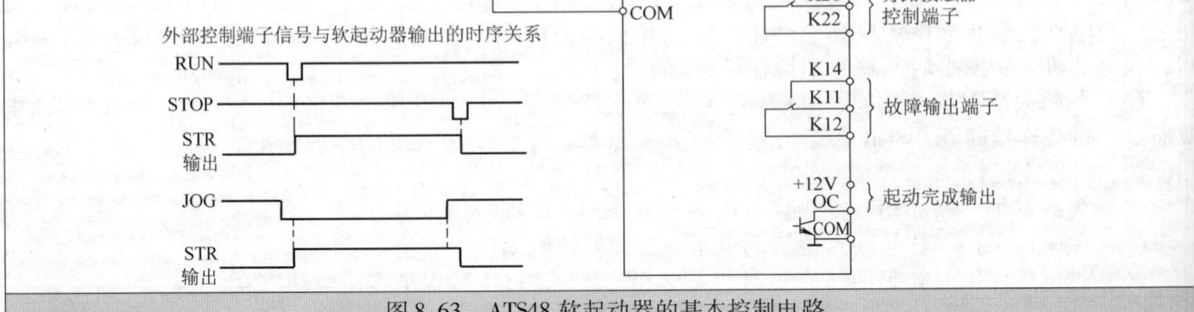

图 8-63　ATS48 软起动器的基本控制电路

表 8-4 图 8-63 各外接端子符号、名称及说明

<table>
<tr><th colspan="3">符 号</th><th colspan="2">端子名称</th><th>说 明</th></tr>
<tr><td colspan="2" rowspan="3">主电路</td><td>R、S、T</td><td colspan="2">交流电源输入端子</td><td>通过断路器（MCCB）接三相交流电源</td></tr>
<tr><td>U、V、W</td><td colspan="2">软起动器输出端子</td><td>接三相异步电动机</td></tr>
<tr><td>U1、V1、W1</td><td colspan="2">外接旁路接触器专用端子</td><td>B 系列专用，A 系列无此端子</td></tr>
<tr><td rowspan="14">控制电路</td><td rowspan="5">数字输入</td><td>RUN</td><td colspan="2">外控起动端子</td><td>RUN 和 COM 短接即可外接起动</td></tr>
<tr><td>STOP</td><td colspan="2">外控停止端子</td><td>STOP 和 COM 短接即可外接停止</td></tr>
<tr><td>JOG</td><td colspan="2">外控点动端子</td><td>JOG 和 COM 短接即可实现点动</td></tr>
<tr><td>NC</td><td colspan="2">空端子</td><td>扩展功能用</td></tr>
<tr><td>COM</td><td colspan="2">外部数字信号公共端子</td><td>内部电源参考点</td></tr>
<tr><td rowspan="3">数字输出</td><td>+12V</td><td colspan="2">内部电源端子</td><td>内部输出电源，DC 12V/50mA</td></tr>
<tr><td>OC</td><td colspan="2">起动完成端子</td><td>起动完成后 OC 门导通（DC 30V/100mA）</td></tr>
<tr><td>COM</td><td colspan="2">外部数字信号公共端子</td><td>内部电源参考点</td></tr>
<tr><td rowspan="6">继电器输出</td><td>K14</td><td>动合</td><td rowspan="3">故障输出端子</td><td rowspan="3">故障时K14—K12 闭合
K11—K12 断开
触点容量AC：10A/250V
DC：10A/30V</td></tr>
<tr><td>K11</td><td>动断</td></tr>
<tr><td>K12</td><td>公共</td></tr>
<tr><td>K24</td><td>动合</td><td rowspan="3">外接旁路接触器控制端子</td><td rowspan="3">起动完成后K24—K22 闭合
K21—K22 断开
触点容量 AC：10A/250V 或 5A/380V</td></tr>
<tr><td>K21</td><td>动断</td></tr>
<tr><td>K22</td><td>公共</td></tr>
</table>

（3）一台 STR 软起动器控制两台电动机（一备、一开）电气电路（见图 8-64） 一台软起动器控制两台电动机是指开一台，备用一台。S 为切换开关，S 往上，则 KM1 动作，为起动电动机 M1 做准备，指示灯 HL1 亮、HL2 灭；往下则 KM1 不工作、KM2 工作，指示灯 HL2 亮、HL1 灭。

电动机工作之前，必须先操动切换开关 S，确定哪台电动机工作，然后在 STR 的操作键盘上按动 RUN 键起动电动机；按动 STOP 键则停止。

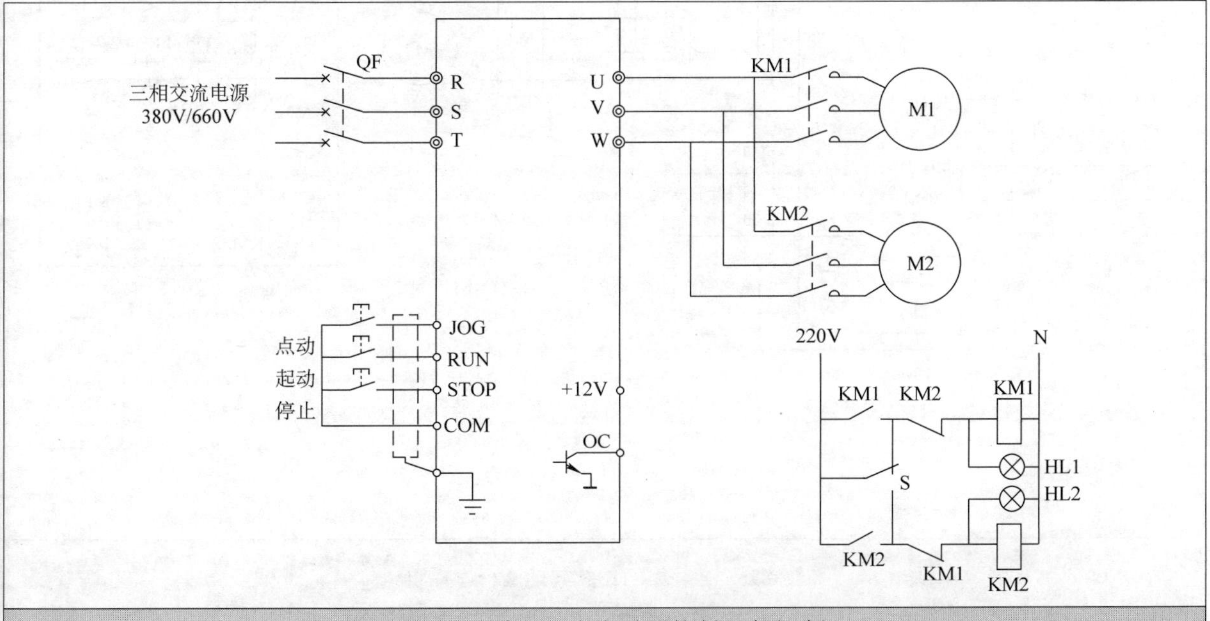

图 8-64 一台 STR 软起动器控制两台电动机

注：通过转换开关 S 可选择 M1 或 M2

（4）STR软起动器一台起动两台电动机（旁路运行，软起动器起动） 软起动器起动、旁路接触器运行控制电路见图8-65。断路器QF闭合后，STR开始工作，按动SBT1，KM11吸合，为起动M1做准备，然后按下起动按钮SBT，KM11吸合后，电动机M1软起动，起动完成后，中间继电器K吸合，其在控制电路中的动合触点闭合，使旁路接触器KM12吸合，时间继电器KT1开始延时。延时结束后，KT1动断触点断开，切断KM11，这时由旁路接触器为M1供电工作，STR软起动器这时已退出运行状态，为起动M2做准备。

按下SBP1、SBP2，则M1、M2停止运行。

（5）STR软起动器两地控制电路（见图8-66） 在控制电路中，是将另外一地控制的动合按钮与图中动合按钮SBT并联起来，而将另外一地控制的动断按钮与图中动断按钮SBP串联起来，这与接触器—继电器控制系统相同，读者可按前述分析方法自行解读图8-66，同时可参见图8-4的内容。

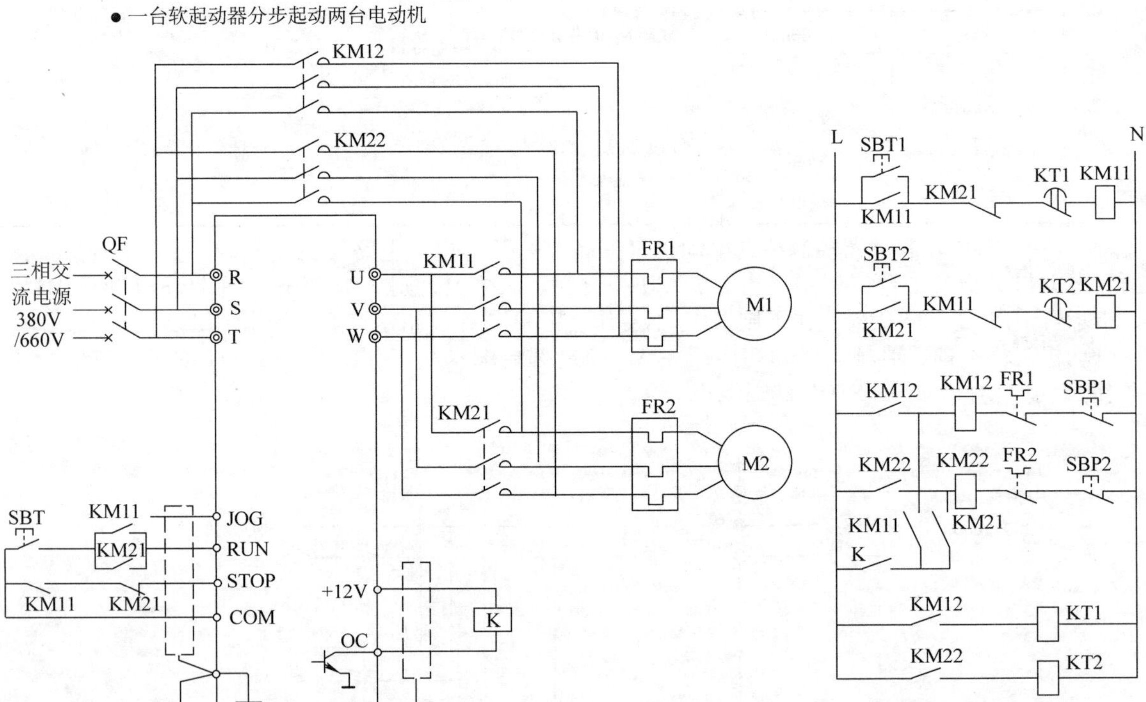

图8-65 一台STR软起动两台电动机

这里将软起动器常见的控制电路列出，读者可按上述分析方法自行解读，见图8-67～图8-75。

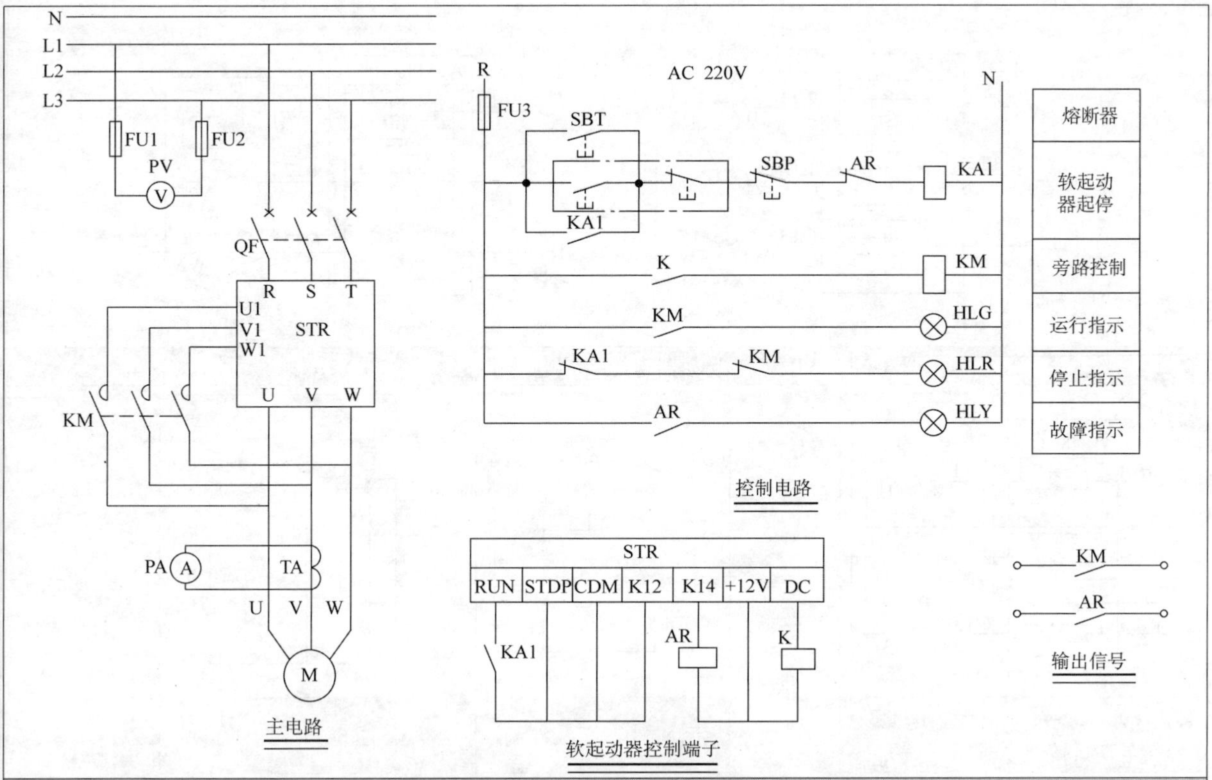

图 8-66　STR 软起动器两地控制电路

KM4	中间继电器
FU3、FU4	熔断器
SB2、SB4、SB5	起、停、急停按钮
PA2	电流表
KH	热继电器
TC	机床变压器
FU1、FU2	熔断器
SB1、SB3	起、停按钮
KM1～KM3	中间继电器
L1	电流滤电器
PV	电压表
PA1	电流表
TA1～TA6	电流互感器
KM	交流接触器
QF	塑壳式断路器

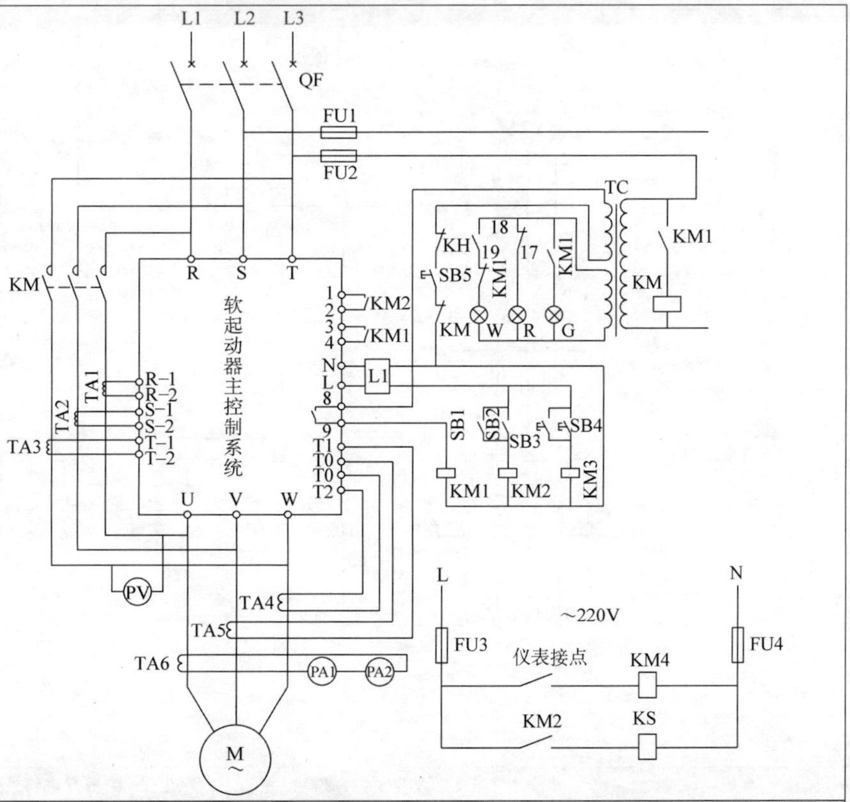

图 8-67　常用软起动器接线图

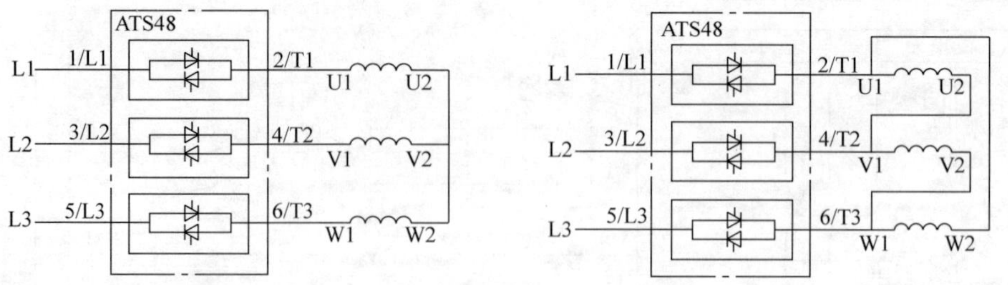

图 8-68　ATS48 软起动器电源及与电动机接线示意图（一）

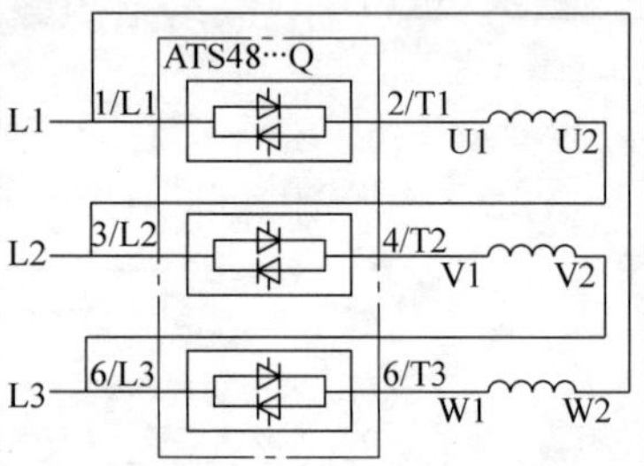

图 8-69　ATS48 软起动器电源及与电动机接线示意图（二）

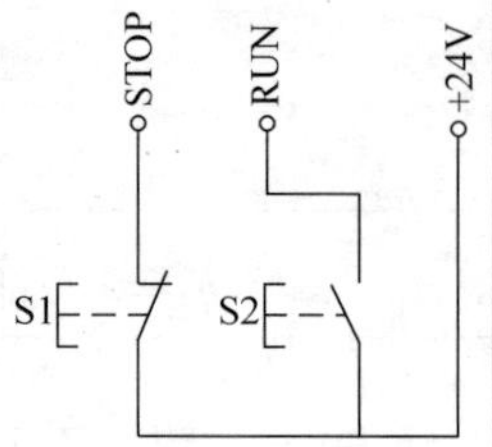

图 8-70　三线控制

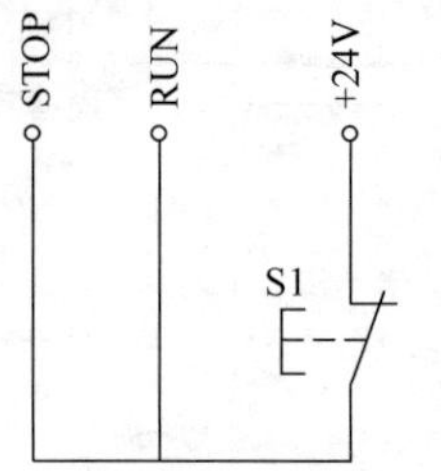

图 8-71　两线控制

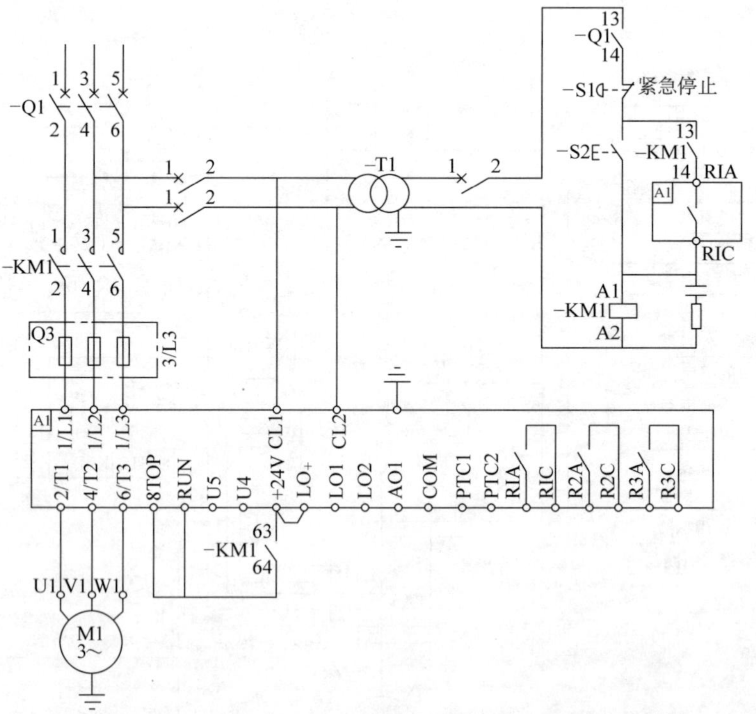

图 8-72　ATS48 软起动器标准接线图（一）

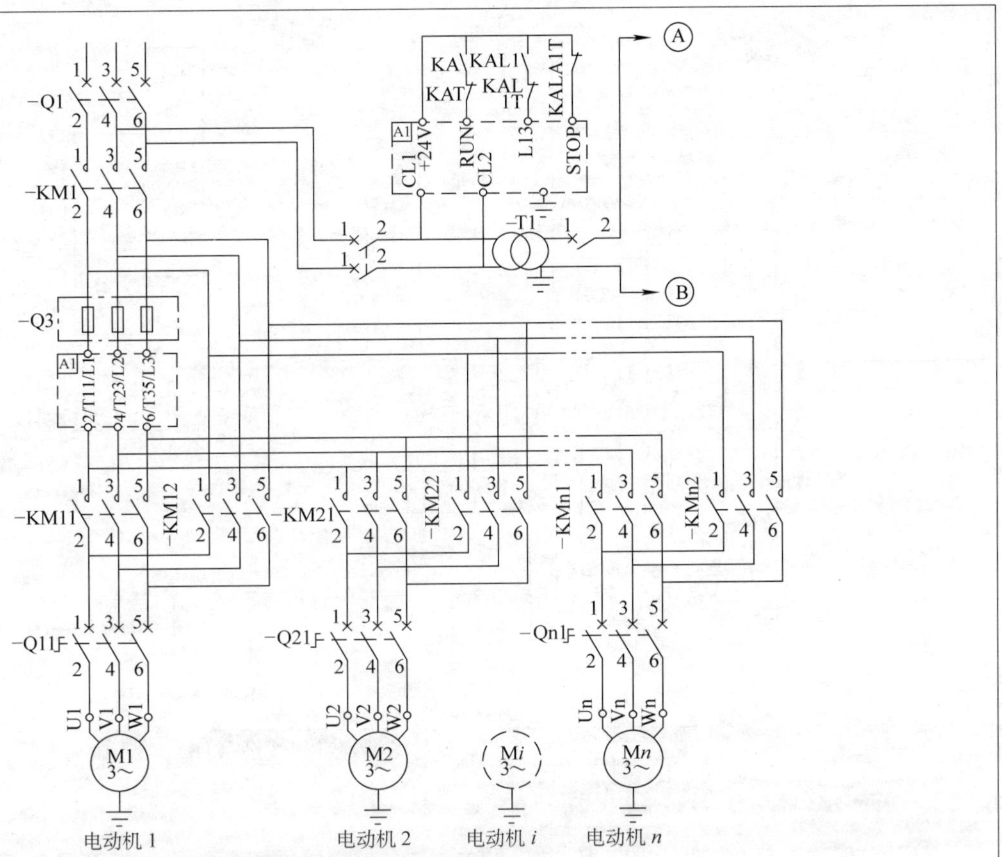

图 8-73　ATS48 软起动器标准接线图（二）

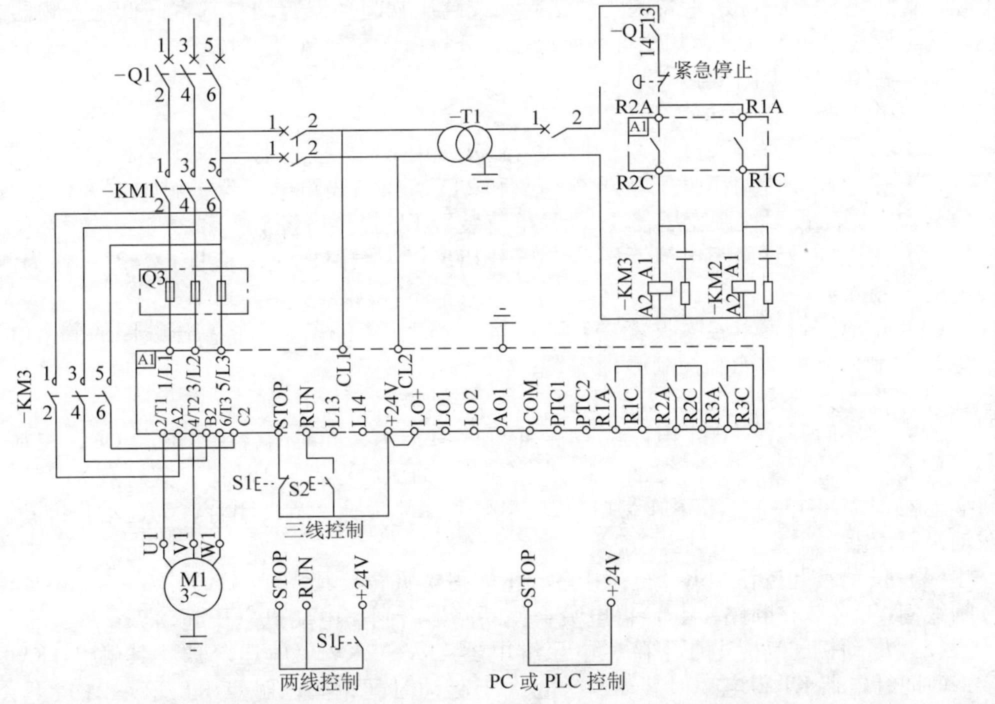

图 8-74　ATS48 软起动器标准接线图（三）

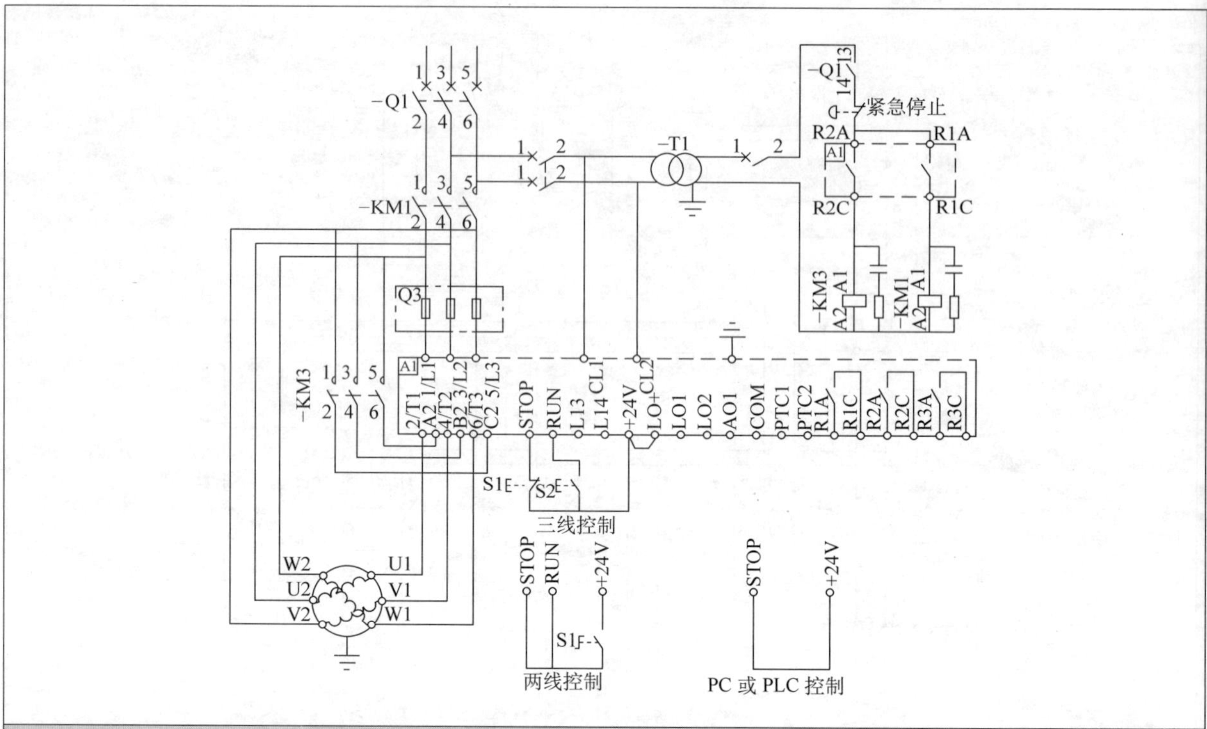

图 8-75　ATS48 软起动器标准接线图（四）

三、高压电动机起动控制电路 ★★★

高压电动机有直接起动、串联电抗起动和转子串联频敏变阻器起动，后两种主要是为了减小起动电流，其保护和联锁与直接起动相同，起动电路可参阅低压电动机串联电动机、串联频敏变阻器起动电路。高压电动机也可采用高压变频器起动或高压软起动器起动，基本同低压变频器或软起动器，只是设备的电压高了一个等级，其他可参照低压部分解读。图 8-76 是 215kW、10kV 交流异步电动机起动控制原理图，由图可知以下内容。

1. 主电路的设置和功能

（1）主电路设置隔离开关 QS 和断路器 QF，由 QF 直接起动。

（2）主电路设置两组电压互感器 1TV 和 2TV，作为线路电压保护继电器及测量仪表电压线圈的电压信号源。同时设置控制变压器 TC，为整流装置 EU 提供电源。

（3）主电路设置两组电流互感器，其中 1TA 作为线路的过电流保护，2TA 作为测量仪表电流线圈的电流信号源。

（4）主电路设置阻容吸收装置 1～3C 和 1～3R，当停车时，将高压线圈的剩余电荷放掉。

2. 控制回路的功能和控制原理

（1）控制回路采用直流 220V 电源，由 EU 供给。

（2）起动时，先闭合主电路的 QS，电压表有指示，同时闭合组合开关 QC，控制回路有电。

（3）起动油泵，并使系统油压达到额定值，油压继电器 KP 动作，其触点 KP（7－37）闭合，使中间继电器 2KM 得电吸合。2KM 得电后，其触点 2KM（13－15）闭合，为起动作准备。油压继电器装设在油泵管道上。

（4）按动常开按钮 1SB，直流接触器 KM 得电吸合，其主触点 KM（3－5、6－4）闭合，断路器的合闸线圈 YC（装在断路器上）得电吸合使断路器合闸，电动机全压起动。

（5）电动机起动时电压下降，电压继电器 1KV、2KV 欠电压释放，其触点 1KV（7－33）复位闭合，时间继电器 KT 得电，但其动作时间大于起动时间，所以触点 KT（7－21）不会动作；2KV 触点（21－29）复位闭合，把电容器 4C 并联于跳闸线圈 YT 上，因此，起动时虽然电流继电器 1KA、2KA 动作，但电容两端电压不能突变、保持 YT 不动作，因此电动机正常起动。

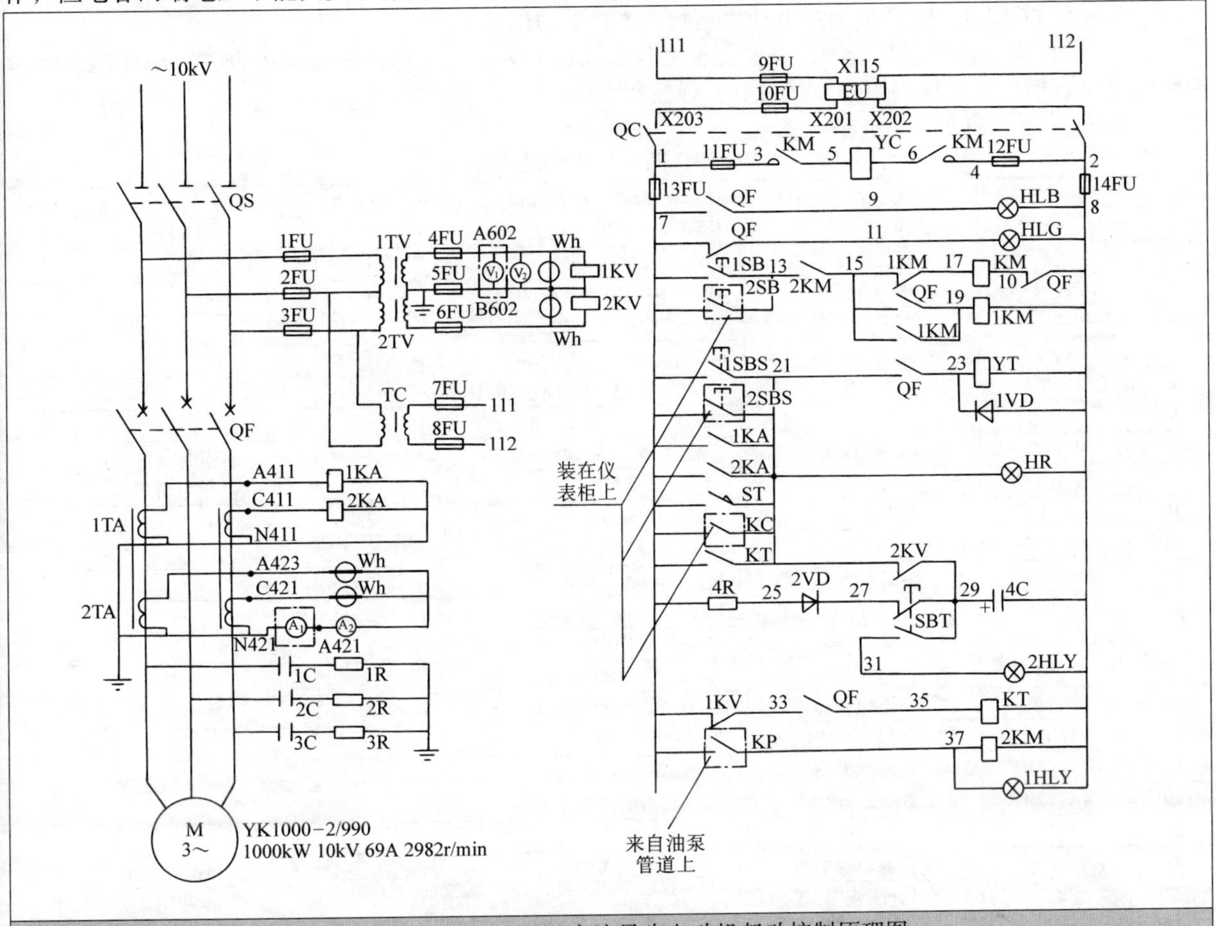

图 8-76　215kW、10kV 交流异步电动机起动控制原理图

（6）电动机起动后，断路器辅助触点 QF（15－19）闭合，1KM 得电，其动断触点（15－17）打开，动合触点（15－19）闭合使其长期得电自保，使 KM 不能发生跳跃，1KM（15－17）和 QF 辅助触点（10－8）使 KM 脱离电源，只有它们复位后 KM 才能重新得电起动。

（7）电机起动后，1KV、2KV 正常吸合，其动合触点打开。2KV（21－29）打开后，电容器 4C 为一通路，4C 充电，4R 和 2VD 是限制充电电流的，按钮 SBT 是 4C 放电按钮，按动 SBT，4C 通过 2HY 放电，并能鉴别 4C 的好坏。

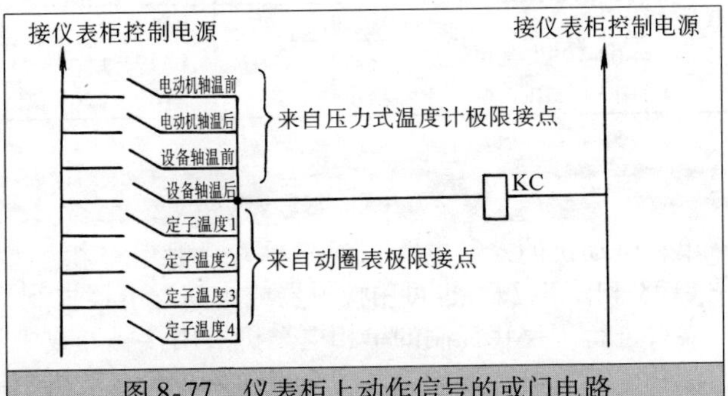

图 8-77　仪表柜上动作信号的或门电路

（8）与跳闸线圈（装在断路器上）串接的 7 个并联的动合触点均为跳闸输入信号，其中 1SBS、2SBS 是停车按钮，2SBS 装在仪表柜上；1KA、2KA 是过电流信号触点，电动机起动后电流超过 1KA 或 2KA 的整定电流（一般为 1.1～1.25 倍额定电流）便动作，使 YT 得电跳闸；行程开关 ST 是装设在电机轴上测量轴位移的，轴位移超过允许值时 ST 便动作，使 YT 得电跳闸；中间继电器 KC 是来自仪表柜的或门电路，见图 8-77，当电动机或设备各部的温度超过允许值时 KC 动作，使 YT 得电跳闸；时间继电器 KT 是测量欠电压时间超过允许值时 KT 动作，使 YT 得电跳闸。电机运行时，只要有一个跳闸信号输入，电动机便跳闸停车，保护电动机。信号灯 HR 与 YT 并联，是表示跳闸信号

的。二极管1VD是为YT失电后提供放电回路的。

(9) 信号灯HLB、HLG是表示电动机运行状态的，1HY是表示油压信号的。

(10) 高压电动机一般都设置仪表监控柜，与起动柜并列，并将电流表、电压表、起动按钮、停车控钮引至仪表柜内，把仪表柜的控制接点引到控制上。

图8-76中元器件见表8-5。

表8-5　图8-76中元器件表

序号	符　号	名　称	规格及型号	数量	备　注
1	QS	隔离开关	GNB－10T/400	1	附CS6－1T
2	QF	高压真空断路器	ZN5－10/630－350	1	
3	1TV、2TV	电压互感器	JDZ－10　10000V/100V	1	
4	TC	控制变压器	BK－2000　10000V/245V	1	
5	1TA、2TA	电流互感器	LZX－10　0.5/3　100/5	1	
6	1~3R	电阻	ZG11－200A　200W　400Ω	3	
7	4R	电阻	RXYC－25　30W　50Ω	1	
8	1~3C	电容器	RWF10.5－25－1W	3	标称电容0.64μF
9	4C	电容器	CD－131　450V　100μF	1	铝电解电容
10	1~3FU	高压熔断器	RN2－10/0.5A	3	
11	4~8FU	熔断器	RL1－15/5	5	
12	9~10FU	快速熔断器	RS3　100A/500V	2	
13	11~12FU	熔断器	RL1－60/40	2	
14	13~14FU	熔断器	RL1－15/10	2	
15	V_1、V_2	电压表	42L6－V　10000V/100V	12	
16	A_1、A_2	电流表	42L6－A　100/5A	2	
17	Wh	三相三线有功电能表	42L6－W　100V/5A	1	
18	1KV、2KV	电压继电器	DJ－132	2	线圈电压　~110V
19	1KA、2KA	过电流继电器	GL－12/10	2	
20	QC	组合开关	HZ10－25/2	1	
21	EU	断路器合闸电源	ODK、31A、059	1	GGZ_1－10
22	YC	合闸线圈		1	在断路器上
23	YT	分闸线圈		1	在断路器上
24	1KM	中间继电器	JZ8－44Z/4	2	线圈电压　－220V
25	KM	直流接触器	CZ0－40C　－220V	1	
26	ST	行程开关	LX3－11H	1	
27	KT	时间继电器	DS－31C　－220V	1	
28	KP	压力继电器	JY10.2s~5kg/cm²	1	装在润滑油管道上
29	1VD	二极管	10A　800V	1	
30	2VD	二极管	ZP－5A/500V	1	
31	SBT	按钮	LA19－11	1	蓝色
32	SBS、2SBS	按钮	LA19－11	2	绿色、红色各1个
33	1HLY、2HLY	指示灯	XD13－220V	2	黄色

四、单相电动机起动控制电路 ★★★

单相电动机的控制电路较为简单，一般用单相小型断路器或小型负荷开关进行，只设短路保护，见图8-78和图8-79。也可用接触器或中间继电器控制，见图8-80。

需要进行正反转控制的单相电动机可用接触器或中间继电器进行，见图8-81和图8-82，由图可知，改变运转绕组或改变起动绕组的头尾即可改变电动机转向。

五、其他形式的电动机起动控制电路 ★★★

在第五章第二节“五、二次回路的识读”中，还介绍了工业大型锅炉电气控制中常见的与继电保护相结合的电动机起动控制电路，见图5-22~图5-26，请读者查阅。

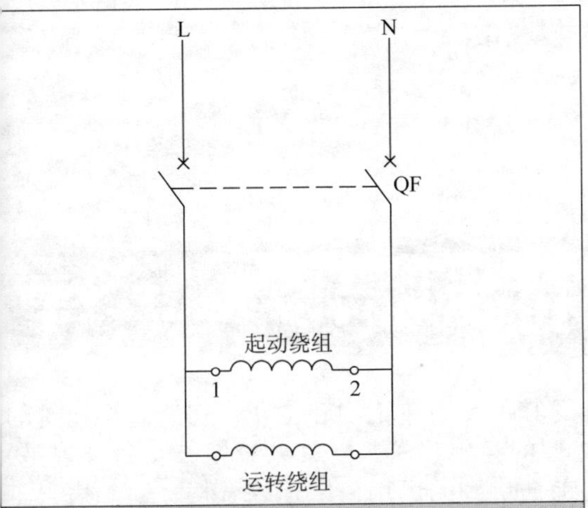

图 8-78　单相电动机断路器起动电路

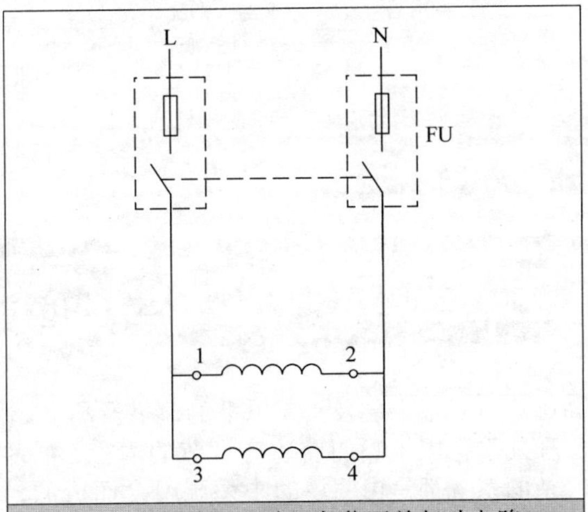

图 8-79　单相电动机负荷开关起动电路

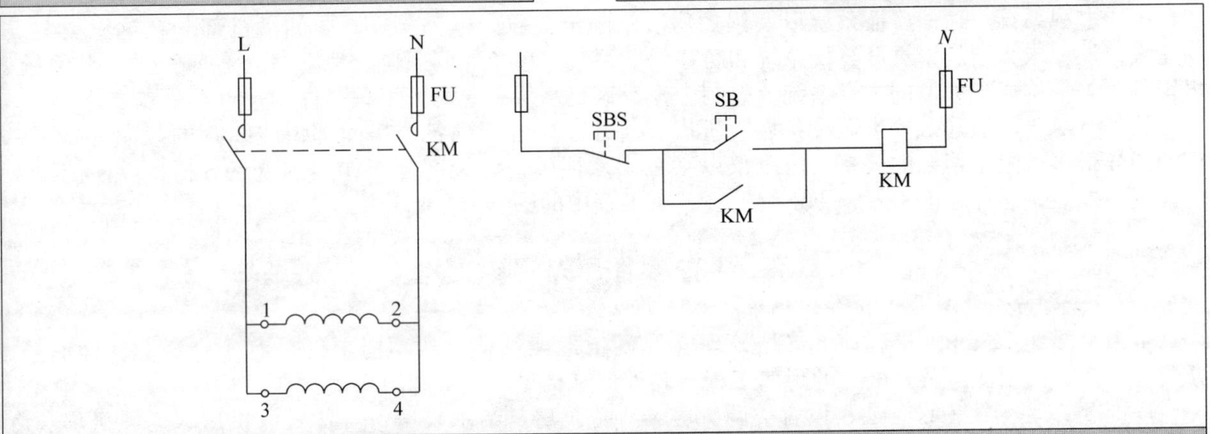

图 8-80　单相电动机接触器或中间继电器起动

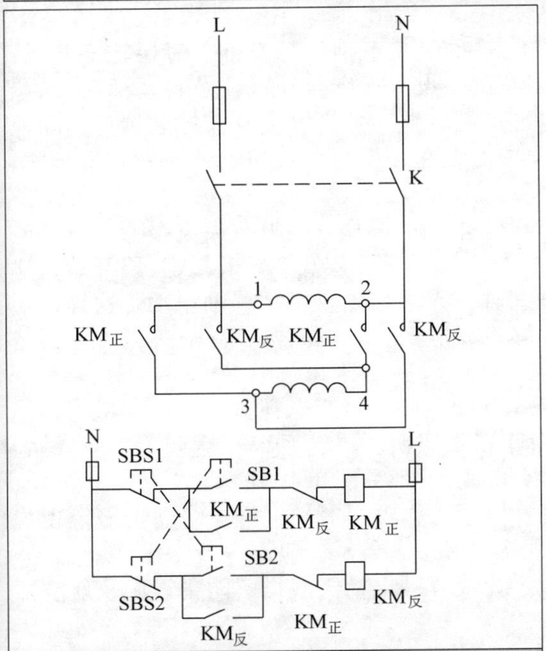

图 8-81　单相电动机正反转控制电路（一）

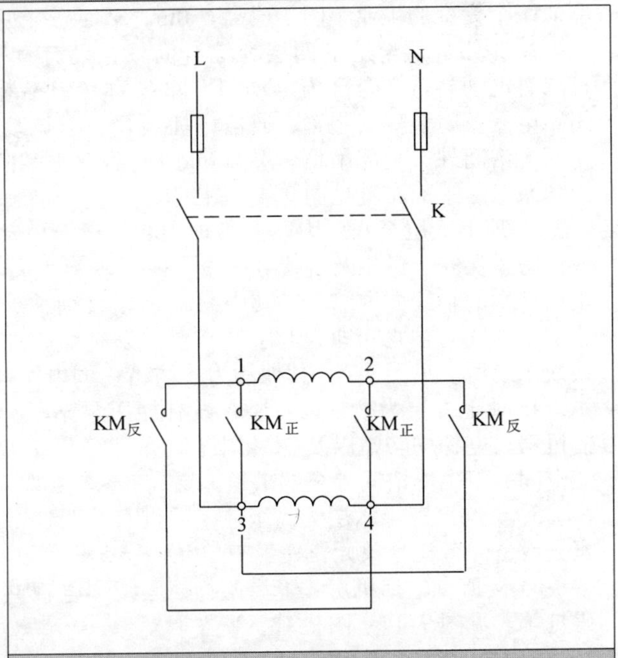

图 8-82　单相电动机正反转控制电路（二）（主回路）

第九章 高层建筑电气工程图样的识读

高层建筑是指十层及十层以上的住宅及高度超过 24m 的其他民用建筑物和工业厂房。高层建筑的电气工程几乎包罗了我们前述各章节的内容，特别是智能型的高层建筑，电气系统复杂得很。但是，往往复杂的系统都是由简单的小系统组合而成的，我们在前面讲到的民用住宅、综合楼、锅炉房、工业车间、变配电装置、电梯、空调等章节的内容都要用到。特别是综合楼中的火灾自动报警及消防系统、电缆电视系统、通信广播系统以及锅炉房、变配电装置、电梯、空调中的微机部分在这里更要发扬光大，加上未介绍的中央计算机系统和防盗保安系统、应急照明系统、地下室（车库）及人防系统、报警系统等，构成了大厦的主导系统及控制中枢，这是高层建筑电气工程图样的重点和难点。

另外，对于高层建筑要掌握设备层、机房、竖井以及分布到各个房间部位线缆管的敷设。高层建筑的图样很多，限于篇幅的关系，这里仅以某三十六层金霞大厦部分图样为例重点分析，以便使读者掌握基本技能，这样才能更好、更正确地去分析工程中的图样。

第一节 工程概况

金霞大厦地上三十四层，地下二层，现浇混凝土框架结构。从功能上区分有 4 个部分，即商场、办公写字楼、民用住宅及其配套的附属工程。其外形结构见图 9-1 和图 9-2。

1. 地下二层为第一设备层，设有空调机房、消防泵房、给水泵房、自备发电机房、通风机房、冷冻机房、变配电间、冷却水处理车间、燃油锅炉房、修理间、中央控制室等，是大厦电力负荷的中心，酷似一个大型的工业车间，层高 6.0m。平面布置见图 9-3。

2. 地下一层至地上四层为综合商场，设有直梯六部（二 ~ 九层）、消防梯三部、每层扶梯八部，首层有电动卷帘，全部为电动门，除照明（包括装饰照明）外，设有火灾自动报警及自动消防装置、闭路电视及防盗保安装置、通信广播装置、空调装置、电缆电视装置、微机管理及监控装置等。除卫生间淋浴间外，全部吊顶，层高 6m。消防中心和防盗保安中心设在一层，一层的室外还设有洗车库、消防泵等。平面布置见图 9-4 ~ 图 9-6。

3. 地上五层至八层为办公管理中心，设有电动门、照明、电话、广播、空调、火灾报警、电缆电视、防盗保安、微机及现代办公设备等。除卫生间、淋浴间外全部吊顶，层高 3.8m，从五层开始，建筑物外廓的轴线向内缩小，其中⑬轴缩到⑫轴，①轴缩到②轴，Ⓐ轴缩到Ⓒ轴，Ⓖ轴未动。这样，上述缩回的轴与轴之间即为五层的平台，设有厅院柱灯、立体投光照明、音响喇叭、柱灯等，可作为公共娱乐场所。见图 9-7，其他动力、防雷、弱电图样略去。

4. 地上九层为第二设备层，设有加压泵站、2 × 800kVA 变配电间、电缆电视机房、电话机房、广播机房、电梯中转站以及中央调度室和计算机中心、演播厅以及照明、弱电系统和空调等。除泵站、变电间、卫生淋浴间外全部吊顶，层高 6m，楼梯间设电动门，见图9-8 ~ 图 9-10。

5. 十层至三十六层为高级住宅，设有照明、有线电视、电话、火灾报警、电梯、防盗报警等现代家庭设备。分三个单元，一、三单元每层 5 户，二单元每层 7 户，层高 2.8m。见图 9-11 ~ 图 9-13。

6. 楼顶有电梯机房、卫星抛物面天线、电视共用天线、无线寻呼电话天线塔、防雷设施、航空障碍灯等。见图 9-14 ~ 图 9-16。

7. 楼前和两侧为停车场，有立面投光照明、广场照明、水下喷泉照明及消防泵、洗车泵等。楼后为地下一层、地上四层的立体仓库，有货梯 8 部、消防梯 2 部，配有照明、火灾自动报警及消防系统、

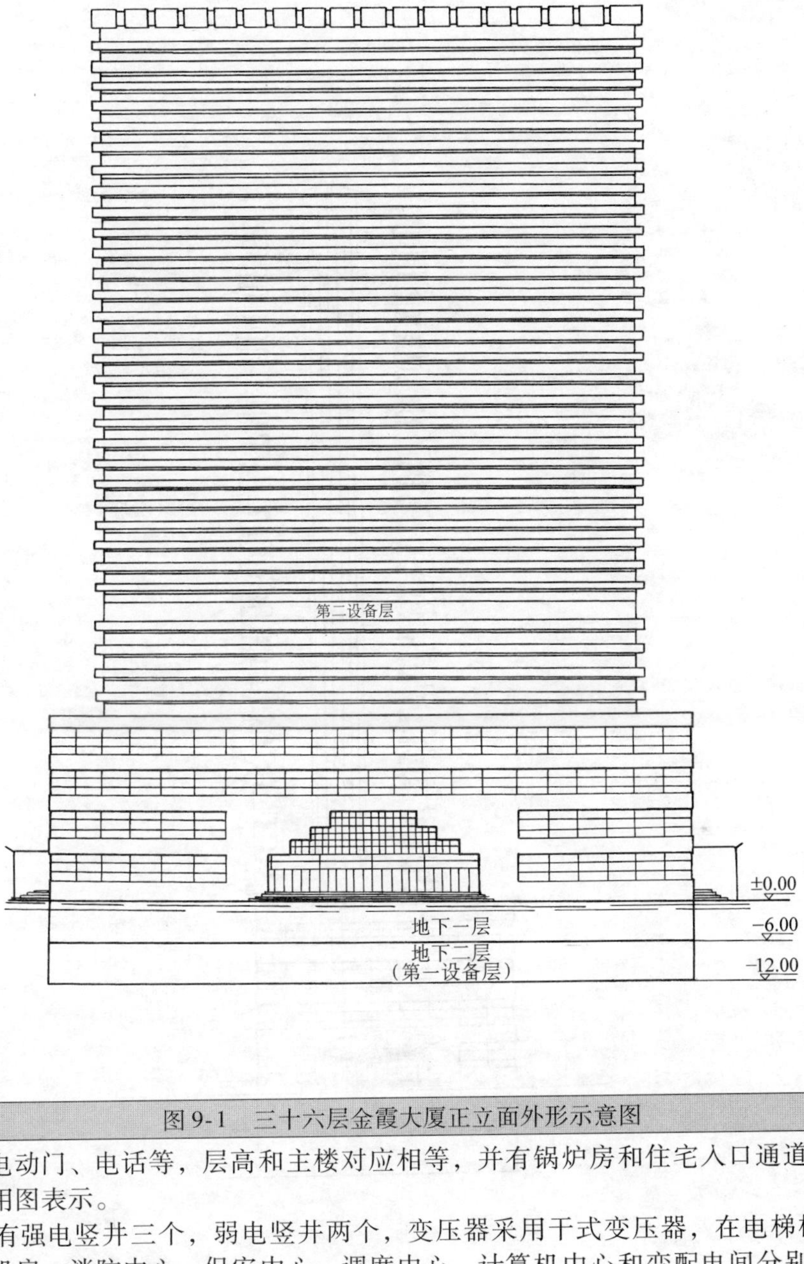

图 9-1　三十六层金霞大厦正立面外形示意图

防盗保安系统、电动门、电话等，层高和主楼对应相等，并有锅炉房和住宅入口通道及自用车库等设施，上述内容未用图表示。

8. 电气竖井有强电竖井三个，弱电竖井两个，变压器采用干式变压器，在电梯机房、电话机房、电视中心、广播机房、消防中心、保安中心、调度中心、计算机中心和变配电间分别配有容量相应的UPS。另外，这些负荷的电源与发电机电源是互锁的。

9. 本建筑物只给出部分图样，其他电气图样前述内容已作了详尽介绍，只是容量不同、回路不同、布置不同。这里只就高层建筑的特点及不同之处进行讲述。

10. 最后说明一点，本建筑物是一模拟建筑物，主要是为了讲述的方便而设置的，不妥之处敬请读者指正。图中用斜线引出的并标有文字说明的元件、管线、设施的名称等原施工图样中没有标注，这是作者为了讲述的方便临时加上去的，在阅读工程实际图样时，应及时对照图例、工程说明、元件设备及电缆清册等。

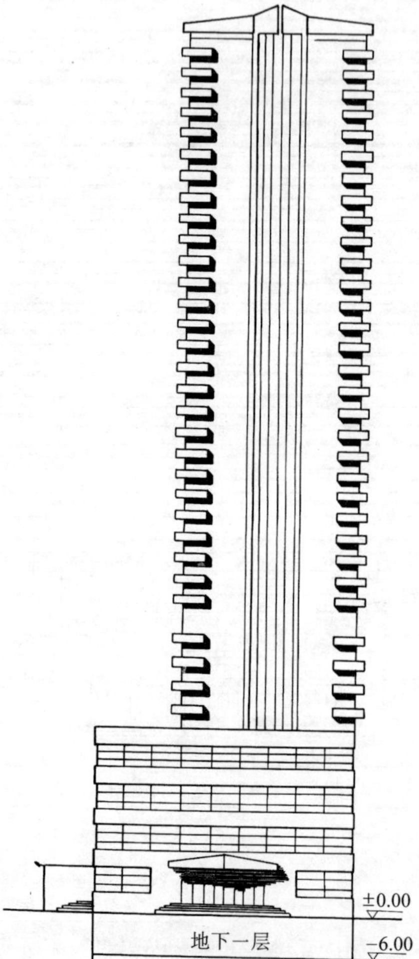

图 9-2　三十六层金霞大厦侧立面外形示意图

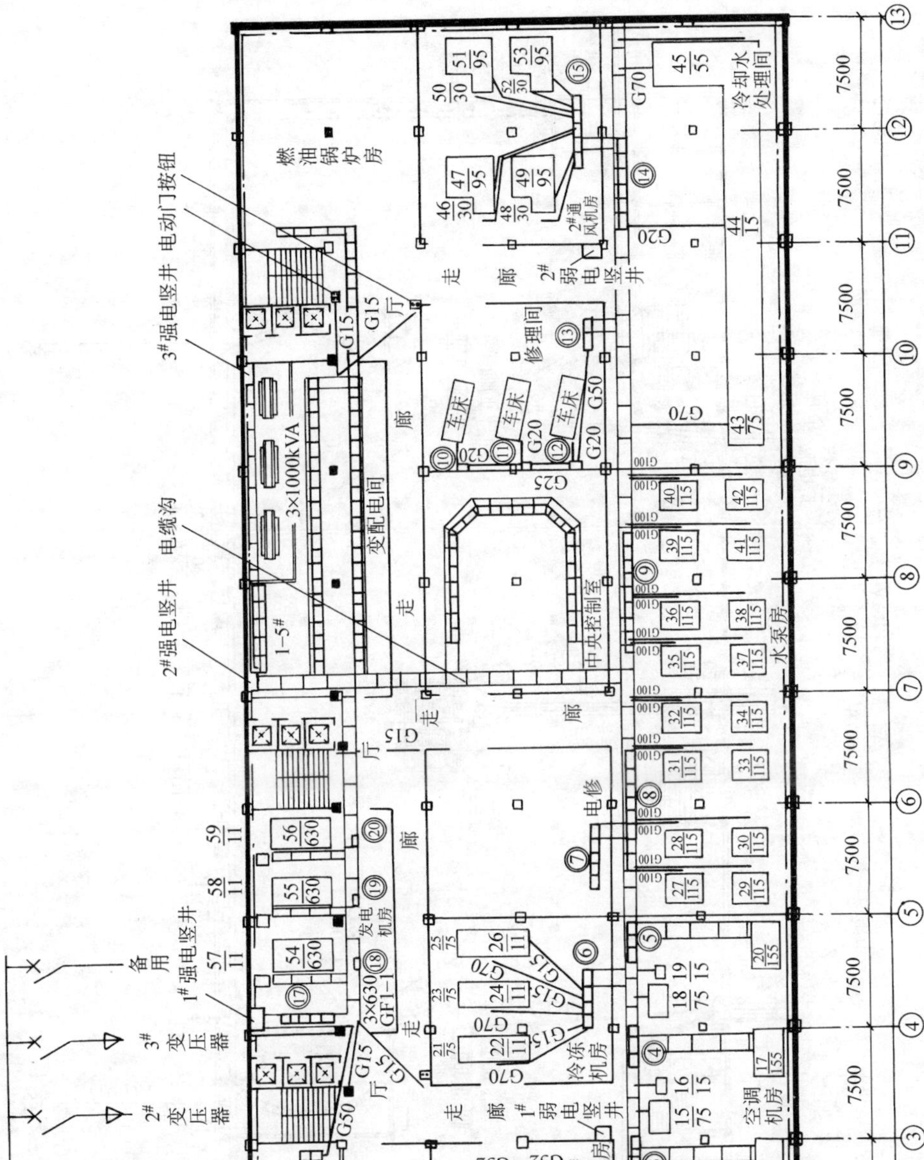

注：管路直径及线径见系统图。

图 9-3　地下二层（第一设备层）平面布置图

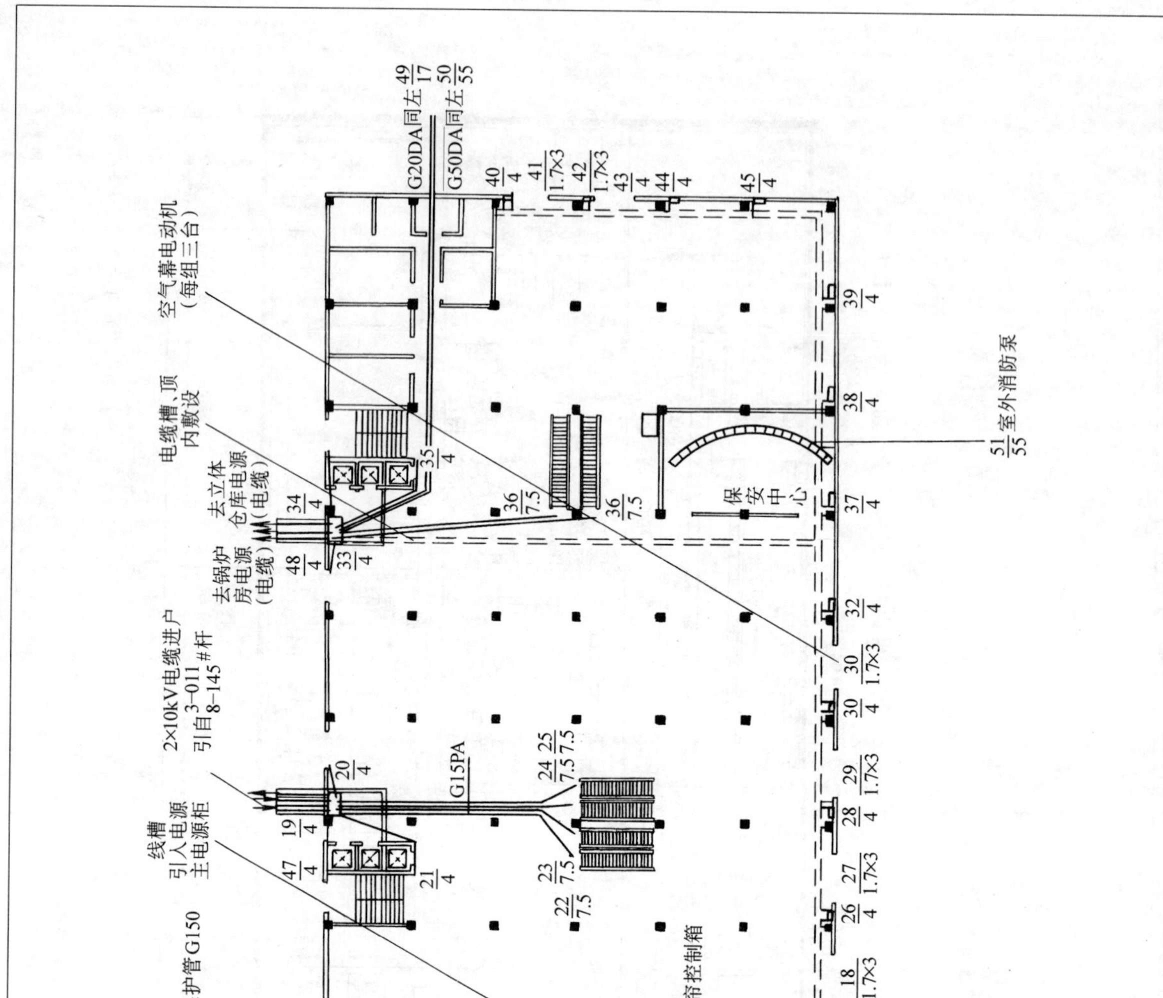

图 9-4　地上一层动力平面布置图

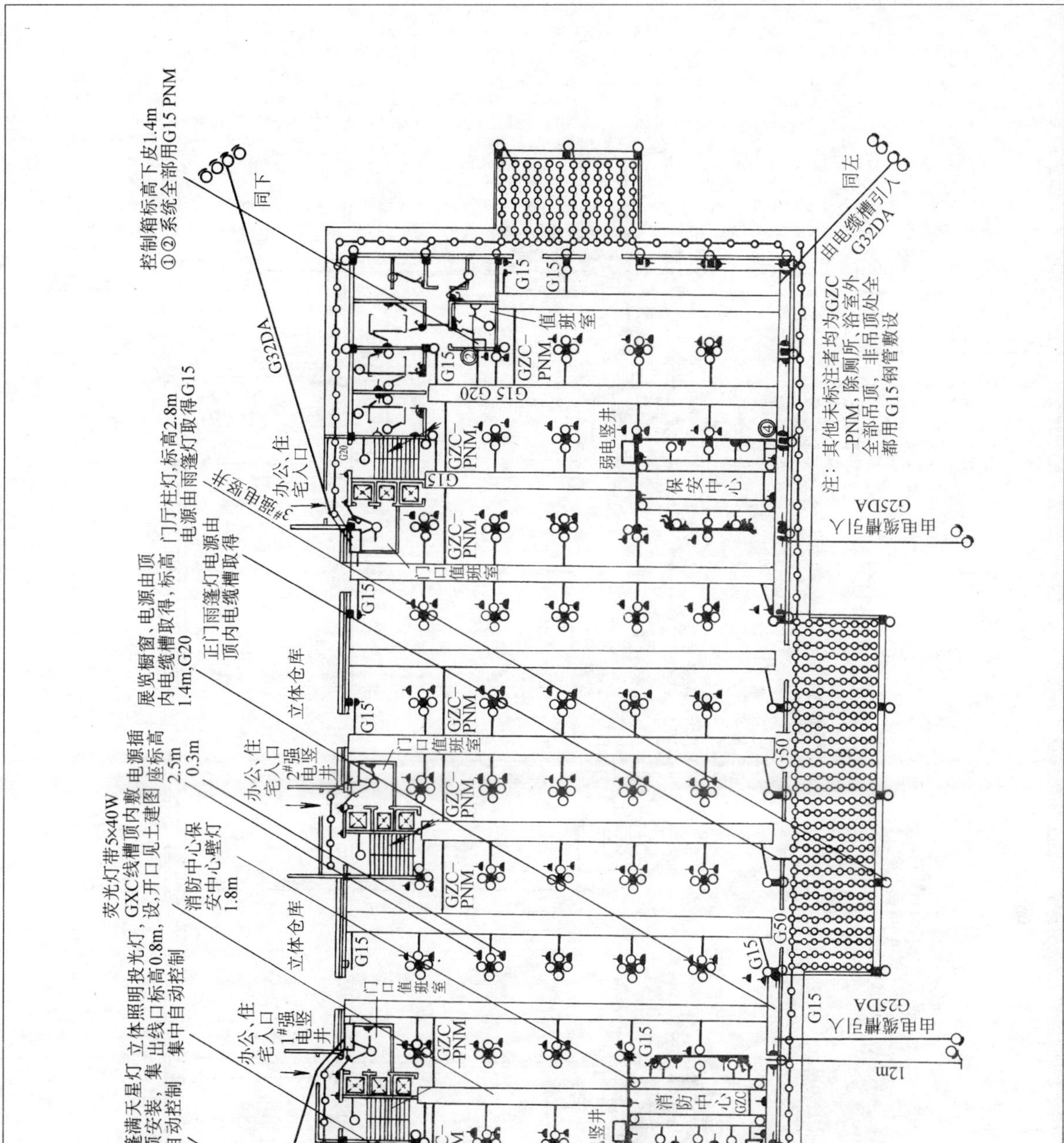

图 9-5　地上一层照明平面图

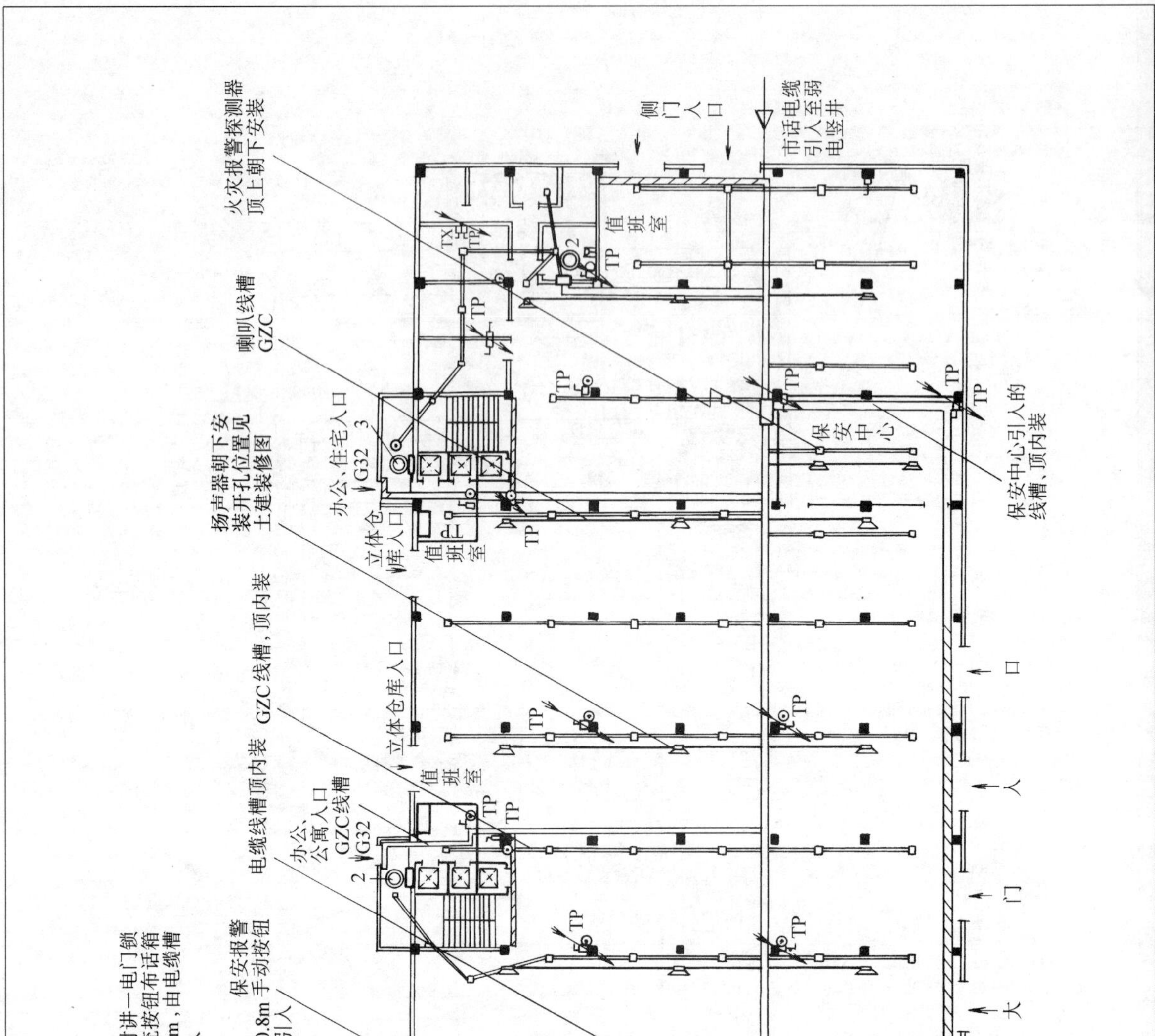
火灾报警探测器顶上朝下安装
喇叭线槽GZC
扬声器朝下安装开孔位置见土建装修图
GZC线槽，顶内装
电缆线槽顶内装
保安报警手动按钮
电话插座0.8m由下穿管引入再穿上层
可视一对讲一电门锁保安系统按钮布话箱标高1.60m，由电缆槽穿管引入
火灾区域报警器
防盗保安探测器及其线槽，顶板内安装
市话电缆引入至弱电竖井
侧门入口
侧门入口
值班室
保安中心
保安中心引入的线槽，顶内装
消防中心
消防中心引入的线槽顶内装
大门入口
立体仓库入口
立体仓库入口
立体仓库口
办公、住宅入口
办公、公寓入口
办公、公寓入口
GZC线槽
G32
TP
TX

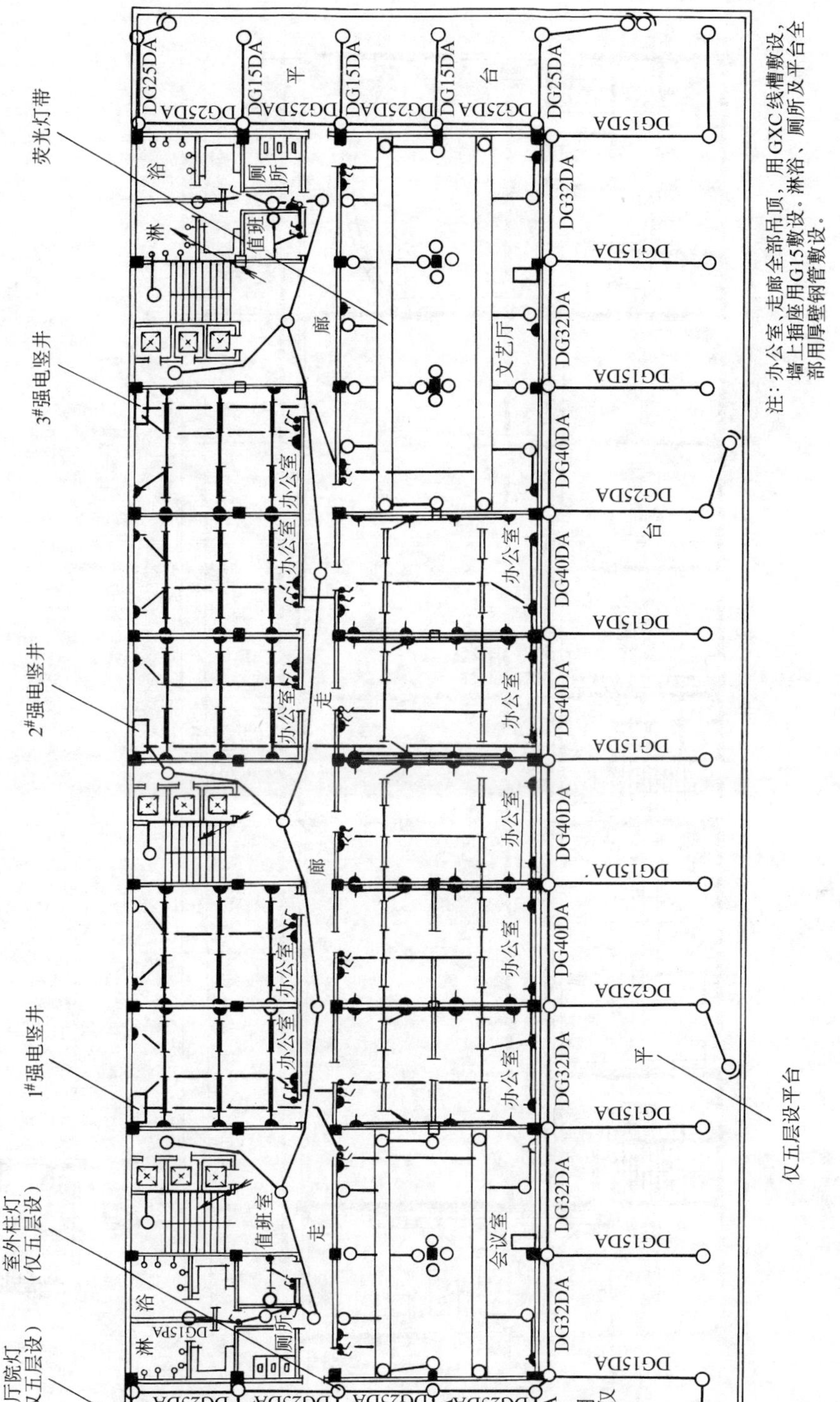

图 9-7　五层照明平面布置图

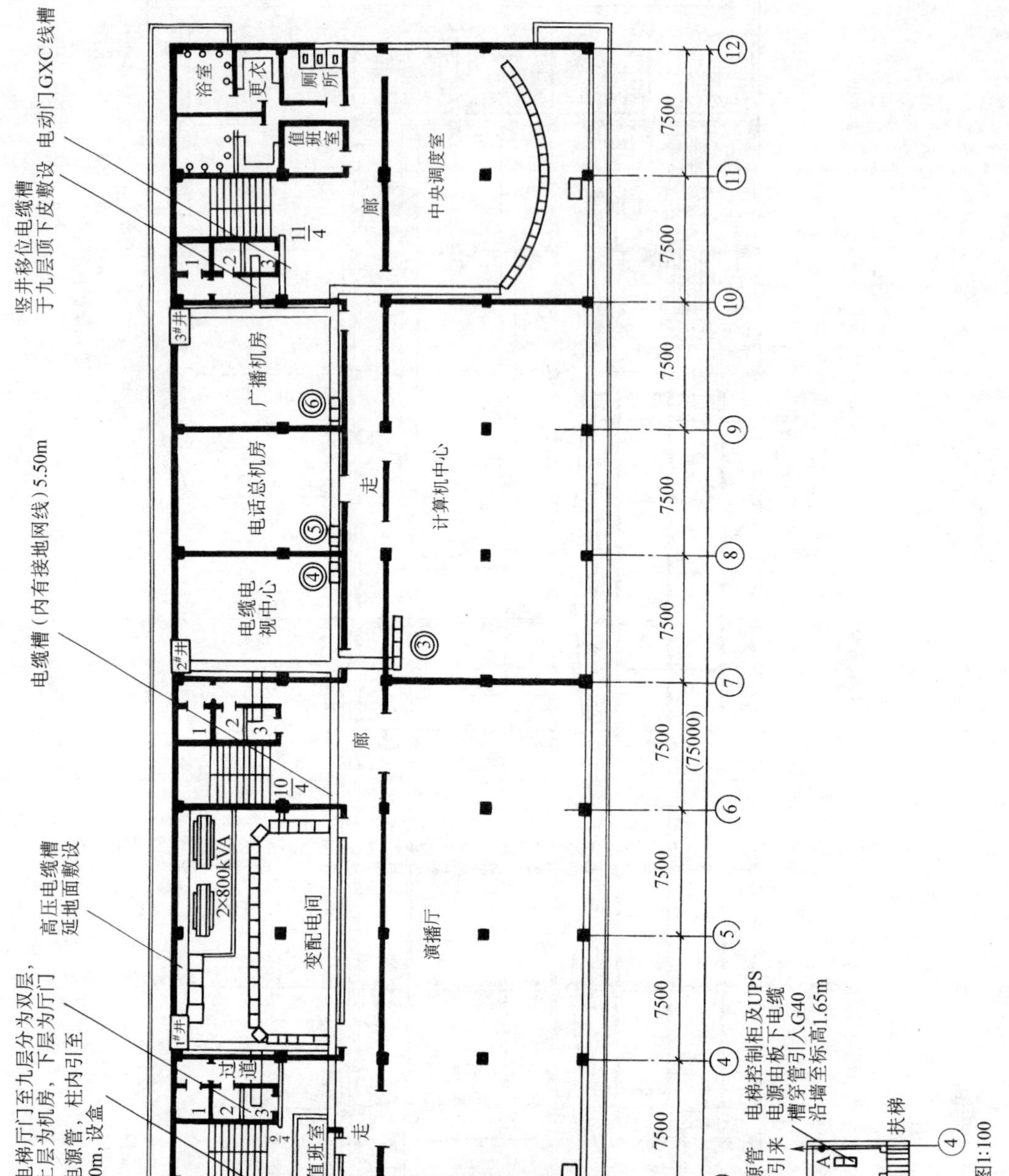
竖井移位电缆槽
于九层顶下皮敷设
电动门GXC线槽
电缆槽（内有接地网线）5.50m
高压电缆槽
延地面敷设
电梯厅门至九层分为双层，
上层为机房，下层为厅门
电动葫芦电源管，柱内引至
柱标高3.50m，设盒
浴室
更衣
厕所
值班室
中央调度室
廊
3#井
广播机房
电话总机房
走
电缆电视中心
计算机中心
2#井
2×800kVA
变配电间
演播厅
1#井
过道
值班室
加压泵站
7500
(75000)
6000
(24000)
电梯控制柜及UPS
电源由板下电缆
槽穿管引入G40
沿墙至标高1.65m
电源管
由下引来
扶梯
机房上部动力平面图1:100

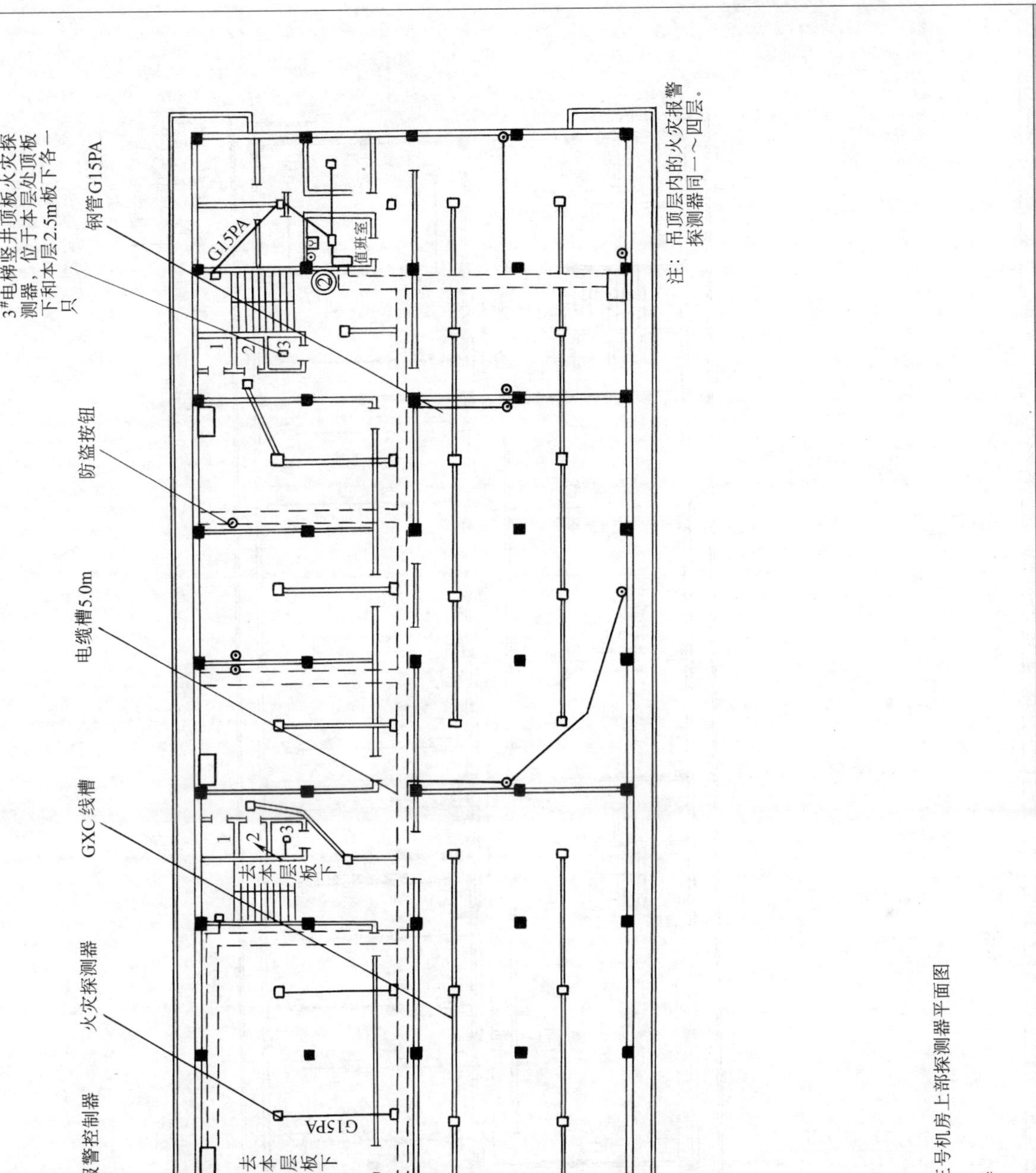

图9-9　九层（第二设备层）火灾报警、防盗报警平面布置图

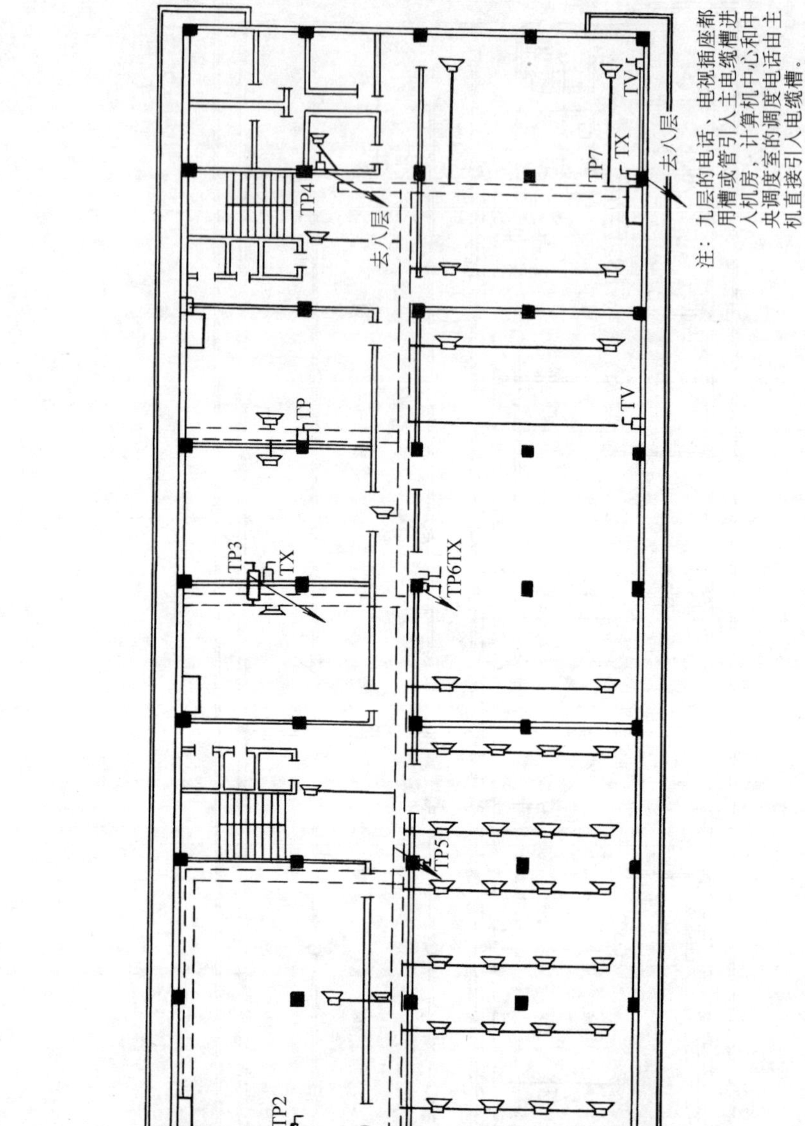

图9.10　九层（第一设备层）广播、电话、电视、计算机平面布置图

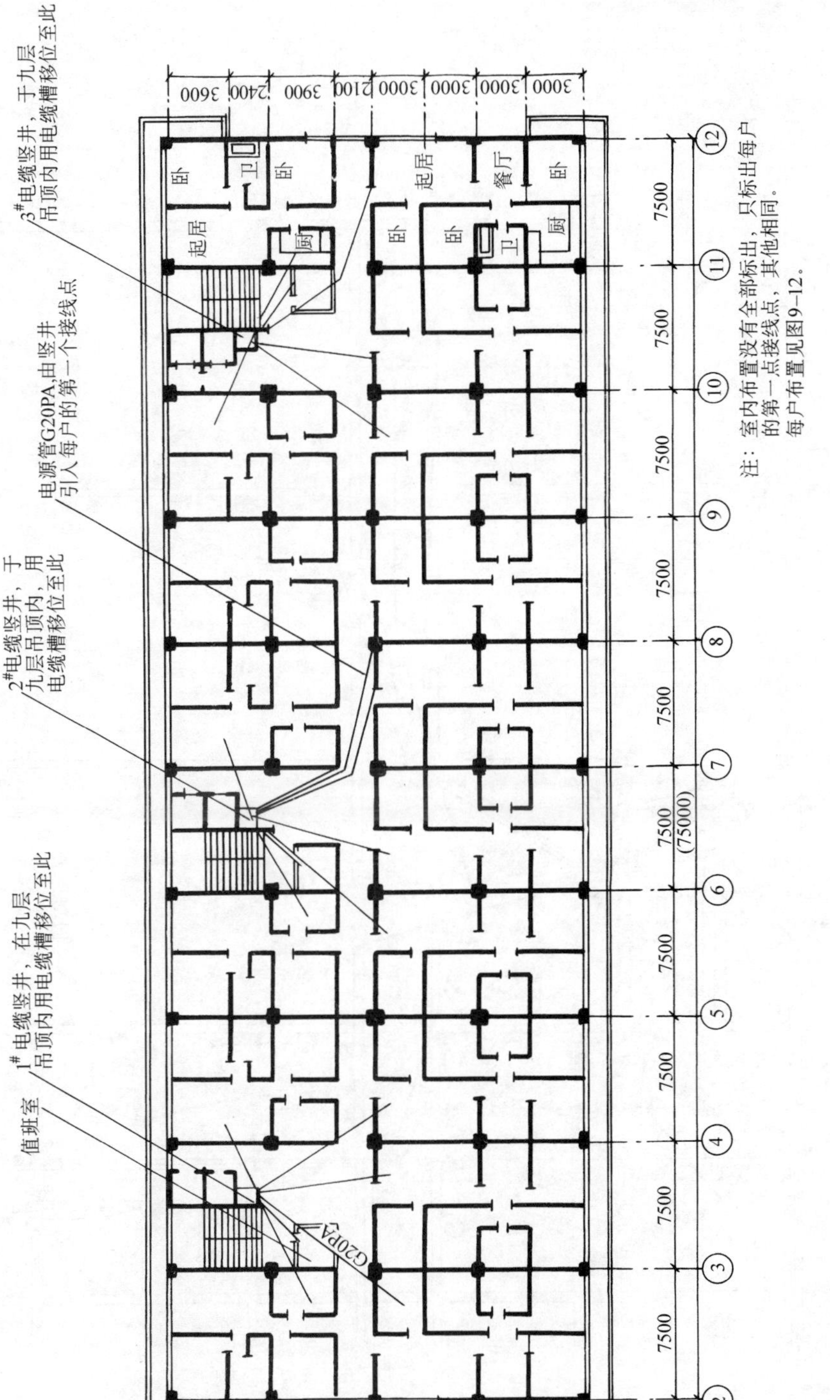

图 9-11　十~三十六层照明进户管路平面布置图

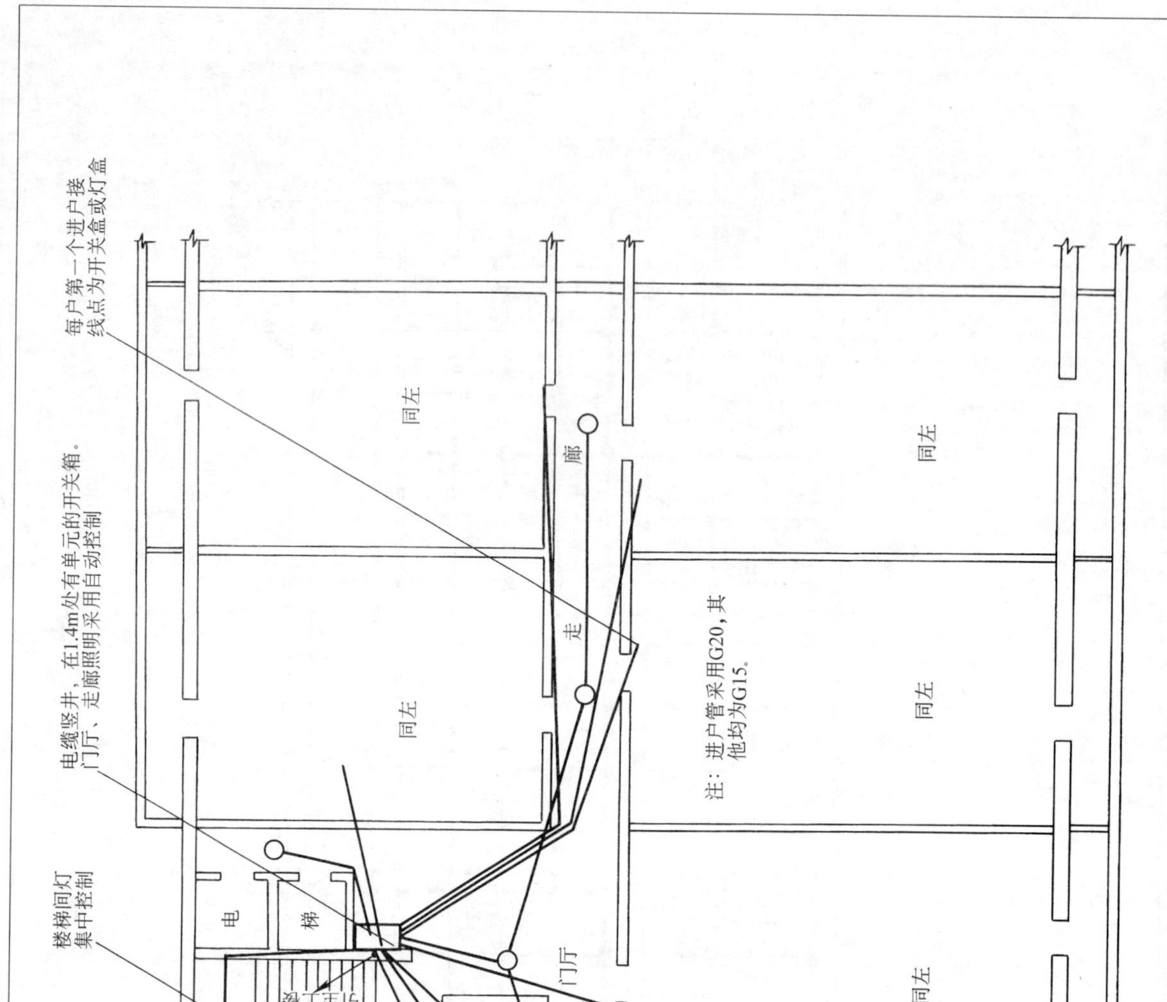

图9-12　十～二十六层照明平面布置图

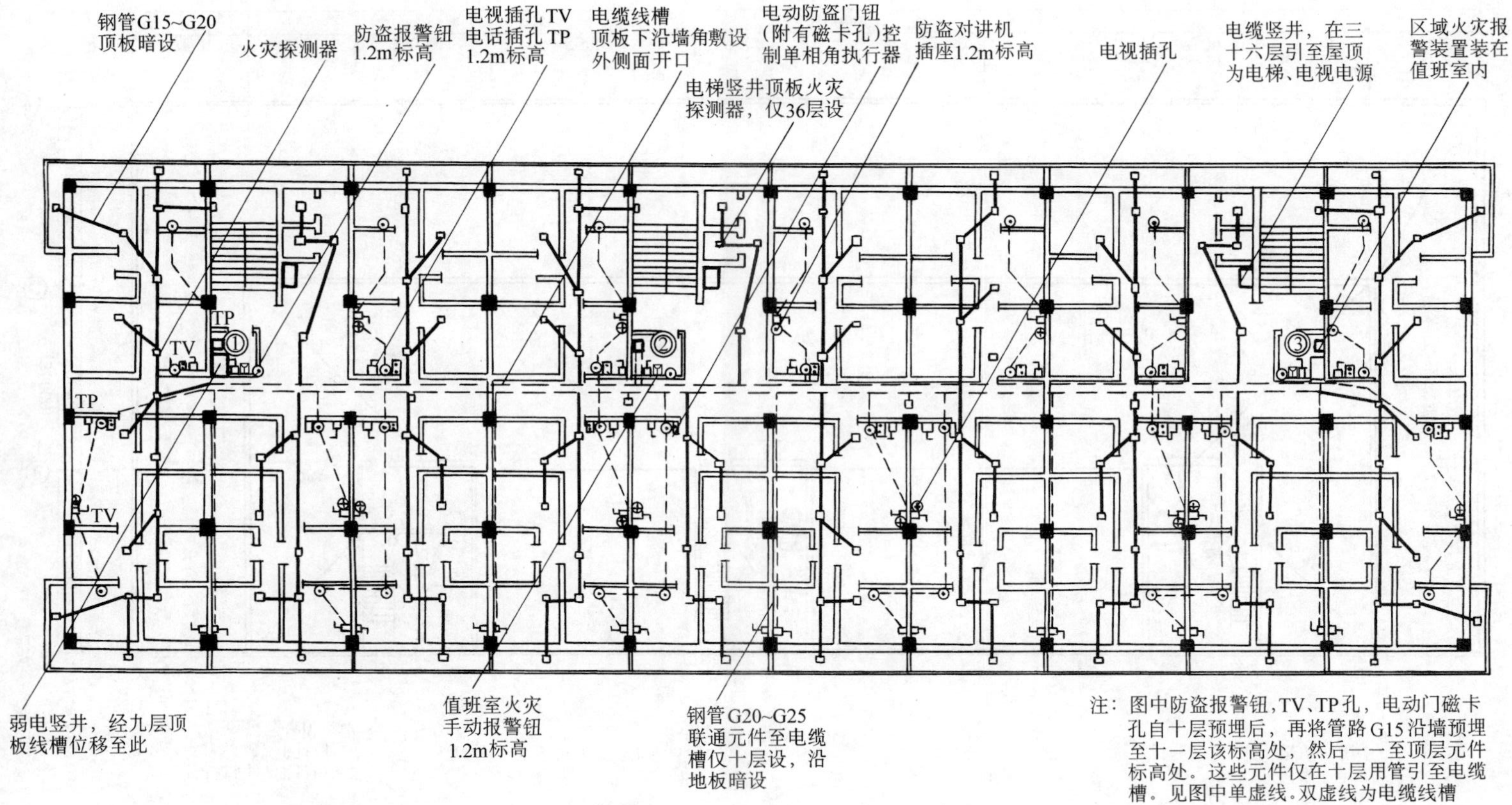

注：图中防盗报警钮，TV、TP孔，电动门磁卡孔自十层预埋后，再将管路G15沿墙预埋至十一层该标高处，然后一一至顶层元件标高处。这些元件仅在十层用管引至电缆槽。见图中单虚线。双虚线为电缆线槽

图9-13　十~三十六层弱电系统平面布置图

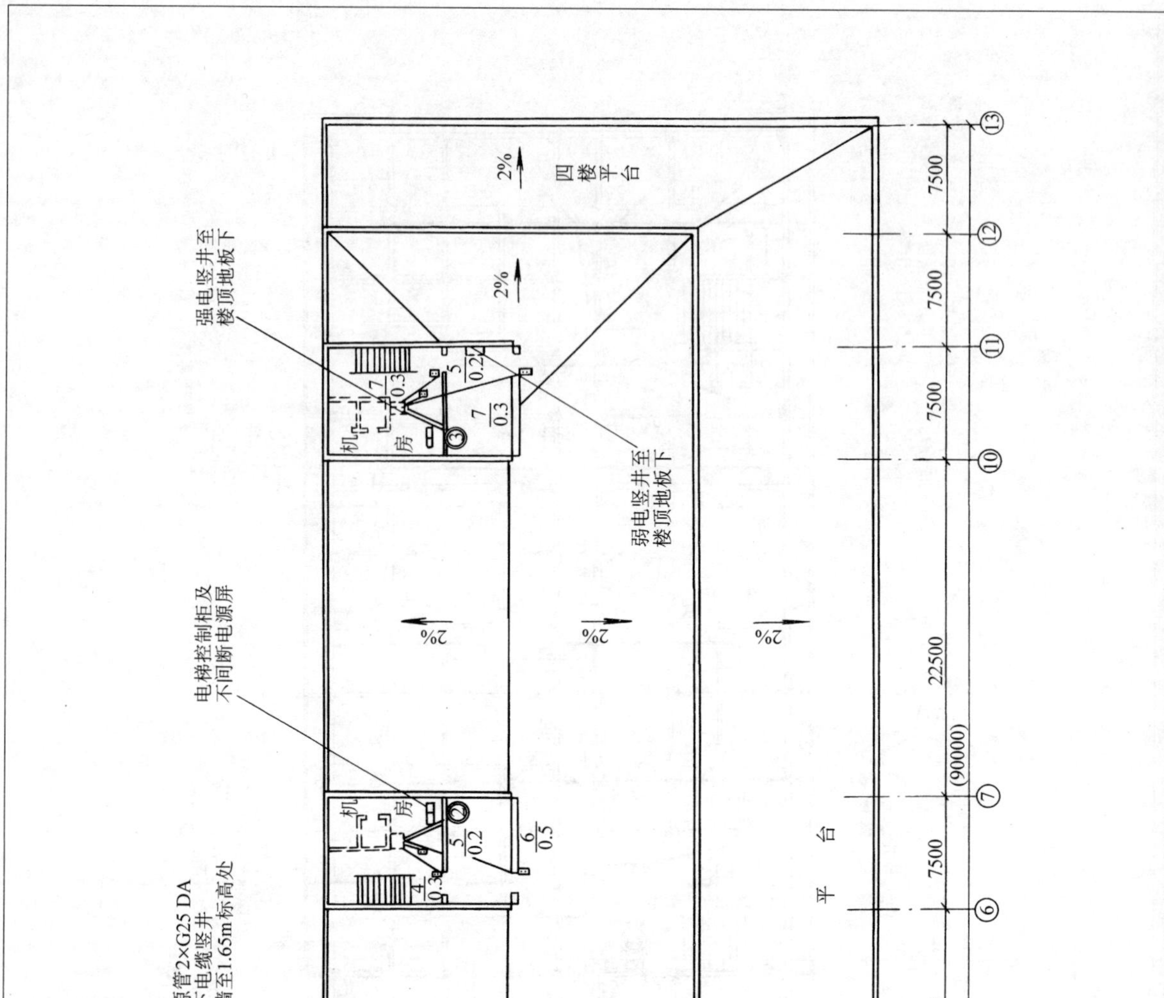

图9.14　楼面电梯机房动力管路平面布置图

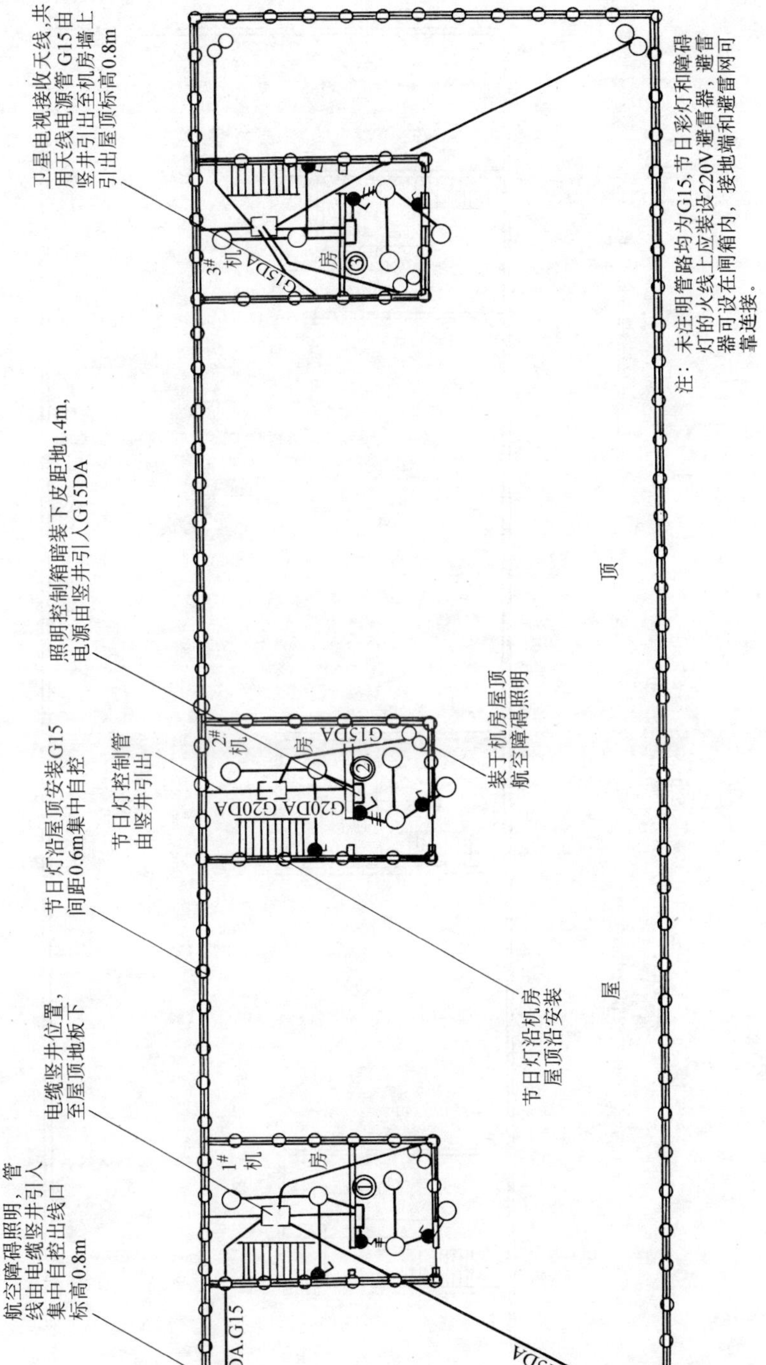

图 9-15 楼顶照明平面布置图

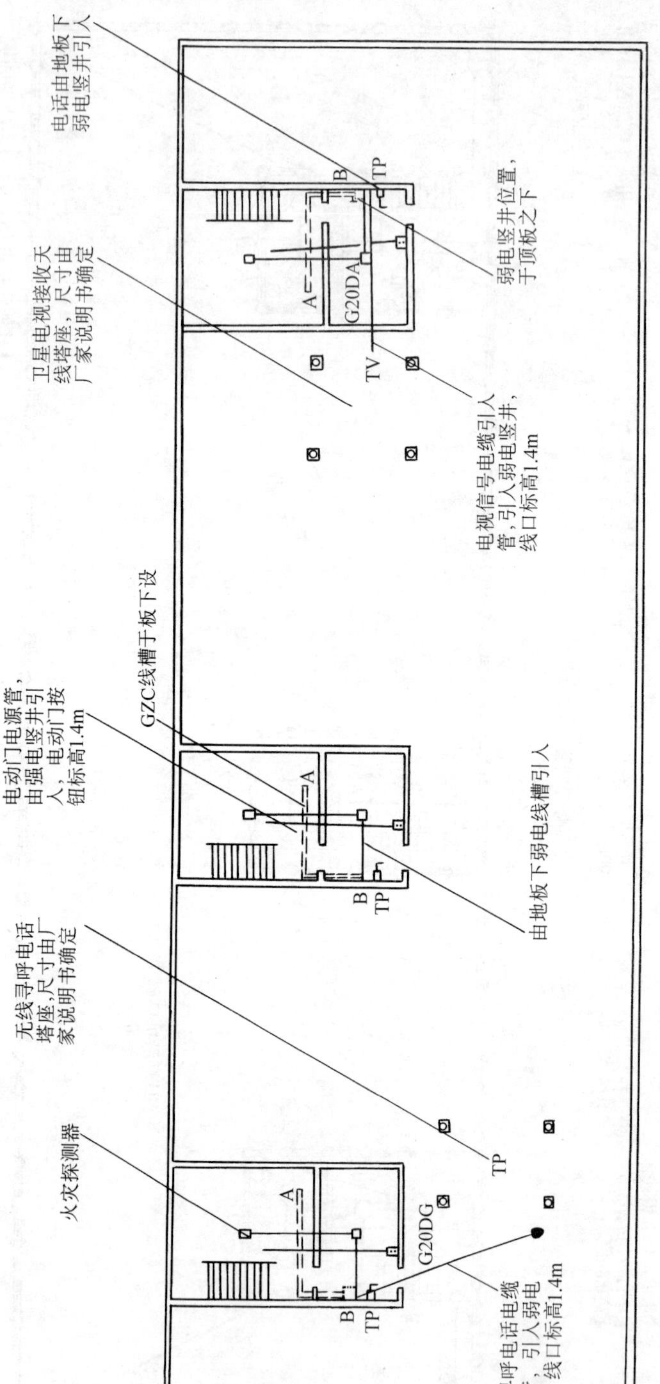

图9-16　楼面弱电管路平面图

第二节　高层建筑电气工程的特殊装置

一、电气竖井 ★★★

竖井是高层建筑最主要的电气通道，竖井中敷有电缆、管线、插接母线、封闭母线、线槽等，且每层的竖井处又是该层的一个小配电间或为一接线箱。竖井有强电和弱电之分，本设计中有三个强电竖井，两个弱电竖井。掌握竖井是分析高层建筑线路分布的关键。

（一）分布及用途

1. 由图9-3可知，三个强电竖井分别位于Ⓖ轴和④轴、⑦轴、⑩轴的交点上，并由地下二层一至通到地上九层。从十层开始强电竖井由上述的位置分别移至电梯间原3#电梯的位置，见图9-11和图9-12，这个位移是在九层吊顶内用电缆由原来位置引至这里而完成的，这个电缆的始端是九层变配电间，电缆敷设在九层5.50m标高处的电缆槽内，见图9-8。

强电竖井主要是用来传送交流电、高电压、大电流的动力及照明回路的线缆的。由图9-4及其他图可知以下内容：

（1）1#强电竖井有两路10kV电源进户，这是引至九层（第二设备层）变配电间的电源，同时由此引出立体仓库的电源，电缆保护管均采用G150。由1#竖井引出的还有室外洗车泵、消防泵、楼梯间及立体仓库电动门和室内扶梯的电源。

（2）2#强电竖井也有两路10kV电源进户，这是引至地下二层（第一设备层）变配电间的电源，同时由此引出立体仓库的电源，还有楼梯间电动门及立体仓库电动门和扶梯的电源。

（3）3#强电竖井向室外引出两路去锅炉房的电源和一路立体仓库的电源。同时还有引至室外消防泵、洗车泵及电动门和扶梯的电源。3#竖井还有一路用电缆槽吊顶内敷设引至门口电动卷帘、电动空气幕、室外消防泵以及消防中心和保安中心的电源。

（4）前述各图样中，动力及照明的管线回路均由强电竖井引出，动力及照明装置的分布及管线的敷设读者可用前述各章节的分析方法自行分析。

2. 由图9-3可知，两个弱电竖井分别位于Ⓒ轴与③轴、⑪轴的交点上，并由地下二层一直通到地上九层。从十层开始弱电竖井由上述位置分别移至每层值班室内，即1/2 Ⓕ轴与③轴、⑪轴的交点上的值班室内，见图9-13。同样，这个位移是在九层吊顶内用电缆敷设在线槽内完成的。

弱电竖井主要是用来传送直流或脉动交流、低电压、小电流的电话、广播、火灾报警、防盗报警、微机网络、电视及其他弱电信号的线缆的，由图9-6、图9-9、图9-10、图9-13、图9-16及其他弱电图样中可以知道以下内容：

（1）延Ⓒ轴顶内设置电缆线槽将两竖井连通，同时在①、②、④、⑦、⑩、⑫、⑬轴顶内设置部分电缆线槽，将主槽引入到门口、值班室等弱电集中部位，弱电元件的布置即可从槽引管接入，同时将消防中心和保安中心联接起来。

（2）市话电缆由室外经顶板内线槽引入到弱电竖井，然后引至到九层的电话机房，经中继后再经竖井及管路引至用户盒处；如果是直拨电话不经中继，引入后经线槽及竖井直接引至用户盒处。

（3）消防中心、保安中心、中央调度室、计算机中心、电缆电视中心、电话总机房、广播机房、加压泵站、变配电间及第一设备层各个房间的所有弱电部位及其信号均可经管路、线槽、竖井联成一个立体网，在建筑物内上下左右、四通八达。

（4）屋顶无线寻呼电话电缆、电缆电视信号电缆从天线塔用电缆经管路直接引入竖井，再引至机房。

（二）重点说明及注意事项

需要说明的是，线槽、管路、电缆、导线必须是阻燃型的，有的部位是防火电缆。无论是强电竖井，还是弱电竖井，竖井内的层与层之间必须用阻燃材料封堵严实，层与层之间是隔绝的，应有安装大样图或说明，详见标准图册及《电气工程安装及调试技术手册》一书。

二、设备层 ★★★

设备层是高层建筑的关键部位，是建筑物功能能否实现的基本保证。本例中的第一设备层、第二设备层以及地上一层的消防中心、保安中心是该系统的设备集中部位，是高层建筑的读图重点。

（一）第一设备层

由图9-3可以知道以下内容：

1. 变配电间：

（1）设3台1000kVA、10/0.4kV干式变压器，电源由2#强电竖井双回路引入，经5台高压手车柜接入变压器。其中两台柜分别是两路电源的总隔离开关柜，并设有总计量及避雷器、电流互感器、电压互感器，另3台分别为3台变压器的开关柜，每路电源的高压母线共用，且总隔离开关柜互锁，两路电源相序相同，高压供电见图9-3。

（2）设42台低压抽屉式配电柜，供1～8层用电，因篇幅关系，低压供电系统图没有列出。

（3）高压和低压设在同一房间内，变压器与柜之间设有2.5m高的金属防护网，金属网设有门，金属网可靠接地。

（4）变电间及全层设电缆沟，所有房间的电源均由沟内取得，有的则设管路从沟内取得电源。变配电间的柜体均设在电缆沟上，电缆将3个竖井沟通，地下一层到地上八层的负荷线均可由竖井引至用电部位。沟内设与柱子主筋可靠连接的接地母线，5×50mm镀锌扁钢。

2. 发电机房：

（1）设3台630kW、400V柴油发电机组，供系统一级负荷当市电或电源故障时使用，⑱、⑲、⑳#柜是发电机的电源输出柜，该柜与变配电间低压柜的一级负荷回路是并联且互相联锁的，因篇幅关系，供电系统图未列出。为了保证一级负荷的正常用电，发电机组应保持热态，室内温度不得低于机组的要求，投入运行后，每月至少应起动一次，同时检查有无其他故障，并及时修理。

（2）⑰#柜列是机组的仪表、励磁柜，由设备自带，每台机组两台。所有的电气柜均安装在电缆沟上，电缆引入到变配电间。

（3）机组及柜体应可靠接地。

3. 通风机房：

（1）设两个通风机房，每机房内设4台通风机组，每机组有95kW和30kW电动机各一台。每台机组设一台起动控制柜，并设一台备用柜，电源由电缆沟引入。每台电机的负荷线穿管埋地引至接线盒处。

（2）起动控制柜设在电缆沟上，机组外壳、电动机外壳、柜体应可靠接地。

4. 冷冻机房：

（1）设冷冻机组3台，因机型未定，考虑其电气容量的通用性，每台设75kW、11kW的预留容量。每台机组设起动控制柜一台，仪表继电器柜一台，并设备用柜一套，电源由电缆沟引入，负荷线穿管埋地引至负荷处。

（2）电气柜设在电缆沟上，机组、柜体、电动机应可靠接地。

5. 空调机房：

（1）设空调机组4台，每台机组设155kW、75kW、15kW各一台，每台机组设起动控制柜3台，电源由电缆沟引入，负荷线除155kW采用电缆沟外，其他穿管埋地引至负荷处。

（2）电气柜设在电缆沟上，机组、柜体、电动机应可靠接地。

6. 水泵房：设115kW电动机16台，每台设起动控制柜一台，其他同冷冻机房。

7. 冷却水处理间：设75kW、55kW、15kW电动机各一台，设起动控制柜3台，仪表柜3台，其他同水泵房。

8. 锅炉房：锅炉房是设计变更后增加的项目，采用燃油锅炉，但设备未定型，只将电缆沟引至室内，设备到货后按设备要求设置控制柜、仪表柜及管线，但要求同上。

9. 中央控制室：

（1）中央控制室设各种电气柜25台，成π字型安装在电缆沟上，柜体可靠接地。

（2）中央控制室监控本设备层所有设备的运行状况，所有信号的输出是经过电缆桥架敷设电缆而完成的。电缆桥架的设置见图9-17。

（3）监控地下一层到地上八层主要设备的运行状况，信号是经电缆槽及竖井（直流信号经过弱电竖井）完成的。其中包括地上一层的消防中心和保安中心。

（4）与第二设备层的计算机中心、中央调度室、变配电间、电话总机房、电缆电视中心、加压泵站经过竖井及电缆槽或桥架敷设的电缆进行联络，其中电缆电视中心除收视电视信号外，还有防盗保安监控系统的功能。

10. 修理间共设两处：

（1）机钳修理设电源柜两台⑬，电源由沟内引入。设车床电源箱三台，⑪～⑬，墙上暗装，标高1.4m，管路如图标注。

（2）铆焊修理设电源柜两台⑯。

11. 电修间设电气柜5台⑦，其中4台柜是用来试验楼内各类电动机起动用的。

12. 电梯及弱电系统后面统一叙述。

（二）第二设备层

由图9-8可以知道以下内容：

1. 变配电间

（1）设2台800kW、10/0.4kV干式变压器，电源由1#强电竖井双回路引入，经4台高压手车柜接入变压器，高压柜的设置与第一设备层变配电间相同，其中2台总隔离开关柜，2台变压器开关柜。

（2）设22台低压抽屉式配电柜，供9～36层用电，低压系统图未列出。

（3）高低设在同一房间内，并设金属网隔离，设置同第一设备层变配电间。

（4）变电间及全层设电缆槽，高压电缆槽延地面敷设；低压电缆槽延墙敷设，敷设高度5.50m，并与强电竖井连通，槽内设有接地网线的镀锌扁钢。

2. 加压泵站

（1）设75kW电动机4台，95kW电动机4台，分别由单独的控制柜起动，见①和②柜组，电源由电缆槽内取得。

（2）电动机负荷线穿管引入，管设在防滑木板地面的夹层里，起动柜、钢管、钢板可靠接地。

（3）设电动葫芦，在柱内由第一台柜引管至3.50m处设盒。

3. 电缆电视中心、广播机房、电话总机房、计算机中心均设电源柜③～⑥，电源由电缆槽引入，机房设施及木地板或防静电地板布置另列图样。

4. 中央调度室设监控屏21台呈弧形安装，所有信号线分别由电缆槽及弱电竖井引入，见图9-9、图9-10。中央调度室设防静电地板，地板下面可设置电缆和接地铜排网。接地铜排网的设置见图9-18。

三、机房 ★★★

高层建筑的机房内容很多，除了设备层讲过的内容外，还包括电梯机房、消防中心、保安中心等。

（一）电梯机房

本设计设置了九部直升电梯，其中三个电梯间的1#、2#电梯是全程电梯，而三个电梯间的3#电梯则是半程电梯，它的行程是从地下二层到地上九层，这样在九层电梯竖井的位置上就变成了3#电梯的机房（上半部分）和九层的厅门（下半部分）。全程电梯的机房布置见图9-14，九层电梯机房布置见图9-8～图9-10。

1. 由图9-14可以知道以下内容：

（1）机房设电梯控制柜及不间断电源，电源由竖井经地板穿管引至墙上1.65m标高处的极限开关上。由极限开关到控制柜以及控制柜到电动机的负荷线、控制线的布置见电梯安装相应图样。

（2）机房门、楼道门、屋顶出口门均设电动门，开门机安装标高1.6m，电动机容量为0.3kW，其

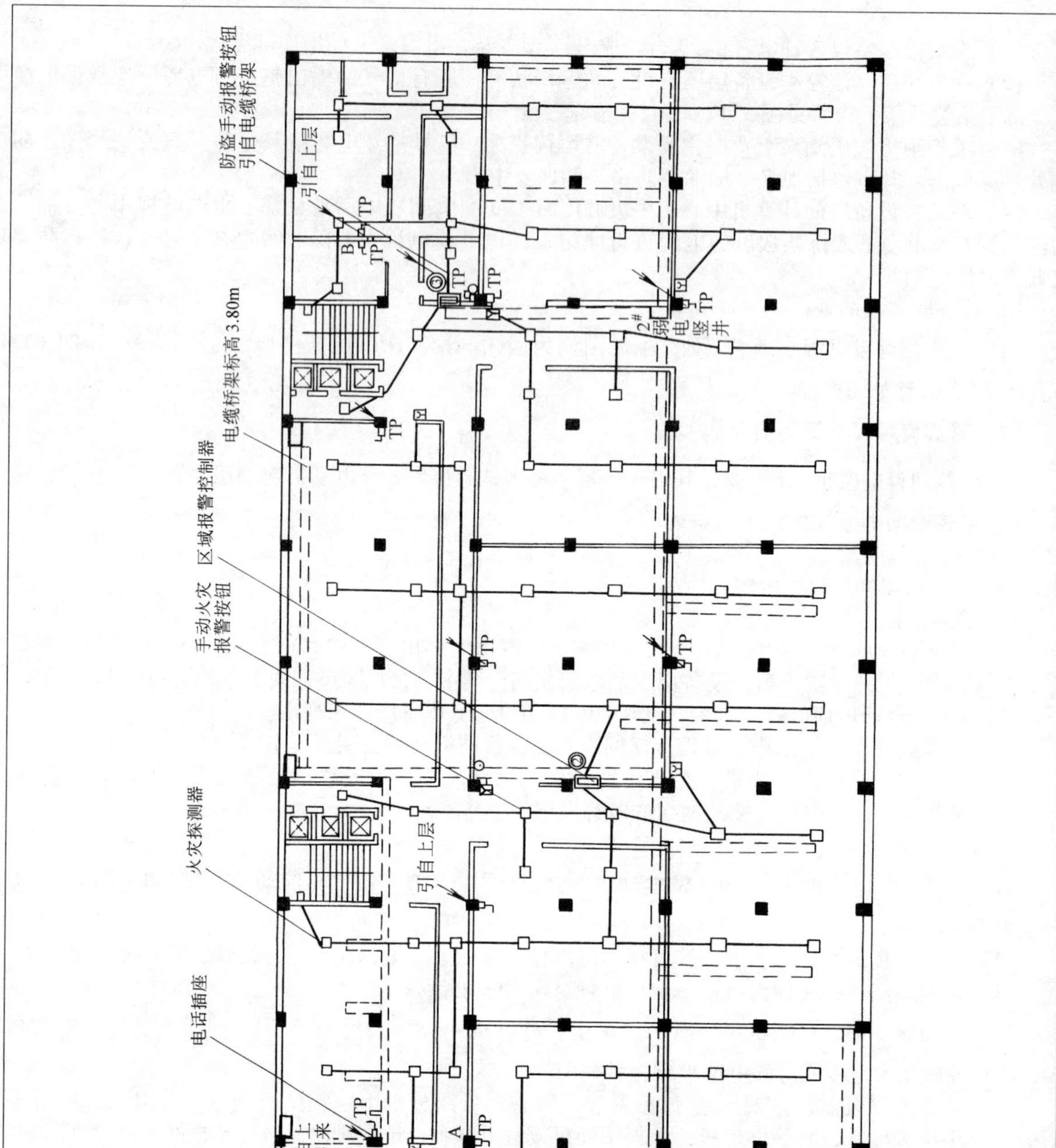

图9.17　地下一层（第一设备层）弱电平面图

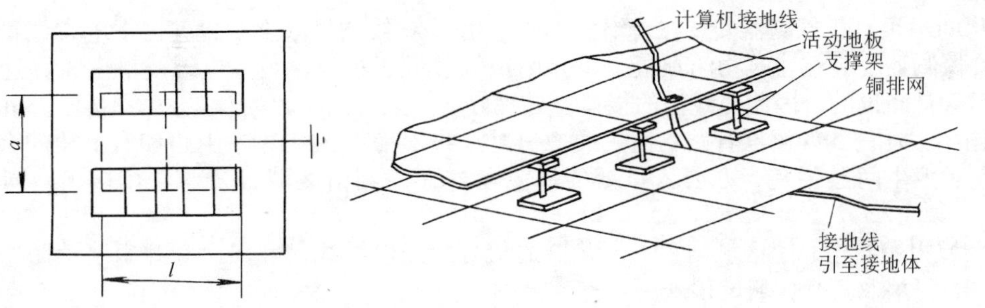

图 9-18　接地铜排网的设置

开门按钮为密码式按钮。

2. 由图 9-8 可以知道半程电梯机房同样设控制柜、UPS 柜各一台，电缆由板下的电缆槽穿管沿墙引至室内 1.65m 标高处的极限开关上，其他布置见电梯安装相应图样。在极限开关旁设照明小开关箱，电源是由变配电间 A 点穿管沿墙由下引来的。

（二）消防中心

消防中心设在地上一层，见图 9-4 和图 9-6，室内共设各种火灾集中报警柜、显示柜、操作柜、电源柜及 UPS 柜、控制柜、火警电话及总机柜、微机柜（台）20 台，呈弧形布置，电源由顶内线槽引入。所有信号线、控制线、弱电线缆均由顶内弱电线槽引出或引入并与弱电竖井相通。

（三）保安中心

保安中心设在地上一层，见图 9-4 和图 9-6，室内共设各种监视屏、操作柜、电源柜及 UPS 柜、控制柜、微机柜（台）20 台，呈弧形布置，电源及信号线、控制线、同轴电缆等线缆布置同消防中心。

四、电梯 ★★★

本设计除了上述的 9 部直升梯外，还设置了斜梯（扶梯），从地下一层到地上四层每层 8 部，见图 9-4。扶梯的控制较简单，一般只设短路、过载、相断、错相、堵转保护，因电动机容量较小，起动电路为直接起动，并为集中控制。电源是从强电竖井经敷设在顶板内的管路引入的。

第三节　高层建筑的弱电系统

一、火灾自动报警及自动消防系统 ★★★

（一）火灾自动报警

这里仅以图 9-6 说明火灾自动报警的读图方法，其他图样，读者可自行分析。一般条件下，火灾自动报警的设计思路是由火灾探测器到区域报警器，然后将所有区域报警器的信号送至集中报警器，然后再由集中报警器发出信号进行自动灭火或消防。

1. 区域报警器的设置　本设计将每层分为两个报警区域，并在每层的值班室（图中两个侧门入口的值班室）设置火灾区域报警器，见图中的①和②。区域报警器的形式很多，可直接明装或暗装在墙上，距地 1.2m，也可装在单独设立的柜或台上，也可落地安装，这是由设计及供货来决定的。敷设在吊顶内或顶板下的电缆线槽直接由线槽沿墙引至报警器的接线箱处。电缆线槽的设置已在“电气竖井”中进行了介绍。

2. 探测器的设置

（1）探测器的设置是有一定规范标准要求的，详见国家标准，GBJ 166—88 和 GB 50166—92。图中“方框□”的位置即为探测器位置。的位置为火灾手动报警按钮。

（2）房间吊顶时，探测器安装在装饰板上，并用 GZC 线槽沿板上敷设并由主电缆线槽引来；房间非吊顶时，探测器安装在建筑物的顶板上，并用钢管敷设于顶板内由主电缆线槽引来，这时线槽是明装的，而钢管是暗设的，因此与线槽的接口要处理好，一般伸出顶板的管口长度不超过 30mm。

（3）图中大厅内的探测器管路均由主线槽引出，共 21 路。在图中左上角和右上角的会议室、办公室、值班室、卫生间及住宅、办公入口处的探测器这一路则由区域报警器直接接出，同样使用 GZC 线槽。

（4）区域报警器汇总了区域内火灾报警器的信号，经电缆线槽和弱电竖井引至消防中心。同样消防中心汇总了每层及每个区域的信号。

（5）区域报警器和集中报警器的电气原理图较为复杂，限于篇幅的关系这里没有列出，请读者参阅产品厂家提供的资料。

（二）火灾自动消防

火灾自动消防一般设置水喷淋、干粉、CO_2、Cl_4 等专业消防设施，这些均由给水或管道专业完成，其中干粉、CO_2、Cl_4 灭火通常只限于用在机房或库房灭火，它们的工作状态及起动则与消防中心的区域报警器或控制屏联动，这里没有列出图样。因此，阅读火灾自动报警及自动消防系统的图样时，必须阅读给水或管道专业的图样及其提出的联锁要求和信号。

同样，在阅读这些图样的时候还要注意到上下层配电系统、排烟、送风、防火门、电梯系统等与它的联锁要求和信号。有关内容详见《电气工程安装及调试技术手册》一书。

二、保安防盗系统 ★★★

保安防盗系统的图样一般是保密的，这里仅以图 9-6 简要说明一下读图方法。图中管线槽的设置与火灾自动报警系统相同。

1. 在大门和侧门入口处及其他隐蔽部分设置防盗保安探测器（摄像头），经线槽及竖井引入到保安中心的监视屏上，并与录像机相接。

2. 在办公住宅入口处设置可视—对讲—电门锁系统的按钮布话箱。这个系统与电话、有线电视连接成网，在房间内可监视来访的客人，有关图样应以生产厂家提供的资料为准。

3. 在大厅、值班室及有关部位设置防盗报警按钮⊙，并用管线槽将其引至保安中心。

4. 在大厅巡更路线上设置电话插孔，并用管线槽引至保安中心。

5. 保安中心的屏、柜及监视器的接线图应以生产厂商提供的资料为准，限于篇幅的关系，这里不再列出。

三、通信及电视系统 ★★★

通信包括电话、电传、广播，电视指有线电视或闭路电视，这些内容在该项工程中是画在一张图上的。其中电话可分三个部分，一是市内直拨电话，即外线电话，是由电信局引来的；二是系统内部电话，即内线电话，除内部通话外，还可通过总机接通外线电话，亦可自动或手动，均由总机设置；三是移动电话，在楼顶设置发射接收天线，见图 9-16。

（一）电话及电传

1. 市内直拨电话　由图 9-6 可知，市话电缆是从右下角引入弱电竖井的，室外应设置接线箱。市话电缆接在接线箱的进线端子上，而出线则分两个部分，其中直拨电话端子的电缆经线槽及竖井直接引至装设直拨电话房间的电话插座上（，其中 TP 为电话插座，TX 为电传插座），但图中未标出哪部电话是直拨电话及其部数，这应与建设单位协商并确定准确，一经确定便不得更改，进线电缆的线芯对数也由此确定，并有一部数量的备用线。

而另一部分为系统内部电话接通市内电话电缆的端子，这条电缆经线槽和竖井直接引至第二设备层的电话总机房进线接线架（柜）上，见图 9-10，但图中未画出接线架。

2. 系统内部电话　系统内部电话均由九层的电话总机房引出，见图 9-10。

（1）九层顶内（标高 5m）设置电缆槽，这个电缆槽是弱电系统公用的，它经过走廊，把两个弱电竖井、值班室、三个机房以及监控信号较多的变配电间和一个强电竖井联络起来。

（2）图中 TP1 ~ TP7 是电话插座，它是用管路从电缆槽引入的，同时从该插座盒处引管至八层同一标高处的电话插座盒，同样方法一直到地下二层，见图 9-17 和图 9-19。

（3）图中未标注序号的 TP 只在本层设置并由电弱槽直接设管引入。

（4）在图 9-19 中，可以看到以下内容与前述有所不同：

1）③轴的 TP1 由原来的位置移至 C 点，并从该点引至四层，然后直至地下二层。这是常用的位置平移变动方法。但是这里必须有隔断墙，否则必须经竖井或电缆槽重新设置。

2）⑩轴增设电话及电传 TP、TX，这是由八层顶内弱电电缆槽设管引入的，并由此引至下层直到地上一层。

3）④轴增设电话及电传共三部，同样由八层顶内弱电电缆槽引入，但只引至五层。

（5）在图 9-6 中，可以看到以下内容：

1）②轴增设及值班室的电话插座是从四层开始引入的，一直到一层，四层的引入方法同上。

2）⑦轴增设的电话同②轴，但⑦轴值班室的电话是从弱电电缆槽直接引入的且不下引或上引，仅此一层。

3）⑫轴值班室增设的电话是从四层按上述方法引入的。

4）③轴、⑪轴 TP1 和 TP2 是从四层按上述方法引入的，直到一层。

5）Ⓒ轴、Ⓐ轴的 TP 引入方法同上。

（6）在图 9-13 中，可以看到以下内容：

1）十层顶板下设电缆线槽并沿墙角敷设，开口于侧面。

2）十层的电话插座是用管埋于顶板经墙引至 1.20m 标高处的，然后沿墙将管引至十一层、十二层直至顶层同一标高处。

（二）广播

广播仅在地下一层至地上九层设置，广播线路的管路均由本层设置的弱电线槽用管或线槽引入并在吊顶内敷设，除五层平台上的扬声器于墙上安装外，吊顶上的一律口朝下安装，见图 9-19。每层线缆均经线槽和竖井引至九层的机房。

（三）电视

电视插座的设置基本同电话，读者可参照前述进行分析。电视信号的引入是从楼顶设置的卫星电视接收天线用电视信号电缆经弱电竖井及弱电线槽引入九层机房的，见图 9-16。

四、微机系统 ★★★

设备层的中央控制室、中央调度室、计算机中心、各类机房、五 ~ 八层的办公间、地下一层至地上四层、保安中心、消防中心以及十 ~ 三十六层的有关房间内均设有微机或终端装置，其线路的敷设基本同电话、广播和电视系统，在终端位置一般用线槽从顶内的弱电电缆槽直接引下即可。

其中，中央控制室、中央调度室、计算机中心、各类机房、保安中心、消防中心等弱电线路较集中的房间的地面上均设有具有龙骨的木制或可消除静电的地板，所有引入、引出的线缆均在板下敷设，然后再引入弱电竖井，当有电源引入时，应与弱电线缆隔离。

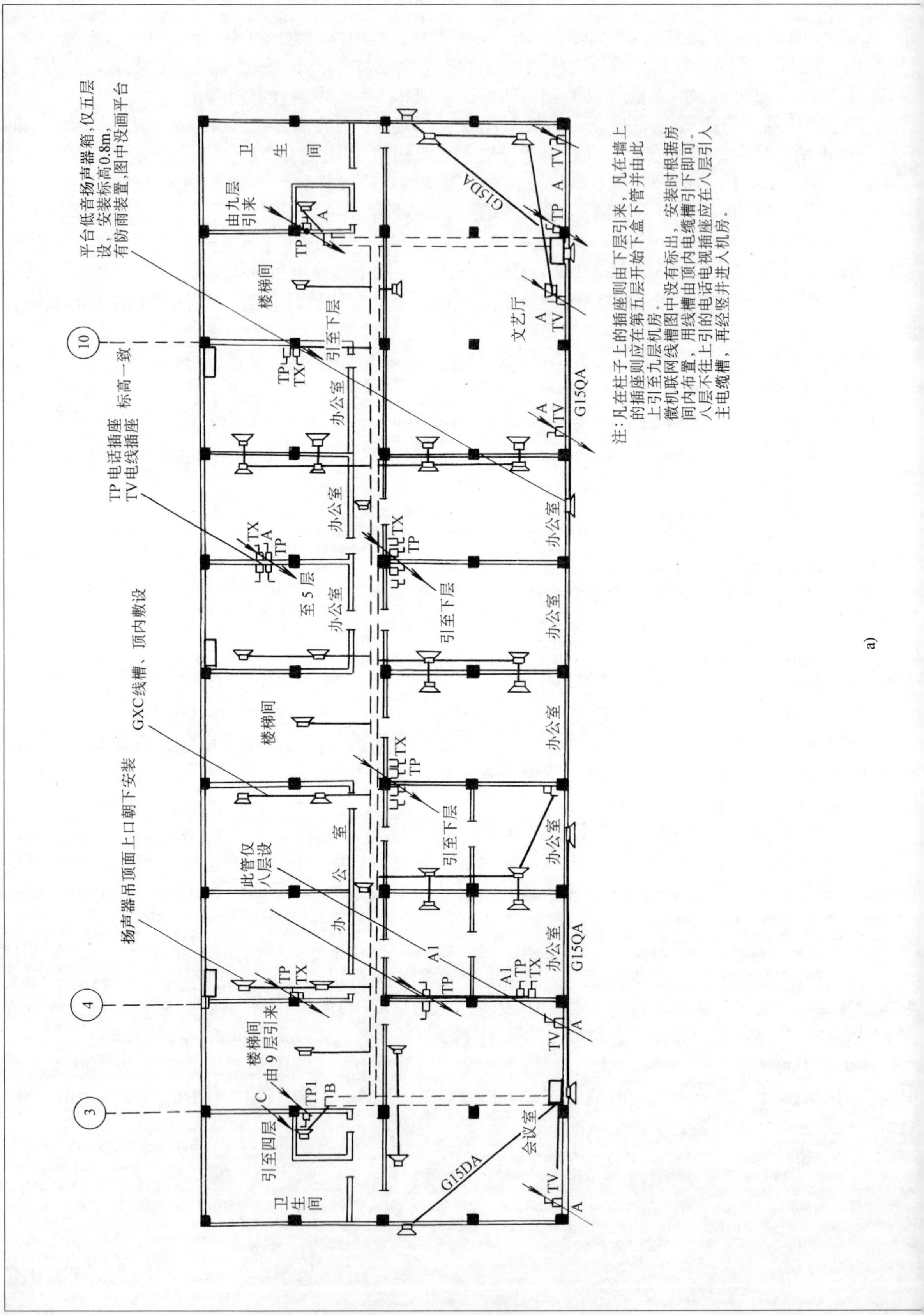
平台低音扬声器箱，仅五层设，安装标高0.8m，有防雨装置，图中设画平台
TP电话插座
TV电线插座
标高一致
GXC线槽、顶内敷设
扬声器吊顶面上口朝下安装
此管仅八层设
10
4
3
卫生间
由九层引来
楼梯间
引至下层
办公室
至5层
文艺厅
会议室
楼梯间由9层引来
引至四层
G15DA
G15QA
TP
TX
TV
A
A1
TP1
B
C
注：凡在柱子上的插座则由下层引来，凡在墙上的插座则应在第五层开始下盒下管并由此上引至九层机房。
微机联网线槽图中没有标出，安装时根据房间内布置，用线槽由顶内电缆槽引下即可。
八层不往上引的电话电视插座应在八层引人主电缆槽，再经竖井进入机房。

a)

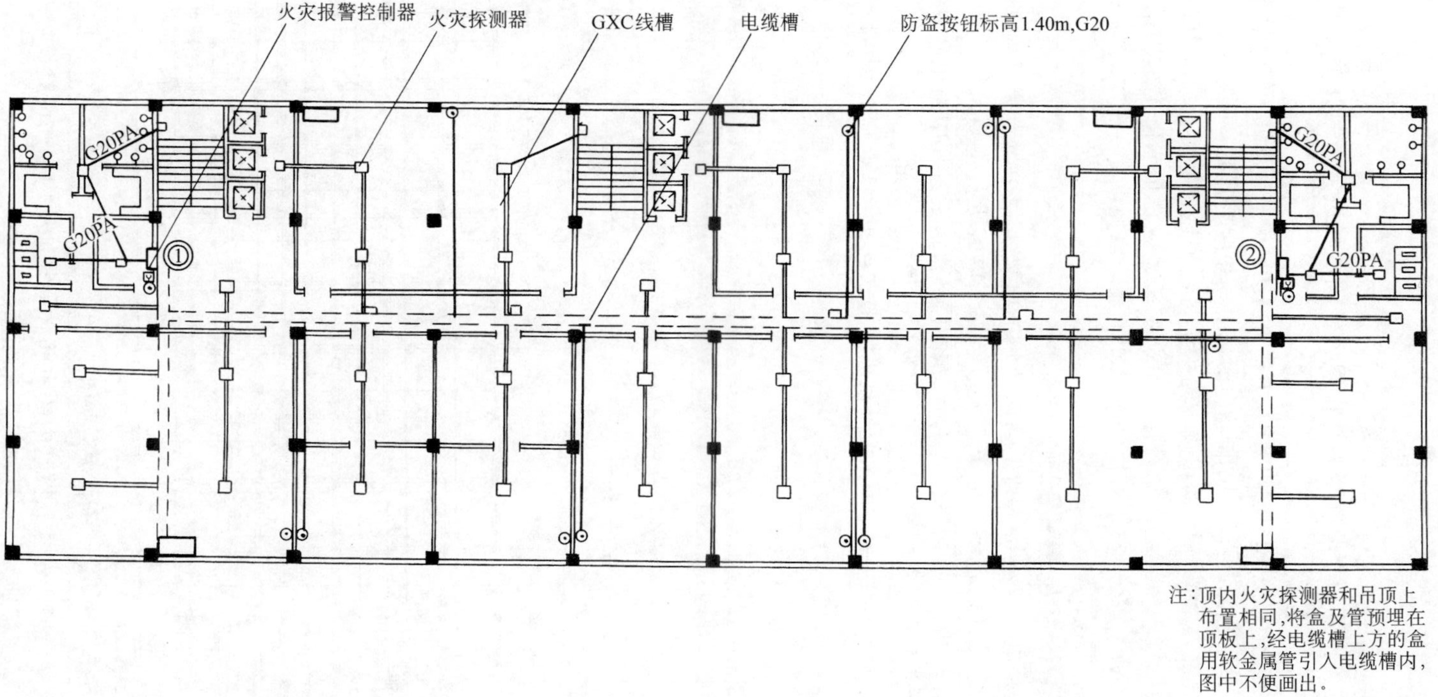

b)

图9-19　五～八层弱电系统平面布置图

第四节　屋顶设施、吊顶及基础接地工程

一、屋顶设施 ★★★

1. 电梯电源、电动门电源均由顶板下电气竖井直接引入，因电梯设置极限开关，因此两路电路管先引至墙上至极限开关，详见图9-14。

2. 屋顶及电梯机房顶部设航空障碍照明，屋顶四周及电梯机房四周设节日彩灯，其电源均由竖井引入并集中自动控制。卫星电视接收天线的电源，机房照明闸箱电源也由竖井直接引入，见图9-15和图9-16。

3. 屋顶板下GZC线槽的设置，见图9-16的虚线，是为了将电梯运行的信号引入中央调度室及消防中心，图中A点为电梯控制柜的安装位置。无线寻呼的电话电缆、电视信号的电缆用钢管直接引入弱电竖井，见图中B点。其塔座的尺寸必须由厂家提供的尺寸为准，以免误贻。

二、室内吊顶及基础接地工程 ★★★

室内吊顶及基础接地工程是电气工程，特别是高层建筑的电气工程中与土建工程密切配合的工程项目，其中，吊顶的图样是土建图样的范围，由土建人员掌握。电气人员主要是核对开孔的尺寸和轴线，其开孔尺寸最好是用灯具或设备的实物进行比对，在施工前和施工过程中与土建人员密切协商配合，特别是在顶内安装管或槽时更要特别注意，这里不再列出图样进行分析。

基础接地工程常用基础接地平面图表示，金霞大厦基础接地平面图见图9-20。由图可以知道以下内容。

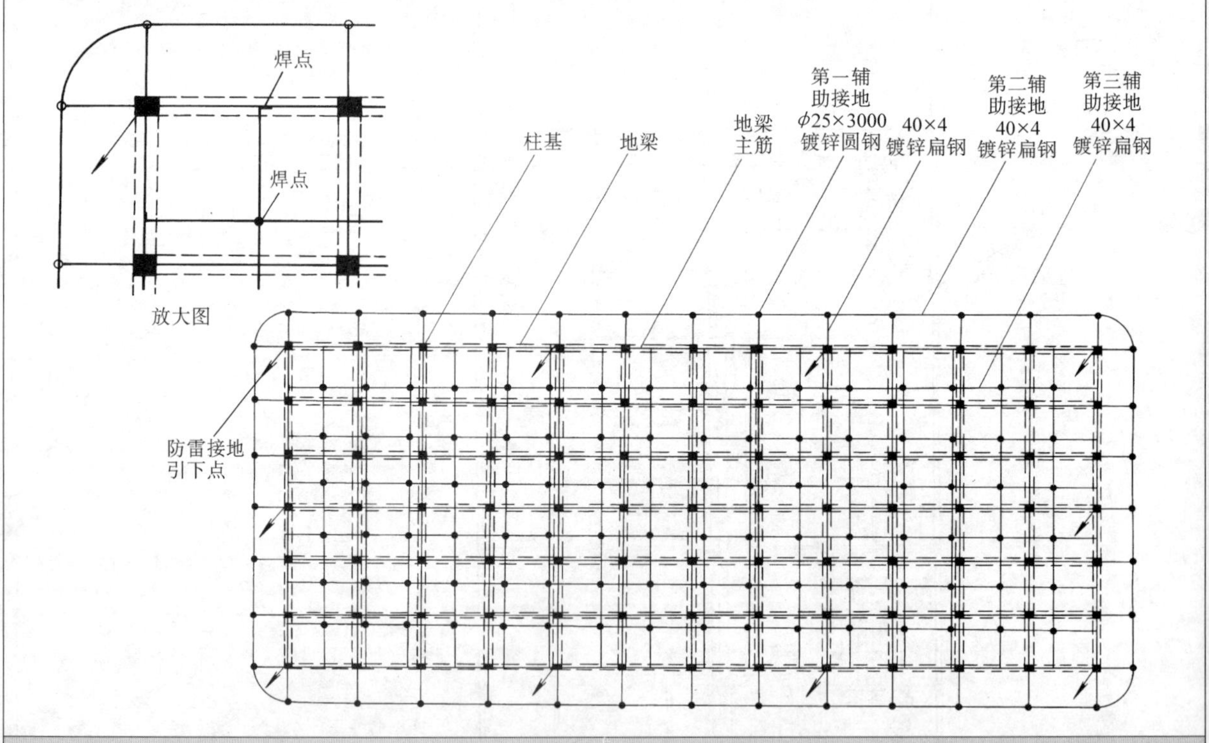

图9-20　金霞大厦基础接地平面图

1. 图中柱基或桩基均由地梁连接，柱基或桩基内的主筋必须与地梁内主筋可靠焊接。

2. 柱基或桩基的主筋作为垂直接地体，其规格见土建图样。

3. 地梁的主筋作为水平接地线，规格见土建图样。基础四角处应做成圆弧形水平接地线。

4. 柱基或桩基主筋与地梁主筋焊接后，从地下二层开始向上层层柱内主筋必须用电焊可靠焊接，一直到顶层，作为防雷接地的下引线。

5. 从地下二层开始向上层层圈梁内主筋的连接必须电焊焊接并与柱内主筋可靠焊接，一直到顶层，

作为防侧雷的接闪器。

6. 地下二层最外圈柱内主筋用 40×4 镀锌扁钢焊接后引出外缘 3.5m 并在此用一根 $\phi25\times3000$ 镀锌圆钢垂直打入地下，上端部与扁钢焊接，作为第一辅助接地，如果 1～5 条可保证接地电阻在 1Ω 及以下时，可不采用第一辅助接地。

7. 地下二层外引垂直镀锌圆钢可用 40×4 镀锌圆钢水平连接起来，全部采用焊接，作为第二辅助接地，如果 1～6 条可保证接地电阻在 1Ω 及以下时，可不采用第二辅助接地。

8. 地下二层混凝土垫层之下，纵横方向每隔 5m 用一根 $\phi25\times3000$ 镀锌圆钢垂直打入地下，上端部用 40×4 镀锌扁钢焊接连接，形成一网格接地网，该接地网与地梁主筋可靠焊接，焊接点一般选在最外缘的地梁内。该接地网为第三辅助接地，如果 1～7 条可保证接地电阻在 1Ω 及以下时，可不采用第三辅助接地。

第五节 新型高层建筑电气工程图样浅析

近几年来，随着社会的进步、科技的发展以及人民生活的提高，高层建筑电气工程图样也有很大的改进和提高。这里仅以某小区部分图样为例，简要分析其图样，目的是使读者掌握一些前述图样中没有提到过的新内容。限于篇幅关系，省略了该项工程的系统图、以及接地与防雷和照明方面的图样。这些图样与前述只是形式内容不同，读图方法是相同的。

一、设计说明及图例 ★★★

（一）工程概况

该工程为某小区 4#楼，地下一层，地上十五层，地下室层高 4.2m，一层层高 5.4m，二层层高 4.0m，三～十五层层高为 3.0m。地下一层人防（平时为车库与 5#，1#楼相连）。地上一～二层为商业，三～十五层为住宅。建筑总高度为 49.60m，总建筑面积为 7423.63m^2。

（二）设计依据

《住宅建筑规范》（GB 50368—2005）、《住宅设计规范》（GB 50096—2011）、《高层民用建筑设计防火规范》（GB 50045—2005）、《建筑照明设计标准》（GB 50034—2013）、《建筑物防雷设计规范》（GB 50057—2010）、《城市住宅建筑综合布线系统工程设计规范》（CECS 119—2000）、《火灾自动报警系统设计规范》（GB 50116—2013）、建设单位提供的任务书及设计要求以及相关专业人员提供的工程设计资料。

（三）设计范围

供配电系统，照明系统，建筑物防雷、接地系统及安全措施，电话（宽带）系统，有线电视系统，楼宇访客对讲系统，火灾报警系统。

（四）负荷等级及容量

该建筑照明和动力电源由小区变电站低压配电室变压器低压不同母线段引来，电梯、排烟风机、消防室电源、应急照明为二级负荷，余者为三级负荷。

（五）供电电源

1）该工程从小区配电室引入三相四线制电源，采用 YJV22 型铜芯电缆地埋敷设，至配电室各配电柜。

2）该工程住户计费电能表集中安装在电气竖井电能表箱内，用户电源采用 BV－500V 3×10mm^2，穿焊接钢管暗敷设，引至各分户配电箱。

（六）照明及节能设计（住宅部分）

1）该工程设计为一般照明，起居室照度标准为 100lx，卧室照度标准为 75lx，厨房、卫生间照度标准为 150lx。各户照明功率密度均小于 6W/m^2。

2）光源选择起居室为 3U30W 节能灯，卧室、厨房、卫生间为 2U15W 节能灯，楼梯灯为 2U15W 节能灯，采用的镇流器应符合国家能效标准。

（七）导线选择及敷设

照明导线除图中注明者外，均选用聚氯乙烯绝缘铜导线，均为 2.5mm，插座除居室为 3×2.5mm^2，其他均为 3×4（mm^2），均穿阻燃 PVC20mm 软管在现浇混凝土楼板内暗敷设，施工时管路交叉处不得超过楼板厚的 1/3。

（八）建筑物防雷

1）该工程防雷等级为三类，预计年雷击次数为 $N=0.1181$。

2）防直击雷：在屋顶采用 $\phi8$ 热镀锌圆钢作避雷带，避雷带与屋顶彩钢板可靠连接作为接闪器，所有突出屋面的金属构件、通风管道、金属屋面和屋架均要求与避雷带可靠连接。

3）引下线：利用建筑物构造柱内的 $\phi16$ 主筋（不足 $\phi16$ 的为四根），通长焊接作为引下线，引下线间距不大于25m，所有外墙引下线在室外地面下1m处引出一根 40×4（mm^2）热镀锌扁钢，伸出室外距外墙皮不小于1m，引下线上端与避雷带焊接，下端与接地极焊接，并在建筑物四角外墙距地0.5m处设测试卡子。

4）防雷电波侵入措施：要求凡进入建筑物电缆的金属外皮、保护钢管、水暖、煤气钢管、上下水铁管均要求做等电位连接可靠接地。

5）防雷击电磁脉冲保护：在电源进线配电柜内安装过电电压（SPD）保护器，接地线采用 BV－25mm^2 铜导线。电话、有线电视系统引入端处装置过电压（SPD）保护器。

（九）接地装置及安全措施

1）该工程接地装置采用建筑物基础底梁上的上、下两层钢筋的两根主筋焊接形式的基础接地网，并通过圈梁焊接成闭合回路。

2）该工程防雷接地、电气设备的保护接地、弱电设备接地等共用基础接地装置，要求接地电阻不大于1Ω，否则增设人工接地极。

3）该工程接地型式采用 TN－C－S 系统，电源 N 线在4#楼配电室各进线配电柜处做重复接地后与PE线绝缘，成三相五线或单相三线系统。

4）该工程采用总等电位连接，在电源引入线处装设总等电位箱，箱内总等电位板要求用 40×4（mm^2）纯铜板制成，一端引入接地装置，一端采用 BV－1×25（mm^2）穿 PC25 管暗设至进线配电柜接地端子，并将所有进出建筑物的金属钢管构件进行连接。带洗浴功能的卫生间采用局部等电位连接，设局部等电位接线盒，从电源插座引出一根 4mm^2 铜导线，并与卫生间所有金属管道构件连接。

（十）电话系统

从室外弱电手井引入两根 RC80 的钢管，至地下室的总集线箱，在由总集线箱采用沿金属线槽分别引至各层的分线箱，然后分线至各分户的多媒体箱，从多媒体箱跳线至电话（宽带）插座，该工程电话网络布线合一，从总集线箱至各分户均采用超五类网线，施工时只敷设管路和安装箱体，穿线、调试由建设单位联系网络公司施工。

（十一）有线电视系统

从室外弱电手井引入一根 RC40 钢管，引入地下室前端箱，采用分配分支系统沿弱电线槽分别引至各层的分支器箱，然后分线至各分户的多媒体箱，从多媒体箱分支至终端插座。该工程只敷设管路，预留分支器箱，穿线、调试由建设单位联系有线电视专业人员施工。

（十二）访客对讲系统

该工程只按系统敷设管路和安装分线接线盒，如建设单位对此功能另有要求，穿线、对讲电话的安装均由建设单位联系专业队伍施工。

（十三）消防系统

详见消防说明。

（十四）其他

1）凡与施工有关而又未说明之处，参见国家、地方标准图集施工，或与设计人员协商解决。

2）该工程所选设备、材料必须具有国家检测中心的检测合格证书（3C 认证），必须满足与产品相关的国家标准。

3）施工单位必须按照工程设计图样和《建筑电气工程施工质量验收规范》施工，不得擅自修改工程设计。

4）建设工程竣工验收时，必须具备设计单位签署的质量合格文件。

（十五）照明节能设计（商业部分）

1）光源选择各灯具光源均选用高效节能型荧光灯。

2）各种开关配电设备，如开关、接触器、启动器均选用国家认可的节能型产品。

3）各种荧光灯等气体放电灯采用的镇流器应符合国家能效标准。

（十六）总平面图（见图9-21，书后插页）

（十七）工程图例（见表9-1）

表 9-1 工程图例

序号	图例	名称	规格	备注
1	AAn	低压配电柜	见系统图	落地安装
2	APn	动力配电箱	见系统图	落地安装
3	AL－A,B,C,D	电能表箱	见系统图	
4	AK1,2,3	户内开关箱	见系统图	
5	AL－n	照明配电箱	见系统图	
6		双电源配电箱	见系统图	
7		动力配电箱	见系统图	
8	⊗	防水吸顶灯	2U 15W	吸顶安装
9	○	吸顶灯	2U 15W	吸顶安装
10	Ⓢ	声光控平灯口座灯	2U 15W	吸顶安装
11		壁灯	2U 30W	距地 2.4m 壁装
12		单管荧光灯	1×36W	距地 2.5m 铁链吊装
13		双管荧光灯	2×36W	嵌入式安装（无吊顶处距地 2.8m 吊装）
14		单管荧光灯（带蓄电池三线制）	1×36W	距地 2.5m 铁链吊装
15		双管荧光灯（带蓄电池三线制）	2×36W	嵌入式安装（无吊顶处距地 2.8m 吊装）
16	E	安全出口标志灯（带蓄电池两线制）	1×20W	门或门洞上 0.2m 明装
17		单向疏散指示灯（带蓄电池两线制）	1×20W	距地 0.5m 壁装（大厅内吊顶下 300 吊装）
18		双向疏散指示灯（带蓄电池两线制）	1×20W	距地 0.5m 壁装（大厅内吊顶下 300 吊装）
19		事故照明灯（带蓄电池三线制）	1×20W	距地 2.4m 壁装
20		吸顶灯（带蓄电池三线制）	1×40W	吸顶安装
21	102	应急灯（带蓄电池三线制）	1×20W	吸顶
22	①	搪瓷平盘灯	2U 30W	距地 2.5m 铁链吊装
23	⊕	吸顶灯	2U 30W	吸顶安装
24	K	三孔安全型插座（空调用）	250V 16A	距地 2.2m，暗装
25		单相两、三孔安全插座	250V 10A	距地 0.3m，暗装
26		单相两、三孔安全插座	250V 10A	距地 1.6m，暗装
27		单相两、三孔防溅型插座	250V 10A	距地 1.8m，暗装
28		单相两孔防溅型插座	250V 10A	距地 2.3m，暗装
29		三相插座	380V 16A	距地 0.3m，暗装
30		单，双，三极开关	250V 10A	距地 1.4m，暗装
31		双控开关	250V 10A	距地 1.4m，暗装
32	VH	前端箱	300×500×200	底距地 0.3m，明装
33	VP	分支分配器箱	260×260×160	底距地 0.3m，明装
34		网络主配线架	1000×1000×200	底距地 0.5m，明装
35		网络接线箱	200×200×100	底距地 0.3m，明装
36	W	家庭多媒体配线箱	市场定型产品	底距地 0.3m，暗装
37	TV	电视插孔		距地 0.3m，暗装
38	TO	双位信息插孔		距地 0.3m，暗装
39	MEB	总等电位接线箱	300×200×120	底距地 0.3m，明装
40	LEB	局部等电位接线箱	160×75×50	底距地 0.3m，暗装
41		接地端子箱	220×220×160	底距地 0.3m，暗装，竖井内为明装
42	AC1	通风方式信号控制箱		距地 1.4m 明装
43	AS1	通风方式信号指示灯箱		门上 0.2m 安装
44	◎	防护型呼叫按钮		距地 1.4m 壁装
45		轴流风扇	220V 40W	
46	S	远程抄表系统水表处预留盒		86 盒，$H=0.3\text{m}$
47	CJ	远程抄表系统采集器预留盒		146 盒，$H=1.4\text{m}$
48	ZB	远程抄表系统预留箱		450×350（h）×150，$H=1.4\text{m}$

（十八）照度及照明功率密度计算表（见表9-2）

表 9-2 照度及照明功率密度计算表

房间或场所名称	照度标准值 E/lx	功率密度最大允许值/（W/m²）	灯具选择						照度计算 $E_{av}=\frac{N\varphi UK}{A}$				功率密度计算 LPD = $\frac{\Sigma(PL+PB)}{A}$ /（W/m²）
			光源类型	单只功率/W	光通量 ϕ/lm	配套镇流器类型	镇流器功率 PB/W	灯具数量 N/只	利用系数 U	维护系数 K	房间面积 A/m²	计算照度值 E_{av}/lx	
商场	300	12	T8 直管	72	6700	电子	7.2	12	0.6	0.7	109	309.8	8.72
小商铺	300	12	T8 直管	72	6700	电子	7.2	6	0.6	0.7	54	309.9	8.8

二、应急灯照明线路 ★★★

应急灯一般在主要疏散通道、出入口、房间、楼道及楼梯间、电梯轿厢、机房、设备间、卫生间等重要场所设置。其控制原理图见图9-22。

由图可知，应急照明分不带应急电源装置和带应急电源装置两种。不带应急电源装置的在系统停电时不会工作，一般设在不太重要的场所；带应急电源装置的在系统停电时由应急电源供电，继续工作，系统不停电时则由系统给其充电，一般设在重要场所。

应急照明平时可就地控制（单联双控跷板开关），火灾时由接触器 KMn 控制，其中 KMn 设在火灾自动报警系统中，其动合触点用导线由消防中心引来。

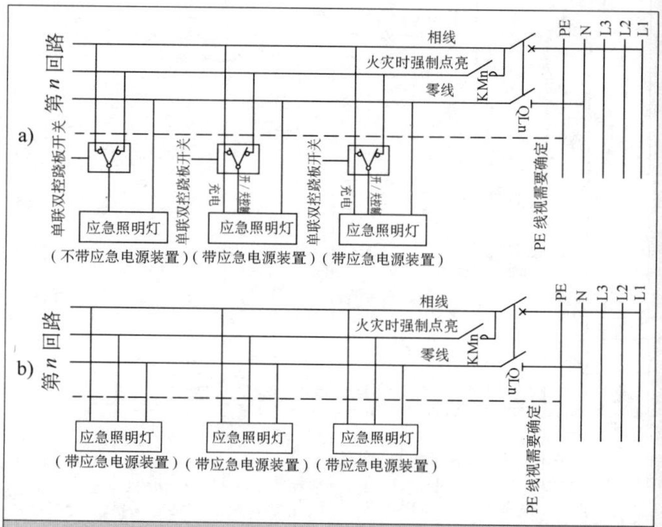

图 9-22 应急照明控制原理图

a）应急照明控制方式（一） b）应急照明控制方式（二）

注：1. 应急照明控制方式（一）的灯具平时就地开/关控制，火灾时强制点亮。

2. 应急照明控制方式（二）的灯具平时在配电箱内集中开/关控制，火灾时强制点亮。

三、地下室（车库）电气图样 ★★★

地下室（车库）的电气图样是按平时和战时分别设置的，战时地下室（车库）将不再是车库，而变成了人防总部以及防化消毒、掩护人员和人员疏散的场所，电气功能上有所不同，见图9-23～图9-26（见书后插页）。

1. 照明平面图基本与前述内容相同，但平时与战时因其功能不同，电气上有所不同。

2. 电气平面图同上，在车库入口处设置了电源配电箱 RFAP1，平时为车辆出入检测控制管理系统的电源，战时则为人防给水泵的电源。车辆出入检测控制管理系统是地下车库的主要图样。

3. 车辆出入检测控制管理系统 停车场管理系统总体布置见图9-27。

（1）车辆出入检测控制装置。检测方式有两种，光电检测（红外线检测）方式和环形感应线圈方式，见图9-28。

如图9-28a 所示，在水平方向上相对设置红外收、发装置，当车辆通过时，红外光线被遮断，接收端即发出检测信号。

安装红外光电检测装置，收、发装置必须相互对准外，应同时保证接收装置（受光器）不可让太阳光线直射。其安装见图9-29。

环形感应线圈方式见图9-28b，使用电缆或绝缘电线做成环形，埋在车路地下检测信号。在线圈埋入车路的施工时，必须远离且不得碰触周围金属（环形线圈 0.5m 平面范围内不可有其他金属物）。环形感应线圈的布置见图9-30，安装时应注意以下几点：

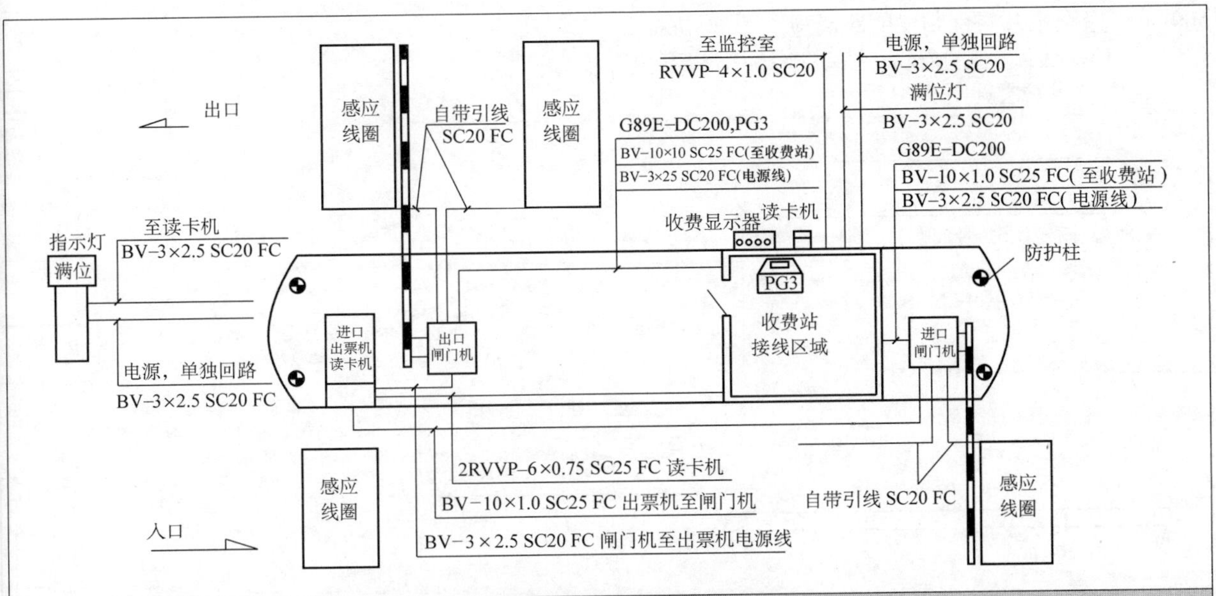

图 9-27　停车场管理系统总体布置图

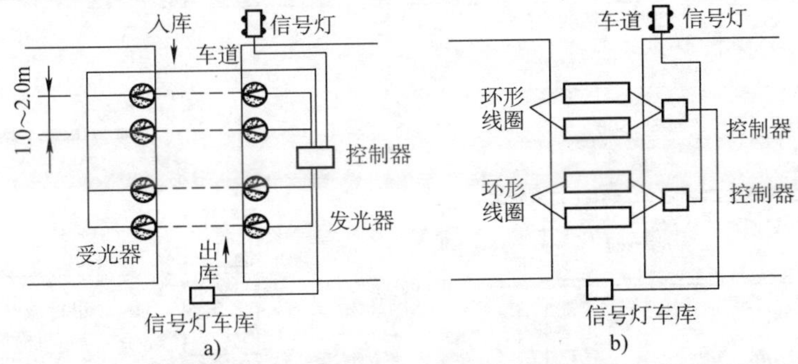

图 9-28　检测出入车辆的两种方式
a）红外光电方式　b）环形感应线圈方式

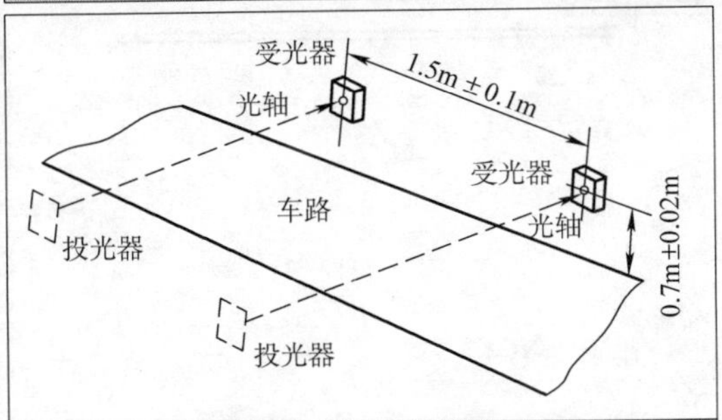

图 9-29　红外光电式检测器的安装

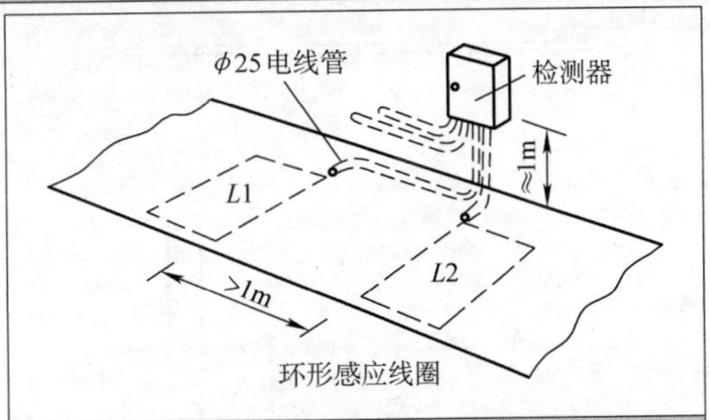

图 9-30　环形感应线圈的布置

1）感应线圈放在 100mm 厚的水泥基础上，基础内无金属物体，四角用木楔固定，木楔钉入水泥基础后，其超出部分不应高于 50mm，然后再浇注 60mm 厚的混凝土。

2）感应线圈也可在地面开槽，然后将线圈放入槽内进行安装固定，但必须探测地面下有无金属物。

3）感应线圈内部探测线有塑料预制架保护，在安装时注意不能伤害导线。

4）探测线圈必须被装于方的槽中，且槽内应没有无关的线路，动力线路距线槽距离应大于

500mm，距金属和磁性物体的距离应大于300mm。

5）感应线圈至控制设备之间的专用引线不得有接头。

具体安装方法见图9-31。

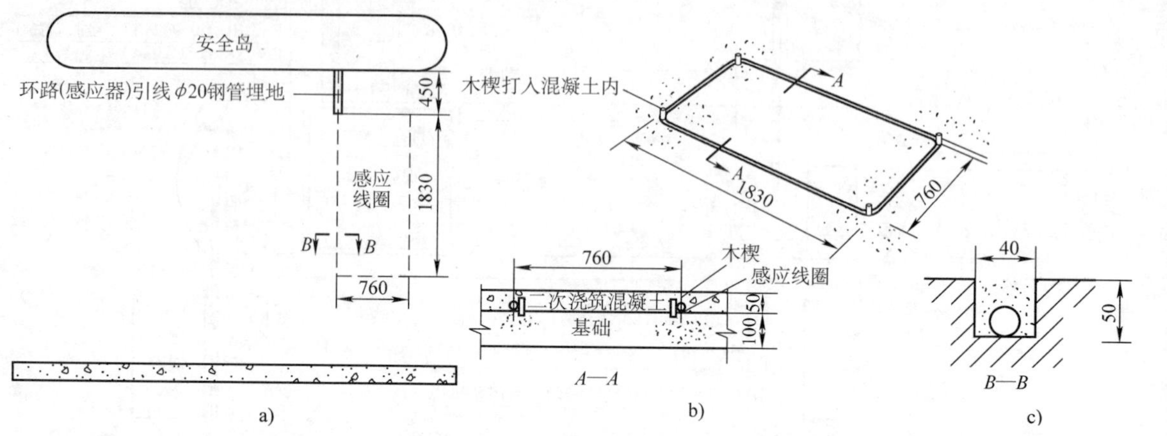

图9-31　感应线圈安装方法

a）感应线圈布置图　b）感应线圈安装方法一（木楔固定法）　c）感应线圈安装方法二（开槽固定法）

6）自动闸门机安装见图9-32。

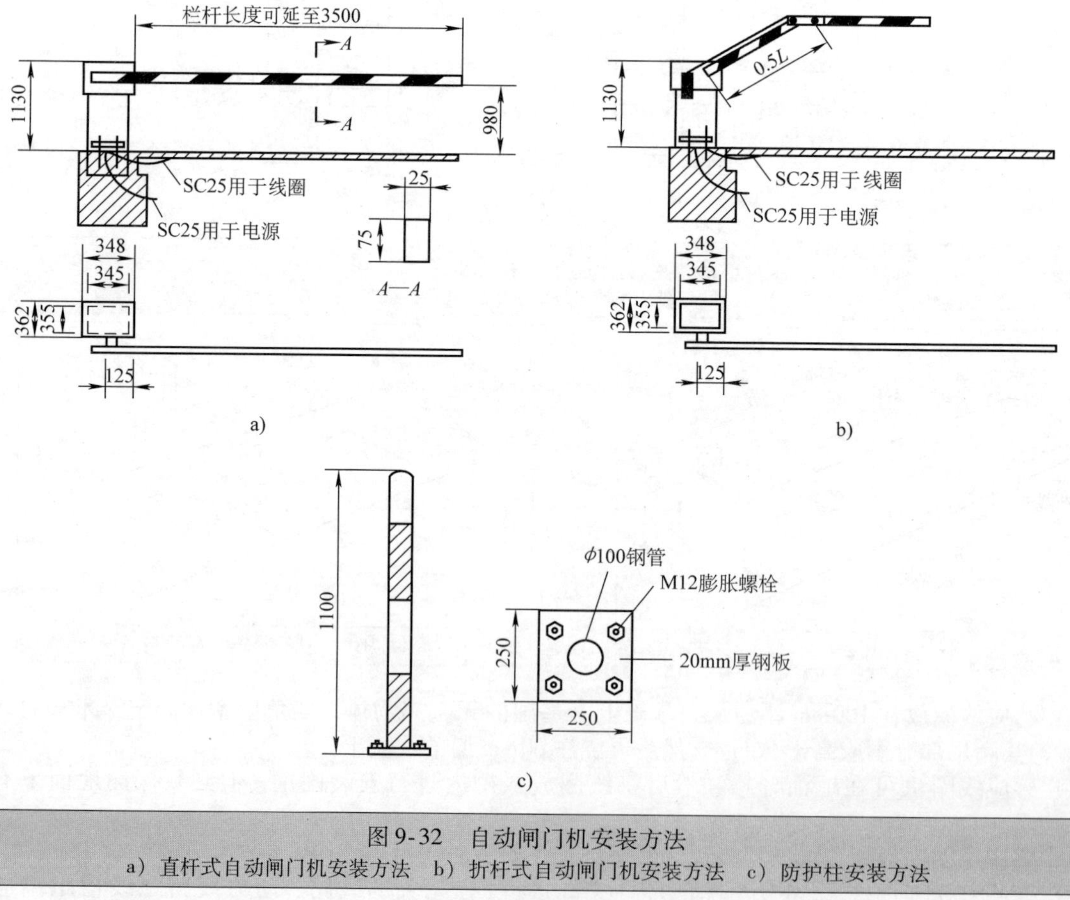

图9-32　自动闸门机安装方法

a）直杆式自动闸门机安装方法　b）折杆式自动闸门机安装方法　c）防护柱安装方法

① 闸门机边上可安装防护柱进行保护，防护柱可用 ϕ100 钢管制成，外涂黄黑色油漆。

② 车道宽度大于 6m 时，可在两侧同时安装两台闸门机。

③ 当车道的高度低于栏杆的抬起高度时，应选用折杆式闸门机。

（2）信号控制装置。信号灯控制装置按车辆检测方式和不同进出口形式，有多种组合方式，这里仅举两例，见图 9-33 和图 9-34。

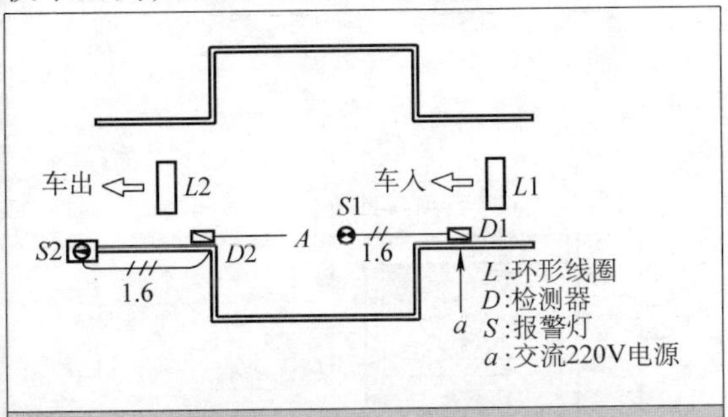

图 9-33　信号灯控制出入不同口时以环形线圈管理车辆进出

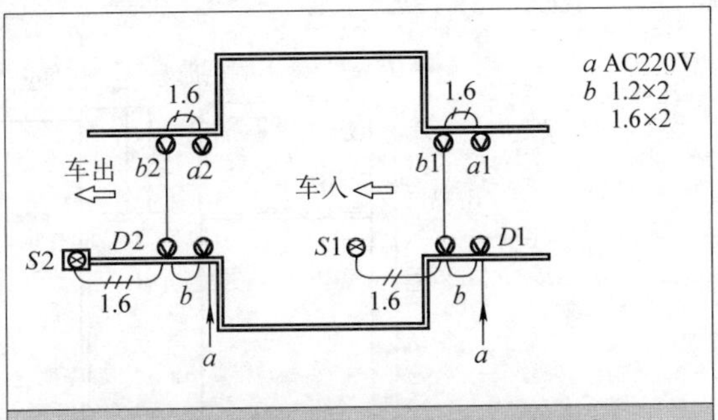

图 9-34　信号灯控制出入不同口时以光电眼管理车辆进出

1）出入不同口时环形线圈检测方式，见图 9-33，通过环形线圈 L1 使灯 S1 动作；通过线圈 L2 使灯 S2 动作。

2）出入不同口时红外线检测方式见图 9-34，车进来时，D1 动作并点亮 S1 灯；车出去时，D2 动作并点亮 S2 灯。

3）安装时要注意信号灯与环形线圈或红外装置的距离大于 5m，一般为 10 ~ 15m。

（3）车位显示装置。停车场管理系统车位显示及其他信号灯、指示灯的安装高度如下：停车位置 2. 1m 以上；场内车道 2. 3m 以上；步行道上 2. 5m 以上；车道上 4. 5m 以上。

满位指示灯安装见图 9-35，并注意以下两点：

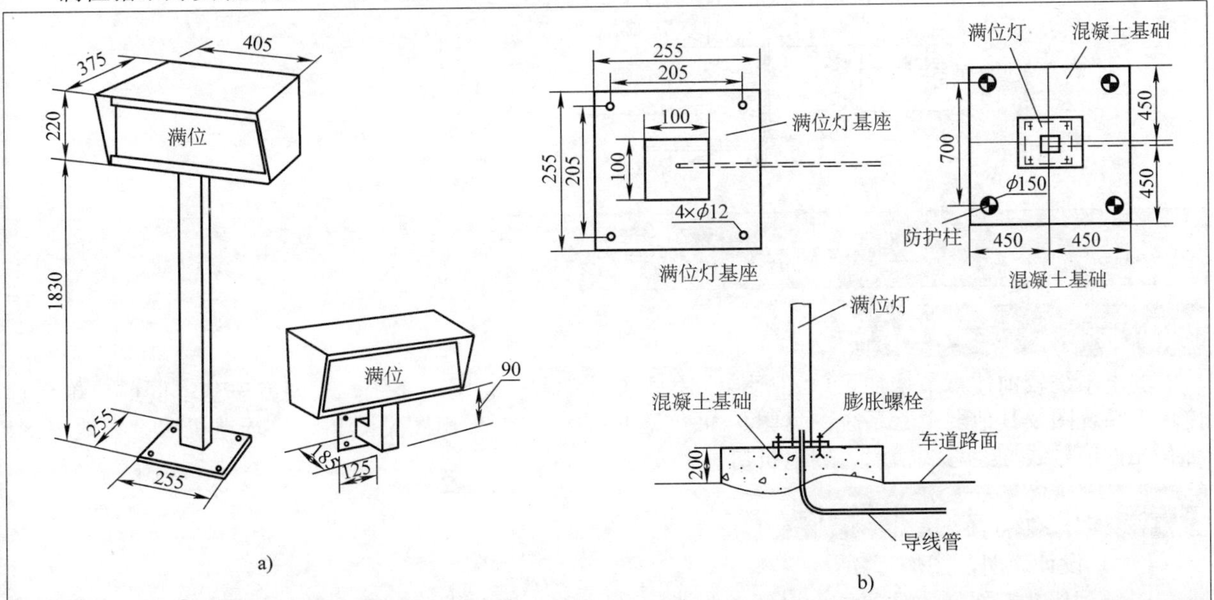

图 9-35　满位指示灯安装方法

a）满位指示灯规格尺寸　b）满位指示灯安装方法

1）在停车场入口处可设置满位指示灯，当停车场车位满时，满位指示灯点亮。满位指示灯与计算机管理系统及车辆计数器连接。

2）满位指示灯为全天候运行带遮阳罩，在土建施工时，应预埋电气配管。壁装时安装高度在 2. 2m

以上，可用膨胀螺栓固定。

（4）计时收费装置。计时收费装置与读卡进/出有关，并与微机联网，微机及时显示停泊时间和收费情况，并打印计费单。

1）读卡机安装：见图9-36。

2）自动出票机安装：见图9-37。

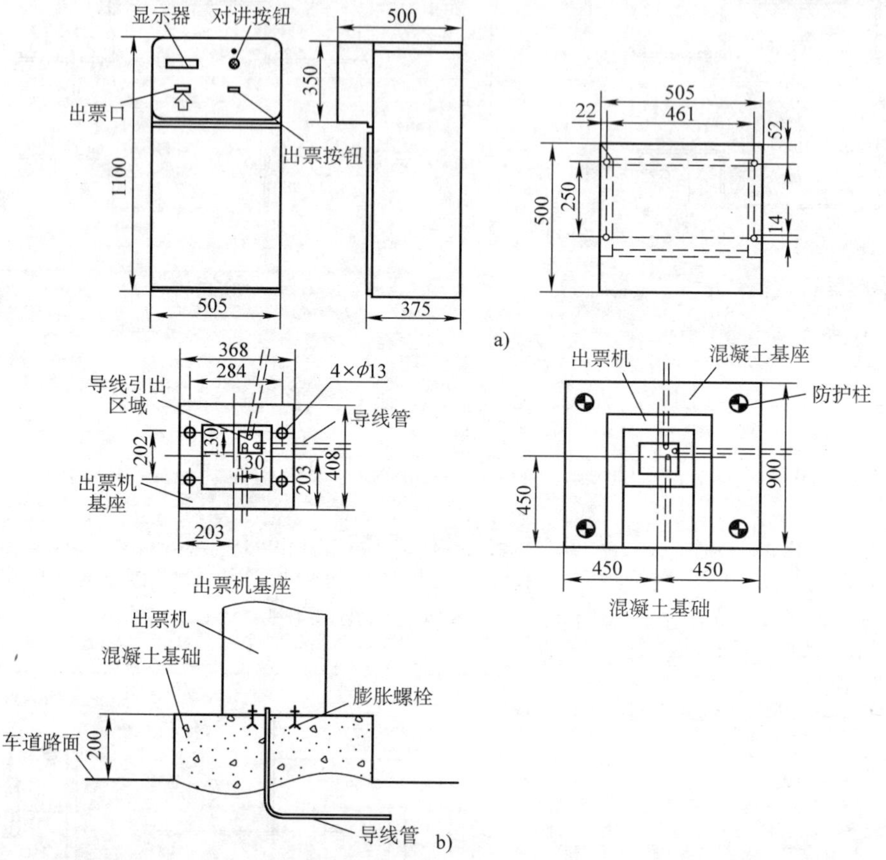

图9-36　读卡机安装方法

a）读卡机外形　b）读卡机安装方法

四、弱电系统 ★★★

弱电系统较前述章节增加了单元远传水表抄录系统和信息网络系统，读图方法基本同前，单元远传水表系统图及其他弱电，系统图见图9-38（见书后插页），平面图见图9-39。弱电机房设在地下室，所有元件信号线均经总线槽引入弱电机房。

五、消防及报警系统 ★★★

（一）设计说明及图例

1. 该建筑为二级防火建筑物。电气专业消防采用控制中心报警系统。主要内容为：火灾自动报警系统、消防联动系统、消防广播、消防对讲电话系统、消防设备的配电以及消防照明等。

2. 消防报警控制器位于一层消防控制室，用于管理和监控全楼消防设施。

3. 报警部分：智能型感烟探测器、手动报警器、消防广播、消火栓按钮、自动喷淋水流指示器等。

4. 消防联动：接收到火灾信号判断灾情发出相应灭火指令：启动消防泵、切断相关区域的非消防用电负荷电源、发送消防广播等；消防控制中：消防泵、喷淋泵、正压风机、排烟风机、补风风机控制采用两种方式控制，即总线控制和二次线消防中心控制。

（1）消火栓系统：消火栓处设手动报警装置，发生火灾时，打破消火栓玻璃按钮，直接起动消火栓泵，同时消火栓按钮和消防泵的动作通过模块总线报知消防中心，并显示其工作状态。

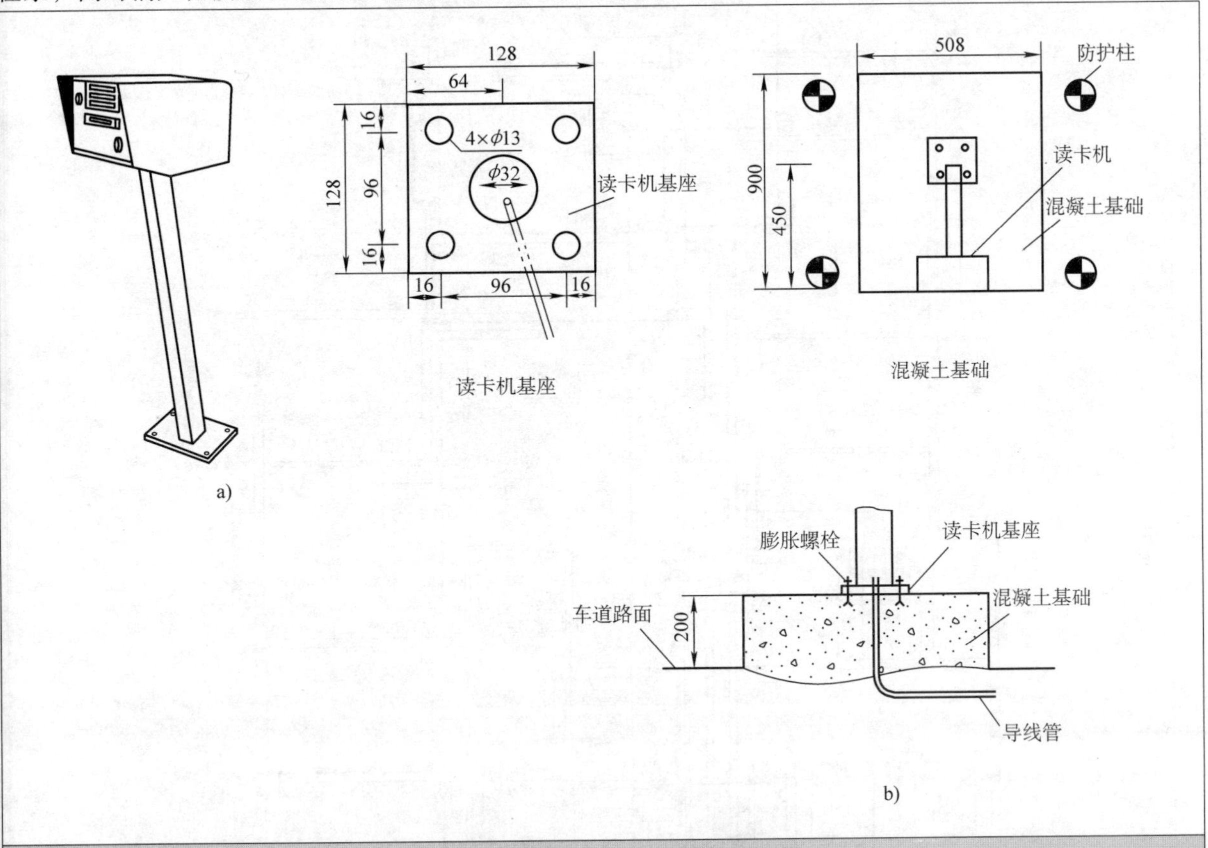

图 9-37 自动出票机安装方法

a）自动出票机规格尺寸 b）自动出票机安装方法

（2）喷淋泵系统：喷淋系统中的水流指示器、信号阀、湿式报警阀信号接入火灾报警系统。湿式报警阀动作后，通过火灾自动报警系统自动起动喷淋水泵，同时湿式报警阀的压力开关动作后，可直接起动喷淋泵，并将信号报回消防控制室。

（3）防排烟系统：发生火灾时，消防中心开启失火区排烟风机、补风机，关断通风系统。补风系统末端防火阀熔断时，关断补风机。消防排烟末端防火阀熔断时，自动关闭排烟风机及补风机。动作信号反馈至消防中心。设手动/自动控制风机的起停，并显示其工作状态。

（4）火灾发生后，所有电梯回落至一层，消防电梯消防待用，普通电梯切断其电源。

5. 消防电话对讲系统：消防值班室设一台电话对讲主机，重要机房（配电室、消防电梯机房、消防泵房等）、消防控制室设消防专用电话。

6. 消防报警设备（报警总线、消防广播等）配电线路采用 ZR 阻燃型电缆或电线，消防设备电源和控制线路采用 NH 型耐火电缆、电线。消防设备的配电线路采用 SC 钢管保护，预敷现浇板内，保护层消防不小于 3cm，当线路明敷时外保护钢管或金属线槽要作防火处理。

7. 手动报警按钮及消防电话插孔距地 1.5m，未注明处消防联控器装于吊顶内无吊顶处壁装标高 2.8m。消防探头、手动报警及消防监视、控制模盒作法参见相关标准图集。

8. 消防设备的配电和控制：消防水泵、火灾事故疏散照明等消防设备的配电按二级负荷配电。双路电源分别引自变配电室低压侧不同母线段，末端配电箱互投。

9. 地下一层，消防设备机房、电梯前室、疏散走道和楼梯间等处设火灾事故疏散照明。事故疏散照明双电源末端互投，疏散指示灯电池组作备用电源，电池组点亮时间不小于 30min。

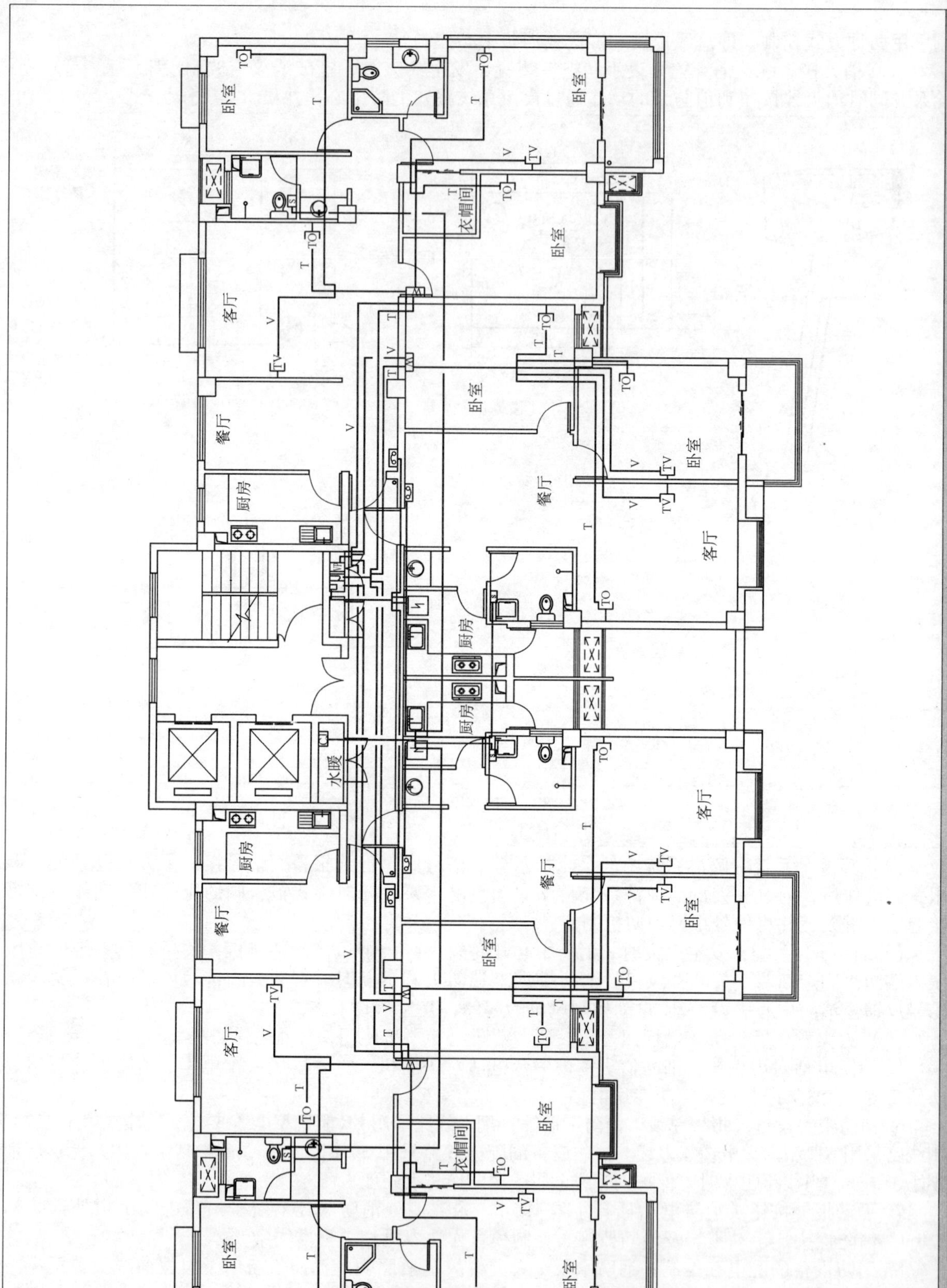
卧室
客厅
餐厅
厨房
衣帽间
水暖
TO
TV
T
V

10. 消防系统有关作法见相关标准图集。

消防图例见表 9-3。

表 9-3　消防图例

符　号	名　称	规格型号	出线作法
	火灾报警控制器		落地安装
M	监视模盒		100×100 接线盒
C	控制模盒		100×100 接线盒
MC	监控模盒		100×100 接线盒
	手动报警按钮		墙：1.5m 留盒
	消防箱报警按钮		配合消火栓位置
	感烟探测器		顶板留盒
	感温探测器		顶板留盒
φ70℃	70℃防火阀		顶板留盒或就近墙上 0.3m 留盒
φ280℃	280℃防火阀		顶板留盒或就近墙上 0.3m 留盒
	照明切断模盒		配合开关箱位置墙上 1.5m 留盒
	报警铃		墙上 2.4m 留盒
	消防电话		墙：1.5m 留盒
	消防壁装扬声器		墙：2.3m 留盒
	消防吸顶式扬声器		顶板留盒
	喷淋湿式报警阀		配合给排水专业墙上 1.5m 留盒
	自动喷淋水流指示器		配合给排水专业墙上 3.0m 留盒
	消防泵、喷淋泵控制模盒		墙上 1.5m 留盒
St	电梯控制出线口		配合控制箱位置墙上 0.3m 留盒
PY	消防排烟风机控制模盒		配合给排设备专业墙上 1.5m 留盒

（二）消防报警系统图

消防报警系统图见图 9-40（见书后插页）。

1. 电梯机房设有感烟探测器、消防电话、监视模盒M、消防箱报警按钮、监控模盒MC和消防稳压泵控制箱，其中消防电话和消防箱报警按钮与各层同类设备和关联设备连接，其平面布置图见图 9-41。

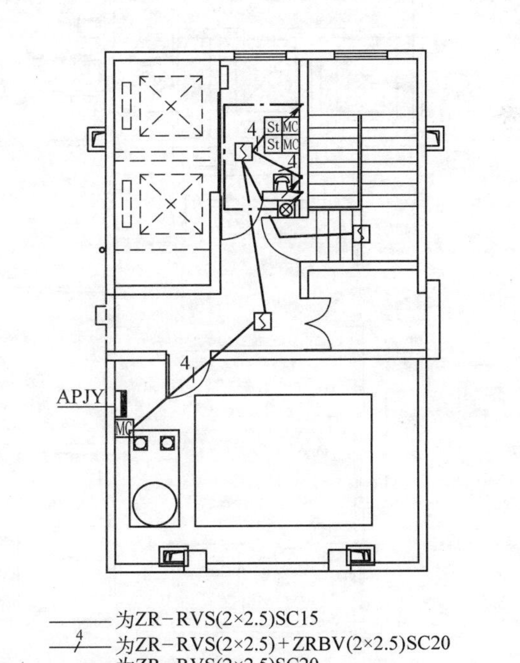

图 9-41　电梯机房报警平面图

2. 3 层～15 层房间均设置感烟探测器、手动报警按钮、监视模盒、消防箱报警按钮、监控换盒及消防电话，其平面布置图见图9-42。

3. 2 层除 3 层～15 层的设置外，还设置了监控模盒和自动喷淋水流指示层，其平面图见图 9-43。

4. 1 层设有消防控制室，内设消防报警控制器、消防联动盘、消防电话、消防广播和 24V 消防电源 UPS。该 UPS 是供系统中所有监控模盒的直流电源的，图中用虚线表示。

同时在 1 层各房内设有 2 层同样的装置，设置了应急照明箱，并由监控模盒控制。

系统中所有元件及模盒的信号线均引入 1 层消防控制室报警控制器。1 层报警平面图见图9-44。

5. 地下室（车库）除平时为车库外，战时还有抗爆等功能，因此在消防报警上设置更多一点，

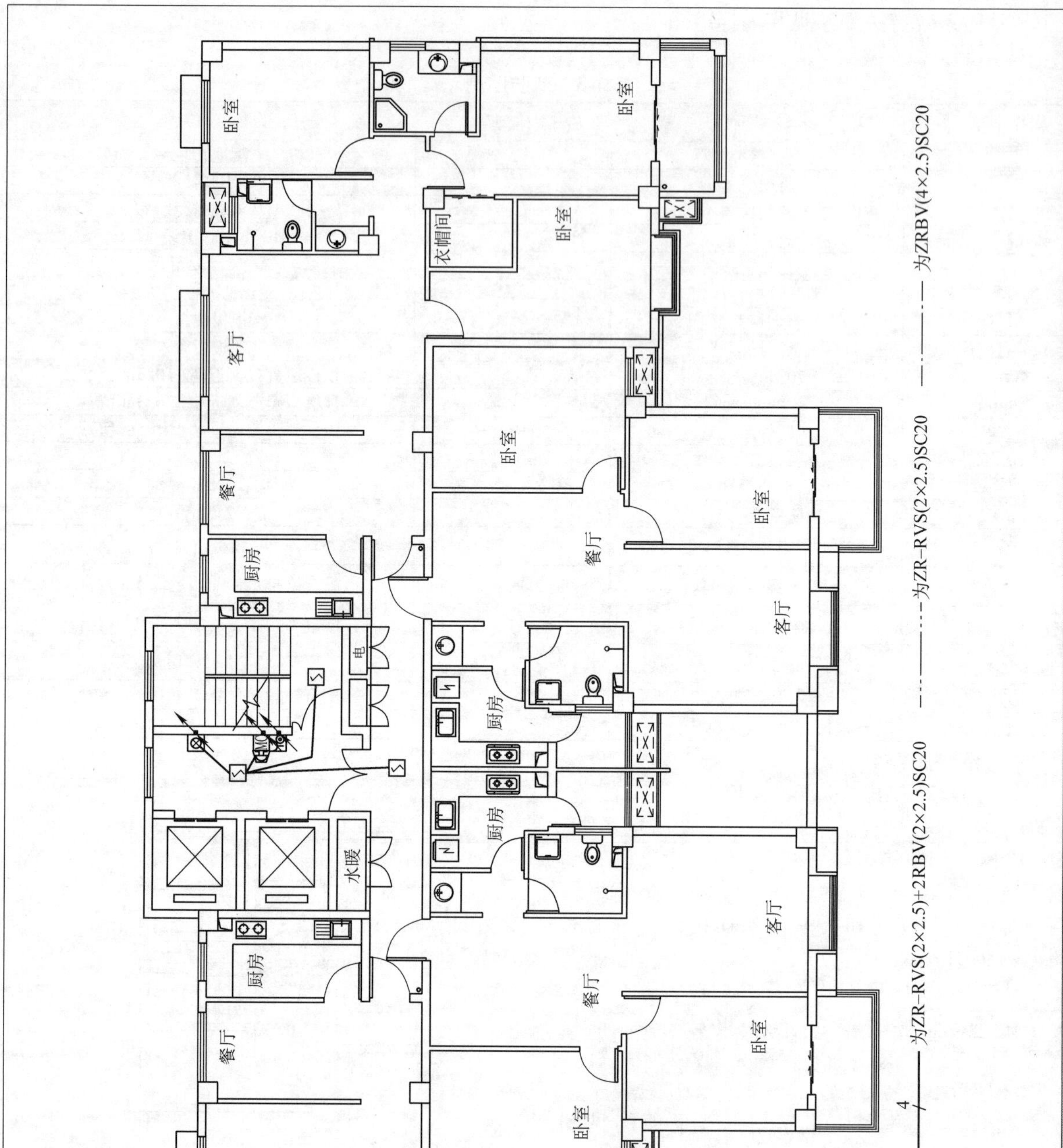

图 9-42　3 ~ 15 层报警平面图

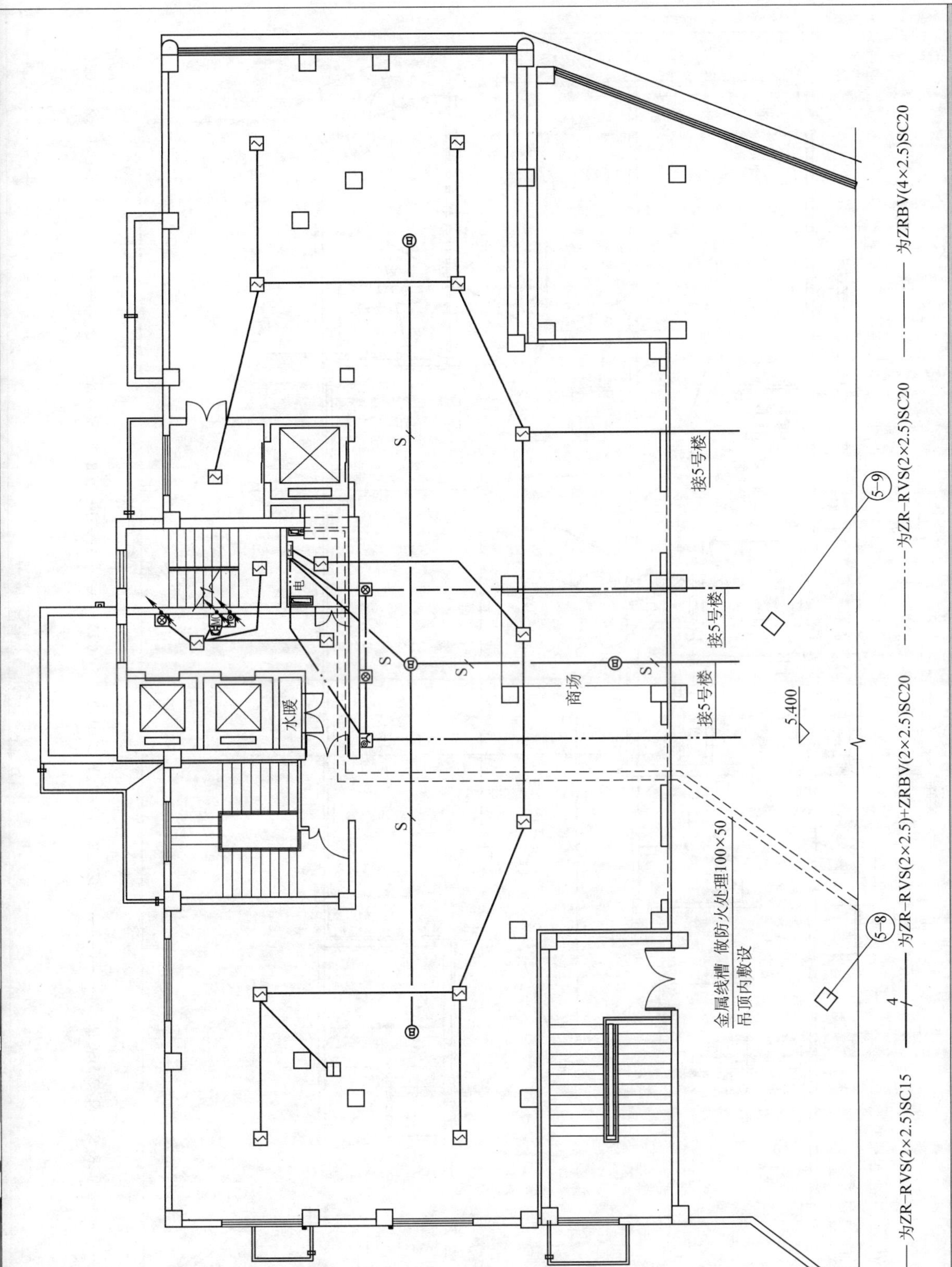

图 9-43 2层报警平面图

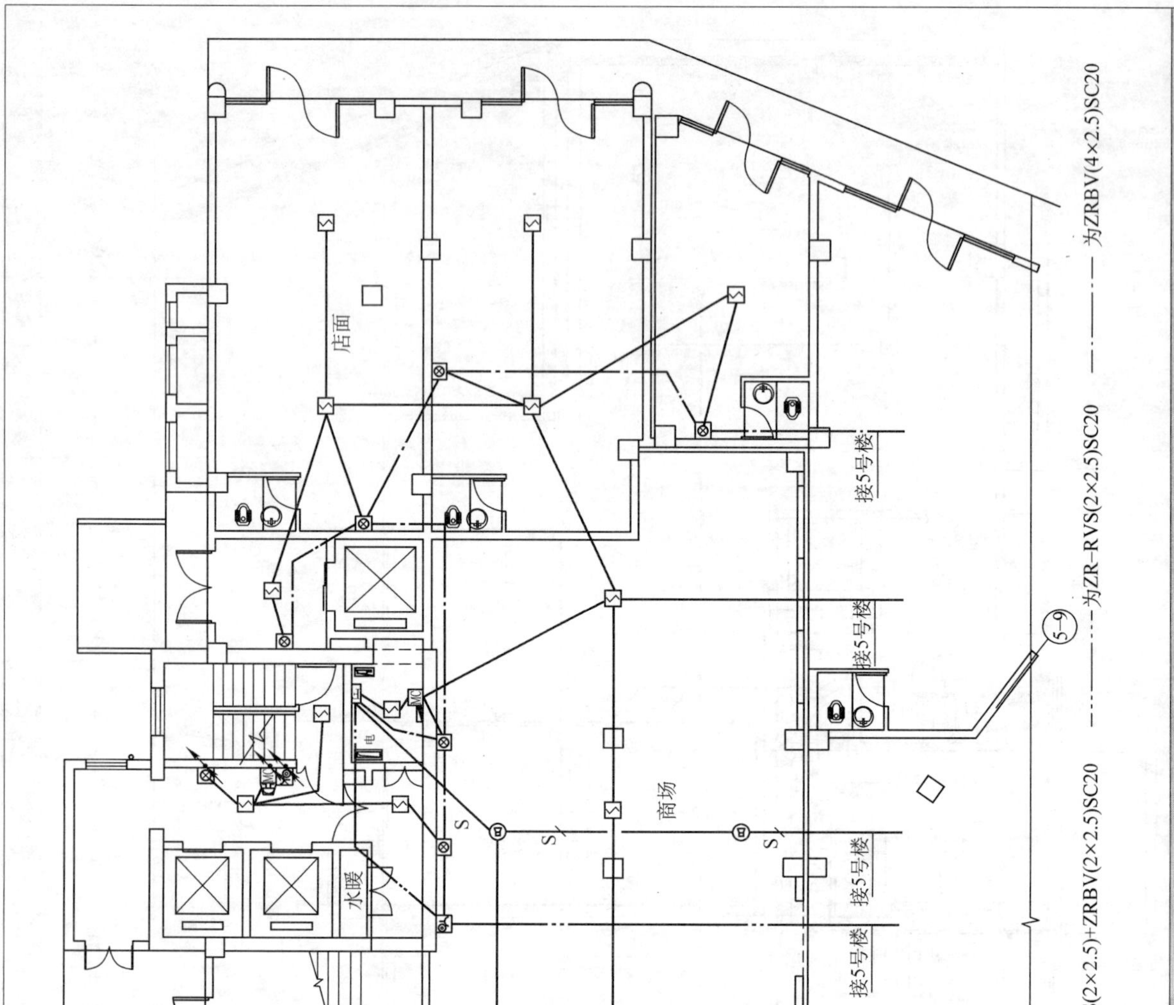

图9-44　1层报警平面图

主要有MC及应急照明箱、MC及70℃防火阀ϕ70℃、、、感温探测器、M及自动喷淋水流指示器、MC及报警铃、MC及280℃防火阀ϕ280℃、、M及、MC及照明切断模盒、MC及喷淋湿式报警阀、MC及消防泵、喷淋泵控制模盒、MC及消防排烟风机控制模盒PY等。地下室车库中所有元件及模盒的信号线均引入1层消防控制室，其平面图见图9-45（见书后插页）。

6. 模盒是与消防报警配套的数/模转换控制器，由集成电路和传感器组成，使用直流24V电源。

（1）MT340型手动报警按钮的安装图　手动报警按钮安装在探测总线回路中。不设编址开关，编址方式与探测器相同，地址号按其安装顺序自动分配。

MT340型手动报警按钮应用于模拟量编址二总线火灾报警系统，其外形及与探测总线连接图见图9-46。

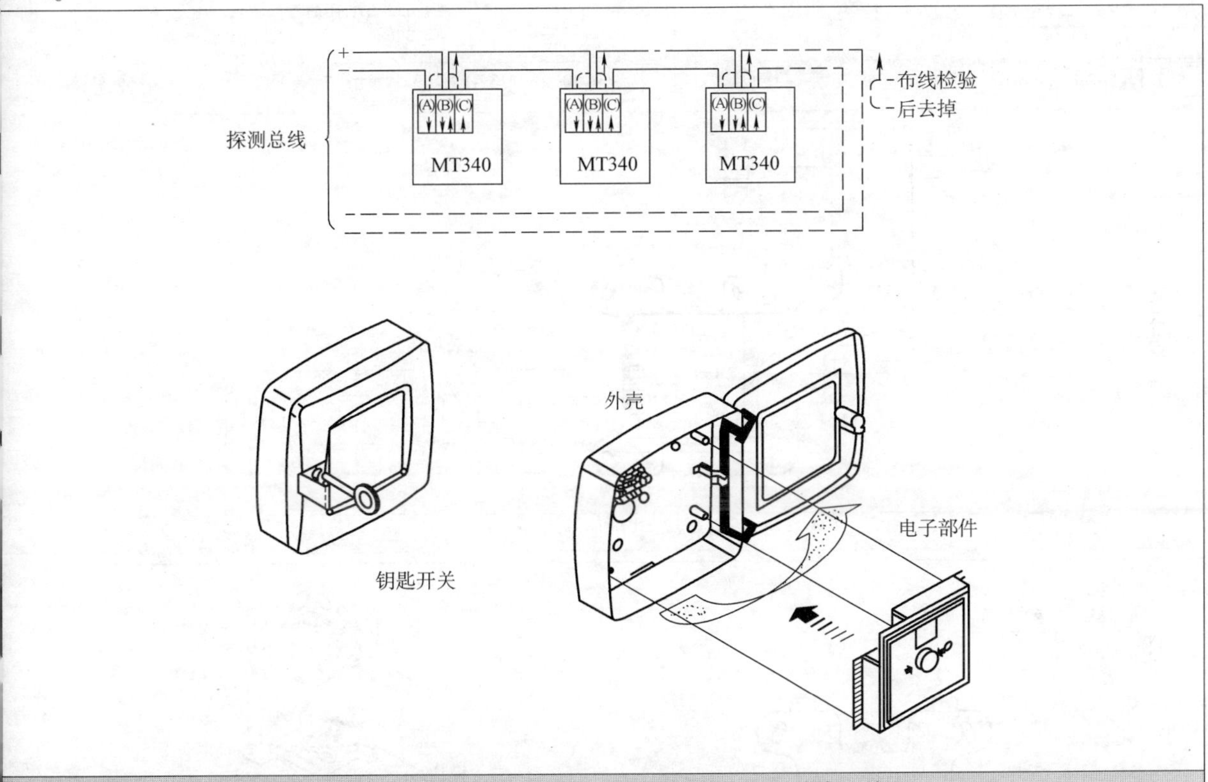

图9-46　MT340型手动报警按钮外形、探测总线连接

安装时，将其外壳固定于墙上。三个端子ABC，每个端子插入接线0.2～1.5mm^2。A、B端子之间接临时跨线，用于布线检查，布线正常后去掉。

（2）接口模块的安装　接口模块的种类有很多，但功能各异。

1）EB620型输入模块安装连接图见图9-47。模块外壳应固定于墙上，端子板接线见图9-47。A、C间的接线是为了布线检查用，电子部件装入后即断开。每个端子插入接线0.2～2.5mm^2。与探测总线相接的四个端子（A～D）同探测器底座。输入信号回路电阻≤50Ω，一组输入端（L、M端子），可接收动合触点信号，如水流指示器及非编址手动报警按钮的触点等，特殊情况下也可选择动断触点信号作为输入信号。

2）CB620型输出模块也用于模拟量编址二总线火灾报警系统，其安装连接图见图9-48。

3）MMX－1型监视模块接线示意图见图9-49，模块上1、2两个端子与系统的总线连接，连接时应注意极性。使用时注意开关量信号端必须接47kΩ终端电阻。用于从模块到被监视设备之间的两根状态反馈线用多股铜芯塑料平行软线。

模块上有两个圆形十进制拨码盘，即编址模块的编址开关。其状态指示与编址开关、安装示意图见图9-50。

4）LD－300型编码输入模块上盖编码孔示意图和底盒端子示意图见图9-51。

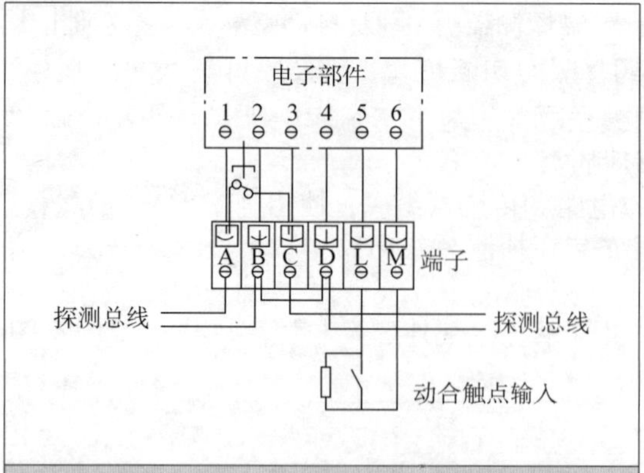

图 9-47 EB620 型输入模块安装连接图

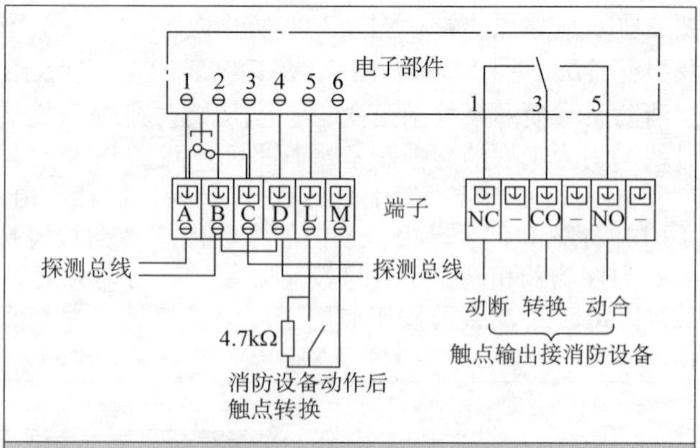

图 9-48 CB620 型输出模块（有回答输入）安装连接图

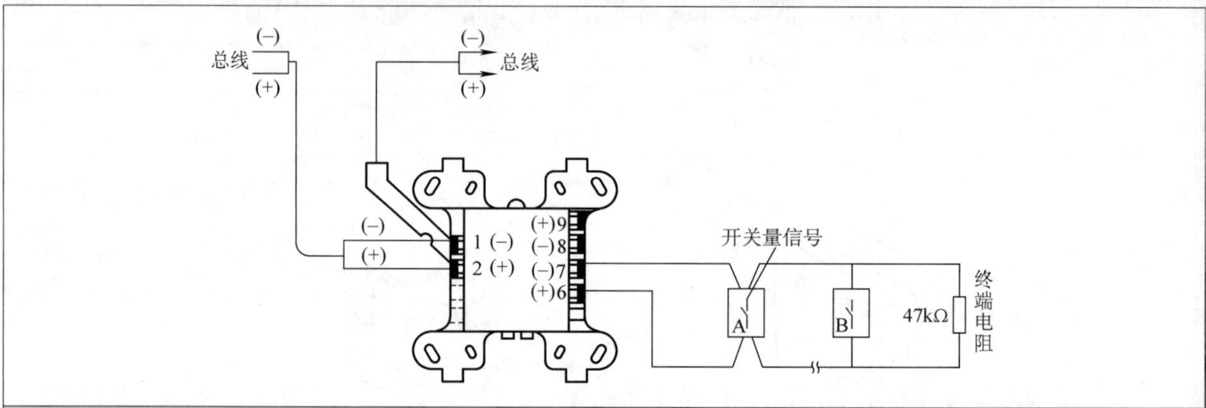

图 9-49 MMX－1 型监视模块接线示意图

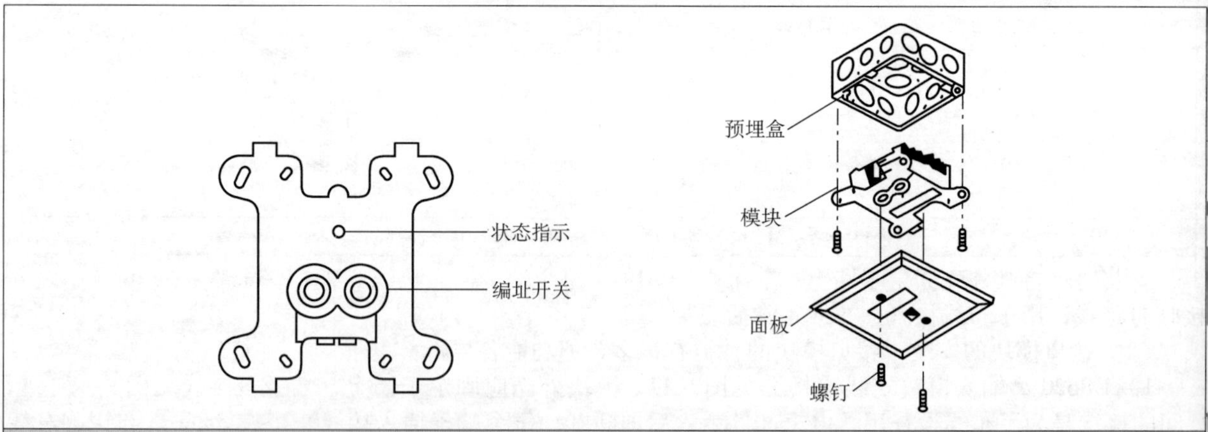

图 9-50 编址模块及安装示意图

端子 Z1、Z2 用于连接四总线中的两根信号线（不分极性），四总线中的＋24V 线和地线可用于与需供电的设备直接连接。若设备无须供电（非供电型水流指示器、压力开关等），此模块可不接这两根线。

端子 COM、NO 用来和设备的无源动合触点连接（设备动作闭合报警型），NC 与 COM 端子需用短路片连接。

端子 COM、NC 用来和设备的无源动断触点连接，NO 与 COM 端子可空置。

该模块 NC、COM、NO 三个输入端子绝不可直接与有源触点连接，以防烧坏模块。

模块的安装方法见图 9-52。其安装要求为：模块在现场通常安装在接线盒内；根据设计要求也可将模块集中安装在模块箱中，模块箱通常安装在弱电竖井（房）中。

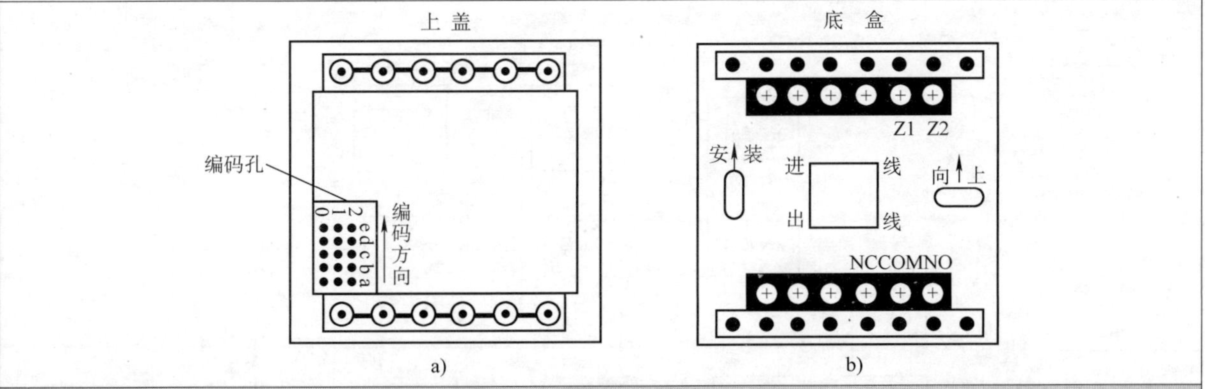

图 9-51　LD－300 型模块示意图

a）LD－300 模块上盖编码孔示意图　b）LD－300 模块底盒端子示意图

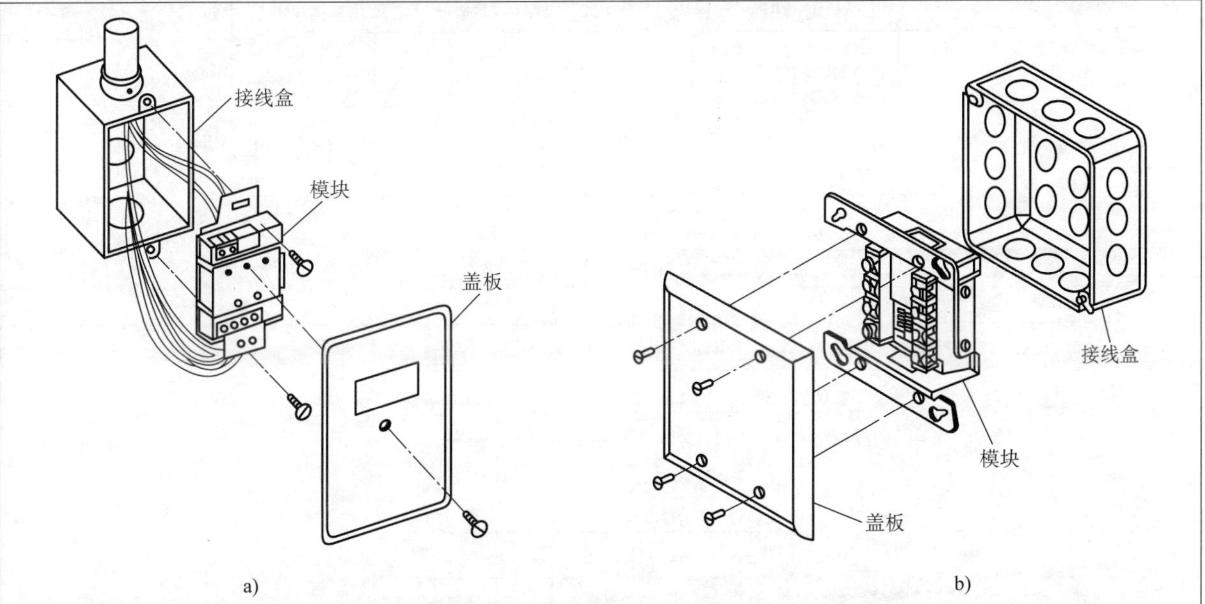

图 9-52　火灾自动报警系统模块安装方法

a）方式一　b）方式二

（3）通风、空调及电动防火阀控制系统模块的安装图　排烟阀联动设计需设一个控制模块和一个监视模块，见图 9-53。该图中CMX－2为控制模块，MMX－1 为监视模块。通风、空调、防排烟设备及电动防火阀控制系统的常用接线系统图见图9-54。

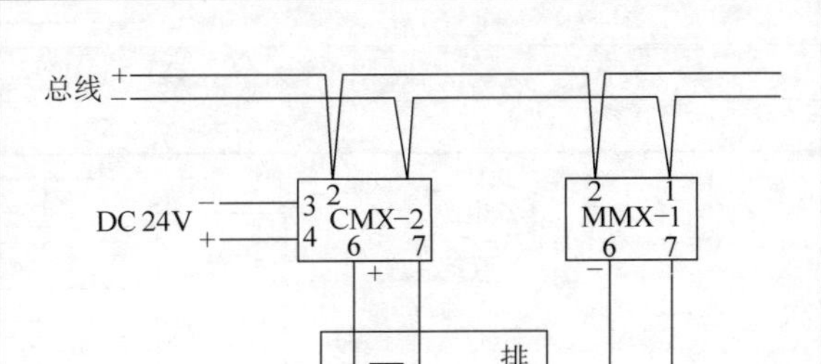

图 9-53　排烟阀的联动控制与信号反馈的接线示意图

（4）防火卷帘门、防火门控制系统模块的安装图　一般常选用 LD－303 型双输入/双输出控制模块，见图 9-55。

（5）火灾事故广播与警报系统模块的安装图　ZN912 型火灾事故广播与警报系统接线图见图 9-56。

为了正常广播与消防广播间的现场切换控制，可采用专用模块。LD－305 型编码广播切换模块，设

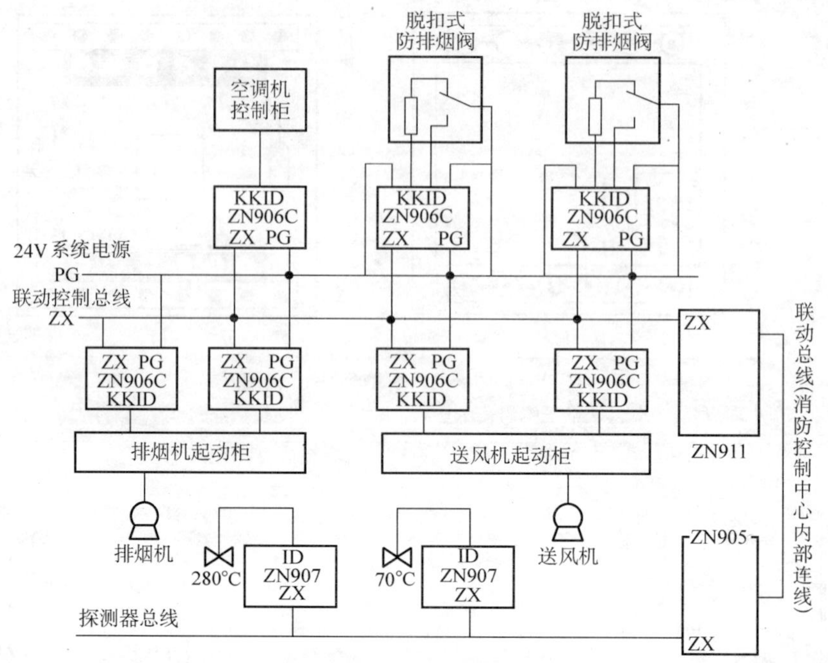

图 9-54　防排烟控制系统接线图

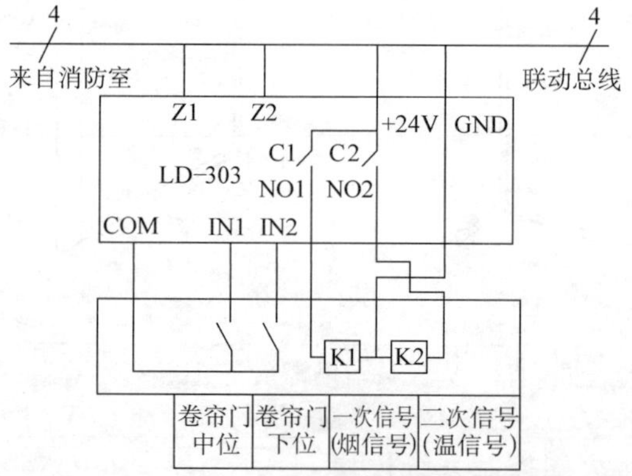

图 9-55　LD-303 型模块控制防火卷帘门示意图

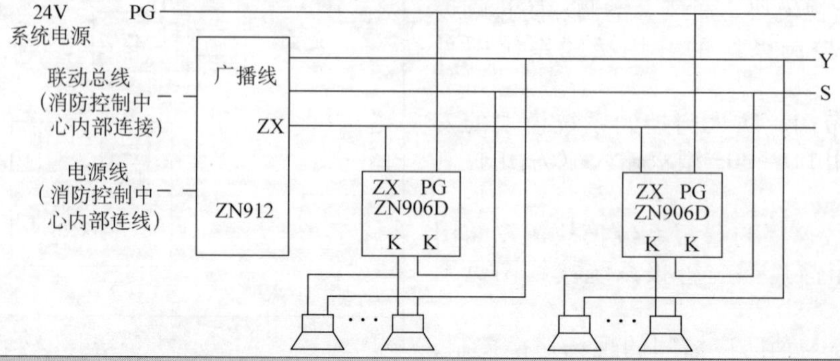

图 9-56　ZN912 型火灾事故广播与警报系统接线图

有两对动合和两对动断触点以完成现场切换，Z1、Z2 为由联动控制来的信号线端子。连接示意图见图 9-57。

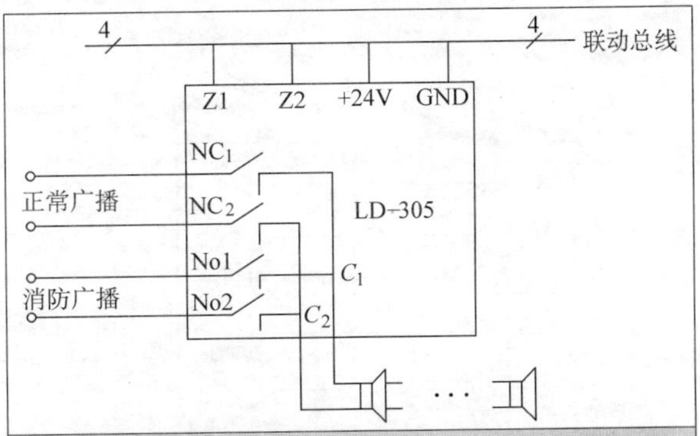

图 9-57　LD－305 型编码广播切换模块用于现场切换连接示意图

（6）防爆火灾报警系统的安装图　该系统由防爆型感烟、感温探测器、防爆型手动报警按钮、安全栅、火灾报警控制器组成。防爆系统构成图见图 9-58。

图 9-58 中，每个探测回路串一组 NF751 型安全栅，控制器和安全栅置于安全区。每个探测回路所接的防爆型感烟或感温探测器的数量不超过 5 只，防爆型手动报警按钮的数量不限。

二极管安全栅接在本安电路与非本安电路之间，采用熔丝或电阻器保护的并联二极管组件将供给本安电路的电压和电流限制在一定的安全范围之内。NF751 型安全栅线路图及安装示意图见图 9-59。

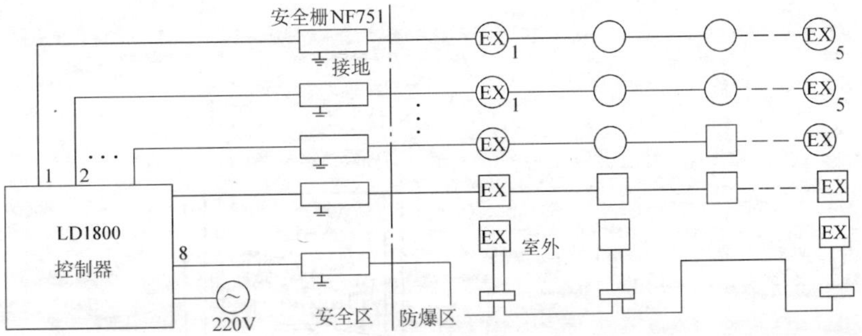

图 9-58　防爆系统构成图

安全栅接地线电阻小于 1Ω，接地极电阻小于 4Ω，且应安置在相对湿度小于 85% 无腐蚀气体的安全场所。安全栅极性不得接反。安全栅属一次性保护组件，一旦损坏后，内装快速熔断器熔断，不得自行修复。系统采用1.5～2.0mm^{2}PVC 双色双绞线，总电阻应 <40Ω，分部电容 <0.02μF，分部电感 <2mH。

熔断阀及电磁熔断阀的安装和接线见图 9-60。

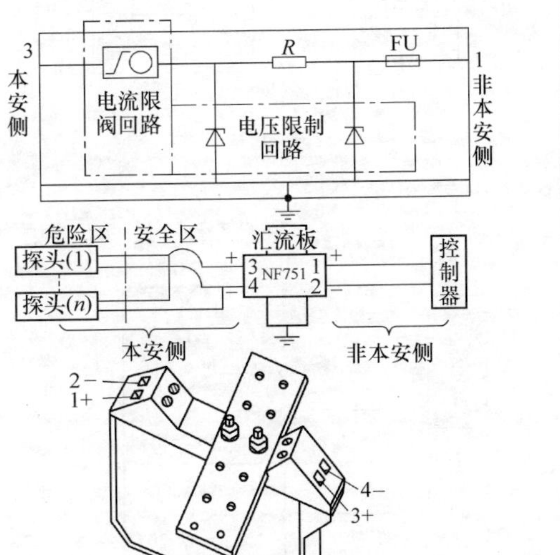

图 9-59　NF751 型安全栅线路图及安装示意图

六、其他设置 ★★★

系统中照明、电气线路设置、电气动力装置及其他电气装置与前述章节基本相同，限于篇幅的关系，这里不再详细说明，读者可按前述方法进行解读，同时也可以增加读者阅读实际工程图样的能力和经验。

倘若在实践工作中或阅读本书时有困难或疑惑请拨打电话 03132033831，作者将作详细解答。

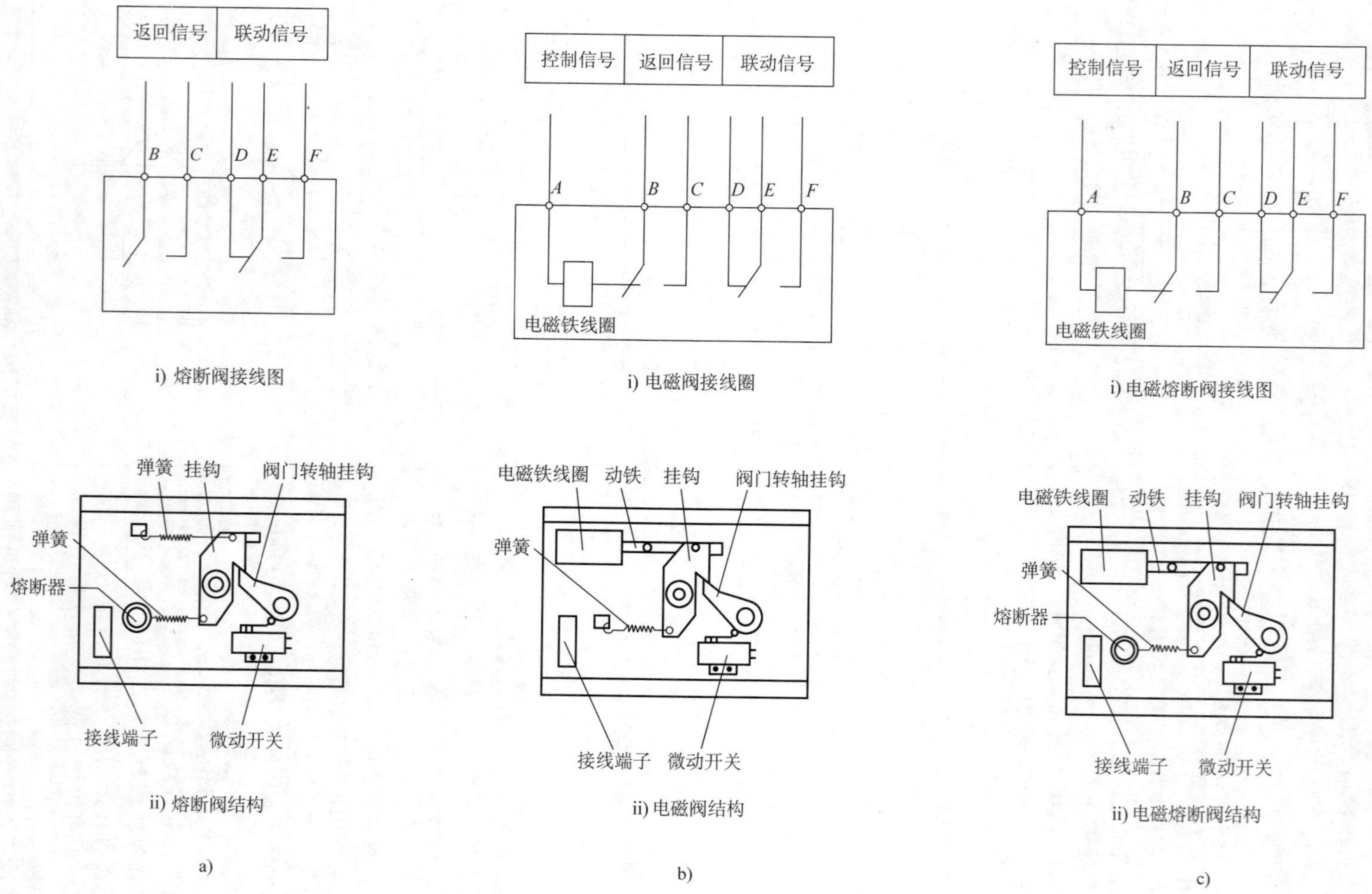

图 9-60　熔断阀及电磁熔断阀的安装和接线

a）熔断阀安装方法　b）电磁阀安装方法　c）电磁熔断阀安装方法

第十章 »

架空线路及电缆线路图样的识读

架空线路和电缆线路都是输送电能的，有时也可输送电信号，与其他电气线路相比，架空线路和电缆线路的图样要简单得多，读起来也容易得多。因此，架空线路和电缆线路的图样往往不被人们重视。其实不然，这些线路的复杂程度是随着其电压的高低、电流的大小而决定的。电压高、电流大，其线路复杂，反之电压低、电流小，其线路较简单。

第一节　架空线路

架空线路是指室外架空导线借助于杆塔输送电能装置的总称。我们常把35～500kV的架空线路叫作输电线路或送电线路，是专门用于输送电能的；把220/380V～10kV的架空线路叫作配电线路，是用于分配电能的。有时把送电线路称为高压电力线路，把3～10kV的配电线路称为高压线路，而把220/380V的配电线路称为低压线路。电压等级的高低决定了架空线路的杆塔结构、送电距离、档距、基础、弧垂、金具、绝缘子以及导线型号材质。

架空线路的图样主要以线路路径图、平断面图、杆塔线构图、部件大样图为主。这里用某一35kV架空线路实例介绍架空线路的读图方法。35kV线路的图样很多，一般有70余张，限于篇幅的关系，只介绍其中主要部分。为了便于读者了解架空线路的图样，这里列出某一35kV架空线路的图样目录，供参考。

1. 线路路径图；
2. 线路平断面图；
3. 塔杆平面图；
4. 线路进线平面图；
5. 线路出线平面图；
6. 线路地理接线示意图；
7. 导线机械特性曲线图；
8. 避雷线机械特性曲线图；
9. 钢筋混凝土杆型一览图；
10. 绝缘子串组装一览图；
11. 直线杆组装图；
12. 直线杆地线接地组装图；
13. 直线杆导线横担加工图；
14. 直线杆拉线抱箍加工图；
15. 耐张杆组装图；
16. 耐张杆、转角杆地线接地组装图；
17. 耐张杆、转角杆绝缘子串组装图；
18. 导线耐张绝缘子串安装图；
19. 避雷线耐张组装图；
20. 避雷线耐张线夹安装图；
21. 30°角耐张型杆组装图；
22. 30°角耐张杆横担加工图；

23. 30°角耐张杆吊杆、拉杆加工图；
24. 30°角耐张杆地线横担加工图；
25. 60°转角杆组装图；
26. 60°转角杆导线横担加工图；
27. 60°转角杆地线横担加工图；
28. 60°转角杆吊杆、拉杆加工图；
29. 90°转角杆组装图；
30. 90°转角杆拉线抱箍加工图；
31. 终端杆组装图；
32. 终端杆地线横担加工图；
33. 终端杆导线横担加工图；
34. 终端杆横担吊杆及调节螺栓加工图；
35. 分角拉线组装图；
36. 拉线基础组装图；
37. 拉线棒加工图；
38. 拉线组装图；
39. 叉梁加工图；
40. 叉梁抱箍加工图；
41. 叉梁联板加工图；
42. 方垫片、铸铁垫块加工图；
43. 底盘加工图；
44. 卡盘加工图；
45. 拉线盘加工图；
46. 导线防震锤安装示意图；
47. 避雷线防震锤安装示意图；
48. 导线跳线安装示意图；
49. 导线单联悬式绝缘子串组装图；
50. 避雷线悬式绝缘子串组装图；
51. 接地引线固定抱箍加工图；
52. 避雷线悬垂线夹及抱箍加工组装图；
53. 全线三盘一览图；
54. 设备材料清册等。

一、线路路径图 ★★★

线路路径图是在地形及地貌图上标注出线路起始位置、线路进行方向、转角位置、路径道路、河流、山脉、村镇等的平面图。某35kV架空电力线路的路径图见图10-1。

路径图是供线路测量、材料运输、编制施工组织设计、绘制平断面图的主要依据。

二、线路平断面图 ★★★

线路平断面图是在路径图的基础上绘制的详细表述线路平面和断面的图样，见图10-2。平断面图主要表述以下内容。

（一）主方向桩

主方向桩是表示线路路径的主要依据，从始点开始，按照线路的方向将木桩打入地下，木桩上标有编号，顶部标有方向，直到终端。主方向桩的距离是按地形地貌的实际情况决定的。地势平坦时桩距可为300~500m，地势凹凸严重时或有转角时桩距可为几十米，并且在凹凸处有桩。当线路有转角时，必须在转角点有桩。通常用Z_n表示直线桩，J_n为转角桩，其中n为1、2……n序号，在路径图中也标出了转角处，见图10-1中的J_1~J_6。主方向桩的距离可用比例尺量出，用□+□□□的方式注明：

图 10-1 某 35kV 架空电力线路路径图

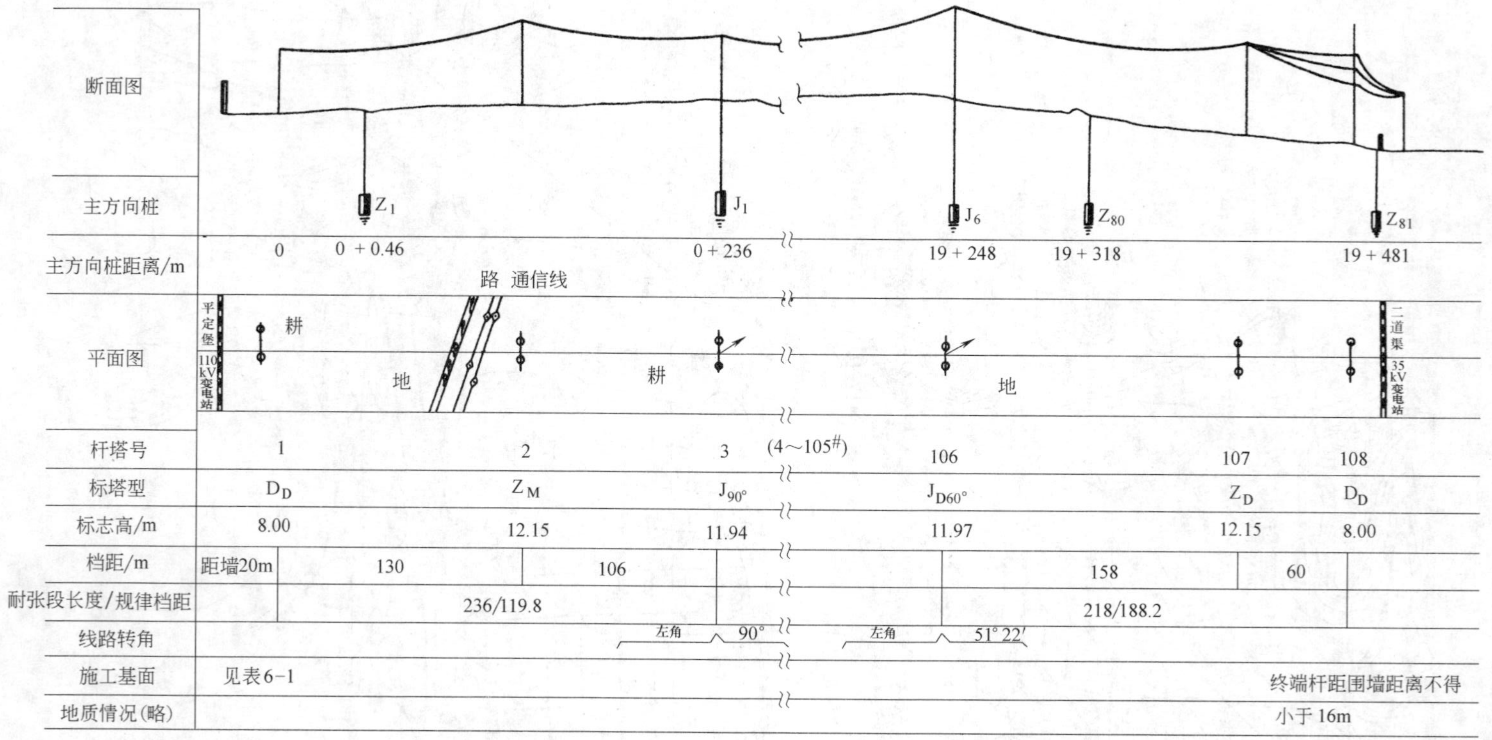

图 10-2　某35kV架空电力线路平断面图

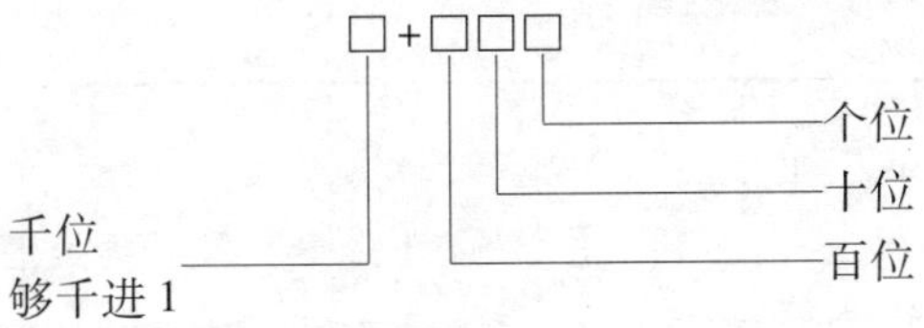

本设计共有直线桩 81 个，转角桩 6 个，线路总长 19481m。

（二）断面图

断面图是在方向桩的基础上绘制的，主要表示杆塔的侧面以及导线架设的状态。在地势平坦处杆距（档距）一般为 150～250m，地势凹凸严重时或遇有转角桩时可为 50～60m，转角桩处必须有转角杆。相邻两杆根部的连线必须与主方向桩连线平行或重合，平行距离一般不大于 10m。同样用比例尺可直接量出档距。这个档距与平面图中的档距是一致的。断面图还表示了线路的坡度或者说表示了路径的坡度或高差。

（三）平面图

平面图是在路径图、方向桩和断面图的基础上绘制的表示线路平面设置的图样，从始点到终点画出杆型、路径物或跨越物、杆基位置，杆塔号、杆塔型、档距、耐张段、标志高、转角杆转角度数等重要参数。

1. 杆型主要有直线杆、耐张杆、转角杆、终端杆等，并用字母 Z、N、JM、D 分别表示。由图 10-2 可知，$1^{\#}$杆为终端杆，$2^{\#}$杆为直线杆，$3^{\#}$杆为 90°转角杆，……$106^{\#}$杆为 60°转角杆，$107^{\#}$杆为直线杆，$108^{\#}$杆为终端杆。因为平断面图较大，我们截去了中间 $4^{\#}$～$105^{\#}$杆部分。

2. 路径物主要有道路、耕地、水渠、池塘、洼地、山包、树丛、堤坝、干河滩等。跨越物主要有通信线路、电力线路、高空水渠等。

3. 线路全部采用双杆，共 108 基，其档距与断面图是对应一致的，$1^{\#}$-$2^{\#}$130m，$2^{\#}$-$3^{\#}$106m，$106^{\#}$-$107^{\#}$158m，$107^{\#}$-$108^{\#}$60m，并标注了转角杆的杆号及角度，如 $106^{\#}$杆的转角为 51°22′。

4. 耐张段的设置受多个条件的影响，其目的是加大线路的强度，并为安装紧线提供条件。耐张段的距离在平坦路段一般不大于 4000m，转角杆的两端均应是耐张段，起始端杆与前段线路及终端杆与后段线路均为耐张段，其距离视现场情况而定。如图中 $1^{\#}$杆与 $3^{\#}$杆为一耐张段，耐张段长度为 236m，$3^{\#}$杆为 90°转角杆。同样 $3^{\#}$杆与前段线路 $8^{\#}$杆为一耐张段，耐张段长度为 928m。本设计最长耐张段为 3786m，于 $57^{\#}$杆与 $78^{\#}$杆之间，同样终端杆 $108^{\#}$与 $106^{\#}$转角杆为一耐张段，距离 218m。为了更清楚了解线路的整体结构，我们将耐张段列出，见表 10-1，线路杆塔汇总见表 10-2。本设计共设耐张段 11 段。图中标注的标志高一般指杆立起后从地面到最低一层横担的距离，这在杆塔组装图中要用到。

5. 平断面图还标注了标志高、档距、耐张段长度/规律档距、转角角度、施工基面和地质情况等，阅读时应参照电力线路明细表，见表 10-1。另外，塔杆平面图、进线出线平面图及线路地理接线示意图均较简单，这里不再介绍。

三、直线杆组装图 ★★★

直线杆是架空线路中用得最多的杆型，直线杆的主要特点是对称，因为直线杆在运行中只承受两侧导线部分较小的拉力和自身的压力。图 10-3 是有避雷线垂吊架的双杆直线杆组装图，表 10-3 是材料表。由图和表可知以下内容。

1. 杆体结构主要由预应力电杆、横担和叉梁组成。

（1）预应力电杆是由两段电杆组对焊接起来的，组对处杆内设置钢圈供焊接用，组对焊接必须保证两段杆的同心。

（2）横担是由角钢焊成的行架组成，与杆的连接是用穿钉螺栓并垫以铸铁垫块紧固而固定的，杆在预制时已在横担处留下了穿钉的穿孔，横担应保证水平。横担设置了水平拉杆和内外斜拉杆，以保证横担的强度。拉杆与杆的连接是通过拉杆抱箍完成的，与横担的连接是通过连接板用穿钉螺栓固定的。

表10-1　35kV 电

1	杆塔编号	0	1	2	3	4～7	8	9～16	17	18～28	29	30～45	46
2	杆塔型		D	Z	J90°	Z	J30°	Z	N	Z	J30°	Z	N
3	转角度数/°	/			左角 90°	/	左角 31° 42′ 33″	/			左角 4° 36′ 40″		/
4	标志高/m		8	12.5	11.94	12.5	11.97	11.25	11.85	11.25	11.45		11.25
5	档距/m		130	106	113	～ 184	192	～ 154	176	～ 229	200	～ 201	
6	导线防震锤数/个		/	/ /	/ /	/ / /	/ / / /	/ /	/ / /	/ /	/ /	/ / /	/ /
7	地线防震锤数/个		/	/ /	/ /	/ / /	/ / /						
8	耐张段长/规律档距 /m		236/119.8			928/186.7		1630/182.9		2265/190.9		3274/193.9	
9	接地装置杆号		1	/	3	/	8	13	17	21、25	29	35、46	46
10	施工基面		△	△	△	△	△	△	△	△	△	○	○
11	交叉跨起物	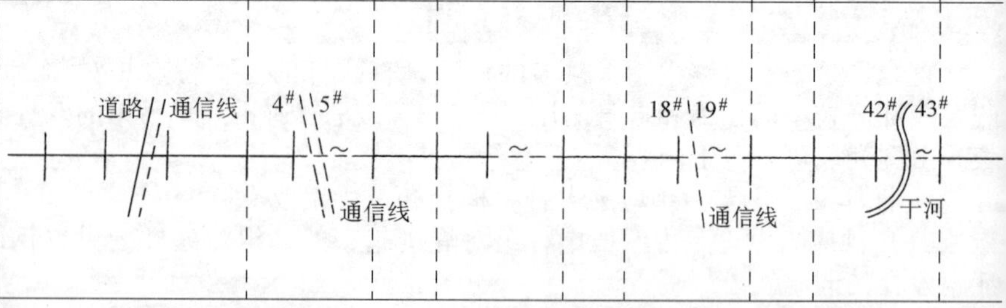											
12	备注	1. △表示施工基面为土质 ○表示施工基面为泥水					2. 该表在工程中是从1#杆开始，一直到末端止，很长，为了节约篇幅，中途直线杆用～及……表示						

力线路明细表

47～56	57	58～77	78	79～84	85	86～100	101	102～105	106	107	108
Z	J30°	Z	N	Z	J30°	Z	N	Z	J60°	Z	D
	左角 7° 31′	/			左角 10° 30′	/			左角 51° 22′	/	
	11.45	11.35	11.55	11.25	11.45	11.25	11.97	12.50	11.97	12.50	8.0

～	174	164	～	173	146	～	167	200	～	196	200	～	226	158	60

/	/	/	/	/	/	/	/	/	/	/	/	/	/	/	/	/	/	/	/	/	/	/	/	/	/	/
																		/	/	/	/	/	/	/	/	/

2081/190.8	3786/178.1	1102/158.5	2957/186.4	1063/213.7	218/188.2

51	57	62、67、72	78	82	85	90、95	101	/	106	/	108
○	○	△	△	△	△	△	△	△	△	△	△

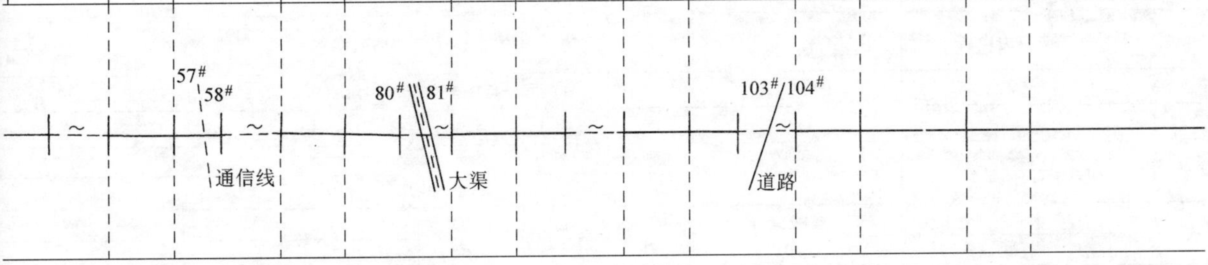

3. 交叉跨越物：----------通信线 ———— 道路

大渠 干河

表 10-2 杆塔汇总表

杆 型	代 号	基 数	其 中		
			9m 以上	9m 以下	8m 以下
直线杆	Zn	96	90	6	
耐张杆	Nn	4	4		
转角杆≤30°	Jn30°	4	4		
转角杆≤60°	Jn60°	1	1		
转角杆≤90°	Jn90°	1	1		
终端杆	D	2		2	
合计		108	100	8	0

（3）叉梁是用角钢制作的，与杆的连接是用抱箍通过叉梁穿钉固定的，叉梁与叉梁的连接是通过叉梁连板用穿钉固定的。叉梁的设置使两杆成为整体，加强了杆的整体强度，保证不偏不扭。叉梁和横担保证了两杆的平行及间距（根开），两杆根开为3.5m。

（4）两杆顶部设避雷线悬垂吊架，吊架是用抱箍与杆的连接而完成的。

材料表内的部件均有加工制作图样，这里不再列出。

2. 组装的几何尺寸图中均有明确标注，基件埋深为2.6m，并设置底盘和卡盘。其中底盘是防止杆体下沉的，卡盘是防止杆体前后左右晃动的，同时也加强了杆体基础的强度。底盘和卡盘的组装是在立杆时于坑内组装的。

3. 35kV架空线路也有采用单杆的，只是杆头的结构不同，通常为上字形的或三角形的，但强度较差，一般用于送电距离较小的线路上，图样结构可参阅《电气工程安装及调试技术手册（新版）》一书。

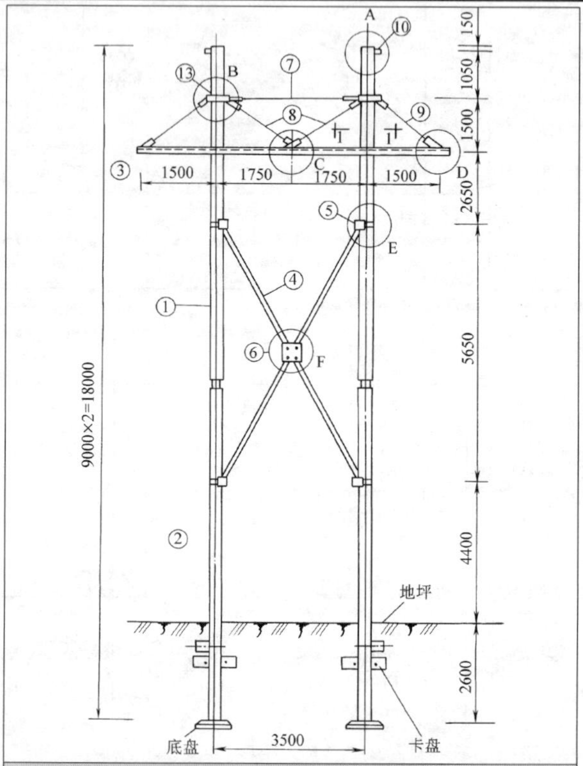

图 10-3 有避雷线垂吊架的双杆直线杆组装图

表 10-3 直线杆组装图材料表

序 号	材 料 名 称	规 格	单 位	数量	重量/kg		备 注
					一件	小计	
1	预应力电杆	$\frac{\phi 300-9}{16\phi 7}$ 上	段	2	87.5	175.0	300916B
2	预应力电杆	$\frac{\phi 300-9}{18\phi 7}$ 中		2	84.3	168.6	300918B
3	导线横担	6500	基	1	129.48	129.48	
4	叉梁	3226	根	4	26.06	104.24	
5	叉梁抱箍		副	4	9.8	39.2	
6	叉梁联板	−8	块	2	8.1	16.2	
7	水平拉杆	2823	根	1	6.64	6.64	
8	内斜拉杆	1649		2	5.04	10.08	
9	外斜拉杆	1376		2	4.88	9.76	
10	避雷线悬垂吊架	BD—2451	副	2	5.25	10.5	
11	铸铁垫块		块	4	2.3	9.2	
12	穿钉螺栓	$\phi 20\times 550$	根	2	1.8	3.6	
13	吊杆抱箍		副	2	6.4	12.8	
14	叉梁穿钉	$\phi 20\times 200$	根	8	1.0	8.0	
15	镀锌垫圈	$-3\times 50\phi 22$ 孔	个	4	0.05	0.2	

这里将无避雷线的双直线杆组装图列出，读者可自行分析，见图10-4和表10-4。

四、耐张杆组装图 ★★★

耐张杆是用在耐张段两端或与终端杆组成的耐张段一端的杆型，它不但要承受两侧导线的拉力和自身的压力，还要承受一侧导线事故（如断线）后另侧导线的冲击力及冲击后的拉力。因此，耐张杆的结构和强度要比直线杆复杂和大得多，除了加强自身的结构强度外，耐张杆主要是靠两侧的拉线加强的。耐张杆的特点也是对称，并且也是用在直线段上，只有角度很小时，才可以用在转角杆上。图10-5是耐张杆的结构组装图，表10-5是其材料表。

1. 杆体结构主要由电杆、横担、拉线及卡盘组成。

（1）电杆及横担基本与直线杆相同，但横担的型钢要加强。有的耐张杆也设置叉梁，该设计将叉梁取掉了。避雷线设置了横担，用抱箍固定。

（2）拉线设置分导线拉线和地线拉线两种，其中导线拉线为×型交叉拉线，地线拉线为斜拉线，两种拉线共用一组拉线盘，但拉线棒单设，拉线盘位置距线路直线方向的距离为1m。

（3）卡盘的设置是在原直线杆受电侧卡盘的另侧（送电侧）增加一块卡盘，加强了耐张杆的强度，顺线路方向的卡盘不变。

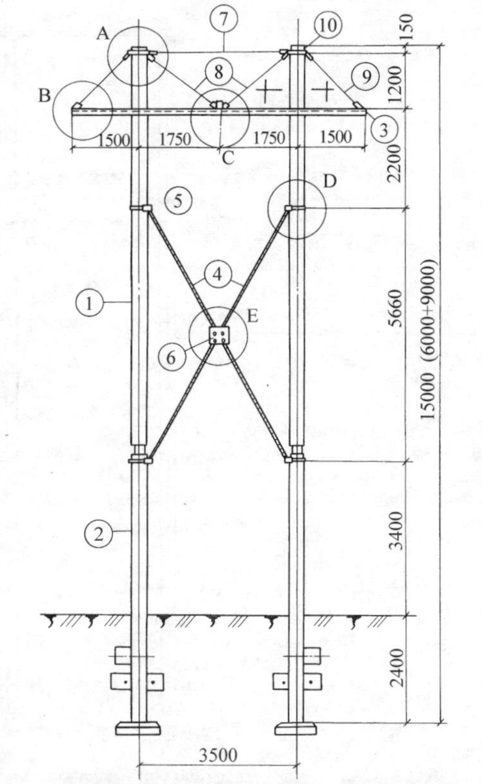

图10-4　无避雷线双直线杆组装图

表10-4　直线杆组装图材料表

序　号	材料名称	规　格	单　位	数　量	质　量/kg	
					一件	小计
1	预应力电杆	$\phi300-9/12\phi7$　上	段	2	87.5	175.0
2	预应力电杆	$\phi300-6/12\phi7$　下	段	2	62.2	124.4
3	导线横担	6500	基	1	129.48	129.48
4	叉梁	3226	根	4	26.06	104.24
5	叉梁抱箍		副	4	9.8	39.2
6	叉梁联板	−8	块	2	8.1	16.2
7	水平拉杆	2823	根	1	6.64	6.64
8	内斜拉杆	1649		2	5.04	10.08
9	外斜拉杆	1376		2	4.88	9.76
10	吊杆抱箍		副	2	6.4	12.8
11	铸铁垫块		块	4	2.3	9.2
12	穿钉螺栓	$\phi20\times550$	根	2	1.8	3.6
13	叉梁穿钉	$\phi20\times200$		8	1.0	8.0

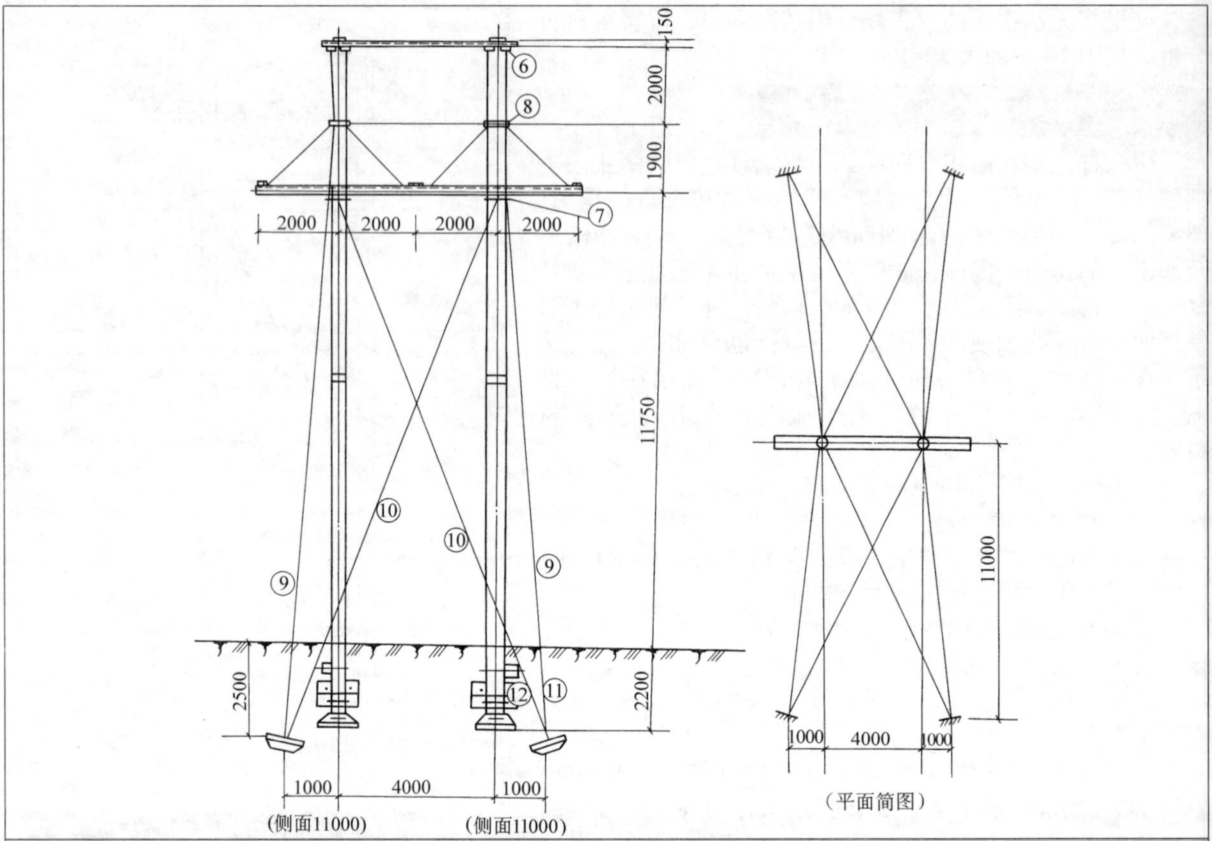

图 10-5　双杆耐张杆组装图（带避雷线）

表10-5　耐张杆组装图材料表

序号	材料名称	规格	单位	数量	质量/kg	
					一件	小计
1	主杆上段	$\frac{\phi300}{9m}14\phi16$	根	2	232.0	464.0
2	主杆下段	$\frac{\phi300}{9m}14\phi16$		2	217.0	434.0
3	地线横担	5000	件	1	92.83	92.83
4	导线横担	8000		1	200.4	200.4
5	吊拉杆		基	1	48.3	48.3
6	地线横担抱箍	D=302	副	2	14.84	29.68
7	导线横担抱箍	D=302		2	24.0	48.0
8	吊杆抱箍	D=302		2	6.41	12.82
9	地线拉线	GJ—50	件	4	15.5	62.0
10	导线拉线	GJ—100		4	45.0	180.0
11	ϕ20 拉线棒	3500	根	4	10.71	42.84
12	ϕ28 拉线棒	3500		4	21.1	84.4

2. 同直线杆一样设置底盘。

3. 耐张杆的根开为4m，其横担加工尺寸和型钢材料与直线杆不同。

4. 同样耐张杆也可采用单杆，但是只用在小距离的线路上。35kV 单杆线路的耐张杆一般应采用双杆，但结构较图 10-5 简单，只设置横担，无拉杆及避雷线横担，拉线、卡盘、底盘设置相同。

五、转角杆组装图 ★★★

转角杆是用在线路方向转角拐弯处的杆型，它承受的两侧导线的拉力方向与横担不垂直，也就是说与线路方向有一个夹角，平衡这个拉力的拉线方向与这个夹角方向相反，同时在两侧拉线合力的相反方向再设置分角拉线，只有这样才能保证转角杆的平衡。另外，转角杆还要承受一侧导线事故后另侧导线的冲击及冲击后的拉力。因此，转角杆的结构和强度要比耐张杆复杂和大得多，除了加强自身的结构强度外，转角杆的拉线具有举足轻重的作用。从某种意义上讲，转角杆是耐张杆的特殊形式。转角杆一般可分为30°转角杆、60°转角杆、90°转角杆三种，其角度的含义不是绝对的。其中的含义见表10-6。

表10-6　转角杆度数的含义

转角杆度数	30°	60°	90°
适合线路角度	0°＜θ≤35°	35°＜θ≤65°	65°＜θ≤90°

(一) 30°转角杆组装图

30°转角杆的组装图见图10-6，材料表见表10-7。由图可以看出，30°转角杆共设置5根拉线。

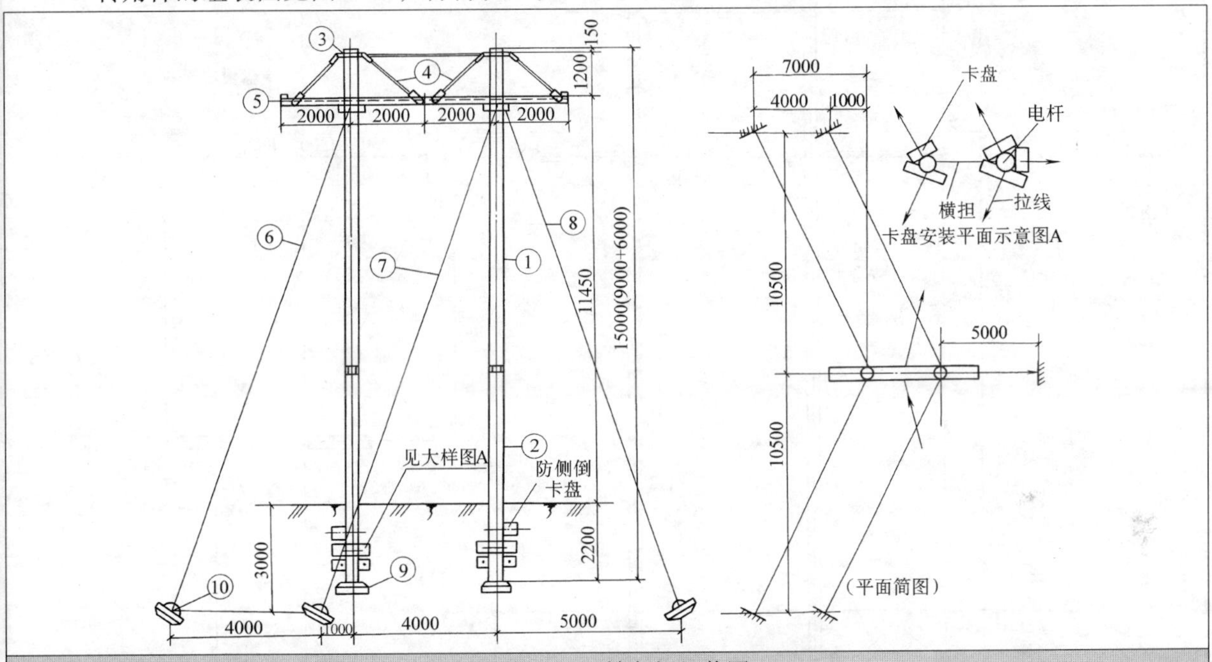

图10-6　30°转角杆组装图

表10-7　30°转角杆组装图材料表

序号	材料名称	规格	单位	数量
1	水泥杆上段	$\frac{\phi 300}{9m}14\phi 16$	根	2
2	水泥杆下段	$\frac{\phi 300}{6m}14\phi 16$		2
3	吊拉杆抱箍	D＝302	套	2
4	吊拉杆			1
5	导线横担	8000	件	1
6	导线拉线	GJ－100	条	2
7	导线拉线	GJ－100		2
8	分角拉线	GJ－100		1
9	底盘	1.2×1.2	块	2
10	拉线盘	1.0×0.5		5
11	导担抱箍		副	2

1. 杆体结构主要由电杆、横担、拉线、卡盘组成，一般不设叉梁、电杆和横担与直线杆相同，但横杆是加强型的，根开距4m。

2. 拉线设置分顺向拉线、反向拉线和分角拉线三种，如有避雷线则也应分别设置上述三种拉线。导线拉线和避雷线可共用拉线棒。这里要注意到转角杆拉线盘的埋深为3m。

3. 卡盘的设置除防侧倒卡盘外，每组拉线均设置卡盘，其安装位置见图中A大样图，卡盘与拉线的投影是垂直的。另外，拉线抱箍是加强型的。

4. 单杆线路时转角杆也可为单杆结构，横担为加强型，拉线、卡盘的设置与双杆相同。

5. 这里还要注意到拉线的规格均采用100mm^{2}的钢绞线，拉线棒也为加强型的。

（二）60°转角杆组装图

60°转角杆组装图见图10-7，材料表见表10-8。由图可以看出，60°转角杆共设置9根拉线。根开4.6m。

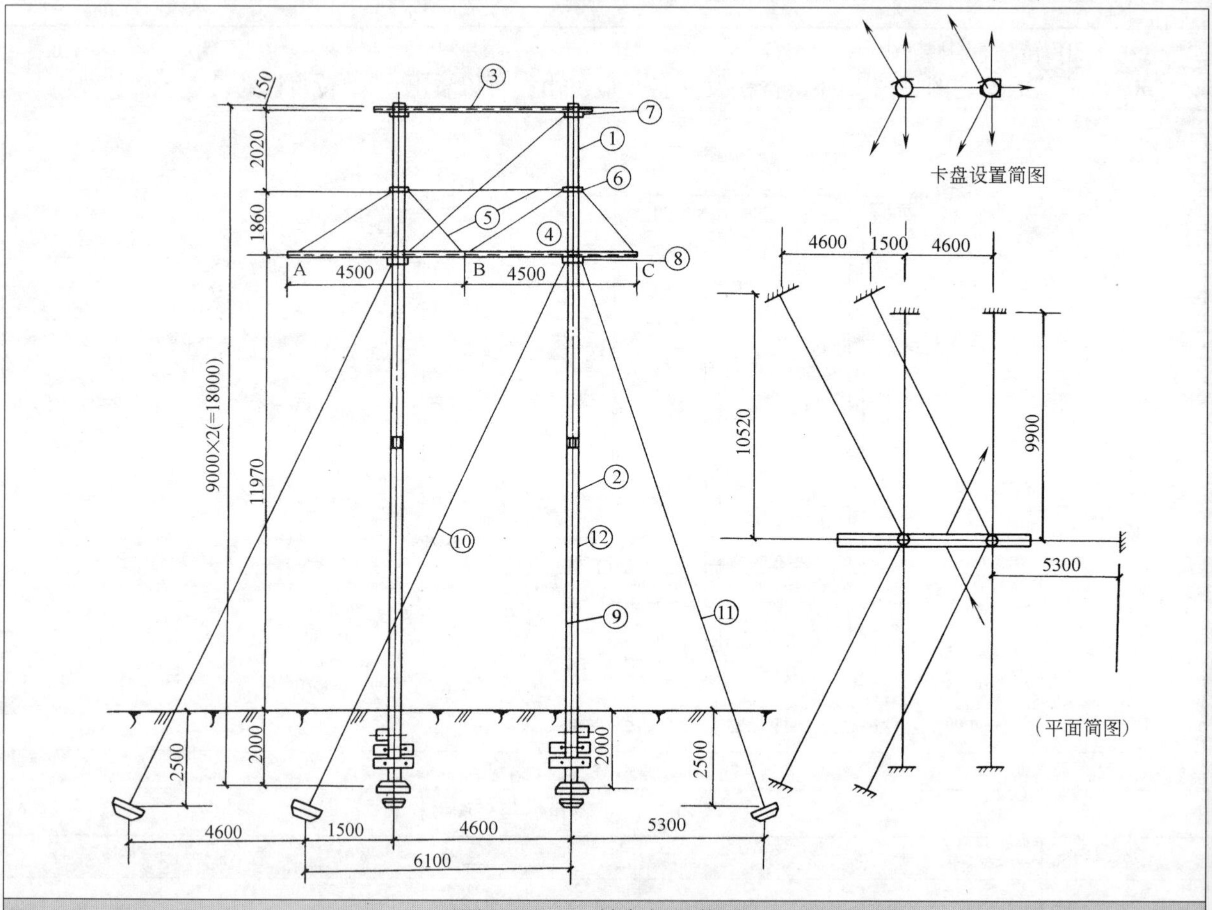

图10-7　60°转角杆组装图

1. 杆体结构主要由电杆、横担、拉线、卡盘组成，其中横担除型钢加强外，几何尺寸为非对称型，则在线路转角外侧较长，而在内侧较短，但导线绝缘子悬挂点的间距相同，见图中A、B、C点，其他同前。

2. 拉线设置分顺向拉线、反向拉线、地线拉线和分角拉线四种。其中地线拉线的投影与横担垂直，其他同30°转角杆。如果转角角度较大、导线直线较粗、转角前后的档距较大除拉线直径、拉线棒直径、拉线抱箍加强外，还应在地线横担处增设顺向、反向和分角拉线，拉线则增加到14根，但同一角度的拉线可共用拉线棒，但拉线棒应加强。因此，有些设计在转角较大的转角杆处设置转角铁塔，减少了占地面积，且增加了转角的强度。

3. 卡盘设置同30°转角杆，即每组拉线均设卡盘。

4. 其他同30°转角杆。

（三）90°转角杆组装图

90°转角杆组装图见图10-8，其材料表见表10-9。由图可以看出，90°转角杆采用的是三杆转角型，每杆一相，边杆设避雷线。

1. 杆体结构由电杆、叉梁、水平拉杆、拉线、卡盘组成。其中叉梁组装同前，并由水平拉杆将三杆组成一排，中相杆较边相杆低3m。卡盘设置同前。

表10-8 60°转角杆组装图材料表

序号	材料名称	规格	单位	数量	质量/kg	
					一件	小计
1	水泥电杆	$\frac{\phi300}{9上}14\phi10$	根	2	232	464
2	水泥电杆	$\frac{\phi300}{9下}14\phi16$		2	217	434
3	地线横担	5800	副	1	105	105
4	导线横担	9200		1	344	344
5	吊柱杆		基	1	55.15	55.15
6	吊杆抱箍			3	6.41	19.23
7	地担抱箍		副	2	14.84	29.68
8	导担抱箍			2	2.4	4.8
9	地线拉线	GJ－50		4	15.5	62
10	导线拉线	GJ－100	条	4	4.5	18.0
11	分角拉线	GJ－100		1	30	30
12	拉线棒	$\phi20\times2800$		4	8.35	33.4
13	拉线棒	$\phi28\times3500$	根	4	21.1	84.4
14	拉线棒	$\phi28\times3200$		1	19.6	19.6

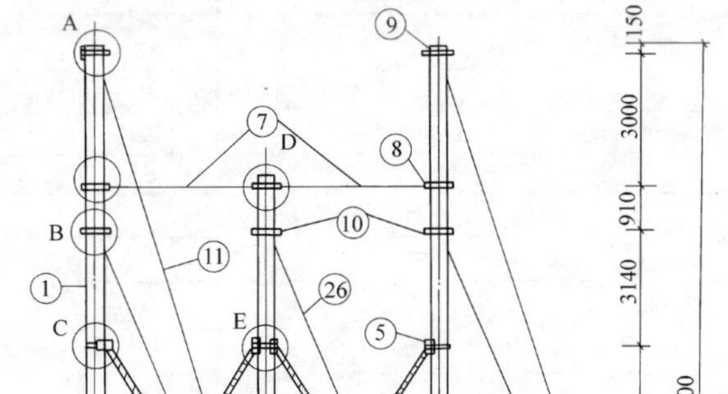

图10-8 90°转角杆组装图

表 10-9　90°转角杆组装图材料表

序　号	材料名称	规　格	单　位	数　量	质　量/kg	
					一件	小计
1	水泥电杆	ϕ300－9/16ϕ1　上	根	2	84.5	169
2	水泥电杆	ϕ300－9/18ϕ7　下		2	87.5	175.0
3	水泥电杆	ϕ300－6/18ϕ7　下		1	62.2	62.2
4	叉梁	3226	根	8	26.06	208.48
5	叉梁抱箍		副	8	9.8	78.4
6	叉梁联板		块	2	8.1	16.2
7	水平拉杆	3923	根	2	4.7	9.4
8	吊杆抱箍		副	3	6.4	19.2
9	地线抱箍	－10×80 r＝152＜90°		2	15.92	31.84
10	导线抱箍	－10×80 r＝152＜90°		3	13.5	40.5
11	拉线	GJ－50	条	4	30	120
12	拉线棒	ϕ28×3500	条	10	21.1	211
13	叉梁穿钉			16		
14	穿钉螺栓		个	30		
15	镀锌垫圈			30		
16	二眼板		块	10		
17	拉线抱箍		副	5	13.5	67.5
18	楔形线夹	LX－1		8		
19	UT 线夹	UT－1		12		
20	底盘	1.2×1.2×0.2	块	3		
21	拉线盘	1.0×0.5		6		
22	绝缘子串	X－4.5－5 片	组	6		
23	耐张线夹	NLD－3	副	6		
24	并沟线夹	B－3	个	12		
25	并沟线夹	BB－1		4		
26	拉线	GJ－100	条	6	45	270

2. 拉线设置分导线拉线和地线拉线两种，其中中相只设导线拉线，地线拉线和导线拉线共用拉线盘、分设拉线棒。每杆两组拉线的投影成直角，且与导线投影互成180°。

3. 根开4.6m，埋深2.2m，拉线、拉杆、叉梁、绝缘子串，均由抱箍与杆直接连接。

90°转角杆一般可用转角铁塔，以减小占地面积和增加强度，但铁塔造价较昂贵。有些设计在90°转角处仍用双杆转角杆，双杆转角90°时，其横担、绝缘子串、抱箍、拉线、叉梁、拉线棒等主要材料均应采用加强型的，拉线的设置三杆相同且成90°，这里由于篇幅的关系不再列图说明。

送电距离较小的10kV线路的90°转角有时也采用单杆，但横担、绝缘子串、抱箍、拉线、拉线棒均应采用加强型的，拉线的设置分杆顶拉线和横担拉线两种，要求同上。

六、终端杆组装图　★★★

终端杆是用在线路起始端位的杆型，它只承受一侧导线的拉力和自身的压力，同时它又是耐张段的一个耐张杆，还要承受事故后的冲击力。因此，终端杆结构复杂，除了加强自身的结构强度外，主要靠两侧的拉线来加强。终端杆一般为铁塔，图10-9是双杆型终端杆组装图，表10-10是材料表，该型可用于双回路电源的终端。

1. 杆体主要由电杆、横担、拉线、卡盘组成，其中电杆和避雷线横担与前述基本相同，下面说明不同点。

（1）横担设置三层，用吊杆和抱箍固定。每层横担的端头悬挂绝缘子串，每侧三层绝缘子串作为一路电源进出线端。

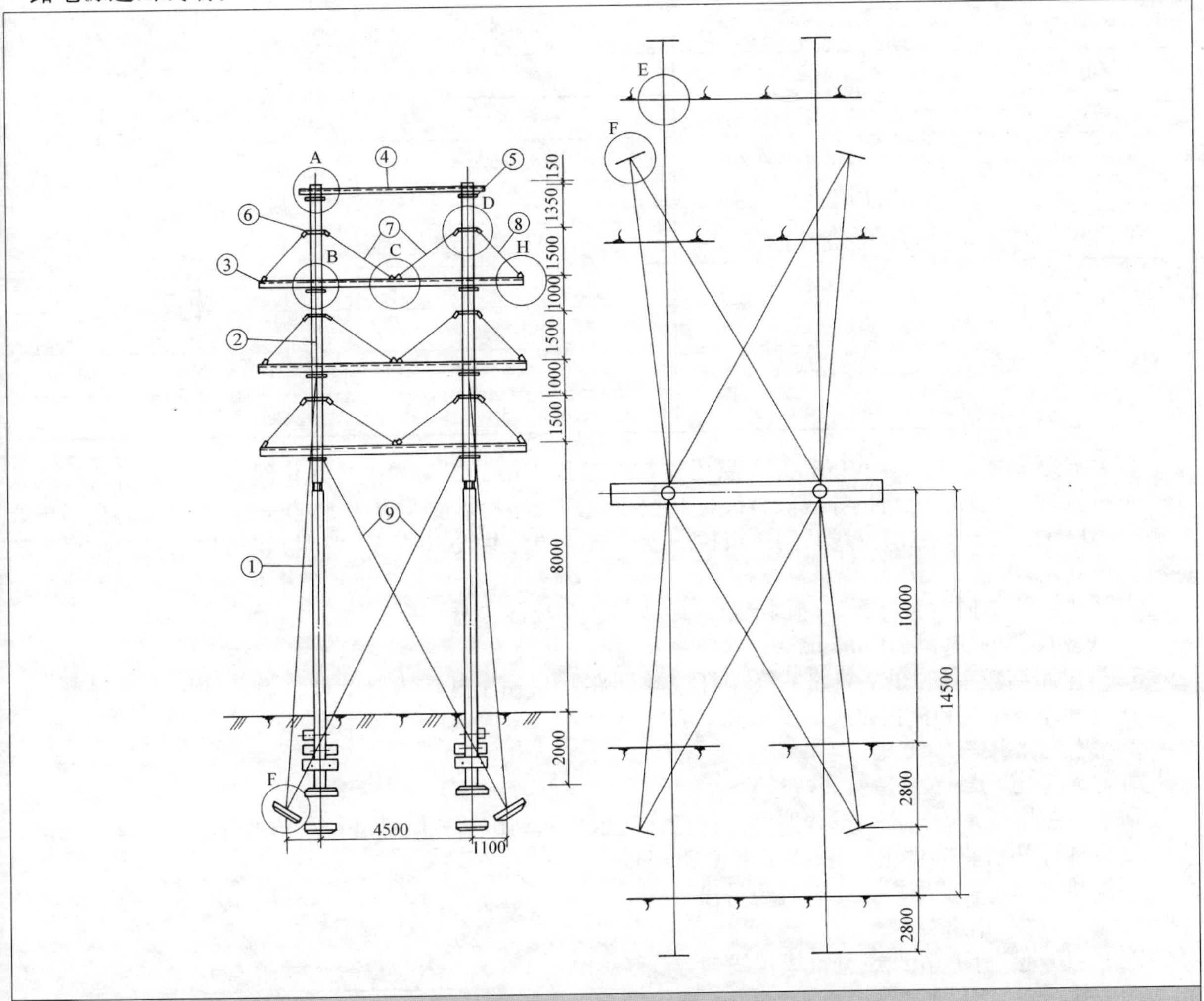

图 10-9　双杆型终端杆组装图

表10-10　终端杆组装图材料表

序　号	材　料　名　称	规　　格	单　位	数　量
1	水泥电杆	ϕ300×9m　下	根	2
2	水泥电杆	ϕ300×9m　上		2
3	导线横担	∟63×6×8000	副	3
4	地线横担	∟75×6×5500	副	1
5	拉线抱箍	－10×8 r＝152	副	8
6	吊杆抱箍	－10×8 r＝152		6
7	内斜吊杆	2256	根	12
8	外斜吊杆	1895		12

（续）

编　号	材 料 名 称	规　格	单 位	数 量
9	拉线	GJ-100	条	8
	拉线	GJ-100		4
	拉线	GJ-50		4
10	楔形线夹		副	16
11	拉线盘		块	8
12	拉线棒	$\phi 28 \times 3500$	根	12
13	UT 线夹		副	16
14	导线横担抱箍		副	6
15	穿钉螺栓		个	12
16	横担联板		块	12
17	地线横担抱箍		副	2
18	拉线棒	$\phi 20 \times 3500$	根	4

（2）拉线每侧设置四层拉线，第一层为避雷线拉线，第二层为横担导线拉线，并与避雷线拉线共用一组拉线盘；第三层为横担导线倾拉线，其拉线盘距线路投影的距离为1100mm，第四层为横担导线X型交叉拉线，并与第三层拉线共用一组拉线盘。该终端杆共设16根拉线，拉线棒均单设，拉线抱箍同杆同层共用。

（3）卡盘设置同耐张杆，防侧倒卡盘，顺线卡盘和反线卡盘。

2. 底盘设置同前，根开4.5m。

3. 送电距离较小的10kV线路的终端杆（单回路）可用单杆作为终端杆，但部件应为加强型，拉线设置应有杆顶拉线和横担拉线，要求同上。

七、部件大样图 ★★★

从前面图样目录可知，架空线路的部件很多，这里只列出部分图样进行简单的分析，其他读者可在实践中自行分析。部件大样图是用来说明部件加工制作和实际安装的图样，比较直观易懂。

（一）拉线基础组装图

图10-10是上下层拉线或避雷线拉线与导线拉线共用一拉线盘、分别用拉线棒的拉线基础组装图，其中上层拉线或避雷线拉线的仰角 β_1 为54°，下层拉线的仰角 β_2 为45°。

拉线棒的制作其上下拉环的焊接长度为圆钢直径的10倍，且为双面焊接，最后镀锌处理。拉线盘的制作应符合图样的要求，混凝土标号200[#]。拉线棒出地面长度一般不大于0.8m。拉线基础要求土质坚硬。

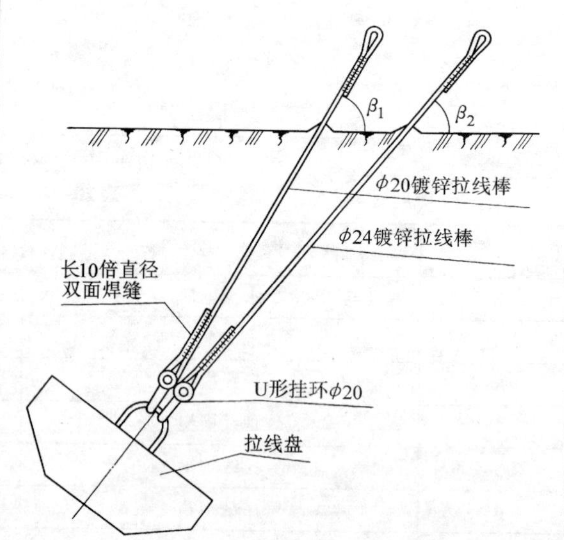

图10-10　拉线基础组装图

（二）导线悬挂组装图

图10-11是导线悬挂组装图。其中直线悬垂是导线在直线杆横担上悬挂的组装图，绝缘子串的片数是由线路电压决定的，见表10-11。导线与绝缘子串的连接是经过悬垂线夹完成的。防震锤安装在悬垂线夹两侧的导线上，与线夹的距离应按图中表内的数据安装，防震锤的规格应与导线匹配。

耐张、转角悬垂是导线在耐张、转角、终端杆横担上悬挂的组装图，导线与绝缘子串的连接是通过耐张线夹完成的，防震锤及绝缘子串同直线悬垂。

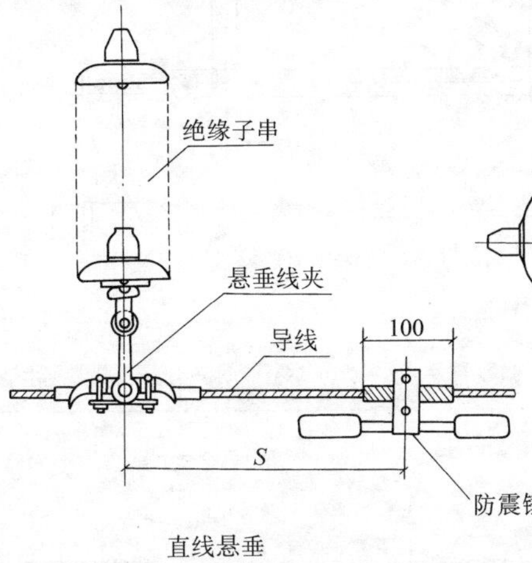

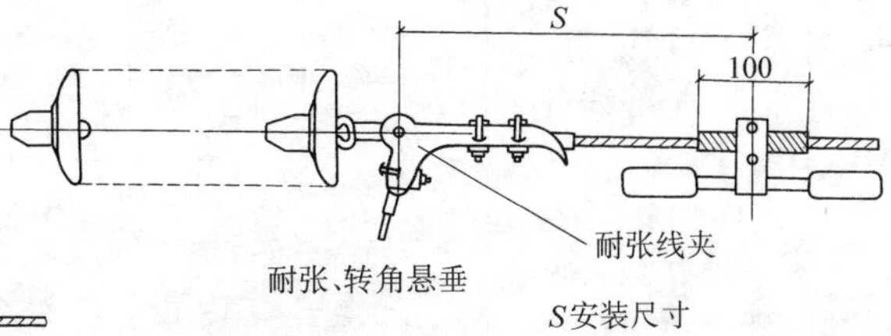

S安装尺寸

型号 \ 安装距离/mm \ 档距/m	100及以下	101~150	151~200	201~250
F-3 LGJ-120	754	845	892	908

图 10-11　导线悬挂组装图

表 10-11　X-4.5 型悬式绝缘子使用片数

线路电压/kV	10	35	60	110	154	220
绝缘子串片数/片	2	3	5	7	10	13

注：用于耐张串子应增加一片，用于 110kV 及以上的耐张串时，应两串并联使用。

（三）避雷线悬挂组装

图 10-12 是避雷线悬挂组装图。其中直线悬垂是避雷线直线杆上悬挂的组装图，悬垂线夹是通过 U 形挂环和 U 形螺栓与横担连接的。防震锤的安装同前，但与线夹的间距应按图10-12中的数据安装。

耐张、转角悬垂是避雷线在耐张杆（包括终端杆）、转角杆上悬挂的组装图，线夹是通过 U 形挂环与横担连接的，防震锤的安装同上。

（四）避雷线接地组装图

1. 直线杆避雷线接地组装图见图 10-13。由图可知，悬垂线夹是用 U 形挂环挂在杆头抱箍上的，接

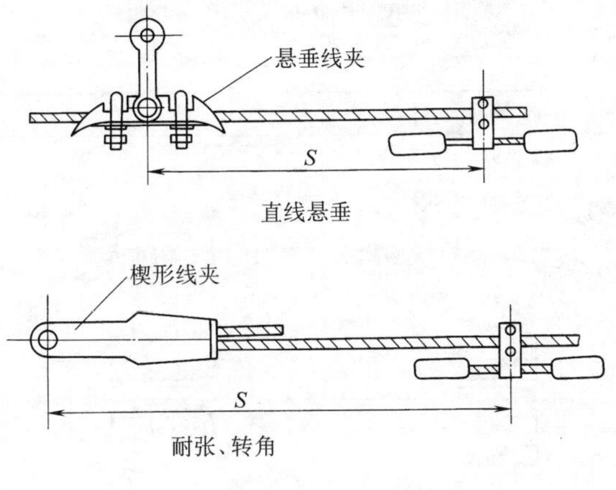

S安装尺寸

型号 \ 安装距离/mm \ 档距/m	100及以下	101~150	151~200	201~250
G-7 GJ-35	528	538	520	495

图 10-12　避雷线悬挂组装图

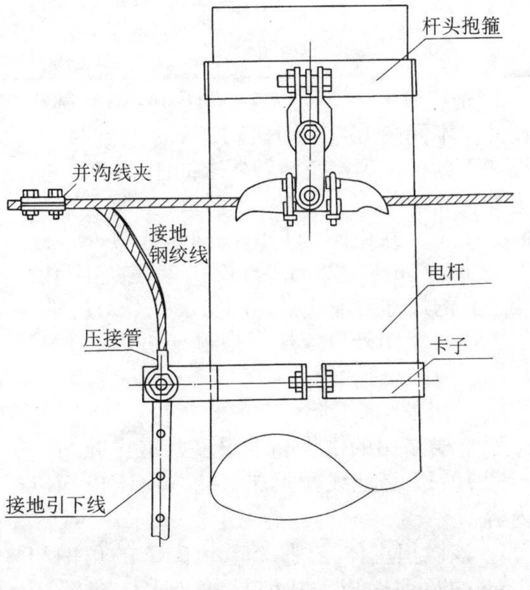

图 10-13　直线杆避雷线接地组装图

地钢绞线是用并沟线夹和避雷线连接的，并经压接管与接地引下线在卡子上连接，引下线引至地面后与接地体连接。有的电杆则用砼内主筋作为引下线，这样电杆制作时应在端部留出接线的钢筋端头，选用电杆时应加以说明。

2. 转角、耐张杆避雷线接地组装图见图 10-14。由图可知，楔形线夹是用 U 形挂环挂在横担上的，并用接地联板将两端的避雷线连接起来，避雷线本身的接地方式同直线杆。如采用铁塔则可用塔身作为引下线接地。

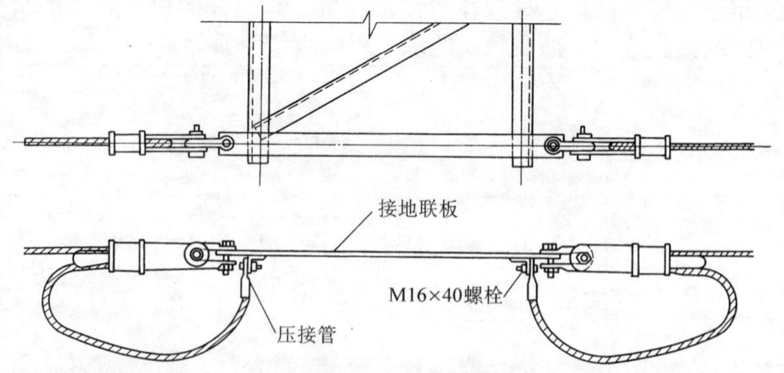

图 10-14　转角、耐张杆避雷线接地组装图

（五）抱箍加工图

架空线路用的抱箍品种很多，这里介绍两种。

1. 吊杆、直线杆拉线抱箍加工图见图10-15。该抱箍是用 8mm 厚 100mm 宽的扁钢煨制成两个 Ω 形的半圆做成，半径 152mm，耳长 80mm，中心开 ϕ28mm 孔，两耳处设三角形加劲板，加劲板的一边是一段弧，其半径是（152 ± 8）mm。加劲板的焊缝应双面焊，且全部围焊，抱箍做好后应镀锌处理。该抱箍用在吊杆组装上，也可用在直线拉线上。

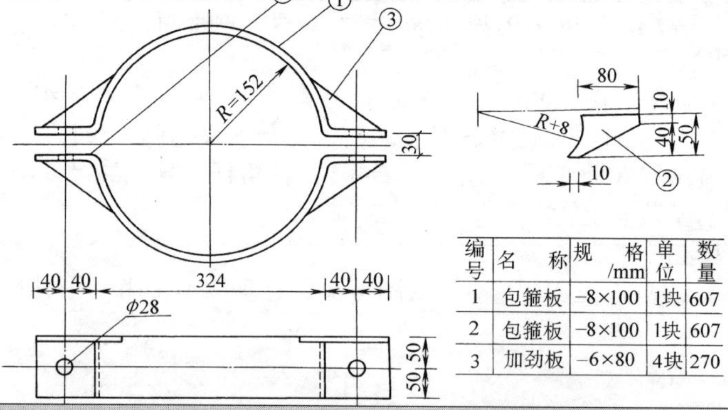

编号	名　称	规　格 /mm	单位	数量
1	包箍板	−8×100	1块	607
2	包箍板	−8×100	1块	607
3	加劲板	−6×80	4块	270

图 10-15　吊杆抱箍、直线拉线抱箍加工图

2. 地线横担抱箍加工图见图 10-16。材料及尺寸基本同图 10-14，耳长 120mm，并焊接上劲板和下劲板，焊接及镀锌要求同图 10-15，其中上劲板除了加强抱箍的强度外，主要是要支承地线横担，并用螺栓与地线横担连接，下劲板上的 ϕ21. 5mm × 28mm 的长孔就是连接孔，这四个孔的尺寸与地线横担的安装孔是对应的。除了上述的作用外，该横担抱箍还可以装置拉线，作为地线拉线抱箍。

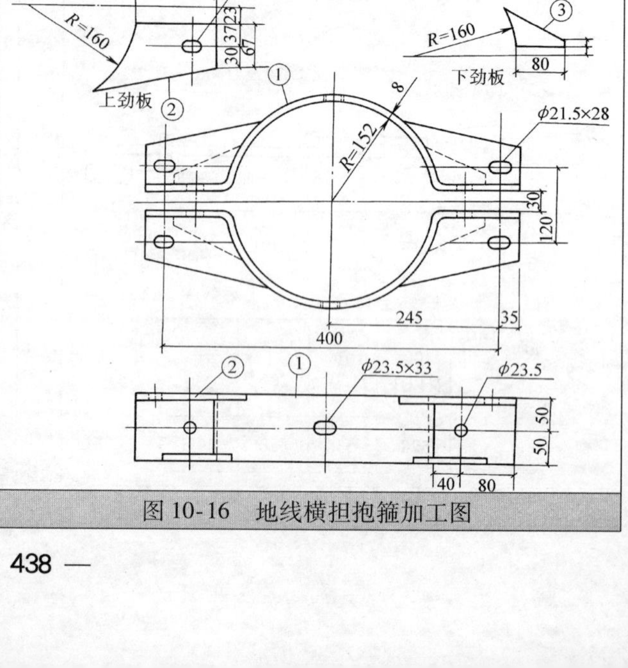

图 10-16　地线横担抱箍加工图

（六）横担加工图

架空线路用的横担品种很多，这里介绍一种。图 10-17 是地线横担加工图，由图可知以下内容。

1. 该横担主体是用∟75mm × 6mm 的角钢和 ϕ16mm 的圆钢做成，几何尺寸及主体布置图已经给出，因为对称横担，故取主体的一半。

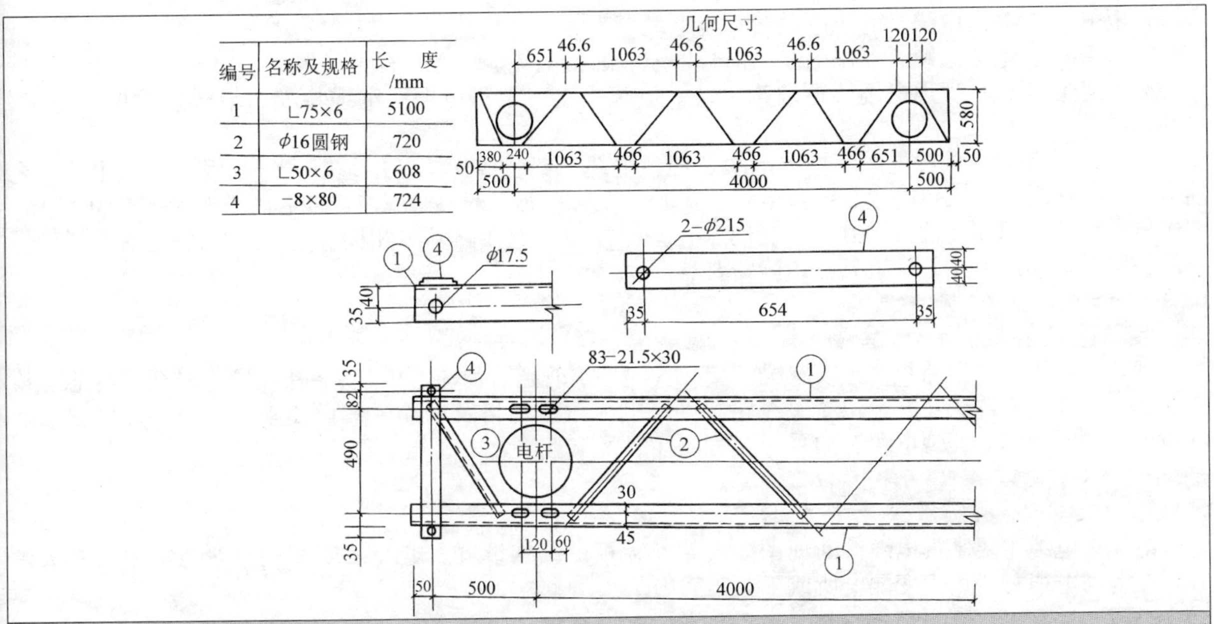

编号	名称及规格	长 度 /mm
1	∟75×6	5100
2	φ16圆钢	720
3	∟50×6	608
4	−8×80	724

图 10-17 耐张杆地线横担加工图

2. φ16mm 圆钢按给出的几何尺寸与角钢面下焊接，焊缝均为双面焊。

3. 拉板④为 8mm 厚，80mm 宽的扁钢，与面上焊接，全面围焊（与角钢接触的四周全焊），一方面将角钢端部连接，另一方面是悬挂地线的楔形线夹，见图 10-14。但有些设计的拉板是用螺栓与角钢连接的。

4. 电杆与横担的结合处的角钢面上开长孔，这四个孔的尺寸与图 10-16 抱箍尺寸的开孔是一致的，用螺栓将横担固定在抱箍上。

5. 横担做成后应酸洗和镀锌，组装时用的螺栓及垫片全部使用镀锌件。

八、其他形式的架空线路 ★★★

前面介绍了双杆 35kV 架空线路图样的识读方法，这对识读其他形式的架空线路是有很大益处的。工业及民用架空线路还有以下几种形式：

1. 单杆低压四线架空线路（包括多层横担）。
2. 单杆低压四线和通信广播同杆架设的架空线路（常用于厂区或街道）。
3. 单杆低压五线架空线路（增加一路路灯照明并包括 1、2 的形式）。
4. 单杆 10kV 架空线路。
5. 单杆 10kV、低压 400V 同杆架空线路。
6. 单杆 10kV、低压 400V 和通信广播同杆架设的架空线路，有的架有电缆（常用于厂区或街道）。
7. 单杆 35kV 架空线路（包括避雷线）。
8. 单杆 35kV、10kV 同杆架空线路（转角、耐张、终端常用双杆或简易铁塔）。
9. 单杆 10kV 绝缘线夹架空线路（距离较小）。
10. 单杆 35kV 绝缘线夹架空线路（距离较小）。
11. 铁塔 35 ~ 500kV 电力架空线路。
12. 铁塔和混凝土杆混合架空线路等。

上述形式的架空线路的读图方法与我们介绍的方法基本相同，只是在杆型结构、部件大样上有所不同。另外，在横担、绝缘子、导线、基础的选择上也有很大差异。这些内容有的在《电气工程安装及调试技术手册（新版）》一书中已有了介绍，这里不再赘述，请参阅。

第二节 电缆线路

电缆线路是指借助于电缆输送电能或信号装置的总称。电缆线路的分类方式一般有以下几种：

1. 按电压：高压电缆、低压电缆、直流电缆等。

2. 按用途：电力电缆、控制电缆、信号电缆、通信电缆、广播电视电缆等。

3. 按敷设方式：埋地电缆、电缆沟电缆、隧道电缆、架空电缆、电缆桥架、沿建筑物明设电缆、竖井电缆等。

4. 按结构型式：油浸电缆、橡皮电缆、塑料电缆、铠装或无铠装电缆、光纤电缆、防火电缆、充油电缆、屏蔽电缆、铝包电缆、铅包电缆、交联电缆、单芯、双芯、三芯、四芯、五芯及多芯电缆等。

电缆线路的图样是按敷设方式绘制的，有些图样与架空线路基本相同，有的已在平面图一章做了介绍，限于篇幅的关系，这里只介绍读图要点。

一、埋地电缆 ★★★

埋地电缆主要掌握路径、土质状况、交叉（道路、管道、河流、电缆、铁路等）、转角、标志、检查井、接头盒、电缆头及安装位置、线路长度、电缆型号规格及用途、敷设要求、路径高差、根数及电缆埋设的断面图。埋地电缆有的采用穿管或穿混凝土管敷设。

二、电缆沟电缆 ★★★

电缆沟电缆主要掌握电缆沟断面图、支架及盖板的结构设置、电缆摆放形式及埋地电缆的有关内容。电缆沟电缆一般用于变配电所或工业车间内。

三、隧道电缆 ★★★

隧道电缆主要掌握隧道断面图、支架结构设置、电缆摆放方式、排水及封闭设施、照明线路及埋地电缆的一些内容。

四、架空电缆 ★★★

架空电缆主要掌握杆身结构，钢绞线或钢丝绳型号规格、档距、转角、耐张、终端等架空线路的内容及埋地电缆的有关内容。

五、电缆桥架电缆 ★★★

桥架电缆主要掌握桥架的规格型号、安装方式（沿墙、地上支架、吊架等）、支架制作以及埋地电缆的一些内容。桥架电缆一般用于室内、工业或民用均可。

六、明设电缆 ★★★

明设电缆主要掌握吊架或支架的结构设置以及埋地电缆的一些有关内容。在跨越架空段或沿建筑物、构筑物敷设时可采用钢索或钢绞线吊挂式。可用于一般工业或民用建筑中不重要的电缆或者采取补救措施时采用。

七、竖井电缆 ★★★

竖井电缆主要掌握竖井类别（坑道、电梯、高层建筑）、断面布置图、电缆固定方法及部件加工、中间层站、配电间布置等，以及埋地电缆的一些有关内容。常用于工业及民用建筑中高层建筑、电梯竖井、矿业坑道的电缆敷设之中。

电力架空线路及电缆线路除了上述介绍的内容外，读图时必须掌握起始端电气设备的设置、用途及工作方式，电气线路的工作原理、正常及事故时的工作状态等，必须读懂起始端电气装置的图样，以便正确接线，保证线路的正常运行。

另外，在架空线路和电缆线路的识图过程中要仔细阅读“设备材料清册”和各个图中所附的材料表，因为清册中这个表很大，不方便列出，但它是识图和安装过程中的重要资料。设备材料清册列出了工程中所需要的全部设备和材料，包括导线、电缆、钢绞线、电杆、铁塔、绝缘子、横担、金具、穿钉螺栓、平垫弹垫、铝包带、水泥、木材、角钢、槽钢、圆钢、扁钢、拉线棒、抱箍、吊拉杆、叉梁、平拉杆、支梁、吊架等的规格型号、数量、重量参数，这对识图、备料、编制施工组织设计、安装及调试均有极大的意义。

第十一章»

电梯微机控制线路图样的识读

第一节　电梯微机控制线路

这里介绍一种由沈阳富士电梯有限公司生产的由可编程序控制器控制的高速电梯，并由变频器担任变速装置，电路简单、安全可靠，舒适感好。读者可借鉴此图进而分析其他形式的电路。

一、线路概况 ★★★

电梯微机控制线路是以微型计算机或可编程序控制器（PLC）和变频器为主，接触器、继电器为辅的通过程序存储器中的程序或指令来完成控制功能的程序控制系统，电梯运行的起动、加速、快速、减速、慢速、平层、停车、信号显示、呼梯操作、选层控制、同向截车、门机自动控制、安全保护等自动功能均由 PLC 来实现。电路一般可分五个部分，其中主回路部分接线原理图见图 11-1，保护回路及照明系统原理图见图 11-2，选层、呼梯、截车及信号记忆系统见图 11-3，主控制板部分接线原理图见图 11-4，门机系统原理图见图 11-5，图中标注符号对照见表 11-1。图中用到的接触器、继电器、按钮、行程开关、照明装置等与图 11-3 有些相同的地方，这样给读图分析带来了方便。

二、主回路部分的线路 ★★★

主回路可分四个部分组成。

1. 电源与继电器电梯基本相同，也采用三相六线制，分别用电梯电源开关 Q 和照明电源开关 Q1 控制。并用主电源接触器 KMP 将动力电源送至变频器 VG5N。

2. 控制电源与继电器梯基本相同，控制变压器 TB1 由接触器 KP 和保护器 F1 控制。控制电路由安装在首层呼梯钮处的电锁 SP 控制，当 SP 接通电锁接触器 KSP 后，其接点 KSP（1-2）闭合，使控制电源接触器 KP 得电吸合。当 F1 闭合后 TB1 有电，但是当上极限限位开关 SUL 或下极限限位开关 SDL 闭合不良或由于轿厢上行或下行引起 SUL 或 SDL 动作时，KP 断电，TB1 失电，电梯将不能起动或停止运行。TB1 送出三个回路，作为系统的电源回路，其中 100-103 为直流回路，供开门机使用；200-203 为可编程序控制器的楼层指示及信号系统的交流电源；300-303 为可编程序控制器的交流电源，同时接风机接触器 KMF 的线圈引入变频器。

3. 变频器 VG5N 是电梯的核心部件，电梯的起动、加速、快速、减速、慢速、平层、停车、均由 VG5N 完成并且变速平滑、无阶跃感，这是继电器梯无法比拟的。变频器直接与曳引电机 M、旋转编码器 PG 连接且为同轴，同时设制动线圈 YB。变频器设热敏电阻 RJ 作为温度保护，并由风机 MFAN 作为散热装置。变频器的工作过程受主控制板 PLC 控制，控制信号端 30B、601、Y1、Y2、Y3 和 X1、X2、X3、X4、CM 直接由 PLC 引来。变频器取代了继电器梯中双速电机变速系统的复杂线路，读者可与图 11-3 的 a 图、b 图的线路和变速过程进行比较。

4. 轿厢内设电话 TEL，可与外界直接通话。

三、保护回路及照明系统 ★★★

1. 保护回路分四个部分

（1）制动器 YB 控制回路设限流电阻 R，制动器 YB 在上行接触器 KU 或下行接触器工作时得电打

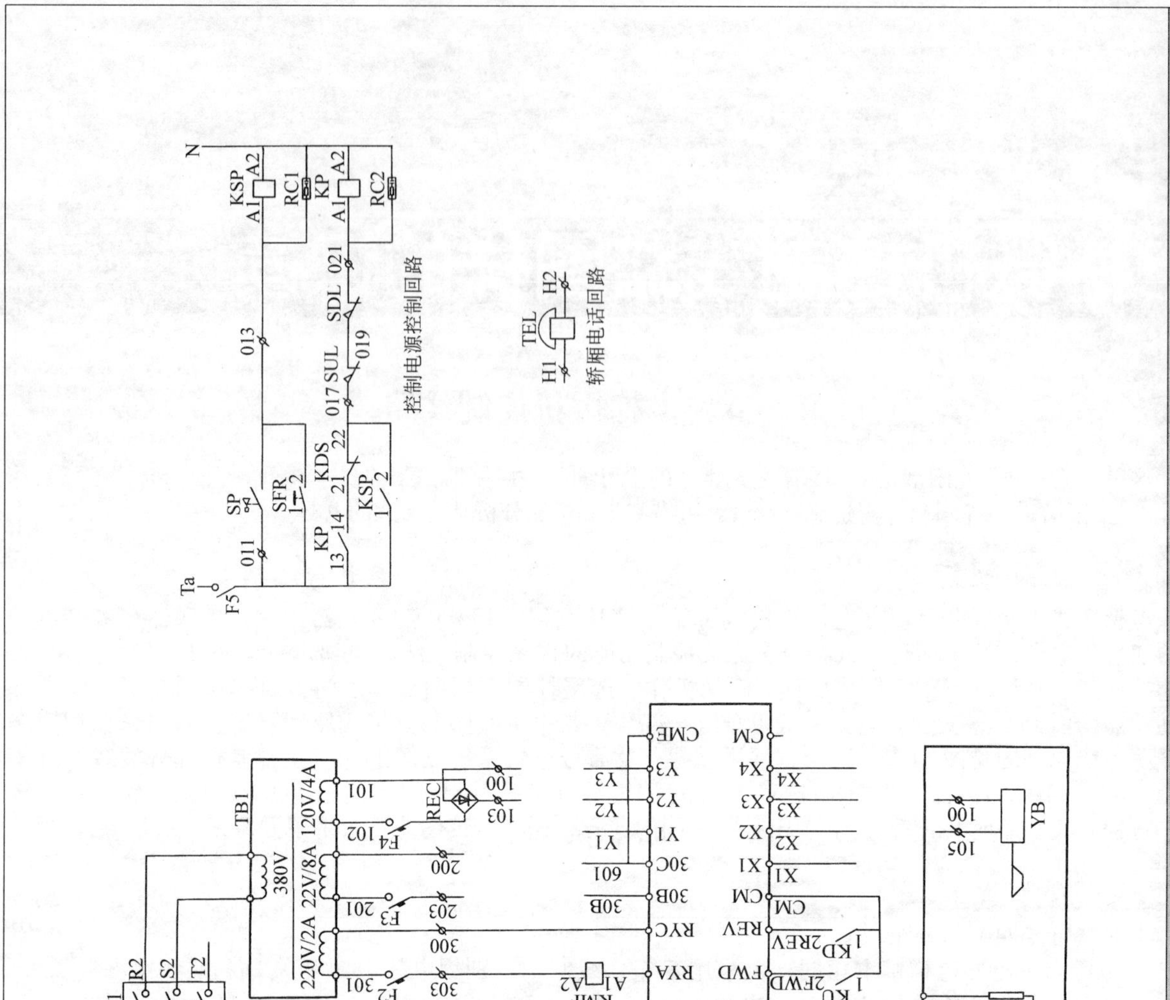

图 11-1　主回路部分接线原理图

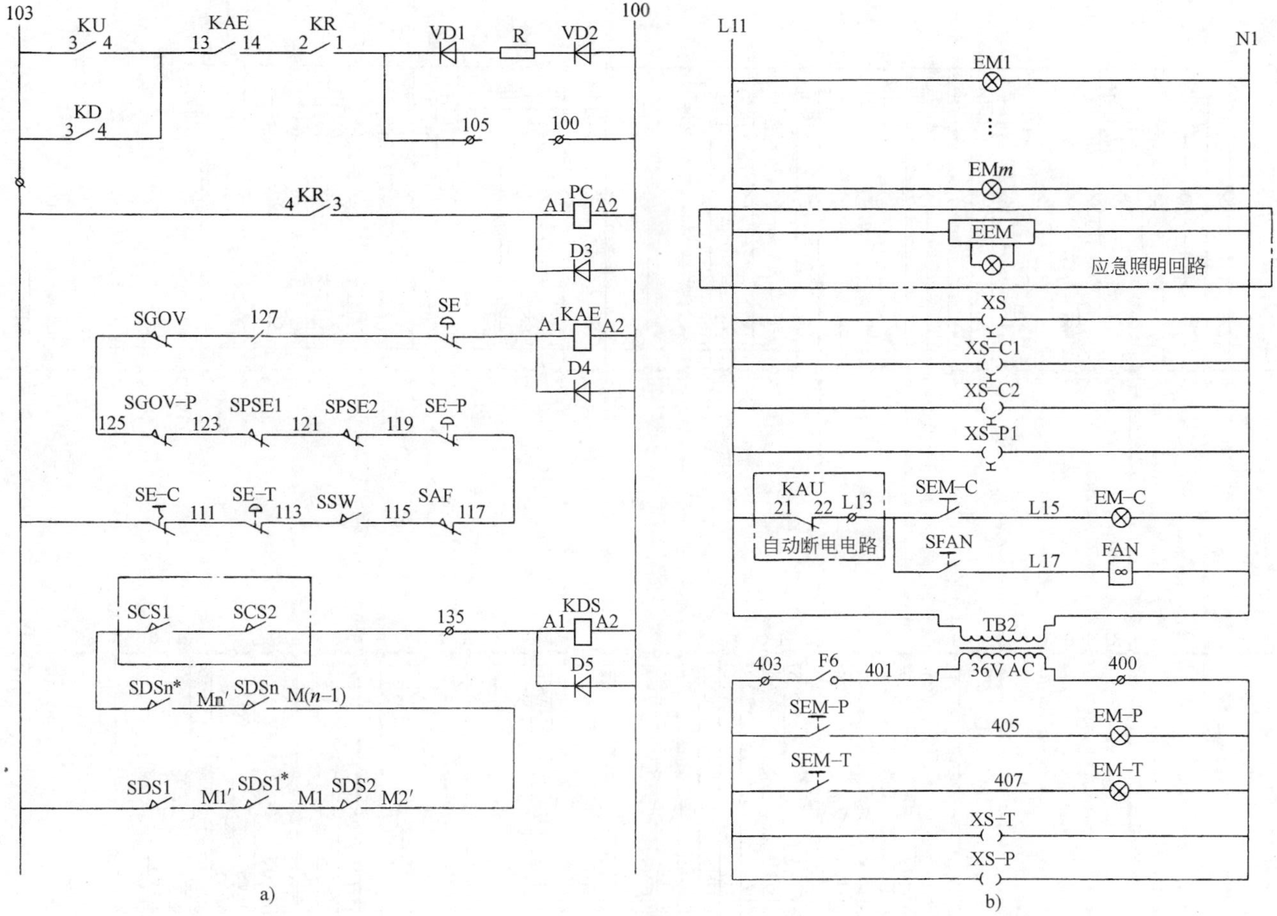

图 11-2 保护回路及照明系统原理图

a）保护回路 b）照明系统

说明：1. 点划线框内部分，仅在有具体要求时，才接线。

2. 没有自动断电功能时，L13 与 L11 短接。

3. 在采用富士件时，PC 挂在 KR 接触器上。

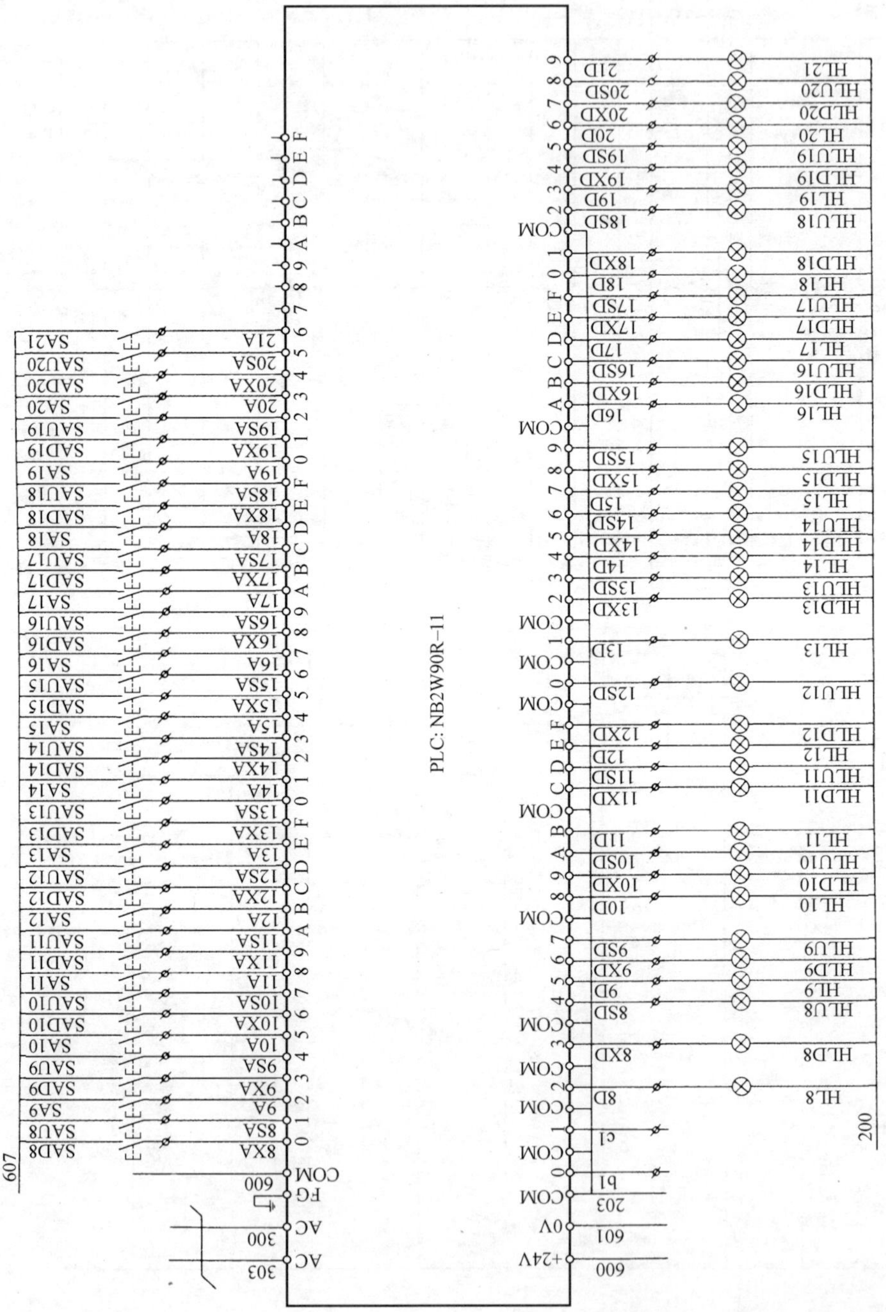

a)

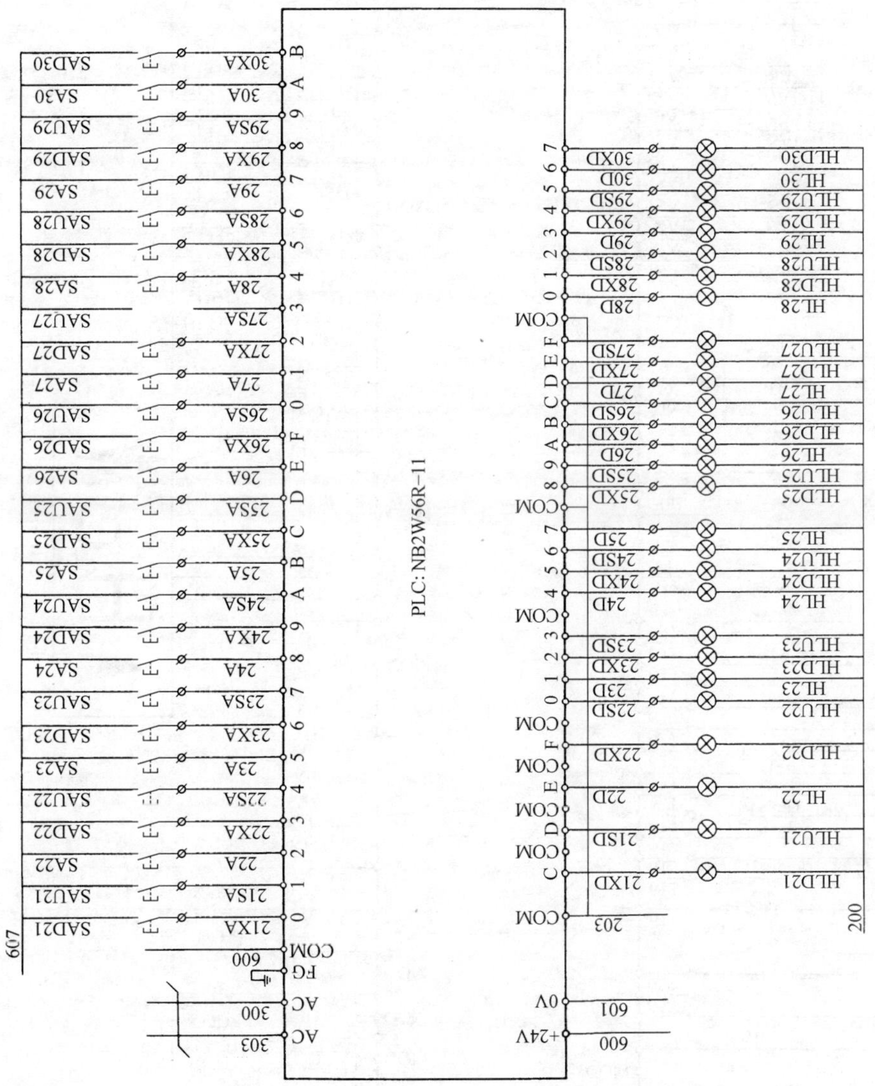

图 11-3　选层、呼梯、截车及信号记忆系统图

a）PLC：NB2W90R-11　b）PLC：NB2W56R-11

说明：1.当漏层为20层及以上时，接a1。有地下层时，接g1。
2.点划线框内部分，视具体要求再接线。
3.接触器线圈两端须接灭弧阻容块。
4.采用变频门机时，不用KOD KCD接触器，只下线到端子。

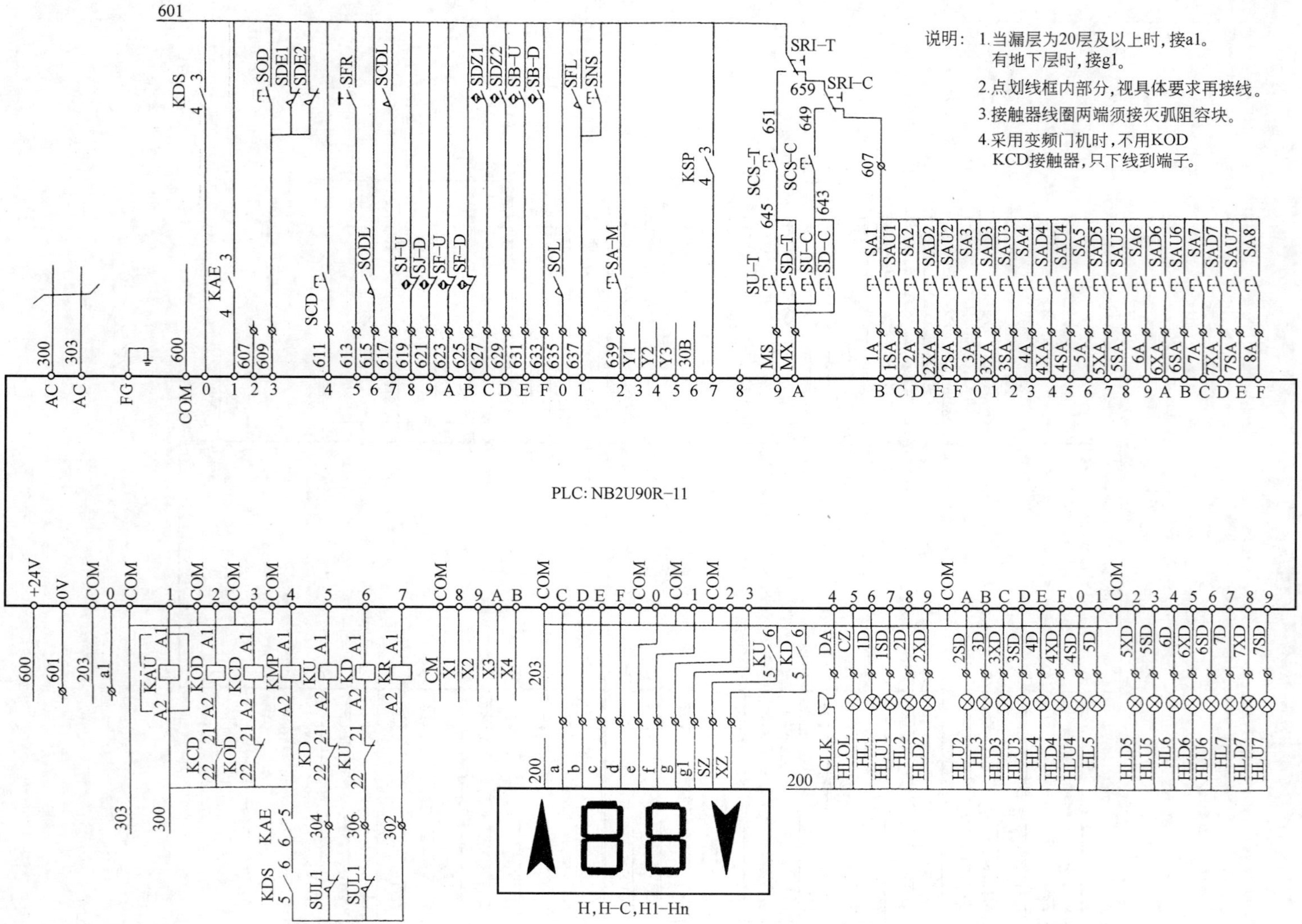

图 11-4　主控制板部分接线原理图

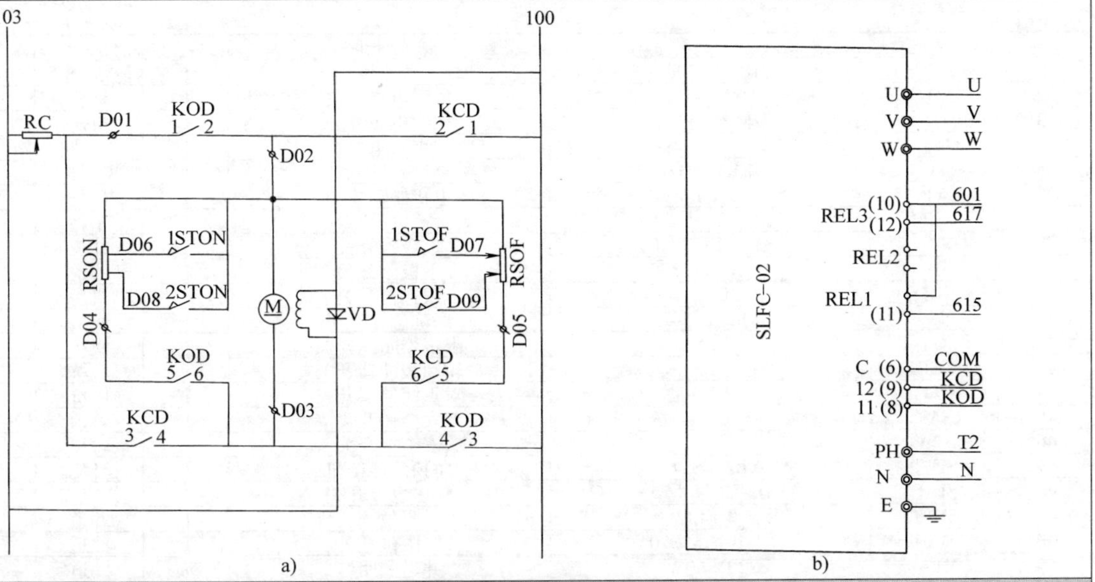

图 11-5 门机系统原理图

a）直流电机门机系统 b）变频门机系统

说明：1. 当采用该型变频门机时，不用开、关门到位开关。

2. 括弧内线号为 NBSL 其他型变频门机端子号。

开，但必须在急停继电器 KAE 和运行接触器 KR 同时工作时才能打开。

（2）运行计数器 PC 由 KR 控制，记录电梯的运行次数。

（3）急停继电器 KAE 线路与继电器梯基本相同，只是增加了一些接点，读者可对照图 11-3b 进行分析。

表 11-1 元件明细表

序号	代 号	型 号	名 称	数量	位 置	备注
1	KMP	LC1－D 系列	主电源接触器	1	控制柜	
2	K U	LC1-D0601M5N	上行接触器	1	控制柜	
3	K D	LC1-D0601M5N	下行接触器	1	控制柜	
4	KSP	LC1-D0610M5N	电锁接触器	1	控制柜	
5	K P	LC1-D0610M5N	电源接触器	1	控制柜	
6	KMF	LC1-D0601M5N	风机接触器	1	控制柜	
7	K R	LC1-D0601M5N	运行接触器	1	控制柜	
8	KAU	LC1-D0601M5N	自动断电接触器	1	控制柜	
9	KOD	LC1-D0601M5N	开门接触器	1	控制柜	
10	KCD	LC1-D0601M5N	关门接触器	1	控制柜	
11	KAE	3TH8031-0B	急停继电器	1	控制柜	
12	KDS	3TH8031-0B	门联锁继电器	1	控制柜	
13		150Ω＋0.47μF1000V/AC	灭弧阻容块	8	控制柜	
14	PC	SZ-J	运行次数计数器	1	控制柜	
15	D1-D4	1N-5408	二极管	4	控制柜	
16	R	10W/51Ω	制动器限流电阻	1	控制柜	
17	F1	MD310P 10A 3P	电路保护器	1	控制柜	
18	F2-F6	MC106P 6A 1P	电路保护器	5	控制柜	
19	TB1	1.1KVA	电梯控制电源	1	控制柜	
20	TB2	150VA	安全照明变压器	1	控制柜	
21	XS	2P＋PE 插座	电源插座	1	控制柜	5A
22	SRI	XB2-ED21	轿顶检修开关	1	检修盒	
23	SCS	D2A-1-R	轿顶控制按钮	1	检修盒	
24	SU	D2A-1-Y	轿顶慢上按钮	1	检修盒	
25	SD	D2A-1-G	轿顶慢下按钮	1	检修盒	
26	INV	VG5N-4 系列	变频器	1	控制柜	
27	RDB	与变频器相配合	制动电阻	1	控制柜	
28	PLC	NB2 系列	可编程序控制器		控制柜	
29	SE	XB2-ES542	急停按钮	1	控制柜	红
30	H	HLA-C	控制柜层楼指示器	1	控制柜	

（续）

序号	代 号	型 号	名 称	数量	位 置	备注
31	REC	100 V/50A	整流桥	1	控制柜	
32	Q	DZ10-60A	电梯电源开关	1	机房	
33	Q1	刀闸开关10A	照明电源开关	1	机房	
34	M		曳引电机	1	曳引机	
35	PG	ZKT-33C	旋转编码器	1	曳引机	
36	YB	DC110V	电机制动线圈	1	曳引机	
37	SP	DSKJ(220V 5A)	电锁	1	基站	
38	SUL	S3-B EL-1370	上极限开关	1	井道	
39	SDL	S3-B EL-1370	下极限开关	1	井道	
40	SGOV	UKS	限速器开关	1	机房	
41	SE-P	XB2-ES542	底坑急停按钮	1	底坑	红
42	SGOV-P	UKS	限速器断绳开关	1	底坑	
43	SPSE1	UKS	轿厢缓冲器开关	1	底坑	
44	SPSE2	UKS	对重缓冲器开关	1	底坑	
45	SAF	UKS	安全钳开关	1	轿顶	
46	SSW		安全窗开关	1	轿顶	
47	SE-T	XB2-ES542	轿顶急停按钮	1	检修盒	红
48	SE-C	KD2(非复位型)	轿内急停开关	1	操纵盘	红
49	SUL1	S3-B EL1370	上限位开关	1	井道	
50	SLD1	S3-B EL-1370	下限位开关	1	井道	
51	EM1 ~ m	220V 60W	井道照明灯	m	井道	$m=h/7$
52	SDS1 ~ n		厅门联锁开关	n	门锁内	自带
53	XS-C1	2P + PE	轿顶插座	1	检修盒	10A
54	XS-C2	2P + PE	轿顶插座	1	检修盒	10A
55	XS-P	2P + PE	底坑插座	1	底坑	10A
56	SEM-C	KCD3-Y	轿内照明开关	1	操纵盘	
57	SRI-T	XB2-ED21	轿顶检修开关	1	检修盒	
58	SCS-T	D2A-1-R	轿顶控制按钮	1	检修盒	
59	SU-T	D2A-1-Y	轿顶慢上按钮	1	检修盒	
60	SD-T	D2A-1-G	轿顶慢下按钮	1	检修盒	
61	SRI-C	KCD3-Y	轿内检修开关	1	操纵盘	
62	SCS-C	KD2(复位型)	轿内控制按钮	1	操纵盘	
63	SU-C	KD2(复位型)	轿内慢上按钮	1	操纵盘	
64	SD-C	KD2(复位型)	轿内慢下按钮	1	操纵盘	
65	TEL		通信电话机	1	轿内	
66	SFAN	KCD3-Y	轿厢风扇开关	1	操纵盘	
67	FAN		轿厢风扇	1	轿顶	三菱
68	SEM-P	LAY3-11X2	底坑安全照明开关	1	底坑	
69	SEM-T	LAY3-11X2	轿顶安全照明开关	1	检修盒	
70	EM-P	36V 60W	底坑安全照明灯	1	底坑	
71	EM-T	36V 60W	轿顶安全照明灯	1	轿顶	
72	XS-T	2P(250V 10A)	轿顶36V 插座	1	轿顶	
73	XS-P	2P(250V 10A)	底坑36V 插座	1	底坑	
74	SDE1,2	LX29-7/2	门触板开关	2	轿门	
75	SOD		开门按钮	1	操纵盘	
76	SCD		关门按钮	1	操纵盘	
77	<u>M</u>		开门机	1套	轿顶	
78	SODL		开门到位开关	1	开门机	
79	SCDL		关门到位开关	1	开门机	
80	SDZ1,2	YG-1	上下门区感应器	2	轿顶	
81	SB-U,D	YG-1	上下换速感应器	2	轿顶	
82	SJ-U,D	YG-1	上下校号感应器	2	井道	
83	SF-U,D	YG-1	上下强换感应器	2	井道	
84	SFR	KCD2	消防开关	1	消防盒	红
85	SOL1	LXW5-11M	超载开关	1	轿底	
86	SOL2	LXW5-11M	满载开关	1	轿底	
87	SNS	KD2(复位型)	直驶按钮	1	操纵盘	
88	SA-M	KCD3-Y	有/无司机开关	1	操纵盘	
89	HLOL		超载指示灯	1	操纵盘	
90	CLK	AC 24V	到站钟	1	轿顶	
91	H-C		轿厢层楼指示器	1	操纵盘	
92	H1-Hn		厅门层楼指示器	n	呼梯盒	
93	SA1-SAn		选层按钮	n	操纵盘	
94	SAU1 ~ n-1		上呼梯按钮	n-1	呼梯盒	
95	SAD2 ~ n		下呼梯按钮	n-1	呼梯盒	

（续）

序号	代 号	型 号	名 称	数量	位 置	备注
96	HL1 ~ n		选层指示灯	n	操纵盘	自带
97	HLU1 ~ n-1		上呼梯指示灯	n-1	呼梯盒	自带
98	HLD2 ~ n		下呼梯指示灯	n-1	呼梯盒	自带
99	RC		开门机限流电阻		开门机	
100	RSON		开门分流电阻		开门机	
101	(1 ~ 2) STON		开门调速行程开关		开门机	
102	RSOF		关门分流电阻		开门机	
103	(1 ~ 2) STOF		关门调速行程开关		开门机	
104	VD		续流二极管		开门机	

（4）门联锁继电器 KDS 线路与图 11-3 中 b 图门联锁继电器相同。

2. 照明系统较图 11-3 复杂，增设了插座，读者自行分析。

四、可编程序控制器主控板 ★★★

主控板是电梯的核心部件，是实现电梯所有功能的指挥所，用程序和指令代替了复杂的继电器电路，主控板分六部分内容。

1. 主控部分由接触器及线路构成，这部分相对比较简单。开门接触器 KOD 和关门接触器 KCD 互锁，主电源接触器 KMP 只有在急停继电器 KAE 和门联锁继电器 KDS 都正常工作时才能得电吸合；上行和下行接触器 KU、KD 互锁且只有上下限位开关 SUL1 和 SDL1 正常闭合才能得电吸合，当越限时即自动停止上行或下行；主控板控制电梯一即工作，运行接触器 KR 便投入运行。

2. 楼层及上下行显示器 H 直接由主控板控制，并通过 KU（5-6）、KD（5-6）控制上下行指示，这部分内容相当于楼层及上下行指示信号。

3. 信号部分直接由主控板控制，其中 CLK 为到站钟，轿厢到站即响；HLOL 为超载信号灯；HL1 ~ n 为轿内选层指示灯；HLU 和 HLD 为轿外呼梯显示灯。元件右侧标注的文字符号为旧符号。

4. 电梯操作部分直接由主控板经各种开关元件构成，其中包括开门关门按钮 SOD 和 SCD、安全触板开关 SDE、开关门到位开关 SODL 和 SCDL、上下门区感应器 SDZ、上下换速感应器 SB-U 和 SB-D、上下校号感应器 SJ-U 和 SJ-D、上下强换感应器 SF-U 和 SF-D 等以及轿顶轿内检修、控制、慢上慢下按钮。

5. 选层、呼梯、截车及信号记忆部分直接由主控板引出，其中 SA（1 ~ n）为轿内选层按钮、SAU 和 SAD 为门厅上下呼梯钮，层数较多时（8 层以上）补充控制板（图 11-7），元件左侧标注的文字符号为旧符号。

6. 程序信号输出部分由 30B、Y1、Y2、Y3 和 X1、X2、X3、X4、CM 组成，直接引至变频器的相应端，其中 601 由主控板“0V”端子引出。程序信号输出是主控板接受外输入指令或信号经运算及程序处理后输出的信号，并指挥变频器工作，这部分内综合了图 11-3 的相关内容，并简化了继电器逻辑控制的复杂线路。

有关可编程序控制器内部构造、程序编制、功能作用等内容请读者参阅有关专著，这部分内容已超出本书的范围，不再赘述。

五、门机系统 ★★★

门机有两种型式，一种是采用直流电机的门机系统，一种是采用变频门机系统。其中直流电机门机系统与图 11-3 图基本相同，不再赘述。变频门机系统是一种机电一体的变频动力装置，使用时不用关门开门接触器，也不使用开关门到位开关，直受 PLC 的控制。其中，U、V、W 接三相电源，601、617、615 直接与 PLC 相应端子连接，COM 与主控板 COM 连接，KCD 和 KOD 端直接与主控板接 KCD、KOD 端 2、3 端子连接，将原 KCD、KOD 接触器拆下。变频门机系统简化了直流门机系统，且无噪声，是一种理想的门机系统。

六、接线图 ★★★

一般电梯图样中均给出接线图，给安装布线带来方便。接线图包括机房接线图、井道接线图和轿厢接线图，见图 11-6 ~ 图 11-8。接线图中的标注与原理图的标注是一致的，读者可自行分析。

电梯的控制线路很多，也有简易电梯，线路更为简单，这里不一一介绍，读者可根据图样的实际情况，按本章的内容进行分析，一般情况都能够有满意的结果。

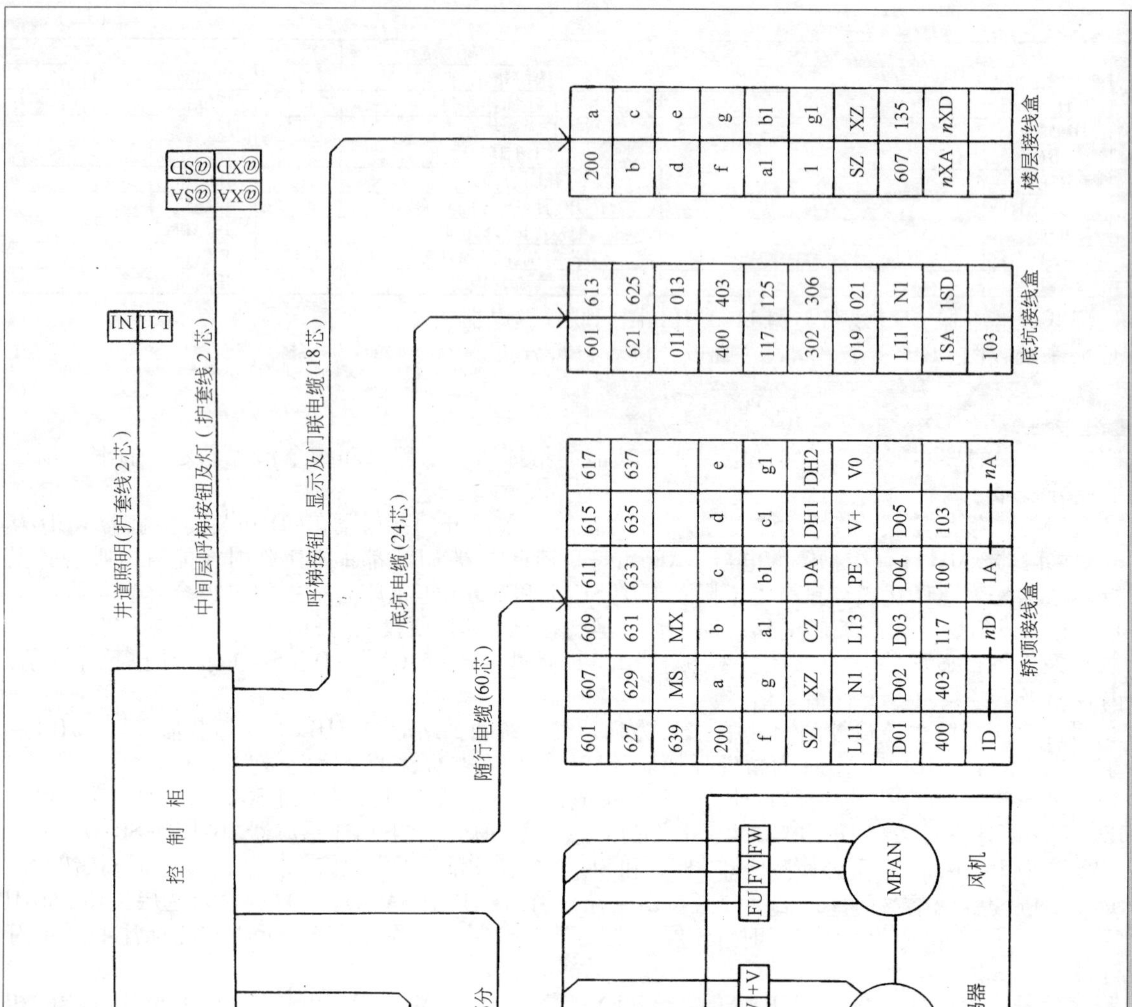

图 11-6 机房接线图

说明：*n* 为最高楼层数，@ 为中间楼层数

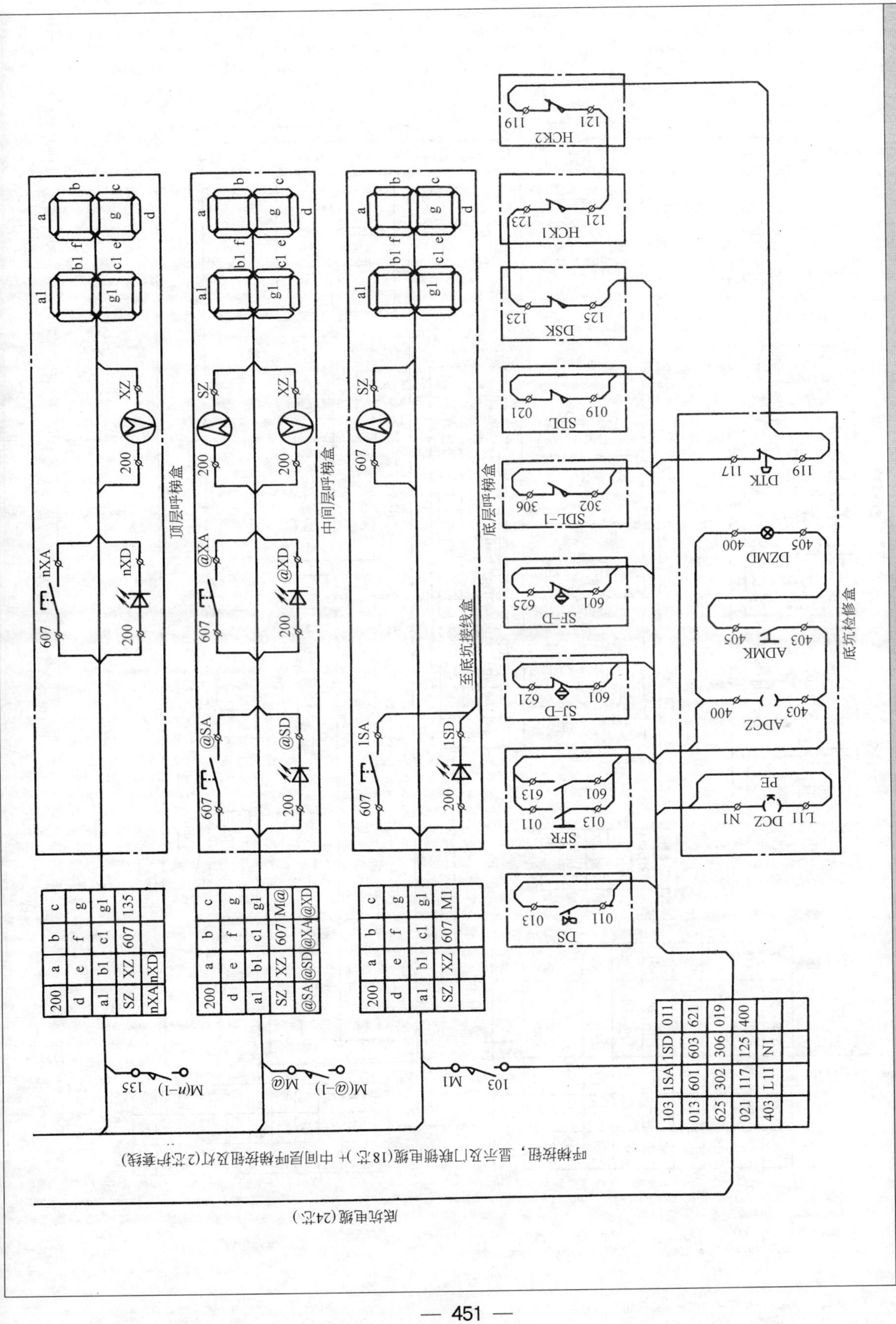
顶层呼梯盒
中间层呼梯盒
底层呼梯盒
至底坑接线盒
底坑检修盒
HCK2
HCK1
DSK
SDL
SDL-1
SF-D
SJ-D
SFR
DS
DTK
DZMD
ADMK
ADCZ
PE
DCZ
底坑电缆(24芯)

图 11-7　井道接线图

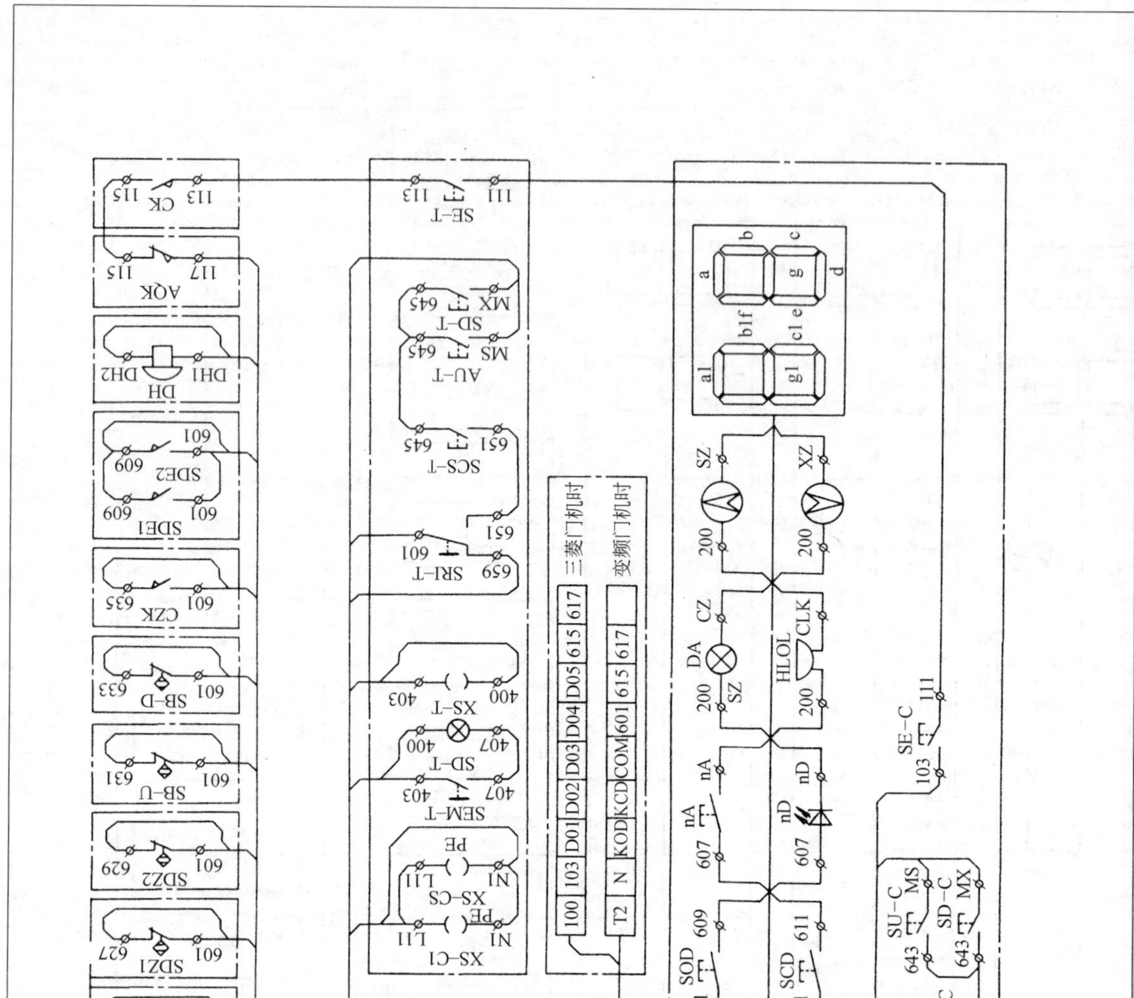

图 11-8　轿厢接线图

说明：nA 为 n 个内选按钮，nD 为 n 个内选灯

第二节　新型微机控制交流变频调速电梯线路

电梯的结构和控制技术随电子技术、微机技术和变频技术的发展也在不断发展，微机控制交流变频调速电梯也越来越普及，这里仅以典型的上海新时达电气有限公司生产的电梯为例讲述新型微机控制交流变频调速电梯结构的识读。微机控制交流变频调速电梯与前述内容有很多相同的地方，这里仅讲述不同之处及要点。

一、图样分析及要点 ★★★

（一）系统结构

系统结构如图 11-9 所示。

由图 11-9 可知，系统由 6 部分组成。

1. 控制柜

包括调整器（变频器）、继电器、接触器（主要是接通/断开曳引电动机回路和变频器主回路的）、微机主控板等。微机主控板是系统控制的中心部件。

2. 曳引电动机和旋转编码器

曳引电动机由调速器（变频器）驱动，信号由主板发出，而主板接受厅外及轿厢的信号而工作。旋转编码器是按旋转周数而确定轿厢位置的。

3. 井道

主要包括安全开关、位置开关、厅门锁等，以控轿厢的位置及安全保护等。

4. 轿厢

轿厢接受厅外的信号，进行停靠平层、门机进行开关门动作。由轿厢控制器控制接受信号后发出停靠信号，并确定平层。

5. 厅外

主要是召唤按钮及其控制器，发出电梯运行信号（上/下）和停靠信号。

6. 各类保护

如超载、满载、限位、安全触板等，系统元件代号见表 11-2。

表 11-2　元件代号表

元件代号	元件定义	型号及规格	置放处所	备　注
AP1	光耦隔离板		控制柜	
BKU	制动单元		控制柜	
BIT	涡流制动器		轿顶	讯达 QKS9 门机有
C1	抱闸电容		控制柜	
EL1	轿顶 36V 照明灯		轿顶	
EL2	底坑 36V 照明灯		底坑	
EL3	轿厢照明灯		轿厢	
EL4	轿厢照明灯		轿厢	
F1	220V 闸刀开关		机房	
FM1	快速熔断丝		机房	
FR1 ~ FR3	快速熔断丝		机房	
FU1	快速熔断丝		控制柜	24V
FU2	快速熔断丝		控制柜	110V
FU3	快速熔断丝		控制柜	220V
FU4	快速熔断丝		控制柜	36V
HAA	警铃		井道	

元件代号	元件定义	型号及规格	置放处所	备　注
HAB	蜂鸣器		轿厢	
HAD	下到站钟		轿底	
HAU	上到站钟		轿顶	
HC1 ~ HCN	指令灯		轿厢	
HCL	关门灯		轿厢	
HD1 ~ HDN	下召灯		召唤盒	
HFN	风扇		轿厢	
HOL	超载灯		轿厢	
HOP	开门灯		轿厢	
HU1 ~ HUN	上召灯		召唤盒	
JRET	门机抱闸开关		轿顶	迅达 QKS9 门机有
KAC	关门继电器		控制柜	
KAD	厅门锁继电器		控制柜	
KAE	照明继电器		控制柜	
KAGC	群控转换继电器		控制柜	
KAO	开门继电器		控制柜	

（续）

元件代号	元件定义	型号及规格	置放处所	备　注
KAP	相序继电器		控制柜	
KAQ	提前开门继电器		控制柜	
KAS	安全回路继电器		控制柜	
KMB	抱闸接触器		控制柜	
KMC	主接触器		控制柜	
KMY	辅助接触器		控制柜	
KMZ	抱闸强激接触器		控制柜	
M	主机		机房	
MDO	门机电动机		轿顶	
MGH	门机抱闸		轿顶	迅达 QKS9 门机有
PG	旋转编码器		机房	
PG-B2	反馈卡		控制柜	安川变频器用
PHO-M	对讲母机		机房	
PHO-S	对讲子机		轿厢	
QF	380V 断路器		机房	
RB	制动电阻		控制柜	
RCL	关门电阻		轿顶	
RMD	门机总电阻		轿顶	
ROP	开门电阻		轿顶	
RZ1	抱闸维持电阻		控制柜	
RZ2	抱闸续流电阻		控制柜	
SAD2	门机电源开关		控制柜	两联
SAD3	门机电源开关		控制柜	三联
SBB	警铃按钮		井道	
SBC1 ~ SBCN	指令按钮		轿厢	
SBCD	轿厢下行按钮		轿厢	
SBCL	关门按钮		轿厢	
SBCU	轿厢上行按钮		轿厢	
SBD1 ~ SBDN	下召按钮		召唤盒	
SBOP	开门按钮		轿厢	
SBPD	控制柜下行按钮		控制柜	
SBPS	直驶按钮		轿厢	
SBPU	控制柜上行按钮		控制柜	
SBTD	轿顶下行按钮		轿顶	
SBTU	轿顶上行按钮		轿顶	
SBU1 ~ SBUN	上召按钮		召唤盒	
SHC	轿厢照明开关		轿厢	
SHL	底坑 36V 照明开关		底坑	
SHT	轿顶 36V 照明开关		轿顶	
SLC	开门到位开关		轿顶	
SLDL	下极限开关		井道	
SLDT	下强迫停车开关		井道	
SLO	开门到位开关		轿顶	
SLUL	上极限开关		井道	
SLUT	上强迫停车开关		井道	
SM-01-F3	主控制板		控制柜	
SM-02-B	轿厢控制板		轿厢	
SM-03-B	轿厢指令控制板		轿厢	
SM-04	厅外召唤和显示板		召唤盒和轿厢	
SMC	轿门锁		轿厢	
SMH1 ~ SMHN	1 ~ *N* 层厅门锁		井道	
SQD	下平层感应器		轿顶	
SQE	安全触板行程开关		轿厢	
SQM	门区感应器		轿顶	
SQU	上平层感应器		轿顶	
SRCI	轿厢检修开关		轿厢	
SRK	锁梯钥匙开关		基站	
SRP	控制柜检修开关		控制柜	
SRT	轿顶检修开关		轿顶	
SSAN	安全钳开关		轿顶	
SSAW	安全窗开关		轿顶	
SSBB	对重缓冲器开关		底坑	
SSC	关门减速开关		轿顶	
SSCB	轿厢缓冲器开关		底坑	
SSD	下强迫慢车开关		井道	
SSDL	下行多层强慢开关		井道	
SSFU	满载开关		轿底	
SSLS	限速器开关		机房	
SSO	开门减速开关		轿顶	
SSOL	超载开关		轿底	
SSRG	断绳保护开关		底坑	
SSU	上强迫慢车开关		井道	
SSUL	上行多层强慢开关		井道	
STC	轿厢急停开关		轿厢	
STL	底坑急停开关		底坑	
STP	控制柜急停开关		控制柜	
STT	轿顶急停开关		轿顶	
SW	单联断路器		控制柜	
SWD	司机/自动转换开关		轿厢	
SWFL	消防开关		撤离站	
SWN	风扇开关		轿厢	
SWV	独立运行开关		轿厢	
TCO	控制变压器		控制柜	
TPB	开关电源		控制柜	
TSF	36V 照明变压器		控制柜	
UFC	主变频器		控制柜	
UFD	门机变频器		轿顶	
UR1	24V 整流桥		控制柜	
UR2	110V 整流桥		控制柜	
UR3	抱闸续流二极管		控制柜	
V	电压表		控制柜	
XS1	轿顶 220V 插座		轿顶	
XS2	底坑 220V 插座		底坑	
XS3	轿顶 36V 插座		轿顶	
XS4	底坑 36V 插座		底坑	
YBK	抱闸线圈		机房	
YDO	门机励磁		轿顶	

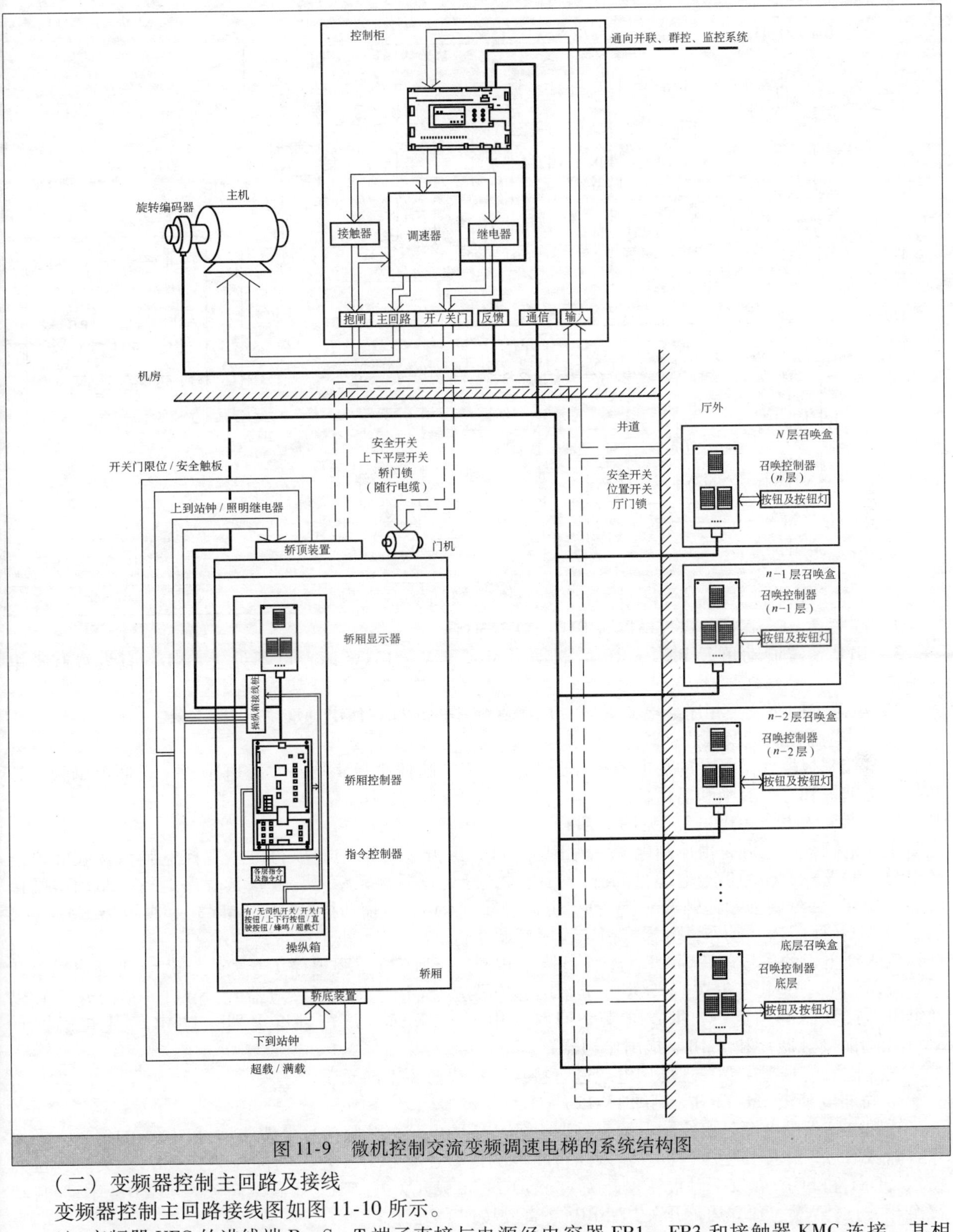

图 11-9 微机控制交流变频调速电梯的系统结构图

（二）变频器控制主回路及接线

变频器控制主回路接线图如图 11-10 所示。

1）变频器 UFC 的进线端 R、S、T 端子直接与电源经电容器 FR1 ~ FR3 和接触器 KMC 连接，其相线端 U、V、W 经接触器 KMY 与主曳引电动机 M 连接。同时旋转编码器与 M 同轴，其直接由 UFC 的 TA1 端子控制。

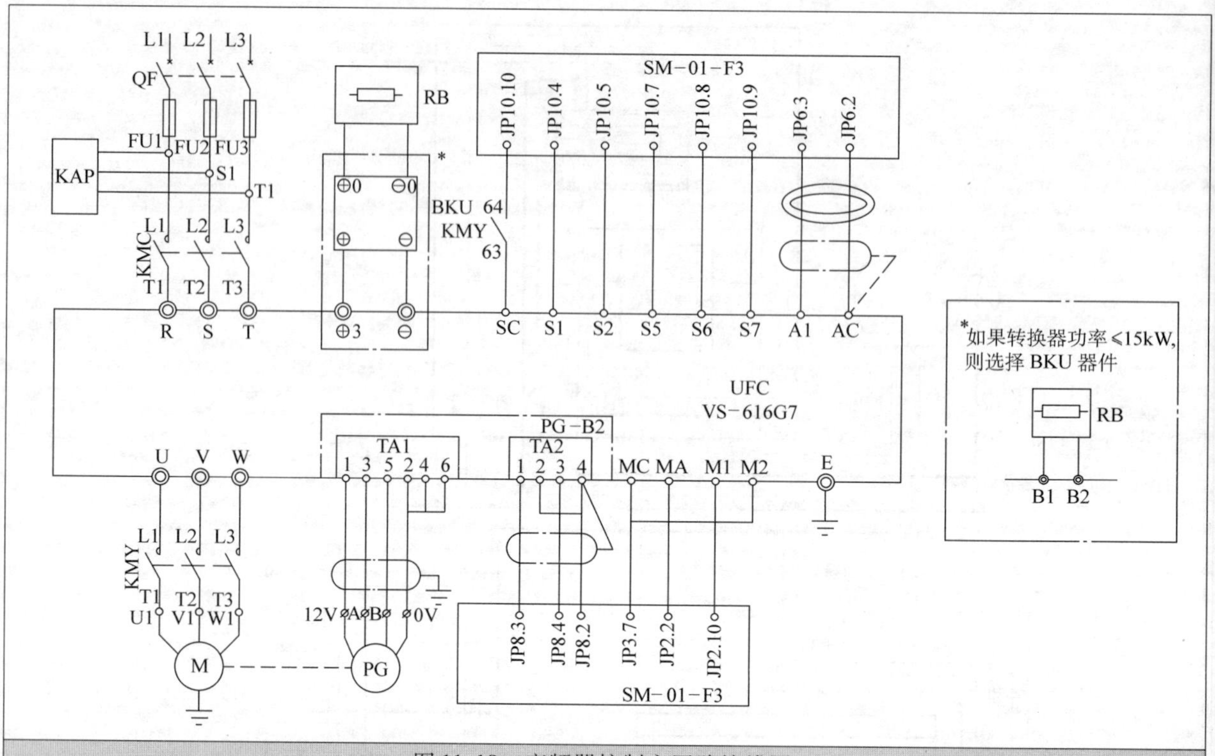

图 11-10　变频器控制主回路接线图

2）变频器 UFC 直接与主控电脑板 SM-01-F3 连接。

3）UFC 设置制动单元 BKU，RB 为制动电阻；当 M < 15kW 时，可不设置 BKU，只设置制动电阻 RB。

4）电源主回路设置相序继电器 KAP，以确保相序的正确，使电梯准确上升/下降。

（三）电脑控制板及接线

电脑控制板取代了复杂的继电器控制系统。共有电脑控制板 4 块：主控电脑板、轿厢电脑板、轿厢指令电脑板和厅外召唤和显示板。

1. 主控电脑板 SM-01-F3（见图 11-11）

主控电脑板的电源是由控制电源（见图 11-11）经开关电源 TPB 取得的。主控电脑板接收井道信号电缆（TXV）和轿厢信号电缆（TXA）的信号，经运算后确认信号，并按其程序运行，驱动抱闸接触器（KMB）、抱闸强激接触器（KMZ）、主接触器（KMC）、辅动接触器（KMY）和继电器 KAC（关门）、KAD（厅门锁）动作，电梯按锁定程序开始运行。

输入到主板的信号还有 SLUT（上强迫停车开关）、SLDT（下强迫停车开关）、SSU（上强迫慢车开关）、SSD（下强迫慢车开关）、SQU（上平层感应器）、SQD（下平层感应器）、SWFI（消防开关）以及继电器接触器的触点，如 KAS（安全回路继电器）、KAD（厅门锁继电器）、KMC（主接触器）、KMY（辅助接触器）和 KMB（抱闸接触器）等。

这些输入信号都需要在现场用电缆进行接线，接线必须正确无误。

2. 轿厢电脑板 SM-02-B（见图 11-12）

轿厢电脑板的电源是由控制电源直接取得的。轿厢电脑板接收信号电缆 TXV 和 TXA 的信号，经运算后确认信号，并按其程序运行。输入到轿厢板的信号还有 SLO（开门到位开关）、SLC（关门到位开关）、SQE1 和 SQE2（安全触板行程开关）、SSOL（超载开关）、SSFU（满载开关）、SWD（手动/自动转换开关）、SWV（独立运行开关）、SBPS（直驶按钮）等。

轿厢板上还接有 HOL（超载灯）、HAB（蜂鸣器）、HOP（开门灯）、SBOP（开门按钮）、HCL（关门灯）和 SBCL（关门按钮）等。

轿厢板的 JPT 点直接与轿厢指令电脑板 SM-03-B 连接。

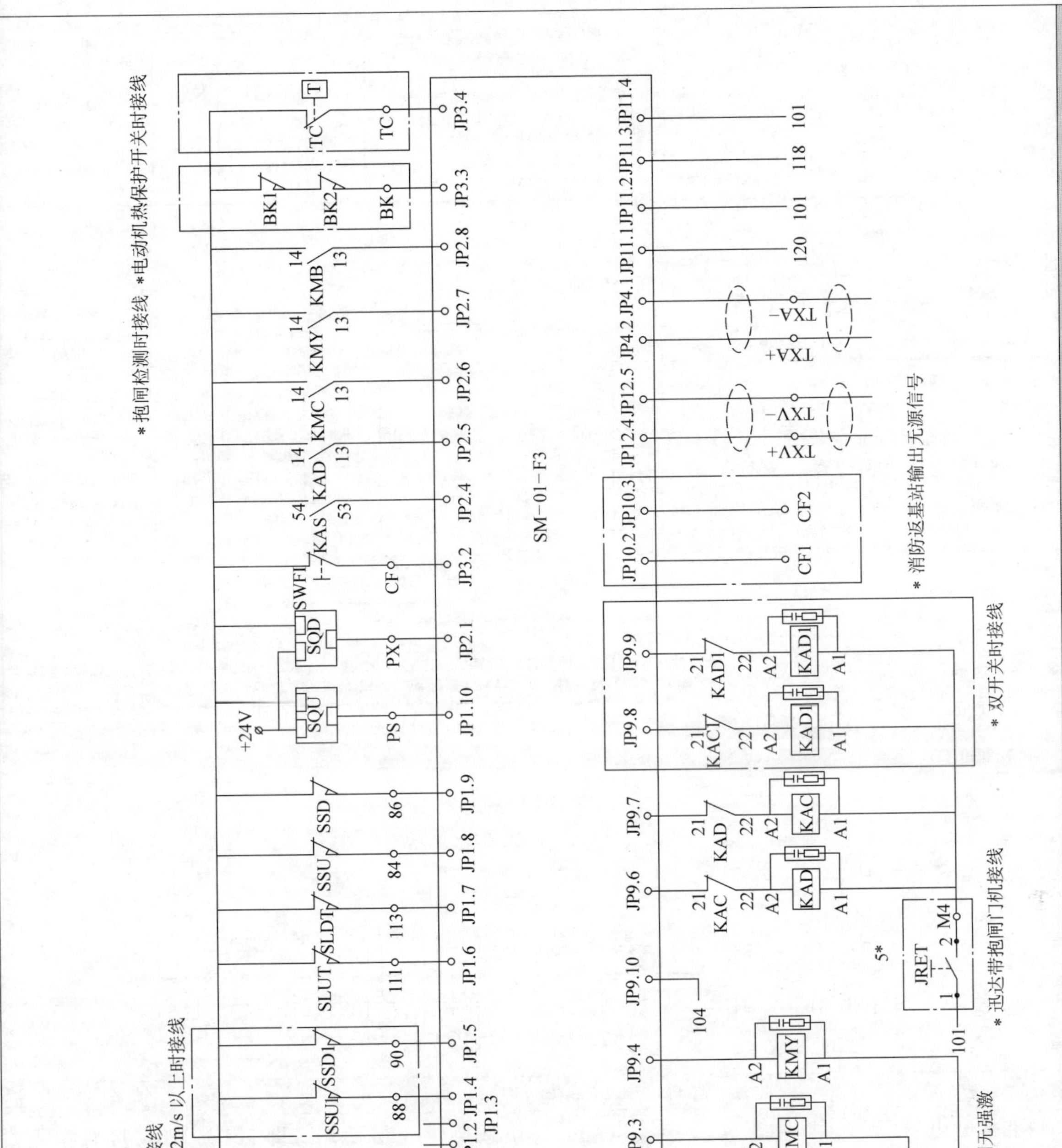

图 11-11　主控电脑板 SM-01-F3 接线图

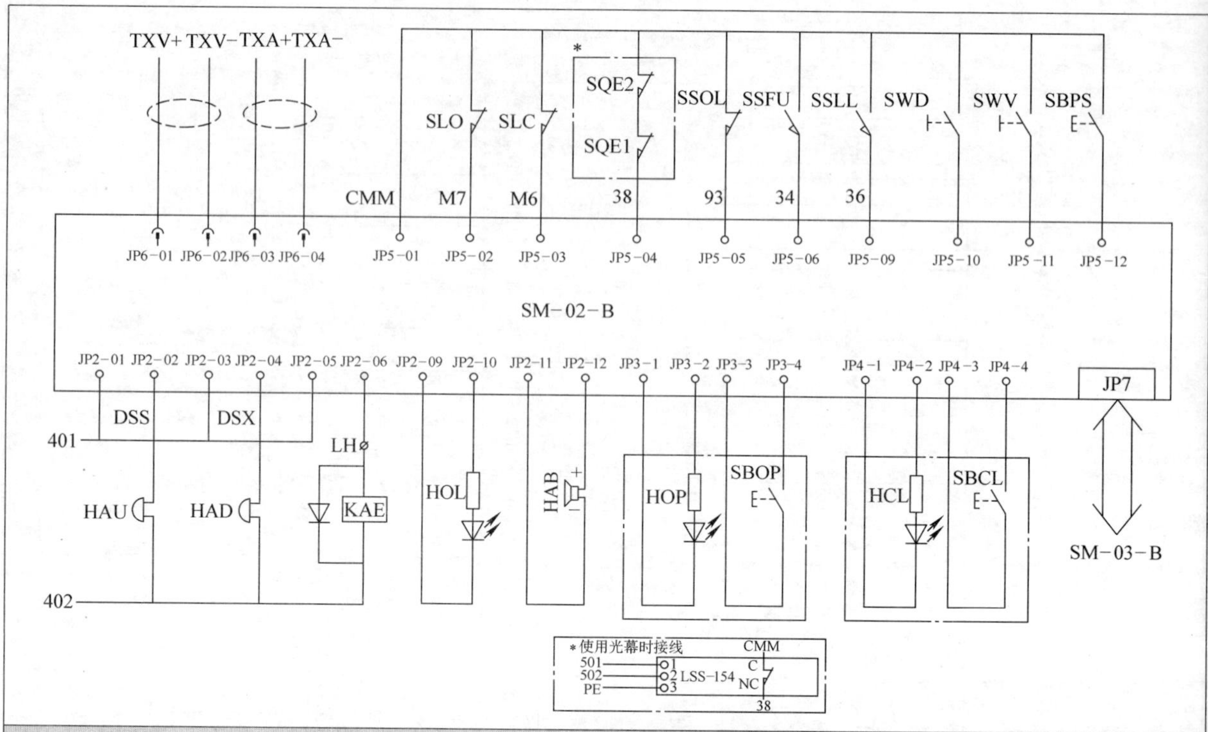

图 11-12 轿厢电脑板 SM-02-B 接线图

同样这样的信号均在现场用电缆接线。

3. 轿厢指令电脑板 SM-03-B（见图 11-13）

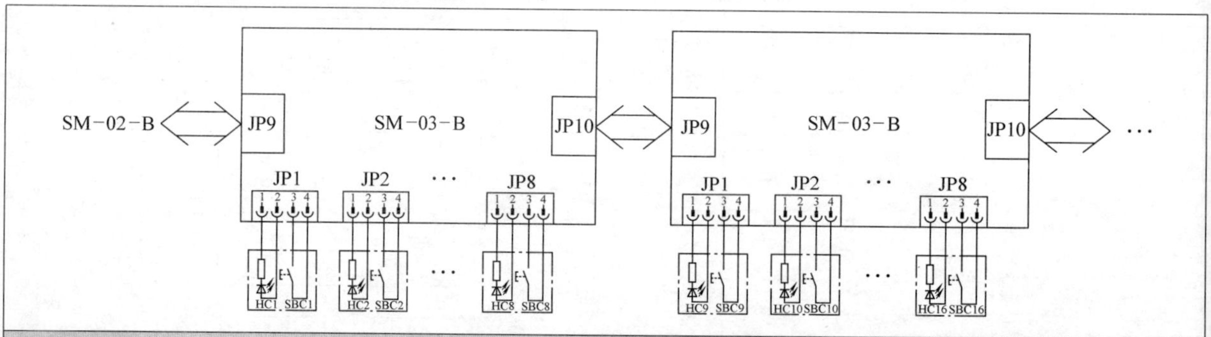

图 11-13 轿厢指令电脑板接线图

轿厢指令电脑板与轿厢主板是直接接口的，每块板可供 8 层使用，即 JP1 ~ JP8，接有指令灯（HC）和指令按钮（SBC），作为轿内选层指示和按钮。图 11-13 用了两块 SM-03-B，可供 16 层使用，板与板之间直接接口。

指令板的接线已由厂商完成，但应查找，特别是出现故障时。

4. 厅外召唤和显示板 SM-04（见图 11-14）

厅外召唤和显示板每层一块，接有上下召唤灯（HU、HD）和上下召唤按钮（SBU、SBD）供乘梯人使用。这些线已由厂家接好。

厅外召唤和显示板均与电缆 TXV、TXA 连接，这些线均在召唤盒及电缆中装好后在现场连接。

（四）安全及制动回路和接线

安全及制动回路接线图如图 11-15 所示。

安全及制动回路与继电器控制电梯基本相同，分为 3 个部分。一是安全回路继电器（KAS），二是厅门锁继电器（KAD），三是制动抱闸线圈（YBK）。

这些接线都是在现场完成的，图中标注可见表 11-2。

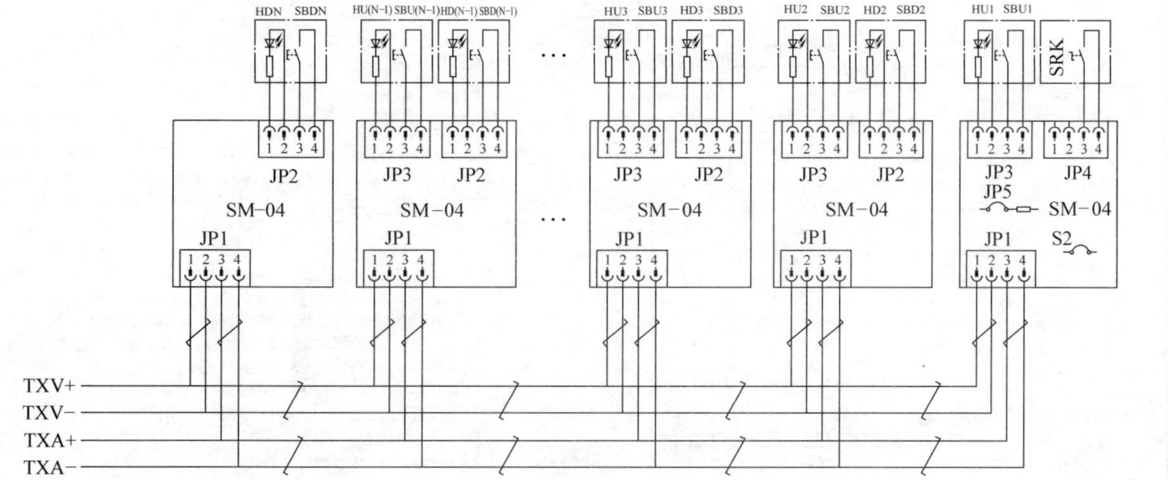

图 11-14　厅外召唤和显示板 SM-04 接线图

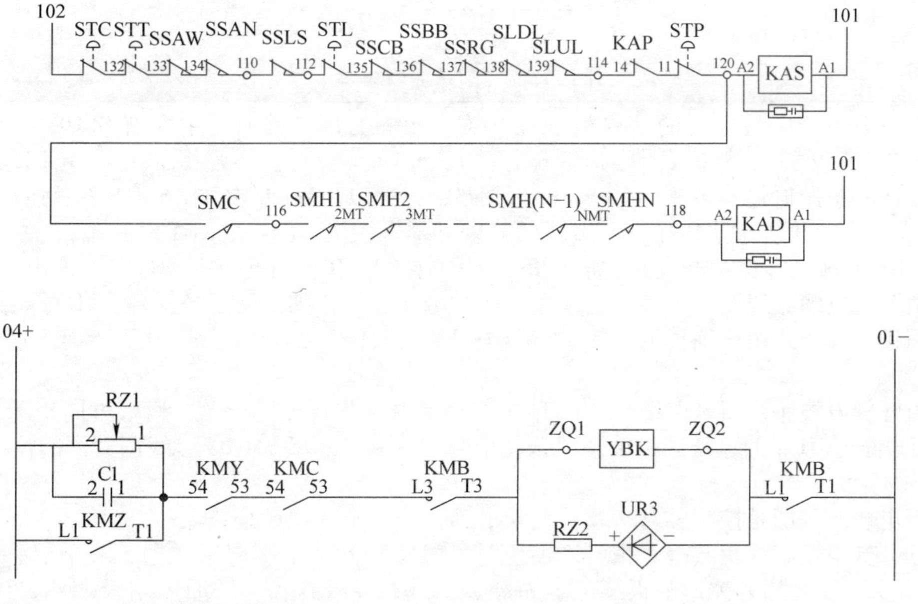

图 11-15　安全及制动回路接线图

（五）门机回路和接线

门机回路接线图如图 11-16 所示。

门机电动机 MDO 是由门机变频器（UFD）直接控制的。电源由控制电源经门机电源开关 SAD2 取得。MDO 直接与 UFD 连接。UFD 的输入信号由开、关门继电器（KAO、KAC）接点引入，其他信号来自轿厢主板 SM-02-B，这些接线均在现场完成。

（六）电缆布线图

电缆布线图主要有井道电缆布线图、井道分支电缆布线图、厅门锁电缆布线图、井道呼梯电缆布线图、随行电缆布线图、轿顶分支电缆布线图等，详见图 11-17 ~ 图 11-26。

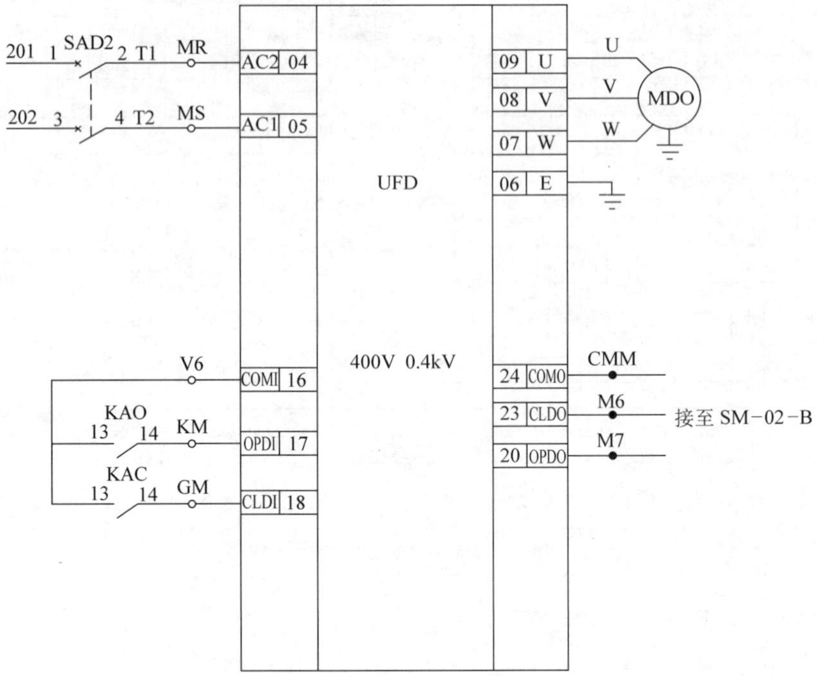

图 11-16　门机回路接线图

1）井道电缆布线图最主要的是要将各种开关、元件的接点接对，主要有 SLUL（上极限开关）、SLUT（上强迫停车开关）、SSU（上强迫慢车开关）、SSUL（上行多层强慢开关）、SSDL（下行多层强慢开关）、SSD（下强迫慢车开关）、SWFL（消防开关）、HAA（警铃）、SLDT（下强迫停车开关）、SLDL（下极限开关）以及底坑内的 SSCB（轿厢缓冲器开关）、SSBB（对重缓冲器开关）、STL（底坑急停开关）、SSRG（断绳保护开关）、插座 XS、照明灯（ELZR）开关 SHL 等。

2）井道分支电缆布线图即为井道电缆布线图的分支，它详细说明了各元件、开关、接点的接线。

3）厅门锁电缆布线图详细说明了 1 ~ N 层厅门锁（SMH）的接线，其中要特别注意保护线 PE 的连接。

4）井道呼梯电缆布线图是电缆 TXV、TXA 与呼梯盒（装有楼层指示、运行方向指示的 SM-04 板）的接插件接线端子 CH-4 的连线图，读图时该图应与召唤和显示板 SM-04 接线图共同阅读，接线全部在现场接线。

5）随行电缆布线图是控制屏与轿顶接线端的连接图，全部现场接线。

6）轿顶分支电缆布线图共有 5 张，详细说明了门区开关（上平层感应器、下平层感应器），轿门锁，安全窗开关，安全钳开关，触板开关，超载、满载、轻载开关，轿厢风扇及照明，到站钟，门机开关门信号，检修上下行开关，检修优先开关，轿顶急停开关，轿顶照明插座，轿厢控制板接插件（CH-4）的接线及轿顶接线箱操纵盘端子台的接线。电缆布线接线图全部现场接线，接线时必须用通信工具来核对接线，保证 100% 正确。

（七）布线图

布线图共有 4 张，如图 11-27 ~ 图 11-30 所示，其中井道布线图与前述井道电缆布线图对应，轿顶布线图与前述轿顶分支电缆布线图对应，轿厢布线图与前述轿厢电脑板 SM-02-B 接线图对应。

机房布线图详细说明了由控制框引出的呼梯通信线 TXV 和 TXA、井道电缆、随行电缆的接线端子号及与主电动机、抱闸、旋转编码器的布线。另外，电源的引入和限速器的引出也标注在了机房布线图上。

接线方式	控制屏 端子号	控制屏 图样线号	井道电缆 R01 TVV19(18×0.75+1×2.0) 电缆线号	井道电缆 R01 TVV19(18×0.75+1×2.0) 图样线号	各层分支点
					上限位
PHOENIX ST2,5	111	111	1	111	下限位
PHOENIX ST2,5	113	113	2	113	上单层强慢
PHOENIX ST2,5	84	84	3	84	下单层强慢
PHOENIX ST2,5	86	86	4	86	消防
PHOENIX ST2,5	CF	CF	5	CF	公共线
PHOENIX ST2,5	COM	COM	6	COM	上多层强慢①
PHOENIX ST2,5	88	88	7	88	下多层强慢①
PHOENIX ST2,5	90	90	8	90	安全回路
PHOENIX ST2,5	112	112	9	112	
PHOENIX ST2,5	114	114	10	114	220V
PHOENIX ST2,5	501	501	11	501	
PHOENIX ST2,5	502	502	12	502	36V
PHOENIX ST2,5	601	601	13	601	
PHOENIX ST2,5	602	602	14	602	警铃
PHOENIX ST2,5	801	801	15	801	
PHOENIX ST2,5	811	811	16	811	
			17		
			18		
PHOENIX ST2.5-PE	PE	PE	G	PE	接地线

① 仅 2m/s 以上配线

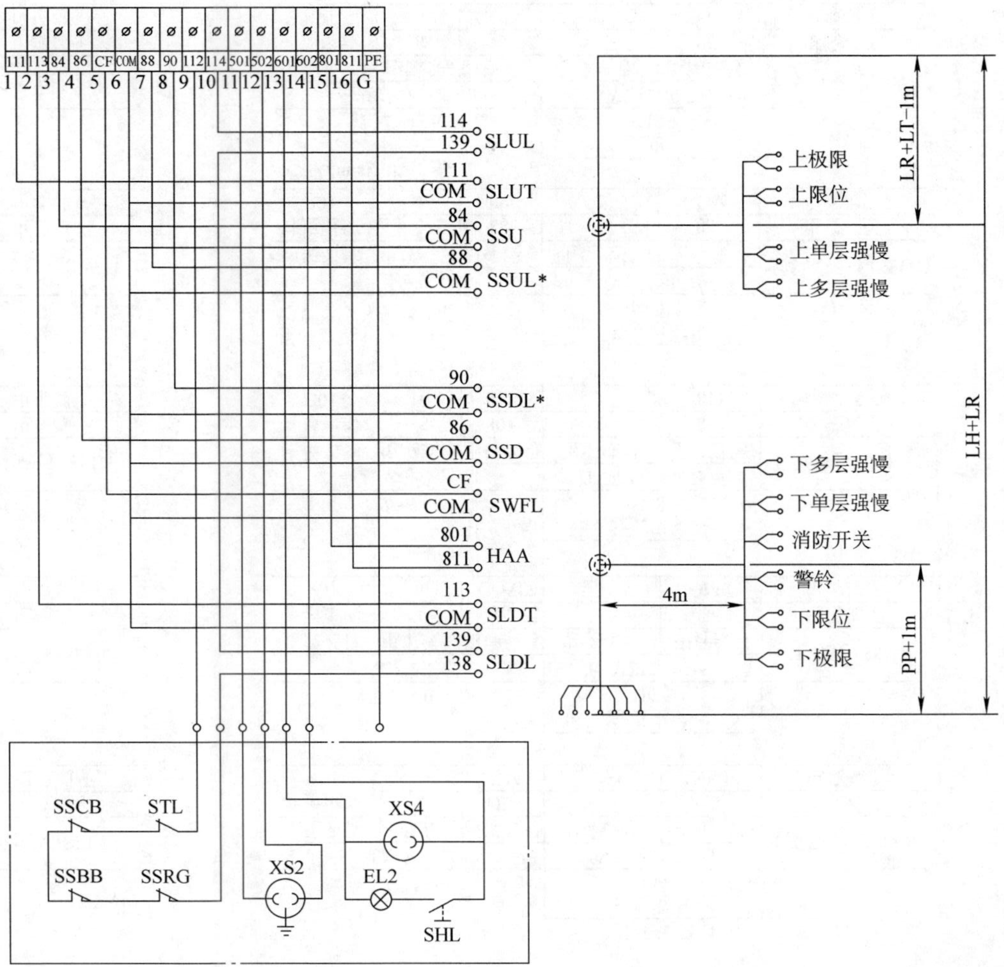

图 11-17　井道电缆布线图

L=4.0m			分支电缆 H01		
顶层分支盒			TVV2 (2×0.75)		上极限 (SLUL)
电缆名称	电缆线号	图样线号	电缆线号	图样线号	
井道电缆 R01	10	114	1	114	电缆端子
	Δ10	139	2	139	电缆端子

L=4.0m			分支电缆 H02		
顶层分支盒			TVV2 (2×0.75)		上极限 (SLUL)
电缆名称	电缆线号	图样线号	电缆线号	图样线号	
井道电缆 R01	1	111	1	111	电缆端子
	6	COM	2	COM	电缆端子

L=4.0m			分支电缆 H03		
顶层分支盒			TVV2 (2×0.75)		上强慢 (SSU)
电缆名称	电缆线号	图样线号	电缆线号	图样线号	
井道电缆 R01	3	84	1	84	电缆端子
	6	COM	2	COM	电缆端子

L=4.0m			分支电缆 H04		
基站分支盒			TVV2 (2×0.75)		消防开关 (SWFI)
电缆名称	电缆线号	图样线号	电缆线号	图样线号	
井道电缆 R01	5	CF	1	CF	电缆端子
	6	COM	2	COM	电缆端子

L=4.0m			分支电缆 H05		
基站分支盒			TVV2 (2×0.75)		下极限(SLDL)
电缆名称	电缆线号	图样线号	电缆线号	图样线号	
井道电缆 R01	10	139	1	139	电缆端子
	10	138	2	138	电缆端子

L=4.0m			分支电缆 H06		
基站分支盒			TVV2 (2×0.75)		下限位 (SLDT)
电缆名称	电缆线号	图样线号	电缆线号	图样线号	
井道电缆 R01	2	113	1	113	电缆端子
	6	COM	2	COM	电缆端子

L=4.0m			分支电缆 H07		
基站分支盒			TVV2 (2×0.75)		下强慢 (SSD)
电缆名称	电缆线号	图样线号	电缆线号	图样线号	
井道电缆 R01	4	86	1	86	电缆端子
	6	COM	2	OMC	电缆端子

L=4.0m			分支电缆 H08		
基站分支盒			TVV2 (2×0.75)		警铃 (HAA)
电缆名称	电缆线号	图样线号	电缆线号	图样线号	
井道电缆 R01	15	801	1	801	电缆端子
	16	811	2	811	电缆端子

L=4.0m			分支电缆 H09①		
顶层分支盒			TVV2 (2×0.75)		上多层强慢 (SSU1)
电缆名称	电缆线号	图样线号	电缆线号	图样线号	
井道电缆 R01	7	88	1	88	电缆端子
	6	COM	2	COM	电缆端子

① 仅2m/s以上有。

L=4.0m			分支电缆 H10①		
基站分支盒			TVV2 (2×0.75)		下多层强慢 (SSDI)
电缆名称	电缆线号	图样线号	电缆线号	图样线号	
井道电缆 R01	8	90	1	90	电缆端子
	6	COM	2	COM	电缆端子

① 仅2m/s以上有。

图 11-18　井道分支电缆布线图

井道电缆 R02

控制屏			TVV3 (2×0.75+1×2.0)		各层分支点
接线方式	端子号	图样线号	电缆线号	图样线号	
PHOENIX ST2,5	116	116	1	116	厅门锁
PHOENIX ST2,5	118	118	2	118	
PHOENIX ST2,5-PE	PE	PE	G	PE	接地线

L=4.0m　分支电缆 HDN　(n−1) 根

各层分支盒			TVV3 (2×0.75+1×2.0)		厅门锁
电缆名称	电缆线号	图样线号	电缆线号	图样线号	
井道电缆 R02	2	118	1	118	电缆端子
	Δ2	118N	2	118N	电缆端子
	PE	PE	G	PE	接地线

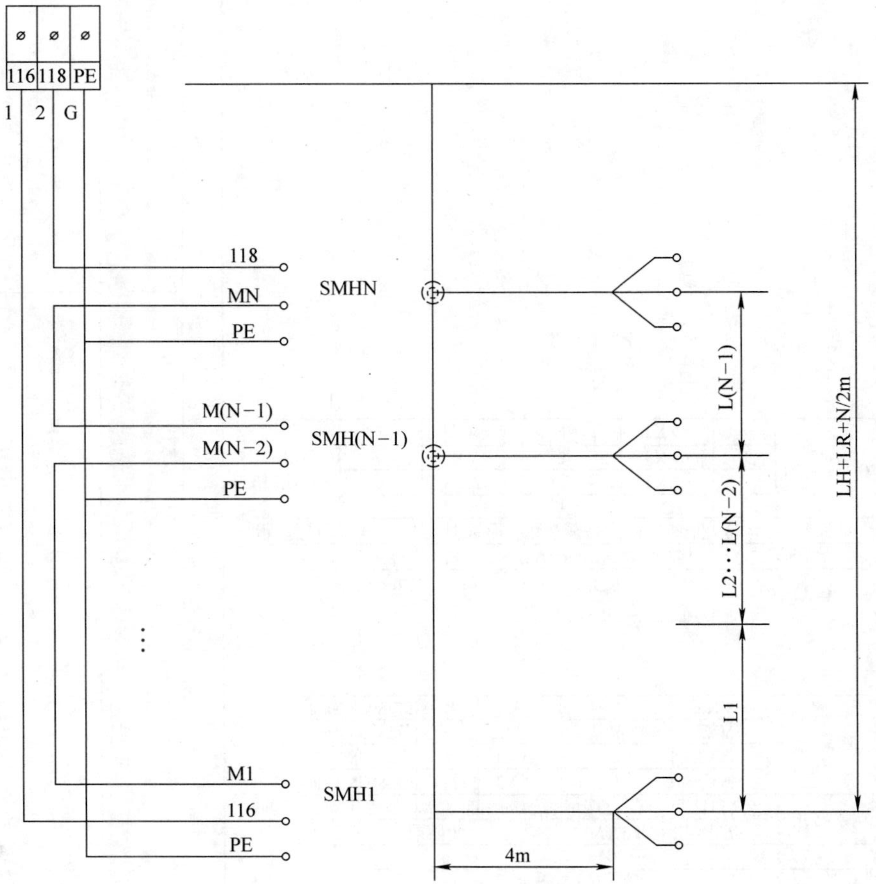

图 11-19　厅门锁电缆布线图

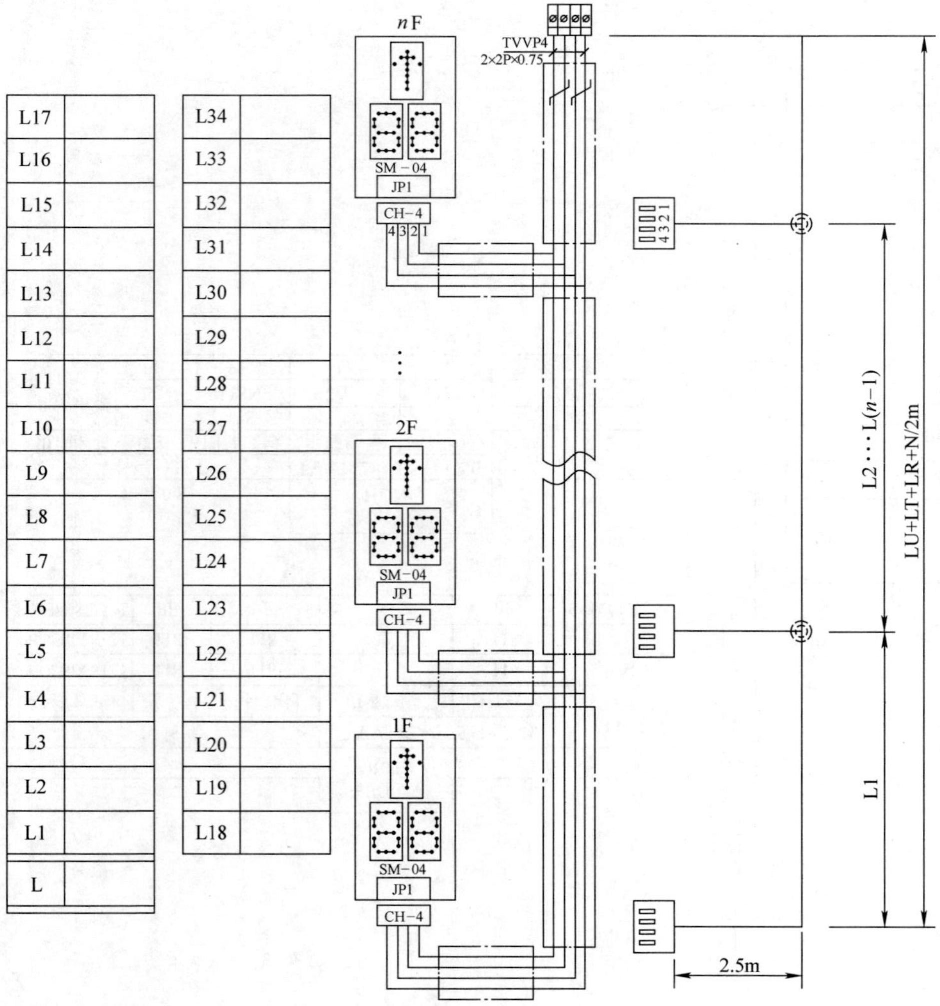

呼梯串行电缆

R03

控制屏			TVVP4(2×2P×0.75)		各层分支点
接线方式	端子号	图样线号	电缆线号	图样线号	
PHOENIX ST2,5	1	TXV+	1	TXV+	呼梯盒
PHOENIX ST2,5	2	TXV−	2	TXV−	
PHOENIX ST2,5	3	TXA+	3	TXA+	
PHOENIX ST2,5	4	TXA−	4	TXA−	

L=2.5m			分支电缆 HCN		(n−1) 根	
各层分支点			TVVP4(2×2P×0.75)		呼梯盒	
电缆名称	电缆线号	图样线号	电缆线号	图样线号	针号	接插件
井道电缆 R03	1	TXV+	1	TXV+	1	(CH−4)×n
	2	TXV−	2	TXV−	2	
	3	TXA+	3	TXA+	3	
	4	TXA−	4	TXA−	4	

图 11-20　井道呼梯电缆布线图

	随行电缆 C00					
控制屏			TVVBP40(36×0.75+2×2P×0.75)	轿顶接线端		
接线方式	端子号	图样线号	电缆线号	图样线号	端子号	接线端子
			1			
PHOENIX ST2,5	102	102	2	102	102	
PHOENIX ST2,5	110	110	3	110	110	
PHOENIX ST2,5	120	120	4	120	120	
PHOENIX ST2,5	116	116	5	116	116	
PHOENIX ST2,5	501	501	6	501	501	
PHOENIX ST2,5	502	502	7	502	502	
PHOENIX ST2,5	504	504	8	504	504	
PHOENIX ST2,5	LH	LH	9	LH	LH	
PHOENIX ST2,5	MR	MR	10	MR	MR	
PHOENIX ST2,5	MS	MS	11	MS	MS	
PHOENIX ST2,5	MT①	MT①	12	MT①	MT①	
PHOENIX ST2,5	KM	KM	13	KM	KM	
PHOENIX ST2,5	GM	GM	14	GM	GM	
PHOENIX ST2,5	V6	V6	15	V6	V6	
PHOENIX ST2,5	80	80	16	80	80	
PHOENIX ST2,5	82	82	17	82	82	
PHOENIX ST2,5	78	78	18	78	78	
PHOENIX ST2,5	PS	PS	19	PS	PS	
PHOENIX ST2,5	PX	PX	20	PX	PX	
PHOENIX ST2,5	COM	COM	21	COM	COM	
PHOENIX ST2,5	24V	24V	22	24V	24V	
PHOENIX ST2,5	401	401	23	401	401	
PHOENIX ST2,5	402	402	24	402	402	
PHOENIX ST2,5	601	601	25	601	601	
PHOENIX ST2,5	602	602	26	602	602	
PHOENIX ST2,5	802	802	27	802	802	
PHOENIX ST2,5	811	811	28	811	811	
PHOENIX ST2,5	P+	P+	29	P+	P+	
PHOENIX ST2,5	LA	LA	30	LA	LA	
PHOENIX ST2,5	Y	Y	31	Y	Y	
PHOENIX ST2,5	N−	N−	32	N−	N−	
PHOENIX ST2,5-E	PE	PE	33	PE	PE	
PHOENIX ST2,5-E	PE	PE	34	PE	PE	
PHOENIX ST2,5	603	603	35	603	603	
			36			
PHOENIX ST2,5	TXV+	TXV+	双绞 1	TXV+	TXV+	
PHOENIX ST2,5	TXV−	TXV−	双绞 2	TXV−	TXV−	
PHOENIX ST2,5	TXA+	TXA+	双绞 3	TXA+	TXA+	
PHOENIX ST2,5	TXA−	TXA−	双绞 4	TXA−	TXA−	

①仅三相门机电源时接线。

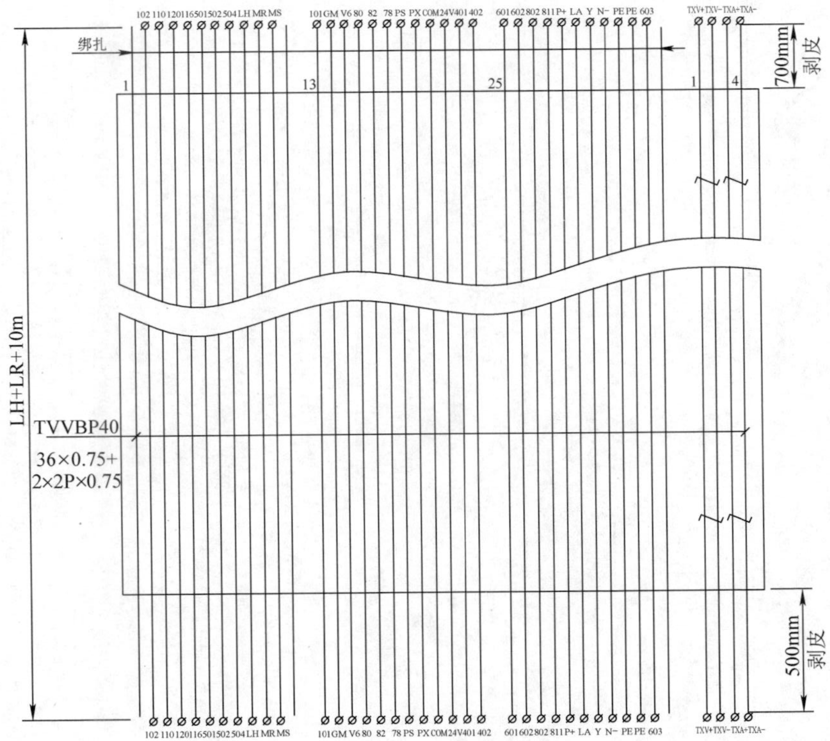

图 11-21　随行电缆布线图

L=3m　分支电缆 M01

轿顶接线箱		TVV5(4×0.75+1×2.0)		门区开关	
接线方式	端子号	图样线号	电缆线号	图样线号	
端子	COM	COM	1	COM	公共端
端子	24V①	24V①	2	24V①	光电开关用
端子	PS	PS	3	PS	上平层开关
端子	PX	PX	4	PX	下平层开关
接地端子	PE	PE	G	PE	

①门区开关为永磁传感器时，24V 不配线。

L=3m　分支电缆 M02

轿顶接线箱		TVV3(3×0.75+1×2.0)		轿门锁	
接线方式	端子号	图样线号	电缆线号	图样线号	
端子	116	116	1	116	
端子	120	120	2	120	
接地端子	PE	PE	G	PE	

L=3m　分支电缆 M03

轿顶接线箱		TVV2(2×0.75)		安全窗开关	
接线方式	端子号	图样线号	电缆线号	图样线号	
端子	133	133	1	133	
端子	134	134	2	134	

L=5m　分支电缆 M04

轿顶接线箱		TVV2(2×0.75)		安全钳开关	
接线方式	端子号	图样线号	电缆线号	图样线号	
端子	134	134	1	134	
端子	110	110	2	110	

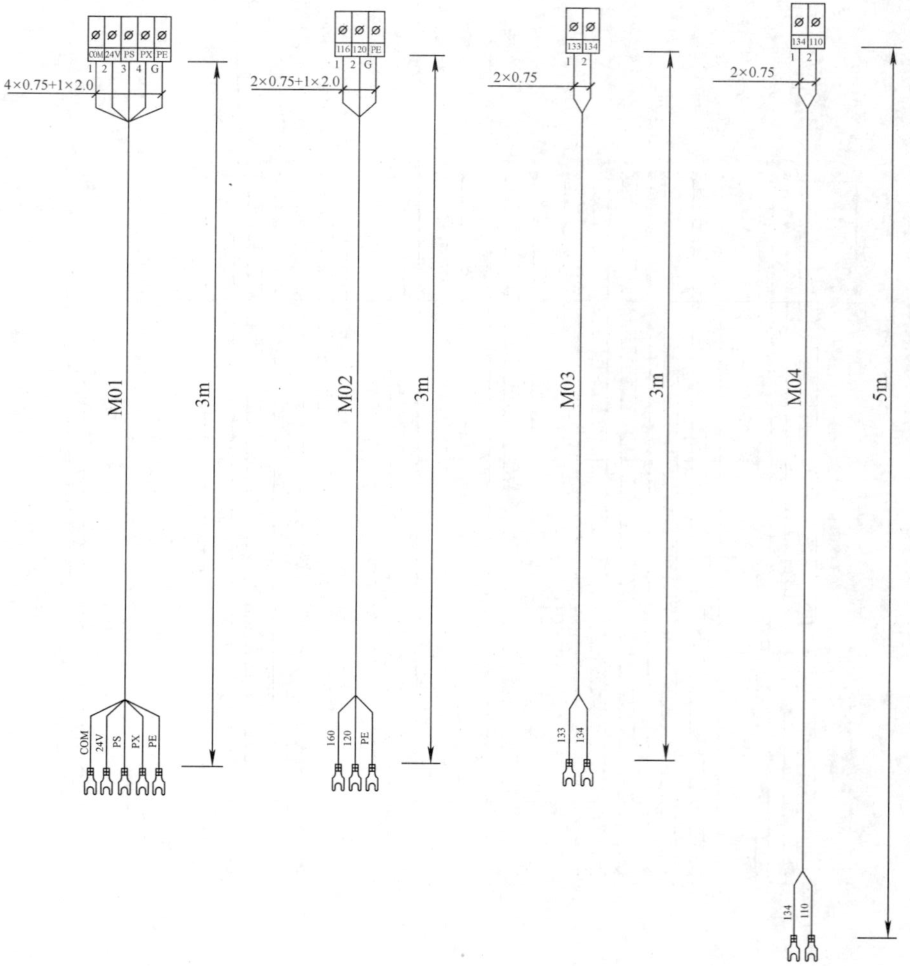

图 11-22　轿顶分支电缆布线图 1

L=3m　分支电缆 M05

轿顶接线箱		TVV5(4×0.75+1×2.0)		触板开关	
接线方式	端子号	图样线号	电缆线号	图样线号	
端子	38	38	1	38	
端子	CMM	CMM	2	CMM	
端子	501	501	3	501	光幕用
端子	502	502	4	502	光幕用
接地端子	PE	PE	G	PE	

注：触板开关为光幕时，501、502 配线

L=5m　分支电缆 M06

轿顶接线箱		TVV4(4×0.75)		超、满、轻载开关	
接线方式	端子号	图样线号	电缆线号	图样线号	
端子	93	93	1	93	超载开关
端子	34	34	2	34	满载开关
端子	36	36	3	36	轻载开关
端子	CMM	CMM	4	CMM	

L=3m　分支电缆 M07

轿顶接线箱		TVV3(3×0.75)		照明，风扇	
接线方式	端子号	图样线号	电缆线号	图样线号	
端子	501	501	1	501	
端子	JN1	JN1	2	JN1	轿厢风扇
端子	JN2	JN2	3	JN2	轿厢照明

L=3m　分支电缆 M08

轿顶接线箱		TVV4(4×0.75)		到站钟	
接线方式	端子号	图样线号	电缆线号	图样线号	
端子	401	401	1	401	24V 电源
端子	402	402	2	402	
端子	DSS	DSS	3	DSS	上到站钟
端子	DSX	DSX	4	DSX	下到站钟

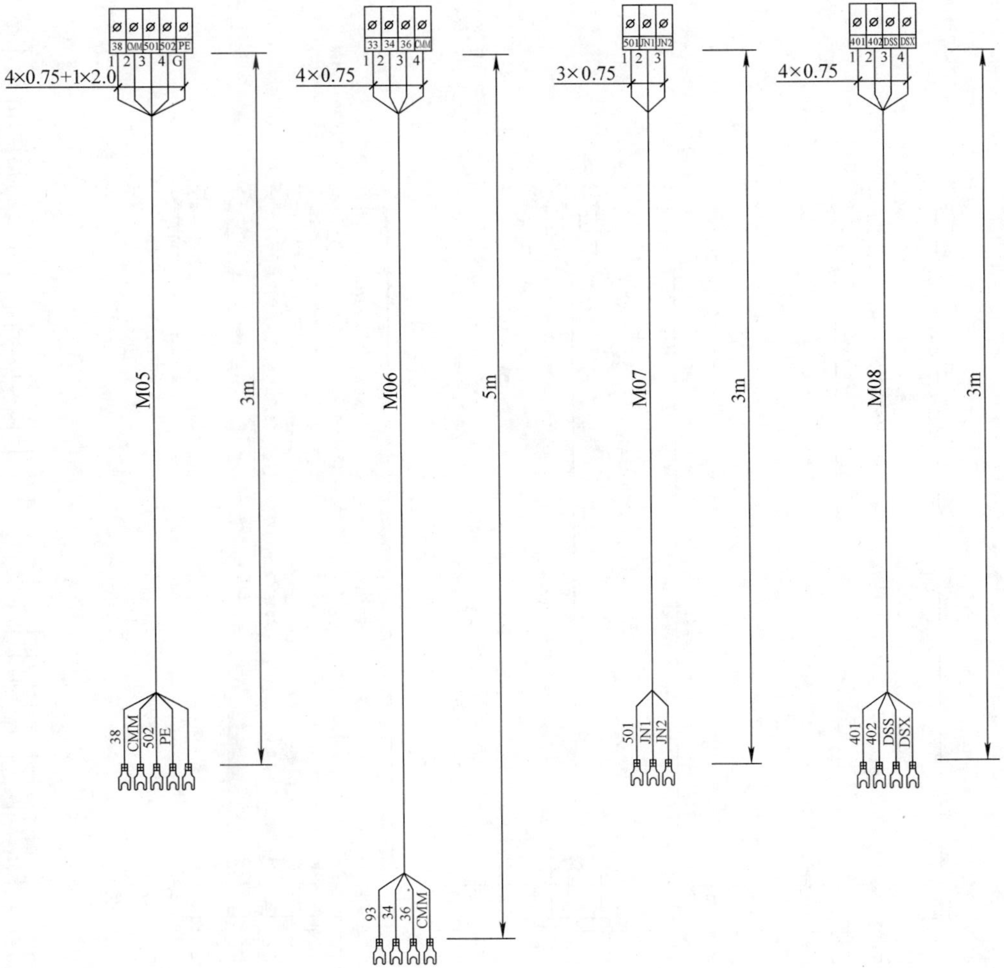

图 11-23　轿顶分支电缆布线图 2

L=3m　分支电缆 M09

轿顶控制箱		TVV13(12×0.75+1×2.0)		门机	
接线方式	端子号	图样线号	电缆线号	图样线号	
端子	MR	MR	1	MR	门机电源
端子	MS	MS	2	MS	
端子	MT①	MT①	3	MT①	
端子	KM	KM	4	KM	开门信号
端子	GM	GM	5	GM	关门信号
端子	V6	V6	6	V6	
端子	M6	M6	7	M6	关门到位
端子	M7	M7	8	M7	开门到位
端子	CMM	CMM	9	CMM	
			10		
			11		
			12		
接地端子	PE	PE	G	PE	

① 仅三相门机电源时接线。

L=3m　分支电缆 M10

轿顶控制箱		TVV7(7×0.75)		轿顶检修盒	
接线方式	端子号	图样线号	电缆线号	图样线号	
端子	80	80	1	80	检修上行
端子	82	82	2	82	检修下行
端子	COM	COM	3	COM	
端子	10	10	4	10	检修优先
端子	132	132	5	132	轿顶急停
端子	133	133	6	133	
			7		

L=3m　分支电缆 M11

轿顶控制箱		TVV5(4×0.75+1×2.0)		轿顶照明，插座	
接线方式	端子号	图样线号	电缆线号	图样线号	
端子	501	501	1	501	220V 插座
端子	502	502	2	502	
端子	601	601	3	601	36V 照明
端子	602	602	4	602	
接地端子	PE	PE	G	PE	

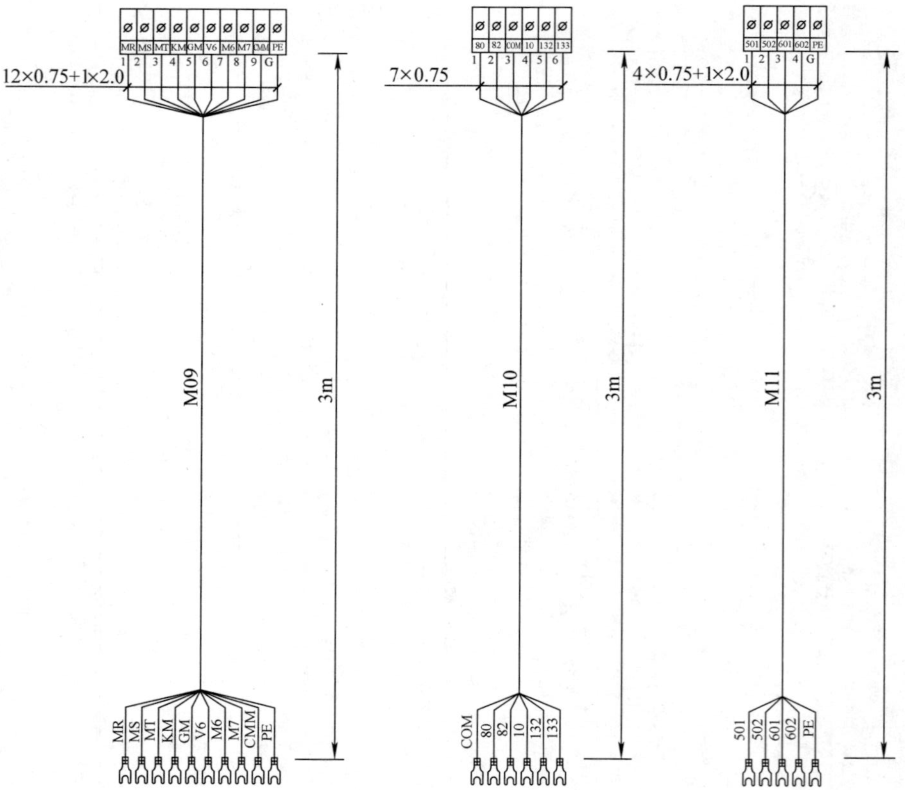

图 11-24　轿顶分支电缆布线图 3

L=3m　分支电缆 T01

轿顶接线箱			TVVP4(2×2P×0.75)		轿厢控制板	
接线端子	端子号	图样线号	电缆线号	图样线号	针号	接插件
端子	TXV+	TXV+	红色1	TXV+	1	(CH−4)×n
端子	TXV−	TXV−	黄色2	TXV−	2	
端子	TXA+	TXA+	绿色3	TXA+	3	
端子	TXA−	TXA−	蓝色4	TXA−	4	

L=3m　分支电缆 T02

轿顶接线箱			TVVP4(2×2P×0.75)		显示控制板	
接线端子	端子号	图样线号	电缆线号	图样线号	针号	接插件
端子	TXV+	TXV+	红色1	TXV+	1	(CH−4)×n
端子	TXV−	TXV−	黄色2	TXV−	2	
端子	TXA+	TXA+	绿色3	TXA+	3	
端子	TXA−	TXA−	蓝色4	TXA−	4	

L=3m　分支电缆 T03

轿顶接线箱		TVV13(12×0.75+1×2.0)			操纵盘端子台
接线方式	端子号	图样线号	电缆线号	图样线号	
端子	CMM	CMM	1	CMM	
端子	M7	M7	2	M7	
端子	M6	M6	3	M6	
端子	38	38	4	38	
端子	93	93	5	93	
端子	34	34	6	34	
端子	36	36	7	36	
端子	401	401	8	401	
端子	DSS	DSS	9	DSS	
端子	DSX	DSX	10	DSX	
端子	LH	LH	11	LH	
			12		
			G		

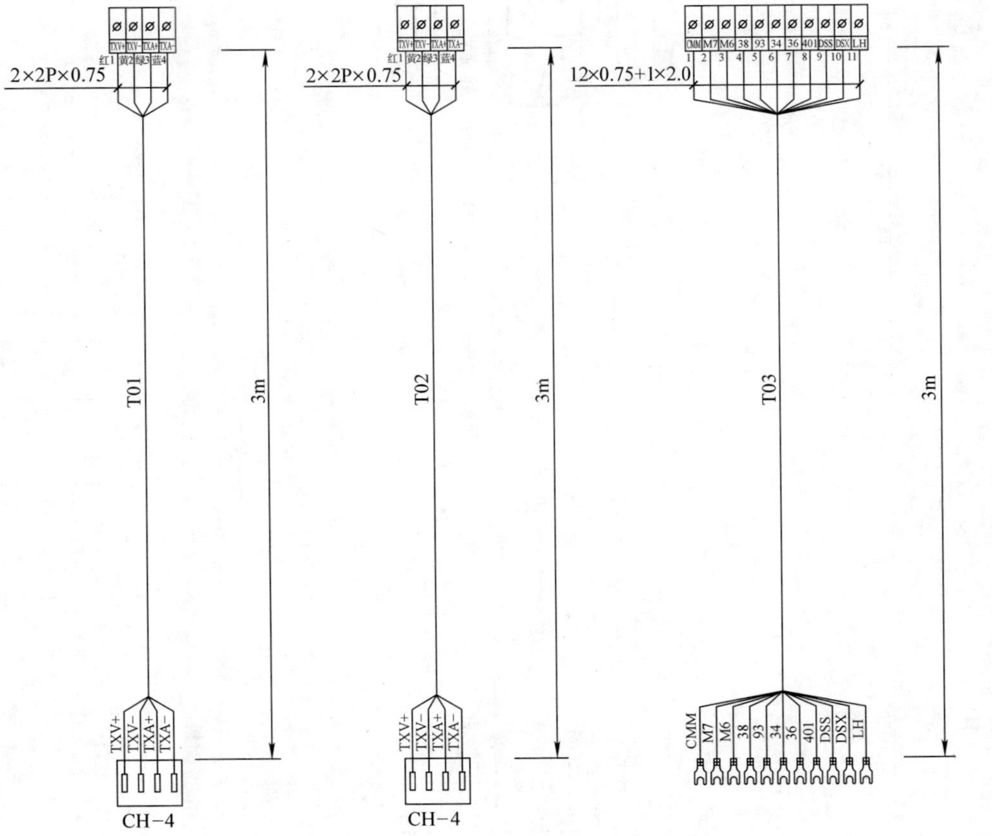

图 11-25　轿顶分支电缆布线图 4

L=3m		分支电缆 T04			
轿顶接线箱		TVV19(18×0.75+1×2.0)			操纵盘端子台
接线方式	端子号	图样线号	电缆线号	图样线号	
端子	504	504	1	504	
端子	JN1	JN1	2	JN1	
端子	JN2	JN2	3	JN2	
端子	102	102	4	102	
端子	132	132	5	132	
端子	10	10	6	10	
端子	78	78	7	78	
端子	80	80	8	80	
端子	82	82	9	82	
端子			10		
端子	811	811	11	811	
端子	LA	LA	12	LA	
端子	Y	Y	13	Y	
端子	P+	P+	14	P+	
端子	N−	N−	15	N−	
端子	601	601	16	601	
端子	603	603	17	603	
			18		
端子	PE	PE	G	PE	

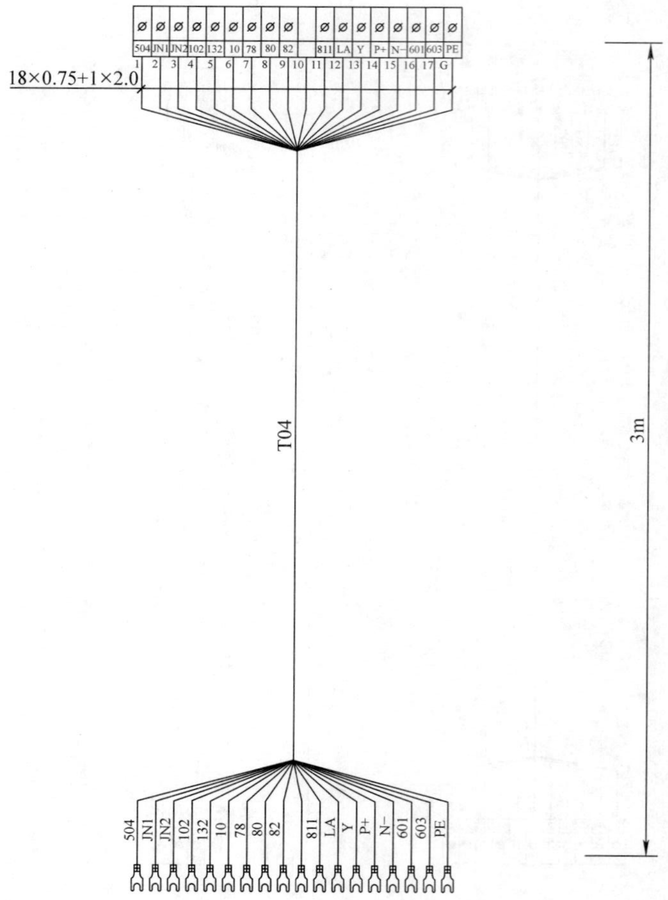

图 11-26　轿顶分支电缆布线图 5

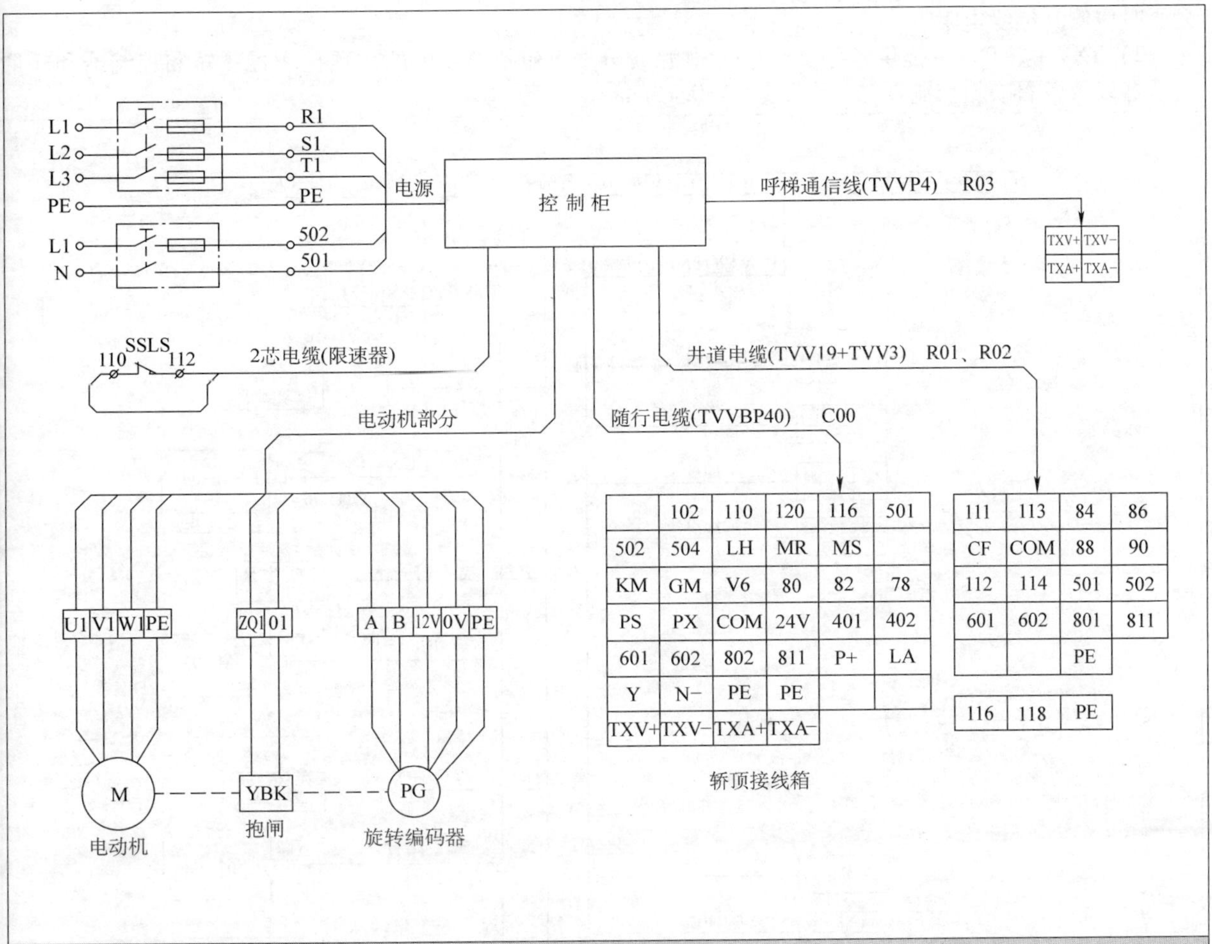

图 11-27　机房布线图

（八）系统电缆总图

系统电缆总图如图 11-31 所示。

系统电缆总图详细说明了电梯控制柜、主电动机、限速器、井道、呼梯钮、轿厢、轿顶、底坑、线缆的来龙去脉，它与系统结构图对应。

（九）相关图样

相关图样还有控制电源接线图、检修回路接线图、照明回路接线图、对讲机回路接线图，如图 11-32 ~ 图 11-35 所示。请读者自行分析。

（十）主板参数检查

全部接线完毕后，应对主板参数进行核查，不符应即时纠正。以 SM-01-F3 为例，可根据表 11-3 检查主板参数，加#参数根据电梯规格设置。

二、线路布置及总体要求 ★★★

（一）电缆的要求

1. 井道及随行电缆布线（见图 11-36）

2. 电缆布线要求

井道内电缆和随行电缆中均有四根用于通信的电缆，即 TXV +、TXV -、TXA + 和 TXA -，对其必做到以下几点：

1）防止通信电缆 TXV +、TXV -、TXA +、TXA - 与其他电缆之间短路。通电之前，必须用万用表检查这四根电缆与其他电缆间是否有回路，如，24V、36V、110V、220V、380V 或其他电源电缆。

必要时应测其绝缘电阻。

2）TXV +、TXV - 提供各分支点 24V 电源（分支点包括轿厢内的轿顶控制器、轿厢控制器和轿厢显示器以及各召唤箱控制器），要求线径≥0.75mm²。

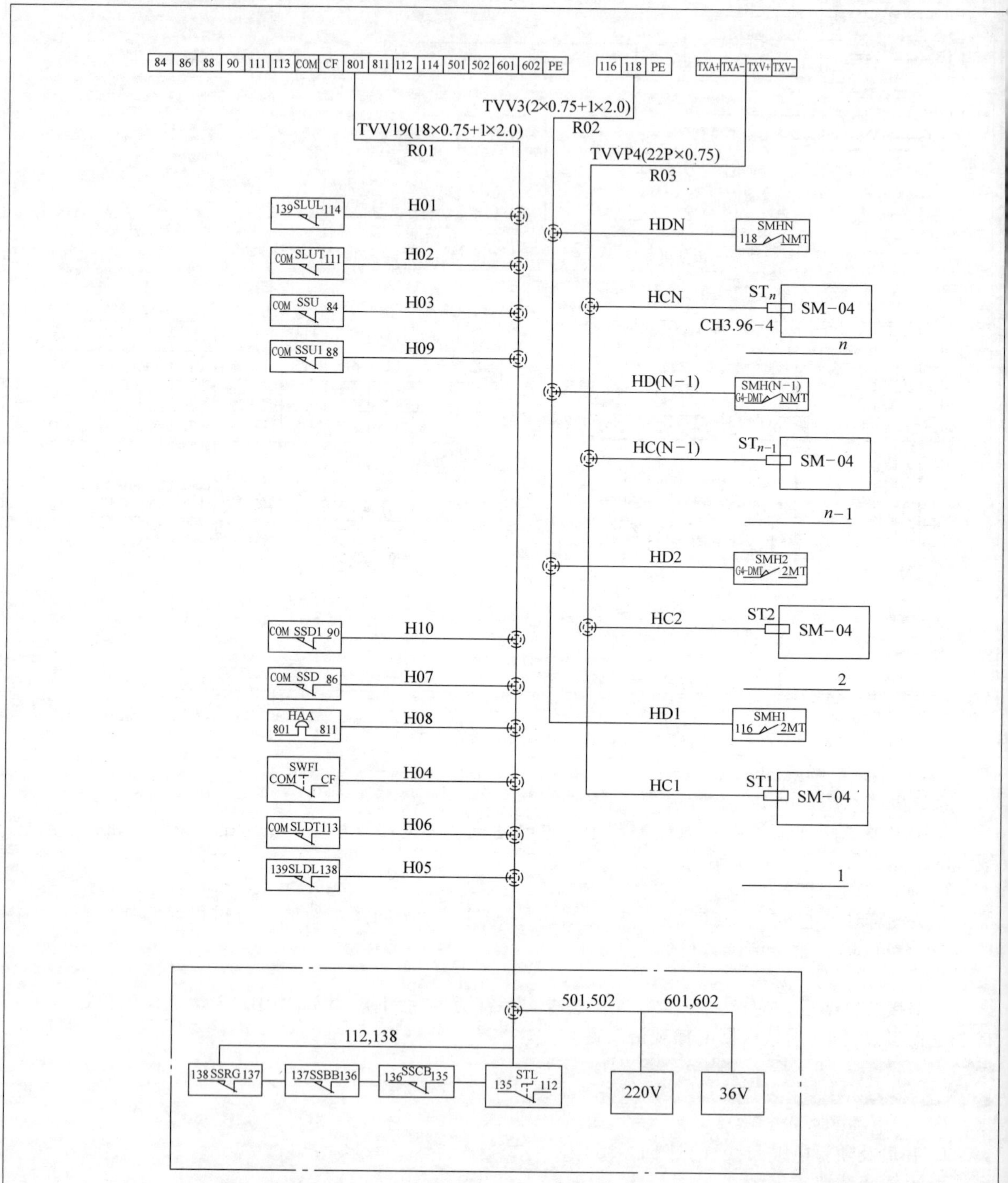

图 11-28 井道布线图

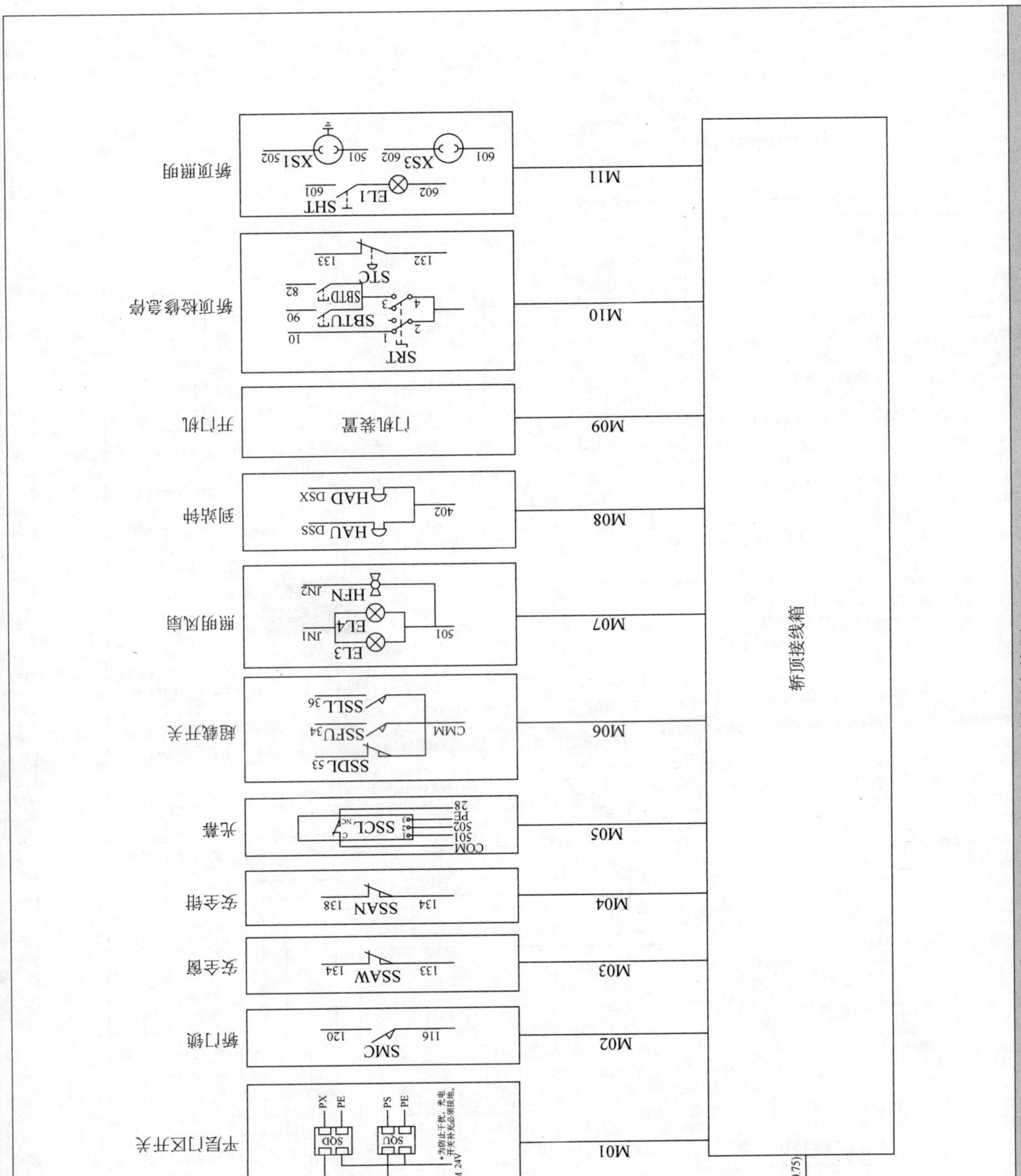
轿顶接线箱
M01
M02
M03
M04
M05
M06
M07
M08
M09
M10
M11
平层门区开关
轿门锁
安全窗
安全钳
光幕
超载开关
照明风扇
到站钟
开门机
门机装置
轿顶检修急停
轿顶照明
SMC
SSAW
SSAN
SSCL
SSDL
SSFU
SSLL
EL3
EL4
HFN
HAU
HAD
SRT
SBTU
SBTD
STC
EL1
SHT
XS1
XS3
TVVBP40(36×0.75+2×2P×0.75)
C00

图 11-29　轿顶布线图

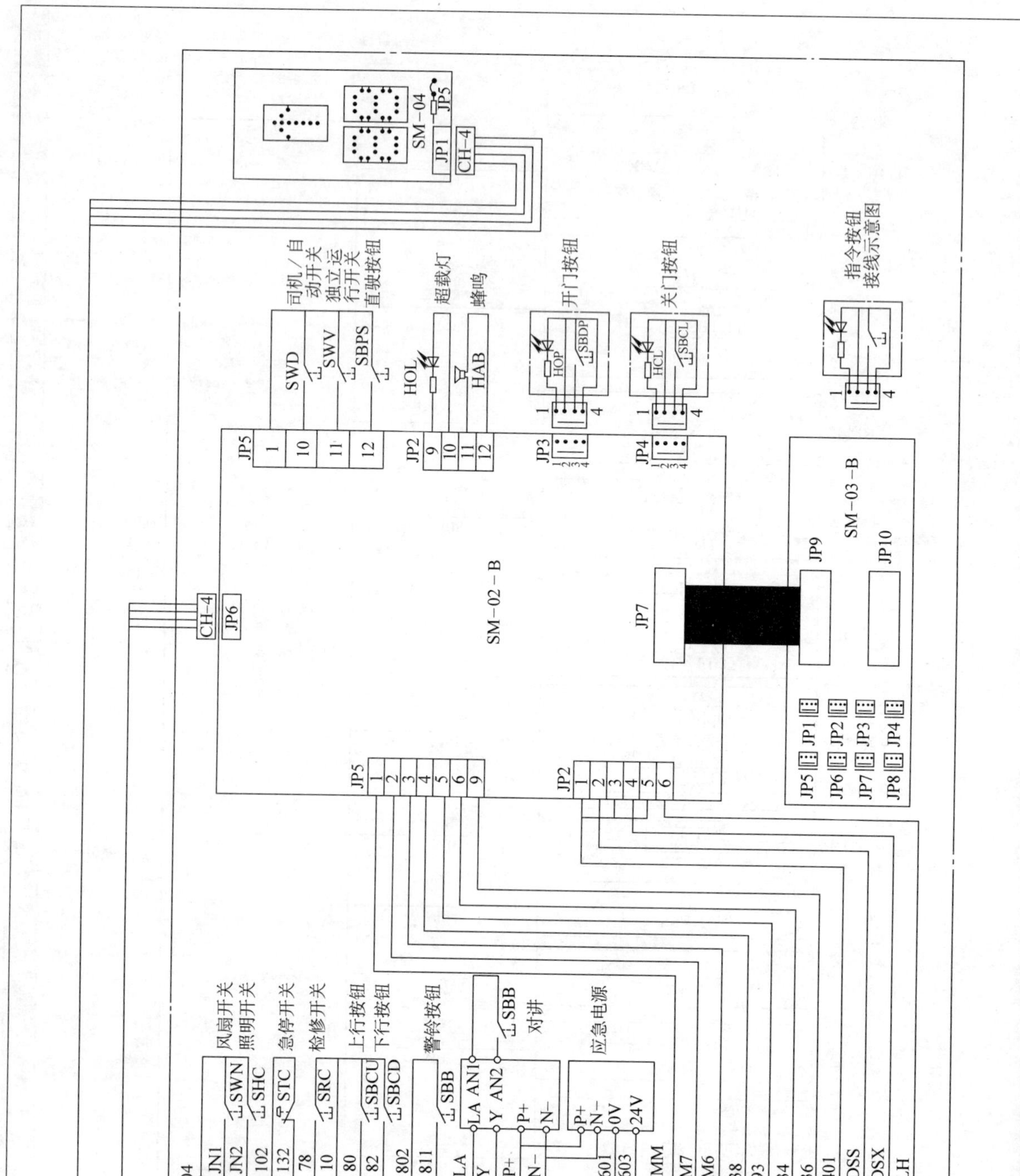
SM-04
JP1
JP5
CH-4
SM-02-B
SM-03-B
JP2
JP3
JP4
JP6
JP7
JP9
JP10
司机/自动开关
独立运行开关
直驶按钮
SWD
SWV
SBPS
超载灯
蜂鸣
HOL
HAB
开门按钮
关门按钮
HOP
SBDP
HCL
SBCL
指令按钮接线示意图
风扇开关
照明开关
急停开关
检修开关
上行按钮
下行按钮
警铃按钮
SWN
SHC
STC
SRC
SBCU
SBCD
SBB
对讲
应急电源
504
JN1
JN2
102
132
78
10
80
82
802
811
LA
Y
P+
N-
601
603
CMM
M7
M6
38
93
34
36
401
DSS
DSX
LH
T01
T02
T03
T04
轿顶接线箱

图 11-30　轿厢布线图

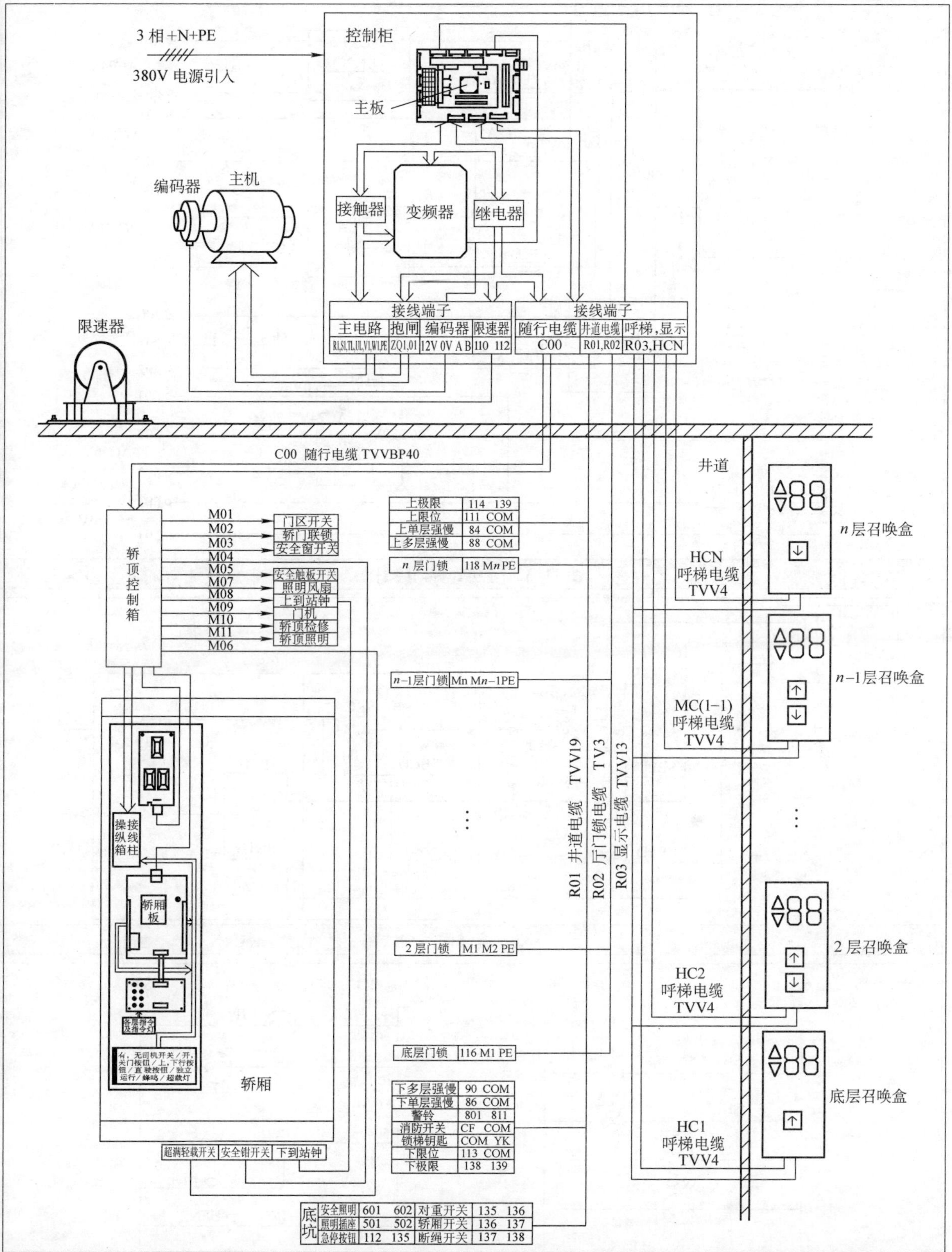

图11-31　系统电缆总图

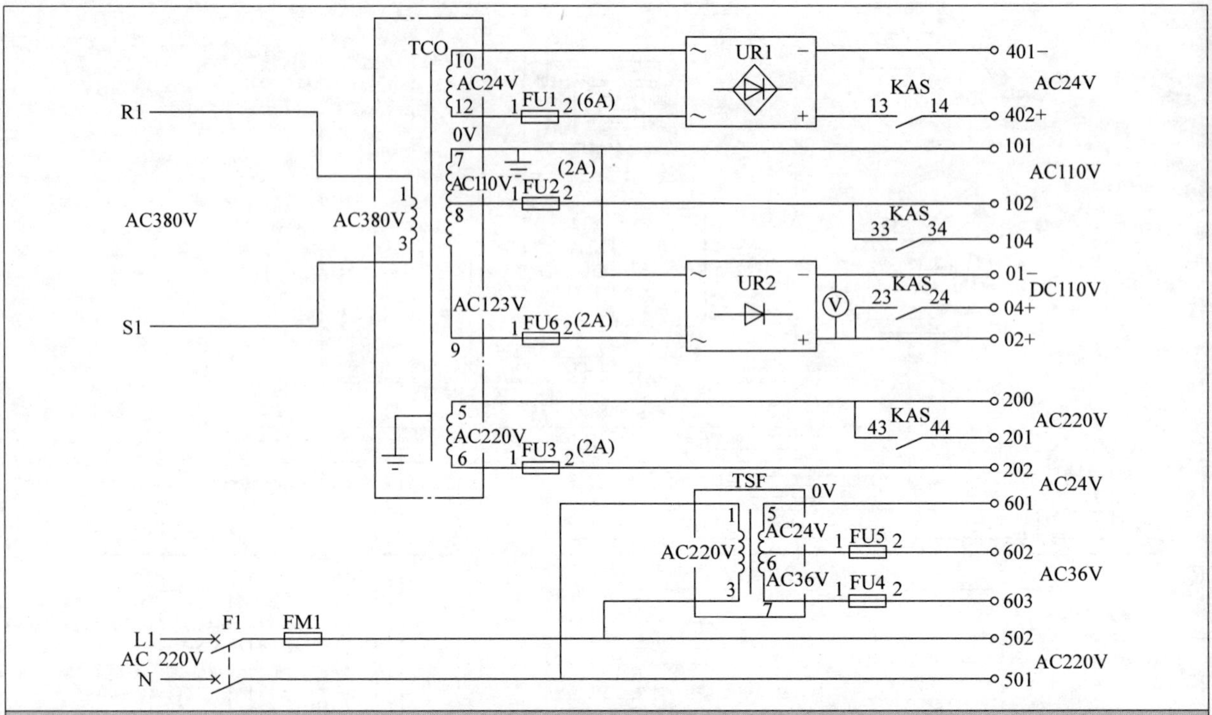

图 11-32　控制电源接线图

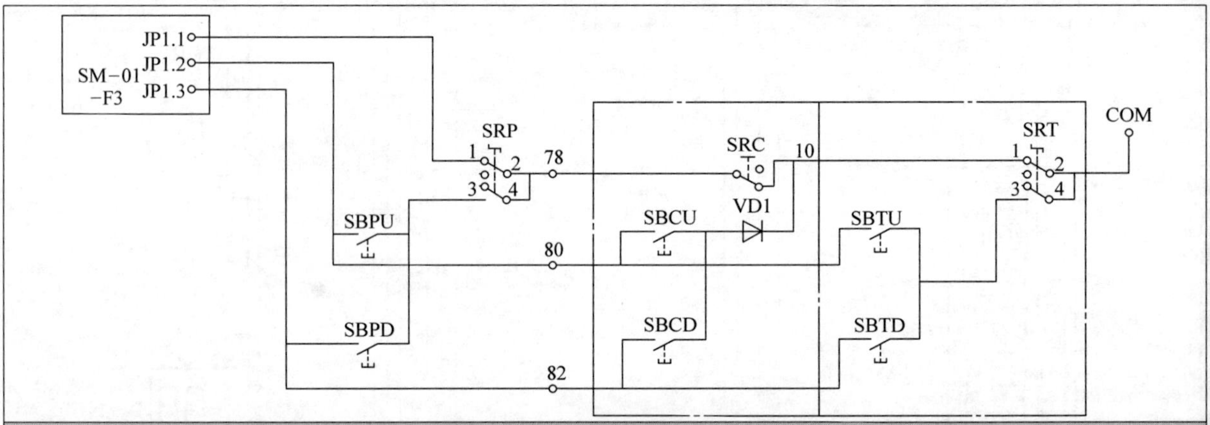

图 11-33　检修回路接线图

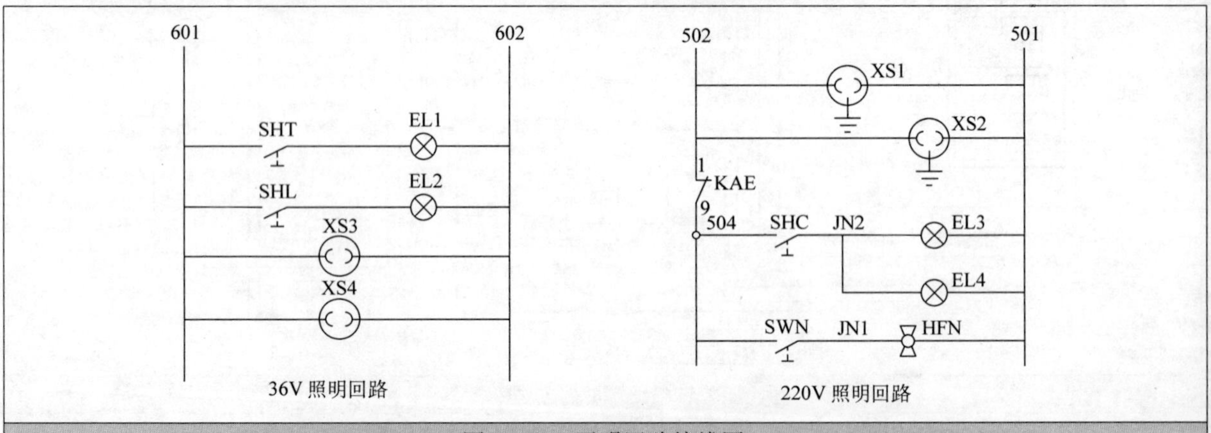

图 11-34　照明回路接线图

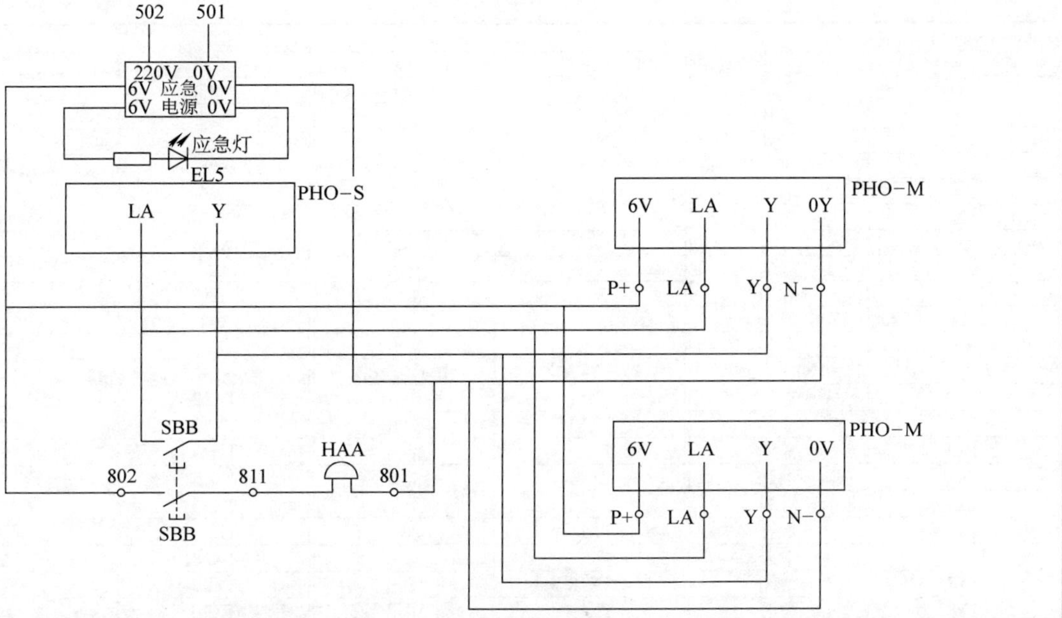

图 11-35　对讲机回路接线图

3）TXA +、TXA - 为主控制器与各分支点之间的通信总线。

4）采用非屏蔽双绞线，建议 TXA + 为黄色，TXA - 为绿色。

5）双绞线规格：特性阻抗 120Ω，允许范围 ±10%；

绞合节距：≤30mm；

线径：≥0.75mm²。

6）通信线与动力线平行布线段超过 5m 时，通信线与动力线必须相距 30cm 以上，以防止电源串扰。当限于布线空间无法满足条件时，须采用屏蔽双绞线，且屏蔽线单端接地。

7）井道电缆和随行电缆要注意强电（包括门机电源、安全回路、门锁回路、照明电路等）与弱电（包括通信线、直流 0V 线、直流 24V 线、平层干簧、端站强迫减速开关、端站限位开关等）分开。通信线必须采用双绞线，双绞线绞距在 10 ~ 30mm 之间。有条件地使用屏蔽双绞线，并且屏蔽层接地。

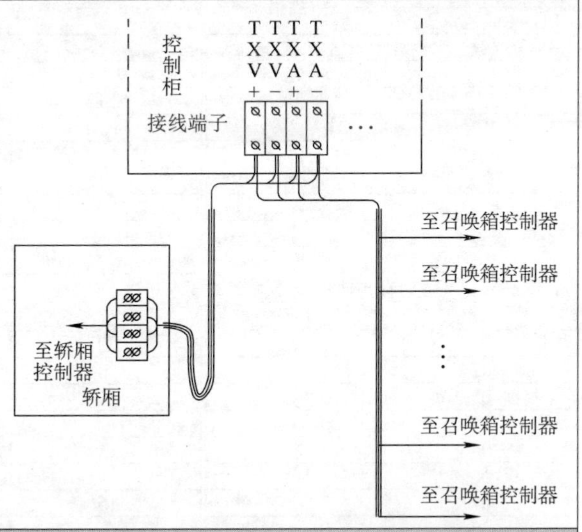

图 11-36　井道及随行电缆布线图

表 11-3　SM-01-F3 主板参数

参数名	出厂设置	参数名	出厂设置	参数名	出厂设置
Acceleration	50	Floor Offset	0	Home Delay	0
Deceleration	50	No. Of Floor	#	Level Adj.	73
S Jerk t0	130	Inspec. Speed	25	Dup. Home	1
S Jerk t1	110	Relevel Speed	4	Dup. No.	0
S Jerk t2	110	C-Call Dr Time	40	Driver Mode	1
S Jerk t3	130	H-Call Dr Time	25	Input Type	*1
Rated Speed	#	Brake Delay1	10	Door Blocking	*2
Motor Speed	#	Brake Delay2	5	Designation	*3
Encoder Pulses	#	Fire Home	1	Menu F	*4
Main Floor	1	Park Home	1	Save parameter	

（续）

Input Type *1

参　数　名	出厂设置	参　数　名	出厂设置	参　数　名	出厂设置
X0	常闭	X11	常开	X22	常闭
X1	常开	X12	常开	X23	常开
X2	常开	X13	常开	X24	常开
X3	常开	X14	常开	X25	常开
X4	常开	X15	常开	X26	常开
X5	常闭	X16	常开	X27	常开
X6	常闭	X17	常开	X28	常开
X7	常闭	X18	常开	X29	常开
X8	常闭	X19	常开	X30	常开
X9	常开	X20	常开	X31	常开
X10	常开	X21	常开		
参　数　名	出厂设置	参　数　名	出厂设置	参　数　名	出厂设置
TX0	常闭	TX11	常开	TX22	常开
TX1	常闭	TX12	常开	TX23	常开
TX2	常闭	TX13	常开	TX24	常开
TX3	常开	TX14	常开	TX25	常开
TX4	常开	TX15	常开	TX26	常开
TX5	常开	TX16	常开	TX27	常开
TX6	常开	TX17	常开	TX28	常开
TX7	常闭	TX18	常开	TX29	常开
TX8	常开	TX19	常开	TX30	常开
TX9	常开	TX20	常开	TX31	常开
TX10	常开	TX21	常开		

Door Blocking *2

参　数　名	出厂设置	参　数　名	出厂设置	参　数　名	出厂设置
1层	停	9层	停	17层	停
2层	停	10层	停	18层	停
3层	停	11层	停	19层	停
4层	停	12层	停	20层	停
5层	停	13层	停	21层	停
6层	停	14层	停	22层	停
7层	停	15层	停	23层	停
8层	停	16层	停	24层	停

Designation *3（如有特殊显示要求则按要求设置）

参　数　名	出厂设置	参　数　名	出厂设置	参　数　名	出厂设置
01	1	09	9	17	17
02	2	10	10	18	18
03	3	11	11	19	19
04	4	12	12	20	20
05	5	13	13	21	21
06	6	14	14	22	22
07	7	15	15	23	23
08	8	16	16	24	24

Menu F *4

参　数　名	出厂设置	参　数　名	出厂设置	参　数　名	出厂设置
F00	50	F15	25	F30	65535
F01	50	F16	10	F31	65535
F02	130	F17	5	F32	65535
F03	110	F18	1	F33	0
F04	110	F19	1	F34	0
F05	110	F20	0	F35	0
F06	#	F21	73	F36	0
F07	#	F22	1	F40	80
F08	#	F23	0	F41	30
F09	1	F24	1	F42	50
F10	0	F25	481	F43	0
F11	#	F26	64	F44	255
F12	25	F27	135	F45	160
F13	4	F28	0	F46	320
F14	40	F29	65535	F47	320

（续）

Menu F ＊4

参 数 名	出厂设置	参 数 名	出厂设置	参 数 名	出厂设置
F48	0	F54	0	F60	0
F49	0	F55	0	F61	0
F50	65535	F56	50	F62	0
F51	65535	F57	50	F63	0
F52	65535	F58	0	F64	0
F53	0	F59	0		

8）如果强电与弱电平行布线，那么必须使得强电分布在一边，弱电分布在另一边。在强电与弱电之间必须用接地线分隔开。

3. 召唤箱与 TXV +、TXV -、TXA +、TXA - 的连接方式

1）采用总线分支方式，必须保证分支线与总线的接点接触良好，如图 11-37 所示。

2）TXV +、TXV -、TXA +、TXA - 可与其他弱电信号（电压≤24V）电缆共用一根随行电缆，其余高于 24V 的强电信号电缆使用另一根随行电缆。

3）总线与分支线连接点处应剥去绝缘护套，不截断，接入接线端子一端。端子另一端接分支线。总线长度≤500m，分支长度≤3.0m。总线两端安装 120Ω 终端匹配电阻，如果不接此终端匹配电阻，通信抗干扰能力将降低。

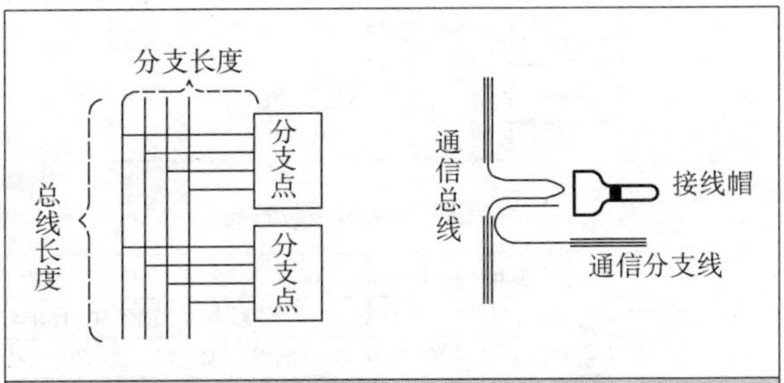

图 11-37　分支线与总线的连接图

（二）井道各类开关的安装位置

1）模拟量控制梯速不超过 1.75m/s，数字量多段速控制梯速不超过 1.0m/s 时，要求井道中安装上下对应的上极限开关、上限位开关、上单层强慢开关各 3 个。

2）模拟量控制梯速超过 1.75m/s，数字量多段速控制梯速超过 1.0m/s 时，要求井道中安装上下对应的上极限开关、上限位开关、上单层强慢开关各 3 个外，还要求井道安装上下对应的上下双层强迫慢车开关。

3）井道中开关安装的具体位置图如图 11-38 所示。

减速斜率不同，开关位置也应有所不同，减速开关的距离略低于正常减速时的实际距离即可，如果开关安装距离和实际所需减速距离差别较大，则会导致电梯在端站运行不正常。

（三）上、下平层感应器的安装位置

电梯的平层控制需要现场安装两只上下平层感应器和若干块隔磁板。如有提前开门或开门再平层功能则必须增加两个门区感应器。感应器和隔磁板的具体要求见表 11-4，上下平层感应器的安装位置图如图 11-39 所示。

（四）接地要求

1）机房必须具有符合电梯技术条件中所列的接地条件，进入机房的接地线必须接至控制柜的接地铜排上。

2）机房中的设备必须可靠接地，如五线制电源输入的地线、电动机外壳、控制柜外壳、编码器的外壳等，接地点为控制柜的接地铜排。

3）控制柜中的设备必须可靠接地，如变频器、开关电源、变压器，接地点为控制柜的接地铜排。

4）轿顶设备必须可靠接地，如门机、轿厢顶部整体，接地点为控制柜的接地铜排。

5）厅外呼梯盒应统一接地，接地点为控制柜的接地铜排。

6）编码器屏蔽线的接地：

① 编码器外壳已经接地，但编码器的屏蔽线和外壳相通，此时编码器的屏蔽线另一端（接变频器端）可不接地。

② 编码器外壳已经接地，但编码器的屏蔽线和外壳不相通，此时编码器的屏蔽线另一端（接变频器端）必须接地。

7）为了抑制线路间的感应干扰，还应该将变频器的输出动力线和编码器的走线分别引入已经接地的金属管内，且动力线与信号线的距离至少在 30cm 以上。

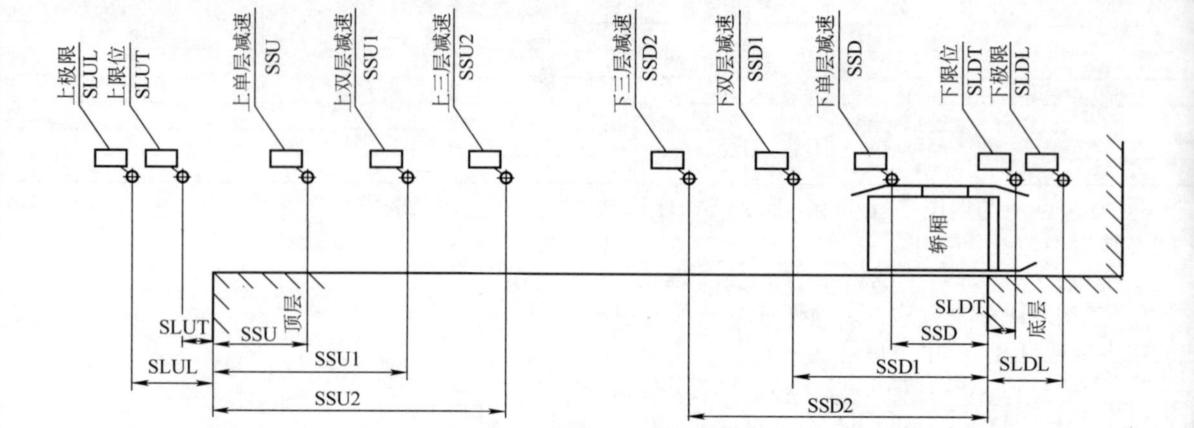

模拟量控制各开关位置表

开关　距离/m　梯速/(m/s)		0.63	1.0	1.6	1.75	2.0	2.5
极限	SLUL,SLDL	150	150	150	150	180	180
限位	SLUT,SLDT	30～50	30～50	30～50	30～50	30～50	30～50
单层强慢	SSU,SSD	900	1200	2400	2600	1800	1800
双层强慢	SSU1,SSD1	/	/	/	/	3600	5200

数字量多段控制各开关位置表

开关　距离/m　梯速/(m/s)		0.63	1.0	1.6	1.75	2.0	2.5
极限	SLUL,SLDL	150	150	150	150	180	180
限位	SLUT,SLDT	30～50	30～50	30～50	30～50	30～50	30～50
单层强慢	SSU,SSD	900	1400	1400	1400	1400	1400
双层强慢	SSU1,SSD1	/	/	2600	2800	2800	2800
三层强慢	SSU2,SSD2	/	/	/	/	3800	5400

图 11-38　井道中开关安装的具体位置图

表 11-4　感应器和隔磁板的具体要求

类　别	平层感应器	提前开门门区感应器	隔　磁　板
类型、材质	永磁感应器或光电开关，建议使用光电开关	永磁感应器	铁板厚度≥1.5mm
数量	2 个	2 个	没有特殊需要，为楼层的层数
高度、长度、深度	上下感应器的上下两端面高度为 200mm 左右	两个门区感应器在同一水平线上，保证同时动作	隔磁板的长度为 220mm，吃进深度超过 2/3，建议隔磁板的长度不小于 220mm
安装位置	轿顶	轿顶	井道
注意事项	接地处理	接地处理	感应器为非绝缘体材质时，一定要接地处理

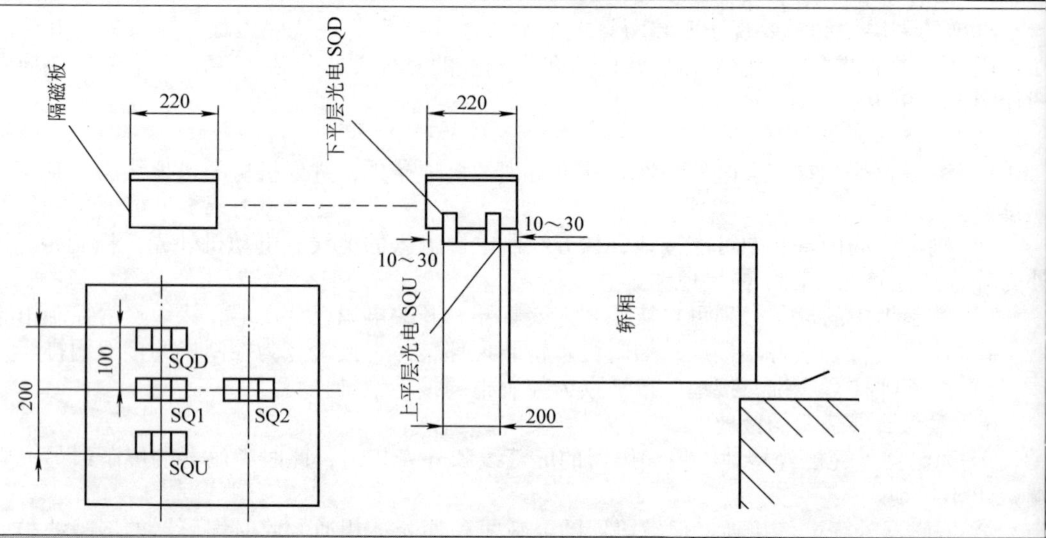

图 11-39　上下平层感应器的安装位置图

第十二章 »

空气调节系统自动控制线路图样的识读

空气调节系统一般指对空气的温度、湿度、二氧化碳浓度等参数或其中某些参数进行调节、指示和报警而达到舒适性要求的系统装置，空气调节系统简称空调。空调系统从工艺流程上讲，与给水专业有密切的联系，并配以传感器、变送器、调节器、电动阀、仪表装置，与常规电气装置组成闭环的控制系统，实现对空气的调节，这与自动化仪表有相同之处，又有很大区别。空调系统适合于宾馆、饭店、商厦、写字楼等高层或大型工业或民用建筑，通常有风机盘管自动控制系统、新风和空气处理机组自动控制系统、制冷机组自动控制系统和空调微机控制系统。空调系统的图样很多，本书只就其基本内容进行讲述，读者可掌握基本读图方法，然后即可分析空调自控系统电气线路的一般图样。

这里将空气调节自动控制系统常用的图形符号列出，供讲述和读图时参考，这些符号和电气图形符号应熟记，见表 12-1。

表 12-1　图形符号

图形符号来源	图形符号	说　明
	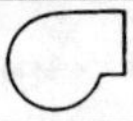	风机 注：流向自圆弧边至直线边
		水泵 注：流向自三角形的底边至顶点
GB/T 50114—2010		空气过滤器
GB/T 50114—2010		手动对开多叶调节阀
GB/T 50114—2010		电动对开多叶调节阀
GB/T 50114—2010	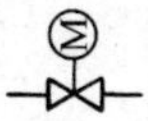	电磁阀
GB/T 50114—2010		电动两通阀
GB/T 50114—2010	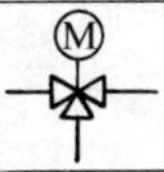	电动三通阀
GB/T 50114—2010		空气冷却器
GB/T 50114—2010		空气加热器
		空气加热或冷却两用器
GB/T 50114—2010		加湿器
	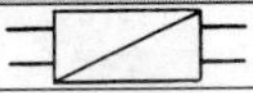	水冷机组
		冷却塔
		区域直接数字控制器
		电力控制装置
		室内型传感器　*： t—温度 φ—湿度 CO_2—CO_2 浓度
	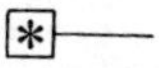	风道型插入式传感器
	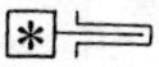	水管型插入式传感器
	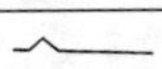	热电阻
		热电偶
	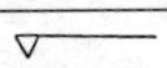	风挡
	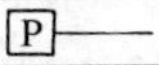	压力变送器
	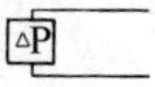	差压变送器
	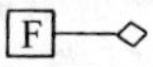	流量变送器
		限位开关　*： T —温度检测 φ —湿度检测 ΔP—压差检测 F —水流检测 A —风流检测 H —高液位检测 L —低液位检测

（续）

图形符号来源	图形符号	说　　明
GB/T 50114—2010	⊘	指示器(计)
	⊓	工况转换开关
	钥匙符号	钥匙开关
	©	三速开关
	(CT)	温度与三速开关控制器
	MAX	最大信号选择器
	(* **)	就地安装仪表的一般形式 注:功能和参数符号详见下表
	(* / **)	集中安装仪表的一般形式 注:功能和参数符号详见下表

图形符号来源	图形符号	说　　明

*参数符号

T	温度	φ	湿度	P	压力	F	流量		
ΔT	温差	i	焓值	ΔP	压差	CO_2	二氧化碳		

**功能符号

T	调节	Z	指示	X	信号	R	人工遥控	H	液位
J	记录	S	积算	L	联锁	B	报警	K	控制

第一节　新风及空气处理机组自控系统电气原理图

新风及空气处理机组空气调节装置是一种常见的空调装置，简单地讲就是把新鲜空气用引风机吸到风管中，并在风管中设置加热、冷却、加湿、过滤等装置，然后再用送风机将新风送到房间的风口处，进而调节房间的温度和空气的质量，同时设置各种传感器及自动装置，进行自动调节。调节过程一般可采用比例（P）、比例积分（PI）或比例积分微分（PID）调节器进行，自动控制系统设置各种联锁、联动、报警、远控装置，使系统更为复杂。

一、机组的分类及识图要点 ★★★

机组分两大类，即新风处理机组（简称新风机组）和空气处理机组，这两类有很多相同之处，所不同的是新风机组只设一路风管——新风—送风管，而空气处理机组则设两路风管，即新风—送风管和回风—排风管。另外，新风机组无二氧化碳浓度的测量，而空气处理机组设置了二氧化碳浓度的测量和调节装置，提高了空气品质，这也是空气处理名称的由来。在自动控制和调节上两类机组也有较大的差异。

（一）新风机组按供水管路分类的形式

1. 两管制送冷风控制　冷冻水管共设两根，并由电动三通阀控制，风管设电动对开调节阀、空气过滤器、送风机、温度传感器等，并设有报警、联锁、信号及仪表装置。

2. 两管制送冷/热风控制　冷冻水和热水共用两根管路并由工况转换开关确定工况，增设温度限位装置，其他与1基本相同。

3. 两管制送冷/热风且加湿控制，增设蒸气加湿器，并由电动阀门控制，其他基本同2。

4. 四管制送冷风和热风控制　冷却水和热水分别由各自的两根管路输送到冷却器和加热器，均用电动阀控制，其他基本同1。

5. 四管制送冷风和热风且加湿控制，基本同4和3，并设最大信号选择器MAX。

（二）空气处理机组按供水管路分类的形式

1. 二管制送冷风控制　新风送风管上设置与新风机组1相同，回风排风管上设排风机和排风电动对开调节阀，风管均设温度传感器。室内设温度、二氧化碳传感器，进行温度、二氧化碳调节指示，系统进行自动调节。

2. 二管制送冷/热风控制　供水管路冷热水共用，工况由工况开关确定，其他同1。

3. 二管制送冷/热风且加湿控制　新风送风管增蒸气加湿器，由电动阀控制，并设湿度传感器，其他同2。

4. 四管制送冷和热风控制　冷却水和热水分别由各自的两根管道输送到冷却器和加热器，均用电动阀控制，其他同1。

5. 四管制送冷风和热风且加湿控制，基本同4和3。

这里只就其典型线路进行分析，各举一例。

二、新风机组两管制送冷/热风且加湿控制电气原理图 ★★★

图12-1是新风机组两管制送冷/热风且加湿电气控制原理图，该图可分两个部分。

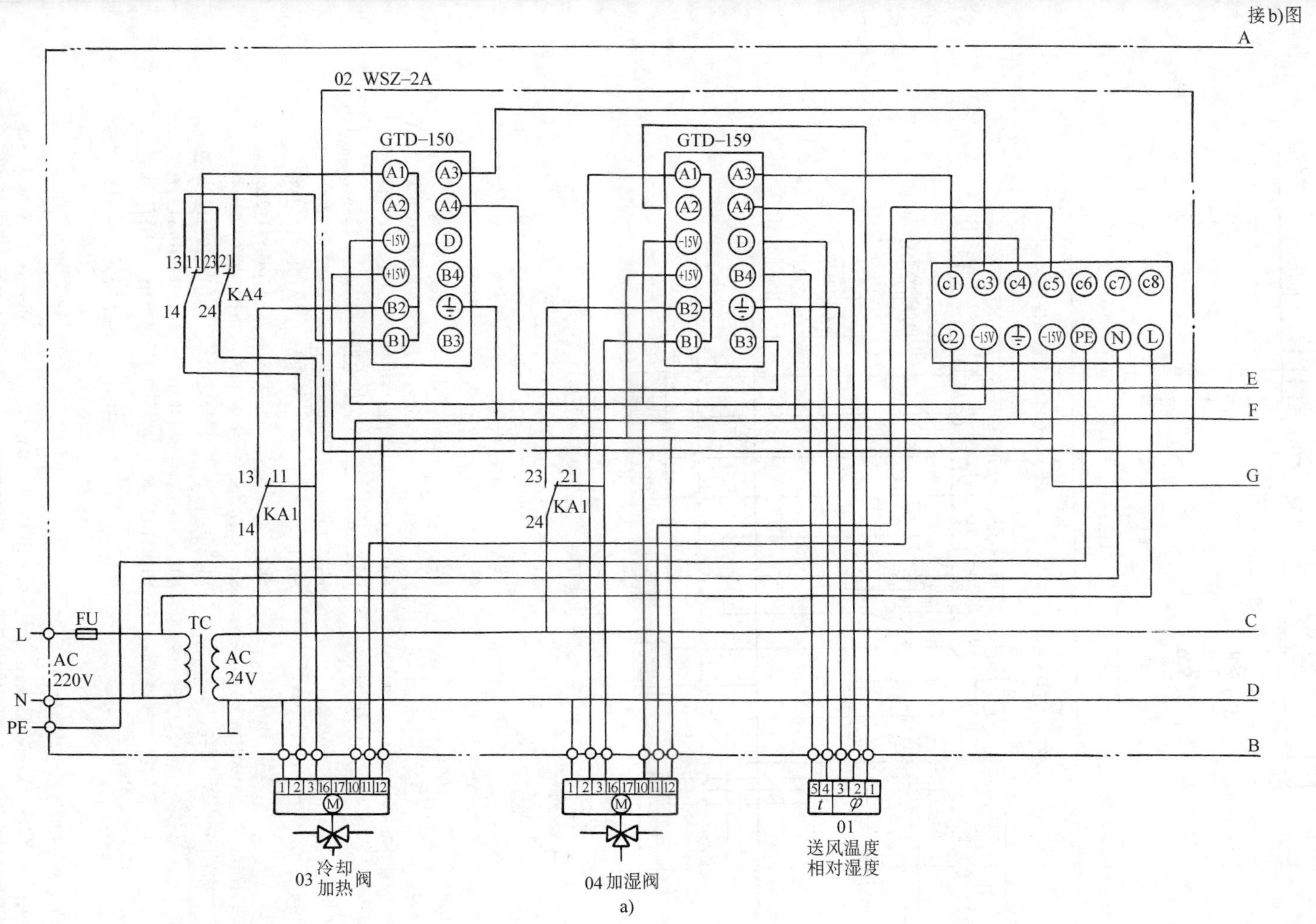

图 12-1　新风机组两管制送冷/热风且加温电气控制原理图

a）温度调节器接线图

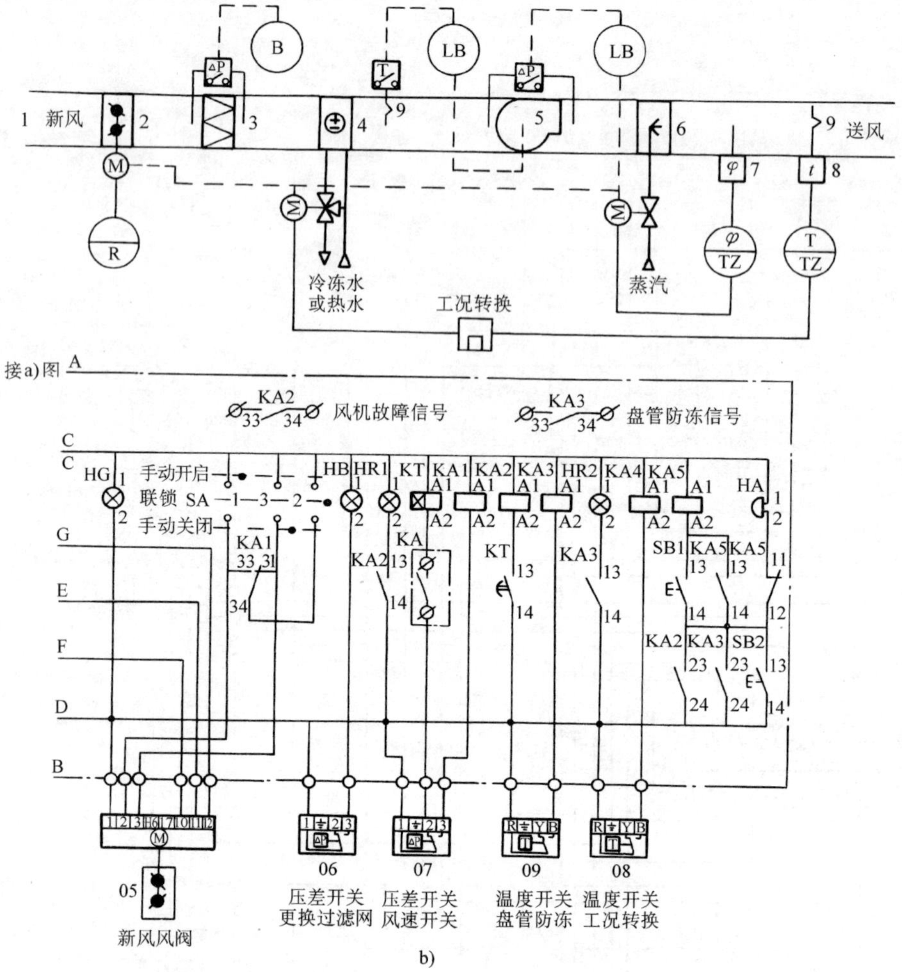

b)

所需器件：

编号	器件名称	型号	符号	器件名称	型号
01	温湿度传感器(送风)	DWS-6P(10~40℃ 30%~90%RH)	FU	熔断器	RT9-20/6A
02	温湿度调节器	WSZ-2A(GTD-150 GTD-159)	TC	控制变压器	DBK2-250VA AC 220V/24V
03	电动调节阀(冷却/加热)	EGSVD(AC 24V)	KA1 KA4	中间继电器	HH54W AC 24V
04	电动调节阀(加湿)	EGSVD(AC 24V)	KA2 KA3 KA5	中间继电器	HH54 AC 24V
05	电动风阀(新风)	ESM(AC 24V)	KT	时间继电器	JSF-12 AC 24V
06	压差开关(过滤网)	CYM(AC 24V)	SB1	控制按钮	LA101-P11-2230
07	压差开关(风机)	CYM(AC 24V)	SB2	控制按钮	LA101-P11-2250
08	温度开关(工况转换)	A190HK	SA	主令开关	LS2-3
09	温度开关(盘管防冻)	A11D-4	HG	信号灯	AD11-10/11 绿色
			HB	信号灯	AD11-10/11 蓝色
			HR1 HR2	信号灯	AD11-10/11 红色
			HA	电铃	UC4-75 AC 24V

注：1. KA为风机起动装置引来的风机起动信号。
2. 阀位显示信号电源为DC +15V，应将反馈电阻调整为输出DC 0~10V。
3. 01温湿度传感器接线应采用有绝缘护套的四芯屏蔽导线（如RVVP型），端子3接屏蔽层。

图12-1 新风机组两管制送冷/热风且加温电气控制原理图（续）
b）系统及控制原理图

（一）工艺流程图及设置

1. 新风—送风管 1 中设置电动对开多叶调节阀 2、空气过滤器 3、空气加热/冷却器 4、送风机 5、加湿器 6、温度传感器 7、湿度传感器 8 和热电阻 9。

2. 送风机与电动多叶阀 2、冷/热水电动阀、蒸气调节阀联锁，风速受热电阻 9 控制且受差压信号控制。蒸气阀受湿度传感器和调节器的控制，冷/热水阀受温度传感器和调节器的控制。

（二）调节控制原理图

调节控制原理图可分两部分内容，即调节及自动控制系统和信号报警系统。

1. 调节及自动控制系统

（1）系统采用 220V 交流电源，控制部分采用经 TC 变压后的 24V 交流电源。

（2）系统送风采用 DWS-6P 温湿度传感器测量温度、湿度并将其变为电信号送到 WSZ-ZA 温湿度调节器中，这两个信号与设定的值比较后断续输出三位 PI 调节信号去开启或关闭冷却/加热阀及加湿阀，其中冷却/加热则由工况转换开关来完成，因为温度调节信号是经过工况转换开关的，并由中间继电器 KA4 去完成。阀位显示信号电源为直流 +15V，是由调节器输出的。

（3）冷却/加热阀、加湿阀和新风风阀与风机是联锁的且同时动作，新风风阀的开启及关闭是受调节器控制的。

2. 信号报警系统

（1）将主令开关 SA 打在联锁的位置上，系统将自动工作。

（2）压差开关 06 装设在风管空气过滤器的两侧，当过滤网良好时两侧的压差不足以使 06 动作，信号灯 HB 不点亮；当滤网被污物阻塞且两侧的压差超过允许值时，压差开关 06 动作，使 HB 点亮，提醒运行人员注意应更换滤网。

（3）压差开关 07 装设在风机的两侧，风机起动后，风机起动装置的起动信号接点 KA（13-14）是闭合的，如果风速过小，压差开关 07 的（2-1）接点是接通的，这时时间继电器 KT 得电吸合并开始延时，风速过小或风机无风故障出现的时间超过系统的允许时间（KT 整定时间），其接点 KT（13-14）闭合，使中间继电器 KA2 得电吸合，其接点 KA2（33-34）闭合发出风机故障信号，并且 KA2（13-14）闭合，使信号灯 HR1 点亮，提醒运行人员注意。这时 KA2（23-24）闭合，通过 KA5（11-12）常闭点将电铃 HA 接通，发出报警铃声。运行人员可按动 SB1（13-14）使 KA5 得电解除警铃。如果风速超过定值，压差开关 07 将动作，先将 KT 回路断开，解除前述报警信号并使 07（1-3）接通，使中间继电器 KA1 得电吸合。KA1 的接点进行切换，KA1（31-34、21-24、11-14）打开，KA1（33-34、23-24、13-14）闭合，风机正常运行。

（4）温度正常时，温度开关 09 不动作，当温度太低致使盘管即将结冰时 09 动作，致使 09（R-B）闭合，中间继电器 KA3 得电吸合，其常开点 KA3（13-14）闭合，将 HR2 点亮，发出报警信号，同时 KA3（33-34）闭合发出盘管防冻信号。同样 KA3（23-24）闭合使 HA 发出警铃信号。

（5）温度正常时，温度开关 08 不动作，当温度过低/过高时，使 B-R 闭合，使中间继电器 KA4 吸合，其接点进行切换，KA4（21-24、11-14）打开，KA4（23-24、13-14）闭合，调节器进行调节，保持系统温度正常。

（6）系统装设温度调节指示仪表 $\frac{T}{TZ}$ 和 $\frac{\varphi}{TZ}$，这是与温湿度调节器设在一起的仪表，装设在仪表柜上，同时对温度、湿度和阀位可手动显示。

其他四种形式的新风机组电气控制原理与上述内容有很大相同之处，只是在工艺上差异较大，读者可按上述分析的方法自行分析。

三、空气处理机组四管制送冷/热风且加湿控制电气原理图 ★★★

图 12-2 是空气处理机组四管制送冷/热风且加湿控制电气原理图，该图分两部分。

（一）工艺流程图及设置

1. 工艺上设新风—送风管和回风—排风管，其中新风—送风管 1 中设置新风阀、空气过滤器、空气冷却器和加热器、送风机、加湿器、湿度传感器、温度传感器和热电阻。回风—排风管 2 中设置排风阀、排风机、湿度传感器、温度传感器。新风和回风管间设回风阀。在被调节空气的室内设湿度传感器、温度传感器和 CO_2 传感器。

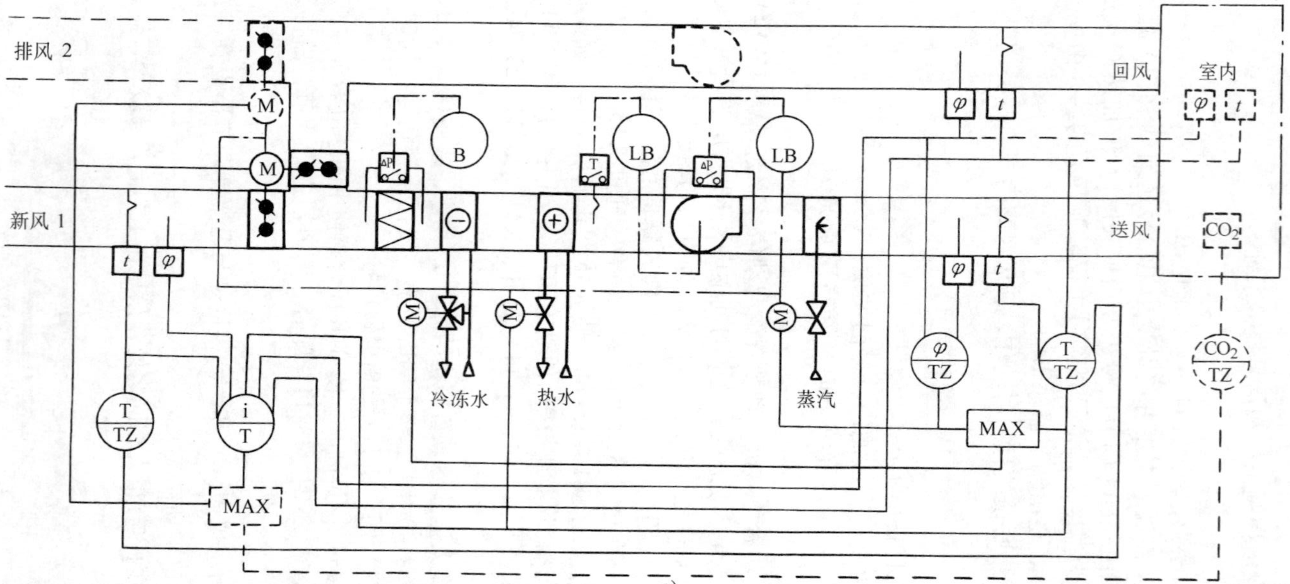

a)

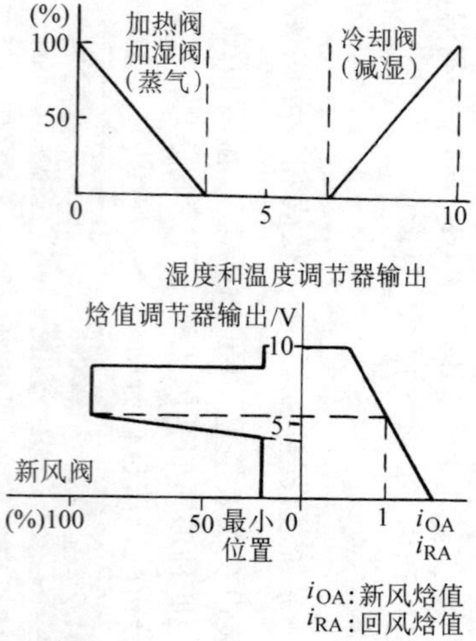

所需器件：

编号	器件名称	型号	编号	器件名称	型号
01	温湿度传感器(回风)	EKFM020/40	13	补偿调节器	ESRL11
02	温湿度传感器(送风)	EKFM020/40	14	电压给定器	ESTS
03	温湿度传感器(新风)	EKFM020/40	15	电动调节阀(加湿)	EGSVD(EPOS)(AC 24V)
04	指针式显示器(回风温度)	EAKT020/40	16	电动调节阀(加热)	EGSVD(EPOS)(AC 24V)
05	指针式显示器(送风温度)	EAKT020/40	17	电动调节阀(冷却)	EGSVD(EPOS)(AC 24V)
06	指针式显示器(新风温度)	EAKT020/40	18	电动风阀(新风)	ESM(EPOS)(AC 24V)
07	指针式显示器(回风相对湿度)	EAKE0/100	19	电动风阀(回风)	ESM(EPOS)(AC 24V)
08	指针式显示器(送风相对湿度)	EAKE0/100	20	电动风阀(排风)	ESM(EPOS)(AC 24V)
09	指针式显示器(新风相对湿度)	EAKE0/100	21	压差开关(过滤网)	CYM(AC 24V)
10	温度调节器	ESRL31	22	压差开关(风机)	CYM(AC 24V)
11	湿度调节器	ESRL31	23	温度开关(盘管防冻)	A11D-4
12	焓值调节器	ESRL51			

注：图中虚线为可选控制方案。

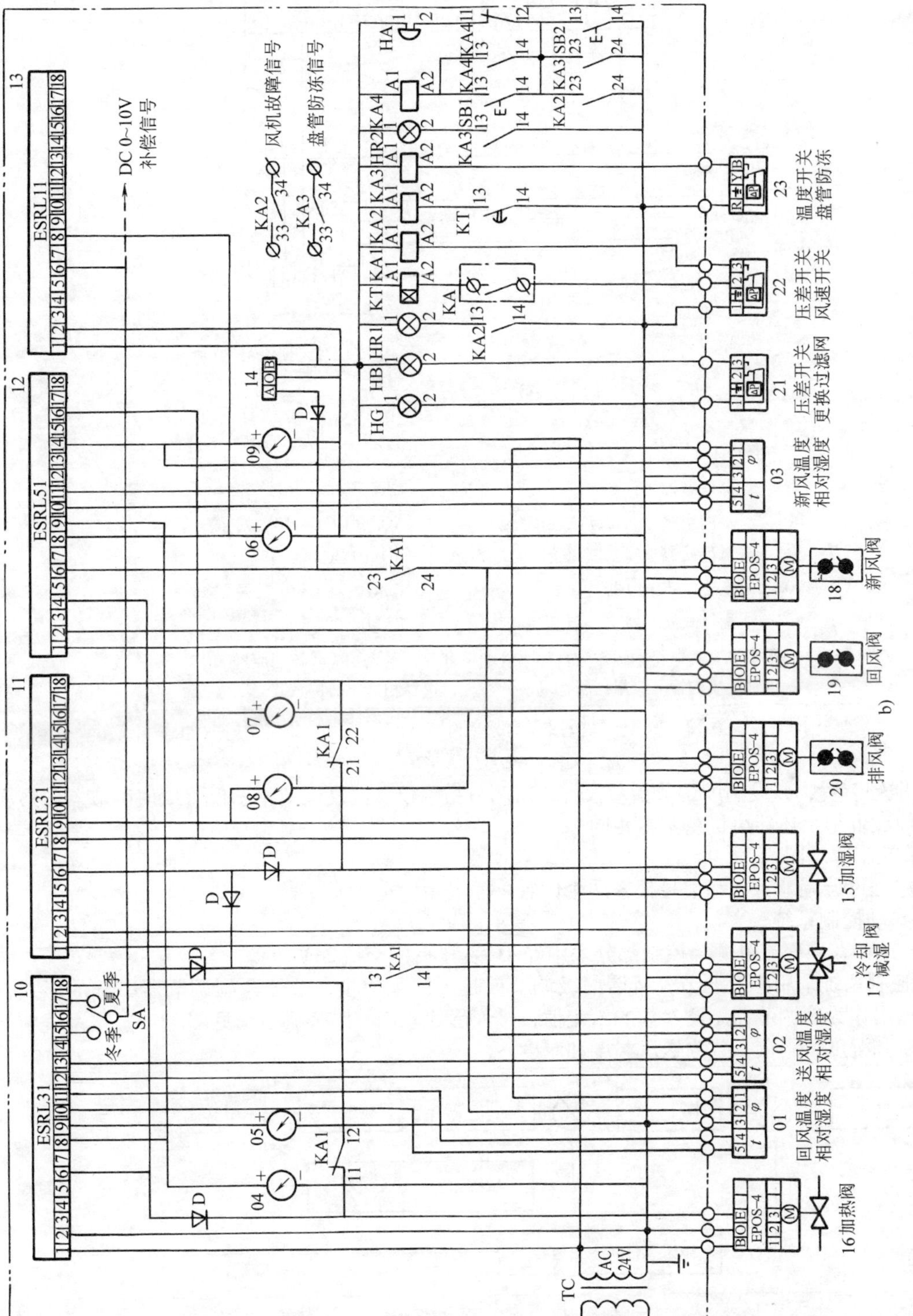

图 12-2　空气处理机组四管制送冷/热风且加湿控制电气原理图

a）工艺流程及设置　b）控制原理

注：1. KA 为风机起动装置引来的风机起动信号。

2. SA 为温度补偿季节转换开关，采用 KN3—B2Z1D。

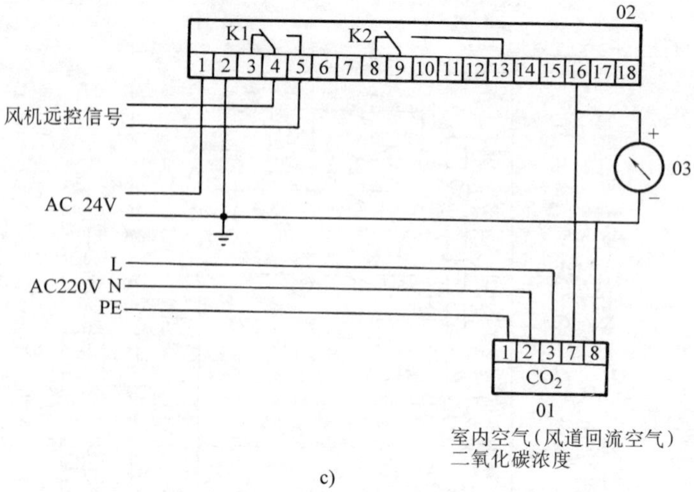

c)

所需器件：

编号	器件名称	型号
01	室内空气二氧化碳浓度传感器	AQ/S(DC 0～10V)
	风道回流空气二氧化碳浓度传感器	AQ/D(DC 0～10V)
02	电子二步继电器	ESRI
03	指针式显示器(二氧化碳浓度)	EAK0/100

注：1. 采用本方案应将本图作为自控系统的一部分，纳入相应的控制原理图中。

2. 空气品质的检测应根据所在场所的特性，选择相适应的传感器。

图 12-2　空气处理机组四管制送冷/热风且加湿控制电气原理图（续）

c）空气品质控制原理

2. 系统设联锁装置，并设温度调节指示仪、CO_2 调节指示仪、湿度调节指示仪、焓值调节器和最大信号选择器，其他设置与上述新风机组基本相同。

（二）调节控制原理图

调节控制原理可分调节自控和信号报警两个内容。

1. 调节及自动控制系统

（1）系统采用220V 交流电源，控制部分采用经 TC 变压后的交流 24V 电源。

（2）调节控制系统采用串级调节，所谓串级调节就是系统采用主调节器与副调节器串接的形式，其中主调节器的输出作为副调节器副调参数的给定值，进而形成双回路闭环调节，见图 12-3。本系统中主调参数为回风温度和湿度，副调参数为送风温度和湿度。

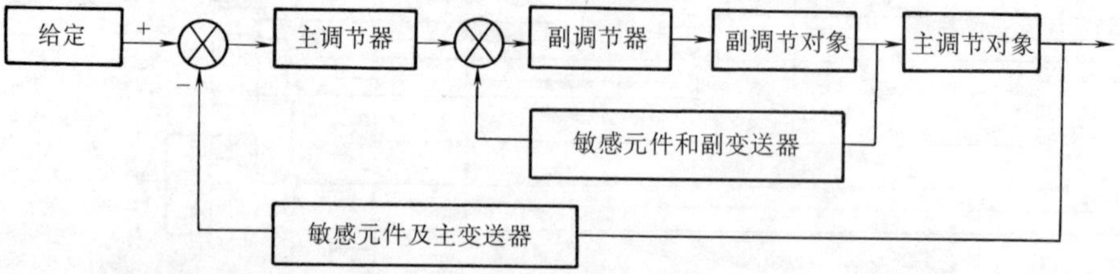

图 12-3　串级调节方框示意图

（3）系统设置四只温湿度传感器，分别去测量新风、送风、回风和被调室内的温度和湿度，被调室内还设有 CO_2 传感器，测量室内的 CO_2 浓度，并且将测量到的非电信号变为电信号。其中送风、回风和室内的信号送到温度调节器和湿度调节器中，与给定信号比较后输出连续 PI 调节信号去控制冷水、热水和蒸气电动阀的开度，同时将信号送至新风处的焓值调节器中。焓值调节器是调节热能的，它接受温度和湿度信号，可进行 PI 调节。

（4）焓值调节器一方面接受新风的温度、湿度信号，同时又接受回风和室内的温度、湿度信号，此外还接受送风被调节后的调节信号和室内 CO_2 浓度调节器的信号，根据新风和回风的焓值比较来调节新风阀、排风阀和回风阀的开度，达到经济运行的开度。

（5）根据以上分析可以看出系统是通过两个调节器串联的方式进行工作的。串级温度调节器分程调节加热阀、冷却阀和控制焓值调节器，来控制回风的温度，副调送风温度，又按新风温度通过补偿调节器设定回风温度给定值。同时串级湿度调节器也是分程调节蒸气加湿阀、冷却减湿阀来控制回风的相对湿度，副调送风湿度，其中冷却阀的控制是取之温度湿度调节器输出的最大（max）信号来自动选择调节的。焓值调节器的调节方式使两组串级调节（温度、湿度）达到配合合理，促使系统经济运行。

（6）调节系统中设置了转换开关 SA，并由其决定冬季和夏季的工作方式。同时设置了六块针式显式仪表，显示回风、送风、新风的温度和相对湿度。

2. 信号报警系统与图 12-1 基本相同，只是取掉了工况转换中间继电器，读者自行分析。同时系统设置两只温度调节指示仪，一只湿度调节指示仪，一只焓值调节仪，一只 CO_2 调节指示仪，均装在仪表柜上。

该系统可人为按最小新风需要量设置风阀的最小位置，也可选用指针式仪表显示探测部位的温度和阀位，这些应按工艺设计要求进行。

其他形式的几种空气调节机组电气控制原理与上述内容基本相同，除了工艺上的差异外，在新风调节上采用的是混风调节器，实际上是一温差调节器 $\left(\frac{\Delta T}{T}\right)$，它只接受新风、回风的温度信号及送风温度调节器的调节信号，然后进行超驰控制来调节新风阀、回风阀和排风阀而达到经济开度。超驰控制是指某参数达到临界时，为了系统安全，执行器受此参数控制，或处于最大或处于最小位置，有时比临界值稍小一点，保证系统安全。

四、送风机组控制原理图 ★★★

空气调节自动控制系统中风机的控制原理图与前述章节中电动机的控制基本相同，一般采用双速电机直接起动或单速电机直接起动，容量较大的采用Y-△起动，这里只介绍一般电动机控制原理图的另一种画法，供读者在识图中参考。图 12-4 是送风机Y-△控制原理图，当前一些较为先进的机组也有采用变频器起动的，第八章有详细介绍。表 12-2 是主要电气元件表，图中 X□:□（方框中为数字）是接线座的一种标注方法，表示接线座的序号，图中同一标注的序号是连接的。图中每一回路均用 1、2…按顺序表示，并在序号的下面画出该回路接触器辅助接点或继电器接点在图中各个回路的分布情况，其中数字表示回路的序号，△表示外引接点，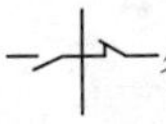各表示常开接点、常闭接点。这种画法为分析电路带来了极大的方便。

1. 手动运行（SA1 打在手动运行/试验上）

（1）电源有电、熔断器 FU 完好，第一回路接通，绿色信号灯 HG 点亮，说明控制电源正常。

（2）第三回路中，KA3（11-12）、KH（81-82）、SB2（11-12）、KM3（11-12）KA2（21-22）均为常闭接点，接线座（X1:7-X1:8）是由仪表控制回路的盘管防冻信号引来的常闭接点，SA1-1 手动运行中是闭合的，因此手按动 SB1 按钮时接触器 KM1 吸合，其主触点将主回路中电动机的 W2、U2、V2 接成星形。其辅助触点的分布使第四回路的常开点 KM1（13-14）闭合自保，使第十回路的常闭点 KM1（11-12）打开，实现 KM1 和 KM3 的互锁。

（3）第四回路中，KT（11-12）为常闭，中间继电器 KA1 得电吸合，其接点的分布使第七回路的常开点 KA1（13-14）闭合，使第九回路的常闭点 KA1（11-12）打开。这样第七回路的接触器 KM2 得电吸合，电动机接成星形全压起动。KM2 接点的分布使第八回路的常开点 KM2（13-14）闭合实现自保，使第五回路的常开点 KM2（23-24）闭合，这样时间继电器 KT 得电吸合并开始延时。

（4）KT 接点的分布使第四回路的 KT（11-12）延时打开，这样 KA1 失电，其分布在第七回路的常开断开，因 KM2（13-14）自保，不影响 KM2 的工作状态；分布在第九回路的常闭点 KA1（11-12）复位闭合，KT 分布在第九回路的 KT（13-14）延时闭合，这样第九回路接为通路，中间继电器 KA2 得电吸合。

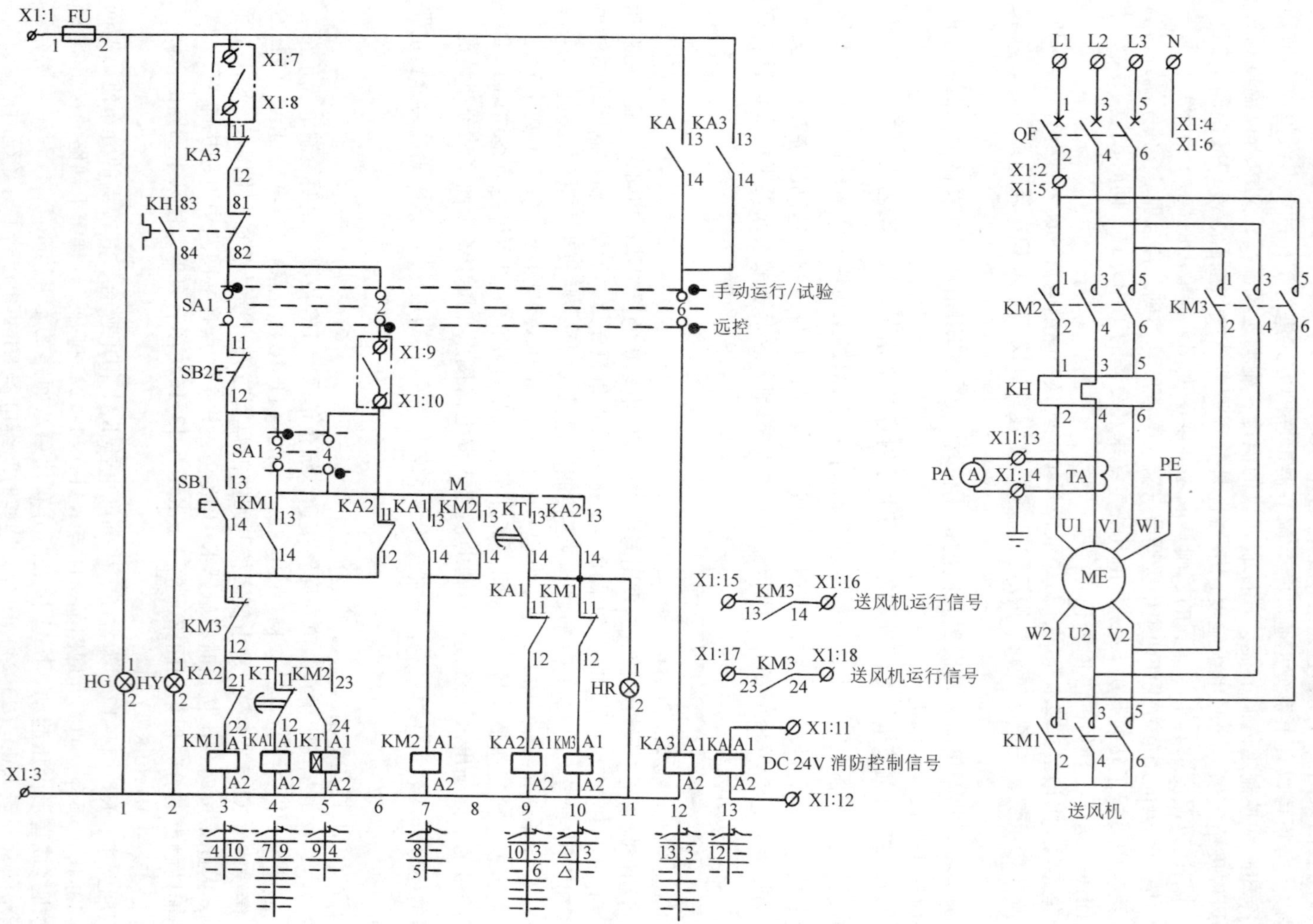

图 12-4　送风机Y-△起动控制原理图

注：1. 图中二次电路中点划线框内接线座 X1:7 和 X1:8 连接的触头为来自仪表控制回路的盘管防冻信号，接线座 X1:9 和 X1:10 连接的触头为来自外电路的远控信号。

2. 二次电路中接线座 X1:1 和 X1:2、X1:3 和 X1:4 短接。接线座 X1:5 和 X1:6 作为仪表控制回路电源引至仪表控制装置。

表 12-2　主要电气元件表

文字符号	名　称	型号规格
QF	断路器	设计确定
KM1 ~3 KM4 ~6	接触器	设计确定
KH KH1 KH2	热继电器	设计确定
TA TA1 TA2	电流互感器	设计确定
PA PA1 PA2	电流表	设计确定
FU	熔断器	RT9-20/6A
SA1	转换开关	LW5-15D1044/4
SA2	转换开关	LW5-15D1370/5
SA3	钮子开关	KN3-B1Z1D
SB1 SB3	控制按钮	LA101-P11-2220
SB2 SB4	控制按钮	LA101-P11-2210
KT1 KT2	时间继电器	JS23-31/2
KA1 ~5	中间继电器	JDJ1-44
KA	中间继电器	HH52 DC 24V
HG	信号灯	AD11-10/21　绿色
HY HY1 HY2	信号灯	AD11-10/21　黄色
HR HR1 HR2	信号灯	AD11-10/21　红色
X1	接线座	JH2-2.5L $l=300$mm

注：未注明的二次电路元件额定电压均为 AC220V。

（5）KA2 接点的分布使第三回路的 KA2（21-22）打开，KM1 失电，其分布在第四回路的 KM1（13-14）打开解除自保，第十回路的 KM1（11-12）复位闭合为 KM3 得电作准备，这时电机星点被 KM1 解开。KA2 在第六回路的接点 KA2（11-12）打开，KA2 在第十回路的常开点 KA2（13-14）闭合，接通了接触器 KM3，电动机完成了星形起动到三角形运行的过渡，这时电动机 U_1W_2、V_1U_2、W_1V_2 被 KM3 连接为三角形，起动完毕。

（6）KM3 辅助接点的分布使第三回路的常闭点 KM3（11-12）打开，解除与 KM1 的互锁，两对常开点 KM3（13-14）、KM3（23-24）闭合，发出风机运行的信号，供外引电路使用。同时 KT 失电，其第九回路的接点 KT（13-14）打开，因 KA2（13-14）闭合自保，不影响 KM3 和 KA2 的工作状态。

这时要注意到，三角形运行后 KM2、KA2、KM3 的得电回路是直接从 SB2(12)-SA1(3)-KM2(13)-KA2(13)的连线 M 上得到的（图中 M 的标注是作者为了识读的讲述而画上的，原图无 M 字样）。另外，三角形运行后，KM2 仍然吸合，这时图中 KH 和 TA 是接在电动机的相绕组上的，测得的电流是相电流，而不是线电流，在调整中应注意，这也是本电路的一个缺点。

（7）在风机正常运行中，若发生以下情况，电动机将失电停止运行。

1）操作 SA1 或 SB2 可将电动机手动停止，为运行人员提供了一旦发生事故可及时停车的便利。

2）运行过程中电动机过负荷时限超过热继电器 KH 的时限，KH 则动作，其常闭点 KH（81-82）打开切断控制电源的回路，接触器 KM2、KM3 失电，电动机自动停止；KH（83-84）闭合点亮事故信号灯 HY。

3）当火灾发生时，第十三回路的信号继电器 KA 得电吸合，发出火警信号，分布在第十二回路的常开点 KA（13-14）闭合，使 KA3 接通吸合，第十三回路的常开点 KA3（13-14）闭合自保，第三回路的常闭 KA3（11-12）打开切断控制回路电源，电动机停止。

4）空调系统盘管防冻信号继电器 KA3 吸合后，外引入接点接线座（X1:7-X1:8）打开，切断控制回路电源，电动机停止。

5）当电动机内部发生短路或主回路发生短路时，断路器 QF 自动跳闸，切断电动机电源，电动机停止。

2. 远控运行（SA1 打在远控上）

（1）同 1-（1）。

（2）SA1（2）接通，远控信号由接线座（X1:9-X1:10）引入，电源经 SA1（4）引入图中标注 M 的线段上，同时电源经 X1:10-KA2 常闭点（11-12）-KM3 常闭点（11-12）使 KM1、KA1 得电吸合，以下控制程序基本同手动控制的程序，可按 1-(2)及以下的内容进行分析。

(3) 停车同1。

最后说明一点，新风及空气处理机组自控系统采用的传感器、调节器、电动阀、压差开关、温度开关及各种电子器件等，均应以工程提供的施工图样中标注的型号为准，电路及工作方式应以其产品说明书为准，这里的图样及型号则是为了讲述的方便而选用的。

第二节 制冷机组自控系统电气原理图

制冷机组是为空气调节系统提供冷冻水及其他制冷装置提供冷源的机械装置，有着整套的自动控制系统。系统设置各类电动阀、电磁阀、调节器、传感器、压差或压力控制器、水流信号装置、仪表及配套元件等，加之常规的电气控制装置，构成了复杂的自动控制系统。

一、机组分类 ★★★

机组一般是按机组的机械结构分类的，可分为活塞式、螺杆式、离心式、溴化锂吸收式及其他形式的制冷机组。其中活塞式、螺杆式、离心式机组一般由制冷机、冷冻水泵、冷却水泵、冷却塔风机组成机泵（附泵）系统，几个机泵系统又组成一个大系统，可分为：

1. 一台制冷机一套附泵系统（简称一台制）；
2. 两台制冷机两套附泵系统（简称两台制）；
3. 三台制冷机三套附泵系统（简称三台制）。

溴化锂吸收式制冷机组由发生泵、冷剂泵、真空泵及配套的冷却水泵、冷水泵及冷却塔风机组成。

二、溴化锂吸收式制冷机组自动控制原理图 ★★★

图12-5是溴化锂吸收式制冷机组控制原理图。图中不包括配套的冷却水部分，可参考后述的一台制冷机一套附泵系统，见图12-9。图12-6是溴化锂吸收式制冷机组工艺流程及仪表配置图。溴化锂吸收制冷机组顺序控制方式如下：

1. 系统运行方式：自动、手动两种方式，在电控箱上转换。

溴化锂吸收式制冷机是利用热能来制冷的，热量的供入与否则表示制冷机是否处于工作状态，根据该制冷机的特点，在机组的起动和停车过程中，蒸汽的供入或切断以及机组各泵的运行或停止应按一定的程序进行。

2. 自动运行方式（电控箱上转换开关置于“自动”位置）。

起动顺序见图12-7a。

停机顺序见图12-7b。

3. 手动运行方式（电控箱上转换开关置于“手动”位置）。

发生泵起（停），冷剂泵启（停），溶液回流阀开（关），蒸汽调节阀开度均由“手动”开关控制真空泵操作只具备“手动”方式。这里以某系列制冷机为实例，介绍其手动控制原理。

（一）工艺流程及设置

1. 工艺流程 由图12-6可知，系统被真空泵（图中未画出）抽到高真空后，发生泵起动将吸收器内的溴化锂水溶液分别送到高、低压发生器中，高压发生器中的蒸汽将其浓缩，这样较稀的溶液则变成浓溶液，同时产生高压冷剂蒸汽，这个高压冷剂蒸汽进入低压发生器的换热管内后加热浓缩稀溶液同时也产生冷剂蒸汽。

发生器产生的冷剂蒸汽（包括冷剂水）在冷凝器中被由冷却水泵打来的冷却水冷却和冷凝后送到蒸发器，再由冷剂泵将其打回到蒸发器进行喷淋，进而在高真空下吸收管内冷水的热量而低温沸腾这样产生巨大的冷剂蒸汽，同时制取低温的冷水。

发生器里的浓溶液分别经热交换器进入吸收器，吸收器吸收冷剂蒸汽后使浓溶液变为稀溶液，再由发生泵打到发生器中，进而循环起来。冷水泵则将冷冻水打到需要冷却的系统中去，而冷却水泵则将吸收器中热水打到冷却塔中经散热后又回到吸收器中，循环工作便将热量带走并散发出去。

2. 仪表及自动装置的设置

(1) 温度仪表的设置

文字符号	名称	型号	数量
FU1	熔断器	RT9-20/6A	1
QT	选择开关	LA101Z-FXB20	
QT1、QT2	主令开关	LS2-2	1
KA1~KA8	中间继电器	JDZ1-44	15
KT	时间继电器	JS23-31/2	5
SB1、SB3、SB5	控制按钮	LA101-P11-2220	3
SB2、SB4		LA101-P11-2230	2
HG1	信号灯	AD11/21	1
HR1~HR4		AD11/21	3
HY1~HY6		AD11/21	2
HA	电铃	65-1-75	1
X1	接线座	JH2-2.5L l=400mm	1

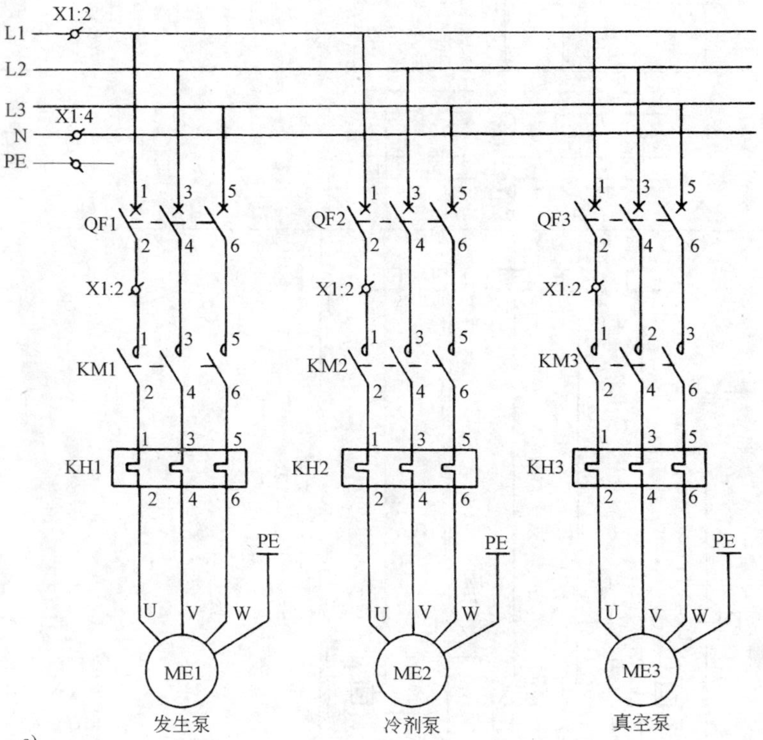

a)

图 12-5　溴化锂吸收式制冷机组控制原理图
a）主回路及元件表

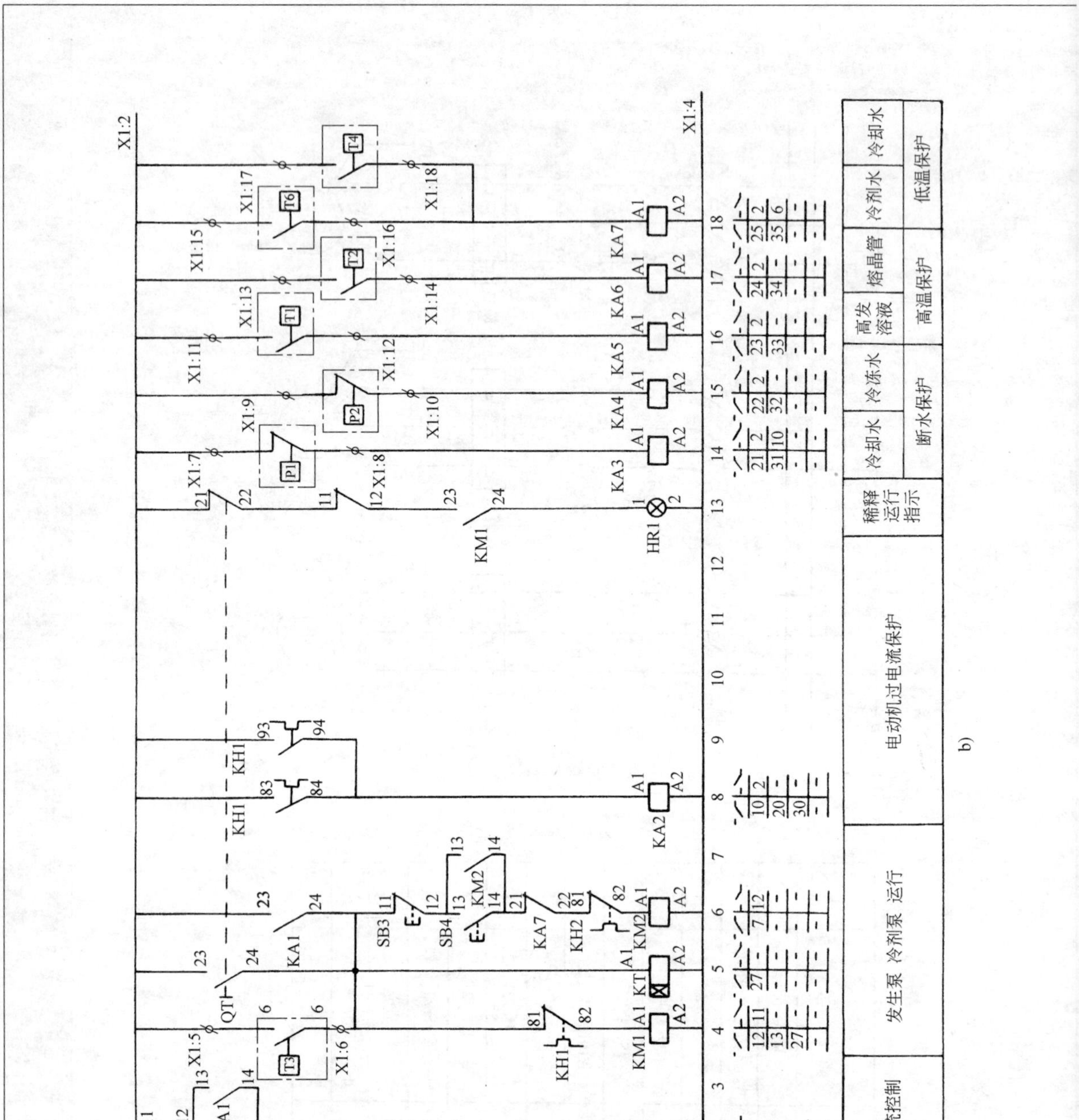
熔断器
开关
指示
控制电源
系统控制
发生泵 冷剂泵 运行
电动机过电流保护
稀释运行指示
冷却水
冷冻水
高发溶液
熔晶管
冷剂水
冷却水
断水保护
高温保护
低温保护

b)

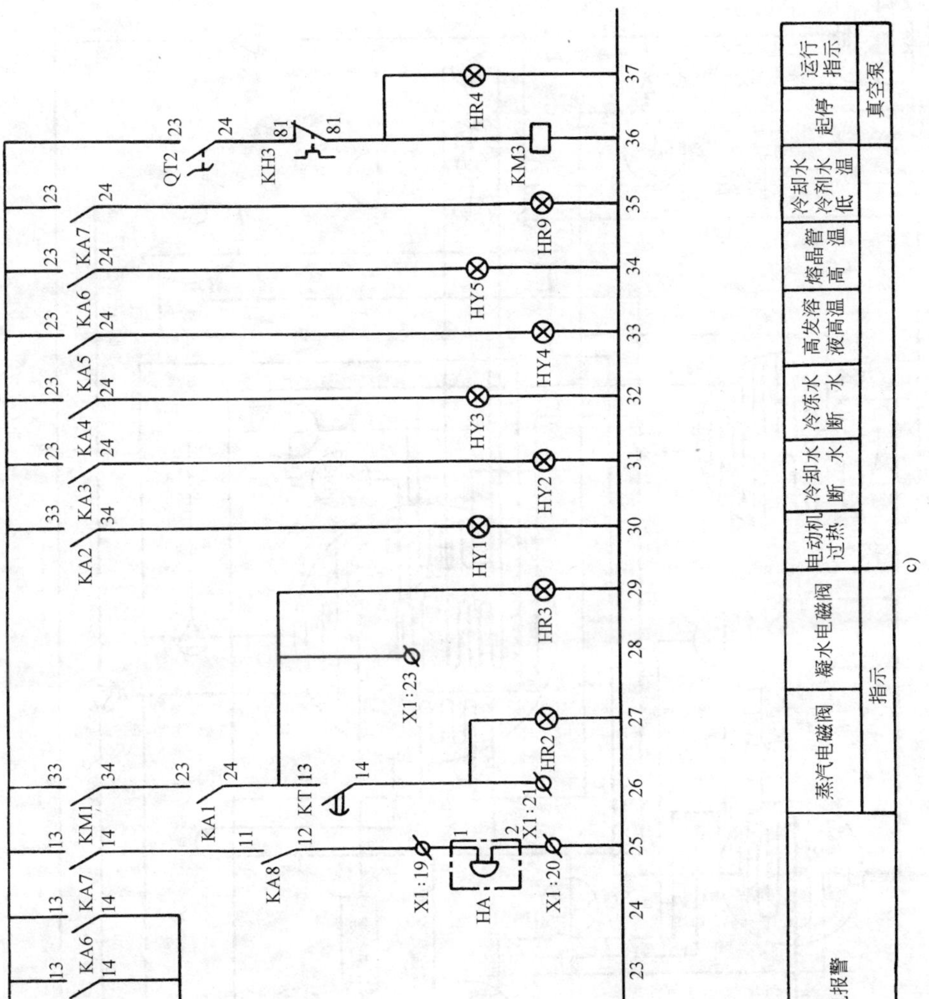

图 12-5　溴化锂吸收式制冷机组控制原理图（续）

b）控制原理图（一）　c）控制原理图（二）

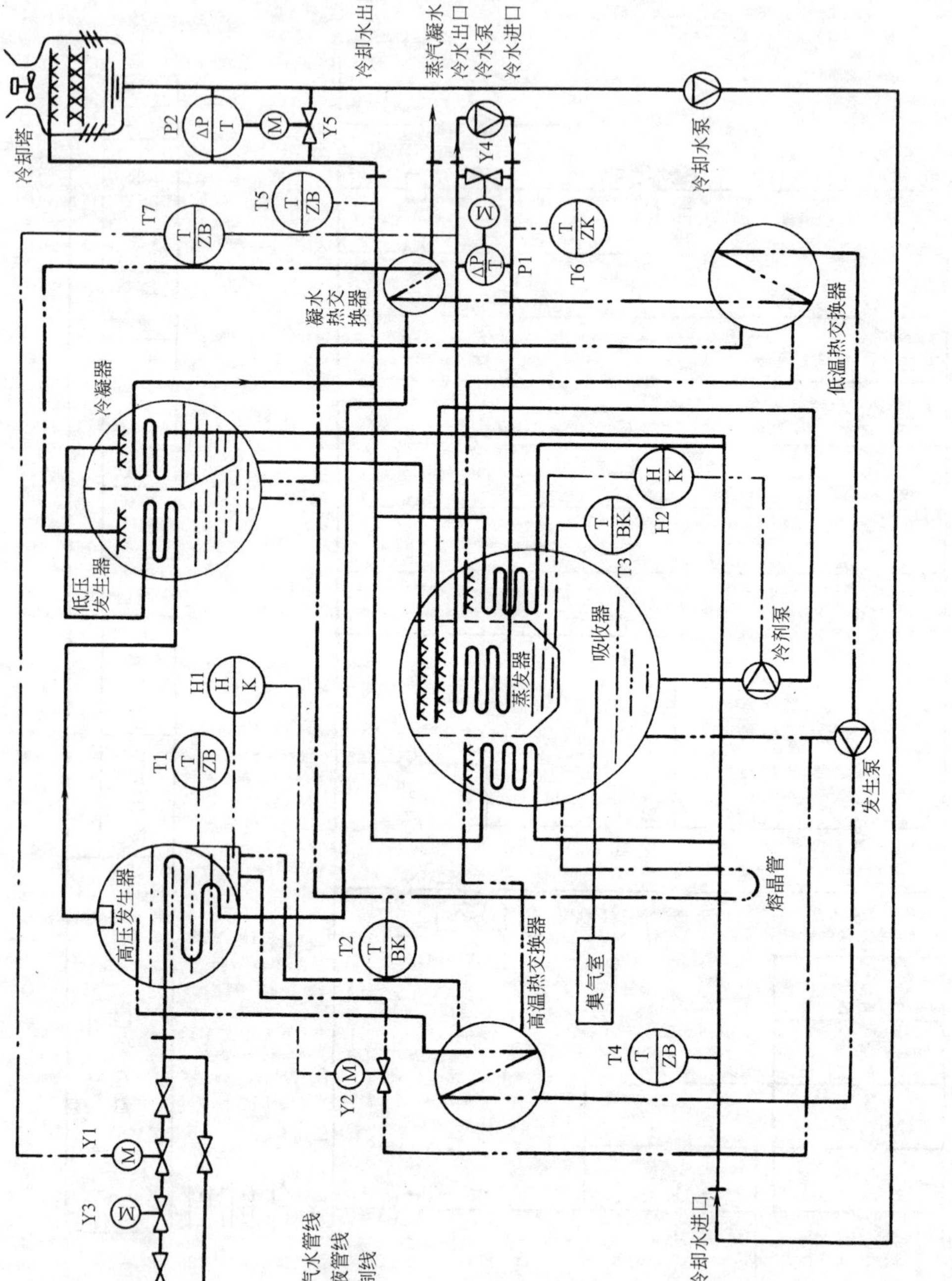

图 12-6　溴化锂吸收式制冷机组工艺流程及仪表配置图

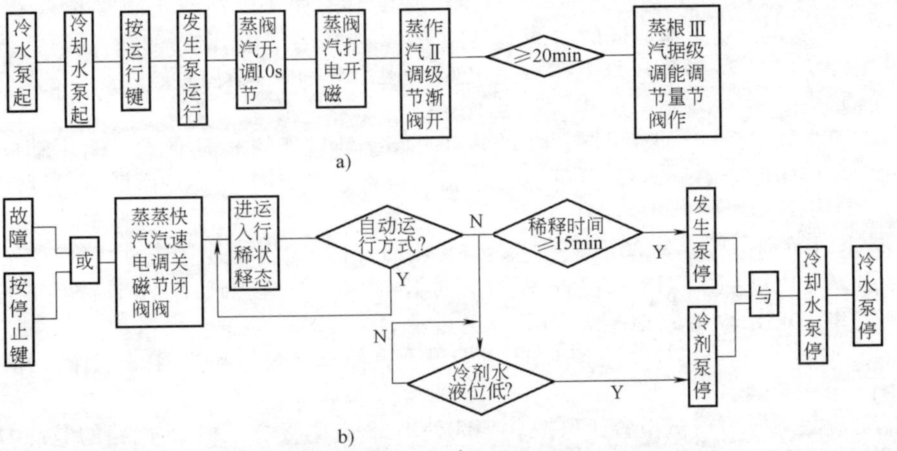

图 12-7　双效溴化锂吸收式制冷机组系统起停顺序

a）起动顺序　b）停机顺序

1）高压发生器设置 T1，指示发生器的温度并有报警装置。

2）由吸收器到低压发生器的熔晶管溶液管道上设置 T2，对溶液的温度进行控制并有报警装置。

3）蒸发器的底部设置 T3，对蒸发器的温度进行控制并有报警装置。

4）在冷却水进入系统的进口处设置 T4，对冷却水的温度进行指示并设报警装置。

5）在蒸发器至冷却塔的热水管道上设置 T5，指示热水温度并有报警装置。

6）在冷水进口处设置 T6，指示并控制进口冷水的温度。

7）在冷水出口处设置 T7，指示出口冷水温度并设报警装置，同时设信号控制蒸汽水管路进口处的电动阀门 Y1。

（2）液位仪表的设置

1）高压发生器的底部设置溶液液位检测仪表 H1，由此控制由吸收器到发生器溶液管线上的电动阀门 Y2。

2）蒸发器底部设置液位检测仪表 H2，由此控制冷剂泵。

（3）压差调节器的设置

1）在冷水进出口的管道上设置压差调节器 P1，由此调节电动阀 Y4 的开度，以保持系统的平衡。

2）在冷却水进出口的管道上设置压差调节器 P2，由此调节电动阀 Y5 的开度，以保持冷却水系统的平衡。

（4）电动阀的设置　见上述（1）~（3）。

（二）调节控制原理

1. 系统运行方式　系统可自动或手动两种方式运行，由电控柜上的转换开关决定，这里只列出了手动运行的原理图。

2. 系统运行的程序

（1）自动运行的起停程序见图 12-7。

（2）手动运行时启停均为手动操作，发生泵启停、冷剂泵启停、溶液回流阀开或关、蒸气调节阀的开关都由手动开关控制，真空泵只能手动操作启停。

3. 图 12-5 手动控制电路的分析　为了分析的方便，这里简略了类似图 12-4 的分析方法，请读者注意。

（1）主回路中的三台电动机均为直接起动，设断路器 QF 为短路保护、热继电器 KH 为过载保护，PE 为接零保护。

（2）1 回路的电源指示灯 HG 点亮时说明控制电源有电且熔断器 FU 完好。

（3）起动前将 QF 手动闭合，按动 2 回路的 SB2，中间继电器 KA1 得电吸合且 3 回路的常开点 KA1（13-14）闭合自保。

（4）KA1吸合后其6回路的常开点KA1（23-24）闭合，使4回路的接触器KM1得电吸合，使电动机ME1起动，发生泵开始工作；同时时间继电器KT得电吸合，并开始计时；这时如按动SB4，KM2吸合，电动机ME2起动，冷剂泵开始工作，这里要注意到冷剂泵只有在发生泵正常工作后才能工作，ME2被ME1联锁。

同时，由4回路可以看出，温度仪表T3的常开点闭合后也能使KM1吸合；若手动操作5回路的选择开关QT也能使KM1吸合，同时使13回路的稀释运行指示灯HR1点亮。由此看出发生泵的工作有三个起动方式。

（5）KT整定时间到达后，其26回路的接点KT（13-14）闭合，使接线柱X1:21有电，可接通蒸汽电磁阀，并由27回路指示灯HR2点亮指示。同时KM1和KA1吸合后使28回路接线柱X1:23有电，可接通凝水电磁阀，并由29回路指示灯HR3点亮指示。

（6）操作36回路主令开关QT2可使KM3得电吸合，使真空泵电动机ME3工作，并由37回路HR4指示灯指示运行。

（7）系统发生故障时可停机报警，可按动SB5使KA8有电吸合，将25回路的电铃HA回路接通铃响报警，即可操作停止按钮，使系统停车。如系统有以下故障时可自动停机报警，并由指示灯HY1～HY5和HR9指示故障。

1）14回路的KA3因冷却水压力不够致使差压调节器P1的常闭点闭合复位而得电吸合，KA3常闭点（11-12）打开使KA1失电，KA1（23-24）打开使KM1、KM2失电停机。同时KA3（13-14）使KA8得电报警。

2）15回路的KA4因冷冻水压力不足致使差压调节器P2的常闭点闭合复位而得电吸合，同样使KM1、KM2失电，KA8报警。

3）16回路的KA5因高发溶液温度太高致使温度仪表T1的常闭点闭合复位而得电吸合，同样使KM1、KM2失电，KA8报警。

4）17回路的KA6因熔晶管溶液温度过高，使温度仪表T2的常闭点复位闭合而得电吸合，同样使KM1、KM2失电，KA8报警。

5）18回路的KA7因冷却水或冷剂水的温度太低，使温度仪表T4或T6的常闭点复位闭合而得电吸合，同样使KM1、KM2失电，KA8报警。

（8）电动机发生过电流时，热继电器KH1动作、KH2动作，可使KA2得电吸合，致使KM1、KM2失电，并使KA8报警。

（9）系统发生故障时，可按动常闭按钮SB1、SB3使系统停车。

（10）系统发生短路故障时，断路器QF动作可切断电动机的电源而停车。

（11）电动机外壳可靠接零，可防止电动机漏电，一旦漏电QF跳闸，从而保证人身安全不至触电。

三、一台制冷机一套附泵系统顺时控制及冷却水温度调节自动控制原理图 ★★★

图12-8是一台制冷机一套附泵系统顺时控制及冷却水温度调节自动控制的工艺流程及仪表配置图，图12-9是图12-8的自动控制原理图，表12-3是主要电气元件表。

（一）工艺流程及设置

1. 工艺流程　由图12-8可以看出，冷冻水回水进入冷冻机后，冷冻机的工作将其冷冻降温，然后将冷冻后的冷冻水供到需制冷的系统中去，这个循环由冷冻水泵完成。冷冻水回水放出的热量由冷却水带走到冷却塔进行冷却，然后再送回到冷冻机中去，这个循环由冷却水泵完成。第一个循环是把冷量带走而把热量带回，第二个循环则是把热量带走而把冷量带回。

两个循环起动后，制冷机将正常工作，同时在系统设置测量元件、调节控制装置和水流信号元件，以保证系统的正常运转。

冷冻水泵和冷却水泵由电控箱控制，冷却塔风机则受调节控制装置的控制。

2. 仪表及自动装置的设置

（1）在冷却水回水管道上设温度传感器和温度调节指示控制仪表，控制冷却塔风机的启停并调节供水管道上的三通阀，控制其进水量。

（2）在冷冻水供水、回水管道上设差压调节器，测量系统供水、回水之间的差压值，然后控制电动阀的开度，使系统稳定。

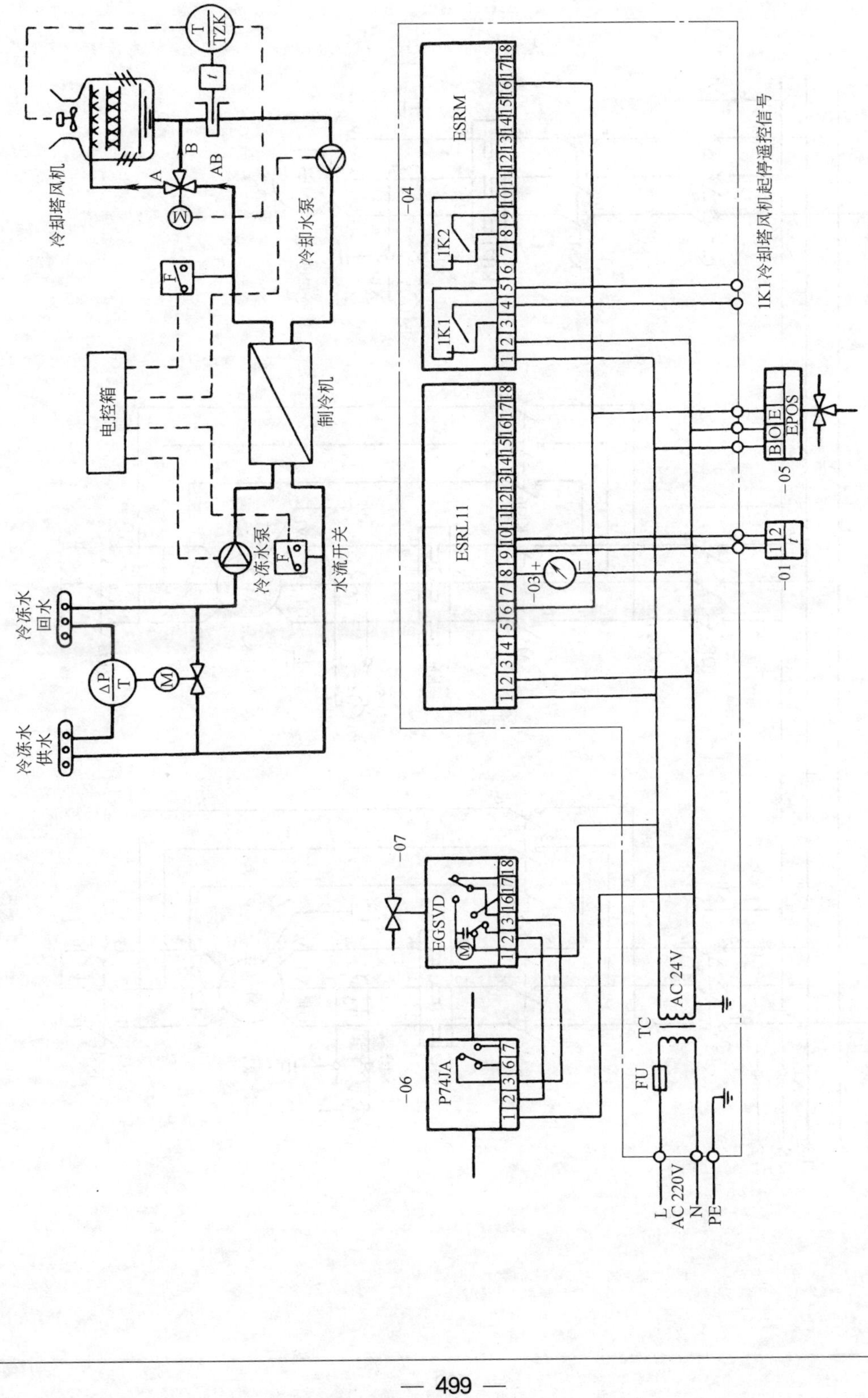

图 12-8　一台制冷机一套附泵系统顺时控制及冷却水温度调节自动控制的工艺流程及仪表配置图

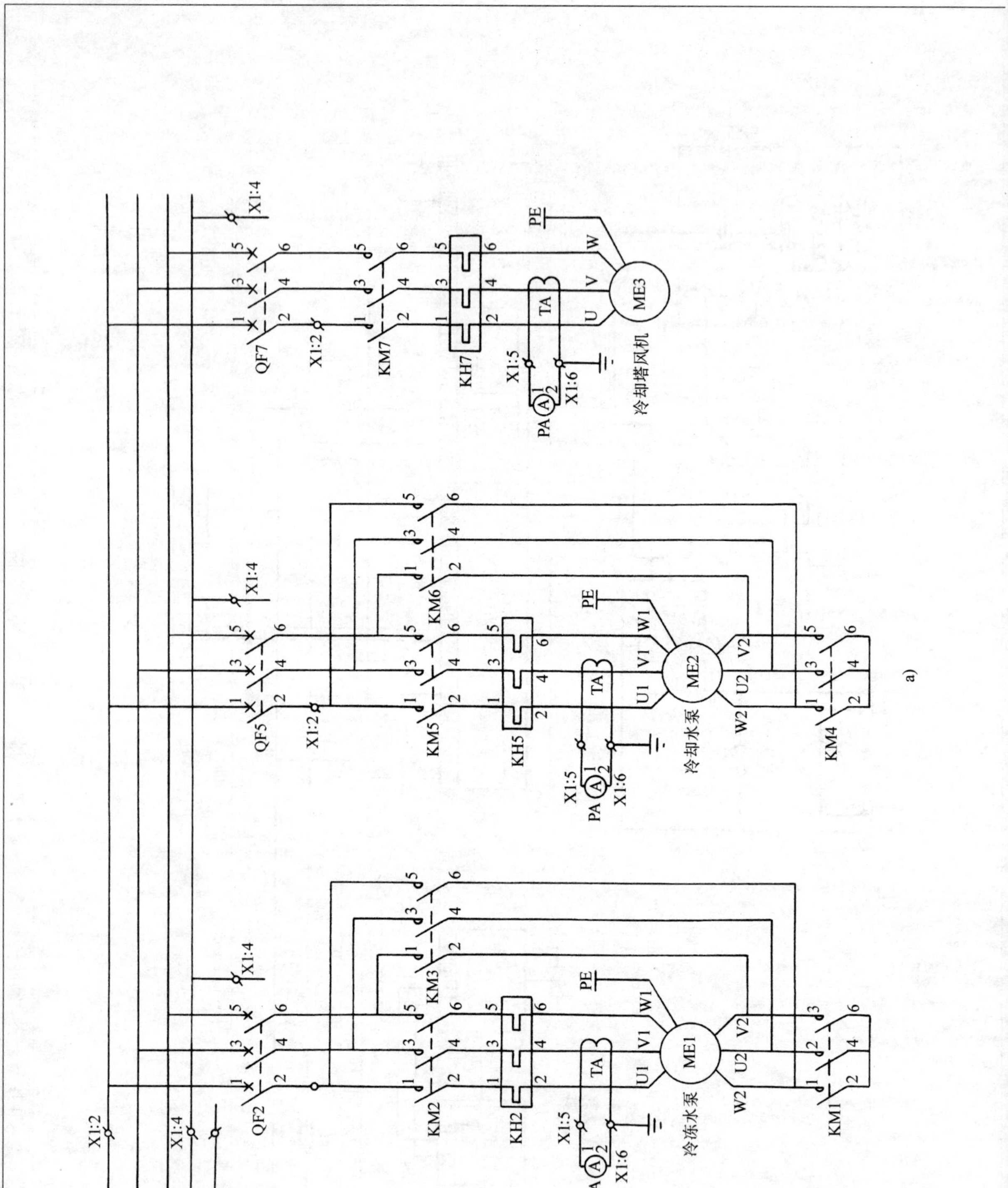
L1
L2
L3
N
PE
X1:2
X1:4
X1:5
X1:6
QF2
QF5
QF7
KM1
KM2
KM3
KM4
KM5
KM6
KM7
KH2
KH5
KH7
TA
PA
ME1
ME2
ME3
冷冻水泵
冷却水泵
冷却塔风机

a)

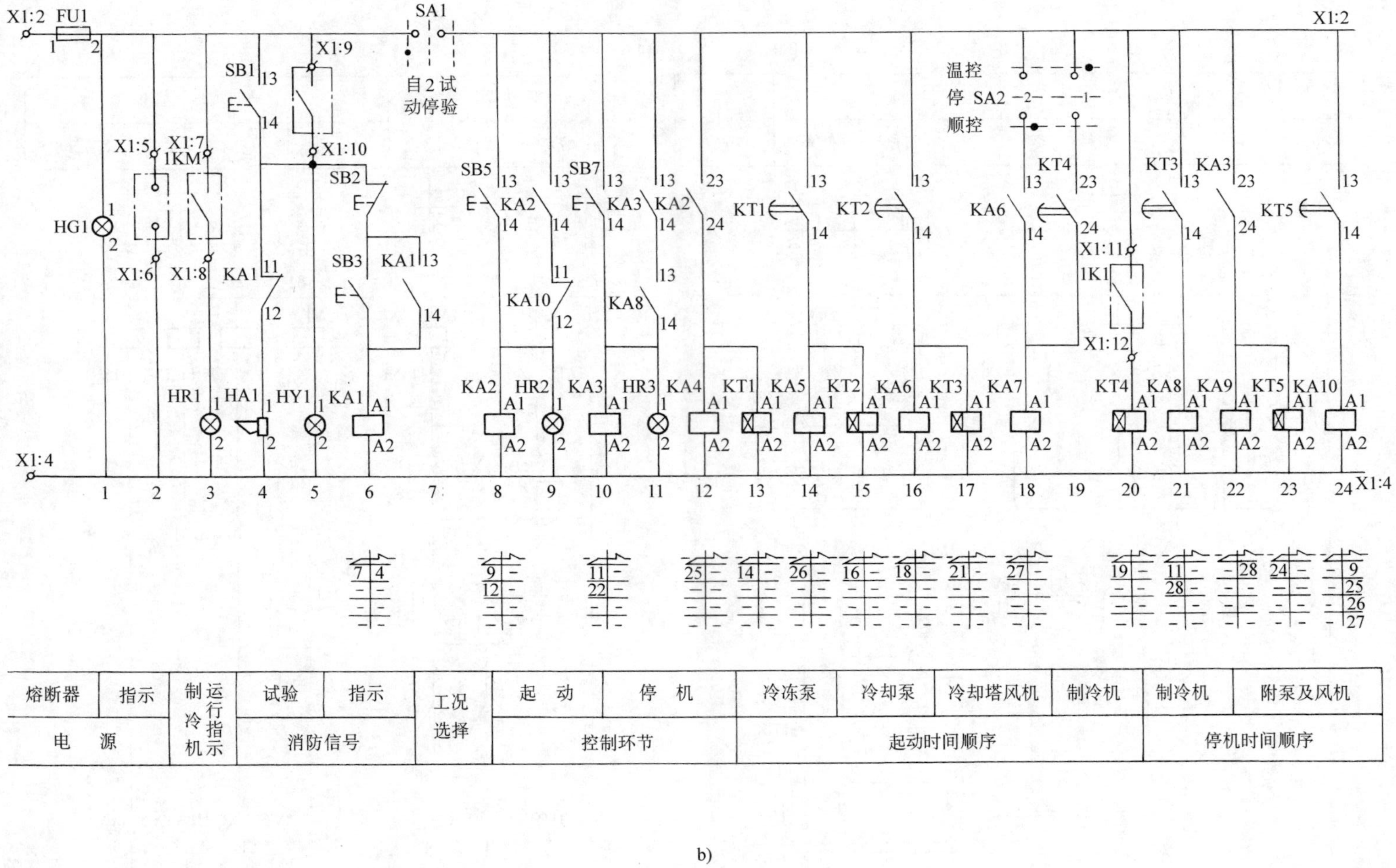

图 12-9　一台制冷机一套附泵系统顺时控制及冷却水温度调节自动控制原理图
a）主回路　b）控制原理图（一）

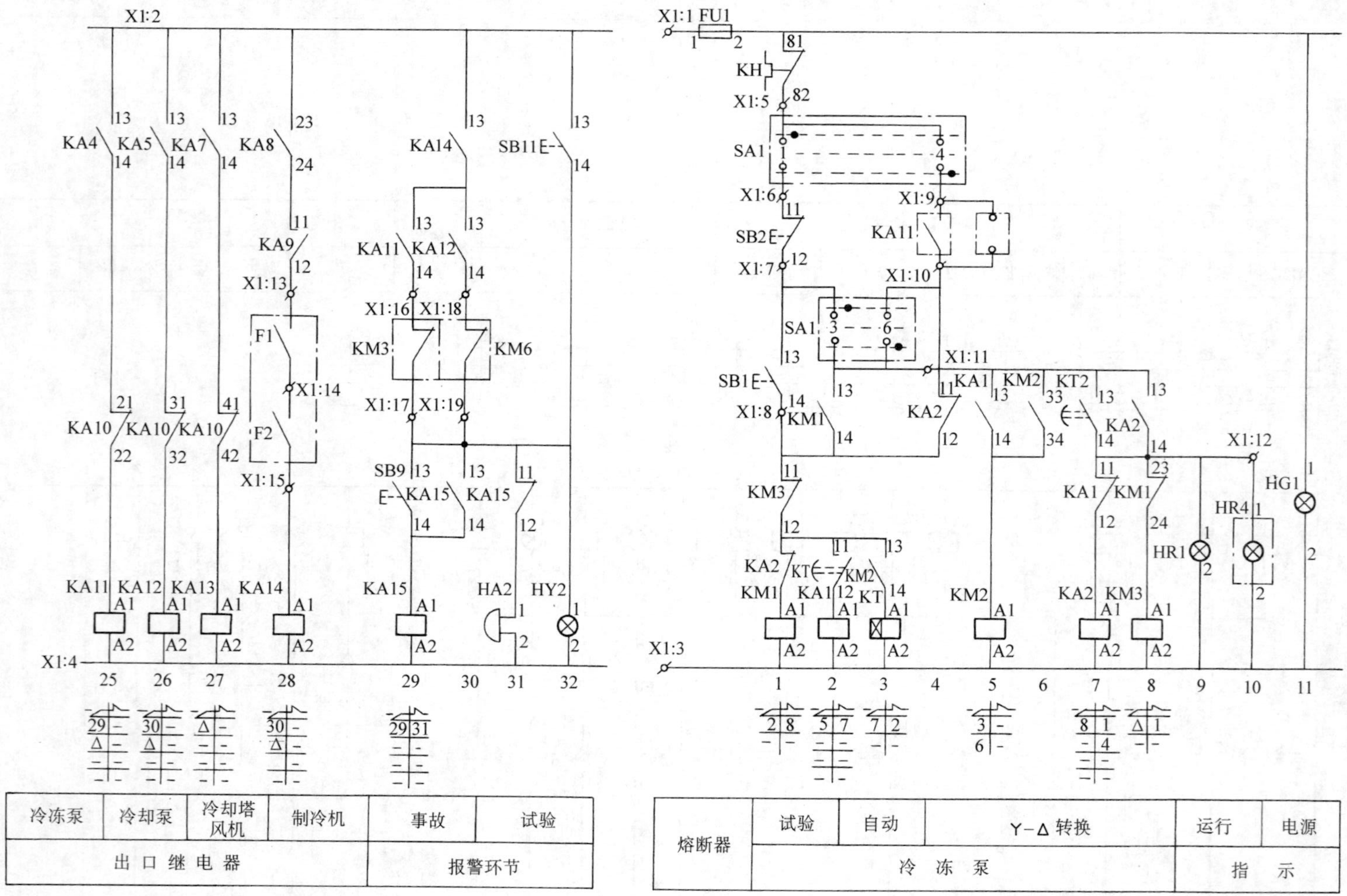

c)

图 12-9 一台制冷机一套附泵系统顺时控制及冷却水温度调节自动控制原理图（续）

c）控制原理图（二）

表 12-3 主要电气元件表

文字符号	名称	型号 \ 数量	主控回路
FU1	熔断器	RT9-20/6A	1
SA1	转换开关	LW5-15D2001/7	1
SA2	转换开关	LW5-15D0081/1	1
KA1 ~ 15	中间继电器	JDZ1-44	15
KT1 ~ 5	时间继电器	JS23-31/2	5
SB1、3、5、7、9、11	控制按钮	LA101-P11-2220	6
SB2	控制按钮	LA101-P11-2230	1
HG1	信号灯	AD11-10/21	1
HR1 ~ 3	信号灯	AD11-10/21	3
HY1 ~ 2	信号灯	AD11-10/21	2
HA1	电笛	DDJ1	1
HA2	电铃	65-1-75	1
X1	接线座	JH2-2.5L l = 400mm	1

文字符号	名称	型号 \ 数量	冷冻泵	冷却泵	冷风却机塔
FU1	熔断器	RT9-20/6A	1	1	1
KA1-2	中间继电器	JDZ1-44	2	2	
KT	时间继电器	JS23-31/2	1	1	
SB1	控制按钮	LA101-P11-2220	1	1	1
SB2	控制按钮	LA101-P11-2230	1	1	1
HG1	信号灯	AD11-10/21	1	1	1
HR1	信号灯	AD11-10/21	1	1	1
X1	接线座	JH2-2.5L l = 400mm	1	1	1

注：1. 电路中遥控点表示预留计算机控制节点。
2. 电路中接线座 X1-1、2 号短接，X1-3、4 号短接。
3. KT3 延时时间大于 KT4 延时时间。

（3）在冷冻水回水管路上和冷却水供水管路上分别设置水流开关，作为制冷机起动的联锁条件。

（二）调节控制原理

1. 系统起动程序为冷冻水泵、冷却水泵、冷却塔风机、制冷机。停机程序为制冷机、冷冻水泵、冷却水泵、冷却塔风机。为了系统控制程序的可靠，冷冻水流开关和冷却水流开关的接点串接在冷冻机起动的出口继电器回路里，使之与附泵联锁。

2. 调节及自控系统

（1）系统采用220V 交流电源，调节控制部分采用经 TC 变压后的 24V 交流电源。

（2）系统中冷却水回水温度采用 EVF020/40 型温度传感器 01，将水温信号变为电信号送到 ES-RL11 型连续式定值调节器 02 中，调节器输出为连续的 P 或 PI 信号，对系统冷却水回水温度进行调节。设置回水温度为 T0，对应调节器输出电压为 0V，偏差为 0，当偏差为正值时，输出信号则控制二步继电器 ESRM 动作，其接点 1K1 遥控冷却塔风机的启停状态；当偏差为负时，则改变电动阀 05（带定位器）EGSVD 的开度，调节送入冷却塔的水量。同时由指针温度显示器 03，型号 FA1 T020/40，用其显示探测部位的回水水温。

（3）系统中冷冻水差压采用 P74JA 型差压控制器 06 测量压差，并用其接点控制电动阀 07 的开度，使系统保持稳定。

（三）控制回路分析（见图 12-9）。

1. 当控制电源有电时 HG1 点亮，且说明 FU1 完好。2 回路中接线座（X1:5-X1:6）为计算机预留接点。3 回路 1KM 常开点为制冷机运行接触器引来的常开点。

2. 4 回路中 SB1 为消防信号试验按钮，按动 SB1 时电笛 HA1 响鸣，信号灯 HY1 点亮。当外引火警信号接点（X1:9-X1:10）接通时，HA1 和 HY1 同时工作报警，这时可按动 SB3 使中间继电器 KA1 吸合，其接点 KA1（11-12）打开可消音。再按动 SB2 使 KA1 失电，可知火警是否解除，如 HA1 响鸣则火警未解除。

3. 转换开关 SA1 可决定系统的工作状态，也可使系统停车。现将其打在自动位置上，前述已讲到，本电路采用程序控制，并由出口继电器完成电动机的自动起动。

4. 控制环节　SB5 是系统启动的主令开关，SB7 是系统停车的主令开关。

（1）系统启动，按动 8 回路的 SB5，中间继电器 KA2 得电吸合且自保，其 12 回路的常开点 KA2（23-24）闭合，接通 KA4 和 KT1 且 KT1 开始延时。25 回路的常开点 KA4（13-14）闭合，使出口继电器 KA11 吸合，发出冷冻泵的起动指令。

KT1 延时到达后，其 14 回路的常开点 KT1（13-14）闭合，接通 KA5 和 KT2，且 KT2 开始延时。26 回路的常开点 KA5（13-14）闭合，使出口继电器 KA12 吸合，发出冷却泵的起动指令。

KT2 延时到达后，其 16 回路的常开点 KT2（13-14）闭合，接通 KA6 和 KT3，且 KT3 开始延时。设 SA2 打在顺控位置上，18 回路的常开点 KA6（13-14）闭合，使 KA7 得电吸合，其 27 回路的常开点 KA7（13-14）闭合，使出口继电器 KA13 吸合，发出冷却塔风机起动指令。

KT3 延时到达后，其 21 回路的常开点 KT3（13-14）闭合，使 KA8 吸合，其 28 回路的常开点 KA8（23-24）闭合，使出口继电器 KA14 吸合（水流开关接点 F1、F2 已闭合），发出制冷机的起动指令。

（2）系统停车　按动 10 回路的 SB7，KA3 吸合，由于 KA8 已吸合，KA3（13-14）闭合自保。其 22 回路的常开点 KA3（23-24）闭合，使 KA9 和 KT5 得电且 KT5 开始延时。28 回路的常闭点 KA9（11-12）打开，切断了 KA14 的得电回路，解除了制冷机的起动指令。

KT5 延时到达后，24 回路常开点 KT5（13-14）闭合，KA10 得电吸合，其 9、25、26、27 回路的常闭点打开，使 KA2、KA11、KA12、KA13 失电，解除了冷冻泵、冷却泵、冷却塔风机的起动指令并使前述继电器复位，准备再次起动。

控制环节中的启动和停车的程序符合系统要求的起动、停车程序，可安全运行。

5. 报警环节

（1）按动 SB11 时电铃 HA2 响，指示灯 HY2 点亮，说明报警装置完好，且线路正确。

（2）当冷冻水泵或冷却水泵因故障跳闸时，KM3（X1:16-X1:17）、KM6（X1:18-X1:19）引入接点复位闭合，接通 HA2 和 HY2 回路，发出声光信号报警，这时按动 SB9 可解除 HA2 报警。

6. 电动机（附泵系统）的运行

（1）冷冻泵采用Y-△起动，与图 12-6 基本相同，这里只说明一下不同点。

1）系统工况由转换开关 SA1 决定，手动时则由 SB1 和 SB2 控制起停。自动时则由信号出口继电器 KA11 的常开点（X1:9-X1:10）控制，如采用计算机控制，也由该点引入起动信号。

2）该系统没有单独设置消防控制信号，则由前述控制环节统一设置。

（2）冷却泵同冷冻泵，Y-△起动，由出口继电器 KA12 控制。

（3）冷却塔风机采用接触器直接起动，设 SA1 为工况转换开关，自动起动由出口继电器 KA13 控制，或由计算机控制。

7. 制冷机控制该图未给出。

四、制冷机组两台制、三台制系统控制原理图 ★★★

制冷机组两台制、三台制系统与一台制基本相同，限于篇幅的关系这里不再列出详述，读者可按上述的分析方法去分析电路，这里列出不同点和三机制并接的部分图样，读者自行分析时可参考和注意。

图 12-10 是三台制冷机三套附泵（并接）系统工艺流程及仪表配置图，图 12-11 是三台制冷机三套附泵（并接）电气控制原理图。二机制比三机制少一套机组。

1. 系统冷冻水回水总管路增设温度传感器，并设调节指示控制仪表$\left(\frac{T}{TZK}\right)$，偏差为正时，输出控制二步继电器动作，控制冷冻机组的起停。正常工作时，先手动控制选定任意一台机组运行，其他两台机组由温度控制投入（温度高）或退出（温度低）运行。

2. 系统冷却水回水总管路设温度传感器，并增设调节指示控制仪$\left(\frac{T}{TZK}\right)$，偏差为正时，输出控制三步继电器动作，逐步控制冷却塔风机的起停。当偏差为负时，输出则控制供回水管上电动阀的开度，调节流入冷却塔的水量。其中进水管上的电动阀与冷却泵动作联锁，同步运行。

3. 系统正常运行时，附泵与制冷机可对应运行或组合后不对应运行。故障时或只需一套或两套系统运行时，同类附泵可互为备用。

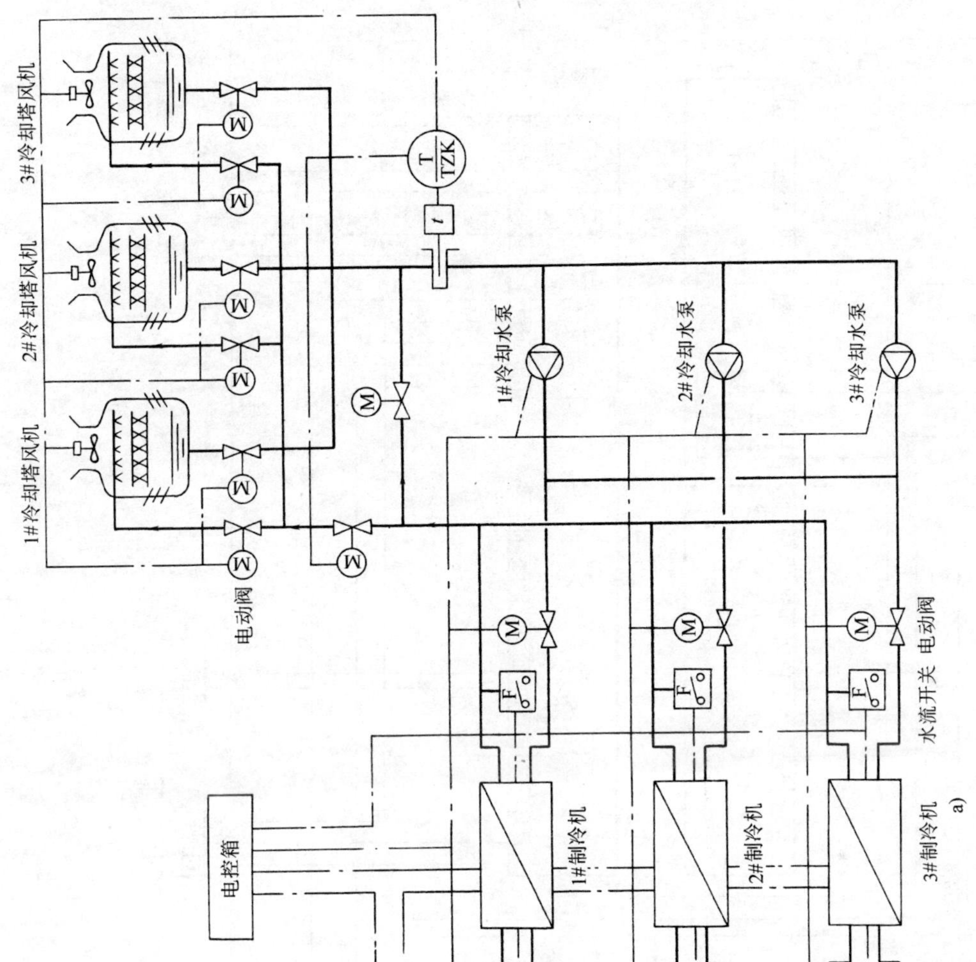

a)

图 12-10　三台制冷机三套附泵（并接）系统工艺流程及仪表配置图

a）工艺流程及配置

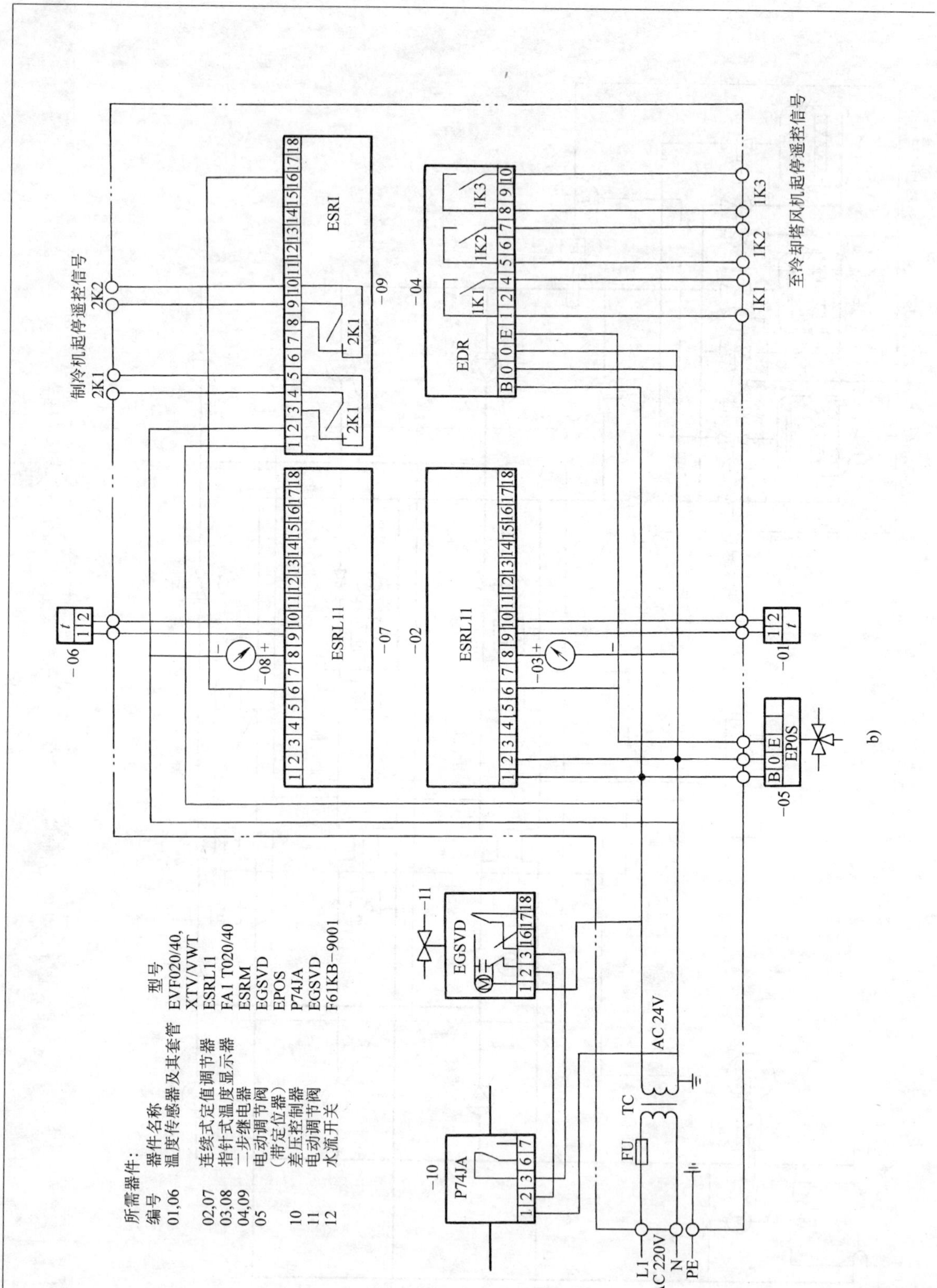
制冷机起停遥控信号
2K1
2K2
ESRI
-09
ESRL11
-07
-02
ESRL11
EDR
-04
1K1
1K2
1K3
至冷却塔风机起停遥控信号
-06
-08
-03
-01
-05
B 0 E
EP0S
EGSVD
-11
P74JA
-10
AC 24V
TC
FU
L1
AC 220V
N
PE
所需器件:
编号 器件名称 型号
01,06 温度传感器及其套管 EVF020/40, XTV/VWT
02,07 连续式定值调节器 ESRL11
03,08 指针式温度显示器 FA1 T020/40
04,09 二步继电器 ESRM
05 电动调节阀（带定位器） EGSVD EPOS
10 差压控制器 P74JA
11 电动调节阀 EGSVD
12 水流开关 F61KB-9001

b)

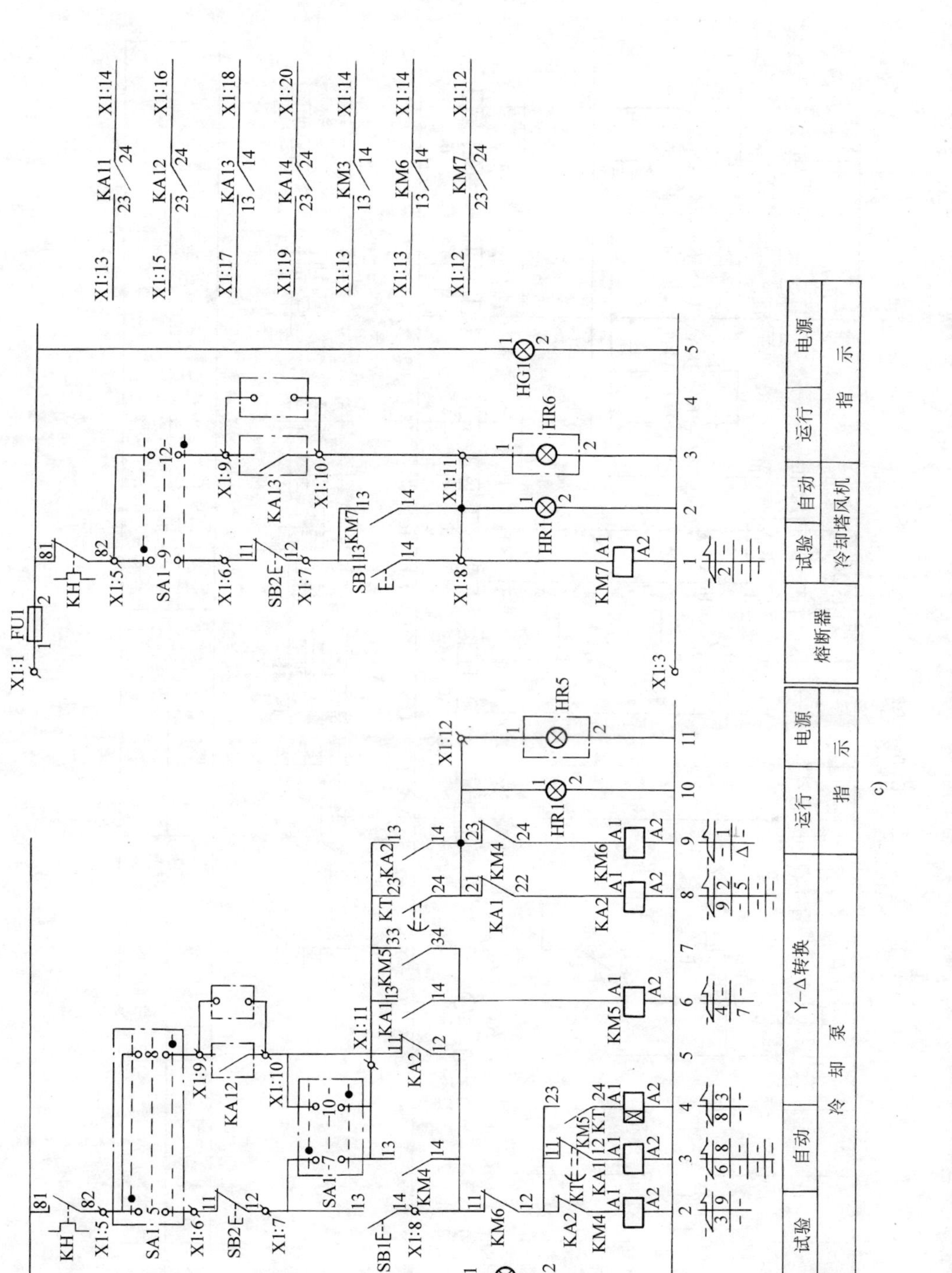

图 12-10　三台制冷机三套附泵（并接）系统工艺流程及仪表配置图（续）

b）自动控制原理（一）　c）自动控制原理（二）

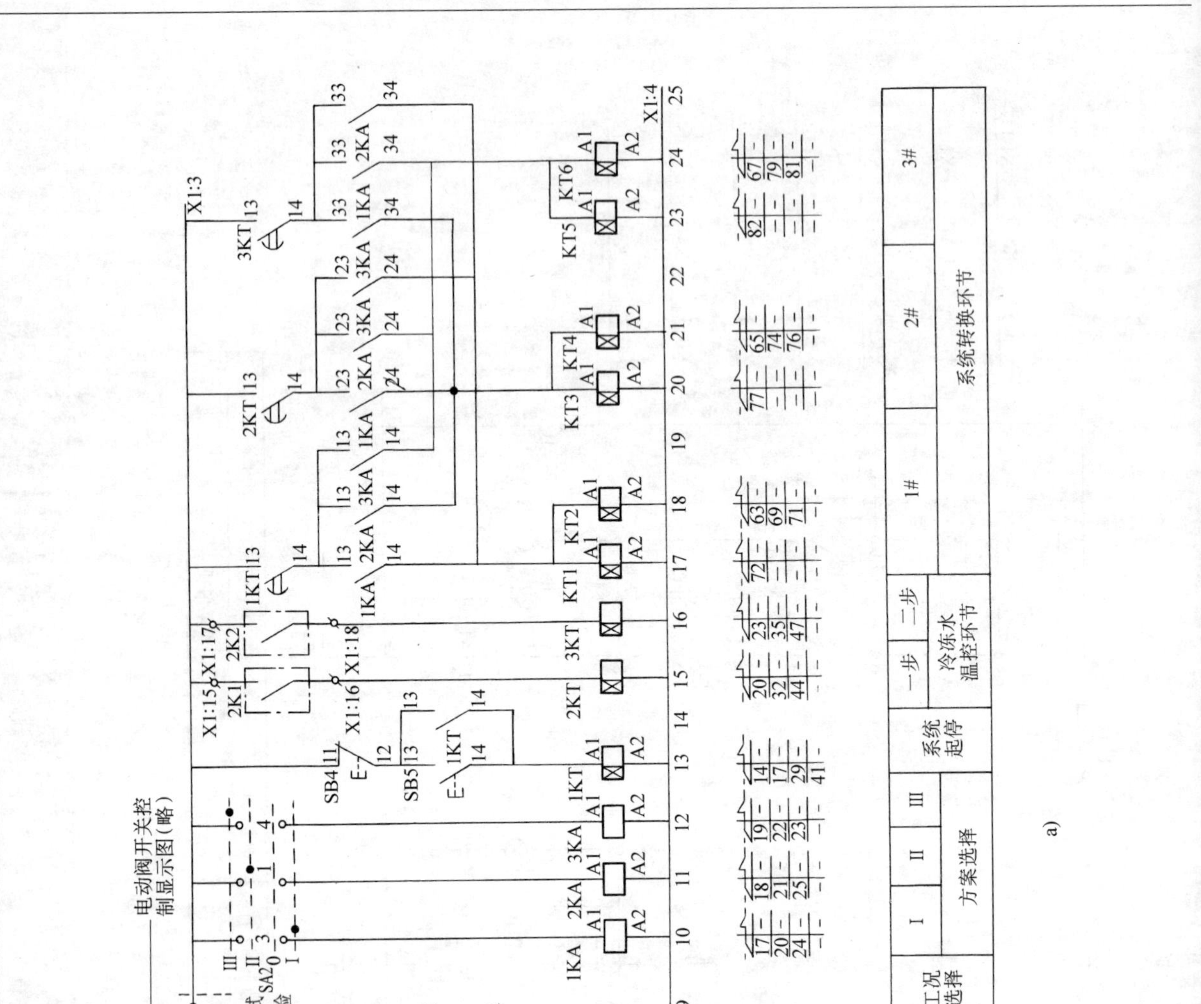
电动阀开关控制显示图（略）
指示
仪表回路
电源
1#
2#
3#
制冷机运行指示
试验
指示
消防信号
工况选择
I
II
III
方案选择
系统起停
一步
二步
冷冻水温控环节
1#
2#
3#
系统转换环节

a)

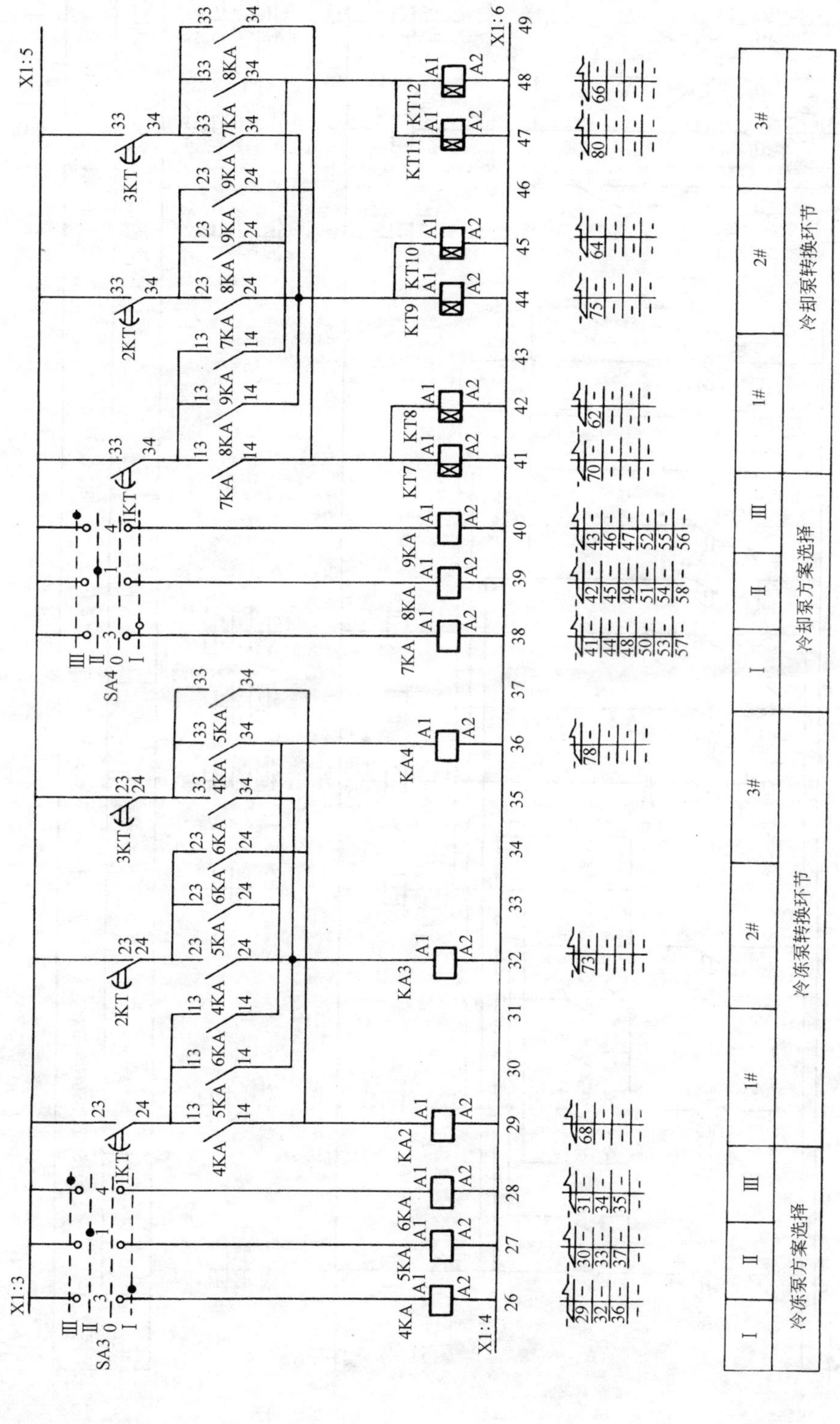

b)

图 12-11　三台制冷机三套附泵（并接）电气控制原理图（部分）

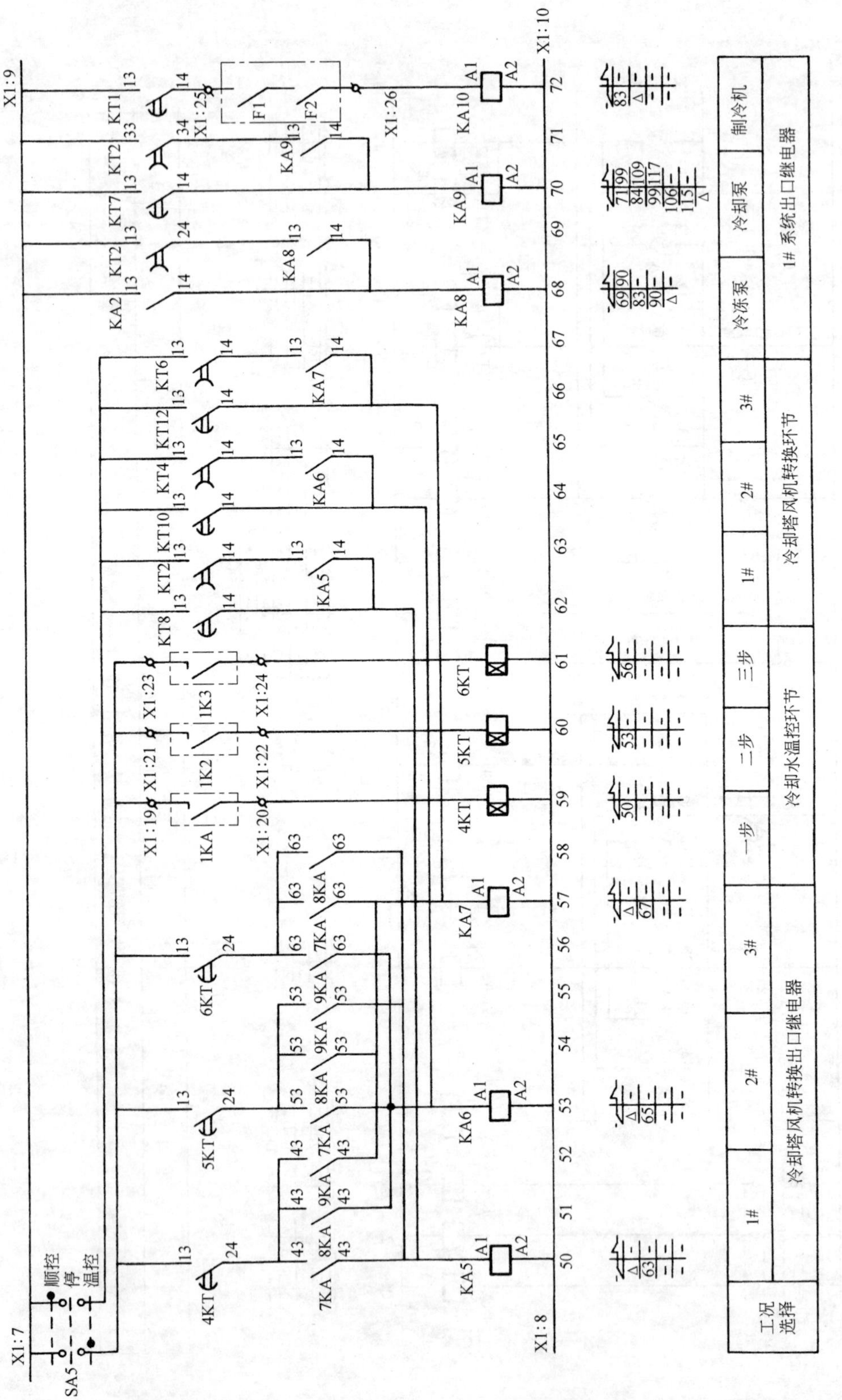

工况选择
冷却塔风机转换出口继电器
1#
2#
3#
冷却水温控环节
一步
二步
三步
冷却塔风机转换环节
1#
2#
3#
1# 系统出口继电器
冷冻泵
冷却泵
制冷机
SA5
顺控
停
温控
X1:7
X1:8
X1:9
X1:10

c)

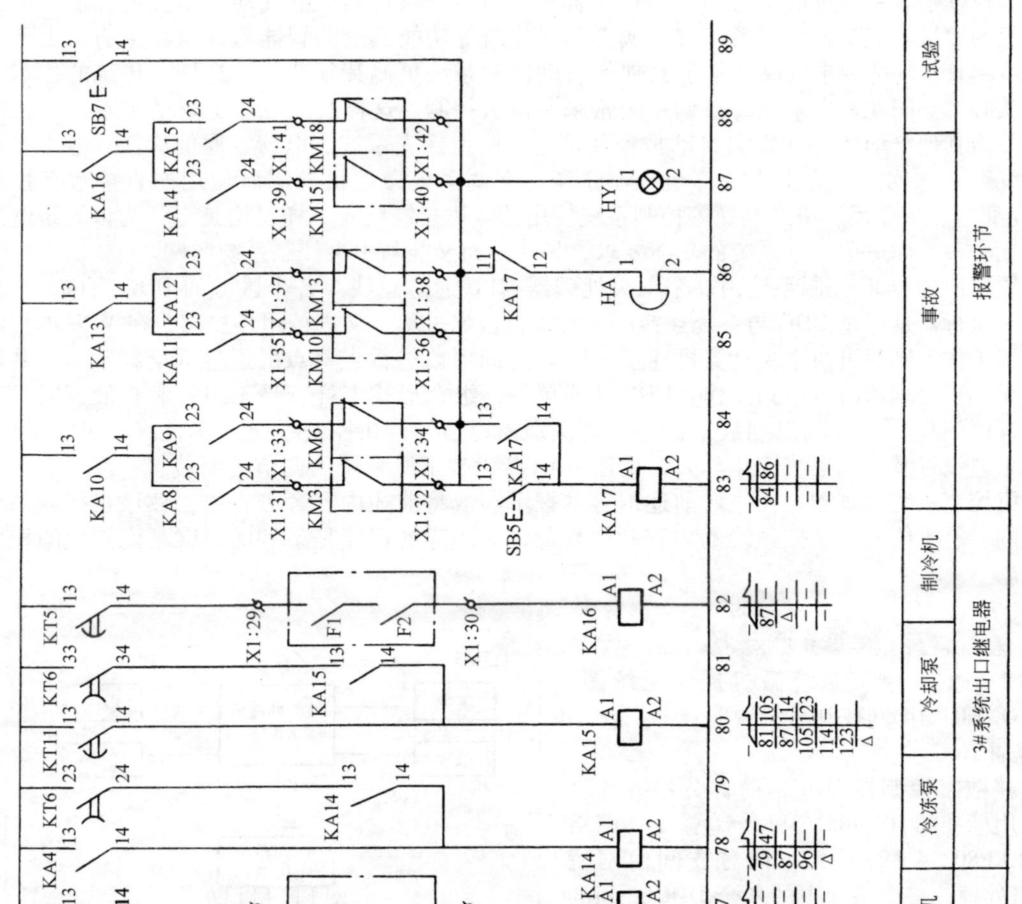

d)

图 12-11　三台制冷机三套附泵（并接）电气控制原理图（部分）（续）

4. 电动机起动的主回路与图 12-9 相同，只是每一个主回路表示三台相同的电动机。每台泵的电动机均采用Y-△起动，并与图 12-9 的起动控制回路相同；冷却塔风机采用直接起动，也与图 12-9 相同。因此，这两部分图样这里没有给出，只给出系统的控制环节。

第三节　空气调节系统的微机控制线路图

空气调节自动控制系统一般采用传统的传感器—调节器—执行器—电气动力系统的控制方法，均能达到较理想的效果。但是，对于系统较大或者高层建筑等功能其全的智能型建筑物来讲，由于检测点多、控制线路长、功能要求较高，加上其他的自动控制系统更使其复杂化，这样，传统的控制方法就显得力不从心了。因此，大系统的空调系统常采用微机控制，这样既能克服上述的缺点，又能满足控制要求，并与其他自动装置（火灾自动报警及消防、防盗保安系统、电梯、通信广播、电力及动力设备检测系统等）联网，构成中央计算机控制系统。空调系统微型机控制所使用的直接数字控制器（DDC）与变配电、工业锅炉房、电梯等控制系统使用的微机控制单元一样，均是专门为该系统制造的微机控制单元，一方面适用于本系统的功能要求，另一方面又能与中央控制系统联网。

空调系统采用的 DDC 控制系统由一个中央处理器 MPU 通过总线与各个区域的 DDC 构成，被控参数的传感器、执行器是通过 DDC 与系统连接的，既进行数据采集，又进行闭环控制，在 MPU 的控制下操纵系统协调工作，同时可与中央计算机连接。DDC 之间可以进行点对点的通信并交换数据，共用区域信息，在无中央处理器时可单独工作。DDC 功能单一，组合形式多样，易于组合和扩展，同时有丰富的软件及汉语编程。DDC 既识别数字信号，又识别模拟信号，在控制系统用途很广。DDC 采用后，空调系统的工艺设置及电气系统变化不大，只是用 DDC 代替了原系统的调节控制装置，前述三节的内容是识读微机控制系统的基础，往往对前述内容掌握不够或将前述内容舍去直接去读微机控制系统的图样是困难的，是不能完全掌握系统的内容和原理的，对图样的识读是不利的，就是说知识的积累必须循序渐进。

一、空气调节系统微机控制系统图 ★★★

图 12-12 是空气调节系统微机控制系统图，SYSTEM7/ZONEII 局部网控制系统说明：

1. 系统通信

区域直接数字控制器 DDC，简称分站，其之间的通信采用标准的 RS-485 令牌传递总线（网络协议依据 IEEE802.4 标准），不同分支间由网桥（PLB）联络处理，整个系统中的各个 DDC 之间的通信是相等或“可见”的，中央处理器（MPU）通过 RS-232 串行接口接入网桥。

2. 系统特点

组成本系统的所有 DDC（分站）均由微处理机组成，具有独立的数据处理和控制功能，具备网络通信能力，它们都挂在计算机网络上工作，这种系统结构应具以下特点：

（1）DDC 就地安装，实现了彻底分散，DDC 与工艺设备结合在一起完成了“一体化”功能智能化。

（2）DDC 之间可以实现点对点的通信交换数据，共享局域网信息，在没有中央处理器的情况下，照样可单独协调控制。

（3）DDC 功能单一，组态多样，易于组配和扩展。

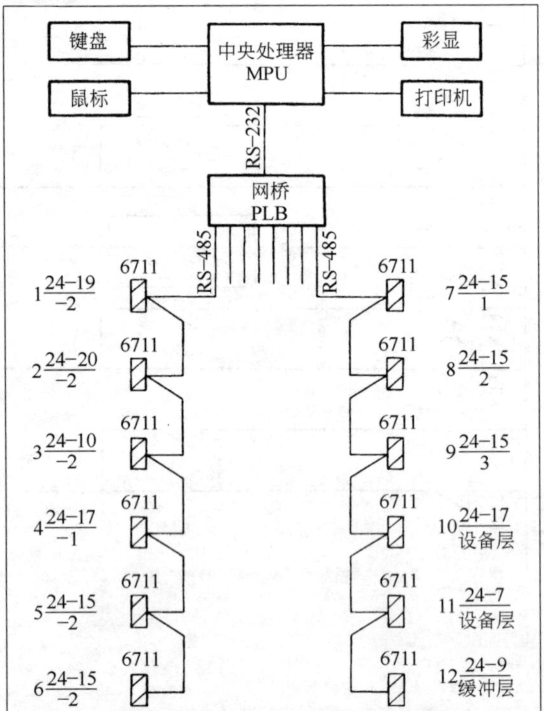

图 12-12　空气调节系统微机控制系统图

（4）提供丰富成熟的软件及汉语编程。

（5）本工程因设备分散，选用 24 个监控点的分站，更有效地发挥了分布式 DDC 系统的特点。

3. 符号说明

$a\frac{b-c}{d}$　a—分站编号　b—监控点数

c—实际占用点数　d—设置地点或层数

由图 12-12 可看出以下内容：

（1）系统采用型号为 TA6711 的区域直接数字控制器（DDC），简称分站，按建筑物的结构设 12 台 DDC，每台监控 24 点。监控内容及监控点分类见表 12-4。

表 12-4　监控内容及监控点分类

序　号	分站编号	监控内容	监控点分类						位置
			DI	DO	AI	AO	占用点数	剩余点数	
1	1	制冷机冷却水系统监控	12	6	1		19	5	地下二层
2	2	制冷机及冷冻水系统监控	9	6	4	1	20	4	地下二层
3	3	热交换及供热系统监控	3	3	2	2	10	14	地下二层
4	4	1PAU　1AHU	6	2	5	4	17	7	一层
5	5	2PAU　2AHU	6	2	3	4	15	9	二层
6	6	3PAU　3AHU	6	2	3	4	15	9	三层
7	7	4PAU　4AHU	6	2	3	4	15	9	一层
8	8	5PAU　5AHU	6	2	3	4	15	9	二层
9	9	6PAU　6AHU	6	2	3	4	15	9	三层
10	10	7PAU	3	1	1	2	7	17	设备层
11	11	8PAU	3	1	1	2	7	17	设备层
12	12	9PAU	5	1	1	2	9	15	缓冲层
13									
14									
15									
16									
17									
18									
19			71	30	30	33	164	124	

注：每个 6711 分站有 24 个监控点，总计 12×24=288 点。

（2）中央处理器与 DDC 的连接是经过网络桥 PLB 进行的，图中标注的 RS-232 和RS-485 是令牌传递总线，不同支路由 PLB 联络处理。

（3）DDC 就地安装，与工艺设备结合在一起实现功能、智能一体化。

（4）系统采用的传输线应属 DDC 厂家配套供应，一般采用钢管敷设，传输线不得有接头，其中模拟量的传输线应使用 BVVP 屏蔽线，数字量的传输线应使用 BV 导线，导线直径为 1.0～1.5mm。屏蔽线应在 DDC 柜内接地。

二、DDC 分布系统图 ★★★

图 12-13 是 DDC 布置系统图。该图与图 12-12 和表 12-4 是对应的，其中 4～9#DDC 将同时监控新风机组（PAU）及空气处理机组（AHU）。在缓冲层设置高位水箱，并在水箱中设高液位及低液位检测开关。10～12#DDC 只监控新风机组。

三、新风机组（PAU）DDC 监控原理图 ★★★

图 12-14 是新风机组（PAU）DDC 监控原理图。由图可以知道以下内容：

1. 工艺流程及设置与第二节中的内容基本相同，只是在风管中增加了风流检测的限位开关及风机运行状态信号，用以限制风流的速度。

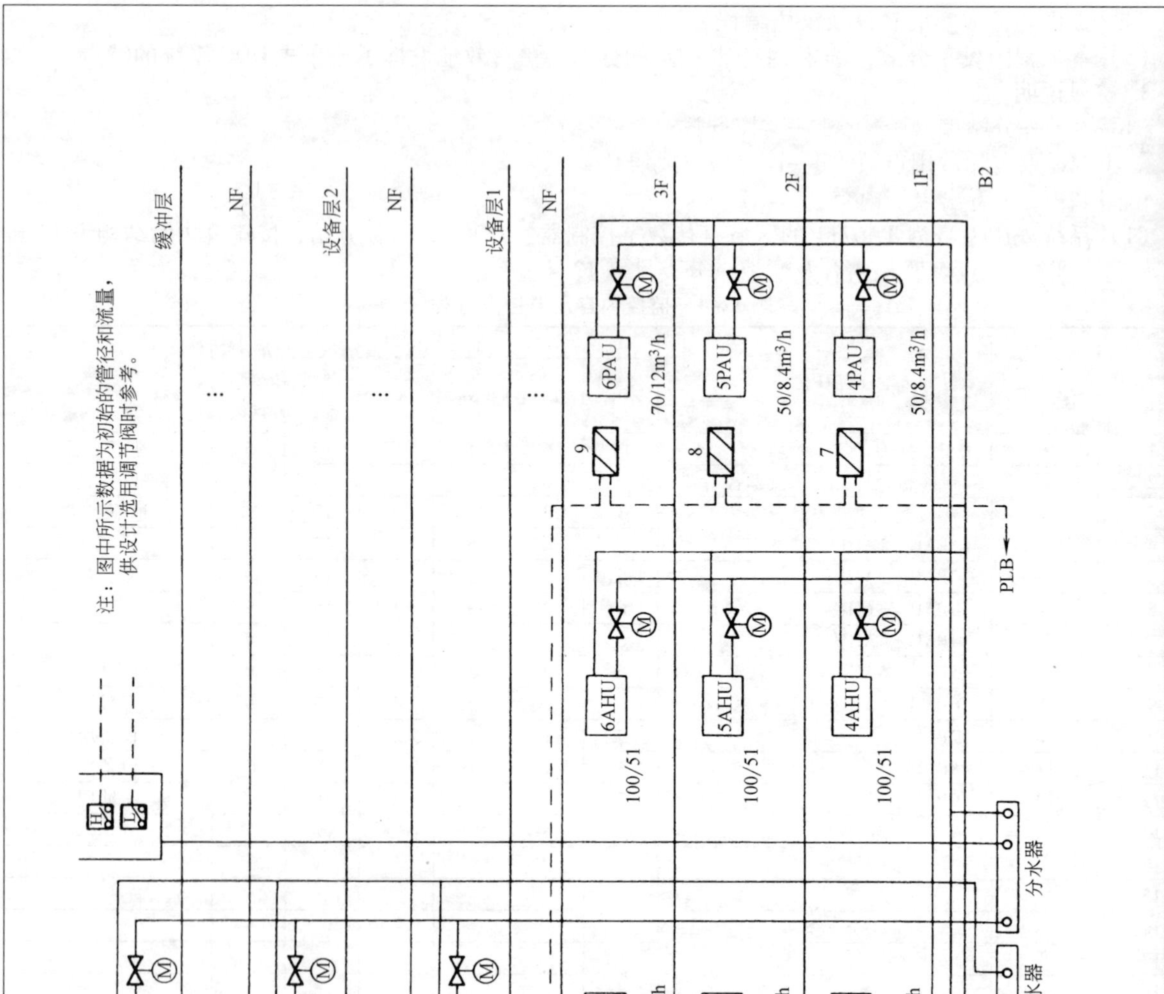

图12-13　DDC布置系统图

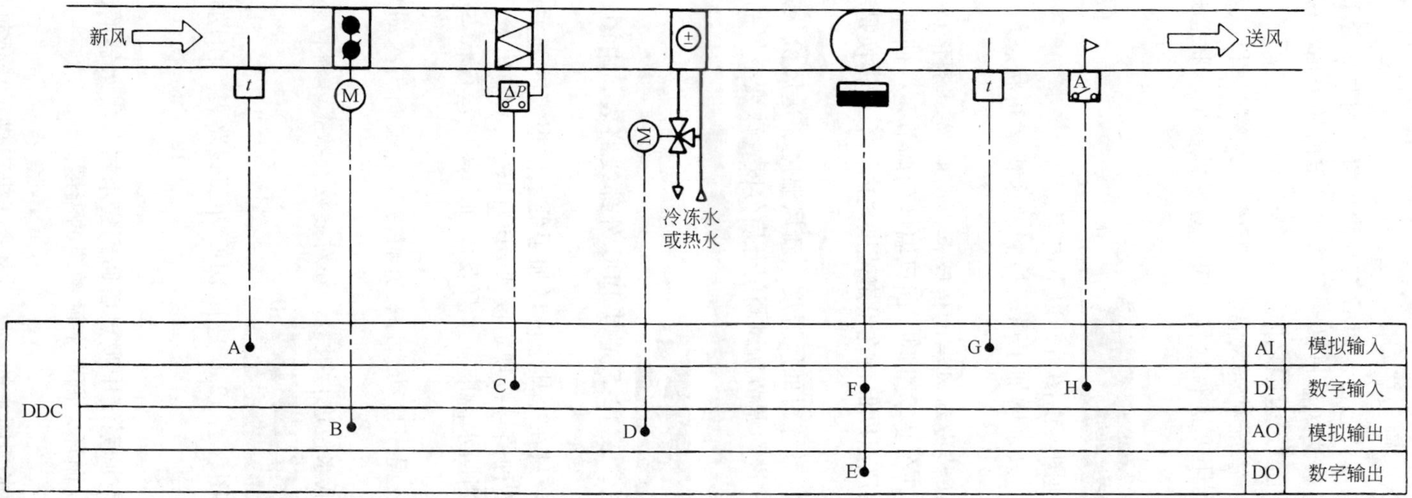

图 12-14 新风机组（PAU）DDC 监控原理图

DDC 外部线路表

符号	用途	状态	型号规格
A	新风温度	AI	BVVP－2×1.0
B	电动调节风阀	AO	BVV－3×1.0
C	过滤器阻塞信号	DI	BV－2×1.0
D	电动调节冷/热水阀	AO	BVV－3×1.0
E	风机启停	DO	BV－2×1.5
F	风机过载信号	DI	BV－2×1.0
G	送风温度	AI	BVVP－2×1.0
H	风流开关信号	DI	BV－2×1.0

注：1. 控制对象：新风机组 9 台 1～9PAU。

2. 监控功能：

①风机控制：风机按时间程序自动启/停，运行时间累积。

②温度控制：根据测量送风温度与设定值之偏差，经比例积分规律调节冷/热水阀，使送风温度维持在设定范围内。

③再设控制：根据 1PAU 新风温度测量值分别对 9 台 PAU 的送风设定温度进行自动再设定。

④监　测：送风温度，新风温度，送风机状态，过滤器状态。

⑤报　警：温度参数超限报警，风机故障报警，过滤器阻塞报警。

⑥显示打印：参数状态报警，动态流程图设定值，再设值和测量值状态。

⑦电动调节风阀：根据室内需要量，自动调节风阀。

3. 1～9PAU 新风机组，共 9 套，其中新风温度传感器仅 1PAU 装。

2. 在监控系统中，我们常把信号分为两种，其中以数值表达的量叫作模拟量，如温度、湿度、CO_2浓度、电动阀门的开度、压力及差压、电压、电流等；以开关状态表达的量叫作数字量，如电动机的启或停、电动机的过载信号、各种参量的限位开关信号、蝶式阀门的开或关等。同时用英文字头 A 表示模拟量，用 D 表示数字量，用 in（英语：进入）的字头 I 表示输入，用 out（英语：引出）的字头 O 表示输出。图中按上述的规定将信号接到 DDC 的输入、输出端。

3. 系统共监控 9 套 PAU，但只有 1PAU 装新风温度传感器，DDC 按其测量值分别对 9 台 PAU 的送风设定温度进行自动再设定控制。送风温度的调节是按送风温度的测量值与设定值的差值，经 DDC 比例积分调节冷/热水阀及风阀，进而使送风温度保持在设定范围之内。

4. 风机按时间程序自动启停，并累积运行时间。系统对送风温度、新风温度、送风机状态、过滤器状态进行监测，并对温度超限、风机故障、过滤器阻塞进行报警。同时对各种参数、状态进行显示打印。

四、空气处理机组（AHU）DDC 监控原理图 ★★★

图 12-15 是空气处理机组（AHU）DDC 监控原理图。由图可知以下内容：

1. 工艺流程及设置与第二节中的内容基本相同，只是增加了风流检测及风机运行状态信号。并按规定将各种信号接到 DDC 的输入、输出端。

2. 系统共监控 6 套空气处理机组，但只有 1AHU 装设新风温度传感器，DDC 按其测量值分别对 6 台 AHU 的回风设定温度进行自动再设定控制，一般只在夏季重调。回风温度的调节是按回风温度与设定值的差值，经 DDC 比例积分调节冷/热水阀，使回风温度保持在设定范围之内。季节转换是手动进行的，调节风阀来改变混风比，适应季节的需要。

3. 风机按时间程序自动启停，并积累运行时间。系统对回风温度、新风温度、送风机状态、过滤器状态阻碍报警进行监测。并对 CO_2 浓度进行监测，进而调节新风阀门开启分度，改变空气品质。

4. 对各种参数、状态进行显示打印。

五、制冷机冷却水系统 DDC 监控原理图 ★★★

图 12-16 是制冷机冷却水系统 DDC 监控原理图，表 12-5 是其 DDC 外部线路表。由图可知以下内容：

1. 工艺流程及设置与第二节中的内容基本相同，只在冷却塔内增加了低水位报警的开关信号，并将冷却塔风机的起停及冷却水泵的起停信号及其他各种信号按规定接到 DDC 的输入、输出端。

2. 系统共监控冷却水泵、冷却水塔各三台，监测回水温度、水泵及冷却塔风机运行状态，并按冷却水温度自动控制冷却塔风机启停。

3. 水泵起停是按冷却塔运行状态（低水位），按程序自动启停，并将冷却塔蝶阀与冷却泵联锁开或关。

4. 系统对温度超限、水泵故障、冷却塔集水盘低水位进行报警，并对参数、状态、流程显示打印。

六、制冷机及冷冻水系统 DDC 监控原理图 ★★★

图 12-17 是制冷机及冷冻水系统 DDC 监控原理图，表 12-6 是其 DDC 外部线路表。由图可知道以下内容：

1. 工艺流程及设置

（1）工艺流程较简单，分水器中的冷冻水供到空调系统中吸热后回到集水器，集水器的回水由冷冻泵打到制冷机中冷冻后又回到分水器中，如此往复循环，调节空调系统的温度。

（2）工艺检测设置

1）分水器和集水器均设置温度传感器，测量供水和回水的温度，为冷冻机提供工作依据。分水器和集水器间设差压变送器，并设旁通电磁阀，以保持供水、回水差压平衡。

2）冷冻机进水管道上设水流检测开关，以监督冷冻水泵的运行，并在冷冻机总出水管道上设流量变送器，以监控负荷的变化。

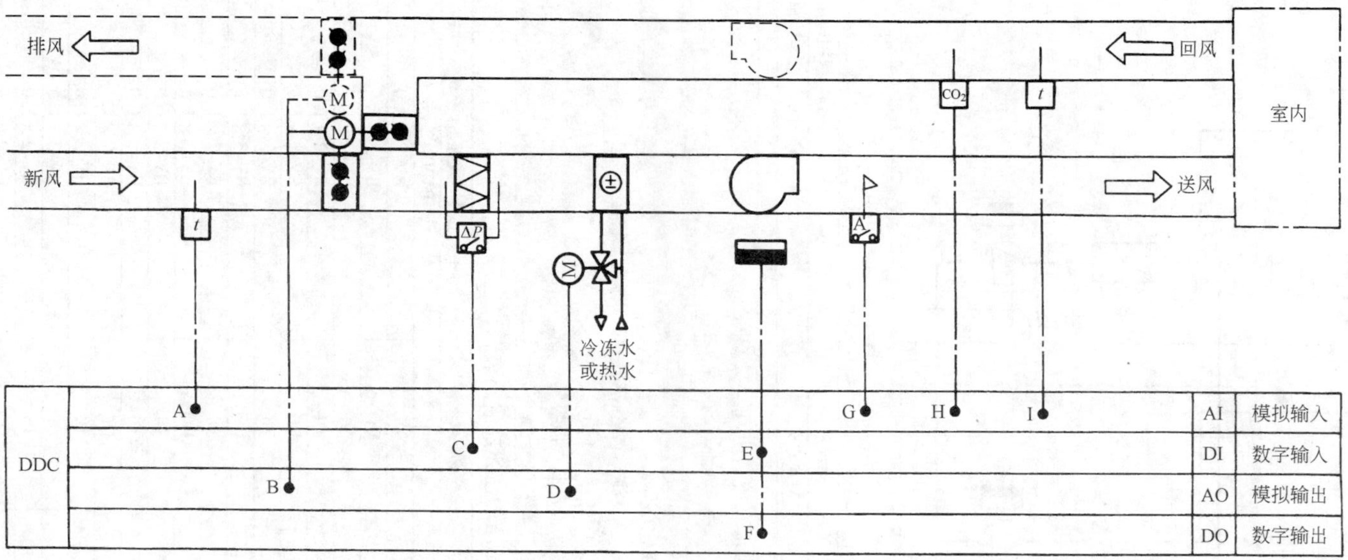

图 12-15　空气处理机组（AHU）DDC 监控原理图

DDC 外部线路表

符号	用　途	状态	型号规格
A	新风温度	AI	BVVP－2×1.0
B	电动调节风阀	AO	BVV－3×1.0
C	过滤器阻塞信号	DI	BV－2×1.0
D	电动调节冷/热水阀	AO	BVV－3×1.0
E	风机过载信号	DI	BV－2×1.0
F	风机启停	DO	BV－2×1.5
G	风流开关信号	DI	BV－2×1.0
H	CO_2 浓度传感器	AI	BVVP－2×1.0
I	回风温度	AI	BVVP－2×1.0

注：1. 控制对象：空气处理机组 6 台　1～6AHU。

2. 监控功能

①风机控制：风机按时间程序自动启/停，运行时间累积。

②温度控制：根据回风温度与设定值之偏差，经比例积分规律调节冷/热水阀，使回风温度维持在设定的范围内，春秋季调节风阀，改变混风比，手动进行换季转换。

③空气品质控制：根据空气中 CO_2 浓度调节新风阀门开启分度。

④再设控制：根据 1AHU 新风温度测量值分别对 6 台 AHU 的回风设定温度进行自动再设定（只考虑夏季时的重调）。

⑤监　　测：回风温度，新风温度，送风机状态，过滤器阻塞报警。

⑥显示打印：参数状态报警，动态流程图设定值，再设值和测量值状态。

3. 1～6AHU 空气处理机组，共 6 套，其中新风温度传感器仅 1AHU 装。

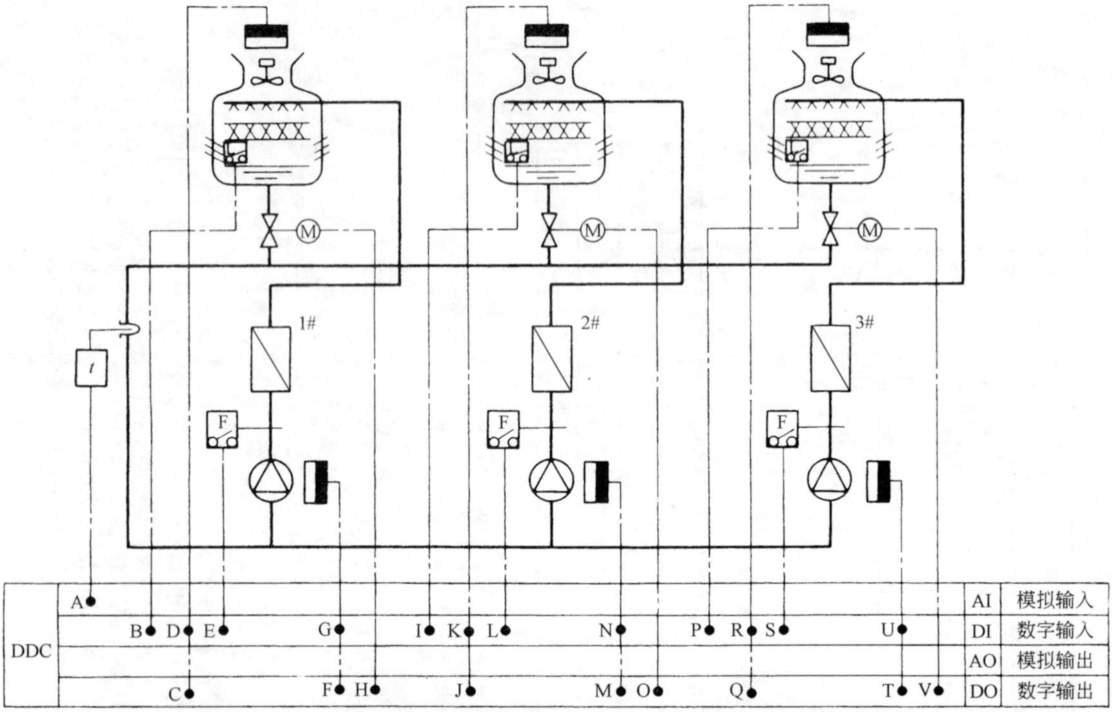

图 12-16　制冷机冷却水系统 DDC 监控原理图

注：1. 监控对象：冷却水泵、冷却水塔各三台。

2. 监控功能

①温度控制：根据冷却水温度自动控制冷却塔风机启/停。

②水泵控制：根据冷却水塔运行状态，按程序自动启/停。冷却水塔蝶阀门与冷却水泵联锁开关。

③监　　测：回水温度、水泵、冷却塔风机运行状态。

④报　　警：温度超限报警、水泵故障报警、冷却塔集水盘低水位报警。

⑤显示打印：参数、状态、动态流程图（设定值、测量值）。

表 12-5　图 12-16 DDC 外部线路表

符　　号	用　　途	状　　态	规格型号
A	回水温度	AI	BVVP-2×1.0
B	1#冷却塔水位信号	DI	BV-2×1.0
C	1#冷却塔风机启/停	DO	BV-2×1.5
D	1#冷却塔风机过载	DI	BV-2×1.0
E	1#水流开关信号	DI	BV-2×1.0
F	1#冷却水泵启/停	DO	BV-2×1.5
G	1#冷却水泵过载	DI	BV-2×1.0
H	1#冷却塔蝶阀开关	DO	BV-3×1.5
I	2#冷却塔水位信号	DI	BV-2×1.0
J	2#冷却塔风机启/停	DO	BV-2×1.5
K	2#冷却塔风机过载	DI	BV-2×1.0
L	2#水流开关信号	DI	BV-2×1.0
M	2#冷却水泵启/停	DO	BV-2×1.5
N	2#冷却水泵过载	DI	BV-2×1.0
O	2#冷却塔蝶阀开关	DO	BV-3×1.5
P	3#冷却塔水位信号	DI	BV-2×1.0
Q	3#冷却塔风机启/停	DO	BV-2×1.5
R	3#冷却塔风机过载	DI	BV-2×1.0
S	3#水流开关信号	DI	BV-2×1.0
T	3#冷却水泵启/停	DO	BV-2×1.5
U	3#冷却水泵过载	DI	BV-2×1.0
V	3#冷却塔蝶阀开关	DO	BV-3×1.5

2. DDC 监控工作原理

(1) 按上述规定，将系统的参量 A 和 D 接入 DDC 的 I 端或 O 端，见图 12-17。同时将冷冻机和冷冻水泵控制柜的开关信号也引入 DDC。

(2) DDC 根据供水、回水的温差及流量计算空调负荷，并按供水、回水差压及负荷变动趋向决定冷冻机和冷冻水泵的起停台数和工作程序。

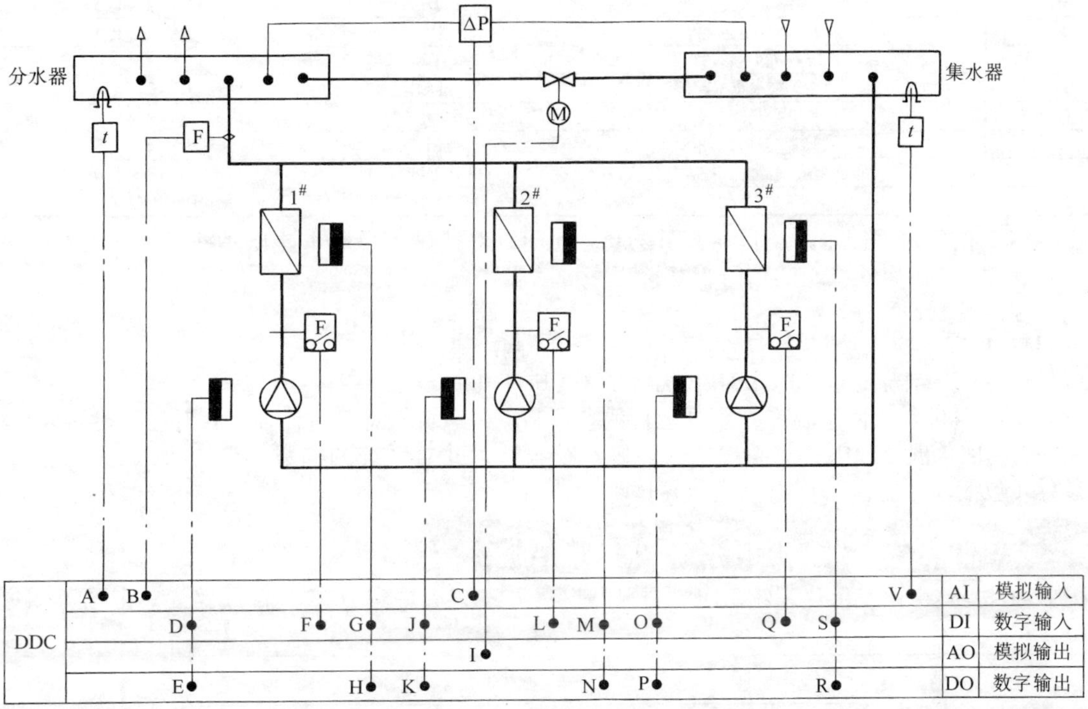

图 12-17　制冷机及冷冻水系统 DDC 监控原理图

注：1. 监控对象：冷源系统，冷水机组 500t 两台、300t 一台。

2. 监控功能：

①负荷控制：根据供回水温差及流量计算空调负荷台数，参考供回水差压及负荷趋势改变启停台数及次序。

②差压控制：根据供回水差压自动调节旁通阀门保持供回水差压平衡。当差压超过一台泵的流量时，发出启停机组信号，按程序自动进行。

③联锁控制：配套机组先启冷冻水泵→冷却水泵→冷却塔风机→制冷机。停机首先停制冷机→冷冻水泵→冷却水泵→冷却塔风机。运行时间分别累积，组织均衡检修。

④监　　测：供回水温度、水泵运行状态、制冷机运行状态。

⑤报　　警：供回水温度超限报警、水泵故障报警。

⑥显示打印：参数、状态、动态流程图（设定值、测量值）。

表 12-6　图 12-17 DDC 外部线路表

符　　号	用　　途	状　　态	规格型号
A	冷冻水供水温度	AI	BVVP-2×1.0
B	冷冻水供水流量	AI	BVVP-2×1.0+BV-3×1.5
C	冷冻水供回水差压	AI	BVVP-2×1.0+BV-2×1.5
D	1#冷冻水泵过载	DI	BV-2×1.0
E	1#冷冻水泵启/停	DO	BV-2×1.5
F	1#制冷机冷冻水水流信号	DI	BV-2×1.0
G	1#制冷机过载	DI	BV-2×1.0
H	1#制冷机启/停	DO	BV-2×1.5

（续）

符　　号	用　　途	状　　态	规格型号
I	调节冷冻水旁通电动阀	AO	BVV-3×1.0
J	2#冷冻水泵过载	DI	BV-2×1.0
K	2#冷冻水泵启/停	DO	BV-2×1.5
L	2#制冷机冷冻水水流信号	DI	BV-2×1.0
M	2#制冷机过载	DI	BV-2×1.0
N	2#制冷机启/停	DO	BV-2×1.5
O	3#冷冻水泵过载	DI	BV-2×1.0
P	3#冷冻水泵启/停	DO	BV-2×1.5
Q	3#冷水机冷冻水水流信号	DI	BV-2×1.0
R	3#制冷机启/停	DO	BV-2×1.5
S	3#制冷机过载	DI	BV-2×1.0
V	冷冻水回水温度	AI	BVVP-2×1.0

（3）DDC按供水、回水差压自动调节电动旁通阀以保持供水、回水差压平衡。当系统差压超过一台泵的流量时，发出启停机组的信号，并按程序自动启停。

（4）控制及联锁程序

1）起车程序　冷冻水泵-冷却水泵-冷却塔风机-制冷机。

2）停车程序　制冷机-冷冻水泵-冷却水泵-冷却塔风机。

（5）DDC对供水、回水温度，水泵运行状态、制冷机运行状态进行监控，并对运行时间分别积算。如系统供水、回水温度超限、水泵发生故障则进行报警，并对系统的参数、工作状态、设定值、被测值等参数（包括动态流程图）进行显示并打印。

七、热交换及供热系统DDC监控原理图 ★★★

图12-18是热交换及供热系统DDC监控原理图，表12-7是其DDC外部线路表。由图可知道以下内容：

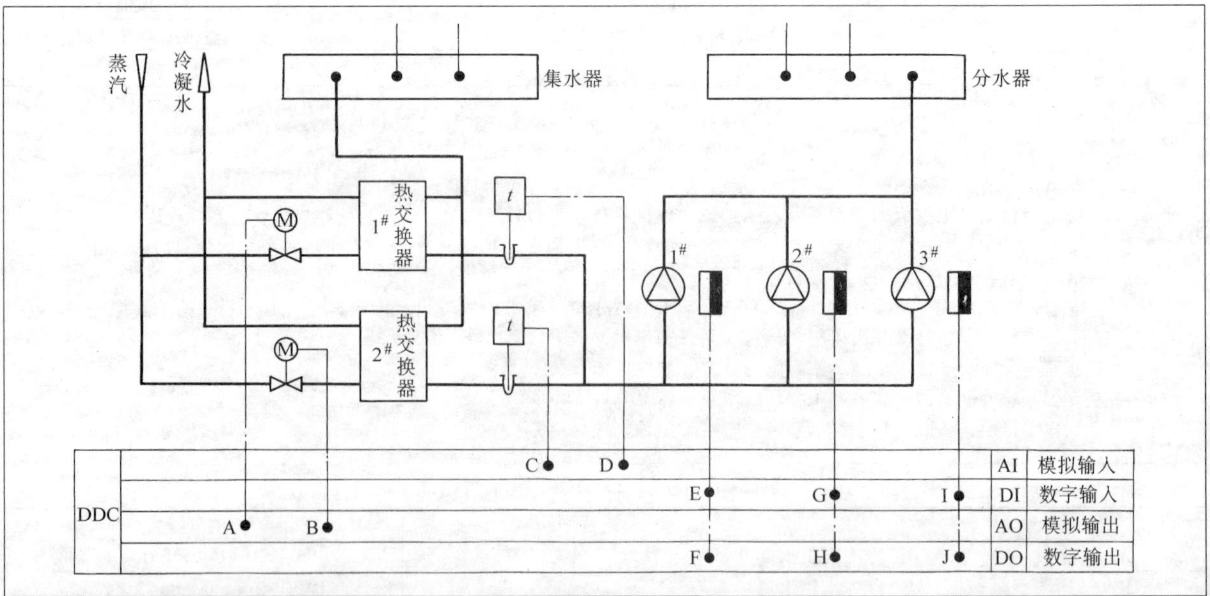

图12-18　热交换及供热系统DDC监控原理图

注：1. 监控对象：热源系统（冬季使用纳入冷冻水网）。

2. 监控功能：

① 热交换器控制：根据热交换器供水出口温度与设定值之偏差，按比例积分规律自动调节供热蒸汽电动阀。

② 监测：供水温度超限报警、水泵故障报警。

③ 显示打印：参数、状态、动态流程图（设定值、测量值）。

表 12-7 DDC 外部线路表

符号	用　途	状态	型号规格	符号	用　途	状态	型号规格
A	1#供热蒸汽电动调节阀	AO	BVV-3×1.0	F	1#供热水泵启/停	DO	BV-2×1.5
B	2#供热蒸汽电动调节阀	AO	BVV-3×1.0	G	2#供热水泵过载	DI	BV-2×1.0
C	1#热交换器供水温度	AI	BVVP-2×1.0	H	2#供热水泵启/停	DO	BV-2×1.5
D	2#热交换器供水温度	AI	BVVP-2×1.0	I	3#供热水泵过载	DI	BV-2×1.0
E	1#供热水泵过载	DI	BV-2×1.0	J	3#供热水泵启/停	DO	BV-2×1.5

1. 工艺流程及设置

（1）这是两个独立的子系统，一为热交换系统，一为供热系统。其中热交换系统是为供热系统服务的，空调系统的冷却水回到集水器中（即回水），回水进入热交换器后吸收蒸汽的热量变为热水，这个热水由热水泵打到分水器中（即供水），这个供水则送到空调系统中，使空调系统的温度上升。这个供热系统的循环是靠热水泵的工作进行的。

（2）热交换系统中蒸汽是由锅炉或其他热工设备提供的，进入热交换器后其热量被空调系统的回水吸收，蒸汽变为冷凝水，这个冷凝水又回到锅炉或热工设备中继续加热至蒸汽，这个循环是由锅炉或热工设备中的泵完成的，图中未详细画出。在热交换器中，两个循环只进行热量的交换，工质（两个循环中的水）是隔离的。

（3）工艺检测设置　在热交换器热水出口管路上装设温度传感器，测量其水温；在蒸汽进口管路上装设电动阀，控制其开度，调节蒸汽量。

2. DDC 监控工作原理

（1）按上述规定，将系统参量 A 和 D 接入 DDC 的 I 或 O 端，见图。同时将热水泵开关信号也引入 DDC。

（2）DDC 按热交换器热水出口温度与给定值之差值，按比例积分规律自动调节蒸汽进口管路上的电动阀，保持热水出口温度的恒定，进而使系统温度恒定。

（3）DDC 监控热水出口温度及热水泵正常运行，并对温度超限、水泵故障进行报警。对系统参数、状态、设定值、测量值等参数进行显示并打印。

空调系统的微机控制系统其主要动力装置冷冻机、冷冻水泵、冷却水泵、热水泵、冷却塔风机的电气控制与前述各节内容相同，这里不再详述。

最后说明一点，有关 DDC 本身的工作原理及其软件等内容已超出了本书的范畴，限于篇幅的关系，这里不再讲述，读者可参考微机或微处理器的有关专著。

参 考 文 献

[1] 全国电气信息结构　文件编制和图形符号标准化技术委员会，中国标准出版社第四编辑室. 电气简图用图形符号国家标准汇编 [M]. 北京：中国标准出版社，2009.

[2] 吕光大. 建筑电气安装工程图集 [M]. 北京：水利电力出版社，1996.

[3] 华北建筑设计标准化办公室. 建筑电气通用图集 - 空调自控. 92DQ10. 1992.

[4] 白玉岷. 电气工程安装及调试技术手册 [M]. 2 版. 北京：机械工业出版社，2008.

[5] 张玉诸. 发电厂及变电所的二次接线 [M]. 北京：水利电力出版社，1984.

[6] 西安电力学校. 小型火力发电厂电气设备及运行 [M]. 北京：水利电力出版社，1974.

[7] 余洪明，章克强. 软起动器实用手册 [M]. 北京：机械工业出版社，2006.

[8] 任致程. 电动机电子保护器与软起动器应用指南 [M]. 北京：机械工业出版社，2004.

[9] 张燕宾. 变频调速 460 问 [M]. 北京：机械工业出版社，2008.

[10] 而师玛乃·花铁森. 建筑弱电工程安装施工手册 [M]. 北京：中国建筑工业出版社，1999.

[11] 王建华. 电气工程师手册 [M]. 3 版. 北京：机械工业出版社，2006.

[12] 乔东明. 简明实用电工手册 [M]. 3 版. 北京：机械工业出版社，2012.